Handbook of
Mathematics and Statistics
for the Environment

環境のための
数学・統計学
ハンドブック

住 明正 [監修] 原澤英夫 [監訳]

by Frank R. Spellman and Nancy E. Whiting

朝倉書店

Handbook of Mathematics and Statistics
for the Environment

by

Frank R. Spellman
Nancy E. Whiting

Copyright © 2014 by Taylor & Francis Group, LLC.
All Rights Reserved.
Authorized translation from English language edition published by CRC Press,
part of Taylor & Francis Group, LLC.
Japanese translation rights arranged with Taylor & Francis Group, LLC., New York
through Tuttle-Mori Agency, Inc., Tokyo

まえがき

　環境は人間が生存し，活動や生活を維持するために不可欠なものである．環境の定義は多様であるが，人間など生物をとりまくあらゆる外部の条件，たとえば，大気や水，気象，化学物質，生物や生態系など総体的にいう場合もある．

　現在，世界の人口は76億人，国連の推計では2100年には112億人を越えると予測されている．爆発的に増加する人口を養うには，人間の生存や活動を支えている環境を保全しつつ，経済発展する持続可能な社会とすることが求められている．人間の経済活動は生活を豊かにしてきたが，多大な負荷を環境にかけ，深刻な環境問題を引き起こした．問題解決に努力してきたが，依然として解決していない問題も多い．持続可能な社会を構築し，次世代に伝えていくためには，これまでに得られた環境，経済さらに社会に関する知識や経験を総動員して対応することが不可欠である．

　本書は，環境にかかわる広範囲な知識を数学と統計学に軸足をおいて体系的にとりまとめたユニークなハンドブックである．従来，国内外で出版されたハンドブックは，百科事典のように用語解説を中心としたものが大半であるが，本書は，各章・各節が自然環境をより意識した導入部から始まる．主題となる項目について用語の解説から始まり，原理，数式，事例を駆使して，工夫された構成となっている．もちろん巻末に整理されている索引用語から逆検索して，専門用語の定義，基礎情報，そして応用情報をたどれるよう従来のハンドブックとしても利用できる．

　環境を勉強する学生や環境分野の研究者や実務者にとって，本ガイドブック1冊で大方の知識が得られるようになっている．このことが本書の大きな特徴であり，著者が大学での講義を経験して得た，環境分野の広さをカバーするための工夫が随所にいかされている．とくに基礎となっている数学や統計学には多くのスペースを割いている．翻訳を担当した専門家が最も苦労して翻訳した部分でもある．また上水・排水については，著者の得意分野であることから，理論，計算，応用にいたる個々の節，そして章全体を通して学ぶことにより全体をシステムとしてとらえることができるように工夫されている．

　非常に有用なハンドブックであるが，ひとつだけ留意すべき点を挙げるとすると，米国で発刊された出版物であることから，単位がヤード・ポンド法に基づいて記載されて

いる点である．日本では，メートル，キログラムなどのＭＫＳ単位系を使用していることから，本書で使われている単位の相違は，若干違和感があることも確かである．しかし，網羅的な単位の変換表が充実しており，また，各章・節では多くの練習問題を考え解くことによりこうした単位系の相違は，学習が進むにつれ自ずと解消されよう．今後米国の諸々の書籍や報文を読み解く際にも米国の単位に慣れ親しむことで，大いに役立つことは確かである．

 環境を学ぶ者，研究や実務に従事する者にとって，座右の書として，活用していただきたいハンドブックである．

2017年8月

住　明　正

原澤　英夫

原　著　序

　私たちは，長年にわたり，最初は学生として後には専任講師として，環境専門分野の学部学生や大学院生が基礎的な数学，計算法，統計を必修コースとして学ぶことをみてきた．必修コースでは，いかに定理や原理を証明するかに力点が置かれ，実世界への応用は軽視されてきた．ほとんどの場合，学生諸君は数学的方法をどのように応用するかはほとんどあるいはまったく理解せずに，授業を終えることになる．

　私たちは，こうした経験を踏まえ，"Environmental Engineer's Mathematics Handbook" を2005年に発刊し，多くの読者に受け入れられた．しかし，紙であれディジタルであれいかなる文章においても，批判はあり，また改善の余地がある．このことは，初版の数学ハンドブックでも言えることである．仮に商業的にベストセラーになり，魅力的で，読みやすく，そして利活用にすぐれた書式やスタイルで書かれた見事な出版物だとしても，初版の数学ハンドブックには改善の余地があった．特に，扱う対象範囲が狭かった．環境にかかわる実務は多岐にわたり，広範である．そのため前著の改訂版である「環境のための数学・統計ハンドブック」の作成方針は，解説の範囲を広くすることにある．

　この改訂版は，次のような環境実務家が実施する基礎的な数学操作を整理し，説明し，総合化している．すなわち，大気，水，排水，廃棄物と有害物，バイオソリッド，環境保健，安全と福祉，環境科学，環境経済，洪水調節，環境実験室操作，環境監査，リスク管理，環境モニタリング，核医学，環境計画と管理である．また，本書では，読者に環境数学の概念を提供する独特なアプローチをとっている．すなわち自然プロセスの原理と環境分野で適用される諸プロセスの関係をとくに強調している．

　このハンドブックは，従来の環境実務（たとえば，上水処理や排水処理）の企画や実施にかかわる環境の原理や実務，数学計算法を詳しくカバーしている．そして環境モデリングのツールと環境アルゴリズムの事例を数多く提示している．

　このハンドブックで取り上げている主要な項目は以下のとおりである．
・数学概念の概論
・モデリング
・アルゴリズム
・大気汚染制御の計算

・水質アセスメント・制御の計算

また，この改訂版では新たな項目として以下を含む．

・二次方程式，三角比，統計概論，ブール代数
・環境経済
・基礎工学と環境概念
・環境保健計算と解法
・環境実務者のための電気の基礎
・実験室計算
・温室効果ガス排出計算
・漁業池と槽の計算
・樹木の炭素吸収源の計算
・森林バイオマスの計算
・米国農務省の計算

　私たちは，概念，定義，記述と式の誘導を強調し，環境アプローチにおいては，常識と一体化した自然世界観を提供している．このハンドブックは，4つの環境媒体，すなわち大気，気象，土地資源と生物相保全にかかわる実務者にとって教科書としてだけでなく，事典のような参照文献として活用されることを企図している．

監修者

住　　明正　　前国立環境研究所理事長
　　　　　　　東京大学サステイナビリティ学連携研究機構特任教授

監訳者

原澤　英夫　　国立環境研究所理事

章監訳者

青木　康展*　環境リスク・健康研究センター
今井　章雄*　琵琶湖分室
大迫　政浩*　資源循環・廃棄物研究センター
新田　裕史*　環境リスク・健康研究センター
藤田　　壮*　社会環境システム研究センター
村上　正吾　　埼玉県環境科学国際センター研究所長

翻訳者

青木　康展*　環境リスク・健康研究センター
内山　政弘　　株式会社環境レジリエンス
蛯江　美孝*　資源循環・廃棄物研究センター
遠藤　和人*　資源循環・廃棄物研究センター
岡川　　梓*　社会環境システム研究センター
小野寺　崇*　地域環境研究センター
河原　純子*　環境リスク・健康研究センター
倉持　秀敏*　資源循環・廃棄物研究センター
小林　拓朗*　資源循環・廃棄物研究センター
小松　一弘*　地域環境研究センター
篠原隆一郎*　地域環境研究センター
珠坪　一晃*　地域環境研究センター
徐　　開欽*　資源循環・廃棄物研究センター
鈴木　和将　　埼玉県環境科学国際センター資源循環・廃棄物担当
竹内　文乃　　慶應義塾大学医学部衛生学公衆衛生学教室
原澤　英夫*　理事
東　　博紀*　地域環境研究センター
肱岡　靖明*　社会環境システム研究センター
藤野　純一*　社会環境システム研究センター
藤森　　崇　　京都大学大学院地球環境学堂
古市　尚基　　国立研究開発法人水産研究・教育機構水産工学研究所
牧　　秀明*　地域環境研究センター
松本　　理*　環境リスク・健康研究センター
松本　幸雄　　統計数理研究所リスク解析戦略研究センター
水落　元之*　地域環境研究センター
道川　武紘*　環境リスク・健康研究センター
村上　正吾　　埼玉県環境科学国際センター研究所長
由井　和子*　資源循環・廃棄物研究センター

(五十音順, *：国立環境研究所)

著者紹介

Spellman 博士は，バージニア州ノーフォークのオールドドミニオン大学の環境保健分野の前准教授であり，動物飼育から環境科学・労働衛生の全分野に及ぶ話題をカバーした 83 冊以上の書籍を出版している．書籍の多くは，オンラインで容易に入手でき，そのうちのいくつかは米国，カナダ，欧州，ロシアの多くの大学で授業テキストとして採用されてきた．また 2 冊は南米市場に向けてスペイン語に翻訳されている．Spellman 博士は，850 以上の出版物に共著者として特記されている．彼は，3 つの法律団体の専門証人として，また米国法務局と北バージニア法律事務所の事故調査員としても活躍している．さらに，米国の上水・下水施設を含め重要インフラの国土安全保障脆弱性アセスメントにもかかわっており，また労働安全衛生庁や環境保護庁の監査人も務めている．

博士は，いくつかの科学分野で著名な専門家から共同執筆の依頼も多い．たとえば，"The Engineering Handbook, 2nd ed." (CRC Press) の共著者である．

博士は，排水処理，上水処理，国土安全保障，安全に関する話題の講義を行うとともに，バージニア工科大学（バージニア州ブラックスバーグ）において上水 / 排水操作員向け短期コースを教えている．最近はペルー・マチュピチュの古代水道システムを調査・報告し，また，エクアドルのアマゾン・ココの飲料水源も調査している．

博士は，また，ガラパゴス島の 2 カ所の飲料水を研究・調査し，その間にダーウィンフィンチも研究している．彼は，公共政策学で BA を，経営学で BS を，そして環境工学で MBA，MS，PhD を取得している．

Nancy E. Whiting 女史 はフリーのテクニカルライターであり，上水・下水，環境技術，品質管理システム，安全保障，労働安全と衛生，武器国際取引などの分野で執筆を手掛けている．

目　　次

第Ⅰ部　基礎的換算，計算，モデル化とアルゴリズム

第1章　はじめに　　　　　　　　　　　　　　　　　　　　　［村上正吾］… 3

- 1.1　活動範囲の特定 …………………………………………………………… 3
- 1.2　SI　単　位 ………………………………………………………………… 3
- 1.3　換 算 係 数 ………………………………………………………………… 4
- 1.4　換算係数：実践例 ………………………………………………………… 15
  - 1.4.1　重量，濃度，流れ　15
  - 1.4.2　水，排水の換算例　18
  - 1.4.3　温度の換算　23
- 1.5　換算係数：大気汚染計測 ………………………………………………… 24
  - 1.5.1　ppm から $\mu g/m^3$ の換算　25
  - 1.5.2　一般的な大気汚染計測に対する換算表　27
- 1.6　土壌試験結果の換算係数 ………………………………………………… 29
- 1.7　温室効果ガス排出量の単位換算 ………………………………………… 30
  - 1.7.1　電気の削減（キロワット時）　30
  - 1.7.2　年間乗用車　30
  - 1.7.3　消費ガソリンのガロン量　31
  - 1.7.4　天然ガスの熱量　31
  - 1.7.5　消費石油のバレル量　32
  - 1.7.6　ガソリン満載の給油トラック　32
  - 1.7.7　家庭での電気使用　33
  - 1.7.8　家庭でのエネルギー使用　33
  - 1.7.9　10 年間成長した木苗に関する数値　34
  - 1.7.10　米国の森林の 1 年間の貯留炭素面積　35
  - 1.7.11　米国の保全地から耕作地への換算面積　36
  - 1.7.12　家庭でのバーベキューに使用されるプロパンボンベ　38
  - 1.7.13　燃焼石炭燃料鉄道車両　39

1.7.14 埋立てに替わる再利用廃棄物のトン数　39
1.7.15 石炭火力発電からの年排出量　39
1.8 微分と積分の単位 …………………………………………………………… 40

第2章　基礎的な数学操作　　　　　　　　　　　　　　　　　　［村上正吾］… 41

2.1 は じ め に ……………………………………………………………………… 41
2.2 基礎的な数学用語と定義 ……………………………………………………… 41
　　2.2.1 鍵となる言葉　43
2.3 連 続 演 算 ……………………………………………………………………… 43
　　2.3.1 連続演算の規則　43
　　2.3.2 連続する計算の例　44
2.4 百分率（パーセント） ………………………………………………………… 45
2.5 有 効 数 字 ……………………………………………………………………… 48
2.6 べき乗と指数 …………………………………………………………………… 49
2.7 平均（算術平均） ……………………………………………………………… 51
2.8 比　　　率 ……………………………………………………………………… 53
2.9 次 元 解 析 ……………………………………………………………………… 55
　　2.9.1 基本操作：単位の割り算　55
　　2.9.2 基本操作：分数で割る　56
　　2.9.3 基本操作：分子と分母の共通消去あるいは割り算　56
2.10 臭気の閾値（TON） …………………………………………………………… 60
2.11 幾何学的計測 60
　　2.11.1 定　　義　60
　　2.11.2 関連する幾何学的な式　61
　　2.11.3 幾何学的な計算　62
2.12 力，圧力と水頭 ………………………………………………………………… 69
　　2.12.1 力 と 圧 力　70
　　2.12.2 水　　頭　71
2.13 進んだ代数学の重要語句・概念の復習 ……………………………………… 75

第3章　環境モデリング　　　　　　　　　　　　　　　　　　　［内山政弘］… 78

3.1 は じ め に ……………………………………………………………………… 78
3.2 効果的なモデルを開発するための初歩 ……………………………………… 78
3.3 モデルは何のために用いられるか？ ………………………………………… 79
3.4 媒体原料濃度 …………………………………………………………………… 80
　　3.4.1 質量濃度：液相　82
3.5 相平衡と定常状態 ……………………………………………………………… 84

3.6	演算操作と平衡の法則	85
	3.6.1 平衡問題を解く　86	
	3.6.2 平衡の法則　86	
3.7	化学輸送システム	89
3.8	環境モデリングに対する結語	90

第4章　アルゴリズムと環境工学　　　　　　　　　　　　　　［村上正吾］… 91

4.1	はじめに	91
4.2	アルゴリズムとは何か？	91
4.3	アルゴリズムの表現	92
4.4	一般的なアルゴリズム応用	93
4.5	環境実務アルゴリズムの適用	95
4.6	拡散モデル	95
4.7	スクリーニング用の道具	96

第5章　二次方程式　　　　　　　　　　　　　　　　　　　　［村上正吾］… 98

5.1	二次方程式と環境の実務	98
	5.1.1 鍵となる語句　98	
5.2	二次方程式：理論と応用	99
5.3	解公式の導出	100
5.4	解公式の使い方	100

第6章　三　角　比　　　　　　　　　　　　　　　　　　　　［村上正吾］… 102

6.1	三角法と環境の実務者	102
6.2	三角比と三角関数	102

第Ⅱ部　統計，リスクの測定，ブール代数

第7章　統計の復習　　　　　　　　　　　　　　　　　　　　［松本幸雄］… 107

7.1	統計の概念	107
	7.1.1 確率と統計　108	
7.2	データの中心的傾向の尺度	110
7.3	記号，下つき文字，基本的統計用語，計算	111
	7.3.1 平　　均　　112	
	7.3.2 中　央　値　112	
	7.3.3 最　頻　値　112	

目　次

7.3.4　範　　囲　113
7.4　分　　布 …………………………………………………………………… 114
　　7.4.1　正規分布　115
7.5　標準偏差 …………………………………………………………………… 117
7.6　変動係数 …………………………………………………………………… 118
7.7　平均の標準誤差 …………………………………………………………… 118
7.8　共　分　散 ………………………………………………………………… 119
7.9　単純相関係数 ……………………………………………………………… 120
7.10　線形関数の分散 ………………………………………………………… 121
7.11　測定変数の標本抽出 …………………………………………………… 123
　　7.11.1　単純無作為抽出法　123
　　7.11.2　層化無作為抽出法　127
7.12　標本抽出：離散変数の場合 …………………………………………… 129
　　7.12.1　無作為抽出，ランダムサンプリング　129
　　7.12.2　標本の大きさ，標本サイズ　130
7.13　属性のクラスター標本抽出法 ………………………………………… 131
　　7.13.1　変　　換　132
7.14　カイ二乗検定 …………………………………………………………… 132
　　7.14.1　独立性の検定　132
　　7.14.2　仮説による数の検定　133
　　7.14.3　分散均一性のBartlettの検定　134
7.15　t検定による2群の比較 ……………………………………………… 136
　　7.15.1　対応のないプロット（試験区）のt検定　136
　　7.15.2　対応のあるプロット（試験区）のt検定　139
7.16　分散分析による2つ以上の群の比較 ………………………………… 141
　　7.16.1　完全無作為化法　141
　　7.16.2　多重比較　144
　　7.16.3　乱塊法　147
　　7.16.4　ラテン方格法　150
　　7.16.5　要因実験　152
　　7.16.6　分割法　158
　　7.16.7　欠測プロット　163
7.17　回　　帰 ………………………………………………………………… 165
　　7.17.1　単純な線形回帰　165
　　7.17.2　重回帰　171
　　7.17.3　曲線回帰と交互作用　176
　　7.17.4　グループ回帰　178

7.17.5　乱塊法における共分散分析　181

第8章　リスクの指標と算出　　　　　　　　　　　　　　［竹内文乃］… 186

8.1　は じ め に …………………………………………………………………… 186
8.2　頻度の指標 …………………………………………………………………… 187
　　8.2.1　比　187
　　8.2.2　割　　合　189
　　8.2.3　率　192
8.3　罹患頻度の指標 ……………………………………………………………… 193
　　8.3.1　発症割合とリスク　193
　　8.3.2　発症率または人時間率　195
　　8.3.3　有 病 割 合　198
8.4　死亡頻度の指標 ……………………………………………………………… 201
　　8.4.1　死 亡 率　201
　　8.4.2　死亡−発症比　206
　　8.4.3　致 死 率　207
　　8.4.4　死因別死亡割合　207
　　8.4.5　損失生存可能年数　209
8.5　出生の指標 …………………………………………………………………… 210
8.6　関連の指標 …………………………………………………………………… 210
　　8.6.1　リ ス ク 比　211
　　8.6.2　率　　比　213
　　8.6.3　オ ッ ズ 比　213
8.7　公衆衛生への影響の指標 …………………………………………………… 214
　　8.7.1　寄 与 割 合　214
　　8.7.2　ワクチンの効用とワクチンの有効性　215

第9章　ブール代数　　　　　　　　　　　　　　　　　　　［松本幸雄］… 217

9.1　なぜブール代数か？ ………………………………………………………… 217
　　9.1.1　フォルトツリー解析　219
　　9.1.2　キ ー タ ー ム　221
9.2　技術的概要 …………………………………………………………………… 221
　　9.2.1　交 換 法 則　222
　　9.2.2　分 配 法 則　223
　　9.2.3　同一法則と補元法則　223
9.3　ブール変数の統合 …………………………………………………………… 224

第Ⅲ部 経　　　済

第10章　環境投資のためのファイナンシャルプランニング　［岡川　梓］… 229

- 10.1　環境活動と経済 …………………………………………………………… 229
  - 10.1.1　用語説明　231
- 10.2　資本回収係数（元利均等払い） ………………………………………… 231
- 10.3　年金現価係数 …………………………………………………………… 232
- 10.4　終価と年金終価係数 …………………………………………………… 233
- 10.5　毎年の積立額と減債基金係数 ………………………………………… 233
- 10.6　現価係数 ………………………………………………………………… 234
- 10.7　終価係数 ………………………………………………………………… 234

第Ⅳ部　基　礎　工　学

第11章　基礎工学の概念　　　　　　　　　　　［村上正吾・原澤英夫］… 239

- 11.1　はじめに ………………………………………………………………… 239
- 11.2　力の分解 ………………………………………………………………… 240
- 11.3　つり索 …………………………………………………………………… 243
  - 11.3.1　つり索荷重の見積り　245
- 11.4　傾斜面 …………………………………………………………………… 246
- 11.5　材料の性質 ……………………………………………………………… 248
  - 11.5.1　摩擦力　252
  - 11.5.2　比重　253
  - 11.5.3　力，質量と加速度　254
  - 11.5.4　遠心力と向心力　254
  - 11.5.5　ストレスとひずみ　254
- 11.6　材料と力学の原則 ……………………………………………………… 255
  - 11.6.1　静力学　255
  - 11.6.2　動力学　255
  - 11.6.3　水理学と空気力学：流体力学　256
  - 11.6.4　溶接　256
  - 11.6.5　モーメント　256
  - 11.6.6　梁と柱　257
  - 11.6.7　曲げモーメント　258
  - 11.6.8　片持ち梁の半径　259

11.6.9　柱ストレス　260
　　　11.6.10　梁のたわみ　260
　　　11.6.11　反作用力（梁）　260
　　　11.6.12　座屈ストレス（木柱）　261
　　　11.6.13　床　262
　11.7　電気の原理 ……………………………………………………………………… 262
　　　11.7.1　電気の性質　263
　　　11.7.2　簡単な電気回路　264
　　　11.7.3　オームの法則　266
　　　11.7.4　電　　　力　268
　　　11.7.5　電気エネルギー（電力量）　270
　　　11.7.6　直列回路の特徴　270
　　　11.7.7　並　列　回　路　278
　　　11.7.8　直列-並列回路　286
　　　11.7.9　導　　　体　286
　　　11.7.10　磁気単位　290
　　　11.7.11　交　流　理　論　290
　　　11.7.12　インダクタンス　299

第V部　土質力学

第12章　基礎土質力学　　　　　　　　　　　　　　　　[遠藤和人]… 307

　12.1　は じ め に ……………………………………………………………………… 307
　12.2　土とは何か？ …………………………………………………………………… 310
　12.3　土 の 基 本 ……………………………………………………………………… 311
　　　12.3.1　建設用の土　311
　12.4　土 の 特 性 ……………………………………………………………………… 312
　　　12.4.1　土の質量と体積の関係　312
　　　12.4.2　土粒子の比重　314
　12.5　土粒子の特性 …………………………………………………………………… 315
　12.6　土の応力とひずみ ……………………………………………………………… 316
　12.7　土の圧縮性 ……………………………………………………………………… 316
　12.8　土の締固め ……………………………………………………………………… 317
　12.9　土 の 崩 壊 ……………………………………………………………………… 317
　12.10　土の物理学 ……………………………………………………………………… 320
　12.11　構造の破壊 ……………………………………………………………………… 320

第VI部 バイオマスの基礎計算

第13章 森林バイオマス 基礎評価　　　［藤野純一・原澤英夫］… 327

- 13.1 はじめに……………………………………………………………… 327
  - 13.1.1 林業サービスと数学：インターフェース　328
- 13.2 森林バイオマスの計測と統計 ………………………………………… 330
- 13.3 樹木のバイオマス計測 ……………………………………………… 331
  - 13.3.1 低位発熱量，高位発熱量　331
  - 13.3.2 含水率に対する木材発熱量への影響　331
  - 13.3.3 林材量からバイオマス量への変換　333
  - 13.3.4 立木バイオマスの推計　335
  - 13.3.5 バイオマス方程式　335
- 13.4 木材検量と丸太材積表 ……………………………………………… 338
  - 13.4.1 検量の理論　338
  - 13.4.2 公認の丸太材積表　339
  - 13.4.3 樹木密度と重量比率　342

第VII部 基礎科学計算

第14章 基本的な化学と水力学　　　［内山政弘・村上正吾］… 347

- 14.1 基本的な化学 ………………………………………………………… 347
  - 14.1.1 密度と比重　348
  - 14.1.2 水の化学の基礎　350
- 14.2 基礎水理学 …………………………………………………………… 373
  - 14.2.1 水理学の基本　373
  - 14.2.2 基本的な揚水計算　377
  - 14.2.3 損失水頭計算　379
  - 14.2.4 水頭計算　379
  - 14.2.5 馬力と効率の計算　379
  - 14.2.6 効率とブレーキ馬力（BHP）　380

第Ⅷ部　環境保健と安全の計算

第 15 章　職業上の安全と環境保健の専門家のための基本計算

［青木康展・河原純子・松本　理・道川武紘］… 385
- 15.1　産業衛生とは何か？ ………………………………………… 385
- 15.2　作業環境におけるストレス要因 …………………………… 388
  - 15.2.1　化学的ストレス要因　389
  - 15.2.2　物理的ストレス要因　389
  - 15.2.3　生物学的ストレス要因　390
  - 15.2.4　人間工学的ストレス要因　390
- 15.3　環境保健と安全に関する用語 ……………………………… 391
- 15.4　室内空気質 …………………………………………………… 402
  - 15.4.1　室内空気の汚染源　403
- 15.5　大気汚染の基礎 ……………………………………………… 404
  - 15.5.1　6 つの主要な空気汚染物質　405
  - 15.5.2　ガス状物質　407
  - 15.5.3　粒子状物質　411
  - 15.5.4　大気汚染排出測定指標　411
  - 15.5.5　標準的補正　412
  - 15.5.6　大気の基準　413
  - 15.5.7　大気モニタリングとサンプリング　413
- 15.6　換　　気 ……………………………………………………… 416
  - 15.6.1　定　　義　416
  - 15.6.2　換気の概念　419
  - 15.6.3　一般的な換気測定　423
  - 15.6.4　優れた実践　424
  - 15.6.5　数学問題の実際，概念，例題　425
- 15.7　騒　　音 ……………………………………………………… 429
  - 15.7.1　定　　義　430
  - 15.7.2　職業性騒音曝露　433
  - 15.7.3　職場における騒音レベルの測定　434
  - 15.7.4　職域の騒音に関する技術規制　436
  - 15.7.5　騒音単位，関連と方程式　436
- 15.8　熱ストレス …………………………………………………… 439
  - 15.8.1　要　　因　439
  - 15.8.2　温熱快適性　439

15.8.3　熱に対する体の反応　440
　　　15.8.4　労働負荷評価　440
　　　15.8.5　サンプリング方法　441
　　　15.8.6　WBGTの測定，計算例　442
　　　15.8.7　寒冷に関する危険　443
　15.9　放　射　線 ……………………………………………………………………… 443
　　　15.9.1　定　　　義　443
　　　15.9.2　電離放射線　445
　　　15.9.3　実効半減期　445
　　　15.9.4　アルファ放射線　446
　　　15.9.5　ベータ放射線　446
　　　15.9.6　ガンマ放射線とX線　447
　　　15.9.7　放射性崩壊に関する方程式　448
　　　15.9.8　放　射　線　量　448

第Ⅸ部　大気汚染制御の数学的概念

第16章　排ガスの制御　　　　　　　　　　　［由井和子・倉持秀敏］… 453

　16.1　は じ め に ……………………………………………………………………… 453
　16.2　定　　　義 ……………………………………………………………………… 454
　16.3　ガ ス 吸 収 ……………………………………………………………………… 457
　　　16.3.1　溶　解　度　459
　　　16.3.2　溶解度とヘンリーの法則　459
　　　16.3.3　物質（質量）収支　461
　　　16.3.4　充填塔と棚段塔　464
　16.4　吸　　　着 ……………………………………………………………………… 473
　　　16.4.1　吸着の段階　474
　　　16.4.2　吸着力：物理吸着と化学吸着　474
　　　16.4.3　吸着平衡関係　475
　　　16.4.4　吸着に影響を及ぼす因子　478
　16.5　焼　　　却 ……………………………………………………………………… 482
　　　16.5.1　排ガス制御のための焼却における影響因子　482
　　　16.5.2　焼却に関する計算例　485
　16.6　凝　　　縮 ……………………………………………………………………… 487
　　　16.6.1　混合凝縮器の計算　488
　　　16.6.2　表面凝縮器の計算　489

第 17 章　微粒子排出制御　　　　　　　　　　　　　　　　　　　　　　［藤森　崇］… 494

17.1　粒子排出制御の基礎 ………………………………………………………………… 494
　　17.1.1　粒子のガスとの反応　494
　　17.1.2　粒　子　捕　集　495
17.2　粒子サイズ特性と一般的な特性 …………………………………………………… 496
　　17.2.1　空気動力学的径　496
　　17.2.2　等　価　径　496
　　17.2.3　沈　降　径　497
　　17.2.4　カット径　497
　　17.2.5　力学的形状ファクター　497
17.3　粒子運動の流動様式 ………………………………………………………………… 497
17.4　粒子状物質の排出制御装置に関する諸計算 ……………………………………… 501
　　17.4.1　重力沈降装置　501
　　17.4.2　サイクロン　506
　　17.4.3　電気集じん装置　511
　　17.4.4　バグハウス（ろ布）　517

第 18 章　排ガス制御のための湿式スクラバー

　　　　　　　　　　　　　　　　　　　　　［鈴木和将・由井和子・倉持秀敏］… 526
18.1　は じ め に …………………………………………………………………………… 526
　　18.1.1　湿式スクラバー　526
18.2　湿式スクラバーの集じんメカニズムと集じん率 ………………………………… 528
　　18.2.1　集 じ ん 率　528
　　18.2.2　慣性衝突作用　529
　　18.2.3　さえぎり作用　529
　　18.2.4　拡　散　作　用　530
　　18.2.5　ベンチュリスクラバー効率の計算　530
18.3　湿式スクラバーの捕集メカニズムと捕集効率（ガス状汚染物質） ……… 539
18.4　ベンチュリスクラバー計算例題集 ………………………………………………… 540
　　18.4.1　ベンチュリスクラバーのスクラバー設計の計算　540
　　18.4.2　スプレー塔の計算　545
　　18.4.3　充填塔の計算　546
　　18.4.4　充填カラム高さと直径の計算　548

第Ⅹ部　水質の数学的概念

第19章　流れている水　　　　　　　　　　　　　　　　［牧　秀明］… 555

 19.1　水槽のバランスをとる ……………………………………………… 555
  19.1.1　河川の汚染源　556
 19.2　希釈は解決策？ …………………………………………………… 558
  19.2.1　流水の希釈容量　558
 19.3　放流量の測定 ……………………………………………………… 559
 19.4　到　達　時　間 …………………………………………………… 559
 19.5　溶　存　酸　素 …………………………………………………… 560
  19.5.1　溶存酸素量補正係数　561
 19.6　生物化学的酸素要求量 …………………………………………… 562
  19.6.1　BOD 試験方法　562
  19.6.2　実用 BOD 計算法　563
 19.7　酸素くぼみ ………………………………………………………… 564
 19.8　河川浄化能：定量的解析 ………………………………………… 565

第20章　静　　　水　　　　　　　　　　　　　　　　　［小松一弘］… 569

 20.1　静水の仕組み ……………………………………………………… 571
 20.2　静水の仕組みをとらえるための計算方法 ……………………… 571
  20.2.1　静水の形状にかかる計算方法　572
 20.3　静水表面からの蒸発 ……………………………………………… 574
  20.3.1　水量モデル　575
  20.3.2　エネルギー量モデル　575
  20.3.3　Priestly-Taylor 式　575
  20.3.4　Penman 式　576
  20.3.5　DeBruin-Keijman 式　576
  20.3.6　Papadakis 式　576

第21章　地　下　水　　　　　　　　　　　　　　　　　［東　博紀］… 577

 21.1　地下水と帯水層 …………………………………………………… 577
  21.1.1　地下水の水質　579
  21.1.2　直接地表水の影響を受ける地下水　579
 21.2　帯水層定数 ………………………………………………………… 579
  21.2.1　間　隙　率　580
  21.2.2　比産出率（貯留係数）　580

21.2.3 透水係数　580
21.2.4 透水量係数　580
21.2.5 動水勾配と水頭　581
21.2.6 流線と流線網　581
21.3 地下水流量 …………………………………………………………… 582
21.4 地下水流動の基礎式 …………………………………………………… 582
21.4.1 被圧帯水層の定常流　583
21.4.2 不圧帯水層の定常流　583

第22章　水の力学　　　　　　　　　　　　　　　　［篠原隆一郎・古市尚基］… 585

22.1 はじめに ……………………………………………………………… 585
22.2 基本的な考え方 ………………………………………………………… 585
22.2.1 Stevinの法則　586
22.2.2 密度と比重　587
22.2.3 力と圧力　588
22.2.4 静水圧　590
22.2.5 水　頭　590
22.3 流量と流出量：動水の場合 …………………………………………… 591
22.3.1 面積と流速　593
22.3.2 圧力と速度　593
22.4 ベルヌーイの定理 ……………………………………………………… 593
22.4.1 ベルヌーイの式　594
22.5 水頭損失に関する計算 ………………………………………………… 596
22.5.1 C 値（粗度係数）　596
22.6 開水路流れの特徴 ……………………………………………………… 597
22.6.1 層流と乱流　597
22.6.2 等流と不等流　597
22.6.3 限　界　流　597
22.6.4 開水路流れにおいて使用されるパラメータ　598
22.7 開水路流れの計算 ……………………………………………………… 599

第23章　水処理プロセス　　　　　　　　　　　　　　　　［原澤英夫］… 601

23.1 はじめに ……………………………………………………………… 601
23.2 水源と貯水の計算 ……………………………………………………… 602
23.2.1 水源の計算　602
23.2.2 垂直タービンポンプの計算　605
23.3 貯　　水 ……………………………………………………………… 608

23.3.1 貯水量の計算　608
23.3.2 硫酸銅の投入　609
23.4 凝集，混合，フロック形成 ……………………………………………… 610
23.4.1 凝　　集　610
23.4.2 混　　合　610
23.4.3 フロック形成　611
23.4.4 凝集とフロック形成の一般的な計算　611
23.4.5 溶液のパーセント濃度の計算　614
23.4.6 粉末薬品投入量の調整　615
23.4.7 薬品使用量の計算　617
23.5 沈殿の計算 ………………………………………………………………… 619
23.5.1 沈殿池の容積の計算　619
23.5.2 滞 留 時 間　619
23.5.3 表面越流率　620
23.5.4 平 均 流 速　621
23.5.5 堰 越 流 率　621
23.5.6 パーセント沈殿生物固体量　622
23.5.7 石灰投入量の決定（mg/L）　623
23.5.8 石灰投入量の決定（lb/day）　625
23.5.9 石灰投入量の決定（g/min）　625
23.5.10 粒子の沈降（沈殿）　626
23.5.11 越流率（沈殿）　628
23.6 水ろ過の計算 ……………………………………………………………… 629
23.6.1 ろ過流量（gpm）　630
23.6.2 ろ過速度（ろ過率）　631
23.6.3 単位ろ過水量　632
23.6.4 逆洗浄速度　633
23.6.5 逆洗浄上昇速度　634
23.6.6 必要な逆洗浄水量（gal）　635
23.6.7 逆洗浄タンクの所要水深（ft）　635
23.6.8 逆洗浄ポンプ流量（gpm）　636
23.6.9 逆洗浄用のパーセント処理水量　636
23.6.10 パーセント泥塊量　636
23.6.11 ろ床の膨張　637
23.6.12 ろ過負荷率　638
23.6.13 ろ材サイズ　639
23.6.14 混合ろ材　639

23.6.15　固定床流の水頭損失　　640
　　　23.6.16　流動床の水頭損失　　641
　　　23.6.17　水平洗浄水トラフ　　642
　　　23.6.18　ろ過の効率　　642
23.7　水の塩素消毒の計算 …………………………………………………………… 643
　　　23.7.1　塩　素　消　毒　　643
　　　23.7.2　塩素注入量の決定　　644
　　　23.7.3　塩素注入量，要求量，残留量の計算　　644
　　　23.7.4　不連続点塩素処理　　646
　　　23.7.5　粉末次亜塩素酸注入量の計算　　647
　　　23.7.6　次亜塩素酸溶液の注入率の計算　　648
　　　23.7.7　溶液のパーセント濃度　　649
　　　23.7.8　粉末次亜塩素酸のパーセント濃度の計算　　649
　　　23.7.9　次亜塩素酸溶液のパーセント濃度の計算　　650
23.8　薬品使用量の計算 ……………………………………………………………… 650
23.9　塩素消毒の化学 ………………………………………………………………… 651

第XI部　数学の概念：排水

第24章　排水にかかわる計算

　　　　　　［蛯江美孝・小野寺崇・小林拓朗・珠坪一晃・徐　開欽・水落元之］… 655
24.1　は　じ　め　に ………………………………………………………………… 655
24.2　予備処理（一次処理） ………………………………………………………… 655
　　　24.2.1　スクリーニング除去に関する計算　　656
　　　24.2.2　スクリーニングピット容量の計算　　657
　　　24.2.3　バースクリーンにおける損失水頭　　658
　　　24.2.4　土砂（粗粒子）除去に関する計算　　658
　　　24.2.5　沈砂水路の流速の計算　　660
　　　24.2.6　沈降要求時間の計算　　660
　　　24.2.7　要求される沈砂水路の長さの計算　　661
　　　24.2.8　摩擦速度の計算　　661
24.3　一　次　処　理 ………………………………………………………………… 662
　　　24.3.1　プロセス制御にかかわる計算　　662
　　　24.3.2　水面積負荷（表面沈降率／表面越流率）の計算　　662
　　　24.3.3　堰越流率（越流堰負荷）の計算　　663
　　　24.3.4　最初沈殿槽の計算　　664

24.4 有機固形物（バイオソリッド）のポンプ輸送の計算 ················· 664
 24.4.1 全固形物の割合の計算　665
 24.4.2 BODとSSを除去する計算　665
24.5 散水ろ床法 ··· 665
 24.5.1 散水ろ床法の計算　666
24.6 回転円盤法 ··· 669
 24.6.1 RBCの操作における計算　670
24.7 活性汚泥法 ··· 673
 24.7.1 活性汚泥のプロセス制御に関する計算　674
24.8 オキシデーションディッチ法（OD法） ································· 686
24.9 ポンド法 ·· 686
 24.9.1 ポンド処理のパラメータ　687
 24.9.2 ポンド処理のプロセス制御計算　687
 24.9.3 エアレーションポンド　689
24.10 薬品の投入 ··· 689
 24.10.1 薬品投入量　690
 24.10.2 塩素要求量，消費量，残留量　691
 24.10.3 次亜塩素酸要求量　692
 24.10.4 化学薬品溶液　694
 24.10.5 異なる濃度の溶液の混合　694
 24.10.6 溶液の混合と目標濃度　695
 24.10.7 薬品溶液の投入量設定（GPD）　695
 24.10.8 薬品供給ポンプ：ストローク量（割合）の設定　696
 24.10.9 薬品溶液供給装置の設定（mL/min）　697
 24.10.10 薬品供給量の補正　697
 24.10.11 平均使用量の算定　699
24.11 バイオソリッド生産およびポンピング ································· 700
 24.11.1 処理残さ　700
 24.11.2 一次・二次固形物生成計算　700
 24.11.3 最初沈殿池における固形物生産量の計算　700
 24.11.4 二次沈殿池における固形物生産量の計算　701
 24.11.5 固形物濃度計算　702
 24.11.6 バイオソリッドポンピングの計算　702
24.12 バイオソリッドの濃縮 ·· 705
 24.12.1 重力／気泡浮上濃縮計算　705
 24.12.2 濃縮係数の計算　707
 24.12.3 気固比の計算　707

24.12.4　返送流量パーセントの計算　707
　　　24.12.5　遠心濃縮計算　708
24.13　安　定　化 ……………………………………………………………… 708
　　　24.13.1　バイオソリッドの消化　708
　　　24.13.2　好気性消化プロセス制御の計算　709
　　　24.13.3　好気性タンク容積の計算　710
　　　24.13.4　嫌気性消化プロセス制御の計算　710
24.14　バイオソリッド脱水と処分 ……………………………………………… 714
　　　24.14.1　バイオソリッド脱水　714
　　　24.14.2　加圧ろ過の計算　714
　　　24.14.3　回転式真空ろ過脱水の計算　719
　　　24.14.4　砂乾燥床の計算　722
　　　24.14.5　バイオソリッド処分の計算　723
24.15　排水処理の分析室における計算 ………………………………………… 728
　　　24.15.1　排水処理の分析室　728
　　　24.15.2　コンポジット採水の手順と計算　728
　　　24.15.3　生物化学的酸素要求量の計算　730
　　　24.15.4　モルとモル濃度の計算　731
　　　24.15.5　沈降性の計算　733
　　　24.15.6　沈降性固形物の計算　734
　　　24.15.7　汚泥（バイオソリッド）の全蒸発残留物，強熱残留物および強熱減
　　　　　　　量物の計算　735
　　　24.15.8　排水の浮遊物質および浮遊物質の強熱減量の計算　736
　　　24.15.9　汚泥（バイオソリッド）容量指標と汚泥密度指標の計算　737

第XII部　数学的概念：雨水流工学

第25章　雨水流計算　　　　　　　　　　　　　［肱岡靖明・村上正吾］… 741

25.1　はじめに ……………………………………………………………………… 741
25.2　雨水流の語句と頭字語 ……………………………………………………… 741
25.3　水文的手法 …………………………………………………………………… 747
　　　25.3.1　降　　雨　749
25.4　流出ハイドログラフ ………………………………………………………… 754
25.5　流出とピーク流量 …………………………………………………………… 755
25.6　計算手法 ……………………………………………………………………… 755
　　　25.6.1　合　理　式　756

25.6.2　修正合理式　760
　　　25.6.3　TR-55 流出評価法　761
　　　25.6.4　TR-55 ピーク流量図解法　770
　　　25.6.5　TR-55 表解法　772
　25.7　一般的な雨水工学の計測 ……………………………………………………… 774
　　　25.7.1　滞留，拡張滞留，調整池の設計計算　774
　　　25.7.2　許容放水率　774
　　　25.7.3　適正貯留量の推計　775
　　　25.7.4　図式ハイドログラフ分析：SCS 手法　776
　　　25.7.5　TR-55　遊水池の貯留量（簡易法）　779
　　　25.7.6　図式ハイドログラフ分析，修正合理式，限界降雨継続時間　781
　　　25.7.7　修正合理式，限界降雨継続：直接的解法　785
　　　25.7.8　水位-貯留量曲線　790
　　　25.7.9　水質と水路浸食制御量の計測　792

索　　引 ……………………………………………………………………………… 799

第 I 部

基礎的換算，計算，モデル化とアルゴリズム

> 問題の性質が許す程度の正確さで満足しておくことと，真実の近似のみが可能な場合には厳密さに目をつぶることこそが，教養ある知性の証である．
> —— Aristotle（ニコマコス倫理学）

第1章

はじめに

私は数学的には能力を十分に発揮していなかった．しかし，私が特別なわけではない——9人ごとに1人選んで集めた69人もやはり十分に数学的な能力は発揮しないものである．

—— Frank R. Spellman (2005)

1.1　活動範囲の特定

数学が数と計算と計測の学問であることは一般的に知られたことであるが，それらが相互に結びつけられていることはそれほど認識されていない．単に，数学は数以上のもので，数の並びと関係を扱う学問でもある．それは概念と意思疎通するための道具でもある．しかしながら，多分他のどんなものより，数学は人間に特有の推論方法である．どのように数学を記述あるいは定義しようとしたとしても，1つ確かなことがある．それは数学的な単位と換算係数の理解ということは，目隠しをされ，感触と推理の感覚が欠如した中で，ヒエログリフを解読するという不思議な研究に入っていくようなことである．

1.2　SI 単 位

環境工学の技術者が最も普通に使用する単位は，複雑な英国流の重さと長さの単位系に基づくものである．しかしながら，ミリリットル (mL)，立方センチメートル (cm^3)，グラム (g) 間の使いやすい換算ゆえ，普通，机上作業はメートル単位あるいは国際単位系 (SI) に基づいている．SI 単位系は，国際的な合意に基づいて確立されたメートル単位系の現代版である．計測にかかわるメートル単位系はフランス革命期に発達し，米国では 1866 年に初めて推奨された．1902 年には，米国政府にメートル単位系のみを使用させようとした法律提案が議会において1票差で否決された．本書では2つの単位系を使用するが，SI 単位系は工学，科学，工業，商業におけるすべての計測に対して，論理的に相互関連した体系を提供する．メートル単位系が現行の英国流単位系よりもずっと簡潔なのは，すべての計測の単位が 10 で割り切れるからである．

環境工学で使用されているさまざまな換算係数を一覧する前に，SI 単位系で使用されている接頭辞を書いておくことが重要である．これらの接頭辞は 10 の指数に基づいている．たとえば，「キログラム」は 1000 グラムを意味し，「センチメートル」は1メートルの 1/100 を意味している．SI 単位の十進の倍量・分量を形作る SI の 20 の接頭辞が表 1.1 に示される．複合接頭辞は使用されない．表 1.1 の接頭辞の「名称」は，単位の名称「グ

表 1.1 SI 接頭辞

係数	名前	記号	係数	名前	記号
10^{24}	Yotta, ヨタ	Y	10^{-1}	Deci, デシ	d
10^{21}	Zetta, ゼタ	Z	10^{-2}	Centi, センチ	c
10^{18}	Exa, エクサ	E	10^{-3}	Milli, ミリ	m
10^{15}	Peta, ペタ	P	10^{-6}	Micro, マイクロ	μ
10^{12}	Tera, テラ	T	10^{-9}	Nano, ナノ	n
10^{9}	Giga, ギガ	G	10^{-12}	Pico, ピコ	p
10^{6}	Mega, メガ	M	10^{-15}	Femto, フェムト	f
10^{3}	Kilo, キロ	k	10^{-18}	Atto, アト	a
10^{2}	Hecto, ヘクト	h	10^{-21}	Zepto, ゼプト	z
10^{1}	Deka, デカ	da	10^{-24}	Yocto, ヨクト	y

ラム」と結びつけられ，接頭辞が示す「シンボル」が単位のシンボル "g" とともに用いられる．例外は，摂氏とそのシンボル°C を含めて，どの SI 接頭辞もどの SI 単位系とともに用いてよい．

■例 1.1

10^{-6} kg = 1 mg（ミリグラム）は認められるが，10^{-6} kg = 1 μkg（マイクロキログラム）は認められない．

■例 1.2

ワシントンの記念碑の高さを考えよ．ミリメートル単位（接頭辞「ミリ」，シンボル記号 "m"），センチメートル（接頭辞「センチ」，シンボル記号 "c"），キロメートル（接頭辞「キロ」，シンボル記号 "k"）を用いると，それぞれ 169,000 mm, 16,900 cm, 169 m あるいは 0.169 km と書ける．

1.3 換算係数

換算係数は表 1.2 にアルファベット順に与えられ，表 1.3 には単位の種類ごとの一覧が与えられている．

■例 1.3

問題： 華氏 72°F にあたる摂氏を見つけよ．
解答： °C = (F−32)×5/9 = (72−32)×5/9 = 22.2

DID YOU KNOW？

フィボナッチ数列は次の数字の列である．

1, 1, 2, 3, 5, 8, 13, 21, 34, 55, 89, 144, ⋯

あるいは，代替のものとして，

0.1, 1, 2, 3.5, 8, 13, 21, 34, 55, 89, 144, ⋯

1.3 換算係数

注意すべき事は,第3項以降の各項は前2項の和である.もう1つ気をつける点は,各数を次にくる数で順に割っていくと,興味深いことが起きる.

$1/1 = 1$, $1/2 = 0.5$, $2/3 = 0.66666$, $3/5 = 0.6$
$5/8 = 0.625$, $8/13 = 0.61538$, $13/21 = 0.61904$, …

これらの比の最初の部分は 0.6 よりほんのわずか大きい数に収束するようにみえる.

表 1.2 単位換算係数(アルファベット順)

係数	メートル(SI)あるいは英国換算
摂氏(温度)°C	$(5/9)[(°F)-32°]$
華氏(温度)°F	$(9/5)(°C)+32°$
1°C(間隔を表示)	$1.8°F = (9/5)(°F)$
	1.8°R(ランキン度)
	1.0 K(ケルビン)
1°F(間隔を表示)	$0.556°C = (5/9)°C$
	1.0°R(ランキン度)
	0.556 K(ケルビン)
1 atm(気圧)	1.013 bar(バール)
	10.133 N/cm^2(ニュートン毎平方センチメートル)
	33.90 ft of H$_2$O(フィート水柱)
	101.325 kPa(キロパスカル)
	1,013.25 mbar(ミリバール)
	psia(ポンド毎平方絶対インチ)
	760 torr(トル)
	760 mmHg(mm 水銀柱)
1 bar(バール)	0.987 atm(大気圧)
	$1×10^6$ dyne/cm^2(ダイン毎平方インチ)
	33.45 ft of H$_2$O(フィート水柱)
	$1×10^5$ Pa(パスカル)
	750.06 torr(トル)
	750.06 mmHg(mm 水銀柱)
1 Bq(ベクレル)	1 radioactive disintegration/second(壊変毎秒)
	$2.7×10^{-11}$ Ci(キュリー)
	$2.7×10^{-8}$ mCi(ミリキュリー)
1 BTU(英国熱量単位)	252 cal(カロリー)
	1055.06 J(ジュール)
	10.41 L atm(リットル気圧)
	0.293 Wh(ワット時間)
1 cal(カロリー)	$3.97×10^{-3}$ BTU(英国熱量単位)
	4.18 J(ジュール)
	0.0413 L atm(リットル気圧)
	$1.163×10^{-3}$ Wh(ワット時間)
1 Ci(キュリー)	$3.7×10^{10}$(壊変毎秒)
	$3.7×10^{10}$ Bq(ベクレル)
	1000 mCi(ミリキュリー)
1 cm(センチメートル)	0.0328 ft(フィート)
	0.394 in.(インチ)
	10,000 μm(マイクロメートル)
	100,000,000 Å $= 10^8$ Å(オングストローム)

表 1.2（つづき）

係数	メートル (SI) あるいは英国換算
1 cm² （平方センチ）	1.076×10^{-3} ft² （平方フィート） 0.155 in.² （平方インチ） 1×10^{-4} m² （平方メートル）
1 cm³ （cc, 立方センチメートル）	3.53×10^{-5} ft³ （立方フィート） 0.061 in.³ （立方インチ） 2.64×10^{-4} gal （ガロン）
1 day （日）	24 hr （時間） 1440 min （分） 86,400 sec （秒） 0.143 wk （週） 2.738×10^{-3} yr （年）
1 dyne （ダイン）	1×10^{-5} N （ニュートン）
1 erg （エルグ）	1 dyn-cm （ダイン・センチメートル） 1×10^{-7} J （ジュール） 2.78×10^{-11} Wh （ワット時間）
1 eV （エレクトロンボルト）	1.602×10^{-12} erg （エルグ） 1.602×10^{-19} J （ジュール）
1 fps （フィート毎秒）	1.097 kmph （キロメートル毎時） 0.305 mps （メートル毎秒） 0.01136 mph （マイル毎時）
1 ft （フィート）	30.48 cm （センチメートル） 12 in. （インチ） 0.3048 m （メートル） 1.65×10^{-4} NM （海里マイル） 1.89×10^{-4} mi （法定マイル）
1 ft² （平方フィート）	2.296×10^{-5} ac （エーカー） 9.296 cm² （平方センチメートル） 144 in.² （平方インチ） 0.0929 m² （平方メートル）
1 ft³ （立方フィート）	28.317 cm³ （cc, 立方センチメートル） 1,728 in.³ （立方インチ） 0.0283 m³ （立方メートル） 7.48 gal （ガロン） 28.32 L （リットル） 29.92 qt （クォート）
1 g （グラム）	0.001 kg （キログラム） 1000 mg （ミリグラム） 100,000,000 ng = 10^6 ng （ナノグラム） 2.205×10^{-3} lb （ポンド）
1 g/cm³ （グラム毎立方センチメートル）	62.43 lb/ft³ （ポンド毎立方フィート） 0.0361 lb/in.³ （ポンド毎立方インチ） 8.345 lb/gal （ポンド毎ガロン）
1 gal （ガロン）	3785 cm³ （cc, 立方センチメートル） 0.134 ft³ （立方フィート） 231 in.³ （立方インチ） 3.785 L （リットル）
1 Gy （グレイ）	1 J/kg （キログラム当たりのジュール） 100 rad （ラド） 1 Sv （シーベルト），(体積（Q）や個数（N）のような適当な因子で割ることによる修正をされていないなら）

表 1.2（つづき）

係数	メートル (SI) あるいは英国換算
1 hp（馬力）	745.7 J/sec（ジュール毎秒）
1 hr（時間）	0.0417 days（日）
	60 min（分）
	3600 sec（秒）
	5.95×10^{-3} wk（週）
	1.14×10^{-4} yr（年）
1 in.（インチ）	2.54 cm（センチメートル）
	1000 mil（ミル）
1 in.^{3}（立方インチ）	16.39 cm^3（cc, 立方センチメートル）
	16.39 mL（ミリリットル）
	5.79×10^{-4} ft^3（立方フィート）
	1.64×10^{-5} m^3（立方メートル）
	4.33×10^{-3} gal（ガロン）
	0.0164 L（リットル）
	0.55 fl oz（液体オンス）
1 inch of water（インチ水柱）	1.86 mmHg（ミリ水銀柱）
	249.09 Pa（パスカル）
	0.0361 psi（ポンド毎平方インチ）
1 J（ジュール）	9.48×10^{-4} BTU（英国熱量単位）
	0.239 cal（カロリー）
	10,000,000 erg = 1×10^7 erg（エルグ）
	9.87×10^{-3} L atm（リットル・気圧）
	1.0 N-m（ニュートン・メートル）
1 kcal（キロカロリー）	3.97 BTUs（英国熱量単位）
	1000 cal（カロリー）
	4186.8 J（ジュール）
1 kg（キログラム）	1000 g（グラム）
	2205 lb（ポンド）
1 km（キロメートル）	3280 ft（フィート）
	0.54 NM（海里マイル）
	0.6214 mi（法定マイル）
1 kW（キロワット）	56.87 BTU/min（英国熱量単位毎分）
	1.341 hp（馬力）
	1000 J/sec（ジュール毎秒）
1 kWh（キロワット・時）	3412.14 BTU（英国熱量単位）
	3.6×10^6 J（ジュール）
	859.8 kcal（キロカロリー）
1 L（リットル）	1000 cm^3（cc, 立方センチメートル）
	1 dm^3（立方デシメートル）
	0.0353 ft^3（立方フィート）
	61.02 in.^{3}（立方インチ）
	0.264 gal（ガロン）
	1000 mL（ミリリットル）
	1.057 qt（クォート）
1 lb（ポンド）	453.59 g（グラム）
	16 oz（オンス）
1 lb/ft^3（ポンド毎立方フィート）	16.02 g/L（グラム毎リットル）
1 lb/in.^{3}（ポンド毎立方インチ）	27.68 g/cm^3（グラム毎立方センチメートル）
	1728 lb/ft^3（ポンド毎立方フィート）

表1.2（つづき）

係数	メートル（SI）あるいは英国換算
1 m（メートル）	1×10^{10} Å（オングストローム）
	100 cm（センチメートル）
	3.28 ft（フィート）
	39.37 in.（インチ）
	1×10^{-3} km（キロメートル）
	1000 mm（ミリメートル）
	1,000,000 μm = 1×10^{6} μm（マイクロメートル）
	1×10^{9} nm（ナノメートル）
1 m^2（平方メートル）	10.76 ft^2（平方フィート）
	1550 in.^{2}（平方インチ）
1 m^3（立方メートル）	1,000,000 cm^3 = 10^6 cm^3（cc, 立方センチメートル）
	33.32 ft^3（立方フィート）
	61.023 in.^{3}（立方インチ）
	264.17 gal（ガロン）
	1000 L（リットル）
1 mCi（ミリキュリー）	0.001 Ci（キュリー）
	3.7×10^{10}（壊変毎秒）
	3.7×10^{10} Bq（ベクレル）
1 mi（法定マイル）	5280 ft（フィート）
	1.609 km（キロメートル）
	1609.3 m（メートル）
	0.869 NM（海里マイル）
	1760 yd（ヤード）
1 mi^2（平方マイル）	640 ac（エーカー）
	2.79×10^{7} ft^2（平方フィート）
	2.59×10^{6} m^2（平方メートル）
1 min（分）	6.94×10^{-4} days（日）
	0.0167 hr（時間）
	60 sec（秒）
	9.92×10^{-5} wk（週）
	1.90×10^{-6} yr（年）
1 mmHg（ミリ水銀柱）	1.316×10^{-3} atm（気圧）
	0.535 in.H$_2$O（インチ水柱）
	1.33 mbar（ミリバール）
	133.32 Pa（パスカル）
	1 torr（トル）
	0.0193 psia（ポンド毎平方インチ）
1 mph（マイル毎時）	88 fpm（フィート毎分）
	1.61 kmph（キロメートル毎時）
	0.447 mps（メートル毎秒）
1 mps（メートル毎秒）	196.9 fpm（フィート毎分）
	3.6 kmph（キロメートル毎時）
	2.237 mph（マイル毎時）
1 N（ニュートン）	1×10^{5} dyne（ダイン）
1 N-m（ニュートン・メートル）	1.00 J（ジュール）
1 NM（海里マイル）	6076.1 ft（フィート）
	1.852 km（キロ）
	1.15 mi（法定マイル）
	2025.4 yd（ヤード）

1.3 換算係数

表 1.2（つづき）

係数	メートル（SI）あるいは英国換算
1 Pa（パスカル）	9.87×10^{-6} atm（気圧）
	4.015×10^{-3} in.H$_2$O（インチ水柱）
	0.01 mbar（ミリバール）
	7.5×10^{-3} mmHg（ミリ水銀柱）
1 ppm（百万分率）	1.00 mL/m^3（ミリリットル毎立方メートル）
	1.00 mg/kg（ミリグラム/キログラム）
1 psi（ポンド毎平方インチ）	0.068 atm（気圧）
	27.67 in.H$_2$O（インチ水柱）
	68.85 mbar（ミリバール）
	51.71 mmHg（ミリ水銀柱）
	6894.76 Pa（パスカル）
1 qt（クォート）	946.4 cm^3（cc, 立方センチメートル）
	57.75 in.^{3}（立方インチ）
	0.946 L（リットル）
1 rad（ラド）	100 erg/g（グラム当たりエルグ）
	0.01 Gy（グレイ）
1 rem（レム）	1 rem（レム），（体積（Q）や個数（N）のような適当な因子で割ることによる修正をされていないなら）
	1 rad（ラド），（体積（Q）や個数（N）のような適当な因子で割ることによる修正をされていないなら）
1 Sv（シーベル）	1 Gy（グレイ），（体積（Q）や個数（N）のような適当な因子で割ることによる修正をされていないなら）
1 torr（トル）	1.33 mbar（ミリバール）
1 W（ワット）	3.41 BTU/hr（英国熱量単位毎時）
	1.341×10^{-3} hp（馬力）
	52.18 J/sec（ジュール毎秒）
1 week（週）	7 days（日）
	168 hr（時間）
	10,080 min（分）
	6.048×10^5 sec（秒）
	0.0192 yr（年）
1 Wh（ワット・時）	3.412 BTUs（英国熱量単位）
	859.8 cal（カロリー）
	3600 J（ジュール）
	35.53 L atm（リットル気圧）
1 yd^3（立方ヤード）	201.97 gal（ガロン）
	764.55 L（リットル）
1 yr（年）	365.25 days（日）
	8766 hr（時間）
	5.26×10^5 min（分）
	3.16×10^7 sec（秒）
	52.18 weeks（週）

表 1.3 単位の種類ごとの換算係数

係数	メートル（SI）あるいは英国換算
長さの単位	
1 cm（センチメートル）	0.0328 ft（フィート） 0.394 in.（インチ） 10,000 μm（マイクロメートル） 100,000,000 Å = 10^8 Å（オングストローム）
1 ft（フィート）	30.48 cm（センチメートル） 12 in.（インチ） 0.3048 m（メートル） 1.65×10^{-4} NM（海里マイル） 1.89×10^{-4} mi（法定マイル）
1 in.（インチ）	2.54 cm（センチメートル）
1 km（キロメートル）	1000 mi（マイル） 3280.8 ft（フィート） 0.54 NM（海里マイル） 0.6214 mi（法定マイル）
1 m（メートル）	1×10^{10} Å（オングストローム） 100 cm（センチメートル） 3.28 ft（フィート） 39.37 in.（インチ） 1×10^{-3} km（キロメートル） 1000 mm（ミリメートル） $1,000,000$ μm $= 1 \times 10^6$ μm（マイクロメートル） 1×10^9 nm（ナノメートル）
1 NM（海里マイル）	6076.1 ft（フィート） 1.852 km（キロメートル） 1.15 mi（法定マイル） 2025.4 yd（ヤード）
1 mi（法定マイル）	5280 ft（フィート） 1.609 km（キロメートル） 1690.3 m（メートル） 0.869 NM（海里マイル） 1760 yd（ヤード）
面積の単位	
1 cm^2（平方センチメートル）	1.076×10^{-3} ft^2（平方フィート） 0.155 in.^{2}（平方インチ） 1×10^{-4} m^2（平方メートル）
1 ft^2（平方フィート）	2.296×10^{-5} ac（エーカー） 929.03 cm^2（平方センチメートル） 144 in.^{2}（平方インチ） 0.0929 m^2（平方メートル）
1 m^2（平方メートル）	10.76 ft^2（平方フィート） 1550 in.^{2}（平方インチ）
1 mi^2（平方マイル）	640 ac（エーカー） 2.79×10^7 ft^2（平方フィート） 2.59×10^6 m^2（平方メートル）
体積の単位	
1 cm^3（立方センチメートル）	3.53×10^{-5} ft^3（立方フィート） 0.061 in.^{3}（立方インチ） 2.64×10^{-4} gal（ガロン） 0.001 L（リットル） 1.00 mL（ミリリットル）

表 1.3（つづき）

係数	メートル（SI）あるいは英国換算
1 ft³（立方フィート）	28,317 cm³（cc, 立方センチメートル） 1728 in.³（立方インチ） 0.0283 m³（立方メートル） 7.48 gal（ガロン） 28.32 L（リットル） 29.92 qt（クォート）
1 in.³（立方インチ）	16.39 cm³（cc, 立方センチメートル） 16.39 mL（ミリリットル） 5.79×10^{-4} ft³（立方フィート） 1.64×10^{-5} m³（立方メートル） 4.33×10^{-3} gal（ガロン） 0.0164 L（リットル） 0.55 fl oz.（液量オンス）
1 m³（立方メートル）	1,000,000 cm³ = 10^6 cm³（cc, 立方センチメートル） 35.31 ft³（立方フィート） 61,023 in.³（立方インチ） 264.17 gal（ガロン） 1000 L（リットル）
1 yd³（立方ヤード）	201.97 gal（ガロン） 764.55 L（リットル）
1 gal（ガロン）	3785 cm³（cc, 立方センチメートル） 0.134 ft³（立方フィート） 231 in.³（立方インチ） 3.785 L（リットル）
1 L（リットル）	1000 cm³（cc, 立方センチメートル） 1 dm³（立方デシメートル） 0.0353 ft³（立方フィート） 61.02 in.³（立方インチ） 0.264 gal（ガロン） 1000 mL（ミリリットル） 1.057 qt（クォート）
1 qt（クォート）	946.4 cm³（cc, 立方センチメートル） 57.75 in.³（立方インチ） 0.946 L（リットル）
質量の単位	
1 g（グラム）	0.001 kg（キログラム） 1000 mg（ミリグラム） 1,000,000 mg = 106 ng（ナノグラム） 2.205×10^{-3} lb（ポンド）
1 kg（キログラム）	1000 g（グラム） 2.205 lb（ポンド）
1 lb（ポンド）	453.59 g（グラム） 16 oz.（オンス）
時間の単位	
1 day（日）	24 hr（時間） 1440 min（分） 86,400 sec（秒） 0.143 weeks（週） 2.738×10^{-3} yr（年）

表 1.3（つづき）

係数	メートル（SI）あるいは英国換算
1 hr（時間）	0.0417 days（日） 60 min（分） 3600 sec（秒） 5.95×10^{-3} weeks（週） 1.14×10^{-4} yr（年）
1 min（分）	6.94×10^{-4} days（日） 0.0167 hr（時間） 60 sec（秒） 9.92×10^{-5} weeks（週） 1.90×10^{-6} yr（年）
1 week（週）	7 days（日） 168 hr（時間） 10,080 min（分） 6.048×10^{5} sec（秒） 0.0192 yr（年）
1 yr（年）	365.25 days（日） 8,766 hr（時間） 5.26×10^{5} min（分） 3.16×10^{7} sec（秒） 52.18 weeks（週）
温度計測の単位	
℃（摂氏） 1℃（間隔差表示）	(5/9)[(°F)−32°] 1.8°F=(9/5)(°F) 1.8°R（ランキン度） 1.0 K（ケルビン）
°F（華氏） 1°F（間隔差表示）	(9/5)(℃)+32° 0.556℃=(5/9)℃ 1.0°R（ランキン度） 0.556 K（ケルビン）
力の単位	
1 dyne（ダイン） 1 N（ニュートン）	1×10^{-5} N（ニュートン） 1×10^{5} dyne（ダイン）
仕事あるいはエネルギーの単位	
1 BTU（英国熱量単位）	252 cal（カロリー） 1055.06 J（ジュール） 10.41 L atm（リットル・気圧） 0.293 Wh（ワット時）
1 cal（カロリー）	3.97×10^{-3} BTU（英国熱量単位） 4.18 J（ジュール） 0.0413 L atm（リットル・気圧） 1.163×10^{-3} Wh（ワット時）
1 eV（エレクロンボルト）	1.602×10^{-12} erg（エルグ） 1.602×10^{-19} J（ジュール）
1 erg（エルグ）	1 dyne-cm（ダイン・センチメートル） 1×10^{-7} J（ジュール） 2.78×10^{-11} Wh（ワット時）
1 J（ジュール）	9.48×10^{-4} BTU（英国熱量単位） 0.239 cal（カロリー） 10,000,000 erg = 1×10^{7} erg（エルグ）

1.3 換算係数

表 1.3（つづき）

係数	メートル (SI) あるいは英国換算
1 J（ジュール）	9.87×10^{-3} L atm（リットル・気圧）
	1.00 N-m（ニュートン・メートル）
1 kcal（キロカロリー）	3.97 BTU（英国熱量単位）
	1000 cal（カロリー）
	4,186.8 J（ジュール）
1 kWh（キロワット時）	3412.14 BTU（英国熱量単位）
	3.6×10^6 J（ジュール）
	859.8 kcal（キロカロリー）
1 N-m（ニュートン時）	1.00 J（ジュール）
	2.78×10^{-4} Wh（ワット時）
1 Wh（ワット時）	3.412 BTU（英国熱量単位）
	859.8 cal（カロリー）
	3,600 J（ジュール）
	35.53 L atm（リットル・気圧）

仕事率の単位

1 hp（馬力）	745.7 J/sec（ジュール毎秒）
1 kW（キロワット）	56.87 BTU/min（英国熱量単位毎分）
	1.341 hp（馬力）
	1000 J/sec（ジュール毎秒）
1 W（ワット）	3.41 BTU/hr（英国熱量単位毎時）
	1.341×10^{-3} hp（馬力）
	1.00 J/sec（ジュール毎秒）

圧力の単位

1 atm（気圧）	1.013 bar（バール）
	10.133 N/cm²（ニュートン毎平方センチメートル）
	33.90 ft of H_2O（フィート水柱）
	101.325 kPa（キロパスカル）
	14.70 psia（ポンド毎平方インチ）
	760 torr（トル）
	760 mmHg（ミリメートル水銀柱）
1 bar（バール）	0.987 atm（気圧）
	1×10^6 dyne/cm²（ダイン毎平方センチメートル）
	33.45 ft of H_2O（フィート水柱）
	1×10^5 Pa（パスカル）
	750.06 torr（トル）
	750.06 mmHg（ミリ銀柱）
1 inch of water（インチ水柱）	1.86 mmHg（ミリ銀柱）
	249.09 Pa（パスカル）
	0.0361 psi（ポンド毎平方インチ）
1 mmHg（ミリ水銀柱）	1.316×10^{-3} atm（気圧）
	0.535 in H_2O（インチ水柱）
	1.33 mbar（ミリバール）
	133.32 Pa（パスカル）
	1 torr（トル）
	0.0193 psia（ポンド毎平方インチ）
1 pascal（パスカル）	9.87×10^{-6} atm（気圧）
	4.015×10^{-3} in.H_2O（インチ水柱）
	0.01 mbar（ミリバール）
	7.5×10^{-3} mmHg（ミリ水銀柱）

表 1.3（つづき）

係数	メートル（SI）あるいは英国換算
1 psi（ポンド毎平方インチ）	0.068 atm（気圧） 27.67 in H$_2$O（inches of water） 68.85 mbar（ミリバール） 51.71 mmHg（ミリ水銀柱） 6,894.76 Pa（パスカル）
1 torr（トル）	1.33 mbar（ミリバール）
速度あるいは速さの単位	
1 fps（フィート毎秒）	1.097 kmph（キロ毎時） 0.305 mps（メートル毎秒） 0.01136 mph（マイル毎時）
1 mps（マイル毎秒）	196.9 fpm（フィート毎分） 3.6 kmph（キロ毎時） 2.237 mph（マイル毎時）
1 mph（マイル毎時）	88 fpm（フィート毎分） 1.61 kmph（キロ毎時） 0.447 mps（メートル毎秒）
密度の単位	
1 g/cm^3（グラム毎立方センチメートル）	62.43 lb/ft^3（ポンド毎立方フィート） 0.0361 lb/in.^{3}（ポンド毎立方インチ） 8.345 lb/gal（ガロン当たりポンド）
1 lb/ft^3（ポンド毎立方フィート）	16.02 g/L（リットル当たりグラム）
1 lb/in.^{2}（ポンド毎平方インチ）	27.68 g/cm^3（グラム毎立方センチメートル） 1.728 lb/ft^3（ポンド毎立方フィート）
濃度の単位	
1 ppm（百万分率体積）	1.00 mL/m^3（ミリリットル毎立方メートル）
1 ppm（百万分率重量）	1.00 mg/kg（キログラム当たりミリグラム）
放射線量と被曝に関する単位	
1 Bq（ベクレル）	1（壊変毎秒） 2.7×10^{-11} Ci（キュリー） 2.7×10^{-8} mCi（ミリキュリー）
1 Ci（キュリー）	3.7×10^{10}（壊変毎秒） 3.7×10^{10} Bq（ベクレル） 1000 mCi（ミリキュリー）
1 Gy（グレイ）	1 J/kg（キロ当たりジュール） 100 rad（ラド） 1 Sv,（体積（Q）や個数（N）のような適当な因子で割ることによる修正をされていないなら）（シーベルト）
1 mCi（ミリキュリー）	0.001 Ci（キュリー） 3.7×10^{10}（壊変毎秒） 3.7×10^{10} Bq（ベクレル）
1 rad（ラド）	100 erg/g（グラム当たりエルグ） 0.01 Gy（グレイ） 1 rem（レム），（体積（Q）や個数（N）のような適当な因子で割ることによる修正をされていないなら）
1 rem（レム）	1 rad（ラド），（体積（Q）や個数（N）のような適当な因子で割ることによる修正をされていないなら）
1 Sv（sievert）	1 Gy（グレイ），（体積（Q）や個数（N）のような適当な因子で割ることによる修正をされていないなら）

1.4 換算係数：実践例

異なった単位を換算する必要に迫られることがしばしばある．60 in. のパイプを現在ある 6 ft のパイプに接続することを考える．つなぐと，長さはいくらになるか？ 明らかに，60 に 6 を足し算することでは答えは得られない，というのも 2 つの長さは異なった単位で与えられているからである．

両者を足す前に，どちらかの単位をもう一方の単位に換算する必要がある．そうして，同じ単位をもった長さになったときに，足し算することができる．

1. 60 in.（インチ）は 60/12 = 5 ft（フィート）
2. 5 ft + 6 ft = 11 ft（フィート）

DID YOU KNOW ?

単位と次元は同一の概念ではない．次元は，たとえば質量，長さあるいは重さのような概念である．単位は次元の特定の例で，たとえば時間，グラム，メートルあるいはポンドのようなものである．異なった単位の量を掛け算，割り算することはでき，たとえば 4 ft × 8 lb = 32 ft-lb のようであるが，2 つの量が同じ次元であったとしても足し算，引き算はできない．すなわち，5 lb + 8 kg = は**許されない**．

前記の例から，換算係数はある計量単位で知られた量を別の計量単位における同等の量に換算することがわかる．ある単位から別の単位に換算する際には，2 つのことを知っておく必要がある．

1. 2 つの単位を関係づける正確な数字
2. その数字によって掛け算するのか，割り算するのか．

換算する際，掛け算するのか割り算するのかという迷いはよく生じる．一方，2 つの単位を関係づける数字は既知であるのが普通で，それゆえ問題にはならない．さまざまな作業に対して使える適切な方法論，すなわち仕組みを理解するためには，実践と常識が必要とされる．

換算において適切な仕組み（そして実践と常識）を使用するうえで，多分，最も容易で速い換算方法は，換算表を用いることである．たとえば，型枠内の湿ったセメントの深さが 0.85 ft なら 12 in./ft を掛け算することで計測深さはインチに換算され，10.2 in. になる．同様に，型枠内の湿ったセメントの深さが 16 in. なら，12 in./ft で割ることでフィート，1.33 ft に換算される．

1.4.1 重量，濃度，流れ

ある単位表示から別の単位表示への換算，またその逆の換算に表 1.4 を用いるのはよい練習となる．しかしながら，たとえば水処理操作におけるプロセス計算のために単位換算を行う際には，重量，流量あるいは体積，濃度の間の関係に基づく換算計算に慣れ

表 1.4 換算表

換算前単位	換算のために掛ける係数	換算後の単位
フィート	12	インチ
ヤード	3	フィート
ヤード	36	インチ
インチ	2.54	センチメートル
メートル	3.3	フィート
メートル	100	センチメートル
メートル	1000	ミリメートル
平方ヤード	9	平方フィート
平方フィート	144	平方インチ
エーカー	43,560	平方フィート
立方ヤード	27	立方フィート
立方フィート	1728	立方インチ
立方フィート（水）	7.48	ガロン
立方フィート（水）	62.4	ポンド
エーカーフィート	43,560	立方フィート
ガロン（水）	8.34	ポンド
ガロン（水）	3.785	リットル
ガロン（水）	3785	ミリリットル
ガロン（水）	3785	立方センチメートル
ガロン（水）	3785	グラム
リットル	1000	ミリリットル
日	24	時間
日	1440	分
日	86,400	秒
日当たり 100 万ガロン	1,000,000	日当たりガロン
日当たり 100 万ガロン	1.55	立方フィート毎秒
日当たり 100 万ガロン	3.069	日当たりエーカー・フィート
日当たり 100 万ガロン	36.8	日当たりエーカー・インチ
日当たり 100 万ガロン	3785	日当たり立方メートル
分当たりガロン	1440	日当たりガロン
分当たりガロン	63.08	リットル毎分
ポンド	454	グラム
グラム	1000	ミリグラム
圧（psi）	2.31	水頭（フィート水柱）
馬力	33,000	フィート・ポンド毎分
馬力	0.746	キロワット

ておく必要がある．

$$\text{重量} = \text{濃度} \times (\text{流量あるいは体積}) \times \text{因子}$$

表 1.5 には重量，体積，濃度の換算計算がまとめられている．練習を積むと，これらの計算は利用者にとっては第 2 の天性となる．

次の換算係数は環境工学（たとえば水／排水操作）で広く用いられている．

- 7.48 gallon（ガロン）= 1 ft³（立方フィート）
- 3.785 liters（リットル）= 1 gallon（ガロン）
- 454 grams（グラム）= 1 pound（ポンド）

1.4 換算係数：実践例

表1.5 重量，体積と濃度の計算

計算量	公式
ポンド	濃度(mg/L)×水槽体積(MG)×8.34 lb/mg/L/MG
ポンド毎分 日当たり100万ガロン	濃度(mg/L)×流量(MGD)×8.34 lb/mg/L/MG 量(lb/day)
リットル当たりミリグラム	濃度(mg/L)×8.34 lb/mg/L/MG 量(lb/day) 水槽体積(MG)×8.34 lb/mg/L/MG
リットル当たりキログラム	濃度(mg/L)×体積(MG)×3.785 lb/mg/L/MG
日当たり1キログラム	濃度(mg/L)×流量(MGD)×3.785 lb/mg/L/MG
乾燥トン当たりポンド	濃度(mg/kg)×0.002 lb/dry ton/mg/kg

※MG：百万ガロン（million gallons）
　MGD：百万ガロン／日（million gallons per day）

- 1000 mL（ミリリットル）＝1 liter（リットル）
- 1000 mg（ミリグラム）＝1 gram（グラム）
- 1 ft^3/sec（cfs）（毎秒立方フィート）＝0.645 MGD
- 1ガロンの水は8.34 lbで，密度は8.31 lb/gal
- 1ミリリットルの水は1 gで，その密度は1 g/mL
- 1立方フィートの水は62.4 lbで，その密度は62.4 lb/gal
- 8.34 lb/galは，mg/Lの投入量をlb/day/MGDに換算する際に用いられ，すなわち，1 mg/L×10 MGD×8.34 lb/gal＝83.4 lb/day
- 1 psi＝2.31 ft水柱
- 1フィート水頭＝0.433 psi
- °F＝9/5（°C＋32）
- °C＝5/9（°F－32）
- 平均的な水使用量は100ガロン／日（gpd）
- 1家族当たりの居住者は3.7人

DID YOU KNOW ?

多くの環境衛生の技術者は連邦政府の食料安全監視サービス（FSIS）や州，地方政府での食料監視の仕事をしている．もちろん，彼らの目的は，国内や地方で流通する肉類，肉食品，鳥肉，鳥肉食品の加工物が衛生的で，混入物がなく，適正に番号づけされ，ラベル付けされ，包装されていることを保証することである．検査官が規制成分のコンプライアンスを確認する際に直面する障害の1つは，許容量に対する計算が5種類の異なる重さを基準としうる点である．これらの異なる重さは，成分や製品のタイプ，製品にその成分を使用する理由に応じて変えられる．5つの重さ

（あるいは規制成分の計算の基本量）は，
- 未処理重量（green weight）—肉および／あるいは鳥肉の成形時の副産物（肉のかたまり）
- 成形重量（formulated weight）—肉製品をソーセージ製品を加工して成型されたときの水と氷を除く総重量．
- 終了重量（finished weight）—パンやバターを含む肉または鳥肉製品全体の総重量．
- 企画終了重量—加えられた脱脂粉乳，大豆粉，シリアルを含む肉または鳥肉の総重量．
- 脂肪分重量—新鮮な肉または鳥肉の脂肪分重量．

1.4.2 水，排水の換算例

表1.4と表1.5を次の換算に用いる．その他の換算はこの本の適当な章で紹介される．

■例 **1.4**

立方フィートをガロンに換算せよ．

$$\text{ガロン} = 立方フィート(ft^3) \times 7.48 \text{ gal/ft}^3$$

問題： 体積 3600 ft^3 の貯留槽に何ガロンの植物性固形物をポンプで上げることができるか？

解答：

$$\text{ガロン} = 3600 \text{ ft}^3 \times 7.48 \text{ gal/ft}^3 = 26{,}928 \text{ gal}$$

■例 **1.5**

ガロンを立方フィートに換算せよ．

$$立方フィート(ft^3) = \frac{\text{ガロン}}{7.48 \text{ gal/ft}^3}$$

問題： $18{,}200 \text{ gal}$ の植物性固形物が除去されるとき，何立方フィートが除去されることになるか？

解答：

$$立方フィート = \frac{18{,}200 \text{ gal}}{7.48 \text{ gal/ft}^3} = 2433 \text{ ft}^3$$

■例 **1.6**

ガロンをポンドに換算せよ．

$$\text{ポンド(lb)} = \text{ガロン} \times 8.34 \text{ lb/gal}$$

問題： 第1沈殿槽から 1650 gal の固形物が除去される場合，何ポンドの固形物が除去されることになるか？

解答：
$$\text{ポンド} = 1650 \text{ gal} \times 8.34 \text{ lb/gal} = 13{,}761 \text{ lb}$$

■例 1.7

ポンドをガロンに換算せよ．
$$\text{ガロン(gal)} = \frac{\text{ポンド(lb)}}{8.34 \text{ lb/gal}}$$

問題： 7540 lb の水を貯めているタンクを満杯にするには何ガロンの水が必要か？

解答：
$$\text{ガロン} = \frac{7540 \text{ lb}}{8.34 \text{ lb/gal}} = 904 \text{ gal}$$

■例 1.8

ミリグラム／リットルをポンドに換算せよ．

要点： プラント操作に対しては，室内試験によって決められたミリグラム／リットルあるいは百万分率の濃度が，ポンド，キログラム，日当たりポンドあるいは日当たりキログラムという量に換算される必要がある．

$$\text{ポンド(lb)} = \text{濃度(mg/L)} \times \text{体積(MG)} \times 8.34 \text{ lb/mg/L/MG}$$

問題： 曝気タンクの固形物濃度が 2580 mg/L である．曝気タンクの体積は 0.95 MG（百万ガロン）である．タンク内には何ポンドの固形物があるか？

解答：
$$\text{ポンド} = 2580 \text{ mg/L} \times 0.95 \text{ MG} \times 8.34 \text{ lb/mg/L/MG} = 20{,}441.3 \text{ lb}$$

■例 1.9

ミリグラム／リットルをポンド／日に換算せよ．
$$\text{ポンド／日} = \text{濃度(mg/L)} \times \text{流量(MGD)} \times 8.34 \text{ lb/mg/L/MG}$$

問題： プラント排出量が 4.75 MGD（百万ガロン／日）で，排出固形物濃度が 26 mg/L のとき，1 日につき何ポンドの固形物が排出されるか．

解答：
$$\text{ポンド／日} = 26 \text{ mg/L} \times 4.75 \text{ MGD} \times 8.34 \text{ lb/mg/L/MG} = 1030 \text{ lb/day}$$

■例 1.10

ミリグラム／リットルをキログラム／日に換算せよ．
$$\text{キログラム／日} = \text{濃度(mg/L)} \times \text{体積(MG)} \times 3.785 \text{ kg/mg/L/MG}$$

問題： 排出水は 26 mg/L の BOD_5 を含んでいる．排出量が 9.5 MGD のとき，日当たり何キログラムの BOD_5 が排出されているか？

解答：
$$\text{キログラム／日} = 26 \text{ mg/L} \times 9.5 \text{ MG} \times 3.785 \text{ kg/mg/L/MG} = 934 \text{ kg/day}$$

■例 1.11

ポンドをミリグラム／リットルに換算せよ．

$$濃度(\text{mg/L}) = \frac{量(\text{lb})}{体積(\text{MG}) \times 8.34\ \text{lb/mg/L/MG}}$$

問題： 曝気タンクに 89,990 lb の固形物がある．曝気タンクの体積が 4.45 MG である．曝気タンクの固形物濃度はミリグラム／リットル単位でいくらか？

解答：

$$濃度(\text{mg/L}) = \frac{89{,}990\ \text{lb}}{4.45\ \text{MG} \times 8.34\ \text{lb/mg/L/MG}} = 2425\ \text{mg/L}$$

■例 1.12

ポンド／日をミリグラム／リットルに換算せよ．

$$濃度(\text{mg/L}) = \frac{量(\text{lb})}{体積(\text{MGD}) \times 8.34\ \text{lb/mg/L/MG}}$$

問題： 消毒過程では，流量 25.2 MGD を消毒するため，日当たり 4820 lb の塩素を使用している．消毒に用いられる塩素の濃度はいくらか？

解答：

$$濃度(\text{mg/L}) = \frac{4820\ \text{lb}}{4.45\ \text{MGD} \times 8.34\ \text{lb/mg/L/MG}} = 22.9\ \text{mg/L}$$

■例 1.13

ポンドを日当たりミリオンガロン（MGD）の流量に換算せよ．

$$流量(\text{MGD}) = \frac{量(\text{lb/day})}{濃度(\text{mg/L}) \times 8.34\ \text{lb/mg/L/MG}}$$

問題： 活性バイオソリッドから日当たり 9640 lb の固形物が除去されなければならない．活性バイオソリッドの汚泥濃度は 7699 mg/L である．日当たり何ミリオンガロンの活性バイオソリッドを除去することが必要か？

解答：

$$流量(\text{MGD}) = \frac{9640\ \text{lb/day}}{7699\ \text{mg/L} \times 8.34\ \text{lb/mg/L/MG}} = 0.15\ \text{MGD}$$

■例 1.14

日当たりミリオンガロンを分当たりガロン（gpm）に換算せよ．

$$流量(\text{gpm}) = \frac{流量(\text{MGD}) \times 1{,}000{,}000\ \text{gal/MG}}{1440\ \text{min/day}}$$

問題： 現在の流量は 5.55 MGD である．分当たりガロンではいくらになるか？

解答：

$$流量(\text{gpm}) = \frac{5.55 \text{ MGD} \times 1{,}000{,}000 \text{ gal/MG}}{1440 \text{ min/day}} = 3854 \text{ gpm}$$

■例 1.15

日当たりミリオンガロン（MGD）を日当たりガロン（gpd）に換算せよ.
$$流量(\text{gpd}) = 流量(\text{MGD}) \times 1{,}000{,}000 \text{ gal/MG}$$
問題： 流入メータが 28.8 MGD を指している．日当たりガロンでの流量はいくらか？
解答：
$$流量 = 28.8 \text{ MGD} \times 1{,}000{,}000 \text{ gal/MG} = 28{,}800{,}000 \text{ gpd}$$

■例 1.16

日当たりミリオンガロン（MGD）を立方フィート毎秒（cfs）に換算せよ.
$$流量(\text{cfs}) = 流量(\text{MGD}) \times 1.55 \text{ cfs/MGD}$$
問題： 導入路に入る流量が 2.89 MGD である．立方フィート毎秒での流量はいくらか？
解答：
$$流量 = 2.89 \text{ MGD} \times 1.55 \text{ cfs/MGD} = 4.48 \text{ cfs}$$

■例 1.17

分当たりガロン（gpm）を日当たりミリオンガロン（MGD）に換算せよ.

問題： 現在流量として流入メータは 1469 gpm を指している．日当たりミリオンガロンでの流量はいくらか？
解答：
$$流量 = \frac{1469 \text{ gpm} \times 1440 \text{ min/day}}{1{,}000{,}000 \text{ gal/MG}} = 2.12 \text{ MGD}（丸めている）$$

■例 1.18

日当たりガロン（gpd）を日当たりミリオンガロン（MGD）に換算せよ.
$$流量(\text{MGD}) = \frac{流量(\text{gal/day})}{1{,}000{,}000 \text{ gal/MG}}$$
問題： 全流量計が，33,444,950 gal の排水がこの 24 時間で設備に流入したことを示している．日当たりミリオンガロンの流量を求めよ.
解答：
$$流量 = \frac{33{,}444{,}950 \text{ gal/day}}{1{,}000{,}000 \text{ gal/MG}} = 33.44 \text{ MGD}$$

■例 1.19

立方フィート毎秒（cfs）を日当たりミリオンガロン（MGD）に換算せよ.

22   第1章　は じ め に

$$\text{流量(MGD)} = \frac{\text{流量(cfs)}}{1.55 \text{ cfs/MG}}$$

問題：　水路内流量が3.89立方フィート毎秒（cfs）である．日当たりミリオンガロン（MGD）の流量を求めよ．

解答：

$$\text{流量} = \frac{3.89 \text{ cfs}}{1.55 \text{ cfs/MG}} = 2.5 \text{ MGD}$$

■例 1.20

問題：　水槽内の水が675 lbである．何ガロンが蓄えられているか？

解答：

$$\frac{675 \text{ lb}}{8.34 \text{ lb/gal}} = 80.9 \text{ gal}$$

■例 1.21

問題：　液体化学物質の立方フィート当たりの重さは62 lb/ft^{3}である．5 gal缶内にある物質の重さはいくらか？

解答：　比重を求め，lb/galを決め，そして5を掛けよ．

$$\text{比重} = \frac{\text{化学物質の重さ}(\text{lb/ft}^3)}{\text{水の重さ}(\text{lb/ft}^3)} = \frac{62 \text{ lb/ft}^3}{62.4 \text{ lb/ft}^3} = 0.99$$

$$0.99 = \frac{\text{化学物質の重さ}(\text{lb/gal})}{8.34 \text{ lb/gal}}$$

化学物質の重さ $= 8.26 \text{ lb/gal}$

$8.26 \text{ lb/gal} \times 5 \text{ gal} = 41.3 \text{ lb}$

■例 1.22

問題：　直径16 in., 長さ16 ftの木製管の重さは50 lb/ft^{3}である．水の中に垂直に入れたとき，水面下に保持しようとするために必要な垂直な力はいくらか？

解答：　この管が水と同じ重さをもつなら，ちょうど浮かんだ状態で静止する．その重さとおなじ体積の水の重さの差を求めると，それが保持する力になる．

$$\begin{array}{r} 62.4 \text{ lb/ft}^3 (\text{水}) \\ -50.0 \text{ lb/ft}^3 (\text{管}) \\ \hline 12.4 \text{ lb/ft}^3 (\text{差}) \end{array}$$

管の体積 $= 0.785 \times (1.33)^2 \times 16 \text{ ft} = 22.21 \text{ ft}^3$

$12.4 \text{ lb/ft}^3 \times 22.21 \text{ ft}^3 = 275.4 \text{ lb}$

■例 1.23

問題：　比重1.22の液体化学物質が40 gpmの速度でポンプにより揚水されている．ポンプで日当たり何ポンドが配水されているか？

解答： 分当たりに揚水されている量をポンドで求め，それから日当たりポンドに変換せよ．

$$8.34 \text{ lb/gal（水）} \times \text{比重 } 1.22\text{（液体）} = 10.2 \text{ lb/gal（液体）}$$
$$40 \text{ gal/min} \times 10.2 \text{ lb/gal} = 408 \text{ lb/min}$$
$$408 \text{ lb/min} \times 1440 \text{ min/day} = 587{,}520 \text{ lb/day}$$

■ 例 1.24

問題： シンダーブロック（軽量ブロック）は空気中で 70 lb の重さである．水に浸すと，40 lb の重さである．シンダーブロックの体積と比重を求めよ．

解答： シンダーブロックは 30 lb の水を排除する．排除される水（シンダーブロックの体積に相当）を立方フィートで求めよ．

$$\frac{\text{排除された水 } 30 \text{ lb}}{62.4 \text{ lb/ft}^3} = 0.48 \text{ ft}^3 \text{ 排除水量}$$

シンダーブロックの体積は 0.48 ft³ で，重さは 70 lb であるので，

$$\frac{70 \text{ lb}}{0.48 \text{ ft}^3} = 145.8 \text{ lb/ft}^3 \text{ シンダーブロックの密度}$$

$$\text{比重} = \frac{\text{シンダーブロックの密度}}{\text{水の密度}} = \frac{145.8 \text{ lb/ft}^3}{62.4 \text{ lb/ft}^3} = 2.34$$

1.4.3 温度の換算

一般的に使用される 2 つの方法で温度換算を行う．すでに次の方法を示している．
- °C = 5/9 （°F − 32）
- °F = 9/5 （°C）+ 32

■ 例 1.25

問題： 4°C であるとき，水の密度は最大になる．その温度は華氏ではいくらか？

解答：

$$9/5(°C) + 32 = 9/5(4) + 32 = 7.2 + 32 = 39.2°F$$

これらの公式を思い出そうとするときには，困難が起こる．たぶん，これらの重要な公式を思い出す最も簡単な方法は，華氏と摂氏に対する基本的な段階を覚えることである．

1. 40° を加える．
2. 適当な分数（5/9 あるいは 9/5）を掛ける．
3. 40° を引く．

明らかに，この方法で唯一重要なのは掛け算における 5/9 か 9/5 の選択である．適切な選択を行うためには，2 つの大きさに慣れなければならない．水の氷点は華氏で 32°F で，摂氏で 0°C である．水の沸点は華氏 212°F で，摂氏 100°C である．

ノート： 同じ温度のとき，高い数字は華氏に関係し，低い温度は摂氏に関係する．

この重要な関係が 5/9 か 9/5 で割るかの決めるときの決めごととなる．
　では，3 つの段階がどのように働いているかを理解するため，いくつかの換算問題をみてみよう．

■例 1.26
　問題：　華氏 240°F を摂氏に換算せよ．
　解答：　3 つの段階を使うと，次の手順を踏む．
1. 40°F を足す．
$$240°F + 40°F = 280°F$$
2. 280°F に 5/9 か 9/5 のどちらかを掛ける必要がある．摂氏への換算であるので，280 より小さい数にする．推測と観察により，明らかに，9/5 を掛けるなら結果は 2 を掛けるのと同じくらいになり，それは小さくするどころか 2 倍にするということなる．5/9 を掛けると，結果は 1/2 を掛けるのと同じくらいになり，それは 280 を半分にしてくれる．この問題では，小さい数にしたいので，5/9 を掛ける．
$$(5/9)(280°F) = 156.0°C$$
3. ここで，40°C を引く．
$$156.0°C - 40°C = 116.0°C$$
したがって，
$$240°F = 116.0°C$$

■例 1.27
　問題：　22°C を華氏に変換せよ．
　解答：
1. 40°C を足す．
$$22°C + 40°C = 62°C$$
2. 摂氏から華氏への変換であるので，より小さい数からより大きい数にし，掛け算には 9/5 が使用されるべきである．
$$(9/5)(62°C) = 112°F$$
3. 40°F を引く．
$$112°F - 40°F = 72°F$$
したがって，22°C = 72°F
　明らかに，温度の換算計算の仕方を知っておくことは有用であるが，一般的には温度換算の表を用いるのが実用的である．

1.5　換算係数：大気汚染計測

　大気汚染排出量の報告に推奨される単位は一般的にメートル単位系である．可能なら，報告単位は計測値の単位と同じであるべきである．たとえば，重さはグラムで記録され，空気の体積は立方メートルで記録されるべきである．解析システムがある単位で校正さ

表 1.6 百万分率を得るためのさまざまな体積の換算

有効成分量	体積の単位	百万分率
2.71 ポンド	エーカー・フィート	1 ppm
1.235 グラム	エーカー・フィート	1 ppm
1.24 キログラム	エーカー・フィート	1 ppm
0.0283 グラム	立方フィート	1 ppm
1 ミリグラム	リットル	1 ppm
8.34 ポンド	ミリグラム	1 ppm
1 グラム	立方メートル	1 ppm
0.0038 グラム	ガロン	1 ppm
3.8 グラム	1000 ガロン	1 ppm

表 1.7 百万分率から比率と百分率への換算

百万分率	比率	百分率	百万分率	比率	百分率
0.1	1:10,000,000	0.00001	25.0	1:40,000	0.0025
0.5	1:2,000,000	0.00005	50.0	1:20,000	0.005
1.0	1:1,000,000	0.0001	100.0	1:10,000	0.01
2.0	1:500,000	0.0002	200.0	1:5,000	0.02
3.0	1:333,333	0.0003	250.0	1:4,000	0.025
5.0	1:200,000	0.0005	500.0	1:2,000	0.05
7.0	1:142,857	0.0007	1550.0	1:645	0.155
10.0	1:100,000	0.001	5000.0	1:200	0.5
15.0	1:66,667	0.0015	10,000.0	1:100	1.0

れるなら，排出量も同じ校正標準の単位で報告されるべきである．たとえば，ガスクロマトグラフが空気中の 1-ppm の標準で校正されるならば，同じシステムで計測された排出量も ppm で報告されるべきである．最後に，排出の標準が特定の単位で定義されるなら，計測システムはその単位で計測するように選択されなければいけない．表 1.6 と 1.7 に，百万分率（ppm）を得るためのさまざまな換算と，百万分率から比率や百分率への換算を示している．

よく使われる報告単位は排出量のタイプによって次のようになる．

- 非メタン有機物と揮発性有機物　　ppm, ppb
- 非揮発性有機物　　$\mu g/m^3$, mg/m^3
- 粒子物質状（TSP/PM10）排出物　　$\mu g/m^3$
- 金属　　ng/m^3

1.5.1　ppm から $\mu g/m^3$ の換算

しばしば，環境実務者は ppm から $\mu g/m^3$ に変換できなければならない．計測項目として二酸化硫黄（SO_2）を使用した場合の換算の仕方の例が次である．

■例 1.28

"百万分率"という表示には次元がない．つまり，重さや体積という特定の単位が示されてはいない．他の単位の書式を用いて，表示は書き換えることができる．

$$\frac{部分}{百万の部分}$$

「パーツ」は定義されない．もしパーツを立方センチメートルによって置き換えると，次を得る．

$$\frac{立方センチメートル}{百万立方センチメートル}$$

同様に，ポンド／百万ポンド，トン／百万トン，リットル／百万リットルと書いてよい．それぞれの表示で，重さや体積の同一の単位が分母と分子に現れるので，両者が相殺され，無次元になる．百万分率とよく似た用語「百分率（パーセント）」はよりなじみが深い．

$$\frac{部分}{百の部分}$$

STP として知られている標準温度 25°C，標準圧力 760 mmHg のもとで百万分率の体積 $\mu L/L$ を $\mu g/m^3$ に換算するためには，与えられた温度と圧力のもとでの汚染物質のモル体積とモル重量を知る必要がある．25°C, 760 mmHg では 1 mol の気体は 24.46 L である．

問題： 大気濃度として，体積で 2.5 ppm の二酸化硫黄（SO_2）が報告された．25°C, 760 mmHg での，マイクログラム（μg）／立方メートル（m^3）での濃度はいくらか？ 37°C, 752 mmHg での濃度は何 $\mu g/m^3$ か？

ノート： この例は，体積基準に対する重さを結果に示すとき，温度と圧力を報告する必要を示している．

解答： 百万分率を $\mu L/L$ と等値すると，2.5 ppm = 2.5 $\mu L/L$ となる．25°C, 760 mmHg でのモル体積は 24.46 L で，SO_2 のモル重量は 64.1 g/mol である．

25°C, 760 mmHg (STP) で，

$$\frac{2.5\ \mu L}{L} \times \frac{1\ \mu mol}{24.46\ \mu L} \times \frac{64.1\ \mu g}{\mu mol} \times \frac{1000\ L}{m^3} = \frac{6.66 \times 10^3\ \mu g}{m^3}$$

37°C, 752 mmHg で，

$$24.46\ \mu L \left(\frac{310°K}{298°K} \times \frac{760\ mmHg}{752\ mmHg} \right) = 25.72\ \mu L$$

$$\frac{2.5\ \mu L}{L} \times \frac{1\ \mu mol}{25.72\ \mu L} \times \frac{64.1\ \mu g}{\mu mol} \times \frac{1000\ L}{m^3} = \frac{6.2 \times 10^3\ \mu g}{m^3}$$

1.5.2 一般的な大気汚染計測に対する換算表

環境技術者がある単位から別の単位に換算する際に，一般的な大気観測に関連する以下の換算係数と他の有用な情報を表 1.8〜1.12 に示す．これらの表では，以下に対する係数が与えられている．

- 大気ゲージ圧
- 大気圧
- 速度
- 大気粒子状物質
- 濃度

次がいくつかの一般的な大気汚染物質に対する ppm から $\mu g/m^3$（25°C，760 mmHg）への変換係数リストである．

- ppm $SO_2 \times 2620 = \mu g/m^3$ SO_2（亜硫酸ガス）

表 1.8 大気ガス

換算前単位	換算後単位	換算のために掛ける係数
ミリグラム毎立方メートル (mg/m^3)	マイクログラム毎立方メートル $(\mu g/m^3)$	1000.0
	マイクログラム毎リットル $(\mu g/L)$	1.0
	体積 ppm（20°C）	24.04/気体モル重量
	重量 ppm	0.8347
	ポンド毎立方フィート (lb/ft^3)	62.43×10^{-9}
マイクログラム毎立方フィート $(\mu g/ft^3)$	マイクログラム毎立方フィート $(\mu g/ft^3)$	0.001
	マイクログラム毎リットル $(\mu g/L)$	0.001
	体積 ppm（20°C）	0.02404/気体モル重量
	重量 ppm	834.7×10^{-6}
	ポンド毎立方フィート (lb/ft^3)	62.43×10^{-12}
マイクログラム毎リットル $(\mu g/L)$	ミリグラム毎立方メートル (mg/m^3)	1.0
	マイクログラム毎立方メートル $(\mu g/m^3)$	1000.0
	体積 ppm（20°C）	24.04/気体モル重量
	重量 ppm	0.8347
	ポンド毎立方フィート (lb/ft^3)	62.43×10^{-9}
体積 ppm（20°C）	ミリグラム毎立方メートル (mg/m^3)	気体モル重量/24.04
	マイクログラム毎立方メートル $(\mu g/m^3)$	気体モル重量/0.02404
	マイクログラム毎リットル $(\mu g/L)$	気体モル重量/24.04
	重量 ppm	気体モル重量/28.8
	ポンド毎立方フィート (lb/ft^3)	気体モル重量/385.1×10^6
重量 ppm	ミリグラム毎立方メートル (mg/m^3)	1.198
	マイクログラム毎立方メートル $(\mu g/m^3)$	1.198×10^3
	マイクログラム毎リットル $(\mu g/L)$	1.198
	体積 ppm（°C）	28.8/気体モル重量
	ポンド毎立方フィート (lb/ft^3)	7.48×10^{-6}
ポンド毎立方フィート (lb/ft^3)	ミリグラム毎立方メートル (mg/m^3)	16.018×10^6
	マイクログラム毎立方メートル $(\mu g/m^3)$	16.018×10^9
	マイクログラム毎リットル $(\mu g/L)$	16.018×10^6
	体積 ppm（20°）	385.1×10^6/気体モル重量
	重量 ppm	133.7×10^3

表 1.9　大気圧力

換算前単位	換算後単位	換算係数
大気圧	mm 水銀柱	760.0
	in. 水銀柱	29.92
	ミリバール	1013.2
mm 水銀柱	大気圧	1.316×10^{-3}
	in. 水銀柱	39.37×10^{-3}
	ミリバール	1.333
in. 水銀柱	大気圧	0.03333
	mm 水銀柱	25.4005
	ミリバール	33.35
ミリバール	大気圧	0.000987
	mm 水銀柱	0.75
	in. 水銀柱	0.30
標本圧力		
mm 水銀柱	in. 水柱（60°C）	0.5358
in. 水銀柱	in. 水柱（60°C）	13.609
in. 水柱	mm 水銀柱（0°C）	1.8663
	in. 水銀柱（0°C）	73.48×10^{-2}

表 1.10　速度

換算前単位	換算後単位	換算係数
メートル毎秒（m/sec）	キロメートル毎時（km/hr）	3.6
	フィート毎秒（fps）	3.281
	マイル毎時（mph）	2.237
キロメートル毎時（km/hr）	メートル毎秒（m/sec）	0.2778
	フィート毎秒（fps）	0.9113
	マイル毎時（mph）	0.6241
フィート毎時（ft/hr）	メートル毎秒（m/sec）	0.3048
	キロメートル毎時（km/hr）	1.0973
	マイル毎時（mph）	0.6818
マイル毎時（mph）	メートル毎秒（m/sec）	0.4470
	キロメートル毎時（km/hr）	1.6093
	フィート毎秒（fps）	1.4667

表 1.11　大気粒子物質

換算前単位	換算後単位	換算係数
ミリグラム毎立方メートル（mg/m³）	グラム毎立方フィート（g/ft³）	283.2×10^{-6}
	グラム毎立方メートル（g/m³）	0.001
	マイクログラム毎立方メートル（μg/m³）	1000.0
	マイクログラム毎立方フィート（μg/ft³）	28.32
	1000 立方フィート当たりポンド（lb/1000 ft³）	62.43×10^{-6}
グラム毎立方フィート（g/ft³）	ミリグラム毎立方メートル（mg/m³）	35.314×10^{3}
	グラム毎立方メートル（g/m³）	35.314
	マイクログラム毎立方メートル（μg/m³）	35.314×10^{3}
	マイクログラム毎立方フィート（μg/ft³）	1.0×10^{6}
	1000 立方フィート当たりポンド（lb/1000 ft³）	2.2046

表 1.12 濃度

換算前単位	換算後単位	換算係数
グラム毎立方メートル（g/m^3）	ミリグラム毎立方メートル（mg/m^3）	1000.0
	グラム毎立方フィート（g/ft^3）	0.02832
	マイクログラム毎立方フィート（$\mu g/ft^3$）	1.0×10^6
	1000立方フィート当たりポンド（$lb/1000\,ft^3$）	0.06243
マイクログラム毎立方メートル（$\mu g/m^3$）	ミリグラム毎立方メートル（mg/m^3）	0.001
	グラム毎立方フィート（g/ft^3）	28.43×10^{-9}
	グラム毎立方メートル（g/m^3）	1.0×10^{-6}
	マイクログラム毎立方フィート（$\mu g/ft^3$）	0.02832
	1000立方フィート当たりポンド（$lb/1000\,ft^3$）	62.43×10^{-9}
マイクログラム毎立方フィート（$\mu g/ft^3$）	ミリグラム毎立方メートル（mg/m^3）	35.314×10^{-3}
	グラム毎立方フィート（g/ft^3）	1.0×10^{-6}
	グラム毎立方メートル（g/m^3）	35.314×10^{-6}
	マイクログラム毎立方フィート（$\mu g/ft^3$）	35.314
	1000立方フィート当たりポンド（$lb/1000\,ft^3$）	2.2046×10^{-6}
1000立方フィート当たりポンド（$lb/1000\,ft^3$）	ミリグラム毎立方メートル（mg/m^3）	16.018×10^3
	グラム毎立方フィート（g/ft^3）	0.35314
	マイクログラム毎立方メートル（$\mu g/m^3$）	16.018×10^6
	グラム毎立方メートル（g/m^3）	16.018
	マイクログラム毎立方フィート（$\mu g/ft^3$）	353.14×10^2

- ppm CO $\times 1150 = \mu g/m^3$ CO（一酸化炭素）
- ppm CO $\times 1.15 = mg/m^3$ CO_2（炭酸ガス）
- ppm $CO_2 \times 1.8 = mg/m^3$ CO_2（炭酸ガス）
- ppm NO $\times 1230 = \mu g/m^3$ NO（一酸化窒素）
- ppm $NO_2 \times 1880 = \mu g/m^3$ NO_2（二酸化窒素）
- ppm $O_2 \times 1960 = \mu g/m^3$ O_3（オゾン）
- ppm $CH_4 \times 655 = \mu g/m^3$ CH_4（メタン）
- ppm $CH_4 \times 0.655 = mg/m^3$ CH_4（メタン）
- ppm $CH_3SH \times 2000 = \mu g/m^3$ CH_2SH（メチルメルカプタン）
- ppm $C_3H_8 \times 1800 = \mu g/m^3$ C_3H_8（プロパンガス）
- ppm $C_3H_8 \times 1.8 = mg/m^3$ C_3H_8（プロパンガス）
- ppm $F^- \times 790 = \mu g/m^3$ F^-（フッ化物）
- ppm $H_2S \times 1400 = \mu g/m^3$ H_2S（硫化水素）
- ppm $NH_3 \times 696 = \mu g/m^3$ NH_3（アンモニア）
- ppm HCHO $\times 1230 = \mu g/m^3$ HCHO（ホルムアルデヒド）

1.6 土壌試験結果の換算係数

土壌試験の結果は ppm に土壌が採取された深さに基づく換算係数を掛けることで，百万分率（ppm）からエーカー当たりポンドに換算できる．面積 1 ac，深さ 3 mm で切り出した土壌は，おおよそ 100 万 lb で，表 1.13 の換算係数が使用できる．

表 1.13　土質試験換算係数

土壌試料深さ(インチ)	百万分率に掛ける係数
3	1
6	2
7	2.33
8	2.66
9	3
10	3.33
12	4

手計算における標準的な換算

体積	重さ	長さ
1 gal = 3.78 L	1 lb = 453 g, 0.453 kg	1 in. = 2.54 cm
1 L = 0.26 gal	1 kg = 2.2 lb	1 cm = 0.39 in.
1 tsp = 5 mL		3.28 ft = 1 m

1.7　温室効果ガス排出量の単位換算

この節では，環境実務者の関心が高まりつつある温室効果ガス排出量の単位換算に用いる計算を解説する．

1.7.1　電気の削減 (キロワット時)

米国環境保護庁の温室効果ガス換算計算機は，毎年の非ベースロード二酸化炭素排出量の発生源統合データベース（eGRID）を使って，キロワット時の削減を二酸化炭素排出量の単位に換算する．電気関連の排出量の換算を必要としている換算計算器の使用者のほとんどは，エネルギー効率や導入プログラムの更新による排出量削減の換算値を知りたがっている．これらのプログラムは，一般的にはベースロード排出（常に稼働している電力発電所からの排出）に影響するのではなく，むしろ非ベースロード発生（需要に応じて必要なオンラインに投入される電力発電所）に影響すると仮定できる．このため，換算計算機は非ベースロード排出量を計算に用いる（USEPA, 2012a）．

1.7.1.1　排出換算係数

$$7.0555 \times 10^{-4} \text{ t CO}_2/\text{kWh}$$

ノート：　この計算は二酸化炭素以外の温室効果ガスを含まず，ライン損失も含まない．

1.7.2　年間乗用車

乗用車は，2軸，4輪の乗り物で，乗用車，バン，小型トラックとSUV車を含む．2010

年で，車と軽トラックを合わせた重み付き平均燃費はガロン当たり 21.6 mi であった (FHWA，2012)．2010 の平均走行マイルは年当たり 11,489 mi であった．2010 年で，二酸化炭素排出量の全温室効果ガス排出量（二酸化炭素，メタン，窒素酸化物を含み，二酸化炭素相当量で表示）への割合は，乗用車で 0.985 であった（USEPA，2013a）．燃焼ガソリンのガロン当たりの二酸化炭素排出量の総量は，8.92×10^{-3} t であり，1.7.3 項で計算されている．

乗用車当たりの年間温室効果ガス排出量を決めるため，次の方法が採られた．平均走行距離（VMT）が，年当たり・乗り物当たりの消費ガソリンのガロン量を決めるため，燃料で割られる．ガソリンの消費ガロン量に，ガソリン 1 gal 当たりの二酸化炭素量を掛けることで年当たり・乗り物当たりに排出される二酸化炭素量を決められる．二酸化炭素排出量は，乗り物からの総温室効果ガス排出量に対する二酸化炭素比で割って，メタンと窒素化合物の排出量を求める．

1.7.2.1 計 算

数値の丸めにより，下の式で与えられる計算は以下と同じ結果にはならないかもしれない．

(ガソリン 1 gal 当たり 8.92×10^{-3} t メートル単位トン CO_2) × (11,489 VMT 平均走行マイル) × (1 gal 当たり 1/21.6 平均マイル) × {(1 CO_2，CH_4，N_2O)/0.985 CO_2}
= 年当たり・車当たり 4.8 t CO_2 排出量

1.7.3 消費ガソリンのガロン量

ガソリン 1 ガロン当たりの燃焼で排出される二酸化炭素のグラム数を得るためには，ガロン当たり燃料の熱含量に，燃料の熱含量当たりキログラム CO_2 を掛ける．ガソリン 1 ガロン当たりの平均熱含量はガロン当たり 0.125 mmbtu（mmbtu：百万英熱量）であり，ガソリンの熱含量当たりの平均排出量は 71.35 kg CO_2/mmbtu である（USEPA，2012b）．二酸化炭素に酸化される割合は 100％である（IPCC，2006）．

1.7.3.1 計 算

数値の丸めにより，下の式で与えられる計算は以下と同じ結果にはならないかもしれない．

(0.125 mmbtu/gal) × (71.35 kg CO_2/mmbtu) × (1 t/1000 kg)
= ガソリン 1 gal 当たり $8.92\times10\ m^{-3}$ t CO^2

1.7.4 天然ガスの熱量

熱量（therm）当たりの二酸化炭素排出量は，熱含量，炭素係数，酸化割合，炭素のモル重量に対する二酸化炭素のモル重量の比 44/12 をそれぞれ掛けて求める．天然ガスの平均熱含量は熱量当たり 0.1 mmbtu であり，天然ガスの平均炭素係数は mmbtu 当た

り 14.47 kg C である（USEPA, 2013a）二酸化炭素に酸化される割合は 100% である（IPCC, 2006）．

> ノート： この換算を使うときには，大気に放出される天然ガスに対してではなく，燃料として燃焼する天然ガスに対する二酸化炭素の換算を示すものであることに注意しよう．燃焼しないで大気に直接放出されるメタンの排出は大気に対する温室効果という意味では 21 倍も強力である．

1.7.4.1　計　算

数値の丸めにより，下の式で与えられる計算は以下と同じ結果にはならないかもしれない．

$$(0.1 \text{ mmbtu}/1 \text{ 熱量}) \times (14.47 \text{ kg C/mmbtu}) \times (44 \text{g CO}_2/12 \text{ g C}) \times (1 \text{ t}/1000 \text{ kg})$$
$$= 0.005 \text{ t CO}_2$$

1.7.5　消費石油のバレル量

原油バレル当たりの二酸化炭素排出量は，熱含量，炭素係数，酸化割合，炭素のモル重量に対する二酸化炭素のモル重量 44/12 をそれぞれ掛けて求める．原油の平均熱含量は 1 bbl（バレル）当たり 5.80 mmbtu であり，原油の平均炭素係数は mmbtu 当たり 20.31 kg C である（USEPA, 2013a）．二酸化炭素に酸化される割合は 100% である（IPCC, 2006）．

1.7.5.1　計　算

数値の丸めにより，下の式で与えられる計算は以下と同じ結果にはならないかもしれない．

$$(5.80 \text{ mmbtu/bbl}) \times (20.31 \text{ kg C/mmbtu}) \times (44 \text{ g CO}_2/12 \text{ g C}) \times (1 \text{ t}/1000 \text{ kg})$$
$$= \text{バレル当たり } 0.43 \text{ t CO}_2$$

1.7.6　ガソリン満載の給油トラック

ガソリン 1 bbl 当たりの二酸化炭素排出量は，熱含量，二酸化炭素係数，酸化割合，炭素のモル重量に対する二酸化炭素のモル重量 44/12 をそれぞれ掛けて求める．1 bbl は 42 gal である．代表的な給油トラックは 8500 gal を積載する．一般的なモーターガソリンの平均熱含量はガロン当たり 0.125 mmbtu であり，モーターガソリンの平均炭素係数は 71.35 kg CO_2 である（USEPA, 2012）．二酸化炭素に酸化される割合は 100% である（IPCC, 2006）．

1.7.6.1　計　算

数値の丸めにより，下の式で与えられる計算は以下と同じ結果にはならないかもしれない．

$(0.125\,\mathrm{mmbtu/gal}) \times (71.35\,\mathrm{kg\,CO_2/mmbtu}) \times (1\,\mathrm{t}/1000\,\mathrm{kg})$
$= 8.92 \times 10^{-3}\,\mathrm{t\,CO_2}$
$(8.92 \times 10\,\mathrm{m}^{-3}\,\mathrm{t\,CO_2}\,1\mathrm{gal}) \times (給油車当たり\,8500\,\mathrm{gal})$
$= 給油車当たり\,75.82\,\mathrm{t\,CO_2}$

1.7.7　家庭での電気使用

米国エネルギー省の住宅エネルギー消費調査では，1世帯を，「1つの家庭あるいは家族に居住空間を与える一戸建て，連結建てのような家屋単位」として定義している．1つの家屋単位以上に分割されておらず独立した外出用出口をもつ限り，連結家屋は一戸建て家屋とみなされる．一戸建て家屋は基礎構造物から（もし基礎がなければ1階から）屋根まで伸びる壁内にあるものである．1つあるいはそれ以上の部屋をもつ移動式家屋は一戸建て家屋に分類される．都市住宅，連続住宅，重層住宅は，区画を分ける基礎から屋根に伸びる壁内に別の1つ以上の家庭居住空間がない限り，一戸建ての連結した住宅区画と考えられる．2009年には，米国には113.6百万の住宅があった．その中で，全国で78.9百万の世帯（USEIA, 2009）に対して71.8百万は一戸建て世帯，6.7百万は連結屋世帯である．平均的に，各家庭は11,319 kWhの電気を消費する．2009年の発電量に対する国の二酸化炭素排出量は，メガワット毎時1216 lb CO_2 であり（USEPA, 2012），それは送電に対するメガワット毎時おおよそ1301 lb CO_2 と解釈される（送配電における損失を7％と仮定）．家庭当たりの年間二酸化炭素排出量を決めるためには，家庭の年間電気消費量に，二酸化炭素排出量比（単位送電量当たり）を掛けることになる．

1.7.7.1　計　算

数値の丸めにより，下の式で与えられる計算は以下と同じ結果にはならないかもしれない．

$(1戸当たり\,11{,}319\,\mathrm{kWh} \times 送電\,\mathrm{mWh}\,当たり\,1301.31\,\mathrm{lb\,CO_2})$
$\times (1\,\mathrm{mWh}/1000\,\mathrm{kWh}) \times (1\,\mathrm{t}/2204.6\,\mathrm{lb})$
$= 1戸当たり\,6.68\,\mathrm{t\,CO_2}$

1.7.8　家庭でのエネルギー使用

天然ガスの平均二酸化炭素係数は立方フィート当たり0.0544 kg CO_2 であり（USEPA, 2013a），二酸化炭素に酸化される割合は100％である（IPCC, 2006）．蒸留石油の平均二酸化炭素係数は，42 gal-bbl当たり429.61 kg CO_2 で（USEPA, 2013a），二酸化炭素に酸化される割合は100％である（IPCC, 2006）．液化石油ガスの平均二酸化炭素係数は42 gal-bbl当たり219.3 kg CO_2 で（USEPA, 2013a），二酸化炭素に酸化される割合は100％である（IPCC, 2006）．ケロシンの平均二酸化炭素係数は，42 gal-bbl当たり426.31 kg CO_2 で（USEPA, 2013a），二酸化炭素に酸化される割合は100％である（IPCC, 2006）．全世帯の電気，天然ガス，蒸留石油，液化石油ガスの消費数値は，さまざまな単位から

t 単位の二酸化炭素に換算され，1 戸当たり二酸化炭素排出量を得るために合算される．

1.7.8.1　計　算

数値の丸めにより，下の式で与えられる計算は以下と同じ結果にはならないかもしれない．

- 送電量：(1 戸当たり 11,319 kWh)×(送電 mWh 当たり 1301.31 lb CO_2)×(1 mWh/1000 kWh)×(1 t/2204.6 lb) = 1 戸当たり 6.68 t CO_2
- 天然ガス：(1 戸当たり 66,000 ft^3)×(0.0544 kg CO_2/ft^3)×(1/1000 kg/t) = 1 戸当たり 3.59 t CO_2
- 蒸留石油：(1 戸当たり 464 gal)×(1/42 bbl/gal)×(219.3 kg CO_2/bbl)×(1/1000 kg/t) = 1 戸当たり 2.42 t CO_2
- 燃料石油：(1 戸当たり 551 gal)×(1/42 bbl/gal)×(429.61 kg CO_2/bbl)×(1/1000 kg/t) = 1 戸当たり 5.64 t CO_2
- ケロシン：(1 戸当たり 108 gal)×(1/42 bbl/gal)×(426.31 kg CO_2/bbl)×(1/1000 kg/t) = 1 戸当たり 1.10 t CO_2

1 戸建て家屋当たりのエネルギー使用による全二酸化炭素排出量は，結局，電気からの 6.68 t CO_2+天然ガスからの 3.59 t CO_2+蒸留石油からの 2.42 t CO_2+燃料石油からの 5.64 t CO_2+ケロシンからの 1.10 t CO_2 の総和として年に 1 戸当たり 19.43 t CO_2 となる．

1.7.9　10 年間成長した木苗に関する数値

都市部に植えられ，10 年間育てられる，中程度に成長した針葉樹は 23.2 lb の炭素を固定する．この推定は次の仮定に基づいている．

- 中位成長の針葉樹は，土の上 4.5 ft の高さで直径 1 in.（15 gal の型枠で育てられる大きさ）になるまで 1 年間苗育成場で育てられる．
- 育成苗は都市近郊あるいは都市部に植えられる．ただし，密には植えられない．
- 計算には米国エネルギー省によって開発された「生存要因」が考慮される．たとえば，5 年後（1 年は苗育成場で，4 年は都市部で）の生存確率は 68% である．10 年後では確率は減少し 59% となる．年ごとに，固定量（木当たりポンド）には，生存率が掛けられ，確率的に重み付けされた固定量を得る．これらの値が植樹時期から 10 年にわたって合算され，木当たり 23.2 lb C という評価を得る．

これらの仮定では以下の点に注意してほしい．

- ほとんどの木は苗育成場で幼苗段階に至るのに 1 年かかるが，異なった条件で生育した木やある種の木はもっと長く，6 年かかるものさえある．
- 都市域の平均生存率は広い仮定に基づき，その率は区画の条件に依存して顕著に変化する．
- 炭素固定量は成長率に依存し，それは場所やその他の条件によって変化する．
- この方法では炭素の直接固定量のみを推定し，建物が木々で覆われることによって生じるエネルギー節約を含んではいない．

木当たりの t CO_2 の単位に換算するためには，二酸化炭素と炭素のモル重量比（44/12）およびトンとポンドの比（1/2204.6）を掛ける．

> **DID YOU KNOW ?**
>
> 米国の森林地帯（forest land）は，木の大きさにかかわらず少なくとも 10% の土地が木々で占められているような土地をいう．貯蔵係数が利用できない西部の森林樹種が優先している地域の場合では，木の大きさにかかわらず林冠が 5% の土地を占める土地をいう．林業用森林（timberland）は産業用材を生産するあるいは生産できる十分な生産性のある森林と定義される．産業用材の生産性は，年当たり・エーカー当たり最小で 20 ft^3 である．森林の残りの部分は，法令や規則により林業用材利用から除外された森林である"保存林"，年当たり・エーカー当たり 20 ft^3 よりも小さい量の林業用材が成長している"その他の森林"に分類される（Smith et al., 2010）．

1.7.9.1 計算

数値の丸めにより，下の式で与えられる計算は以下と同じ結果にはならないかもしれない．

（木当たり 23.2 lb C）×（44 単位 CO_2/12 単位 C）×（1 t/2204.6 lb）
= 都市植栽 1 本当たり 0.039 t CO_2

1.7.10 米国の森林の 1 年間の貯留炭素面積

成長中の森林は炭素を集積，貯留する．光合成を通じて，木は大気中から二酸化炭素を分離し，セルロース，リグニン，その他の構成物を蓄える．集積率は，成長から除去（つまり紙や木材製造のための収穫）と分解を引き算する．米国のほとんどの森林では，成長は除去と分解を超えており，そのため国としての炭素貯留総量は全般的に増加している．

1.7.10.1 米国の森林に対する計算

「温室効果ガスの排出と吸収のインベントリー」（USEPA, 2013a）が，森林炭素貯留量と森林面積の実質変化のデータを提供している．収穫された木材製品に帰する炭素の実質変化は計算には含まれない．

$$n\text{ 年の面積当たり炭素貯留の年実質変化} = \frac{\text{炭素貯留}_{(t+1)} - \text{炭素貯留}_t}{\text{同一の土地利用カテゴリーで残っている面積}}$$

1. $(t+1)$ 年の炭素貯留量から t 年の炭素貯留量を引くことで，年間の炭素貯留変化量を決める（これは地上のバイオマス，地下のバイオマス，朽ち木，リターと土壌有機物貯留層を含む）．
2. 面積当たり年炭素貯留の実質変化（つまり固定量）は，1. で求めた 1 年間の米国の森林の炭素貯留変化を，$(n+1)$ 年に森林として残っている米国の全森林面積で

割って求められる（つまり，期間中土地利用のカテゴリーが変化しない土地の面積）．

これらの計算式を USDA の森林サービスにより「温室効果ガスの排出と吸収のインベントリー」のために開発されたデータに適用すると，2010 年の米国の森林の炭素貯留密度としてヘクタール当たり炭素 150 t（あるいはエーカー当たり炭素 61 t）という結果が得られ，2010 年の面積当たり炭素貯留の実質変化は，年当たり・ヘクタール当たり炭素 0.82 t（もしくは年当たり・エーカー当たり炭素 0.33 t）が固定されたと計算される．これらの値は地上のバイオマス，地下のバイオマス，朽ち木，リターと土壌有機物貯留を含み，州レベルの「森林インベントリーおよび解析（FIA）」データに基づいている．森林の炭素貯留とその変化は，Smith et al.（2010）による貯留変化の方法論とアルゴリズムに基づいている．

1.7.10.2 平均的な米国の森林 1 エーカー当たりの年間炭素固定量に対する換算係数

数値の丸めにより，下の式で与えられる計算は以下と同じ結果にはならないかもしれない．次の計算では，負の数は炭素固定量を示している．

（年当たり・エーカー当たり：-0.33 t C）×（44 単位 CO_2/12 単位 C）
$= -1.22$ t CO_2（平均的な米国の森林 1 エーカー当たりの年間炭素固定量）

これは 2010 年の「平均的な」米国の森林（つまり 2010 年における米国全体の森林）に対する推定であることに注意しよう．かなりの地理学的な相違が国レベルの推定の基底にはあり，ここで計算された値は個々の地域の代表値ではないかもしれない．1 年間で付け加わったエーカーに対する炭素固定量を推定するには，単に年当たり・エーカー当たりの 1.22 t CO_2 をエーカー数に掛ければよい．2000〜2010 年で，米国での面積当たりの平均年間炭素固定量は，年当たり・ヘクタール当たり 0.73 t C（あるいは年当たりエーカー当たり 0.30 t C）であり，最小値は 2000 年の年当たり・ヘクタール当たり 0.36 t C（あるいは年当たり・エーカー当たり 0.15 t C）で，最大値は 2006 年の年当たり・ヘクタール当たり 0.83 t C（あるいは年当たり・エーカー当たり 0.34 t C）であった．

1.7.11 米国の保全地から耕作地への換算面積

2010 年の米国の森林の炭素貯留密度はヘクタール当たり 150 t C（あるいはエーカー当たり 61 t C）であった（USEPA, 2013a）．この推定は 5 つの炭素貯留源より構成されている．すなわち，地上バイオマス（ヘクタール当たり 52 t C），地下バイオマス（ヘクタール当たり 10 t C），朽ち木（ヘクタール当たり 9 t C），リター（ヘクタール当たり 17 t C），そして土壌有機物炭素（ヘクタール当たり 62 t C）である．

「温室効果ガスの排出と吸収のインベントリー」は，米国固有の式と USDA 天然資源インベントリーのデータ，そして CENTURY 生物地圏化学モデル（USEPA, 2013a）を用いて，土壌炭素貯留の変化を推定している．森林から耕作地への改変によるバイオマスの炭素貯留変化を計算する場合，IPCC の指針では，平均炭素貯留変化は，改変前の

土地利用（つまり森林）からのバイオマス除去による炭素貯留変化と改変後の土地利用（つまり耕作地）の1年間の成長による炭素貯蔵量の和に等しいとしている．あるいは改変直後のバイオマス中の炭素から改変に先立つバイオマス中の炭素を引き算し，改変後の土地利用（つまり耕作地）での1年間の成長による炭素貯留を足したものに等しいとしている（IPCC, 2006）．1年後の年間農作物バイオマスの炭素貯留は，ヘクタール当たり5 t Cで，地上乾燥バイオマスの炭素割合は45%である（IPCC, 2006）．それで，1年の成長後の耕作地の炭素貯留はヘクタール当たり2.25 t C（あるはエーカー当たり0.91 t C）と推定されている．

標準土壌の平均炭素貯留（米国のすべての気候帯に対する高活性クレイ，低活性クレイと砂混じり土壌に対して）は，ヘクタール当たり40.83 t Cである（USEPA, 2013a）．土壌中の炭素貯留の変化は時間依存し，耕作地システム中の鉱質土壌における土壌有機値の平衡に至る遷移期間は20年を既定値としている．結果的に，平衡状態の鉱質土壌の有機炭素の変化は，年フラックス表示するために，20年間にわたって年率換算される．IPCCの指針（2006）では，多年生の農作物中の炭素貯留量を推定するための既定的な方法と定数を提供しうる十分なデータはないことが示されている．

1.7.11.1 米国の森林から農作地への換算への計算

別の土地利用カテゴリーに改変された土地のバイオマス炭素貯留の年間変化は次式で表される．

$$\Delta C_B = \Delta C_G + C_{Conversion} - \Delta C_L$$

ここで，ΔC_B = 別の土地利用カテゴリーに改変された土地での成長によるバイオマス炭素貯留の年間変化（つまりヘクタール当たり2.25 t C），ΔC_G = 別の土地利用カテゴリーに改変された土地での成長によるバイオマス炭素貯留の年間増加量（つまりヘクタール当たり2.25 t C），$C_{Conversion}$ = 別の土地利用カテゴリーに改変された土地でのバイオマス炭素貯留の初期変化量で，地上，地下，朽ち木とリターのバイオマスの総和（ヘクタール当たり−88.47 t C）．森林から農耕地への改変直後では，作物を植える前にすべての植物が伐採される，バイオマスは0と仮定される．ΔC_L = 収穫による損失，燃料木の収集，別の土地利用カテゴリーに改変された土地の攪乱によるバイオマス貯留の年間減少量．

それゆえ，$\Delta C_B = \Delta C_G + C_{Conversion} - \Delta C_L$ = 年当たり・ヘクタール当たり−86.22 t Cが，森林から農耕地に改変されたときに失われる．

鉱質土壌中の有機炭素貯留量の年間変化は次式で表される

$$\Delta C_{Mineral} = (SOC_O - SOC_{(O-T)})/D$$

ここで，$\Delta C_{Mineral}$ = 鉱質土壌中の炭素貯留量の年間変化 SOC_O = インベントリー期間中最終年の土壌有機炭素貯留量（つまりヘクタール当たり40.83 t C），$SOC_{(O-T)}$ = インベントリー期間中初期の固形有機炭素貯留量（つまりヘクタール当たり62 t C），D = 平衡SOC値の遷移既定期間（つまり農耕地に対しては20年）に対する時間依存の貯留変化係数．

それゆえ，$\Delta C_{Mineral} = (SOC_O - SOC_{(O-T)})/D = (40.83 - 62)/20 =$ 年当たりヘクタール当

たり−1.06 t C の土壌有機炭素が失われる．したがって，森林を農耕地に改変することによる炭素密度の変化は，年当たり・ヘクタール当たり−86.22 t C のバイオマスと年当たり・ヘクタール当たり−1.06 t C の有機土壌炭素との和になり，総損失は年当たり・ヘクタール当たり 87.28 t C（年当たり・エーカー当たり−35.32 t C）となっている．二酸化炭素に換算するため，二酸化炭素と炭素のモル重量比（44/12）を掛けることで，年当たり・ヘクタール当たり−320.01 t CO_2（年当たり・エーカー当たり−129.51 t CO_2）を得られる．

1.7.11.2 農耕地への改変から保護された 1 エーカーの森林による年間炭素固定に対する換算係数

数値の丸めにより，下の式で与えられる計算は以下の結果にはならないかもしれない．次の計算では，負の数は炭素が放出されて「いない」ことを示している．

$$(年当たり・エーカー当たり−35.32\ t\ C) \times (44\ 単位\ CO_2/12\ 単位\ C)$$
$$= 年当たり・エーカー当たり−129.51\ t\ CO_2$$

1 ac の森林が農耕地への改変から保全されたときに，放出されない二酸化炭素を推計するためには，改変されない森林のエーカー数に年当たり・エーカー当たりの−129.51 t CO_2 を掛ければよい．この計算手法は，森林バイオマスすべてが伐採の間に酸化されることを仮定している（つまり，燃えたバイオマスの一部が炭や灰として残る）ことに注意しよう．また，この推定は鉱質土壌の炭素貯留量のみを考慮していることにも注意しよう．米国のほとんどの森林は鉱物土壌上で成長している．鉱質土壌森林の場合，初期貯留量，農耕地の管理方法，土地が管理される時間枠に依存して，土壌炭素貯留量は補充されたり，あるいはさらに増加したりする．

1.7.12 家庭でのバーベキューに使用されるプロパンボンベ

プロパンは 81.7% が炭素である．酸化される割合は 100% である（IPCC, 2006; USEPA, 2013a）．1 lb のプロパンの二酸化炭素排出量は，ボンベ中のプロパンの重さ，炭素含有率，酸化割合，二酸化炭素と炭素のモル重量比（44/12）をそれぞれ掛けることで得られる．プロパンボンベにはさまざまな大きさがあるので，この等価計算の目的のために，家庭使用の代表的なボンベは 18 lb のプロパンを含んでいることを仮定した．

1.7.12.1 計 算

数値の丸めにより，下の式で与えられる計算は以下の結果にはならないかもしれない．

$$(18\ lb\ プロパン／ボンベ) \times (1\ lb\ プロパン当たり\ 0.817\ lb\ C) \times (0.4536\ kg)$$
$$\times (12\ kg\ C\ 当たり\ 44\ kg\ CO_2) \times (1\ t/1000\ kg) = 気筒当たり\ 0.024\ t\ CO_2$$

1.7.13 燃焼石炭燃料鉄道車両

2009 年の炭素の平均熱含量は 1 t 当たり 27.56 mmbtu である．2009 年の平均石炭係数は mmbtu 当たり 25.34 kg 炭素である（USEPA, 2011）．二酸化炭素に対する酸化割合は 100% である（IPCC, 2006）．石炭 1 t 当たりの二酸化炭素排出量は，熱含量，炭素係数，酸化割合二酸化炭素と炭素のモル重量比（44/12）をそれぞれ掛けることで得られる．平均的な鉄道車両における石炭総量は 100.19 ショートトン s.t.（米国トン），あるいは 90.89 t（Hancock and Sreekanth, 2001）と仮定された．

1.7.13.1 計 算

数値の丸めにより，下の式で与えられる計算は以下の結果にはならないかもしれない．

（t 石炭当たり 27.56 mmbtu）×（mmbtu 当たり 25.34 kg C）×（12 kg C 当たり 44 kg CO_2）×（車両当たり 90.89 t 石炭）×（1 t/1000 kg）= 車両当たり 232.74 t CO_2

1.7.14 埋立てに替わる再利用廃棄物のトン数

埋立てごみ処理よりむしろ再利用に対する換算係数の開発のために，USEPA の削減モデル（WARM）の排出係数が用いられた（USEPA, 2013a）．これらの排出係数は，国の温室効果ガス排出量インベントリーのために開発された評価技術を用いたライフサイクルアセスメント手法に倣って開発された．WARM によれば，混合再生利用可能物（たとえば紙，金属，プラスチック）を再循環することによる実質排出削減量は，物質が埋め立てされるベースラインと比べると，ショートトン s.t.（米国トン）当たり 0.73 t C 相当である．二酸化炭素と炭素のモル重量比（44/12）を掛けることで，この係数は二酸化炭素相当トン（メートルトン）に変換される．

1.7.14.1 計 算

数値の丸めにより，下の式で与えられる計算は以下の結果にはならないかもしれない．

（トン当たり 0.73 t C）×（44 g CO_2/12 g C）= 埋立てに替わる再利用廃棄物トン数当たり 2.67 t CO_2

1.7.15 石炭火力発電からの年排出量

2009 年，457 の電力発電所が，電力量の少なくとも 95% の発電のために石炭を使用していた（USEPA, 2012a）．これらの発電所は 2009 年には二酸化炭素 1,614,625,638.1 t を排出していた．発電所当たり二酸化炭素排出量は，主要燃料が石炭である発電所からの全排出量を発電所数で割ることで計算された．

1.7.15.1 計 算

数値の丸めにより，下の式で与えられる計算は以下の結果にはならないかもしれない．

（1,614,625,638.1 t CO_2）×（1/457 発電所数）= 発電所当たり 3,533,098 t CO_2

1.8 微分と積分の単位

$x=$ メートル，$t=$ 秒なら，次の量の単位は，

$$\frac{dx}{dt} \; ; \; \frac{d^2x}{dt^2} \; : \; \left(\frac{dx}{dt}\right)^2 \; ; \; y=\int_{t_1}^{t} x^2 dt$$

それぞれ msec^{-1}, msec^{-2}, m^{2}sec^{-2}, m^{2}sec となる．

引用文献・推奨文献

FHWA (2010). Highway Statistics 2010. Office of Highway Policy Information, Federal Highway Administration, U.S. Department of Transportation, Washington, DC (http://www.fhwa.dot.gov/policyinformation/statistics/2010/index.cfm).

Hancock, K. and Sreekanth, A. (2001). Conversion of weight of freight to number of railcars. *Transportation Research Record*, 1768, 1-10.

IPCC. (2006). *2006 IPCC Guidelines for National Green House Gas Inventories. Intergovernmental* Panel on Climate Change, Geneva, Switzerland.

Smith, J.L., Heath, L., and Nichols, M. (2010). *U.S. Forest Carbon Calculation Tool User's Guide: Forestland Carbon Stocks and Net Annual Stock Change*, General Technical Report NRS-13 revised. U.S. Department of Agriculture Forest Service, Northern Research Station, St. Paul, MN.

USEIA. (1998). *Method for Calculating Carbon Sequestration by Trees in Urban and Suburban Settings*. U.S. Energy Information Administration, Washington, DC.

USEIA. (2009). *2009 Residential Energy Consumption Survey*, Table CE2.6, Fuel Expenditures Totals and Averages, U.S. Homes. U.S. Energy Information Administration, Washington, DC.

USEPA. (2011). *Inventory of U.S. Greenhouse Gas Emissions and Sinks (MMT CO_2 Equivalents): Fast Facts 1990-2009*. U.S. Environmental Protection Agency, Washington, DC (http://www.epa.gov/climatechange/emissions/usinventoryreport.html).

USEPA. (2012a). *eGrid2012 Version 1.0 Year 2009 Summary Tables*. U.S. Environmental Protection Agency, Washington, DC (http://www.epa.gov/cleanenergy/documents/egridzips/eGRID2012V1_0_year09_SummaryTables.pdf).

USEPA. (2013a). *Inventory of U.S. Greenhouse Gas Emissions and Sinks: 1990-2011*. U.S. Environmental Protection Agency, Washington, DC (http://www.epa.gov/climatechange/ghgemissions/usinventoryreport.html).

USEPA. (2013b). *Waste Reduction Model (WARM)*. U.S. Environmental Protection Agency, Washington, DC (http://epa.gov/epawaste/conserve/tools/warm/index.html).

第2章 基礎的な数学操作

大事なものすべてが数えられるわけではないし，数えられるものすべてが大事なものだとは限らない．

—— Albert Einstein

2.1 はじめに

排水に関わる技師や技術者に求められる計算は（他の技術者同様に）基礎的なものから始まる．たとえば，足し算，引き算，掛け算，割り算，そしてこれらの連続演算である．演算のうちの多くが各操作員の道具箱内の基本道具であるにもかかわらず，各人の使用に際して鋭利な状態を保つためには，これらの道具を一貫した基礎の上で再利用することが重要である．排水にかかわる技師は基本的な数学の定義と問題の構成について習得しなければいけない．日々の業務では，パーセント，平均，単純比，幾何的な次元，臭気強度，力，圧力や水圧の計算が必要とされる．より高資格者では次元解析やより高度な数学演算が求められる．

2.2 基礎的な数学用語と定義

次の基本的な定義は後に続く題材の理解の助けになるであろう．

- 整数（integer number）とは1，2，…のような数で，1，2，3，4，5，6，7，8，9，10，11，12ははじめの12個の正の整数である．
- 整数の因数（factor）あるいは約数（divisor）とは，それを割り切ることのできる他の整数で，たとえば2と5は10の因数である．
- 数学における素数（prime number）とは，自分と1以外に因数をもたない数で，素数の例は2，3，5，7と11である．
- 合成数（composite number）は自分と1以外に因数をもっている数である．例としては4，6，8，9と12である．
- 2つあるいはそれ以上の数の公約数（common factor）とは，それぞれの数を割り切れる因数である．可能な限り最大の因数なら，それは最大公約数と呼ばれる．たとえば，3は9と27の公約数であるが，両者の最大公約数は9である．
- 与えられた数の倍数（multiplier）とは，与えられた数によって割り切れる数である．数が2つあるいはそれ以上の数によって割り切れるなら，それはそれらの数の公倍数である．公倍数のうち最小の数は最小公倍数（lowest common number）と呼ばれ

る．たとえば，36 と 72 は 12，9，4 の公倍数であるが，36 が最小公倍数となる．
- 偶数（even number）は 2 で割り切れる数で，たとえば 2，4，6，8，10，12 は偶数である．
- 奇数（odd number）は 2 で割り切れない数で，たとえば 1，3，5，7，9，11 は奇数である．
- 積（product）は 2 つあるいはそれ以上の数を掛けた結果であり，たとえば，25 は 5×5 の積である．また，4 と 5 は 20 の因数である．
- 商（quotient）は 1 つの数を別の数で割った結果であり，たとえば 5 は 20÷4 の商である．
- 被除数（dividend）は割られる数であり，除数（divisor）は割る数である．たとえば $100÷20=5$ では 100 が被除数，20 が除数，5 が商である．
- 面積（area）は対象の広さで，平方単位で測られる．
- 底（base）は三角形の底脚部を特定するために使用される語句で，長さの単位で測られる．
- 円周（circumference）は対象物のまわりの距離であり，長さの単位で測られる．円以外のものと特定されたときには，外形，対象物あるいは景観の周長（perimeter）と呼ばれる．
- 立方単位（cubic unit）は体積，立方フィート，立方メートル等を表すために用いられる計量単位である．
- 深さ（depth）はタンクの底から頂上までの鉛直距離である．普通，これは液体の深さとして計測され，壁面深さ（SWD, sidewall depth）として長さの単位で与えられる．
- 直径（diameter）は円周の 1 つの点から中心を通る別の円周上の点までの距離で，長さの単位で測られる．
- 高さ（height）は単一体の基線または底部から頂上または表面までの鉛直距離である．
- 長さ（linear unit）の単位はフィート，インチ，メートル，ヤードなどの距離を表すために用いられる計量単位である．
- π は円，球，円錐に関わる計算に用いられる数（$\pi=3.14$）である．
- 半径（radius）は円の中心から円周上の点までの距離で，長さの単位で測られる．
- 球（sphere）はボールのような形状の固まりである．
- 平方単位（square unit）は面積，平方フィート，平方メートルなどを表す計量単位である．
- 体積（volume）は単一体の容積（どれぐらい保持できるか）で，立方単位（立方フィート，立方メートル）か，液体の体積単位（ガロン，リットル，ミリオンガロン）で測られる．
- 幅（width）はタンクの一方の側から他の側への距離で長さの単位で測られる．

2.2.1 鍵となる言葉

- の（of）は掛けることを意味する．
- そして（and）は追加すること意味する．
- 当たり（per）は割ることを意味する．
- より（less than）は引くこと意味する．

2.3 連続演算

　足し算，引き算，掛け算，割り算のような数学的な演算は普通ある順番や順序で行われる．特に，掛け算と割り算は足し算と引き算より前に行われる．加えて，数学的な演算は一般的にこの優先度に従いつつ左から右に行われる．特定の順序で行われるべき演算を切り分けるのには括弧を使用するのが一般的である．

　$2+3\times 4$ という式を考えよう．20 と答える人もいるかもしれないし，規則を知っているなら正しい答え 14 を出せるかもしれない．前述の式は $2+(3\times 4)$ と書き直してもよいが，掛け算は括弧がなくても優先されるという規則を知っていれば括弧は不必要であろう．

> ノート： 読者は基本的な算数と数学的演算の基礎知識をもっていると仮定している．よって，次の節の目的は，環境関連の実務者がしばしば用いる数学的概念と応用の大まかな復習を提供することである．

2.3.1 連続演算の規則

規則 1

連続する足し算の場合，項はどんな順に置き換えられてもよく，どんな風にまとめられてもよい．たとえば，$4+3=7$ と $3+4=7$，$(4+3)+(6+4)=17$ は $(6+3)+(4+4)=17$ また $[6+(3+4)]+4=17$

規則 2

連続した引き算では，順序を変えたり項をまとめたりすることは結果を変える可能性がある．たとえば，$100-30=70$ だが $30-100=-70$ であり，$(100-30)-10=60$ だが $100-(30-10)=80$ である．

規則 3

グループ化されていないとき，引き算は書かれた順に左から右へ実行する．すなわち $100-30-15-4=51$（順に，$100-30=70$, $70-15=55$, $55-4=51$）．

規則 4

連続する掛け算では，どんな順に置き換えても，どんなグループ化をしてもよい．すなわち，$[(2\times 3)\times 5]\times 6=180$ で，$5\times [2\times (6\times 3)]=180$ である．

規則 5

連続する割り算の場合，順番を変えたり，グループ化したりすることは結果を変える

可能性がある．すなわち，$100 \div 10 = 10$ であるが $10 \div 100 = 0.1$ であり，$(100 \div 10) \div 2 = 5$ であるが $100 \div (10 \div 2) = 20$ である．また，グループ化が示されていないとき，割り算は左から右へ書かれた順に実行する．すなわち，$100 \div 10 \div 2$ は $(100 \div 10) \div 2$ を意味すると理解される．

規則 6
混合した連続計算では，順は次のようである．グループ化がされていない場合は常に，掛け算と割り算が書かれたとおりの順で行われ，それから足し算と引き算が書かれたとおりの順で行われる．

2.3.2 連続する計算の例

連続する足し算では，各項はどんな順に置かれてもよく，どのようにグループ化してもよい．
$$4+6 = 10 \text{ であり，} 6+4 = 10$$
$$(4+5)+(3+7) = 19, \quad (3+5)+(4+7) = 19 \text{ であり，} [7+(5+4)]+3 = 19$$
連続する引き算では，順番を変えたり，グループ化したりすることは結果を変える可能性がある．
$$100-20 = 80 \text{ だが，} 20-100 = -80$$
$$(100-30)-20 = 50 \text{ だが，} 100-(30-20) = 90$$
グループ化されていないとき，引き算は左から右へ書かれた順に実行する．
$$100-30-20-3 = 47$$
あるいは，順に，
$$100-30 = 70, \quad 70-20 = 50, \quad 50-3 = 47$$
連続する掛け算では，どんな順に置き換えても，どんなグループ化をしてもよい．
$$[(3 \times 3) \times 5] \times 6 = 270 \text{ で，} 5 \times [3 \times (6 \times 3)] = 270$$
連続する割り算の場合，順番を変えたりグループ化したりすることは結果を変える可能性がある．
$$100 \div 10 = 10 \text{ だが，} 10 \div 100 = 0.1$$
$$(100 \div 10) \div 2 = 5 \text{ だが，} 100 \div (10 \div 2) = 20$$
混合した連続計算では，グループ化がされていない場合はいつでも，掛け算と割り算が書かれたとおりの順で行われ，それから足し算と引き算が書かれたとおりの順で行われるのが規則である．

次の古典的な連続計算の例を考えよ（Stapel, 2012）

問題： $4-3[4-2(6-3)] \div 2$ を簡単にせよ．

解答：

$4-3[4-2(6-3)] \div 2$

$4-3[4-2(3)] \div 2$

$4-3[-2] \div 2$

4+6÷2
4+3=7

2.4 百分率（パーセント）

「パーセント」という語句は100を掛けること意味している．100分率は普通%記号で表される．すなわち，15%は15パーセントあるいは15/100あるいは0.15を表す．これらは逆の順でも同等であり，0.15＝15/100＝15%である．排水処理では，プラント効率を表したりバイオソリッドの処理工程の管理でよく用いられる．パーセントを用いて作業するときには，次のキーポイントが重要である．

- パーセントは全体の一部を示す別の方法である．
- パーセントは「100を掛ける」を意味しており．それゆえ，百分率は100までの数になる．パーセントを決めるためには，パーセントで表示したい量を全体量で割って，100を掛ける．

$$パーセント(\%) = \frac{部分}{全体} \tag{2.1}$$

たとえば，22パーセント（22%）は100のうちの22あるいは22/100を意味する．22を100で割った結果は小数表示で0.22である．

$$22\% = \frac{22}{100} = 0.22$$

- 計算で百分率を使うとき（たとえば次亜塩素酸塩の配合を計算して利用可能な塩素のパーセントを考える場合など），百分率は小数表示されなければならない．これは，百分率を100で割ればよい．たとえば，次亜塩素酸カルシウム（HTH）は65%使用可能な塩素を含んでいる．65%に相当する小数は何か．65%は100の中で65を意味するから，65を100で割る，65/100で，0.65である．
- 小数と分数は百分率に変換できる．分数はまず小数に変換され，百分率を得るために100を掛ける．たとえば，50 ftの高さの水槽に26 ftの水がたまっているとき，容量の百分率表示で水槽の充足はいくらか？

$$\frac{26 \text{ ft}}{50 \text{ ft}} = 0.52 \text{ （小数）}$$

$$0.52 \times 100 = 52$$

したがって，水槽は52%満たされている．

■例2.1

問題： プラント操作員が沈殿槽からバイオソリッドを6500 gal除去する．バイオソリッドは325 galの固形物を含む．バイオソリッド中の固形物は何パーセントか？

解答：

$$\text{パーセント} = \frac{325 \text{ gal}}{6500 \text{ gal}} \times 100 = 5\%$$

■例 2.2
　問題：　65％を小数パーセントに変換せよ．
　解答：

$$\text{小数パーセント} = \frac{\text{パーセント}}{100} = \frac{65}{100} = 0.65$$

■例 2.3
　問題：　バイオソリッドは 5.8％の固形物を含む．固形物の濃度は小数パーセントでいくらか？
　解答：

$$\text{小数パーセント} = \frac{5.8\%}{100} = 0.058$$

ノート：　特に注意されていない場合，この教科書でパーセントを使ったすべての計算は使用前に小数に変換されたパーセントを用いる．

キーポイント：パーセントに等しい量は何かを決めるためには，小数に変換し，総量を掛ける．

$$\text{量} = \text{総量} \times \text{小数パーセント} \tag{2.2}$$

■例 2.4
　問題：　水槽から取り出したバイオソリッドは 5％の固形物を含む．バイオソリッド 2800 gal が除去されるなら，何ガロンの固形物が除去されるか？
　解答：

$$\text{ガロン} = \frac{5\%}{100} \times 2800 \text{ gal} = 140 \text{ gal}$$

■例 2.5
　問題：　0.55 をパーセントに変換せよ．
　解答：

$$0.55 = \frac{55}{100} = 55\%$$

0.55 を 55％に変換するために，単に小数点を右に 2 つ移動させる．

■例 2.6
　問題：　7/22 を小数，次にパーセントに変換せよ．

解答：
$$\frac{7}{22} = 0.318 = 0.318 \times 100 [\%] = 31.8\%$$

■例 2.7
問題： 3 ppm は何パーセントか？

ノート： 1 L の水は 1 kg（1000 g ＝ 1,000,000 mg）であり，リットル当たりのミリグラムは百万分率（ppm）になる．

解答： 3 ppm は 3 mg/L なので
$$3 \text{ mg/L} = \frac{3 \text{ mg}}{1 \text{ L} \times 1,000,000 \text{ mg/L}} \times 100\% = \frac{3}{10,000}\% = 0.0003\%$$

■例 2.8
問題： 1.4％溶液は何 mg/L か？
解答：
$$1.4\% = \frac{1.4}{100} \times 1,000,000 \text{ mg/L} = 14,000 \text{ mg/L}$$

■例 2.9
問題： 水 1 ppm（1 mg/L）をミリオンガロン当たりのポンドにせよ．
解答： 水 1 gal は 8.34 lb なので
$$1 \text{ ppm} = \frac{1 \text{ gal}}{10^6 \text{ gal}} = \frac{1 \text{ gal} \times 8.34 \text{ lb/gal}}{1,000,000 \text{ gal}} = 8.34 \text{ lb}/1,000,000 \text{ gal}$$

■例 2.10
問題： 42 lb の砂を用いて 26％混合の活性炭（AC）をつくるには，何ポンドの AC が必要か？
解答：AC の重さを x とすると
$$\frac{x}{42+x} = 0.26$$
$$x = 0.26(42+x) = 10.92 + 0.26x$$
$$x = \frac{10.92}{0.74} = 14.76 \text{ lb}$$

■例 2.11
問題： パイプが，22 m につき 140 mm 高くなるように置かれている．勾配はいくらか？
解答：

$$勾配 = \frac{140 \text{ mm}}{22 \text{ m}} \times 100\% = \frac{140 \text{ mm}}{22 \text{ m} \times 1000 \text{ mm}} \times 100\% = 0.64\%$$

■例 2.12

問題: モーターの理論馬力が 40 馬力（hp）である．しかしモーターの出力は 26.5 hp である．モーターの効率はいくらか？

解答:

$$効率 = \frac{出力\text{hp}}{入力\text{hp}} \times 100\% = \frac{26.5 \text{ hp}}{40 \text{ hp}} \times 100\% = 66\%$$

2.5 有効数字

数字を丸めるとき，次のキーポイントが重要である．
- 数字は小数点の右の数字を減らすことで丸められる．これは簡便さのためであって，正確さのためではない．
- 数は右から1つあるいはそれ以上の数を落とすことで丸められ，必要なら零を付け加えて小数点を置く．落とされた最後の数字が5あるいはそれ以上なら，残された最後の数を1増やす．落とされた数字が5より小さければ，残された数字を1増やしてはいけない．5が落とされたときは，先行する数字を最も近い偶数まで丸める．

> **規則**
> 有効数字は信頼できると知られている数である．小数点の位置は有効数字の数を決めない．

■例 2.13

問題: 小数点1位まで次の数を丸めよ．

解答:

34.73 = 34.7

34.77 = 34.8

34.75 = 34.8

34.45 = 34.5

34.35 = 34.4

■例 2.14

問題: 10,546 を有効数字 4, 3, 2, 1 桁まで丸めよ．

10,546 = 10,550　4桁までの有効数字

10,546 = 10,500　3桁までの有効数字

10,546 = 11,000　2桁までの有効数字

10,547 ≒ 10,000　　1桁までの有効数字

有効数字を決めるとき，次のキーポイントが重要である．
1. 有効数字の概念は丸めることに関係している．
2. それは，どの位置で丸めるかを決めるために用いられる．

要点：解答の計算に用いられるデータのうち最も不正確なデータ以上に解答が正確になることはない．

■例 2.15
問題：　1.35 in. の計測では有効数字はいくつあるか？
解答：　3つの有効数字：1, 3, 5.

■例 2.16
問題：　0.000135 の計測では有効数字はいくつあるか？
解答：　3つの有効数字：1, 3, 5. 3つの0は小数点の位置を示すためだけに用いられている．

■例 2.17
問題：　103,500 の計測値では有効数字はいくつあるか？
解答：　4つの有効数字：1, 0, 3, 5. 残り2つの0は小数点の位置を示すためだけに用いられている．

■例 2.18
問題：　27,000.0 では有効数字はいくつあるか？
解答：　6つの有効数字：2, 7, 0, 0, 0, 0. この場合 27,000.0 中の .0 は計測の精度が 1/10 の単位であることを示す．これらの0は計測された値であって小数点の位置を示すためだけに用いられているのではない．

2.6　べき乗と指数

べき乗と指数を用いての作業では次のキーポイントが重要である．
- べき乗は面積（たとえばフィートの平方）や体積（フィートの立方）を指定するために用いられる．
- べき乗は数が2乗，3乗されることを示すためにも用いられる．こちらの用法では数字がそれ自身と掛け合わせられる回数を示す．
- すべての要素が同じなら，たとえば 4×4×4×4 = 256 であれば，積はべき乗数（power）と呼ばれる．すなわち，256 は 4 のべき乗数であり，4 はべき乗数の底である．べき乗数は，ある数を底として掛け算することで得られる．
- 4×4×4×4 と書く代わりに数 4 を 4 回掛けることを示すために指数（exponent）の使用が便利である．指数は底となる数の右上に置かれた小さな数字であり，底が要

素として何回使われるかの回数を示す．この記号システムを用いると，4×4×4×4という掛け算は 4^4 と書ける．上付きの4が指数であり，4が要素として4回使われたことを示している．

● 同様の考えは文字（たとえば a, b, x, y 等）にも適用される．たとえば，
$$z^2 = z \times z$$
$$z^4 = z \times z \times z \times z$$

ノート： 数あるいは文字が指数をもたないとき，1という指数をもっていると考えられる．

■例 2.19
問題： 2^3 は展開するとどのようになるか？
解答： べき乗（指数）3は底となる数2を3回掛けたことを示す．
$$2^3 = 2 \times 2 \times 2$$

1のべき乗数	10のべき乗数
$1^0 = 1$	$10^0 = 1$
$1^1 = 1$	$10^1 = 10$
$1^2 = 1$	$10^2 = 100$
$1^3 = 1$	$10^3 = 1000$
$1^4 = 1$	$10^4 = 10,000$

■例 2.20
問題： $(3/8)^2$ は展開するとどのようになるか？
解答： 括弧が用いられているとき，括弧内のすべての項に指数は適用される．
$(3/8)^2 = (3/8 \times 3/8)$

要点： 負の指数が数や項について使われるとき，数は正の指数を用いて書き換えられる．
$$6^{-3} = 1/6^3$$
他の例は，
$$11^{-5} = 1/11^5$$

■例 2.21
問題： 8^{-3} は展開するとどのようになるか？
解答：
$$8^{-3} = \frac{1}{8^3} = \frac{1}{8 \times 8 \times 8}$$

要点：たとえば 3^0 や X^0 と書かれた数や文字は，3×1 や $X \times 1$ とは等しくなく，1となる．

2.7 平均（算術平均）

われわれが調和平均，幾何平均あるいは算術平均について話すとき，それらはそれぞれ数の集合の「中心」あるいは「中央」を表す．それらは，データに存在するかもしれない「中央の傾向」の直感的な概念を捉えている．統計解析では，「データの平均」はデータの値の分布の中央を表している．

平均はいくつかの異なった計測値を1つの数値で示す1つの指標である．平均は，どの程度の量あるいは数の「おおよそ」を教えてくれるということで有用であるが，下の例のように，誤った方向に導くこともある．環境工学の計算では2種類の平均がみられる．すなわち，算術平均 (arithmetic mean，あるいは単純な平均) あるいは中央値である．

■例 2.22

問題： 水工作業や排水処理プラントの操作員は毎日残存塩素を計測し，操作日誌の一部は下記のようである．平均を求めよ．

月曜日　0.9 mg/L
火曜日　1.0 mg/L
水曜日　0.9 mg/L
木曜日　1.3 mg/L
金曜日　1.1 mg/L
土曜日　1.4 mg/L
日曜日　1.2 mg/L

解答： 読み取れる7つの残存塩素を合計する：$0.9+1.0+0.9+1.3+1.1+1.4+1.2=7.8$

次に，計測数で割る．この場合は7である．

$$7.8 \div 7 = 1.11$$

1週間の平均残存塩素量は1.11 mg/Lであった．

> **定義**
> 平均（普通算術平均と呼ぶもの）は，観測値のすべての和を観測数で割ったものである．単純に，個々の観測値を合計し，観測した回数で割る．

■例 2.23

問題： 水処理システムには次の容量をもつ4つの水槽がある．115 gpm（分当たりのガロン），100 gpm，125 gpm，90 gpmである．平均はいくらか？

解答：

$$115 \text{ gpm} + 100 \text{ gpm} + 125 \text{ gpm} + 90 \text{ gpm} = 430$$

$$430 \div 4 = 107.5 \text{ gpm}$$

■例 2.24

問題: 水処理システムには4つの水槽がある．そのうちの3つは100,000 gal で，4つ目は1,000,000 gal である．水槽の平均容量はいくらか？

解答:
$$100,000 + 100,000 + 100,000 + 1,000,000 = 1,300,000$$
$$1,300,000 \div 4 = 325,000 \text{ gal}$$

■例 2.25

問題: 8月の処理施設における流出する生物化学的酸素要求量（BOD）試験の結果は次のようである．

試験1　22 mg/L
試験2　33 mg/L
試験3　21 mg/L
試験4　13 mg/L

8月の流出BODの平均はいくらか．

解答:
$$22 + 33 + 21 + 13 = 89$$
$$89 \div 4 = 22.3 \text{ mg/L}$$

■例 2.26

問題: 主流入水に対して，次の混合サンプル固体の濃度が1週間記録された．

月曜日　　310 mg/L SS
火曜日　　322 mg/L SS
水曜日　　305 mg/L SS
木曜日　　326 mg/L SS
金曜日　　313 mg/L SS
土曜日　　320 mg/L SS
日曜日　　320 mg/L SS
合　計　2206 mg/L SS

SS の平均はいくらか．

解答:
$$\text{平均 SS} = \frac{\text{計測値の合計値}}{\text{計測回数}}$$
$$= \frac{2206 \text{ mg/L SS}}{7} = 315.1 \text{ mg/L SS}$$

2.8 比　　率

　比率は2つの数の間で確立された関係であって，単純にある数を別の数で割る．たとえば，誰かが「スーパーボウルでレッドスキンズがカウボーイズに勝ったら，4対1で払うよ」といったとしたら，何を意味しているのか．4対1あるいは4:1は比率である．誰かが4対1で払うといったら，それは彼あるいは彼女が\$4であなたは\$1であることを意味する．さらに適切な別の例としては，ミリオンガロン（MG）の処理水から平均3立方フィート（ft^3）の残渣が除去される場合，除去量の処理水に対する比率は3:1である．比率は普通コロン（たとえば2:1のように）あるいは分数（たとえば2/1）のように書かれる．比率を用いて作業するとき，次のキーポイントを記憶しておくことが重要である．

- 計算の中で分数が使われる箇所のひとつは比率が使われているときである．
- 比率はよく「AにたいするBはCにたいするD」のような形式で書かれ，互いに等しい2つの分数の形で書かれる．

$$\frac{A}{B} = \frac{C}{D} \qquad (0.0)$$

- 「たすき掛け」で比例の問題を解く．つまり，左辺の分子Aと右辺の分母Dとを掛けたものは，左辺の分母Bと右辺の分子Cとを掛けたものに等しい，すなわち

$$A \times D = B \times C \quad (あるいは AD = BC)$$

- 4項目のうちの1つが未知のとき，既知の2項目を掛けた数を，未知の数に掛けられた既知の数で割り算することで比率が求められる．たとえば，水500 galの処理にミョウバン2 lbが必要なら，10,000 galの処理にはいくらのミョウバンが必要か？比率を用いて記述すると，「2 lbのミョウバンに対する水500 galは，x lbのミョウバンに対する水10,000 gal」である．このことは，このように書ける．

$$\frac{1 \text{ lb ミョウバン}}{500 \text{ gal 水}} = \frac{x \text{ lb ミョウバン}}{10,000 \text{ gal 水}}$$

たすき掛け算で

$$500 \times x = 1 \times 10,000$$

入れ替えて，

$$\frac{1 \times 10,000}{500} = 20 \text{ lb ミョウバン}$$

比を計算してみよう．たとえば，5 galの石油が\$5.4である．15 galではいくらか．

$$\frac{5 \text{ gal}}{\$5.4} = \frac{15 \text{ gal}}{\$y}$$

$$5 \text{ gal} \times \$y = 15 \text{ gal} \times \$5.4 = 81$$

$$y = \frac{81}{5} = \$16.20$$

■例 2.27

問題: 毎分 4 gal のポンプで水を満たすと 20 時間かかる場合,毎分 10 gal のポンプでは,何時間かかるか?

解答: まず,問題を分析しよう.ここでは,未知数は時間である.しかし,答えは 20 時間より長いか短いか.もし毎分 4 gal ポンプが 20 時間で満たすことができるなら,より大きい(毎分 10 gal ポンプ)は 20 時間より短時間で満たすことができるであろう.それゆえ,答えは 20 時間より短い.では,比をとろう.

$$\frac{x \text{ hr}}{20 \text{ hr}} = \frac{4 \text{ gpm}}{10 \text{ gpm}}$$

$$x = \frac{(4 \times 20)}{10} = 8 \text{ hr}$$

■例 2.28

問題: 下の問題で未知数 x を求めよ.

解答:

$$\frac{36}{180} = \frac{x}{4450}$$

$$\frac{4450 \times 36}{180} = x = 890$$

■例 2.29

問題: 下の問題で未知数 x を求めよ.

$$\frac{3.4}{2} = \frac{6}{x}$$

解答:

$$3.4 \times x = 2 \times 6$$

$$x = \frac{2 \times 6}{3.4} = 3.53$$

■例 2.30

問題: 1 lb の塩素が 65 gal の水に溶けている.同一濃度を保つためには,150 gal の水に溶かすために何ポンドの塩素が必要か?

解答

$$\frac{1 \text{ lb}}{65 \text{ gal}} = \frac{x \text{ lb}}{150 \text{ gal}}$$

$$65 \times x = 1 \times 150$$

$$x = \frac{1 \times 150}{65} = 2.3 \text{ lb}$$

■例 2.31

問題: 仕事を終わらせるために作業員 5 人が 50 時間必要である．この割合で，仕事を終わらせるためには，8 人では何時間かかるか？

解答

$$\frac{5\,\text{作業員}}{8\,\text{作業員}} = \frac{x\,\text{hr}}{50\,\text{hr}}$$

$$x = \frac{5 \times 50}{8} = 31.3\,\text{hr}$$

■例 2.32

問題: 揮発性浮遊物質（VSS）1900 mg/L を含む活性沈殿物（バイオソリッド）1.6 L が，BOD 250 mg/L の生活廃水 7.2 L と混合されているなら，食物／有機物（F/M）の比率いくらか？

解答

$$\frac{F}{M} = \frac{\text{BOD 総量}}{\text{VSS 総量}} = \frac{250\,\text{mg/L} \times 7.2\,\text{L}}{1900\,\text{mg/L} \times 1.6\,\text{L}} = \frac{0.59}{1} = 0.59$$

2.9 次元解析

次元解析は，どんな数や表示でもその値を変えずに 1 を掛けることができるという事実を用いる問題解決の方法である．問題が正しく設定されているかどうかをチェックする際に有用な技術である．数学的な設定のチェックに次元解析を使う際には，われわれは数値ではなく次元（計測単位）のみを扱う．

日常生活になじみ深い次元解析の例は，多くの金物店でみられる単位価格表示である．購買者は地方の金物店で 1 ポンド箱の釘を 98 ¢ で買うことができるが，近くの量販店では同じ釘の 5 ポンド袋を $3.5 で売っている．購買者はそれをほとんど問題とも思わずに解決する．解決法は問題をポンド当たりの値段の問題に落としこむことである．ポンドという単位はどちらの店でも共通なのでとくに深く考えずに選択される．購買者は近くの量販店では釘 1 lb 当たり 70 ¢ 払うが，地方の金物店では 98 ¢ 払うことになる．この問題への解法における含意はポンド当たりのドルで表現される単位値段を知ることである．

> **ノート**: 単位係数はわれわれが関心のある同じ量ないし同等の量を記述する 2 つの単位からつくられる．たとえば，1 in. = 2.54 cm である．

次元解析の方法を使うためには，3 つの基本操作の仕方を学ぶ必要がある．

2.9.1 基本操作：単位の割り算

単位の割り算を行うためには，常にすべての単位が同じ形式で書かれているようにす

べきである．つまり，水平表示の分数（たとえば gal/ft^2）を鉛直表示の分数で表示するのが最もよい．

水平から鉛直へ

$$\text{gal/ft}^2 \quad \text{を} \quad \frac{\text{gal}}{\text{ft}^2}$$

$$\text{psi} \quad \text{を} \quad \frac{\text{lb}}{\text{in.}^2}$$

同じ手順は次の例に適用される．

$$\text{ft}^3/\text{min} \quad \text{は} \quad \frac{\text{ft}^3}{\text{min}}$$

$$\text{sec/min} \quad \text{は} \quad \frac{\text{sec}}{\text{min}}$$

2.9.2 基本操作：分数で割る

われわれは分数の割り算を知っておく必要がある．たとえば，

$$\frac{\dfrac{\text{ポンド}}{\text{日}}}{\dfrac{\text{分}}{\text{日}}} \text{は} \frac{\text{ポンド}}{\text{日}} \times \frac{\text{日}}{\text{分}}$$

上記では分母にある項は分数の掛け算の形にする前に逆数にされている．これは分数の割り算を行うときに従うべき標準的な規則である．別の例を述べると，

$$\frac{\text{mm}^2}{\left(\dfrac{\text{mm}^2}{\text{m}^2}\right)} \quad \text{は} \quad \text{mm}^2 \times \frac{\text{m}^2}{\text{mm}^2}$$

2.9.3 基本操作：分子と分母の共通消去あるいは割り算

われわれは分数の分子と分母にある項を同時消去あるいは割り算する方法を知る必要がある．分数が鉛直表示に書き換えられ，分数による割り算が上でみたように掛け算として再表示された後，項は消去（あるいは割り算）される．

> **要点**：分子で消去されるすべての項に対して，同様の項が分母でも消去されなくてはならない．またその逆も然りである．

$$\frac{\text{kg}}{\cancel{\text{d}}} \times \frac{\cancel{\text{d}}}{\text{min}} = \frac{\text{kg}}{\text{min}}$$

$$\cancel{\text{mm}^2} \times \frac{\text{m}^2}{\cancel{\text{mm}^2}} = \text{m}^2$$

2.9 次元解析

$$\frac{\text{gal}}{\text{min}} \times \frac{\text{ft}^3}{\text{gal}} = \frac{\text{ft}^3}{\text{min}}$$

問い: 指数を含む単位をどのように計算するか?

答え: たとえば ft^3 のように指数で書かれるとき,単位は,計算における他の単位に依存するものの,そのままあるいは (ft)(ft)(ft) という展開された形で残される.ポイントは,平方と立方の項は一定の形式で表示 (すなわち,平方フィート,ft^2,立方フィート,ft^3) するようにすることである.次元解析では,あとの表示が望ましい.

たとえば,体積 1400 立方フィート (ft^3) をガロン (gal) に変換するために,変換に 7.48 gal/ft^3 を用いる.7.48 を掛けるのか,あるいは割るのかという疑問が生じる.この事例では,7.48 を掛けるのか割るのか,という問いに答えるのに次元解析を使うことができる.

数学的な設定が正しいかどうか決めるためには,次元だけが用いられる.まず,試しに次元どうしを割ってみる.つまり,

$$\frac{\text{ft}^3}{\text{gal/ft}^3} = \frac{\text{ft}^3}{\left(\dfrac{\text{gal}}{\text{ft}^3}\right)}$$

分子と分母を掛けると,

$$\frac{\text{ft}^6}{\text{gal}}$$

となる.

したがって次元解析により,もし2つの次元 (ft^3 と gal/ft^3) を割り算すれば解の次元は gal でなく ft^6/gal になることがわかる.この変換では割り算は正しいアプローチではないことが明らかである.

割る代わりに次元を掛けたら何が起こるだろう.

$$\text{ft}^3 \times (\text{gal/ft}^3) = \text{ft}^3 \times \left(\frac{\text{gal}}{\text{ft}^3}\right)$$

分子と分母を掛けて

$$\text{ft}^3 \times \left(\frac{\text{gal}}{\text{ft}^3}\right)$$

を得て,共通項を消去して,

$$\text{ft}^3 \times \left(\frac{\text{gal}}{\text{ft}^3}\right)$$

となる.

明らかに,2つの次元 (ft^3 と gal/ft^3) を掛けることで答えは望むよなうガロン表示になる.よって数学的な設定が正しいので,今度はガロンの数値を得るために数値を掛ける.

$$(1400\ \text{ft}^3) \times (7.48\ \text{gal/ft}^3) = 10{,}472\ \text{gal}$$

指数の別の問題を試みよう．いま平方フィートでの答えを求めているとする．2つの項 70 ft^3/sec と 4.5 ft/sec が与えられたとして，次の数学的な設定は正しいだろうか？

$$(70 \text{ ft}^3/\text{sec}) \times (4.5 \text{ ft/sec})$$

まず，数学的設定が正しいか決めるために次元のみが用いられる．2つの次元を掛けて，

$$(\text{ft}^3/\text{sec}) \times (\text{ft/sec}) = \frac{\text{ft}^3}{\text{sec}} \times \frac{\text{ft}}{\text{sec}}$$

を得る．分数の分子と分母の項を掛けて，

$$\frac{\text{ft}^3 \times \text{ft}}{\text{sec} \times \text{sec}} = \frac{\text{ft}^4}{\text{sec}^2}$$

明らかに，数学的な設定は正しくないというのは，答えの次元が平方フィートではないからで，それゆえ，上のように数を掛け合わせるなら，答えは間違いになる．

代わりに，2つの次元を割ってみよう．

$$(\text{ft}^3/\text{sec}) / (\text{ft/sec}) = \frac{\left(\dfrac{\text{ft}^3}{\text{sec}}\right)}{\left(\dfrac{\text{ft}}{\text{sec}}\right)}$$

分子を逆数にして掛けると

$$= \frac{\text{ft}^3}{\text{sec}} \times \frac{\text{sec}}{\text{ft}} = \frac{(\text{ft} \times \text{ft} \times \text{ft}) \times \text{sec}}{\text{sec} \times \text{ft}} = \frac{(\text{ft} \times \text{ft} \times \cancel{\text{ft}}) \times \cancel{\text{sec}}}{\cancel{\text{sec}} \times \cancel{\text{ft}}} = \text{ft}^2$$

を得る．答えの次元が平方フィートなので，この数学的設定は正しく，それゆえ，単位で行われたような数の割り算によって，答えもまた正しいと考えられる．

$$\frac{70 \text{ ft}^3/\text{sec}}{4.5 \text{ ft/sec}} = 15.56 \text{ ft}^2$$

■例 2.33

問題： 2つの項，5 m/sec と 7 m^2 が与えられていて，得られるべき答えは毎秒立方メートル（m^3/sec）である．2つの項を掛けることは，正しい数学的設定か？

解答：

$$(\text{m/sec}) \times (\text{m}^2) = \frac{\text{m}}{\text{sec}} \times \text{m}^2$$

分数の分子分母を掛けて

$$= \frac{\text{m} \times \text{m}^2}{\text{sec}} = \frac{\text{m}^3}{\text{sec}}$$

となる．答えの次元が毎秒立方メートル（m^3/sec）であるので，数学的設定は正しい，それゆえ正しい答えを得るために数を掛け合わせて，

$$5 \text{ m/sec} \times 7 \text{ m}^2 = 35 \text{ m}^3/\text{sec}$$

を得る．

■例 2.34
　問題： 水路の流量は 2.3 ft³/sec である．流量は毎分何ガロンか？
　解答： 数学的な設定をし，それからそれを次元解析で確認せよ．
$$(2.3 \text{ ft}^3/\text{sec}) \times (7.48 \text{ gal/ft}^3) \times (60 \text{ sec/min})$$
数学的設定の確認のため次元解析を使用すると，
$$(\text{ft}^3/\text{sec}) \times (\text{gal/ft}^3) \times (\text{sec/min}) = \frac{\text{ft}^3}{\text{sec}} \times \frac{\text{gal}}{\text{ft}^3} \times \frac{\text{sec}}{\text{min}} = \frac{\cancel{\text{ft}^3}}{\cancel{\text{sec}}} \times \frac{\text{gal}}{\cancel{\text{ft}^3}} \times \frac{\cancel{\text{sec}}}{\text{min}} = \frac{\text{gal}}{\text{min}}$$
数学的設定が上のように正しいので，この問題は掛け算により正しい単位での答えを得ることができ，
$$(2.3 \text{ ft}^3/\text{sec}) \times (7.48 \text{ gal/ft}^3) \times (60 \text{ sec/min}) = 1032.24 \text{ gal/min}$$
となる．

■例 2.35
　問題： 8時間で水処理施設は 3.2 MG（ミリオンガロン）の水を処理する．同じ処理率を仮定すると，1日で処理される水の体積はいくらか？
　解答：
$$\frac{3.2 \text{ MG}}{8 \text{ hr}} \times \frac{24 \text{ hr}}{\text{day}} = \frac{3.2 \times 24}{8} \text{MGD} = 9.6 \text{ MGD}$$

■例 2.36
　問題： 日当たり 1 ミリオンガロンは毎秒何立方フィート（cfs）か？
　解答：
$$1 \text{ MGD} = \frac{10^6}{1 \text{ day}} = \frac{10^6 \text{ gal} \times 0.1337 \text{ ft}^3/\text{gal}}{1 \text{ day} \times 86{,}400 \text{ sec/day}} = \frac{133{,}700}{86{,}400} = 1.547 \text{ cfs}$$

■例 2.37
　問題： 10 gal の空き水槽の重さは 4.6 lb である．6 gal の水で満たされたタンクの総重量はいくらか？
　解答：
$$水の重さ = 6 \text{ gal} \times 8.34 \text{ lb/gal} = 50.04 \text{ lb}$$
$$総重量 = 50.04 + 4.6 \text{ lb} = 54.64 \text{ lb}$$

■例 2.38
　問題： バイオソリッド乾燥床に加えられたバイオソリッドの高さは 10 in. である．センチメートル（2.54 cm = 1 in.）ではいくらの高さか？
　解答：
$$10 \text{ in.} = 10 \times 2.54 \text{ cm} = 25.4 \text{ cm}$$

2.10 臭気の閾値（TON）

　水供給に責任を負う環境実務者は，味覚と臭気が最も典型的な消費者の苦情であることにすぐ気づく．臭気はふつう臭気の閾値（TON）で計測・表示される．それは試料の臭気が事実上感知できない程度まで希釈するのに必要な無臭の水と試量との比率である．1989 年に USEPA は，臭気に対して第 2 種最大許容濃度（SMCL）を 3 TON とした．

　ノート：第 2 種最大許容濃度は健康に関連した定数ではない．

　希釈水を用いると，臭気を特定する数値が提示できる．

$$\mathrm{TON}\ (臭気の閾値) = \frac{V_T + V_P}{V_T} \tag{2.3}$$

ここで，V_T = 試料体積，V_P = 臭気を含まない水による希釈水の体積，$V_P = 0$ に対して，TON = 1（考えられる最低値），$V_P = V_T$ に対して，TON = 2，$V_P = 2 V_T$ に対して，TON = 3，….

■例 2.39
　問題： 50 mL の試料が臭気のない水により 200 mL まで薄められたとき，検知閾値の臭気が観測された．試料の水の TON はいくらか？
　解答：

$$\mathrm{TON} = \frac{200}{V_T} = \frac{200\ \mathrm{mL}}{50\ \mathrm{mL}} = 4$$

2.11 幾何学的計測

　漁業，水／排水処理施設，そして他の水槽，受水槽，池で操作を行う環境実務者は，彼らが扱う水槽，受水槽，池の面積と体積を知っておく必要がある．たとえば，水／排水処理施設では，施設の形状は普通一連の水槽と水路からなっている．適切な設計と操作管理のためには，技術者と操作員はいくつかの処理制御計算を要求される．これらの計算の多くは水槽あるいは水路の円周，周長，表面積，あるいは体積のような変数を含んでいる．とりわけ，漁場での操作では，面積と体積の正確な計測が残存率と化学物質の投入を計算するのに必須である．面積不詳の池で魚を飼育することは，低生産性，病気，そしておそらく死滅という結果に結びつくこともある．体積あるいは面積が過小評価なら化学処理は効果的ではあるはずなく，過大評価なら潜在的には致死的である（Masser and Jensen, 1991）．これらの計算の助けのために，いくつかの幾何形状の面積や体積計算に使われる定義や関係式を以下に示す．

2.11.1 定　義
　円周（circumference）—対象物のまわりの距離であり，長さの単位で測られる．円以

外のものと特定されたときには，図，対象あるいは眺望の周長（perimeter）と呼ばれる．

球（sphere）―ボールのような形状の固まり．

体積（volume）―単一体の容積（どれぐらい保持できるか）で，立方単位（立方フィート，立方メートル）か，液体の体積単位（ガロン，リットル，ミリオンガロン）で量られる．

高さ（height）―対象物の1つの端から他の端までの鉛直距離．長さの単位で測られる．

直径（diameter）―円周の1つの点から中心を通る別の円周上の点までの距離で，長さの単位で測られる．

底（base）―三角形の底脚部を特定するために使用される語句で，長さの単位で測られる．

長さ（length）―対象物の1つの端から他の端までの距離．長さの単位で測られる．

長さの単位（linear unit）―距離を表すために用いられる計量単位（たとえば，フィート，インチ，メートル，ヤード等）．

Pi(π)―円，球，円錐にかかわる計算に用いられる数（$\pi = 3.14$）．

幅（width）―タンクの一方の側から他の側への距離で，長さの単位で測られる．

半径（radius）―円の中心から円周上の点までの距離で，長さの単位で測られる．

深さ（depth）―タンクの底から頂上までの鉛直距離．普通，これは液体の深さで測られ，壁面深さ（SWD, sidewall depth）として長さの単位で与えられる．

平方単位（square unit）―面積，平方フィート，平方メートルなどを表す計量単位．

面積（area）―対象の面積で，平方の単位で測られる．

立方単位（cubic unit）―体積，立方フィート，立方メートル等を表すために用いられる計量単位．

2.11.2 関連する幾何学的な式

円の円周 　　　　　　　　　　　　　　　　　　　　　　　：$C = \pi d = 2\pi r$
辺の長さ a の正方形の周長 　　　　　　　　　　　　　　：$P = 4a$
辺の長さ a と b の長方形の周長 　　　　　　　　　　　：$P = 2a + 2b$
辺の長さ a, b と c の三角形の周長 　　　　　　　　：$P = a + b + c$
半径 r（直径 $d = 2r$）の円の面積 　　　　　　　　　　：$A = \pi d^2/4 = \pi r^2$
直径 d がインチのときの平方フィートでの管の面積：$A = \pi d^2/576 = 0.00545\, d^2$
底が b で高さが h の三角形の面積 　　　　　　　　　　：$A = 0.5\, bh$
辺の長さ a の正方形の面積 　　　　　　　　　　　　　　：$A = a^2$
辺の長さ a, b の長方形の面積 　　　　　　　　　　　：$A = ab$
長軸 a, 短軸 b の楕円形の面積 　　　　　　　　　　　：$A = \pi ab$
平行な辺の長さ a, b で高さが h の台形の面積 　　　：$A = 0.5(a+b)h$

半径 r（直径 $d = 2r$）の球の体積　　　　　　　　：$V = 1.33\,\pi r^3 = 0.1667\,\pi d^3$
辺の長さ a の立方体の体積　　　　　　　　　　　：$V = a^3$
直方体（辺の長さ a，b と c）の体積　　　　　：$V = abc$
半径 r で，高さ h の円柱の体積　　　　　　　　：$V = \pi r^2 h = \pi d^2 h/4$
底面積 S で，高さ h の三角錐の体積　　　　　　：$V = 0.33\,Sh$

2.11.3　幾何学的な計算
2.11.3.1　周長と円周

土地あるいは造園地まわりの距離を求める必要が生じることがある．土地や建築物，すり鉢状の構造物まわりの距離を求めるには周長あるいは円周を求める必要がある．周長は対象物まわりの長さで，つまり縁あるいは外の境界の距離である．円周は円あるいは円状の対象（たとえば沈殿池のような）まわりの距離である．距離は線に沿った距離（あるいは長さ）を定義する測線である．インチ，フィート，ヤード，マイルのような計量の標準単位と，センチメートル，メートル，キロメートルのようなメートル系単位が用いられる．

長方形（直角に交わる 4 辺をもつ）の周長（P）は 4 辺の長さ（L_i）を足し算することで得られる（図 2.1 参照）．

$$\text{周長} = L_1 + L_2 + L_3 + L_4 \tag{2.4}$$

■例 2.40
問題：　図 2.2 に示される長方形の周長を求めよ．
解答：
$$P = 35\,\text{ft} + 8\,\text{ft} + 35\,\text{ft} + 8\,\text{ft} = 86\,\text{ft}$$

■例 2.41
問題：　長方形の圃場が長さ 100 ft，幅 50 ft なら，その周長はいくらか？
解答：

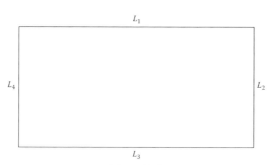

図 2.1　周長

$$P = (2 \times 長さ) + (2 \times 幅) = (2 \times 100\,\text{ft}) + (2 \times 50\,\text{ft}) = 200\,\text{ft} + 100\,\text{ft} = 300\,\text{ft}$$

■例 2.42
  問題： 8 in. の辺の正方形の周長はいくらか？
  解答：
$$P = (2 \times 長さ) + (2 \times 幅)$$
$$= (2 \times 8\,\text{in.}) + (2 \times 8\,\text{in.}) = 16\,\text{in.} + 16\,\text{in.} = 32\,\text{in.}$$

円周は円の外縁の長さである．円周は円周率（π）に直径（D）（円の中心を通る直線あるいは円と交わる距離で，図2.3に示す）を掛ける．
$$C = \pi \times D \tag{2.5}$$
ここで，C = 周長，$\pi = 3.14$，D = 直径．

■例 2.43
  問題： 直径 25 ft の円の円周を求めよ．
  解答：
$$C = \pi \times 25\,\text{ft}$$
$$C = 3.14 \times 25\,\text{ft} = 78.5\,\text{ft}$$

■例 2.44
  問題： 円形の化学物質貯蔵タンクの直径は 18 m である．このタンクの円周はいく

図 2.2　例 2.40 の長方形の周長

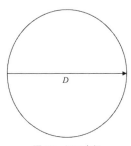

図 2.3　円の直径

らか？
解答：

$$C = \pi \times 18 \text{ m}$$
$$C = 3.14 \times 18 \text{ m} = 56.52 \text{ m}$$

■**例 2.45**
問題： 流入管の流入開口部の直径は 6 ft である．この流入開口部の円周はフィートでいくらか？
解答：

$$C = \pi \times 6 \text{ ft}$$
$$C = 3.14 \times 6 \text{ ft} = 18.84 \text{ ft}$$

2.11.3.2 面 積

水／排水操作における面積測定については，実務的には3つの基本形状—円，長方形と三角形—が重要である．面積は対象が含むすべての表面の合計あるいは表面を覆う材料の合計である．化学物質タンクの最上部における面積は表面積（surface area）と呼ばれる．換気管の末端の面積は断面積（管の長さ方向に直角な面積）と呼ばれる．面積は普通平方単位—たとえば平方インチ（in.²），平方フィート（ft²）—で表示される．土地も平方マイル（区画），エーカー（43,560 ft²）あるいはメートル単位系でヘクタールのように表示される．漁場の実務では，池内残存率，制限率とその他重要な管理上の決定は表面積に基づいている（Masser and Jensen, 1991）．

　土建業者の計測や米国農業土壌保全サービス省の事務所に窪地や湖沼，あるいは池の計測記録がない場合，トランジット（転鏡儀）を使っての測量が面積を決める最も正確な方法となる．やや正確さは劣るが許容される方法は鎖計測と歩測による計測である．これらの方法の不正確さは，計測ミスと不均一あるいは傾斜のある地形の計測に由来する．平坦あるいは水平な場所で成された計測は最も正確である．

　鎖計測では既知の長さの測量用の鎖あいテープを用いる．杭がテープの両端に置かれる．杭は前進計測ごとの開始点を特定あるいは位置づけ，またテープの移動回数を正確に数えるために使用される．計測を直線に保つために2本の杭で照準を合わせる．テープの移動回数にテープの長さを掛けたものが全距離に等しい．

　歩測は人の歩幅あるいは1歩の平均距離を用いる．歩幅長を決めるためには，100 ft の距離を計測して歩測し，歩数を数える．楽で自然なやり方で歩くようにする．何回か繰

図 2.4　長方形

り返して，平均歩幅長を求める．常に2回以上歩測して歩幅数の平均をとるのがよいやり方である（Masser and Jennings, 1991）．歩測から距離を求める公式は，

$$距離(ft) = 総歩数 × 平均歩幅長$$

である．

長方形は二次元の箱である．長方形の面積は長さ（L）と幅（W）を掛けて求められる（図2.4参照）．

$$面積 = L × W \tag{2.6}$$

■例 2.46

　問題：　図2.5の長方形の面積を求めよ．

　解答：

$$面積 = L × W = 14\,\text{ft} × 6\,\text{ft} = 84\,\text{ft}^2$$

円の面積を求めるために，新たに半径（r）を導入する．図2.6に示される円は6ftの半径をもつ．半径は円の中心から円周上のある点へ伸びる任意の直線である．定義から，同じ円ではすべての半径は等しい．円の表面積はπと半径の2乗を掛けて求められる．

$$A = \pi × r^2 \tag{2.7}$$

ここで，A = 面積，π = 円周率 = 3.14，r = 円の半径 = 直径の1/2．

■例 2.47

　問題：　図2.6の円の面積はいくらか？

図 2.5　例2.46の長方形

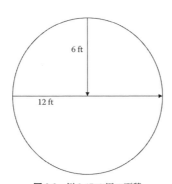

図 2.6　例2.47の円の面積

解答：

$$円の面積 = \pi \times r^2 = \pi \times 6^2 = 3.14 \times 36 = 113 \text{ ft}^2$$

もし，われわれが貯水槽を塗る担当になったら，どれだけのペンキの量がいるかを決めるために水槽の壁の表面積を知る必要がある．水槽の表面積を求めるために，円柱形の壁を円形の底のまわりに巻かれた長方形として可視化する必要がある．長方形の面積は長さと幅を掛けて求められる．円柱の場合は長方形の幅は壁の高さで，長方形の長さは円のまわりの距離（円周）である．

よって，円形水槽の横壁の面積（A）は，底の円周（$C = \pi \times D$）と壁の高さ（H）を掛けて求められる．

$$A = \pi \times D \times H \tag{2.8}$$

$$A = \pi \times 20 \text{ ft} \times 25 \text{ ft} = 3.14 \times 20 \text{ ft} \times 25 \text{ ft} = 1570 \text{ ft}^2$$

必要なペンキの量を決めるため，水槽の上面の表面積を加えることを思い出そう．それは 314 ft^2 である．そこで，必要なペンキの量は 1570 ft^2 + 314 ft^2 = 1884 ft^2 を覆うことのできる量ということになる．もし，水槽の底も塗る必要があるなら，さらに 314 ft^2 を加える．

多くの湖は谷をせき止めることでつくられた湖である．これらの湖は不規則な形をしている．もし湖についてのよい測定値が存在しないなら，そのときは湖のまわりを鎖計測か歩測し，次の手順で面積を計算することで合理的な推測が成される．

1. 方眼紙上に湖のおおまかな形状を描く．
2. 湖の面積の一部を同じ面積の土地に置き直すことで，湖の面積を近似できるような長方形を湖の上に描く．この長方形に基づき面積を計算することができる（図 2.7 参照）．
3. 湖の上に描いた長方形の角を湖まわりの土地上に印し，鎖計測か歩測で長さと幅を決める．たとえば，歩数 375 の長さ，歩数 130 の幅，（たとえば）2.68 の歩幅長であるなら，1005 ft（375 歩 × 2.68 ft ／歩幅長）と 348.4 の掛け算に等しい．
4. おおよその湖面積を得るために長さと幅を掛ける．たとえば，1005 ft × 348.4 ft = 350,142 ft^2 あるいは 8.04 ac（350,142 ÷ 43,500）である．

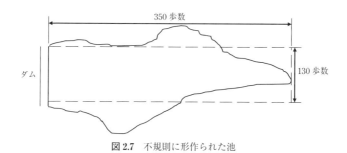

図 2.7 不規則に形作られた池

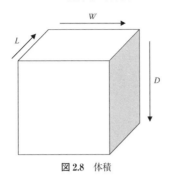

図 2.8 体積

2.11.3.3 体 積

体積はある対象物で占有または満たされる空間の総量である（図 2.8 参照）．体積は立方単位で表示される．たとえば，立方インチ（in.^{3}），立方フィート（ft^3），あるいはエーカー・フィート（1 ac-ft = 43,560 ft^3）．直方体の体積（V）は，長さと幅と高さ（深さ）を掛けて得られる．

$$V = L \times W \times H \tag{2.9}$$

ここで，V = 体積，L = 長さ，W = 幅，H（または D）= 高さ（または深さ）．

■例 2.48

問題： ある長方形の処理槽は長さ 15 ft，幅 7 ft，深さ 9 ft である．処理槽の体積はいくらか？

解答：
$$V = L \times W \times H = 15\,\text{ft} \times 7\,\text{ft} \times 9\,\text{ft} = 945\,\text{ft}^3$$

排水処理では，代表的な表面積が長方形，三角形，円あるいはこれらの組み合わせであることが非常に多い．上水／下水計算で用いられる実務的な体積公式を表 2.1 に示す．

丸い管や丸い表面積の体積については次の例が有用である．

■例 2.49

問題： 長さ 300 ft で直径 3 in. の円柱管の体積を求めよ．

表 2.1 体積公式

球の体積	$= (\pi/6) \times (\text{直径})^3$
円錐の体積	$= 1/3 \times (\text{円柱の体積})$
直方体槽の体積	$= (\text{長方形の面積}) \times (D\ \text{あるいは}\ H)$
	$= (L \times W) \times (D\ \text{あるいは}\ H)$
円柱の体積	$= (\text{円柱の面積}) \times (D\ \text{あるいは}\ H)$
	$= \pi r^2 \times (D\ \text{あるいは}\ H)$

解答:
1. 管の直径 (D) を 12 で割ることでインチからフィートに変える．
$$D = 3 \div 12 = 0.25 \text{ ft}$$
2. 直径を 2 で割って，半径 (r) を求める．
$$r = 0.25 \text{ ft} \div 2 = 0.125$$
3. 体積 (V) を求める．
$$V = L \times \pi \times r^2$$
$$V = 300 \text{ ft} \times 3.14 \times 0.0156 = 14.72 \text{ ft}^2$$

■例 **2.50**
問題: 直径 24 in., 高さ 96 in. の煙突の体積を求めよ．
解答: まず煙突の半径 (r) を求める．半径は直径の 1/2 であるから，24 in. $\div 2 = 12$ in..
次に体積を求める．
$$V = H \times \pi \times r^2$$
$$V = 96 \text{ in.} \times \pi \times (12 \text{ in.})^2$$
$$V = 96 \text{ in.} \times 3.14 \times (144 \text{ in.}^2) = 43.407 \text{ ft}^3$$
円錐と球の体積を求めるために，次の公式と例題を用いる．

円錐の体積

$$円錐の体積 = \frac{\pi}{12} \times 直径 \times 直径 \times 高さ \tag{2.10}$$

次のことに注意．

$$\frac{\pi}{12} = \frac{3.14}{12} = 0.262$$

要点: 公式で使われる直径は円錐の底面の直径である．

■例 **2.51**
問題: 円形の沈殿槽の底部区間は円錐の形状である．槽の直径が 120 ft で円錐部の深さが 6 ft なら，槽のこの区間に含まれる水は何立方フィートか？
解答:
$$体積 V(\text{ft}^3) = 0.262 \times 120 \text{ ft} \times 120 \text{ ft} \times 6 \text{ ft} = 22{,}637 \text{ ft}^3$$

球の体積

$$球の体積 = \frac{\pi}{6} \times 直径 \times 直径 \times 高さ \tag{2.11}$$

次のことに注意．

$$\frac{\pi}{6} = \frac{3.14}{6} = 0.524$$

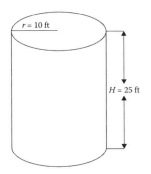

図 2.9 円形あるいは円柱の水槽

■例 2.52
問題： 直径 60 ft の球状の気体貯蔵容器の体積（ft^3）はいくらか？

解答：
$$体積\ V(\text{ft}^3) = 0.524 \times 60\ \text{ft} \times 60\ \text{ft} \times 60\ \text{ft} = 113{,}184\ \text{ft}^3$$

循環プロセスとさまざまな水や化学品の貯蔵槽は上水／下水処理に普通にみられる．円形槽は円状の底面から立ち上がる円柱よりなる（図 2.9 参照）．円形槽の体積は表面積に槽の高さを掛けて計算される．

■例 2.53
問題： ある水槽が直径 20 ft，深さ 25 ft であるなら，何 gal の水を保持するだろうか？

ヒント：この種の問題では，まず表面積を計算し，高さを掛け，それからガロンに変換する．

解答：
$$r = D \div 2 = 20\ \text{ft} \div 2 = 10\ \text{ft}$$
$$A = \pi \times r^2 = \pi \times 10\ \text{ft} \times 10\ \text{ft} = 314\ \text{ft}^2$$
$$V = A \times H = 314\ \text{ft}^2 \times 25\ \text{ft} = 7850\ \text{ft}^3 \times 7.48\ \text{gal/ft}^3 = 58{,}718\ \text{gal}$$

2.12 力，圧力と水頭

力，圧力と水頭に関する計算を復習する前に，これらの語句を定義しなければいけない．

- 圧力（pressure）—単位面積当たりの力．圧力を表示する最も普通の表示は平方インチ当たりのポンド（psi）である．
- 水頭（head）—参照点より上の水の鉛直距離あるいは高さ．水頭は普通フィートで表示される．水の場合，水頭と圧力は関係する．
- 力（force）—限定された平面に接触する水によって働く押す力である．力はポンド，トン，グラムあるいはキログラムで表示される．

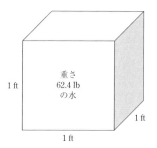

図 2.10 1 ft³ の水は 62.4 lb

2.12.1 力と圧力

図 2.10 はこれらの語句を図示するのに役立つ．各辺 1 ft の立方容器は 1 ft³ の水を保持できる．基礎的な科学的事実として 1 ft³ の水は重さ 62.4 lb で体積は 7.48 gal の重さであることが知られている．容器の底に掛かる力は 62.4 lb/ft² である．底の面積は平方インチで，

$$1 \text{ ft}^2 = 12 \text{ in.} \times 12 \text{ in.} = 144 \text{ in.}^2$$

である．それゆえ，平方インチ当たりポンド（psi）の圧力は

$$62.4 \text{ lb/ft}^2 = \frac{62.4 \text{ lb/ft}^2}{144 \text{ in.}^2/\text{ft}^2} = 0.433 \text{ lb/in.}^2 (\text{psi})$$

いま参照点として容器の底を使うなら，水頭は 1 ft である．このことから，1 ft の水頭は 0.433psi（重要な定数であり記憶しておくこと）に等しいことがわかる．図 2.11 は圧力と水頭の間の他重要な関係を図示している．

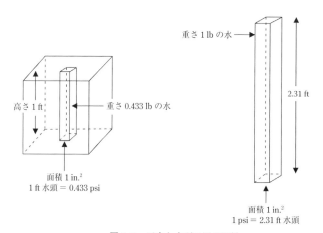

図 2.11 圧力と水頭の間の関係

2.12 力, 圧力と水頭　　　　　　　　　　　71

ノート：　力は特定の方向に作用する．タンクの水は底と面の方向に外向きの力を生じる．しかしながら圧力はすべての方向に作用する．1 ft の水深にあるビー玉はすべての方向から 0.433 psi の圧力を受けている．

この情報を用いて，圧力と水頭の計算のための式（2.12）と（2.13）を誘導しておく．

$$\text{圧力(psi)} = 0.433 \times \text{水頭(ft)} \tag{2.12}$$

$$\text{水頭(ft)} = 2.31 \times \text{圧力(psi)} \tag{2.13}$$

となる．

2.12.2 水　頭

水頭は，水が供給タンクまたは区画処理から排出のために揚水する必要がある鉛直距離である．全水頭は，液体揚水される鉛直距離（静水頭），摩擦に対する損失（摩擦水頭）と望まれる速度（速度水頭）を維持するのに必要なエネルギーを含んでいる．

$$\text{全水頭} = \text{静水頭} + \text{摩擦水頭} + \text{速度水頭} \tag{2.14}$$

2.12.2.1　静水頭
静水頭は液体が揚水される実際の鉛直距離である．

$$\text{静水頭} = \text{排出高さ} - \text{供給高さ} \tag{2.15}$$

■例 2.54

問題：　供給タンクは 108 ft に位置する．排出点は 205 ft である．静水頭はいくらか？

解答：

$$\text{静水頭(ft)} = 205\,\text{ft} - 108\,\text{ft} = 97\,\text{ft}$$

2.12.2.2　摩擦水頭
摩擦水頭は摩擦に打ち勝つために供給されなければならないエネルギーに等価な距離である．工学書には，いろいろな大きさと形式の管，継ぎ手とバルブに対する等価鉛直距離を示す表が含まれている．総摩擦水頭は各要素に対する等価鉛直距離の和である．

$$\text{摩擦水頭(ft)} = \text{摩擦によるエネルギー損失} \tag{2.16}$$

2.12.2.3　速度水頭
速度水頭はシステムの中で要求される速度を得て維持するのに消費されるエネルギーの等価距離を示す．

$$\text{速度水頭(ft)} = \text{速度を維持するためのエネルギー損失} \tag{2.17}$$

2.12.2.4　全水頭（全システム水頭）

$$\text{全水頭} = \text{静水頭} + \text{摩擦水頭} + \text{速度水頭} \tag{2.18}$$

2.12.2.5　圧力と水頭
水／排水によってかかる圧力は管，タンク，水路の深さあるいは水頭に正比例する．圧力が既知なら，等価水頭は計算可能である．

$$\text{水頭(ft)} = \text{圧力(psi)} \times 2.31\,\text{ft/psi} \tag{2.19}$$

■例 2.55

問題： ポンプから排出ライン上のゲージ圧の読みが 75.3 psi である．フィート表示で等価水頭はいくらか？

解答：
$$水頭(\text{ft}) = 75.3 \times 2.31 \text{ ft/psi} = 173.9 \text{ ft}$$

2.12.2.6 水頭と圧力

水頭が既知なら，等価な圧力は次のように計算される．

$$圧力(\text{psi}) = \frac{水頭(\text{ft})}{2.31 \text{ ft/psi}} \tag{2.20}$$

■例 2.56

問題： タンクの深さは 15 ft である．廃水でタンクが満たされているとき，タンクの底の圧力は psi 表示でいくらか？

解答：
$$圧力(\text{psi}) = \frac{15 \text{ ft}}{2.31 \text{ ft/psi}} = 6.49 \text{ psi}$$

力，圧力，水頭に関するいくつかの例題をみる前に，力，圧力，水頭にかかわるキーポイントを復習しておくことが重要である．

1. 定義によれば，水の重さは 62.4 lb/ft^3 である．
2. 1 ft^3 の立方体はいずれの面の表面積も 144 in.^{2}（12 in.×12 in. = 144 in.^{2}）である．すなわち，立方体は高さ 1 ft で底面積 1 in.^{2} の水柱をもっていることになる．
3. 上の各水柱の重さは立方体の重さを 1 in.^{2} の水柱数で割ることで求められる．

$$重さ = \frac{62.4 \text{ lb}}{144 \text{ in}^2} = 0.433 \text{ lb/in.}^2 \text{ あるいは } 0.433 \text{ psi}$$

4. これは高さ 1 ft の水柱の重さであるから，本当の表示としては 1 ft 水頭当たり 0.433 lb/in.^{2} あるいは 0.433 psi/ft となる．

ノート： 1 ft 水頭 = 0.433 psi

1 ft 水頭 = 0.433 psi という重要な定数を覚えることに加えて，圧力とフィート水頭との間の関係を理解しておくことが重要である．すなわち，1 psi 水頭は何フィートを示しているか？　これは 1 ft を 0.433 psi で割ると決められる．

$$フィート水頭 = \frac{1 \text{ ft}}{0.433 \text{ psi}} = 2.31 \text{ ft/psi}$$

もし，ゲージ圧の読みが 12 psi なら，この圧力を示すために必要な水柱の高さは 12 psi ×2.31 ft/psi = 27.7 ft となる．

キーポイント： 上記の変換式は水／排水処理計算で普通に使用される．しかしながら，最も正しい変換は 1 ft = 0.433 psi である．このテキストを通して，われわれはこの変換を用いる．

2.12 力，圧力と水頭

■例 2.57
問題： 40 psi をフィート水頭に変換せよ．
解答：

$$\frac{40 \text{ psi}}{1} \times \frac{\text{ft}}{0.433 \text{ psi}} = 92.4 \text{ ft}$$

■例 2.58
問題： 40 ft を psi に変換せよ．
解答：

$$40 \frac{\text{ft}}{1} \times \frac{0.433 \text{ psi}}{\text{ft}} = 17.32 \text{ psi}$$

上記の例題に示されるように，psi をフィートに変換しようとするときには 0.433 で割り，フィートを psi に変換使用とするときは 0.433 を掛ける．上の手順は割り算か掛け算かの混乱を解消するのにきわめて助けとなる．しかしながら，多くの操作員にとってより安易な別のアプローチもある．psi とフィートの間の関係はほぼ 2 対 1 であることに注意しよう．1 psi となるのは 2 ft よりわずかに大きいときである．それゆえ，データが圧力で与えられ，結果をフィートで求める問題では，答えは最初の数の少なくとも 2 倍になる．たとえば，圧力が 25 psi なら，水頭は 50 ft 以上であることはすぐにわかり，それゆえ正しい答えを得るために 0.433 で割ることになる．

■例 2.59
問題： 45 psi の圧力をフィート水頭に変換せよ．
解答：

$$45 \frac{\text{psi}}{1} \times \frac{1 \text{ ft}}{0.433 \text{ psi}} = 104 \text{ ft}$$

■例 2.60
問題： 15 psi をフィート水頭に変換せよ．
解答：

$$15 \frac{\text{psi}}{1} \times \frac{1 \text{ ft}}{0.433 \text{ psi}} = 34.6 \text{ ft}$$

■例 2.61
問題： 貯水池頂部と流出部との間の高低差が 125 ft である．流出点での静水圧はいくらか？
解答：

$$125 \frac{\text{psi}}{1} \times \frac{1 \text{ ft}}{0.433 \text{ psi}} = 288.7 \text{ ft}$$

■例 2.62
問題： 12 ft のタンクで水面より 5 ft 下の圧力（psi）を求めよ．
解答：
$$圧力(psi) = 0.433 \times 5 \text{ ft} = 2.17 \text{ psi}$$

■例 2.63
問題： タンク底部のゲージ圧は 12.2 psi である．タンク中の水の深さはいくらか？
解答：
$$水頭(ft) = 2.31 \times 12.2 \text{ psi} = 28.2 \text{ ft}$$

■例 2.64
問題： 海面下 4 mi での圧力（静水圧）はいくらか？
解答： マイルをフィートに変換し，それから psi にせよ．
$$5281 \text{ ft/mi} \times 4 = 21{,}120 \text{ ft}$$
$$\frac{21120 \text{ ft}}{2.31 \text{ ft/psi}} = 9143 \text{ psi}$$

■例 2.65
問題： 直径 150 ft の円柱形タンクが 2.0 MG の水を貯めている．水深はいくらか？底部のゲージ圧は psi でいくらか？

解答：
1. MG を立方フィートに変換せよ．
$$\frac{2{,}000{,}000 \text{ gal}}{7.48} = 267{,}380 \text{ ft}^3$$
2. 体積を使って，水深を求めよ．
$$体積 = 0.785 \times D^2 \times 水深$$
$$267{,}380 \text{ ft}^3 = 0.785 \times 150^2 \times 水深$$
$$水深 = 15.1 \text{ ft}$$

■例 2.66
問題： 管中の圧力が 70 psi である．フィート水頭表示圧力はいくらか．psf ではいくらか？

解答
1. 圧力をフィートに変換する．
$$70 \text{ psi} \times 2.31 \text{ ft/psi} = 161.7 \text{ ft}$$
2. psi を psf に変換する．
$$70 \text{ psi} \times 144 \text{ in.}^2/\text{ft}^2 = 10{,}080 \text{ psf}$$

■例 2.67
問題： 管内の圧力は 6476 psf である．管に働く水頭はいくらか？
解答：

$$\text{管に働く水頭} = \text{圧力のフィート}$$
$$\text{圧力} = \text{重さ} \times \text{高さ}$$
$$6476\ \text{psf} = 62.4\ \text{lb/ft}^3 \times \text{高さ}$$
$$\text{高さ} = 104\ \text{ft}$$

2.13 進んだ代数学の重要語句・概念の復習

　進んだ代数学的操作（線形，線形微分，線形微分方程式）は近年，環境技術者に必要とされる数学的背景の必須事項となりつつある．ここではトピックを完全にカバーする意図はないが（環境実務者は普通これらの重要で基礎的な分野で十分な素養をもっている），鍵となる語句と関連概念の復習は重要である．鍵となる定義は次である．

階段形式　次のような場合，行列は行階段（echelon）形式である．
1. すべてゼロより構成されている行が行列の最下部にすべてまとめて配置され，
2. 非ゼロ行中の（左から右に数えて）最初の非ゼロ項が，先行する行中（先行する行があるなら）にある最初の非ゼロ項の右の列に現れる．

可逆行列　逆行列をもつなら，行列は可逆的である．

基本行列　単位行列に対する基本的な行操作によって得られる行列．

逆行列　行列 B は，もし $AB = BA = I$ なら，行列 A の逆行列である．

行操作　行列に実施される基本行操作は，以下である．
1. 2つの行を入れ替える．
2. 行に非零スカラーを掛ける．
3. 1つの行の定数倍を他の行に加える．

行等価行列　一連の基本行操作によって2つの行列の一方から他方が得られるなら，2つの行列は行等価である．

行列の行空間　行列の行によって張られる部分空間はベクトル集合とみなされる．

行列の固有空間　行列 A の固有値 c に関係する固有空間は $(A - cI)$ の零空間となる．

行列の固有値　行列 A の固有値はスカラー量 c で，ある非ゼロベクトル $\mathbf{x}$ に対して $A\mathbf{x} = c\mathbf{x}$ が成立する．

行列の固有ベクトル　正方行列 A の固有ベクトルはあるスカラー量 c に対して $A\mathbf{x} = c\mathbf{x}$ が成立するある非ゼロベクトル $\mathbf{x}$ である．

行列の零空間　$m \times n$ 行列 A の零空間は，$A\mathbf{x} = 0$ であるような R^n 中のすべてのベクトル $\mathbf{x}$ の集合である．

行列の退化次数　行列の零空間の次元．

行列の特性多項式　$n \times n$ 行列 A の多項式とは公式 $\det(A - tI)$ によって与えられる t に関する多項式である．

行列のランク　行列 A のランクは，行列 A の縮小行階段形中の非ゼロ行の数で，つまり，A の行空間の次元である．

行列の列空間　行列の列によって張られる部分空間もベクトルの組とみなされる（行空間も同

様である）．

固有値の代数的重複度 行列 A の固有値 c の代数的重複度は A の特性多項式中で因子 $(t-c)$ が出現する回数である．

固有値の幾何的重複度 行列 A の固有値 c の幾何的重複度は c の固有空間の次元である．

コンシステントな線形空間 線形方程式群は，少なくとも 1 つの解をもつなら，コンシステントである．

縮小行階段形 行列は，もし以下の 3 つのようであるなら，縮小行階段形である．

1. 行列が行階段形である．
2. 各非零行中の最初の非零項が 1 である．
3. 各非零行中の最初の非零項が列中で唯一の非零項である．

正規直交ベクトル集合 R^n 中のベクトル集合が直交で各ベクトルの長さが 1 なら，そのベクトル集合は正規直交である．

線形システムの最小二乗解 線形方程式系 $A\mathbf{x}=\mathbf{b}$ に対する最小二乗解は，ベクトル $A\mathbf{x}-\mathbf{b}$ の長さを最小にするベクトル $\mathbf{x}$ である．

線形従属ベクトル集合 もし方程式 $a_1\mathbf{v}_1+\cdots+a_k\mathbf{v}_k=0$ が，すべてのスカラー $a_1,\cdots,a_k$ が零でない解をもつなら（つまり $\{\mathbf{v}_1,\cdots,\mathbf{v}_k\}$ が線形従属関係を満たしているなら），ベクトル集合 $\{\mathbf{v}_1,\cdots,\mathbf{v}_k\}$ は線形従属である．

線形独立ベクトル集合 もし方程式 $a_1\mathbf{v}_1+\cdots+a_k\mathbf{v}_k=0$ に対する唯一の解が，すべてのスカラー $a_1,\cdots,a_k$ が零であるという解であるなら（つまり $\{\mathbf{v}_1,\cdots,\mathbf{v}_k\}$ が線形従属関係をもたないなら），ベクトル集合 $\{\mathbf{v}_1,\cdots,\mathbf{v}_k\}$ は線形独立である．

線形変換 V から W への線形変換は，V から W への以下の 1 および 2 のような関数 T である．

1. V 中のすべてのベクトル $\mathbf{u}$ と $\mathbf{v}$ に対して $T(\mathbf{u}+\mathbf{v})=T(\mathbf{u})+T(\mathbf{v})$．
2. V 中のすべてのベクトル $\mathbf{v}$ とスカラー a に対して $T(a\mathbf{v})=aT(\mathbf{v})$．

線形変換の零空間 線形変換 T の零空間は $T(\mathbf{v})=0$ となるような領域中でのベクトル $\mathbf{v}$ の集合である．

線形変換の退化次数 線形変換 T の退化次数は，その零空間の次元である．

線形変換の範囲 線形変換 T の範囲は，領域内での任意のベクトル $\mathbf{v}$ に対するすべてのベクトル $T(\mathbf{v})$ の集合である．

線形変換のランク 線形変換（線形変換とみなされる任意の行列）のランクは，その範囲の次元である．定理から，行列のランクの 2 つの定義は等価であることに注意．

相似行列 $S^{-1}AS=B$ となる正方可逆行列 S があるなら，行列 A と B は相似である．

対角化可能行列 対角行列に相似であるなら，行列は対角化可能である．

対称行列 行列 A がその転置行列に等しい（つまり $A=A^T$）なら，A は対称である．

直交行列 もし，行列 A が可逆的でその逆行列が転置行列に等しい（$A^{-1}=A^T$）なら，行列 A は直交である．

直交線形変換 もし線形変換 $T(\mathbf{v})$ が $\mathbf{v}$ 中のすべてのベクトル $\mathbf{v}$ と同じ長さをもつなら，V から W への線形変換 T は直交である．

直交ベクトル集合 どの 2 ベクトルも内積が零であるような R^m 中のベクトル集合は直交である．

直交補空間 R^m の補空間 S の直交補空間は，S 中のあらゆるベクトルに直交するような R^m 中のベクトル $\mathbf{v}$ 全体の集合である．

等価線形システム　未知数が n の線形方程式の2つの系が同一の解の組をもつ場合,等価である.

同次線形システム　線形方程式系 $A\mathbf{x}=\mathbf{b}$ は,$\mathbf{b}=0$ なら同次(ホモジニアス)である.

特異行列　方程式 $A\mathbf{x}=0$ が $\mathbf{x}$ について非零解をもつなら,正方行列 A は特異である.

非特異行列　方程式 $A\mathbf{x}=0$ の唯一の解が $\mathbf{x}=0$ なら,正方行列 A は非特異である.

不完全行列　行列 A の固有値の代数的重複度が幾何的重複度よりも小さい場合,行列 A は不完全である.

不定線形システム　線形方程式系が解がない場合,不定である.

部分空間　R^m の部分集合 W は,もし以下のようであるなら,R^m の部分空間である.
1. W 中に零ベクトルがある.
2. $\mathbf{x}$ と $\mathbf{y}$ が W 中にある場合は常に $\mathbf{x}+\mathbf{y}$ が W 中にある.
3. $\mathbf{x}$ が W 中にあり,a がスカラーである場合は常に $a\mathbf{x}$ は W 中にある.

部分空間の基底　部分空間 W に対する基底は W 中で次を満たすベクトルのある組 $\{\mathbf{v}_1,\cdots,\mathbf{v}_k\}$ である.
1. $\{\mathbf{v}_1,\cdots,\mathbf{v}_k\}$ は線形独立であり
2. $\{\mathbf{v}_1,\cdots,\mathbf{v}_k\}$ は W を張る.

部分空間の次元　部分空間 W の次元は,W のどの基底中にもあるベクトルの数となる(W が部分空間 $\{0\}$ なら,そのとき次元は0であるという).

ベクトル集合のスパン　ベクトル集合 $\{\mathbf{v}_1,\cdots,\mathbf{v}_k\}$ のスパンは,$\mathbf{v}_1,\cdots,\mathbf{v}_k$ のすべての線形結合よりなる部分空間 V である.あるいは部分空間 V はベクトル集合 $\{\mathbf{v}_1,\cdots,\mathbf{v}_k\}$ によって生成されて,このベクトル集合が V を生成しているといえる.

ベクトル集合の線形従属関係　ベクトル集合 $\{\mathbf{v}_1,\cdots,\mathbf{v}_k\}$ に対する線形従属関係は,$a_1,\cdots,a_k$ が零のとき $a_1\mathbf{v}_1+\cdots+a_k\mathbf{v}_k=0$ の形式の方程式である.

ベクトルの線形結合　もし $\mathbf{v}=a_1\mathbf{v}_1+\cdots+a_k\mathbf{v}_k$ を満たすスカラー $a_1,\cdots,a_k$ があるなら,ベクトル $\mathbf{v}$ はベクトル $\mathbf{v}_1,\cdots,\mathbf{v}_k$ の線形結合である.

引用文献と推奨文献

Masser, M.P. and Jensen, J.W. (1991). *Calculating Area and Volume of Ponds and Tanks*, USDA Grant 89-38500-4516. Southern Regional Aquaculture Center, Washington, DC.

Stapel, E. (2013). *The Order of Operations: More Examples.* Purplemath, http://www.purplemath.com/modules/orderops2.htm.

第3章 環境モデリング

手のひらにすくって海を量り／手の幅をもって天を測る者があろうか．地の塵を升で量り尽くし／山々を秤にかけ／丘を天秤にかける者があろうか．
——イザヤ書 40：12（日本聖書協会「新共同訳」）

3.1 はじめに

環境問題の定量的評価や，環境監視の分野への興味が増大している．この何年かの間に，環境モデルや環境評価解析の結果が環境規制や環境政策に影響を与えるようになっている．これらの結果は，二酸化炭素（CO_2）のような温室効果ガス排出結果を予測する場合や，地方，国，あるいは国家間でのエネルギー消費量の飛躍的な削減を主張するときに政治家によって広く言及される．さらに，環境モデルの概念と数値が極端に複雑に絡み合い，なおかつ不正確な評価に依拠しているために，環境モデルは応用数学界で最も意見の分かれる話題の1つである．

といっても，現場で環境モデルは広く使われつづけているが，その拡大はモデルをつくる側の想像力だけには限定されている．モデルを併用した環境問題解決テクニックは流域管理，表層水監視，水害危険地図（ハザードマップ），気候モデル，地下水モデルなどで広く使用されている．しかし，そうしたモデルはしばしば製品開発者によって利用され，製品が何に基づき，なぜそれに基づいているのかを説明するために用いられる．モデルをつくる側は，このことを心にとめておくことが重要である．

この章は環境モデリングの完全な取り扱いを提供するものではない．そのよう取り扱いを求める読者には Nirmalakhandan（200）と NIST（2012）を強くすすめる．この章に記載されている多くは彼らの仕事を手本としている．ここでは，環境をモデリングする際に暗黙のうちに含まれる定量的な操作を概観する．

3.2 効果的なモデルを開発するための初歩

モデルを構築するための初歩は，すべてのモデル手法に共通である．細部は手法によっていくぶん違うが，解析に必要な基本的で典型的な仮説と組み合わせた共通手順の理解は，大半の手法からの結果を理解し解釈する枠組みを提供する．モデルを構築する基本的な手順は，①モデル選択，②モデル適合，③モデル評価である．この基本的な3つの手順が，データに対して適切なモデルが開発されるまで繰り返し使用される．モデル

選択では，データの描画，プロセスの知識，およびプロセスについての仮説がデータに適合するモデル形式を決定するのに用いられる．次に，選択したモデルとデータについての可能な情報を用いて，適切なモデル適合手法を用いてモデルの中の未知パラメータを推定する．パラメータを推定するときに，解析のための基本的な仮説が説得的にみえるか否かを注意深く評価する．もし，仮説が有効に思えれば，モデリングを促す科学的あるいは工学的な問いに答えるために，そのモデルを用いることができる．しかし，もしモデル検証が現状のモデルの問題点を見つけたらならば，モデル検証から得られた情報を用いて，改良されたモデルを選択するためにモデリング行程が繰り返される．

モデリング行程の基礎的な3段階（①～③）では，データは既存ですべての候補モデルで同一のデータが使用されることを仮定している．モデル構築の際にありがちだが，当初データに適合させたモデルに基づいた新たな仮説のモデルを適合させるために追加のデータが必要となる場合に，基本的なモデル構築手順に変形が現れる．このような場合，2つの追加的な手順，モデルの試行デザインとデータ収拾が，モデル選択とモデル適合の間に基礎的な手順として付け加えられる．

3.3 モデルは何のために用いられるか？

モデルは4つの主要な目的（推定，予測，校正，最適化）のために用いられる．以下にモデルのさまざまな用途の短い説明を与える（NIST，2012）．

- 推定（estimation）—推定の目標は説明変数値の特別な組み合わせに対して，回帰関数の値（たとえば目的変数の平均値）を決定することである．観測あるいは測定されていないデータに関する値を含め，回帰関数値は説明変数値のいかなる組み合わせに対しても推定することができる．説明変数値の観測された空間に含まれる点に対して推定された回帰関数値は内挿（interpolation）とよばれる．説明変数値の観測された空間の外側の点に対する回帰関数値の推定（外挿とよばれる）がときどき必要となるが，注意を要する．

- 予測（prediction）—予測の目標は次のいずれかを決定することである．① 目的変数の新たな観測値，あるいは，② 説明変数値の特別な組み合わせに対する，目的変数の全将来観測値の特定な［出現］割合［に対応する範囲］．測定や観測が行われていない説明変数値も含め，予測はいかなる説明変数値の組み合わせに対しても行うことができる．推定の場合と同様，説明変数値の観測空間の外側に対して予測が行われることがときどき必要となるが，注意を要する．

- 校正（calibration）—校正は1つの測定システムを用いて行われた測定を他の測定システムの測定と定量的に関連づけることである．これが行われると測定は共通の単位系で比較することができるし，相対的な測定を絶対単位系に結びつけることができる．

- 最適化（optimization）—最適化は望ましいプロセス出力を得るために用いるべきプロセス入力を決定するために行われる．典型的な最適化の目標は，製品をつくるプ

ロセスの生産量を最大化すること，製品を製作するプロセス時間を最小化すること，あるいは規定の許容誤差を維持する最も変動の小さい製品規格を見つけることである．

3.4　媒体原料濃度

媒体原料濃度はバルク媒体に含まれる原料のものさしであり，媒体とそれに含まれる原料の比として定量化される．量を定量化するために質量，モル，体積などが用いられる．したがって，比はさまざまな形式で表現される．たとえば，媒体体積当たりの原料の質量やモルは質量あるいはモル濃度となり，媒体のモル当たりの原料のモルはモル分率となり，媒体の体積当たりの原料の体積は体積分率となる．

媒体と原料の混合物を扱う際に，原料濃度を比で定量化する異なった形式のものさしを用いることが混乱を招いている．混合物に関しては，比は濃度単位で表現する．化学物質（液体，気体，あるいは固体）の濃度は混合物内に存在する物質の量として表現される．濃度を表現する多くの異なった方法がある．

化学者は目的物質に対して溶質という用語を使い，溶質を溶かしている材料に対して溶媒という用語を使う．たとえば，缶入りのソフトドリンク（炭酸水に砂糖が溶けている溶液）では，およそ大さじ12杯の砂糖（溶質）が炭酸水（溶媒）に溶けている．一般に，最も大量に存在している成分が溶媒である．よく用いられる濃度単位に以下のものがある．

1. 単位体積当たりの質量（mass per unit volume）．ある種の濃度はミリリットル当たりのミリグラム（mg/mL）あるいは立方センチメートル当たりのミリグラム（mg/cm^3）で表せる．1 mL = 1 cm^3 に注意．また，立方センチメートルはしばしば cc と呼ばれる．ある物質が水あるいは特定の溶媒にどれくらい溶けるかを議論する場合，単位体積当たりの質量が使いやすい．たとえば，「材料 x の溶解度は1リットル当たり4グラムである」など．

2. 質量による百分率（percent by mass）．重量パーセントあるいは重量によるパーセントと呼ばれるものである．これは単に溶質の質量を溶液の全質量で除して100%を掛けたものである．

$$\text{質量による百分率} = \frac{\text{成分の質量}}{\text{溶液の質量}} \times 100\% \tag{3.1}$$

溶液の質量は溶質の質量と溶媒の質量の和に等しい．たとえば，溶液が30 g の食塩と70 g の水からなっていると，質量で30%食塩である（[(30 g NaCl)/(30 g NaCl + 70 g 水)]×100% = 30%）．重量による百分率と，体積による百分率かの混乱を避けるために，「w/w（重量（weight）に対する重量（weight））」がしばしば濃度の後に付け加えられる（たとえば，「10%ヨウ化カリウム水溶液（w/w）」）．

3. 体積による百分率（percent by volume）．体積パーセントあるいは体積によるパーセントと呼ばれるものである．通常これは液体の混合物に用いられる．体積による

百分率は単に溶質の体積を他の成分の体積の和で除して100%を掛けたものである．30 mLのエタノールと70 mLの水を混合すると，エタノール体積百分率は30%となる．しかし，溶液の体積は（かなり近いが）100 mLとはならない．なぜなら，エタノール分子と水分子の相互作用はそれら自身の間の相互作用とは異なっているからである．重量による百分率と，体積による百分率の混乱を避けるために，「水希釈30%エタノール（v/v）」のように，この混合物にラベルを付加する．ここで，v/vは「体積（volume）に対する体積（volume）」を表す．

4. モル濃度（molarity）．モル濃度は1 Lの溶液に溶けている溶質のモル数である．たとえば，90 gのグルコース（分子量 = 180 g/mol）は $(90\,g)/(180\,g/mol) = 0.5\,mol$ である．このグルコースをフラスコに入れ，体積が1 Lになるまで水を注ぐと，0.5 mol溶液が得られる．モル濃度は通常Mで示す（たとえば0.50 M溶液）．モル濃度は溶液1 L当たりの溶質モル数であり，溶媒1 L当たりではないことに注意．また，温度で溶液の体積が変化するので，モル濃度は温度によってわずかに変化することにも注意してほしい．

5. 重量モル濃度（molarity）．重量モル濃度は束一的性質を計算するときに用いられる；それは1 kgの溶媒に溶けている溶質のモル数である．モル濃度と重量モル濃度は2の点で異なっていることに注意してほしい．重量モル濃度では体積ではなく重量を用い，溶液ではなく溶媒を用いている．

$$\text{重量モル濃度} = \frac{\text{溶質のモル数}}{\text{溶媒のキログラム数}} \tag{3.2}$$

質量は温度に依存しないので，モル濃度と異なり重量モル濃度は温度に依存しない．90 gのグルコース（0.5 mol）をフラスコに入れ，1 kgの水を注ぐと0.5重量モル濃度溶液が得られる．重量モル濃度は通常，molで示す（たとえば0.50 mol溶液）．

6. 百万分率（parts per million）．百万分率（ppm）は質量百分率のように使われるが，溶質が微小である場合に便利である．百万分率は，溶液中の成分の質量を溶液の全質量で除し，10^6（百万）を掛けたもので定義される．

$$\text{百万分率} = \frac{\text{成分の質量}}{\text{溶液の質量}} \times 1{,}000{,}000 \tag{3.3}$$

濃度1 ppmの溶液には，溶液百万gごとに1 gの物資が存在している．水の密度は1 g/mLで，加えられる溶質が微小なので，低濃度水溶液の密度は近似的に1 g/mLである．それゆえ，通常，1 ppmは溶液1 L当たりに溶質1 mgが含まれることを意味している．最後に，1% = 10,000 ppmであることに注意してほしい．したがって，300 ppmの濃度は，(300 ppm)/(10,000 ppm/%) = 0.03%質量濃度のことである．

7. 十億分率（parts per billion）．十億分率（ppb）も上記の百万分率のように働くが，十億（10^9）を掛ける．溶質が1 ppbの溶液は1 L当たり1 μg（10^{-6}）の物質を含

んでいる．

8. 兆分率（part per trillion）．兆分率（ppt）は1兆（10^{12}）を掛けることを除けば百万分率や十億分率と同じように働く．1 ppt のように低い濃度でも危険な溶質はほとんど存在しない．

以下の例はこれらの異なった形式を明確化するのに役に立つ．これらの例で，成分を表す下つき添字は $i = 1, 2, 3, ..., n$ であり，相を表す下つき添字は $g = $ gas（気体），$a = $ air（空気），$l = $ liquid（液体），$w = $ water（水），$s = $ solids（固体）あるいは soil（土壌）である．

3.4.1 質量濃度：液相

質量濃度，モル濃度，そしてモル分率は液相の物質成分を定量化するのに用いることができる．

$$\text{水中の要素 } i \text{ の質量濃度} = p_{i,w} = \frac{\text{物質 } i \text{ の質量}}{\text{水の体積}} \tag{3.4}$$

$$\text{水中の要素 } i \text{ のモル濃度} = C_{i,w} = \frac{\text{物質 } i \text{ のモル数}}{\text{水の体積}} \tag{3.5}$$

物質のモル数＝質量／分子量（MW）だから，質量濃度（$p_{i,w}$）は以下でモル濃度と関係づけられる．

$$C_{i,w} = \frac{p_{i,w}}{\text{MW}_i} \tag{3.6}$$

モル濃度 M に対して，X のモル濃度を $[X]$ で表す．水中の単一化学物種のモル分率（X）は次のように表せる．

$$\text{モル分率 } X = \frac{\text{化学物質モル数}}{\text{溶液の全モル数（化学物質のモル数＋水のモル数）}} \tag{3.7}$$

希薄溶液では，上式の分母にある化学物質のモル数は水のモル数（n_w）に比して無視できるので，上式は次のように近似できる．

$$X = \frac{\text{化学物質のモル数}}{\text{水のモル数}} \tag{3.8}$$

X が 0.02 よりも小さければ希薄水溶液とみなしてよい．質量基準でも，同様に質量分率を定式化できる．質量分率は百分率として表現できるし，あるいは百万分率（ppm）や十億分率（bbp）のような他の比でも表現できる．

溶液中の成分のモル分率は単にその成分のモル数を全成分のモル数の総和で除したものである．個々の成分のモル分率の和が1になるので，ここではモル分率を使用する．この制限は化学物質の混合物をモデリングする際に変数の数を減少させる．モル分率は厳密に加法的である．すべての成分のモル分率の総和は1である．n 成分混合物中の成分 i のモル分率 X_i は次のように定義される．

3.4 媒体原料濃度

$$X_i = \frac{i \text{ のモル数}}{\left(\sum_i^n n_i\right) + n_w} \tag{3.9}$$

$$\text{全モル分率の総和} = \left(\sum_1^n X_w\right) = 1 \tag{3.10}$$

単一化学種の場合と同様に複数化学種の希薄溶液では，n 成分混合物中の成分 i のモル分率 X_i は近似的に次のように表せる．

$$X = \frac{i \text{ のモル数}}{n_w} \tag{3.11}$$

前記の比は系や試料の量に依存しないので，示強性として知られていることに注意してほしい．示強性は空間の点の性質である．温度，圧力，そして密度はそのよい例である．一方，示量性（extensive property）は考察している系の大きさ（広がり）に依存する性質である．体積がその一例となる．固体の立方体のすべての辺を2倍すると体積は8倍に増える．質量がもう1つの例である．立方体の辺の長さを倍にすると，質量は8倍に増加する．

> ノート： 固相と気相中の物質濃度は液相中の濃度とは異なっている．たとえば，固相中の物質濃度はしばしば質量比で定量化され，ppm あるいは ppb で表せる．気相の物質濃度はしばしばモルや体積の比として定量化され，ppm あるいは ppb で表せる．気相濃度は標準温度と圧力（STP；0°C，769 mmHg あるいは 275 K，1 atm）での値として報告されるのが望ましい．

■例 3.1

問題： 分子量 80 の化学物質がある．以下を定める変換係数を求めよ．
1. 大気中 1 ppm（体積／体積）の化学物質のモル濃度と質量濃度形式．
2. 水中 1 ppm（質量比）の化学物質の質量濃度とモル濃度形式．
3. 土壌中 1 ppm（質量比）の化学物質の質量比形式．

解答：
1. 気相（gas phase）—STP（273 K，1.0 atm）でモル体積が 22.4 L/mol という理想気体の仮定を用いると，体積比 1 ppm はモルあるいは質量濃度形式に変換できる．

$$1 \text{ ppm}_v = \frac{1 \text{ m}^3 \text{ 化学物質}}{1{,}000{,}000 \text{ m}^3 \text{ の空気}}$$

$$1 \text{ ppm}_v \equiv \frac{1 \text{ m}^3 \text{ 化学物質}}{1{,}000{,}000 \text{ m}^3 \text{ の空気}} \left(\frac{\text{mol}}{22.4 \text{ L}}\right)\left(\frac{1000 \text{ L}}{\text{m}^3}\right) \equiv 4.46 \times 10^{-5} \text{ mol/m}^3$$

$$\equiv 4.46 \times 10^{-5} \text{ mol/m}^3 \left(\frac{80 \text{ g}}{\text{mol}}\right) \equiv 0.0035 \text{ g/m}^3 \equiv 3.5 \text{ mg/m}^3 \equiv 3.5 \text{ μg/L}$$

一般的な関係は 1 ppm ＝ (MW/22.4) mg/m³ である．

2. 水相（water phase）— 水の密度が 4°C で 1 g/cm³ であることを用いると，質量比 1 ppm はモル濃度，あるいは質量濃度へ変換できる．

$$1 \text{ ppm}_v = \frac{1 \text{ g 化学物質}}{1{,}000{,}000 \text{ g の水}}$$

$$1 \text{ ppm} \equiv \frac{1 \text{ g 化学物質}}{1{,}000{,}000 \text{ g の水}} (1 \text{ g/cm}^3)(1{,}000{,}000 \text{ cm}^3/\text{m}^3) \equiv 1 \text{ g/m}^3 \equiv 1 \text{ mg/L}$$

$$\equiv 1 \text{ g/m}^3 \left(\frac{\text{mol}}{80 \text{ g}}\right) \equiv 0.0125 \text{ mol/m}^3$$

3. 土壌相（soil phase）— 直接変換する．

$$1 \text{ ppm} = \frac{1 \text{ g 化学物質}}{1{,}000{,}000 \text{ g の土壌}}$$

$$1 \text{ ppm} = \frac{1 \text{ g 化学物質}}{1{,}000{,}000 \text{ g の土壌}} \left(\frac{1000 \text{ g}}{\text{kg}}\right)\left(\frac{1000 \text{ mg}}{\text{g}}\right) \equiv 1 \text{ mg/kg}$$

■例 3.2

問題： 池から得られた水のサンプルの化学分析から以下の結果が得られた．サンプル体積 = 2 L，サンプル中の浮遊状固体濃度 = 15 mg/L，溶解した化学物質濃度 = 0.01 mol/L，浮遊状固体上に吸着した化学物質の濃度 = 400 μg/g 固体．化学物質の分子量が 125 であるときのサンプル中の化学物質の総量を決定せよ．

解答：
溶解物濃度 = モル濃度×MW
$$0.001 \text{ mol/L} \times 125 \text{ g/mol} = 0.125 \text{ g/L}$$
サンプル中に溶解した質量 = 溶解物の濃度×体積
$$(125 \text{ g/L}) \times (2 \text{ L}) = 0.25 \text{ g}$$
サンプル中の固体質量 = 固体濃度×体積：
$$(25 \text{ mg/L}) \times (2 \text{ L}) = 50 \text{ mg} = 0.05 \text{ g}$$
サンプル中の吸着物質質量 = 吸着濃度×固体質量
$$(400 \text{ μg/g}) \times (0.05 \text{ g}) \times \left(\frac{1 \text{ g}}{10^6 \text{ μg}}\right) = 0.00020 \text{ g}$$
したがって，サンプル中の化学物質の全質量 = 0.25 g + 0.00020 g = 0.25020 g

3.5 相平衡と定常状態

相平衡（力の均衡）の概念は環境モデリングにおいて最も重要な概念の1つである．力学的平衡の場合として次の例を考えよう．テーブル表面に置かれたカップは静止しつづける．なぜなら，地球の引力により及ぼされる下向きの力（これがカップの「重さ」の意味である）は原子間の反発力により正確に均衡させられているからである．この反発力は2つの物体が同時に同一の空間を占めることを妨げており，テーブル表面とカッ

プの間に働いている．カップをテーブル表面から持ち上げると，腕によって加えられた上向きの力が平衡状態を壊しカップを上方に動かす．もしカップをテーブルの上方に維持したいならば，カップの重さと正確に均衡する上向きの力が必要となり，平衡が回復する．

さらに適切な例（たとえば化学平衡）として次を考えよう．化学平衡は結果として，系の化学組成を変化させないように化学変化が起きている動的な系である．部分イオン化を付け加えると，平衡状態には液体と接触し，その液体蒸気で飽和している空気のような単純な反応も含まれる．これは蒸発速度と凝縮速度が等しいことを意味している．溶液が溶質で飽和している場合は溶液からの溶質の沈着速度と溶質の溶解速度がちょうど等しいこと意味している．いずれの場合も，両方の過程が継続しており，速度が等しいことが静的な状態と錯覚させる．要点は反応が完了していないことである．平衡位置に影響するすべての要因の効果を総括する，ルシャトリエの原理が平衡を最もよく表現している．この原理は，温度，圧力，濃度の変化により平衡を動揺させるストレスを被るとき，平衡系はこのストレスを軽減するように平衡位置を調整し平衡を回復することを主張する．

定常状態と平衡の違いは何か？　定常状態は時間の経過とともに状態が変化しないことを含意している．同様に，平衡も時間の経過とともに状態が変化しないことを含意している．多くの状況では，この場合，系は定常であるばかりではなく平衡である．しかし，常にそうであるわけではない．ある場合には流量は定常であるが，たとえば相含有量は平衡値ではないことがある．このとき，系は定常であるが平衡ではない[*1]．

3.6　演算操作と平衡の法則

われわれは化学反応が終了に向かっていないことをみた．この洞察の定性的な結果は本書の目的を超えるが，本書では平衡の基礎的で定量的側面に興味がある．化学者は通常，数学的技法に頼る前に反応の化学から始め，化学的な直観を全面的に用いる．すなわち，物理現象の研究では化学が数学に先行するべきである．化学的問題の大半は正確で閉じた形式の解を要求せず，問題への数学の直接的適用はわれわれを袋小路へ導くことに注意せよ．いくつかの基礎的な演算操作，物理化学と熱力学の基礎法則が数学モデルの道具，設計図，および基礎的な骨組みとして用いられる．それらはさまざまな問題を解決するために特定の条件下の環境システムに適応される．多くの法則が，系の状態，化学性質，挙動の間の重要な関係づけを提供する．基礎的な平衡問題を解くのに用いられるいくつかの基礎的な演算操作と，自然あるいは工学的な環境中での化学物質の挙動と輸送をモデル化するに必要な法則が以下の項で概観される．

[*1]　[訳注]「孤立系」の状態変数が変化しない場合に，その系は平衡にあるといい，「非孤立系」で状態変数が変化しない場合に，その系は定常状態にあるという．より正確には，たとえば次をみよ．
"*Fundamentals of Statistical and Thermal Physics*", F. Reif, McGraw-Hill, 1965

3.6.1 平衡問題を解く

以下の演算では，平衡問題の解法を示すために水素が燃焼して水を生ずるさまざまな形式の例を提供する．まず，1000 K での反応を考察する．そこではすべての成分は気相であり，平衡定数は 1.15×10^{10} atm^{-1} である．この反応は次の等式と平衡定数によって表せる（式 (3.12)）．

$$2H_2(g) + O_2(g) = 2H_2O(g)$$
$$K = [H_2O]^2/[H_2]^2[O_2] \tag{3.12}$$

ここで濃度は気圧単位の分圧で与えられる．K が非常に大きいことに注意せよ．結果として，水の濃度が非常に大きくなるか，あるいは反応物の少なくとも 1 つの濃度は非常に小さくなる．

■例 3.3

問題： 1000.0 K で 4 気圧の酸素と 0.500 気圧の水素が混ぜられ，水が初期に存在しない系を考察せよ．酸素が過剰に存在し水素が限定試薬であることに注意せよ．平衡定数が非常に大きいので，事実上，すべての水素が水に変換する．生成量 $[H_2O] = 0.5$ atm そして $[O_2] = 4.000 - 0.5(0.500) = 3.750$ atm．最終的な水素濃度（小さな値）が，唯一の不明な値である．

解答： 平衡定数を用いると，以下が得られる．

$$1.15 \times 10^{10} = (0.500)^2/[H_2]^2(3.750)$$

これから $[H_2] = 2.41 \times 10^{-6}$ atm が決定できる．この値は非常に小さいので，最初の近似は満足されている．

■例 3.4

問題： 再び，1000 K の系を考察する．ここで 0.250 atm の酸素が 0.500 atm の水素，2.000 atm の水蒸気と混合されている．

解答： やはり，平衡定数が非常に大きいので，最小となる反応物の濃度は非常に小さな値になるに違いない．

$$[H_2O] = 2.000 + 0.500 = 2.500 \text{ atm}$$

ここでは，酸素と水素は 1：2 の比で存在している．これは化学量論係数で与えられる比と同じである．どちらの反応物も過剰ではなく，平衡濃度は非常に小さくなるだろう．未知量が 2 つあるが，これらは化学量論によって関連づけられている．生成物も過剰ではなく，水素 2 分子に対して酸素 1 分子が消費されるので，比 $[H_2]/[O_2] = 2/1$ は反応全体を通じて保たれる $[H_2] = 2[O_2]$：

$$1.15 \times 10^{10} = 2.500^2/(2[O_2])^2[O_2]$$
$$[O_2] = 5.14 \times 10^{-4} \text{ atm}, \quad [H_2] = 2[O_2] = 1.03 \times 10^{-3} \text{ atm}$$

3.6.2 平衡の法則

自然あるいは人工的な環境中での化学物質の挙動と輸送をモデル化するのに必須な法

則には，理想気体の法則，ドルトン則，ラウール則，ヘンリー則がある．

3.6.2.1 理想気体の法則

分子あるいは原子間衝突が完全弾性体衝突で，さらに分子間力が存在しない気体として理想気体は定義される．これは互いに相互作用せずに衝突する完全剛体球の集まりとして視覚化される．そのような気体ではすべての内部エネルギーは運動エネルギーの形をとり，内部エネルギーの変化は温度変化に付随する．理想気体は，絶対圧力 (P)，体積 (V)，絶対温度 (T) の3つの状態変数によって特徴づけられる．これらの間の関係は気体分子運動論から導くことができ，理想気体の法則（ideal gas law）と呼ばれる．

$$P \times V = n \times R \times T = N \times k \times T \tag{3.13}$$

ここで，P＝絶対圧力，V＝体積，n＝モル数，R＝気体定数（8.3145 J/mol-K あるいは 0.0821 L-atm/mol-K），T＝温度，N＝分子数，k＝ボルツマン定数＝1.38066×10^{-23} J/K ＝R/N_A，ここで，N_A＝アボガドロ数（6.0221×10^{23}）．

> ノート： 標準温度気圧（STP）では，1 mol の理想気体の体積は 22.4 L で，気体のモル体積と呼ばれる．

■例 3.5

問題： 圧力 0.950 気圧下で温度 300 K で 0.333 mol の気体の体積を計算せよ．

解答：

$$V = \frac{n \times R \times T}{P} = \frac{0.333 \text{ mol} \times 0.0821 \text{ L-atm/mol-K} \times 300 \text{ K}}{0.959 \text{ atm}} = 8.63 \text{ L}$$

環境系の大半の気体はこの法則に従うと考えられる．理想気体法則はニュートンの法則に従って容器の壁に衝突する気体分子の力学的圧力に起因すると考えられる．しかし，気体分子の平均運動エネルギーを決定するには統計学的な要素も考慮される．温度はこの平均エネルギーに比例すると考えられる．これが運動温度という着想を引き出す．

3.6.2.2 ドルトン則

ドルトン則は混合気体の圧力は組成気体の個々の圧力の総和に等しいと主張する．数学的には，次のように表現される．

$$P_{\text{Total}} = P_1 + P_2 + \cdots + P_n \tag{3.14}$$

ここで，P_{Total} は全圧，$P_1 \cdots$ は分圧である．そして

$$\text{分圧 } P = \frac{n_j \times R \times T}{V} \tag{3.15}$$

ここで n_j は混合気体の組成 j のモル数である．

> ノート： ドルトン則は全圧は部分の圧力の総和に等しいと説明しているが，これは理想気体にのみ正しい．しかし，実気体に対する誤差はわずかである．

■例 3.6

問題： 実験室の大気圧は 102.4 kPa である．水試料の温度は圧力 23.76 torr で 25℃ある．水からの水素を集めるのに 250 mL のビーカーを用いるとする．理想気体の法則を用いると，水素は何モルで水素の圧力はいくらか？

解答：

1. 以下の変換を施す．1 torr は標準温度で，水銀柱 1 mmHg である．キロパスカルでは 3.17 kPa（1 kPa = 7.5 mmHg）．250 mL を 0.250 L に，25℃ を 298 K に変換する．
2. 水素の圧力を計算するためにドルトン則を使う．

$$P_{\text{Total}} = P_{\text{water}} + P_{\text{Hydrogen}}$$
$$102.4 \text{ kPa} = 3.17 \text{ kPa} + P_{\text{Hydrogen}}$$
$$P_{\text{Hydrogen}} = 99.23 \text{ kPa}$$

3. 理想気体の法則が以下であることを思い出す．

$$P \times V = n \times R \times T$$

ここで，$P=$圧力，$V=$体積，$n=$モル数，$R=$理想気体定数（8.31 L-kPa/mol-K あるいは 0.0821 L-atm/mol-K），$T=$温度．したがって

$$99.2 \text{ kPa} \times 0.250 \text{ L} = n \times 8.31 \text{ L-kPa/mol-K} \times 298 \text{ K}$$

整理して

$$n = 99.2 \text{ kPa} \times 0.250 \text{ L}/8.31 \text{ L-kPa/mol-K}/298 \text{ K}$$
$$n = 0.0100 \text{ mol あるいは } 1.00 \times 10^{-2} \text{ mol 水素}$$
$$(1 \text{ LPa/J} = 1/1000)$$

3.6.2.3 ラウール則

ラウール則は混合液体の蒸気圧が個々の液体の蒸気圧とモル分率に依存すると主張する．したがって，組成が相互作用しない高濃度溶液に対して，平衡状態での組成 a の蒸気圧（P）は以下のように表せると結論される．

$$P = x_a \times P_a \tag{3.16}$$

ここで，P は蒸気圧，x_a は溶液中の組成 a のモル分率，P_a は溶液と同一の温度・圧力での純物質 a の蒸気圧．

3.6.2.4 ヘンリー則

ヘンリー則は気体が溶媒と反応しない場合，有限の体積の液体に溶ける気体の質量が気体の圧力に比例すると主張する．ヘンリー側の形式は以下である．

$$P = H \times x \tag{3.17}$$

P は溶液の上の気体の分圧，H はヘンリー定数，x は溶液相での気体の溶解度である．

ヘンリー定数（H）は通常，平衡での化学物質の大気中濃度と，水中濃度の比の比例係数として定義される．化学物質の蒸気圧は温度に強く依存するので，ヘンリー定数は一般に温度の上昇に伴って増加する．環境で通常観測される温度変化の溶解度への影響はそれよりも小さい（Hemond and Fechner-Levy, 2000）．H は次元なしでも，単位つきでも表現できる．環境中ではありふれた化学物質のヘンリー定数を表 3.1 に載せた．

表 3.1 ヘンリー定数

化学薬品	H 気圧（atm×m³/mol）	（無次元）
アロクロール 1254	2.7×10^{-3}	1.2×10^{-1}
アロクロール 1260	7.1×10^{-3}	3.0×10^{-1}
アトラジン	3×10^{-9}	1×10^{-7}
ベンゼン	5.5×10^{-3}	2.4×10^{-1}
ベンツ(a)アントラセン	5.75×10^{-6}	2.4×10^{-1}
四塩化炭素	2.3×10^{-2}	9.7×10^{-1}
クロロベンゼン	3.7×10^{-3}	1.65×10^{-1}
クロロホルム	4.8×10^{-3}	2.0×10^{-1}
シクロヘキサン	0.18	7.3
1,1-ジクロロエタン	6×10^{-3}	2.4×10^{-1}
1,2-ジクロロエタン	10^{-3}	4.1×10^{-2}
シス-1,2-ジクロロエテン	3.4×10^{-3}	0.25
トランス-1,2-ジクロロエテン	6.7×10^{-3}	0.23
エタン	4.9×10^{-1}	20
エタノール	6.3×10^{-6}	—
エチルベンゼン	8.7×10^{-3}	3.7×10^{-1}
リンデン	4.8×10^{-7}	2.2×10^{-5}
メタン	0.66	27
ジクロロメタン	3×10^{-3}	1.3×10^{-1}
n-オクタン	2.95	121
ペンタクロロフェノール	3.4×10^{-6}	1.5×10^{-4}
n-ペンタン	1.23	50.3
ペルクロロエタン	8.3×10^{-3}	3.4×10^{-1}
フェナンスレン	3.5×10^{-5}	1.5×10^{-3}
トルエン	6.6×10^{-3}	2.8×10^{-1}
1,1,1-1 トリクロロエタン（TCA）	1.8×10^{-2}	7.7×10^{-1}
トリクロロエテン（TCE）	1×10^{-2}	4.2×10^{-1}
キシレン	5.1×10^{-3}	2.2×10^{-1}
塩化ビニル	2.4	99

出典： Adapted from Lyman, W.J. et al., *Handbook of Chemical Property Estimation Methods*, American Chemical Society, Washington, DC, 1990.

3.7 化学輸送システム

環境モデリングにおいて，環境実務者は環境のさまざまな部分を経る化学物質の輸送に関与する現象に基礎的な理解をもっている．微視的なレベルでの本質的な輸送機構は濃度勾配により駆動される分子拡散である[*2]．一方，巨視的なレベルでの輸送機構の本質は混合や媒体のバルク移動である．分子拡散による拡散と混合は分散輸送（dispersive transport）と呼ばれ，媒体のバルク移動による輸送は移流輸送（advective transport）と呼ばれる．移流輸送と分散輸送は流体—要素で駆動される．たとえば，流れている地下

[*2] ［訳注］この記述は誤り．分子拡散は濃度勾配により駆動されない．分子拡散は分子のランダムな熱運動により駆動され，結果として濃度勾配が解消される．

水に溶けている溶質の運動は移流である．輸送される汚染物質の量は地下水中のその物質の濃度と地下水流量の関数である．そして移流はそれぞれの流れによって異なった速度で汚染物質を輸送する．一方，拡散輸送は水中の汚染物質がより高濃度の領域から，より低濃度の領域へ移動する過程である．たとえ流体が動かなくとも，拡散は濃度勾配が存在する限り続く．結果として，汚染物質はそれが注入された多孔性媒体の地点から広い範囲に広がることになる．

3.8 環境モデリングに対する結語

この章では環境モデリングに含まれる基礎的な数学と科学を概観した．今日の計算機時代において，環境技術者はすぐに使用可能な広範な数学モデルからモデルを選択できるという利点をもっている．これらのモデルのおかげで，わずかな計算機プログラミング技能で，環境技術者や学生は自然あるいは人工的な環境システムについての計算機を前提とした数学モデルを開発することができる．地下水，空気，水利，大気システムの環境現象に特化した高レベルモデルを構築するために，市販の使いやすいオーサリングソフトウェアを用いることができる．意欲ある環境工学の学生は大学の計算機モデリングコースを十分に活用することを強くすすめる．そのような素養がなければ，最新の環境工学技術の道具箱に不可欠の道具が失われることとなる．

引用文献・推奨文献

Harter, H. L. (1983). Least squares, in Kotz, S. and Johnson, N. L., Eds., *Encyclopedia of Statistical Sciences*. John Wiley & Sons, New York.

Hemond, F. H. and Fechner-Levy, E. J. (2000). *Chemical Fate and Transport in the Environment,* 2nd ed. Academic Press, San Diego.

Lyman, W. J., Reehl, W. R., and Rosenblatt, D. H. (1990). *Handbook of Chemical Property Estimation Methods*. American Chemical Society, Washington, DC.

Nirmalakhandan, N. (2002). *Modeling Tools for Environmental Engineers and Scientists*. CRC Press, Boca Raton, FL.

NIST. (2012). *Engineering Statistics*. Technology Administration, U. S. Commerce Department, Washington, DC.

第4章
アルゴリズムと環境工学

アルゴリズム―この単語は，ペルシャの著述家 Abu Ja'far Mohammed ibn Musa al-Khwarizmi（アブ・ジャファ・ムハメド・イブン・アル・フワーリズミー）に由来しており，825年頃にさかのぼる彼の著書には算術的な手順規則が書かれていた．

4.1 はじめに

第3章で，環境モデリングは環境技術者の十分に準備された道具箱の中の重要な道具であることをみた．そのアナロジーを続けると，もし熟練技能者の道具箱に通常含まれるソケット，ラチェットセットと異なったサイズのレンチの替え具にたとえて，「さまざまなアルゴリズム（ソケットレンチ替え具）を備えた数々の環境モデル（ソケットとラチェット）をもっている」ということができるだろう．アルゴリズムの完全な扱いや議論はこのテキストの範囲を超えるが，アルゴリズムとは何かを説明し，情報空間における応用の例は提示する．アルゴリズムのさらに興味深い一般的なトピックスについては，他の多くのすばらしいテキストが利用できる．この章末の参考文献・推奨文献でそれらのうちいくつかを紹介する．

4.2 アルゴリズムとは何か？

アルゴリズム（algorithm）は独特の数学的な計算手順であり，望ましい結果を得るための計算手順群である．さらに限定すると，アルゴリズムは，ある値を入力し，ある値を出力として取り出す，洗練された計算な手順である（Cormenra et al., 2002）．いいかえると，アルゴリズムは問題に自動的に解を与える方法である．計算機はいくつものアルゴリズムを含んでいる．アルゴリズムという単語は9世紀のペルシャの数学者の名前 al-Khwarizmi（アル・フワーリズミー）に由来している．

アルゴリズムは計算と混同されるべきではない．アルゴリズムは問題を解決する組織的な方法で，計算科学はアルゴリズムを研究（アルゴリズムは現代的な計算機に似た器具が利用できるずっと前から発展，利用されていたが）するが，アルゴリズムを実行する行為，つまり組織的にデータを操ることはコンピュテーション（computation）と呼ばれる．たとえば，次のアルゴリズムは2つの与えられた数に対する最大公約数を見つけるためのものである（紀元前300年頃，ユークリッドらにより示されて以来2000年以上にわたり知られている）．

● 値 A と B それぞれを a と b とする．

- 次の操作を b が 0 になるまで続ける．
  1. $a \bmod b$ の値を r とする．
  2. a を b の値にする．
  3. b を r の値にする．
- A と B の最大公約数は最後の a の値となる．

ノート： $a \bmod b$ の操作は a を b で割って得られる余りを与えるものである．

　ここで，2 つの数の最大公約数を求めるという問題は，計算されるべきものを特定しているにすぎない．問題文そのものは，値を計算するために何らかの特別なアルゴリズムを用いるよう要求しているものではない．そのような，方法に依存しない状況においてアルゴリズムの意味を定義することができる．すなわちアルゴリズムの意味はそれが何の値を計算するかにある．

　必要な値を計算するためにいくつかの方法が用いることができる．ユークリッドの方法はまさにそれである．選択された方法は，標準的な操作手順（たとえばすべての数に対する基本操作や操作を繰り返すための手法のような）をもち，これらの結合によって要求される数を計算する操作を形成する．また，提案されたアルゴリズムが実際に要求された値を計算しうるという事実は，多くの人びとにとっては決して自明ではない．それが，アルゴリズム研究，すなわち，提案されたアルゴリズムが何を達成するかを確証するための方法論を発展させることが重要である理由の 1 つである．

4.3 アルゴリズムの表現

　アルゴリズムの深い議論はこのテキストの範囲外であるが，アルゴリズムの解析はしばしば数学的な操作を利用することをわれわれに要求する．これらの操作のいくつかは高校程度の簡単な代数だが，その他は平均的な環境技術者にとっては親しみがない．漸近的な表示と繰り返し解法の操作の仕方を学びながら，いくつかの他の概念と方法を，アルゴリズムを解析するために学ぶ必要がある．

　たとえば総和を評価する方法はしばしばアルゴリズム解析に現れ，アルゴリズムが while や for ループ繰り返し制御構造を含むときに使用される．この場合，ループ本体のそれぞれの実行に費やした回数の総和として計算時間の表現が可能である．アルゴリズム解析で普通使用される公式の多くは，微分学のテキストで見つけることができる．加えて，多くのアルゴリズムを解析するためには，初歩的な数え方原則（交換，結合と類似したもの）を基本的に理解することも重要である．環境工学で使用されるほとんどのアルゴリズムでは，確率論は必要ではない．しかしながら，これらの操作に慣れておくことは有用である．

　数学的で科学的な解析（そして多くの環境工学の役割）は数値に重きを置いているので，計算は数値に関連づけられる傾向がある．しかしながら，必ずしもそうである必要はない．アルゴリズムは，任意の計算形式体系を用いて表現できる．すなわち，実体の

集合とそれに作用する明確な規則の集合を定義する任意の系である．たとえば，SKI 計算は S, K, I とセットで呼ばれる 3 つのコンビネータ（実体）より構成される．計算規則は次のようである．

1. $Sfgx \rightarrow fx(gx)$
2. $Kxy \rightarrow x$
3. $Ix \rightarrow x$

ここで，f, g, x, y は 3 つの実体をつなぐものである．SKI 計算は計算学的には完全である．つまり，任意の形式体系を用いて実行可能な任意の計算は，SKI 計算を用いて実行可能である（同様に，すべてのアルゴリズムは SKI 計算を用いて表現できる）．すべての計算体系が等しく強力ではなく，つまり，ある体系で解くことが可能な問題が他の体系では解くことができないこともある．さらに，どんな計算形式体系でも解くことができない問題が存在することも知られている．

4.4 一般的なアルゴリズム応用

アルゴリズムの実際の適用はいたるところにみられる．すべての計算プログラムはアルゴリズムの表現であり，そこではプログラムを開発するために使用される計算機言語ですべての指示が表現されている．計算プログラムはアルゴリズム表現として記述される．アルゴリズムは目的を達成するための一般的な技術であり，いくつかの異なった方法で表現が可能である．アルゴリズムは多くの目的に対して存在し，多くの異なった方法で記述されている．アルゴリズムの例としては，料理の本のレシピや，計算機の指示書，織物パターン，溶接ロボットによって個々の溶接が行われるときの数値指示，あるいは情報空間で使用されるシステムに対する情報言語がある．

アルゴリズムは，たとえばある決まった順序にリストを並べ替えるような仕分け作業でも使用できる．あるリストの並べ替えのために，人間に与えられる指示と同じように，アルゴリズムで表現することができる．たとえば，税金の記録リストを記録上の誕生日の順序に組み替えるのである．手順は，挿入並べ替えアルゴリズム（insertion sort algorithm），バブル並べ替えアルゴリズム（bubble sort algorithm），あるいはその他の利用可能なアルゴリズムの 1 つを採用することになる．そのように，アルゴリズム（決まった仕事を実行する手順を表現する一般的な技巧）は，それが表現されている正確な方法とは独立している．

並べ替えは，アルゴリズムが開発されてきた唯一の応用では決してない．実際のアルゴリズム応用には次のような例がある．
- インターネット追跡（たとえば単一ソースへの最短経路）
- サーチエンジン（たとえば連結合わせ）
- 公開鍵番号とデジタル署名（たとえば数論アルゴリズム）
- 最も利益的な方法で希少資源を配分する（たとえば線形計画法）

アルゴリズムは現代の計算機に使用されている多くの技術の核に存在している．

- 機器設計はアルゴリズムを使用している.
- どの GUI（グラフィカルユーザインタフェース）の設計もアルゴリズムに依存している.
- ネットワークの巡回はアルゴリズムにきわめて依存している.
- コンパイル, 翻訳, 集合はアルゴリズムを集中的に利用している.

いくつかの古典的なアルゴリズムが, アルゴリズムの役割, 目的, 適用を記述するために広く用いられている. これらの古典の1つが,「ビザンチンの将軍たち（Byzantine Generals）」(Black, 2012) として知られている. 簡潔にいうと, このアルゴリズムは, 配置されている軍団のいくつかが誤った答えに導びこうとした場合に, 軍団が合意に至るかという問題についてのものである. 問題は共通の攻撃計画を決定する将軍の記述で定式化される. 誠実ではない将軍は, 特定の計画を支持するかどうかや, 他の将軍が彼らに何を言ったかについて, 嘘をつくかもしれない. 将軍たちは, 信書のやりとりを通して合意に至るためには, どのような意思決定アルゴリズムを使用すべきか. アルゴリズムは何%の嘘であれば許容でき, 正確な合意を決定できるのか.

別の古典的なアルゴリズムは巡回セールスマン問題 (traveling salesman problem) で, 一般的な有用性のためと誰に対しても説明しやすいという理由から, どのように実世界に適用できるかを示すためにしばしば用いられる. 巡回セールスマン問題は, 最も有名な NP 完全問題 (NP complete problem) である. つまり, 非決定性多項式時間（NP）アルゴリズムは未だ NP 完全問題に対しては発見されていないし, その他の問題に対する, 非決定性多項式時間（NP）アルゴリズムが存在しえないことも証明されていない. ここで, 車で与えられたいくつかの都市を訪問する必要があるが, 各都市には1回しか立ち寄ることができないという巡回セールスマン問題を考えてほしい. 図 4.1（A）で, 各都市に一度の訪問で出発都市に戻ってくる最も最短距離の道順を求めよ（図 4.1（B））.

われわれは, アルゴリズムが果たすべき機能をいくつか指摘できるが, 疑問も起きる.「すべての問題がアルゴリズム的に解けるのか？」. 単純かつ複雑な答えは「いいえ」である. たとえば, ある問題に対しては, 一般化されたアルゴリズム解は決して存在しえ

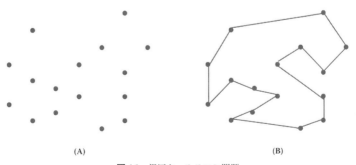

図 4.1　巡回セールスマン問題

ない（それらは解けない）．また，ある NP 完全問題では，有効な解法は知られていない．つまり，有効なアルゴリズムがこれらの問題に対して存在していたとしても，それは知られていない．もし，有効なアルゴリズムがそれらのどれか 1 つに対して存在するなら，すべてに有効なアルゴリズムが存在するのである（たとえば，巡回セールスマン問題）．結局，アルゴリズム的に解く方法を単に知らないという問題が存在するだけなのである．この議論から，計算機科学は単に言葉の処理と表計算ソフトについての学問ではないことが明らかである．

4.5 環境実務アルゴリズムの適用

アルゴリズムは輸送問題へも適用されるが（たとえば巡回セールスマン問題），最も重要な応用の多くが環境工学の分野にある．たとえば，組み立てラインの自動車のすべての金属部分を溶接するロボットアームの配置問題を考える．正確に 1 回溶接点を訪れる最小距離が最も効率的である．同様の応用が設計技術者による計測時間を最小化する場合，あるいは与えらえる構造の図を描くドラフト技術者にも起きる．環境工学では，たとえば，米国環境保護庁（USEPA）は，化学物質の流出と最終的な運命のデータを監視するさまざまなアルゴリズムに依存する計算モデルを使用している．次に，拡散モデルで使用される応用についてのモデル選択記述のまとめを紹介する．特に，USEPA（とその他）は好ましいあるいは推奨されたモデル（つまり，決まった応用の限定的な形式に対して推奨された洗練モデル）を大気の質監視（つまり，汚染濃度とその時空間分布）にどのように選択するのかをわれわれは議論している．この重要な話題についてのさらなる情報は USEPA（2003）で見出すことができる．

4.6 拡散モデル

- BLP（浮力点源モデル）は重要で，ガウス型プルーム拡散モデルで，定常な線源モデルからのプルームの上昇と降下の影響が重要となるアルミニウム削減プラントと，他の工業源に関連した唯一の問題を扱うことを意図したものである．
- CALINE3 は，定常ガウス型拡散モデルで，比較的複雑でない領域に位置する同一平面にある鉄道・道路交差面，フィル，橋，高速道路の風下の濃度検出装置の位置での大気汚染濃度を決めるために意図されたものである．
- CALPUFF は，多層で多くの物質の非定常パフ拡散モデルで，天候の時間と空間の変動が汚染輸送，変形と除去に及ぼす影響を模擬する．CALPUFF は数十から数百 km のスケールに適用可能である．このモデルは，サブグリッドスケール効果（たとえば地形重複），さらに長距離効果（たとえば湿潤による除去，乾質降下，化学的変化，粒状物質濃度の可視化効果）を含んでいる．
- CTDMPLUS（不安定状況アルゴリズムを追加した複雑地形拡散モデル）は洗練された点源ガウス型大気質モデルで複雑地形に対するすべての安定条件を利用している（たとえば単純な地形と対比されるような一群の煙突がある地形では，源となる煙突

の頂部よりもすべて低い地形で特徴づけられる面として定義される）．モデルは，全体として，安定で中立な条件に対する CTDM の技巧を含んでいる．
- ISC3（工業排出源複雑モデル）は定常ガウス型プルームモデルで，さまざまな工業が混ざり合っていることに関連する幅広い源からの汚染濃度を評価するために利用される．このモデルでは，降下する乾質粒子の落下，降下物，点源，面源，線源，体積源，限定された領域適用が考慮できる．ISC3 は長期および短期の様相で運用できる．
- OCD（沖合と沿岸拡散モデル）は直線ガウス型モデルで，沖合からの点源，面源，線源の排出の沿岸域の大気質へのインパクトを決めるために開発されたものである．OCD は，沿岸を横切るプルームとして起きる変化のみならず，海上のプルーム輸送と拡散にも対応している．

4.7 スクリーニング用の道具

スクリーニング用の道具は，与えられた排出源が大気質への脅威となっているかどうかを決める比較的単純な技巧である．濃度は，洗練されたモデル解析を通じてスクリーニング技巧から評価され，保存性である．利用されるスクリーニング用の道具は次のようである．
- CAL3QHC/CAL3QHCR（待ち行列とホットスポット計算機能をもつ CALLINE3）は，CALLINE3 をもとにした CO モデルで，信号のある交差点で起こる遅れと渋滞が計算できる交通モデルを有している．CAL3QHCR は地域の気象データが必要である．
- COMPLEX1 は，VALLEY モデルのプルーム衝突アルゴリズムと連動し，地形に適応する多重の点源スクリーニング技巧である．
- CTSCREEN（複雑地形スクリーニングモデル）は，複雑地形でのプルーム侵入評価に対する取り締まり運用のためのスクリーニング技巧として意図されたガウス型プルーム拡散モデルである．
- LONGZ は，都市と郊外の両方の平坦あるいは複雑な地形に対する定常なガウス型プルームを定式化したもので，14,000 までの任意に置かれた源（煙突，建物と面源）からの排出に関係する長期（季節そして，あるいは年間）の地上にある空気濃度を計算する．
- SCREEN3 は単一源ガウス型プルームモデルで，点源，線源，面源そして体積源による最大地上面濃度を計算し，さらに，くぼんだ地帯の濃度，逆分解と沿岸線の消毒による濃度も計算する．SCREEN3 は，ISC3 モデルのスクリーニング版である．
- SHORTAZ は，都市と郊外の両方の平坦あるいは複雑な地形に対する定常ガウス型プルーム定式化モデルである 300 までの任意に置かれた煙突，建物と面源からの排出による 1 時間，2 時間，3 時間の平均濃度の計算が意図されている．
- VALLEY は定常，複雑地形，普遍ガウス型プルーム拡散モデルアルゴリズムで，総数 50 までの点源と面源からの排出による 24 時間あるいは年間平均濃度を評価する

ためのものである．
- VISCREEN は，限定的な輸送と拡散条件に対する限定排出のプルームの潜在的インパクトを計算する．

引用文献・推奨文献

Black, P.E.(2009). Byzantine generals, in *Dictionary of Algorithms and Data Structures*. U.S. National Institute of Standards and Technology, Washington, DC, http://xlinux.nist.gov/dads/HTML/byzantine.html.

Cormen, T.H., Leiserson, C.E., Rivest, R.L., and Stein, C.(2002). *Introduction to Algorithms*, 2nd ed. Prentice-Hall, New Delhi.

Gusfield, D.(1997). *Algorithms on Strings, Trees, and Sequences: Computer Science and Computational Biology*. Cambridge University Press, Cambridge, U.K.

Lafore, R.(2002). *Data Structures and Algorithms in Java*, 2nd ed. Sams Publishing, Indianapolis, IN.

Mitchell, T.M.,(1997). *Machine Learning*. McGraw-Hill, New York.

Poynton, C.(2003). *Digital Video and HDTV Algorithms and Interfaces*. Morgan Kaufmann, Burlington, MA.

USEPA.(2003). *Technology Transfer Network Support Center for Regulatory Air Models*. U.S. Environmental Protection Agency, Washington, DC, http://www.epa.gov/scram001/.

第5章 二次方程式

$$ax^2+bx+c = 0$$
$$x = \frac{-b \pm \sqrt{b^2-4ac}}{2a}$$

　数学を含まない学科を学ぶとき，1つ確かなことがある．学んでいる学科は環境の実務とほとんどあるいは無関係である．

5.1　二次方程式と環境の実務

　なぜ環境の実務に二次方程式が重要か．論理的な答えは，長さと時間を決めることに関する，環境の実務上の主要な問題に対する解答を得るために，二次方程式が使用されるということである．違った言い方は，二次方程式はあらゆる環境実務者の道具箱に入っている重要な道具である．

　数学を学ぶ学生にとって，この説明はいくぶん奇妙に思えるかもしれない．数学の学生が，たとえば，二次方程式は2つの解があるであろうことを知っている．環境工学のような環境原則では，多くの場合，ただ1つの解に意味がある．たとえば，長さを扱うなら，方程式に対する負の解は数学的には可能であるが，われわれが扱う解ではない．負の時間についても，明らかに同じ問題を含んでいる．

　それでは要点は何か．それは，しばしばある数学の問題に対する解を求める必要があるということである．二次方程式を用いた長さと時間の決定にかかわる環境問題については，2つの答えで終わることになる．ある場合，正の答えと負の答えが結果として出るかもしれない．そのうち1つが使用でき，われわれはそれを使うだろう．現実の工学は自然に起きている状況をモデル化し，起こっていることを理解するため，あるいは将来起こりうることを予測するためにモデルを使うということである．二次方程式は美しい単純な曲線であるため，しばしばモデル化に使用される（Bourne, 2013）．

5.1.1　鍵となる語句
- a は x^2 の係数である．
- b は x の係数である．
- c が二次方程式中の定数である（x の項の係数ではない）．
- 単純な方程式は，一次の項のみに未知数が現れる方程式である．
- 単純な二次方程式は，二次の項のみに未知数が現れる方程式である．

● 一次と二次の項に未知数を含む方程式が通常の二次方程式である．

5.2 二次方程式：理論と応用

方程式 $6x=12$ は慣れ親しんでいる式形の方程式である．この方程式では未知数は一次のみに現れるため，一次あるいは線形方程式である．数学の経験者はすべての方程式がこの式に変形できるわけではないことを知っている．たとえば，方程式が変形されると，結果として二次の項の未知数がある数と等しくなる方程式，$x^2=5$ のようになる．この方程式では，未知数は二次にのみしか現れないので，単純な二次方程式である．あるケースでは，方程式は単純化，変形され，結果として二次と一次の未知数のみを含む方程式となり，それがある数と等しくなる，たとえば $x^2-5x=24$ のように，一次と二次の未知数を含む方程式は変形された二次方程式である．

二次方程式とその他の形式は因数分解の助けを借りて解くことができる．因数分解による二次方程式の解法は次のようである．

1. すべての項を左辺に集め，$ax^2+bx+c=0$ という式に単純化する．
2. 二次表示に分解する．
3. 各項を 0 にする．
4. 得られた線形式を解く．
5. もとの方程式で解を確認する．

■ 例 5.1

問題： $x^2-x-12=0$ を解け．

解答：

1. 二次表示に因数分解する．
$$(x-4)(x+3)=0$$
2. 各項を 0 にする．
$$x-4=0 \quad x+3=0$$
3. 得られた線形式を解く．
$$x=4 \quad x=-3$$

それゆえ，解は $x=4$ と $x=-3$ である．

4. もとの方程式で確認する．
$$4^2-4-12=0 \quad (-3)^2-(-3)-12=0$$
$$0=0 \qquad\qquad 0=0$$

多くの場合，因数分解は時間の浪費か，あるいは不可能のどちらかである．下記の公式は二次方程式の解公式と呼ばれ，係数を用いて解を表現している．二次方程式の解公式を用いると，因数分解なしに早く x について解ける．

$$x=\frac{-b\pm\sqrt{b^2-4ac}}{2a} \tag{5.1}$$

解公式を使用するには，適切な係数を式に代入し，解くだけでよい．

5.3 解公式の導出

方程式 $ax^2+bx+c=0$ で，a, b, c は任意の数で，正あるいは負であり，未知数をもつ任意の二次方程式を示している．この一般的な方程式を解くとき，二次方程式における未知数を決定するための解法が用いられる．解法は次のようである．

■例 5.2

問題： $ax^2+bx+c=0$ を x について解け．

解答：

1. c を両辺から引く．
$$ax^2+bx=-c$$
2. 両辺を a で割る．
$$x^2+\frac{b}{a}(x)=-\frac{c}{a}$$
3. 両辺に $(b/2a)^2$ を足す．
$$x^2+\left(\frac{b}{a}\right)(x)+\left(\frac{b}{2a}\right)^2=-\frac{c}{a}+\left(\frac{b}{2a}\right)^2$$
4. 完全平方にする．
$$\left(x+\frac{b}{2a}\right)^2=-\frac{c}{a}+\left(\frac{b}{2a}\right)^2$$
5. 両辺のルートをとる．
$$x+\frac{b}{2a}=\pm\sqrt{-\frac{c}{a}+\left(\frac{b}{2a}\right)^2}$$
6. 両辺から $b/2a$ を引く．
$$x=-\frac{b}{2a}\pm\sqrt{-\frac{c}{a}+\left(\frac{b}{2a}\right)^2}$$

結果，次の解公式が得られる．
$$x=\frac{-b\pm\sqrt{b^2-4ac}}{2a}$$

5.4　解公式の使い方

■例 5.3

解答： 時間に関する方程式を誘導し，次の方程式に到達した．x を求めよ．
$$x^2-5x+6=0$$

解答： 各項を合わせ，方程式を 0 にする．問題を解くため，解公式を用いる．

5.4 解公式の使い方

$$x = \frac{-b \pm \sqrt{b^2 - 4ac}}{2a}$$

方程式から，$a = 1$（x^2 の係数），$b = -5$（x の係数），$c = 6$（定数あるいは第 3 項）．これらの係数を公式に代入する．

$$x = \frac{-(-5) \pm \sqrt{(-5)^2 - 4(1)(6)}}{2(1)}$$

$$x = \frac{5 \pm (25 - 24)}{2}$$

$$x = \frac{5 \pm 1}{2}$$

$$x = 3, 2$$

ノート： 根号は必ずしも有理数（整数）ではないが，手順は同じである．

引用文献・推奨文献

Bourne, M.(2013). Quadratic Equations. Interactive Mathematics, http://www.intmath.com/quadratic-equations/quadratic-equations-intro.php.

第6章

三 角 比

$$\sin A = a/c \quad \cos A = b/c \quad \tan A = a/b$$

われわれは多くをインド人に負っている，彼らは数え方を教えてくれた．それなしに有用な科学的発見はなかったろう．

—— Albert Einstein

三角法は未知の角度と三角形の辺を計算するために使用される数学の分野である．三角法という言葉は三角形と測定に対するギリシア語に由来している．三角法は幾何学の原理に基づいている．多くの問題が幾何学と三角法の使用を必要としている．

—— Smith and Perterson (2007)

6.1　三角法と環境の実務者

明らかに，環境の実務者は三角法を使用する計算にかかわっている．たとえば，つり索は，普通，荷重を上げて望ましい場所に移動させるために，起重機，やぐら，巻き上げ機と一緒に用いられている．安全と健康，つり索の特徴と限界の知識に責任をもつ環境の専門家にとって，持ち上げられる物の形式と状況，重さと形，物とつり索との角度，持ち上げにかかわる環境は，すべてが安全に物の移動が行われる前に評価される重要な考慮事項である．後で，傾斜路（傾いた面）上のつり索の重さと作用荷重を決定する際に用いるべき原則の多くを提示する．つまり，力の問題の解き方である．ここでは，そのような計算のために使用される基本三角法の議論をする．

6.2　三角比と三角関数

三角法では，すべての計算はある比（つまり三角関数）に基づいている．三角比あるいは三角関数は，サイン，コサイン，タンジェント，コタンジェント，セカント，コセカントである．表6.1で与えられ，図6.1に示される線で定義される比の定義を理解する

表 6.1　三角比の定義

角度 A のサイン	$\dfrac{\text{角度 }A\text{ に対面する辺長}}{\text{斜辺}}$	$\sin A = a/c$
角度 A のコサイン	$\dfrac{\text{角度 }A\text{ に接する辺長}}{\text{斜辺}}$	$\cos A = b/c$
角度 A のタンジェント	$\dfrac{\text{角度 }A\text{ に対面する辺長}}{\text{角度 }A\text{ に接する辺長}}$	$\tan A = a/b$

6.2 三角比と三角関数

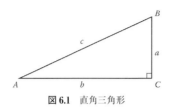

図 6.1 直角三角形

ことが重要である.

ノート： 直角三角形では，直角に対面する辺が最大辺である．この辺は斜辺と呼ばれる．

■例 6.1
- 問題： 図 6.2 で角度 Y のサイン，コサイン，タンジェントを求めよ．
- 解答： $\sin Y =$ 対面長／斜辺 $= 9/15 = 0.6$
  $\cos Y =$ 接する辺長／斜辺 $= 12/15 = 0.8$
  $\tan Y =$ 対面長／接する辺長 $= 9/12 = 0.75$

■例 6.2
- 問題： 図 6.2 を使って，角度 x に最も近い値を求めよ．
- 解答：

$\sin X =$ 対面長／斜辺 $= 12/15 = 0.8$

0.8 という sin の角度を見出すために計算器を用いる．

- 入力： 0.8 [2nd] or [INV]
- 結果： 53.13010235

結果，x の測定値は $x = 53°$

■例 6.3
- 問題： 図 6.3 に示される三角形に対して，$\sin C$, $\cos C$, $\tan C$ を求めよ．
- 解答： $\sin C = 3/5$; $\cos C = 4/5$; $\tan C = 3/4$

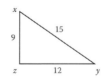

図 6.2 例 6.1 と例 6.2 の図

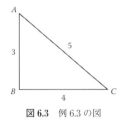

図 6.3　例 6.3 の図

引用文献・推奨文献

McKeague, M. and Charles, P.(1998). *Algebra with Trigonometry for College Students*. Saunders College Publishing, Philadelphia, PA.

Smith, R.D. and Peterson, J.C.(2009). *Mathematics for Machine Technology*, 6th ed. Delmar, Clifton Park, NY.

第 II 部

統計，リスクの測定，ブール代数

フィールド試験に関する格言の中で最も頻繁に繰り返されるのは，「自然にたずねるのは一度にわずかの質問，理想的には1つの質問，でなくてはならない」というものである．私はこの見解は完全に誤りであると確信する．

—— Ronald Fisher（1926）

第7章 統計の復習

うそには3種類ある．うそ，ひどいうそ，そして統計．

—— Benjamin Disraeli

初心者にとっては，統計家のおもな役割は研究の進歩を止めることか，少なくとも妨げることであるようにみえることがしばしばあるだろう．統計が害よりは恩恵をもたらすと感じている人にとってすら，ときには統計家の道具を使おうとする努力をくじかれる．

—— Frank Freese（1967）

7.1 統計の概念[*1]

Disraeli の主張や Freese の見識にもかかわらず，結果の統計解析について学習し活用することは環境実務の1つである．統計の主要な概念は変動（variation）の概念である．変動は，計量生物学（biostatistics）を必要とする典型的な環境健康関連の職務の実施にあたってしばしば出くわす．そこでは，大気汚染に対する毒性学的・生物学的サンプリングプロトコルのような，生物学のいっそう広範囲なトピックに対して，幅広い統計学が応用されている．また変動は，農業，林業，漁業，その他の特定分野で行われる環境健康関連の職務の実施に際しても出会う．本章は，環境の実務家が日常的に出会う多くの問題を処理するのに使える基本的な統計的技法，データ解析技法の概観を提示する．それは研究計画からデータ作成，解析，結論への到達，そして最も重要な結果のプレゼンテーションに至るまでのデータ解析の過程を扱う．

ここで重要なことを指摘する．統計学は，計画の実施の根拠を与えること，取り扱いの必要な範囲を特定すること，あるいはさまざまな環境健康安全計画がもたらすかもしれない損失や事故の影響を評価することに使える．公衆衛生・安全のデータ（またはその他のデータ）の組は，それが適切に解析されたときに限り有用である．データの性質が適切に特徴づけられればよりよい決定が可能になる．たとえば，環境健康安全プランや別のタイプの環境に関する行動計画を売り込むときや，財布の紐を握る人を説得しようとするときには統計データを用いることの重要性はどんなに強調してもしすぎることはない．

[*1] ［原注］本章の多くの情報は以下の文献にならった．Freese, F., *Elementary Statistical Methods for Foresters,* Handbook 317, U.S. Department of Agriculture, Washington, DC, 1967.

Freese の冒頭の意見に関連していえば，困難の多くは統計的方法の基本的な目的を理解していないことが原因である．統計的方法の目的は2つに要約できる．
1. 母集団（population）のパラメータ（特定の分布を特徴づける値）の推定
2. これらのパラメータに関する仮説の検定

第一の目的についてのよくある例は，線形関係 $Y=a+bX$ の係数 a, b の推定である．この目的を成し遂げるには，最初に関与する母集団を定義し，推定すべきパラメータを特定しなくてはなくてはならない．これは本来，研究者（research worker）の仕事である．統計家（statistician）は，データの採取と望ましい推定値の計算について効率的な方法を工夫するのを手助けしてくれる．

完全に母集団を調べるのでない限り，パラメータの推定値は母集団の値とはいくぶん異なりそうである．統計特有の研究への貢献は，推定値がどの程度真値から離れているかを評価する方法を与えることである．これは，通常，パラメータの真値を含む既知の確率を有する信頼限界を計算することでなされる．たとえば，松の植林地の樹木の平均直径は，標本つまりサンプル（sample）から 9.2 インチ（in.），95%信頼限界は 8.8 in., 9.6 in. などと推定される．これらの限界値は（もし，適切に得られたものならば）サンプリングにおいて生じる 20 回に 1 回の偶然の可能性を除くと，真の平均直径は 8.8 in. と 9.6 in. の間のどこかにあることを示している．

統計の第2の基本的な目的は母集団のパラメータに関する何らかの仮説を検定することである．よくある例は線形回帰モデル

$$Y = a + bX$$

の回帰係数がある特定の値（たとえば 0）であるという仮説の検定である．別の例は，2つの母集団の平均の差が 0 という仮説の検定である．

繰り返すが，検定される意味のある仮説を定式化するのは研究者の仕事であって，統計家の仕事ではない．この仕事は手際を要することがある．初心者は，仮説が検定可能な形式になっていることを確信できるように，統計家と仕事をするとうまくいくであろう．ひとたび仮説が立てられれば，それを検定する方法を考え出し，データ取得の効率的な方法を工夫するのは統計家の役割である（Freese, 1962）．

7.1.1 確率と統計

確率を心得ている人は，たとえば，コインを投げて立て続けに表が 6 回出る可能性，クラップスでサイコロの投げ手（シューター）が何度か連続して勝ちの目を出す（「パス」という）見込み，またそのような他の役に立ついろいろな情報を知るようになるとき，ある種の強みをもつと通常思われている[*2]．統計家が確率を仕事としていることは

---

*2 ［訳注］クラップス（craps）は，2個のサイコロの出目を競うゲームで，カジノなどで広く行われている．ディーラーとプレイヤーがあるルールのもとにサイコロを振り勝敗を決める．クラップスにおいて，サイコロを振る人をシューター（shooter）という．

7.1 統計の概念

まったくそのとおりなので,確率のゲームで結果を予想するのにしばしばいわば優位に立つことがある.しかし,統計家はまた,確率ゲームで彼らのもつこの想定上の優位性はしばしば他の要因次第であることも知っている.

統計的行為における確率の基本的な役割が正しく理解されていないことがよくある.ある推定パラメータに信頼限界をつける場合,確率の演じる役割ははっきりしている.仮説検定においては,初学者にとって確率の働きは信頼限界の場合よりわかりにくい.「統計でどんなことでも証明できる」と嘲笑する人もいる(Disraeli が統計についていったことを思い出されたい).ともかくも,真実のところ統計は何事も「証明 (prove)」することはできない.できるのは,せいぜいある事象が生じる確率を計算して,研究者に彼自身の結論を導かせることである.

この点を説明するために確率ゲームに立ち返ろう.クラップスのゲームにおいてシューターが勝つ(パスをする)確率は近似的に 0.493 である.いうまでもなく,完全につり合いのとれた1組のサイコロと正直なシューターを仮定したうえであるが.もし,今あなたが,サイコロを手にとって直ちに連続7回のパスをなすシューターに出くわしたとしよう.1回のパスをなす確率が本当に 0.493 ならば,7回以上の連続パスの確率は約 0.007(141 分の1)である.ここで統計の仕事は終わり,あなたはシューターについて自身の結論を引き出すことができる.もし,あなたが,そのシューターはだましていると結論を下したとすれば,統計の表現では,そのシューターが1回のパスをする確率が 0.493 という仮説を棄却しようとしている.

実際問題として,ほとんどの統計的検定はこの種のものである.仮説が定式化され,それを検定するために実験が行われるか,もしくは標本が選択される.次の段階は,仮説が正しい(真)と仮定したとき,実験あるいは標本が偶然起きる確率を計算することである.この確率が,ある事前に選定された値(おそらく 0.05 か 0.01)より小さければ,その仮説は捨てられる(棄却される).ここで何も証明されていないことに注意されたい.その仮説が誤り(偽)ということすら証明していない.実験あるいは標本の結果が生じる確率が低いことからそう推測するだけである.

もし不正確な確率を用いれば,われわれの推測はおそらく正しくないだろう.明らかに,これらの確率を信頼性高く計算するには,扱っている変数がどう分布するか(すなわち,その変数がさまざまな値となる事象の起きる確率はいくらか)を知らなければならない.よって,誘蛾灯に捕まえられたカブトムシの数がいわゆるポアソン分布(Poisson distribution)に従うことを知っていれば,X 匹以上のカブトムシを捕まえる確率を計算することができる.しかし,もし実際は負の二項分布に従っているのに,ポアソン分布に従うと仮定すれば,計算した確率は間違っているだろう.

信頼できる確率を用いたとしても,統計的検定が間違った結論に導く可能性がある.われわれは,真実である仮説を,ときには棄却することがある.常に 0.05 の水準で検定するとすれば,平均的には 20 回のうち1回間違えるだろう.検定の水準を 0.05 に選ぶときはこの程度のリスクを容認する.もし,さらに大きいリスクを容認することをいと

わないのなら，0.10水準または0.25水準で検定することも可能である．このような大きいリスクを冒したくないのなら0.01水準あるいは0.001水準で検定することが可能である．

　研究者の犯す間違いは1種類だけではない．正しい（真の）仮説を棄却する誤り（第一種の誤り）に加えて，間違った（偽の）仮説を棄却しない誤り（第二種の誤り）を犯す可能性がある．サイコロ賭博において，正直なサイコロ振りをだましているとして非難する誤りを犯す可能性（第一種の誤り：真の仮説を棄却する）がある．しかし，不正直なサイコロ振りを信用してしまう誤り（第二種の誤り：偽の仮説を棄却しそこなう）もある．

　難しいのは，与えられたデータセットに対して，一方の種類のリスクを下げるともう一方の種類のリスクが増加することである．もし，15回続けてパスすることをサイコロの振り手を非難する基準とすると，誤って非難するリスクは大いに減少する（確率は約0.00025）．しかし，そうすることで第二種の誤りを犯す確率，つまりインチキを見つけられない確率を危険なほどに増やしてしまう．実験計画において重要な点は，それぞれの種類の誤りの確率を容認できる水準にすることである．これは通常，検定の水準（つまり，第一種の誤りの確率）を指定したうえで，第二種の誤りの確率が容認できる水準に達するまで実験を大きくすることで達成される．

　基本的な確率計算，分布理論，第二種の誤りの確率計算に立ち入ることは本書の範囲を超える．しかし，統計的方法を用いる人は，（必ずしもうそやひどいうそではなく）本来的に確率を扱っていること，また不変の真理を扱っているのでもないことを十分意識しておくべきである．20に1つのチャンスは，ほぼ20回に1回の割合で実際に起きることを心に留めなければならない．

7.2　データの中心的傾向の尺度

　統計について語るのは，通常，不完全な知識のもとで何かを推定する場合である．たぶん関心対象の物品の1%だけがテストできる状況で，物品のロット全体の性質について何事かをいいたい場合とか，あるいは，テストのためにはサンプルを破壊しなければならない場合である．テストで破壊する場合，テスト終了後に物品を返さなければならないとすると物品を100%サンプルに用いるのは実行不可能である．われわれが通常答えようとする質問は「関心対象の分布の中心的傾向は何か」，また「この中心的傾向のまわりにどれだけ散らばっていると期待できるか」ということである．簡単にいえば，平均（値）（average）はデータの中心的傾向または中央の位置の尺度である[*3]．

[*3]　［訳注］ここの average は，算術平均に限らない．日本語の「平均（値）」には，英語の mean と average に相当する区別がない．英語では，mean は，算術平均，幾何平均，調和平均の3種にほぼ限定するのに対し，average は，分布の中央を表すさまざまな指標値，いわば「代表値」を意味し，mean のほかに mode（最頻値），median（中央値），weighted average（加重平均）なども含まれる．

7.3 記号，下つき文字，基本的統計用語，計算

　統計では，X, Y, Z のような記号はデータの異なる組（セット）を表す．ある5社のデータがあるとき，次のようにおくことができる．$X=$ 会社の収入，$Y=$ 会社の資材の支出，$Z=$ 会社の貯蓄．

　データセットの中の個々の値を表すのにサブスクリプト（下つき文字，subscript）を用いる．X_i は i 番目の会社の収入を表し，i は1，2，3，4，5の値をとる．この記法を用いると，X_1, X_2, X_3, X_4, X_5 は1番目の会社，2番目の会社，…，5番目の会社の収入を表す．データは何らかの順序，たとえば，収入額，データが得られた順序，あるいは目的または調査者の便宜にかなった他の順序で整理される．

　サブスクリプト（下つき文字）i は個々の調査記録をさすのに用いられるので，X_i, Y_i, Z_i は i 番目の会社の収入，資材の支出，貯蓄を表す．たとえば，X_2 は2番目の会社の収入を，Y_2 は2番目の会社の材料支出，Z_5 は5番目の会社の貯蓄額を表す．

　いま，100社の純資産と，30人の学生の試験の得点という2つの異なる標本（サンプル）があるとしよう．これらの標本の個々の記録を参照するのに，X_i で i 番目の会社の純資産を表すことができる．ただし，ここで，i は1から100までの値をとり，$i=1$, 2, 3, …, 100などと書く．また，X_j で j 番目の学生の試験得点を表すこともできる．ただし，$j=1$, 2, 3, …, 30である．サブスクリプトの異なる文字 i と j は，異なる種類の標本が含まれていることをはっきりさせるためである．X, Y, Z のような文字は一般に異なる変数や異なるタイプの計測を表し，i, j, k, l のようなサブスクリプトは個々の記録を表す（Hamburg, 1987）．

　次に，データセットの合計を表す方法に注意を移そう．X_1, X_2, X_3, X_4 と記された4個の観測値の組を足し算したいとき，この足し算を示す便利な方法は

$$\sum_{i=1}^{4} X_i = X_1 + X_2 + X_3 + X_4$$

で，ここで記号 Σ（ギリシャ文字「シグマ」の大文字）は「合計」を意味する．したがって，

$$\sum_{i=1}^{4} X_i$$

は，「X の数値の1から4までの合計」を意味する．たとえば，もし $X_1=5$, $X_2=1$, $X_3=8$, $X_4=6$ ならば，

$$\sum_{i=1}^{4} X_i = 5+1+8+6 = 20$$

となる．一般に，n 個の観測値があれば，

$$\sum_{i=1}^{n} X_i = X_1 + X_2 + X_3 + \cdots + X_n$$

と書く．平均，中央値（メディアン），最頻値（モード），範囲（レンジ）は基本的な統

計用語に含まれるので,以下にこれらを説明する.

7.3.1 平　均

平均 (mean)*4 は,最もよく知られ,よく用いられる母集団パラメータの推定値の1つである.これは1つの組の観測値の合計を観測値の個数で割ったものである.ランダムサンプル (無作為標本*5) が与えられれば,母集団の平均は次の式で推定される.

$$\overline{X} = \frac{\sum_{i=1}^{n} X_i}{n}$$

ここで,X_i は標本 (サンプル) の i 番目の要素の観測値であり,n は標本に含まれる要素の個数である*6.また,

$$\sum_{i=1}^{n} X_1$$

は,標本に含まれる n 個のすべての X の値を合計することを意味する.

もし,母集団に N 個の要素が含まれるとすると,母集団のすべての要素の値 X の合計は,

$$\hat{T} = N\overline{X}$$

と推定される.T の上のハット記号 (^) は,真であるが未知の母集団の値に対して,その推定値を示すのにしばしば用いられる.ただし,この平均の推定値は,単純無作為標本 (simple random sample) に対して用いられるべきであることに注意されたい.もし,標本に含まれる要素が完全に無作為に抽出されたものでなければ,この式は適切でないだろう.

7.3.2 中央値

中央値 (メディアン,median) は,データを大きさの順に配列したときに中央にある値である.

7.3.3 最頻値

最頻値 (モード,mode) は,出現頻度が最も高い値で,いわば「最も流行している」値である.

---

*4　[訳注] ここでは算術平均をさしている.
*5　[訳注] random sample はランダムサンプル,無作為抽出標本,無作為標本のいずれの訳語も用いられている.本章では無作為標本とする.
*6　[訳注] 統計では,n を「標本の大きさ」,「標本サイズ」sample size という.

7.3.4 範 囲

範囲（レンジ，range）は，最大値と最小値との差である．

■例 7.1

問題： 水中の溶存酸素（DO：dissolved oxygen）の実験室での測定値が次のように与えられたとき，平均，最頻値，中央値，範囲はいくらになるか．

6.5 mg/L, 6.4 mg/L, 7.0 mg/L, 6.9 mg/L, 7.0 mg/L

解答： 平均は次のとおりである．

$$\overline{X} = \frac{\sum_{i=1}^{n} X_i}{n} = \frac{6.5\,\text{mg/L} + 6.4\,\text{mg/L} + 7.0\,\text{mg/L} + 6.9\,\text{mg/L} + 7.0\,\text{mg/L}}{5} = 6.76\,\text{mg/L}$$

最頻値は，最も多数回現れた 7.0 mg/L である．測定値を大きさの順に並べなおすと，

6.4 mg/L, 6.5 mg/L, 6.9 mg/L, 7.0 mg/L, 7.0 mg/L

となるので，中央値は 6.9 mg/L であり，範囲は 0.6 mg/L（7.0 mg/L － 6.4 mg/L）である．

統計的に妥当な標本抽出法を用いることの重要性は，どんなに強調してもしすぎることはない．いく通りかの異なる方法が利用可能である．解析結果を計算する前に，適切な標本抽出手順の観点から，標本抽出法を注意深く検討しなければならない．注意深い標本抽出技術に加えて，適切な標本抽出手順で実施することにより，的確な基本データが得られる．環境分野の実務で統計が必要とされるのは，環境そのものの特性による．環境研究は変化する実体を扱うことが多い．集めたデータに変動がなければ統計的方法を用いる必要はない．

ある時間間隔をとれば，標本の解析において常に何らかの変動が存在するだろう．通常，平均と範囲は最も有用な情報である．たとえば，工場の屋内空気質（IAQ：indoor air quality）を評価するには，空気流量測定結果，操業記録，および工場の空気質を実験室で測定した結果の月間集計が用いられるであろう．他の例は，業務担当のセンターや部署が職務中の事故や疾病の月間報告を評価するときで，傷害報告や業務遅延事例，そして業務に起因する疾病に関する報告の月間集計が用いられる．

7.3.1～7.3.4 項で標本（サンプル，sample）という用語と簡単な例を使って平均，最頻値，中央値，範囲の使い方と定義を説明した．これらの用語は統計学で用いる共通の用語法に含まれるが，統計学における「標本（sample）」は統計特有の意味をもっている．標本と母集団（population）には違いがある．統計学では多くの場合，1つの標本からデータを取得し，その標本の結果を用いて母集団全体を記述する．1つの標本の母集団というのは，特定のグループに属するすべての人あるいはことについて特性を測定したことを意味する．たとえば環境分野の専門家と定義された母集団の特性を測ろうとすると，可能なすべての環境分野の専門職のその特性について測定しなければならないことになる．母集団の測定は不可能ではないにしても困難である．

表 7.1 一般に用いられる統計の記号と手順

用語，手順	記号 母集団	標本
平均	μ	$\bar{x}$
標準偏差	σ	s
分散	σ^2	s^2
事例の数	N	n
生データ	X	x
相関係数	ρ	r

手順	記号
和	Σ
x の絶対値	$\|x\|$
n の階乗	$n!$

　母集団や標本のメンバーをさすのに，調査対象（subject）あるいは事例（case）という用語を用いる．信頼のおける研究結果を得るためにどれだけの数の事例を選ぶべきかについては統計的な方法がある．別の重要な用語であるデータ（data）は，統計解析の目的で取得された測定結果である．データは，定性（qualitative）データと定量（quantitative）データに分けられる．定性データは，個体（individual）あるいは調査対象の特性（たとえば，ヒトの性別とか，車の色など）を扱うのに対し，定量データは数値からみた特性（たとえば，馬の年齢とか，ある組織の前年中に起きた業務遅延を伴う傷害件数など）を記述する．統計分野では，共通の用語だけでなく共通の記号もある．統計の表記では，ギリシャ文字と代数記号とを，その研究や試験の実施手順の意味が伝わるように使い分ける．統計表記に際し，ギリシャ文字は母集団について，英文字は標本について用いる．表 7.1 に，より共通に統計の操作で用いられる記号，用語，手順についていくつかまとめた．

7.4 分　　布

　調査研究を行う環境分野の専門家はデータを集める．生データの集合から意味を取り出すには意味のあるフォーマットに整理しなければならない．フォーマットは，データを何らかの論理的順序に並べることから始まり，次にグループ化する．あるデータを別のデータと比較可能にする前には組織化する必要がある．組織化されたデータを分布（distribution）と呼ぶ．グループ化されていない大量のデータ（個々の数値のリスト）に出くわしたとき，その大量のデータが含んでいる情報を一般化するのは困難である．しかし，その数値の度数分布をつくれば多くの特徴が容易に認識できるようになる．度数分布は，データのそれぞれの階級（class）に分類される事例の数を記録したものである．

■例 7.2
問題: 環境健康安全の専門家が，ある年の業務災害の請求 24 件の医療費に関するデータを収集した．収集した生データは次のとおりである．

$60	$1500	$85	$120
$110	$150	$110	$340
$2000	$3000	$550	$560
$4500	$85	$2300	$200
$120	$880	$1200	$150
$650	$220	$150	$4600

解答: 度数分布をつくるために，研究者は請求額に着目して大きさの順に並べた．それぞれの値に対する出現度数を数えたところ表 7.2 のようになった．度数分布を求めるために表 7.2 を用いてグループ分けした．ここで，確実にどのグループも等しい幅となるようにした．安全技術者（研究者）はデータを 1000 の幅でグループ分けした．最低のグループと最高のグループの値の範囲は，データから決めた．1000 ごとにグループ分けしたので，数値は 0〜$4999 の範囲に含まれ，分布はこれで収まった．このデータの度数分布は表 7.3 のようになる．

表 7.2 業務災害請求額と度数

請求額	度数	請求額	度数
$60	1	$650	1
$85	2	$880	1
$110	2	$1200	1
$120	2	$1500	1
$150	3	$2000	1
$200	1	$2300	1
$220	1	$3000	1
$340	1	$4500	1
$550	1	$4600	1
$560	1	合計	24

表 7.3 度数分布

範囲	度数
$0–$999	17
$1000–1999	2
$2000–2999	2
$3000–3999	1
$4000–4999	2
合計	24

7.4.1 正規分布

ある種の特性について大量のデータを集めると，そのデータから得られる度数分布が本質的にベル型（釣鐘型）の分布，正規分布（normal distribution）に従うことがある．正規分布は大変重要な種類の統計分布である．述べたようにすべての正規分布は対称で，一山のベル型の曲線である（図 7.1）．

具体的に正規分布を扱うには，2 つの量を特定しなければならない．つまり，分布密度のピークの位置を示す平均 μ（ミューと発音）および標準偏差を示す σ（シグマ）である．μ や σ の値が異なれば分布密度曲線が異なるので異なった正規分布となる．たくさんの正規分布曲線が存在するが，ある重要な性質を共有しているので，すべて一様

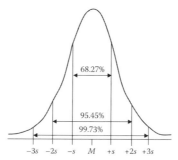

図 7.1 測定値の度数を示す正規分布曲線

なやり方で取り扱うことができる．すべての正規分布曲線は次の性質を満たす．この性質はしばしば「経験則（empirical rule）」と呼ばれる．
- 観測値の 68％が平均から標準偏差の 1 倍の内側（つまり，$\mu-\sigma$ と $\mu+\sigma$ の間）に含まれる．
- 観測値の 95％が平均から標準偏差の 2 倍の内側（つまり，$\mu-2\sigma$ と $\mu+2\sigma$ の間）に含まれる．
- 観測値の 99.7％が平均から標準偏差の 3 倍の内側（つまり，$\mu-3\sigma$ と $\mu+3\sigma$ の間）に含まれる．

したがって，正規分布については，ほとんどすべての値が平均から標準偏差の 3 倍の内側にある（図 7.1）．この規則がすべての正規分布に適用されることを強調するのは重要である．同時に，この規則は正規分布に「だけ」適用されることも忘れてはならない．

ノート： 経験則を適用する前に，対象とするデータを確認し，平均と標準偏差の値を確認するのがよい．経験則が与える情報をまとめてグラフのスケッチを作成するのもよい．

■例 7.3
問題： ある年に SAT（scholastic assessment test, 学習基礎能力試験）の数学部門を受けたすべての高校最上級生の成績は，平均が 490 点（$\mu = 490$），標準偏差が 100 点（$\sigma = 100$）であった．SAT の得点の分布はベル型である．
1. この SAT 試験で 390 点から 590 点の間の点数をとった生徒のパーセンテージはいくらか．
2. ある生徒はこのテストで 795 点であった．この生徒は他の生徒とどのように比較すればよいか．
3. あるやや難関の大学が，この試験で上位 16％の生徒にだけ入学を認めているとする．この大学の入学資格を得るのに，生徒はこの試験で何点が必要とされるか．

ここで扱うデータは，ある年のすべての高校最上級生の SAT の数学の得点である．経験則で与えられるパーセンテージをまとめると，図 7.2 に示すベル型の曲線となる．

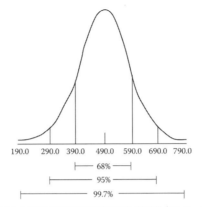

図 7.2 経験則による SAT（学習基礎能力試験）数学得点のパーセンテージの例

解答：
1. 図 7.2 から，この SAT 試験では，約 68％の生徒が 390 点と 590 点の間の得点であった．
2. 約 99.7％の得点が 190 点と 790 点の間にあり，795 点は優秀である．この得点はこの試験での最高得点の 1 つである．
3. 約 68％の得点が 390 点と 590 点の間にあるので，この区間の外にある得点は 32％である．ベル型の曲線は対称なので，この 1/2，つまり 16％の得点が分布の上位と下位にくる．つまり，入学に必要な得点は 590 点以上である．

7.5 標準偏差

標準偏差（standard deviation, s または σ）は，精度の指標として用いられることが多い．標準偏差は 1 組の観測値の中での変動（広がり）の尺度である．すなわち，分布の中の大多数の値が平均に近いか，それとも広がっているかについて教えてくれる．安全工学において統計的方法を用いることによる利益をよりよく理解するためには，統計の基礎理論を少し考えてみるのがよい．どのようなデータの組も，真の値（平均）は全測定値の中央部にあるだろう．標本の大きさ（サイズ）が大きくて分析にランダムな誤差しか入っていなければ，これは正しい．さらに，測定値は図 7.1 に示したような正規分布を示すだろう．図 7.1 において，測定結果の 68.27％が $M+s$ と $M-s$ の間の値をとり，95.45％が $M+2s$ と $M-2s$ の間に，99.73％が $M+3s$ と $M-3s$ の間にある．したがって，もしこれが正確ならば，全測定値の 68.27％が，（平均で推定した）真の値に標準偏差を加えた値と，引いた値の間の値をとる．標本の標準偏差を計算するのに次の式を用いる．

表 7.4　例 7.4 の計算

X	$X-\overline{X}$	$(X-\overline{X})^2$
9.5	-0.5	0.25
10.5	0.5	0.25
10.1	0.1	0.01
9.9	-0.1	0.01
10.6	0.6	0.36
9.5	-0.5	0.25
11.5	1.5	2.25
9.5	-0.5	0.25
10.0	0	0
9.4	-0.6	0.36
		3.99

$$s=\sqrt{\frac{\sum(X-\overline{X})^2}{n-1}}$$

ここで，s＝標準偏差，$\Sigma = X_1$ から X_n までの値を合計する意味，$X = X_1$ から X_n までの測定値，$\overline{X}$＝平均，n＝標本の大きさ（標本サイズ，標本中のデータの個数）である．

■例 7.4

問題：　次に示す溶存酸素量の標準偏差（s）を計算せよ．
　　　　9.5, 10.5, 10.1, 9.9, 10.6, 9.5, 11.5, 9.5, 10.0, 9.4
　　　　（すなわち，$\overline{X} = 10.0$）

解答：　表 7.4 から求められる．

$$s=\sqrt{\frac{\sum(X-\overline{X})^2}{n-1}}=\sqrt{\frac{3.99}{10-1}}=0.67$$

7.6　変動係数

　現実には，平均の大きい母集団は平均の小さい母集団より大きい変動を示すことが多い．変動係数（coefficient of variance, C）は，平均が異なるケース間の変動の比較を容易にする．これは，標準偏差の平均に対する比である．平均が 10 のとき標準偏差が 2 であれば変動係数は 0.2 あるいは 20% である．標準偏差が 1.414，平均が 9.0 のとき，変動係数は次の式で評価される．

$$C=\frac{s}{\overline{X}}=\frac{1.414}{9.0}=0.157,\text{あるいは }15.7\%$$

7.7　平均の標準誤差

　通常，母集団に含まれる個々の要素の間には変動がある．ここでも標準偏差がこの変動の尺度となる．個々の要素の間に変動があるために，これらの要素からなる標本から計算した平均（あるいは他の推定値）にも変動は存在する．たとえば，真の平均が 10 の

母集団を考えよう．ランダムに4個の要素を選んだとき，その標本の平均は8になるかもしれない．また，同じ母集団からとった別の標本の平均は11かもしれないし，別の標本は10.5になるかもしれない．これをさらに続けて考えることができる．この母集団からとった標本平均の間にどのような変動が起こりそうかを知っているのは，明らかに望ましい．標本平均の間での変動の尺度は平均の標準誤差（standard deviation of the mean）である．これは，標本平均の間の標準偏差と考えられ，標準偏差が個々の要素間の変動の尺度であるのと同様に，標本平均の間の変動の尺度なのである．平均の標準誤差は，母集団平均の信頼限界を計算するのに用いられる．

平均の標準偏差（しばしば，記号 $s_{\bar{x}}$ で表す）の計算法は標本の選び方（抽出法）に依存する．全部で N 個の要素からなる母集団からの非復元単純無作為抽出（simple random sampling without replacement, すなわち，母集団の1つの要素は1度選ばれたら次は選ばれない）に対して，標本平均の標準誤差の推定値は，次の公式で与えられる[*7]．

$$s_{\bar{x}} = \sqrt{\frac{s^2}{n}\left(1 - \frac{n}{N}\right)}$$

森林の例では，いま $n = 10$ として，1000本の木からなる母集団で $s = 1.414$, $s^2 = 2$ であったとすると，木の直径の推定値（$\bar{X} = 9.0$）は，次の標準誤差をもつと考えられる．

$$s_{\bar{x}} = \sqrt{\frac{2}{10}\left(1 - \frac{10}{1000}\right)} = \sqrt{0.198} = 0.445$$

ノート：　因子 $(1-n/N)$ は，有限母集団補正（finite population correction）あるいは fpc と呼ばれている．fpc は標本の割合（標本中の要素数や回答者数の，母集団の大きさに対する割合）が大きいときに，推定値の標準誤差を計算するのに用いられる．fpc の値が1に近ければ，fpc はほとんど影響がないので無視してかまわない．

7.8　共　分　散

母集団の要素が2つ以上の特性をもつことはしばしばである．たとえば，森林の実務では，樹木は樹高，直径，形態（テーパーの強さ，すなわち木の幹の上方（末口）と下方（元口）の直径の差）などで特徴づけられる．共分散（covariance）は2つの特性の大きさの間の関連の尺度である．2つの特性の大きさの間に，ほとんどあるいはまったく関連がなければ，共分散は0に近い．一方の特性の大きい値がもう一方の特性の小さい値と関連がある（対応する）傾向であれば共分散は負になるだろう．また，一方の特性の大きい値が他方の特性の大きい値に関連がある（対応する）傾向であれば共分散は

[*7]［訳注］単純無作為抽出において，母集団から1個ずつ取り出すことを繰り返して n 個の要素を取り出すのに，復元抽出（with replacement）では，1個の要素を取り出したのち，取り出した要素をもとに返して次の1個の要素を取り出す．非復元抽出（without replacement）では，先に取り出した要素はもとに返さないで次の要素を選ぶ．

正になるだろう．XとYの母集団の共分散はσ_{xy}，標本の共分散はs_{xy}と表すことが多い．

森林の実務の例に戻ろう．ランダムに選ばれた多数の木について直径（インチ，in.）と樹齢（年）がわかっているとしよう．直径をX，樹齢をYと記号で表すと，標本における直径と樹齢の共分散は次式で与えられる．

$$s_{xy} = \frac{\sum XY - \dfrac{(\sum X)(\sum Y)}{N}}{n-1}$$

この式は次の公式と等価である．

$$s_{xy} = \frac{\sum(X-\overline{X})(Y-\overline{Y})}{n-1}$$

もし，$n=12$で，YとXが次の値であれば，

$Y = 4+9+7+7+5+10+9+6+8+6+4+11 = 86$
$X = 20+40+30+45+25+45+30+40+20+35+25+40 = 395$

s_{xy}の値は，

$$s_{xy} = \frac{(4)(20)+(9)(40)+\cdots+(11)(40) - \dfrac{(86)(395)}{12}}{12-1} = \frac{2960-2830.83}{11} = 11.74$$

となる．

正の共分散は，大きい直径は大きい樹齢に関連がある（対応する）という，よく知られた経済的には残念な事実と整合している．

> **DID YOU KNOW ?**
> 相関係数などの統計量の計算値は，どの特定の要素が標本に選ばれたかに依存する．このような推定値は標本ごとに変動する．より重要なのは，通常，これらはわれわれが推定しようとする母集団の値と一致しないことである．

7.9 単純相関係数

共分散の大きさは，標準偏差の大きさと同様に，しばしば変数の値の大きさに関連している．XとYの値の大きい要素はXとYの小さい値をもつ要素より大きい共分散をもつ傾向にある．また，共分散の値の大きさは測定単位にも依存しており，前の例では，直径がインチでなくmmで表現されていれば，共分散は11.74でなく，298.196となる．単純相関係数（simple correlation coefficient）は2つの変数間の線形の関連の程度の尺度であり，測定単位の影響を受けない．これは-1から$+1$まで変化する．相関が0というのは線形の関連がないことを示す(ただし，強い非線形の関連があるかもしれないが)．相関が-1または$+1$というのは完全な線形の関連があることを示唆している．共分散の場合と同じく，正の相関はXの大きい値がYの大きい値に対応していることを示唆する．

X の大きい値が Y の小さい値に対応していれば，相関は負である．

母集団の相関係数は ρ（ロー），標本による推定値は r と記すのが一般的である．母集団相関係数は

$$\rho = \frac{X と Y の共分散}{\sqrt{(X の分散)(Y の分散)}}$$

と定義される．単純無作為抽出については，標本相関係数は次の式で計算される．

$$r = \frac{s_{xy}}{s_x s_y} = \frac{\sum xy}{\sqrt{(\sum x^2)(\sum y^2)}}$$

ここで，$s_{xy} = X と Y の標本共分散，s_x = X の標本標準偏差，s_y = Y の標本標準偏差，$
$\sum xy = $ 補正された XY の積和：

$$\sum XY - \frac{(\sum X)(\sum Y)}{n}$$

$\sum x^2 = $ 補正された X の二乗和：

$$\sum X^2 - \frac{(\sum X)^2}{n}$$

$\sum y^2 = $ 補正された Y の二乗和：

$$\sum Y^2 - \frac{(\sum Y)^2}{n}$$

共分散の説明のときと同じ値を用いると，

$$\sum xy = (4)(20) + (9)(40) + \cdots + (11)(40) - \frac{(86)(395)}{12} = 129.1667$$

$$\sum y^2 = 4^2 + 9^2 + \cdots + 11^2 - \frac{(86)^2}{12} = 57.6667$$

$$\sum x^2 = 20^2 + 40^2 + \cdots + 40^2 - \frac{(395)^2}{12} = 922.9167$$

となるので

$$r = \frac{129.1667}{\sqrt{(57.6667)(922.9167)}} = \frac{129.1667}{230.6980} = 0.56$$

が得られる．

7.10 線形関数の分散

われわれは，変数や母集団の推定値の線形結合を日常的に扱う．たとえば，面積 1 エーカー（ac）当たりの木材体積が $\overline{X}$ と推定されているとき，M ac の全体積の推定値は $M\overline{X}$ となるだろう．これは推定平均体積の線形関数である．製材用木材の単位面積当たりの体積が $\overline{X}_1$ で，製材用木材上端より上のパルプ用材の木材体積が $\overline{X}_2$ とすると，1 ac 当たりの全体積（ft³）の推定値は $\overline{X}_1 + \overline{X}_2$ である．ある区域内でのトウヒ（マツ科）の 1/2 ac

当たりの平均体積が $\overline{X}_1$, イエローバーチ（カバノキ科）の 1/4 ac 当たりの平均体積が $\overline{X}_2$ だとすると，トウヒとイエローバーチを合わせた 1 ac 当たりの推定全体積は $2\overline{X}_1+4\overline{X}_2$ となるだろう．一般論として，3 変数（$\overline{X}_1$, $\overline{X}_2$, $\overline{X}_3$ としよう）の線形関数は

$$L = a_1X_1 + a_2X_2 + a_3X_3$$

と書ける．ここで a_1, a_2 および a_3 は定数である．

もし，分散が s_1^2, s_2^2 および s_3^2（それぞれ X_1, X_2 および X_3 に対応）で，共分散が $s_{1,2}$, $s_{1,3}$ および $s_{2,3}$ であれば，L の分散は次式で与えられる：

$$s_L^2 = a_1^2 s_1^2 + a_2^2 s_2^2 + a_3^2 s_3^2 + 2(a_1 a_2 s_{1,2} + a_1 a_3 s_{1,3} + a_2 a_3 s_{2,3})$$

また，L の標準偏差（あるいは標準誤差）は，この平方根である．この規則を任意の個数の変数に当てはめる拡張は，しごく明らかであろう．

■例 7.5

問題： ある 10,000 ac の森林区域で，1 ac 当たりの標本平均体積が $\overline{X}=5680$ ボードフィート（board feet）[*8]，標準誤差が $s_{\overline{x}}=632$（したがって $s_{\overline{x}}^2=399{,}424$）とする．このとき，全体積の推定値は，

$$L = 10{,}000(\overline{X}) = 56{,}800{,}000 \text{ board feet}$$

であり，この推定値の分散は

$$s_L^2 = (10{,}000)^2(s_{\overline{x}}^2) = 39{,}942{,}400{,}000{,}000$$

であろう．推定値の標準誤差は分散の平方根であるから，全体積の推定値の標準誤差は，

$$s_L = \sqrt{s_L^2} = 6{,}320{,}000$$

である．

■例 7.6

問題： 1995 年に，あるマツ林の材の体積（ft^3）を推定するために，ランダムにとった 40 か所の面積 1/4 ac の円形プロット（小区画）を用いて調査した．プロットの中心には，後に位置が変わる可能性を考慮して標識を立てた．プロット当たりの平均体積は $\overline{X}_1=225\,\text{ft}^3$，プロット間の分散は $s_{x1}^2=8281$ であったので，平均体積の分散は $s_{\overline{x}1}^2=8281/40=207.025$ であった．2000 年に 2 回目の調査を同じプロット中心を用いて行った．しかし，このときは円形プロットの面積は 1/10 ac であった．1 プロット当たりの平均体積は $\overline{X}_2=122$ であった．また，プロット間の分散は $s_{x2}^2=6084$ であったので平均体積の分散は $s_{\overline{x}2}^2=152.100$ であった．最初の調査と最後の調査のプロット当たり体積の共分散は，$s_{x1,x2}=4259$ であったので平均の間の共分散は，$s_{\overline{x}1,\overline{x}2}=4259/40=106.475$ となった．

解答： この 5 年間の純定期成長（net periodic growth）は，1 ac 当たり

$$G = 10\overline{X}_2 - 4\overline{X}_1 = 10(122) - 4(225) = 320\,\text{ft}^3/\text{ac}$$

[*8] ［訳注］板材体積測定単位でボードフット（board foot）の複数形．1 ボードフットは，縦・横とも 1 ft，厚さ 1 in. の板の体積．

と推定できる．また，線形関数の規則により，関数 G の分散は
$$s_G^2 = (10)^2 s_{\bar{x}2}^2 + (-4)^2 s_{\bar{x}1}^2 + 2(10)(-4)s_{\bar{x}1,\bar{x}2}$$
$$= 100(152.100) + 16(207.025) - 80(106.475)$$
$$= 10,004.4$$
となるだろう．

この例では，2000 年と 1995 年で平均の間に統計的関係があった．それは，2 つの標本で同じプロットの位置を用いたからである．平均の間の共分散 ($s_{\bar{x}1,\bar{x}2}$) はこの関係の尺度である．もし，2000 年のプロットの位置を 1995 年の位置でなくてランダムにとっていれば，2 つの調査の平均は統計的に独立と考えられ，両者の共分散は 0 とおいてよいと思われる．このケースでは，1 ac 当たりの純定期成長 (G) の分散は，
$$s_G^2 = (10)^2 s_{\bar{x}2}^2 + (-4)^2 s_{\bar{x}1}^2 = 100(152.100) + 16(207.025) = 18,522.40$$
に帰着するであろう[*9]．

7.11　測定変数の標本抽出

7.11.1　単純無作為抽出法

多くの環境分野の実務者は単純無作為抽出法（simple random sampling）に精通している．すべての抽出法と同様に，その目的は母集団の全要素を測定することなく母集団の特性を推定することである．大きさ n の単純無作為抽出標本では，n 個の要素の可能な組み合わせのいずれも選ばれるチャンスが同じになるように要素を選ぶ．もし，抽出が非復元抽出法であれば，抽出のどの段階においてもそれまでに選択されていない要素はすべて選択される同等のチャンスを有する．

7.11.1.1　母集団の平均と総和の標本推定

$N = 100$ の要素からなる母集団から，$n = 20$ の要素を無作為（ランダム）に選んで測定したとする．抽出は非復元である，つまり，ある要素が標本に一度含まれると以後は選ばれることはできない．要素の値は次のとおりであった．

10　9　10　9　11　16　11　7　12　12　11　3　5　11　14　8　13　12　20　10
20 個のランダムな要素の総和 = 214

この標本から母集団平均を次のように推定する．
$$\bar{X} = \frac{\sum X}{n} = \frac{214}{20} = 10.7$$
$N = 100$ の要素の母集団で平均 10.7 であれば，総和の推定値は
$$\hat{T} = N\bar{X} = 100(10.7) = 1070$$
となるだろう．

[*9]　[訳注] 2000 年のプロットをランダムにとった場合のほうが G の分散は大きい，つまり，推定精度はよくない点に注意されたい．しかし，ランダムにすることで，プロットを同一にすることで生じるかもしれない G の偏りの可能性は減る．

7.11.1.2 標準誤差

標準誤差の計算は母集団分散（σ^2）または標準偏差（σ）の推定値を求めることから始まる．7.5節で述べたように，単純無作為抽出法による標本（ここでの例のような）の標準偏差は

$$s = \sqrt{\frac{\sum X^2 - \frac{(\sum X)^2}{n}}{n-1}} = \sqrt{\frac{10^2 + 9^2 + \cdots + 10^2 - \frac{214^2}{20}}{19}} = \sqrt{13.4842} = 3.672$$

で推定される．非復元抽出標本では，平均の標準誤差は，

$$s_{\bar{x}} = \sqrt{\frac{s^2}{n}\left(1 - \frac{n}{N}\right)} = \sqrt{\frac{13.4842}{20}\left(1 - \frac{20}{100}\right)} = \sqrt{0.539368} = 0.734$$

となる．

線形関数の分散の公式（7.10節）から，総和の推定値の分散を推定できる．

$$s_{\hat{T}}^2 = N^2 s_{\bar{x}}^2$$

総和の推定値の標準誤差はこの平方根だから，次のように求められる．

$$s_{\hat{T}} = N s_{\bar{x}} = 100(0.734) = 73.4$$

7.11.1.3 信頼限界

標本推定値は変動が避けられない．どの程度変動するかは主として母集団の固有の変動性（分散，σ^2）と標本の大きさ（サイズ，n），母集団の大きさ（N）による．推定値の信頼性を表す統計的方法は信頼限界（confidence limit）を確認することである．正規分布に従う母集団から求めた推定値に対しては，信頼限界は，次式で与えられる．

$$\text{推定値} \pm t \times (\text{標準誤差})$$

平均と総和の信頼限界を評価するのに，われわれは t の値以外はすでに必要なものをすべてもち合わせている．また，t の値は t 分布表から求められる．

前の例では $n = 20$ の要素の標本平均が $\bar{X} = 10.7$，標準誤差が $s_{\bar{x}} = 0.734$ であった．平均の95%信頼限界を求めるのに，t 分布表を用いて両側確率（危険率）0.05で自由度19の t の値を用いる．$t_{0.05} = 2.093$ なので信頼限界は次のようになる．

$$\bar{X} \pm (t)(s_{\bar{x}}) = 10.7 \pm (2.093)(0.734) = 9.16 \sim 12.24$$

このことから，標本抽出において20回に1回の機会が生じることがなければ，母集団の平均（母平均）は9.16から12.24の間のどこかにあることになる．これは，この母集団から将来抽出したときの標本の平均の位置についていっているのではないし，測定中に誤りが生じたときの平均の位置についていっているのでもない．

99%信頼限界については，t 分布表から自由度19，両側確率0.01の t の値が $t_{0.01} = 2.861$ とわかるので，信頼限界の値は，

$$10.7 \pm (2.861)(0.734) = 8.6 \sim 12.8$$

となる．この限界は前の限界より広いが，真の母集団平均を含む可能性は高い．母集団の総和の信頼限界は次のとおりである．

$$95\%\text{信頼限界} = 1070 \pm (2.093)(73.4) = 916 \sim 1224$$

$$99\%信頼限界 = 1070 \pm (2.861)(73.4) = 860 \sim 1280$$

大きい標本（$n>60$）では，95％信頼限界は

$$推定値 \pm 2(標準誤差)$$

で，99％信頼限界は，

$$推定値 \pm 2.6(標準誤差)$$

であり，それぞれきわめてよい近似である．

7.11.1.4 標本の大きさ，標本サイズ

標本には費用が伴う．標本には誤差も伴う．調査を計画する目的は，望む精度を得るのに十分な観測を行うことであり，それ以上でも以下でもない適切な数の観測を行うことである．単純無作為抽出法（単純ランダムサンプリング）に必要な観測の数は，希望する精度と標本抽出する母集団の固有の変動に依存する．標本抽出の精度は平均の信頼区間によって表すことが多いので，調査計画の精度も計算された信頼区間

$$\overline{X} \pm ts_{\overline{x}}$$

で表現するのは不合理ではない．標本において 1/20（または 1/100）のチャンスが生じない限り，$ts_{\overline{x}}$ がある指定した値 E 以下になるようにしたい．すなわち，

$$ts_{\overline{x}} = E$$

としたい．ここで

$$s_{\overline{x}} = \frac{s}{\sqrt{n}}$$

だから

$$t\left(\frac{s}{\sqrt{n}}\right) = E$$

としたい．

DID YOU KNOW ?

特定の誤差（E）と推定分散（s^2）が同じ測定目盛であることは重要である．たとえば，立方フィートで表された誤差とボードフィート（7.10 節の例 7.5 参照）で表された分散とを一緒に用いることはできない．同様に，もし誤差が 1 ac 当たりの体積で表されていれば，分散はエーカー基準にしなければならない．

この式を n について解くと望ましい標本の大きさ（サイズ）が求められる．

$$n = \frac{t^2 s^2}{E^2}$$

この式を適用するには，母集団の分散（母分散）の推定値（s^2）と適切な確率水準での Student の t 値が必要である．分散の推定は現実的な問題である．1 つの解答は，標本調査を 2 段階にすることである．最初の段階では，n_1 個の無作為な観測を行い，これから分散の推定値（s^2）を計算する．そして，この値を標本の大きさの式

$$n = \frac{t^2 s^2}{E^2}$$

に代入する．ここで，t は n_1-1 の自由度で，適切な数表から選ぶ．計算で求めた n が必要な標本全体の大きさである．すでに n_1 個の要素を観測しているので，これはさらに $(n-n_1)$ 個の要素を観測しなければならないことを意味している．

上で述べた事前標本抽出が実行可能でない場合は，分散の推測を行う（見当をつける）必要があるだろう．母集団に関する知識が的確で，見当をつけた分散（s^2）にかなり信頼性がおけると仮定できれば，平均を真の値との差が $\pm E$ の範囲内で推定するのに必要な標本の大きさ（n）は，近似的に，95％信頼水準で，

$$n = \frac{4s^2}{E^2}$$

99％信頼水準で，

$$n = \frac{20s^2}{3E^2}$$

である．

もし分散推定値の信頼性がそれほどでない場合は，これらの式を適用する前に分散の推定値を2倍することもできる（安全係数として）．多くの場合，分散の推定値はあまりよくなくて，標本の大きさの計算は統計のかたちをしたみかけ倒しのおかざり程度になっているかもしれない．

非復元の標本抽出のとき（たいていの森林の標本抽出はそうだが），上の式で与えられた標本の大きさの推定値は，要素数（N）がきわめて大きい母集団で，抽出率（n/N）が非常に小さい場合に適用できる．抽出率が小さくなければ（たとえば $n/N = 0.05$），標本の大きさの式は補正が必要である．この n の補正値は

$$n_a = \frac{n}{1 + \frac{n}{N}}$$

となる．

1/4 ac のプロットを使い，プロット間の材木体積（体積単位はボードフィート．7.10節の例7.5を参照）の分散が $s^2 = 160,000$ として調査計画を立てるとする．もし，誤差限界を1 ac 当たり $E = 500$ ボードフィートとすると，分散を1 ac 基準に変換するか，誤差を1/4 ac 基準に変換するかしなければならない．1/4 ac 基準の木材体積を1 ac 基準に変換するには4倍し，1/4 ac 基準の分散を1 ac 基準の分散に変換するには16倍する．したがって分散は 2,560,000 となり，標本の大きさの公式は次のようになる．

$$n = \frac{t^2(2,560,000)}{(500)^2} = t^2(10.24)$$

代わりに，分散をそのままにして，誤差を1 ac 基準から 1/4 ac 基準（$E = 125$）に変換することもできる．すると，標本の大きさの公式は

$$n = \frac{t^2(160,000)}{(125)^2} = t^2(10.24)$$

となり，前と同じ結果になる．

7.11.2 層化無作為抽出法

層化無作為抽出法（stratified random sampling）では，母集団は大きさ（サイズ，要素の個数）が既知のいくつかの部分母集団（層，strata）に分割され，個々の部分母集団からは2つ以上の要素の単純無作為標本が抽出される．この方法にはいくつかの利点がある．その1つは，部分母集団間の変動のほうが部分母集団内の変動に比べて大きければ，母集団平均の推定値は同じ標本の大きさの単純無作為抽出法で得られる推定値よりは精度が高いことである．また，個々の部分母集団に別々の推定値（たとえば，材木のタイプ，行政単位など）が得られるのも望ましいだろう．さらに部分母集団ごとの標本抽出は行政目的の調査にはより効率的であろう．

■例 7.7

問題: 500 ac の森林区域を樹木のタイプをもとに3つの層に分けた．0.2 ac のプロットによる単純無作為標本をそれぞれの層で抽出し，平均，分散，そして標準偏差を単純無作為抽出法の公式を用いて計算した．結果は，個々の層の大きさ（N_h, 0.2 ac のプロットの数で表す）とともに表 7.5 に示した[*10]．

解答: h 番目の層の平均の標準誤差を単純無作為抽出法の公式

$$s_{\overline{X}_h}^2 = \frac{s_h^2}{n_h}\left(1 - \frac{n_h}{N_h}\right)$$

で求めた．したがって，層1（マツタイプ）では

$$s_{\overline{X}}^2 = \frac{10{,}860}{30}\left(1 - \frac{30}{1{,}350}\right) = 353.96$$

となる．ここで，抽出率（n_h/N_h）は小さく fpc（有限母集団補正，7.7 節参照）は無視してよい．これらのデータを用いて，母集団平均の推定値は次式で与えられる．

$$\overline{X}_{st} = \sum \frac{N_h \overline{X}_h}{N}$$

表 7.5 例 7.7 のデータ

樹木のタイプ	層の番号 (h)	層の大きさ (N_h)	標本の大きさ (n_h)	層平均 ($\overline{X}_h$)	層内分散 (s_h^2)	平均の標準誤差の2乗 ($s_{\overline{X}_h}^2$)
マツ	1	1350	30	251	10,860	353.96
高地の広葉樹	2	700	15	164	9680	631.50
低地の広葉樹	3	450	10	110	3020	265.29
和		2500				

[*10] ［訳注］原著には測定対象が何かについて記載がないが，おそらく例 7.6 と同じく材の体積（単位は ft^3）であろう．

ここに，$N = \sum N_h$ である．この例については次のとおりである．

$$\overline{X}_{st} = \frac{N_1\overline{X}_1 + N_2\overline{X}_2 + N_3\overline{X}_3}{N} = \frac{(1350)(251) + (700)(164) + (450)(110)}{2500} = 201.26$$

層化抽出法による平均の標準誤差に対する公式は次のとおりで，やっかいだが複雑ではない．

$$s_{\overline{X}st} = \sqrt{\frac{1}{N^2}[\sum N_h^2 s_{\overline{X}h}^2]} = \sqrt{\frac{(1350)^2(353.96) + (700)^2(631.50) + (450)^2(295.29)}{(2500)^2}} = 12.74$$

もし，標本の大きさがかなり大きければ，平均の信頼限界は次式で与えられる．

$$95\%信頼限界 = \overline{X}_{st} \pm 2s_{\overline{X}st}$$
$$99\%信頼限界 = \overline{X}_{st} \pm 2.6s_{\overline{X}st}$$

小さい標本に対して信頼限界を簡単に集計する方法はない．

7.11.2.1 標本配分

n 個の要素の標本を抽出するとき，それぞれの層から何個の要素を抽出すべきだろうか．いくつかの可能性の中で，最もふつうの手順は標本を層の大きさに比例して配分する方法（比例配分法）であって，たとえば母集団の要素の 2/5 を含む層では標本の 2/5 をとる．前の例で議論した母集団では（例 7.7），55 個の標本要素を表 7.6 のように配分した．他の可能性としては，同数配分法，推定値に比例する配分法，そして最適配分法がある．最適配分法においては，n 個の要素の標本に対して最小の標準誤差になるような試みがなされている．これは，変動が大きい状態にウエイトを大きくする標本抽出である．最適配分法に対する式は次のようになる．

$$n_h = \left(\frac{N_h s_h}{\sum N_h s_h}\right) n$$

最適配分法には，明らかに層内分散の推定値が必要となる．これは取得困難な情報かもしれない．最適配分法の1つの精緻化は，標本抽出の経費の違いを考慮し，単位経費当たり最大の情報を得るように標本を配分することである．層 h の標本要素当たりの経費を c_h とすると，標本配分の式は次のようになる．

$$n_h = \left(\frac{\frac{N_h s_h}{\sqrt{c_h}}}{\sum \frac{N_h s_h}{\sqrt{c_h}}}\right) n$$

表 7.6 比例配分法による標本配分（例 7.7 の場合）

層	相対的大きさ（N_h/N）	標本の配分
1	0.54	29.7 あるいは 30
2	0.28	15.4 あるいは 15
3	0.18	9.9 あるいは 10
和	1.00	55

7.11.2.2　標本の大きさ，標本サイズ

与えられた信頼水準で指定した誤差（E）を得るのに必要な標本の大きさを推定するには，まず，配分の方法を決める必要がある．通常は，比例配分法が最も簡単でおそらく最良の選択である．比例配分法では，推定値が確率水準 0.95 で真の母平均 $\pm E$ の範囲に入るのに必要な標本の大きさは次の式で近似できる．

$$n = \frac{N(\sum N_h s_h^2)}{\frac{N^2 E^2}{4} + \sum N_h s_h^2}$$

確率水準 0.99 に対しては，4 の代わりに 6.67 を用いればよい．

■例 7.8

問題： 500 ac の森林から標本抽出する前に，1 ac 当たりの平均体積を ± 100 ft^3 未満の精度（ただし，20 回に 1 回はこの範囲を逸脱することを想定）で推定すると決定したと仮定しよう．0.2 ac のプロットで標本抽出する計画なので，誤差は 0.2 ac 基準にしなければならない．したがって，$E = 20$ である．以前の標本抽出で，0.2 ac 当たりの体積の層内分散は

$$s_1^2 = 8000 \qquad s_2^2 = 10{,}000 \qquad s_3^2 = 5000$$

と推定されている（表 7.5 の層内分散の値とは異なる）．したがって，

$$n = \frac{250[(1350)(8000)+(700)(10{,}000)+(450)(5000)]}{\frac{(2500)^2(8000)}{4}+[(1350)(8000)+(700)(10{,}000)+(450)(5000)]} = 77.7 \text{ あるいは } 78$$

となる．78 個の標本要素は公式

$$n_h = \left(\frac{N_h}{N}\right) n$$

によってさらに各層に配分される．その結果，$n_1 = 42$, $n_2 = 22$, $n_3 = 14$ となる．

7.12　標本抽出：離散変数の場合

7.12.1　無作為抽出，ランダムサンプリング

7.11 節で議論した標本抽出法は，連続的あるいはほとんど連続的な測定尺度について適用される．もし個々の要素の観測値が，生存か死亡か，発芽したかしなかったか，感染したかしなかったか，というような分類ならば，この方法はおそらく適用できないだろう．このタイプのデータは二項分布として知られている分布に従うだろう．これらは少しだけ違った統計手法を必要とする．

実例として，1000 粒の種子からなる標本を無作為に選んで発芽試験を行ったと想定しよう．もし 480 粒の種子が発芽したのなら，このロットの推定発芽率は

$$\bar{p} = \frac{480}{1000} = 0.48 \text{ あるいは } 48\%$$

である.

大きい標本（たとえば，$n>250$）で，比率が 0.20 より大きく 0.80 より小さいとき，近似的な信頼限界を求めるには，はじめに $\bar{p}$ の標準誤差を次式で求める.

$$s_{\bar{p}} = \sqrt{\frac{\bar{p}(1-\bar{p})}{(n-1)}\left(1-\frac{n}{N}\right)}$$

その後，95％信頼限界が次式で与えられる[*11].

$$\bar{p} \pm \left[2(s_{\bar{p}}) + \frac{1}{2n} \right]$$

これを上の例に当てはめると，fpc（7.7 節参照）を無視すれば，

$$s_{\bar{p}} = \sqrt{\frac{(0.48)(0.52)}{999}} = 0.0158$$

となるので，95％信頼区間は次のとおりである.

$$0.48 \pm \left[2(0.0158) + \frac{1}{2(1000)} \right] = 0.448 \sim 0.512$$

99％信頼限界は次式で近似できる.

$$\bar{p} \pm \left[2.6(s_{\bar{p}}) + \frac{1}{2n} \right]$$

7.12.2 標本の大きさ，標本サイズ

ある特定の精度で母集団比率（母比率）を推定するために，単純無作為抽出法で必要な観測要素の数を推定するのに適した数表を用いることができる[*12]．たとえば，母集団の発芽率を 95％信頼水準で±10％（0.10）未満の精度で推定したいとしよう．最初のステップは，主種子の発芽率がどのくらいか推測することである．よい推測が無理ならば，最も安全なやり方は，$\bar{p} = 0.59$ と推測することであり，これは最大の標本の大きさを与える[*13].

次に，適切な表にある標本の大きさからどれかを選んで（たとえば，10，15，20，30，50，100，250，1000），$\bar{p}$ の特定の値に対する信頼区間をみる．これらの限界値を確認することで，この精度が標本の大きさに適するかどうか，あるいは，より大きいまたはより小さい標本のほうが適切か明らかになる．

[*11] ［訳注］この式のブラケット内の $1/2n$ の項は連続補正と呼ばれ，度数で与えられるような離散分布を正規分布のような連続分布で近似するときに生じる補正項である．たとえば，次を参照されたい．G.W. Snedecor and W.G. Cochran：*Statistical Methods*, 7th ed., Iowa State University Press, 1980 の p.121，あるいは畑村又好，奥野忠一，津村善郎訳，スネデカー，コクラン著：統計的方法（原著第 6 版），岩波書店，1972 の p.200．

[*12] ［訳注］ここでは，n と $\bar{p}$ を与えたときの $\bar{p}$ の信頼区間を与える表をさしているようだが，わが国で利用可能なこのような表は少ない．たとえば，脚注 11 の文献（和訳 p.4）を参照されたい．

[*13] ［訳注］$\bar{p} = 0.5$ のときに必要な標本の大きさの信頼区間の幅は最も大きい．ここでは，$\bar{p}$ のよい事前推定値がないときは安全をみて 0.5 に近い適当な値をとることを示唆しているだけで，$\bar{p} = 0.59$ とすべき根拠は特にない．

こうして，もし，$\bar{p}=0.2$ と推測すれば，$n=50$ の標本では発芽した種子を $(0.2)(50)=10$ 個観察することが期待される．そして，表によると，$\bar{p}$ の95％信頼限界は 0.10 と 0.34 となるであろう．上限が $\bar{p}$ との差が 0.10 以下でないので，さらに大きい標本が必要であろう．たとえば，$n=100$ の標本とすると，限界値は $0.13 \sim 0.29$ である．上下限の双方とも $\bar{p}$ との差が 0.10 以下だから，大きさ 100 の標本は適切であろう．

表により 250 以上の標本が必要となる場合は，大きさは

$$n \approx \frac{4(\bar{p})(1-\bar{p})}{E^2} \quad 95\%信頼水準$$

あるいは

$$n \approx \frac{20(\bar{p})(1-\bar{p})}{3E^2} \quad 99\%信頼水準$$

で近似できる．ここで，E は $\bar{p}$ がこの範囲で推定されるべき精度である（$\bar{p}$ と同じくパーセントか小数で表す）．

7.13 属性のクラスター標本抽出法

離散変数の単純無作為抽出法はしばしば困難または実際的でなくなる．たとえば，植林地の木の残存率を推定するとき，木を無作為に選んで調べることもできよう．しかし，ある列の1本の木を観察するために植林した木の列に沿って歩くのはあまり意味がないだろう．ふつうは，列を無作為に選んで選ばれた列のすべての木を観察するのが合理的であろう．

種子の発芽率を調べるのに，しばしば 100 か 200 の種子のロットをいくつか無作為に選択して，それぞれのロットの発芽率を記録する．これらは，クラスター標本抽出法（cluster sampling）の例で，観測の単位が個々の木や種子でなくクラスター（集団）である．単位に付随する値は，ある特性を所持するかしないかという単純な事実でなく，その特性をもつ比率である．もし，クラスターが十分大きくて（たとえば，クラスター当たり 100 個体以上），どのクラスターも大きさが近ければ，測定変数（連続変数）に対してすでに述べた統計的方法が多くの場合適用可能である．こうして，種地の発芽率を推定するのに，種子 200 個ずつの組を $n=10$ 組選び，それぞれの組の発芽率を観察した表 7.7 の結果を用いるとしよう．このとき，平均発芽率は，

$$\bar{p}=\frac{\sum p}{n}=\frac{803.5}{10}=80.35\%$$

と推定される．p の標準偏差は

表7.7 種子の組ごとの発芽率（％）

組	1	2	3	4	5	6	7	8	9	10	合計
発芽率	78.5	82.0	86.0	80.5	74.5	78.0	79.0	81.0	80.5	83.5	803.5

$$s_p = \sqrt{\frac{\sum p^2 - \frac{(\sum p)^2}{n}}{(n-1)}} = \sqrt{\frac{(78.5)^2 + \cdots + (83.5)^2 - \frac{(803.5)^2}{10}}{9}} = \sqrt{10.002778} = 3.163$$

となる．また，$\bar{p}$ の標準誤差は（fpc を無視して）

$$s_{\bar{p}} = \sqrt{\frac{s_p^2}{n}\left(1 - \frac{n}{N}\right)} = \sqrt{\frac{10.002778}{10}} = 1.000$$

となる．これらの式で，n と N はクラスターの数をさしており，個体（種子）の数をさしているのではないことに注意されたい．

95%信頼区間は，連続変数の手順で求めると次のとおりである．

$\bar{p} \pm (t_{0.05})(s_{\bar{p}})$ ただし，$t_{0.05}$ は自由度 $(n-1) = 9$ の t 分布の両側確率5％点

$$80.35 \pm (2.262)(1.000) = 78.1 \sim 82.6$$

7.13.1 変換

上述の信頼限界の計算法は，個々の比率が一様な分散（つまり，パーセントの大きさに関係なく同じ分散）をもつ正規分布（に近いある分布）に従うと仮定している．もし，クラスターが小さい（たとえば，クラスター当たり100個未満）か，あるいはいくつかの比率が80％より大きいか20％未満であれば，この仮定は妥当でなく，計算した信頼限界は信頼できない．そのような場合，変換（transformation）

$$y = \arcsin\sqrt{\text{percent}}$$

を行い，変換後の値を解析するのが望ましいだろう．

7.14 カイ二乗検定

7.14.1 独立性の検定

個体が2つあるいはそれ以上の異なった体系に従って分類されることがしばしばある．樹木は種によって分類されるが，同時にある病気に感染しているか否かによっても分類される．植物試験地の小区画は，十分に家畜が放牧されたか否か，また，日陰か否かによって分類できる．そのようなクロス分類が与えられれば，ある個体の1つの体系による分類が，別の体系による分類と独立かどうか知るのが望ましいかもしれない．種-感染の分類において，たとえば，種と感染の独立性は，種による感染率に違いがない（すなわち，感染率は種によらない）と解釈されるだろう．

2つ以上の分類体系が独立である，という仮説はカイ二乗（χ^2）によって検定できる．その手順は3種のシロアリ用防虫剤（termite repellant）の検定によって説明できる．1500本の木製の杭（くい）を無作為に500本ずつの3つのグループに分割した．それぞれのグループは異なる防虫剤で処理された．処理された杭を地面に打ち込んだのであるが，その際，杭を打つどの位置においても杭の処理が無作為に選ばれるようにした．2年後に杭を検査した．それぞれの分類の数を次の2×3（2行3列）の分割表（表7.8）に示した．

7.14 カイ二乗検定

表7.8 3種類のシロアリ用防虫剤の2年後の検査結果

	グループI	グループII	グループIII	小計
シロアリによる食害あり	193	148	210	551
食害なし	307	352	290	949
小計	500	500	500	1500

表7.9 表7.8のデータの記号化

	グループI	グループII	グループIII	小計
シロアリによる食害あり	a_1	a_2	a_3	A
食害なし	b_1	b_2	b_3	B
小計	T_1	T_2	T_3	G

もし，データを表7.9に示すように記号化すると，独立性の検定は次のχ^2の計算によりなされる[*14]．

$$\chi^2 = \frac{1}{(A)(B)} \sum_{i=1}^{3} \left(\frac{(a_i B - b_i A)^2}{T_i} \right)$$

$$= \frac{1}{(551)(949)} \left[\frac{((193)(949)-(307)(551))^2}{500} + \cdots + \frac{((210)(949)-(290)(551))^2}{500} \right] = 17.66$$

この結果を自由度 $(c-1)$ のカイ二乗分布の累積分布表と比較する．ここで，c はデータ表の列の数である．もし計算値が表の上側確率 0.05 の列の数値を超えていれば処理間の違いは水準 0.05 で有意である，という（つまり，食害の有無はシロアリ防虫剤の処理と独立である，という仮説は棄却される）．

この例で説明すると，χ^2 の計算値 17.66（自由度2）は上側確率 0.01 の列の値（9.21）を超えているので，防虫剤による処理の間の食害率の差は 1% 水準で有意である，という．データをよく見ると，グループIIの杭の食害率が低いことがおもな原因だとわかる．

7.14.2 仮説による数の検定

ある遺伝学者が，ある種の異種交配によって4つの型の後代（子孫）が次の割合で生まれるという仮説を設けた．

$$A = 0.48, \ B = 0.32, \ C = 0.12, \ D = 0.08$$

計 1225 例の後代の実際の分離は表 7.10 のとおりであった（仮説から期待される数も同時に示す）．観察された数は期待数とは異なるので，この仮説が間違いではないかと疑う

[*14]［訳注］この式は $(2 \times C)$（C はグループの個数）の分割表にしか成り立たない．一般の $(R \times C)$ の分割表の場合については，たとえば，G.W. Snedecor and W.G. Cochran: *Statistical Methods*, 7th ed., Iowa State University Press, 1980, p.208-210（邦訳：原書第6版，畑村文好ほか訳，統計学的方法，岩波書店，1972, p.239-242），あるいは，奥野忠一編：応用統計学ハンドブック，養賢堂，1978, p.64-67 などを参照されたい．

表 7.10　後代の 4 つの型の分離数

型	A	B	C	D	合計
観測数 (X_i)	542	401	164	118	1225
期待数 (m_i)	588	392	147	98	1225

かもしれない．それとも，この差異は厳密に偶然に生じる程度の大きさだろうか．
　カイ二乗検定は

$$\chi^2 = \sum_{i=1}^{k} \left(\frac{(X_i - m_i)^2}{m_i} \right), \quad 自由度 \ k-1$$

ここで，$k=$ グループの数，$X_i = i$ 番目のグループの観察数，$M_i =$ 仮説が真のときに期待される i 番目のグループの観察数．
　上のデータ場合，

$$\chi_{3df}^2 = \frac{(542-588)^2}{588} + \frac{(401-392)^2}{392} + \frac{(164-147)^2}{147} + \frac{(118-98)^2}{98} = 9.85$$

この値は自由度3のカイ二乗分布の 0.05 水準の表値を超えている（すなわち，7.81 より大きい）．こうして，仮説は棄却されるだろう（もし，この遺伝学者が 0.05 水準の検定を信じれば）．

7.14.3　分散均一性の Bartlett の検定

　後に述べる多くの統計的方法は分散が均一のとき（すなわち，それぞれの母集団内の分散が等しいとき）に限り妥当である．本節に続く 7.15 節の t 検定ではどのグループについても分散が等しいことを仮定し，分散分析（7.16 節）でも同じことを仮定する．7.17 節で述べる重みづけなしの回帰でも，目的変数は独立変数のすべての水準で同一の変動性（分散）をもつことを仮定する．
　Bartlett の検定は，この仮定を評価する手段を提供する．4 つのグループのそれぞれから無作為標本を抽出した結果，9，21，6，11 の要素（単位）の標本から分散 (s^2) として，それぞれ 84.2，63.8，88.6，72.1 を得たとしよう．これらの分散がすべて同一の分散をもつ母集団からきたかどうかを知りたい．Bartlett の検定に必要な量は表 7.11 のとおりである．ここで，群の個数 (k) $= 4$ である．また，補正された平方和 (SS) は，

$$\sum X^2 - \frac{(\sum X)^2}{n} = (n-1)s^2$$

である[*15]．この表から，プールした群内分散が次のように求まる[*16]．

[*15]　[訳注] この式は，表 7.11 において，各行で第 2 列 (s^2)，第 3 列 （$(n-1)$），第 4 列 (SS) の間に成り立つ関係である．
[*16]　[訳注] 推定精度をよくする目的で複数の群のデータを合わせて推定した分散を「プールした分散」あるいは「込みにした分散」という．

7.14 カイ二乗検定

表7.11 4グループの分散の均一性についてのBartlettの検定の計算

グループ	分散 (s^2)	$(n-1)$	補正された平方和 (SS)	$1/(n-1)$	$\log s^2$	$(n-1)(\log s^2)$
1	84.2	8	673.6	0.125	1.92531	15.40248
2	63.8	20	1276.0	0.050	1.80482	36.09640
3	88.6	5	443.0	0.200	1.94743	9.73715
4	72.1	10	721.0	0.100	1.85794	18.57940
和	—	43	3113.6	0.475	—	79.81543

$$\bar{s}^2 = \frac{\sum SS_i}{\sum (n_i - 1)} = \frac{3113.6}{43} = 72.4093$$

および

$$\log \bar{s}^2 = 1.85979$$

こうして，均一性の検定は，次の式

$$\chi^2_{(k-1)\mathrm{df}} = (2.3026)\left[(\log \bar{s}^2)\left(\sum(n_i-1)\right) - \sum(n_i-1)(\log s_i^2)\right]$$

に表7.11の値を入れると次の値となる．

$$\chi^2_{3\mathrm{df}} = (2.3026)[(1.85979)(43) - 79.81543] = 0.358$$

この χ^2 の値を，カイ二乗分布表の望む確率水準に対応する上側累積確率の χ^2 の値と比較する．表の与える値より大きければ，均一性の仮定を棄却することになる[*17]．

> **ノート：** この式の原形はここに示した常用対数に代わって自然対数を用いる（そのとき定数 2.3026 は不要である）．すべての数の自然対数は，その常用対数の値に 2.3026 をかけることで近似できることから，この式に定数 2.3026 が現れる．計算では常用対数のほうが通常自然対数より便利である．

上式で与えられる χ^2 の値は大きいほうに偏っている．もし χ^2 が有意でなければこの偏りは重要でない．しかし，もし計算した χ^2 の値が有意となる限界値のほんの少し上だとすると，この偏りを補正するべきである．この補正は，上式の $\chi^2_{(k-1)\mathrm{df}}$（$\chi^2$ と書く）に代わって，

$$\chi_0^2 = \frac{\chi^2}{C}$$

を用いることで行える．ここで，C は次式で与えられる．

$$C = 1 + \frac{1}{3(k-1)}\left[\sum\left(\frac{1}{(n_i-1)}\right) - \frac{1}{\sum(n_i-1)}\right]$$

この例では，補正の C は，次の値となる．

$$C = 1 + \frac{1}{3(4-1)}\left[0.475 - \frac{1}{43}\right] = 1.0502$$

[*17] ［訳注］この例での χ^2 値 0.358（自由度3）に対応する上側累積確率は 0.949 で，有意水準5%や1%では，分散の均一性は否定されない．

したがって，補正により，χ^2 の値は，
$$\chi_0^2 = 0.358/1.0502 = 0.341$$
となる[*18]．

> **DID YOU KNOW ?**
> Ernst Mayr（エルンスト・マイヤー）(1970, 2002) によると，品種（race）とは，比較的小さな形態的遺伝的差異をもつ，同一種（species）内の他と区別できる（一般的には）多岐にわたる個体群である．もし個体群が，異なる地域の生息地への適応や，地理的に隔離されたときの地理的品種（geographic race）に起因するならば，生態的品種（ecological race）ということができる．もし十分に異なっていれば，2つ以上の品種を亜種（subspecies，種 species の下位の公式の生物学的分類単位）とみなすことが可能である．そうでなければ，それらは品種（race）と表示する．このことは，この群には公式ランクを与えるべきでないか，あるいは分類学者がこの群に公式ランクを与えるべきか否かに確信がもてないことを意味する．再び Mayr (2002) によると，「亜種とは，別の名前を与えるに値する分類学的に十分に異なる地理的品種のことである」(p.90 参照)．

7.15　t 検定による 2 群の比較

7.15.1　対応のないプロット（試験区）の t 検定

母集団を構成する標本単位（要素）はいくつかの異なる方法で特徴づけられる．たとえば，1 本の木は，生きているか枯れているか，硬木か軟木か，病気に感染しているか否か，などである．このタイプの観察では通常，母集団中のある属性をもつ割合に関心がある．あるいは，もし 2 個以上の異なる群があれば，特定の属性をもつ個体の割合が群間で異なるか否かに関心があるだろう．これらの問題を扱ういくつかの方法を 7.12, 7.13, 7.14 節で議論した．

別の観点では，1 本の木を直径，高さ，あるいは体積のような特性の測定値で記述することもできる．この測定タイプの観察に対しては，測定変数の標本抽出に関する節（7.11 節）で議論したように，群の平均を推定したいと思う．もし，群が 2 個以上あれば，しばしば，群平均が異なるかどうか検定したくなるだろう．多くの場合，群は比較したい処理のタイプを表す．ある条件の下では，t 検定あるいは F 検定がこの目的に用いられる．

2 つの検定のどちらも幅広い適用範囲がある．ここでは，処理平均（あるいは群平均）の間に差がないという仮説を検定する場合に限定しよう．計算手順は，観測値がどのよ

[*18]　[訳注] この例では，補正後のカイ二乗分布の上側累積確率は 0.952 とやはり大きく，検定で棄却されないことに変わりはない．

7.15 t 検定による 2 群の比較

表 7.12 シロマツ 2 品種の体積生産量(対応のないプロット.単位はコード)

品種 A	品種 B
11 5 9	9 6 9
8 10 11	9 13 8
10 8 11	6 5 6
8 8	10 7
和 = 99	和 = 88
平均 = 9.0	平均 = 8.0

うに選ばれたか,あるいは準備されたかによる.最初に 2 つの処理の平均の間に差がないという仮説の t 検定を説明する.このとき,処理は実験単位に完全に無作為に割り当てられていることを仮定する.通常(必要というわけではないが),個々の処理に対し同じ個数の単位または小区画(プロット)を割り当てる.この事実以外に処理の無作為割り当てについて制限はない.

この例では,「処理」は 2 つのシロマツの品種で,ある特定の期間の生産量(体積)に基づいて比較された.22 個の正方形の 1 ac プロットを杭で囲って調査に用いた.このうち 11 個を完全に無作為に選んで A 品種の実生苗を植えた.残りの 11 個には品種 B の実生苗を植えた.あらかじめ定めた期間の後に,パルプ用材の体積(コード単位.材の体積単位の 1 コードは,幅 4 ft,高さ 4 ft,長さ 8 ft の量)をプロットごとに測定したのが表 7.12 である.

品種の平均の間に差がないという仮説(ときに帰無仮説と呼ばれる.一般的あるいはデフォルトの立場)を検定するには,次の量を計算する.

$$t = \frac{\overline{X}_A - \overline{X}_B}{\sqrt{\frac{s^2(n_A + n_B)}{(n_A)(n_B)}}}$$

ここで,$\overline{X}_A$ と $\overline{X}_B$ = A 群と B 群の算術平均,n_A と n_B = A 群と B 群の観測値の個数(n_A と n_B は必ずしも等しい必要はない),s^2 = プールした群内分散[*19](計算は以下に示す).

プールした群内分散を計算するには,まず補正された積和(SS)をそれぞれの群内で求める.

$$SS_A = \sum X_A^2 - \frac{\sum(X_A)^2}{n_A} = 11^2 + 8^2 + \cdots + 11^2 - \frac{(99)^2}{11} = 34$$

$$SS_B = \sum X_B^2 - \frac{\sum(X_B)^2}{n_B} = 9^2 + 9^2 + \cdots + 6^2 - \frac{(88)^2}{11} = 54$$

これより,プールした分散は

[*19] [訳注]「プールした分散」は,脚注 16 を参照.

$$s^2 = \frac{SS_A + SS_B}{(n_A - 1) + (n_B - 1)} = \frac{88}{20} = 4.4$$

となり，ゆえに

$$t = \frac{9.0 - 8.0}{\sqrt{4.4\left(\frac{11+11}{(11)(11)}\right)}} = \frac{1.0}{\sqrt{0.800000}} = 1.118$$

となる．

この t の値は自由度 $(n_A - 1) + (n_B - 1)$ である．もし，この値が t 分布表の特定の確率水準の値を超えていれば仮説を棄却することになり，2つの平均の差は有意と考えられる（実際に違いがまったくないときに偶然に起きると期待される差よりも大きい）．この場合，自由度20，水準0.05の t 表の値は2.086である．標本の t 値はこれより小さいから，差は0.05水準では有意ではない．

t 検定や他の統計的方法の不幸な側面の1つは，ほとんどんな数でも式に代入可能なことである．しかし，もしその数とその取得方法が一定の要件を満たしていなければ，結果はその背後に何もない，統計のみせかけかもしれない．本書の規模の手引書で統計的使用法の正確な内容のすべてを読者に知ってもらうのは不可能であるが，いくつかの注意を述べることは間違いなく適切である．

ほとんどの統計的方法の使用に際しての基本的要請は，実験の試料が結論を適用するべき母集団からの無作為抽出でなければならないことである．シロマツ品種の t 検定では，プロット（小区画）はマツが生育される用地からとった標本でなくてはならないし，植林される苗木は特定の品種を代表する無作為抽出標本でなければならない．実験林の一角で行われた調査は，それとほとんど同じ特定の領域や用地でのみ有効な結論を導くだけかもしれない．同様に，もしある特定の品種の苗木が少数の親の子孫であれば，その成績はこれらの親を代表するだけで品種を代表しないかもしれない．

ある品種の観測値が，可能な観測値の母集団の妥当な標本であることを仮定するだけでなく，上で述べた t 検定はそのような観測値の母集団が正規分布に従うことを仮定する．ほんの少数の観測値だけでは仮定が満たされているかどうかを決定することは通常不可能である．分布の性質を確かめるための特別な検討が可能であるが，この問題はしばしば研究者の判断と知識に任せられている．

最後に，対応のないプロットの t 検定ではそれぞれの群（あるいは処理）が同じ母分散をもつことを仮定している．それぞれの群の標本分散を計算することは可能なので，この仮定を Bartlett の分散均一性の検定で確認することができる．たいていの統計教科書には，群の分散が等しくないときに用いられる t 検定の修正式が示されている（分散に違いがある場合，Welch の方法，Behrens-Fisher の方法が知られている）．

7.15.1.1 標本の大きさ，標本サイズ

もし2つのマツの品種間に真に D コード（コードは木材体積の単位）の差があるとき，それが有意であることを示すのにどれだけの繰り返し（replicate，ここでは小区画）が

必要だろうか．この問題には，繰り返し数がどの群も同じ（$n_A = n_B = n$）と仮定して答える．t の式は次のように書ける．

$$t = \frac{D}{\sqrt{\frac{2s^2}{n}}} \quad \text{あるいは} \quad n = \frac{2t^2 s^2}{D^2}$$

次に群内分散 s^2 の推定値が必要となる．いつものとおり，これは過去の実験から，あるいは特別な母集団の調査により決める．

■例 7.9

問題： 0.05 水準で検定するとして，差があるとき，真の差 $D = 1$ コード（木材体積の単位）を検出したいとしよう．過去の調査から $s^2 = 5.0$ と推定できる．したがって，次のように n が得られる．

$$n = \frac{2t^2 s^2}{D^2} = 2t^2 \left(\frac{5.0}{1.0}\right)$$

ここで暗礁に乗り上げる．n を推定するには t の値が必要である．しかし，t の値は自由度，つまり n に依存する．この状況は逐次解を必要とする．逐次解は，ある種の問題に対し，改良を重ねながら近似解の列を生成する数学的な手順であり，いいかえれば，試行錯誤の凝った呼び方である．推測した n の値，たとえば $n_0 = 20$ から出発する．t は自由度 $(n_A - 1) + (n_B - 1) = 2(n - 1)$ なので $t = 2.024$（これは，自由度 38 の両側確率 0.05 の t 値，$t_{0.05}$ である）として，

$$n_1 = 2(2.024)^2 \left(\frac{5.0}{1.0}\right) = 41$$

となる．正確な n の値は n_0 と n_1 の間のどこか（n_0 より n_1 にずっと近いが）にある．2 回目の n の推測値をつくり，この手順を繰り返すことができる．もし，$n_2 = 38$ を試みると，t は自由度 $2(n - 1) = 74$ となり $t_{0.05} = 1.992$ となる．したがって，

$$n_3 = 2(1.992)^2 \left(\frac{5.0}{1.0}\right) = 39.7$$

となる．こうして，n は 39 より大きそうなので，個々の群は $n = 40$ のプロット，あるいは全体で 80 のプロットを用いる．さらに $n_4 = 40$ を試みると

$$n_5 = 2(1.991)^2 \left(\frac{5.0}{1.0}\right) = 39.6$$

となり，逐次解は $n = 40$ に収束する．

7.15.2 対応のあるプロット（試験区）の t 検定

第二の検定をシロマツの 2 品種について行った．この検定はそれぞれの品種に 11 の繰り返しがあった．ただし，2 品種を 22 の試験区（プロット）に完全に無作為に割り当てるのでなく，プロットを 11 の対にグループ分けし，1 つの対の中で異なる品種を無作為

表7.13 シロマツ2品種の対ごとの体積生産量（対応のあるプロット．単位はコード）

	試験区の対											和	平均
	1	2	3	4	5	6	7	8	9	10	11		
品種A	12	8	8	11	10	9	11	13	10		7	110	10.0
品種B	10	7	8	9	11	6	10	11	10	8	9	99	9.0
$d_i = A_i - B_i$	2	1	0	2	-1	3	1	0	3	2	-2	11	1.0

に割り当てた．成長期間終了時点での木材体積（単位はコード）は表7.13のとおりであった．

以前と同じく，2品種の平均の間に差がない，という仮説を検定したい．プロットに対応があるときのt値は，

$$t = \frac{\overline{X}_A - \overline{X}_B}{\sqrt{\dfrac{s_d^2}{n}}} = \frac{\overline{d}}{\sqrt{s_{\overline{d}}^2}}, \quad \text{自由度}(n-1)$$

となる．ただし，n は対になったプロットの数，$s_d^2 =$ 個々の対 A と B の差の分散である．

$$s_d^2 = \frac{\sum d_i^2 - \dfrac{(\sum d_i)^2}{n}}{(n-1)} = \frac{2^2 + 1^2 + \cdots + (-2)^2 - \dfrac{11^2}{11}}{10} = 2.6$$

$$s_{\overline{d}}^2 = \frac{s_d^2}{n}$$

したがって，この例では，

$$t_{10\mathrm{df}} = \frac{10.0 - 9.0}{\sqrt{2.6/11}} = 2.057$$

となる．

この値 2.057 を t 分布表の値（自由度 10 のとき，$t_{0.05} = 2.228$）と比較すると，差は0.05水準では有意でないことがわかる．すなわち，標本での1コード以上の差が，たとえ品種の平均の間に真に差がないとしても，20回に1回以上の割合で偶然に発生する．通常，このような結果は仮説を棄却するのに十分に強い証拠とはみなされない．

「対応のある観測の方法は有用な技法である．標準的な2標本の t 検定と比べると，2つの標本の独立性を仮定する必要がないだけでなく，2つの標本の分散が等しいと仮定する必要もない」(Hamburg, 1984, p.304)．さらに，試験単位（この場合はプロット）の群分けが，対内分散より対間分散がかなり大きいように群分けされていれば必ず，対応のある検定は対応のない検定より鋭敏である（より小さい真の差を検出できる）．対をつくるプロットの原則は，地理的近接性やそのプロットの成績に影響を与えると予想される何らかの他の特性における類似性である．畜産研究では，しばしば同腹仔を対とする．ヒトの肌につける薬がプロットのときは，左腕と右腕が対をなす．試験単位が非常に均

質な場合は対にする利点はないだろう．

7.15.2.1 繰り返し数
大きさの真の平均の差 D を検出するのに必要なプロットの対の数 (n) は

$$n = \frac{t^2 s_d^2}{D^2}$$

である．

7.16 分散分析による2つ以上の群の比較

7.16.1 完全無作為化法

ある耕作者が，5種類の地ごしらえ（用地準備）処理が植林したマツ実生苗の初期樹高成長に及ぼす効果を比較しようと思った．彼は25のプロット（試験区，小区画）を用意し，個々の処理を5か所の無作為に選んだプロットに割り当てた．プロットには手で植え，5年後にすべてのマツの樹高を測定し，個々のプロットの平均樹高を計算した．プロット平均 (ft) を表7.14に示す．データを見ると処理平均の間に差があると思われる．AとBの平均はC，D，Eの平均より高い．しかし，土壌と苗木が完全に一様なことはまれにしかない．したがって，たとえすべてのプロットに完全に同じ地ごしらえがなされたとしても何らかの差があると想定される．問題は，この差が，本当は処理間に差がないときにまったく偶然に生じるのと同程度の大きさか？　ということである．もし，観測された差が厳密に偶然に生じると期待されるよりも大きければ，処理平均は等しくないと推測する．統計的にいえば，処理間に差がないという仮説を棄却する．

表7.14 処理ごとのマツ実生苗の初期樹高成長（単位は ft）

		処理				合計
	A	B	C	D	E	
	15	16	13	11	14	
	14	14	12	13	12	
	12	13	11	10	12	
	13	15	12	12	10	
	13	14	10	11	11	
和	67	72	58	57	59	313
処理平均	13.4	14.4	11.6	11.4	11.8	12.52

表7.15 分散分析のアウトライン（表7.14の場合）

変動因	自由度	平方和	平均平方
処理	4		
誤差	20		
全体	24		

このような問題は分散分析により適切に取り扱える．この分析を行うには表 7.15 を埋める必要がある．

7.16.1.1 変動因
この 25 のプロットの樹高成長が変動する原因はいくつかある．しかし，ただ 1 つだけが明白に同定し評価できて，それは処理に帰せられるものである．同定できない変動は実験材料に内在する変動と仮定して誤差に分類する．こうして，変動全体は 2 つの部分に分けられる（1 つは処理に帰着可能な変動で，他は原因が同定できない変動で誤差と呼ぶ）．

7.16.1.2 自由度
自由度は，統計以外の言葉で説明するのは難しい．しかし，簡単な分散分析ではこれを決めるのは難しくない．全体については，自由度は観測の個数から 1 を引いた数であり，いま 25 プロットあるので全体は自由度 24 である．誤差以外の変動因については，自由度は変動因に含まれるクラス（あるいは群）の数から 1 を引いた数である．こうして，「処理」と名づけられた変動因には 5 個の群（5 通りの処理）があるので処理の自由度は 4 となる．残った自由度（$24-4=20$）は誤差項に関連づける．

7.16.1.3 平方和
すべての変動因にはそれに付随する平方和（SS）がある．これらの SS は次のように容易に計算できる．最初に，補正項として知られる CT が必要である．これは簡単で

$$CT = \frac{(\sum^{n} X)^2}{n} = \frac{313^2}{25} = 3918.76$$

である．ここで $\sum^{n}$ は n 個の項の和である（ここの n は標本の大きさでない）．すると，全体平方和は，

$$\text{全体 } SS_{24df} = \sum^{25} X^2 - CT = (15^2 + 14^2 + \cdots + 11^2) - CT = 64.24$$

となる．処理に起因する平方和は

$$\text{処理 } SS_{4df} = \frac{\sum^{5}(\text{処理合計})^2}{1 \text{ 処理当たりのプロットの数}} - CT = \frac{67^2 + 72^2 + \cdots + 59^2}{5} - CT$$

$$= \frac{19{,}767}{5} - CT = 34.64$$

である．

どちらの SS の計算においても，2 乗して和をとる項の数は平方和に伴う自由度より 1 大きいことに注意していただきたい．SS の右下に記した自由度の数および平方して和をとる項の個数は正しい合計が計算に用いられたかどうかの部分的なチェックとなる（自由度は項の個数より 1 だけ小さくなければならない）．

また，処理 SS の計算の除数は，分子において 2 乗されている処理合計のそれぞれを構成する項の数に等しいことにも注意していただきたい．これは全体 SS の計算にも当てはまる．ただし，この場合除数は 1 なので特に示す必要はなかった．さらに注意して

表7.16　分散分析．マツ実生苗 (表7.14)

変動因	自由度	平方和	平均平方
処理	4	34.64	8.66
誤差	20	29.60	1.48
全体	24	64.24	

ほしいのは，除数と和の記号 $\sum$ の上の数を掛けた数（処理の場合，$5 \times 5 = 25$）は，検定の観測値の全数に常に等しくなければならないことである（もう1つのチェックである）．

誤差に対する平方和は，処理 SS を全体 SS から引けば得られる．引き算により平方和を求めるときに身につけるとよい習慣は，同じ引き算を自由度についても行うことである．より複雑な実験計画において，これを行うことで，正しい項が用いられているかどうかのチェックの一部になる．

7.16.1.4　平均平方

平均平方は平方和をその自由度で割ると計算できる．全体の平均平方は計算する必要はない．計算された項目を分析表に直接記入すると，この段階では表7.16のようになるだろう．処理の F 検定（帰無仮説の棄却に用いる）は，処理の平均平方を誤差の平均平方で割ることにより行う．この例では，

$$F = \frac{8.66}{1.48} = 5.851 \quad \text{ただし，自由度}(4, 20)$$

である．

幸いなことに，F 比の棄却限界値（critical value）は，しばしば用いられる有意水準について，表（カイ二乗分布に類似）になっている．こうして 5.851 という結果は表中の適切な F の値と比較することが可能である．有意水準 0.05 の表の F の値は 2.87 で，有意水準 0.01 の F の値は 4.43 である．計算した F の値は 4.43 を超えているので，樹高成長における処理間の差は，水準 0.01 で有意であると結論を下す（より正確には，平均成長樹高は処理間に差がない，という仮説を棄却する）．もし，F が 4.43 より小さく 2.87 より大きかったなら，差は水準 0.05 で有意であるといったであろう．もし，F が 2.87 より小さかったら，処理間の差は水準 0.05 では有意でないといったであろう．たとえば「水準 a で有意」というのは，もし実際は処理間に差がないとすると，観測されたのと同程度の差が偶然得られる確率は a 以下である，という意味に留意したうえで，研究者は自分自身の有意水準を（できることなら研究に先立って）選択すべきである．

7.16.1.5　t 検定と分散分析の比較

もし2つの処理だけを比較するのなら，完全無作為化計画の分散分析と，対応のないプロットに対する t 検定は同じ結論を与える．どちらの検定を選ぶかは，まったく個人的な好みであって，このことは対応のないプロットの t 検定を説明するのに用いたデータに分散分析を適用すると確かめられる．結果の F 値は，得られた t 値の2乗に等しい

(つまり，$F=t^2$)．t検定と同様に，F検定は観測変数が正規分布に従い，かつ，すべての群が同一の分散をもつ場合に限って正当である．

7.16.2 多重比較

完全無作為化計画を説明した例（7.16.1項）では，処理間の差は確率 0.01 の水準で有意であることが見出された．これはこれで興味深い．しかし，通常は，処理のさまざまな組み合わせ同士を比較することにより，データをさらに詳細に検討したくなるだろう．たとえば処理 A と B はある種の機械的な地ごしらえに対し，処理 C，D，E は化学的な処理とする．A と B を結合した平均は C，D，E を組み合わせた平均とは異なるかどうかについて検定したいかもしれない．あるいは，A と B が互いに有意に異なるかどうかを検定したいかもしれない．繰り返しの回数（n）がすべての処理で同じとき，このような比較の定義と検定はまったく容易である．

処理 A と B の平均が C，D，E の平均と有意に異なるかどうかという質問は，線形対比
$$\overline{Q} = (3\overline{A}+3\overline{B})-(2\overline{C}+2\overline{D}+2\overline{E})$$
が 0 と有意に異なるかどうかという質問と等価である（ここで $\overline{A}=$ 処理 A の平均）．この対比の和は 0 で（$3+3-2-2-2=0$），第一の群の 2 つの平均を第二の群の 3 つの群と対等になるようにしている．

7.16.2.1 自由度 1 の F 検定

研究に先立って（論理的根拠に基づくデータの検討の前に）行う比較は，自由度 1 の F 検定で行うことができる．同一の観測数（n）に基づく線形対比
$$\hat{Q} = a_1\overline{X}_1 + a_2\overline{X}_2 + a_3\overline{X}_3 + \cdots$$
は，平方和が自由度 1 をもち次式で計算される．
$$SS_{1\text{df}} = \frac{n\hat{Q}^2}{\sum a_i^2}$$
この平方和を誤差の平均平方で割ると比較[20]の F 検定が得られる．こうして，表 7.14 において（A，B）対（C，D，E）を検定するのに
$$\hat{Q} = 3(13.4)+3(14.4)-2(11.6)-2(11.4)-2(11.8) = 13.8$$
および
$$SS_{1\text{df}} = \frac{5(13.8)^2}{3^2+3^2+(-2)^2+(-2)^2+(-2)^2} = 31.74$$
が得られる．

すると，これを誤差の平均平方で割ることにより対比の検定に対する F の値が得られる．

---

[20] ［訳注］ここでは，比較（comparison）は線形対比（linear contrast）を意味する．比較は，広い意味では複数の母数や統計量などの差や比をさすが，線形対比に限定することが多い．

$$F = \frac{31.74}{1.48} = 21.446 \quad \text{ただし, 自由度}(1, 20)$$

この値は確率水準 0.05 での F 表の値(4.35)を超えている. もしこれがわれわれの検定したい水準であれば, 処理 A と B の平均が処理 C, D, E の平均と差がないという仮説を棄却する.

もし $\hat{Q}$ が処理平均ではなくて,

$$\hat{Q}_T = a_1(\sum X_1) + a_2(\sum X_2) + a_3(\sum X_3) + \cdots$$

のように処理の合計で表されていれば, 自由度 1 の平方和の式は次のようになる.

$$SS_{1df} = \frac{\hat{Q}_T^2}{n(\sum a_i^2)}$$

結果は平均により求めたのと同じである. (A, B) 対 (C, D, E) の検定について,

$$\hat{Q}_T = 3(67) + 3(72) - 2(58) - 2(57) - 2(59) = 69$$

となり, 前と同じ次の結果を得る.

$$SS_{1df} = \frac{69^2}{5[3^2 + 3^2 + (-2)^2 + (-2)^2 + (-2)^2]} = \frac{4761}{150} = 31.74$$

合計で作業すると平均を計算する労力が省け, 丸め誤差が生じるのを避けることができる.

7.16.2.2 Scheffe の検定

データ取得前には予想しなかった比較を検定したくなることがきわめてたびたび生じる. もし処理の検定が有意であれば, このような計画になかった比較を Scheffe の方法, あるいは Scheffe の検定により検定することができる. 米国の統計家 Henry Scheffe にちなんで名づけられた Scheffe の検定は, 多重比較を構成するために線形回帰分析における有意水準を調整する. これは分散分析において, また基底関数を含む回帰に対する同時信頼帯を構成する場合において特に有用である[*21]. 各処理に n 回の繰り返し数, 処理に自由度 k, 誤差に自由度 v があるとき, 処理平均の間の任意の線形対比

$$\hat{Q} = a_1 \bar{X}_1 + a_2 \bar{X}_2 + a_3 \bar{X}_3 + \cdots$$

は,

$$F = \frac{n\hat{Q}^2}{k(\sum a_i^2)(\text{誤差の平均平方})}$$

を計算することにより検定される[*22]. そして, この値を自由度 k と v の F 分布の表の値と比較する. たとえば, 表 7.14 において処理 B を処理 C と E の平均に対して検定するためには

[*21] [訳注] 分散分析も基底関数への回帰も線形回帰分析の1つである.
[*22] [訳注] 「7.16.2.1 自由度 1 の F 検定」では 1 組の固定した対比について検定の有意水準を保証したのに対し, Scheffe の方法では, すべての対比について検定したとき最も棄却されやすい値の組の対比について有意水準を保証するようにした. したがって, 解析の結果をみてから思いついたどのような対比についても棄却率は与えた有意水準を超えない.

$$\hat{Q} = [2\overline{B} - (\overline{C} + \overline{E})] = [2(14.4) - 11.6 - 11.8] = 5.4$$

を求める．そして表 7.16 を参照すると

$$F = \frac{5(5.4)^2}{(4)[2^2 + (-1)^2 + (-1)^2](1.48)} = 4.105, \quad \text{自由度}(4, 20)$$

となる．

この数値は F の表の値 (2.87) より大きいので，0.05 水準の検定では，処理 B の平均は処理 C と E を結合した平均と差がない，という仮説を棄却する．

処理の合計で表された対比 ($\hat{Q}_T$) については，F の式は次のとおりである．

$$F = \frac{\hat{Q}_T^2}{nk(\sum a_i^2)(\text{誤差の平均平方})}$$

7.16.2.3 等しくない繰り返し数

もし繰り返し数がすべての処理で同じではないとすると，線形対比

$$\hat{Q} = a_1 \overline{X}_1 + a_2 \overline{X}_2 + \cdots$$

に対して，自由度 1 の検定 F における平方和は，

$$SS_{1df} = \frac{\hat{Q}^2}{\left(\dfrac{a_1^2}{n_1} + \dfrac{a_2^2}{n_2} + \cdots \right)}$$

となる．ここで，n_i は $\overline{X}_i$ を算出したデータの個数（繰り返し数）である．

等しくない繰り返し数のとき，Scheffe の検定の F 値は式

$$F = \frac{\hat{Q}^2}{k \left(\dfrac{a_1^2}{n_1} + \dfrac{a_2^2}{n_2} + \cdots \right)(\text{誤差の平均平方})}$$

で計算する．

対比の係数 (a_i) の選び方にはこつを要する．2 つの処理群の平均の間に差がないという仮説を検定するときは，正の係数は通常

$$\text{正の係数 } a_i = \frac{n_i}{p}$$

を用いる．ここで p は正の係数をもつ処理群における全プロット数である．負の係数は

$$\text{負の係数 } a_j = \frac{n_j}{m}$$

を用いる．ここで，m は負の係数をもつ処理群における全プロット数である．

これを例で説明しよう．処理 A は 2 プロット，B は 3 プロット，C は 5 プロット，D は 3 プロット，E は 2 プロットのとき，もし，処理 A, B, C の平均を処理 D, E の平均と比べたいとすれば，$p = 2 + 3 + 5 = 10$，$m = 3 + 2 = 5$ となり，対比は

$$\hat{Q} = \left(\frac{2}{10} \overline{A} + \frac{3}{10} \overline{B} + \frac{5}{10} \overline{C} \right) - \left(\frac{3}{5} \overline{D} + \frac{2}{5} \overline{E} \right)$$

を用いる．

7.16.3 乱塊法

2 要因の分散分析（2-factor analysis of variance）（二元配置分散分析（2-way analysis of variance）ということが多い）の 2 つの基本形は, 完全無作為化法（completely randomized design, 7.16.1 項参照）と乱塊法（randomized block design）である. 完全無作為化法において, 誤差の平均平方は同一の処理をしたプロットの間の変動の尺度である. 実際これは, 計算により容易に確かめられるとおり, 処理内分散の平均である. 同一処理のプロットの間にかなりの変動があれば, 誤差の平均平方が大きく, 与えられたワンセットの処理の F 検定は有意になりにくい. 処理間の大きい差だけが実際には検出され, 実験は感度が低いといわれる.

完全無作為化法に代わって乱塊法を用いれば, しばしば誤差は低減する（したがって, より感度のよい検定となる）. この方法では, 類似のプロットあるいは近くに位置するプロットは一つのブロックに分類する. 通常, 各ブロックのプロットの数は比較される処理の数と同一である. しかし, 各ブロック内で処理当たり 2 以上のプロットにする変形もある. ブロックは解析においては分離した変動因として認められる. 乱塊法における 1 つの一般ルールは, 「ブロックにできるものはブロックにせよ, ブロックにできないものは無作為化せよ」である. いいかえれば, ブロック化は局外因子（nuisance factor, 攪乱因子ともいう）の効果を取り除くのに用いられる. 局外因子は, 測定結果に影響を与える可能性があるものの主要な関心対象でない因子である. たとえば, 処理を施す際の局外因子となるのは, 実験の実施時刻, 室温, 処理を準備した技術者であろう（Addelman, 1969, 1970）.

1 つの例として, 5 ブロックの乱塊法を用いて, 4 つの選択された親木からとったコットンウッド（北米産ポプラの一種）の挿し木の樹高成長を検定した. 圃場の割りつけは図 7.3 のようなものである.

> **DID YOU KNOW？**
>
> 「ブロック」という言葉は, 農業の実験計画の研究において, 土地の区画をブロックと呼ぶことに由来する. 乱塊法では, 処理は各ブロックの中で無作為に耕作単位に割りつけられる. たとえば異なる肥料の収量を検定するのに, この方法では最良の肥料が単に最良の土壌だけでなく, 土壌のすべてのタイプに施されることを保証する（Hamburg, 1987）.

各プロットは, そのプロットに割り当てられた純系（clone）の苗木 100 本の植栽から

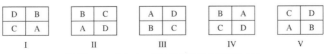

図 7.3　コットンウッドの乱塊法による割りつけ

表 7.17 乱塊法割りつけによるコットンウッドの純系ごとブロックごとの平均樹高成長 (ft)

ブロック	純系 A	純系 B	純系 C	純系 D	ブロック合計
I	18	14	12	16	60
II	15	15	16	13	59
III	16	15	8	15	54
IV	14	12	10	12	48
V	12	14	9	14	49
純系合計	75	70	55	70	270
純系平均	15	14	11	14	—

表 7.18 分散分析のアウトライン（表 7.17 の場合）

変動因	自由度	平方和	平均平方
ブロック	4		
純系	3		
誤差	12		
全体	19		

成り立っている．5年経過したのち生き残ったすべての木について樹高を測り，各プロットに対する平均を計算した．プロット平均（ft）を純系ごと，ブロックごとに表 7.17 のようにまとめた．

検定されるべき仮説は，純系の平均樹高に違いがないということである．この実験計画では，2つの同定可能な変動因があり，それは純系に帰するものとブロックに伴うものである．全体変動の残りの部分は実験誤差の尺度として用いられる．したがって分析の概略は表 7.18 のようになる．

自由度の分解と各種の平方和計算は，完全無作為化法の場合と同じ形式に従う．全体の自由度（19）は，プロットの総数より1だけ小さい．純系の自由度（3）は純系の数より1少ない．5ブロックあるので，ブロックに対応する自由度は4である．残りの12自由度は誤差項に付随する．

平方和の計算は次の手順である．

1. $CT = \dfrac{(\sum\limits^{20} X)^2}{n} = \dfrac{270^2}{20} = 3645$

2. 全体 $SS_{19df} = \sum\limits^{20} X^2 - CT = (18^2 + 15^2 + \cdots + 14^2) - CT = 3766 - 3645 = 121$

3. 純系 $SS_{3df} = \dfrac{\sum\limits^{4}(純系合計)^2}{純系当たりのプロットの数} - CT = \dfrac{75^2 + 70^2 + 55^2 + 70^2}{5} - CT$

7.16 分散分析による2つ以上の群の比較

表 7.19 分散分析表．コットンウッドの樹高成長（表 7.17）

変動因	自由度	平方和	平均平方
ブロック	4	30.5	7.625
純系	3	45.0	15.000
誤差	12	45.5	3.792
全体	19	121.0	

$$= 3690 - 3645 = 45$$

4. ブロック $SS_{4df} = \dfrac{\sum_{}^{5}(\text{ブロック合計})^2}{\text{ブロック当たりのプロットの数}} - CT = \dfrac{60^2 + 59^2 + \cdots + 49^2}{4} - CT$

$$= 3675.5 - 3645 = 30.5$$

5. 誤差 $SS_{12df} =$ 全体 $SS_{19df} -$ 純系 $SS_{3df} -$ ブロック $SS_{4df} = 45.5$

注意してほしいのは，引き算により誤差 SS を求めるとき，純系とブロックの自由度を全体自由度から引くことにより，正しい誤差自由度になるかみることで（完全ではないが）チェックになることである．もし自由度の整合性がとれなければおそらく引き算で間違った平方和を用いているだろう．

平方和をそれに付随する自由度で割ることにより（7.16.1.4 項参照），ここでも平均平方が計算できる．これらの計算結果を表 7.19 に示した．

純系に対する F は，純系平均平方を誤差平均平方で割ることで得られる．この例では，$F = 15.000/3.792 = 3.956$ となる．この値は表の F の値 3.49（F 分布の表から得られる自由度 3 と 12 の $F_{0.05}$ の値）より大きいので，純系間の差は 0.05 水準で有意であると結論する．この有意性は，主として C が A，B，D に比べて低値であるためと思われる．

純系平均の間の比較は前に述べた方法（7.16.2 項）で行える．たとえば，あらかじめ（すなわち，データを検討する前に）特定された仮説「純系 C の平均と A，B，D を結合した平均との間に差がない」を検定するために，

$$SS_{1df}(\text{A+B+D 対 C}) = \dfrac{5(3\overline{C} - \overline{A} - \overline{B} - \overline{D})^2}{3^2 + (-1)^2 + (-1)^2 + (-1)^2} = \dfrac{5(-10)^2}{12} = 41.667$$

を用いる．すると，

$$F = \dfrac{41.667}{3.792} = 10.988$$

となる．0.01 水準での自由度 1 と 12 の F の表の値は 9.33 である．計算した F はこれより大きいから，C と A，B，D の平均との差は 0.01 水準で有意であると結論する．

この自由度 1 の比較に対する平方和（41.667）は，純系に対する自由度 3 の平方和（45.0）とほとんど同じ大きさである．この結果は，純系間の変動のほとんどは C の値の低さに帰着されること，そして，他の 3 つの平均間の比較は有意でなさそうなことを示唆する．

> **DID YOU KNOW？**
> 処理が2つしかないとき，乱塊法の分散分析は，対応のある2群のt検定と同値である．Fの値はt^2の値と等しい．そして，検定から導かれる推測は同じである．どちらの検定を選ぶかは個人の好みの問題である．

通常，ブロック効果について検定する理由はない．しかし，誤差の平均平方に対するブロック平均の大きさは，ブロックを用いることでどれだけ精度が得られたかを示している．もしブロックの平均平方が大きいとすれば（少なくとも誤差の平均平方の2，3倍），この検定は完全無作為法を用いた場合よりも感度がよい．もしブロックの平均平方が誤差の平均平方とほとんど等しいか，あるいはわずかしか大きくないとすれば，ブロックの使用によって検定の精度は改善していない．ブロック平均平方が誤差の平均平方に比べて明らかに小さくあってはならない．もしそうであれば，研究の実施方法と計算方法について再検討すべきである．

分散の均一性と正規性の仮定に加えて，乱塊法では処理とブロックの間に交互作用がないこと，すなわち，処理間の差はすべてのブロックでほぼ等しいことを仮定する．この仮定のために，ブロック間の差が非常に大きいときはブロックと処理の交互作用を引き起こすかもしれないのでブロックの使用は勧められない．

7.16.4 ラテン方格法

乱塊法において，ブロックを用いる目的は認識可能な外部由来の変動因を分離することである．うまくいけば，ブロックを用いることで誤差の平均平方が減少し，完全無作為化法で得られるよりもさらに感度のよい検定が得られる．しかし，ある場合には，ブロックだけでは分離できない2種類の変動因（two-way source of variation）がある．たとえば，農場において，肥沃度が鋤を入れた列に対し平行方向とそれに直角な方向とに

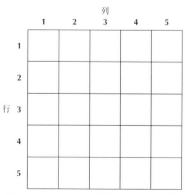

図7.4　5×5のラテン方格（処理の配置前）

7.16 分散分析による2つ以上の群の比較

	列 1	2	3	4	5
1	C 13	A 21	B 16	E 16	D 14
2	A 18	B 15	D 17	C 17	E 15
行 3	D 17	C 15	E 15	A 15	B 18
4	E 18	D 18	C 16	B 14	A 16
5	B 17	E 16	A 25	D 19	C 14

図 7.5 ラテン方格法による実験結果の例．5種の処理（硬木，アルファベット）とプロットごとの平均樹高成長（数字，ft）

表 7.20 ラテン方格法による実験結果（図 7.5）の解析のための要約

行	計	列	計	処理	計	処理の平均 ($\bar{X}$)
1	80	1	83	A	95	19
2	82	2	85	B	80	16
3	80	3	89	C	75	15
4	82	4	81	D	85	17
5	91	5	77	E	80	16
合計	415		415		415	16.6

勾配をもつかもしれない．単純なブロックでは，これらの変動因の一方のみを分離し，これにより他方の変動因が誤差項を増加し検定の感度を低下させる．

そのような2種類の外来の変動因が認められるか，または疑われるときは，ラテン方格法が役に立つことがある．この方法では，プロットあるいは実験単位の総数は処理数の2乗に等しい．森林学や農業実験ではプロットは（常にではないが）しばしば行と列に配置される（このとき各行と各列には検定される処理の数に等しいポールを立てる）．行は1つの外来変動因の異なる水準を表し，列は他の外来変動因の異なる水準を表す．したがって，5つの処理の検定のためのラテン方格法のフィールドレイアウト（圃場での作付の地割）は，処理を配置する前だと図7.4のようなものである．

処理は無作為にプロットに割り当てられるが，ある1つの処理はどの行でもどの列でも一度だけ現れるという，たいへん重要な制約がある．5つの処理を検定するためのラテン方格の例は，図7.5のとおりである．アルファベットは5つの処理（ここでは5種の硬木）の配置を表す．数字は5年樹高成長のプロットごとの平均を示す．表7.20は行，列および処理の計を示す．自由度の分割，平方和の計算，そしてその後の解析は，7.16.3項で乱塊法について説明したやり方とほとんど同じである．

表 7.21 分散分析表．ラテン方格法実験による 5 種の硬木の樹高成長の比較（図 7.5 の場合）

変動因	自由度	平方和	平均平方
行	4	16.8	4.2
列	4	16.0	4.0
種	4	46.0	11.5
誤差	12	73.2	6.1
全体	24	152.0	

$$CT = \frac{(\sum_{}^{25} X)^2}{n} = \frac{415^2}{25} = \frac{172{,}225}{25} = 6889.0$$

$$全体\ SS_{24df} = \sum_{}^{25} X^2 - CT = 7041 - CT = 152.0$$

$$行\ SS_{4df} = \frac{\sum_{}^{5}(行合計^2)}{1\ 行当たりのプロット数} - CT = \frac{34{,}529}{5} - CT = 16.8$$

$$列\ SS_{4df} = \frac{\sum_{}^{5}(列合計^2)}{1\ 列当たりのプロット数} - CT = \frac{34{,}525}{5} - CT = 16.0$$

$$種\ SS_{4df} = \frac{\sum_{}^{5}(種合計^2)}{1\ 種当たりのプロット数} - CT = \frac{34{,}675}{5} - CT = 46.0$$

$$誤差\ SS_{12df} = 全体\ SS_{24df} - 行\ SS_{4df} - 列\ SS_{4df} - 種\ SS_{4df} = 73.2$$

分散分析は表 7.21 のとおりである．

$$F(種) = \frac{11.5}{6.1} = 1.885$$

計算した F 値は 0.05 水準（自由度 4, 12）の F 分布表の値（3.26）より小さいので，硬木の種間の違いは有意でないと考えられる．

　ラテン方格法は単にブロックの使用だけで制御できない 2 種類の変動因があるときにはいつでも用いることができる．温室での研究では，窓からの距離を行効果として扱い，送風機または暖房機からの距離を列効果とみなせるかもしれない．プロットはしばしば物理的に行あるいは列に配置するが，これは必須ではない．異なる機械と機械操作員で行う生産工程における原材料の使用について検定するときは，機械間の変動が行効果で操作員に由来する変動は列効果とみなすことができる．

　ラテン方格法は行と処理の間，あるいは列と処理の間に交互作用が疑われるときは用いてはならない．

7.16.5 要因実験

　環境の実務では，環境要素の間に生じる相互作用についての知識，およびそれらの環境への影響や効果がどのようなものか，あるいはどのようなものでありうるか，につい

7.16 分散分析による2つ以上の群の比較

ての理解が重要である．窒素肥料を3段階の割合，あるいは水準で使用したときの穀物収量を比較したところ，収量は，窒素と一緒にリンをどれだけ用いたかに依存した，という場合を考えよう．窒素量の違いによる収量の違いは，リンを併用しなかったときのほうが，リンを100ポンド／エーカー（lb/ac）併用したときよりも小さかった．統計分野ではこの状況は，窒素とリンの交互作用（相互作用）と呼ばれる．別の例では，落ち葉を林床から取り除いたとき，マツの苗の収量は，落ち葉を取り除かなかったときより非常に大きかった．しかし，アカガシについては逆が事実で，苗の収量は落ち葉を取り除いた場合のほうが小さかった．このように，樹種（ここでは簡単のため種（しゅ）と書く）と落ち葉の処理とは交互作用をもつ．

交互作用は研究結果の解釈においてきわめて重要である．種と落ち葉の処理との間に交互作用が存在すれば，種を特定しないで落ち葉除去の効果について議論することは明らかに意味がない．窒素-リンの交互作用があるときは，併用したリンの水準について述べることなく窒素のある水準を勧めるのは誤解を招きかねない．

要因実験は既知の，あるいは，ありそうな交互作用を評価することを目的とする．これらの実験において，研究対象となる各要因はいくつかの水準で試験され，1つの要因の各水準は他要因の可能なすべての水準の組み合わせにおいて試験される．3種類の樹木と4通りの植樹前の地ごしらえ（用地準備）方法がかかわる植林試験においては，地ごしらえの各方法は各種類の樹木に適用されるので処理の組み合わせは12である．2つの苗床の処理法が，3つの異なる方法で植えられた4種類のマツに与える影響を試験する要因試験では，$24 (2 \times 3 \times 4 = 24)$ の処理組み合わせがある．

解析の方法を，3つの窒素肥料水準（0, 100, 200 lb/ac）が植林マツの3つの種（A, B, C）の成長に与える影響を試験する要因実験を例に説明する．3つのブロックそれぞれにおいて，9通りの可能な処理組み合わせを無作為に9つのプロットに配置した．処理の評価は，3年間の平均年間樹高成長量（in.）に基づいて行った．作付けの地割とプロットのデータは図7.6のとおりであった（添字は窒素水準を表す．0は0, 1は100, 2は200 lb/ac）．

9つの組み合わせの予備的な解析では（仮に，要因の特性を無視して9水準の処理があるとみなして），まるで純粋の乱塊法であるかのように行った（これは正確に乱塊法で

C_2 17	B_2 18	C_0 37
A_0 45	B_0 24	C_1 20
B_1 21	A_2 24	A_1 17

I

B_2 23	C_2 20	A_1 18
B_1 18	A_2 14	C_0 43
A_0 40	C_1 25	B_0 35

II

C_1 19	C_2 21	A_0 37
B_1 19	A_2 17	A_1 28
B_0 29	C_0 39	B_2 15

III

図7.6 要因実験．マツ（3種，アルファベット）と窒素肥料水準（3水準，添字）のプロット配置および平均年間樹高成長量（数字，in.）．

表 7.22 プロットデータの要約

種	窒素水準	ブロック I	ブロック II	ブロック III	窒素小計	種合計
A	0	45	40	37	122	
	1	17	18	28	63	
	2	24	14	17	55	
	ブロック小計	86	72	82		240
B	0	24	35	29	88	
	1	21	18	19	58	
	2	18	23	15	56	
	ブロック小計	63	76	63		202
C	0	37	43	39	119	
	1	20	25	19	64	
	2	17	20	21	58	
	ブロック小計	74	88	79		241
全種	0	106	118	105	329	
	1	58	61	66	185	
	2	59	57	53	169	
	合計	223	236	224	683	

ある).要約を表 7.22 に示す.

$$CT = \frac{(\sum_{}^{27} X)^2}{27} = \frac{683^2}{27} = = 17{,}277.3704$$

$$\text{全体 } SS_{26df} = \sum_{}^{26} X^2 - CT = (45^2 + 17^2 + \cdots + 21^2) - CT = 2275.63$$

$$\text{ブロック } SS_{2df} = \frac{\sum_{}^{3}(\text{ブロック小計}^2)}{1\text{ブロック当たりのプロットの数}} - CT = \frac{(223^2 + 236^2 + 224^2)}{9} - CT$$
$$= 11.6296$$

$$\text{処理 } SS_{8df} = \frac{\sum_{}^{9}(\text{処理小計})^2}{1\text{処理当たりのプロットの数}} - CT = \frac{(122^2 + 63^2 + \cdots + 58^2)}{3} - CT$$
$$= 1970.2963$$

$$\text{誤差 } SS_{16df} = \text{全体 } SS_{26df} - \text{処理 } SS_{8df} - \text{ブロック } SS_{2df} = 293.7037$$

表 7.23 分散分析表.図 7.6 において種と窒素肥料水準の 9 通りの組み合わせを独立な 9 つの処理とみなした場合

変動因	自由度	平方和	平均平方
ブロック	2	11.6296	5.8148
処理	8	1970.2963	246.2870
誤差	16	293.7037	18.3565
全体	26	2275.6296	

7.16 分散分析による2つ以上の群の比較

表 7.24 処理効果を種効果, 窒素効果, 交互作用に分解するための集計

種	窒素の水準			合計
	0	1	2	
A	122	63	55	240
B	88	58	56	202
C	119	64	58	241
合計	329	185	169	683

これらを通常の形の表にすると表7.23のようになる.

処理の F 検定は,

$$F_{8/16df} = \frac{246.2870}{18.3565} = 13.417, \quad \text{水準 0.01 で有意}$$

が得られる.

次のステップは, 処理の変化に伴う変動成分を解析することである. 種間の比較はどのように行えばよいだろうか. 肥料の効果はどうだろうか. 肥料はすべての種に同じように作用するだろうか (すなわち, 種-窒素交互作用があるだろうか). これらの質問に答えるには処理に伴う自由度と平方和を分解しなければならない. これは, 9通りの組み合わせに対するデータを二元表 (表7.24) に要約することで容易に行える.

9個の各値は処理 SS の計算に出てきた値とわかるであろう. 表7.24の中心部の各数値は3つのプロットの和であり, 種と窒素の合計はそれぞれ9のプロット値の和であることを念頭におくと, 種, 窒素および種-窒素の交互作用の平方和が次のように計算できる.

$$処理\ SS_{8df} = 1970.2963 \ (先に計算したとおり)$$

$$種\ SS_{2df} = \frac{\sum_{}^{3}(種合計^2)}{1種当たりのプロットの数} - CT = \frac{(240^2 + 202^2 + 241^2)}{9} - CT$$

$$= \frac{156,485}{9} - CT = 109.8518$$

$$窒素\ SS_{2df} = \frac{\sum_{}^{3}(窒素合計^2)}{窒素の1水準当たりのプロットの数} - CT = \frac{(329^2 + 185^2 + 169^2)}{9} - CT$$

$$= \frac{171,027}{9} - CT = 1725.6296$$

$$種\text{-}窒素交互作用\ SS_{4df} = 処理\ SS_{8df} - 種\ SS_{2df} - 窒素\ SS_{2df} = 134.8148$$

分散分析は表7.25のようになる.

種-窒素交互作用の自由度は2通りの方法で得られる. 最初の方法は, 成分要因に付随する自由度 (この場合は種に2, 窒素に2) をすべての可能な処理の組み合わせに付随する自由度 (この場合, 8) から引く. 2番目の方法は, 成分要因の自由度の積として計

表 7.25 分散分析表. 要因実験（図 7.6）で処理効果を種効果，窒素効果，交互作用に分解

変動因	自由度	平方和	平均平方	F
ブロック	2	11.6296	5.8148	—
処理	8	1970.2963	246.287	13.417[b]
種	2[a]	109.8518[a]	54.9259	2.992[c]
窒素	2[a]	1725.6296[a]	862.8148	47.003[b]
種-窒素	4[a]	134.8149[a]	33.7037	1.836[c]
誤差	16	293.7037	18.3565	
全体	26	2275.6296	—	—

a：これらの数値は処理の自由度と平方和を分解したものなので，最下段の全体には含まれていない．
b：0.01 水準で有意．
c：有意でない．

算する（この場合，2×2＝4）．両方の方法でチェックするのが望ましい．種，窒素，種-窒素交互作用についての F 値はそれぞれの平均平方を誤差の平均平方で割ると得られる．この分散分析は，窒素の水準の間には差があること，しかし，種間の差，種-窒素の交互作用はないことを示している．

7.16.2.1 項と同様に，事前に特定した処理平均間の比較は，比較に付随する平方和を用いて行える．計算を説明するために，「（窒素肥料あり）対（窒素肥料なし）」の比較および「（窒素肥料 100 lb）対（窒素肥料 200 lb）」の比較を検定する．

（窒素肥料あり）対（窒素肥料なし） $SS_{1df} = \dfrac{9\left[2\left(\dfrac{329}{9}\right) - 1\left(\dfrac{185}{9}\right) - 1\left(\dfrac{169}{9}\right)\right]^2}{2^2 + 1^2 + 1^2}$

$$= \frac{[2(329) - 1(185) - 1(169)]^2}{9(6)} = 1711.4074$$

分子において，窒素肥料 0 水準の平均に 2 を掛けて，比較相手の水準 1 と水準 2 の平均とウエイトを同じにした．9 はそれぞれの水準の平均の基礎となるプロットの数である．分母の $(2^2+1^2+1^2)$ は，分子で用いた係数の平方和である．

（窒素肥料 100 lb）対（窒素肥料 200 lb） $SS_{1df} = \dfrac{9\left[1\left(\dfrac{185}{9}\right) - 1\left(\dfrac{169}{9}\right)\right]^2}{1^2 + 1^2}$

$$= \frac{[185 - 169]^2}{9(2)} = 14.2222$$

注意していただきたいのは，それぞれ自由度 1 をもつこの 2 つの平方和（1711.4074 および 14.2222）は，加えると自由度 2 をもつ窒素の平方和（1,725.6296）に一致することである．この加法的な性質は，選ばれた個々の比較が直交するとき（すなわち，独立のとき）にだけ成り立つ．観測値の数がすべての処理について等しいとき，任意の 2 つの比較の直交性は次の方法で確かめられる．

表 7.26　2つの比較の窒素水準の係数および係数の積

比較	窒素水準 0	1	2	和
$2N_0$ 対 (N_1+N_2)	+2	−1	−1	0
N_1 対 N_2	0	+1	−1	0
係数の積	0	−1	+1	0

第一に，係数を表にして（表 7.26），個々の比較に対して係数の和が0になることを確認する．

次に，2つの比較が直交するためには対応する係数の積の和が0でなければならない．どのような平方和も同様なやり方で分解できる．そして，互いに直交する比較の可能な数は，平方和に付随する自由度に等しい．

種の平方和もまた2つの直交する自由度1の比較に分解できる．もし比較がデータを検討する前に特定されていたならば，Bと「AとCの平均」との差について，そしてAとCの差についても自由度1の検定ができる．この方法は，窒素の処理の比較のところで説明したのと同じである．計算は次のとおりである．

$$2B \text{ 対 } (A+C)\ SS_{1df} = \frac{9\left[1\left(\frac{240}{9}\right)+1\left(\frac{241}{9}\right)-2\left(\frac{202}{9}\right)\right]^2}{2^2+1^2+1^2} = \frac{[240+241-2(202)]^2}{9(6)}$$

$$= 109.7963$$

$$A \text{ 対 } C\ SS_{1df} = \frac{9\left[1\left(\frac{241}{9}\right)-1\left(\frac{240}{9}\right)\right]^2}{1^2+1^2} = \frac{[241-240]^2}{9(2)} = 0.0555$$

この2つの比較は直交しているので，自由度1をもつ平方和を合計すると，自由度2を

表 7.27　分散分析表．要因実験（図 7.6）で表 7.25 の種効果，窒素効果を自由度1ずつに分解

変動因	自由度	平方和	平均平方	F
ブロック	2	11.6296	5.8148	—
種	2	109.8518	54.9259	2.992[a]
2B 対 (A+C)	1	109.7963	109.7963	5.981[b]
A 対 C	1	0.0555	0.0555	—
窒素	2	1725.6296	862.8148	47.003[c]
$2N_0$ 対 (N_1+N_2)	1	1711.4074	1711.4074	93.232[c]
N_1 対 N_2	1	14.2222	14.2222	—
種×窒素交互作用	4	134.8149	33.7037	1.836[a]
誤差	16	293.7037	18.3565	—
全体	26	2275.6296		—

a：有意でない．
b：0.05 水準で有意．
c：0.02 水準で有意．

もつ種 SS に等しくなる.

　自由度 1 の比較に対する平方和の計算において，式は平均でなくて処理合計に書き換えた点に注意されたい．これによってしばしば計算が簡単になり丸め誤差が減少する．分割によって分散分析は表 7.27 のようになる．

　結論として，種 B は A あるいは C よりも成長が貧弱なこと，および A と C の間に成長に差はないことがいえる．また，窒素施肥は成長を阻害すること，および 100 lb 施肥の阻害の程度は 200 lb 施肥とほぼ同程度であることも結論づけられる．窒素施肥の効果はすべての種についてほぼ同じであった（すなわち，交互作用がなかった）．

　重要なので繰り返すが，解析で行う比較は，可能なときはいつでも，データの吟味より前に計画し特定されるべきである．1 つのよいやり方は，分散分析表の最初の 2 列（変動因と自由度）に現れそうな要因を常に記入しながら分析の概略を考えることである．

　後に述べるように，要因実験は実験計画ではない．そうでなくて，処理の選択法の 1 つである．2 つ以上の水準をもつ要因が 2 つ以上与えられたとすると，処理は個々の要因の水準のすべての可能な組み合わせである．もし，3 個の要因のうち，第 1 要因が 4 水準，第 2 要因が 2 水準，第 3 要因が 3 水準だとすると，4×2×3 = 24 の要因の組み合わせあるいは処理となる．要因実験はどのような標準的な実験計画の中でも用いられる可能性がある．乱塊法と分割実験（次項）は森林研究において要因実験を用いる最もありふれた実験計画である．

7.16.6　分割法

　要因の組み合わせにおいて 2 つ以上のタイプの処理が適用されるとき，第 1 のタイプの処理は比較的小さいプロットに適用できるが，第 2 のタイプの処理はより大きいプロットに適用するのが最適となるかもしれない．このとき，すべてのプロットを第 2 のタイプに必要な大きさにするのでなくて，分割法（split-plot design，分割区法，分割実験）を使用することができる．この計画では，主処理（大プロット）はふつうの計画（完全無作為法，乱塊法，ラテン方格など）のどれかで反復を伴っていくつかのプロットに適用される．そして，各主処理のプロットは，従処理（小プロット）の数に等しいいくつかのサブプロットに分割される．従処理は，大プロットの中で無作為にサブプロットに割り当てられる．主処理（major treatment），従処理（minor treatment）はそれぞれ，1 次要因，2 次要因ということがある．

　例として，テーダマツ（loblolly pine）を異なる 6 つの日に，土を焼いた苗床と焼かない苗床に種を直播きした試験を行ったとする（苗床の土を焼くことで，病害虫の駆除，雑草の種子の焼却が期待される）．典型的な焼却効果を得るために，広さが 6 エーカーの主プロットを選んだ．主処理を乱塊法として 4 回の反復が計画された．各主プロットは，6 つの日に播くために 6 つの 1 エーカーのサブプロットに分割された．農場の配置は図 7.7 のようなものであった（ブロックはローマ数字で，焼却処理の有無は大文字のローマ字で，種まきの日は小文字のローマ字で記した）．

7.16 分散分析による2つ以上の群の比較

A	f	b	c	A	c	e	e	B	b	f	c	A	c	a	f
	a	d	e		a	d	f		a	d	e		d	b	e
	e	a	f		a	f	d		c	b	d		b	e	d
B	d	c	b	B	b	e	c	A	f	a	e	B	c	f	a
	I				II				III				IV		

図 7.7 苗床の土の焼却処理がテーダマツの実生苗の本数に与える影響を評価するための分割法による配置. 主プロット: 焼却処理の有無（A, B），サブプロット: 種子を直播きした異なる6日 (a, b, …, f), 繰り返し: 4ブロック（I, II, III, IV）

表 7.28 テーダマツの実生苗の育成期間終了時の本数. 図 7.7 の配置の実験結果

日付	I		II		III		IV		日付小計		日付合計
	A	B	A	B	A	B	A	B	A	B	
a	900	880	810	1100	760	960	1040	1040	3510	3980	7490
b	880	1050	1170	1240	1060	1110	910	1120	4020	4520	8540
c	1530	1140	1160	1270	1390	1320	1540	1080	5620	4810	10,430
d	1970	1360	1890	1510	1820	1490	2140	1270	7820	5630	13,450
e	1960	1270	1670	1380	1310	1500	1480	1450	6420	5600	12,020
f	830	150	420	380	570	420	760	270	2580	1220	3800
主プロット合計	8070	5850	7120	6880	6910	6800	7870	6230	29,970	25,760	—
ブロック合計	13,920		14,000		13,710		14,100		—		55,730

それぞれの 1 ac のサブプロットには，1 lb の種が播かれた．実生苗（種から育った苗）の数を育成期間の終わりに数えた．結果は表 7.28 のとおりであった．

補正項と全体平方和は 48 のサブプロットの値を用いて計算する．

$$CT = \frac{(\text{全サブプロットの総計})^2}{\text{サブプロットの総数}} = \frac{55{,}730^2}{48} = 64{,}704{,}852$$

全体 $SS_{47\text{df}} = \sum^{48}(\text{サブプロットの値})^2 - CT = (900^2 + 880^2 + \cdots + 270^2) - CT = 9{,}339{,}648$

全体平方和を成分に分割する前に，さしあたりはサブプロットを無視し，主プロット

表 7.29 分散分析のアウトライン．サブプロットを無視し，主プロットを 2 水準の焼却処理，4 反復のブロックの乱塊法とみなした場合

変動因	自由度
ブロック	3
焼却	1
誤差（主プロット）	3
主プロット	7

表7.30 分散分析のアウトライン．サブプロットに着目し，日付を6水準の処理，主プロットを8反復のブロックの乱塊法とみなした場合

変動因	自由度
主プロット	7
日付	5
残余	35
サブプロット（＝全体）	47

表7.31 分散分析のアウトライン．分割法とした場合

変動因	自由度
ブロック	3
焼却	1
主プロット誤差	3
全主プロット	7
日付	5
全日付	5
焼却×日付	5
サブプロット誤差	30
全残余	35
全体	47

（焼却の有無）の段階に注目して検討するのは有益であろう．主プロットの段階では，4ブロックのそれぞれにおいて焼却に関する2処理をもつ乱塊法そのものとみなすことができる．分析は表7.29のようになるであろう．

次にサブプロットに着目すると，主プロットをブロックと考えることができる．この見方からすると，8つのブロック（主プロット）のそれぞれが6つの日付を処理とする乱塊法となる．そう考えると分析は表7.30のとおりとなる．この分析では，「残余」は2つの成分から構成されている．そのうちの1つは焼却-日付の交互作用で，自由度5である（(焼却の自由度)×(日付の自由度)＝1×5による）．残りの30自由度は「サブプロット誤差」と呼ばれる．こうして，分割法の完全な分解は表7.31のようになる．

さまざまな平方和が類似の方法で得られる．最初に次の量を計算する．

$$主プロット\ SS_{7df} = \frac{\sum^{8}(主プロット合計^2)}{主プロット当たりのサブプロットの数} - CT$$

$$= \frac{(8070^2 + 5850^2 + \cdots + 6230^2)}{6} - CT = 647{,}498$$

$$ブロック\ SS_{3df} = \frac{\sum^{4}(ブロック合計^2)}{ブロック当たりのサブプロットの数} - CT$$

$$= \frac{(13{,}920^2 + 14{,}000^2 + \cdots + 14{,}100^2)}{12} - CT = 6{,}856$$

$$焼却\ SS_{1df} = \frac{\sum^{2}(焼却処理合計^2)}{焼却処理当たりのサブプロットの数} - CT = \frac{(29{,}970^2 + 25{,}760^2)}{24} - CT$$

$$= 369{,}252$$

$$主プロット誤差\ SS_{3df} = 主プロット\ SS_{7df} - ブロック\ SS_{3df} - 焼却\ SS_{1df} = 271{,}390$$

$$サブプロット\ SS_{40df} = 全体\ SS_{47df} - 主プロット\ SS_{7df} = 8{,}692{,}150$$

7.16 分散分析による2つ以上の群の比較

表 7.32 二元配置表. 日付ごと, 焼却処理ごとのサブプロット合計

焼却	日付 a	b	c	d	e	f	焼却小計
A	3510	4020	5620	7820	6420	2580	29,970
B	3980	4520	4810	5630	5600	1220	25,760
日付小計	7490	8540	10,430	13,450	12,020	3800	55,730

$$日付\ SS_{5df} = \frac{\sum_{}^{6}(日付合計^2)}{日付当たりのサブプロットの数} - CT = \frac{(7490^2 + 8540^2 + \cdots + 3800^2)}{8} - CT$$
$$= 7,500,086$$

日付と焼却の交互作用に対する平方和を求めるために, 要因実験の方法, すなわち処理の組み合わせごとの合計について二元配置表の手法 (表 7.32) を用いる.

$$日付-焼却サブクラス\ SS_{11df} = \frac{\sum_{}^{12}(日付-焼却組み合わせ合計^2)}{日付-焼却組み合わせ当たりのサブプロットの数} - CT$$
$$= \frac{(3510^2 + 4020^2 + \cdots + 5600^2 + 1220^2)}{4} - CT = 8,555,723$$

日付-焼却交互作用 SS_{5df} = 日付-燃却サブクラス SS_{11df} − 日付 SS_{5df} − 焼却 SS_{1df} = 686,385
サブプロット誤差 SS_{30df} = サブプロット SS_{40df} − 日付 SS_{5df} − 日付-焼却交互作用 SS_{5df}
$$= 505,679$$

こうして, 分散分析表は表 7.33 のように完成する.
焼却の F 検定は,

$$F_{1/3df} = \frac{焼却平均平方}{主プロット誤差平均平方} = \frac{369,252}{90,463} = 4.082\ (0.05\ 水準で有意でない)$$

となる. 日付の F 検定は

$$F_{5/30df} = \frac{日付平均平方}{サブプロット誤差平均平方} = \frac{1,500,017}{16,856} = 88.99\ (0.01\ 水準で有意)$$

となる. そして, 日付-焼却交互作用の F 検定は,

表 7.33 分散分析表. テーダマツの実生苗の本数への苗床焼却効果 (分割法による. 図 7.7, 表 7.28)

変動因	自由度	平方和	平均平方
ブロック	3	6856	—
焼却	1	369,252	369,252
主プロット誤差	3	271,390	90,463
日付	5	7,500,086	1,500,017
日付-焼却交互作用	5	686,385	137,277
サブプロット誤差	30	505,679	16,856
全体	47	9,339,648	

$$F_{5/30\text{df}} = \frac{\text{日付-焼却交互作用平均平方}}{\text{サブプロット誤差平均平方}} = \frac{137,277}{16,856} = 8.14 \quad (0.01 \text{ 水準で有意})$$

となる．

　主プロット誤差は表 7.33 の破線より上の変動因を検定するのに用い，サブプロット誤差は破線より下の変動因を検定するのに用いることに注意されたい．サブプロット誤差は主プロット内の無作為（ランダム）変動の尺度なので，主プロット間の無作為変動を表す主プロット誤差より通常は小さい．小さいだけでなく，サブプロット誤差は一般に主プロット誤差より自由度が大きい．そのため，破線の下の変動因は，通常，破線より上の変動因より鋭敏な感度で検定される．この事実は重要であり，分割法の計画において，計画者は最も関心のある項目を破線の上でなく下におくよう努めるのがよい．まれにだが，主プロット誤差がサブプロット誤差よりかなり小さいことがある．もしそうなったら，調査と計算の実施を注意深く点検するべきである．希望であれば，サブプロットは第三の処理レベルに分割することもできて，これにより分割・分割法（split-split-plot design）が生じる．計算は同じ標準的やり方に従うがより複雑である．分割・分割法には，3 つの分離した誤差項がある．主プロット処理間あるいはサブプロット処理間の比較は，自由度 1 の F 検定を通常のやり方で行うことができる．主プロット処理間の比較は主プロット誤差平均平方に対して検定し，サブプロット処理の比較はサブプロット誤差に対して検定する．さらに，ときには 2 つの処理の組み合わせの平均を比較することが望ましいことがある．これはいささかやっかいかもしれない．なぜなら，そのような平均の間の変動は 2 つ以上の誤差要因を含むかもしれないからである．より一般的なケースをいくつか以下に議論する．

　一般に，繰り返し回数の等しい 2 つの処理の平均の比較についての t 検定は次の形である．

$$t = \frac{\text{平均の差}}{\text{平均の差の標準誤差}} = \frac{\overline{D}}{s_{\overline{D}}}$$

ただし，$s_{\overline{D}}$ は次のように与えられる．

1. 2 つの主処理平均の間の差に対して，

$$s_{\overline{D}} = \sqrt{\frac{2(\text{主プロット誤差平均平方})}{(m)(R)}}$$

ここで，R は主処理の繰り返し数，m は主プロット当たりのサブプロット数である．また，t の自由度は主プロット誤差の自由度に等しい．

2. 2 つの従処理平均の間の差に対して，

$$s_{\overline{D}} = \sqrt{\frac{2(\text{サブプロット誤差平均平方})}{(R)(M)}}$$

ここで，M は主プロット処理の数であり，t の自由度はサブプロット誤差の自由度に等しい．

3. 1 つの主処理の中での 2 つの従処理の間の差に対して，

$$s_{\bar{D}} = \sqrt{\frac{2(\text{サブプロット誤差平均平方})}{R}}$$

ここで，tの自由度はサブプロット誤差の自由度に等しい．

4. 従処理の単一水準における2つの主処理の平均間の差に対して，あるいは従処理の異なる水準における2つの主処理の平均間の差に対して，

$$s_{\bar{D}} = \sqrt{2\left[\frac{(m-1)(\text{サブプロット誤差平均平方})+(\text{主プロット誤差平均平方})}{(m)(R)}\right]}$$

この場合，$t = t$分布に従わない．ある水準の有意性判定のために必要なtの値へのよい近似は，次式で与えられる[*23]．

$$t = \frac{(m-1)(\text{サブプロット誤差平均平方})t_m + (\text{主プロット誤差平均平方})t_M}{(m-1)(\text{サブプロット誤差平均平方})+(\text{主プロット誤差平均平方})}$$

ここで，t_mはサブプロット誤差の自由度に対するa水準のt表の値，t_Mは主プロット誤差の自由度に対するa水準のt表の値である．他の記号は前に定義したとおりである．

7.16.7 欠測プロット

多岐にわたる実験計画を解析するための複雑なコンピュータプログラムを作成した数学者が，欠測のプロットをどのように取り扱ったかを聞かれた．彼は軽蔑したように「われわれは研究者に，欠測のプロットをつくらないように，といっている」と返事をした．これはよいアドバイスである．しかし，ときにはそれが難しいこともある．特に，森林，環境，そして生態系の研究では実験試料のきめ細かい制御ができず，かつ研究が何年にもわたるため難しい．実験計画を選ぶにあたっては，研究の過程で失われるプロットの可能性も考慮されるべきであろう．失われたプロットによる面倒さは単純な計画で最も少ない．というわけで，欠測データが予想されうるときは，完全無作為法と乱塊法はより複雑な計画よりも望ましい．

完全無作為法では，1個以上のプロットを失っても計算上の困難は生じない．解析は欠けたプロットがまったくないものとして行う．もちろん，各欠測プロットに対して自由度1が全体項と誤差の項（平方和）から失われ，検定の感度は低下するだろう．もし，欠測プロットがありそうなら，それに応じて繰り返し数を増やすべきであろう．乱塊法

[*23] ［訳注］この式はCockranの近似によるもので，有意性判定のtの限界値をt_mとt_Mの加重平均で与えている．一方，最近の多くの文献では，tの従う分布を有効自由度ϕ^*のt分布で近似する方法をとっている．ただし，ϕ^*は次のWelch-Satterthwaiteの近似で与えられる．

$$\phi^* = \frac{[(m-1)(\text{サブプロット誤差平均平方})+(\text{主プロット誤差平均平方})]^2}{\frac{[(m-1)(\text{サブプロット誤差平均平方})]^2}{(\text{サブプロット誤差の自由度})} + \frac{(\text{主プロット誤差平均平方})^2}{(\text{主プロット誤差の自由度})}}$$

たとえば，鷲尾泰俊著『実験の計画と解析』，岩波書店，1988のp.108を参照．なお，本項の1.～4.における各$s_{\bar{D}}$の導出については同書p.106以下に詳しい説明がある．

では，解析を完成するには欠測プロットに対する推定値が必要となる．欠測値がただ1つなら次の式で推定できる．

$$X = \frac{bB + tT - G}{(b-1)(t-1)}$$

ここで，$b=$ ブロック数，$B=$ 欠測プロットと同じブロックにある他のすべてのプロットの値の和，$t=$ 処理数，$T=$ 欠測プロットと同じ処理を受けた他のすべてのプロットの値の和，$G=$ すべての観測値の和．

もし2つ以上のプロットが欠測であれば，通常の手順では，欠測のうち1つを除いてすべてに推定値を挿入し，そのうえで推測しなかった1つの欠測を上の公式により推定する．この推定値を推測したプロットの1つに対する推定値を得るのに用いる．これを各欠測について行う．そして，最初の推定値で推測値を置き換える．この手順を繰り返す．このサイクルを，新しい近似値がその前の推定値とほとんど差がなくなるまで繰り返す．

こうして推定された値は通常の分散分析の計算に用いることができる．ただし，各欠測に対して自由度1が全体項と誤差項から差し引かれる．

似た手順をラテン方格法について用いることができるが，欠測プロットに対する推定公式は次で与えられる．

$$X = \frac{r(R + C + T) - 2G}{(r-1)(r-2)}$$

ここで，$r=$ 行数，$R=$ 欠測プロットのある行の観測値の和，$C=$ 欠測プロットのある列の観測値の和，$T=$ 欠測プロットのある処理の観測値の和，$G=$ 全観測値の総計である．

分割法では，欠測プロットは問題を起こす可能性がある．ただ1つの欠測サブプロットの値は次の式で推定できる．

$$X = \frac{rP + m(T_{ij}) - (T_i)}{(r-1)(m-1)}$$

ここで，$r=$ 主プロット処理の反復数，$P=$ 欠測サブプロットのある主プロットにおけるすべてのサブプロットの観測値の和，$m=$ サブプロットの処理数，$T_{ij}=$ 欠測サブプロットと処理の組み合わせが同じすべてのサブプロットの和，$T_i=$ 欠測サブプロットと主処理が同じすべてのサブプロットの和である．

2つ以上の欠測サブプロットがあるときは，乱塊法で述べた逐次的な手順を用いなければならない．解析においては，各欠測サブプロットにつき，全体とサブプロット誤差項から自由度1を減じる．

欠測プロットのデータが推定されるとき，どの実験計画法についても処理平均平方は大きいほうへのバイアスがある．欠測サブプロットの比率が小さいときは，バイアスはふつう無視することが可能である．比率が大きいときは，実験計画の標準的な参考文献に記載された方法で調整可能である．

7.17 回　　帰

7.17.1 単純な線形回帰

ある女性の環境分野の研究者が，テーダマツの成長度合いが樹冠の体積からわかるかもしれない，というアイデアをもっていた．たいへん簡単な話で，樹冠が大きければ成長がよくて，樹冠が小さければ成長がよくないということである．しかし，彼女はどれだけ大きければどれだけよくて，どれだけ小さければどれだけよくないかをいうことができなかった．彼女に必要なのは回帰分析（regression analysis）であった．回帰分析を用いれば木の成長と樹冠体積との関係を式で表現することができたであろう．ある樹冠体積が与えられれば，その式を使って木の成長がどれだけかを予測することができた．データを集めるために，彼女は関心対象地域の代表的な広い区域において，それを横切る平行な直線に沿って調査を行った．直線の間隔は5チェーンであった[*24]．直線に沿っ

表 7.34　テーダマツの樹冠体積 (X, 100 ft^3) と成長量 (Y, ft^2)

X 樹冠体積	Y 成長量	X 樹冠体積	Y 成長量	X 樹冠体積	Y 成長量
22	0.36	53	0.47	51	0.41
6	0.09	70	0.55	75	0.66
93	0.67	5	0.07	6	0.18
62	0.44	90	0.69	20	0.21
84	0.72	46	0.42	36	0.29
14	0.24	36	0.39	50	0.56
52	0.33	14	0.09	9	0.13
69	0.61	60	0.54	2	0.10
104	0.66	103	0.74	21	0.18
100	0.80	43	0.64	17	0.17
41	0.47	22	0.50	87	0.63
85	0.60	75	0.39	97	0.66
90	0.51	29	0.30	33	0.18
27	0.14	76	0.61	20	0.06
18	0.32	20	0.29	96	0.58
48	0.21	29	0.38	61	0.42
37	0.54	30	0.53		
67	0.70	59	0.58		
56	0.67	70	0.62		
31	0.42	81	0.66		
17	0.39	93	0.69		
7	0.25	99	0.71		
2	0.06	14	0.14		
合計 平均 ($n=62$)				3050 49.1935	26.62 0.42935

[*24]　[訳注] チェーンは，イギリスやカナダで測量に用いられる長さの単位．1チェーン = 66 ft = 20.1168 m．

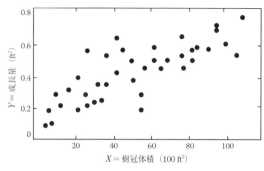

図 7.8 樹冠体積（X）に対する成長量のプロット（Y）

て 2 チェーンごとに目印をつけ，目印に最も近いテーダマツ（ただし胸高直径が 5.6 in. 以上のもの）について樹冠体積と胸高断面積の成長量（過去 10 年間の増加分）を測定した．胸高直径（diameter at breast height, DBH）とは，木の斜面上り側で，林床から 4.5 ft ＝ 1.37 m の高さの位置の直径をさす[*25]．

計算法の説明をするためにデータの一部を表 7.34 に示す．樹冠体積（100 ft^3 単位）を X，胸高断面積の成長量（ft^2 単位）を Y とする．では，この関係についてわれわれは環境分野の研究者に何を伝えられるのだろうか．

しばしば最初のステップとして，フィールドデータをグラフ用紙にプロットする（図 7.8）．これは 2 つの変数が関連しているかどうかについて何らかの視覚的証拠を示すのに用いられる．もし簡単な関係があれば，プロットされた点はあるパターン（直線や曲線）を形づくる．もし，その関係が非常に強ければ，パターンは一般に明瞭である．もし関係が弱ければ，点はばらついてパターンがはっきりしなくなる．もし，点がほとんどランダムに落ちているようにみえるならば，簡単な関係は存在しないか，あるいは関係がたいへん弱くて回帰を当てはめることが時間のムダ使いとなる場合である．

パターンのタイプ（直線，放物線，指数曲線など）は当てはめる回帰モデルに影響を及ぼす．この特別なケースでは単純な直線関係を仮定する．当てはめるモデルを選択したあと，次のステップは補正平方和と補正積和を計算することである．次の式において，大文字は補正されていない変数の値を示し，小文字は補正後の値を示す．

Y の補正後の平方和は，

$$\sum y^2 = \sum Y^2 - \frac{(\sum^n Y)^2}{n} = (0.36^2 + 0.09^2 + \cdots + 0.42^2) - \frac{26.62^2}{62} = 2.7826$$

X の補正後の平方和は，

[*25] ［訳注］胸高直径は日本では 1.2 ～ 1.3 m の高さの直径とする．胸高断面積は胸高の高さの木の断面積で，胸高直径の円の面積として求める．

$$\sum x^2 = \sum X^2 - \frac{(\sum\limits^{n} X)^2}{n} = (22^2 + 6^2 + \cdots + 61^2) - \frac{3050^2}{62} = 59{,}397.6775$$

補正後の積和は，

$$\sum xy = \sum XY - \frac{(\sum\limits^{n} X)(\sum\limits^{n} Y)}{n}$$
$$= [(22)(0.36) + (6)(0.09) + \cdots + (61)(0.42)] - \frac{(3050)(26.62)}{62}$$
$$= 354.1477$$

直線の一般式は $Y = a + bX$ である．この式において a と b は推定されるべき定数（回帰係数という）である．最小二乗原理に従うと，これらの係数の最良推定量（最良線形不偏推定量，つまり，不偏な線形推定量の中で分散が最小のもの）は，

$$b = \frac{\sum xy}{\sum x^2} = \frac{354.1477}{59{,}397.6775} = 0.005962$$
$$a = \overline{Y} - b\overline{X} = 0.42935 - (0.005962)(49.1935) = 0.13606$$

である．これらの推定値を一般式に代入すると次の式が得られる．

$$\hat{Y} = 0.13606 + 0.005962 X$$

ここで，記号 $\hat{Y}$ は Y の推定値であることを示す．この式を用いて樹冠体積 X の測定値から過去 10 年間の胸高断面積の成長量を推定することができる．Y は既知の X の値から推定されるので，Y は従属変数，X は独立変数と呼ばれる．グラフ用紙にデータをプロットするときは通常（単に慣例によるものだが），垂直軸（縦座標）に Y の値を，水平軸（横座標）に X の値をとる．

7.17.1.1 　回帰直線はどのくらいデータに合っているか？

　回帰直線は移動平均と考えることができる[*26]．回帰直線は X の特定の値に対応する Y の平均を与える．もちろん，Y の値は回帰直線（移動平均）より上側のものがあれば下側のものもあるだろう．これはちょうど Y の値には Y の総平均より上のものがあれば下のものがあるのと同様である．補正した Y の平方和（すなわち $\sum y^2$）は，Y の個々の値が Y の平均のまわりに変動する量の推定となっている．回帰式は，Y の観測された変動（$\sum y^2$ で推定された部分）の一部分が Y の X との関係に付随することを述べている．X への回帰に関連する Y の変動量は，回帰平方和あるいは減少平方和と呼ばれ，次式で与えられる．

$$\text{回帰}SS = \frac{(\sum xy)^2}{\sum x^2} = \frac{(354.1477)^2}{59{,}397.6775} = 2.1115$$

[*26] ［訳注］回帰係数 a と b が観測値 $Y = (Y_1 \cdots Y_n)$ の個々の値 Y_i に係数をかけて足したもの，つまり Y_i の線形結合であることは上の a と b の表式から明らかである．つまり，推定値 $\hat{Y} = a + bX$ が n 個の観測値 Y_i の線形結合である．それだけでなく，観測値 Y_i の係数の和が 1 となることも示せる．したがって，$\hat{Y}$ は $(Y_1 \cdots Y_n)$ の加重平均である．データ点 (X_i, Y_i) を X_i の大きさ順の系列データとみなせば $\hat{Y}_i$ は Y_i を平滑化したものともいえる．ここではその意味で $\hat{Y}$ を「移動平均」と呼んでいると思われる．しかし，通常の移動平均と異なり，ここでは加重係数が X の値に依存している．

表 7.35 分散分析表．テーダマツの成長量 (Y) の樹冠体積 (X) への回帰．表 7.34 のデータ

変動因	自由度[a]	平方和	平均平方[b]
回帰 $\left[=\dfrac{(\Sigma xy)^2}{\Sigma x^2}\right]$	1	2.1115	2.1115
残差（説明不可）	60	0.6711	0.01118
全体（$=\Sigma y^2$）	61	2.7826	

a：Y の値が 62 個あるので全体平方和は自由度 61 である．Y の X への回帰は自由度 1 である．残差平方和は引き算により得られる．
b：平均平方はいつものとおり（平方和）／（自由度）に等しい．

上に述べたとおり，Y の全体変動は $\sum y^2 = 2.7826$ で評価できる（すでに計算したように）．回帰に関連しない Y の全体変動の部分は残差平方和である．

$$\text{残差 } SS = \sum y^2 - \text{回帰 } SS = 2.7826 - 2.1115 = 0.6711$$

分散分析では，処理に帰着できる変動量を検定する際の基準として，説明できない変動（誤差）を用いた．回帰においても同じことができる（表 7.35）．加えて，よく知られた F が役に立つ．

回帰は次の F で検定される．

$$F = \frac{\text{回帰平均平方}}{\text{残差平均平方}} = \frac{2.1115}{0.01118} = 188.86$$

この F の計算値は (1, 60) 自由度の $F_{0.01}$ の表の値 ($= 7.08$) よりはるかに大きいため，回帰は 0.01 水準で有意とみなされる．

回帰直線をデータに当てはめる前は，Y は平均 ($\overline{Y}$) のまわりにある大きさの変動をもっていた．回帰を当てはめることは，要するに，この変動の一部を Y の X との直線的な関連によって説明する試みであった．しかし，直線が当てはめられた後でもいくらかの変動（つまり，回帰直線のまわりの Y の変動）は説明できないままであった．上述した回帰の検定においては，当てはめた直線により説明される Y の変動部分が，直線で説明できなかった変動部分に比べて有意に大きいことを示したにすぎない．この検定は，当てはめた直線がデータの最良の可能な説明であることを示したわけではないし（もしかすると曲線のほうがよいかもしれない），2 つの変数の間の真の数学的関係を見出したことを意味するわけでもない．当てはめた回帰に保証された以上の意味づけをするという危険な傾向がある．

残差平方和が観測値 Y の回帰直線からの偏差の二乗和に等しいことに注意されるかもしれない．すなわち，

$$\text{残差 } SS = \sum (Y - \hat{Y})^2 = \sum (Y - a - bX)^2$$

最小二乗原理によると，回帰係数（a と b）の最良推定はこの平方和を最小にする値であ

る[*27].

7.17.1.2 決定係数

決定係数は R^2 と書かれ，他の関連情報に基づいて将来結果を予測するのが主目的の統計モデルの文脈で用いられる．別のいい方をすれば，決定係数は回帰が標本データにどれだけ当てはまっているかを測る比率である．

$$\text{決定係数} = \frac{\text{回帰 SS}}{\text{全体 SS}} = \frac{2.1115}{2.7826} = 0.758823$$

誰かが「Y の変動の 76% は X に関連していた」というとき，その人は決定係数が 0.76 だったことをいっている．R^2 は多くの場合 0 と 1.0 の間の数で示し，回帰直線が 1 組のデータにどのくらい当てはまっているかを記述するのに用いられることに注意されたい．R^2 が 1.0 に近いと回帰直線がデータによく当てはまっていることを示している．他方，R^2 が 0 のほうに近いと，回帰直線がデータにたいへんよく当てはまっているわけではないことを示している．

決定係数は相関係数の 2 乗に等しい．

$$\frac{\text{回帰 SS}}{\text{全体 SS}} = \frac{(\sum xy)^2/\sum x^2}{\sum y^2} = \frac{(\sum xy)^2}{\sum x^2 \sum y^2} = r^2$$

実際，今日の回帰のユーザーの多くは「決定係数」でなく「R^2 値」と呼ぶ．

7.17.1.3 信頼区間

回帰式は標本データに基づくために，標本の変動の影響を受ける．回帰直線に関する信頼限界（すなわち，母集団特性の推定に用いられる 1 対の数値）は，X の範囲でいくつかの値を特定することにより求められ，次の式で計算できる．

$$\hat{Y} \pm t \sqrt{(\text{残差平均平方})\left(\frac{1}{n} + \frac{(X_0 - \overline{X})^2}{\sum x^2}\right)}$$

ここで X_0 は「選択したある X の値」で，t の自由度は残差平方の自由度に等しい．この例では式中の量は次のようになる．

$$\hat{Y} = 0.13606 + 0.005962X$$

表 7.36　いくつかの X_0 に対する Y の推定値 $\hat{Y}$ と 95% 信頼限界

X_0	$\hat{Y}$	95%信頼限界	
		下限	上限
8	0.184	0.139	0.228
49.1935	0.429	0.402	0.456
70	0.553	0.527	0.580
90	0.673	0.641	0.705

[*27] ［訳注］Gauss-Markov の定理によると，ある条件の下では回帰係数などのパラメータを観測値の線形結合で推定するとき，最小二乗法で求めたパラメータの推定値は不偏で最小分散をもつ．

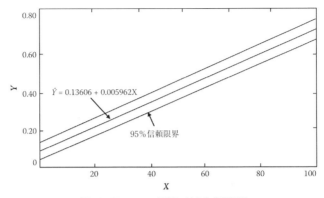

図 7.9 Y の X への回帰に対する信頼限界

残差平均平方 = 0.01118（自由度 60）
$n = 62$
$\bar{X} = 49.1935$
$\sum x^2 = 59{,}397.6775$

したがって，もし $X_0 = 28$ とすると，$\hat{Y} = 0.303$ で 95％信頼限界は（0.270，0.336）となる．他の X_0 の値については，表 7.36 の結果を得る．

これらは Y の X への回帰に対する信頼限界であることに注意しよう（図 7.9）．与えられた X に対する Y の真の平均が（20 回に 1 回のチャンスを除いて）その内側に存在する限界値を表す．この限界値は単独の Y の予測値には当てはまらない．単独の Y の値が存在する限界値は次式で与えられる．

$$\hat{Y} \pm t \sqrt{(残差平均平方)\left(1 + \frac{1}{n} + \frac{(X_0 - \bar{X})^2}{\sum x^2}\right)}$$

上に述べた当てはめ方法は，Y と X の関係の線形性を仮定するほかに，回帰直線のまわりの Y の分散がすべての X の水準で同じであることを仮定する（分散の均一性，または等分散性の仮定）．この当てはめは，回帰直線のまわりの Y の分散が正規分布に従うことを仮定も要請もしない．しかし，F 検定では正規性を仮定している．また，信頼限界の計算に t を用いるのも正規性を仮定している．

また，標本観測における誤差（回帰からの乖離）の独立性も仮定されている．この仮定の妥当性は，標本単位をランダム（無作為）に選ぶことで最もよく保証される．もし単独の標本単位において連続して観察がなされたか，あるいは，もし標本単位が集中して群がっていれば，独立性の要請は満たされないだろう．たとえば，直径測定用巻尺を用いて測られた木の直径の系列観察データではおそらく独立性はないだろう．

X の値が特定の分布になるように標本単位を選択しても，もし Y の値が，選択された X の値に伴うすべての Y の値のランダムサンプルであれば，回帰の仮定のどれにも違反

しない．Xの値の広い範囲にわたって標本を広げると，通常は回帰係数の推定精度が上がる．しかし，このやり方には注意が必要である．なぜなら，もしYの値がランダムでなければ回帰係数と平均残差平方はおそらく誤って推定されるだろう．

7.17.2 重回帰

われわれが関心をもつ変数（Y）が2つ以上の独立変数に関連することがしばしばある．この関係を推定できれば，単純な線形回帰で可能なよりもさらに正確な従属変数の予測が可能になるかもしれない．ここで，2つ以上の独立変数の変化に伴う従属変数の変化を記述する重回帰が出てくる．重回帰は単純な線形回帰より少しだけやることは多いが複雑さは同程度である．

同齢のテーダマツ（短葉マツ）の林分成長量（Y）を，胸高断面積合計（X_1），テーダ

表7.37 テーダマツの林分成長量（Y），胸高断面積合計（X_1），テーダマツの胸高断面積のパーセンテージ（X_2），テーダマツのサイトインデックス（X_3）

	Y	X_1	X_2	X_3
	65	41	79	75
	78	90	48	83
	85	53	67	74
	50	42	52	61
	55	57	52	59
	59	32	82	73
	82	71	80	72
	66	60	65	66
	113	98	96	99
	86	80	81	90
	104	101	78	86
	92	100	59	88
	96	84	84	93
	65	72	48	70
	81	55	93	85
	77	77	68	71
	83	98	51	84
	97	95	82	81
	90	90	70	78
	87	93	61	89
	74	45	96	81
	70	50	80	77
	75	60	76	70
	75	68	74	76
	93	75	96	85
	76	82	58	80
	71	72	58	68
	61	46	69	65
和	2206	1987	2003	2179
平均（$n=28$）	78.7857	70.9643	71.5357	77.8214

マツの胸高断面積のパーセンテージ (X_2) およびテーダマツのサイトインデックス*28 (X_3) に関連づけた環境研究からとった次の仮想的なデータセット (表7.37) を用いて計算方法を説明できる.

これらのデータを次の形の式に当てはめたい.
$$Y = a + b_1 X_1 + b_2 X_2 + b_3 X_3$$
最小二乗原理によると，X の係数の最良推定は最小二乗正規方程式の組を解くことにより得られる.

b_1 方程式：$(\sum x_1^2) b_1 + (\sum x_1 x_2) b_2 + (\sum x_1 x_3) b_3 = \sum x_1 y$
b_2 方程式：$(\sum x_1 x_2) b_1 + (\sum x_2^2) b_2 + (\sum x_2 x_3) b_3 = \sum x_2 y$
b_3 方程式：$(\sum x_1 x_3) b_1 + (\sum x_2 x_3) b_2 + (\sum x_3^2) b_3 = \sum x_3 y$

ここで，$\sum x_i x_j$ は次の意味である.
$$\sum x_i x_j = \sum X_i X_j - \frac{(\sum X_i)(\sum X_j)}{n}$$
X の係数 (b_1, b_2, b_3) について解いたのちに定数項を次の式で得る.
$$a = \overline{Y} - b_1 \overline{X}_1 - b_2 \overline{X}_2 - b_3 \overline{X}_3$$

最小二乗正規方程式の導出には微分計算の知識が必要になる．しかし，定数のある一般線形モデル
$$Y = a + b_1 X_1 + b_2 X_2 + \cdots + b_k X_k$$
について，正規方程式は一度パターンがわかればまったく機械的に書くことができる．1 行目の各項は x_1 を含み，2 行目の各項は x_2 を含み，同じように続いて k 行目までいくと各項は x_k を含む．類似的に，1 列目の各項には x_1 と b_1 があり，2 列目の各項には x_2 と b_2 があり，同じように k 列目までいくと，各項には x_k と b_k がある．式の右辺では，各項は y と特定の行に対して適切な x との積を含む．こうして上の一般線形モデルでは，正規方程式は，

b_1 方程式：$(\sum x_1^2) b_1 + (\sum x_1 x_2) b_2 + (\sum x_1 x_3) b_3 + \cdots + (\sum x_1 x_k) b_k = \sum x_1 y$
b_2 方程式：$(\sum x_1 x_2) b_1 + (\sum x_2^2) b_2 + (\sum x_2 x_3) b_3 + \cdots + (\sum x_2 x_k) b_k = \sum x_2 y$
b_3 方程式：$(\sum x_1 x_3) b_1 + (\sum x_2 x_3) b_2 + (\sum x_3^2) b_3 + \cdots + (\sum x_3 x_k) b_k = \sum x_3 y$
$\vdots$
b_k 方程式：$(\sum x_1 x_k) b_1 + (\sum x_2 x_k) b_2 + (\sum x_3 x_k) b_3 + \cdots + (\sum x_k^2) b_k = \sum x_k y$

となる．X の係数が与えられると，定数項は次の式で計算できる.
$$a = \overline{Y} - b_1 \overline{X}_1 - b_2 \overline{X}_2 - b_3 \overline{X}_3 - \cdots - b_k \overline{X}_k$$
一般線形モデルに対する正規方程式は単純線形回帰を含むことに注意したい.
$$(\sum x_1^2) b_1 = \sum x_1 y$$
より，

---

*28 ［訳注］サイトインデックスは，特定の場所または「サイト」における樹木の成長可能性を記述するために林業で用いる指標である.

7.17 回帰

$$b_1 = \sum x_1 y / (\sum x_1^2)$$

となる。実際，重回帰に関するこの節のすべての内容は，特別な場合として単純線形回帰に適用できる.

補正平方和と補正積和はよく知られたやり方で計算される.

$$\sum y^2 = \sum Y^2 - \frac{(\sum Y)^2}{n} = (65^2 + \cdots + 61^2) - \frac{(2206)^2}{28} = 5974.7143$$

$$\sum x_1^2 = \sum X_1^2 - \frac{(\sum X_1)^2}{n} = (41^2 + \cdots + 46^2) - \frac{(1987)^2}{28} = 11{,}436.9643$$

$$\sum x_1 y = \sum X_1 Y - \frac{(\sum X_1)(\sum Y)}{n} = (41)(65) + \cdots + (46)(61) - \frac{(1987)(2206)}{28} = 6428.7858$$

同じように，

$$\sum x_1 x_2 = -1171.4642$$
$$\sum x_1 x_3 = 3458.8215$$
$$\sum x_2^2 = 5998.9643$$
$$\sum x_2 x_3 = 1789.6786$$
$$\sum x_2 y = 2632.2143$$
$$\sum x_3^2 = 2606.1072$$
$$\sum x_3 y = 3327.9286$$

これらの値を正規方程式に代入すると次式が得られる.

$$11{,}436.9643 b_1 - 1171.4642 b_2 + 3458.8215 b_3 = 6428.7858$$
$$-1171.4642 b_1 + 5998.9643 b_2 + 1789.6786 b_3 = 2632.2143$$
$$3458.8215 b_1 + 1789.6786 b_2 + 2606.1072 b_3 = 3327.9286$$

これらの方程式はどのような連立方程式の標準的な手順でも解くことができる．上の方程式に適用されたその1つのやり方は次のとおりである.

1. 各式を b_1 の係数で割る.

$$b_1 - 0.102{,}427{,}897 b_2 + 0.302{,}424{,}788 b_3 = 0.562{,}105{,}960$$
$$b_1 - 5.120{,}911{,}335 b_2 - 1.527{,}727{,}949 b_3 = -2.246{,}943{,}867$$
$$b_1 + 0.517{,}424{,}389 b_2 + 0.753{,}466{,}809 b_3 = 0.962{,}156{,}792$$

2. 2番目の式を1番目の式から引き，3番目の式を1番目の式から引き，b_2 と b_3 が残る2つの式にする.

$$5.018{,}483{,}438 b_2 + 1.830{,}152{,}737 b_3 = 2.809{,}049{,}828$$
$$-0.619{,}852{,}286 b_2 - 0.451{,}042{,}022 b_3 = -0.400{,}050{,}832$$

3. 各式を b_2 の係数で割る.

$$b_2 + 0.364{,}682{,}430 b_3 = 0.559{,}740{,}779$$
$$b_2 + 0.727{,}660{,}496 b_3 = 0.645{,}397{,}043$$

4. これらの式の第2式を第1式から引く．b_3 について方程式ができる.

$$-0.362{,}978{,}066 b_3 = -0.085{,}656{,}264$$

5. b_3 について解く．
$$b_3 = \frac{-0.085,656,264}{-0.362,978,066} = 0.235,981,929$$

6. この b_3 の値をステップ 3 の 1 つの式（たとえば 1 番目の式）に代入して b_3 について解く．
$$b_2 + (0.364,682,43)(0.235,981,929) = 0.559,740,779$$
$$b_2 = 0.473,682,315$$

7. b_2 と b_3 の値をステップ 1 の 1 つの式（たとえば 1 番目の式）に代入して b_1 について解く．
$$b_1 - (0.102,427,897)(0.473,682,315) + (0.302,424,788)(0.235,981,929) = 0.562,105,960$$
$$b_1 = 0.539,2572,459$$

8. チェックのために，もとの正規方程式（3 式）を辺々加えて，b_1，b_2，b_3 の値を代入する．
$$13,724.3216 b_1 + 6,617.1787 b_2 + 7,854.6073 b_3 = 12,388.9287$$
$$（左辺）= 12,388.9287 =（右辺）$$

b_1，b_2，b_3 の値が得られたので，a が求められる．
$$a = \overline{Y} - b_1 \overline{X}_1 - b_2 \overline{X}_2 - b_3 \overline{X}_3 = -11.7320$$

こうして，係数を丸めたのちに次の回帰式が得られる．
$$\hat{Y} = -11.732 + 0.539 X_1 + 0.474 X_2 + 0.236 X_3$$

正規方程式を解く際には，有効桁数の規則によって正しいとされるよりも多くの桁の計算を行ったことに注意すべきである．このようにしなければ，丸め誤差が計算のチェックを困難にしてしまうかもしれない．

7.17.2.1 有意性検定

有意性検定とは，ある主張を標本データに基づいて支持または棄却するために用いられる推論方式をさす．当てはめられた回帰の有意性を検定するためには，分散分析の概要は表 7.38 のとおりである．

全体の自由度は（観測数 -1）である．全体平方和は
$$全体 SS = \sum y^2 = 5974.7143$$
である．

回帰の自由度は当てはめた独立変数の数に等しく，このケースでは 3 である．どのよ

表 7.38 分散分析のアウトライン．表 7.37 の Y の X_1, X_2, X_3 への回帰

変動因	自由度
X_1, X_2, X_3 への回帰	3
残差	24
全体	27

表 7.39 分散分析表. 表 7.37 の Y の X_1, X_2, X_3 への回帰

変動因	自由度	平方和	平均平方
X_1, X_2, X_3 への回帰	3	5498.9389	1832.9796
残差	24	475.7754	19.8240
全体	27	5974.7143	

うな最小二乗回帰に対する回帰（による）平方和も

$$\text{回帰 } SS = \sum (\text{推定係数})(\text{正規方程式の右辺})$$

と書ける．この例では正規方程式で推定された係数は3個あるから，

$$\begin{aligned}
\text{回帰 } SS_{3df} &= b_1(\sum x_1 y) + b_2(\sum x_2 y) + b_3(\sum x_3 y) \\
&= (0.53926)(6428.7858) + (0.47368)(2632.2143) + (0.23598)(3327.9286) \\
&= 5498.9389
\end{aligned}$$

となる．

残差の自由度と平方和は引き算で求められる．こうして，表 7.39 のような分散分析表が得られる．回帰の検定のために F を計算すると

$$F_{3/24df} = \frac{1832.9796}{19.8240} = 92.46$$

となり，これは 0.01 水準で有意である．

しばしば回帰式の個々の項の有意性を検定したくなるだろう．先の例において「b_3 の真の値が 0」という仮説を検定したくなるかもしれない．これは変数 X_3 が Y の予測に何らかの寄与をするか否かを検定することに等価であろう．もし b_3 が 0 に等しくてもよいと判断されれば回帰式は X_1 と X_2 とで書き直すだろう．同じように，b_1 と b_3 がともに 0 に等しいという仮説を検定することも可能である．

任意の独立変数の組が Y の予測に寄与するかどうかを検定するには（残りの独立変数を説明変数として用いるとして）次の手順で行う．

1. 全独立変数を当てはめて，回帰平方和と残差平方和を求める．
2. 検定の対象としない変数だけで新たに回帰式を当てはめる．この回帰による平方和を計算する．
3. ステップ 1 で得られた回帰平方和からステップ 2 で得られた回帰平方和を引いた値は，検定対象とする変数群による利得（gain）である．
4. 利得（ステップ 3）の平均平方をステップ 1 から得られた残差の平均平方に対して検定する（具体的には前者を後者で割って F 値を求めて検定する）．

7.17.2.2 多重決定係数

回帰がデータにどの程度よく当てはまるかの尺度として，回帰平方和と全平方和との比を計算するのが通例である．この比は R^2 と表し多重決定係数と呼ばれることがある．

$$R^2 = \frac{\text{回帰 } SS}{\text{全体 } SS}$$

Y の X_1, X_2, X_3 への回帰については

$$R^2 = \frac{5498.9389}{5974.7143} = 0.92$$

となる．R^2 の値は通常，「Y の変動のある割合（この場合は 92 ％）が回帰に関連している（回帰で説明される）」，といういい方で用いられる．この比の平方根（R）は重相関係数である．

7.17.2.3　c 乗数[*29]

重回帰で信頼限界を議論するには Gauss 乗数あるいは c 乗数（c-multiplier）が必要となる．c 乗数は正規方程式に現れる（偏差）平方和・積和行列（corrected sum of squares and product）の逆行列の要素である．

［訳注］7.17.2 項の正規方程式は，$\sum_{j=1}^{3} S_{ij} b_j = S_{iy}$ と書ける．ただし，S_{ij} は偏差平方和・積和行列の要素 $S_{ij} = \sum x_i x_j$ であり，S_{iy} は x_i と y の積和 $S_{iy} = \sum x_i y$ である．$S = (S_{ij})$ の逆行列を $C = (C_{ij})$ とすると，係数の推定値 b_i の分散は $V(b_i) = \sigma^2 C_{ii}$，b_i と b_j の共分散は $Cov(b_i b_j) = \sigma^2 C_{ij}$ と書けるので（σ^2 は誤差分散），この関係から係数 b_i の信頼限界やさらには予測値の信頼限界を構成することができる．具体的手続きは，たとえば Draper and Smith (1998)[*30] を参照されたい．

7.17.3　曲線回帰と交互作用
7.17.3.1　曲　線

多くの曲線関係の形は前項で述べた回帰の方法によって当てはめることができる．身長と年齢の関係を

$$\text{身長} = a + \frac{b}{\text{年齢}}$$

のように双曲型であると仮定すれば，$Y =$ 身長，$X_1 = 1/$ 年齢として，

[*29]　［訳注］Gauss 乗数あるいは c 乗数の術語に慣れない読者は多いと思う．c 乗数の呼び名は，かつて統計の文献では $S = (S_{ij})$ の逆行列を C 行列 $C = (C_{ij})$ と呼ぶことが多かったことに由来すると思われる（たとえば，Rao (1993)[*a] の 4g. 3 節（原書 p.272，和訳 p.248）を参照）．しかし現在このこの呼び名を使うことは少ない．Gauss 乗数の呼び名は，Snedecor and Cochran (1967)[*b] の第 6 版において「要素 C_{ij} はガウス乗数とも呼ばれる」と記載されている（原著 p.390，和訳 p.369）ことから，伝統的な呼び名と思われるが現在使われることはまれである．実際，同書の 7th ed., 8th ed. ではこの語はなくなっている．

[*a]　C.R. Rao: *Linear Statistical Inference and Its Applications*, 2nd edition, 1973, John Wiley & Sons. 奥野忠一ほか訳：統計的推測とその応用，東京図書，1977．

[*b]　G.W. Snedecor and W.G. Cochran: *Statistical Methods*, 6th edition, 1967, Iowa State University Press, 畑村又好，奥野忠一，津村善郎訳：統計的方法，1972，岩波書店．7th edition (1980)，8th edition (1989) があるが和訳はない．

[*30]　N.R. Draper and H. Smith: *Applied Regression Analysis*, 1st edition 1966, 2nd edition 1981, 3rd edition 1998, John Wiley & Sons. 和訳は第 1 版のみで，中村慶一訳：応用回帰分析，1968，森北出版．

$$Y = a + bX_1$$

に当てはめることができる．同様に，もし Y と X の関係が放物型

$$Y = a + bX + cX^2$$

であれば，$X = X_1$ および $X^2 = X_2$ とおいて次式に当てはめることができる．

$$Y = a + b_1 X_1 + b_2 X_2$$

係数について非線形な次のような関数

$$Y = aX^b$$
$$Y = a(b^x)$$
$$10^Y = aX^b$$

は，ときには対数変換によって線形にすることが可能なことがある．方程式

$$Y = aX^b$$

は

$$\log Y = \log a + b \log X$$

となるので，$Y' = \log Y$，$X_1 = \log X$ として，

$$Y' = a + bX_1$$

に当てはめることができる．2番目の方程式は変換によって

$$\log Y = \log a + (\log b) X$$

となる．3番目の方程式は

$$Y = \log a + b(\log X)$$

となる．両方とも線形モデルに当てはめることができる．

　これらの変換をする際には，等分散の仮定に与える影響を考慮しなければならない．もし Y が等分散ならば，$\log Y$ はおそらく等分散でない．これは Y と $\log Y$ を逆にしても同様である．曲線モデルによっては，ここで述べた方法によって当てはめができないものがある．たとえば，

$Y = a + b^X$
$Y = a(X - b)^2$
$Y = a(X_1 - b)(X_2 - c)$

などである．これらのモデルを当てはめるにはより煩雑な手続きが必要となる．

7.17.3.2　交互作用

　Y と X_1 の間に単純な線形関係があるとしよう．もし，この関係の傾き (b) が何か別の独立な変数 (X_2) の水準によって変化するとすれば，X_1 と X_2 は交互作用するという．そのような交互作用は交互作用変数を導入することで取り扱える場合がある．説明のために，Y と X_1 の間に線形関係，

$$Y = a + bX_1$$

があることをわれわれは知っているとしよう．さらに，傾き (b) が Z とともに線形に

$$b = a' + b'Z$$

と変化することを知っているか，あるいは気づいているとしよう．これから関係

$$Y = a + (a' + b'Z)X_1$$

あるいは，

$$Y = a + a'X_1 + b'X_1Z$$

が導かれる．ここで，$X_2 = X_1Z$ は交互作用変数である．もし，Y 切片も Z の線形関数

$$a = a'' + b''Z$$

だとすれば，関係式は

$$Y = a'' + b''Z + a'X_1 + b'X_1Z$$

となる．

7.17.4　グループ回帰[*31]

Y の X への線形回帰を 2 つのグループのそれぞれに当てはめた（表 7.40，7.41）

さて，ここで質問があるかもしれない，これらは本当に異なる回帰だろうか．あるいは，データをあわせて両方のグループに適用できる 1 つの回帰をつくることができるだろうか．もし，2 つのグループに対する平均平方残差に有意な違いがなければ（これは Bartlett の検定で決めることができる．7.14.3 項参照），次に述べる検定がこの質問に答

表 7.40　データセット X, Y. グループ A

グループ A									和	平均
Y	3	7	9	6	8	13	10	12	14	82	9.111
X	1	4	7	7	2	9	10	6	12	58	6.444

ここで
$n = 9$, $\sum Y^2 = 848$, $\sum XY = 609$, $\sum X^2 = 480$, $\sum y^2 = 100.8889$,
$\sum xy = 80.5556$, $\sum x^2 = 106.222$, $\hat{Y} = 4.224 + 0.7548X$
残差 $SS = 39.7980$ （自由度 7）

表 7.41　データセット X, Y. グループ B

グループ B													和	平均
Y	4	6	12	2	8	7	0	5	9	2	11	3	10	79	6.077
X	4	9	14	6	9	12	2	7	5	5	11	2	13	99	7.616

ここで
$n = 13$, $\sum Y^2 = 653$, $\sum XY = 753$, $\sum X^2 = 951$, $\sum y^2 = 172.9231$,
$\sum xy = 151.3846$, $\sum x^2 = 197.0769$, $\hat{Y} = 0.228 + 0.7681X$
残差 $SS = 56.6370$ （自由度 11）

---

*31　［訳注］group regressions をグループ回帰と訳したが，わが国では group regression に対応する定訳はない．実質内容は「回帰の比較」（comparison of regressions）あるいは「回帰式の併合」（pooling of regression equations）である．

7.17.4.1 共通回帰の検定

2つの単純な線形回帰は，傾きか高さ（level）[*32] のいずれかが異なるかもしれない．共通の回帰について調べるとき，手順はまず共通の傾きについて検定する．もし，傾きが有意に異なれば2つの回帰は異なっており，それから先の検定は必要ない．もし，傾きが有意に異なっていなければ，高さの違いを検定する．分析表は表7.42のようになる．

表の最初の2行は2つのグループの基本的データである．左はグループの全自由度（Aは8，Bは12）である．中央は補正した平方和，積和である．表の右側には残差平方和と自由度が与えられている．単純な線形回帰を当てはめただけだから，それぞれのグループの残差平方和の自由度は全自由度より1だけ小さい．残差平方和を得るには，まず，それぞれのグループについて回帰平方和

$$\text{回帰 } SS = \frac{(\sum xy)^2}{\sum x^2}$$

を計算する．次に，この回帰による平方和の減少分を全体平方和（$\sum y^2$）から引くと残差平方和となる．

第3行はグループの残差の自由度と残差平方和を併合する（pool）ことで得られる．併合した平方和を併合した自由度で割ると，併合した平均平方となる．第5行の左側と中央部（さしあたり第4行目は飛ばして）は各グループの全体自由度と補正した平方和および積和を併合することで得られる．これらは2つのグループの回帰の傾きに差がないという仮定の下で得られる値である．もし，この仮定が間違っていれば，この共通の傾きの回帰のまわりの残差は個別の回帰のまわりの平均平方残差よりもかなり大きくなると考えられる．残差の自由度と平方和はこの併合したデータに直線を当てはめることにより得られる．残差自由度は，当然ながら，全自由度より1だけ小さい．残差平方和は，いつものとおり，次のようになる．

表7.42 共通回帰の検定の分析表．グループA（表7.40）とグループB（表7.41）のデータ

行	グループ	自由度	$\sum y^2$	$\sum xy$	$\sum x^2$	自由度	残差 平方和	平均平方
1	A	8	100.8889	80.5556	106.2222	7	39.7980	—
2	B	12	172.9231	151.3846	197.0769	11	56.6370	—
3		併合した残差				18	96.4350	5.3575
4		共通の傾きの検定のための差				1	0.0067	0.0067
5	共通の傾き	20	273.8120	231.9402	303.2991	19	96.4417	5.0759
6		高さの検定のための差				1	80.1954	80.1954
7	単一の回帰	21	322.7727	213.0455	310.5909	20	176.6371	—

[*32] ［訳注］定数項で表される回帰直線の縦軸方向の位置．

残差 $SS = 273.8120 - \dfrac{(231.9402)^2}{303.2991} = 96.4417$

さて，これらの残差の差（第4行＝第5行－第3行）から，傾きが共通という仮説の検定ができる．この検定の誤差項は第3行の併合した平均平方である．

$$\text{共通の傾きの検定：} F_{1/18\text{df}} = \dfrac{0.0067}{5.3575}$$

これによると傾きの差は有意でない．

もし，傾きが有意に異なっていれば，このグループは異なる回帰であろうから，ここで話は終わる．いまは傾きが異なっていないから回帰の高さの差の検定へと進む．

第7行は，もしグループをまったく無視し，すべてのもとの観測値をひとまとめにして単一の直線回帰を当てはめたとすれば得られる結果である．結合したデータは次のようになる．

$$n = (9+13) = 22, \text{ したがって自由度は } 21$$
$$\textstyle\sum Y = (82+79) = 161$$
$$\textstyle\sum Y^2 = (848+653) = 1501$$
$$\textstyle\sum y^2 = 1501 - \dfrac{(161)^2}{22} = 322.7727$$
$$\textstyle\sum X = (58+99) = 157$$
$$\textstyle\sum X^2 = (480+951) = 1431$$
$$\textstyle\sum x^2 = 1431 - \dfrac{(157)^2}{22} = 310.5909$$
$$\textstyle\sum XY = (609+753) = 1362$$
$$\textstyle\sum xy = 1362 - \dfrac{(157)(161)}{22} = 213.0455$$

これから第7行の右側の残差平方和の値が得られる．

$$\text{残差 } SS = 322.7727 - \dfrac{(213.0455)^2}{310.5909} = 176.6371$$

もしグループの高さの間に真に差があれば，単一の回帰のまわりの残差は，同じ傾きで異なる高さを仮定した回帰のまわりの平均平方残差よりかなり大きいはずである．この差（第6行＝第7行－第5行）を第5行の残差の平均平方と比較することで検定する．

$$F_{1/19\text{df}} = \dfrac{80.1954}{5.0759} = 15.80$$

高さが有意に異なるので2つのグループは同一の回帰にならない．

この検定はグループが3つ以上の場合に容易に拡張できる．ただし，どのグループが異なる回帰で，どのグループが結合可能かを見出すという問題があるかもしれない．この検定は重回帰にも拡張可能である．

7.17.5 乱塊法における共分散分析

3種類の土壌の処理が2年生苗の樹高の成長に与える効果を調査した．処理は，11のブロックのそれぞれにとった3つのプロットにランダムに割り当てた．各プロットには50本の苗木が調整された．樹高の5年間の平均成長を処理の評価基準とした．表7.43に，初期樹高と5年間の成長をすべて ft で示した．

5年間の成長について分散分析は表7.44のとおりで，処理の検定

$$F_{2/20\text{df}} = \frac{2.130}{3.444}$$

によると，0.05水準で有意でない．

処理に由来して本当に成長の差が存在するという証拠はない．しかし，このデータには，若い苗木にとって，成長が初期樹高に影響を受けていると信じる理由がある．ブロック合計をみると，初期樹高が大きい苗が最も大きい5年間成長を示しているように思える．処理の効果が初期樹高の違いによって不明瞭になっている可能性があるので，初期樹高の違いを調整するとすればどのように比較すればよいかという問題が生じる．

もし，樹高の成長と初期樹高の関連が線形であれば，また，回帰の傾きがすべての処理について同じであれば，調整した処理平均の検定は以下に述べる共分散分析で行える．

表7.43 3種類の土壌処理と11ブロックにおける苗の初期樹高(ft)と平均5年成長(ft)

ブロック	処理A 初期樹高	成長	処理B 初期樹高	成長	処理C 初期樹高	成長	ブロック合計 初期樹高	成長
1	3.6	8.9	3.1	10.7	4.7	12.4	11.4	32.0
2	4.7	10.1	4.9	14.2	2.6	9.0	12.2	33.3
3	2.6	6.3	0.8	5.9	1.5	7.4	4.9	19.6
4	5.3	14.0	4.6	12.6	4.3	10.1	14.2	36.7
5	3.1	9.6	3.9	12.5	3.3	6.8	10.3	28.9
6	1.8	6.4	1.7	9.6	3.6	10.0	7.1	26.0
7	5.8	12.3	5.5	12.8	5.8	11.9	17.1	37.0
8	3.8	10.8	2.6	8.0	2.0	7.5	8.4	26.3
9	2.4	8.0	1.1	7.5	1.6	5.2	5.1	20.7
10	5.3	12.6	4.4	11.4	5.8	13.4	15.5	37.4
11	3.6	7.4	1.4	8.4	4.8	10.7	9.8	26.5
和	42.0	106.4	34.0	113.6	40.0	104.4	116.0	324.4
平均	3.82	9.67	3.09	10.33	3.64	9.49	3.52	9.83

表7.44 分散分析表．苗の成長（表7.43のデータ）

変動因	自由度	平方和	平均平方
ブロック	10	132.83	—
処理	2	4.26	2.130
誤差	20	68.88	3.444
全体	32	205.97	—

この分析では，樹高の成長を Y，初期樹高を X で表す．

計算として最初のステップは，全体，ブロック，処理，そして誤差について，X の平方和（SS_x）および X と Y の積和（SP_{xy}）を求めることである．すでに Y について表 7.44 で行ったのとまったく同様である．

X について，

$$CT_x = \frac{(116.0)^2}{33} = 407.76$$

$$\text{全体 } SS_x = (3.6^2 + \cdots + 4.8^2) - CT_x = 73.26$$

$$\text{ブロック } SS_x = \frac{(11.4^2 + \cdots + 9.8^2)}{3} - CT_x = 54.31$$

$$\text{処理 } SS_x = \frac{(42.0^2 + 34.0^2 + 40.0^2)}{11} - CT_x = 3.15$$

$$\text{誤差 } SS_x = \text{全体 } SS_x - \text{ブロック } SS_x - \text{処理 } SS_x = 15.80$$

XY について，

$$CT_{xy} = \frac{(116.0)(324.4)}{33} = 1140.32$$

$$\text{全体 } SP_{xy} = ((3.6)(8.9) + \cdots + (4.8)(10.7)) - CT_{xy} = 103.99$$

$$\text{ブロック } SP_{xy} = \frac{(11.4)(32.0) + \cdots + (9.8)(26.5)}{3} - CT_{xy} = 82.71$$

$$\text{処理 } SP_{xy} = \frac{(42.0)(106.4) + (34.0)(113.6) + (40.0)(104.4)}{11} - CT_{xy} = -3.30$$

$$\text{誤差 } SP_{xy} = \text{全体 } SP_{xy} - \text{ブロック } SP_{xy} - \text{処理 } SP_{xy} = 24.58$$

計算したこれらの項をグループ回帰（7.17.4 項参照）と同様の方法で表 7.45 に並べる（これがまさに共分散分析である）．1 つ異なるのは全体の行を最上段においたことである．

誤差の行では，線形回帰で調整した後の残差平方和は

$$\text{残差 } SS = SS_y - \frac{(SP_{xy})^2}{SS_x} = 68.88 - \frac{(24.58)^2}{15.80} = 30.641$$

となる．この平方和の自由度は，調整なしの平方和よりも自由度 1 だけ少ない．

処理を検定するために，最初に，処理と誤差に対する調整なしの自由度と平方和（SS_x，

表 7.45 苗の初期樹高（X）と 5 年成長（Y）の共分散分析（表 7.43 のデータ）

変動因	自由度	SS_y	SP_{xy}	SS_x	自由度	残差 平方和	平均平方
全体	32	205.97	103.99	73.26			
ブロック	10	132.83	82.71	54.31			
処理	2	4.26	−3.30	3.15			
誤差	20	68.88	24.58	15.80	19	30.641	1.613

7.17 回　　帰

表7.46 （処理＋誤差）の平方和と積和および回帰からの残差の平方和

変動因	自由度	SS_y	SP_{xy}	SS_x	残差 自由度	平方和
処理＋誤差	22	73.14	21.28	18.95	21	49.244

表7.47 2つの回帰残差（表7.46と表7.45）の差

変動因	自由度	平方和	平均平方
調整後の処理間を検定するための差	2	18.603	9.302

SS_y）および積和（SP_{xy}）を併合する．そして，この併合した行の回帰からの残差項を誤差の行とまったく同様のやり方で計算する（表7.46）．すなわち，残差の平方和は，次の計算による．

$$残差\ SS = SS_y - \frac{(SP_{xy})^2}{SS_x} = 73.14 - \frac{(21.28)^2}{18.95} = 49.244$$

次に，樹高成長を初期樹高へ回帰することにより調整した後の処理間の差について検定するために，誤差の行（表7.45）と（処理＋誤差）の行（表7.46）の残差の差を計算する（表7.47）．これで，残差項の差に対する平均平方を誤差の残差平均平方で割って検定することができる．

$$F_{2/19df} = \frac{9.302}{1.613} = 5.77$$

したがって，調整後は処理平均の差は 0.05 水準で有意なことがわかった．調整前に有意だった処理間の差が調整後に有意でなくなることもあるかもしれない．

表7.48 乱塊法における共分散分析．3種類の土壌処理における苗の初期樹高（X）と5年成長（Y）．（表7.43のデータ）

変動因	自由度	SS_y	SP_{xy}	SS_x	自由度	残差 平方和	平均平方
全体	32	205.97	103.99	73.26			
ブロック	10	132.83	82.71	54.31			
処理	2	4.26	−3.30	3.15			
誤差	20	68.88	24.58	15.80	19	30.641	1.613
処理＋誤差	22	73.14	21.28	18.95	21	49.244	—
調整後処理平均の検定のための差					2	18.603	9.302

調整なし処理：$F_{2/20df} = \dfrac{2.130}{3.444}$，有意でない

調整後処理：$F_{2/19df} = \dfrac{9.302}{1.613} = 5.77$，0.05 水準で有意

もし，独立変数が処理による影響を受けるならば，共分散分析の解釈は注意深い考察を必要とする．共分散による調整によって，検定されるべき処理間の差を取り去る効果があるかもしれない．一方，処理は，共分散による調整にかかわらず有意に差があるときもないときもあることを知っておくのは有益であろう．解釈に確信のもてない初心者は共変量として処理に影響されないものだけを選ぶとうまくいくだろう．

共分散検定はどんな実験計画についても類似のやり方で行うことができる．また，やろうと思えば（それが正当ならば）調整は重回帰や曲線回帰についても行うことができる．分析全体は通常，表7.48の形式で示される．

7.17.5.1 調整後平均

回帰に対する調整後の処理平均が何を意味するか知りたいのならば，その方程式は次のとおりである．

$$\text{調整後}\ \overline{Y}_i = \overline{Y}_i - b(\overline{X}_i - \overline{X})$$

ここで，$\overline{Y}_i$ = 処理 i に対する調整なしの平均，b = 線形回帰係数 $\left(=\dfrac{誤差SP_{xy}}{誤差SS_x}\right)$，$\overline{X}_i$ = 処理 i に対する独立変数の平均，$\overline{X}$ = 全処理に対する X の平均．

この例（表7.43）では，$\overline{X}_A = 3.82$，$\overline{X}_B = 3.09$，$\overline{X}_C = 3.64$，$\overline{X} = 3.52$ および

$$b = \frac{24.58}{15.80} = 1.56$$

となる．こうして，平均成長は調整なしと調整後とで表7.49のようになる．

7.17.5.2 調整後平均間の検定

7.16.2項で，平均間のさらに立ち入った検定が出てきた．共分散による調整を行わないまま，たとえば，(A+C) 対 B，あるいは A 対 C のようなあらかじめ設定された比較に対する F 検定を行うことができた．さらに労力をかけることによって，これと類似の検定を共分散による調整の後に行うことも可能である．調整後の (A+C) 対 B の比較に

表7.49 平均成長

処理	調整なし	調整後
A	9.67	9.20
B	10.33	11.00
C	9.49	9.30

表7.50 調整後平均の (A+C) 対 B の比較の検定

変動因	自由度	SS_y	SP_{xy}	SS_x	自由度	残差平方和	平均平方
2B−(A+C)	1	4.08	−3.48	2.97	—		
誤差	20	68.88	24.58	15.80	19	30.641	1.613
和	21	72.96	21.10	18.77	20	49.241	—
調整後の比較の検定のための差					1	18.600	18.600

ついて，F 検定を説明する．

想像されるとおり，F 検定を行うにはまず設定した比較に対する X と Y の平方和と積和を計算しなければならない．

$$SS_y = \frac{[2(\sum Y_B) - (\sum Y_A + \sum Y_C)]^2}{(2^2+1^2+1^2)(11)} = \frac{[2(113.6) - (106.4+104.4)]^2}{66} = 4.08$$

$$SS_x = \frac{[2(\sum X_B) - (\sum X_A + \sum X_C)]^2}{(2^2+1^2+1^2)(11)} = \frac{[2(34.0) - (42.0+40.0)]^2}{66} = 2.97$$

$$SP_{xy} = \frac{[2(\sum X_B) - (\sum X_A + \sum X_C)][2(\sum Y_B) - (\sum Y_A + \sum Y_C)]}{(2^2+1^2+1^2)(11)}$$

$$= \frac{[2(34.0) - (42.0+40.0)][2(113.6) - (106.4+104.4)]}{66} = -3.48$$

以後は，(A+C) 対 B の F 検定を共分散分析における処理の検定と正確に同じ方法で行うことができる．結果は表 7.50 に示した．

これより，$F_{1/19df} = \dfrac{18.600}{1.613} = 11.531$ となり，0.01 水準で有意となる．

引用文献・推奨文献

Addelman, S. (1969). The generalized randomized block design. *American Statistician*, 23(4), 35-36.

Addelman, S. (1970). Variability of treatments and experimental units in the design and analysis of experiments. *Journal of American Statistical Association*, 65(331), 1095-1108.

Fisher, R. (1926). The arrangement of field experiments. *Journal of the Ministry of Agriculture of Great Britain*, 33, 503-513.

Freese, F. (1962). *Elementary Forest Sampling*. U.S. Department of Agriculture, Washington, DC.

Freese, F. (1967). *Elementary Statistical Methods for Foresters*, Handbook 317. U.S. Department of Agriculture, Washington, DC.

Hamburg, M. (1987). *Statistical Analysis for Decision Making*, 4th ed. Harcourt Brace Jovanovich, New York.

Mayr, E. (1970). *Populations, Species, and Evolution: An Abridgement of Animal Species and Evolution*. Belknap Press, Cambridge, MA.

Mayr, E. (2002). The biology of race and the concept of equality. Daedalus, 131, 89-94.

Wadsworth, H.M. (1990). *Handbook of Statistical Methods for Engineers and Scientists*. McGraw-Hill, New York.

第8章 リスクの指標と算出

潮の流れが私を囲み，あなたの波と大波がみな私の上を越えていきました．
―― ヨナ書2：3

8.1　はじめに

環境研究の実務に携わる研究者は，廃棄物や排出物，資源の枯渇など，環境の悪化を引き起こす日々の活動や自然現象に関連する環境および公衆衛生的問題に対して幅広い興味をもっている．それらはリスク（risk）と呼ばれる．環境リスク管理者は以下によってヒトの健康と環境を守る．

- 大気汚染物質排出の制御と防止
- 建物の汚染除去に関する手法開発による国土安全保障プログラムの支援
- 新規技術を通じた温室効果ガス（GHG：greenhouse gas）排出削減
- 水質と水資源利用可能性に関する問題の特定と軽減
- 地下水の保護
- 地下汚染や生態系復元のための技術的支援の提供
- 最良の流出油分散剤の決定
- 地域の成長目標達成，住人の生活の質向上，財政面や環境面の持続可能性向上に対する援助
- 土壌や堆積物汚染問題への取り組み
- 飲用，遊泳，釣魚に適するようにするための水路および河川の清掃
- 廃棄物管理のための選択肢の提供
- 地域の土地利用法決定に対する支援
- 技術変化の結果や帰結の明示と持続可能性のある代替案の提示
- 製品の生産過程やサービスの悪影響の分析と環境にやさしい選択肢の推奨
- 将来世代の能力を損なうことなく現在のニーズを満たす取り組みの実証
- 水路を監視し，対処し，防止し，復元するための手段やアプローチの開発
- 上下水システムの改善

環境研究の実務に携わる研究者は，外部組織と協力して技術や手法を設計し，開発し，評価することで，また環境技術の開発適用に対する援助を提供することで，さらに有効な汚染物質の防止や制御戦略につながる費用対効果の高い技術を取り入れることでこれ

らのタスクを達成する．

8.2 頻度の指標

　中心の位置の指標は，全データの分布を単一の値に集約するものである．一方，頻度の指標は分布の一部を特徴づけるにとどまる．頻度の指標は，分布の一部分と他の一部分の比較や，分布の一部分と全体の比較に用いられる．一般的な頻度の指標には比（ratio），割合（proportion），率（rate）が存在する．これら3つの頻度の指標には共通の基本式が存在する．

$$\frac{分子}{分母} \times 10^n$$

以下を思い出そう．

$10^0 = 1$（あらゆる数字の0乗は1）
$10^1 = 10$（あらゆる数字の1乗はその数字の値そのもの）
$10^2 = 10 \times 10 = 100$
$10^3 = 10 \times 10 \times 10 = 1000$

したがって，分子／分母という分数（fraction）には，1, 10, 100, 1000 などの値がかかっている．この乗数は指標によってばらつき，その詳細は各節ごとに記述される．

8.2.1 比

　2.8節での比に関する導入部分の記述を思い出そう．ここでは，比に関する基本を概観し，環境保健および公衆衛生の実践で用いられるリスクの指標としての比の実際の利用について示す．比は，2つの量の相対的な大きさや，何か2つの値の比較を表す．比は1つの間隔尺度（interval-scale）または比例尺度（ratio-scale）の変数を他の変数で割ることで計算される．分子と分母に関連がある必要はない．したがって，リンゴとオレンジを比較することもできるし，リンゴと化学物質漏出の数（number of chemical spills）を比較することもできる．

$$\frac{一方の群のイベント発症やアイテムや人などの数や率など}{もう一方の群のイベント発症やアイテムや人などの数や率など}$$

$$\frac{2011年にA州で心疾患で亡くなった女性の人数}{2011年にA州でがんで亡くなった女性の人数}$$

$$\frac{2010年にA州で肺がんで亡くなった女性の人数}{2010年のA州におけるタバコ販売による推定総収入（ドル単位）}$$

分子が分母で割られた後，結果はしばしば"対1"や"：1"という形で示される．

　また，一定の割合で，分子と分母は同じ変数の異なるカテゴリーからなる．たとえば，男性と女性，20〜29歳の人と30〜39歳の人など．他の比では，分子と分母は完全に異なる変数である．たとえば，ある市での環境関連の研究室の数とその市で操業している製造業の数など．

表 8.1 男女別糖尿病有無別の NHANES 追跡研究の集計

	登録時 (1971–1975)	追跡時の死亡 (1982–1984)
糖尿病の男性	189	100
非糖尿病の男性	3151	811
糖尿病の女性	218	74
非糖尿病の女性	3823	511

■例 8.1

問題： 1971 年から 1975 年の間で，米国全国健康・栄養調査（NHANES：National Health and Nutrition Examination Survey）の一部として 7381 人の 40〜77 歳の対象者が追跡研究に登録された（Kleinman et al., 1988）．登録時に，各対象者は糖尿病の有無で分類された．1982〜1984 年に，対象者が生存しているかどうかが記録された．結果は表 8.1 のようにまとめられた．

NHANES 追跡研究に登録された男性のうち 3151 人が非糖尿病で，189 人が糖尿病だった．男性における非糖尿病と糖尿病の比を計算せよ．

解答：　　　　　　　　比 = (3151/189)×1 = 16.7 対 1

8.2.1.1 比の特徴と利用

比は一般的な記述的指標としてすべての領域で利用されるが，環境保健や環境疫学の領域では，比は記述的な指標としてだけではなく，解析的なツールとして利用される．記述的な指標としては，比は研究参加者の男女比やケースとコントロールの比（ケース 1 人当たりコントロール 2 人など）を記述することができる．解析的ツールとしての比は，2 群間の疾病や傷害，死亡の発生頻度等の評価のために算出される．これら比の指標には，本章後述のリスク比（相対リスク）や率比，オッズ比も含まれる．

前述のとおり，比の分子と分母には関連があってもなくてもよい．いいかえると，集団における男性の数と女性の数の比較や，住民の数と病院の数の比較や，住民の数と OTC 医薬品（一般用医薬品）に支払われたドルの比較などのために自由に比を用いることができる．通常は，比の分子も分母もともに一方か他方の値で割られるので，分子か分母のどちらかは全体で 1 になる．したがって，例 8.1 での非糖尿病と糖尿病の比は 3151：189 より 16.7：1 と報告されることが多い．異なる変数間の比を計算する場合は例 8.2A と 8.3B で示す．

■例 8.2A

問題： 人口 400 万人の市に 500 のクリニックが存在する．人口 1 人当たりのクリニック数を計算せよ．

解答： (500/4,000,000)×10^n　$n = 0$ として人口 1 人当たりのクリニック数は 0.000125 より容易にわかる答えを導くには，$10^n = 10^4 = 10{,}000$ とする．すると，上記の比は以下のように表される．

$$(500/4,000,000) \times 10^4 = 人口10,000人当たりのクリニック数1.25$$

さらに，10,000を1.25で割って，「8000人当たり1つのクリニックがある」と表すこともできる．

■例8.2B

問題： 2001年のデラウェア州における乳幼児死亡率は出生1000人当たり10.7であった（Arias et al., 2003）．ニューハンプシャー州の乳幼児死亡率は出生1000人当たり3.8であった．デラウェア州のニューハンプシャー州に対する乳幼児死亡率の比を計算せよ．

解答： $(10.7/3.8) \times 1 = 2.8$ 対1

2001年におけるデラウェア州の乳幼児死亡率はニューハンプシャー州の2.8倍高かったことになる．

8.2.1.2 環境保健領域においてよく用いられる比：死亡−発症比

死亡−発症比（death-to-case ratio）は，特定の期間におけるある疾患による死亡数を同じ期間で新規に診断されたその疾患のケース数（新規発症数）で割ったもので，疾患の深刻さの指標として用いられる．狂犬病の死亡−発症比は1に近く，そのことは狂犬病を発症した場合はほとんど狂犬病によって死亡していることを意味する．一方，一般的な風邪の死亡−発症比は0に近い．たとえば，2002年米国において15,075件の新規結核患者が報告されている（CDC, 2004）のに対し，同期間で結核によって死亡したのは802人である．2002年における結核の死亡−発症比は802/15,075と計算できる．分子と分母を共に分子で割ることで，18.8件の新規発症に対して1件の死亡が起こることが示される．また，分子と分母を共に分母で割って$10^2 = 100$を掛けることで，100件の新規発症に対して5.3件の死亡が起こることが示される．これについては，どちらの表現も正しい．おそらく，結核で死亡した人が最初に結核に感染したのはもっと早い時期だったであろう．したがって，分子の802人は分母の15,075には含まれないので，死亡−発症比は割合ではなく比の指標といえる．

8.2.2 割 合

割合（proportion）は一部と全体を比較する指標であり，分子が分母に含まれる比の一種である．われわれは割合を，クリニックで検査を受けた患者のうちHIV陽性だった患者の割合や，集団のうち25歳以下の若者のパーセンテージなどとして表現する．割合は10進数（decimal），分数（fraction），パーセンテージ（percentage）として表現される．割合の算出方法は以下である．

$$\frac{特定の特色をもつ人数やイベントの数}{分子をサブ集団とする人数やイベントの総数} \times 10^n$$

割合に関する2つの例をあげる．

$$\frac{2008\,\text{年に A 州で心疾患で死亡した女性の数}}{2008\,\text{年に A 州で死亡した女性の総数}}$$

$$\frac{2004\,\text{年に A 州で肺がんで死亡した女性の数}}{2011\,\text{年の A 州でがん(全がん種)で死亡した女性の総数}}$$

割合の計算では,10^n は通常 $100(n=2)$ で,しばしばパーセンテージとして表現される.例 8.3 と例 8.4 ではどのようにパーセンテージを計算するかを示す.

■例 8.3

問題: NHANES 追跡研究(表 8.1 参照)における男性のうち糖尿病の対象者の割合を計算せよ.

解答: 　　　　　　分子 = 189 人の糖尿病の男性
　　　　　　　　　分母 = 男性の総数 = 189 + 3151 = 3340
　　　　　　　　　割合 = (189/3340) × 100 = 5.66 %

■例 8.4

問題: 死亡した人のうち男性の割合を計算せよ.

解答: 　分子 = 死亡した男性 = 糖尿病者 100 + 非糖尿病者 811 人 = 911 人
分母 = 全死亡 = 911 人の男性 + 糖尿病の女性 74 人 + 非糖尿病の女性 511 人 = 1496 人
ここで,分子の 911 人は分母の部分集団になっていることを確認する.
　　　　　　　　　割合 = (911/1496) × 100 = 60.90 % または 61 %

8.2.2.1　割合の特徴と利用

割合は,一般的な記述的指標としてすべての領域で利用され,環境保健や環境疫学の領域でもほとんどの場合で記述的指標として用いられる.たとえば,すべての適格な対象者のうち研究に登録された人の割合(参加率)や,ある村ではしかのワクチンを接種した子どもの割合や,クルーズ船の全乗員のうち疾病を発症した人の割合などが挙げられる.一方,割合は特定の曝露の寄与による疾患発症の程度の描写にも用いられる.たとえば,喫煙と肺がんの研究に基づいて,公衆衛生管轄当局は喫煙の寄与による肺がん発症は,全肺がん発症者の 90 % 以上に及ぶと推定している.割合では,分子は必ず分母にも含まれる.したがって,リンゴの数をオレンジの数で割ったものは割合ではないが,リンゴの数をすべての種類の果物の数で割ったものは割合となる.再度,割合では,分子が常に分母の部分集団になっていることを確認しておこう.

割合は分数や 10 進数,パーセンテージとして表すことができる.「5 分の 1 の居住者が疾患を発症した」という記述と「20 % の居住者が疾患を発症した*」という記述は同義である.また,割合は容易に比に変換できる.分子がクリニックを訪れた女性の数(179 人)で,分母がクリニックを訪れた全患者数(341 人)だったとして,クリニックを訪れた女性の割合は 179/341 または 53 % となり,半分よりやや多くなっている.これを比に変換するために,分子を分母から引いて,クリニックを訪れた女性ではない患者

数（つまり男性の数）である 341−179＝162 人を得る必要がある．割合から計算される男性に対する女性の比は以下のようになる．

比＝[179/(341−179)]×1＝179/162＝1.1 対 1（女性対男性の比）

DID YOU KNOW？
比の分子と分母が合わさることで全集団になる場合，比は分子と分母を足して割合の分母とすることで比を割合に変換することができる．

8.2.2.2 特定の環境保健領域：死因別死亡割合

死因別死亡割合（proportionate mortality）とは，特定の集団におけるある期間の異なる死因による死亡割合のことである．各死因は全死亡に占める割合として表され，すべての死因について割合を足し上げると 100％になる．この指標は，分母が全死亡になっており，死亡が起こった集団の規模ではないので率の指標ではなく割合である．表 8.1 には，2003 年の米国における第一死因が全年齢および 25〜44 歳の年齢階級について列挙され，死亡数と死因別死亡割合と順位が示されている．表 8.2 に示されているように，HIV の死因別死亡割合は全年齢で 0.5％，25〜44 歳で 5.3％であった．いいかえると，HIV 感染は全死亡の 0.5％を，25〜44 歳の死亡の 5.3％を説明できた．

表 8.2 全年齢および 25 歳から 44 歳の年齢階級における主要な死因による死亡の数，死因別死亡割合，順位（米国，2003 年）

	全年齢			25〜44 歳		
	数	割合	順位	数	割合	順位
全死因	2,443,930	100.0	—	128,924	100.0	—
心疾患	684,462	28.0	1	16,283	12.6	3
悪性肝炎	554,643	22.7	2	19,041	14.8	2
脳血管疾患	157,803	6.5	3	3004	2.3	8
慢性下気道疾患	126,128	5.2	4	401	0.3	—[a]
不慮の事故	105,695	4.3	5	27,844	21.6	1
糖尿病	73,965	3.0	6	2662	2.1	9
インフルエンザと肺炎	64,847	2.6	7	1337	1.0	10
アルツハイマー病	63,343	2.6	8	0	0.0	—[a]
腎炎，腎炎症候群，ネフローゼ	33,615	1.4	9	305	0.2	—[a]
敗血症	34,243	1.4	10	328	0.2	—[a]
自殺	30,642	1.3	11	11,251	8.7	4
慢性間疾患，肝硬変	27,201	1.1	12	3288	2.6	7
殺人	17,096	0.7	13	7367	5.7	5
HIV	13,544	0.5	—[a]	6879	5.3	6
その他	456,703	18.7	—	29,480	22.9	—

a：ランキング上位の死因には含まれない．
出典：CDC（2005）および Hoyert et al.（2005）のデータより．

8.2.3 率

環境保健では，率は定められた集団において特定の期間でイベントが起こったことを示す単位集団・時間当たりの頻度の指標である．率は疾患発症頻度に人口規模の観点を導入するので，率は異なる地点，異なる時点，潜在的に異なる規模の集団に属するグループ間での疾患発症頻度の比較において特に有用である．したがって，率はリスクの指標である．

環境保健の実務に携わる研究者でない人にとっては，率は何らかのできごとが起こったり進行したりするスピードを意味する．車の速度計は車のスピードや1時間当たりのマイル単位や km 単位の走行率を示す．率は常に何らかの時間単位ごとに報告される．環境保健の実務に携わる研究者の中には「率」という用語の使途を時間単位当たりで表現される類似の指標に限定する者もいる．このような環境保健の実務に携わる研究者にとっては，率は集団の中でどのくらいすばやく疾患が起こるか示すものである．たとえば，新規乳がん発症は女性1000人当たり年間70件であった，などである．この指標は集団における疾患発症のスピード感を伝え，これまで起こってきたように予見可能な将来も同様に起こりつづけるだろうことを意味する．この率は"疾患発症率"であり，8.3節で詳細を述べる．

他の環境保健の専門家はこの「率」という用語をもう少し緩やかな定義で用い，割合のうち発症数を分子に，集団規模を分母にしたものを率と呼ぶこともある．その場合，発病率（attack rate）は疾患流行中に疾患を発症した人の割合である．たとえば，130人中20人がピクニック参加後に下痢をした，などである．なお，発病率のより正確ないいかえは発症割合（incidence proportion）である．有病率（prevalence rate）は，ある時点でのある健康状態にある集団の割合である．たとえば，2005年3月にある国でインフルエンザ患者が70人報告された，などである．致死率（case-fatality rate）は，疾病を発症していてそれが原因で死亡する人の割合である．たとえば，ある人口の群では髄膜炎により1人が死亡した，などである．これらはすべて割合の指標であり，時間単位当たりで示されたものはない．したがって，これらを「真の意味では」率ではないとする人

表8.3 比，割合，率にカテゴリ分けされる環境保健の指標

状態	比	割合	率
罹患	リスク比（相対リスク） 率比 オッズ比 期間有病率	発病率（発症割合） 二次発病率 一時点有病率 寄与割合	人時間発病率
死亡	死亡-発症比	死因別死亡割合	粗死亡率 致死率 年齢別死亡率 周産期死亡率 乳児死亡率
出生	—	—	粗出生率 粗特殊出生率

もいるが，これらの指標は専門用語として広く利用されている．率の例は以下のとおりである．

$$\frac{2009 年の州 A における心疾患で死亡した女性の人数}{2009 年 7 月 1 日の州 A における女性の推定人数}$$

表 8.3 は環境保健領域で一般的な比，割合，率の指標をまとめたものである．

8.3 罹患頻度の指標

罹患（morbidity）とは，主観的であれ客観的であれ，肉体的または精神的な健康からの何らかの逸脱として定義される．実務上は，罹患は疾患や傷害，および障害を含む．また本書では罹患という用語は疾病をもつ人の数をさすが，罹患を人が疾病を発症している期間を記述するのに用いることもある（Last, 2001）．罹患頻度の指標は，集団において病気になった（発症，incidence）人の数，またはある期間に疾患状態にある（有病，prevalence）人の数で特徴づけられる．一般的によく利用される指標を表 8.4 に挙げる．発症（incidence）とは，特定の期間における疾患や傷害の新規の発症をさす．しかし，環境保健の実務に携わる研究者の中には，発症を地域における新規発症者数を意味する用語として使う者も，集団の単位当たりの新規発症者数を意味する用語として使う者もいる．この 2 種類の発症はよく使われ，前者を発症割合（incidence proportion），後者を発症率（incidence rate）と呼ぶ．

8.3.1 発症割合とリスク

発症割合（incidence proportion）は，初期の疾患をもたない集団のうち疾患を発症したり，障害を負ったり，特定の（通常は限られた）期間に死亡したりした人の割合である．類義語には，発病率（attack rate），リスク（risk），疾患発症確率（probability of getting diseases），累積発症（cumulative incidence）が含まれる．発症割合は，疾患を発症した人たちを分子とし，その人たちを含む全集団を分母としているがゆえに割合である．発症割合（リスク）は以下のように計算される．

$$\frac{特定の期間での疾患や生涯の新規発症件数(人数)}{期間開始時の集団の規模(人数)}$$

表 8.4 よく使われる罹患の指標

指標	分子	分母
発症割合（発病率，リスク）	特定の期間における疾患の新規発症数	期間の開始時における人数
二次発症率	接触している間の新規発症数	接触した人数
発症率（人時間率）	特定の期間における疾患の新規発症数	対象者の追跡人年の合計または期間の平均人数
一時点有病率	ある時点での疾患を発症している人数（新規と以前から存在する発症者）	同じ時点での集団の人数
期間有病率	ある期間での疾患を発症している人数（新規と以前から存在する発症者）	平均または期間の中央時点での集団の人数

■例 8.5

問題: 糖尿病の研究において，189 人の糖尿病の男性中 100 人が 13 年の追跡期間中に死亡した．これらの男性の死亡リスクを計算せよ．

解答:

分子＝糖尿病の男性のうち死亡した 100 人

分母＝189 人の糖尿病の男性

$10^n = 10^2 = 100$

リスク ＝ $(100/189) \times 100 = 52.9\%$

■例 8.6

問題: 企業のピクニックの参加者での胃腸炎集団発生で，99 人がポテトサラダを食べ，そのうち 30 人が胃腸炎を発症した．ポテトサラダを食べた者の発病リスクを計算せよ．

解答:

分子＝ポテトサラダを食べて胃腸炎を発症した 30 人

分母＝ポテトサラダを食べた 99 人

$10^n = 10^2 = 100$

リスク（食品ごとの発病率）＝ $(30/99) \times 100 = 30.3\%$

発症割合で使われる 2 つの分数の例は以下である．

$$\frac{フラミンガム研究に参加する女性のうち昨年までに心疾患が原因で死亡した人数}{フラミンガム研究に最初に登録された女性の人数}$$

$$\frac{フラミンガム研究に参加する女性のうち昨年新規に心疾患と診断された人数}{フラミンガム研究に参加する女性のうち昨年の最初に心疾患でなかった女性の人数}$$

8.3.1.1 発症割合の特徴と利用

発症割合は，病気の発症リスクまたは特定の期間において特定の疾患を発症する確率である．発症の指標としての発症割合は，分子には新規の発症者しか含まず，分母は観察期間開始時の集団の人数となる．疾患の新規発症者（分子）は全員分母にも含まれるので，リスクもまた割合の指標である．疾患の流行（outbreak）の文脈では，発病率という用語はしばしばリスクの類義語として用いられる．特定の期間（たとえば流行期間）において疾患を発症することはリスクである．また，発病率のバラツキも計算することができる．全発病率（overall attack rate）は，新規発症の全数を集団の全人数で割ったもの．食品別発病率（food-specific attack rate）は，前述のポテトサラダの例のように，特定の食品を食べて疾患を発症した人を分子として，特定の食品を食べた全人数で割ったものである．二次発病率（secondary attack rate）は，地域での病気の感染と世帯や家屋やその他の閉じた集団での病気の感染の違いを記述する場合などに計算される．二次発病率の計算式は以下である．

$$\frac{\text{接触したケースのうち発症者の人数}}{\text{接触した全人数}} \times 10^n$$

分母の接触した全人数は，最初の発症者がいる家庭の全集団から最初の発症者数を引いた値として計算される．二次発病率では，通常 10^n は（$n=2$ で）100%とする．二次発病率を算出する例は以下に示す．

> **DID YOU KNOW ?**
>
> 　発症割合の分母は観察期間の最初に存在した人数である．分母に数えられるのは疾病を発症する「アットリスク集団（at risk population）」（具体的には疾病を発症して分子に含まれる可能性がある集団）に限られるべきである．たとえば，分子が卵巣がんの新規発症者とすると，男性には卵巣がないので分母は女性に限定されるべきである．人口動態統計は性別データとして利用可能なので，この限定は容易に達成できる．理想的には，分母は卵巣をもつ女性に限定され，（しばしば子宮摘出に関連して行われる）外科手術で卵巣を取り除いた女性は除外されるべきであるが，それは実務上ふつうには実施されない．これは環境保健の実務に携わる研究者が手持ちのデータで最善を尽くす例である．

■例 8.7

問題： 細菌性赤痢の流行で，18 の異なる世帯に属する 18 人が全員赤痢を発症した場合を考える．地域の人口が 1000 人の場合，全発病率は $(18/1000)\times 100\% = 1.8\%$ となる．潜伏期間の後で，「最初の」発症者と同じ世帯の 17 人が細菌性赤痢を発症した．18 世帯に 86 人が属しているとするとして，二次発病率を計算せよ．

解答： 二次発病率 $= [17/(86-18)]\times 100\% = (17/68)\times 100\% = 25.0\%$

8.3.2 発症率または人時間率

発症率（incidence rate）または人時間率（person-time rate）は時間を直接分母に組み込んだ発症の指標である．人時間率は，一般に対象者が長期にわたって追跡され，疾病の新規発症が記録される長期の追跡コホート研究から計算される指標である．一般に，各対象者はある追跡開始時間から次の 4 つのうちのいずれかの追跡終了時点まで観察される．追跡の終了時点は，疾患の発症，死亡，研究の外への転出（追跡不能，lost to follow up），研究終了の 4 つである．発症割合と類似しているのは，発症率の分子は観察期間中に特定された新規発症数である点であるが，分母は異なり，各対象者が観測された時間を全員分合計した値となる．この分母は集団がアットリスク状態（上記 DID YOU KNOW ? を参照）で，疾患を発症するか観測されていた時間の合計を意味する．したがって，疾患発症率は疾患発症数と集団が疾患のアットリスク状態であった時間の比である．

$$\frac{\text{特定の期間に疾病や生涯を発症した人数}}{(\text{各対象者が観測された時間の合計}) \times (\text{接触した全人数})}$$

疾患発症を追跡する長期の研究において，各研究参加者は何年にもわたって追跡され，または観測される．1人の参加者が5年間疾患を発症せず追跡された場合は，5人年寄与したという．

それでは，2年目で追跡不能になるまで1年間追跡された対象者はどうなるだろう？多くの研究者は追跡不能になった対象者は，平均で追跡不能になった年の半年間疾患を発症しなかったと仮定して分母に1/2人年寄与すると考える．したがって，1年間追跡されて2年目で追跡不能になった対象者は1.5人年の寄与となる．同じ仮定は疾患発症にも当てはまり，2年目の検査で疾患の発症が診断された対象者については，ある人は1か月目で，また他の人は2か月目で…と12か月目まで等しく発症している可能性があると考え，平均的にそのような対象者は1年の半分のところで疾患を発症したとする．結果として，疾患を発症したと診断された対象者は，診断された年には1/2人年追跡に寄与しているとする．

人時間率の分母は，各研究参加者の人年の合計である．したがって，3年目に追跡不能となった対象者と，3年目に疾患発症と診断された対象者は，それぞれ分母の疾患を発症していない追跡期間として2.5人年ずつ寄与している．

DID YOU KNOW？

コホート研究は，疾患を発症した患者への系統的な接触と吟味である．「コホート」とは特定の期間にわたって数えられた疾患発症者の群であり，疾患発症者はその臨床状態や投薬レジメンの妥当性，治療の遵守および対面調査の結果を吟味される．

8.3.2.1 発症率の特徴と利用

発症率は，集団の中で疾患がどのくらい速く起こったのか，そのスピードを示す．発症率は人時間に基づいており，人時間は対象者ごとに計算されているので，対象者が研究に途中から参加したり脱落したりすることを許容することができるという意味で発症率には発症割合以上の利点がある．前述の例で説明したように，分母は途中で追跡不能となった研究対象者や研究期間中に死亡した対象者の存在を説明している．さらに，このような分母の数え方は，参加者が異なるタイミングで研究に参加することを許容する．ただ，人時間には1つ重要な欠点があり，それは，10人を1年追跡しても1人を10年追跡しても同じ10人年になるという点である．多くの慢性疾患リスクは年齢とともに増大するので，この仮定はしばしば妥当ではない．

ここで述べられている長期のコホート研究は，一般的なものではないが，環境保健の実務に携わる研究者は，分子として観測されたり報告されたりした新規の疾患発症者数を，分母として年央人口に基づいて疾患発症率を普通に計算しがちである．このように計算された発症率は，人時間率と比較可能であることがわかっている．

8.3 罹患頻度の指標

最後に，疾患発症率を心疾患の研究を例に1000人年当たり2.5件といった風に報告すると，環境科学者は理解するだろうが他の人は理解してくれないであろう．人時間は環境保健の専門用語である．この専門用語を広く理解されるほかの用語に変換するには，単純に「人年」を「1人当たり1年当たり」に置き換えればよい．上記結果については，1000人当たり1年当たり2.5件の新規心疾患発症者と報告すれば，専門用語というより，より自然に聞こえる．また，この1人当たり1年当たりという表現は，集団において疾患が新規に発症するスピードという発症率の動的な過程を感覚として伝えている．

発症率を定義するために，以下の2つの分数の例がよく用いられる．

$$\frac{\text{フラミンガム研究の参加女性のうち最後の年までに疾患で死亡した人数の女性の数}}{\text{フラミンガム研究の参加女性のうち最後の年まで人年に寄与した人数}}$$

$$\frac{2011年に新規に心疾患と診断されたA州の女性の人数}{2011年7月1日にA州に住んでいると推定された女性の人数}$$

■例 8.8

問題： 研究者が2100人の女性を研究に登録し，毎年4年間心疾患の発症率を評価した．1年後，誰も新規の心疾患と診断されなかったが100人が追跡不能となった．2年後，1人が新規に心疾患と診断され，99人が追跡不能となった．3年後，7人が新規に心疾患と診断され，793人が追跡不能となった．4年後，また別の8人が新規に心疾患と診断され，392人が追跡不能となった．この研究の結果は以下のようにもまとめられる．1年目は0人，2年目は1人，3年目は7人，4年目は8人が新規に心疾患と診断され，100人が1年目で，99人が2年目で，793人が3年目で，392人が4年目で追跡不能となり，700人の女性が心疾患を発症せずに4年間追跡された．このコホート研究での心疾患発症率を計算せよ．ただし，心疾患と診断された対象者と追跡不能となった対象者は，その年の半年疾患を発症しなかったとし，分母に1/2年寄与すると仮定する．

解答：

分子 = 心疾患の新規発症者数 = 0+1+7+8 = 16

分母 = 観察人年 = [2000+(1/2×100)]+[1900+(1/2×1)+(1/2×99)]
　　　　　　　 +[1100+(1/2×7)+(1/2×793)]+[700+(1/2×8)+(1/2×392)]

　　　 = 6400 追跡人年

または

分母 = 観察人年 = (1×1.5)+(7×2.5)+(8×3.5)
　　　　　　　 +(100×0.5)+(99×1.5)+(793×2.5)+(392×3.5)+(700×4)

　　　 = 6400 追跡人年

$$\text{人時間率} = \frac{\text{特定の期間における疾患や傷害の新規発症件数}}{\text{各対象者が追跡された時間の全員分の合計}}$$

$$= \frac{16}{6400} = 1\text{年当たり}0.0025\text{件} = 1000\text{人年当たり}2.5\text{件}$$

一方, 発症割合は 16/2100 = 4 年間で 1000 人当たり 7.6 件または 1000 人当たり 1 年当たり 1.9 件 (7.6/4) となる. 発症割合は, 追跡不能となった人を無視してその人たちも 4 年間発症しなかったと仮定していることになるので真の発症率を過小評価したものになっている.

■例 8.9
　問題：　218 人の女性糖尿病患者と 3823 人の女性非糖尿病患者を含む糖尿病患者の追跡研究を考える. 研究終了時点で 72 人の女性糖尿病患者と 511 人の女性非糖尿病患者が死亡した. 女性糖尿病患者は計 1862 人年観測されており, 女性非糖尿病患者は計 36,653 人年観測されている. 糖尿病患者と非糖尿病患者の死亡率を計算せよ.
　解答：　女性糖尿病患者は,
$$分子 = 72 人$$
$$分母 = 1862 人$$
人時間率 = 72/1862 = 1 人年当たり 0.0386 件の死亡 = 1000 人年当たり 38.6 件の死亡
女性非糖尿病患者は,
$$分子 = 511 人$$
$$分母 = 36,653 人$$
人時間率 = 511/36,653 = 1 人年当たり 0.0139 件の死亡 = 1000 人年当たり 13.9 件の死亡

■例 8.10
　問題：　米国では 2003 年に 44,232 人の後天的免疫不全症候群 (AIDS) 患者が報告された (CDC, 2005). 2003 年の年央人口は約 290,809,777 人と推定される (U.S. Census Bureau, 2006). 2003 年の AIDS 発症率を計算せよ.
　解答：　　　　　分子 = 44,232 人
　　　　　　　　　分母 = 推定年央人口 290,809,777 人
　　　　　　　10^n = 100,000
　　　　　　　発症率 = (44,232/290,809,777) × 100,000
　　　　　　　　　　 = 100,000 人当たり 15.21 件の AIDS 新規発症

8.3.3 有病割合

しばしば有病率と呼ばれる有病割合は, 特定のある時点または特定のある期間に集団の中で疾患を発症したり疾患に寄与したりしている人の割合の指標である. 有病は発症と違って新規発症者だけでなく全患者を含む. 時点有病割合 (point prevalence) は, 特定のある時点で評価された有病割合である. 時点有病割合は, 特定のある日に特定の疾患を発症したり寄与があったりする人の割合である. 期間有病割合 (period prevalence) は, ある期間で評価される有病割合である. 期間有病割合は, 期間中のどこかで特定の疾患を発症したり疾患に寄与があったりする人の割合である.

　疾患の有病割合を計算する方法は以下である.

8.3 罹患頻度の指標

$$\frac{\text{ある期間の新規発症患者かすでに病気をもっていた患者数}}{\text{ある期間の集団の人数}} \times 10^n$$

寄与の割合を計算する方法は以下である．

$$\frac{\text{ある期間に特定の寄与がある患者数}}{\text{ある期間の集団の人数}} \times 10^n$$

10^n の値は，通常の寄与の計算では 1 か 100 をとる．一方，ほとんどの疾患やまれな寄与では 10^n の値は 1000 や 100,000, 1,000,000 をとる．

有病割合の分数に関する 2 つの例は以下である．

$$\frac{\text{最近の健康調査で心疾患と報告されたフラミンガム在住の女性の人数}}{\text{同じ期間でのフラミンガム在住の女性の推定人数}}$$

$$\frac{\text{2004 年の最近のリスク行動調査による A 州の喫煙女性の推定人数}}{\text{2004 年 7 月 1 日に A 州に暮らす女性の推定人数}}$$

■例 8.11

問題： 2000 年にメイン州で出産をした 1150 人の女性を対象とした調査で，計 468 人が妊娠前に少なくとも週 4 回マルチビタミンを服用していた（Williams et al., 2003）．この集団におけるマルチビタミンの有病割合（ここでは服用割合）を計算せよ．

解答：
分子 = 468 人のマルチビタミン服用者
分母 = 1150 人の女性
有病（服用割合）= $(468/1150) \times 100 = 0.407 \times 100 = 40.7\%$

8.3.3.1 有病割合の特徴と利用

有病と発症はしばしば混同される．有病は，特定の期間または特定の時点である状態にある人（have a condition）の割合である一方，発症は特定の期間にある状態になった人（develop a condition）の割合である．したがって，有病と発症は似ているが，有病には新たな発症者と既存の発症者が含まれるのに対し，発症は新規発症者のみを含む．重要な違いはそれぞれの分子にある．

- 発症の分子：ある期間に発症した新規発症者数
- 有病の分子：ある期間の全有病者数

発症割合もしくは発症率の分子には，特定の期間に病気になった人のみを含む．有病割合の分子には，病気になった時期を問わず特定の期間に病気であるすべての人を含む．そこには新しく発症した人だけでなく，すでに発症していて，特定の期間の中の部分的な時期であっても病気の状態であった人は含まれる．

有病割合は，疾患の発症とその期間の両方に基づく．集団において有病割合が高いということは疾患発症者が多いか，治らずに疾患を抱えたまま生存している人が多いか，その両方であることを反映している．逆に，有病割合が低いということは，疾患発症者が少ないか，急激に致命的になる（死亡する）か，急激に回復する疾患であること示唆

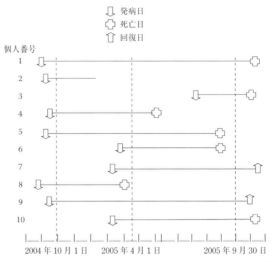

図 8.1 2004 年 10 月 1 日から 2005 年 9 月 30 日にかけての新規発症事例

している．有病は，発症と比べてしばしば糖尿病や変形性関節症など罹患状態が長期に及び，発症日を正確に特定しづらい慢性疾患の指標として利用される．

図 8.1 は 20 人の集団の 15 か月にわたる 10 件の新規発症を示している．横線は 1 人の人を表し，下矢印は疾患の発症日を意味している．実践は罹患期間を示し，上矢印は回復した日，十字は死亡した日をそれぞれ表す．例 8.12 〜 14 の問題を解くのに図 8.1 を用いる．

■例 8.12

問題： 期間の中央人口（2005 年 4 月 1 日時点の人数）を分母として用いて 2004 年 10 月 1 日から 2005 年 9 月 30 日の発症率を計算せよ．率は 100 人当たりで示せ．

解答： 発症率の分子：
2004 年 10 月 1 日から 2005 年 9 月 30 日までの新規発症者数 = 4
（残りの 6 件の発症は発症が 10 月 1 日より前なので含まれない）
発症率の分母：2005 年 4 月 1 日の人数 = 18
発症率：$(4/18) \times 100 =$ 100 人当たりの新規発症者 22 件

■例 8.13

問題： 2005 年 4 月 1 日時点の時点有病割合を計算せよ．時点有病割合とは，ある時点で病気をもっている人の人数をその日の集団の人数で割ったもの．4 月 1 日時点では 7 人（対象者個人番号 1，4，5，6，7，9，10）が疾患を発症している．

解答： 時点有病割合 $= (7/18) \times 100 = 38.89\%$

■例 8.14

問題: 2004年10月1日から2005年9月30日の期間有病割合を計算せよ．期間有病割合の分子は，その期間のどの時点であれ病気をもっていた人の人数を含む．表8.2より，最初の10人が当該期間に病気を有していたことがわかる．

解答: 期間有病割合 $= (10/20) \times 100 = 50.0\%$

8.4 死亡頻度の指標

8.4.1 死亡率

死亡率（mortality rate）は，特定の集団で特定の期間に死亡が起こる頻度の指標である．発病率と死亡率は数学的には同じ指標であり，ただ単に疾病を評価するか死亡を評価するかの違いである．特定の期間にわたる特定の集団における死亡率は以下である．

$$\frac{\text{特定の期間に起こった死亡数}}{\text{死亡が起こった集団の規模}} \times 10^n$$

死亡率が動態統計（たとえば死亡届）に基づいている場合，最も一般的に使われる分母は期間の中央時点での集団規模である．米国では，ほとんどの死亡率に 10^n として1,000と100,000が利用される．表8.5によく使われる死亡率の式をまとめた．

8.4.1.1 粗死亡率

粗死亡率は，対象集団におけるすべての死因による死亡率である．米国では，2003年に計2,419,921件の死亡が起きた．推定人口は290,809,777人なので，2003年の粗死亡率は $(2,419,921/290,809,777) \times 100,000$ または人口10万当たり832.1件となった（WISQARS, 2012）．

表 8.5 よく使われる死亡の指標

指標	分子	分母
粗死亡率	特定の期間における合計死亡数	期間の中央時点での集団規模
死因別死亡率	特定の期間における特定の死因による合計死亡数	期間の中央時点での集団規模
死因別死亡割合	特定の期間における特定の死因による合計死亡数	同じ期間におけるすべての死因による合計死亡数
区間死亡-発症	特定の期間における特定の死因による合計死亡数	同じ期間に報告されたその疾患の新規発症者数
新生児死亡率	特定の期間における生後28日未満で死亡した子どもの合計死亡数	同じ期間の出生数
新生児後乳児死亡率	特定の期間における生後28〜364日で死亡した子どもの合計死亡数	同じ期間の出生数
乳児死亡率	特定の期間における生後1年未満で死亡した子どもの合計死亡数	同じ期間の出生数
妊産婦死亡率	特定の期間における妊娠関連死因による合計死亡数	同じ期間の出生数

8.4.1.2 死因別死亡率

死因別死亡率（cause-specific mortality）は，対象集団における特定の死因での死亡率である．分子は特定の死因の寄与による死亡数で，分母は期間の中央時点での集団規模のままである．死因別死亡率の分数は 100,000 人当たりで表される．米国では，2003 年に 108,256 件の不慮の事故による死亡が起き，その死因別死亡率は人口 100,000 人当たり 37.2 件であった（WISQARS, 2012）．

8.4.1.3 年齢別死亡率

年齢別死亡率は，特定の年齢階級に限定した死亡率である．年齢別死亡率の分子は，年齢階級における死亡数であり，分母はその年齢階級の人数である．米国では，2003 年に 25〜44 歳の年齢階級で 130,761 件の死亡が起きており，この年齢階級の死亡率は 25〜44 歳の年齢階級人口 100,000 人当たり 153.0 件であった（WISQARS, 2012）．年齢別死亡率の特定の種類としては，新生児（neonatal）死亡率，新生児を除いた乳児（postneonatal）死亡率，乳児（infant）死亡率などであり，詳細は次からの項で述べる．

8.4.1.4 乳児死亡率

乳児死亡率は，国ごとの健康状態の比較に最もよく使われる指標である．乳児死亡率は以下のように計算される．

$$\frac{\text{特定の期間における 1 歳未満の子どもの報告死亡数}}{\text{特定の期間における生産の報告数(出生数)}} \times 10^n$$

乳児死亡率は，一般に年次ベースで計算され，妊娠期間とその後の母と乳児の健康を反映することから，健康状態の指標として広く用いられる．また，母と乳児の健康は，出生前ケアへのアクセスや妊娠中の行動（アルコール摂取や喫煙，妊娠中の適切な栄養摂取など），産後のケアや行動（子どもへの予防接種や適切な栄養摂取など），衛生状態や感染管理を含む，広くさまざまな要因を反映している．

乳児死亡率は比だろうか？　そのとおり．乳児死亡率は割合だろうか？　分子に含まれる死亡のうち何件かは分母に含まれない前年に生まれた子どものものなので割合ではない．2003 年の乳児死亡率を考えてみよう．2003 年には 28,025 人の乳児が死亡し，4,089,950 人が生まれた．乳児死亡率にすると 1000 人当たり 6951 件となる．明らかに，2003 年に死亡した乳児のうち何人かは 2002 年に生まれているが，この分母には 2003 年に生まれた子どものみが含まれている．

乳児死亡率は率だろうか？　これについても，分母は 2003 年 1 歳未満の年央人口規模ではないので率ではない．事実，2003 年の 1 歳未満の年齢別死亡率は 100,000 人当たり 694.7 件である（WISQARS, 2012）．明らかに，乳児死亡率と 1 歳未満の年齢別死亡率は似た値をとっており（100,000 人当たり 695.1 と 694.7），ほとんどの目的では一致しているといってよいほどに十分に近い．これらは，2003 年 7 月 1 日時点の米国に住む乳幼児の推定数が 2002 年に米国で生まれた子どもの数より，おそらく移民の影響でわずかに多くなるため，完全に同じ値にはなっていない．

8.4.1.5 新生児死亡率

新生児期は出生から28日目までをさす.新生児死亡率の分子は特定の期間における生後28日までに亡くなった新生児の死亡数である.新生児死亡率の分母は,乳児死亡率と同様同じ期間に報告された出生数である.新生児死亡率は,通常出生1000人当たりで表される.2003年の米国での新生児死亡率は出生1000人当たり4.7件である(WISQARS, 2012).

8.4.1.6 新生児を除いた乳児死亡率

新生児を除いた乳児の期間は,生後28日から1年未満をさす.したがって,新生児を除いた乳児死亡率の分子は,特定の期間における生後28日から1歳未満の乳児死亡数である.分母は,同じ期間に報告された出生数である.新生児を除いた乳児死亡率は通常出生1000人当たりで表される.2003年の米国での新生児を除いた乳児死亡率は,出生1000人当たり2.3件である(WISQARS, 2012).

8.4.1.7 妊産婦死亡率

妊産婦死亡率は,妊娠に関連する死亡率を評価するための比である.分子は特定の期間における妊婦もしくは,妊娠期間にかかわらず産後または妊娠中絶から42日以内の女性の,妊娠に関連する,もしくは妊娠により悪化した,妊娠の管理を原因とし,事故や偶発的な原因によらない死亡数である.分母は同じ期間に報告された出生数である.妊産婦死亡率は通常出生100,000人当たりで表される.2003年の米国での妊産婦死亡率は,出生100,000人当たり8.9件である(WISQARS, 2012).

8.4.1.8 性別死亡率

性別死亡率は,男性または女性の死亡率であり,分子も分母もどちらかの性に限定される.

8.4.1.9 人種別死亡率

人種別死亡率は,特定の人種グループの死亡率であり,分子も分母も特定の人種に限定される.

8.4.1.10 特定の死亡率の組み合わせ

死亡率は,死因や年齢,性別や人種の組み合わせでさらに層別することができる.たとえば,2002年の心疾患による45〜54歳の女性の死亡率は100,000人当たり50.6件で,心疾患による同じ年齢階級の男性の死亡率は100,000人当たり138.4件で,女性の2.5倍であった.これらの死亡率は,それぞれ死因(心疾患)と年齢階級(45〜54歳)と性別(男性か女性)を1つに限定しており,死因別年齢階級別性別死亡率である.

8.4.1.11 死亡率の計算

表8.6は,2002年の米国における年齢階級ごとの全死因,不慮の事故死による死亡数を示している.次に示すように,表8.6のデータからさまざまな率をそれぞれどのように計算するかを示す.

- 全人口における不慮の事故による死亡率(死因別死亡率)

表8.6 年齢階級ごとの全死因および不慮の事故による死亡数の比較(男女および男性のみ, 米国, 2002年)

年齢階級 (年)	全人種, 男女 全死因	全人種, 男女 不慮の事故死	推定人口 (×1000)	全人種, 男性 全死因	全人種, 男性 不慮の事故死	推定人口 (×1000)
0–4	32,892	2587	19,597	18,523	1577	10,020
5–14	7150	2718	41,037	4198	1713	21,013
15–24	33,046	15,412	40,590	24,416	11,438	20,821
25–34	41,355	12,569	39,928	28,736	9635	20,203
35–44	91,140	16,710	44,917	57,593	12,012	22,367
45–54	172,385	14,675	40,084	107,722	10,492	19,676
55–64	253,342	8345	26,602	151,363	5781	12,784
65+	1,811,720	33,641	35,602	806,431	16,535	14,772
不明	357	85	0	282	74	0
合計	2,443,387	106,742	288,357	1,199,264	69,257	141,656

出典:ウェブサイトの Injury Statistics Query and Reporting System (WISQARS), http://www.cdc.gov/injury/wisqars.

$$\text{率} = \frac{\text{不慮の事故による死亡数}}{\text{推定年央人口}} \times 100{,}000 = \frac{106{,}742}{288{,}357{,}000} \times 100{,}000$$

$$= 100{,}000 \text{人当たり } 37.0$$

- 25〜34歳の全死因による死亡率(年齢階級別死亡率)

$$\text{率} = \frac{25\sim 34\text{歳の全死亡数}}{25\sim 34\text{歳の推定年央人口}} \times 100{,}000 = \frac{41{,}355}{39{,}928{,}000} \times 100{,}000$$

$$= 100{,}000 \text{人当たり } 103.6$$

- 男性の全死因による死亡率(性別死亡率)

$$\text{率} = \frac{\text{男性の全死亡数}}{\text{男性の推定年央人口}} \times 100{,}000 = \frac{1{,}199{,}264}{141{,}656{,}000} \times 100{,}000$$

$$= 100{,}000 \text{人当たり } 846.6$$

- 不慮の事故による25〜34歳の男性の死亡率(死因別年齢階級別性別死亡率)

$$\text{率} = \frac{25\sim 34\text{歳の男性の不慮の事故による死亡数}}{25\sim 34\text{歳の男性の推定年央人数}} \times 100{,}000$$

$$= \frac{9635}{20{,}203{,}000} \times 100{,}000 = 100{,}000 \text{人当たり } 47.7$$

■例 8.15

問題: 2001年に男性で15,555件,女性で4753件の殺人による死亡が起こった.2001年の男女の推定年央人口はそれぞれ139,813,000人と144,984,000人である.男女の殺人関連死亡率を計算せよ.

解答:

- 男性の殺人関連死亡率 ＝（男性の殺人による死亡数／男性の年央人口）×100,000
  ＝（15,555/139,813,000）×100,000 ＝ 男性 100,000 人当たり 11.1
- 女性の殺人関連死亡率 ＝（女性の殺人による死亡数／女性の年央人口）×100,000
  ＝（4753/144,984,000）×100,000 ＝ 女性 100,000 人当たり 3.3

8.4.1.12 年齢調整死亡率

死亡率は，地域間や時代間の比較するために用いることができる．しかし，死亡率は明らかに年齢とともに上昇するので，ある集団が他の集団より死亡率が高いということは，単にその集団が他の集団より年齢が高いことを意味しているかもしれない．表 8.7 より，2002 年のアラスカ州とフロリダ州の死亡率を検討すると，それぞれ 100,000 人当たり 472.2 と 1005.7 である．死亡リスクを下げるには，全員フロリダ州からアラスカ州に引っ越せばよいのか？　答えは No である．その理由は，アラスカ州の死亡率がフロリダ州より低いのは，アラスカ州の集団がかなり若いからである．実際，年齢階級別の死亡率をみると，7 つの年齢階級でアラスカ州はフロリダ州より高い．

集団間の年齢分布が異なることによる死亡率の歪みを取り除くために，集団の死亡率に対して年齢調整または標準化という統計的手法を用いる．これらの手法では，率ごとの死亡率の重みつき平均をとり，異なる集団間の年齢分布の違いによる効果を取り除く．これらの手法を使って計算された死亡率は年齢調整死亡率または年齢標準化死亡率と呼ばれる．2002 年のアラスカ州の年齢調整死亡率（100,000 人当たり 794.1）はフロリダ州の年齢調整死亡率（100,000 人当たり 787.8）より高いが，13 の年齢階級中 7 つでアラス

表 8.7　各年齢階級における全死因（アラスカ州およびフロリダ州，2002 年）

年齢階級(年)	アラスカ州			フロリダ州		
	人口	死亡数	死亡率(per 100,000)	人口	死亡数	死亡率(per 100,000)
<1	9938	55	553.4	205,579	1548	753.0
1-4	38,503	12	31.2	816,570	296	36.2
5-9	50,400	6	11.9	1,046,504	141	13.5
10-14	57,216	24	41.9	1,131,068	219	19.4
15-19	56,634	43	75.9	1,073,470	734	68.4
20-24	42,929	63	146.8	1,020,856	1146	112.3
25-34	84,112	120	142.7	2,090,312	2627	125.7
35-44	107,305	280	260.9	2,516,004	5993	238.2
45-54	103,039	427	414.4	2,225,957	10,730	482.0
55-64	52,543	480	913.5	1,694,574	16,137	952.3
65-74	24,096	502	2083.3	1,450,843	28,959	1996.0
65-84	11,784	645	5473.5	1,056,275	50,755	4805.1
85+	3117	373	11,966.0	359,056	48,486	13,503.7
不明	NA	0	NA	NA	43	NA
合計	3000	3030	472.2	16,687,068	167,814	1005.7
年齢調整死亡率			794.1			787.8

出典：ウェブサイトの Injury Statistics Query and Reporting System（WISQARS），http://www.cdc.gov/injury/wisqars．

カ州の死亡率がフロリダ州より高いことを踏まえれば驚くことではない．

8.4.2　死亡-発症比

死亡-発症比は，特定の期間における特定の疾患による死亡数を同じ期間に新規発症と特定された対象者数で割ったものである．死亡-発症比は比の指標だが，分子に数えられる死亡は評価期間より前に発症したもので，分母には数えられていないかもしれないので必ずしも割合の指標ではない．

8.4.2.1　死亡-発症比の計算方法

$$\frac{\text{特定の期間における特定の疾患による死亡数}}{\text{特定の期間にその疾患であると特定された新規発症者数}} \times 10^n$$

■例 8.16

問題： 1940 年から 1949 年の間で計 143,497 件のジフテリア発症が報告され，同じ期間に 11,228 件のジフテリアによる死亡が起きた．死亡－発症比を計算せよ．

解答： 　　　　　死亡－発症比 =（11,228/143,497）×1 = 0.0783

または

　　　　　　　　死亡－発症比 =（11,228/143,497）×100 = 100 人当たり 7.83

■例 8.17

問題： 表 8.8 は，米国における 10 年間ごとに報告されたジフテリアの患者数とジフテリア関連死亡数を示している．この 10 年間ごとの死亡-発症比を計算して表を埋めよ

表 8.8　米国における 1940 年から 1999 年まで 10 年ごとのジフテリアによる発症者数と死亡数

年数	新規発症者数	死亡数	死亡-発症比（×100）
1940–1949	143,497	11,228	7.62
1950–1959	23,750	1710	
1960–1969	3679	390	
1970–1979	1956	90	
1980–1989	27	3	
1990–1999	22	5	

表 8.9　米国における 1940 年から 1999 年まで 10 年ごとのジフテリアによる発症者数と死亡数

年数	新規発症者数	死亡数	死亡-発症比（×100）
1940–1949	143,497	11,228	7.62
1950–1959	23,750	1710	7.20
1960–1969	3679	390	10.60
1970–1979	1956	90	4.60
1980–1989	27	3	11.11
1990–1999	22	5	22.72

(CDC, 1999, 2001, 2003).

解答： 表8.9のとおりである．

ジフテリアによる新規発症者数と死亡数が1940年から1980年にかけて劇的に減っているが，1990年には1980年代から引き続き低いレベルに落ち着いている．1980年代と1990年代の死亡‐発症比は1940年代や1950年代と比べて実際高くなっている．これらのデータから，死亡数の減少は発症数の減少の結果であると結論づけることができる．これは，ジフテリア発症者が死亡しないような治療法の改善によるものではなく，ジフテリアそのものの発症が予防されたことによるものである．

8.4.3 致死率

致死率は特定の状態によって死亡した人の割合である．致死率はその疾患の深刻さの指標であり，式は以下のとおり．

$$\frac{発症者のうち発症を原因とする死亡}{発症人数} \times 10^n$$

致死率では，分子は分母に含まれる人の死亡に限定されているので割合の指標である．分子と分母の期間が同じである必要はない．たとえば，分母は1990年にHIV/AIDS発症者と診断された人数で，分子は1990年にHIVと診断された人のうち，1990年から現在までに死亡した人数などとすることができる．

■例 8.18

問題： レストランで提供されたネギによるA型肝炎の流行で，555件の発症が特定され，発症者のうち3人が感染で亡くなった．致命率を計算せよ．

解答： 致命率 $= (3/555) \times 100 = 0.5\%$

致命率と死亡‐発症比は，概念は似ているが，算出のための式が異なる．死亡‐発症比は単に特定の期間に起こった特定の死因による死亡数を同じ期間のその疾患の新規発症者数で割ったもので，死亡‐発症比の分子に含まれる死亡は分母の新規発症者に必ずしも限定されないが，致死率の分子に含まれる死亡数は分母の発症者数に限定される．

> **DID YOU KNOW ?**
> 致死率（case-fatality rate）は割合だが率ではない．結果として環境保健の実務に携わる研究者は致死比（case-fatality ratio）という用語を好む．

8.4.4 死因別死亡割合

死因別死亡割合（proportionate mortality）は，特定の集団の特定の期間における異なる死因による死亡を表す割合である．各死因は全死亡のパーセンテージとして表され，死因をすべて足し合わせると100％になる．これらの割合の分母は死亡が起きた集団で

はなく全死亡数なので，これらの割合は死亡率ではない．

8.4.4.1 死因別死亡割合の計算方法

死因別死亡割合は特定の集団の特定の期間において，以下となる．

$$\frac{特定の死因による死亡数}{全死因による死亡数} \times 100$$

2003年の米国における全人口（全年齢）と25～44歳の第一死因の分布は表8.2に示してある．表8.2に示されているように，不慮の事故は全死亡の4.3％を占めるが，25～44歳では21.6％を占めている（WISQARS, 2012）．

特に産業環境衛生の領域では，死因別死亡割合は一般集団と対象集団（たとえば職域）の死亡の比較に用いられる．2つの死因別死亡割合の比較は死因別死亡割合比（proportionate mortality ratio）または略してPMRとされる．PMRが1より大きい場合は，特定の死因がより対象集団で期待されるより多くの割合を占めていることを示す．たとえば，建設作業員は一般集団より傷害による死亡が多くなるだろう．また，PMRは死亡率に基づいていないため誤解されうる．というのは，死因別死亡割合は合計すると100％になるので，対象集団の死因別死亡率（cause-specific mortality）の低さが他の死因の死因別死亡割合（proportionate mortality）を高めることになるため，たとえば建設作業員の傷害による死亡割合の高さによって，建設作業員が現場から離れる原因になるような慢性疾患による死亡割合は低くなる可能性が非常に高い．いいかえると，職域の人々は一般集団より健康であることを示す結果になる可能性が高く，このことは健康労働者効果（healthy worker effect）として知られる．

表8.10 全年齢および25～44歳の年齢階級における主要な死因による死亡の数，死因別死亡割合，順位（米国，2003年）

	全年齢			25～44歳		
	数	割合	順位	数	割合	順位
全死因	2,443,930	100.0	—	128,924	100	—
心疾患	684,462	28.0	1	16,283		3
悪性肝炎	554,643	22.7	2	19,041	14.8	2
脳血管疾患	157,803	6.5	3	3004	2.3	8
慢性下気道疾患	126,128	5.2	4	401	0.3	—a
不慮の事故	105,695	4.3	5	27,844	21.6	1
糖尿病	73,965	3.0	6	2662	2.1	9
インフルエンザと肺炎	64,847	2.6	7	1337	1	10
アルツハイマー病	63,343	2.6	8	0	0	—a
腎炎，腎炎症候群，ネフローゼ	33,615	1.4	9	305	0.2	—a
敗血症	34,243	1.4	10	328	0.2	—a
自殺	30,642	1.3	11	11,251	8.7	4
慢性間疾患，肝硬変	27,201	1.1	12	3288	2.6	7
殺人	17,096	0.7	13	7367		5
HIV	13,544	0.5	—a	6879	5.3	6
その他	456,703	18.7	—	29,480	22.9	—

a：ランキング上位の死因には含まれない．
出典： CDC（2005）および Hoyert et al.（2005）のデータより．

■例 8.19

問題: 表 8.10 のデータを用いて空欄になっている 25〜44 歳の心疾患と殺人による死因別死亡割合を計算せよ．

解答:
25〜44 歳の心疾患による死因別死亡割合

$$= \frac{\text{心疾患による死亡数}}{\text{全死因による死亡数}} \times 100 = \frac{16{,}283}{128{,}294} \times 100 = 12.6\%$$

25〜44 歳の殺人による死因別死亡割合

$$= \frac{\text{殺人による死亡数}}{\text{全死因による死亡数}} \times 100 = \frac{7367}{128{,}294} \times 100 = 5.7\%$$

8.4.5 損失生存可能年数

損失生存可能年数（YPLL：years of potential life lost）は，集団における若年死亡率（premature mortality）の影響の指標である．追加の指標は，傷害や他の生活の質（quality of life）の指標を併合したものである．YPLL は所定のエンドポイント（年齢）とそのエンドポイント前に死亡した対象者の年齢の差を計算し，全員分足したものとして算出される．エンドポイントとしてよく使われるのは，65 歳と平均余命である．

YPLL を計算する際に，死亡年齢がより若い場合に重みをつけ，高い年齢での死亡は重みが下げられるが，YPLL はその重みの値に影響される．65 歳以前の YPLL（$YPLL_{65}$）は，平均余命（life expectancy）に基づく YPLL（$YPLL_{LE}$）より若い年齢での死亡に重みをつけている．2000 年の 60 歳の人の平均余命は 21.6 年で，70 歳の人の平均余命は 11.3 年，80 歳の人の平均余命は 8.6 年である．$YPLL_{65}$ は 65 歳以下の集団に起こった 30% 少ない死亡に基づいている．一方，$YPLL_{LE}$ は全年齢での死亡に基づいており，より粗死亡率に近い値となっている（Wise et al., 1988）．YPLL 率は異なる人口規模の YPLL の比較に用いることができる．異なる集団は異なる年齢分布をもっているであろうから，YPLL 率は通常年齢分布の違いを取り除くために年齢調整されている．

8.4.5.1 個人ごとのデータリストから YPLL を計算する手法

1. エンドポイント（評価時点）を決める（65 歳か，平均余命か，他の年齢か）．
2. エンドポイントの年齢かそれ以降に死亡した全員の記録を除外する．
3. エンドポイント前の年齢で死亡した人ごとに，エンドポイントから個人の死亡年齢を引いてその個人の YPLL を算出する．

$$YPLL_{individual} = \text{エンドポイント} - \text{死亡年齢}$$

4. 個人ごとに求められた YPLL を合計する．

$$YPLL = \sum YPLL_{individual}$$

8.4.5.2 頻度から YPLL を計算する手法

1. 特定のエンドポイント（たとえば 65 歳）を超えて生存した年齢グループを確認し，エンドポイントより長く生きている全年齢グループを除外する．

2. エンドポイントより若い年齢グループごとに，以下のように年齢グループの中央値を求める．

$$\frac{(年齢グループで最も低い年齢)+(最も高い年齢)+1}{2}$$

3. エンドポイントより若い年齢グループごとに，エンドポイントの年齢から年齢グループごとの中央値を引いて，年齢グループのYPLLを計算する．
4. 年齢グループごとのYPLLを年齢グループの人数倍して，年齢別YPLLを計算する．
5. 年齢別YPLLを合計する．

YPLL率は，エンドポイント（たとえば65歳）を下回る1,000人当たりの損失生存可能年数を意味する．YPLLは人口規模の違いを考慮していないので，異なる集団の若年死亡率の比較にはYPLL率を用いるべきである．YPLL率の算出式は以下のとおりである．

$$YPLL率 = \frac{損失生存可能年数}{65歳以下の人口}$$

8.5 出生の指標

出生の指標は，人口に基づく出生の尺度である．これらの指標はおもに周産期と子どもの健康の領域で働く人々によって使用される．表8.11に一般的に用いられる出生の指標を示す．

8.6 関連の指標

環境保健領域の解析において重要なのは比較である．しばしば，われわれは対象集団で高いと思われる発症率を観測し，なぜその集団の発症率が他の集団の発症率に基づいて期待されたものより高いのか疑問に思うことがある．また，感染が起こった際の患者集団で，特定の飲食店で食事をしたという報告を受ける場合がある．この場合，その飲食店は一般的に利用される飲食店なのだろうか？ それとも患者集団が期待されるより多くその飲食店を利用したのだろうか？ これを評価する方法は，観測しているグループと期待する一般水準を代表するほかのグループを比較することである．

関連の指標は，2群間の曝露と疾患の関係を定量する．曝露は，食品の摂取や，蚊や性感染症のパートナーや有毒廃棄物との接触などの意味だけでなく，人の本来の特性（た

表8.11 よく用いられる出生の指標

指標	分子	分母	10^n
粗出生率	特定の期間の生産の数	期間の中央時点の人口	1000
粗特殊出生率	特定の期間の生産の数	期間の中央時点の15〜44歳の女性の数	1000
粗自然増加率	特定の期間の生産の数−死亡数	期間の中央時点の人口	1000
低出生体重比	特定の期間に2500g未満で生まれた生産の数	特定の期間の生産の数	100

8.6 関連の指標

とえば年齢や人種,性別),生物学的特徴(免疫状態),獲得した特徴(結婚歴),活動(職業,余暇活動),生活や居住環境(社会経済状態や医療へのアクセス状態)なども意味し,緩やかに用いられる用語である.

ここからの項で説明される関連の指標では,あるグループの疾患発症と他のグループの疾患発症が比較されている.関連の指標の例には,リスク比(相対リスク),比,オッズ比,死因別死亡割合比などが挙げられる.

8.6.1 リスク比

リスク比(RR:risk ratio)は相対リスク(relative risk)とも呼ばれ,ある集団と他の集団の健康に関するイベント(疾患や傷害,リスク因子や死亡)のリスクを比較するのに用いられる.リスク比は,群1のリスク(発症割合や発病率)を群2のリスク(発症割合や発病率)で割ることで求められる.2つの群は,一般的には性別のような人口統計学的要因(たとえば男性と女性)によって区別されたり,リスク因子と疑われる要因への曝露(たとえばポテトサラダを食べた群と食べていない群)によって区別されたりする.しばしば,興味のある群を曝露群,比較対照群を非曝露群と呼ぶ.

8.6.1.1 リスク比の計算手法

リスク比の計算式は以下である.

$$\frac{興味のある群の疾患発症リスク(発症割合や発病率)}{対照群の疾患発症リスク(発症割合や発病率)}$$

リスク比が1.0ということは,2群間のリスクが同じであることを意味し,リスク比が1.0より大きいことは分子の群(通常は曝露群)のリスクが高いことを意味する.また,リスク比が1.0より小さいことは曝露群のリスクが低いことを意味し,曝露が疾患発症を予防するであろうことを示唆する.

■例 8.20

問題: 1999年にサウスカロライナ州で起こった刑務所内の受刑者での結核の流行では,東館に居住している受刑者157人中28人が結核を発症した.対する西館に居住する受刑者は137人中4人が結核を発症した(McLaughlin et al., 2003).これらのデータは結果の状況が2列,曝露の状況が2行のいわゆる2×2表にまとめられる(表8.12A).この例では,曝露は館の東西で2値,結果は結核発症の有無である(表8.12B).リスク比を計算せよ.

解答: リスク比を計算するには,まず各群のリスクや発病を計算する.

曝露の発病率 $= a/(a+b)$

非曝露の発病率 $= c/(a+d)$

この例では

東館の結核発症リスク $= 28/157 = 0.178 = 17.8\%$

西館の結核発症リスク $= 4/137 = 0.029 = 2.9\%$

表 8.12A 一般的な 2×2 表

表 8.12B サウスカロライナ州の HIV に罹患した受刑者の中での居住館による結核感染の発症状況，1999

	結核にかかったか？		
	はい	いいえ	合計
東館	$a = 28$	$b = 129$	$H_1 = 157$
西館	$c = 4$	$d = 133$	$H_0 = 137$
合計	32	262	294

出典：CDC (2012) および McLaughlin et al. (2003) からのデータによる．

リスク比は単純にこれら 2 つのリスクの比になる．

$$\text{リスク比} = 17.8/2.9 = 6.1$$

したがって，東館に居住する受刑者は西館に居住する受刑者の 6.1 倍結核を発症しやすいという結論になる．

■ **例 8.21**

問題： 2002 年に起こったオレゴン州での水疱瘡（水痘）の流行では，ワクチンを接種した子どもについては 152 人中 18 人が水疱瘡と診断され，接種していない子どもについては 7 人中 3 人が水疱瘡と診断された．表 8.13 のデータを用いてリスク比を計算せよ．

解答：

ワクチンを接種した子どもの水疱瘡発症リスク = $18/152 = 0.118 = 11.8\%$

ワクチンを接種していない子どもの水疱瘡発症リスク = $3/7 = 0.429 = 42.9\%$

$$\text{リスク比} = 0.118/0.429 = 0.28$$

1 を下回るリスク比は，子どもへの曝露（ワクチン接種）がリスクを下げるまたは子どもへの曝露に予防効果があることを示唆する．リスク比 0.28 はワクチンを受けた子どもは受けていない子どもと比べて約 1/4 しか水疱瘡を発症していないことを示唆する．

表 8.13 水疱瘡にかかった子どものワクチン接種の有無（オレゴン州，2002 年）

	罹患	罹患せず	
ワクチン接種	$a = 18$	$b = 134$	152
ワクチン非接種	$c = 3$	$d = 4$	7
合計	21	138	159

出典：CDC (2012) および Tugwell et al. (2004) からのデータによる．

8.6.2 率 比

率比 (rate ratio) は, 2 群の発症率や人時間率, 死亡率を比較するものである. リスク比のように, 2 つの群は人口統計学的要因や疑わしい原因物質への曝露状況によって区別される. 率比は, 興味のある群の発症率を対照群の発症率で割ることで得られる.

$$\frac{興味のある群の疾患発症率}{対照群の疾患発症率}$$

率比の解釈はリスク比と類似しており, 率比 1.0 は 2 群の発症率が等しいことを, 率比が 1.0 より大きいことは分子の群がリスクを高めることを, 率比が 1.0 より小さいことは分子の群がリスクを減らすことを示唆している.

■例 8.22

問題: 公衆衛生管轄当局は, 1998 年にアラスカ州でクルーズ船の乗客が急性呼吸器疾患 (ARI) を発症して船舶の診療所に立ち寄る現象が増えたようにみえることへの調査を行った (Uyeki et al., 2003). 当局は, 乗客が ARI で診療所にかかった頻度を 1998 年の 5〜8 月期と 1997 年の 5〜8 月期で比較した. 1998 年には観光客 1000 人当たり週 11.6 件の診療所への来所記録があったが, 1997 年は 5.3 件であった. 率比を計算せよ.

解答: 率比 = 11.6/5.3 = 2.2

アラスカ州において 1998 年の 5 月から 8 月期におけるクルーズ船の乗客は, 1997 年の乗客の 2 倍以上 ARI で診療所にかかりやすかったことがわかった (補足: 乗客の鼻腔培養物から同定された 58 のウイルス分離株のうちほとんどは, この年北米で夏季に最大の流行をみせたインフルエンザ A 型だった).

8.6.3 オッズ比

オッズ比 (OR: odds ratio) は, 2 つのカテゴリーの曝露と結果の関係を定量するもう 1 つの関連の指標である. 表 8.14 の 4 つのセルからオッズ比は以下のように計算される.

$$オッズ比 = \left(\frac{a}{b}\right)\left(\frac{c}{d}\right) = ad/bc$$

a は曝露していて疾患を発症している対象者の人数, b は曝露していて疾患を発症していない対象者の人数, c は非曝露で疾患を発症している対象者の人数, d は非曝露で疾患を発症していない対象者の人数, $a+c$ は疾患を発症している対象者の合計人数 (ケースの

表 8.14 仮想人口 1 万に対する病気の曝露

	発症	発症せず	合計	リスク
曝露	$a = 100$	$b = 1900$	2000	5.0%
非曝露	$c = 80$	$d = 7920$	8000	1.0%
合計	180	9820	10,000	—

人数), $b+d$ は疾患を発症していない対象者の合計人数（コントロールの人数）である．オッズ比は，分子がセル a とセル d の掛け算，分母がセル b とセル c の掛け算に基づいているため，交差積比（cross-product ratio）とも呼ばれる．これは分子の掛け算であるセル a からセル d にかけての線と，分母の掛け算であるセル b からセル c にかけての線が2×2表上でXまたはクロスの形になっているための呼称である．

■例 8.23
問題： 表8.14のデータを用いてリスク比とオッズ比を計算せよ．
解答：
1. リスク比　　　　　　　　$5.0/1.0 = 5.0$
2. オッズ比　　　　　　　　$(100 \times 7920)/(1900 \times 80) = 5.2$

オッズ比5.2とリスク比5.0は近い値になっている．これはオッズ比の長所の1つであり，疾患発症がまれな場合（訳注：まれな場合のみよい近似となるわけではない），オッズ比はリスク比のよい近似となる．他の長所としては，オッズ比は，研究に登録された疾患発症者（ケース）と疾患非発症者（コントロール）に基づいて実施されるケースコントロール研究のデータから計算できる点が挙げられる．コントロール群の人数は通常研究実施者によって決められるが，ケースの集団規模は多くの場合未知である．その結果，典型的なケースコントロール研究からはリスク，率，リスク比そして率比は計算することができないが，疾患発症がまれな場合にはオッズ比を計算してリスク比の近似として解釈することが可能である．

8.7　公衆衛生への影響の指標

公衆衛生への影響の指標は，公衆衛生の文脈で意味のある曝露と疾患の関係を評価するために用いられる．関連の指標は曝露と疾患の関連を定量し，因果関係への洞察を示すのに対し，公衆衛生への影響の指標は，集団での発症頻度への曝露の寄与という負荷を反映する．寄与割合（attributable proportion）と効用（efficacy）または有効性（effectiveness）という2つの公衆衛生への影響の指標がしばしば用いられる．

8.7.1　寄与割合

寄与割合（attributable proportion）は，原因となる要因の公衆衛生への影響を評価する指標であり，寄与リスクパーセント（attributable risk percent）としても知られる．寄与割合の算出では，非曝露群の疾患発症リスクは，疾患発症リスクのベースライン値または期待値を反映するという仮定がおかれる．さらに，曝露群の疾患発症リスクは非曝露群の疾患発症リスクよりも高く，その差は曝露の寄与によるものであるという仮定もおかれている．したがって，寄与割合は曝露の寄与による曝露群の疾患の増分に相当し，曝露が取り除かれた際の疾患が期待的に減少する程度を表している（実際には存在しない値）．

8.7.1.1 寄与割合の算出方法

寄与割合は以下のように算出される．

$$\frac{\text{曝露群のリスク} - \text{非曝露群のリスク}}{\text{曝露群のリスク}} \times 100\%$$

率に対する寄与割合も同じように計算される．

■例 8.24

問題： 喫煙と肺がんに関する別の研究で，非喫煙者の肺がん死亡率は1年当たり1000人当たり 0.07 件であった（Doll and Hill, 1950）．1日1本から14本喫煙をする集団の肺がん死亡率は1年当たり1000人当たり 0.57 件であった．寄与割合を計算せよ．

解答： 寄与割合 $= [(0.57 - 0.07)/0.57] \times 100\% = 87.7\%$

すでに証明されている喫煙と肺がんの間の因果関係と群間が比較可能であるという仮定を踏まえると，1日1本から14本喫煙をする集団の肺がん約 88％ は喫煙の寄与によるもので，残りの 12％ が喫煙の寄与によらずに発症した肺がんであるということができた．

> **DID YOU KNOW？**
> 寄与割合を適切に利用できるかどうかは，単一のリスク因子が疾患発症に影響するかどうかに依存する．複数のリスク因子が相互に作用する可能性がある場合（たとえば，運動と年齢や健康状態），寄与割合の利用は適切ではない．

8.7.2 ワクチンの効用とワクチンの有効性

ワクチンの効用とワクチンの有効性は，ワクチン接種した群での疾患発症の減少の指標である．ワクチンの効用は臨床試験のような理想的な状況の下で研究が実施されている場合に利用され，ワクチンの有効性は典型的な実験フィールド条件（完璧に制御である必要はない）の下で研究が実施されている場合に利用される．ワクチンの効用／有効性（VE）はワクチン接種群の発症リスクと，ワクチン非接種群の発症リスクから算出され，ワクチンを接種した人が接種していない人に比べて疾患発症が何パーセント減少するかで決められる．ワクチン接種による疾患発症減少のパーセンテージが大きい場合には，ワクチンの効用／有効性が大きいといえる．基本式は以下のとおりである．

$$\frac{\text{ワクチン非接種群のリスク} - \text{ワクチン接種群のリスク}}{\text{ワクチン非接種群のリスク}}$$

または

$$1 - \text{リスク比}$$

最初の式の分子（ワクチン非接種群のリスク − ワクチン接種群のリスク）は，しばしばリスク差（risk difference）または超過リスク（excess risk）とも呼ばれる．

ワクチンの効用／有効性は，ワクチン接種群における疾患発症の減少割合と解釈され

る．つまり，VE が 90％ というのは，発症率がワクチン接種群で 90％ 減少する，もしくはワクチンを接種しなかった場合に期待される発症数がワクチン接種によって 90％ 減少することを示す．

■例 8.25
　問題： 表 8.13 の水疱瘡のデータからワクチンの有効性を計算せよ．
　解答：　　　　　　VE ＝ (42.9 − 11.8)/42.9 ＝ 31.1/42.9 ＝ 72％
もしくは
$$VE = 1 - RR = 1 - 0.28 = 72\%$$

したがって，ワクチン接種群は，ワクチンを受けなかった場合に比べて水疱瘡の発症が 72％ 少なくなったといえる．

引用文献・推奨文献

Arias, E., Anderson, R.N., Kung, H-F., Murphy, SI., and Kochanek, K.D. (2003). Deaths: final data for 2001. *National Vital Statistics Reports*, 52(3), 1–116.
CDC. (1999). Summary of notifiable diseases —— United States, 1998. *MMWR*, 47(53), 1–93.
CDC. (2001). Summary of notifiable diseases —— United States, 1999. *MMWR*, 48(53), 1–104.
CDC. (2003). Summary of notifiable disease —— United States, 2001. *MMWR*, 50(53), 1–108.
CDC. (2004). *Reported Tuberculosis in the United States, 2003*. U.S. Centers for Disease Control and Prevention, Atlanta, GA.
CDC. (2005). Summary of notifiable diseases —— United States, 2003. *MMWR*, 2(54), 1–85.
CDC. (2012). *Principles of Epidemiology in Public Health Practice*, 3rd ed. U.S. Centers for Disease Control and Prevention, Atlanta, GA.
Doll, R. and Hill, A.B. (1950). Smoking and carcinoma of the lung. *British Medical Journal*, 1, 739–748.
Hoyert, D.L., Kung, H.C., and Smith, B.L. (2005). Deaths: preliminary data for 2003. *National Vital Statistics Reports*, 53(15), 1–48.
Kleinman, J.C., Donahue, R.P., Harris, M.I., Finucane, F.F., Madans, J.H., and Brock, D.B. (1988). Mortality among diabetics in a national sample. *American Journal of Epidemiology*, 128, 389–401.
Last, J.M. (2001). *A Dictionary of Epidemiology*, 4th ed. Oxford University Press, Oxford, U.K.
McLaughlin, S.I., Spradling, P., Drociuk, D., Ridzon, R., Pozsik, C.J., and Onorato, I. (2003). Extensive transmission of *Mycobacterium tuberculosis* among congregated, HIV-infected prison inmates in South Carolina, United States. *International Journal of Tuberculosis and Lung Disease*, 7, 665–672.
Tugwell, B.D., Lee, L.E., Gillette, H., Lorber, E.M., Hedberg, K., and Cieslak, P.R. (2004). Chickenpox outbreak in a highly vaccinated school population. *Pediatrics*, 113(3, Pt. 1), 455–459.
Uyeki, T.M., Zane, S.B., Bodnar, U.R., Fielding, K.L., Buxton, J.A., Miller, J.M. et al. (2003). Large summertime influenza A outbreak among tourists in Alaska and the Yukon Territory. *Clinical Infectious Diseases*, 36, 1095–1102.
U.S. Census Bureau. (2006). *Population Estimates*, http://www.census.gov/popest.
Williams, L.M., Morrow, B., and Lansky, A. (2003). Surveillance for selected maternal behaviors and experiences before, during, and after pregnancy: Pregnancy Risk Assessment Monitoring System (PRAMS). *MMWR Surveillance Summaries*, 52(SS-11), 1–14.
Wise, R.P., Livengood, J.R., Berkelman, R.L., and Goodman, R.A. (1988). Methodologic alternatives for measuring premature mortality. *American Journal of Preventive Medicine*, 4, 268–273.
WISQARS. (2012). *Web-based Injury Statistics Query and Reporting System*. U.S. Centers for Disease Control and Prevention, Atlanta, GA, http://www.cdc.gov/injury/wisqars.

第9章　ブール代数

$$A \cdot (B+C) = (A \cdot B) + (A \cdot C)$$
$$A + B = B + A$$
$$A \cdot (B+C) = (A+B) \cdot (A+C)$$
$$A \cdot B = B \cdot A$$

環境保健の実務家にとって，すべてのハザードを排除することが崇高な目標である．それでも人という構成要素がシステムの中に存在する限り，完璧を達成するのは不可能であろう．ハザードには激しさや事故原因の程度がいろいろあることを認識すると，最も「重要な」ハザードを最初に除去するという考えにいたる．したがって，問題についての認識はいずれにせよ限界があるのなら，ハザードの重要さを決める評価こそが肝要である．

—— Brown (1976)

9.1　なぜブール代数か？[*1]

環境保健の実務家は（他のどんな人とも同様に），理性のある人間なら彼もしくは彼女自身または仲間の人に苦痛や傷をもたらすのを欲しないことを直感的に知っている．明らかな意図がないにもかかわらず環境の事故（そして他のタイプの事故）が続いて起きることは，推論過程のどこかの部分に欠陥があることを示している．おそらく読者は「練りに練った計画は…（The best laid plans...）」から続く，古いことわざをきいたことがあるだろう[*2]．簡単にいえば，環境に関する事故が起きるときは，原因-結果の推論過程に破たんがあることが明らかである．この章の目標は，主として労働衛生・安全および産業衛生活動に従事する環境実務者が共通に用いる論理的推論過程（システム安全解析）を評価するための基本手順を記述することである．

ここで簡潔に述べる方法論はブール代数の概念に基づいている．「なぜブール代数の基本概念を述べるのか」という質問があるかもしれない．簡単な回答としては，環境保健

[*1]　［原注］この章で示した題材は以下の文献から採った．Spellman, F.R. and Whiting, N.E., *The Handbook of Safety Engineering: Principle and Applications*, Government Institutes Press, Lanham, MD, 2010.
[*2]　［訳注］このフレーズは，スコットランドの詩人 Robert Burns による 1785 年発表の詩 "To a Mouse, on Turning Her Up in Her Nest with the Plough" の一節 "The best-laid schemes o' mice an' men" に由来する．原詩では，詩人が畑を耕したためにネズミの冬のためのねぐらを鍬で壊してしまったことを憐れむ．と同時に，未来が厳しいのはネズミだけでなく，人間も苦難の未来をたどるかもしれないことにおののく．ここでは，「周到に準備された計画もうまくいかないことがある」，程度の意味．

の実務家は危険な状態を緩和するために論理学の道具を用いることが期待されているからである．ブール代数はこのような道具の1つである．複雑な回答としては，環境保健実務家は免許認定試験に良い点数をとるためにブール代数の基礎を知っていることがしばしば期待されるからである．あるいは，彼らは正式のトレーニングプログラムもしくは職場内教育でブール代数の概念を教えられるからである．そのうえ，ブール代数は確率論と信頼性理論，およびさまざまな環境工学と環境保健の研究において，手段としての役割を果たす．

1950年代に進展をみたブール代数は数学の一分野（代数学の1つ）である．これはイギリスの数学者George Booleが論理学への応用のために体系的に発展させた．その集合と確率への応用は緊密に関係がある．集合（set）は，何らかのはっきり定義された対象（要素）のリストあるいは集まりである．通常，集合はA, B, Cのように大文字で表し，その要素（element）はe, f, gのように小文字で表す．また，ブール代数は「関係の理論」の基礎となっている[*3]．ブール代数の最も有名な使用例は，デジタル計算機で用いる電子スイッチング回路の設計である（Marcus, 1967）．しかし，その最初の応用は論理推論の文脈においてであった（Boole, 1951, 2003）．今日では，確率計算を含む問題の論理的な部分を解くのにブール代数が広く使用されている．これらの適用のすべてにおいて，安全に携わる実務家にとって事故を減らすという彼あるいは彼女の目標に関してかなり有用であった．特に注意を引くのは，フォルトツリー解析（FTA：fault tree analysis，故障木解析ともいう）においてブール代数の技法を用いることである．フォルトツリー解析は工学システムの信頼性解析に用いられる（Clemens and Simmons, 1986; Kolodner, 1971）．フォルトツリー解析は確率と後ろ向き推論（backward reasoning）の組み合わせだけでなく，ブール代数との組み合わせでもある．ある上位事象の確率は，下位事象の組み合わせの結果である．フォルトツリーの中の事象の失敗の確率を推定する（あるいは知る）ことにより，成功または失敗の確率を推定することが可能になる．

環境分野の実務家や環境領域の学生は代数学に精通している．代数学は必須の中心的科目である．代数学は算術からの論理的な派生物であり，多くの算術の方法が修正・拡張されて，あるいはもとの形で代数学に用いられている．限定的であるが，同様の関係をブール代数の記述に用いることができる．すなわち，ブール変数の法則の多くは数の代数の法則と大きくは違っていない．この関係は交換法則と分配法則において容易にみてとれるが，実際の代数計算に用いられる他の法則（単位元と補元）においてはそれほど容易にはわからない．

[*3]［訳注］集合X, Yのそれぞれの要素x, yを含む命題R(x, y)において真偽が定まるときR(x, y)を関係，あるいは二項関係という．関係の与え方により順序系が規定され，それを演算として解釈することでさまざまな代数系が生成される．ブール代数はその1つである．

9.1.1 フォルトツリー解析

環境実務において，帰納的解析方法では，システムの構成要素を分析し，構成要素の故障（failure）が全システムの性能へ影響を及ぼすということを前提とする．演繹的解析方法では，エンド事象（end event）[*4]から出発して可能な原因を決定しようと試みる．これにより，与えられたエンド事象がどのようにして起こりえたかを決定する．演繹的システムの環境保健・安全解析への1つの広く普及した応用はフォルトツリー解析（fault-tree analysis；FTA）である．これは，システムの起こりうる故障を仮定し，次に故障に寄与するであろう構成要素の状態を同定する．この方法は，望ましくない事象が起こりえたすべての道筋を同定するために，その事象から後ろ向きに（backwards）推論する．こうすることで有力な原因を同定する．フォルトツリーの最下位のレベルは個々の構成要素またはプロセス，および故障モードを含む．このレベルの解析は一般にFMEA（failure mode and effect analysis，故障モード・影響解析）の出発点に対応する．FMEAは「もしここが故障したらどうなるか…（what if...?）」という基本的質問に対して体系づけられたシステム信頼性解析である．

フォルトツリー解析では，事象間の相互作用を表現し定量化するのにブール論理やブール代数を用いる．基本的なブール演算子はANDゲートとORゲートである．ANDゲートについては，このゲートの下にあってこのゲートへ入力するすべての事象が同時に発生するときに限り，このゲートの出力（この記号の上にある事象）が発生する．ORゲートについては，入力事象のどれか1つが発生すれば出力事象が発生する．

初期事象または初期条件の確率が知られているときは，続いて起こる事象の確率はブール代数の適用により決定される．ANDゲートについては，出力事象の確率はブール確率の「交わり，共通部分」（intersection）で，すなわち，入力事象の確率の積である．

$$確率(出力) = 確率(入力1) \times 確率(入力2) \times 確率(入力3)$$

ORゲートについては，出力事象の確率は，ブール確率の「結び，和集合」（union）で，入力事象の確率の和から，入力事象の確率のすべての組み合わせの積を加えたり引いたりしたものである[*5]．

$$確率(出力) = 確率(入力1) + 確率(入力2) + 確率(入力3)$$
$$-[確率(入力1) \times 確率(入力2) + 確率(入力2) \times 確率(入力3)$$
$$+ 確率(入力3) \times 確率(入力1)]$$
$$+ 確率(入力1) \times 確率(入力2) \times 確率(入力3)$$

[*4] ［訳注］本書の「エンド事象」はフォルトツリー解析で通常「トップ事象」（top event，頂上事象ともいう）とよぶものにあたる．フォルトツリー解析では，はじめに「望ましくない事象」，「防ぎたい事象」を定義する．これをトップ事象とよび，フォルトツリー（故障木）の最上位におく（図9.1参照）．

[*5] ［訳注］ここに出た「確率(出力)」の2つの式は，入力が3つで互いに独立のとき成り立つ．入力が互いに独立でないときは条件付き確率を考えなくてはならないがFTA解析ではそこまで立ち入らない．一般に，入力がk個で互いに独立のときは，上のORゲートの式は確率(出力) = 1 - (1 - 確率(入力1))(1 - 確率(入力2))…(1 - 確率(入力k))と書ける．

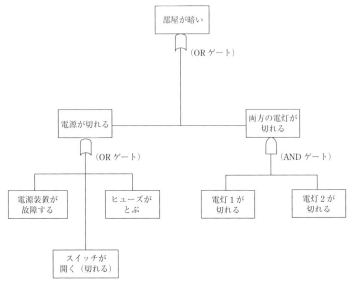

図 9.1 電球のフォルトツリー解析

$$= 1 - (1 - 確率(入力 1))(1 - 確率(入力 2))(1 - 確率(入力 3))$$

入力事象の確率が小さい場合は（たとえば 0.1 未満），OR ゲートの出力事象の確率は入力事象の確率の和で推定できる．

$$確率(出力) = 確率(入力 1) + 確率(入力 2) + 確率(入力 3)$$

図 9.1 で簡単な FTA を説明する．図 9.1 では，基本事象を円形枠でなく，長方形枠で表示している．なぜなら，これらはさらに展開する（あるいは，取り下げる）可能性があるからである[*6]．例として，図 9.1 において次の確率が存在するとしよう．

電源装置故障の確率 = 0.0010
スイッチが開く確率 = 0.0030
ヒューズがとぶ確率 = 0.0020
電灯 1 が切れる確率 = 0.0300
電灯 2 が切れる確率 = 0.0400

もし電源装置が故障するか，スイッチが開く（切れる）か，ヒューズがとべば電源が切れるのだから，電源が切れる確率は電源装置故障の確率，スイッチが開く確率，ヒューズがとぶ確率の和である．つまり，0.0010 + 0.0030 + 0.0020 = 0.0060 である．電灯 1 が切

---

*6 ［訳注］FTA ではトップ事象とその下位の中間事象は長方形枠で，最下位の基本事象を円形枠で示すのが通例である．ここでは基本事象であっても長方形で示す理由として，検討過程で「基本事象」のさらに下位に事象を付け加えたり，あるいは「基本事象」を消去したりする可能性があることをあげている．

れて電灯 2 が切れると両方の電灯が切れる．両方の電灯が切れる確率は 0.0300×0.0400 つまり 0.0012 である．電源が切れるか，または両方の電灯が切れるかのどちらかの理由で部屋が暗くなる確率は 0.0060＋0.0012　つまり 0.0072 である．

フォルトツリー解析においてカットセット（cut set）とパスセット（path set）の概念は有用である．カットセットは，もしすべてが発生するとエンド事象の発生を引き起こす事象要素からなるグループである．パスセットは，もしいずれも発生しなければエンド事象の発生を防ぐ事象要素からなるグループである．図 9.1 の例については，もし，次のどれかが発生すればエンド事象が発生する．
- 電源装置が故障する．
- スイッチが開く．
- ヒューズがとぶ．
- 電灯 1 と電灯 2 が切れる．

この 4 つの集合のそれぞれはカットセットを表す．なぜなら，いずれの集合もそのすべての事象が発生すれば，エンド事象（部屋が暗い）が発生するからである．図 9.1 の例では，次のどちらかの集合で，1 つも事象が発生しなければエンド事象は発生しない．
- 電源装置が故障する，スイッチが開く，ヒューズがとぶ，電灯 1 が切れる．

あるいは
- 電源装置が故障する，スイッチが開く，ヒューズがとぶ，電灯 2 が切れる．

上の 2 つの集合のそれぞれはパスセットを表す．なぜなら，どちらか一方の集合でいずれの事象も発生しなければ，エンド事象（部屋が暗い）は起こりえないからである．

9.1.2　キーターム

ブール変数は通常大文字で表され，明白な事象あるいは事実を表す．A, B, C はブール変数である．（＋）は論理 OR 演算子である．（・）は論理 AND 演算子である．

9.2　技術的概要

ブール代数の変数は通常大文字で表され，明白な事象または事実を表す．たとえば，A がある機械のプーリー（滑車）系のベルトが故障するという事象を表すとしよう．もしこれが発生すれば $A = T$，あるいは A は真という．この事象が発生しなければ，$A = F$，あるいは A 偽という．もちろん，系を検討するためのある有限の時間が必要である．また，事象 A に伴う確率が（しばしば未知であるが）存在する．

ブール式をわかりやすくする最も明らかな方法は，通常の代数式で行う計算と同じやり方でブール式を計算することである．真か偽（すなわち，発生か非発生）で表現される計算はブール代数変数の二値モードである．これらのモードは，ブール代数変数の組み合わせとして関数を構成することができる．デジタル形式の論理関係に関しては，未知の値を解くために一連の記号計算の規則が必要である．

ブール式の創始者である George Boole により定式化された一連の規則は，出力が上述

表 9.1 ブールの仮定

仮定 1	$X=0$ または $X=1$
仮定 2	$0 \cdot 0 = 0$
仮定 3	$1+1=1$
仮定 4	$0+0=0$
仮定 5	$1 \cdot 1 = 1$
仮定 6	$1 \cdot 0 = 0 \cdot 1 = 0$
仮定 7	$1+0=0+1=1$

表 9.2 ブールの法則

交換法則	$A+B=B+A$ $AB=BA$
分配法則	$A(B+C)=AB+AC$ $A+(BC)=(A+B)(A+C)$
同一法則 (加法，乗法の単位元の存在)	$A+0=A$ $A \cdot 1 = A$
補元法則 (補元の存在)	$A+\text{not}(A)=1$ $A \cdot \text{not}(A)=0$

の真または偽の関係に対応するある命題を記述している．また，デジタル論理に関してはこれらの規則は回路を記述するために，または状態が 1（真）あるいは 0（偽）のいずれかの可能性を記述するために用いられる．これを十分に理解するには，AND，OR，および NOT 演算子を理解する必要がある．これらの関係から，表 9.1 に示したいくつかの規則が導かれる．

表 9.2 には，この本でわれわれが関係する基本的なブールの法則を示す．どの法則も 2 つの式があることに注意されたい（それらを (a)，(b) とする）．これは双対性（duality）として知られている．2 つの式は，一方の式ですべての AND（・）を OR（＋）に変え，すべての OR（＋）を AND（・）に変え，そして，すべての 1 を 0 に，すべての 0 を 1 に変えることで他方の式が得られる．ほとんどの場合，AND 記号（・）は省略するのが通例となっている．すなわち，$A \cdot B$ は簡単に AB と書く[*7]．

9.2.1 交換法則

ブール代数の交換法則 (commutative law) は数の代数の交換法則と大きくは違わない．AND または OR の論理演算子のどちらについても，変数が表示されている順序は出力に影響を与えない．したがって，1 番目の式 $A+B=B+A$ は「A OR B は B OR A と等しい」と読むことができる．また，$AB=BA$ は「A AND B は B AND A と等しい」という

[*7] ［原注］ブール代数は，ブール束で定義される代数系であるが，公理系で与えることもできる．与え方はいくつかあり，その 1 つが E.V. Huntington による公理系で，表 9.2 で与えられるものである．

ことになる.

> ノート： 代数学の加法と乗法の交換法則はブール変数の交換法則と似ている．加法の交換法則（commutative law for addition）（代数学）は2つの量の和はどんな順序で足しても同じことを述べている．乗法の交換法則（commutative law for multiplication）（代数学）は2つの量の積は，どんな順序で掛けても同じことを述べている．

9.2.2 分配法則

式 $A(B+C)=(AB)+(AC)$ はブール変数の第1分配法則であり，これもまた数の代数の分配法則と異なるものではない．これは単に，A と $(B\ \mathrm{OR}\ C)$ の AND 演算が A AND B と A AND C との OR 演算に等しいことを述べているにすぎない．一方，式 $A+(BC)=(A+B)(A+C)$ はブール論理の第2分配法則で，現実の代数学からするとそれほど論理的ではない．これは，A と $(B\ \mathrm{AND}\ C)$ との OR 演算が A OR B と A OR C との AND 演算に等しいことを述べている．

> ノート： 代数学で分配法則は，2つ以上の項の式に1つの因数を掛けた積が，式の各項に1つの因子を掛けた積の和に等しいことを述べている．

9.2.3 同一法則と補元法則

式 $A+0=A$, $A\cdot 1=A$, $A+\mathrm{not}(A)=1$ および $A\cdot\mathrm{not}(A)=0$ は，単位元（identity）と与えられたブール変数に対する補元（inverse）の存在を述べている[*8]．現実の代数学の加法と同様に，OR 演算子に関する単位元は 0 である．また現実の代数学の掛け算と同様に，AND 演算子に関して単位元は 1 である．

> ノート： ブール変数のとる値「ビット（bit）」は（実変数の 10 進法の各桁の値と類似して），定義から 0 または 1 のどちらであるだから，補元は単にすべてのビットを別のブール値に置き換えることで得られる（たとえば，0 は 1 になり，1 は 0 になる）．数の代数学における逆元とは異なり，ブール変数の補元ともとのブール変数の AND 演算は 0 になる．もし，ブール変数がその補元と OR 演算すれば，結果は 1 になる．また，ブール変数がそれ自身と OR 演算または AND 演算すると，結果は単にもとのブール変数である[*9]．

[*8] ［訳注］ここに挙げた4式のうち第1式は加法に関する単位元 0（零元）の存在を示し，第2式は乗法に関する単位元 1 の存在を示す．第3式，第4式は，変数 A に対して not(A) の存在を示す．この not(A) は A の「補元」といい，A の「否定」を表す．原著では「補元」を inverse としているが，多くの代数系では inverse は「逆元」を表すので混同のないよう注意されたい．ブール代数に「逆元」は存在しない．英語で「補元」は多くの数学書で complement を用いるが，まれに原著のように inverse を用いることもある．）

[*9] ［訳注］最後の性質はべき等法則と呼ばれる．$A+A=A$, $AA=A$ と書かれ，表 9.2 の法則から導かれる．

9.3 ブール変数の統合

ここまでは，環境分野の実務家にとって重要なブールの法則とブール変数について手短に話題を集中した．けれども，ブール代数にはもっと多くの内容がある．しかし，ブール代数のこれより先の概念は本書の範囲を超えている．ここまでに示したブールの原理の概要は簡潔ではあったものの，ここまでくれば，環境の安全・保健の現実世界においてどのようにこれらのブールの原理が適用できるかについて基本的な例で説明することができる．

■例 9.1[*10]

次の事実をこの例では考える．

1. 時間は日曜日の午前 8：40 であった．
2. 運転者だけが乗った 1 台の車が橋脚の直立柱に衝突した．
3. 運転者は衝突から 15 分後に到着した病院で死亡を宣告された．車外に投げ出された後，頭部がコンクリートの柱に衝突し，頭蓋の複雑粉砕骨折を負った．
4. 道路は濡れていて，おそらく事故中は激しい雨であっただろう．日中のことだった．
5. 道路は中央分離帯のあるハイウェイで，どちらの方向も 3 車線だった．
6. 事故は右方向への流出ランプ（出口）の 200 ft（約 60 m）手前で起きた．車が衝突した直立柱は道路から離れて右側にあった．
7. 交通規制の内訳は，速度制限標識（時速 45 mi，時速約 72 km），車線を分離する白破線，車道と 10 ft（約 3 m）の路肩を分離する白実線，そして出口標識であった．
8. 車両は 1964 年型 Pontiac Catalina で最近点検を行った．走行距離は 72,843 mi（約 117,000 km）であった．タイヤのサイズとトレッド（路面の刻み模様）のミスマッチが事故につながったかもしれない．
9. 衝突時にヒンジ（ちょうつがい）が破損した結果，左前ドアが外れた．運転者は車外に投げ出された．事故の当時は，まだシートベルト（腰でしめる）は使われていなかった．車は時計方向に 180 度回転した．
10. 運転者は 19 歳で，ブラックアウト（瞬間的意識喪失）と眼球振とうの症状があったとの申立てがなされた．彼はこの地域に精通していた．アルコールテストは陰性と判明した．
11. 目撃者によると，車両が高架道路橋の下を右にそれてコンクリートの直立柱の一本に衝突したとき，時速 90〜100 mi（約 145〜160 km）で走行していた．
12. 衝突の後，左後輪タイヤの空気が抜けているのが確認された．

[*10] ［原注］この例は USDOT, *Summary of Multidisciplinary Accident Investigation Reports*, 2(4), 143, 1998 による．USDOT は米国運輸省（Department of Transportation）．

ブール解析のために適切な事実は次のとおりである（カッコ内にあてはまる項目番号を示した）.

A. 濡れた道路が制御を失う一因となった（4）.
B. 激しく雨が降り視界がきかなかった（4）
C. 橋の直立柱と出口ランプが混同を引き起こした（6）.
D. 現場の交通規制が不適当であった（7）.
E. ミスマッチのタイヤがコントロールを失う原因となった（8）.
F. ドアのヒンジが弱かった（9）.
G. シートベルト（腰でしめる）は装備されていなかった（9）.
H. 肩ベルトは装備されていなかった（9）
I. 運転者の疾患が事故の原因となった（10）.
J. 速度がコントロールを失う一因となった（11）.
K. 左後輪がパンクし事故の原因となった（12）.
L. 橋脚との直接の衝突を防ぐガードレールがなかった.

ブール演算子は事実として明言されているが，すべてが真であるという意図はまったくない. 実際，次の「否定」は重要である.

- not (C)：運転者はこの地域に精通しており，混同は生じなかった.
- not (D)：交通規制はこのタイプのハイウェイとしては標準的であり，速度制限（時速 45 mi，時速約 72 km）は適切であった.
- not (E)：ミスマッチのタイヤは急ブレーキをかけている間にコントロールを失う原因となったにすぎないのではないか. この証拠は得られなかった.
- not (K)：左後輪の空気が抜ければ，車両を左方向に引っ張ったのではないか. これは観測とは異なった.

また，もしタイヤがパンクしたのなら，このことがミスマッチのタイヤの影響を小さいものにし，not (E) の確率をさらに強めるだろう. 左後輪の空気抜けは，衝突のあとで車両がスピンした結果だった可能性がある.

いまの目的は，各寄与因子の観点から，事故に対するブール式を統合することである. 第一に天候が原因となるハザード（W）を考慮しよう. ここで

$$W = A + B$$

である.

第二のハザードは道路によりもたらされたかもしれない（R）. ここで，

$$R = C + D$$

である.

第三のハザードは，車両によりもたらされた可能性がある（V）. ここで，

$$V = E + K$$

である.

第四の因子は運転者の欠点に帰するだろう. これは，判断の誤り，疾病あるいは意図

的法律違反などに関する可能性がある．この因子を P と呼ぶことにすれば，
$$P = I + J$$
である．

最後に，事故の原因とはならなかったが，事故の激しさに寄与した因子がある．これらの激しさの因子を S とすると，
$$S = F + G + H + L$$
である．

もし他に証拠がなければ，事象 W, R, V, P および S の同時発生により特定の事故に至ると仮定できるだろう．このようにして，このタイプと激しさの事故の発生を X とすれば，
$$X = WRVPS = (A+B)(C+D)(E+K)(I+J)(F+G+H+L)$$
となる[*11]．

ノート： このブール式は最も単純な形であり，和の積のままにしておくのが最適であろう．

この例を終わる前に，事象全体の発生 X でなく，事故の存在だけを考慮する際に生じる簡約について考えよう．事故だけを Y で表すと，
$$Y = WRVP$$
である[*12]．最も重要なことだが，道路，車両あるいは運転者について修正を行おうとする人は，考察をこれらの関係する部分式に限定してよいであろう．

引用文献・推奨文献

Boole, G. (1854/2003). *An Investigation of the Laws of Thought*. Prometheus Books, New York.
Boole, G. (1847/1951). *The Mathematical Analysis of Logic*. Basil Blackwell, Oxford, U.K.
Boole, G. (1952). *Studies in Logic and Probability*. Open Court Publishing, LaSalle, IL.
Brown, D.B. (1976). *Systems Analysis and Design for Safety*. Prentice-Hall, Englewood Cliffs, NJ.
Clemens, P. and Simmons, R. (1986). *System Safety and Risk Management*. U.S. Department of Health and Human Services, Cincinnati, OH.
Kolodner, H.H. (1971). *The Fault Tree Techniques of System Safety Analysis as Applied to the Occupational Safety Situation*. American Society of Safety Engineers, Park Ridge, IL.
Marcus, M.P. (1967). *Switching Circuits for Engineers*. Prentice-Hall, Englewood Cliffs, NJ.

[*11] ［訳注］ここでは，このタイプでこの激しさの事故（事象）は，W, R, V, P, S のすべての因子（事象）が同時発生したときに発生すると仮定している．しかし，たとえば，W, R, V, P のうちいずれか１つの因子が発生すれば事故が生じると仮定すれば，$X = (W+R+V+P)S$ などとなるであろう．
[*12] ［訳注］事故の激しさを含めた事象全体を表すブール変数を X とするのに対し，事故の激しさを考慮外として，事故の発生の有無だけを表すブール変数を Y とする．

第III部
経　　　　済

　研究や解析などの環境活動は，それ自体が最終目的なのではなく，人間の欲求を満足する意味がある．このように，環境活動はいくつかの側面がある．ある面では，物質や自然の力に関係している．そのため，経済学と密接な関係がある．

第10章 環境投資のためのファイナンシャルプランニング

$$A = P\left(\frac{i(1+i)^n}{(1+i)^n-1}\right) \quad P = A\left(\frac{(1+i)^n-1}{i(1+i)^n}\right)$$

NBER[*1]環境経済学ワーキンググループは,世界中の国あるいは地域レベルの環境政策の経済的効果に関する,理論的あるいは実証的研究に取り組んでいる.注目すべき関心事として,大気汚染,水質,有害物質,固形廃棄物,地球温暖化といった問題を解決しようとするための,既存の環境政策とは異なる政策の費用便益が挙げられる.

—— National Bureau of Economic Research (2013)

10.1 環境活動と経済[*2]

環境問題の専門職に就いている者は,必ずしも経済の専門家である必要はないが,経済に関するさまざまな基礎的な原則を理解しておくべきである.このことは,環境問題に関する多くの意思決定が,経済学的思考に基づいていることを考えれば納得していただけるだろう.そして,この状況は今後しばらくは変わらないと考えられる.もっといえば,環境被害を避け,危険な状況を是正しながらわれわれの環境を継続・維持することは,費用を負担せずに達成できない.残念なことに,多くの慎重な環境問題の専門家ですら,環境影響を最小にするための方策を設計する際や,緩和のための再発防止策を策定する際に,しばしば金銭的な影響のことを忘れたり,見落としたりしてしまう.すると,その計画は資金が得られなかったり,資金が不足したりしてしまうのである.

さらに,多くの長期的な経済,社会,環境の方向性,すなわち Elkington (1997) が提唱した,トリプルボトムライン (people, planet, profit) の考え方が,徐々に浸透してきているというのが,最近の環境活動における動向と (つまり,ここ最近は標語のように) なっている.多くのこういった長期的な方向性は,われわれによって,そしてとくにわれわれのために,あるいは単にわれわれを支えるために進展しているのである.それらは皆,よくあるように,内輪でしか通じない難しい専門用語つまり「バズワード(専門的な印象を与えるが,何をさしているのか曖昧な言葉)」によって表される.われわれが一般的な会話の中で (特に簡略なテキストフォーム中で) 見聞きするバズワードには,

---

*1 [原注] 全米経済研究所 (National Bureau of Economic Research).
*2 [原注] 本節の内容は,Spellman, F. R. and Whiting, N. E., *The Handbook of Safety Engineering: Principles and Applications*, Government Institutes Press, Lanhan, MD, 2010 を書き換えたものである.

empowerment（権限付与），outside the box（独創的な），streamline（合理化する），wellness（健康），synergy（シナジー，共働），generation X（ジェネレーション X）[*3]，face time（人と直接会って話をする時間），exit strategy（出口戦略），clear goal（明確な目標）などというようなものがある．

　環境問題の専門家らが関心をもっており，よく耳にするバズワードに，sustainability（持続可能性）がある．この言葉は実務上よく使われている．しかし，環境活動においては，持続可能性はバズワード以上の意味をもっており，人間の生活のあり方（あるいは人間の生活のあるべき姿）を表す．多くの持続可能性の定義は，たいてい踏み込みすぎているか，漠然としすぎている．本章の目的を鑑みて，持続可能性の長い定義と短い定義を示しておこう．長い定義は，「環境活動や環境対策が，負の影響[*4]なしに永久に存在することが保証されること」というものである．短い定義は，「環境が持続する能力」である．しかし，環境対策における持続可能性は，こういったシンプルな定義よりも広義な言葉で特徴づけられることに注意しておかなければならない．トリプルボトムラインシナリオの考え方を用いれば，現在および将来に必要なことを，社会・環境・経済の面からより的確に規定することができる．

　本章と本書の焦点に戻ると，根拠の十分な環境活動を通じて人々や財産，環境を守ることを課された人は，しばしばこの目的を成し遂げること以上に重要なことはないと思いがちである．「実施すべき事業計画が費用便益分析の観点から正当化されなければならず，事業や企業にすぐさま価値を付加するものであるべきだ」とひとたびいわれると，彼らは「人の命や環境に価格をつけるなど誰もできないし，すべきではない」と二の足を踏んでしまう．しかし，実社会では，われわれは毎日こういったことを求められるものであり，さらにいえば，環境問題の専門家は，自分たちの存在を組織内で正当化しなければならない．環境問題の専門家は，環境法令順守がビジネスの成功に必要不可欠であると考えているが，平均的な経営者は，環境問題のことを当期純利益の足しにならない，費用のかかる手段である考えているのである．

　われわれのように，長期的にしろ短期的にしろ環境専門職に従事している者は，費用と効果のバランスを考えないといったような，目的を果たすのに適しない思考に慣れてしまっているところがある．しかし，われわれの多くは実社会で働いているのであり，そこでは，経済的な制約のある中で環境問題を解決していかなければならないことも（遅かれ早かれ）学んでいくことになる．現在あるいは将来現れるかもしれない環境被害に対して，高額な費用のかかる解決策をとることは，会社経営を破綻させることもありうるため，非現実的である．このことを理解するのに，収益を度外視しがちなロケット科学の精神を持ち出す必要はないだろう．環境法令順守や汚染の浄化回復活動の実施は，

[*3]　［訳注］60〜70年代に生まれた無気力な世代．
[*4]　［訳注］「負の影響なしに」とは，「社会経済活動をはじめとする人間の活動を阻害することなしに」，という意図であると考えられる．

一般常識の範囲を超えないだけでなく，経済的な収益の観点からいっても，バランスのとれたふさわしいものでなければならないのである．

本章では，環境専門職に従事する際，費用便益分析が一定の役割をもつことを理解したうえで，環境問題の専門家が知っておくべき経済学的な考え方をいくつか紹介する．すなわち，環境実務を設計する際に損益を評価するため，数学的な手法と実践的なアドバイスを提供する．これらの手続きは，代替案の選択や判定，基本方針の運用，設備投資を支援するものである．このような理由から，以下では環境専門職において一般に使用される環境投資計画に関連する計算式や公式を簡単な紹介する．専門職の検定試験では，ここで紹介する多くの計算式や演算を再び目にするということを，頭の片隅に入れておいたほうがよいだろう．

10.1.1 用語説明

A は，定額の期末現金収入あるいは現金支出[*5]であり，n 期間継続する．A のすべての期間の合計は，利子率 i の下で現価 P，あるいは終価 F に等しい．

F は，投資や資産運用の結果，n 期間後の将来に得られる資産の総額（終価）であり，利子率 i を使って現価 P に換算することができる．

i は，各期における利子率である．計算式においては，利子率は小数で表される（たとえば，6%であれば0.06である）．

P は，投資や資産運用の元本となる，現在手元にある資金の総額（現価）である．

減債基金（sinking fund）とは，ある将来時点での積立目標額（F）を達成するために行う定額積立（A）の積立先となる，F や A とは別の基金である[*6]．

10.2 資本回収係数（元利均等払い）

毎年の受取（返済）額は，利子率 i で期間を通して複利運用される場合，将来時点の資産額か，あるいは現時点での資金額で換算することができる．つまり，毎年の受取（返済）は，現在ある資金（現価 P）か，将来の資産額（終価 F）から計算できる．ある投資や資金の運用から得られる毎年の受取額（A）を計算するには，式（10.1）で与えられる資本回収係数（元利均等償還率，あるいは年賦償還率ともいう）を使う．この式は，手元にある資金額（現価 P），手元にある資金が運用される利子率（i）および運用期間（n）で記述される．

$$A = P\left(\frac{i(1+i)^n}{(1+i)^n - 1}\right) \tag{10.1}$$

ここで，A ＝ 毎期（毎年）の投資額あるいは支払額（単位はドル），P ＝ 現在手元にあ

[*5] ［訳注］定額の年金受取額や取り崩し額，あるいは積立額をさす．
[*6] ［訳注］いいかえると，たとえば，国債や社債などの債券を償還（借金を返済）するため，返済にあてる資金を計画的に積み立てる必要があるが，その積立先のことを減債基金という．

る資金の額（現価）（単位はドル），$i=$ 利子率（％），$n=$ 投資・資産運用の期間（年数）．

■例 10.1

問題： $5000 を，利子率 5％ で 8 年間複利運用しながら，毎年一定金額を 8 年間で取り崩していくと，毎年いくらずつ受け取れるか．

解答：
$$A = 5000\left(\frac{0.05(1+0.05)^8}{(1+0.05)^8-1}\right)$$
$$= 5000(0.1547)$$
$$= 773.50$$

利子率 5％ のもとで 8 年間 $5000 を複利運用した場合，毎年の受取額は $773.50 である．

ノート： 投資・資産運用によって得られる利子率（i）が高いほど，毎年の受取額は高くなる．なぜなら，毎年の受取額が高い率で複利運用されるからである．一方，運用期間（n）が長くなるほど，毎年の受取額は減少する．なぜなら，より長い期間複利運用された資金から，より多くの年支払いがされることになるからである．

10.3 年金現価係数

現在手元にある資金の総額（現価）は，ある運用期間中に一定の利子率のもとで複利運用する場合，その期間中の毎年の受取額（返済額）の将来までの合計額で換算することができる．別のいい方をすると，将来のある時点まで毎年一定の額を受け取るためには，現在いくらの資金で運用を始める必要があるかということである．運用開始のために現在必要な資金は，運用の結果得られる資産（終価 F）もしくは毎年の受取額（年価 A）に基づいて計算することができる．ここでは，利子率 i のもとで n 年間複利運用される場合，毎年の受取額（A）の合計としての現価（P）は，式（10.2）によって計算することができる．

$$P = A\left(\frac{(1+i)^n-1}{i(1+i)^n}\right) \tag{10.2}$$

■例 10.2

問題： 年 5％ 複利で運用する場合，毎年 $154.72 を 8 年間受け取るために，現在いくらの資金が必要か？

解答：
$$P = 154.72\left(\frac{(1+0.05)^8-1}{0.05(1+0.05)^8}\right)$$
$$= 154.72(6.4632)$$
$$= 1000$$

10.4 終価と年金終価係数

一定期間中，ある利子率で投資・資産を複利運用する場合，その結果として将来得られる資産額（終価）は，現在手元にある資金額（現価），あるいは，一定期間にわたる毎年の受取額の合計で換算することができる．つまり，終価（F）は，現価 P，あるいは毎年の受取額（A）に基づいて計算できる．毎年の定額の積立の結果として将来得られる総額は，式（10.3）によって計算できる．この計算式では，毎年の積立額（年価 A）が n 年間にわたって利子率（i）のもとで複利運用される場合の積立総額（終価 F）が計算される．

$$F = A\left(\frac{(1+i)^n - 1}{i}\right) \tag{10.3}$$

■例 10.3

問題: ある女性が銀行に毎年 \$500 を 5 年間預けるとする．銀行は 5％の複利を毎年支払う．5 年後，その女性は銀行口座にいくらもっているだろうか？

解答: $A = \$500$, $i = 0.05$, $n = 5$ であるから，

$$F = A\left(\frac{(1+i)^n - 1}{i}\right) = 500\left(\frac{(1+0.05)^5 - 1}{0.05}\right)$$
$$= 500(5.526) = 2763$$

その女性は 5 年後，銀行口座に \$2763 をもっているはずである．

ノート: 積立運用によって得られる利子率（i）が高いほど，将来の積立合計額（F）は大きくなる．なぜなら，その積立運用は高い率で複利計算されるからである．また，運用年数（n）が長いほど，将来の積立合計額（F）は高くなる．なぜなら，より多くの積立額がより長い期間複利計算されるためである．

10.5 毎年の積立額と減債基金係数

毎年の積立（受取）額は，利子率 i で期間を通して複利運用される場合，将来時点の目標額か，あるいは現時点での資金額で換算することができる．つまり，毎年の積立（受取）額は，現在ある資金（現価 P）か，将来の目標額（終価 F）から計算できる．毎年の積立額は，式（10.4）を使って計算できる．

$$A = F\left(\frac{i}{(1+i)^n - 1}\right) \tag{10.4}$$

■例 10.4

問題: ある男性は，米国西部の 10 ac の土地が \$1000 で現金販売されていることを知った．そこで，1 年後の期末に \$1000 を貯めるため，毎月定額を預金することにした．地元の銀行は，0.5％の複利を毎月支払う．この男性は，毎月いくらを預金しなければならないだろうか？

解答： $F=1000$, $i=0.05$, $n=12$ なので，

$$A = F\left(\frac{i}{(1+i)^n - 1}\right) = 1000\left(\frac{0.005}{(1+0.05)^{12}-1}\right)$$
$$= 1000(0.0811) = 81.10$$

したがって，その人は，毎月 \$81.10 を預金しなければならない．

ノート： 運用によって得られる利子率（i）が高いほど，毎年（この例では毎月）の積立額は少なくて済む．なぜなら，同じ目標額を達成する場合，毎年（月）の積立額が，高い率で複利運用されるからである．また，積立期間 n が長いほど，毎年の積立額は少なくて済む．なぜなら，より長い期間，より多くの積立額が複利計算されるからである．

10.6 現価係数

　現在手元にある資金（現価）は，それをある利子率の下で一定期間（年数）運用した場合，将来の目標金額，あるいは，毎年の積立（受取）額で換算されるものである．現価 P は，終価 F と年間支払額から計算することができる．式（10.5）によって，将来の目標金額から現在必要となる資金（現価 P）を計算することができる．この計算式は，n 年の間，運用される現価 P とその利子を合わせたものが次の年の元本となり，利子を生み出していくことを毎年繰り返すという意味である．

$$P = F(1+i)^{-n} \tag{10.5}$$

■例 10.5
　問題： 5年間で \$6000 を貯めたい場合，年利 6% 複利で運用すると，現在いくら必要か？

解答：
$$P = F(1+i)^{-n}$$
$$= 6000(1+0.06)^{-5} = 6000\left(\frac{1}{1.06}\right)^5$$
$$= 6000(0.747) = 4482$$

5年間で \$6000 貯める場合，年利 6% 複利で運用されると，現在 4482 \$ が必要である．

ノート： 運用によって得られる利子率（i）が高いほど，現在必要な資金は少なくて済む．なぜなら，その資金は高い率で複利運用されるからである．また，運用期間（n）が長いほど，現在必要な資金は少なくてよい．なぜなら，その資金はより長い期間複利運用されるからである．

10.7 終価係数

　一定期間中，ある利子率で投資・資産を複利運用する場合，その結果として将来得られる金額（終価）は，現在手元にある資金額（現価），あるいは，一定期間にわたる毎年

の受取額の合計で換算することができる．つまり，終価 (F) は，現価 P，あるいは毎年の受取額 (A) に基づいて計算できる．現在のドルの金額の将来の価値は，式 (10.6) を使って計算できる．この計算式は，n 年の間，運用される現価 P とその利子を合わせたものが次の年の元本となり，利子を生み出していくことを毎年繰り返すという意味である．

$$F=P(1+i)^n \tag{10.6}$$

■例 10.6
 問題： $6000 を年利 6％で 5 年間複利運用した場合，5 年後にいくらになるか．
 解答： $F=P(1+i)^n = 6000(1+0.06)^5$
           $= 6000(1.338) = 8029$
$6000 を 5 年間運用すると，$8029 になる．

ノート： 運用によって生み出される利子率 (i) が高いほど，将来の価値 (F) は高くなる．なぜなら，投資が高い利率で複利運用されるからである．また，運用期間 (n) が長いほど，将来の価値 (F) は高くなる．なぜなら，より長い期間複利運用されるからである．

引用文献・推奨文献

Blank, L.T. and Tarquin, A.J. (1997). *Engineering Economy*. McGraw-Hill, New York.
Elkington, J. (1997). *Cannibals with Forks*. Capstone Publishing, Oxford, U.K.
National Bureau of Economic Research. (2013). *NBER Working Group Descriptions: Environmental Economics,* http://www.nber.org/programs/eee/ee_oldworkinggroup_directory/ee.html.
Thuesen, H.G., Fabrycky, W.J., and Thuesen, G.J. (1971). *Engineering Economy*, 4th ed. Prentice-Hall, Englewood Cliffs, NJ.

第 IV 部
基 礎 工 学

人間が空を飛べず，地上と同じように空を荒らすことができないことを，神に感謝する．
—— Henry David Thoreau

第11章 基礎工学の概念

$$N = W \cos \phi$$

環境は私以外のすべてである．

—— Albert Einstein

冒険のない人生は満足のいくものではなさそうであるが，冒険がつくり出すものを取り出すことが許されるには人生は短いようだ．

—— Bertrand Russell

11.1 はじめに

　教育は環境分野の実務者に現場実習の準備というところまで導いてくれる．環境分野の実務者になりたいと思う人は，2つの性格に非常に助けられるものである．1つは，多くの分野におけるよく練れた幅広い経験が必要とされ，それが古典的なジェネラリストを生む．2つ目は，環境分野の実務者はすべての分野で深みを得ることはできないが，そうしたいという望みと態度をもつ必要はある．彼らは多くの幅広い異なった分野の勉強に興味をもち，十分に学ぶ必要がある．なぜか？　出会う問題の範囲が大きいため狭い教育では十分ではないからである．環境分野の実務者は基礎工学，力学，構造—建築—維持—環境の相関において要求される能力とともに，心理学，社会学，経済学の問題（環境，社会，経済という3つの側面を思い出してほしい）を解く能力と同じくらい幅広い多様な技術が要求される状況を扱う必要があるのである．環境分野の実務者は，あらゆる学問背景から志望してくることができ，狭い教育は学生とその他の後の教育を広げることを妨げるのである．しかしながら，しばしば，環境実務に必要とされる適応性ばかりでなく非常に専門に偏り，他の原則への評価を欠く狭い視野をもつ人がいる．

　なぜ，そうなのか．もしある環境分野の専門家が非常に幅広い知識をもったジェネラリストあるいは狭い視野の専門家であるとして，環境分野の専門家にはどちらが望ましいかを何が確信させてくれるだろうか．2つのことがわれわれを納得させる．1つは環境の実務における50年以上に及ぶ個人の経験の結合であり，他は調査と分析のために，環境の専門家が呼ばれる状況を知っていることである．Parkhurst（2006）が示した次のリストを考えてほしい．ドングリの発生，萌芽，交配・大気汚染の毒性・藻類の成長・動物の熱損失・鳥の飛行速度・化学混合物・水中の大腸菌・硫酸銅の分散・溶存酸素・倍加時間・昆虫によるペスト分散・山地流・PCBダンピング・排水処理・水処理・土壌浄化・公共の健康・水量・熱交換．

環境分野の専門家としてのキャリアを選ぶのに個別の学習形式は重要であるけれども，もう一度十分に教育された専門家を生む調和の鍵は総合教育であることを強調しておきたい．上記のリストに基づいて，数学，自然科学と行動科学（工学的，生物学的，行動的な問題の解決に応用される）という基礎と応用の科学とともに，工学と技術教育が必須であることがわかる．応用力学，材料の性質，電気回路，力学，燃焼科学，水理学，工学設計概念，計算機科学のような話題がすべてこの範疇に入ってくる．

本章では，応用力学，特に力と分解に注目する．なぜか？ 多くの環境にかかわる事件と事故，それに続く人と動物への危害および環境へのダメージは，特に機械，材料，構造物に働くきわめて大きな力によって引き起こされるからである．システム，機器，安全保証器具を調査するためには，環境の専門家は作用する力，あるいは作用したかもしれない力を考慮する必要がある．環境分野の専門家は人体に作用するかもしれない物体からの力（しばしば見逃される力の分野である）も考慮する必要がある．

応用力学やその一部と結びつく重要な分野は，材料の特徴や工学設計の考え方である（燃焼科学，水力学と電気回路，これらの重要な分野と関連する安全とともに，本章の後で別に議論される）．本書でわれわれはこれらの分野に関係する環境工学的視点のすべてを議論するわけではない，というのもこの本は工学のテキストではないからである．代わって，いくつかの基礎工学概念とそれらの環境分野の専門職への適用をみることにする．

11.2 力の分解

環境工学における環境と労働健康の視点で，われわれは，機器やシステムへの危害を生む可能性をもち，二次的または最終的にダメージや破損を生じさせかねない力に焦点を当てる．特に，大きな力は小さな力よりも破損やダメージを生みがちである．環境分野の技術者はどのように物体に力が作用するのかを理解する必要がある．特に，① 力の方向，② 力の作用（位置）する点，③ 力が作用する面，④ 物体に働く力が集中的か分布的か，⑤ 材料の強度を評価に，これらの要素がどのように必要か，である．たとえば，プラスチック板の端に，それに平行に 40 lb の力が作用しても，おそらく壊れないだろう．しかし，同じ力でハンマーで板の中央を打てば，板は壊れるであろう．そして，同じ力を受ける同じサイズの薄い金属板は壊れないであろう．

この実例は，異なった材料は異なった強度特性をもっていることを物語っている．プラスチック板をたたくとくぼみができるため，破壊が生じる．材料の強さと変形する能力は作用力に直接関係している．重要な物理的，力学的，その他の材料の特性は次のようなものである．結晶構造・強度・溶解点・密度・固さ・脆性・延性・弾性係数・摩耗特徴・伸び係数・収縮・伝導性・形状・環境条件への曝露・化学物質への曝露・破れ耐性．

> ノート： これらの特徴はすべて，力が砕いているか，腐食しているか，切っているか，引っ張っているか，ねじれているかに応じて変化する．

11.2 力 の 分 解

　物体同士が出会う力は，物体が抵抗する力とはしばしば異なる．物体は，壊れる前には最小の力だけに抵抗するように設計されている．おもちゃの人形は柔らかくしなやかな材料で設計され，子どもがそれを落として粉々になったときでも傷を防ぐように設計されている．他の器具は最大荷重と衝撃に抵抗するよう設計されている（たとえば地震に抵抗するように建てられる建築物）．

　安全への関心をもって材料を扱うときには，しばしば安全係数が導入される．ASSE (1988) で定義されるように，安全係数は，材，材料，構造と装具の終局的な破壊強度と，実際に作用するストレスあるいは通常使用中に作用する安全許容荷重との設計上許容される比である．機械の設計において安全係数を含めるということは，たとえば機械をつくるのに使用される材料，機械の組み立て，機械の使用法にかかわる多数の未知なこと（たとえば実際の荷重の不正確な評価，材料の不均一性）を考慮したことになる．安全係数はいくつかの方法で決めることができる．最も汎用的な方法の1つは次のようである．

$$SF = \frac{破壊 - 作用荷重}{許容ストレス} \tag{11.1}$$

　材料あるいは物体に働く力は材料への働きかけ方によって分類される．たとえば，材料を引っ張る力は張力と呼ばれ，材料や物体を押しつぶす力は圧縮力と呼ばれる．材料や物体をねじる力はねじり力，材料や物体に曲げを生じさせる力は曲げ力と呼ばれる．曲げ力は材料や物体が他の材料や物体に対して押したりくっつけたりするときに生じる．

　では，力とは何か．力は静止状態を変化させようとする影響あるいは物体の一直線上の一様な動きを変化させようとする影響とはっきり定義される．不均衡あるいは合力の作用は力の作用方向への物体の加速度を生む，あるいは（物体が自由に動くことができ

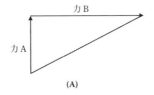

(A)

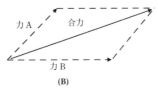

(B)

図 11.1 力のベクトル量

ないなら）変形を生むことになる．力はベクトル量であり，大きさと方向（図11.1）をもっている．SI単位ではニュートン（N）である（3.6 ounceあるいは0.225 lbに等しい）．

ニュートンの運動の第二法則によれば，合力の大きさは力が作用する物体の運動量の変化に等しい．力の単位は英国あるいは工学単位系ではポンド力で，SI単位系ではニュートンである．ポンド力は，1スラグの質量が1フィート毎秒毎秒という加速度（ft/sec²）を生むのに必要な力と定義される．ニュートンは1kgの質量が1メートル毎秒毎秒という加速度を生むのに必要な力と定義される．1スラグは32.2標準ポンドの質量である．物体の質量は普通ポンド表示の重さで表示され，重さを重力加速度 $g_c = 32.2$ ft/sec² で割って，スラグに変換でき，次の公式を使用する．

$$F = m \times a \times SF \tag{11.2}$$

■例 11.1

問題： 体重180 lbの女性が運転する車が突然（つまり1秒で）停止するとき，はじめの速度が60 mphなら，彼女を安全に保持するのにシートベルトが抵抗する力はいくらか？ 安全係数は4を仮定する．

解答： $m = 180 \text{ lb}/32.2 \text{ ft/sec}^2 = 5.59$ slug
$a = V/T = (60 \text{ mph})(5280 \text{ ft/1 m})(1 \text{ hr}/3600 \text{ sec})/1 \text{ sec} = 88 \text{ ft/sec}^2$
$F = m \times a \times SF = 5.59 \times 88 \times 4 = 1968$ lb

力が鍵となる他の重要な関係は仕事の概念である．仕事は力と作用点における有効変位との積である．計算式は次のようである．

$$W = F \times s \tag{11.3}$$

ここで，W = フィート・ポンド表示の仕事（ft-lb），F = ポンド表示の力（lb），s = フィート表示の距離（ft）．

力が物体に作用して動きがないなら，有効でない仕事がなされたということである．物体に保有されるエネルギーはそれができる仕事の量を決定する．ニュートンの第三法則はあらゆる動きに対して，等しく方向が反対の反作用があると述べている．

■例 11.2

問題： 5つの力学的優位性をもつプーリーシステムが傾斜面に沿って1tの重りを動かすために使用される．水平面からの角度は45°である．重りは鉛直距離で30 ft動かされる必要がある．摩擦を無視し，重りを頂点にまで動かすためになされるべき仕事量（鉛直リフト仕事）はいくらか？

解答： $W = F \times s$
$W = 2000 \text{ lb} \times 30 \text{ ft} = 60000$ lb-ft

環境工学の安全視点に関しては，力Fと作用する物体との鍵となる関係は

$$F = s \times A \tag{11.4}$$

で，ここで，s = 力あるいは単位面積当たりのストレス（たとえば平方インチ当たりポ

ンド），A = 力が作用する面積（平方インチ，平方フィートなど）．

しばしば，2つあるいはそれ以上の力が一緒になって作用し，合力と呼ばれる1つの力の効果を生む．この力の合成は，三角形の法則あるいは平行四辺形の法則によって表現できる．三角形の法則は，同時に2つの力がベクトル的に第一の力の終点に第二の力の始点となるとき，力の始点と終点とを結ぶベクトルが2つの力の合力となる，というものである（図11.1A）．平行四辺形の法則は，同時に2つの力がベクトル的に交差する点から同じ方向あるいは異なった方向にあるとき，平行四辺形が合力を表現する法則である．合成された力は，合力が決まると，方向と大きさをもつことになる．個々の力が既知あるいは1つの力と合力が既知なら，合力は単純に三角法（サイン，コサイン，タンジェント），図解法（既知の力が正しい大きさ，方向に位置し，三角形法則あるいは平行四辺形の法則を用いて未知の力を同一スケールで計測する）を用いて計算できる．

11.3 つ り 索

つり索は，つり索工業規格（PNNL, 2013）の推奨に対応して使用される必要がある．伝統的な三叉の天然あるいは合成繊維ロープから製造されるつり索は，物を上げるサービスの使用には推奨できない．天然あるいは合成のつり索は，他のつり索形式が唯一の適用に対して適当でない場合のみ使用される．合成繊維ロープおよび繊維ロープに対して，ASMEB30.9 と OSHA1910.1894（h）の要件が満たされなければならない．つり索のすべての形式は，最低限，それぞれの索に表示された明らかに恒久的に評価された能力を有していなければならない．製造者による推奨あるいは供用によってつくられたとしても，各索は少なくとも年単位あるいはそれよりしばしば点検調査を受けねばならない．

DID YOU KNOW？
物質の耐えられる力は，物性や荷物の種類による．

ノート： つり索は，ふつう，起重機，持ち上げ機，巻き上げ機と荷重との間で使用され，結果，荷重は持ち上げられ，望ましい方向に移動させられる．安全技術者にとって，材料の移動が安全に行われる前に，つり索の性質と限界，持ち上げられる材料の形式と条件，持ち上げられる物の重さと形，持ち上げられる荷重に対する持ち上げ索との角度，そして，持ち上げが行われる環境のすべてが評価されるべき重要考慮事項である．

環境技術者がしばしば計算しているような，力に関する例題をみてみよう．例題 11.3 では，荷重のさまざまな条件の下での持ち上げつり索を用いている．

■例 11.3

問題： 2つの索で支持されている 2000 lb の荷重を仮定する．つり索支柱は荷重との角度が $60°$ である．つり索の各支柱に働く力はいくらか？

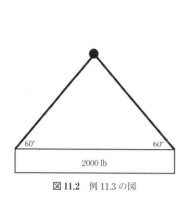

図 11.2 例 11.3 の図

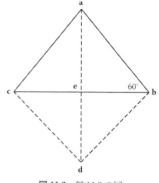

図 11.3 例 11.3 の図

解答： この形式の問題を解くときには，図 11.2 に示すような粗い図をいつも書くようにするとよい．力の分解が答えを与えてくれる．この問題を解くために，三角形法を使用するが，図解法を使用しても解ける．平行四辺形の法則と三角形の法則を使って，以下のように問題は解かれる．また，力の分解図を図 11.3 に示す．

荷重 2000 lb は集中的に鉛直方向に作用し，鉛直線で示されると考える．つり索の支柱は角度 60°で，**ab** と **ac** で示される．平行四辺形は **ab** と **ac** に平行線を引くことでつくられ，**d** 点で交差する．**cb** と **ad** が交差する点を **e** で表示する．支柱に作用する力（たとえば **ab**）は 2 つの力の合力で，図に示されるように鉛直に作用する力 **ae**，他の水平の力 **be** である．力 **ae** は **ad**（鉛直に働く全力 2000 lb）の半分に等しく，**ae** = 1000 である．この値は **bd** と **ab** がつくる角度には関係なく一定を保つ，というのは角度の減少あるいは増加に応じて，**ae** も減少あるいは増加するからである．しかし，**ae** はいつも **ad**/2 である．力 **ab** は直角三角形 **abe** を用いた三角法で計算できる．

$$\sin = 対面辺長／接する辺長$$

それゆえ，

$$\sin 60° = ae/ab$$

移項して，

$$ab = ae/\sin 60°$$

既知の値を代入して，

$$ab = \frac{1000}{0.866} = 1155$$

荷重からつくられる角度 60°のつり索の支柱にかかる全重量は 1155 lb である．重さは鉛直方向と水平方向の 2 つの力で構成されるため，荷重の半分より大きい．覚えておくべき重要な点は，角度が小さいほど，つり索への荷重（力）が大きくなることである．たとえば，15°では，2000 lb の各支柱に働く力は 3864 lb に増加する．

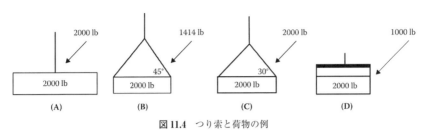

図 11.4 つり索と荷物の例

ノート： 30°以下の索角度は推奨されない．

つり索に共通のさまざまな角度で，2000 lb 荷重の各支柱に作用する力を検討し（図11.4），いくつかの例題を解こう．

■例 11.4

問題： 2つのつり索支柱と荷重との角度 30°で 3000 lb の荷重を引き上げる．各支柱に作用する力はいくらか？

解答：

$$\sin A = \frac{a}{c}$$

$$\sin 30° = 0.5$$

$$a = \frac{3000}{2} = 1500$$

$$c = \frac{a}{\sin A} = \frac{1500}{0.5} = 3000$$

■例 11.5

問題： 2本のつり索が 10000 lb の荷物をつり上げている．片側にかかる力はいくらか？ 荷物とつり索の角度は 60°とする．

解答：

$$\sin A = \frac{60}{0.866}$$

$$a = \frac{10,000 \text{ lb}}{2} = 1500$$

$$c = \frac{a}{\sin A} = \frac{5000}{0.866} = 5774$$

11.3.1 つり索荷重の見積り

前節では，個々のつり索が耐えられる評価つり索荷重を決定するために使用される単純な数学操作を示した．この分野では，つり索荷重とその角度を決定するための数学操作法を知っていることが重要である．しかし，多くのつり索の見積もられた荷重を示す

表 11.1 合金鋼鉄鎖つり索の荷重角度係数

水平角度	荷重角度係数[*1]
90°	1.000
85°	1.004
80°	1.015
75°	1.035
70°	1.064
65°	1.104
60°	1.155
55°	1.221
50°	1.305
45°	1.414
40°	1.555
35°	1.742
30°	2.000
25°	2.364[*2]
20°	2.924[*2]
15°	3.861[*2]
10°	5.747[*2]
5°	11.490[*2]

出典：PNNL, *PNNL Hoisting and Rigging Mannual*, Pacific Northwest National Laboratory, Richland, WA, 2013（http://www.pnl.gov/contracts/hoist_rigging/slings.asp）.
[*1]：つり索の各支柱の張力＝荷重/2＝荷重角度係数.
[*2]：推奨されない.

表を利用することもまた重要である．たとえば，表 11.1 は合金鋼鉄鎖つり索に対する見積もられた荷重を示している．

11.4 傾　斜　面

　力の分解にかかわる環境技術者が出会う他の共通の問題は，傾斜面（斜面や傾いた表面）で荷物（たとえばカート）を上下に移動させる操作で起きる．この形式の作業行動での安全との意味は明らかである．不均衡な力（いつでもわれわれは不均衡な力を扱い，安全問題が常に存在していることは強調されねばならない）のおかげで，物体は傾斜面に沿って下方に加速されることが知られている．この形式の運動を理解するために，傾斜面にある物体に作用する力を解析する．図 11.5 は傾斜面（摩擦はないことを仮定）上に置かれた荷物に働く2つの力を示している．図 11.5 にみられるように，傾斜面上に置かれたどんな荷物に対しても作用する力は少なくとも2つあり，重力による力（重さ）と（垂直な）抗力である．重力の力は下方に働き，一方，抗力は面に垂直な方向に作用する．斜面（傾斜面）に沿っていっぱいに加載されたカートを引き上げるのに必要な力の決定法の，代表的な例をみてみよう．

11.4 傾　斜　面

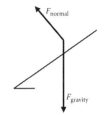

図 11.5　傾斜面上の物体に働く力

■例 11.6

問題：　積載量いっぱいの 4000 lb の荷物車を 12 ft 長, 5 ft 高の斜台頂部まで引き上げると仮定する（図 11.6）．斜台頂部まで引き上げるに必要な力はいくらか？

ノート：　図示的な目的で，摩擦力なしを仮定する．摩擦なしなら，荷物車を水平方向に動かす仕事は 0 となる．一度荷物車が動き出すと，一定の速度で動く．必要な仕事は動き出すのに必要な仕事だけである．しかしながら，J に等しい力は，斜台まで引き上げ，静止（平衡）させておくには必要である．斜台の角度（勾配）が増加すると，動かすのに必要な力は大きくなる．それは，斜台に沿って動くにつれ荷物は引き上げられ，その結果仕事をしているからである．

これは，摩擦力なしに水平面に沿って動く場合ではない．しかしながら，実際には，摩擦力は無視できず，荷物車を動かすには仕事が伴う．

解答：　関係する実際の力を決めるために，もう一度，力を分解する．第一歩は斜台の角度を決めることである．これは公式によって計算できる．

$$\text{tangent}(斜台角度) = \frac{対面辺長}{接する辺長} = \frac{5}{12} = 0.42$$

で，arctan 0.42 = 22.8° である．

力の平行四辺形（図 11.7）を書く必要があり，三角形法を適用する．荷物車の重さ W

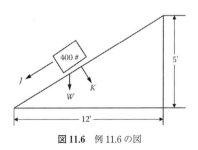

図 11.6　例 11.6 の図

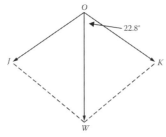

図 11.7 力の平行四辺形

（鉛直方向に働く力として示される）は 2 つの要素に分解できる．斜台に平行な力 J と斜台に直角な力 K である．斜台に直角な要素 K は，斜台上の動きを妨げる．要素 J は斜台下方に荷物車を加速する力である．斜台に沿って引き上げるために，J に等しいかそれ以上の力が必要である．

　三角法を適用して，角度 WOK は斜台の角度と同じで，

$$OJ = WK + OW = 400 \text{ lb}$$

$$\sin WOK(22.8°) = \frac{\text{対面辺長}(WK)}{\text{接する辺長}(OW)}$$

移項して，

$$WK = OW \times \sin 22.8° = 400 \times 0.388 = 155.2$$

したがって，155.2 lb の力が角度 22.8°（摩擦力のない）斜台の上まで荷物車を引き上げるには必要である．荷物車が鉛直方向に上げられる（400 lb×5 ft = 2000 lb-ft），あるいは斜台を上方に引く（155.2 lb×13 ft = 2000 lb-ft）としても，仕事の全量は同じである．鉛直引き上げに代わって，斜台を用いたときに得られる利得は，小さい力で済む，ただし距離は長くなる，ということである．

11.5　材料の性質

　材料の特徴，あるいは材料特性というとき，われわれは何を参考にし，なぜこの話題に関心をもつのであろうか．この問いに対する最もよい答えは，次のような例を用いることだろう．それは，事前設計の会議で設計技術者と働くことになったとき，環境技術者がたとえば倉庫の中二階の製作において使用される材料の特徴に関係する工学設計データ，定数，仕様の担当になるかもしれないからである．この特別な中二階をつくる際には，大きな重い備品要素を蓄えるために使用されるという事実に配慮するべきである．中二階は，重い荷重を安全に支える材料を使って建てられる必要がある．説明のため，設計技術者はアルミニウム合金（構造 No.17ST）を使用するとしよう．中二階を建てるために必要な必要量を決定し，No.17ST を使用することを決める前に，意図された荷重（何回も安全のために期待されるよりもずっと重い荷重を扱う材料の使用も検討す

11.5 材料の性質

る）を扱うことを保障する部材的特徴を検査しなければならない．土木工学ハンドブックにある工学材料の部材的特徴の表を用いると，次の No.17ST の情報が得られる．

1. 終局強さ（普通降伏点とされる延性材料に対する圧縮終局強さで定義される）58000 psi の張力，圧縮力 35000 psi, せん断力 35000 psi を含む．
2. 降伏点引張り力 35000 psi.
3. 弾性係数，引張りあるいは圧縮で 10000000 psi.
4. 弾性係数，せん断，3750000 psi.
5. 重量　0.10 lb/in^3.

この情報は環境技術者に重要だろうか．正確ではないが，限定的な意味で，「いいえ」である．しかし，一般的な意味では，「はい」となる．環境技術者にとって重要であるのは，記述されるような手順が本当に起こることである．つまり，専門的な技術者は，たとえば中二階の建設に使用される正しい材料の決定に時間をかけるものである．また，この種の情報に出会ったとき，環境技術者はその意義を理解するため，設計技術者が使用する言葉を十分に知る必要がある．材料の特徴は強度など，しばしば定量的な特徴である．それゆえ，環境技術者は材料の特徴表示やメートル値のような使用される単位を理解することが重要である．これは，使用すべき適当な材料を選択するとき，ある材料と他の材料と優劣比較のために重要である．次のボルテールの言葉を思い出してほしい．「私と会話をしたいなら，あなたの言葉を定義しなさい．」

いくつかの他の技術用語とその定義をみてみよう．それで会話ができる．これらの定義の多くが数学的な公式と計算法で正確に精度よく表現されていることを覚えておくように．これらの正確で精度よい数学的な定義については，本書の範囲を超えるので，ここでは，環境専門家に必要ないくつかを紹介する．以下で定義される工学用語は Heisler (1998), Tapley (1990), Giachino and Weeks (1985) に由来している．それらの本を強く推薦する．環境技術者にとって標準的な参考書となる．

力学［mechanics］　力と運動を扱う科学の一分野．
破断［rupture］　張力荷重を加えられた強い延性材料の最終破壊．
座屈［buckling］　高い圧縮力をかけられた部材の突然の破壊によって特徴づけられる破壊相で，破壊点における実際の圧縮力は材料が耐えられる最終圧縮力より小さい．
ストレス［stress］　変形にさらされている材料の内部抵抗．面にわたってかけられる荷重で測られる（図 11.8A）．
ストレイン［strain］　ストレスの結果生じる変形．平方インチ当たりの変形量で表示される（図 11.8B）.
腐食［corrosion］　周囲の化学物質との反応による材料内部の本質的な特徴の破壊．
ストレス強度［intensity of stress］　単位面積当たりのストレスは一般に平方インチ当たりポンドで表示される．面積 A 平方インチに与える張力，圧縮力，せん断力を生む力 P lb の結果であり，一様に分布している．ストレスという単純な語句はふつう，ストレス強度を示すのに使用される．

図11.8 ストレスとストレイン
（A）ストレスは面にかかる加重で測られる．
（B）ストレインは平方インチ当たりの変形量で表示される．

図11.9 弾性と弾性限度
金属は引き延ばされた，あるいは変形させられた後でも，最大強度点に達しないなら，もとの形状に戻る性質がある．

クリープ［creep］　ストレスの影響下で，固体材料がゆっくりと動く，あるいは永久に変形しようとする傾向．

終局ストレス［ultimate stress］　破断が起こる前に物体に生じることができる最大のストレス．

許容ストレス／作用ストレス［allowable stress or working stress］　抵抗力を設計された機械あるいは構造物の材料のストレス強度．

弾性限度［elastic limit］　材料に加えられたストレスに対して復元力で形状が元に戻る場合の最大ストレス（図11.9）．

降伏点［yield point］　（あるのであれば）わずかなストレス増加に伴って長さの変化が急激に増加するストレス強度．

破れ口［fracture］　ストレスの作用の下，物体あるいは材料が2つあるいはそれ以上の破片になる局所分離．

弾性係数［modulus of elasticity］　弾性限度下のストレスにおいて，ストレスのストレインに対する比率．弾性限度を検討することで，異なった材料の相対硬化序を容易に確かめられる．剛性と硬化度は多くの機械と構造の応用にあたって非常に重要な考慮すべき事項である．

ポアソン比［Poisson's ratio］　弾性限度を超えないストレスが作用する軸力の下で，棒の直径の相対変位に対する長さの単位変化．別のいい方をすると，ポアソン比（v）は軸ストレインに対して横断方向の負の比率である．サンプル物体が荷重の方向に延ばされる（あるいは縮められる）とき，荷重に対して垂直な方向に縮む（あるいは延びる）(Gercek, 2007)．

$$v = -\frac{d\varepsilon_{\text{trans}}}{d\varepsilon_{\text{axial}}} = -\frac{dy}{dx} = \frac{d\varepsilon z}{dx}$$

ここで，vはポアソン比，$\varepsilon_{\text{trans}}$は横断方向ストレイン（軸張力（延び）に対して負で，軸圧縮に対して正），$\varepsilon_{\text{axial}}$は軸方向ストレイン（軸張力（延び）に対して正で，軸圧縮に対して負）．

ノート：　あとで，水理学の項で，圧力管システムについて話をする．空気あるいは液体が高

圧力にあるとき，管の内部に一様な力を働きかけ，結果，管材料内に半径方向のストレスが生まれる．ポアソン効果により，この半径方向のストレスがわずかに直径の増加と長さの減少を生む．長さの減少は特に管継ぎ手に顕著な影響を与える．というのも，連続する管の各断面においてその効果が集積するからである．

> **DID YOU KNOW ?**
>
> コルクのポアソン比は実際には 0 である．これが，コルクがワイン瓶の栓として使用される理由である．コルクは瓶に挿入されると，まだ挿入されていない上部は下部が圧縮されるので膨張しない．

張力強さ［tensile strength］ 金属片を別方向に引っ張ろうとする力への抵抗力で，金属の評価において重要な要因である（図 11.10）．

圧縮強さ［compressive strength］ 圧迫に抵抗する材料の性質（図 11.11）．

曲げ強さ［bending strength］ 部材に荷重が作用している方向に曲げる，あるいは屈曲を生じさせる力に対抗する力で，実際には張力と圧縮力の結合である（図 11.12）．

ひねり強さ［torsional strength］ 部材にひねりを発生させる抵抗力（図 11.13）．

せん断強さ［shear strength］ 反対方向に作用する 2 つの等しい抵抗力（図 11.14）．

疲労強さ［fatigue strength］ 急激に変化するさまざまなストレスへの抵抗力．

図 11.10　引張り力に抵抗する張力長さをもつ金属

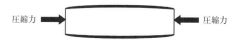

図 11.11　圧縮強さ

圧縮強さは，圧縮力に抵抗する金属の性質である．

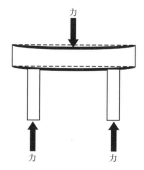

図 11.12　曲げ強さ

曲げ強さ（ストレス）は，張力と圧縮力の結合である．

図 11.13 ひねり強さ
ひねり強さは，ひねり力に抵抗する金属の性質である．

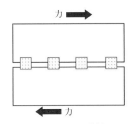

図 11.14 せん断力
せん断力は，部材が反対方向に作用する等しい力に，どの程度抵抗するかで決まる．

衝撃強さ［impact strength］ 突然にしばしば高速で作用する荷重に対する抵抗力．
延性［ductility］ 破壊せず破裂せずに延び，曲がり，ねじれる金属の性質．
固さ［hardness］ 刻みや貫通に抵抗する鋼の性質．
脆性［brittleness］ 低ストレスの下で金属が容易に割れる条件．
靱性［toughness］ 延性とともに強さとみなされる．靱性のある金属は破壊することなく大量のエネルギーを消費する．
展性［malleability］ 回転，プレス，鍛造でみられる力のように，欠陥を拡大させない圧縮力によって変形させられる金属の性質．
機械的過荷重［mechanical overload］ 単一事象での本体や部分の破壊や破裂．

11.5.1 摩擦力

傾斜面の原理についての議論では，摩擦力を無視した．実際の使用では，摩擦力は無視できず，その性質と応用について理解する必要がある．物体が他の物体と接触し，すべる，回転する，スピンその他の過程にあるとき，その境界に，摩擦力が生まれる．摩擦力は，歩行，スキー，自動車運転，機械運転などを可能にしてくれる．物体が他の物体の上ですべるときにはいつも，それらの間の動きとは反対に摩擦力が生じる．運動する場合，抵抗は運動摩擦によるもので，ふつう静止摩擦の値より小さい．一般に，感覚に反して，表面積のなめらかさの程度は摩擦力に対応しない．代わって，材料の分子構造が対応する．摩擦係数（M）（異なった材料で異なる）は2つの物体間の摩擦力（F）と抗力（N）の比である．

$$M = \frac{F}{N} \tag{11.5}$$

乾いた面では，物体の重さ（つまり N）が変化するときでさえ摩擦係数は一定である．ブロックを動かすのに必要な摩擦力（F）は比例して変化する．摩擦係数は接触面積に無関係で，たとえばレンガを床を横切って押すには，レンガが端にあろうと，縁にあろうと，平らなところにあろうと，同じ力が必要であることを意味している．摩擦係数は，ある仕事を行うに必要な力を決めるのに役立つ．温度はほんのわずかに摩擦力に影響する．摩擦力は摩損を生む．この摩損問題に打ち勝つために，潤滑剤が摩擦力減少のため使用される．

■例 11.7
　問題：　静止摩擦係数が 0.66 なら，300 lb の箱を移動させるのに必要な力はいくらか？
　解答：
$$F = (0.66)(300 \text{ lb}) = 198 \text{ lb}$$

■例 11.8
　問題：　200 lb の箱が水平から角度 30°の傾斜面にある．面の静止摩擦係数は 0.66 である．箱を斜面に沿って動かすのに最低必要な，押すあるいは引く力はいくらか？
　解答：　$F = (0.66)(200 \text{ lb} \times \cos 30°) = (0.66)(200 \text{ lb} \times 0.866) = (0.66)(173.2 \text{ lb}) = 114 \text{ lb}$
箱の重さの力成分は斜面の落下方向にすでに作用している力（重力）を生むことに注意してほしい．この力は $W \sin \theta$ に等しく，$200 \times 0.5 = 100 \text{ lb}$ である．それゆえ，付加すべき押す力，あるいは箱を動かすのに必要な力は，
$$114 \text{ lb} - 100 \text{ lb} = 14 \text{ lb}$$
となる．

11.5.2　比　重

比重は，液体あるいは固体の重さと，それと等しい体積の水の重さとの比率で，物体の重さを等しい体積の水の重さで割ることによって求めることができる．単位体積の物体当たりの物体の重さが密度であるので，

$$比重 = \frac{物体の密度}{水の密度} \tag{11.6}$$

となる．

■例 11.9
　問題：　特別な材料の密度が 0.24 lb/in.^{3} で，水密度が 0.0361 lb/in.^{3} である．比重はいくらか？
　解答：
$$比重 = \frac{物体の密度}{水の密度} = \frac{0.24}{0.0361} = 6.6$$

材料は水の重さの 6.6 倍である．比重は使われる単位に関係なく，比率は変わらないので，便利である．同じ材料に対して比はいつも同じになるため，密度の概念（単位が変

われば変わる）よりも混乱が少ない．

11.5.3 力，質量と加速度

力，質量と加速度について以前学んだことを復習しよう．ニュートンの第二法則によれば，

> 質量に作用する不均衡な力によって生じる加速度は，不均衡な力の方向に正比例し，不均衡な力によって加速された全質量に反比例する．

ニュートンの第二法則を数学的に表示すると，非常に簡潔になる．

$$F = ma \tag{11.7}$$

ここで，$F=$ 力，$m=$ 質量，$a=$ 加速度で，$1\,N = 1\,kg \times m/sec^2$．

この式は力学と工学で非常に重要である．単純に加速度を力と質量に関係づけている．加速度は，速度変化をかかった時間で割ったものとして定義される．この定義は，加速度が計測の仕方を教えてくれている．$F = ma$ は何が加速度を生むかを伝えている．すなわち不均衡な力である．質量は，重力による加速度で物体の重さを割って得られる商として定義される．重力は常にあるので，実際の目的に対しては，重力加速度に必要な考慮をして，重さで質量を考える．

11.5.4 遠心力と向心力

環境分野の専門家が慣れ親しんでおくべき語句が遠心力と向心力である．遠心力は，みかけ（現実ではない）の力の概念に基づいている．遠心力は，自転中あるいは飛行中の物体（糸に結ばれて回転するボール）から外側に半径方向に働く力とされる．それゆえ，現実の力である向心力（半径方向に内向き）と均衡する．この概念は環境工学では重要で，急激な回転輪やフライングホイールの回転にかかわる作業で出会うかもしれない．輪が十分に早く回転し，輪の細部構造が遠心力に打ち勝つほど強くないなら，輪は破断し，破片が輪によって描かれる円弧の接線方向に飛んでいくであろう．安全の検討の必要性は明らかである．そんな装置を使う，あるいは近くで作業する労働者は，回転部材が破断すると，けがをすることになる．研磨台座の研磨輪が破裂すると，これが起きる．リム速度が遠心力を決定し，リム速度は輪のスピード（rpm）と直径に関係する．

11.5.5 ストレスとひずみ

材料力学では，ストレスが物体に作用し変形をもたらす力の指標となる．ひずみ（しばしばストレスの同義語と間違って使用される）は，実際に結果としての形状（変形）変化である．完全弾性材料に対して，ストレスはひずみと比例する．この関係はフックの法則で説明され，物体の弾性限界を超えない仮定で物体を変形させる力の大きさに比例することを伝えている．弾性限度に達しないなら，物体は力が除去されると元の形状に戻る．たとえば，バネが1Nの重りで2cm伸びたなら，2Nの重りでは4cmに伸び

る．しかしながら，バネの弾性限界を一度超えると，フックの法則はもはや正しくなく，重りの段階的な増加はバネが最終的に壊れるまで，より大きな伸びを生むことになる．

ストレスは3つに分類される．①張力（引っ張り力）：互いに離れる方向に働く，反対方向の等しい力が物体に作用し，物体を伸ばす傾向にある．②圧縮力：互いに近づく方向に働く，反対方向の等しい力が物体に作用し，物体を短縮させる傾向にある．③せん断力：同一平面，同一線上にそって働かない，反対方向の等しい力が物体に作用し，体積を変化させず物体の形状を変化させる傾向にある．

11.6　材料と力学の原則

危険を検知し，実行性のある適切な管理を選択するため，環境分野の技術者は材料の性質と力学の原則をよく理解しておく必要がある．本節では，まず材料の性質から始め，それから力学と土質力学の幅広い分野をカバーする．われわれの意図は，材料の性質と力学の原則に関係する分野で必要とされる幅広い知識に周辺の話題をも加えて，はっきりと描くことである．それらは混ざり合わさって調合されており，混ざり合った安全な知識は環境分野によく熟達した知識豊富な技術者を生み出してくれる．力学は，物理学の基礎で主要な関心事である．というのも，世界は，落下する物体，車，ボート，飛行機，回転輪，流れる液体，気象学の移動空気塊などあらゆる実際の目的のためにしばしば使用される運動で満たされているからである（Reif, 1996）．

この節では，静力学，動力学，モーメント，軸，柱，床，産業騒音，放射の力学原則を議論する．野外環境の技術者は少なくともこれらすべてにある程度慣れる必要がある．安全を気にかけ，設計仕様を確認するのが役割である環境技術者は，これらの話題について，単に通過する程度の親しみよりさらに親しむべきであることに注意してほしい．

11.6.1　静力学

静力学は静止している物体と平衡な力の挙動にかかわる力学の分野で，動力学（動いている物体の挙動に関するもの）とは区別される．静的に働く力は運動を生じさせない．静力学の応用は，ボルト，溶接，リベット，移動荷重成分（ロープと鎖）そして他の構造物要因である．静的状況の一般的例はボルトと板の組み合わせにみられる．ボルトは張力を受け，2つの構成部を保持している．作用する力は下部構成部に働く（160 lbに15 lbの支持を加えて）．他の力は締められたナット（25 lb）によるものである．ボルトに働く全有効荷重は200 lb（160＋15＋25）である．ボルトの頭が板から抜けると板はせん断で壊れる．

11.6.2　動力学

動力学（力学中の運動学）は，運動の変化を生む力のもとでの物体の挙動に関する数学的，物理学的な学問である．動力学では，それは変位，速度，加速度，モーメント，運動エネルギー，ポテンシャルエネルギー，仕事とパワーといった性質が重要である．

たとえば，回転機器が飛び出して労働者に危害を加えないようにする，あるいは動いている車を止めるのに必要な距離を測定するなど，環境分野の技術者はこうした例についてに従事することなる．

11.6.3 水理学と空気力学：流体力学

水理学（液体のみ）と気体力学（気体のみ）で流体力学は構成されており，それぞれ流体（液体と気体）に作用する力の学問である．環境分野の技術者は，多くの流体力学の問題と応用に出会う．特に，化学産業，あるいは化学物質を生産するあるいは使用する工程に従事する技術者は，流体の挙動を予測し管理するために流れる気体と液体の知識が必要である．

11.6.4 溶　接

溶接は，材料のより効率的な使用と，より早い製作と組み立てを実行するため金属を結合させる方法である．また溶接は設計者に新しくて美しさを訴える設計の開発を可能にする．つまりそれは重量を節約する，ということで，結合板が必要なくなり，リベット，ボルトその他の孔の場合の移動荷重能力を減少させるための許容が必要なくなるからである（Heisler, 1998）．単純にいうと，2つの金属片の間に金属用のりをつけることで，溶接工程は金属片を一緒にしてしまうのである．ほとんどの工程は溶解技術であり，最も広く使用されているのはアーク溶接とガス溶接である．金属2片が一緒にされる溶接工程では，もちろん，金属の機械的性質が重要となる．金属の機械的性質はおもに作用荷重下でどのような挙動をするかを決める．換言すれば，1つあるいはそれ以上の力と接触したとき金属の強度を決めることである．重要なことは，金属の強度特性についての知識を適用し，安全で強固な構造物をつくることである．溶接者は，仕事に対して十分な強さの溶接物を作るために，母材金属と比較して溶接強度を知る必要がある．したがって，溶接者は工学者と同様に金属の機械的性質に関心をもっている．

11.6.5 モーメント

モーメントはトルクと同義語である．しかしながら，多くの工学的応用においては，2つの語句は交換できない．トルクはふつうシャフト（たとえばポンプシャフトの回転）の回転力を記述するのに使用され，モーメントは梁に作用する曲げ力を記述するために使用される．モーメントは力の大きさ（F）と点から作用線までの距離の積である．垂直距離（d）は力のアームと呼ばれ，点はモーメントの始点あるいは中心である．積は回転（たとえば曲げ，ねじり）を生む力の傾向のものさしとなる．モーメント測定の単位は力と距離の単位の名前の結合である．たとえば，仕事やエネルギーの単位フィート・ポンド（ft-lb）と区別するため，ポンド・フィート（lb-ft）である．

$$F_1 d_1 = F_2 d_2$$
$$\sum M_0 = 0 \tag{11.8}$$

11.6.6 梁と柱

梁は，その長さが横断寸法に比べて大きい構造部材で，長さ方向軸に横断方向に働く力の作用を受けるものである（Tapley, 1990）．環境分野の技術者は構造部材（たとえば梁，部材支持床）ばかりでなく柱にも関心がある．柱は，不支持長が最も小さい横方向寸法の 10 倍以上長い構造物部材で，圧縮力が働く．柱に小さな圧縮荷重がかかるとき，柱は軸方向に短くなる．連続的に大きな荷重がかかると，柱は突然横方向にたわむ荷重に到達する．この荷重は柱の限界あるいは座屈荷重と呼ばれる．この横方向変形がふつうは大きすぎて認識できないので，結果として，柱は破壊したと考えられる．細い柱では，限界荷重に相当する軸ストレスは一般に材料の降伏強度を下回る．座屈前には柱中のストレスは弾性範囲内なので，破壊は弾性座屈と呼ばれる．弾性安定という語句はふつうは弾性座屈問題の研究に使われる．短い柱では，軸方向にまだ直線であっても柱の降伏や破断が破壊を支配する．短柱の破壊は非弾性座屈によるものかもしれない．つまり，降伏強度よりもわずかに軸ストレスが大きいときに起こる大きな横方向変形である．

梁，床，柱は安全に載荷することにとってすべて限界的な要素となる．2003 年 10 月後半，ニュージャージー洲アトランティック市で，建設中の駐車場の 5 階の床が壊れ，労働者 4 名が死亡し 6 名が重傷を負った．そのとき，労働者は建物頂部床にコンクリートを流し込んでいた．ガレージの写真の精密な調査とコンクリートの回復率の評価に関して，OSHA の破壊調査が行われた．建設事情，設計，工学が結局は非難されるのだが，明らかに荷重限界はそのモーメントを超えていた．たぶん，より長いコンクリート養生期間をとることでが破壊を防げただろう．しかし，原因にかかわらず，失われた命と費用のコストは非常に大きかった．

環境分野の技術者は，梁の荷重が材料のストレスを生み危険なので，まず梁に興味をもつ．梁の構造的視点が技術者にとって最も重要で，それは梁材料の強度と荷重の種類が安全な載荷重の大きさを決めるからである．たとえば，前に議論した中二階倉庫の建設，その他の荷重-梁構造の建設では，荷重を支えるのに使用される梁が重要（限定的）な事項となる．

図 11.15 において，曲がりから長さ変化を受けず，そしてとそれに沿っての直接ストレスが 0 である平面が中立軸である．中立軸の 1 つの側の繊維組織は引っ張りを受け，他の側は圧縮を受け，一様な梁中のこれらのストレスの強さは中立軸から繊維組織まで

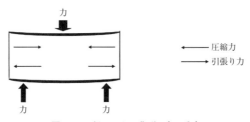

図 11.15 梁にかかる曲げの力の分布

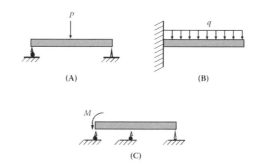

図 11.16 梁の分類
(A) 単純梁, 集中荷重, (B) 片持ち梁, 分布荷重, (C) 連続梁, 集中荷重

の距離に正比例する.

作用可能な荷重を決めるとき，慣性モーメント（I）と断面係数（Z）という梁の2つの性質が重要である．慣性モーメント（I）は基準平面（ふつう，中立軸）からの距離の2乗と差分面積との積の総和である．梁の強度は，その断面が中立軸から遠くにいくと，急激に大きくなる．これは距離が2乗だからである．断面係数（Z）は中立軸から梁断面の外までの距離で，慣性モーメントを割ったものである．

環境分野の技術者の特別な興味は，梁形式と梁への許容荷重にある．許容荷重は，適切な安全係数によって破壊を生む最大荷重とは異なる（Brauer, 1994）．次の梁形式が実際に使用される実際の梁の近似となる（Tapley, 1990）．

- 単純梁は一端がローラー支点，他端がピン支点をもつ．単純梁の両端は曲げモーメントを支えることができないが，上下方向の鉛直荷重は支えることができる．別のいい方をすると，両端は回転に自由であるが，鉛直方向に移動させることはできない．回転支点をもつ端点は軸方向移動に自由である（図 11.16A）．
- 片持ち梁は，一端のみで剛結された梁である．梁は，モーメントとせん断力で制限された支点まで荷重を運べる（図 11.16B）．
- 連続梁は2つ以上の支点上に置かれる（図 11.16C）．
- 固定梁は両端で剛結されている．
- 抑制梁は一端は剛結され，他端は単純支点である．
- 張り出し梁は，その支点の1つあるいは両端を超えて張り出しているものである．

11.6.7 曲げモーメント

曲げモーメント（内部トルク）は，モーメントが要素に作用しその結果として要素が曲がるとき，構造物に存在するものである．工学設計（そして安全工学）においては，梁に沿って曲げモーメント（そしてせん断力）が最大となる点を決めることが重要である．これらの点で曲げ強度が最大値に至るからである．梁が平衡であるとき，ある点に

ついてのモーメントの総和が0となる．最大曲げモーメント（一様荷重）を決めるため，次の公式を用いる．

$$M = WL^2/8 \tag{11.9}$$

ここで，M ＝最大曲げモーメント（ft-lb），W ＝梁のフィート当たり一様荷重（lb/ft），L ＝梁の長さ（ft）．

■例 11.10
問題： 2点で支えられている 11 ft の長さの梁が一様な荷重 250 lb/ft を受けている．この梁の最大曲げモーメントはいくらか？

解答： $M = WL^2/8 = [250(\text{lb/ft})(11\,\text{ft})^2/8] = 3781$ ft-lb

曲げモーメント（中央で集中荷重）を決めるためには次の公式が使用できる．

$$M = PL/4 \tag{11.10}$$

ここで，M ＝最大曲げモーメント（ft-lb），P ＝梁中央で集中荷重（lb），L ＝梁の長さ（ft）．

■例 11.11
問題： 両端で支えられている 10 ft 長の梁の中央で，10 t の巻き上げ機が吊されている．この梁の最大曲げモーメントはいくらか（梁の重さは無視せよ）？

解答： $M = PL/4 = [(20000\,\text{lb})(10\,\text{ft})]/4 = 50000$ ft-lb

曲げモーメント（中央でない点に集中荷重）を決めるために次の公式が使用できる．

$$M = Pab/L \tag{11.11}$$

ここで，M ＝最大曲げモーメント（ft-lb），P ＝梁上の集中荷重（lb），a ＝梁左端からの距離（ft），b ＝梁右端からの距離（ft），L ＝梁の長さ（ft）．

■例 11.12
問題： 両端支点の 10 ft 長の梁に中央から 2 ft 左に 1400 lb の重りで加重されている．最大曲げモーメントはいくらか（梁の重さは無視せよ）？

解答： $M = Pab/L = [(1400\,\text{lb})(2\,\text{ft})(8\,\text{ft})]/10\,\text{ft} = 2240$ ft-lb

11.6.8 片持ち梁の半径

湾曲の半径は梁の変形のいくつかのものさしの1つである．曲げモーメントを受ける梁の湾曲の半径は次の公式を用いて決められる．

$$P = EI/M \tag{11.12}$$

ここで，P ＝湾曲の半径（ft，m），E ＝梁の材料の弾性係数（psi，KPa），I ＝重心まわりの断面慣性モーメント（m^4，in.^{4}，ft^4），M ＝断面におけるモーメントあるいはトルク（ft-lb）．

11.6.9 柱ストレス

ストレスは単位面積当たりの力と定義でき，平方インチ当たりのポンド（psi）で表示される．ストレス量は，部材が厳しく載荷されているかを示す現実の指標となる．張力は部材が引っ張られているときに起こり，圧縮力は部材が圧縮されているときに起こり，そしてせん断力は部材のせん断中（材料の1つの部分が他の部分上ですべる）に起きる．柱のストレス（荷重）を決めるために次の式を使用する．

$$\sigma = P/A \tag{11.13}$$

ここで，$\sigma =$ ストレス（lb/in.^{2} あるいは psi），$P =$ 柱への荷重（lb），$A =$ 部材の断面積（in.^{2}）．

■例 11.13

問題： 直径 4 in. の柱が 6000 lb の荷重を支えている．ストレスはいくらか？

解答：
$$A = \pi r^2 = (3.14)(2\text{in.})^2 = 12.56 \text{ in.}^2$$
$$\sigma = P/A = (6000 \text{ lb})/12.56 \text{ in.}^2 = 478 \text{ psi}$$

11.6.10 梁のたわみ

力学では，たわみ（曲げともいう）は，梁軸に垂直に作用する外部荷重を受ける構造物要因（梁）の挙動を特徴づける．衣服ハンガーにおいて，衣服の重みでたわむ棒は，たわみ（曲げ）を受ける梁の例である．たわみを計算する公式は次のたわみ公式（11.14）として知られ，最大曲げストレス（σ）と最大曲げモーメントとの関係を示すものである．

$$\sigma = MC/L \tag{11.14}$$

ここで，$\sigma =$ 最大ストレス（lb/in.^{2} あるいは psi），$M =$ モーメント（in.-lb），$C/L =$ 断面係数の逆数（in.^{3}）（適用可能な表から得る）．

■例 11.14

問題： 12 ft 長，6 in. 高さ，3 in. 幅の長方形の梁が中央で 2 t の集中荷重を支えている．この梁の最大曲げストレスはいくらか？

解答：
$$M = PL/4 = [(4000 \text{ lb})(12 \text{ ft} \times 12 \text{ in.}/\text{ft})]/4 = 144{,}000 \text{ in.-lb}$$
$$C/L = 6/bD^2 (可能な表から) = 6/[(3 \text{ in.})(6 \text{ in.})^2] = 0.05555 \text{ in.}^3$$
$$\sigma = MC/L = (144{,}000 \text{ in.-lb})(0.05555 \text{ in.}^3) = 7999 \text{ psi}$$

11.6.11 反作用力（梁）

11.6.11.1 一様荷重

梁を支えるために梁の両端の支点で上向きに作用する未知の力は反作用力と呼ばれる．梁に作用する既知の力は荷重と呼ばれる．梁を平衡に保つため反作用力は荷重とバランスをとる．梁の支点における反作用力を決定するため，次の式を使用する．

$$R_L = R_R = WL/2 \tag{11.15}$$

ここで，R_L＝左反作用力（lb），R_R＝右反作用力（lb），W＝梁のフィート当たり一様荷重（lb），L＝梁の長さ（ft）．

■例 11.15
問題： 長さ 10 ft 梁が 2 点，両端で 1 点，で支持され，2000 lb/ft の割合で一様に加重されている．支点における反作用力はいくらか？

解答：　　　　　$R_L = R_R = WL/2 = [(200 \text{ lb/ft})(10 \text{ ft})]/2 = 1000 \text{ lb}$

11.6.11.2　中央載荷の集中荷重
中央に集中荷重が載荷された任意の長さの単純梁（それぞれの両端の 2 点で支持）における反作用力 R_L と R_R を決定するために，次の公式を使用する．

$$R_L = R_R = P/2 \tag{11.16}$$

ここで，R_L＝左反作用力（lb），R_R＝右反作用力（lb），P＝梁の中央載荷集中荷重（lb/ft）．

■例 11.16
問題： 両端で支持された梁の中央に 10 t の巻き上げ機がつり下げられている．もし安全係数を 4 とするなら，これらの支持のために設計上の基本としては何を考慮すべきか？

解答：　　　　　　　　　　$10 \text{ t} = 20{,}000 \text{ lb}$
$$R_L = R_R = P/2 = (20{,}000 \text{ lb})/2 = 10{,}000 \text{ lb}$$

安全係数 4 を適用することは，少なくとも 32,000 lb あるいは 16 t の力を扱えるように設計された両端支点を要求している．

11.6.11.3　任意点での荷重
長さ L の単純梁に P の重りが中央から離れて載荷されているときの，反作用力 R_L と R_R を決定するために，次の公式を使用する．

$$R_L = Pa/L, \quad R_R = Pb/L \tag{11.17}$$

ここで，R_L＝左反作用力（lb），R_R＝右反作用力（lb），P＝梁の載荷集中荷重（lb/ft），a＝梁左端からの距離（ft），b＝梁右端からの距離（ft），L＝梁の長さ（ft）．

■例 11.17
問題： 長さ 10 ft の両端支点の梁が，中央から 2 ft 左に 1200 lb の重りが加重されている．両支点の反作用力はいくらか（梁の重さは無視せよ）？

解答：　　　　$R_L = Pa/L = [(1200 \text{ lb})(2 \text{ ft})]/10 \text{ ft} = 240 \text{ lb}$
$$R_R = Pb/L = [(1200 \text{ lb})(8 \text{ ft})]/2 \text{ ft} = 960 \text{ lb}$$

11.6.12　**座屈ストレス**（木柱）
荷重を支える柱は曲がる傾向にある．曲げが非常に大きくなると，荷重からの圧力の

もとでの座屈によって不安定になり破壊する．柱の長さの中間における，木でつくられた柱に対する公式は次のようである．

$$P/A = \sigma[L - 1/3(L/KD)]^4 \qquad (11.18)$$

ここで，P = 柱に作用する最大許容荷重（lb,N），A = 柱の断面積（in.^{2}, m^2），σ = 軸に平行な許容圧縮力（psi, kPa），L = 柱の不支持自由長さ，K = オイラーの柱力学が使用される場合の $1/D$ の最小値，D = 座屈が期待される方向での柱の直径（幅）（in., m）．

11.6.13 床

ふつう，環境分野の技術者は一般的な床や床板材の適切な維持のと管理に十分な時間と注意を払い，その範囲は，ありふれた建物管理から構造的必須計算（床荷重計算）に及ぶ．建物管理はいつも焦点となり，廊下，倉庫，執務室が危険性なく，衛生的に，清潔に整頓されていることを確認するために日々検査される必要がある．特に，建物管理（仕事のほとんどの場所で）の責任は監督者と雇用者自身にかかる．しかし，安全設計者は仕事場のメンテナンスが最高の水準に保たれていることの確認の責任を避けることはできない．建物管理には，あらゆる仕事場の床が清潔に乾いた状態に維持することも含まれている．水を使った工程が行われるところでは，排水が維持されなければならず，乗降段，マット，その他の乾いた立ち場所が実務場所として提供されなければならない．すべての床は，くぎ，細片，孔，あるいはゆるんだ床板が出ることのないように保たなければならない．

建物管理とともに，安全技術者は床荷重保全についても関心をもっている．実際，環境分野の技術者がふつうに要求する関心の1つは，床に載せる安全荷重の決定である．どの床に対しても安全な床荷重を決めるためには，安全技術者は2つのことを考慮しなければいけない．① 死荷重（構造物とその構成物の重さ）と ② 活荷重（床に置かれる荷重）である．環境分野の技術者のおもな安全への関心事は，設計技術者と（あるいは）公的承認によってその床（あるいは屋根）に許容された荷重を決して超えないということを保障することである．環境分野の技術者は，許容される床荷重の割合を，それが関係する各空間における顕著な場所に適切に配分することを確実に行うべきである．

11.7 電気の原理[*1]

なぜ，環境分野の専門家が電気の基礎を理解する必要があるのか？ 簡単にいえば，環境分野の専門家は広範な話題と専門分野の知識に注意を向けるジェネラリストでなければならないからである．さらには，照明ソケットに指を差し込むと感電し，場合によっては死に至ることを知ること以上に，現代社会は大量の電気を発電し使うことから，その環境影響は著しいことを知る必要がある．

[*1] ［原注］本節は Spellman, F.R., *Handbook of Water and Wastewater Treatment Plant Operations*, 3rd ed., CRC Press, Boca Raton, FL, 2013 を改変したものである．

11.7 電気の原理

電気は，他のエネルギー（たとえば，化石燃料，原子力，水力，潮力，バイオマス，風力，地熱，太陽光）を電気に変換する発電所で生成される．各システムは利点と欠点をもつが，システムの多くは環境上の懸念がある．このため発電と利用上の環境影響があるがゆえに，環境分野の実務家は電気の基礎をしっかり学ぶべきであり，簡単な電気計算を理解し，適切に使えることが望ましい．

電気とは何かを問うことから始めよう．上水処理，下水処理の操作員は一般に電気設備を見分けるのに困難はほとんどない．電気設備はどこにでもあり，見分けるのは容易である．たとえば，典型的な処理場では以下の設備が設置されている．発電機あるいは緊急発電機（発電する）・蓄電池（電気を蓄える）・変換機（電気をある形態から別の形態に変換する）・架線供給システム（電気を処理場内で輸送あるいは送電し，分配する）・計器（電気を測る）・機械エネルギー，熱エネルギー，光エネルギー，化学エネルギー，電波エネルギー（電気を他のエネルギーに変換する）・ヒューズ，回路ブレーカー，リレー（電気設備を保護する）・電動機の制御装置（他の電気設備を操作し，制御する）・センサー（ある条件や発生状況を電気信号に変換する）・トランスデューサーあるいはトランスミッター（ある測定変量を代表的な電気信号へ変換する）．

電気設備はよく使われるので，見分けることは容易である．設備が処理プラントのどこにあるか操作員に聞くと，彼らはおそらく装置や周辺機器を操作しているので答えてくれる．同じ操作員に特定の電気機器が何をするか聞くと，すぐ答えるだろう．処理プラントの電気機器がプラント操作に重要であるかどうかを聞いたなら，彼らは口をそろえて「まったくそのとおり」と答えるであろう．

ここでそうした確かな答えとならない，別の質問がある．同じ操作員に電気がどのようにしてプラントの電気機器を動かしているか，平易な言葉で説明してくれるようにお願いすると，答えはおそらくばらばらで，まとまりがなく，必ずしも正確ではない．より基礎的なレベルでさえ，多くの操作員のうち何人が，「電気とは何か？」という質問に正確に答えられるだろうか？

きわめて少数であろう．なぜ職場で働く多くの職員がそれほど電気について知らないのか？ 1つの答えは，電気技師以外の従業員は自分の仕事をすること，それだけが期待されているという事実にある．

11.7.1 電気の性質

「電気」という言葉はギリシャ語の琥珀を意味する electron からきており，それは半透明な黄色の化石化した鉱物性樹脂（半化石樹脂）である．古代ギリシャ人は琥珀を布でこすったとき発生する引力と斥力の不思議な力を電気力（electric force）と呼んだ．彼らはこの力の性質を理解しておらず，電気とは何か答えることはできなかった．実際のところ，この質問にはまだ解答がないままである．今日，われわれは，力ではなく効果を記述することで，たびたび質問に答えようと試みた．すなわち，標準的な答えは，電気は電子を動かす力である，これは帆船を動かす力として帆を定義するのとほぼ同様

ある．

　現在，電気の基本的性質について古代ギリシャ人が知っていた以上のものはないが，それを利活用することは大きく進歩した．他の多くの未知の（説明できない）現象と同じように電気の性質と挙動に関する洗練された理論が進歩し，明白な事実であるがゆえに，そしてそれらが機能しているがゆえに，広範囲の支持を得ている．

　科学者は，電気が，ある状況や条件下で，一定かつ予測できる方法で作用することを見出した．ファラデー，オーム，レンツ，キルヒホッフのような科学者は，電気や電流を，あるルールの形で予測できる性質として説明した．これらのルールはしばしば法則と呼ばれる．このようにして電気そのものは必ずしも明確には定義されないが，その予測できる性質と利用の簡便さから，現代で最も広範囲に利用される動力の1つとなっている．

　要点： われわれは，電気の挙動に適用できるルールや法則を用いて，電気を生成し，制御し，利用する方法を理解することによって，いまだに電気について学びつづけている．このように電気の正体を究明せずに，電気について学ぶことが可能となる．

　おそらく読者は頭が混乱しているだろう，そして，いまこの瞬間に頭に思い浮かぶ疑問は，「これは基礎的な電気の本であるが，筆者は電気とは何かを説明できない」である．これは正しい．要は誰も電気を定義できないのである．電気は古いことわざ「われわれはそれを知らないことを知らない」が完璧に当てはまる例である．

　繰り返すと，いくつかの電気の理論はこれまで広範な分析と多大の時間の試練に耐えてきた（もちろん相対的にだが）．電流（あるいは電気）に関する最も古く，最も一般に知られた理論は，電気あるいは電流は導体中の自由電子の流れの結果であるという電子理論である．このように，電気は自由電子，あるいは単に電子の流れである．この本では，これが電気の定義，すなわち，電気は自由電子の流れである．

クーロンの法則

　クーロンの法則は，自由空間の2つの荷電した物体間に働く引力と斥力の大きさは，「電荷」「距離」の2つに依存することを指摘している．

　特にクーロンの法則は，荷電した物体は相互に引き合うか，反発するが，それは電荷の積と距離の2乗に反比例する，と示している．

　ノート： 電子電荷の大きさは物体中の陽子数に対する電子数によって決定される．電荷の大きさを Q で表し，単位クーロン（C）で表される．$+1\,\text{C}$ は 6.25×10^{18} の電荷をもち，$-1\,(-Q)$ は，陽子よりも 6.25×10^{18} の電子が多いことを示す．

11.7.2　簡単な電気回路

電気回路には，① エネルギー源すなわち電池や発電機のような起電力（emf：electromotive force），あるいは電圧，② 導体（電線），③ 負荷，④ 制御機器といった要素が含まれている（図11.17）．

エネルギー源は図11.17のように電池，あるいは他の電圧源である．エネルギーを消費する負荷はランプ，抵抗や電気トースター，電動ドリル，ラジオ，鉄のはんだづけなど有用な仕事をする他の機器（機器群）である．導体は電流に対する抵抗の小さな電線で，回路のすべての負荷を電源に接続する．電流が回路に流れないならば，電気機器はエネルギーを消費しない．導体，あるいは電線は完全な導体ではないので，熱を発し（エネルギーを消費し），負荷の一部となる．しかし，問題を解くために毎回電線に非常に小さい抵抗値を与えるのは煩わしいので，簡単のために接続する電線は抵抗がないと考える．制御機器は，スイッチ，可変抵抗，回路遮断器，ヒューズやリレーである．

電流の完全な経路，あるいは閉回路（図11.17）は電源から電流が負荷を通って，電源に戻る連続した経路である．回路の遮断（たとえば，スイッチ開放）などにより，電流が完全な経路とならない場合，回路はオープンであるという（図11.18）．

> **要点：** 図11.17, 11.18に示したように，電流は電池の−極から，負荷を通じて電池の＋極に流れ，次いで電池の＋極から−極に流れる．この経路が遮断されない限り閉回路であり，電流は流れるが，どこかで経路が遮断されると開回路（オープン回路）となり，電流は流れない．

回路を保護するために，回路に直接ヒューズがおかれる（図11.19）．ヒューズは，危険な大電流が流れはじめるときはいつでも回路をオープンにする（すなわち，回路の2点で偶発的な接続により非常に小さな抵抗を与えることにより短絡的な回路条件が発生した場合）．ヒューズは値より小さなとき電流を許容するが，より大きな電流が流れる場合，融けて回路を遮断あるいはオープンにする．

11.7.2.1 回路図

図11.17〜11.19の簡単な回路は回路図とよばれる．回路図（ふつうは回路と略される）は，電気的な状況を物的状況ではなく表現した，簡単化された図面である．回路に用いられる記号は電気技師が使う省略表記であり，より簡単に図を描き，より理解しやすいようにしたものである．電池による電力供給を表す記号を考えよう（図11.20）．記号は

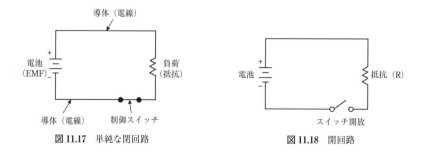

図11.17 単純な閉回路　　　　　　　　　**図11.18** 開回路

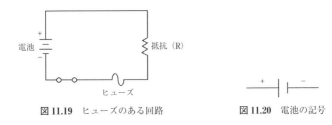

図 11.19　ヒューズのある回路　　　図 11.20　電池の記号

単純で直感的だが，非常に重要である．たとえば，便宜上電池の記号の短い線は−極であることを示している．これを覚えることが重要である．なぜなら配置を検討するとき，電流の流れる方向，−から＋，を記載することがときとして必要である．電池を表すのに用いられる線には（必ずしも電池の数と同じである必要はないが），長い線と短い線が，ペアで交互に使われる．図 11.19 で示された回路では，電流は反時計回りに流れる．電池記号の長い線，短い線が逆の場合（図 11.20 に示された記号），図 11.19 の回路の電流は時計回りに流れる．

> ノート：　電気と電子の学習では，特定の機能をもつ抵抗要素から構成される多くの回路が分析される．前述のように，これらの要素は抵抗と呼ばれる．この後の基本回路の分析では，抵抗要素は物理的な抵抗として扱うが，一般には多くの電気機器の 1 つでもありうる．

ここまでの図に示された簡単な回路は，回路要素を表現する回路に使われる多くの記号のほんの数例であることに留意してほしい．他の記号は必要に応じて取り上げる．電線による閉ループ（導体）は必ずしも回路でないことにも留意することが重要である．電気回路とするために電圧源を含まねばならない．電子が閉ループを動き回る電子回路では，電流，電圧と抵抗が存在する．電流の物理的な経路が実際の回路である．3 つの量のうち 2 つ，たとえば電圧と電流を知ることにより，3 番目の抵抗を決定しうる．これは電気理論の基本であるオームの法則を使って数学的に求められる．

11.7.3　オームの法則

オームの法則は，簡単にいうと回路の電流，電圧，抵抗の関係を定義する．オームの法則は数学的に 3 通りに表現される．

1. 回路の電流（I）は回路に加えられた電圧（印加電圧）を回路の抵抗で割った値に等しい．いい方を変えれば，回路の電流は，電圧に正比例し，回路の抵抗に反比例する．オームの法則は以下で表される．

$$I = \frac{E}{R} \tag{11.19}$$

ここで，I は電流（A），E は電圧（V），R は抵抗（Ω）である．

2. 回路の抵抗は回路の電圧を回路の電流で割った値に等しい．

$$R = \frac{E}{I} \tag{11.20}$$

3. 電圧 (E) は，回路の電流と抵抗の積である．

$$E = I \times R = IR \tag{11.21}$$

式 (11.19)〜(11.21) で，2 つの量がわかれば，3 つ目は容易に求められる．例を示そう．

■例 **11.18**

問題： 図 11.21 は抵抗 6 Ω，電圧 3 V の回路である．回路の電流はいくらか？

解答：
$$I = \frac{E}{R} = \frac{3}{6} = 0.5 \, \text{A}$$

回路電流に与える電圧の効果を調べるために，図 11.21 の回路で，電圧は倍の 6 V を使う．電圧が 2 倍のとき，電流も 2 倍になることに注意せよ．

■例 **11.19**

問題： $E = 6\,\text{V}$, $R = 6\,\Omega$ が与えられたとき，I はいくらか？

解答：
$$I = E/R = 6/6 = 1 \, \text{A}$$

要点： 回路電流は，電圧に正比例する．そして電圧が変わると同じ比率で変化する．

電流が抵抗に反比例することを確かめるために，図 11.21 の抵抗を 12 Ω と仮定する．

■例 **11.20**

問題： $E = 3$, $R = 12$ の場合，I はいくらか？

解答：
$$I = \frac{E}{R} = \frac{3}{12} = 0.25 \, \text{A}$$

抵抗 12 Ω で電流 0.25 A の場合と，抵抗 6 Ω で電流 0.5 A の場合を比較すると，抵抗を 2 倍にすると電流は元の値の半分になる．要点は，回路電流が回路抵抗と反比例することである．

E, I, R のうち任意の 2 つの量が既知の場合，3 番目を求められることを思い出そう．多くの回路の応用では，たとえば，電流 (I) と抵抗 (R) が既知の問題を解くためには，オームの法則の基礎式を，E を解くために移項しなければならない．オームの法則はオー

図 **11.21** 電流の算出

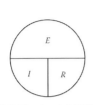

図 11.22　オームの法則円

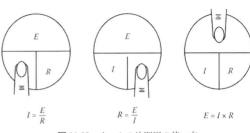

図 11.23　オームの法則円の使い方

ムの法則円（図 11.22）を使って効率的に記憶され，実用化しうる．2 つの量が既知の場合 E, I, R の式を見つけるには，未知の 3 番目の量を図 11.23 に示されたように，読者の指，ものさし，紙片で覆うことで得られる．

■例 11.21

　問題：　120 V の直流（DC）回路を駆動するとき電球バルブに 0.5 A 流れる．この電球バルブの抵抗はいくらか？

　解答：　回路問題を解く第一段階は，回路の概略図を描き，各部分にラベルづけし，既知の値を示すことである（図 11.24）．I と E が既知なので，式（11.20）を使って R を解く．

$$R = \frac{E}{I} = \frac{120}{0.5} = 240 \, \Omega$$

11.7.4　電　力

動力は，電気的か機械的かにかかわらず，仕事率（単位時間にどれだけの仕事が行われているかを表す）に関連するので，処理プラントの動力消費は電流に関連する．大きな電動モーターあるいは空気乾燥器は，ある一定時間では，たとえばモーター制御装置の表示灯よりも大きな電力を消費する（より大きな電流を流す）．仕事は力が動きを起こすときになされる．重しを持ち上げたり，動かすときに機械的な力が使われる場合，仕事がなされる．しかし，移動を起こさないように使われた力，たとえば，2 つの固定物の間に働いている圧縮されたバネは，仕事をしない．

　ノート：　動力とは仕事がなされる率である．

図 11.24　回路の概略

11.7.4.1 電力の計算

回路の任意の部分で使われる電力（P）は，その部分の電圧（E）と電流（I）を掛けた値に等しい．式の形では，

$$P = E \times I \tag{11.22}$$

ここで，$P=$ 電力（W），$E=$ 電圧（V），$I=$ 電流（A）．

電流 I と抵抗 R が既知で，電圧が不明な場合，電圧についてのオームの法則を使って P を求めることができる．式（11.21）を置き換え，式（11.22）から次式を得る．

$$P = IR \times I = I^2 R \tag{11.23}$$

同様に，電圧と抵抗が既知で，電流が未知の場合，電流に関するオームの法則により P を求めることができる．式（11.19）を式（11.22）に代入することにより，次式を得る．

$$P = E \times \frac{E}{R} = \frac{E^2}{R} \tag{11.24}$$

ノート： 2つの量を知れば，3番目は導出できる．

■例 11.22

問題： 回路に用いられている 200 Ω の抵抗を通じて流れる電流は 0.25A．この抵抗の電力を求めよ．

解答： 電流 I と抵抗 R が既知なので，式（11.23）により P を求める．

$$P = I^2 \times R = (0.25)^2 \times 200 = 0.0625 \times 200 = 12.5\,\text{W}$$

ノート： 回路に使われる抵抗の定格電力（何 W まで電力を消費できる抵抗かを示す）は，抵抗が焼き切れたり融けるのを防ぐために電力式で計算される電力の 2 倍とすべきである．例 11.22 で使われた抵抗は定格電力 25 W とすべきである．

■例 11.23

問題： 回路に 30 A を供給する 220 V の発電機によって回路に供給できる電力は何 kW か？

解答： E と I が既知なので，式（11.22）から P を求める．

$$P = E \times I = 220 \times 30 = 6600\,\text{W} = 6.6\,\text{kW}$$

■例 11.24

問題： 抵抗 30,000 Ω にかかる電圧が 450 V の場合，この抵抗で消費される電力はいくらか？

解答： R と E が既知であるから，式（11.24）から P が求められる．

$$P = \frac{E^2}{R} = \frac{(450)^2}{30,000} = \frac{202,500}{30,000} = 6.75\,\text{W}$$

本節では，P は 3 つの量 E, I, R の種々の組み合わせによって表現できる．実際，P

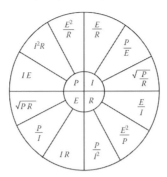

図 11.25 オームの法則円（12 の基礎式）

と同様に，任意の 2 つの量により，残りの 1 つを表現することができる．図 11.25 は，知っておくべき 12 の基礎式のまとめである．4 つの量 E, I, R, P が図の中央にある．各量に隣接している量は，3 つのセグメント（区切り）である．各セグメントの基本量は 2 つの他の基本量で表現でき，どの 2 つのセグメントも同じではない．

11.7.5 電気エネルギー（電力量）

エネルギーとは仕事をする能力である（エネルギーと時間は本質的に同等で，同じ単位で表される）．エネルギーは仕事がなされたときに消費される．なぜなら力が距離を通して働くときに力を保持するためにエネルギーを必要とするからである．ある一定量の仕事をするために消費されるエネルギー総量は，仕事に要する力に，力をかける距離を乗じて得られる．電気では，消費される総エネルギーは，仕事がなされた率に，測定された時間を乗じたものに等しい．基本的には，エネルギー（W）は電力（P）×時間（t）である．

キロワット時（kWh）は大量の電気エネルギーあるいは仕事について一般に利用される単位である．キロワット時の大きさは，電力（kW）と電力が使われている時間（hr）の積で計算される．

$$\text{kWh} = \text{kW} \times \text{hr} \tag{11.25}$$

■例 11.25

問題： 12 kW を供給する発電機によって 4 時間で供給されるエネルギーはいくらか？

解答： $\text{kWh} = \text{kW} \times \text{hr} = 12 \times 4 = 48\,\text{kWh}$

11.7.6 直列回路の特徴

前述のように，電気回路は電圧源，接続する導体，有効負荷から構成される．電子が一方向のみに動くように配置された回路の場合，直列回路と呼ばれる．それで，直列回

路は電流が一方向のみに流れる回路と定義される．図 11.26 はいくつかの負荷（抵抗）を有する直列回路を示している．

ノート： 直列回路は，電流が流れる方向が一方向のみの回路である．

11.7.6.1 直列回路の抵抗

電気経路に沿って，直列回路の電流は回路に組み込まれた抵抗を通じて流れる（図 11.27）．このように，追加された抵抗は，付加抵抗（added resistance）となる．直流回路では，全回路抵抗（R_T）は個々の抵抗の和に等しい．

$$R_T = R_1 + R_2 + \cdots + R_n \qquad (11.26)$$

ここで，R_T は全抵抗（Ω），R_1, R_2, …は直列の抵抗（Ω），R_n は直列の抵抗数である．

■例 11.26

問題： 10, 12, 25 Ω の 3 つの抵抗が電池（emf が 110 V）を挟んで直列に接続されている（図 11.27）．全抵抗はいくらか？

解答： $R_1 = 10\,\Omega$, $R_2 = 12\,\Omega$, $R_3 = 25\,\Omega$ とすると
$$R_T = R_1 + R_2 + R_3$$
$$R_T = 10 + 12 + 25 = 47\,\Omega$$

式（11.26）で未知の抵抗値を解くために移項する．たとえば，全抵抗値が既知で，ある抵抗値を決定する回路へ応用する場合，移項した式が利用される．

■例 11.27

問題： 3 つの抵抗をもつ回路の全抵抗が 50 Ω である（図 11.28）．2 つの抵抗値はそれぞれ 12 Ω である．3 つ目の抵抗（R_3）を計算せよ．

解答： $R_3 = 50 - 12 - 12 = 26\,\Omega$

ノート： 抵抗が直列に接続されているとき，回路の全抵抗は回路の抵抗の合計に等しい．

11.7.6.2 直列回路の電流

直列回路では電流が一方向のみであるから，同じ電流（I）が回路の各部分を流れる．

図 11.26 抵抗のある回路

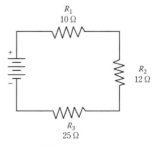

図 11.27 全抵抗の算出

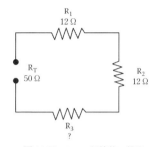

図 11.28 1つの抵抗値の算出

このように，直流回路の電流を決定するためには，ある部分を流れる電流を求めればよい．直流回路の各部分では同じ電流が流れるという事実は，図 11.29 に示すように種々の点で回路に電流計を挿入することによって検証できる．

> ノート： 直流回路では，回路のどの部分でも同じ電流が流れる．I を求めるために回路の各部分の電流を足してはいけない．

11.7.6.3 直流回路の電圧

基本回路の抵抗による電圧降下は，回路の全電圧であり，電圧に等しい．直流回路を通じた全電圧は，また2つ以上の個別の電圧降下から構成される電圧に等しい．この記述は図 11.29 に示された回路の試験によって確認できる．この回路では 30 V の電圧源（E_T）が2つの抵抗 6 Ω からなる直列回路を通して電圧が加えられる．回路の全抵抗（図 11.30）は2つの抵抗の和，12 Ω に等しい．オームの法則を使って回路電流が次のように計算できる．

$$I = \frac{E_T}{R_T} = 2.5\,\text{A}$$

抵抗は各 6 Ω，回路を流れる電流は 2.5 A であるから，抵抗による電圧降下を計算できる．

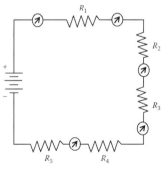

図 11.29 電流計を挿入した回路

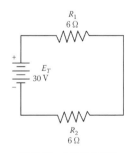

図 11.30 全抵抗の算出

$$E_1 = I \times R_1 = 15\,\text{V}$$

R_2 は R_1 と同じ Ω 値なので，R_2 を横切る電圧降下は 15 V に等しい．2 つの 15 V の電圧降下を足すと，合計 30 V の低下となり，印加電圧と等しい．それで，直列回路では，

$$E_T = E_1 + \cdots + E_n \tag{11.27}$$

ここで，E_T は全電圧（V），E_1 は抵抗 R_1 の電圧（V），E_2 = 抵抗 R_2 の電圧（V）である．

■**例 11.28**

問題： 10，20，40 Ω の 3 つの抵抗からなる直列回路がある．20 Ω を通過する電流が 2.5 A の場合，電圧を求めよ．

解答： この問題を解くために，最初に回路図を描き，図 11.31 のようにラベルをつける．$R_1 = 10\,\Omega$, $R_2 = 20\,\Omega$, $R_3 = 40\,\Omega$, $I = 2.5\,\text{A}$ とする．

回路は直列回路なので，各抵抗を流れる電流は同じ 2.5 A である．オームの法則を使い，3 つの抵抗のそれぞれによる電圧降下が計算できる．

$$E_1 = 25\,\text{V},\ E_2 = 50\,\text{V},\ E_3 = 100\,\text{V}$$

個々の電圧降下が既知のとき，式 (11.27) を使って全電圧あるいは電圧を求めることができる．

$$E_T = 175\,\text{V}$$

要点： 直列回路の全電圧（E_T）は回路の各抵抗の電圧の合計に等しい．

要点： 直列回路で生じる電圧降下は，回路の抵抗に直接比例する．これは，各抵抗を同じ電流が流れる結果である．このように抵抗が大きくなれば，電圧降下は大きくなる．

11.7.6.4 直列回路の電力

直列回路の各抵抗は電力を消費する．この電力は熱の形で消失する．この電力は電源からくるので，全電力は回路抵抗によって消費された電力の合計に等しくなる．直列回路では，全電力は個々の抵抗によって損失した電力の合計に等しい．

$$P_T = P_1 + P_2 + P_3 + \cdots + P_n \tag{11.28}$$

ここで，P_T は全電力（W），P_1 は最初の抵抗の消費電力（W），P_2 は 2 番目の抵抗の消費

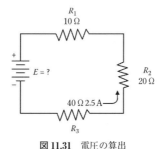

図 11.31 電圧の算出

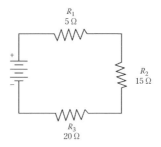

図 11.32 全電力の算出

電力(W), …, P_n は n 番目の抵抗の消費電力(W)である.

■**例 11.29**

問題: 直列回路が3つの抵抗, 5, 15, 20 Ω からなる(図 11.32). 回路に 120 V が印加されたときの全電力損失を求めよ.

解答: 最初に全抵抗を求める.

$$R_T = 40\,\Omega$$

全抵抗と電圧を使って, 回路電流を計算する.

$$I = \frac{E_T}{R_T} = 3\,\text{A}$$

電力の式を使って, 個々の損失電力を計算できる. R_1 については,

$$P_1 = I^2 \times R_1 = 45\,\text{W}$$

R_2, R_3 も同様. 全電力は次式で得られる.

$$P_T = P_1 + P_2 + P_3 = 360\,\text{W}$$

答えをチェックするために, 電源によって供給された全電力を計算する.

$$P = E \times I = 360\,\text{W}$$

このように, 全電力は個々の電力損失の和に等しい.

> **ノート:** オームの法則は回路の個々の部分と同様に, 直列回路の全量を求めるのに使われる. 同様に, 電力の式は全量を計算するのに使われる.

$$P_T = E_T \times I \tag{11.29}$$

11.7.6.5 一般的な直列回路分析

これまで直列回路を解くための知識を学習したので, 次段階の総合的な直列回路分析へ進むことができる.

■**例 11.30**

問題: 20, 20, 30 Ω の3つの抵抗が電圧 100 V の電池に接続されている. 図 11.33 の回路を解け.

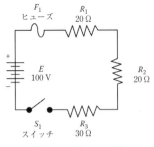

図 11.33 例 11.30 の図

ノート: 回路を解くためにまず全抵抗 (R_T) を求め，次に回路の電流 (I) を計算する．電流が既知のとき，電圧降下と電力損失が計算できる．

解答:
$$P_T = E_T \times I = 143\,\text{W}$$

ノート: オームの法則を直列回路に適用するとき，値が要素の値なのか，全値なのかを考慮することに気をつけてほしい．全抵抗，全電圧，全電流を求めるのにオームの法則が使えるとき，全値が式に挿入されなければならない．

全抵抗を求める．
$$R_T = E_T/I_T$$
全電圧を求める．
$$E_T = I_T \times R_T$$
全電流を求める．
$$I_T = \frac{E_T}{R_T}$$

11.7.6.6 キルヒホッフの法則

キルヒホッフの電圧法則は，閉回路に印加された電圧がその回路の電圧降下の合計に等しいことを述べている．この事実は，ここまでの直列回路の学習で用いられたので明白であろう．次のように表現される．

$$\text{電圧} = \text{電圧降下の和}$$
$$E_A = E_1 + E_2 + E_3$$

ここで，$E_A =$ 電圧，E_1, E_2, $E_3 =$ 電圧降下．

キルヒホッフの法則を記述する別の方法は，任意の閉回路について電源（emf）の瞬間値と電圧降下の代数和が 0 である，ということである．このキルヒホッフの法則を使うことにより，オームの法則の知識のみでは困難で，しばしば不可能である回路の問題を解くことができる．キルヒホッフの法則が適切に応用できると，閉ループについて方程式を立てることができ，未知の回路の値が計算できる．

11.7.6.7 電圧降下の極性

抵抗の前後で電圧降下が生じるとき，一端は他端より，より＋か，あるいは－である．電圧降下の極性は電流の方向によって決まる．図 11.34 の回路では，電源（E）の配置によって反時計回りに電流が流れる．電流が流れ込む抵抗 R_1 の端はマイナスと記される．電流が出ていく R_1 の端はプラスと表記される．これらの極性の表記は，電流がより－のポテンシャルで流れ込む R_1 の端が，電流が出る抵抗の端であることを示すのに用いられる．点 A は点 B よりマイナスである．

点 C は，点 B と同じポテンシャルであるが，－とラベルされる．これは点 C が点 A に対して＋であるが，点 D で，より－である．ある点が正（あるいは負）であることについては，何に対して正（あるいは負）かをいわないと，意味がない．

キルヒホッフの電圧法則は，以下の式で記述される．

$$E_a + E_b + \cdots + E_n = 0 \tag{11.30}$$

ここで，E_a ほかは，任意の閉回路ループまわりの電圧降下と電圧（emf）値である．

■例 11.31

問題： 3 つの抵抗が 60 V の電源に接続されている．最初の 2 つの抵抗の電圧降下が 10，20 V ならば，3 つ目の抵抗の電圧はいくらか？

解答： 最初に図 11.35 のような回路図を描く．次に，図に示されたように電流の方向を仮定する．この電流を使って，各抵抗の両端と電源端子の極性を記入する．電流の方向に回路に沿って，各要素の電圧と極性を記入する．これらの電圧は以下のようになる．
基礎式は，$E_a + E_b + E_c + \cdots + E_n = 0$
回路から，

$$(+E_?) + (+E_2) + (+E_3) - (E_A) = 0$$

回路の値を置き換えて，次を得る．

$$E_? + 10 + 20 - 60 = 0$$
$$E_? = 30 \text{ V}$$

このように，未知の電圧（$E_?$）が 30 V であることがわかる．

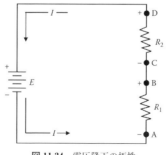

図 11.34 電圧降下の極性

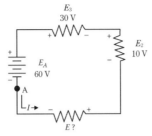

図 11.35 電圧の算出

上記と同様にして，電流が未知の場合の問題が解ける．

11.7.6.8 直列相助・相反電源

同じ方向に流れる電流を生じる複数電源は，直列相助電源（series aiding sources）と呼び，電圧は足される．反対方向の電流を流す電源を直列相反電源（series opposing sources）と呼び，有効な電源は相反する電圧の差である．2つの相反電源が回路に挿入されるとき，電流の流れる方向はより大きな電源によって決まる．直列相助・相反電源の例を図 11.36 に示している．

11.7.6.9 キルヒホッフの法則と多数電源の解

キルヒホッフの法則は，多数電源の回路問題を解くのに用いられる．この方法を適用するとき，単一電源回路に利用されると同様に，多数電源回路に利用される．これは次の例で示される．

■例 11.32

問題： 図 11.37 に示された回路の電流を求めよ．

解答： 点 A から開始する．基本式は，
$$E_a + E_b + E_c + \cdots + E_n = 0$$
回路から，
$$E_{b2} + E_1 - E_{b1} + E_{b3} + E_2 = 0$$
$$40 + 40I - 140 + 20 + 20I = 0$$

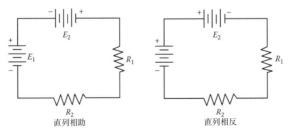

図 11.36 直列相助・相反電源

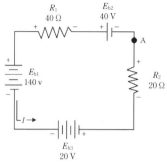

図 11.37　電流の算出

同類項をまとめると，次を得る．

$$60I - 80 = 0$$
$$I = 1.33 \text{ A}$$

11.7.7　並列回路
単純な直列回路の電圧，電流，抵抗の値を決定するための計算原理は並列回路，直列-並列回路にも利用しうる．

11.7.7.1　並列回路の特徴
並列回路は，同じ電源に接続された2つ以上の要素をもつ回路と定義される（図11.38）．直列回路が唯一の電流経路をもつことを思い出そう．追加的な負荷（抵抗など）が回路へ追加されると，全抵抗は増加し，全電流は減少する．これは，並列回路では当てはまらない．並列回路では，各負荷（あるいは分岐）は直接電源に接続される．図11.38では，電源（E_b）からスタートし，回路の反時計回りに追跡すると，電流が流れる2つの完全に分離した経路が確認される．1つの経路は電源から抵抗 R_1 を通り，電源に戻る．他は電源から抵抗 R_2 を通り，電源に戻る．

11.7.7.2　並列回路の電圧
直列回路では電源電圧は回路の各抵抗に比例して分配されたことを思い出そう．並列回路では（図 11.38），同じ電圧が並列グループのすべての抵抗を横切り存在する．この電圧は電圧（E_b）に等しく，次の式で表される．

$$E_b = E_{R1} = E_{R2} = E_{Rn} \tag{11.31}$$

図 11.39 に例示されたように，閉回路の抵抗の電圧測定を行うことにより式（11.31）を検証することができる．各電圧計が同じ電圧を示していることがわかる．すなわち，各抵抗の電圧が，印加電圧と同等である．

ノート：　並列回路では，回路を通して電圧は同じである．

11.7 電気の原理

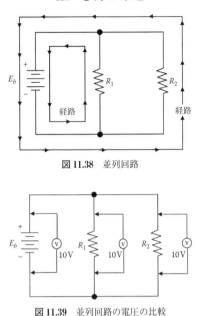

図 11.38 並列回路

図 11.39 並列回路の電圧の比較

■例 11.33

問題: 並列回路の抵抗を通る電流が 4 mA であり，抵抗は 40,000 Ω であることがわかっている．抵抗を通してのポテンシャル（電圧）を決定せよ．回路は図 11.40 に示されている．

解答: $R_2 = 40$ kΩ, $I_{R2} = 4$ mA が与えられ，E_{R2} と E_b を求める．$E = I \times R$ の式を使う．

$$E_{R2} = I_{R2} \times R_2$$
$$= 4 \text{ mA} \times 40{,}000 \text{ Ω}$$
$$= (4 \times 10^{-3}) \times (40 \times 10^3)$$
$$= 4.0 \times 40 = 160 \text{ V}$$

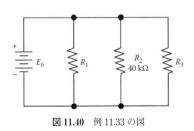

図 11.40 例 11.33 の図

よって，
$$E_b = 160 \text{ V}$$

11.7.7.3 並列回路の電流

直列回路では，単一の電流が流れる．その値は，回路の全抵抗によって決まる．しかし，並列回路の電流は回路の抵抗値に関連した可能な経路の間に分配される．オームの法則は変わらない．ある電圧では，電流は抵抗と逆比例する．

> ノート： オームの法則では，回路の電流は回路の抵抗に反比例する．この事実は，電気理論の基本構成要素であるが，並列回路の電流を次のように説明する際にも重要な役割を果たす．

並列回路の電流の挙動は，例示によって説明される（図11.41）．抵抗 R_1, R_2, R_3 は互いに，電源に関して並列である．各並列経路は個々の電流で分岐している．全電流が電源（E）を出るとき，電流 I_T の一部 I_1 が R_1 を流れ，一部 I_2 が R_2 を，I_3 が R_3 を流れる．分岐した電流 I_1, I_2, I_3 の値は異なる．しかし，電圧計（回路の電圧を測定するのに利用される）が R_1, R_2, R_3 に接続された場合，それぞれの電圧 E_1, E_2, E_3 は同じである．それゆえ，

$$E = E_1 = E_2 = E_3 \tag{11.32}$$

全電流 I_T は各分岐電流の合計に等しい．

$$I_T = I_1 + I_2 + I_3 \tag{11.33}$$

この式は，抵抗が等しくても，等しくなくても任意の数の並列分岐に適用できる．オームの法則により，各分岐電流は電源が印加される2点間の抵抗によって除した電圧と等しい．

このように各分岐電流 I_1, I_2, I_3 について次の式を得る．

$$I_1 = E_1/R_1 = V/R_1, \quad I_2 = V/R_2, \quad I_3 = V/R_3 \tag{11.34}$$

同じ電圧なので，より小さな抵抗をもつ分岐は，より大きな抵抗をもつ分岐よりも多くの電流が流れる．

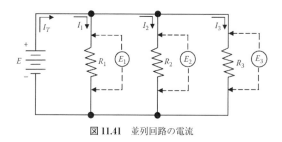

図 11.41　並列回路の電流

11.7 電気の原理

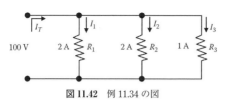

図11.42 例11.34の図

■例 11.34
問題： 2つの抵抗（それぞれ2Aの電流を流す）と，第3の抵抗（1A）が100Vの並列回路に接続されている（図11.42）．全電流はいくらか？

解答： 全電流の式は
$$I_T = I_1 + I_2 + I_3$$
したがって，$I_T = 2+2+1 = 5\,\text{A}$

全電流は5Aである．

■例 11.35
問題： 2つの分岐，R_1, R_2 が100V電源に接続し，20Aの電流が流れる（図11.43）．分岐 R_1 が10Aの場合，分枝 R_2 の電流 I_2 はいくらか？

解答： 式（11.33）から始めて，I_2 を求めるために移項したのちに，値を置き換える．
$$I_T = I_1 + I_2$$
$$I_2 = I_T - I_1 = 20 - 10 = 10\,\text{A}$$
分岐 R_2 の電流は10Aである．

■例 11.36
問題： 並列回路が2つの15Ωと12Ωの抵抗と，120Vの電源からなる（図11.44）．回路の各分岐に流れる電流はいくらか？　また，全抵抗を流れる全電流はいくらか？

解答： 各抵抗に120Vの電圧がかかる．式（11.34）を使って各抵抗にオームの法則を適用する．
$$I_1 = \frac{V}{R_1} = \frac{120}{15} = 8\,\text{A},\ I_2 = \frac{120}{15} = 8\,\text{A},\ I_3 = \frac{120}{15} = 10\,\text{A}$$
ここで，式（11.34）を使って全電流を求める．
$$I_T = 8+8+10 = 26\,\text{A}$$

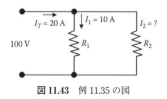

図11.43 例11.35の図

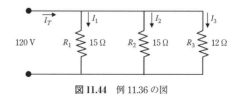

図11.44 例11.36の図

11.7.7.4 並列回路とキルヒホッフの電流法則

並列（回路）ネットワークの電流の分岐は一定のパターンに従う．このパターンはキルヒホッフの電流法則と呼ばれ，次のように述べられる．

導体のある節点に流れ込む電流と流れ出る電流の総和は0である．数学的には以下のように記述される．

$$I_a + I_b + \cdots + I_n = 0 \tag{11.35}$$

ここで，I_a, I_b は節点に流れ込む電流，流れ出る電流である．節点に流れ込む電流は正と仮定し，流れ出る電流は負と仮定する．式（11.35）を使って問題を解くとき，電流は適切な極性で式に代入されなければならない．

■例 11.37

問題： 図 11.45 の I_3 の値を求めよ．

解答： 最初に電流に適切な符号（＋・－）を与える．

$$I_1 = +10\,\text{A},\ I_2 = -3\,\text{A},\ I_3 = ?\,\text{A},\ I_4 = -5\,\text{A}$$

次に，これらの電流値を式（11.35）に代入する．適切な符号を使うことに注意する．

$$I_1 + I_2 + I_3 + I_4 = 0$$
$$(+10) + (-3) + (I_3) + (-5) = 0$$
$$I_3 = -2\,\text{A}$$

このように，I_3 は2Aとなり，－の符号は節点を流れ出る電流であることを示す．

11.7.7.5 並列回路の抵抗

全抵抗（R_T）が個々の抵抗の和である直列回路と異なり，並列回路では全抵抗は個々の抵抗の和ではない．並列回路では，全抵抗を求めるためにオームの法則を使う．

$$R_T = \frac{E_S}{I_T}$$

ここで，R_T は電圧 E_S を横切るすべての並列分岐の全抵抗であり，I_T はすべての分岐電流の和である．

■例 11.38

問題： $E_S = 120\,\text{V}$ と $I_T = 26\,\text{A}$ が与えられたとき，図 11.46 に示された回路の全抵抗はいくらか？

解答： 図 11.46 では，ラインの電圧は120Vで全電流は26Aである．

$$R_T = E_S/I_T = 120/26 = 4.62\,\Omega$$

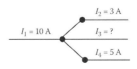

図 11.45 例 11.37 の図

11.7 電気の原理

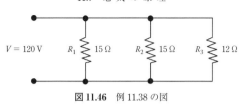

図 11.46　例 11.38 の図

ノート： R_T は図 11.46 の 3 つの抵抗のいずれよりも小さい．この事実に，読者は驚くだろう．回路の全抵抗が，小さい抵抗（R_3, 12Ω）値よりも小さいことは奇異に思える．水にたとえた例に戻って考える．水圧と水管路を考え，水圧を一定に保つと仮定しよう．小さなパイプは水流に対してより抵抗となるが，平行に他のパイプをつけるならば，小さな径のパイプでも，水流に対する全抵抗は減少する．電気回路では，他の並列分岐がより大きな抵抗であっても，電流の追加的な経路となり，全抵抗が小さくなる．閉回路に 1 つ以上の分岐を加える場合，全抵抗は減少し，全電流は増大する．

例 11.38 と図 11.46 に戻ろう．この問題を解くことで，本質的に例示したいのは，120 V のラインに接続された全負荷はこのラインに接続された 4.62 Ω の 1 つの抵抗と等価であることである．この全抵抗を等価抵抗と呼ぶのがより正確であるが，しばしば区別しないで用いられる．慣例上，R_T（全抵抗）が一般的に使用される．等価抵抗は図 11.47 で示される等価な回路で例示される．他の方法も並列回路の等価抵抗を決定するために用いられる．特別な回路に最も適した方法は，抵抗の数と値に依存する．たとえば，図 11.48 に示された並列の抵抗を考える．この回路では，次の簡単な式が用いられる．

$$R_{eq} = R/N \tag{11.36}$$

ここで，R_{eq} は等価な並列抵抗，R は 1 抵抗の Ω 値，N は抵抗数である．このようにして，

$$R_{eq} = 10\,\Omega/2 = 5\,\Omega$$

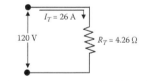

図 11.47　図 11.46 の回路の等価抵抗

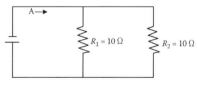

図 11.48　並列接続された 2 つの等値の抵抗

ノート： 式（11.36）は任意数の等値の並列抵抗で有効である．

要点： 2つの等値の抵抗が並列に接続されているとき，もとの抵抗値の1/2が等価な全抵抗を表す．

■例 11.39
問題： 5つの $50\,\Omega$ の抵抗が並列に接続されている．回路の等価抵抗はいくらか？
解答： 式（11.36）を使う．

$$R_{eq} = \frac{R}{N} = \frac{50}{5} = 10\,\Omega$$

異なる値の抵抗を含む並列回路の場合はどうか？　どのように等価抵抗を決定するのか？　例 11.40 でいかに実行されるかを説明する．

■例 11.40
問題： 図 11.49 を参照して，等価抵抗 R_{eq} を求めよ．
解答： 前提条件は $R_1 = 3\,\Omega$, $R_2 = 10\,\Omega$, $E_a = 30\,V$, $I_1 = 10\,A$, $I_2 = 5\,A$, $I_t = 15\,A$ が既知なので，R_{eq} を決定できる．

$$R_{eq} = E_a / I_t = 30/15 = 2\,\Omega$$

要点： 例 11.40 では，$2\,\Omega$ の等価抵抗はいずれの分岐抵抗の値よりも小さい．並列回路では，等価抵抗は常に任意の分岐抵抗よりも小さいことを思い出そう．

11.7.7.6 逆数法
異なる値の抵抗が並列に連結された回路の場合，等価抵抗は逆数法（reciprocal method）を用いて計算できる．

ノート： 逆数は上下反転した分数である．たとえば，分数3/4の逆数は4/3である．整数は分母が1の分数と考え，整数の逆数は割ると1になる数である．たとえば，R_t の逆数は $1/R_t$ である．

並列の場合，等価抵抗は次の式で与えられる．

$$1/R_t = 1/R_1 + 1/R_2 + 1/R_3 + \cdots + 1/R_n \tag{11.37}$$

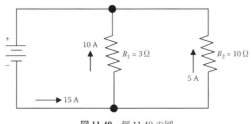

図 11.49　例 11.40 の図

ここで，R_t は並列の場合の全抵抗で，R_1, R_2, R_3, R_n は分岐抵抗である．

■例 **11.41**
　問題：　並列回路（図 11.50）の抵抗 2，4，8 Ω の全抵抗を求めよ．
　解答：　まず，3 つの並列抵抗の式を書く．

$$\frac{1}{R_T} = \frac{1}{R_1} + \frac{1}{R_2} + \frac{1}{R_3}$$

$$\frac{1}{R_T} = \frac{1}{2} + \frac{1}{4} + \frac{1}{8}$$

$$R_T = \frac{8}{7} = 1.14 \ \Omega$$

　ノート：　抵抗が並列に接続されている場合，全抵抗値は常にどの単一分岐の最小抵抗値よりも小さい．

11.7.7.7　積／和法

2 つの異なる抵抗が並列のとき，2 つの抵抗値を掛けて，2 つの抵抗値の和で割ることにより，全抵抗が簡単に計算できる．

$$R_T = \frac{R_1 \times R_2}{R_1 + R_2} \tag{11.38}$$

ここで，R_T は並列な全抵抗，R_1 と R_2 は並列な 2 つの抵抗である．

■例 **11.42**
　問題：　並列に接続された 20，30 Ω の等価抵抗はいくらか？
　解答：　$R_1 = 20$，$R_2 = 30$ なので

$$R_T = \frac{20 \times 30}{20 + 30} = 12 \ \Omega$$

11.7.7.8　並列回路の電力

直列回路の場合と同様に並列回路で消費される全電力は，個々の抵抗で消費される電力の総和に等しい．

　ノート：　抵抗で消費される電力は熱損失なので，抵抗がどのように回路に接続されているかとは関係なく，電力損失は足すことで求められる．

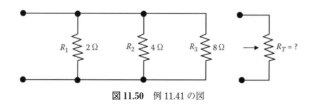

図 11.50　例 11.41 の図

$$P_T = P_1 + P_2 + P_3 + \cdots + P_n \tag{11.39}$$

ここで，P_T は全電力，P_1，P_2 は分岐の電力である．全電力は次の式で計算できる．

$$P_T = E \times I_T \tag{11.40}$$

ここで，P_T は全電力，E は全並列分岐の電源電圧，I_T は全電流である．各分岐で消費される電力は $E \times I$ と V^2/R に等しい．

> ノート： 並列，直列の両配置では，回路で消費された個々の電力の総和は電源が発生した全電力に等しい．回路の配置にかかわらず，回路の全電力が電源から供給されるという事実は不変である．

11.7.8 直列-並列回路

これまで，直列と並列回路について論じてきた．しかし，操作員は単にどちらかのタイプのみからなる回路に出会うことはほとんどない．多くの回路は直列，並列両方の回路からなる．このタイプは直列-並列回路あるいは複合回路と呼ばれる．ここまでに示した法則やルールを適用することで，直列-並列（複合）回路を分析することができる．

11.7.8.1 直列-並列回路を解く

少なくとも３つの抵抗が直列-並列回路を形成するのに必要である．２つの並列の抵抗が少なくとも他の１つの抵抗と直列に接続している．このタイプの回路では，電流（I_T）は R_1 を流れた後に分岐する．電流の一部は R_2 を流れ，そして他は R_3 を流れる．その後，電流は２つの抵抗の接点で合流し，電源（E）の＋端子に向かい，電源を通って－の端子に戻る．

直列-並列回路（電流，電圧，抵抗）の値を解くとき，回路の直列部分では直列回路に適用するルールに従い，回路の並列部分では並列回路に適用するルールに従う．もしすべての並列，直列グループが単一の等価抵抗に縮減でき，回路が簡単化され書き直しできる場合，直列-並列回路を解くことは単純化できる．書き直された回路は等価回路と呼ばれる．

> ノート： 直列-並列回路を解くには，これらの回路には多くの異なる形があるために，一般的な式はない．

> ノート： 直列-並列回路の全電流は並列部分の有効抵抗と他の抵抗による．

11.7.9 導 体

電流はある物質を容易に流れるが，他の物質は非常に困難であると前に述べた．３つの電気の良導体は銅，銀，アルミニウムである（一般にほとんどの金属は良導体である）．今日，銅は電気導体に選ばれている．特殊な条件下では，ある種の気体もまた導体として利用される．たとえば，ネオンガス，水銀蒸気，ナトリウム蒸気（ナトリウム灯）は種々のランプに利用される．

線状の導体（導線）の機能は，導線による IR 電圧降下を最小にして，電圧電源を負荷抵抗と接続することである．そうすることでほとんどの電圧において負荷抵抗に電流を流すことができる．理想的には，導体は非常に小さい抵抗である必要がある．銅のような導体の典型的な値は，10 ft 当たり 1Ω 以下である．

すべての電気回路は 1 つの，または他種の導体を使うから，本項では，最もふつうに使われる銅線の基本的特性と電気的特性を論じる．さらに，導線の接続（そして絶縁）は電気回路の基本であるから，それらも論じる．

11.7.9.1 導体の単位サイズ

導体の標準（あるいは単位サイズ）は，ある導体の抵抗とサイズを他と比較することにより規定される．線材の直径に関して用いられる測定単位は，ミル（1 in. の 0.001）である．線長の便利な単位はフィートである．このように，多くのケースにおけるサイズの標準単位はミル・フィートである．すなわち，線が直径 1 mil，長さ 1 ft の場合が単位サイズである．単位導体あるいはある物質の抵抗（Ω）は，物質の抵抗率（あるいは比抵抗）と呼ばれる．さらに便宜上，ゲージ数（gauge number，計器数）もまた線の直径を比較するために用いられる．Brawne and Sharpe（B&S）ゲージが過去に用いられたが，現在最もふつうに用いられるゲージは American Wire Gauge（AWG）である．

11.7.9.2 平方ミル

図 11.51 は正方形あるいは長方形の断面積の便利な単位である平方ミルを示している．図 11.51 に示されるように，平方ミルは 1 辺が 1 mil（= 1/1000 in.）の正方形の面積である．正方形導体の平方ミルの断面積を得るために，ミルで測定された 1 辺を 2 乗する．長方形導体の平方ミルの断面積を得るためには，ミルで表された 1 辺の長さと他辺の長さを掛ける．

■ 例 11.43

問題： 5/8 in. 厚，5 in. 幅の大きな長方形導体の断面積を求めよ．

解答： 厚さはミルで $0.625 \times 1000 = 625$ mil，幅は $5 \times 1000 = 5000$ mil．断面積は $625 \times 5000 = 3{,}125{,}000$ mil^2．

11.7.9.3 サーキュラーミル

サーキュラーミルはほとんどの線材表で用いられる断面積の標準単位である．小数点

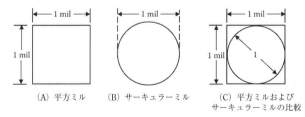

図 11.51 導体
(A) 平方ミル，(B) サーキュラーミル，(C) 平方ミルとサーキュラーミルの比較．

を使うのを避けるため（なぜなら電気を流すほとんどの線材は 1 in. 未満である），ミルでこれらの線の直径を測るのが便利である．例は，線の直径が 0.025 in. の代わりに 25 mil で表される．サーキュラーミルは図 11.51（B）のように直径 1 ミルの円の面積である．丸い導体のサーキュラーミルはミルで測られた直径を 2 乗することで得られる．このように直径 25 ミルの線は $(25)^2 = 625$ の面積をもつ．比較のため，円の面積の基本式は

$$A = \pi r^2 \tag{11.41}$$

この例では，平方インチによる面積は，

$$A = \pi r^2 = 3.14 \times (0.0125)^2 = 0.00049 \text{ in.}^2$$

D がミルで測った線の直径ならば，平方ミルの面積は次により決定する．

$$A = \pi (D/2)^2 \tag{11.42}$$

この値は次のように変換される．

$$A = 3.14/4 \times D^2 = 0.785 \times D^2 \text{ 平方ミル}$$

このように直径 1 mil の線は以下の面積をもつ．

$$A = 0.785 \times (1)^2 = 0.785 \text{ 平方ミル}$$

これは，1 サーキュラーミルと等価である．サーキュラーミルによる線の断面積は，次のように決定される．

$$A = \frac{0.785 \, D^2}{0.785} = D^2 \text{ サーキュラーミル}$$

ここで D はミルで測った直径である．定数 $\pi/4$ は計算から除外される．

四角と丸の導線を比較するのに，サーキュラーミルは平方ミルより単位面積が小さいことに注意するべきである．ある面積が与えられるとサーキュラーミルは平方ミルよりも値が大きい．比較が図 11.51（C）に示されている．サーキュラーミルの面積は平方ミルの 0.785 である．

> ノート： 平方ミルで面積が与えられたとき，サーキュラーミル単位の面積を計算するために，平方ミル単位の面積を 0.785 で割る．便宜上，サーキュラーミルの面積が与えられたとき，平方ミルの面積を決定するためには，サーキュラーミルで測られた面積に 0.785 を掛ける．

■例 11.44

問題： 12 番の線は直径 80.81 mil である．サーキュラーミル単位の面積 A_1，平方ミル単位の面積 A_2 はいくらか？

解答：
1. $A_1 = D_2 = (80.81)^2 = 6530$ サーキュラーミル
2. $A_2 = 0.785 \times 6530 = 5126 \text{ mil}^2$

■例 11.45

問題： 四角の導体が幅 1.5 in., 厚さ 0.25 in. である．平方ミルの面積 A_1 はいくらか？

また，長方形材と同様な電流を流すのに必要な円形導体のサーキュラーミル単位のサイズ A_2 はいくらか？

解答： 1.5 in. = 1.5×1000 = 1500 mil, 0.25 in. = 0.25×1000 = 250
$$A_1 = 1550 \times 250 = 375{,}000 \text{ mil}^2$$

同じ電流を流すために，長方形材の断面積と丸い導体の断面積は同じ．この面積で平方ミルよりサーキュラーミルがより大きいので，

$$A_2 = 37{,}500/0.785 = 477{,}700 \text{ サーキュラーミル}$$

ノート： 多くの電線は撚線(よりせん)からなる．撚線は，電線の必要な断面積をつくるために，十分な数を撚った単一の線群である．サーキュラーミル単位の総面積は，電線の1つの撚線（サーキュラーミル単位）と線数を掛けて決定される．

11.7.9.4 サーキュラーミル・フート

図 11.52 に示したように，サーキュラーミル・フート (circular-mil-foot) が，実際は体積の単位である．より具体的には，長さ 1 ft，面積 1 サーキュラーミルの単位導体である．サーキュラーミル・フートは異なる金属でできた線材を比較する場合に用いられる．たとえば，種々の物質の抵抗を比較する基礎は各材料のサーキュラーミル・フートである．

ノート： ある材料を使うとき，異なる体積単位を使うことが便利な場合がときどきある．したがって，単位体積は立方センチメートルとしても与えられる．立方インチも用いられる．用いられる体積の単位は，比抵抗の表に与えられている．

11.7.9.5 抵抗率

すべての材料は原子構造が異なり，そのため電流に抵抗する力が異なる．電流に抵抗する材料の能力の尺度が抵抗率あるいは比抵抗と呼ばれ，電流に対する材料の単位体積（サーキュラーミル・フート）当たりの抵抗（Ω）である．抵抗率は伝導度（すなわち導体の電流の流れ易さ）の逆数である．たとえば，高い抵抗率をもつ材料の伝導率は低い，などとなる．

任意の導体の一定長の抵抗は，次の式のように材料の抵抗率，線材の長さ，断面積による．

$$R = \frac{\rho L}{A} \quad (11.43)$$

ここで，R は導体の抵抗（Ω），ρ は比抵抗あるいは抵抗率（サーキュラーミル，Ω/ft），

図 11.52 サーキュラーミル・フート

L は線材の長さ (ft), A は線材の断面積（サーキュラーミル）である．係数 ρ（ギリシャ文字の ρ) は長さや面積によらず，その性質に従って異なる材料の抵抗を比較することができる．ρ の値が大きいほど，抵抗が大きい．

要点： 材料の抵抗率はその材料の単位体積当たりの抵抗値である．

11.7.10 磁気単位

電気回路の電流の法則は，磁気回路の磁束（フラックス）を規定する法則に類似している．磁束（Φ, ファイ）はオームの法則の電流に類似していて，磁気回路に存在する磁力線の総数である．マクセル（Ma）が磁束の単位である．1 力線は 1 Ma に等しい．

ノート： マクセルはしばしば単に磁力線（line of force），磁束線（line of induction），線（line）とされる．

電線コイルの磁場強度はコイルの巻数にどれだけ電流が流れるかに依存し，より電流が流れると，より強い磁場が発生する．また，より巻数が多いと磁束はより強まる．磁気回路の磁束をつくりだす力は（オームの法則における起電力に比較して）起磁力（mmf）と呼ばれる．起磁力の実用的単位は，アンペア・ターン（At，アンペア回数ともよぶ）である．

$$F(\text{アンペア・ターン}) = N \times I \tag{11.44}$$

ここで，$F =$ 起磁力（At），$N =$ 巻数，I は電流（A）．

■例 11.46
問題： 巻数 2000 回のコイルと電流 5 mA のアンペアターン（At）を計算せよ．
解答： 式（11.44）を使い，$N = 2000$, $I = 5 \times 10^{-3}$ A を代入する．
$$N \times I = 2000 \times (5 \times 10^{-3}) = 10 \text{ At}$$

単位長当たりの磁力強度は，H で示され，ときには長さ cm 当たりの gilbert で表される．式で表現すると，

$$H = \frac{N \times I}{L} \tag{11.45}$$

ここで，$H =$ 磁場強度（アンペア・ターン/m, At/m），$N =$ 巻数，$I =$ 電流（A），$L =$ コイルの極間の長さ（m）．

ノート： 式（11.45）はソレノイド（線輪．導線をらせん状に巻いた円筒状のコイル）の式である．H は空芯の場合の強度である．鉄芯の場合，H は全コアの強度，L は鉄芯の極間の長さである．

11.7.11 交流理論

電圧は磁力線が遮断されたときに導体に誘導されるので，誘導される電圧（emf）の

値は，単位時間に遮断された磁力線数に依存する．1 V の emf を誘導するために，導体は1秒当たり 100,000,000 磁力線を遮断しなればならない．多数回，遮断するために，導体はループ状にされ，軸まわりに高速に回転させる（図 11.53）．ループの両側が直列につながった個別の導体となり，ループの各側が磁力場を遮断するため，ひとつの導体の2倍の電圧を誘導する．商用発電機では，遮断数および得られる電圧（emf）は，① より多くの磁石あるいはより強力な電磁石により磁力線数を増加する，② より多くの導体あるいはループを使う，③ ループをより高速に回転させることにより増加する．

　交流発電機が交流の電圧と電流をつくり出す仕組みは，小学校や中学校の理科の授業で習う基本的な概念である．もちろん，今日常識として技術的な進歩を認める．われわれは，インターネットサーフィンし，ケーブルテレビを見，携帯電話を利用し，宇宙飛行を当たり前に思い，これらの技術を可能にする発電を当然の権利と考えている．これらの技術は今日社会の基盤として利用可能であり，自由に使うことができる．

　革新的な電気技術開発の時代においては，電気科学の天才たち（オームを含む）は，心もとない足取りながらも技術的なブレークスルーを達成した．これらの足取りが多くの場合自作の機器を使って達成されたことを忘れがちである．

　電気の発明者は実験で使った機器をほぼすべて組み上げた．そのとき，早期の科学者が利用可能な電気エネルギー源は，その何年か前に発明されたボルタ電池である．ボルタ電池や蓄電池が電力源であったがゆえに，初期の電気機器は直流で稼働するように設計されていた．このため初期においては直流が広範囲に利用された．しかし，電気の利用が広範になったとき，直流の欠点が明らかになった．直流システムでは，供給電圧は負荷に応じて必要なレベルで発電しなければならない．240 V のランプを点灯するために，たとえば，発電機は 240 V を供給しなければならない．120 V のランプは，どんな便利な方法によっても，この発電機では点灯できない．120 V のランプと直列に抵抗を置けば，不要な 120 V を低下させることができるが，抵抗はランプによって消費されるのと同じ電力をムダに消費する．

　直流システムのもう1つの欠点は，発電所から消費者に電流を運ぶのに使われる送電線の抵抗による電力損失が大きいことである．この損失は相当な高電圧，小電流で送電

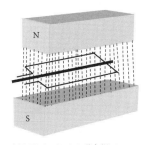

図 11.53　交流電圧における磁力場でのループの回転

線を制御すれば，大いに減少させることができる．しかしこれは直流システムの実用的な解決ではない．なぜなら負荷もまた高電圧で稼働させねばならないからである．直流の直面した困難さゆえに，実用的にはすべての現代の電力供給システム（上水や下水処理プラントを含む）は，交流を使う．

直流電圧とは異なり，交流電圧は変圧器（トランス）と呼ばれる機器によって増加あるいは減少させることができる．変圧器は，送電線を高電圧，低電流の最大効率で操作することを可能とする．利用者は，電圧は変圧器を使って負荷に必要な値に下げることができる．この特有の利点と多用途ゆえに，一部の商用電力供給システムを除けば，交流は直流に置き換わった．

11.7.11.1 交流発電機の基礎

図 11.53 に示したように交流電圧と電流は電磁場中の導体ループが回転し，電磁場を遮断すると，その端子に交流電圧を発生する．これが，交流発電機あるいはオルターネーターの動作の基本原理である．交流発電機は機械的エネルギーを電気エネルギーに変換する電磁誘導の原理を使う．交流発電機の基本的要素は，導線を多数回巻いた，磁場を回転する電気子と，発生した交流電流を外部回路に流す仕組みである．

11.7.11.2 サイクル

交流電圧は，大きさが経時的に変化し，周期的に極性が反転する（図 11.54）．0 の軸が真中を横切る水平な線である．電圧波の垂直変動は大きさの変化を示している．水平軸上の電圧は＋の極性，水平軸下の電圧は－の極性をもつ．

図 11.54 は永久磁石の磁場を反時計回りに回転する（移動する）導線ループ（電気子）を示している．説明の簡単化のために，ループは色の濃い線と薄い線に分けて書いてい

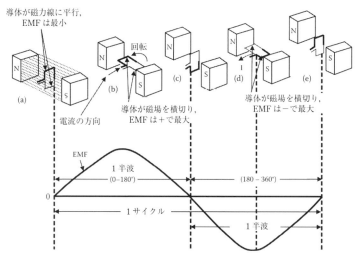

図 11.54 交流の正弦曲線と発電

る．位置（a）では，濃い半分が磁力線に沿って（平行に）動き，その結果これらの磁力線のどれも遮断しない．同様に薄い半分が反対方向に動く．導体は磁力線のどれも遮断しないので，電圧 emf は誘導されない．位置（b）にループが回るにつれ，1秒当たり磁力線をより多く遮断する．なぜなら位置（b）に近づくにつれ電磁場（磁力線）を直接に横切るからである．位置（b）では，導体が電磁場を直接横切り，遮断するので誘導電圧は最大となる．

導体ループが位置（c）に向かって回転するに従い，1秒当たりの磁力線の遮断はより少なくなる．誘導電圧はそのピーク値から減少する．結局，ループはもう一度磁場に平行な面まで移動し，電圧は誘導されない（電圧0）．

ループは半サイクルを通じて回転する（1半波180°）．図11.54の下部分に示された正弦曲線はループが回転する各瞬間の誘導電圧を示す．この曲線は360°，2半波を含むことに留意しよう．2半波が1回の完全な回転サイクルを示す．

ノート： 1周期の2回の半波は1サイクルと呼ばれる．

図11.54は，ループが一定速度で回転し，磁場強度が一定の場合，秒当たりのサイクル数（cps），ヘルツ，電圧は一定値となる．回転が継続すると，一連の正弦波電圧サイクル，いいかえれば，交流電圧を発生する．このように機械的エネルギーが電気エネルギーに変換される．

11.7.11.3 周波数，周期，波長

交流の電圧あるいは電流の周波数は，1秒当たりに発生するサイクル数で表される．f によって表示され，単位はヘルツ（Hz）である．1秒間に1サイクルは1Hz，1秒間に60サイクルは60Hzである．2Hz（図11.55A）は1Hzの周波数の2倍（図11.55B）である．1サイクル完了する時間が周期である．Tによって表示され，単位は秒である．周波数と周期は互いに逆数である．

$$f = 1/T, \quad T = 1/f \qquad (11.46),\ (11.47)$$

ノート： 周波数が高いほど周期は短い．

角度360°は1サイクルの時間，あるいは周期Tを表す．それゆえ，正弦波の水平軸を電気角度あるいは秒の単位で表すことができる（図11.56）．

波長（wave length）は1波あるいは1サイクルの長さである．周期変動の周波数と伝

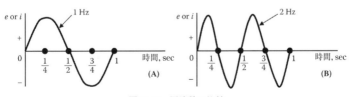

図 11.55 周波数の比較

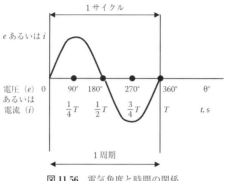

図 11.56 電気角度と時間の関係

播する速度（位相速度）に依存する．λ で表される．

$$\lambda = 位相速度／周波数 \tag{11.48}$$

11.7.11.4　交流電圧と電流の特性値

交流正弦曲線の電圧あるいは電流はサイクルを通して多くの瞬間値をもつので，1つの波を他と比較するために大きさを特定すると便利である．ピーク，平均あるいは2乗平均平方根（RMS）が使われる（図 11.57）．これらの値は電流あるいは電圧に適用される．

11.7.11.5　ピーク振幅

正弦曲線の最も頻繁に測定される特性値の1つが振幅である．直流の測定と異なり，回路の交流の電力あるいは電圧値は種々の方法で測定しうる．測定の1つの方法は，正あるいは負の半波の最大振幅である．得られた電流，電圧値は，ピーク電流，ピーク電圧と呼ばれる．電流あるいは電圧のピーク値を計測するには，オシロスコープが用いられる．図 11.57 にピーク値が示されている．

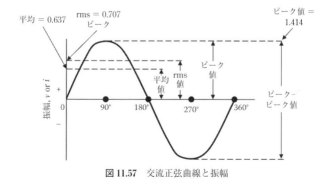

図 11.57　交流正弦曲線と振幅

11.7.11.6 ピーク・ピーク振幅（最高最低振幅）

正弦曲線の振幅を測る第二の方法は，＋と－のピーク間の全電圧あるいは電流を決定することで得られる．この電流あるいは電圧値がピーク・ピーク値である（図11.57）．正確な正弦曲線の両方の半波は同等であるから，ピーク・ピーク値はピーク値の2倍である．一部の電圧計はピーク・ピーク電圧で校正された特別のスケールをもっているが，ピーク・ピーク電圧は，一般にオシロスコープで測定される．

11.7.11.7 瞬時振幅

任意の回転角での電圧の正弦波の瞬時値は次の式で表される．

$$e = E_m \times \sin \Theta \tag{11.49}$$

ここで，e は瞬時電圧，E_m は最大あるいはピーク電圧，$\sin \Theta$ は e 時の正弦角．

同様に電流の正弦曲線の瞬時値の式は，

$$i = I_m \times \sin \Theta \tag{11.50}$$

ここで，i は瞬時電流，I_m は最大あるいはピーク電流，$\sin \Theta$ は i 時の正弦角である．

> ノート： 電圧の瞬時値は，交流発電機の電機子が1回転するにつれ，絶えず変化する．オームの法則に従って，電流は電圧と直接に変化するから，電流の瞬時値の変化もまた正弦曲線となる．その＋と－のピークと中間値は電圧の正弦曲線と同じになる．瞬時値はほとんどの交流問題を解くのに有用でないので，代わりに実効値が用いられる．

11.7.11.8 実効値（RMS）

正弦波の交流電圧あるいは電流の実効値は，直流の等価な熱効果によって定義される．熱効率は電流の方向に依存しない．

> 要点： 誘導電圧の瞬時値は0と E_m（最大あるいはピーク値）のどこかであるから，正弦波電圧あるいは電流の実効値は0より大きく，E_m より小さい．

14.14Aの最大値をもつ正弦波の交流は，直流10Aで1Ωの抵抗をもつ回路と同様な熱量を生じる．このため，任意のピーク値に対応する実効値に変換する定数を考えることができる．下記のように簡単な式で，x はこの定数を表す（x について小数点以下3桁を求める）．

$$14.14\,x = 10$$
$$x = 0.707$$

実効値は，0と最大値間の2乗平均の平方根であるから二乗平均平方根（RMS）とも呼ばれる．交流電流の実効値は，等価な直流電流によって記述される．標準的な比較で用いられる現象は電流の熱効果である．

> ノート： 交流電圧あるいは電流は，但し書きがない場合は，実効値が仮定される．

多くの場合，標準的な式を使って実効値からピーク値，あるいはその他の値へ変換することが必要である．図11.57は正弦波のピーク値が実効値の1.414倍であることを示し

ている．使う式は以下である．

$$E_m = E \times 1.414 \tag{11.51}$$

ここで，E_m は最大，あるいはピーク電圧，E は実効あるいは RMS 電圧，そして，

$$I_m = I \times 1.414 \tag{11.52}$$

ここで，I_m は最大あるいはピーク電流，I は実効あるいは RMS 電流である．

時として，電流あるいは電圧のピーク値を有効値に変換することが必要となる．これは，次の式を使って計算できる．

$$E = E_m \times 0.707 \tag{11.53}$$

ここで，E は実効電圧，E_m は最大あるいはピーク電圧である．

$$I = I_m \times 0.707 \tag{11.54}$$

ここで，I は実効電流，I_m は最大あるいはピーク電流である．

11.7.11.9 平均値

正の半波は負の半波と同等だから，正弦曲線の1サイクルの平均値は0である．しかし，あるタイプの回路では，1半波の平均値を計算する必要がある．図 11.57 の正弦曲線の平均は 0.637×ピーク値である．

$$\text{平均値} = 0.637 \times \text{ピーク値} \tag{11.55}$$

あるいは，

$$E_{avg} = E_m \times 0.637$$

ここで，
E_{avg} は1半波の平均電圧，E_m は最大あるいはピーク電圧である．同様に

$$I_{avg} = I_m \times 0.637 \tag{11.56}$$

ここで，I_{avg} は1半波の平均電流，I_m は最大あるいはピーク電流である．

表 11.2 は交流正弦曲線の電圧と電流の換算に用いられる正弦曲線の振幅の値である．

11.7.11.10 交流回路の抵抗

電圧の正弦曲線が抵抗に適用される場合，得られる電流も正弦曲線である．これは，電流は電圧に直接比例するというオームの法則に従うからである．図 11.58 は電圧の正弦曲線と得られる電流の正弦曲線を同じ時間軸で重ねたものである．電圧が＋方向に増

表 11.2　交流正弦曲線の換算表

掛ける値	係数	得られる値
ピーク値	2	ピーク・ピーク値
ピーク・ピーク値	0.5	ピーク値
ピーク値	0.637	平均値
平均値	1.637	ピーク値
ピーク値	0.707	RMS（実効値）
RMS（実効値）	1.414	ピーク値
平均値	1.110	RMS（実効値）
RMS（実効値）	0.901	平均値

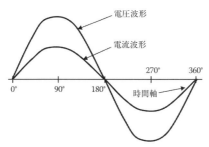

図 11.58 電圧と電流の正弦曲線

加するとき，電流はそれにつれて増加することに注意しよう．電圧の方向が逆転すると，電流も方向が逆転する．いつも，電圧と電流は同時に各サイクルの相対的に同じ位置を通過する．図11.58に示したように2つの曲線が厳密に歩調を合わせている場合，同相といわれる．同相であると，2つの波は同時に，同じ方向に最大と最小点に達する．ある回路ではいくつかの正弦曲線が互いに同相でありうる．このように，2以上の電圧降下が互いに同調すること，回路電流と同調することが可能である．

ノート： 直流回路のオームの法則は,抵抗のみの交流回路に適用できることを記憶することは重要である．

電圧波は必ずしも同相ではない．図11.59は，電圧波（E_1）が0°（時間1）で開始することを示している．電圧波 E_1 が，+のピークに達するとき，2つ目の電圧波（E_2）が始まる（時間2）．これらの波形は同時に最大と最小点を通過しないので，2つの波には位相差が生じる．2つの波形は位相が一致しない（out of phase）．図11.59の2つの波の位相差は90°である．

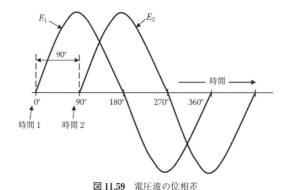

図 11.59 電圧波の位相差

11.7.11.11 位相関係

11.7.11.10 項で，同相と位相差の重要な概念を論じた．もう 1 つの位相に関する重要な概念が位相角である．同じ周波数の 2 つの波形間の位相角は，ある瞬間の角度の差である．たとえば，波形 B と A（図 11.60）の位相角は 90° である．90°の瞬間を考える．水平軸は，時間の角度単位で示されている．波 B が最大値から始まり，90°で 0 に減少する．一方，波 A は 0 から始まり，90°で最大となる．波 B が波 A より先に最大値 90°に達し，波 B は波 A より 90°先行する（波 A と波 B の遅れは 90°）．この波 B と A の 90°の位相角は 1 サイクルを通じて，そして続くサイクルで保持される．任意の時間で，波 B は波 A と 90°遅れた値をもつ．波 B は波 A が正弦曲線なので，波 A から 90°ずれているので，余弦曲線である．

要点： 1 つの波が他より先にあるいは遅れる量は角度で測られる．

交流の電圧あるいは電流の位相角あるいは位相を比較するために，電圧と電流波形に対応するベクトルダイヤグラムを使うことがより便利である．ベクトルはある量の大きさと方向を表す場合に使われる直線である．線の長さは大きさを示し，方向は水平参照ベクトルとの角度と線端の矢印によって示される．

ノート： 電気では，異なる方向は実際には位相関係で表現される時間を表しているから，電気ベクトルは位相ベクトル（phasor）と呼ばれる．抵抗のみを含む交流回路では，電源と電圧は同時に生じる，あるいは同相である．位相ベクトルにより，この条件を記すために，同じ方向に電圧と電源の位相ベクトルを描く．位相ベクトルの長さは各値を示している．

ベクトルあるいは位相ベクトルが図 11.61 で示されている．ベクトル V_b はベクトル V_a に関して 90°の位相角を示すために垂直に描いている．前進角（lead angle）は参照ベクトルから反時計回りに示されるから，V_b は V_a に対し 90°先行する．

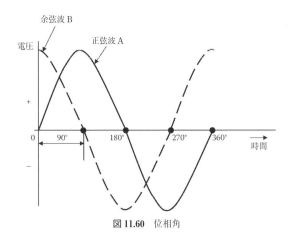

図 11.60 位相角

11.7 電気の原理

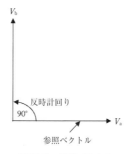

図 11.61 位相ベクトル

11.7.12 インダクタンス[*2]

ここまでに，磁場に関する以下の要点を学んだ．
- 電流が流れる導線のまわりに磁場ができる．
- 磁場は導線に垂直な面に，導線が中心となる同心円状に生じる．
- 磁場の強度は電流に依存する．大電流は大きな磁場，小電流は小さな磁場をつくる．
- 磁力線が導体を横切る場合，導体に電圧が誘導される．

さらに，抵抗をもつ回路について学んだ（抵抗は電流に対する唯一の障害物）．他の2つの現象（インダクタンスと静電容量（キャパシタンス））は，直流回路にもある程度存在するが，交流回路において主要な役割を果たす．インダクタンスと静電容量は，電流の障害物となり，誘導抵抗（リアクタンス）と呼ばれる．この本では静電容量と誘導抵抗を簡単に紹介し，詳細な電気的特性は省略する．その代わりに，上水，下水処理場の操作員にとって重要な基本的な電気的特性に焦点を当てる．

インダクタンスは，電流の開始，停止，変化に抗することにより生じる電気回路の特性である．簡単な類似で，インダクタンスを説明しよう．私たちは，重たい荷物を押すことがいかに難しいかをよく知っている（たとえば，重たいものをいっぱい積んだカート）．荷物を動かしはじめることが，動かしつづけるよりも，より仕事が必要である．これは，荷物が慣性をもっているからである．慣性は速度の変化に対抗する質量の特性である．慣性は，われわれの邪魔になったり，助けになったりする．インダクタンスは，慣性が物体の速度に働くのと同様に，電気回路の電流に同じ効果を示す．インダクタンスの効果は，望ましいときもあるが，望ましくないときもある．

ノート： 簡単にいうと，インダクタンスは電流の変化を邪魔する電気導体の性質である．

インダクタンスは回路を流れる電流の変化に対抗する電気回路の特性である．電流が

[*2] ［訳注］インダクタンス（inductance）は，コイルなどにおいて電流の変化が誘導起電力となって現れる性質である．誘導係数ともいう．インダクタンスを目的とするコイルをインダクタといい，それに使用する導線を巻線という．

図 11.62 インダクタ

増加する場合，自己誘導の電圧はこの変化に対抗し，増加を遅らせる．反対に，電流が減少する場合，自己誘導の電圧は，電流を流す（引き延ばす）傾向にあり，減少を遅らせる．このように，抵抗のみの回路のように，誘導回路では，電流は急激に増加したり減少したりしない．交流回路では，電圧と電流の位相関係に影響するから，この効果はとても重要である．前に，電圧（あるいは電流）は交流発電機の電機子で誘導された場合，位相がずれることを学んだ．この場合，各電機子によって発生された電圧と電流は同相である．インダクタンスが回路の要素であるとき，同じ電機子によって発生された電圧と電流は位相がずれる．これらの位相関係を後ほど確かめる．この項の目的は電気回路のインダクタンスの性質と効果を理解することである．

インダクタンス（L）を測る単位はヘンリー（米国の物理学者ヘンリーの名前に由来する），h である．図 11.62 はインダクタ（誘導子）の回路図記号である．インダクタは，インダクタを通過する電流が秒当たり 1 A の率で変化するとき，1 V の電圧 emf が誘導される場合，1 h のインダクタンスである．誘導電圧，インダクタンス，電流の時間変化率の関係は，数学的に以下のように示される．

$$E = L \cdot \Delta I / \Delta t \qquad (11.57)$$

ここで，$E =$ 誘導電圧 emf（V），$L =$ インダクタンス（h），$\Delta I = \Delta t$ 秒に生じた電流 A の変化，Δ は「差」．

ヘンリーはインダクタンスが大きい場合の単位であり，比較的大きなインダクタで用いられる．小さなインダクタで用いられる単位はミリヘンリー（mh）である．さらに小さなインダクタでは，インダクタンスの単位はマイクロヘンリー（μh）である．

11.7.12.1 自己インダクタンス（自己誘導）

先述のように，導体の電流はいつも導体の周囲，あるいは接続箇所に磁場をつくる．電流が変化するとき，磁場が変化し，誘導電圧 emf が導体に生じる．この電圧 emf は，電流を流す導体において誘導されるから，自己インダクタンス emf（自己誘導 emf）と呼ばれる．

ノート： 完全な直線の導体でもいくらかのインダクタンスがある．

自己誘導 emf の方向は，emf 値を誘導する磁場が変化する方向に関連する．回路の電流が増加するとき，回路に関連するする磁束は増加する．この磁束は導体を横切り，導体に電流と磁束の増加を妨げる方向で emf を誘導する．この emf はときどき逆起電力（counterelectromotive force：cemf）とよばれる．2 つの用語は，本書では同じ意味で使われる．同様に電流が減少するとき，emf は反対方向に誘導され，電流の減少を妨げる．

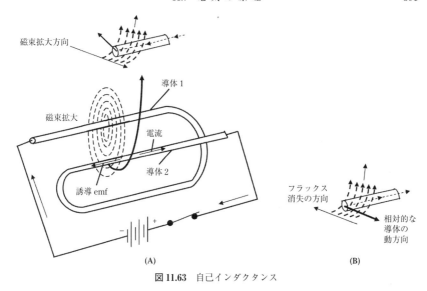

図11.63 自己インダクタンス

ノート: ここで述べた効果は，任意の回路の電流に誘導 emf が，いつもそれを生じた効果と反対方向であるというレンツの法則によって要約される．

図 11.63 (A) に単純化して示したように，導体各部分の周囲の電磁場が，同じ導体の他の部分を横切るように導体をつくると，インダクタンスを増加させる．

導体の2つの部分が隣接し，互いに平行になるようにループさせる．これらの部分を導体1と導体2と名づける．スイッチが閉じられたとき，導体を流れる電流が導体のすべての部分のまわりに典型的な中心円状の磁場をつくる．この磁場は，簡単のため2つの導体に垂直である単一面に示されている．磁場は2つの導体で同時に発生するが，導体1で発生し，導体2に影響を与えることを描いている．電流が増加すると，磁場は外側に拡大し，導体2の部分を横切る．点線の矢印は，導体2に誘導された電圧 emf を示している．レンツの法則により，電源による電流と電圧に反対であることに注意しよう．図 11.63 (B) は，導体2の同じ部分が示されているが，スイッチが開放（オープン）で磁束が消失している．

ノート: 図 11.63 で明記すべき重要な点は，自己誘導電圧は電流の両変化を妨げるということである．電源電圧に抗することにより電流の初期立ち上がりを遅らせ，電源電圧が働く同じ方向に誘導電圧をかけることによって電流降下を遅らせる．

4つの主要因が導体や回路の自己誘導に影響を与える．

巻数： インダクタンスは導線の巻数に依存する．より多く巻くとインダクタンスは

増加する．インダクタンスを減少させるためには巻数を減らす．図 11.64 は異なる巻数の 2 つのコイルのインダクタンスを比較している．

巻数の間隔： インダクタンスは巻の間隔，あるいはインダクタの長さに依存する．図 11.65 は，同じ巻数の 2 つのインダクタを示している．左のインダクタの巻きは間隔が広い．右のインダクタはより狭い．右のコイルは短いが，巻きの間隔が狭いために，より大きなインダクタンスとなる．

コイルの直径： コイルの直径，あるいは断面積が図 11.66 で強調されている．直径が大きいインダクタほどインダクタンスが大きい．図のコイルは同じ巻数で，巻きの間隔が等しい．右のインダクタは直径が小さく，左はより大きな直径である．左のインダクタは右よりも大きなインダクタンスとなる．

コアの材質： 透磁性は，いかに磁場が材料を通るかの尺度である．透磁性は，コイル内の材料によりいかに磁場が強くなるかを示している．

図 11.67 は 3 つの同等なコイルを示す．この図は芯の材質がインダクタンスに与える

図 11.64 巻数とインダクタンス
(A) 巻数少なく，インダクタンス小さい，(B) 巻数多く，インダクタンス大きい．

図 11.65 巻きの間隔とインダクタンス
(A) 間隔広く，インダクタンス小さい，(B) 間隔狭く，インダクタンス大きい．

図 11.66 コイルの直径とインダクタンス
(A) 直径小さく，インダクタンス小さい，(B) 直径大きく，インダクタンス大きい．

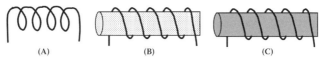

図 11.67 コアの材質とインダクタンス
(A) 空芯，インダクタンス小さい，(B) 鉄粉芯，インダクタンス大きい，(C) 軟鉄芯，インダクタンス最も大きい．

影響を示している．コイルの芯が磁性体のとき，インダクタンスは電流に影響を受ける．芯が空の場合，インダクタンスは電流とは独立である．

> ノート： コイルのインダクタンスは巻数が増加するほど，増加する．また，コイルが短く，断面積が大きく，コアの透磁性が増すほど，増加する．

11.7.12.2 相互誘導（相互インダクタンス）

導体やコイルの電流が変化するとき，変動する磁場は近くに位置する他の導体やコイルを横切り，両方に電圧を誘導する．そのため L_1 の変動する電流は，L_1 と L_2 を横切る電圧を誘導する（図 11.68，11.69 は相互誘導の2つのコイルの回路図である）．誘導電圧 e_{L2} が，L_2 の電流を流すとき，その変動する磁場は L_1 に電圧を誘導する．このため2つのコイル L_1 と L_2 は，1つのコイルの電流変化が他の電圧を誘導するから，相互誘導 (mutual inductance) である．相互誘導は L_M (h) である．1つのコイルの 1 A/sec の電流変化が，他のコイルの $1E$ を誘導するとき，2つのコイルが 1 h の L_M をもつ．2つの隣接するコイルの相互誘導に与える要因には，2つのコイルの物理的大きさ，コイルの巻数，2つのコイルの距離，2つのコイルの軸の相対的位置，芯の透磁性などがある．

> 要点：相互誘導の大きさは2つのコイルの相対的な位置に依存する．コイルの距離が相当離れている場合には，2つのコイルに共通の磁束は小さく，相互誘導は小さい．反対に，コイルが非常に接近している場合，1つのコイルのほとんどすべての電流は他の巻数に関係し，相互誘導も大きい．相互誘導は共通の鉄芯にコイルを巻いた場合，大きく増加する．

11.7.12.3 全インダクタンスの計算

最新の電気理論では，直列，並列回路の全インダクタンスを解くとき，相互誘導の効果を知ることが必要となる．しかし，ここでの目的は，これらの計算を試みるわけではなく，代わりに保守点検員が知っておくべき全インダクタンスの基礎的な計算を論ずる．

直列にインダクタが十分離れて置かれている，あるいは相互誘導が無視できる遮蔽壁の場合，全インダクタンスは直列の抵抗と同じように計算できる．単にそれらを足すことによって得られる．

$$L_t = L_1 + L_2 + \cdots \tag{11.58}$$

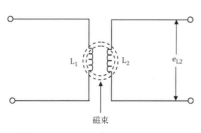

図 11.68 L_1 と L_2 の相互インダクタンス

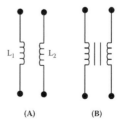

図 11.69 相互インダクタンスの記号
(A) 空芯，(B) 鉄芯．

■例 11.47

問題： 直列回路が3つのインダクタ 40, 50, 20 μh を含むとき，全インダクタンスはいくらか？

解答： $$L_t = 40\ \mu h + 50\ \mu h + 20\ \mu h \cdots = 110\ \mu h$$

インダクタを含む並列回路では（相互誘導なし），全インダクタンスは並列抵抗と同様に計算できる．

$$\frac{1}{L_t} = \frac{1}{L_1} + \frac{1}{L_2} + \frac{1}{L_3} + \cdots \tag{11.59}$$

■例 11.48

問題： 回路が並列の完全にシールドされたインダクタを含む．3つのインダクタは 4, 5, 10 mh である．全インダクタンスはいくらか？

解答：
$$1/L_t = \frac{1}{4} + \frac{1}{5} + \frac{1}{10} = 0.55$$

$$L_t = 1/0.55 = 1.8\ mh$$

引用文献・推奨文献

AISC. (1980). *AISC Manual of Steel Construction*, 8th ed. American Institute of Steel Construction, Chicago, IL.

ASCE. (2005). *Minimum Design Loads for Buildings and Other Structures*, ASCE/SEI 7-05. New York: American Society of Civil Engineers, New York.

ASSE. (1988). *The Dictionary of Terms Used in the Safety Profession*, 3rd ed. American Society of Safety Engineers, Des Plaines, IL.

ASSE. (1991). *CSP Refresher Guide*. American Society of Safety Engineers, Des Plaines, IL.

Bennett, C.S. (1967). *College Physics*. Harper and Row, New York.

Brauer, R.L. (1994). *Safety and Health for Engineers*. Van Nostrand Reinhold, New York.

Gercek, H. (2007). Poisson's ratio values for rocks. *International Journal of Rock Mechanics and Mining Sciences*, 44(1), 1–13.

Giachino, J.W. and Weeks, W. (1985). *Welding Skills*. American Technical Publishers, Homewood, IL.

Heisler, S.I. (1998). *Wiley Engineer's Desk Reference*, 2nd ed. John Wiley & Sons, New York.

Kirschner, M.W., Marincola, E., and Olmsted Teisberg, E. (1994). The role of biomedical research in health care reform. *Science*, 266(5182), 49–51.

Levy, M. and Salvadori, M. (1992). *Why Buildings Fall Down: How Structures Fail*. W.W. Norton, New York.

Merritt, F.S., Ed. (1983). *Standard Handbook for Civil Engineers*, 3rd ed. McGraw-Hill, New York, 1983.

Parkhurst, D.F. (2006). *Introduction to Applied Mathematics for Environmental Science*. Springer, New York.

PNNL. (2013). *PNNL Hoisting and Rigging Manual*. Pacific Northwest National Laboratory, Richland, WA, http://www.pnl.gov/contracts/hoist_rigging/slings.asp.

Reif, F. (1996). *Understanding Basic Mechanics*. John Wiley & Sons, New York.

Spellman, F.R. and Drinan, J. (2001). *Electricity*. CRC Press, Boca Raton, FL.

Tapley, B., Ed. (1990). *Eshbach's Handbook of Engineering Fundamentals*, 4th ed. John Wiley & Sons, New York.

Urquhart, L. (1959). *Civil Engineering Handbook*, 4th ed. McGraw-Hill, New York.

第 V 部

土 質 力 学

自然は，服従することによってでなければ，征服されない．
—— Francis Bacon（1561-1626）

第12章 基礎土質力学

自然から手に入る建設材料である土を扱うとき，環境分野の技術者（あらゆる技術者または責任者を含む）は，次の格言を心にもつ必要がある．

すべては変化の結果であることを常に観察し，そして，自然とは，十分に愛するものがないため，既存の形を変え，その形と似たようなものをつくるということに考え慣れよ．

―― Marcus Aurelius（『自省録』）

12.1 はじめに[*1]

もし現代人が時間をさかのぼってある場所（ヒマラヤ山脈）へ移動させられたら，彼はすぐ目の前の大規模な構造物（山）を認識するであろう．彼は，見ているものに対して後ずさりするかもしれない．巨大な，急峻な，そして，雲を超える高さの若々しい山脈．彼は即座に，最も高い，最も大規模な頂に気が向くだろう．この多面体状の多角形ベースと単一の鋭い先端が最高点に達する三角形は見覚えがあるだろう．偉大なエジプトのピラミッドの形状に匹敵するが，サイズが大きい．ただし，ピラミッドはもともと石灰岩のシート（山の頂を覆う固い氷や雪のように厚く永久的なシートではない）に覆われていた．

もし，その同じ人間が，現在この同じ場所を歩いたことがあり，かつてこの場所に何があったかを知っていたら，変化は明らかで驚くべきであり，そしてすべてが時間と関係しているだろう．さもなければ，彼がその残骸を横切り，粉々になって修復された遺物から成長する植生を通る間に，何も気にしなかっただろう．3億年以上前から，ピラミッド型の山の頂が無傷で立っている，雲の上の比類のない素晴らしさ．氷の外套に包まれ，石の強大な要塞，一見脆弱性のない，地球上で最も，今までのどの山よりも高く立ち，これからも立ちつづけるであろう．

山は，何百万回も太陽の周りを回転する地球に立っていた．ピラミッド型の頂は，母なる地球が深呼吸したときに生まれ，数百万年もの間に母なる地球が引き伸ばされても，そのまま立っていた．この伸びをわれわれは巨大地震と呼ぶが，人類はそのようなマグニチュードを目撃したことがない．むしろ，リヒタースケールで記録するより，それを

[*1] ［原注］本節はSpellman, F.R. and Stoudt, M.L., *Environmental Science*, Scarecrow Press, Lanham, MD, 2013を修正した．

破壊していたであろう．

　この巨大地震が地球の表面を打ち砕いたとき，幸いなことに，知的生命体と呼ぶものは地球に住んでいなかった．この巨大な大変動時には，その頂はその基礎まで振った．そして，最初の衝撃波と何百もの余震の後に，花崗岩の構造は粉々になった．この破砕は巨大だったため，各余震は，すそを広げピラミッド型の頂の基盤を緩めた．1万年後（地質学的時間と比較して数秒），破砕の影響はピークの形状を完全に，永遠に変化させた．地球の黎明期においてのみ知られている強度の恐ろしい暴風時には，急激な震動（地球深部内から発し，山自体の尾根から頂上まで広がる）がさらに傷を拡大した．

　振動と暴風は何十年も続き（現代の構造物はこのような衝撃に耐えることができない），そして，最終的に最高峰は，落ちた．ふもとで完全に決裂し，重力の法則に従って（そのときも，今日のように効果的かつ強力な力として）頂点から転落し，20,000 ft 以上まっすぐ落ちた．山脈の拡大するふもとと衝突し，それは重大な衝撃であり，数千エーカーの広さの大地を破壊した．無傷のままであったことは，最終的に急峻な岩棚に 15,000 ft の高度で横たわっている．ピラミッド型の頂は，今ははるかに小さく，約 500 万年前から切り立った岩棚に不安定に腰掛けていた．

　いかなるものも，絶対に，何も時間から安全ではない．最も容赦ない自然の法則はエントロピーである．時間とエントロピーは変化と崩壊を意味する．厳しく，ときには残忍で常に避けられない．打たれ，傷つけられ，切り捨てられたが，それでも大規模な岩の形は，かつては雄大な山であり，自然の法則の犠牲者だった．自然は時間の味方であり，その歩道は物と形のあるものをすべて分解する．良くも悪くも，そうすることで自然は，冷酷で，ときには残忍で，かつ常に必然である．しかし決して目的がないものはない．

　巨大な岩は，500 万年にわたって，岩棚の上に横たわっている間，絶えず変化する条件に曝露された．数千年間，地球の気候は異常に暖かかった．いたるところ，熱帯気候であった．この暖かい時代を通じて，岩は氷や雪に覆われていなかったが，猛暑に焼かれ，暖かい雨の中で蒸され，自ら削られて生じた砂混じりの激しい暴風に耐え，1 万年をかけて日々岩の表面を彫刻していた．

　それから，その若い惑星の終わりのない暴風と激動は止まり，炉のように熱い，あるいは北極のように冷たい天候ではなく，おだやかなものとなった．岩は日光にさらされつづけたが，温度はより低く，また降雨が増加し，嵐は少なくなった．この気候は数年間も続いたが，その後，北極のように冷たい，適度に暖かい，炉のように熱いという周期が繰り返した．

　このサイクルの最後には，岩は，物理的および化学的曝露に大きな影響を受け，さらに小さくなった．今では岩棚にいたときよりもかなり小さくなり，前の大きさと比較すると，単なる小石であり，8000 ft の山脈の足元に再び落ち，足関節のベッドの上に横たわっている．さらに小さくなり，数千年以上，その傾いた足関節のベッドの上に残った．

　紀元前 15,000 年頃に，岩は継続的に化学的および機械的風化にさらされ，岩の物理的

な構造は大昔の落下や破砕によって弱められ,そして絶えず小さくなるところまで壊れ,最後には,最大の無傷の岩の断片は,4つの寝室をもつ家よりも小さくなった.しかし,変化は止まらず,時間も止まらず,エジプト人がピラミッドを構築した頃の時間になった.今日では,岩はこの長い,ゆっくりとした崩壊過程により,およそ十平方フィートとなった.

次の千年間,岩は小さくなりつづけ,崩壊し,剥離し,ビーチボールほどの大きさになるまで,以前の断片に囲まれている.コケや地衣類で覆われ,亀裂のウェブ,小さな裂け目や割れ目は全質量を通して織られた.次の千年ほどにわたって,露出した岩の遷移 (bare rock succession) によって,地球上で最高点であったすべての山頂は小さくなり,一握りの土に変わった.

これはどのように起こるのか? 露出した岩の遷移とは何か? もし土の層が,天然の手段(たとえば,水,風),人為的手段(耕作と浸食),あるいは大変動の発生(大規模な地すべりや地震)によって土地を剥ぎ取られた場合,たくさんの年月だけで,土が露出した辺りはもとの似たような状態に何かしら戻るのか,あるいは,露出した岩は土へと変化するのか.

しかし,十分な時間を与えられたら(おそらく千年紀)傷跡は癒され,そして岩肌がかつて存在していた場所には土の新たな層が形成される.この復元過程で起こる一連の事象は,露出した岩の遷移として知られている.それは,識別可能な段階を伴う,真の「遷移」である.パターンの各段階は,その前に存在していた状態を引き継ぎながら,存在するコミュニティを運命づけていく.

岩が露出し,大気に曝される.風化を引き起こす地質プロセスが表面をより小さな断片に破壊しはじめる.風化には多くの種類があり,すべてが,岩の表面を粒子まで小さくしたり,水へ溶かしたりする.地衣類は,最初に岩肌を覆う.これらの丈夫な植物は岩自体で育つ.地衣類は岩の表面に弱酸を生成しゆっくりと風化を進める.地衣類は風で運ばれた土粒子を受け取り,非常に薄い土の層ができる.露出した岩の遷移の次のステージを引き起こす環境条件の変化である.

コケ類は地衣類にとって代わり,地衣類は貧弱な土の中で成長し,風化をもたらす.コケ類は生育面積を広げ,さらに土粒子を受け取り,もっと湿った岩肌面を提供する.より土が増え,より水分が増えることで,次の遷移段階に適した非生物的条件が確立される.次は,草本植物の種子が,かつての岩肌に侵入する.草や他の草花が留まる.枯れた植物組織がもたらす有機物が薄い土に加わり,一方,岩は未だに下方から風化する.組織がさらに加わって,このコミュニティはより大きく,より複雑になっていく.

この頃までには,植物や動物のコミュニティはかなり複雑である.次の主要な侵略は,その土と水の量で生き残ることができる雑草低木によるものである.時間の経過とともに,植物や動物がさらに侵入し,土を構築する過程は早くなる.やがて木々が根をはり,森林による承継が明らかになる.もちろん,森が成長しクライマックスになるまでに多くの年月が必要とされるが,それは起こるべくして起きている (Tomera, 1989).

今日では，かつてのピラミッド型の頂は，比べようもなく，土の形でしか残されていない．有機物である腐植がたくさん詰まった土，濡れたときに泥のようにみえる土，そして，乾燥したとき，おそらくほとんどの人が一握りの泥汚れと思うにすぎない．

12.2 土とは何か？

土（空気と水に次ぐ第三の環境媒体）についてのどんな議論でも，最初に，土が何であるかということを正確に定義し，なぜ，土は非常に重要であるのか説明しなければならない．この明白なことを述べることで，土に関するおもな誤解を解消する必要もある．12.1節で示したように，多くの人は土と泥汚れ（dirt）を混同する．泥汚れとは，置き場所を間違えた土である．手や服を汚し，床に跡が残る，われわれが望まない土である．泥汚れは，掃除をして，われわれの周囲の外側においておきたいものである．

しかし，土は特別で，不思議なもので，自覚しているいないにかかわらず，われわれの生存に不可欠である．われわれは卑劣な位置に土を追いやってきた．ふつう，土の地位を落としている（糞が最低なもので，土はそれよりはましである）．話題を進める前に，その扱いにくい泥汚れを別の見方でみてみよう．その山の頂が自然の確かな手によって何百万年にもわたってつくられた後の，われわれ現代人が抱えている泥汚れを——．

土とは何か？ おそらく土という言葉ほど，素人や専門家（環境科学者，環境分野の技術者，地球科学者の専門グループ，および一般的なエンジニア）のさまざまなグループ間のコミュニケーションにおいて，混乱を生む言葉はない．なぜか？ 専門家の視点からは，さまざまなグループが土を研究することに問題の原因がある．

土壌学者（土壌科学者）は植物の成長のための媒体としての土に興味をもっている．工学的な土の専門家の一端を代表して，土のエンジニアは，土を，道具によって掘削できる媒体としてみている．地質学者の土の見方は，土壌学者と土のエンジニアの間にある．地質学者は過去の気候条件を示すものとして，ならびに，粘土堆積物から金属鉱石に至るまでの有用な材料の地質学的な形成に関連して，土に興味をもっている．

この混乱を解消するために，はるかに基本的ではっきりとした別の観点から，一握りの土を見てみよう．土とは何かをより理解するために，そしてなぜ土はわれわれにとって必要不可欠な重要なものなのかをよりよく理解するために，土に関する以下の説明を考えよう．

1. 一握りの土は生きていて，デリケートな有機的組織体である．移動するカリブーの大群のように生き生きとしており，サギの群れのように魅力がある．土には文字どおり比類のない形の生命が生息しており，独立した生態系，あるいはより正確に言えば，多くの生態系に分類されるに値する．
2. 一握りの土を取り去り，硬い岩盤を露出させると，そのような生きた土の薄い層がなければ，地球は月のように生命の存在できない惑星であることに気づかされ，おそらく一部の人はそのことに驚愕するだろう．

それでもまだ，土を泥汚れとして呼びたかったら，それはかまわない．おそらく，あ

なたの泥汚れの見方は，E.L. カニグズバーグの本のキャラクターであるイーサンと同じである．

> 私の意見では，農業従事者と郊外居住者の違いは汚れの感じ方の違いである．彼ら（郊外居住者）にとって地球とは尊敬し守るべきものだが，泥汚れには敬意を払わない．農業従事者は泥汚れが好きである．郊外居住者は泥汚れを取り除くのが好きである．泥汚れは大地のなかでも働いている層であり，泥汚れを取り扱うこととは，肥料を取り扱う限り，農場での生活の一部である．どちらも人にやさしいものではないが，必要である (Konigsburg, 1996, p.64)．

12.3 土の基本

土は，地球の陸地の表面を覆っている砂，シルト，粘土の結合粒子の層である．多くの土は複数の層をつくる．最上部の層（*topsoil* 表層土）は植物が成長する層である．この最上部の層は，実際，生物と非生物の構成要素からなるエコシステムである．無機化学，空気，水，植物の光合成に不可欠な栄養素を提供する腐敗有機物，および，有機生命体からなる．最上部の層（厚さは通常は 1 m 以下）の下に，下層土がある．下層土は表土より有機物少ないなどの理由のため，生産性も低い．下層土の下には，究極的には土を形成する母材，岩盤または他の地質的材料がある．一般的な経験則では，下層土から 1 インチの表土を形成するまでに約 30 年かかる；母材から下層土を形成するにはより長い時間かかるが，時間の長さは母材の材質に依存する (Franck and Brownstone, 1992)．

12.3.1 建設用の土

ほとんどの小学生は 3〜4 年生になるとピサの斜塔のことを知っており，引力と塔の上から落とした落下物の速度に関するガリレオの実験のことも知っている．この 12 世紀の鐘楼は，建設されたときから現在まで，文字どおり，何百万人もの人々の好奇の的であった．8 階建て，高さ 180 ft，基層の直径 52 ft のこの塔は，3 階を建て終わった頃から傾きはじめ，毎年さらに約 25 分の 1 in. 傾いている．

まず，塔が傾いていく理由を知っている人が何人いるだろうか？ また，誰か，ピサの斜塔について，通常より好奇心をもっている人がいるだろうか？ もしあなたが土の科学者か工学技術者であれば，この質問は意味をもち，答えが必要となる．実際，ピサの斜塔は傾いている塔として知られるべきではなかった．問題は，ピサの斜塔は，不均一な圧密が起きている粘土の上に建てられていて，傾斜が進めば，最終的に，建物の倒壊につながる可能性があることである．

あなたが推察したかもしれないように，ピサの斜塔が傾く力学が，この節の内容である．より具体的には，土の力学と物理学（特定の建設現場において，建物の建設が可能かどうかを決定するための重要な要因）についてである．簡単にいえば，「ここにある土は建物を支えられるだろうか」の質問に答えるために必要不可欠な要因である．

12.4 土の特性

われわれがいう土の特性は，土木分野の技術者にとって重要な物理的要因である力学的特性を示している．土木分野の技術者は，建設材料としての適合性と掘削性に関係する土の特性に焦点を当てる．簡単にいえば，土木分野の技術者は，内部および外部の力に対する，ある特定の体積の土の応答を理解する必要がある．当然のことながら，さまざまな与え方による荷重に耐える土の性能，および，掘削されたときの安定性を決定できることが重要である．純粋に工学的な観点から，土は，道具（ブルドーザーからシャベルに至るまで）を使って掘削が可能な，固結化していない，何らかの表層（表面近く）の材料である．技術者は，工学的な目的で，土を使うことの利点と欠点を考慮する．土を使う工学的に重要な利点は，（多くの場所では）土は不足しないことである．土は建設現場にある可能性があり，したがって，遠くから運搬する費用を回避できる．建設工事に土を使うことのもう1つの利点は，土の取り扱いの容易性である．ほほどのような形にも，容易に形づくれる可能性がある．また，土は湿気の通過を可能にし，必要に応じて，不透水性にすることもできる．

土木分野の技術者は，建設工事に土を使うことの利点と欠点の両方を検討する．土を使用することの最も明白な欠点は，場所や時間による土の多様性である．土は均一な材料ではないため，強度に関係する信頼性の高いデータを集計または計算することができない．湿潤乾燥，凍結融解のサイクルは，土の工学的特性に影響を与える．ある土はある目的に向いている可能性があっても，他の目的では使えない可能性がある．たとえば，テキサス州のスタンフォードの粘土は，ため池の止水用としては「非常によい」とされるが，道路や建物の基礎として使用するには「非常に悪い」と評価される（Buol et al., 1980）．

ある土が道路や建物の基礎に適切であるかどうかを判断するため，土木分野の技術者は地盤調査地図や報告書を研究している．土木分野の技術者はまた，土壌科学者や，その地域やその地域の土の種類に精通する他の技術者と確認を行う．さらに，よい技術者は，その人が働くところの土が，要求性能に見合う土であるかを確認するために，フィールドでのサンプリングを実施することとなる．

土木工学を目的とするときの土の重要な特性には，土の構成，粘土の種類，岩盤の深さ，土の密度，侵食性，腐食性，表面の地質，塑性，有機物の含有量，塩分，季節ごとの地下水面までの深さなどがある．

土木分野の技術者は，土の密度，体積と質量の関係，応力とひずみ，斜面安定性，および，締固めも確認する．これらの概念は，技術者にとってきわめて重要であるため，以下の項で取り上げる．

12.4.1 土の質量と体積の関係

自然に存在するすべての土には，少なくとも3つの主要な構成要素あるいは相，すな

わち固体粒子（鉱物），水，空気（固体粒子間の空隙）がある．これらのパラメータ間の物理的な関係を（特に土の場合は）調べる必要がある．土の体積は，3つの構成要素の体積の合計である．

$$V_T = V_a + V_w + V_s \tag{12.1}$$

ここで，V_T ＝全体積，V_a ＝空気の体積，V_w ＝水の体積，V_s ＝土粒子の体積．

間隙の体積は V_a と V_w との合計である．しかしながら，土の間隙にある空気の重さは他の重さと同じように地球の大気の中で測られるので，土粒子の質量は違う方法で決定される．土の空気の質量は0にし，全質量は土粒子と水の質量の合計である．

$$W_T = W_w + W_s \tag{12.2}$$

ここで，W_T ＝全質量，W_w ＝水の質量，W_s ＝土粒子の質量．

質量と体積の関係は，次式で表される．

$$W_m = V_m G_m w \tag{12.3}$$

ここで，W_m ＝各構成要素の質量（固体，液体，または気体），V_m ＝各構成要素の体積，G_m ＝各構成要素の比重（無次元），w ＝水の単位体積質量．

上に述べた関係によって，いくつかの有用な問題を解決することができる．土木分野の技術者が，ある土の3つの主要構成要素の割合を力学的に調整する必要があると決めた場合，このことは，締固めまたは耕すこと（tilling）によって鉱物粒子の再配合によって達成可能である．土木分野の技術者は，間隙の割合を増やしたり減らしたりしてその割合を変えるため，種類の土を混合したいと考えるかもしれない．

われわれは，どうやってこのことを行うのか？ 土の体積と間隙の関係は間隙比 (e) および間隙率 (η) によって表される．そのためには，まず，間隙比（土粒子の体積に対する間隙体積の割合）を決定しなければならない．

$$e = \frac{V_V}{V_S} \tag{12.4}$$

また，全体積に対する間隙体積の比率を決定する必要がある．これは，間隙率 (η) を決定することによって達成可能である．ここで，間隙率は全体積に対する間隙体積との比率であり，通常，パーセントで表される．

$$\eta = \frac{V_V}{V_T} \times 100\% \tag{12.5}$$

ここで，V_V ＝間隙体積，V_T ＝全体積．

さらに2つの関係式として，含水比 (w) と飽和度 (S) は，土の水分の量，および，全間隙体積に対する間隙中の水の体積に関係する．

$$w = \frac{W_w}{W_S} \times 100\% \tag{12.6}$$

および

$$S = \frac{V_w}{V_V} \times 100\% \tag{12.7}$$

12.4.2 土粒子の比重

ある物質の比重とは，その物質の単位体積質量の 20°C での水の単位体積質量に対する比率である．これは次式で表される．

$$SG = \frac{w_{\text{substance}}}{w_{\text{water}}} \tag{12.8}$$

土粒子の比重の略称は G_S である．この値は土粒子の単位体積質量の水の単位体積質量に対する比率である．土粒子の比重は次式で表される．

$$G_\text{S} = \frac{W_\text{S}/V_\text{S}}{w_{\text{water}}} \tag{12.9}$$

ここで，G_S = 土粒子の比重，W_S = 乾燥後の土粒子の質量，V_S = 土粒子の体積．

土粒子の比重を決定するために実験が行われる．しかしながら，現場の状況によっては，そのようなデータは利用できない可能性があるため，推定が必要となる．土粒子の比重は土粒子の鉱物相に依存する．ほとんどの土は，石英，長石，角閃石，黒雲母，方解石などのいくつかの基本的な鉱物の混合体である．表 12.1 は，より重要な土の鉱物の土粒子の比重を示している．

> **DID YOU KNOW ?**
>
> ポアソン効果（第11章を参照）は，構造地質学の分野にも適用可能である．岩石は，多くの材料のように，応力を加えたときポアソン効果にさらされる．地質学的な時間スケールでは，過度の腐食または地球の地殻の沈降は基礎となっている岩石に大きな鉛直応力を発生させる，もしくは，取り除かせる場合がある．この岩石は加えられた応力の直接的な結果により，垂直方向に膨張または伸縮し，また，ポアソン効果の結果として水平方向に変形する．この水平方向の歪みの変化は，岩石の継ぎ目や休止応力に影響したり，形成したりすることがある (Engelder, 2013).

多くの砂と砂利はおもに石英で構成されている．これらの土の比重は一般的に 2.66 と想定される．花崗岩や石灰岩由来の砂と砂利の比重は，より大きい可能性がある．シルト相当径の割合が高い土の比重は，一般に，約 2.68 である．これは，通常，石英が主要な構成成分であり，粘土鉱物が小量存在することで比重を高めるからである．粘土質の土の比重は，約 2.60 ～ 2.80 の範囲である．一般には，平均値 2.7 と仮定できる．雲母片

表 12.1 土のおもな鉱物の比重

鉱物	比重	鉱物	比重
モンモリロナイト	2.65 ～ 2.8	ドロマイト	2.87
カオリナイト	2.6	角閃石	3.2 ～ 3.5
イライト	2.8	マグネタイト	5.17
緑泥石	2.60 ～ 3.00	石英	2.66
方解石	2.72	黒雲母	3.0 ～ 3.1

を多く含んだり，ヘマタイト，マグネタイトを多く含む土の比重はとても大きく，2.75〜3.3 の範囲である．これらの珍しい土の比重を正確に決定するには，通常，試験データが必要である．

12.5 土粒子の特性

土の中の粒子の大きさや形，さらには密度やその他の特性は，せん断強度や圧縮性などの土の挙動に関係する．技術者は，土の工学的分類を行うために，これらの指標属性を用いる．実験室やフィールドで指標属性（表12.2）を測定するための簡単な分類試験が用いられている．表12.2 より，粘性土（細粒）と非粘性土（粗粒）という，（工学技術者の観点から）重要な分類がある．この2つの重要な用語を詳しくみてみよう．

粘着性は土粒子が互いに接着する傾向を示す．粘性土にはシルトと粘土が含まれる．これらの土は，粘土と水分の量によって，個々の粘土と水からなる粒子の間に働く引力を通して粘性が生じることになる．粘土粒子の影響により，粘性土の指標属性は非粘性土よりも複雑である．さまざまな含水率での土の力学的な応力や操作に対する抵抗性は，土のコンシステンシーと粘土粒子の配向によるもので，粘性土の最も重要な特性である．

鋭敏比は粘性土のもう1つの重要な指標属性である．単純に定義すると，鋭敏比とは，乱さない土の一軸圧縮強さの練り返した土の一軸圧縮強さに対する比率である（式(12.10) を参照）．鋭敏比の高い土は非常に不安定である．

$$鋭敏比 = \frac{乱れていない土の強さ}{練り返した土の強さ} \tag{12.10}$$

土の含水比は土の挙動に影響を与える重要な因子である．土の含水比の値はアッターベルグ限界と呼ばれ，細粒土のコンシステンシー限界の総称であり，簡単な室内試験で決定される．これらは，ふつう，液性限界（LL），塑性限界（PL），収縮限界（SL）に

表12.2 土の指標属性

土の種類	指標属性
粘性土	含水比 鋭敏比 種類と粘土の量 コンシステンシー アッターベルグ限界
非粘性土	相対密度 現場密度 粒度分布 粘土含有量 粒子の形状

出典：Kehew, A. E., *Geology for Engineers and Environmental Scientist*, 2nd ed., Prentice-Hall, Englewood Cliffs, NJ, 1995, p. 284 を修正．

よって示される．塑性限界は，土の半固体状態で可塑性になりはじめる含水比のことで，成形された試料は少し圧力をかけると容易に崩れる．含水比（water content）をさらに減らす中で土の体積がほぼ一定（固体）になるとき，その土は収縮限界に達する．液性限界とは，土と水の混合物が半流体（または塑性）から流体の状態に変わり，衝撃を与えたときに流れる傾向があるときの含水比である．工学技術者は，当然のことながら，高速道路や建物の基盤を建てる際に，水分を含むと流動しやすくなる土は選ばない．液性限界と塑性限界の差は，土が塑性状態にある含水比の範囲であり，塑性指数と呼ばれる．塑性指数の大きい土は支持載荷に対して不安定である．

　土質材料の安定性を分類するための系はいくつかあるが，よく知られている（そして，おそらく最も有用な）系は，統一土質分類法と呼ばれている．この分類法は，それぞれの土の種類（14クラス）に2文字を指定し，おもに粒度分布，液性限界および塑性指数に基づいて決められる．

　非粘性の粗粒土の挙動は粘性土とは大きく異なっており，その違いは（指標属性から）粒子の大きさとその分布によるものである．他の指標属性（たとえば，粒子の形状，現場密度，相対密度）は非粘性土を述べるときに重要で，土粒子をどれだけ密に詰め込めるかに関係する．

12.6　土の応力とひずみ

　もし，（湖を深く潜るように）水深に伴う水圧やその影響をよくわかっているなら，土と圧力にも同じ概念が当てはまることは驚くことではないであろう．水のように，土の中の圧力は，深くなるにつれて増加する．たとえば，$75\,\mathrm{lb/ft^3}$ の単位体積質量の土は，深さ1 ft で 75 psi，深さ3 ft で 225 psi の圧力が生じている．想像されるように，あるところの土の圧力が上昇すると，土粒子は累積載荷を支えるため構造的に再配向する．この考察は重要で，荷重の下から取り出した土のサンプルの弾性は，いったん取り出してしまうと真に代表的なものとならない可能性がある．代表的なサンプルを採取することは重要である．圧力（応力）に対する土の反応は，固体材料に荷重をかけた場合と同様である．その応力は材料全体に伝達される．荷重は材料に圧力を与え，その圧力は荷重の量に等しく，圧力をかけられた材料の外側の面の表面積で除した値になる．この圧力および応力に対する応答は，変位やひずみと呼ばれている．材料の任意の点での応力（圧力など）は，単位面積当たりの力として定義される．

12.7　土の圧縮性

　建物や材料の小山（stockpile）などの垂直荷重が土の層の上にある場合，沈下する可能性がある．沈下（settlement）は，土が圧縮されることに伴う，建物（または荷重）の垂直方向の沈下（subsidence）である．圧縮率は，荷重による土の体積減少の傾向をさす．粘性土は間隙率が大きい特徴があるため，圧縮率は最も重要である．圧縮性と沈下の力学は非常に複雑で，本書の範囲を超えているが，読者は，圧密試験によって行われ

るこれらの特性の実際の評価過程を知るべきである．圧密試験とは，土へかける荷重を増加していく試験である．厚さの変化は，荷重の増分ごとに測定される．

12.8 土の締固め

締固めの目標は，間隙比を低減し，土の密度を増加させることによってせん断強度を高めることである．このことは，より密な状態に土粒子を再配向させることによって達成できる．含水比が限られた（粒子の移動をなめらかにするのに十分な）範囲内であれば，効率的な締固めを行うことができる．最も効率的に締固めが行えるのは，土の層厚（一般に，リフトと呼ばれる）が約 8 in. の場合である．この深さでは，ほとんどのエネルギーがリフトを通じて伝達される．リフトの厚さが 10 以上では，より多くのエネルギーが分散される必要があり，最大密度を達成するために必要な労力が大幅に増大する．粘性土の場合は締固めはシープスフットローラーとタイヤローラーで混合または混練することで最もうまく達成される．これらの装置は土をより高い密度の状態にさせる．締固めエネルギーの有効性は，現場の乾燥密度（単位体積当たりの固体の質量）と，実験室で測定された標準的な乾燥密度を比較することによって確認できる．そのような試験では，締固めの度合いをパーセントで示す．

12.9 土の崩壊

建設，環境，設計の技術者は，自然プロセスの土の構造とのかかわり合い方（たとえば浄化システムを損傷する凍上）と，浄化対策（たとえば有害物質の土からの流出対策のための掘削時）の間の土に加えられる変化について考慮しなければならない．土の崩壊は，土が荷重を支えられないときに発生する．過荷重された基盤の破壊，掘削の側面の崩壊，堤防や丘など同様の特徴をもった斜面の崩壊は，構造破壊である．斜面崩壊（一般的に落盤として知られている）はおそらく他の崩壊よりも頻繁に発生する土の構造破壊である．米国労働統計局の現場事故報告書によると，落盤は，思ったより頻繁に掘削工事で発生することが明らかになっており，掘削工事に固有の明白な危険となっている．

掘削とは何か？ 掘削は，どれだけ深かったら危険であると考えなければならないか．安全にかかわる工学技術者になったときに，これらの質問に対する答えが，自分の命を救い，他の人の命を守ることになる．掘削とは，土を取り除くことによる，人為的な地球表面の切り取り，空洞，溝，沈下のことである．掘削工事は作業員の安全を考えないでしてはならない．土を掘削する際は常に注意が払われるべきである．経験（および，29 CFR 1926.650-652 にある基準）では，労働安全衛生庁（OSHA）は深さ 5 ft 以上の掘削では溝を保護することが必要となる．掘削が始まる前に，適切な予防措置をとられなければならない．担当責任者（OSHA による資格者）は以下を行わなければならない．① 埋設物が識別，配置されていることを電力会社に確認してもらう．② 労働者を守るため，埋設物は保護，支持，あるいは撤去されていることを確認をする．③ 労働者に危険を生じる可能性のある地上の障害物（たとえば木，岩，歩道）は撤去または保護する．

④ 現場の土や岩石の堆積物は，安定な岩，タイプ A, タイプ B, またはタイプ C に分類する．分類を行うために，目視検査と少なくとも 1 回の人の手による検査を行わなければならない．

掘削される土の種類を分類するための要件を詳しくみてみよう．掘削する前に，土の種類を決定しなければならない．土は，安定な岩，タイプ A, タイプ B, または C に分類される．掘削現場では，通常，タイプが組み合わされた土があることを覚えておく必要がある．この場合，土の分類は，保護システムの必要性を決定するために使われる．以下は，さまざまな土の分類である．

安定な岩： 天然の固体鉱物材料であり，垂直に掘削することができる．安定な岩は表面が露出している間，原型を保つ．一般に，固体の岩は安定ではあるが，掘削したときに非常に不安定になる可能性があることを覚えておく必要がある（実際は，このような種類の岩を掘削することはない）．

タイプ A の土： 最も安定した土であり，粘土，シルト質粘土，砂質粘土，粘土ローム，ときにはシルト質粘土ローム土，砂質粘土ローム土を含む．

タイプ B の土： 適度に安定し，シルト，シルトローム，砂質ローム，ときにはシルト質粘土ローム土，砂質粘土ローム土を含む．

タイプ C の土： 最も安定性が低く，砂利，砂，ローム質の砂，水没した土，水が自由にしみ出る土，不安定な水没した岩などの粒状土を含む．

掘削において土の試験と分類を行うために，目視およびマニュアルによる検査を実施するべきである．目視による土の検査は，土粒子サイズと種類をみる．当然のことながら，土の混合物は目視可能である．掘ったときに塊になった土は粘土やシルトであろう．壁に亀裂や剥離（小片や破片に砕ける）があればタイプ B またはタイプ C の土と同定できる場合がある．もし，危険な領域（建物，道路，振動機械）に隣接した積層システムに気づいたら，土の分類のために専門的な技術者が必要な場合がある．静水やトレンチ壁を通る水がある場合，土はただちにタイプ C に分類される．

マニュアルでの土の検査は，保護システム（たとえば，控え工やボックス型控え工）を選択する前に必要である．土から採取した試料は，自然含水量を維持するために，できるだけ早く分析する必要がある．土の試験は，オンサイトまたはオフサイトのいずれかが可能である．マニュアルでの土の試験には，沈降試験，湿潤振とう試験，スレッド試験，リボン試験が含まれる．

沈降試験は砂質土にあるシルトおよび粘土の量を決定する．飽和砂質土をストレート両面瓶に入れ，約 5 in. の高さまで水を加える．試料は徹底的を混合（振混ぜ）し，沈降させた後に，砂の割合がわかる．たとえば砂の割合が 80％ の場合は，タイプ C として分類される．

土の砂に対する粘土とシルトの量を測るには湿潤土の振とう実験も 1 つの方法である．この試験は水で飽和した試料を手で振り混ぜ，土の透水性を次の知見に基づいて測定する．振り混ぜられた粘土は，水の通水に対して抵抗性を示す．水は砂を自由に通し，

シルトでは，水は砂よりも通りにくい．

スレッド試験は粘着力を決定する試験である（粘着力は安定性と関係があり，土粒子がどれだけ結合できるかを表すことを覚えておくこと）．代表的な土試料を採取した後，手のひらの間で直径 1/8 in.，長さは数インチになるまで転がす（土で遊んだ子どもはこれを一度ぐらい行ってみたことがあるだろう．誰も土の科学は退屈でなければならないと述べていない）．細長くなった試料を平らな面に置き，つまみ上げる．もし試料が 2 in. つながっていたら粘着力があるとみなされる．

リボン試験は，スレッド試験のバックアップとして用いられる．この試験で粘着力も決定できる．代表的な土試料を採取した後，直径 3/4 in.，長さ数インチになるまで（手のひらの間で）転がす．次いで，親指と人差し指で，落ちてもよい状態にしながら，厚さ 1/8〜1/4 in. まで平らにつぶす．数インチをつぶしてもリボンが崩れなかったら，その土は粘性土である．

土が正しく分類されたら，適切な保護システムを選択することができる．この選択は，土の分類と現場の制限事項に基づく．保護システムには，おもに，傾斜または段切りと，控え工または遮蔽の 2 種類がある．傾斜および段切りは，底部まで，ある角度で壁面を切る掘削保護対策である．斜面または角度切り，および，一段か数段の段切りシステムを図 12.1 に示す．傾斜および段切りの角度は土の分類と現場の制限事項に基づく比率である．両方のシステムでは，角度がより平坦なほど，労働者の保護はより強化される．土の種類に対する合理的な安全側の傾斜を表 12.3 に示す．

控え工および遮蔽は既存の掘削を支える 2 つの保護対策である．それらは一般に垂直面の土掘削で使用されるが，傾斜または段切りと併用も可能である．控え工は落盤を防

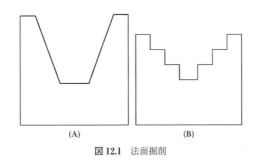

図 12.1　法面掘削

表 12.3　掘削における最も安全な側斜面

土の種類	側斜面（水平と垂直）	側斜面（水平からの角度）
A	7.5 : 1	53°
B	1 : 1	45°
C	1.5 : 1	34°

出典：労働安全衛生庁の掘削標準 29 CFR 1926.650-652.

ぐために設計されたシステムで，アップライトやシートと呼ばれる垂直構造の壁で支える．ウェールズは控え工構造の側面に沿った水平な部材である．クロスブレースはトレンチ壁の間の水平な支えである．遮蔽は，トレンチボックスまたはトレンチシールドを使用するシステムである．これらは，事前に製造されるか，現場で資格をもった工学技術者の監督のもとでつくられる．シールドは通常，可搬性の鋼構造であり，重機によってトレンチに配置する．深い土掘削では，トレンチボックスはラグを使って積み重ねる．

12.10　土の物理学

土は，動的で，非等方な異質体である．つまり，すべての方向に同じ特性を有していないということである．予想されるように，これらの特性のため，さまざまな物理的プロセスが，常に，土の中で進行している．この重要な点は，Winegardner（1996, p.63）が明らかにした．「特定の土に作用するすべての要因は，ある確立された環境において，ある特定の時刻において，不均衡から均衡な状態になろうとする方向に働いている」．

ほとんどの土の専門家は，土が地球の生命の存在に非常に重要であることを理解するのにほとんど苦労しない．彼らがよく知っているのは，たとえば，土は植物の命と，そして植物に依存する他の命にとって（非常に直接的な意味で）必要だということである．また，土は水を貯めて移動させる機能をもち，建設に関する土工学の必要不可欠な目的を果たし，廃棄物処分システムにおいて貯留と浄化媒体として作用することも知っている．

土の管理に関する活動にかかわる環境分野の実務家（environmental practitioner）は，土の物理的性質に十分詳しい必要がある．具体的には，彼または彼女は，実際に関与している土の物理過程を理解する必要がある．これらの要因は，土の水分に関連する物理的な相互作用，土粒子，有機物，土壌ガス，土壌温度を含む．この知識を得るために，環境分野の技術者は基本的な地質学，土壌科学，建設工学を修める必要がある．

12.11　構造の破壊

ここまで，われわれは，応用力学にかかわる基本を見直した．この情報は環境分野の技術者にとって重要である．なぜなら，そのような知識がなかったら，作業場の機械，設備，構造物，建設，機能，オペレーションについて，適切に理解することは難しいからである．環境分野の技術者にとってさらに重要なのは，応用力学の基本的な知識はシステムの破壊，破壊の原因，および（より重要なのは）どのようにしてそのような破壊を防ぐかについての理解を可能とすることである．破壊の種類は多く，多くの理由で生じる可能性がある．環境分野の技術者にとって構造破壊が重要であるのは，そのような構造破壊が起こるときは，通常，労働者や他の人々に損傷やケガ（または，もっと悪いこと）を引き起こすからである．構造破壊は，設計ミス，欠陥材料，物理的な損傷，過荷重，質の悪い技量（workmanship），不十分な保守と点検のいずれかによって引き起こされる可能性がある．

12.11 構造の破壊

設計ミスはめずらしくない．これらは不正確または不完全に行われた仮定の結果である．たとえば，設計技術者は，設計のため荷重や最大荷重を想定する．しかし実際の荷重はさまざまな条件で大きく異なっている可能性がある．1981年のハイアットリージェンシー空中通路落下事故（死者114名，負傷者200名以上）は荷重の過小評価，不適切に変更された構造要素の設計，および，正しい計算と数値の確認が行われなかったことによって引き起こされた．

欠陥材料は次の2つのおもな理由で構造破壊を引き起こす．1つは材料の不均一性および時間経過に伴う性質の変化（材料強度，延性，脆性，靱性）であり，もう1つの構造破壊の原因は，使用，乱用，または計画外の事象による物理的な損傷である．

過荷重と不十分な支持は構造破壊の一般的な原因である．たとえば，ある構造物がオフィスビルとして設計され，その後，機械工場として利用するために再構成されたとする．機械や付属部品の付加重量は使用環境を変えることとなり，元の構造に対して過荷重となり，不十分な支持構造のため，最終的に破壊につながる．

質の悪い欠陥のある技量は，構造破壊を検討する際に考慮しなければならない要因である．不適切な組み立てや，装置，機械と構造物の保守は破壊と崩壊を引き起こすことになる．実際，多くの企業が，製造や建設事業において品質管理の手順を導入するおもな理由の1つは，質が悪く欠陥のある技量を防ぐことである．

質の悪い整備，使用，および検査も，構造破壊にとって重要である．利用中にさまざまな条件にさらされることにより，明らかに，構造に変化が起こる可能性がある．不適切な整備は構造の耐用年数に影響を与える場合がある．不適切な使用も同じ影響がある．点検は，整備や使用が有効なケアとなっていることを確認し，予期しない破壊を保護するために重要である．

事例研究：ハイアットリージェンシー空中通路落下事故[*2]

1981年7月17日，19時5分，ミズーリ州カンザス市にあるハイアットリージェンシーホテルのアトリウムには，1600人以上がいた．突然，2つのタワーを接続する2階と4階の高さにある，2つのつり下げ構造で接続された空中通路が破壊して一瞬のうちに落下し，その下にあったとても混んでいたレストランを破壊した．

この構造破壊の死者数は114名（アメリカの歴史では最悪）であった．216名の人々が負傷し，多くの人々は恒久的な障害を負った．原告の損害請求は30億ドル以上に達した．ホテルの所有者であるドナルド・ホールは義務と礼儀に関する賞賛される良識により，請求の90%以上を支払った．

この構造破壊の原因に関する即座的な議論は，共振の継続，欠陥材料，さらに質

[*2] ［原注］Levy, M. and Salvador, M., *Why Buildings Fall Down: How Structures Fail*. W. W. Norton, New York, 2002 に基づく．

の悪い技量にまで及んだ．国立標準局は最終的に最も可能性の高い原因を発見した．彼らの意見では構造技術者の責任としている．原因は何か？　請負業者が提出した設計の変更と，設計技術者と建築家の承認である．もともとの設計では空中通路は2階と4階の高さでナットによって支えられ，1つの連続したハンガーロッドに貫かれ，一定の間隔がおかれていた．単一のロッドのため，基本の屋根組は2つの空中通路の重さを支えていたが，各空中通路の重さを支える溶接されたボックスビームは独立していた．

変更はどこか？　請負業者の設計変更は，ハンガーロッドを短くすることであり，4階のビームに余分な穴を追加し，2階の空中通路はボックスビームの接続部から独立した2組のハンガーロッドでかけることである．その結果，両方の空中通路の全体の重さが4階の空中通路にかけられた．しかしこれは，関与する唯一の要因ではなかった．構造物の死荷重を決定する際，調査チームは，デッキと床材の変更と追加のため，当初の計算よりも8%大きい荷重を発見した．しかし，活荷重は限度内であった．設計では，明らかに弱い要素は4階ボックスビームであったため，調査チームは，ハイアットリージェンシーアトリウムの新しい複製品と，損傷のないビームとハンガーロッドの両方を試験した．

当時の国立標準局の報告書によると，空中通路は下位設計されており，余裕も考慮されていなかった．報告書は5つの重要なポイントをまとめた．

- 崩壊は実質的にはカンザスシティ建造物コードで指定した荷重未満で発生した．
- すべての4階ボックスビームハンガーの接続部から空中通路崩壊が始まったと考えられる．
- ボックスビームハンガーロッド接続部，4階から天井へのハンガーロッド，3階の空中通路ハンガーロッドは，カンザスシティ建築基準の設計規定を満たさなかった．
- もともとのハンガーロッドの設計（連続ロッド）においてもボックスビームハンガーからロッドの接続部はカンザスシティ建築基準を満たさなかったであろう．
- 技量の品質と使用された材料の品質はどららも空中通路の崩壊の開始には大きくはかかわっていない．

国立標準局の調査結果により，もともとの設計もカンザスシティの建築基準を満たさなかったと思われるが，その日の荷重ぐらいでは破壊は発生しなかったであろうことが明らかになった．続いて，避けて通れない裁判では，設計を担当していた会社の代表者とプロジェクトマネージャーの免許が取り消された．ミズーリ州立許可委員会の弁護士は次のように発言した：「この事故は何か間違えたということではなく，彼らは何もしなかった．誰も空中通路を支える特定の接続がうまくいくかどうかの確認計算をしなかった．空中通路は十分な強度があったかどうかを誰も把握せずにつくられた」．

引用文献・推奨文献

Andrews, Jr., J.S. (1992). The cleanup of Kuwait, in Kostecki, P.T. and Calabrese, E.J., Eds., *Hydrocarbon Contaminated Soils and Groundwater*, Vol. II. Lewis Publishers, Chelsea, MI.

APl. (1980). *Landfarming: An Effective and Safe Way to Treat/Dispose of Oily Refinery Wastes*. Solid Waste Management Committee, American Petroleum lnstitute, Washington, DC.

Blackman, Jr. W.C. (1993). *Basic Hazardous Waste Management*. Lewis Publishers, Chelsea, MI.

Bossert, I. and Bartha, R. (1984). The fate of petroleum in soil ecosystems, in Atlas, R.M., Ed., *Petroleum Microbiology*. Macmillan, New York.

Brady, N.C. and Weil, R.R. (1996). *The Nature and Properties of Soils*, 11th ed. Prentice-Hall, New York.

Buol, S.W., Hole, F.E., and McCracken, R.J. (1980). *Soil Genesis and Classification*. Iowa State University, Ames.

Ehrhardt, R.F., Stapleton, P.J., Fry, R.L., and Stocker, D.J. (1986). *How Clean Is Clean? Cleanup Standards for Groundwater and Soil*. Edison Electric lnstitute, Washington, DC.

Engelder, T. (2013). *Poisson Effect*. Department of Geosciences, Penn State University, University Park, PA.

EPRI-EEI. (1988). *Remedial Technologies for Leaking Underground Storage Tanks*. Lewis Publishers, Chelsea, MI.

Franck, I. and Brownstone, D. (1992). *The Green Encyclopedia*. Prentice-Hall, New York.

Grady, Jr., C.P. (1985). *Biodegradation: Its Measurement and Microbial Basis, Biotechnology and Bioegineering*, Vol. 27.John Wiley & Sons, New York.

Life Systems, Inc. (1985). *Toxicology Handbook*. U.S. Environmental Protection Agency, Washington, DC.

Jury, W.A. (1986). *Guidebook for Field Testing Soil Fate and Transport Models*, Final Report. U.S. Environmental Protection Agency, Washington, DC.

Kehew, A.E. (1995). *Geology for Engineers and Environmental Scientists*, 2nd ed. Prentice-Hall, Englewood Cliffs, NJ.

Konigsburg, E.L. (1996). *The View From Saturday*. Scholastic Books, New York.

Levy, M. and Salvador, M. (2002). *Why Buildings Fall Down: How Structures Fail*. W.W. Norton, New York.

MacDonald, J.A. (1997). Hard times for innovation cleanup technology. *Environmental Science and Technology*, 31(12), 560–563.

Mansdorf, S.Z. (1993). *Complete Manual of Industrial Safety*. Prenice-Hall, Englewood Cliffs, NJ.

Mehta, P.K. (1983). Pozzolanic and cementitious by-products as minor admixtures for concrete —— a critical review, in Malhotra, V.M., *Fly Ash, Silica Fume, Slag, and Other Mineral By-Products in Concrete*. Vol. 1. American Concrete lnstitute, Farmington Hills, MI.

National Research Council (1997). *Innovations in Groundwater and Soil Cleanup: From Concept to Commercialization*. National Academies Press, Washington, DC.

Testa, S.M. (1997). *The Reuse and Recycling of Contaminated Soil*. Lewis Publishers, Boca Raton, FL.

Tomera, A.N. (1989). *Understanding Basic Ecological Concepts*. J. Weston Walch, Publisher, Portland, ME.

Tucker, R.K. (1989). Problems dealing with petroleum contaminated soils: a New Jersey perspective, in Kostecki, P.T. and Calabrese, E.J., Eds., *Petroleum Contaminated Soils*, Vol. I. Lewis Publishers, Chelsea, MI.

USEPA. (1984). *Review of In-Place Treatment Techniques for Contaminated Surface Soils. Vol 1.Technical Evaluation*, EPA/540/2-84-003. U.S. Environmental Protection Agency, Washington, DC.

USEPA (1985). *Remedial Action at Waste Disposal Sites (Revised)*. U.S. Environmental Protection Agency, Washington, DC.

Wilson, J.T., Leach, L.E., Benson, M., and Jones, J.N. (1986). *In situ* biorestoration as a ground water remediation technique. *Ground Water Monitoring Review*, 6(4), 56–64.

Winegardner, D.C. (1996). *An Introduction to Soils for Environmental Professionals*. Lewis Publishers, Boca Raton, FL.

Woodward, H.P. (1936). Natural Bridge and Natural Tunnel, Virginia. *Journal of Geology*, 44(5), 604–616.

World Resources Institute. (1936). *World Resources 1992-93*, Oxford University Press, New York.

第 VI 部

バイオマスの基礎計算

　神はこれらの木々を護り，旱魃，疫病，雪崩，幾千もの暴風雨と洪水からお助けになった．しかし神は木々を（人間の）愚かさからはお護りにはならなかった．それができたのはアンクルサム（典型的なアメリカ人）だけである．

—— John Muir（1897）

第13章
森林バイオマス：基礎評価

木材は今日でもいまだに最大のバイオマスエネルギー資源である．

—— NREL (2010)

13.1　はじめに

　現在，米国における森林と草地は747百万エーカー（ac）である．その内，約554百万 ac は民間所有者が所有し管理しているものである．残りの193百万 ac（約テキサス州の面積）は米国林野局が管理するものである．米国林野局は1905年に設立された米国農務省の機関である．米国の森林と草地の管理，運営，維持は環境専門分野の職業の大きな部分を占め，さらに増加している．

　森林管理活動が木材（明らかに森林における最も有名な生産物）供給を含むことはよく知られているが，それほど知られていないが重要なのは薬剤植物，蜂蜜，果実，ブッシュメントなどの非材木供給である．多くの人にとってはそれほど目立つことはないが，しかし森林を管理することが重要な理由は以下のとおりである．

- 森林はさまざまな生態系サービスを提供している．森林は，雨水を引き込むこと，浄水（浄化），水流の調節，世界や地域の水循環において大きな役割をもつ．一部の地域に起伏上に植えた木が侵食を防ぐ．
- 森林は地域の気候に影響を与える．森林は，緯度に応じて地域の気温に影響を与える．世界規模においては，エネルギーや水の循環を調節することにより気候を安定化する．
- 森林は文化・宗教・霊的価値をもつ．たとえば，聖なる森林は手つかずにされ，保護されている．
- 森林は生物多様性を維持する上できわめて重要である．
- 森林は再生可能エネルギーを生産する資源（バイオマス）を提供する．

　米国林野局の業務は，現在と将来の世代の人々のニーズを満たすための，全土における森林と草地の健全性，多様性，生産性を維持することであり，こちらの業務には観測，保護，バイオエネルギー生産に必要なバイオマス資源の供給確保が含まれる．林野局の専門家は，一般のイメージと異なって，ポール・バニヤンのように巨大な斧を振りかざし，鋼鉄製のヘルメットをかぶりチェーンソーで北部森林の大半を切り倒す木こりではない．それとはまったく正反対の環境専門家であり，公民問わず，森林での仕事に関す

る高度な教育を受けた専門家で，一般的に公園管理者，歴史家，林業の補助者・技術者，森林消防士，遊魚ガイド，測量技師，研究者，水文学者などである．さらには，現在の文化・社会的な状況により，林野局の専門家はさまざまな犯罪から森林の利用者，森林資源，米国林野局の職員，公共財産を守るという義務も課せられている．

13.1.1 林業サービスと数学：インターフェース

　本文で述べるように，環境専門家は数学に精通していなければならない．林業従事者にとって，これまで述べてきた職務に加え，バイオマスの調査とサンプリングを行うために，特に木質バイオマスをエネルギーに転換するプロセスに関して，数学の素養が必要なことは明らかである．なぜ，木の数を数え，足し，含まれているバイオマスの合計を算出する代わりに，森林バイオマスのサンプリングを行うのか？ Freese (1976) は部分的な知識だけで多くの分野における業務が行われていることを観察した．林業においても同様だといえる．全数調査は珍しく，サンプリングが普通である．林業従事者は重量，生産量，価値を推定することで，木材販売を宣伝しなければならない．育苗家はほんの一部の苗床における発芽量を推計し，収穫時に苗の数を推計する．パルプ企業の中には，製材残さから（チップ化できる）原料を推計する際に，いくつかの代表的な製材場で得られた転換係数を（現場で）報告された生産量と掛け合わせることで，チップ化可能な資源量を推計しているかもしれない．

　一見すると，多くの場合測ることのほうがサンプリングすることよりも適切のように思えるが，サンプリングがよく行われることにはいくつかの理由がある．まず，完全測定および全数調査は不可能かもしれない．つまり，ある集合に含まる全要素を確認することはできない場合である．たとえば，木にある各枝や小枝をどのように正確に数えられるだろうか．貯水池のすべての一滴の水質を確認できるだろうか．1つの流れの中にいるすべての魚の重量を量る，1000育成床におけるすべての苗の数を数える，カブトムシの繁殖の卵塊をすべて数え上げる，2万 ac の森林にある商品化可能な木の直径と高さを測る，などできるだろうか．さらに，もしすべての種をまいたときにどれぐらい萌芽するかを知っていれば，育苗家も何かしらもっとましなものになるが，萌芽テストには破壊がつきものであることがすべての種をテストすることを妨げている．同じ理由で，チェーンソーを壊さずにチェーンソーの破壊試験を行うことは不可能である．同様に橋に使われているすべての木材の曲り強度を測定すること，本に挟まれているすべての紙を破って強度を測ること，材木として販売されるために生産されたすべてのボードの品質を測定することは不可能である．もしテストが許可されたとしたら，1つの苗も生産されず，1つの橋もつくられず，1冊の本も印刷されず，1つの立木も売れないだろう．明らかにテストすることが破壊的な場合はサンプリングが避けられない．明白に，数える作業が途方もない場合やテストすることが破壊を伴う場合は，何らかのサンプリングが求められることになる．

　多くの場合，サンプリング調査は全数調査よりずっと低コストで，はるかに短い時間

で基本的な情報を提供するだろう．材木市場を 100% 調査することは，もしそれに 11 か月の月日を要する場合は，販売者に有益な情報を提供することにはならない．さらに，多くの場合，サンプリング調査で得られる情報は，全数調査から得られる情報よりずっと信頼性が高いかもしれない．こうしたことが起こるいくつかの理由がある．観測数が少ないことから，より注意深い測定が行えるし実際に行われているだろうと考えられる．加えて，サンプリング調査によって節約できたお金の一部でもっと質のいい装置を購入し，より高度な技能をもつ専門家を雇うことや，研修することができる．5% の母集団に対して高質的な測定を行うことの方が，ずさんな全数測定を行うよりも，より信頼できる情報を提供しうる事例をみることは難しくない．

効果的で正確なサンプリングを行う要点は，対象となる母集団から信頼できるデータを得ることと母集団を正しく推定することである．サンプリングの品質は，たとえばサンプルが抽出される際に適用されたルール，測定を実施する際の配慮，どのバイアスを避けうるかの度合いに依存する (Avery and Burkhart, 2002)．森林バイオマスのサンプリング調査における 3 つの側面は，どのようにデータが入手され，測定され，バイアスが除かれたか，から構成される．かくして，代表的な結果を得るために数学的な手法を実施するという最終的な段階に我々は到達した．それによって肝心の要点を獲得することができ，それこそが本活動の目的である．

13.1.1.1 基礎用語と定義

インベントリ（目録）[inventory]　植生の記述，性格付け，定量化をする際に必要な情報の系統的な取得および分析．多くのさまざまな植生に属するデータの収集が期待される．インベントリ（目録）は生態的な（生息）位置の地図化および記述だけでなく，生態的な状態，分布および種の豊富さを評価し，測定調査を行うための基礎的なデータを確立するために使われる．

灌木の特徴同定 [shrub characterization]　この項目は，本書のほとんどでは触れられていない技術のため，ここに示しておく．灌木の特徴同定とは，植生コミュニティにおいて灌木と立木に関するデータを収集することである．灌木の特徴同定に重要な属性は高さ，容量，群葉密度，樹冠幅，形態階層，年齢階層，種ごとの植生数（密度）である．他の重要な要素は垂直方向だけでなく水平方向のデータ収集である．キャノピー層も重要である．個々の種の発現とそれぞれの種のキャノピー被覆度は層ごとに記録される．層の数は草木層，灌木層，樹木層および必要に応じて他の層から選ぶ．

傾向（トレンド）[trend]　変化の方向について言及すること．植生データは同じ測定サイトにおける同一時の異なる地点で収集され，それによって変化を検出し，結果を比較できる．トレンドとは，明白でも明瞭でもないが，目的に合うような動き，目的から離れた動きと記述することができる．トレンドデータは放牧地が特定の目的に向かっているのか，もしくは遠ざかっているのかを示す．放牧地のトレンドは，種の構成，密度，被覆度，生産量，頻度などの植生の属性の変化を記録することで判断することができるかもしれない．実際に利用するにあたって，トレンドデータを考慮する際，使用の許可，推計利用，活用，気候，その他関連するデータについて，活動計画を評価する際に検討しておく．

標本（サンプル）[sample]　母集団に対して何らかの見積もり（統計学者のいう，母集団に対して行う推定手法）を行うことで母集団から選択された要素の 1 組．母集団に対して適切な推定

を行うためには，なんらかランダムな手法を用いて要素を選び出さないといけない．選び出された要素は標本要素（サンプリングユニット）と呼ばれる．

標本調査（サンプリング）[sampling]　そのコミュニティの一部の割合に対して調査を行うことで得られた情報に基づいて，そのコミュニティ全体を推定する手法．母集団の性質を決定する最も完全な方法は完全な全数調査（センサス：人口調査）を行うことである．センサスでは総計するために各個体のデータが分析される．この手法は時間もお金もかかり，個別のサンプリング要素の同定が難しい場合には不正確なものになる恐れがある．そこで植生のデータを集めるうえで最もよい方法は母集団の一部をサンプルとすることである．もし母集団が均一であればどこをサンプリングしてもかまわないが，ほとんどの植生の母集団は均一ではない．重要なことは全体の母集団を代表するサンプルを行うことである．サンプルの設計が代表的なデータを収集するうえで重要である．

標本要素（サンプリング）[sampling unit]　母集団に対して推定を行って抽出されたサンプルの中の1組の対象物の1つ．標本要素の収集物がサンプル．標本要素は個別の植生，地点，地所，矩形枠，横断区など．

母集団[population]　（ここでは生物的な観点と違って構造的な観点からの）統計解析の対象になるもののすべての要素．母集団の単位として，個別の植生，地点，地所，矩形枠，横断区などがある．

13.2　森林バイオマスの計測と統計

第7章では，統計学の基礎的なレビューと統計学を用いた具体的な事例を紹介した．単純にいえば，きちんとした統計手法の基礎に則ることなく，環境分野におけるいかなる関心事も具体的に実施することはできない．これは特に，林業および草地管理に関する活動においてもいえることである．ここでは統計方法を繰り返し述べないが，下記に林業および草地管理における環境分野で用いられる重要な統計方法のリストを示す．

- 単純無作為抽出
- 標本抽出
- 標準誤差
- サンプル抽出と代替
- 大小・標本の信頼限界
- 標本の大きさ
- 分散
- 推定
- 比例配分，最適配分
- 回帰推定
- 回帰推定の種類
- 比推定
- 比の平均推定量
- 二段抽出法
- 出現頻度

- ポイントサンプリング
- 二段重み付きサンプリング

13.3 樹木のバイオマス計測

　森林資源の正しい利用がこうした資源の価値に対する認識に関係する（Ince, 1979）．木材と樹皮から得られる熱エネルギー量がバイオマス燃料としての価値を定める．得られる熱量はバイオマスの含水率と化学組成により異なり，樹種間や樹種内でさえばらつきがみられる．本節では，木材と樹皮から得られる熱量の計測方法，バイオマス重量の考察，バイオマス重量事例，林分林積の主な情報について解説する．

13.3.1　低位発熱量，高位発熱量

　ある燃料の低位発熱量（LHV）は燃料の所定量（25℃から）を完全燃焼し，燃焼生成物の温度を150℃に戻すときに発生する発熱量と定義される．このときの化学反応の生成物である水の蒸発潜熱は回収されないと仮定する．LHVは燃焼ボイラー施設における利用可能な発熱量であり，ヨーロッパでよく扱われる．高位発熱量（HHV），総発熱量，総エネルギーは所定量（25℃から）の燃料を完全燃焼し，燃焼生成物の温度を25℃に戻すときに発生する発熱量と定義される．HHVには化学反応の生成物である水の蒸発潜熱を含む．HHVは実験室条件下でしか計測できない．米国で固形燃料のためによく扱われる．発熱量の単位はBtu/lbからMJ/kgに換算される．固形燃料の場合，発熱量の値はBtu/tonからBtu/lbに換算される．木質バイオマス固形燃料の低位発熱量と高位発熱量を表13.1に示す．米国とヨーロッパの文献に報告されている発熱量（乾重量）のばらつきを表13.2で表示する．こちらの情報はECN Phyllis database（http://www.ecn.nl/phyllis/），US Department of Energy Biomass Feedstock Composition and Property database（http://www1.eere.energy.gov/biomass/feedstock_databases.html），他のソースから引用されたもの．

13.3.2　含水率に対する木材発熱量への影響

　収穫されたばかりの木質燃料は30〜55%の水分を含むため，含水が発熱量にどのような影響を及ぼすかを理解することが有用である．表13.3には，もともと8500 Btu/lb（絶乾状態）の木材サンプルの含水率（MC）の高位発熱量（HHV-AF）への影響を示す．一

表13.1　固形燃料の低位発熱量と高位発熱量

燃料	低位発熱量（LHV）			高位発熱量（HHV）		
	Btu/ton	Btu/lb	MJ/kg	Btu/ton	Btu/lb	MJ/kg
農場樹木	16,811,000	8406	19,551	17,703,170	8852	20,589
森林残さ	13,243,490	6622	15,402	14,164,160	7082	16,473

出典：Transportation Fuel *Cycle Analysis Model*, GREET 1.8b, Argonne National Laboratory, Argonne, IL, 2008.

表13.2 木質バイオマス発熱量のための熱容量域（乾重量）

燃料	英単位（ヤード・ポンド法）		メトリック単位（メートル法）			
	高位発熱量		高位発熱量		低位発熱量	
	Btu/lb	MBtu/ton	kJ/kg	MJ/kg	kJ/kg	MJ/kg
木質作物						
ニセアカシア	8409-8582	16.8-17.2	19,547-19,948	19.5-19.9	18,464	18.5
ユーカリ	8174-8432	16.3-16.9	19,000-19,599	19.0-19.6	17,963	18.0
雑種ポプラ	8183-8491	16.4-17.0	19,022-19,737	19.0-19.7	17,700	17.7
ヤナギ	7983-8497	16.0-17.0	18,556-19,750	18.6-19.7	16,734-18,419	16.7-18.4
森林残さ						
硬木	8017-8920	16.0-17.5	18,635-20,734	18.6-20.7	—	—
軟木	8000-9120	16.0-18.24	18,595-21,119	18.6-21.1	17,514-20,768	17.5-20.8

出典：http://www1.eere.energy.gov/biomass/feedstock_databases.html; Bushnell, D., *Biomass Fuel Characterization: Testing and Evaluating the Combustion Characteristics of Selected Biomass Fuels*, Bonneville Power Administration, Portland, OR, 1989; Jenkins, B., *Properties of Biomass, Appendix to Biomass Energy Fundamentals*, EPRI Report TR-102107, Electric Power Research Institute, Palo Alto, CA, 1993; Jenkins, B.L. et al., *Fuel Processing Technology*, 54, 17-46, 1998; Tillman, D., *Wood as an Energy Resource*, Academic Press, New York, 1978.

表13.3

	含水率（MC）重量基準（%）										
	0	15	20	25	30	35	40	45	50	55	60
高位発熱量（HHV-AF）（Btu/lb）	8500	7275	6800	6375	5950	5525	5100	4575	4250	3825	3400

一般的に燃料の含水は湿重量基準の含水率として報告する．湿重量基準の含水率（"green"，"as fired"含水と呼ばれる）は比率で示す燃料に含む水分である．たとえば，50%の含水率である1 lbの湿木材燃料には水 0.50 lb，木材 0.50 lb を含む．水分含有量の計算に使う総合乾重量基準法は，普段に木材製品の水分含有量を説明するときに扱われ，湿重量基準と異なることに留意するべきである．湿重量基準は木材に含む水分重量対木材の絶乾重量の比率である．本章で説明する方程式では，水分含有量は湿重量基準を用いることが必要である（Ince, 1979）．

13.3.2.1 含水率：湿重量基準と乾重量基準の計算

湿重量基準の含水率（MC）と乾重量基準の含水率は次のように求める：

$$\text{MC}(乾重量基準) = \frac{100 \times (湿重量 - 乾重量)}{乾重量} \tag{13.1}$$

$$\text{MC}(湿重量基準) = \frac{100 \times (湿重量 - 乾重量)}{湿重量} \tag{13.2}$$

MC（湿重量基準）を MC（乾重量基準）に換算する：

$$\text{MC}(乾重量基準) = \frac{100 \times \text{MC}(湿重量基準)}{100 - \text{MC}(湿重量基準)} \tag{13.3}$$

MC（乾重量基準）を MC（湿重量基準）に換算する：

$$\mathrm{MC}(湿重量基準) = \frac{100 \times \mathrm{MC}(乾重量基準)}{100 - \mathrm{MC}(乾重量基準)} \tag{13.4}$$

実用的な理由で発熱量を含水率0%のものより，実際の値として報告することがある．ほとんどの木質燃料の絶乾発熱量は 7600 から 9600 Btu/lb（15,200,000 〜 19,200,000 Btu/ton か 18 〜 22 GJ/Mg）であるため，これより低い発熱量の値である場合，提供されている燃料に水分が含まれていることがわかる．

13.3.3 林材量からバイオマス量への変換

バイオマスは特に地上部のバイオマスと炭素量を地域レベルや国レベルで比較するために，市場でやりとりされている林材量から推測されることがしばしばある．このような計測はさまざまな方法で行うことが可能だが，どの方法も変換係数またはバイオマス拡大係数（または両方組み合わせたもの）が用いられる．図 13.1 は樹木区分とバイオマス単位を示したものであり，図 13.2 は大規模なバイオマスを間接的に計測する方法を示している．特に常緑樹の場合，バイオマスの全体量は，幹，樹皮，切り株，枝，葉からなる．バイオエネルギーとして利用可能なバイオマス量を計測するときは，葉は含まれず，地上レベルまたはそれ以上の高さで収穫されたかによって，切り株を含めるのが適

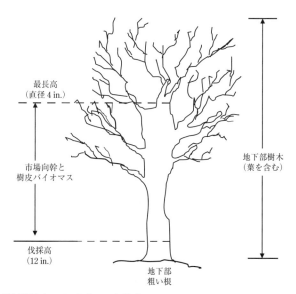

図 13.1 米国森林インベントリデータ（出典：Jenkins, J.C. et al., *A Comprehensive Database of Diameter-Based Biomass Regressions for North American Tree Species*, Gen. Tech. Rep. NE-319, U.S. Department of Agriculture, Forest Service, Northeastern Research Station. Newtown Square, PA, 2004.）

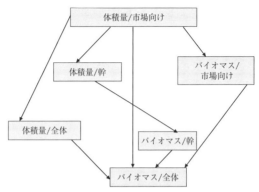

図 13.2 大規模なバイオマスを間接的に推計する手法（出典：Somogyi, Z. et al., *European Journal of Forest Research*, 126 (2), 197-207, 2007.）

切かどうか変わりうる．

下記に示される体積（材積）量から重量に変換する方法によって，変換係数および拡大係数の双方を使うことで，市場でやりとりされる単位面積当たりの材積量と単位面積あたりの全バイオマス量を直接変換することができる．

13.3.3.1　林材積データからバイオマス重量の推計

比重と含水率がわかっていて，比重が体積量に含まれる水分含有率に相当すると想定できるとき，市場で計測される量からそのバイオマス量を推計する際，式（13.5）が用いられる（Briggs, 1994）．比重は体積量からバイオマス量の関係を示す数式において決定的な要素である．比重は体積量に含まれる含水率に相当すべきである．比重は樹種によってばらつきが大きく，木材と樹皮でも異なり，Briggs（1994）にある図や表が示すように含水率に強く関係している．樹種別の木材の比重はさまざまな文献に報告されているが，基準となる含水率の情報は一般的に掲載されていない．Briggs（1994）は多くの木材の特性計測を行う基準値として，12%の含水率を用いることを提案した．

$$\text{重量} = \text{体積量} \times \text{比重} \times \text{水の密度} \times (1 + \text{絶対乾燥含水率}/100) \tag{13.5}$$

体積量は立方メートルまたは立方フィート，水の密度は $62.4\,\text{lb/ft}^3$ または $1000\,\text{kg/m}^3$ である．

■例 13.1

問題：　比重が 0.40 のある $44\,\text{ft}^3$ の絶対乾燥の幹の重量はいくらか？

解答：

　　重量 $= 44\,\text{ft}^3 \times 0.40 \times 62.4\,\text{lb/ft}^3 \times (1 + 0/100) = 1098\,\text{lb}$，または 9.549 ドライトン

13.3.3.2　バイオマス拡大係数

Schroeder et al.（1997）は，米国林野局の森林資源調査分析プログラム（FIA）のデータベース上にある成長蓄積体積量データを用いて面積当たりの総合地上バイオマスの計

測方法を紹介した．成長蓄積体積量データは直径が 12.7 cm 以上の樹木を対象としている．この論文で示されているバイオマス拡大係数（BEFs）におけるの詳細は，オーク・ヒッコリー種やブナ材・カバノキ種を対象にしたものであることに注意が必要である．

13.3.4 立木バイオマスの推計

個別のフィールドや立木レベルのバイオマス量の推計は，プランテーション栽培の樹木のようにサイズや特性が相対的に均一の場合，直接行うことができる．手順は，まず個別の樹木のバイオマス量が胸高（DBH）の直径または DBH に高さを足した部分の直径に基づくと推定した関数を作成する．次に，平均値に対して誤差を最小とするように，個数が十分に大きな標本から方程式のパラメータ（DBH＋高さ）を測定する．最後に，個別の樹木の平均重量の測定結果を，生存比率また樹木密度（エーカー当たり，またはヘクタール当たりの樹木数）の情報に基づいて推計される対象面積に適用する．回帰分析による推計は，必要な数量の樹木を直接的に抽出でき重量を計測できる場合に行われる．しばしば次の式に示される：

$$\ln Y = -要因1 + 要因2 \times \ln X \tag{13.6}$$

ここで，$Y=$ キログラムでの重量，$X=$ DBH また DBH^2+ 高さ /100．

回帰式は幅広い文献によってさまざまな樹種に適用されている．Briggs（1994）は北西太平洋によくみられる樹木の事例を紹介している．葉や生枝が含まれるかどうかによって回帰式が異なるので，バイオマスデータを利用する際に注意が必要である．農地，限界的な農地で栽培しているプランテーション樹木では通常，樹頂や枝は含めるが，葉は含めない．質の低い土地にある森林で栽培された樹木の場合，栄養分の確保と土壌浸食リスク低減のために，樹頂と枝を残しておくことがふつう推奨される（Pennsylvania DCNR, 2007) ため，幹の重量だけに基づいた回帰分析が行われる．

13.3.5 バイオマス方程式

樹木まるごとの収穫と木材のエネルギー利用により，近年，集約的な森林利用が増加している．実際，フィールド調査で簡易に計測できるパラメータによる木質バイオマス（重量）を推計することが，林業や木質系バイオマス技術における重要な課題になってきた．伝統的に，丸太やパルプなどのような市場で取引される材に対しては，立方フィートやボード・フット（厚さ 1 in.，$1 ft^2$ の板の体積量）が林分を示すうえで適切だったが，近年は樹木まるごとの収穫と木材のエネルギー利用により集約的な森林利用が増加している．そのため，すべての地上の枝，葉，樹皮，小木，形や活力の乏しい木も収穫される材の中に含まれることが一般的になっており，全木バイオマスまた個々の要素として計上されるようになった．樹木まるごと活用とエネルギー用途の木材活用への注目が高まることで，木全体と構成要素の重量を全木バイオマス量として示す表と式が開発されるようになった．

キログラムで示される乾重量とDBH(センチメートルで示される胸の高さにおける樹

木の直径）から木材バイオマス量を計測するために，地域と樹種に基づいた式が，研究者によって数多く開発されている．たとえば，Landis and Mogren（1975）は，次のモデルを用いてエンゲルマンえぞ松のバイオマス量を計測する式を開発した：

$$Y = b_0 + b_1 \times \text{DBH}^2 \tag{13.7}$$

ここで，Y ＝樹木の乾燥重量（キログラム），b_0 と b_1 ＝回帰係数，DBH ＝樹木の胸高直径（センチメートル）．

同様の式が他の樹種および地域を対象に開発されている．この回帰式は木材バイオマス量を推計する際に林学でも生態学でも使用されている．北東米国地域でよく使われている式の例を下記に紹介する．これらの式は一般的に次の手順で開発される：調査で扱う主な樹種の標本を設定する，選択した樹木の直径を記録する，樹木を伐採して全体または部分の重量を計測する，最後にサンプルの一部を完全に乾燥し再び重量を測り含水率を決定する（樹木の湿重量は含水率を用いて乾重量に変換する）．バイオマス量は樹木の直径に関係するため，実際のバイオマス量を計測するために必要な定数や回帰係数を回帰分析で求める．これらの結果をまとめた回帰式は，樹種別や次元別データが活用可能なすべての樹木のバイオマス量を推計するときに利用できるかもしれない．次に紹介する式の形式は様々であり，DBH または DBH＋高さからバイオマス量を推定するために使うことができる．よく使われる式の形式は非比例，指数，二次元の式である．

13.3.5.1　バイオマス量を推計する式でよく使われる略語

Br	枝のバイオマス量
DBH	胸高直径（1.37 m），インチ（in.），ミリメートル（mm）またはセンチメートル（cm）で測定される．
DdBr	枯れ枝のバイオマス量
ht	木の高さ
Lf	葉のバイオマス量
Lf＋Tw	葉と小枝のバイオマス量
ln	e を底とする自然対数
log	10 を底とする対数
Rt	根と切り株のバイオマス量
St	幹のバイオマス量
St＋Br	幹と枝のバイオマス量（葉を除く）
Tw	小枝のバイオマス量
weight	重量，ポンド（lb），グラム（g）またはキログラムに（kg）で測定される．
WT	全木バイオマス量（すべての地上部バイオマス，葉，枝，幹を含む）

13.3.5.2　樹種別・バイオマスの方程式の事例

● ベルサムモミ（*Abies balsams*）（Young et al., 1980）
　WT：　　$\ln(\text{weight}) = 0.5958 + 2.4017 \times \ln(\text{DBH})$

13.3 樹木のバイオマス計測

- レッドメープル（*Acer rubrum*）（Young et al., 1980）
  WT: $\ln(\text{weight}) = 0.9392 + 2.3804 \times \ln(\text{DBH})$
- サトウカエデ（Acer saccharum）（Whittaker et al., 1974）
  St: $\log(\text{weight}) = 2.0877 + 2.3718 \times \log(\text{DBH})$
  Br: $\log(\text{weight}) = 0.6266 + 2.9740 \times \log(\text{DBH})$
  DdBr: $\log(\text{weight}) = 0.0444 + 2.2803 \times \log(\text{DBH})$
  Lf+Tw: $\log(\text{weight}) = 1.0975 + 1.9329 \times \log(\text{DBH})$
- キハダカンバ（Betula alleghaniensis Britt.）（Ribe, 1973）
  Lf: $\log(\text{weight}) = 1.9962 + 1.9683 \times \log(\text{DBH})$
  Br: $\log(\text{weight}) = 2.5345 + 1.6179 \times \log(\text{DBH})$
  St: $\log(\text{weight}) = 2.9670 + 2.5330 \times \log(\text{DBH})$
- アメリカミズメ（Betula lenta）（Brenneman et al., 1978）
  WT: $\text{weight} = 1.6542 \times \text{DBH}^{2.6606}$
- ペイパービーチ（Betula papyrifera Marsh）（Kinerson and Bartholomew, 1977）
  St: $\ln(\text{weight}) = 3.720 + 2.877 \times \ln(\text{DBH})$
  Br: $\ln(\text{weight}) = -1.351 + 4.368 \times \ln(\text{DBH})$
- グレイビーチ（Betula populifolia Marsh）（Young et al., 1980）
  Wt: $\ln(\text{weight}) = 1.0931 + 2.3146 \times \ln(\text{DBH})$
- ヒッコリー（Carya spp.）（Wiant et al., 1977）
  St+Br: $\text{weight} = 1.93378 \times \text{DBH}^{2.62090}$
- アメリカンビーチ（Fagus grandifolia Ehrh.）（Ribe, 1973）
  Lf: $\log(\text{weight}) = 2.0660 + 1.8089 \times \log(\text{DBH})$
  Br: $\log(\text{weight}) = 2.5983 + 1.5402 \times \log(\text{DBH})$
  St: $\log(\text{weight}) = 3.0692 + 2.4868 \times \log(\text{DBH})$
- ホワイトマッシュ（Fraxinus americana）（Brenneman et al., 1978）
  WT: $\text{weight} = 2.3626 \times \text{DBH}^{2.4798}$
- ポプラ（Populus spp.）（MacLean and Wein, 1976）
  WT: $\log(\text{weight}) = -0.7891 + 2.0673 \times \log(\text{DBH})$
- トウヒ（Picea spp.）（MacLean and Wein, 1976）
  WT: $\log(\text{weight}) = -0.2112 + 1.5639 \times \log(\text{DBH})$
- アカマツ（Pinus resinosa Ait.）（Dunlap and Shipman, 1967）
  St: $\text{weight} = -113.954 + 35.265 \times (\text{DBH})$
- シロマツ（Pinus strobus）（Swank and Schreuder, 1974）
  Lf: $\ln(\text{weight}) = 3.051 + 2.1354 \times \ln(\text{DBH})$
  Br: $\ln(\text{weight}) = 3.158 + e2.5328 \times \ln(\text{DBH})$
  St: $\ln(\text{weight}) = -2.788 + 2.1338 \times \ln(\text{DBH})$
- イエローポプラ（Liriodendron tulipifera）（Hitchcock, 1978）
  St+Br: $\log(\text{weight}) = 1.9167 + 0.7993 \times \log(\text{DBH}^2 \times \text{ht})$
- ピンチェリー（Prunus pensylvanica）（Young et al., 1980）
  WT: $\ln(\text{weight}) = 0.9758 + 2.1948 \times \ln(\text{DBH})$
- ブラックチェリー（Prunus serotina Ehrh.）（Wiant et al., 1979）

St+Br:　　weight = 0.12968（DBH^2×ht）$^{0.97028}$
- ホワイトオーク（Quercus alba）（Reiners, 1972）
 Lf:　　　log（weight）= 2.1426 + 1.6684 × log（DBH）
- スカーレットオーク（Quercus coccinea）（Clark and Schroeder, 1977）
 St+Br:　　weight = 0.12161 ×（DBH^2×ht）$^{1.00031}$
- チェスナッツオーク（Quercus prinus）（Wiant et al., 1979）
 St+Br:　　weight = 0.06834 ×（DBH^2×ht）$^{1.06370}$
- 北方レッドオーク（Quercus rubra）（Clark and Schroeder, 1977）
 WT:　　　weight = 0.10987 ×（DBH^2×ht）$^{1.00197}$
- クロガシ（Quercus velutina）（Bridge, 1979）
 WT:　　　ln（weight）= −0.34052 + 2.65803 × ln（DBH）
- カナダツガ（Tsuga canadensis）（Young et al., 1980）
 WT:　　　ln（weight）= 0.6803 + 2.3617 × ln（DBH）
- 一般的な硬材（Monk et al., 1970）
 WT:　　　log（weight）= 1.9757 + 2.5371 × log（DBH）
- 一般的な軟材（Monteith, 1979）
 WT:　　　weight = 4.5966 −（0.2364 × DBH）+（0.00411 × DBH^2）

13.4　木材検量と丸太材積表

木材に適用する検量と材積表に関しては，伐採木材の計測（伐り出し可能な木材調査），伐採と森林からの搬出（検量），伐採時の不要な木材（廃物の処分），木材の正味伐採量を推定する式や表の利用（丸太材積表）は森林におけるバイオマス収穫作業の基礎である．

13.4.1　検量の理論

検量（scaling）は，慣用される市場単位により木材の総量や正味量を決定（計測）することである．材積（木材の体積）はボード・フィート（木材量の単位），コード（cords），立方フィート，立方メートル，リニア・フィート（細長いもののフィート），個数で表示される．立方フィートは長さ 12×12×12 in., 1728 in.^{3} の立方体に等しい木材量である．1 m^3 はメートル法を採用している国で用いられ，35.3 ft^3 である．ボード・フィートは厚さ 1 in., 12 in. 平方の板の材積を単位とし，144 in.^{3} である．木材の検量は推測ではなく，特定ルールを一貫した方法で適用することに基づく技法（art）であり，土地特有の木材の欠損をどの程度考慮するか，経験的な判断に基づいている．

木材を検量するのに用いられる計測標準は，丸太材積表（log rule）と呼ばれ，ある条件下で異なるサイズの丸太から切り出される木材量を表すための表である．

丸太材積表は市場，機械，製材方法が常に変化し，またのこぎり作業者個人の技能も変化するために，売り物になる木材量を近似できるのみである．このように丸太材積表は，仮想的な測定尺度である．その適用にあたっては丸太がのこ挽きされる木材工場によって変化してはならないし，木材の測定量は木材工場が変わっても同じでなければな

らない.

　丸太材積表から得た木材量と，同じ丸太から切り出された製材の実際量との差は，木材量が材積表を超えた場合，オーバーラン（出石）と呼び，少ない場合はアンダーラン（欠石）と呼ぶ.

　一般に丸太がある場所の特定ルールで検量され，製材工場でのこ挽きされるとき，オーバーランあるいはアンダーランとなる．丸太材積表の基本的仮定と利用実務の仮定は，平均丸太のサイズとともに変化しオーバーランとなる．

　経験から，国際 1/4 インチルール（International 1/4-inch rule）でさえ，これは正しい．スクリブナールール（Scribner decimal C rule）は同じ程度ではない（両方のルールは以下で述べる）．この事実は検量の実務を変化させない．

　オーバーラン（あるいはアンダーラン）は販売用の国有林の木材を評価する際や，購入者が入札額を決定するときに見積もられる．オーバーランあるいはアンダーランはどの製材工場にとっても重要であるが，木材検量のときには考慮されない．

　一般的なルールとして，木材は，製材の慣用市場単位によって評価され，販売され，計量される．標準的な実務は，製材はボード・フィート単位の丸太材積表によって，鉱山用木材は数あるいはリニア・フィート，電柱用木材はリニア・フィートあるいは一定長の数，杭用木材はリニア・フィート，パルプ材は立方フィートあるいはコード，燃料用まき，屋根板などはコードによって検量される．地域の商習慣や地域状況により他の単位が適用される場合もある．

DID YOU KNOW ?

樹木の断面は真円になっていないが，ふつう断面積を測るために円と仮定している．

DID YOU KNOW ?

丸太の断面積を測る際に，半径の代わり直径が測れるので，平方インチの面積は次のように求める．

$$平方インチの面積 = \pi D^2/4$$

13.4.2　公認の丸太材積表

　スクリブナールール，国際 1/4 インチルール，スマリアンルール（Smalian cubic volume rule）は製材用木材の統一された検量のために米国森林局が使用しているものである．スマリアンルール以外は，すべての特定ルールはボード・フィートルールである．各ボード・フィートルールはある長さと直径の丸太から得られる木材量の推定値が表にまとめられている．各ルールの表は異なる基本方式によるため，用いるルールによって同じ丸

13.4.2.1 スクリブナールール

スクリブナールールは1846年頃J.M.Scribnerにより開発され，米国林野局の製材用木材の検量の標準ルールである．このルールは，さまざまな大きさの円柱から検量するように描かれた1インチ厚板の図から導かれた（図13.3）．このルールでは，10ボード・フィートに最も近い数値に四捨五入される．たとえば，スクリブナールールにより136〜145ボード・フィートの体積の丸太は140ボード・フィートに丸められ，14と示される．

> **DID YOU KNOW？**
> スクリブナールールの適用により，14 in.以下の丸太の場合，比較的に高いオーバーラン（30%まで）が得られる．14 in.以上の場合，オーバーランが徐々に下がり，約28 in.で3〜5%程度に横ばいとなる．

13.4.2.2 国際1/4インチルール

1906年に開発された国際1/4インチルールは正確性の高い数学方程式に基づいており，共通に用いられる他のルールより正確な木材量を推定する式である．この式はおおよそ5ボード・フィートの丸太に用いられる．ルール名が示すとおり，1/4 in.の切り口（のこぎり刃の厚み）を見込む．このルールは，丸太の4ft部分ごとに適用される式に基づいたルールである．実務上，円筒としての検量は16ftで2in.細くなる三角錐（円錐台）の一部になる．このルールは，丸太が効率のよい工場でのこ挽きされた場合，木材集計値に比較的近い材積表になる．

13.4.2.3 スマリアンルール

スマリアンルールは，2つの樹皮内側直径と長さの値を必要とする．一般的に次の形で表す：

$$V = \frac{A+a}{2} \times L \tag{13.8}$$

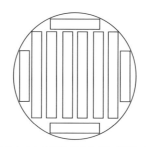

図13.3　ある丸太から切り出せる1 in.厚板の数を示す図

ここで，$V=$ 立方フィートの体積（ft^3），$A=$ 元口（太い端部）の断面積（ft^2），$A=$ 末口（細い短部）の断面積（ft^2），$L=$ 丸太の長さ（ft）．

13.4.2.4　丸太材積表の開発

丸太材積表とは，ある直径と長さの丸太の正味材積量の推定値を示す表あるいは式である．

通常，木材量が最終製材のボード・フィートで表されるが，いくつかのルールは丸太の立方体積またはその割合を与える．上述のように，ボード・フィートは厚さが 1 in.，面積が 12 in.（1 ft）の正方形に等しく，144 in.^{3} である．ボード・フィートは製材用木材の測定に便利で正確な基準であるのに対して，丸太検量では，曖昧で一貫性のない単位である．各丸太材積表では厚板，のこぎりの切り口，縁，収縮などによる損失分が含まれる．製材用木材のボード・フィートは次の式で一般に決定される：

$$\text{ボード・フィート} = \frac{\text{厚さ(in.)} \times \text{幅(in.)} \times \text{長さ(ft)}}{12} \tag{13.9}$$

一見して，単純な式（式(13.9)）なので，このような式を開発することが比較的簡単で，問題がすぐ解決できるように思われる．しかし，丸太から得られる木材の寸法，木材生産に使用される機械・装置，作業者の技量，そして丸太の変動など，実情を知らない人のみがもつ印象である．これらの要因は丸太の総量から発生する利用可能な木材や製材工場で残材になる分を足した丸太総量に影響を与える．

> **DID YOU KNOW？**
> さまざまな大きさの丸太からとれる板の記録をつけることにより，製材所は工場独自の経験的な丸太材積表をつくることができる．この表から特定の製材所において丸太の量の適切な指標が得られる．

丸太測定を管理する木材関連団体や政府機関などが存在しないため，地区及び個々の購入者は特定の作業状況に合うように自分専用のルールを開発してきた．したがって，米国やカナダでは約 185 の名称をもつ，95 以上のルールが確認されている．さらに，任意のルールを適用するにあたり地域のばらつきもある．

新しい丸太材積表を開発する 3 つの方法がある．最も簡単な方法は，所定直径と長さのまっすぐで傷のない丸太から木材量を記録し，そうしたデータを丸太の全サイズをカバーするまで蓄積することである．このような「製材所検量」「製材所記録」方式の利点は，計算に仮定は不要で，データが得られたすべての条件に完璧に適用することができる．欠点は，必要なデータ記録の作業量は別として，非常に限られた状況で求めるため他地域へ適用はできない．

2 つ目の方法は，関連する条件のすべてを記載し（のこぎり切り口や収縮のあそび，板厚と最少幅と長さ，先端（taper）の仮定など），種々の寸法の円を図に描き，丸太の末口の切る口パターンを描くことで得られる．こうしたスクリブナールールのような「図

式ルール」がよいかどうかは，図を作成するために用いられる仮定が製材所にうまく当てはまるかどうかによる．

3つ目の方法は，ある仮想の幾何学的な個体の公式（formula）から始めて，のこぎり切り口，縁などの損失分を調整する方法で，公式ルール（formula rules）と呼ばれ，適用可能かどうかは，事実がすべての仮定に当てはまるかケースによる．

材積ルールの開発は，1つ以上の手順を含む．このため工場の記録は図式ルールの階段式の値の回帰が，回帰式を適応することにより延長することができる．あるいは，数式ルールに厚板や縁で使用される余裕量を製材所の記録から推測することができる．最終的には，ドイル-スクリブナー（Doyle-Scribner）のような複合ルールが，小さい丸太ではドイルルール，大きな丸太ではスクリブナールールを使う．もちろん目的は異なるルールの良いあるいは悪い特徴を活かすことである．

13.4.2.5　胸高断面積の計測

樹木の胸高の断面積は，胸高断面積（basal area）と呼ばれる．樹幹計測はしばしば断面積に変換されるため，胸高断面積は重要である．胸高断面積の計測の際には，一般的に樹幹が胸高で断面が円であることを仮定する．したがって，胸高断面積の計測を平方フィート（DBH はインチで測定した場合）で求める式は：

$$胸高断面積(\text{ft}^2) = \frac{\pi(\text{DBH})^2}{4\times 144} = 0.005454\times(\text{DBH})^2 \tag{13.10}$$

メートル法を使用する場合，胸高断面積が平方メートル（m²）で表され，DBH は cm で計測される．

$$胸高断面積(\text{m}^2) = \frac{\pi(\text{DBH})^2}{4\times 10,000} = 0.00007854\times(\text{DBH})^2 \tag{13.11}$$

■例 13.2
問題：　DBH が 6 in. の木の胸高断面積（ft²）を求めよ．
解答：

$$胸高断面積 = \frac{\pi(\text{DBH})^2}{4\times 144} = \frac{3.14\times 6^2}{4\times 144} = \frac{113.04}{576} = 0.19625 \text{ ft}^2$$

13.4.3　樹木密度と重量比率

いかなる樹種の立方フィート当たりの重量（lb）も，含水率と比重（乾重量と湿重量を使用）を用いて求められる：

$$密度 = 比重\times 62.4\left(1+\frac{\%含水率}{100}\right) \tag{13.12}$$

■例 13.3
問題：　樹木の重量，比重，含水率はそれぞれ 15,530 lb，0.53，100％であると仮定し，樹木の体積（ft³）を求めよ．

解答：

$$\text{密度} = \text{比重} \times 62.4 \left(1 + \frac{\%\text{含水率}}{100}\right)$$

$$= 0.53 \times 62.4 \left(1 + \frac{100}{100}\right) = 33.07 \times 2 = 66.1 \text{ lb/ft}^3$$

$$\text{体積} = \frac{15{,}530 \text{ lb}}{66.1 \text{ lb/ft}^3} = 234.9 \text{ ft}^3$$

引用文献・推奨文献

Avery, T.E. and Burkhart, H.E. (2002). *Forest Measurements*, 5th ed. McGraw-Hill, New York.

Brenneman, B.B., Frederick, D.J., Gardner, W.E., Schoenhofen, L.H., and Marsh, P.L. (1978). Biomass of spe- cies and stands of West Virginia hardwoods, in Pope, P.E., Ed., *Proceedings of Central Hardwood Forest Conference II*, November 14-16, 1978, Purdue University, West Lafayette, IN.

Bonhan, C.D. (1989). *Measurements for Terrestrial Vegetation*. John Wiley & Sons, New York.

Bridge, J.A. (1979). Fuelwood Production of Mixed Hardwoods on Mesic Sites in Rhode Island, master's thesis, University of Rhode Island, Kingston.

Briggs, D. (1994). *Forest Products Measurements and Conversion Factors: With Special Emphasis on the U.S. Pacific Northwest*. College of Forest Resources University of Washington, Seattle, Chapter 1.

Cain, S.A. and De O. Castro, G.M. (1959). *Manual of Vegetation Analysis*. Harper & Brothers, New York.

Clark III, A. and Schroeder, J.G. (1977). *Biomass of Yellow Poplar in Natural Stands in Western North Carolina*, Paper SE-165. U.S. Department of Agriculture Forest Service, Washington, DC.

Clark III, A., Phillips, D.R., and Hitchcock, H.C. (1980). *Predicted Weights and Volumes of Scarlet Oak Trees on the Tennessee Cumberland Plateau*, Paper SE-214. U.S. Department of Agriculture Forest Service, Washington, DC.

Daubenmire, R.E. (1968). *Plant Communities: A Textbook of Plant Synecology*. Harper Collins, New York.

Dunlap, W.H. and Shipman, R.D. (1967). *Density and Weight Prediction of Standing White Oak, Red Maple, and Red Pine*, Research Brief. Pennsylvania State University, University Park, PA, pp. 66-69.

Elzinga, C.I., Salzer, D.W., and Willoughby, J.W. (1998). *Measuring and Monitoring Plant Populations*, Technical Reference 1730-1. U.S. Department of Interior, Bureau of Land Management, Denver, CO.

Hitchcock III, H.C. (1978). Aboveground tree weight equations for hardwood seedlings and saplings. *TAPPI Journal*, 61(10), 119-120.

Ince, P.J. (1979). *How to Estimate Recoverable Heat Energy in Wood or Bark Fuels*, General Technical Report FPL-GTR-29. U.S. Department of Agriculture, Forest Service, Forest Products Laboratory, Madison, WI.

Kinerson, R.S. and Bartholomew, I. (1977). *Biomass Estimation Equations and Nutrient Composition of White Pine, White Birch, Red Maple, and Red Oak in New Hampshire*, Research Report No. 62. New Hampshire Agricultural Experiment Station, University of New Hampshire, Durham.

Landis, T.D. and Mogren, E.W. (1975). Tree strata biomass of subalpine spruce-fir stands in southwestern Colorado. *Forest Science*, 21(1), 9-14.

MacLean, D.A. and Wein, R.W. (1976). Biomass of jack pine and mixed hardwood stands in northeastern New Brunswick. *Canadian Journal of Forest Research*, 6(4), 441-447.

Monk, C.D., Child, G.I., and Nicholson, S.A. (1970). Biomass, litter and leaf surface area estimates of an oak-hickory forest. *Oikos*, 21:138-141.

Monteith, D.B. (1979). *Whole-Tree Weight Table for New York*, AFRI Research Report 40. University of New York, Syracuse.

NREL. (2010). *Learning about Renewable Energy*. National Renewable Energy Laboratory, Golden, CO (http://www.nrel.gov/learning/).

Pennsylvania DCNR. (2007). *Guidance on Harvesting Woody Biomass for Energy in Pennsylvania*. Pennsylvania Department of Conservation and Natural Resources, Harrisburg (www.dcnr.state.pa.us/ PA_Biomass_guidance_final.pdf).

Reiners, W.A. (1972). Structure and energetics of three Minnesota forests. *Ecological Monographs*, 42(1),

71-94.

Ribe, J.H. (1973). *Puckerbrush Weight Tables*. University of Maine, Orono.

Schroeder, P., Brown, S., Mo, J., Birdsey, R., and Cieszewski, C. (1997). Biomass estimation of temperate broadleaf forests of the U.S. using forest inventory data. *Forest Science*, 43:424-434.

Swank, W.T. and Schreuder, H.T. (1974). Comparison of three methods of estimating surface area and biomass for a forest of young eastern white pine. *Forest Science*, 20, 91-100.

USDA. (1979). *How to Estimate Recoverable Heat Energy in Wood or Bark Fuels*. U.S. Department of Agriculture, Washington, DC.

Whittaker, R.H., Bormann, F.H., Likens, G.E., and Siccama, T.G. (1974). The Hubbard book ecosystem study: forest biomass and production. *Ecological Monographs*, 4, 233-254.

Wiant, Jr., H.V., Sheetz, C.E., Colaninno, A., DeMoss, J.C., and Castaneda, F. (1977). *Tables and Procedures for Estimating Weights of Some Appalachian Hardwoods*. West Virginia University, Agricultural and Forestry Experiment Station, Morgantown.

Wiant, Jr., H.V., Castaneda F., Sheetz, C.E., Colaninno, A., and DeMoss, J.C. (1979). Equations for predicting weights of some Appalachian hardwoods. *West Virginia Forestry Notes*, 7, 21-28.

Young, H.E., Ribe, J.H., and Wainwright, K. (1980). *Weight Tables for Tree and Shrub Species in Maine*. University of Maine, Life Sciences and Agriculture Experiment Station, Orono.

第VII部
基礎科学計算

すべては結びついている…. 自身で変化できるものは何もない.

—— Paul Hawken

第14章 基本的な化学と水力学

将来，環境分野の専門家として働くためには，環境問題の原因と影響を定性的に理解しているだけでは不十分である．環境分野の専門家は把握された環境問題と，それに対する可能な解決方法を定量的に表現できなければならない．

環境での汚染物質の動態を予測し，効果的に衝撃を軽減し処理するシステムを設計するために，環境分野の専門家は化学や水文学や他の基礎科学を活用できなければならない．本章では，環境分野の専門家のために基本的な化学と基礎水力学について議論する．

14.1 基本的な化学

> ケミスト（chemist）は奇妙な人々である．煙，蒸気，すす，炎，毒，貧困のうちに喜びを探し求める狂おしい衝動に突き動かされている．しかし，このすべての邪悪の中で，私は心地よく生きている．ペルシア王と地位を交換するくらいならば死を選ぶだろう．
> —— Johann Joachim Becher (1635–1682)

地球上のすべての物質は化学物質（chemicals）から構成されている．この簡明な定義は相性（chemistry）を男女の間で起こる事柄と考えている人々にショックを与えるかもしれない．化学はより広い．それは物理的な世界を構成している素材の科学である．化学は非常に複雑なので，1 人でその広大な分野のすべての側面を習得することは期待できない．そこで，化学の対象を以下のような専門領域に分割すると便利である．

- 有機化学者は炭素の化合物を研究する．炭素原子は安定した鎖と輪を形成し非常に多くの自然化合物と合成化合物を形成する．
- 無機化学者はすべての元素に興味があるが，特に金属に興味をもっていてしばしば新規触媒の調製にかかわる．
- 生化学者は生物界の化学に関心をもっている．
- 物理化学者は物質の構造および化学反応の速度とエネルギーを研究する．
- 理論化学者は数学と数値計算を用いて化学的な挙動を説明する統一概念を導く．
- 分析化学者は薬品と材料の正体，組成，および純度を決定するための試験手順を開発する．新しい分析手順はしばしば以前には未知であった化合物の存在を明らかにする．

なぜ化学を気にすべきなのか？　食物中の不必要な化学物質，あるいは空気や水や土壌中に有害な化学物質を望んでいないことを自覚しているだけで充分ではないのか？化学物質は環境のいたるところにある．これらの化学物質の大部分が天然物である．た

いてい，自然な材料より優れていて安くて新しい物質を作製するために化学者はしばしば自然を模倣する．自然を役立たせるのが人間の性である．化学（そして，他の科学）がなければ，自然の力のなすがままである．自然を制御するために，自然法則を学び，使わなければならない．

環境分野の実務家は化学法則を学び使用しなければならない．そして，制御できないときの化学の悪影響をもっと知らなければならない．化学的性質は奇跡をなすことができる一方で，制御できなければ，化学物質とその効果は破壊的になりうる．実際，化学物質の安全性と化学物質の流出に関する現在の規制の大半は，化学物質が流出した大惨事の結果である．

14.1.1 密度と比重

われわれが，「鉄がアルミニウムより重い」というときには，鉄にはアルミニウムより大きい密度があると主張している．実際には，つまり，ある体積の鉄が同じ体積のアルミニウムより重いということである．密度（p）は特定の温度での単位体積当たりの質量（重さ）である．一般的に密度は温度によって変化する．重さはポンド（lb），オンス（oz），グラム（g），キログラム（kg）などで表示され，体積はリットル（L），ミリリットル（mL），ガロン（gal），立方フィート（ft^3）で表示される．表14.1は真水の温度と，比重と，密度との関係を示している［訳注：°F = (9/5)°C + 32，°C：セルシウス温度，1 lb = 0.45359237 kg，ft = 0.3048 m，slug = lbf-sec^2/ft，1 lbf：1 lb の物体の地球上での重量］．

それぞれ600 gのラード（食用脂の固まり）とクラッカーの大箱をもっていると想像してほしい．クラッカーはラードよりもはるかに大きい体積を占めるので，クラッカーの密度はラードの密度よりはるかに少ない．対象の密度は以下の公式で計算できる．

表14.1 水の性質（温度，比重量，密度）

温度 °F	比重量 lb/ft^3	密度 slugs/ft^3	温度 °F	比重量 lb/ft^3	密度 slugs/ft^3
32	62.4	1.94	130	61.5	1.91
40	62.4	1.94	140	61.4	1.91
50	62.4	1.94	150	61.2	1.90
60	62.4	1.94	160	61.0	1.90
70	62.3	1.94	170	60.8	1.89
80	62.2	1.93	180	60.6	1.88
90	62.1	1.93	190	60.4	1.88
100	62.0	1.93	200	60.1	1.87
110	61.9	1.92	210	59.8	1.86
120	61.7	1.92			

出典：Spellman, F. R., *Handbook of Water and Wastewater Treatment Plant Operations*, 3rd ed., Lewis Publishers, Boca Raton, FL, 2013.

14.1 基本的な化学

$$\text{密度} = \frac{\text{質量}}{\text{体積}} \tag{14.1}$$

水／排水操作では，おそらく密度の最も一般的な単位は，立方フィート当たりのポンド（lb/ft^3）とガロン当たりポンド（lb/gal）である．$1 ft^3$ の水は $62.4 lb$ の重さがあるので，水の密度は $62.4 lb/ft^3$ である．$1 gal$ の水は $8.34 lb$ の重さがあるので，水の密度は $8.34 lb/gal$ である．

一般に，穀物などの乾いた材料（ライム，ソーダ，または砂）の密度は，通常 1 立方フィート当たりのポンド（lb/ft^3）で表される．無筋コンクリートと鉄筋コンクリートの密度は，それぞれ 144，$150 lb/ft^3$ である．ミョウバン，液化塩素，または水などの液体の密度は $1 ft^3$ 当たりのポンド（lb/ft^3）として，または，$1 gal$ 当たりのポンド（lb/gal）として表すことができる．

塩素ガス，メタン，二酸化炭素，または空気などの気体の密度は，通常 $1 ft^3$ 当たりのポンド（lb/ft^3）として表示される．表 14.1 に示されているが，水のように物質の密度は物質の温度に伴ってわずかに変化する．これは物質が温かくなると通常，体積が増加することによっている．加温による体積膨張により，同一の質量でより大きな体積に広げられる．したがって，物質は冷えているときよりも温かいときのほうが密度はより小さい．

比重は同一体積の水の重量（あるいは密度）と比較した，物質の重量（あるいは密度）として定義される（水の比重は 1 である）．この関係は $1 ft^3$ の水（重さは $62.4 lb$）を $1 ft^3$ のアルミニウム（重さは $178 lb$）と比較すると容易にわかる．アルミニウムは水の 2.7 倍重い．

金属片の比重を求めるのは困難ではない．空気中で金属の重さを計って，次に，水の中で重さを計る．減少した重さが同じ体積の水の重さである．比重を求めるには，金属の重量を水中での重量の減少量で除す．

$$\text{比重} = \frac{\text{物体の質量}}{\text{同一体積の水の質量}} \tag{14.2}$$

■例 14.1

問題： 金属片は空気中で $150 lb$ そして水中では $85 lb$ とする．比重はいくらか？

解答： まず，$150 lb - 85 lb = 65 lb$ が，水中での重量の減少量である．したがって，

$$\text{比重} = \frac{150}{65} = 2.3$$

ノート： 比重の計算では，密度が同じ単位で表されることが必須である．

水の比重は 1 である．それが基準で，他のすべての液体や固体がそれに対して比較される．特に，どんな物質でも比重が 1 以上の物質（たとえば，岩石，鉄鋼，鉄，砂粒，フロック，泥）は水に沈む．比重が 1 未満の物質（たとえば，木，浮きかす，ガソリン）

は浮かぶ．船の総重量と総体積を考えると，その比重は 1 未満で，それゆえ浮かぶことができる．

水／排水処理操作において，比重はガロンからポンドへの変換に最も一般に用いられる．多くの場合，扱われる液体の比重は 1 か，ほとんど 1（0.98〜1.02）なので，大きな誤差を含まずに 1 が計算に使用されるかもしれない．しかし，比重が 0.98 未満，あるいは 1.02 以上の液体のガロンからポンドへの変換には，正確な比重を考慮しなければならない．このテクニックは以下の例に示される．

■例 14.2
　問題：　ため池に 1455 gal の液体が溜まっている．この液体の比重が 0.94 であれば，ため池には何ポンドの液体があるか？

　解答：　通常，ガロンからポンドへの変換の場合，比重が 0.98〜1.02 の物質であれば，係数 8.34 lb/gal（水の密度）を用いる．しかしこの場合，物質の比重がこの範囲から外れているので，係数 8.34 を調整しなければならない．

その物質の比重に 8.34 lb/gal を掛けて係数を調整する．
$$8.34 \text{ lb/gal} \times 0.94 = 7.84 \text{ lb/gal}（四捨五入）$$

次に，調整された因子を用いて 1455 gal をポンドに変換する．
$$1455 \text{ gal} \times 7.84 \text{ lb/gal} = 11,407 \text{ lb}（四捨五入）$$

■例 14.3
　問題：　ある液体の比重は 64°F のときの 0.96 である．この物質の 1 gal の重さはいくらか？

　解答：
$$重さ = 比重 \times 水の重さ = 0.96 \times 8.34 \text{ lb/gal} = 8.01 \text{ lb}$$

■例 14.4
　問題：　比重 1.15 の液体がある．66 gal では何ポンドか？
　解答：
$$重さ = 66 \text{ gal} \times 8.34 \text{ lb/gal} \times 1.15 = 633 \text{ lb}$$

■例 14.5
　問題：　比重が 1.30 の物質が水中にある．これは水よりも何％重いか？
　解答：
$$質量増加(パーセント) = \frac{(個体の比重) - (水の比重)}{水の比重} \times 100$$

$$= \frac{1.30 - 1.0}{1.0} \times 100 = 30\%$$

14.1.2　水の化学の基礎

化学物質を別の化学物質に加えるとき，たとえば，紅茶に砂糖を加える，あるいは安全に飲めるように水に次亜塩素酸を加えるとき，化学物質を用い，どのくらい反応するかが重要なので，われわれは「化学者」として働いている．

14.1 基本的な化学

表 14.2 水処理で使用される化学薬品と化合物

名称	一般的な応用	名称	一般的な応用
活性炭	味と臭気の制御	硫化アルミニウム	凝固
アンモニア	クロラミン消毒	硫酸アンモニウム	凝固
消石灰	軟化	次亜塩素酸カルシウム	消毒
酸化カルシウム	軟化	二酸化炭素	再炭化
硫酸銅	藻のコントロール	塩化第二鉄	凝固
硫酸第二鉄	凝固	水酸化マグネシウム	フッ素除去
酸素	通気	過マンガン酸カリウム	酸化
アルミン酸ナトリウム	凝固	炭酸水素ナトリウム	pH 調整
炭酸ナトリウム	軟化	塩化ナトリウム	イオン交換体再生
フッ化ナトリウム	フッ素添加	フッ化ケイ酸ナトリウム	フッ素添加
ヘキサメタリン酸ソーダ	腐食防止	水酸化ナトリウム	pH 調整
次亜塩素酸ナトリウム	消毒	ケイ酸ナトリウム	凝固援助
チオ硫酸ナトリウム	脱塩素	亜硫酸ガス	脱塩素
硫酸	pH 調整		

水処理操作にかかわる環境分野の実務家は，たとえば，さまざまな単位操作に加える化学物質あるいは化合物の量を決定することを要求される．表 14.2 は水の処理操作におけるいくつかの化学薬品と一般的な応用例を記載している．

14.1.2.1 水分子

大半の人は，水が 2 つの豊富な元素の化合物（H_2O）であることを知っている．しかし，科学者たちは水の構造に関する競合する理論の長所について論争を続けている．実は，われわれは水に関してまだ少ししか知っていない．たとえば，水がどのように機能するかを知らない．実際，水は非常に複雑であり，本質的に環境中の動態を決定する多くの特異な性質をもっている．水分子の 2 つの水素原子は常に互いの角度が約 105°の位置に静止する．水素は正電荷を，そして酸素は負電荷を帯びる傾向がある．この配置が水分子に分極性を与える．すなわち，片端は陽電荷，そして片端は陰電荷となる．この 105°が水を偏った，独特な，風変わりな性質にし，ふつうの分子に予想されるすべての規則を破らせる（図 14.1）．実験室では，純水は不純物を含んでいないが，自然の水は水以外の多くの物質を含んでいる．これが水を可能な限り純粋で清浄に維持する仕事を任

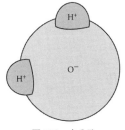

図 14.1 水分子

された環境分野の専門家が考慮すべき重要な点である．水はしばしば万能な溶媒と呼ばれる．十分な時間があれば地球上のすべての物質を溶解できることを考えれば，これは適切な表現である．

14.1.2.2 水溶液

溶液は1つ以上の物質が一様かつ均等に混合された，すなわち溶けている状態である．いいかえれば，溶液は2つ以上の物質の均一混合物である．溶液は，飲料水，海水，空気などのような固体，液体，または気体でありうる．ここで，おもに液体溶液に焦点を合わせる．溶液は，溶媒と溶質の2つの成分をもっている（図14.2）．溶媒は，溶かす成分である．一般的に溶媒はより大量に存在している化学種である．溶質は，溶かされる成分である．水が物質を溶かすと，多くの不純物を含む溶液となる．概して溶液は透明であって濁っていない．水は通常無色なので光合成に必要な光はかなりの深さまで到達する．しかし溶質が溶液中に一様に分散され時間とともに沈着しない場合，溶液は着色されるかもしれない．分子が水に溶けると，分子を構成する原子は水中でばらばらになる，すなわち解離する．水中での解離はイオン化と呼ばれる．水中で分子中の原子が解離するとき，原子はイオンと呼ばれる帯電した原子となる（正あるいは負に帯電する）．正電荷のイオンはカチオンと呼ばれ，負電荷のイオンはアニオンと呼ばれる．イオン化の好例は炭酸カルシウムのイオン化である．

　　　炭酸カルシウム ↔ カルシウムイオン(カチオン)＋炭酸イオン(アニオン)

別の例は食卓塩（塩化ナトリウム）が水に溶ける場合に起こるイオン化である．

　　　塩化ナトリウム ↔ ナトリウムイオン(カチオン)＋塩素イオン(アニオン)

水にみられる一般的ないくつかのイオンと表記を以下に示す．水素 H^+，ナトリウム Na^+，カリウム K^+，塩素 Cl^-，臭素 Br^-，ヨウ素 I^-，炭酸水素塩 HCO^{3-}．

溶液は媒体として次のように機能する．①化学種を近接させ反応できるようにする．②固体材料に一様なマトリックスを提供する．絵の具や，インクや，他のコーティング剤などを表面に塗ることができるようになる．③油やグリースを溶かし洗い流すことができる．

水は極性物質を非極性物質よりよく溶かす．極性物質（無機酸，塩基，および塩）は水に容易に溶ける．逆に，非極性物質（油，脂肪，および多くの有機化合物）は容易には溶けない．

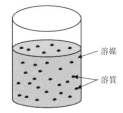

図14.2 溶液の溶媒と溶質（出典：Spellman, F. R., *Handbook of Water and Wastewater Treatment Plant Operations*, 3rd ed., Lewis Publishers, Boca Raton, FL, 2013）

14.1.2.3 濃 度

溶液の性質は溶媒と溶質の相対的な量に大きく依存するので,それぞれの濃度を明確にしなければならない.

> ノート： 化学者は,重量パーセント,モル濃度や規定のようなより正確な濃度の用語と,飽和や不飽和などの相対的な用語の両方を用いる.

極性物質は非極性物質よりも水によく溶けるが,極性物質はある濃度まで溶ける.すなわち,ある量の溶質が,ある温度においてある濃度まで溶ける.その限界に達したとき,その溶液は飽和している.この濃度で溶液は平衡にある.これ以上の溶質を溶かすことができない.実際に溶質が平衡濃度以上に溶けているとき(通常,加熱された場合),液体／固体溶液は過飽和状態である.

溶媒と溶質の相対量を明確にする,あるいは全体に対するある1つの成分の量を明確にするために,通常,溶液の正確な濃度を与える.溶液濃度はしばしば重量パーセントとして規定される.

$$溶質の質量\% = \frac{溶質の質量}{溶液の全質量} \times 100 \tag{14.3}$$

モル濃度,質量モル濃度,および規定度を理解するために,まずモルの概念を理解しなければならない.モルは12gの炭素12と同じ数のアイテム(すなわち,原子,分子,またはイオン)を含む物質の量として定義される.実験によってアボガドロは,この数を6.02×10^{23}と決定した(有効数字3桁).たとえば,1 molの炭素原子が12 gならば,水素原子の1 molの質量はいくらか？ 炭素が水素の12倍の重さであることに注意すれば,炭素原子と同じ数の水素原子の重さに単に1/12を掛ければよい.

> ノート： 水素の1 molは1 gである.

同じ原則で,

1 molの$CO_2 = 12 + 2(16) = 44$ g, 1 molの$Cl^- = 35.5$ g, 1 molのRa = 226 g

いいかえれば,物質の化学式を知っていれば1 molの質量を計算できる.

モル濃度(M)は溶液のリットル当たりの溶質のモル数と定義される.研究室では溶液の体積は質量よりも測定しやすい.

$$M = \frac{溶質のモル数}{溶液のリットル数} \tag{14.4}$$

質量モル濃度(m)は溶媒のキログラム当たりの溶質のモル数と定義される.

$$m = \frac{溶質のモル数}{溶媒のキログラム数} \tag{14.5}$$

> ノート： 理論計算を除けば,質量モル濃度はモル濃度ほどは使用されない.

特に酸と塩基に対しては,溶液のモル濃度よりむしろ規定(N)がしばしば報告書で

用いられる．規定は溶液のリットル当たりの溶質の当量数である（1当量の物質は他の1当量の物質と反応する）．

$$N = \frac{溶質の当量数}{溶液のリットル数} \times 100 \tag{14.6}$$

酸／塩基では，当量（または，グラム当量）は，1 mol の H^+ あるいは OH^- と反応する量である．たとえば，

- 1 mol の HCl は 1 mol の H^+ を生成する．したがって，1 mol HCl ＝ 1 当量
- 1 mol の $Mg(OH)_2$ は 2 mol の OH^- を生成する．したがって，1 mol の $Mg(OH)_2$ ＝ 2 当量

$$HCl \Rightarrow H^+ + OH^-$$
$$Mg(OH)_2 \Rightarrow Mg^{2+} + 2OH^-$$

同様に，$1\,M$ の H_3PO_4 溶液は $3\,N$，$2\,N$ の H_2SO_4 溶液は $1\,M$，$0.5\,N$ の NaOH 溶液は $0.5\,M$，$2\,M$ HNO_3 溶液は $2\,N$ である．

化学者は酸／塩基溶液の規定を決定するために滴定する．溶液が中性になった量を確認するためには終点指示薬が用いられる．

> **要点：** 100 mL NaOH を中和するのに 100 mL の $1\,N$ HCl を使うならば，この NaOH 溶液は $1\,N$ である．

14.1.2.4 溶解度の推定

溶解度を予測することは難しいが，「似たものは似たものを溶かす」などいくつかの一般的な経験則がある．

- **液体-液体の溶解度：** 類似構造をもった，すなわち類似の分子間力をもった液体同士は完全に混和する．たとえば，メタノールと水は任意の割合で完全に混和する．
- **液体-固体の溶解度：** 一般に分子間力が桁違いに異なるので，常に固体の溶解度は限界がある．したがって，温度が固体の融点に近いほど固体と液体の適合はよりよくなる．

> **要点：** ある温度で，低融点の固体は高融点の固体よりもよく溶ける．構造もまた重要である．たとえば非極性の固体は非極性の溶媒によりよく溶ける．

- **液体-気体溶解度：** 固体と同様により似た分子間力をもっている気体分子はより大きな溶解度をもっている．それゆえ，溶液の温度と気体の沸点が近いほど適合はよくなり，より高い溶解度となる．水が溶媒である場合，さらに水和が帯電した化学種の溶解度を増加させる要因となる．溶解度に著しく影響を及ぼす他の要因は温度と圧力である．一般的に，温度の上昇は液体中での固体の溶解度を増大させる．

> **要点：** 固体の液体への溶解は通常，吸熱過程である（すなわち，熱が吸収される）．そこで，温度上昇はこの過程を促進する．対照的に，気体の液体への溶解は通常，発熱過程である

(すなわち，熱を放出する)．そこで，温度を下げると一般に液体への気体の溶解度が増大する．

ノート： 高温は O_2 の水への溶解度を下げるので，熱公害が問題となる．

圧力だけが液体への気体の溶解度にかなり影響を及ぼす．たとえば，炭酸水などの炭酸飲料は通常かなりの高圧で瓶詰めされている．炭酸飲料を開けると液体の圧力が減少し，溶液から気体が発泡して放出される．シェービングクリームを使うと，溶液に溶けていた気体が放出し，液体が気体とともに泡となって出てくる．

14.1.2.5 束一的性質
溶液の個性ではなく溶質種の濃度に依存する性質に，蒸気圧降下，沸点上昇，凝固点降下，浸透圧がある．本当の束一的性質は溶質の濃度にのみ比例し，溶質の性質にはまったく依存しない．

- **蒸気圧降下：** 他の条件が同一ならば，純水の蒸気圧は砂糖水の蒸気圧よりも高い．$0.2\,M$ の砂糖水の蒸気圧は $0.2\,M$ の尿素水の蒸気圧と同一である．$0.4\,M$ の砂糖水の蒸気圧の低下分は $0.2\,M$ の砂糖水の蒸気圧低下分の2倍である．溶質は溶媒分子の濃度を低下させるので，溶質は蒸気圧を低下させる．平衡を保つために溶媒蒸気濃度は減少しなければならない（それゆえ，蒸気圧が減少する）．
- **沸点上昇：** 非揮発性溶質を含む溶液は純溶媒よりも高い温度で沸騰する．希薄溶液では沸点上昇は溶質の濃度に比例して増加する．この現象はすでに述べた蒸気圧降下と同じように説明される．
- **凝固点降下：** 溶質濃度が低い場合，一般に溶液は溶媒よりも低い温度で凍る，あるいは融ける．

要点： 溶解した「異物」の存在は凍結を妨げる傾向がある．それゆえ，純溶液は溶媒よりも低い温度でのみ凍結する．

要点： 凝固点を下げる，そして沸点を上げる両方の目的のために，不凍剤をラジエーターの水に加える．

- **浸透圧：** 水は自然に高い蒸気圧の領域から低い蒸気圧の領域に移動する．この過程が続けば最後には水は完全に溶液に移動する．もし純水と，ある濃度の溶液が半透膜（つまり，水分子の通過だけが許されている）によって隔てられている場合にも，同様の過程が起こるだろう．浸透圧はちょうど浸透に抵抗する圧力である．希薄溶液では浸透圧は溶質濃度に比例し溶質の個性に依存しない．電解質溶液の性質は非電解質溶液の性質と同じ傾向に従うが，溶質の濃度だけではなく電解質の性質にも依存する．

14.1.2.6 コロイド／乳剤
溶液（たとえば，海水）は2つ以上の物質の均一な混和物である．懸濁液（たとえば，

表14.3 コロイドの種類

名称	分散媒	分散相
固体ゾル	固体	固体
ゲル	固体	液体
発泡固体	固体	気体
ゾル	液体	固体
懸濁液	液体	液体
発泡体	液体	気体
固体エアロゾル	気体	固体
エアロゾル	気体	液体

出典：Davies, P., *Types of Colloids*, University of Bristol, 2013, http://www.chm.bris.ac.uk/webprojects2002/pdavies/types.html を改変.

砂と水）は短寿命の溶媒と不溶粒子の混合物である．コロイド懸濁液は単独の分子よりは大きいが，裸眼では見ることのできない粒子と溶媒の混合物である．

ノート： コロイド粒子は重力だけでは沈殿しない．

コロイド懸濁液は，① 自然に水中で形成される巨大分子の親水性溶液（たとえば，タンパク質），② 親水性懸濁液（これは電荷の反発力により安定している），③ ミセル（荷電した親水性の頭と，長い疎水性の尾をもっている特殊なコロイド）からなる．コロイドは通常，構成要素の最初の状態に従って分類される（表14.3[*1]）．コロイドの安定性は基本的に水和と表面電荷によっている．これらが密着とそれに続く凝集を妨げている．

ノート： 多くの場合，水には十分に溶けない化合物に対しても，有機溶媒に代わり水を溶剤とした懸濁液が使われるようになってきている．

排水処理では，コロイド粒子と懸濁物質を取り除くために，撹拌，加熱，酸性化，凝集（イオン添加），軟凝集（架橋グループの添加）などの手法が用いられる．

14.1.2.7 水の内容物

自然の水は多数の物質を成分あるいは不純物として含んでいる．ある成分が水使用者の健康に影響するとき，それは汚染物質あるいは汚染と呼ばれる．環境実務者が供給水から取り除く，あるいは混入を防ぐのがこの汚染物質である．

a. 固 体

気体以外のすべての水の汚染物質は固体成分に寄与する．不溶性固体は非極性で沈泥のように溶けない比較的大きな粒子からなっている．大きさや状態，化学的性質，粒度分布によって，固体は懸濁あるいは溶けた状態で水に分散する（懸濁固体，沈降固体，

[*1] ［訳注］ゲルの分散媒の最初の相は液体であるが，系全体としては粘性が高く固体状になったもの．ゲルの例としてはコンニャクがある．

コロイド固体，溶解固体).

水の蒸発によって後に残される懸濁と溶解固体が全固体である．固体は揮発性と非揮発性によっても特徴づけられる．

> **要点：** 化学的な観点から正確ではないが，細かい懸濁物質はフィルターを透過するので，懸濁固体は実験室の懸濁固体試験でフィルターにより取り除かれる物質と定義される．フィルターを透過する物質が溶解固体と定義される．コロイド固体は直径 1 μm 以下の非常に小さい懸濁固体（粒子）である．それらは非常に小さいので数日あるいは 1 週間の静置ではまったく沈降しない．

b. 濁　度

単純にいえば濁度は水がどれくらい澄んでいるかということである．水の透明さは人が最初に注目する水の性質の1つである．濁度の原因は懸濁物質の存在であり，懸濁物質は光を吸収したり散乱したりする．水中の総懸濁固体 (TSS) が多ければより濁り，濁度はより高くなる．このように，簡単にいえば濁度は水が光を透過する尺度である．非常にきれいな（低濁度の）天然水では深いところまで見通せる．一方，高濁度の水は濁っている．低濁度の水は必ずしも溶解固体を含んでいないわけではないことに留意すること．溶解固体は光を散乱しないし，光吸収しない．したがって，水はきれいにみえる．高濁度の成分が味と臭気の問題を起こし殺菌効果を低下させるので，高濁度は水処理場の問題を引き起こす．

c. 色

水は着色するが，水の色はしばしば人を欺く．まず，色は水の審美的な性質であって，健康には直接的な影響を与えないと考えられる．第二に，水の色の大半は本当の色ではなくコロイド懸濁により，「みかけの色」といわれる．このみかけの色はしばしば鉄や腐食植物からのタンニンが原因である．本当の着色は溶解したみえない化学物質（ほとんどの場合は有機物）によるものである．

d. 溶存酸素

酸素，二酸化炭素，硫化水素や窒素などの気体は水に溶ける．水に溶けた気体は重要である．たとえば，二酸化炭素は pH とアルカリ度に重要な役割を担う．水中の二酸化炭素は微生物により放出され，水生植物によって消費される．水の質の指標となるので，水中の溶存酸素 (DO) は水処理にとって最も重要である．以前に，溶液は溶質によって飽和しているかもしれないと述べた．これは水と酸素の場合に当てはまる．飽和まで溶ける酸素の量は水温に依存する．しかし，酸素の場合，その効果は他の物質と正反対になっている．より高い水温は飽和水準を下げ，より低い水温は飽和水準を上げる．

e. 金　属

金属はしばしば水によって運ばれるふつうの成分あるいは不純物である．通常の濃度では，大半の金属は有害ではない．しかし，少数の金属は飲料水の味とにおいの問題を引き起こす．ある種の金属は人，動物，微生物に対して有害であるかもしれない．大半

表14.4 水に含まれる一般的な金属

金属	健康被害
バリウム	循環系効果と血圧の増加
カドミウム	肝臓，腎臓，すい臓，甲状腺への蓄積
銅	神経系損害と腎臓への影響（人間にとっての毒性）
鉛	銅と同じ
水銀	中枢神経系（CNS）異常
ニッケル	CNS異常
セレン	CNS異常
銀	皮膚の灰色化
亜鉛	味覚効果（健康被害ではない）

出典：Spellman, F. R., *Handbook of Water and Wastewater Treatment Plant Operations*, 3rd ed., Lewis Publishers, Boca Raton, FL, 2013.

の金属はイオン化により陽イオンとして金属を放出する化合物の一部として水に含まれている．表14.4に水中でふつうにみられるいくつかの金属とそれらの健康被害の可能性を記載した．

f. 有機物

有機物，すなわち有機化合物は炭素原子を含み，かつて生きていた材料（すなわち植物と動物）に由来する物質である（たとえば，脂肪，染料，石鹸，ゴム製品，木材，燃料，綿，タンパク質，炭水化物）．

水中の有機化合物は通常，大きな非極性分子で水にあまり溶けない．それらはしばしば動物や微生物に大量のエネルギーを供給する．

g. 無機物質

無機物質すなわち無機化合物は非生物由来で，炭素を含まず簡単に水に溶け，鉱物由来である．無機物には酸，塩基，酸化物，塩，その他が含まれる．いくつかの無機化合物は水の質を確立し制御するために重要である．

h. 酸

酸は水に溶けたときに水素イオン（H^+）を生成する物質である．水素イオンは電子が剥ぎ取られた水素原子である．単独の水素イオンは水素原子の核にすぎない．レモンジュース，酢，および乳酸菌飲料は酸性，すなわち酸を含んでいる．水処理の際に使用される一般的な酸は，塩酸（HCl），硫酸（H_2SO_4），硝酸（HNO_3）と，炭酸（H_2CO_3）である．これらの酸に含まれる水素（H）は酸を構成している元素の1つであることに注意してほしい．水中での酸の相対的な強さは，強さの順で表14.5に示されている．

i. 塩 基

塩基は水に溶けたときに水酸化物イオン（OH^-）を生成する物質である．灰汁あるいは一般的な石鹸（苦いもの）は塩基を含んでいる．浄水場での水処理に使用される塩基は，消石灰（$Ca(OH)_2$），水酸化ナトリウム（$NaOH$），および水酸化カリウム（KOH）である．すべての塩基は水酸基（OH）を含むことに注意してほしい．ある種の塩基はナ

14.1 基本的な化学

表 14.5 酸の水中での相対的な強さ

酸	化学式
過塩素酸	$HClO_4$
硫酸	H_2SO_4
塩酸	HCl
硝酸	HNO_3
リン酸	H_3PO_3
亜硝酸	HNO_3
フッ酸	HF
酢酸	CH_3COOH
青酸	HCN
ホウ酸	H_3BO_3

出典：Spellman, F. R., *Handbook of Water and Wastewater Treatment Plant Operations*, 3rd ed., Lewis Publishers, Boca Raton, FL, 2013.

トリウム（Na）や，カルシウム（Ca）や，マグネシウム（Mg）や，カリウム（K）などのような金属物質を含んでいる．これらの塩基は水中でアルカリ度を生成する元素を含んでいる．

j. 塩

酸と塩基が化学的に相互作用すると，互いを中和する．酸と塩基の中和から生成される水以外の化合物が塩である．塩は無機化合物の最大のグループを構成する．浄水場の処理で一般的に用いられる塩，硫酸銅は藻を枯らすのに使用される．

k. pH

pH は水素イオン（H^+）濃度のものさしである．溶液は高い酸性（高濃度の H^+ イオン）から高い塩基性（高濃度の OH^- イオン）まで広がっている．pH スケールは 0 から 14 まであり，7 が中性である（図 14.3）．

水の pH は水の中で起こる化学反応にとって重要であり，極端に高い，あるいは低い

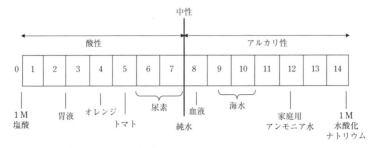

図 14.3 さまざまな溶液の pH（出典：Spellman, F. R., *Handbook of Water and Wastewater Treatment Plant Operations*, 3rd ed., Lewis Publishers, Boca Raton, FL, 2013） pH 値は微生物の成長を阻害する．高い pH 値は塩基で，低 pH 値は酸性と考えられる．別のいい方をすると，低い pH 値は高レベルの H^+ 濃度を示し，高い pH 値は低い H^+ 濃度を示す．逆対数的な関係のために，H^+ 濃度に 10 倍の差が存在する．pH は水素イオンのモル濃度の逆数の対数である．数学の形式では以下のようになる．

$$\mathrm{pH} = \log \frac{1}{H^+} \tag{14.7}$$

自然水の pH はその水源により変動する．純水は中性の pH をもつ，すなわち同じ濃度の H^+ と OH^- をもっている．水に酸を加えると脱離した陽イオンが追加されて H^+ イオン濃度が上がり，pH 値は低下する．

$$HCl \to H^+ + Cl^-$$

溶液中の水素イオン活量を変化させると水の化学平衡をずらすことができる．したがって，pH 調整は凝固，軟化，および消毒反応を最適化するのに，そして腐食防止のために使用される．水の凝固と腐食を制御するために，浄水場の技師は pH を得るために水中の水素イオン濃度を検査する必要がある．凝固テストで，より多くのミョウバン（酸）が加えられると pH 値は下がり，より多くのライム（アルカリ，塩基）が加えられると pH 値は高くなる．この関係は重要である．もし，よいフロックが形成されるならば，その pH に決定し，新たに水に変化があるまでその pH は維持されるべきである．

■例 14.6
問題： 酢酸の 0.1 M 溶液は，1.3×10^{-3} の水素イオン濃度がある．溶液の pH を求めよ．

解答：
$$\mathrm{pH} = \log \frac{1}{H^+} = \log \frac{1}{1.3 \times 10^{-3}} = \log \left(\frac{10^3}{1.3} \right) = \log 10^3 - \log 1.3 = 3 - \log 1.3$$
$$= 3 - 0.11 = 2.89$$

I. アルカリ度

アルカリ度は，陽子（陽電荷の粒子）を受け入れる水の能力である．また，酸を中和する水の能力のものさしとしても定義できる．さらに簡単に述べると，アルカリ度は pH の大きな変化なしに水素イオンを吸収する水の能力のものさしである（すなわち，酸を中和する能力）．原水や処理水中で重炭酸塩，炭酸塩，および水素がアルカリ性化合物を生成する．土壌塩基性物質への二酸化炭素の作用により重炭酸塩が主要な成分であり，ホウ酸塩，ケイ酸塩，およびリン酸塩は副次的な成分である．原水のアルカリ度はフミン酸などの有機酸から形成された塩を含むかもしれない．水のアルカリ度は緩衝として働き，pH の揺動を防ぎ安定化する傾向がある．水がそれなりのアルカリ度をもっているのは急激な pH 変化を抑えるので通常は有益である．pH の急激な変化は一般的で効果的な水処理過程を阻害する．さらに，低いアルカリ度は水を腐食させる傾向がある．もしアルカリ度が 80 mg/L 以下であれば，低いと考えられる．

m. 硬　度

　硬度は水の物理的あるいは化学的パラメータであると考えられる．それはカルシウムイオン，マグネシウムイオンの総濃度を表し，炭酸カルシウム濃度として記載される．硬度は，石鹸と洗剤の効果を低下させ，パイプやボイラーでの湯あかの原因となる．硬度は健康に害があると考えられていない．しかし，ライムの沈降やイオン交換はしばしば硬い水を柔らかくする．低硬度は水が腐食する傾向を助長する．ある種の化合物はアルカリ度と硬度イオンの両方に寄与するので，硬度とアルカリ度はしばしば同時に発現する．一般に，硬度は表14.6に示されているように分類される．

■例 14.7
問題： 500 mL の水溶液に 22.4 g の Na_2CO_3 が溶けている．この水溶液の溶液のモル濃度と規定度を求めよ．

解答： Na_2CO_3 の分子量は 106 である．モル濃度はモル数／体積（L）である．モル数は実際の重量／分子量である．Na_2CO_3 の正味の正原子価は $1\times2=2$ である．Na_2CO_3 の当量は $106/2=53$ である．そこで，

$$\text{モル濃度} = \frac{\text{実際の重量/分子量 wt.}}{\text{体積(L)}} = \frac{\text{実際の重量}}{\text{分子量wt.}\times\text{体積(L)}} = \frac{22.4}{106\times 0.500} = 0.42\,M$$

$$\text{規定} = \frac{\text{実際の重量}}{\text{当量}\times\text{体積(L)}} = \frac{22.4}{53\times 0.500} = 0.85\,N$$

■例 14.8
問題： 90 mL に 0.03 mol の NaOH が溶けている溶液のモル濃度を求めよ．

解答：
$$\frac{0.03}{0.090} = 0.33\,M$$

■例 14.9
問題： 300 mL に 0.3 mol の $CaCl_2$ が溶けている溶液の規定を求めよ．

解答：
$$\frac{2\times 0.3}{0.300} = 2.0\,N$$

表 14.6 水の硬度

分類	mg/L $CaCO_3$
軟らかい	0〜75
やや硬い	75〜150
硬い	150〜300
非常に硬い	300 以上

出典：Spellman, F. R., *Handbook of Water and Wastewater Treatment Plant Operations*, 3rd ed., Lewis Publishers, Boca Raton, FL, 2013.

■例 14.10

問題： 500 g の水に 0.5 g の NaOH が溶けている溶液の重量モル濃度を求めよ．

解答：
$$\frac{5.0}{40 \times 0.500} = 0.25\ M$$

14.1.2.8 単純な溶液と希釈

単純希釈は，求める濃度を得るために，目的の単位体積の液体を，希釈に用いる溶剤の体積に結びつけるものである．希釈係数は材料が溶けている単位体積の総数である．正しく希釈するために，材料は完全に混合されなければならない．たとえば，1：5 希釈は，1 単位体積の希釈剤（希釈されるべき材料）と 4 単位体積の溶剤を足すことを意味している．1＋4＝5 が希釈係数である．希釈において溶質のモル数と当量は変化しないので新たな濃度が計算できる．

a. 単純希釈

以下に単純希釈あるいは希釈係数法を示す．通常 4 缶の冷水で薄める，1 缶のオレンジジュースがある．すなわち，希釈係数は 5，すなわちオレンジジュース濃度は，その 1 単位体積に缶（同一単位体積）で 4 杯の水を加えるべきことを示している．そこで，オレンジジュースはいまや 5 単位体積に広がっている．これが，1：5 希釈であり，いまや，オレンジジュースの濃度は最初の濃度の 1/5 となっている．つまり，単純希釈においては，希釈係数値よりも 1 小さい単位体積の溶剤を加える．

b. 段階希釈

段階希釈は希釈係数を掛ける単純希釈の連続であり，少量の材料から始まる（たとえば，細菌培養物，化学，オレンジジュース）．各段階の希釈される原料は前段階の希釈された材料である．段階希釈において，ある時点での総希釈係数は個々の段階の希釈係数の積である．

$$\text{最終希釈係数(DF)} = (DF_1)(DF_2)(DF_3)\cdots \tag{14.8}$$

最終希釈係数の計算法を示すために，細菌培養物の 3 段階の 1：100 段階希釈を含む典型的な室内実験を考える．1：100 希釈なので，初段で，1 単位体積の培養物（10 μL）と 99 単位体積（990 μL）の培養液を混ぜる．次の段階で，1：100 希釈液の単位体積を培養液の 99 単位体積と合わせ，1：100×100＝1：10,000 希釈を得る．これを繰り返し（第 3 段階），全希釈は 1：100×10,000＝1：1,000,000 となる．細菌の濃度は原料の 100 万分の 1 以下となる．

c. $C_i \times V_i = C_f \times V_f$ 法（液体試薬からの比濃度の固定体積）

溶液を希釈したとき，同一の単位系を用いていれば，最初の溶液の濃度と体積の積は，希釈した溶液の濃度と体積の積に等しい．これは次の関係として表現される．

$$C_i \times V_i = C_f \times V_f \tag{14.9}$$

ここで，C_i＝最初の溶液の濃度，V_i＝最初の溶液の体積，C_f＝最後の溶液の濃度，V_f＝最後の溶液の体積．

■例 14.11

問題: 0.5 M HCl の溶液をつくるためには 1.3 M HCl の溶液 60 mL にどれだけの水を加えればよいか.

解答:
$$C_i \times V_i = C_f \times V_f$$
$$1.3 \times 60 = 0.5 \times x$$
$$x = \frac{1.3 \times 60}{0.5} = 156 \text{ mL}$$

最終的な溶液の体積は 156 mL. そこで, 加えるべき水の体積は 2 つの溶液の差となる.
$$156 - 60 = 96 \text{ mL の水}$$

d. モル溶液

しばしば, 溶液濃度を計算する際にはモル濃度を用いることがより効率的かもしれない. 1.0 M 溶液は 1 式量 (FW) の化学物質が 1 L の溶媒 (通常は水) に溶けていることと等価である. 式量は常に化学薬品ボトルに記載されており (そうでない場合は分子量が用いられる), それはモル当たりのグラム数を表している.

■例 14.12

問題: 化学薬品 FW = 195 g/mol のとき, 0.15 M の溶液をつくるのに何 g の化学薬品を必要とするか.

解答: $195 \text{ g/mol} \times 0.15 \text{ mol/L} = 29.25 \text{ g/L}$

■例 14.13

問題: ある試薬の FW は 190 g/mol で, この試薬の 0.15 M の溶液が 25 mL (0.025 L) 必要である. この溶液をつくるためには 25 mL の水に何 g の試薬を溶かさなければならないか.

解答: グラム数／求める体積(L) = 求めるモル濃度(mol/L)×FW(g/mol)
入れ替えて,
$$\text{グラム数} = \text{求める体積(L)} \times \text{求めるモル濃度(mol/L)} \times \text{FW(g/mol)}$$
$$= 0.025 \text{ L} \times 0.15 \text{ mol/L} \times 190 \text{ g/mol} = 0.7125 \text{ g}/25 \text{ mL}$$

e. パーセント溶液

多くの試薬はパーセント溶液として混合される. 乾燥した化学薬品を取り扱う場合, それは体積当たりに混合された乾燥重量である. ここで, 100 mL 当たりのグラム数がパーセント濃度となる. 10% の溶液は 100 mL の溶媒に 10 g が溶けていることと等しい. さらに, 3% NaCl をつくりたいのなら, 3 g の NaCl を 100 mL の水に溶かす (あるいは, 必要とするだけの等価な体積で).

液体試薬を使用する場合は, パーセント濃度は体積当たりの体積が基本となる (すなわち mL 数/100 mL). たとえば, 70% のエタノールをつくるためには 70 mL の 100% エタノールを 30 mL の水と混合する (あるいは, 必要とするだけの等価な体積で). パー

セント濃度をモル濃度に換算するためには，パーセント溶液の値を10倍して1L当たりのグラム数を求め，次に式量で除する．

$$\text{モル濃度} = \frac{\%\text{溶液} \times 10}{\text{式量}} \tag{14.10}$$

■例 14.14

問題： FW = 351 の化学薬品の 6.5% 溶液をモル濃度に換算せよ．

解答：
$$\frac{(6.5\,\text{g}/100\,\text{mL}) \times 10}{351\,\text{g/L}} = \frac{6.5 \times 10}{351} = \times 0.1852\,M$$

モル濃度からパーセント溶液に換算するためにはモル濃度に FW を掛け，10 で除する．

$$\text{パーセント溶液} = \frac{\text{モル濃度} \times \text{式量}}{10} \tag{14.11}$$

■例 14.15

問題： FW 176.5 をもつ化学薬品の，0.0045M 溶液をパーセント溶液に換算せよ．

解答：
$$\frac{0.0045\,\text{mol/L} \times 176.5\,\text{g/mol}}{10} = 0.08\%$$

14.1.2.9 化学反応

化学反応，反応速度，物理反応についての最小限の理解は，どんな環境工学の作業箱にあっても基本的な道具である．しかし，化学反応性を議論する前に電子分布の基礎と，化学・物理的な変化をみておくこと，そして化学・物理反応における熱の重要な役割を議論しておくことが重要である．端的にいって，原子核のまわりの電子分布が化学反応性を理解するための鍵となる．化学変化には電子だけが関与する．化学反応では原子核は決して変化しない．電子は原子核のまわりに決まったパターンで，殻の連なりとして配置される．一般的に，化学変化を通じて最外殻電子すなわち価電子（原子核から最も離れた位置にある電子）が影響を受ける．価数あるいは原子価は化学結合に含まれる電子の数，または他の原子と結合するときに得る，あるいは失う傾向のある電子の数を示している．

ノート： 正原子価は与える電子数を意味し，負原子価は受け入れる電子数を意味している．

● もし，価電子が他の原子と共有されるならば，化合物が生成するとき共有結合が形成されている．
● もし，価電子が他の原子に供与されるならば，化合物が生成するときイオン結合が形成されている．
● 水素原子が 1 個ではなく 2 個以上の原子に比較的強い力で引きつけられ，その結果，それらの原子間に結合が働いていると考えられる場合，水素結合が生じている．も

し，原子が1個以上の価電子を得るか，失えば，その原子はイオンとなる（荷電粒子）．
- カチオンとは正荷電粒子のことである．
- アニオンとは負荷電粒子のことである．

物理的・化学的変化，化学変化とは物理的な物質が新しい，あるいは異なった物質に変化するときに被る変化であることを思い出そう．化学変化を確認するためには，色の変化，発光，煙，発泡，泡立ち，熱の存在など観測可能な兆候を探す．化学的な性質の変化を起こさずに物体が変化するときは物理変化が起こっている．物理変化は物理的な性質の変化に関係している．物理的な性質は材料の種類を変化させることなく観測されうる．物理的な性質の例としては，質感，大きさ，形，色，におい，質量，体積，密度，そして重量がある．

吸熱反応はエネルギーを吸収する反応であり，生成物のエネルギー量は反応物のそれよりも大きい．熱は系に吸収される．発熱反応はエネルギーを放出する反応であり，生成物のエネルギー量は反応物のそれよりも小さい．熱は系から放出される．

a. 化学反応の種類

化学反応は化学と関連技術を全般を通して本質的に重要である．新たな化学システムで起こるであろう化学反応を経験豊かな化学者はだいたい予測できるが，彼らは別の可能性を見落としているかもしれない．さらに，その系について精通していない場合，化学者は通常，信頼できる予測をすることができない．

> **要点：** 化学反応を予測するのに助けとなる手法はわずかであり，大いに興味を引くような新たな反応を予測するような手法は結局，存在しない．化学反応の予測に関するさらなる情報は Irikura and Johnson（2000）を見よ．

元素を気体と非気体にクラス分けするのが便利なように，化学反応もクラス分けしておくと便利である．非常に多くの化学反応があるので，4つの一般的なタイプにクラス分けすると有益である．たとえば，Merck Index には450以上の反応名が載っている．4つのタイプの化学反応とは以下である．

- 組合せ反応： 組合せ（すなわち合成）反応では，2つ以上のより単純な素材が組み合わさり，より複雑な化合物を形成する．

$$銅（元素）+酸素（元素）=酸化銅（化合物）$$

> **ノート：** 同一の生成物を与える反応物の多数の組み合わせがある．エネルギー的に反応するのが有利であれば，その反応は起こる．

- 分解反応： 分解反応は1つの化合物が2つ以上の素材あるいは元素に壊れる（分解する）ときに起こる．おおむね，組み合わせ反応と，分解反応は逆反応である．

$$過酸化水素 \Rightarrow H_2O + O_2$$

- 置換反応： 置換反応は1個の結合していない元素と化合物中の元素との交換を伴

う．2つの反応物が2つの生成物を生成する．
$$鉄(Fe) + 硫酸(H_2SO_4) = 水素(H_2) + 硫化鉄(FeSO_4)$$
- 二重置換反応：　二重置換反応では2つの化合物の一部がその場所を交換して新たな2つの化合物を生成する．2つの反応物が2つの生成物を生成する．
$$水酸化ナトリウム + 酢酸 = 酢酸ナトリウム + 水$$

要点：　反応に関与する反応物によって化学結合は一般に共有結合かイオン結合のいずれかであるが，この4種類のクラス分けは化学結合のタイプに基づいたものではない．

ノート：　質量保存則により，化学反応では質量は増減しない．

b.　特別なタイプの化学反応

- 加水分解（hydrolysis，hydroは水，lysisは分解の意）は水がイオンへ分裂し，酸あるいは塩基の生成を含む分解反応である．
- 中和反応は H^+ イオンや酸が塩基の OH^- と結合して水と塩を生成する二重置換反応である．

$$酸 + 塩基 \Rightarrow 塩 + 水$$

- 酸化還元（レドックス）反応は電子の得失（すなわち原子価の変化）を含む，組み合わせ反応，置換反応あるいは二重置換反応である．酸化と還元は常に同時に起こる．ある反応物が酸化されれば，対応する反応物は還元される．

ノート：　自由原子であろうと，分子に含まれていようと，あるいはイオンであろうと，原子が電子を失えば，それは酸化され酸化数は増加する．自由な，分子内の，あるいはイオンであろうと，原子が電子を獲得すれば，それは還元され酸化数は減少する．

- キレート化は配位子（溶媒分子あるいは単独イオン）が中心イオンと1つ以上化学結合を生ずる組み合わせ反応であり，錯イオンあるいは配位化合物を与える．
- 遊離基反応は不対電子をもつ化学種が関与するすべての化学反応である．遊離基反応はしばしば気相で起こる．それらはしばしば連鎖反応を進行させ，光，熱あるいは試薬で開始される．遊離基は不対電子を含み，酸化物あるいは過酸化物の分解物であり，しばしば非常に反応性が高い．

DID YOU KNOW？

キレート（chelate）という用語はギルバート卿（Sir Gilvert T. Morgan）とドゥルー（H.D.K. Drew）によって1920年に初めて用いられた．彼らは次のように述べている．「形容詞としてのキレート（chelate）は，大きな爪すなわちロブスターなどの甲殻類の爪（chela，ギリシア語ではchely）に由来し，2つの連携したユニットで中心原子をしっかりとつかむ両脚測径器（caliper）状のグループを意味し，複素環を形成する．」

> **DID YOU KNOW ?**
> 水中で起こる一般的な遊離基反応は電子移動反応であり，とりわけヒドロキシルラジカルとオゾンへの電子移動である．

- 光分解（photo は光，lysis は分解）は一般に光の吸収で進行する光化学反応における分解反応である．光分解は遊離基を生成し，これは他の反応を引き起こす．たとえば，塩素分子は高エネルギーの光（たとえば紫外線）の存在下で分解する．

$$Cl_2 + UV エネルギー \Rightarrow Cl^- + Cl^+$$

要点： 光分解はダイオキシンやフラン廃棄物の処理に用いられる重要な熱によらない反応である．

- 重合は小さな有機分子をつなぎ合わせて長い鎖，あるいは複雑な2次元，3次元ネットワークを形成する組み合わせ反応である．重合は二重あるいは三重結合をもつ分子でのみ起き，通常，温度，圧力，そして適切な触媒に依存する．遊離基連鎖反応が重合のふつうの方法である．それぞれの反応が別の反応種（他の遊離基）を生成して反応が連続するので「連鎖反応」という用語が用いられる．

ノート： 触媒は生成量に変化を与えることなく化学反応の速度を変化させる試薬であり，自身は恒久的な化学変化を受けない．

要点： おそらく，プラスチックが最も一般的な重合体である．しかし，多糖類のような重要な生重合体が多数存在する．

- 生化学反応は生きている生物の中で起こる反応である．
- 生分解は微生物の中で進行する反応で，反応物からより小さく，より簡単な無機化合物や有機化合物を生成する．通常，生分解生成物は自然中にありそうな分子形となる．

c. 反応速度（動力学）

反応速度は，どれくらい速く反応が進行するかのものさしである．すなわち，どれくらい速く反応物が消費され，そして生成物が生産されるかを表すものである．

$$A + B (反応物) \Rightarrow C + D (生成物)$$

反応の速度は多くの変数に依存し，それらには温度，反応物の濃度，触媒，反応物の構造，反応物や生成物の気相圧力が含まれる．極端な条件を考慮しなければ，一般に反応速度は以下の要因によって増大する．

- **温度上昇：** もし十分なエネルギーをもっていれば，2つの分子は反応する．混合物の加熱により反応に関与する分子のエネルギーレベルは上昇する．温度の上昇は分子が速く動くことを意味している．これが分子運動論の結論である．
- **反応物の濃度増加：** 反応物の濃度増加は2つの反応物間の衝突頻度を増加させる

（再び，衝突理論）．
- **触媒の導入**： 触媒は活性化エネルギーを下げることにより反応速度を上げる．反応速度を劇的に変化させるために必要な触媒の量はごくわずかである．触媒が存在すると異なった経路で化学反応が進行するのでこのような事象が起こる．さらに触媒を加えても変化が起きないことに留意すること．
- **表面積の増加**： より大きな表面積の固体では反応はより速い．同一の質量の固体であれば，より小さな粒子は大きな粒子よりもより大きな表面積をもつ．これはいわゆる，「パンとバター」で簡明に想像できる．パンの塊を薄切りにすれば，バターを塗れる追加の表面を得る．薄切りをさらに薄く切れば，より多くの薄切りができ，もっと大量のバターを塗ることができる．また，食物を噛むことで，食物の表面積を増やすと消化が速くなる．
- **ガスの圧力の増加はガス分子間の衝突頻度を増大する**： 圧力の増加で分子は一緒に押され，それらの間の衝突頻度が増加する．

また，反応速度はそれぞれの反応の活性化エネルギーに影響される．活性化エネルギーとは反応物が反応前に到達しなければならないエネルギーレベルである．

ノート： 触媒は反応後に変化しないで回収される．

正逆反応は異なった反応速度で，異なった活性化エネルギーで進行しうる．
$$A+B \Leftrightarrow C+D$$
たとえば，分解反応が速やかに進行するとすると，初期に分解反応が再結合反応よりも速く進む．最終的には，分解による生成したイオン濃度が増大し，再結合反応速度が分解反応に追いつくことになる．正反応と逆反応が最終的に同じになると，平衡状態に到達する．正反応と逆反応が進行しているにもかかわらずみかけの変化がなくなる．

要点： 到達する平衡点は固定されておらず，温度や，反応物濃度，圧力，反応物の構造などの変数に依存することに留意すること．

d. 物理反応の種類

廃棄物や有害廃棄物の物理的な挙動の知識は，廃棄物を処理する物理反応に基づいたさまざまな単位操作の開発に用いられる．これらの操作は以下のものを含む．
- 相分離はすでに2つの相に分離している混合物の成分分離に関連している．相分離のタイプにはろ過，沈降，デカンテーション，遠心分離がある．
- 相転移は物質の1つの物理相が他の相へ変化する物理反応である．相転移のタイプには，蒸留，蒸発，沈殿，凍結乾燥がある．
- 相間移動は混合物の溶質の1つの相から他の相の移動である．相間移の2つの例として抽出と吸着（すなわち材料の溶液から固相への移動）がある．

e. 廃棄物／排水処理に含まれる化学反応

$$Cl_2 + H_2O \leftrightarrow HCl + HOCl$$

$$NH_3 + HOCl \leftrightarrow NH_2Cl + H_2O$$
$$NH_2Cl + HOCl \leftrightarrow NHCl_2 + H_2O$$
$$NHCl_2 + HOCl \leftrightarrow NCl_3 + H_2O$$
$$Ca(OCl)_2 + Na_2CO_3 \leftrightarrow 2NaOCl + CaCO_3$$
$$Al_2(SO_4)_3 + 3CaCO_3 + 3H_2O \leftrightarrow Al_2(OH)_6 + 3CaSO_4 + 3CO_2$$
$$CO_2 + H_2O \leftrightarrow H_2CO_3$$
$$H_2CO_3 + CaCO_3 \leftrightarrow Ca(HCO_3)_2$$
$$Ca(HCO_3)_2 + Na_2CO_3 \leftrightarrow CaCO_3 + 2NaHCO_3$$
$$CaCO_3 + H_2SO_4 \leftrightarrow CaSO_4 + 2H_2CO_3$$
$$Ca(HCO_3)_2 + H_2SO_4 \leftrightarrow CaSO_4 + 2H_2CO_3$$
$$H_2S + Cl_2 + \rightarrow 2HCl + S\downarrow$$
$$H_2S + 4Cl_2 + 4H_2O \rightarrow H_2SO_4 + 8HCl$$
$$SO_2 + H_2O \rightarrow H_2SO_3$$
$$HOCl + H_2SO_3 \rightarrow H_2SO_4 + HCl$$
$$NH_2Cl + H_2SO_3 + H_2O \rightarrow NH_4HSO_4 + HCl$$
$$Na_2SO_4 + Cl_2 + H_2O \rightarrow Na_2SO_4 + 2HCl$$

14.1.2.10 化学薬品の添加（水と排水処理）

化学物質は水／排水処理プラント操作に広く使用される．水／排水処理プラントオペレータは粘菌成長制御，腐食制御，におい制御，グリース除去，生物化学的酸素要求量（BOD）減少，pH制御，汚泥バルキング制御，アンモニア酸化，バクテリア還元，およびフッ素添加，その他の理由で，化学薬品をさまざまな単位操作に添加する．化学薬品を正確に添加するためには，添加量を正しく計算することが重要である．廃棄物／排水処理で最も頻繁に行われる計算はリットル当たりのミリグラム（mg/L）から1日当たりのポンド（lb/day）添加あるいは負荷への変換である．典型的な mg/L から lb/day への計算は，化学薬品添加，BOD，化学的酸素要求量（COD），あるいは懸濁物質（SS）負荷／除去，曝気下での固体のポンド数，そして余剰活性汚泥（WAS）のポンプ排出速度について行われる．これらの計算は通常次のどちらかの式を用いる．

$$mg/L \times 流量(MGD) \times 8.34\,lb/gal = lb/day \qquad (14.12)$$
$$mg/L \times 体積(MG) \times 8.34\,lb/gal = lb \qquad (14.13)$$

もし，mg/L が流れの濃度を表していれば，1日当たり流量を100万 gal で表した係数（MGD）が第二係数として用いられる．しかし，濃度がタンクやパイプラインに関連していれば，100万 gal で表した体積（MG）が第二係数として用いられる．

a. 塩素投与量

塩素は通常，水処理で浄化のために用いられる強力な酸化剤である．そして，排水処理では消毒，臭気制御，バルキング制御や他の応用のために用いられる．単位操作で塩素が投入される場合，計量された量が必ず加えられる．加えられた，あるいは要求された化学薬品の量は，リットル当たりのミリグラム（mg/L）および1日当たりのポンド

（lb/day）の 2 通りの方法で明記される．
mg/L（あるいは ppm）を lb/day に換算するためには次の式を使う．
$$mg/L \times MGD \times 8.34\ lb/gal = lb/day \tag{14.14}$$

ノート： 1 mg/L＝1 ppm なので，これまで通常，濃度の表示として 100 万分率（ppm）表示が用いられていた．しかし，ここでの練習では濃度の完全な表示として mg/L を用いる．

■例 14.16
問題： 8 MGD の流量を塩素添加量 6 mg/L で処理する場合の塩素注入機の設定値（lb/day）を決定せよ．

解答： mg/L×MGD×8.34 lb/gal＝6 mg/L×8 MGD×8.34 lb/gal＝400 lb/day

■例 14.17
問題： 塩素要求量が 12 mg/L で，3 MGD の流量を塩素残量を 2 mg/L にしたい場合の塩素注入機の設定はいくつか？

ノート： 塩素要求量とは，有害有機物や他の有機物や無機物のような，排水中成分との反応で使用される塩素の量である．塩素要求量が満たされれば反応は停止する．

解答： 未知量（lb/day）を見出すために，まず塩素添加量を求めなければならない．このために，式（14.15）を用いる．
$$塩素添加量(mg/L) = 塩素要求量(mg/L) + 塩素残量(mg/L) \tag{14.15}$$
$$= 12\ mg/L + 2\ mg/L = 14\ mg/L$$

これで，mg/L から lb/day への計算ができる．
$$mg/L \times MGD \times 8.34\ lb/gal = lb/day$$
$$12\ mg/L \times 3\ MGD \times 8.34\ lb/gal = 300\ lb/day$$

b．次亜塩素酸投与量

多くの排水処理施設では塩素の代わりに次亜塩素酸ナトリウムや次亜塩素酸カルシウムが用いられている．塩素を次亜塩素酸塩で代替する理由は多様である．しかし，労働安全・衛生局（OSHA）と米国環境保護庁（USEPA）によるより厳しい有害化学物質規則が成立したために，多くの施設が危険な塩素を非有害な次亜塩素酸塩に置換すると決めている．致死性の塩素を使用することの潜在的な責任もまた，より毒性の低い化学物質へ転換するということを決定する明らかな要因の 1 つである．理由が何であれ，排水処理プラントが塩素を次亜塩素酸塩に代替する場合，排水処理技術者は 2 種類の化学物質の差を知っている必要がある．

塩素ガスはその 100％を排水処理に利用することができる．これが塩素注入速度を決定するときに留意するべき重要な考慮点である．たとえば，塩素要求量と塩素残留量が合わせて 100 lb/day ならば，塩素注入機の設定値はちょうどその値（100 lb/24 hr）になる．次亜塩素酸塩は塩素よりも有害性が小さい．それは強力な漂白剤のようなものであ

り2つの形態で供給される．乾燥次亜塩素酸カルシウム（しばしば HTH と呼ばれる）と液状の次亜塩素酸ナトリウムである．次亜塩素酸カルシウムは65%の利用可能塩素を含んでおり，次亜塩素酸ナトリウムは12〜15%の利用可能塩素を含んでいる（業務用）．

> ノート： いずれの次亜塩素酸も100%純塩素ではないので，殺菌のために等量の塩素を得るためにはより大きい lb/day をシステムに投入しなければならない．施設が塩素を次亜塩素酸に代替するときに考えるべき重要で経済的な考慮点である．ある研究によれば，その転換は全体の運転費用を塩素を用いる費用場合に比べて3倍に増大させる．

必要とされる次亜塩素酸 lb/day を計算するためには，2段階の計算が必要となる．

$$mg/L \times MGD \times 8.34\, lb/gal = lb/day$$

$$塩素(lb/day)/利用可能\% \times 100 = 次亜塩素酸塩(lb/day)$$

■例 14.18

問題： ある特殊な排水を処理するためには 10 mg/L の全塩素投与量が要求される．流量が 1.4 MGD で次亜塩素酸塩の利用可能塩素が65%とすると，1日当たり何ポンドの次亜塩素酸塩が必要か？

解答： mg/L から lb/day への変換式を用いて要求される塩素量 lb/day を計算する．

$$mg/L \times MGD \times 8.34\, lb/gal = lb/day$$

$$10\, mg/L \times 1.4\, MGD \times 8.34\, lb/gal = 117\, lb/day$$

次に，要求される次亜塩素酸塩の，lb/day を計算する．次亜塩素酸塩の65%だけが塩素として利用可能なのだから，117 lb/day よりも大きな量が要求される．

$$\frac{塩素\, 117\, lb/day}{65\%\, 利用可能} \times 100 = 次亜塩素酸\, 180\, lb/day$$

■例 14.19

問題： 流量 840,000 gpd の排水が 20 mg/L の塩素投薬を要求している．次亜塩素酸ナトリウム（15%利用可能塩素）を用いるとして，1日当たり何ポンドの次亜塩素酸ナトリウムが必要か？　これは1日当たり何 gal の次亜塩素酸ナトリウムか．

解答： 必要な塩素 lb/day を計算する．

$$mg/L \times MGD \times 8.34\, lb/gal = lb/day$$

$$20\, mg/L \times 0.84\, MGD \times 8.34\, lb/gal = 塩素\, 140\, lb/day$$

次亜塩素酸ナトリウム lb/day を計算する．

$$\frac{140\, lb/day\, 塩素}{15\%\, 利用可能} \times 100 = 次亜塩素酸\, 993\, lb/day$$

次亜塩素酸ナトリウム gpd を計算する．

$$\frac{933\, lb/day}{8.34\, lb/gal} = 次亜塩素酸\, 112\, gal/day$$

■例 14.20
問題: 5,000,000 gal の排水を 2 mg/L の投与量で処理するためには何 lb の塩素ガスが必要か？

解答: 必要な塩素量をポンドで計算する．

$$\text{体積}(10^6 \text{ gal}) \times \text{塩素濃度}(\text{mg/L}) \times 8.34 \text{ lb/gal} = \text{塩素 lb}$$

置換する．

$$(5 \times 10^6 \text{ gal}) \times 2 \text{ mg/L} \times 8.34 \text{ lb/gal} = \text{塩素 831 lb}$$

c. 投与量計算の追加

■例 14.21
問題: 処理施設での平均的な塩素投与量は 112.5 lb/day である．平均流量は 11.5 MGD である．塩素投与量は mg/L としてはいくらか？

解答:
$$\text{投与量} = \frac{112.5 \text{ lb/day}}{11.5 \times 10^6 \text{ gal} \times 8.34 \text{ lb/gal}} = \frac{1.2}{10^6} = 1.2 \text{ ppm} = 1.2 \text{ mg/L}$$

■例 14.22
問題: 700,000 gal の水を処理するために 25 lb の塩素を用いた．測定された水の塩素要求量は 2.4 mg/L である．処理された水の塩素残留量はいくらか？

解答:
$$\text{全投与量} = 251 \text{ lb}/0.70 \text{ MG} = 36 \text{ lb/MG}$$

$$36 \text{ lb/MG} \times \frac{1 \text{ mg/L}}{8.34 \text{ lb/MG}} = 4.3 \text{ mg/L}$$

$$\text{残留塩素} = 4.3 \text{ mg/L} - 2.4 \text{ mg/L} = 1.9 \text{ mg/L}$$

■例 14.23
問題: 流量 10 MGD で塩素要求量 2.9 mg/L の水を処理して，残留塩素 0.6 mg/L の水を供給するために必要な1日当たりの塩素量はいくらか？

解答: 必要な全塩素量 = 2.9 + 0.6 = 3.6 mg/L

1 日当たりの塩素量 = 10×10^6 gal/day × 8.34 lb/gal × 3.5 mg/L × 1 L/10^6 = 292 lb/day

■例 14.24
問題: 流量が 12 MGD の浄水作業において，吐出速度が 0.20 gpm のポンプで重量濃度 23% のケイフッ化水素酸（H_2SiF_6）溶液が投与されている．H_2SiF_6 溶液の比重は 1.191 である．フッ素投与量はいくらか？

解答:
吐出量 = 0.20 gpm × 1440 min/day = 288 gal/day

フッ化物投与速度 = 288 gal/day × 0.23 = 66.2 gal/day

フッ化物重量 = 66.2 gal/day × 8.34 lb/day × 1.191

水の重量 = 12×10^6 gal/day × 8.34 lb/day × 1.0

$$\text{投与量} = \frac{\text{フッ化物重量}}{\text{水の重量}} = \frac{66.2 \times 8.34 \times 1.191}{12 \times 10^6 \times 8.34 \times 1.0} = \frac{6.57}{10^6} = 6.57 \text{ mg/L}$$

■例 14.25
 問題： 強度60％の液体ミョウバンをミョウバン濃度 10 mg/L，平均流量 8.6 MGD で自然水に連続的に投入している．1か月（30日）に使用される液体ミョウバン量はいくらか？
 解答： 1 mg/L = 1 gal/MG

$$1 日に必要とされる量 = \frac{10}{0.6} \frac{\text{gal}}{\text{MG}} \times 8.6 \frac{\text{MG}}{\text{day}} = 143 \text{ gal/day}$$

$$1 か月に必要とされる量 = 143 \text{ gal/day} \times 30 \text{ day/month} = 42,900 \text{ gal/month}$$

14.2 基礎水理学

水と排水の操作員は日々の操作中に揚水量と流量計算を行う．本節では，環境分野の専門家に対する高度な水理操作の基本的な原理の復習のために，揚水とその水量の記述と実践をする（本書の後半で紹介する）．

14.2.1 水理学の基本

水理学は静止および動いている流体についての学問と定義される．すべての流体に適用される基本概念はさておき，しばらくは水／排水に適用されるいくつかの基本概念のみを考える．基本情報の多くは配水システム（たとえばくみ上げ）に関係するものであるが，操作員（環境分野の専門家）はポンプの機能を最大限に適切化するためにこれらの基本を理解することが重要である．

14.2.1.1 空気の重さ

水理学の基礎は空気の勉強から始まる．何マイルもの厚さの空気の膜が地球を覆っている．この膜の平方インチ当たりの地上での重さは，その地点上の空気の膜の厚さに依存している．海上レベルでは，作用する圧力は平方インチ当たり 14.7 lb/in^2．(psi) である．山頂では，空気圧は膜が薄いため減少する．

14.2.1.2 水の重さ

水供給では水は貯留され移動し，排水は集水され，単位操作で処理されて，受水域に流出させなければならないので，水の重さについての基本的な関係を知っておく必要がある．1 ft^3 の水は 64.2 lb で 7.48 gal であり，1 in^3 の水は 0.0362 lb である．1 ft の深さの水は水底に 0.43 psi（12 in.×0.062 lb/in.^{3}）の圧力を掛ける．2 ft の水柱は 0.86 psi の圧力を，10 ft の水柱は 4.3 psi の圧力を掛け，52 ft の高さでは，

$$52 \text{ ft} \times 0.43 \text{ psi/ft} = 22.36 \text{ psi}$$

が作用する．2.31 ft の水柱は 1.0 psi 作用する．40 psi の圧力を掛けるために必要な水柱の高さは，

$$40 \text{ psi} \times 2.31 \text{ ft/psi} = 92.4 \text{ ft}$$

となる．

水頭という語句は，水の圧力をフィート単位の水柱の高さで圧力を表現したものである．たとえば，10 ft 水柱では 4.3 psi の圧力が作用する．これは「4.3 psi 圧力」あるいは「10 ft 水柱」と呼ばれる．他の例として，鉛直貯留タンクから引かれるパイプの静水圧が 37 psi なら，圧力計の高さはいくらになるか？ 1 psi は 2.31 に等しいこと思い出すと，圧力は 37 psi であり，したがって，

$$37 \text{ psi} \times 2.31 \text{ ft/psi} = 85.5 \text{ ft}（丸めている）$$

となる．

14.2.1.3 空気の重さに関連する水の重さ

海面レベルでの理論圧力（14.7 psi）は 34 ft の水柱を支持する．つまり，

$$14.7 \text{ psi} \times 2.31 \text{ ft/psi} = 33.957 \text{ あるいは } 34 \text{ ft}$$

である．海面上 1 mi の高さでは，空気圧は 12 psi で，水柱はわずか 28 ft である（12 psi $\times$ 2.31 ft/psi = 22.72 あるいは 28 ft）．

もし，海面レベル（たとえばガラス，バケツ，貯留湖，湖，プール）の水中に管が置かれているとき，水は管外の水と同じ高さまで管内を上昇する．空気圧 14.7 psi は管の内外の水面に等しいところまで下降する．しかしながら，管の上端がきつく閉められて，すべての空気が水面上の密閉した管から除去されると，完全な真空が形成され，管中の水面上の圧力は 0 psi となる．管外の空気圧 14.7 psi は管中で 14.7 psi に等しい水柱まで水を押し上げる．水は 14.7 psi $\times$ 2.31 ft/psi = 34 ft まで上昇する．実際，完全な真空はできないので，水柱は 34 ft よりいくぶん低いところまで上昇する．上昇する高さはつくられた真空量に依存する．

■ **例 14.26**

問題： 管中の水上で 9.7 psi の空気圧を生じさせるために空気を除去したとき，管中の水はどこまで上昇するか？

解答： 管外の水面レベルで 14.7 psi を維持するために管中の水は 14.7 psi $-$ 9.7 $=$ 5 psi の圧力を生み出さなければいけない．5 psi を生じさせる水柱の高さは 5.0 psi であり，

$$5.0 \text{ psi} \times 2.31 \text{ ft/psi} = 11.6 \text{ ft}（丸めている）$$

である．

14.2.1.4 静止流体

スティーブンの法則は静止流体を扱うものである．特に，「静止流体中のどの点における圧力も自由表面までの鉛直距離と流体の密度に依存する」としている．公式として記述すると，これは

$$p = w \times h \tag{14.16}$$

ここで，$p =$ 平方フィート当たりのポンド表示の圧力（lb/ft^2 あるいは psf），$w =$ 立方フィート当たりポンド表示の密度（lb/ft^3），$h =$ フィート表示の鉛直距離．

■例 14.27

問題： 貯水池の表面から 15 ft 下での圧力はいくらか？

解答： 計算の前に，水の密度 (w) が 62.4 lb/ft^3 であることを知る必要がある．このとき，

$$p = w \times h = 62.4 \text{ lb/ft}^3 \times 15 \text{ ft} = 936 \text{ lb/ft}^2 \text{ あるいは } 936 \text{ psf}$$

水/排水処理の操作員は一般的に平方フィート当たりポンド表示よりむしろ平方インチ当たりのポンド表示で圧力を測る．したがって，変換するために 144 in.^{2}/ft^2（12 in.×12 in. = 144 in.^{2}）で割り，

$$p = 936 \text{ lb/ft}^2 / 144 \text{ in}^2/\text{ft}^2 = 6.5 \text{ lb/in}^2 \text{ あるいは psi}$$

となる．

14.2.1.5 ゲージ圧

水頭が底にかかわる圧力によって上昇する水柱の高さであることを思い出してほしい．14.7 psi の空気圧と真空は 34 ft まで水を上昇させることはすでに示した．今，閉じた管の頂部を空気に対して開け，次に容器を閉じて，容器貯留部の圧力を増加させると，水は再び上昇する．空気圧は普遍的であるから，実際の圧力計測でははじめからの普遍的な 14.7 psi を無視し，空気圧と水の圧力との間の差のみを計測し，これをゲージ圧と呼ぶ．

■例 14.28

問題： 開放された貯水部にある水は 14.7 psi の空気圧にさらされているが，この 14.7 psi を引いて 0 psi ゲージ圧とする．これは貯水部表面上の水は 0 psi 上昇するであろうことを示している．水体中の圧力が 100 psi のとき，水体と連結した管中の水はどこまで上昇するか．

解答： $\qquad\qquad\qquad 100 \text{ psi} \times 2.31 \text{ ft/psi} = 231 \text{ ft}$

14.2.1.6 流動する水

水の流れの勉強は静止水のそれよりもっと難しい．処理プラントそしてあるいは配水/集水系にある水/排水はほとんどいつも動いている（もちろん動きの多くが揚水の結果である）ので，これらの流れの原則を理解することが重要である．

14.2.1.7 流量

流量はある与えられた時間中に管あるいは水路の与えられた点を通過する水の量である．次の公式で計算される．

$$Q = A \times V \tag{14.17}$$

ここで，Q = 秒当たり立方フィート表示の流れ，流量 (cfs)，A = 管あるいは水路の断面積 (ft^2)，V = 秒当たりフィート表示の流速 (fps)．

流量は秒当たり立方フィート表示から変換でき，たとえば分当たりガロン (gpm) あるいは日当たりミリオンガロン (MGD) に適当な変換係数を用いることで可能である．

■例 14.29

問題: 直径 12 in. の管内を 10 fps の水が流れている。流量は，(a) cfs，(b) gpm，(c) MGD 単位でいくらか？

解答: 基本公式を使用し，管の面積 (A) を求める。面積公式より，

$$A = \pi \times \frac{D^2}{4} \tag{14.18}$$

ここで，$\pi =$ 定数 3.14159，$D =$ フィート表示の直径。

次に，管の面積は，

$$A = \pi \times \frac{D^2}{4} = 3.14159 \times \frac{1\,\text{ft}^2}{4} = 0.785\,\text{ft}^2$$

である。(a) の秒当たり立方フィートの流量を求めると，

$$Q = V \times A = 10\,\text{ft/sec} \times 0.785\,\text{ft}^2 = 7.85\,\text{ft}^3/\text{sec (cfs)}$$

となる。(b) については，1 cfs は 449 gpm に等しいことを知っている必要があり，このとき 7.85 cfs×449 gpm/cfs = 3525 gpm となる。(c) については，1 GMD が 1.55 cfs に等しいので，

$$\frac{7.85\,\text{cfs}}{1.55\,\text{cfs/MGD}} = 5.06\,\text{MGD}$$

となる。

14.2.1.8 連続の法則

連続の法則は，管あるいは水路中の任意の点における流量は他の任意の点 (水が管あるいは水路から流出，流入しない場合) における流量に等しいことを述べている。つまり，定常状態を仮定すると，管あるいは水路に流入する流量は流出する流量に等しい。数式で，

$$Q_1 = Q_2 \text{ あるいは } A_1 V_1 = A_2 V_2 \tag{14.19}$$

となる。

■例 14.30

問題: 問題・直径 12 in. の管が直径 6 in. の管に連結されている。直径 12 in. の管中の流速が 3 fps である。直径 6 in. の管中の流速はいくらか？

解答: 式 (14.19) を用いるために，各管の断面積を求める必要がある。

$$12\,\text{in の管}: A = \pi \times \frac{D^2}{4} = 3.14159 \times \frac{1\,\text{ft}^2}{4} = 0.785\,\text{ft}^2$$

$$6\,\text{in の管}: A = \pi \times \frac{D^2}{4} = 3.14159 \times \frac{(0.5)^2\,\text{ft}^2}{4} = 0.196\,\text{ft}^2$$

連続式は今，

$$0.785\,\text{ft}^2 \times 3\,\text{ft/sec} = 0.196\,\text{ft}^2 \times V_2$$

である。

V_2 に対して解くと,

$$V_2 = \frac{0.785 \text{ ft}^2 \times 3 \text{ ft/sec}}{0.196 \text{ ft}^2} = 12 \text{ ft/sec あるいは fps}$$

14.2.1.9 管の摩擦

　管中の水流は重力あるいは水力機械(ポンプ)によって背後から与えられる圧力によって駆動される．管の内壁に対する水の摩擦によって流れは減速する．この摩擦による流れの抵抗は管の直径，管壁の粗さ，管の形状（曲りやバルブ）とその数に依存する．また，管中の速度にも依存する．すなわち，管によりさらに多くの水を揚水しようとすると，摩擦に打ち勝つためにより多くの圧力がいることになる．管に水を送るために必要な付加的な圧力で抵抗は表示され，平方インチ当たりポンドあるいはフィート表示水頭となる．圧力の減少なので，しばしば摩擦損失あるいは損失水頭と呼ばれる．

　摩擦損失が増加するのは，水量の増加，管直径の減少，管内面がより粗くなる，管が長くなる，管が収縮，曲り・継ぎ目・バルブの付加といった場合である．

　摩擦損失の実際の計算は本書の視野外である．異なった形式の直径の管と標準的な継ぎ手に対する損失については，多くの公開された表がある．管中の流水の摩擦による圧力や水頭の損失を理解しておくのが重要なことである．

　摩擦損失の要因の1つが，管壁の粗さである．Cファクターと呼ばれる数が管壁の粗さを示している．Cファクターが大きいほど，管はなめらかとなる．

　ノート：　Cファクターは，管中の流量を計算するHazen-Williams式中の文字Cに由来する．

　管中の粗さのいくつかは材料に由来する．鋳鉄管はたとえばプラスチック管より粗い．付け加えると，粗さは管材質の劣化と管中の沈殿物とともに大きくなる．新しい管のCファクターが100あるいはそれ以上に対して，古い管のそれはずっと小さい．Cファクターを決めるためには，普通，公開されている表が使用される．加えて，継ぎ手に対する損失が対象となるときには，他の公開された表が適切な決定のために利用される．等価な管長を評価することで継ぎ手の損失を計算するのが標準的な方法で，それも公開された表が利用される．

14.2.2　基本的な揚水計算[*2]

　さまざまな揚水定数を決定するために使用される計算法は，水／排水処理プラント操作に責任を負う環境技術者には重要である．

　要点：　揚水による水量は与えられた期間中に揚水された水量で表示される．

[*2] ［原注］本項の例題は次の文献のものを改変した．
Wahren, U., *Practical Introduction to Pumping Technology*, Gulf Publishing, Houston, TX, 1997.

14.2.2.1 揚水量

揚水量を決める水／排水処理操作員がしばしば出会う数学的な問題は，次の公式のどちらかを使うことで解決できる．

$$揚水量(gpm) = ガロン／分 \tag{14.20}$$

$$揚水量(gph) = ガロン／時間 \tag{14.21}$$

■例 14.31

問題： 供給側の揚水機の目盛りは百ガロン表示である．目盛りの読みが14時に110で，14時半に320なら，分当たりガロンで揚水量はいくらか？

解答： 問題は gpm で揚水量を求めており，したがって公式（14.20）を用いる．

$$揚水量(gpm) = ガロン/分$$

この問題を解くため，まず揚水総量（目盛りの読みから決められる）を求めなければいけない．

$$32,000 \text{ gal} - 11,000 \text{ gal} = 21000 \text{ gal}$$

14 時から 14 時半の間，30 分で揚水された．このことから，揚水量（gpm）は

$$揚水量 = 21,000 \text{ gal}/30 \text{ min} = 700 \text{ gpm}$$

となる．

■例 14.32

問題： 15 分間の揚水試験で，16,400 gal が空の調整タンクに揚水された．揚水量は分当たりガロンでいくらか？

解答： 問題は gpm での揚水量を求めており，したがって公式（14.20）を用いる．

$$揚水量(gpm) = 16,400 \text{ gal}/15 \text{ min} = 1093 \text{ gpm}$$

■例 14.33

問題： 直径 50 ft のタンクが 4 ft の深さの水で満たされている．揚水試験のため，流出口のは閉められ，タンクへの揚水が開始された．80 分後，水深は 5.5 ft である．分当たりガロンの揚水量はいくらか？

解答： まず立方フィートで揚水量を決める必要がある．

$$揚水量 = 円の面積 \times 深さ = 0.785 \times 50 \text{ ft} \times 50 \text{ ft} \times 1.5 \text{ ft} = 2944 \text{ ft}^3 \text{（丸めている）}$$

次に，立方フィートをガロンに変換する．

$$2944 \text{ ft}^3 \times 7.48 \text{ gal/ft}^3 = 22,021 \text{ gal （丸めている）}$$

揚水試験は 80 分にわたって実施された．公式（14.20）を使って，分当たりガロンでの揚水量が計算される．

$$揚水量 = \frac{22,021 \text{ gal}}{80 \text{ min}} = 275.3 \text{ gpm （丸めている）}$$

14.2.3 損失水頭計算

揚水水頭計測は揚水機が水に与えることができるあるいは必要なエネルギー総量を決定するために行われる．それはフィート表示で計測される．揚水問題で使用される主な計算の一つが損失水頭の決定である．次の公式が損失水頭計算に使用される．

$$H_f = K(V^2/2g) \tag{14.22}$$

ここで，H_f = 摩擦水頭，K = 摩擦係数，V = 管中の速度，g = 重力（32.17 ft/sec²）．

14.2.4 水頭計算

遠心型揚水機と容量型揚水機に対して，水頭の決定にいくつかの重要な公式が使用される．遠心型揚水機では，供給圧力の供給水頭への変換が標準である．容量型揚水機では，与圧力の psi 表示への換算である．次の公式では，液体の単位重量は立方フィート当たりのポンド表示である．華氏 68°F の水に対して，単位重量は 62.4 lb/ft³ である．2.31 ft の高さの水柱は華氏 64°F の水について 1 psi の圧力を作用する．

psi 表示の供給圧力をフィート表示水頭に変換するため次の公式が用いられる．

● 遠心型揚水機

$$水頭(ft) = \frac{圧力(psig) \times 2.31}{単位重量} \tag{14.23}$$

● 容量型揚水機

$$水頭(ft) = \frac{圧力(psig) \times 144}{単位重量} \tag{14.24}$$

水頭を圧力に変換するためには次の式が使用される．

● 遠心型揚水機

$$圧力(psi) = \frac{水頭(ft) \times 単位重量}{2.31} \tag{14.25}$$

● 容量型揚水機

$$圧力(psi) = \frac{水頭(ft) \times 単位重量}{144} \tag{14.26}$$

14.2.5 馬力と効率の計算

なされた仕事を対象にするとき，仕事がなされつつ時間変化率というものを考える．これはパワーと呼ばれ秒当たりフィート・ポンドで表示される．過去のある時点では，パワーを理想的な作業用動物である馬が 550 lb のものを 1 sec で 1 ft 移動させると決めていた．仕事の大きな総量も考慮されているから，この単位は馬力として知られるようになっていった．与圧力で水のある量を押すとき，揚水機は仕事を行う．1 馬力は 33,000 ft-lb/min である．馬力にかかわる 2 つの基本語句は，水馬力（WHP），ブレーキ馬力（BHP）である．

14.2.5.1 水馬力

1 水馬力は以下に等しい．

- 550 ft-lb/sec
- 33,000 ft-lb/min
- 2545 時間当たり英国の熱単位（Btu/hr）
- 0.746 kW
- 1014 mHP

gpm 表示流量とフィート表示水頭を用いて水馬力（WHP）を計算するために，遠心型揚水機については次の公式が用いられる．

$$\text{WHP} = \frac{\text{流量(gpm)} \times \text{水頭(ft)} \times \text{単位重量}}{3960} \quad (14.27)$$

容量型揚水機に対しては，一般的に圧力に psi を用いる．

$$\text{WHP} = \frac{\text{流量(gpm)} \times \text{圧力(psi)}}{3960} \quad (14.28)$$

14.2.6 効率とブレーキ馬力（BHP）

（何かの目的で）モーター−ポンプ系が使われるとき，ポンプもモーターも 100% の効率ではありえない．単純に，モーターに供給されたパワーのすべてがポンプ（ブレーキ馬力）に伝わるのではなく，水を上昇させたり（水馬力），パワーの一部はポンプ内の摩擦に打ち勝つために用いられる．同様に，モーターを駆動する電流のパワーのすべてがポンプを駆動させるのではなく，一部はモーター内の摩擦に打ち勝つために使用され，また一部は電気エネルギーが機械的馬力へ転換される際に失われる．

> ノート： 形式と大きさによって，ポンプはふつう 50～85% 効率であり，モーターはふつう 80～95% 効率である．個別のモーターとポンプの効率はユニットに付随する工業規格マニュアルで与えられる．

ポンプのブレーキ馬力は水馬力を効率で割って得られる．すなわち，ブレーキ馬力公式は次のようになる．

$$\text{BHP} = \frac{\text{流量(gpm)} \times \text{水頭(ft)} \times \text{単位重量}}{3960 \times \text{効率}} \quad (14.29)$$

あるいは

$$\text{BHP} = \frac{\text{流量(gpm)} \times \text{圧力(psig)}}{1714 \times \text{効率}} \quad (14.30)$$

■例 14.34

問題： 塩水を 40 psi の圧力差で流量 600 gpm で送る際に必要とされるブレーキ馬力 BHP を計算せよ．華氏 68°F の塩水の比重は 1.03 である．ポンプの効率は 85% である．

解答： 圧力差を全水頭差（TDH）に変換すると $40 \times 2.3/11.03 = 90$（丸めている）なので，ブレーキ馬力は

$$\text{BHP} = \frac{600 \times 90 \times 1.03}{3960 \times 0.85} = 16.5\,\text{HP}（丸めている）$$

$$\text{BHP} = \frac{600 \times 40}{1714 \times 0.85} = 16.5\,\text{HP}（丸めている）$$

となる．

ノート： 必要な馬力は流れとともに変化する．一般に，流量が多いなら，水を動かすのに要する馬力は大きくなる．

モーター，ブレーキ，水馬力が知られて効率が知られていないとき，モーターあるいはポンプ効率を決める計算が必要となる．式（14.31）はパーセント効率を決定するのに使用される．

$$\text{パーセント効率} = \frac{\text{出力馬力}}{\text{入力馬力} \times 100} \tag{14.31}$$

式（14.31）からモーター，ポンプと全体効率を求めるに使用される特別な式が次のようになる．

$$\text{パーセントモーター効率} = \frac{\text{BHP}}{\text{MHP}} \times 100 \tag{14.32}$$

$$\text{パーセントポンプ効率} = \frac{\text{WHP}}{\text{BHP}} \times 100 \tag{14.33}$$

$$\text{パーセント全体効率} = \frac{\text{WHP}}{\text{MHP}} \times 100 \tag{14.34}$$

■例 14.35
問題： ポンプは 8.5 WHP の馬力を必要としている．モーターはポンプに 12 HP を供給するなら，ポンプの効率はいくらか．

解答：
$$\text{パーセントポンプ効率} = \text{WHP出力馬力}/\text{BHP入力馬力} \times 100$$
$$= 8.5/12 \times 100 = 0.71 \times 100 = 71\%$$

■例 14.36
問題： 25 HP に相当する電気パワーがモーターに供給されポンプが 14 HP の仕事をしたとき，効率はいくらか？

解答：
$$\text{パーセント全体効率} = \frac{\text{WHP}}{\text{MHP}} \times 100 = \frac{14}{25} \times 100 = 0.56 \times 100 = 56\%$$

■例 14.37
問題： モーターは 12 kW のパワーを供給している．ブレーキ馬力が 14 HP なら，モーターの効率はいくらか？
解答： まず，キロワットパワーを馬力に変換する．1 HP＝0.746 kW という事実に基づいて，馬力は，

$$\frac{12 \text{ kW}}{0.746 \text{ kW/HP}} = 16.09 \text{ HP}$$

となる．次にモーターの効率を計算する．

$$\text{パーセントモーター効率} = \frac{\text{BHP}}{\text{MHP}} \times 100 = \frac{14}{16.09} \times 100 = 0.87 \times 100 = 87\%$$

引用文献・推奨文献

Davies, P. (2013). *Types of Colloids*. University of Bristol, http://www.chm.bris.ac.uk/webprojects2002/pdavies/types.html.

Irikura, K.K. and Johnson III, R.D. (2000). Predicting unexpected chemical reactions by isopotential searching. *Journal ofpHysical Chemistry A*, 104(11), 2191–2194.

Missen, R.W., Mims, C.A., and Saville, B.A. (1999). *Introduction to Chemical Reactions Engineering and Kinetics*. John Wiley & Sons, New York.

Morgan, G.T. and Drew, H.K. (1920). Researches on residual affinity and coordination. Part II. Acetylacetones of selenium and tellurium. *J. Chem. Soc.*, 117, 1456.

Oxlade, C. (2002). *Materials Changes and Reactions (Chemicals in Action)*. Heinemann, Portsmouth, NH.

Spellman, F.R. (2013). *Handbook of Water and Wastewater Treatment Plant Operations*, 3rd ed. CRC Press, Boca Raton, FL.

Wahren, U. (1997). *Practical Introduction to Pumping Technology*. Gulf Publishing, Houston, TX.

第 VIII 部

環境保健と安全の計算

「女の子が7人，ほうきでここを，
半年掃いてくれたなら，どうかな．
きれいになるんじゃないかな？」
とセイウチはいった．
「さあ，あやしいね．」と大工はいって，
にがい涙を流した．

—— Lewis Carroll（『鏡の国のアリス』）

　環境保健，安全，産業衛生などの専門的実務に従事している環境分野の実務家は，ジェネラリストとして十分に物事に精通していなければならない．さらに，産業衛生や安全の幅広い分野の中の，ある専門領域のエキスパートでもあらねばならない．彼らの総合的なスキルセットに寄与する重要な要素は数学的計算である．

第15章
職業上の安全と環境保健の専門家のための基本計算

部長：まあ，私の見解では，労働環境の安全というのは，相対的なものだね．
私　：安全が相対的なもの？　何に対して？　仕事のせいで，何人がけがをして，何人が病気になって，何人が死んだかを比べるということ？
部長：［まったく無言］
私　：（心の中で）能なし相手でも，ときには黙っているだけで伝わることがある．

―― F. R. Spellman（1989）

15.1　産業衛生とは何か？[*1]

　米国労働安全衛生庁（OSHA）によると，産業衛生とは，労働者に傷害や疾病を起こすかもしれない作業環境の条件を，予想し，確認し，評価し，管理する科学である．産業衛生士は，労働者の曝露量を調べるための環境調査と分析手法，雇用主の技術と運営管理などの手段を用いて，あたかも個人保護具（PPE）のように，健康影響を管理するのである（OSHA, 1998）．

　9.11を覚えているか？　炭疽菌郵便事件はどうか？　馬鹿な質問だ，そう思うだろう？　正しい問いは，「われわれはどうすれば忘れることができるだろうか？」だ．それはツインタワー（Twin Towers）に激突する飛行機に関する言葉から始まった．ニュースはどこに行っても報道されていた．飛行機が激突してタワーが崩壊する，あのテレビ映像を覚えているだろう？　何度も何度も繰り返し放映された映像は，われわれ人間のメモリーチップ（記憶素子）に深く刻みつけられたのだ．われわれは，火事を見物する人や滝の水が落ちるのを見つめる人たちのように，引き寄せられ見つめてしまい，催眠術にかけられたようになってしまった．始めのうちは，自分の見ているものが何なのかを信じることができなかった．

　その後も，生存者の捜索の間中，テレビ報道は続いた．われわれは，勇敢な警察や消防，危機対応者たちが最善を尽くして生存者を救出するのを見た．建設労働者や何の仕事をする人かわからない人たちまでもが，絡み合って煙っていてわけのわからないところを，曲がった鋼や，蛆虫みたいなごちゃごちゃの中をよじ登ったり這いつくばっていったりしながらできる限りの救助活動をしているのを見た．他にもこんな映像も見た．た

[*1]：［原注］本章の一部は，Spellman, F. R., *Industrial Hygiene Simplified*, Government Institutes Press, Lanham, MD, 2006 を改変したものである．

とえば，宇宙服のようなものを着て，道具を手にもって歩き回っている人たちを思い出すのではないだろうか？　ふつうのテレビ視聴者は，これらの宇宙服の人たちが煙っている瓦礫と遺体と破壊物の間を用心深く慎重に動いているのを見ていたが，あの献身的な専門家たちは誰なのかとは考えもしなかった．彼らは，全力で，そのエリアの調査や試験をして，危機対応者やその他の人々にとって安全かどうか，また，大統領が，あちこちでくすぶっているところの瓦礫の上に立って，われわれ皆が聞かなければならない決然とした言葉を，テロリストたちが聞くべき言葉を，そして今もなお皆が聞きつづけている言葉を発して大きな声ではっきりとスピーチをするときに，大統領とまわりにいる兵たちの安全を保証できるかどうかを確認しようとしていたのだ．

　9.11の余波の間にテレビ画面に現れていただけでなく，炭疽菌攻撃により犠牲になった郵便局の撮影フィルムでも目立つ姿で映っていたあの宇宙服の人たちは，いったい誰なのだろうか？　彼らは産業衛生士である．テロリズムとバイオテロリズムは，10年前に新しい専門語となったが，有害な場所への対応は，多くの人々がその役目を理解していないあの宇宙服の人たちにとっては何も新しいことではない．時代は変わったが，十分に訓練されたプロの産業衛生士の必要性は何も変わってはいないのである．

　別の点から考えてみよう．産業衛生士は安全の専門家なのか，それとも環境分野の専門家なのか，と尋ねる人があるかもしれない．答えは，両方である．時と場合によるのだ．安全の仕事と環境保健と産業衛生は通常別々のものだと考えられている（これは，特に，多くの安全に関する職業と産業衛生士の考え方である）．実際のところ，長年にわたって，作業環境における安全と健康問題に関連する安全と産業衛生の職に就いている人たちの間でかなりの論争が行われてきたのである．まさに，作業環境安全プログラムの管理者として誰が最も適任であるのかということも含めて．真の安全の専門家は誰なのか？

　歴史的には，この論争では安全の専門家のほうが優位に立っていた．つまり，労働安全衛生法（OSH Act）の制定前までは．労働安全衛生法はOSHA（米国労働安全衛生庁）に実質的な管理権限を与えた．それまでは産業衛生というのは，多くの専門家たちがそれについて考えたり注意を払ったり理解しようとしたりする話題ではなかった．安全は安全であった．そして「安全の専門家」という職業の称号は，環境保健（環境から健康を保護すること）も含んでいたのだ．そしてそれがすべてであった．

　しかし，労働安全衛生法が成立した後は，状況，特に人々の認識が変わった．人々は労働によるケガや労働に関連した病気を今までとは違った眼で見はじめた．以前はケガと病気は別々の問題だとみなされていた．なぜか？　このように考える第一の理由は明白であったが，おそらくそれほど明白であるというわけではなかったのである．明白だというのは労働に関連したケガである．仕事上のケガは突然起こるが，その原因（たとえば，電源，化学薬品漏出，機械，道具，作業場所や歩行面，不注意な同僚など）は，通常はかなりはっきりしている．はっきりしないのは，労働に関連した病気，たとえば，鉛，アスベスト，ホルムアルデヒドなどによるかもしれない病気である．それはなぜか？

15.1 産業衛生とは何か？

なぜなら，たいていの職業上の病気は，かなりゆっくりと，労働していた時間をすぎてからも悪くなっていく．がんのように知らないうちに進んでいくことも多い．たとえば，アスベストの曝露の場合，作業者が適切な訓練も受けず，アスベストについて知らされもせず，個人用の防護具（PPE）も着けないまま，アスベストを含む建材を取り除くとすれば，それは曝露対象となるであろう．概して，アスベスト曝露はたった一度の曝露事象（銀の弾丸症候群[*2]）か，あるいは数年にわたって継続する曝露かのいずれかであろう．曝露の期間がどうであれ，アスベストによる病理学的な変化はゆっくりと起こる．その作業者が自分の肺機能の変化に気づくまでにしばらく時間がかかってしまうかもしれない．アスベスト曝露に起因する病気は，その影響が現れてくるまで（あるいは診断されるまで）に20～30年の潜伏期間があるのである．

ポイントは何か？ アスベストに曝露されるようなことがあれば，それが短期間であれ長期間であれ，結局のところ，もとに戻らない慢性の病気（つまり，石綿症）になってしまうかもしれないのである．ほかにも，労働環境における多くのさまざまな毒性物質への曝露が，労働者の健康に影響する．そのような事象の防護と評価と管理が産業衛生士の役割となる．

労働安全衛生法が成立し，また産業衛生の問題について人々が大きく知るところとなり，組合の関与が増えるにつれて，産業衛生士の役割は数年来大きくなりつづけている．産業衛生の専攻科目を環境保健課程に取り入れている大学もある．安全と産業衛生を合わせて，事実上1つの実体，1つの専門職（プロフェッション）と考える風潮が進みつつあることは，労働安全衛生法のもう1つの成果であるといえよう．

この傾向は定義に関する1つの問題を提示する．安全と産業衛生を合体させる場合に，これらを1つの特別な肩書きや職業として結びつけるのか，ということである．この問題の解決策についての論争は続いている．この論争をどうやって終わらせるか？ それは重要な問題であろうか？ われわれはそのことを気にかけるか？ 本書には答えはない．しかし，あなたの肩書きが安全専門官でも，産業衛生士でも，あるいは環境保健専門官であっても，1つ確かなことがある．あなたが統計や数学の演算をよく知らないならば，あなたの果たすべき義務を正確に成し遂げることができないであろうということである．

ストレス要因と基準に関する適切で基礎的な情報を紹介してから，（すでに述べた統計的な手法以外の）数学的な手法と演算がその仕事のスタンダードであるような労働衛生の分野について述べることとする．

[*2] ［訳注］「銀の弾丸症候群」とは，西洋の信仰で銀の弾丸が1発で狼男や悪魔を撃退できるとされていることから，問題解決のための特効薬のような手段（銀の弾丸）が，次に登場することを期待する病（やまい）というような意味で，コンピュータプログラミングの分野などで用いられることが多い語である．しかしここでは，たった一度のアスベスト曝露が重大な肺疾患を引き起こすことの比喩に用いていると考えられる．

15.2　作業環境におけるストレス要因

　健康的な作業環境とその周囲の環境を保証するために，環境分野の専門家たちは，人間や動植物に病気や健康障害や重大な不具合を生じさせる化学的，物理的，生物学的，そして人間工学的なストレス要因を認識し，評価し，管理することに集中する．たった今述べたキーワードはストレス要因（stressors）である．あるいは単純にストレス（stress）としてもよい．われわれに対する外的あるいは内的環境の要求により起こるストレスである．許容レベルを超える外的ストレス要因の増大は，健康状態と仕事のでき具合に影響する．

　環境分野の専門家たちは，環境のストレス要因は存在するだけでなく，ときには累積するということを理解していなければならない．たとえば，作業環境に関する研究によると，ある組立工程のプロセスは，弱い照明と振動のうち，どちらか一方であれば，ほとんど影響を受けない．しかし，これらの2つのストレス要因が重なると組立工程の作業効率は低下する．まったく逆の影響を示すケースもある．ほとんど睡眠をとっていない作業者が騒音レベルの高い作業場所で作業する場合に，実際のところ，目が覚めるような大きな音で効率が上がったのである（多少は音の強度と労働者の疲労度に依存するが）．睡眠不足と高レベルの騒音が補償的に働いた例である．

　個人の健康に影響する環境ストレス要因やその他の要因を知るために，環境保健の専門家は，労働作業，家庭環境，ライフスタイルの要因やその他のプロセスについてよく知っていなければならない．たとえば，労働環境では，新人の環境専門職のオリエンテーション課程の主要部分に，関連するすべての作業と工程の概要が含まれているべきである．労働環境における安全と健康に責任をもつべく新しく雇用された環境専門職は，まだ十分には会社の労働作業と工程について教えられておらず，そのような工程の環境影響を学ぶのには適していないし，監督者や労働者からの信頼を得られない（もしあなたがそこにいなければ，あなたはわれわれの仲間ではない）ということでさらに苦しむことになるのは明らかだからである．この点はどれだけ強調してもしすぎることはない．もしあなたの意図が，環境ストレス要因を正したり除いたりすることならば，あなたはあなたの組織とそのすべてについて知っていなければならないのだ．

　産業衛生士が，安全の専門家が，そして環境分野の専門家が，関心をもつべき作業環境および一般環境のストレス要因とは何か？　重要なストレス要因は，老化のプロセスを加速させるような性質のものである．慢性の病気のように，重大な不快感や非効率を引き起こすものである．あるいは直接生命や健康に危険を及ぼすものであるかもしれない（Spellman, 1998）．いくつかのストレス要因がこのカテゴリに分類される．最も重要な労働に関連する健康ストレス要因は，化学的，物理的，生物学的，人間工学的なストレス要因を含んでいる．

15.2.1 化学的ストレス要因

化学的なストレス要因とは，固体，液体，気体（ガス），ミスト（霧），ダスト（塵），ヒューム（煙），蒸気の形状で，吸入（呼吸），吸収（皮膚との直接接触），消化（飲食）により毒性影響を示す有害な化学物質のことである．大気中の化学物質の有害影響は，ミスト，蒸気，気体，ヒュームの濃縮した形で存在する．あるものは吸入により毒性を示し，またあるものは接触により皮膚に炎症を起こす．皮膚から吸収され，あるいは経口摂取により毒性を示すものもあり，生体組織を腐食させるものもある．各物質の曝露のリスクの程度は毒性影響の性質と強度，そして曝露の規模と持続時間に依存する．

15.2.2 物理的ストレス要因

物理的なストレス要因には，過度の電離放射線（γ線，X線，紫外線など）と非電離放射線（電波，赤外線，可視光線など），騒音，振動，照明，温度が含まれる．電離放射線の曝露がある業務においては，時間，距離，遮蔽のような要因が労働者の安全を保障する重要な鍵となる．放射線による危険は曝露された時間とともに増加するので，曝露時間が短いほど危険は小さくなる．十分な距離をとることも，電離放射線と非電離放射線のいずれについても，曝露を管理する有効な手段である．ある線源からの放射レベルは，作業者と線源の距離の2乗の比較により評価することができる．たとえば，線源より10 ftの距離の点の放射強度のレベルは，1 ftの距離の強度の100分の1である．遮蔽も放射線に対する保護手段である．放射線源と作業者の間にある遮蔽物が大きいほど，放射線の曝露は少なくなる．非電離放射線にも，線源から作業者を遮蔽することにより対処する．非電離放射線に対しては，曝露時間を制限することや距離を大きくとることが効果的でないこともある．たとえば，レーザー光線は時間制限を課してもうまくコントロールできない．まばたきより速い一瞬の曝露でも有害となりうる．レーザー光源からレーザー光のエネルギーレベルが有害でなくなるポイントまでの距離は何十マイルになるかもしれない．

騒音は，さまざまな手段によりコントロールできるもう1つの物理的な重大なハザードである．騒音は，静かに操作できるように設計，企画，建造された装備やシステムを導入することにより，また騒音の出る装置を封止したり遮蔽したり，すり減った，あるいはバランスの悪い部品を交換してきちんと修理・メンテナンスをしたり，騒音の出る装置を特定の台に乗せて振動を減じたり，サイレンサーやマフラーやバッフルのような消音装置をつけたりすることにより，減らすことができる．騒音を減らすもう1つの重要な手段は，たとえば部品を鋲でとめるのではなく溶接するというように，うるさい作業方法を静かな方法に替えることである．床や天井や壁を吸音材で処理することにより反響音を減らすこともできる．そのほかにも，うるさい操作に隣接した作業場所に音のバリアを立てることでも，労働者が隣の騒音に曝露されるのを少なくすることができる．

騒音曝露は，騒音源と受信者の距離を大きくすることや，労働者を防音ブースに隔離すること，騒音に曝される時間を制限すること，聴力保護具を供給することなどでも減

らすことができる．OSHAは，騒音環境にいる労働者が聴力消失に対する予防策として逐次検査を受けるよう求めている．製鋼工場などにおける放射熱も物理的なハザードの1つである．放射熱は反射板や防護服を身につけることでコントロールできる．

15.2.3 生物学的ストレス要因

生物学的ストレス要因には，直接身体に入ったり皮膚の傷から侵入したりして急性や慢性の感染症を起こす細菌，ウイルスやその他の生物がある．植物や動物とそれらの製品，あるいは食物の取り扱いや食物の調理のような職業に従事する場合，労働者は生物学的なハザードに曝される危険性がある．研究所や医療機関の職員も同様である．生体液に接触する可能性のある職業は，いずれも労働者を生物学的なハザードに曝すリスクをはらんでいる．動物に関連する職業では，生物学的なハザードは，感染動物の適切なケアと取り扱いだけでなく，動物集団の病気を予防し，管理することにより対処する．個人的な衛生手段としては，特に小さな切り傷や引っかき傷，とりわけ手や前腕の傷に十分注意することもまた，労働者のリスクを最小限に抑えるのに効果的な方法である．生物学的ハザードの曝露の可能性がある職業においては，労働者はそれぞれが適切な衛生意識をもつべきである．手を洗うことは特に重要である．病院は，適切な空調，手袋やマスクのような適切な個人防護具，適切な感染性廃棄物処分システム，結核のような特定の伝染性の病気の患者の隔離などの適切な管理を供給しなければならない．

15.2.4 人間工学的ストレス要因

人間工学はあらゆる範囲の動作（タスク）を研究し，評価する．たとえば持ち上げる，握る，押す，歩く，伸ばすなどの動作であるが，これらに限るものではない．たいていの人間工学的な問題は，組立ラインの速度の増加や特別のタスクの追加，繰り返しの増加のような技術的な変更から生じる．設計の悪い仕事のタスクから起こる問題もある．このような状態のいずれもが過度の振動，騒音，眼の緊張，反復動作，重労働のような人間工学的なハザードの原因となりうる．設計の悪い道具や作業領域も人間工学的ハザードとなりうる．分類，組立，データ入力のような仕事にありがちの，長時間にわたる反復動作や度重なる衝撃が，いらいらや手や腕の腱鞘炎，手根管症候群を引き起こすことも多い．

人間工学的ハザードは，仕事あるいは仕事の場所の効率のよい設計，身体的環境と仕事の動作（タスク）の点において，労働者のニーズに合わせてうまく設計された道具や装置によりおおむね回避することができる．職場の徹底的な分析を通して，雇用者は，以下のような方法により人間工学的ハザードを修正・管理するための方法を組み立てることができる．作業場所，照明，道具，装置などの設計や再設計のような適切な工学的管理，適切なリフティング方法のような正しい作業方法の指導，数種の異なる作業間で労働者をシフトする，要求生産量を減らす，休憩時間を増やすといった適当な管理規制の導入，（必要な場合には）個人防護具の供与などの方法である．人間工学的観点から労

働条件を評価するということは，労働者の仕事に対する身体と精神，全体の要望をよく見るということである．

つまるところ，環境保健の専門家は，よい設計の人間工学的労働環境が，効率の上昇，事故の減少，作業コストの低下，職員のより効果的な登用につながると指摘している．職場において，環境保健の専門家は，健康のストレス要因となる可能性のある事項（原材料，担体，化学反応，化学相互作用，生産物，副産物，廃棄物，装置，操作方法）も再点検すべきである．

15.3 環境保健と安全に関する用語

いずれの科学分野，職業，工学的プロセスにもコミュニケーションのための独自の用語が存在する．環境保健と安全作業法も同様である．

圧力［pressure］ 相対する流体に加えられる力，あるいは表面上を均等に押す力．

アレルゲン［allergen］ 胞子上のアレルゲンの存在により，現在までに研究されたすべてのカビが，感受性の高い人にアレルギー反応を引き起こす潜在的な能力をもっている．アレルギー反応はカビに対する最もふつうの反応であると信じられている（Rose, 1999）．

安全［safety］ 有害な事象のリスクが許容できる程度であること，リスクを免れていること，あるいはリスクの確率が低いことを示す一般的用語．

安全基準［safety standard］ 安全な製品，業務，機械装置，配合，工程，環境を明示するために設定される判断基準．基準は，基準の適用対象あるいは適用範囲に関するその時点で利用可能な科学的あるいは経験的知識に基づいて，すべての関係する利害関係者の代表組織により創出されるものである．

安全係数［safety factor］ 労働者の健康や安全を確保するために，実験データに付加される数値（たとえば，1,000倍）．

安全性データシート［material safety data sheet（MSDS）］ 化学品の製造者から提供される，化学物質の物理的，化学的性質，慢性・急性の健康への有害性，漏出した場合の措置，化学物質を扱う場合に用いられる保護具，他の化学物質との反応性，他の化学物質との配合禁忌，製造者の名称，所在地，電話番号などの情報が示された印刷物．作業従事者がMSDSを入手し理解することは，有害危険性周知基準（HAZCOM）プログラムの主要な部分である．

安全性評価［security assessment］ 見通しと尽力に裏づけられた安全性検査．その目的は，組織が安全性を保障する仕組みや（部分的には）方針をこれまで十分に実行してきたかどうか，高い見地からきわめて正確に理解することである．

安全ではない条件［unsafe condition］ 人的傷害や所有物の損害が過去に生じた，あるいは将来生ずると予想される，受容可能，正常あるいは正確な状態から逸脱した物理的状態．通常存在する安全性を減ずる結果をもたらす物理的状態．

異常事象［訳注：特に軽微なもの］［incident］ わずかに状況が異なると，人的被害や器物の損傷をもたらす好ましくない事象．資源の好ましくない喪失．

医療モニタリング［medical monitoring］ 定期検診に先立って行われる，労働者を対象とした初期の医学検査．医療モニタリングの目的は労働者の健康状態を知り，保護具の着装が適切であるかを調べ，健康状態の記録を保管することである．

引火性液体［flammable liquid］ 引火点が37.8℃（華氏100度）より低い液体［訳注：2003年

に国連が勧告した GHS（The Globally Harmonized System of Classification and Labelling of Chemicals：化学品の分類および表示に関する世界調和システム）では，引火性液体は，引火点が93℃以下の液体であると定義され，さらに4区分に分類されている．原著の解説は，以前の一般的な分類を示したものと考えられ，GHS 分類の区分1（引火点＜23℃，初留点≦35℃），区分2（引火点＜23℃，初留点＞35℃）の液体，および区分3（引火点≧23℃および≦60℃）の一部の液体に該当する．（「可燃性液体」の項参照）］．

引火点［flash point］ 液体が，空気と着火性の混合蒸気をつくることができるのに十分な蒸気を揮発させる最低温度で，点火源があればこの温度で燃焼する．引火点の測定には開放式と密閉式の2つの試験がある．

インターロック［interlock］ 他の機器と相互に作用しあう機器，あるいは連続的な操作を統御する機構．たとえば，適切に扉が閉まらなければ昇降機が動かないようにするエレベータの扉．

インパルス雑音［impulse noise］ 急速に発生して高いピーク値を示し，急速に減少する雑音．

運動エネルギー［kinetic energy］ 物体の移動からもたらされるエネルギー．

エアロゾル［aerosol］ 空気中に長時間浮遊している，非常に小さい液体または固体の粒子で，遠方まで輸送される．

疫学理論［epidemiological theory］ この理論では，疫学的な関連性の研究や決定に用いられているモデルを，環境要因と事故や病気の因果関係の調査にも応用することができるとされている．

エネルギー［energy］ 仕事をする能力，容量のこと．位置エネルギー（PE，ポテンシャルエネルギー）は「位置」に由来するエネルギーで，伸びたバネは弾性力による PE をもっており，地球の表面より高いところに位置する物体や高架水槽の水は重力による PE をもっている．燃焼に必要な酸素とともにある石炭ランプや石油タンクは化学エネルギーを有している．その他の種類のエネルギーには，電気，核エネルギー，光，音がある．身体を動かすことで運動エネルギー（KE）が生じる．エネルギーはある形のエネルギーから他のエネルギーに変換しうるが，その総量は変わらない（エネルギー保存の法則に従う）．たとえば，オレンジが落ちると，オレンジのもつ重力 PE は失われるが，KE を獲得する．

汚染除去［decontamination］ 感染因子のような有害物質の低減や除去のプロセスで，病気の伝染の可能性を減らすために行う．

（汚染）低減期間［abatement period］ 指摘された有害な状況を改善するために雇用主に与えられた期間．

オーディオグラム／聴力図［audiogram］ 一般に 500～6000 Hz のいくつかの異なる周波数において測定した聴力低下や聴力レベルを記録したもの．グラフや数値で示される．聴力レベルは周波数の関数として表される．

音響学［acoustics］ 一般に音と音が伝わることに関する実験科学および理論科学のこと．特に，室内や劇場のような特定の場所における音響現象を取り扱う科学の分野をいう．安全工学は音響の技術的管理に関する学問で，建築学・建築構造，振動の調査管理，防音，技術者を騒音の害から守るために音を除去することも関係する．

化学変化［chemical change］ 2つ以上の物質（反応物質）が互いに作用し，その結果，異なる構成の別の物質（生成物）が生成されるときの変化．化学変化のわかりやすい例は炭素の酸素中での燃焼で，その結果，二酸化炭素が生成する．

15.3 環境保健と安全に関する用語

化学薬品漏出［chemical spill］　有害な，あるいは有害であるかもしれない物質の偶発的な投棄，漏出，飛散．

火災［fire］　酸素と燃料の化学反応．［訳注："fire"の意味は，火または火災である．この語の解説としては，本書の解説はあまり適切ではないと思われる．むしろ「燃焼」の意に近い．（「燃焼」の項参照）］

可聴域［audible range］　正常聴力の周波数領域．およそ20～20,000 Hz．20,000 Hz以上の領域は超音波（ultrasonic），20 Hz以下の領域は亜音速（subsonic）の語が用いられる．

可燃性液体［combustible liquid］　引火点が37.8℃（華氏100度）かそれより高い液体［訳注：国連が勧告するGHSの分類では，可燃性液体は引火性液体の一部に分類され，引火点>60℃および≦93℃の液体（区分4）とされている．原著の解説は，以前の一般的な分類を示したものと考えられ，区分4の液体および区分3（引火点≧23℃および≦60℃）の一部の液体に該当する．（「引火性液体」の項参照）］．

可燃性ガス検知器［combustible gas indicator］　空気をサンプリングし，爆発性の混合物が存在しているかどうか，また，空気とガスの混合物が爆発下限界（LEL）の何％に達しているかを示す器械．

可燃性固体［flammable solid］　摩擦，水分の吸収，自発的化学変化，製造過程の蓄熱により火災を起こす可能性のある，爆発性でない固体．たやすく発火し，発火したときには非常に激しく，持続して燃えるため，重大な災害を引き起こす可能性が高い．

カビ［mold］　地上に存在する菌類の最も典型的な形態．地球上のバイオマスの約25％に及ぶ（McNeel and Kreuzer, 1996）．

感作物質［sensitizer］　きわめて低い用量でアレルギー反応を惹起する化学物質．

危険性［hazard］　有害な影響をもたらす可能性のある活動，状態，環境，あるいは条件や環境の変化．安全でない状態［訳注：有害性と訳される場合もある］．

危険性制御［hazard control］　危険にさらされることでもたらされるリスクを軽減する手段．

危険性同定［hazard identification］　事故の発生により望まない結果をもたらす可能性のある素材，システム，手順，事業所の性質を詳細に確定すること［訳注：有害性同定と訳される場合もある］．

危険性のある素材［hazardous material］　有害な影響を人にもたらす可能性が相対的に高い素材．

危険性評価［hazard assessment］　システムを構成する要素間の相互関係の中にある潜在的な危険性の質を定性的に評価すること．これに基づき，同定されたそれぞれの危険性の発生確率が見積もられる［訳注：有害性評価と訳される場合もある］．

危険性分析［hazard analysis］　危険性を同定し，その対処行動を勧めるための系統的手順．

危険操作性解析［hazard and operability (HAZOP) analysis］　プロセスの逸脱を調べるための一連のガイドワードを用いて，プロセスの危険性や潜在的な運転上の問題点を明らかにする体系的手法．

希釈［dilute］　混合物中の活性成分の濃度を下げるために，使用者あるいは製造者が化学物質に素材を加えること．

気体［gas］　物質がきわめて低い密度と粘性を示し，温度や圧力に応答して大きく膨張・収縮し，他の気体中に容易に拡散し，どのような容器の中にも直ちに均一に分布することができる物質の状態．

吸収［absorption］　固体に液体が，あるいは液体に気体が取り込まれるように，ある物質がほかの物質に取り込まれること．

急性（影響）［acute］　曝露後短時間で発現する健康影響．急性曝露は比較的短期間の経過をたどり，その影響は慢性曝露の影響より回復しやすい．

急性毒性［acute toxicity］　ある物質の曝露により時間や日の単位の短期間に生物に引き起こされる，明確に認識可能な有害影響．

吸着［adsorption］　ガスや液体が別の物質，通常は固体の表面において吸い込まれること（たとえば，活性炭によるガスの吸収）．

許容濃度［TLV：threshold limit value］　許容曝露限度（PEL：permissible exposure limit）と同様の概念．TLV は政府の規制としての効力を背景としないが，American Conference of Governmental Industrial Hygienists（米国産業衛生専門家会議，ACGIH）によって設定され，推奨されている勧告値に基づいている．

許容曝露限度［PEL：permissible exposure limit］　健康な労働者が 1 日 8 時間あるいは週 40 時間曝露されても健康に有害な影響をもたらさないとみなされる大気汚染物質の時間加重平均濃度．法律により設定され，OSHA による強制力がある．

緊急対応［emergency response］　人の生命や財産が危険にさらされるような火災，化学物質の漏洩，爆発やその他の事故の通知を受けた際に，消防士，警察官，医療専門職およびその他の緊急業務職の職員がとる対応．

緊急対応プラン［emergency response plan］　「事故対応計画」を参照．

空気汚染／空気コンタミネーション［air contamination］　外来の物質が空気中に入り込んだ結果，空気が汚染された状態．

ケミカルハザード［chemical hazard］　さまざまな形状（ミスト，蒸気，気体（ガス），粉塵（ダスト），ヒューム）で伝搬される有害な化学物質．

権限者［authorized person］　特定の義務や任務を実行するように，特定の装置を使用するように，あるいは特定の時間に指定された場所にいるように，雇用主や監督者により指名あるいは選任された人のこと（たとえば，権限者や有資格者という語は限られた場所への入室の際などに使われている）．

減衰［attenuation］　ある要因の源から距離が遠くなるに従い，強度が減少すること．音源からの距離の増加に伴う騒音レベルの減少がよい例である．

高温作業［hot work］　電気あるいはガスによる溶接，切断，鑞接，あるいは同様の炎や閃光の発生を伴う作業．

高温による消耗［heat exhaustion］　過度の高温に曝露され体の水分を失うことによりしばしば引き起こされる身体の状態．頭痛，倦怠感，吐き気，ときには失神を症状とする．

工学［engineering］　人々の要求を満たすために，建物，機械，装置，製造工程の設計と建造，発電およびその利用などに，科学の原理を応用すること．安全工学は環境および人類の環境，特に，機械，有害物質，放射線との接点を管理するものである．

工学的管理［engineering controls］　労働環境に放出される汚染物質の曝露源の改善や汚染物質量の低減により，労働者の曝露を管理する方法．

行動に基づく安全管理モデル［behavior-based safety（BBS）management models］　B.F. Skinner の研究に基づいた管理理論で，行動を刺激と反応と結果で説明する．BBS は，労働者が仕事上でのケガや病気を予防するための行動の変化にほぼ完全に焦点を合わせた，広い範囲の問題に

言及する．

個人保護装置［PPE：personal protective equipment］　有害な物質や物理的な力への曝露や接触から労働者を守るために装着する用具や装置．

作業基準［performance standard］　OSHA 管理基準は法令順守に関する最終的な目標を一覧表にしたものであり，どの程度法令で定められた事項が達成できているかを正確に明らかにするものではない．法令の順守は，経験に基づいて可能な範囲で最も安全な方法，動作や手順を実施することに裏づけられている．

酸化［oxidation］　化学反応で物質に酸素が結合したり，水素や電子を失ったりすること．化学処理の方法．

酸化剤［oxidizer］　酸素添加剤（oxidizing agent）ともいう．他の化合物を酸化する化合物．酸化剤は酸素を産生して火炎の発生を助長することから，危険物に分類されている．

産業衛生学［industrial hygiene］　米国産業衛生学協会（American Industrial Hygiene Association）は産業衛生学を，「労働者や地域の市民に疾患を引き起こし，健康と良好な生活を障害し，重大な不快さと非効率の原因となる可能性のある環境因子や，作業環境で起こるストレスを予知し，認識し，評価・調節していくための科学と技術」と定義している．

酸素欠乏大気［oxygen-deficient atmospheres］　酸素濃度が空気の体積の 19.5% 以下である大気を法律上定義したもの．

時間加重平均［time-weighted average, TWA］　特定期間を通じた曝露濃度の平均値．［訳注：https://www.osha.gov/dsg/annotated-pels/ を参照］．

刺激物［irritant］　皮膚，眼，鼻，呼吸器などに接触することで刺激作用をもたらす物質．

資源保全回収法［RCRA：resource conservation and recovery act］　1976 年に制定された，都市廃棄物と有害廃棄物の問題を取り扱い，資源の回収とリサイクルを促進するための連邦法．

事故［accident］　この用語は誤解されたり，傷害（injury）の意味で誤用されたりすることが多い．もちろん，この 2 つの用語の意味は異なる．事故（accident）の語のさまざまな定義により生じている混乱について考えてみよう．辞書では，事故（accident）は「思いがけない，予見できない，あるいは意図しないできごとや事象」と定義されている．別の定義では，「偶然に起こる，あるいは未知の原因や間接的な原因により発生する事象や状況」となっている．法律上の定義では，「被害者の側の過失や違法行為のせいによらない損失や傷害をもたらす不慮のできごとで，何らかの法的救済措置がとられるべきもの」となる．わかりにくいだろうか？　では，以下の定義があなたの頭をすっきりさせるのに役立つだろう（Haddon et al., 1964, p.28）．

"まれな例外を除いて，事故（accident）とは，明示的もしくは暗示的に，生物の身体や無生物の構造に対する物理的あるいは化学的変化の予期しない発生により定義される．重要なのはこの用語がある種の被害しか対象としていないことである．たとえば，ある人が不注意で毒物を摂取して具合が悪くなれば，事故が起きたとされる．しかし，もし同じ人が不注意でポリオウイルスを飲み込んで傷害を負ったとすれば，その結果が偶発的な事故と考えられることはまずない．このことは，他の病的状態の原因に対するアプローチとは対照的に，事故に対するアプローチにおける奇妙な矛盾を例証している．そして，これはこの分野の発展を遅らせつづける 1 つの原因となっている．さらに，たとえ事故が予期しない被害の発生であると定義されるとしても，それは被害そのものの発生や予防ということよりもむしろ，予期しないということが重要であり，そのことは事故研究の多くが強調してきた．そのアプローチは現在の知識によっては正当化されておらず，感染性微生物により発生するようなそのほかの被害形態の因果関係や予防に対するアプ

ローチとは際立って対照的である．感染性微生物による感染の場合には，そのことの「予期されない」という点にほとんど注意が払われることはなく，その身体的，あるいは生物学的性質のみが強調されるのである．そして，このアプローチは顕著な成功を収めてきた．"

これで，「事故」が実際どういうものであるかということをより実感していただけたであろう．しかし，われわれのニーズにもっとぴったりのもう1つの定義が「ASSE安全用語辞典」の著者である安全の専門家によって提示されている．彼らが事故をどのように定義するかをみてみよう．

"事故とは，計画外の，ときに傷害や損害をもたらし，活動の正常な進行を妨げ，そして常に危険な行為やそれに基づく危険な状況が先行する事象のことをいう．事故は危険性の認識不足やハザード管理の現行システムのある種の不備に起因するといえる．災害保険における適用に基づけば，事故とは，時間と場所の点では明確に特定されるが，その発生や結果については，予想外の事象である．"

本書では，ASSEの定義を採用するものとする．

事故対応計画／緊急対応プラン［contingency plan (emergency response plan)］ 40 CFR 260.10 のもとに，人の健康や環境を脅かす緊急事態の際に従うべき行動方針を準備・計画・調整し，とりまとめた文書．

事故分析［accidental analysis］ 事故研究により集められたデータや情報の包括的かつ詳細なレビュー．事故分析は要因の決定のみに用いられるべきで，誰かを非難し責任を問うために用いるべきではない．要因が決定されたら，再発防止のための是正措置が講じられるべきである．

事故防止［accidental prevention］ 人の死亡や傷害を起こす状況を防ぐ行為．

自然発火温度［auto-ignition temperature］ 蒸気を発生する物質や可燃性のガスが，火花や炎のない場合でも発火する最低温度．

実験室安全規格［laboratory safety standard］ 29 CFR 1910.1450 に定められた，実験室における危険性を明示的に伝達するための計画．この規格による管理とは，実験室における危険性の伝達と緊急事態への対応の調和そのものである．実験室安全規格の基本として，化学物質の危害防止計画の作成が求められている．

室内空気質［IAQ：indoor air quality］ 家屋構造物内の空気成分が居住者にもたらす効果や良し悪し．通常，温度（高温，低温），湿度（低湿，高湿）および流速（通風状態や静止状態）は，室内空気の質というよりも快適さの問題としてとらえられているが，室内空気の質は，石綿症，シックビル症候群，生物エアロゾル，粉塵や発煙の排気にかかわる問題などと関連している．

シャルルの法則［Charle's law］ 圧力が一定のとき，一定量の理想気体の体積は絶対温度（単位：ケルビン（K））に比例することを示した法則．

周囲の…［ambient］ 与えられた点のまわりの環境の状況を説明することば．たとえば，ambient air（環境空気）とは，建物の外で，一般の人々が近づくことができる大気の一部分をさす．ambient sound（周囲音）は，環境により発生する音をいう．

手根管症候群［carpal tunnel syndrome］ 手首の中を通る正中神経の障害で，人間工学的に不適当な反復運動の結果発症することが多い．

照度［illumination］ 表面が受容する単位面積当たりの光束量．平方フィート（feet）当たりのルーメン（lumen），あるいはフィート・カンデラ（feet-candle）で表される．

初期評価［preliminary assessment］ どの程度事態が深刻であり，また，すべての対応する必

要のある関係者を同定するための迅速な解析. 初期評価は, 届出, 記録, 航空写真, 聞き取りなど, 容易に得られる情報を用いて行われる.

職業危険（安全）分析［job hazard (safety) analysis］ 危険に直結すること, あるいは安全に実施するために必要なことを明確にするために, 作業方法や手順を構成要素ごとに分けていくこと.

職業傷害と疾病の記録と要約［log and summary of occupational injuries and illnesses (OSHA-300 Log)］ （通常 10 名以上の従業員をもつ）雇用者に, 保管することが求められている, すべての報告すべき職業傷害と疾病の重要な事実を示す記録集.

触媒［catalyst］ 化学反応や生化学反応の速度を変化させたり反応を可能にしたりする物質で, それ自身は反応後に無変化のまま残っているものをいう.

シリカ［silica（SiO_2）］ 地球の地殻の主要構成物. 珪肺の原因.

視力調節［accommodation］ ビデオディスプレイ端末（VDT）を見た後に他の物体, 特に遠くの物体に焦点を合わせることができるような, すばやく容易に他の焦点に再調整することのできる眼の能力.

脆弱性評価［vulnerability assessment］ 安全方策を明確にし, あるいは, 強化するために, 組織の安全対策をさまざまの方向から管理し, 調整し, 協調し, 文書化して評価すること.

設計荷重［design load］ 建築物が, 床, 装備, 構造により支えられ, 安全である荷重で, 設計特性により決まる.

摂取［ingestion］ 口から体内に外来物が入ること.

接地系統［grounded system］ 少なくとも 1 つの避雷針か接点が堅固に, あるいは電流制限（電流変換）装置を通して接地されている避雷システム.

接地事故回路遮断装置［ground-fault circuit interrupter］ 衝撃の防護のための鋭敏な装置であり, 回路の過電流防止装置を作動させるほどではないが, 人に危険な電流の接地への漏出が起こった場合, 瞬時に電気回路やその一部からエネルギーを放出する機能をもつ.

ゼロエネルギー状態［zero energy state］ 装置の一部を動かす動力源, あるいはエネルギー放出が無活動となっている装置の状態.

線量計［dosimeter］ 完全就業時間のような一定時間以上にわたる時間荷重平均を求めることのできる測定器.

総合的品質管理［TQM：total quality management］ 品質向上に向けたすべての階層の全従業員の総合的かつ自発的な責任が求められる企業を運営する手法.

損失［loss］ 系統や要素が解体してしまうこと. 損失は金銭的価値の損失と関連づけたとき最もよく理解される. 労働者の死亡や傷害, 施設や機械の損失や故障, 原材料の損失や劣化, 製造の遅れがその例である. 保険業界では損失は金銭的損失を暗示しており, そのことを示すために保険業者は "LO$$" と書くのである.

損傷［injury］ 傷害（wound）, あるいは明確な損害.

大気圧［atmosphere］ 物理学の圧力の単位. 1 大気圧（atm）は 14.7 ポンド毎平方インチ（psi）に等しい［訳注：日本で使用される国際単位系では 1 大気圧は 1013.25 hPa（ヘクトパスカル）］.

大気汚染［air pollution］ 広範囲にわたり大気中を浮遊する毒性物質が偶発的, あるいは故意に排出されることによる, 室内空気あるいは屋外大気の汚染.

大気サンプリング［air sampling］ 安全工学の専門家は, 労働者がどのような汚染物質に曝露されたのかということと, その汚染物質の濃度を知ることに関心を示す. 空気中の汚染物質の量

とタイプは,代表的な空気試料の測定と評価により決定される.労働場所に存在する空気汚染物質のタイプは,使用原料と使用のプロセスに依存する.空気汚染物質は,①ガス・霧,②粒子の大きく2つのグループに分けることができる.

対策レベル[action level] 安全と健康に関する研究を実施する連邦機関であるOSHAと米国国立労働安全衛生研究所(NIOSH)により用いられる用語で,米国連邦規制基準(CFR)タイトル40「環境保護」に定義されている.OSHAによると,対策レベルとは医学的監視の必要な毒物のレベルのことで,通常許容曝露限界(PEL)の50%をさす.OSHAもまた,対策レベルという語を毒物のレベルを設定するのとは異なる使い方で用いていることに注意しなければならない.たとえば,聴力保護基準29 CFR 1910.95では,OSHAは対策レベルを,8時間荷重平均(TWA)でAスケール(A特性:鈍い反応)で測定した85 dB,あるいは曝露限界値の50%相当量と定義している.40 CFR 763.121では,対策レベルは,アスベストの気中濃度で8時間荷重平均1cm^{3}当たり0.1ファイバー(f/cc)を意味する.

大惨事／大災害[catastrophe] 傷害,死,損害,破壊などが非常に大規模に起こり,多くのものが失われること.

代謝熱[metabolic heat] エネルギーを消費する活動の結果として生成される熱.

対流[convection] 空気や水のような媒体の動きにより熱がある場所から別の場所に移動すること.

ダルトンの分圧の法則[Dalton's law of partial pressure] 理想気体の混合物において,混合気体の圧力は,混合気体を構成する各気体の示す圧力(分圧)の和に等しい.

短時間曝露限界値[short term exposure limit] 短時間(通常15分間)曝露されても,労働者が刺激を感じたり,慢性あるいは不可逆性の傷害を負ったり,自己回復の不全を起こすことのない時間加重平均濃度.

窒息[asphyxiation] 酸素の不足により呼吸ができないこと.ヘモグロビンと結合して血液の酸素運搬能力を減じる物質(たとえば,一酸化炭素)が化学窒息を起こす.単純窒息は,メタンのような酸素に置き換わる物質への曝露の結果として起こる.

着火温度[ignition temperature] 燃料が炎を上げる温度[訳注:着火点と訳される場合もある].

聴力検査[audiometric testing] 人の聴力感度を客観的(他覚的)に測定すること.被測定信号への反応を記録することにより,人の聴力感度のレベルが,デシベルの単位で表される.聴力検査での0は,まったく音の聞こえない状態といえる.

聴力保護[hearing conservation] 防音器具を用いること,技術的手段で騒音を抑制すること,定期的な聴覚試験,さらに雇用者のトレーニングにより騒音による聴覚障害を防ぐ,あるいは最小限に抑えること.

通電[energize] 電気回路の導体が,伝導体や,人が触れるかもしれない面に電圧が供給され,その面と他の面の間に電圧がかかっていて,回路が完成しており,電流が流れるような状態にあること.

堤防[dike] 流体,汚泥,固体あるいはその他の物体の移動を防ぐために用いられる,自然あるいは人工の盛り土やうね.

デシベル[decibel(dB)] 本来は音の強度を比較するのに用いられていた測量単位であるが,電力や電子力にも用いられるようになり,さらに現在では電圧を比較するのにも用いられている.聴力保護においては,音の強さのレベルの変化の程度を示すために対数単位で用いられる.

電気接地［electrical grounding］ 電気設備とその周辺の危険な電圧がかからないように，また，励磁した伝導体からその外側への電流が漏洩した場合に保護装置が働くように，電気装置内に設計されている予防手段．

電離放射線［ionizing radiation］ 電荷（イオンへの変換など）を生じさせる放射線．

毒性［toxicity］ ある生物機能への有害な影響とこの影響が発生する条件に関連する化学物質の性質．有毒である性質．

毒性学［toxicology］ 生物体に有害な影響を及ぼしうる物質（毒物）の研究．

二次封じ込め［secondary containment］ 2つの封じ込め装置を用いる方法であり，もし一次封じ込めが破れたときは，二次封じ込め装置で，一次封じ込め装置内にあるすべての流体を閉じ込めるようにする．地下貯留タンク（UST）では，二次封じ込めは二重壁のタンクか覆いで構成されている．

人間工学［human factor engineering/ergonomics］ 人とその人の作業環境全体の相互作用と，さらにそのような環境要因に関連する空気，熱，光，音のようなストレス，作業場所のすべての道具と設備も含めて扱う，多領域にわたる活動．人間と，職場や日常生活で利用される製品，機器，設備，工程，および環境との関係を対象にしている．考え方の重点は人間であり（工学と対比する際には，重点はあくまで技術要因の考察に限定される），また，器具の設計がどのように人々に影響を与えるかを知ることにある．人間工学では，人々が使用するものと，それらが使われている環境が，性能，制限要因，人々の要求によりよく適合して変化するよう探求が進められている（Sanders and McCormick, 1993）．

熱けいれん［heat cramps］ 熱ストレスの一種．おそらく脱水の副次的影響であり，塩とカリウムの不足が原因．

熱中症［heat stroke］ 過度の高温への曝露に起因する深刻な障害．発汗の抑制と体熱の蓄積が増加することにより引き起こされ，高熱，衰弱，ときにはけいれんや昏睡を特徴とする．

燃焼［combustion］ 燃えること．化学では，物質と酸素の速い結合で，通常熱と光が伴うと定義されている．

バイオエアロゾル［biological aerosols］ 天然に存在している，生物学的に発生した，空気中に浮遊する活性微粒子．カビ胞子，花粉，ウイルス，細菌，昆虫の破片，動物の鱗屑（皮膚病などで表皮が角質化して剥離したもの）などが含まれる．

バイオハザード／生物学的危害［biohazard］ 人に危険を与える生物あるいは生物の産物．

バグハウス／集塵装置［baghouse］ 一般には，ヒ素，鉛，硫黄などからのヒュームを回収するためのバグフィルターを備えた大きな装置をさす語．

爆発下限界［LEL：lower explosive limit］ 着火源存在下で，空気中の可燃性ガスが着火する最低濃度．空気中の％体積で示される．

爆発上限界［UEL：upper explosive limit］ 着火源存在下で，空気中の可燃性ガスが着火するのに必要な最大濃度．

曝露［exposure］ 化学，生物，物理ハザードとの接触．

曝露上限値［exposure ceiling］ 所定の物質が曝露期間中のいずれの時点でも超えてはならない濃度レベル．

発がん物質［carcinogen］ がんを引き起こす物質．

反応危険性［reactive hazard］ 水と接触したとき，エネルギーを放出しうる素材の性質．または，素材が精製された場合や，製品として商業的に製造された際に，活発に高分子化，分解，凝

縮，あるいは自己反応して，激しく化学変化を起こす性質．

反応性［reactive］　水，空気，熱などにさらされたとき，引火，爆発，発煙などを伴い激しく反応する性質．

比重［specific gravity］　水に対する物質の密度の比．

非電離放射線［nonionizing radiation］　周波数が 10^{15} Hz（波長が $3×10^{-7}$ m に相当）より小さい電磁波．

皮膚炎［dermatitis］　何らかの原因による皮膚の炎症や過敏状態．産業皮膚炎は職業上の皮膚の病気である．

ヒューム［fume］　固体物質の蒸発により発生する空気中の粒子状物質（たとえば，溶接により生じる金属ヒューム）．通常直径が 1 ミクロン（μm）以下のものをいう．

病因学［etiology］　病気の原因を研究する学問あるいはその知識．

封じ込め［containment］　火災関連用語で，火災の拡大を抑えること．化学物質に関しては，職員や環境を保護するために堤防や壁などで化学物質を遮断して制限すること．

輻射熱［radiant heat］　宇宙空間での物体の移動を伴わない，宇宙から伝播される電磁波の非電離エネルギーによりもたらされる熱．

腐食性物質［corrosive material］　金属やその他の物質を溶かしたり，あるいは皮膚をやけどさせたりする物質．

フート-カンデラ／フート燭［foot-candle］　1 カンデラの点光源から 1 ft の距離にあり，点光源に垂直である面上の照度．

粉塵［dusts］　所定の種類の有機あるいは無機の材料が削られたり，のこぎりで切られたり，細かく砕かれたり，錐で穴を空けられたり，加熱されたり，押しつぶされたり，あるいはその他の方法で変形されたときに発生するさまざまなタイプの固体粒子．

閉鎖空間［confined space］　船舶や列車の仕切り客室のように入口が限定されており，（通常）代替の避難経路がなく，自然換気が非常に限られているか，あるいは空気中の酸素が19.5％以下しかなく，さらに，有毒な，あるいは可燃性や爆発性の空気を蓄積したり，洪水になったりして犠牲者が出る可能性がある空間．

ベースラインデータ［baseline data］　後で使用するためにプロジェクトの開始前に収集された，プロジェクト開始前の状況を示すデータ．また，一般には，労働者が対策レベル（85 dBA）の騒音に曝露された後，6か月以内に最初に測定された聴力図のことを指すこともある．これはその後に測定する聴力図と比較するためのベースラインを確立するために測定するものである．

ベル［Bel］　10 dB（デシベル）に等しい単位（「デシベル」を参照）．

ベンチマーキング［benchmarking］　企業が，"そのクラスで最高の"企業をベンチマークとして，その種々の事例などを自社と比較して厳密に評価し，その分析を最高クラスに到達し超えるために用いるプロセスのこと．

ボイラー基準［boiler code］　米国国家規格協会／米国機械学会の圧力容器の規格で，ボイラーと火なし圧力容器の設計，建造，試験，据えつけに関する要件を規定した一組の基準集．

ボイルの法則［Boyle's law］　温度が一定のとき，理想気体の圧力と体積の積が一定であることを示した法則．

報告量［RQ：reportable quantity］　輸送中に漏出した場合，全国対応センター（National Response Center）に即時に報告しなければならない有害物質の最少量．最少の報告量の範囲は 24 時間当たり 1～5,000 ポンドである．

放射線［radiation］　エネルギーをもつ原子核粒子．アルファ線，ベータ線，ガンマ線，中性子，高速電子，高速陽子など．

本土防衛［homeland security］　9.11の結果，米国とその市民を守るために創設された連邦政府の省庁．新しい本土防衛省は，米国内でのテロリストの攻撃を防ぐこと，テロリズムへの脆弱性を低減すること，起こりうる攻撃と自然災害による損害を最少のものにすること，の3つのおもな任務をもつ．

マイコトキシン［mycotoxin］　脊椎動物に有毒な影響を引き起こす天然有機化合物．ある種のカビは，マイコトキシンを産生することができる．

摩擦係数［coefficient of friction］　(2つの物質の接触面における) 一方の表面の他方の表面に対する抵抗性を数値で表したもの．

慢性（曝露）［chronic］　持続的な，長期間の，反復性の曝露のことをいう．慢性曝露は，毒性物質への反復曝露あるいは毒性物質への接触が一定時間以上継続しているときに起こり，その影響は，何度も曝露してからしか明らかにならない．

ミスト［mist］　空気中に浮遊している微小液体粒子．

密度［density］　物質の詰まり具合の尺度で，単位体積当たりの質量に等しい．キログラム毎立方メートル（kg/m^3），またはポンド毎立方フィートの単位で表す（密度＝質量／体積）．

モニタリング［monitoring］　法令で必要な順守レベルを決定するための，あるいはさまざまの環境媒体中，ヒト，動物や他の生物中の汚染物質のレベルを調べるための定期的あるいは連続的な監視あるいは試験．

有害危険性周知基準［HAZCOM：hazard communication standard］　29 CFR 1910.1200に基づくOSHA作業場基準．すべての雇用者が作業場における化学物質の危険性を認識し，その情報を従業員に伝えることを求めている．さらに，依頼者の現場で作業することを委託されたものは，作業場に持ち込まれる化学物質にかかわる情報を依頼者に伝えなければならない．

有害廃棄物［hazardous waste］　重篤な疾患や死亡が引き起こされる原因，あるいはそれらに関与しうる固体，液体，気体の廃棄物，もしくは不適切に管理されたとき健康や環境に現実的な脅威をもたらす廃棄物．

有害物質［hazardous substance］　爆発性，引火性，毒性，腐食性，酸化性，刺激性，あるいは他の有害性のために取扱者に傷害を起こす可能性のある物質．

有資格管理者［competent person］　OSHAでは，従業員の有害物質への曝露や危険な状況を確認，評価することのできる者で，従業員の安全を確保するために，特定OSHA規制適用下においてその規制により必要な，とるべき防護および予防手段を指示することのできる者と定義されている．

要因［causal factor］　偶発的な事故や事業の成果に大きく寄与する人やものごとや条件．

用量［dose］　曝露レベル．曝露は空気の体積当たりの試験物質の重量あるいは容量（mg/L），あるいはppmで表される．

落下阻止システム［fall arresting system］　身体安全ベルト（ハーネス），締め綱（ランヤード）や救命索（ライフライン）と組み込み式の緩衝器（ショックアブソーバー）つきの確保装置からなるシステム．そこから落下するとケガや死亡の可能性がある場所や，他の種類の防護が実際的でない場所での作業をする労働者が使うために設計されている．

リスク［risk］　単一の事故，あるいは一連の事故が起こると予測される頻度（1年当たりの事故の回数）とその結果（事故による影響）を統合したもの．損失が引き起こされる可能性の算定

と損失の受容可能性を統合したもの.

リスク管理［risk management］ 組織の構造と運営における損失の可能性を専門的な観点から評価して，包括的な損失抑制計画を確立し，執行につなげること．

リスク判定［risk characterization］ リスク評価手順の最終段階であり，リスクの程度を数値化することが行われる．この段階で，曝露を受けた集団が重大なリスクを受けていないことを保証する．

リスク評価［risk assessment］ 汚染地域に存在するリスクの程度を科学的原理により判定する手順．

粒子状物質［particulate matter］ ディーゼル粒子や木材の燃焼生成物など大気中に直接排出される，液体や固体の微小な分散した粒子．

累積障害［cumulative injury］ 労働場所での関連するケガや病気の影響の合わさった結果としての身体的あるいは心理的な障害．

累積外傷性障害［cumulative trauma disorder］ 労働者の身体の一部分あるいは複数の部分の反復性の高い動きにより生じる障害で，障害全体に比べ控えめに起こる．

労働安全衛生法［OSH Act, OSHA：occupational safety and health act］ 1970 年に成立した，米国内のすべての男女労働者が安全かつ健康に働く条件を確保するための連邦法．これを達成するために，この法律では，職場における安全・衛生計画を促進すること，健康と安全に関する課題についての労使協調を促進することなどを定めている．

労働安全衛生法様式 300［OSHA Form 300］ 労働による傷害と疾病の記録と概要．以前は，労働安全衛生法様式 200．

労働者保障［worker's compensation］ 雇用主あるいは従業員の不注意であったとしても，通常，労働時間中に被った賃金収入を失う結果をもたらす職業上の疾病，傷害，死亡を補償するために，被雇用者やその家族に支払われる保険の仕組み．連邦法が要求し，雇用者により資金が調達される．

ロックアウト／タグアウト手順［lockout/tagout procedure］ 29 CFR 1910.147 に定められた OSHA 手順．装置をタグアウト，あるいはロックアウトするために標識あるいは鍵を用いる．これにより，一時的に使用していない回路，系統，機器を不注意に作動させることがないようにする．

15.4　室内空気質

異常な悪臭にさらされたり，何らかの理由で呼吸に問題が生じたりしない限り，自らが呼吸する空気について考えることはほとんどない．われわれにとって"The air is the air（空気は空気である）"（スタートレックの一節より）．そして，空気によってもたらされるリスクにほとんど気づかないまま，日常生活においてさまざまな健康リスクに直面している（US EPA, 2003）．車を運転する，飛行機に乗る，余暇の活動をする，環境中の汚染物質にさらされることはいずれもある程度のリスクがある．リスクには単純に避けられないものもある．われわれはある程度リスクを受け入れなければ，望むように生活を送ることはできない．そして十分な知識を得たうえで選択する機会がある場合には，リスクを避けることを選ぶ場合もある．室内空気汚染はわれわれが何らかの形で対処することができるリスクの 1 つである．工業化が最も進んだ大都市においてでさえ，家や

その他の建物内の空気のほうが屋外空気よりも著しく汚染される可能性があるという科学的知見がこの数年間で相次いで報告されている (US EPA, 2003). また, 人は90%の時間を室内で過ごすという報告もある. したがって, 多くの人にとって, 室外の空気よりも室内の空気にさらされることによってもたらされる健康リスクの方が高いのである (US EPA, 2003). さらに, 室内で汚染された空気に長期間曝露している人は室内空気汚染による健康影響に対する感受性が高い. このような集団には, 子供や老人, 呼吸あるいは心疾患などの慢性疾患をもつ者などが含まれる (Hollowell et al., 1979a). 換気率が低く屋外からの空気の流入を抑えた気密性の高い建物では, 省エネは室内環境に大きな影響を与える (Hollowell et al., 1979b; Woods, 1980).

室内環境質に関しては, 室外空気の質は必ずしも室内空気と同じではないということを認識することが基本である. 室内空気環境は室外空気とは異なるという認識は比較的最近生まれたものである. 喫煙, ストーブやオーブンの使用, 特定のタイプのパーティクルボードやセメント, およびその他の建材から発生する物質が室内空気質を決定する.

適切な大気基準や労働環境基準を達成することと, 基準値が適用されていない汚染物質の潜在的な有害性を認識することの両方の観点で人の曝露を特性化する必要がある. 疫学研究においては近年室内空気濃度の意味が認識され, 研究が行われている (Dockery and Spenglar, 1981; Spengler et al., 1979).

それでは, 室内空気質とは何だろうか? Byrd (2003) によれば, 室内空気質とは, 構造物の中の空気に含まれる物質の良いあるいは悪い影響をいう. 通常, 温度 (暑すぎる, あるいは寒すぎる), 湿度 (乾燥しすぎる, あるいは湿りすぎる), 空気の流れる速さ (風通しが良いあるいは悪い) は, 正常な範囲から極端に外れない限り, 室内空気質というよりもむしろ「快適性」の要素である. これらは人を不快にさせるかもしれないが, 病気にはならない. とはいえ, 環境分野の専門家は空気質を調べる際にこれらを考慮しなければならない.

よい室内空気質とは何か? 簡単にいえば, よい室内空気質とは, 空気中にガス状の化学物質や粒子が人に悪影響を与えない程度の濃度で存在する状態である. 劣悪な室内環境質は, ガス状の化学物質や粒子が居住者の健康に悪影響を及ぼすような過度の濃度で存在する場合に起こる. 作業環境において, 劣悪な室内環境質は作業者を不快にさせるが, 最悪の場合には作業者の命にかかわることさえある. 汚染物の濃度はきわめて重要である. 感染性, 毒性, アレルゲン, 刺激性をもつ可能性のある物質は空気中に常に存在する. 影響が生じる閾値が重要であることに留意しなければならない.

15.4.1 室内空気の汚染源

空気質には空気中に存在するさまざまな種類の汚染物質が影響する. 汚染物質には気体状のものがあり, そのほとんどが毒性を有する化学物質に分類される. それらの汚染物質には燃焼によって生成する物質 (たとえば, 一酸化炭素, 一酸化窒素) や中揮発性の有機化合物質 (殺虫剤) などがある. 一方, 動物のフケ, スス, 建物や家具, 居住者

から発生する粒子（たとえば，ガラス繊維，石こうの粉末，紙屑，衣服からの埃，カーペットの繊維），泥など，粒子状の汚染物質も存在する．作業環境において健康に悪影響を及ぼす汚染物の発生源には，作業者自身（衣服に付着した伝染性の病気やアレルゲン，その他），建材（揮発性有機化合物 VOCs，粒子状物質，繊維），建築資材の汚染物（アレルゲン，microbial agents，殺虫剤），室外空気（微生物，アレルゲン，化学物質などの空気汚染物質）などがある（Burge and Hoyer, 1998）．労働者が室内空気質に不満をもつ場合，環境分野の専門家はその問題が実際に室内空気質によるものであるかを判断しなければならない．そして作業環境に何らかの汚染物質があると判断された場合には，汚染物質の発生源を除去するなど，適切な改善措置をとらなければならない．

15.5　大気汚染の基礎

　この40年，環境分野の技術者は，職場や家庭における大気汚染を制御するだけではなく，大気を汚染する産業源の制御を進めるために社会に進出していった．必ずしも「7人のメイドが7のモップをもって掃除する」わけではないけれども，環境分野の技術者と専門家の数の増加は必要とされる地域で問題に直面している．大気汚染を制御する機器に関するデザインや計画はある程度うまくいっているけれども，大気汚染は未だ解決されていない．今日の，またはこれからの環境分野の技術者は，「明らかにすべき」問題や課題に対応するために，能力を培うとともに，大気汚染を制御する機器のデザインの理解あるいはその選択を深めていく必要がある．

　本章ではこの精神を表現している．現在は深いと感じるような状況ではないので，悲観的にとられるほどではない．なぜならば，大気汚染を制御することができるとわかっているからである．われわれが吸っている空気をきれいにするときがくれば，よく訓練されて適切な機器を装備している環境分野の専門家は状況を改善することができる．

　USEPAは，大気汚染の制御に関連したトピックを探すために多くの時間を費やしている．この節では，われわれはUSEPAからの出版物をおもに引用する．一般的な情報は，Spellman（2008）を引用する．基礎的な大気汚染の制御に関して，訓練中の環境分野の専門家や一般の読者に理解してもらうために，この文献を整理し正確な情報を与えるように編集した．

　大気汚染の制御に関しては，環境汚染とは何であるのか理解するところから始まる．われわれの大気汚染物質の定義は「人体に影響するあるいは正当な理由なく自然環境にダメージを与える大気中の汚染物」である．汚染物とは，空気中を浮遊する天然あるいは人工組成物を含むかもしれない（もろいアスベストなど）．汚染物は，固形粒子，液滴，ガスやそれぞれの複合体をなしているかもしれない．汚染物は，① 発生源から直接排出されるもの，② 一次生成物が大気中で化学反応を起こして産生されるもの，の2つに大別される．

　米国の大気汚染防止法（CAA）では2つの環境基準（NAAQS）を設定している．第一基準は，ぜん息既往者，子どもや高齢者などの感受性の高い集団を含めた一般集団の健

康を守るための設定である．第二基準は，視界の低下，動植物や建物の損害を防ぐことを含む，公益を守るための設定である．

15.5.1　6つの主要な空気汚染物質

環境基準は6つの主要な汚染物質について設定されている．これらはさまざまな発生源から排出される．6つの汚染物質とは，地上レベルのオゾン（O_3），窒素酸化物（NO_x），粒子状物質（PM），二酸化硫黄（SO_2），一酸化炭素（CO），鉛をさす．

15.5.1.1　地上レベルのオゾン

オゾン（O_3）は，3つの酸素原子からなる高反応性で，光化学的に産生されたガスである．直接大気中に排出されるものではなく，地上レベルのオゾンは，熱と太陽光の存在下でNO_xと揮発性有機化合物（VOCs）の化学反応により生成される（二次生成）．われわれは汚染物質のジキル博士とハイド氏として特徴づける．なぜか．大気中での位置に依存して良い悪いはあるものの，上空でも地面でもオゾンは同じ化学構造を示す．良いオゾン（ジキル博士）は地上10～30マイルにある成層圏で生成されて，太陽の有害な光線から地球上の生命を守るためのオゾン層をなす．一方で地上のオゾンは悪い（ハイド氏）と考えられている．

$$VOC + NO_x + 熱 + 太陽光 = オゾン$$

自動車排出ガス，工場からの排出ガス，ガソリン蒸気や有機溶剤はNO_xとVOCsの主要発生源でありオゾン産生を促す．太陽光や熱帯的気候は，人体に危険な濃度のオゾン産生の原因であり，夏の大気汚染物質として知られている．多くの都市では悪いオゾンが高濃度を示す傾向があるが，風に乗って発生源から数百マイル以上離れた場所にもオゾンや汚染物質が流れていくので地方でもオゾン濃度が高い場合もある．

15.5.1.2　窒素酸化物

窒素酸化物（NO_x）は，高反応性のガスの一群であり，さまざまな量の窒素と酸素からなる．この一群には，$NO, NO_2, NO_3, N_2O, N_2O_3, N_2O_4, N_2O_5$が含まれており，空気汚染物質としては，$NO, NO_2$が重要である．多くの窒素酸化物は無色無臭であるが，NO_2は多くの都市でしばしば赤茶色の層としてみることができる．窒素酸化物は燃焼過程，すなわち燃料が高温で燃えたときに発生する．窒素酸化物の主要な発生源は，自動車排気ガス，発電所，産業，商業や住居で燃料を燃やすことによる排出である．

15.5.1.3　粒子状物質

粒子状物質（PM）はほこり，ちり，すす，煙と液体のしずくに含まれる粒子である．粒子は長期間空気中に浮遊している．すす，煙のように大きくて黒く可視的な粒子もある．その他は小さくて，電子顕微鏡で観察しなくてはならない．いくつかの粒子は直接空気中に排出される．車やトラック，バス，工場，建設現場，耕地，未舗装道路，石の衝突，自宅での木材燃焼などさまざまな発生源が知られている．ほかにも，ガスの化学反応で生成される場合もある（二次生成）．燃焼によるガスが太陽光と水蒸気と反応することで間接的に産生される．これらは自動車，発電所や工業工程における燃焼によるも

のである.

15.5.1.4　二酸化硫黄

二酸化硫黄（SO_2）は硫黄酸化物（SO_x）に属し，水に溶けやすい．硫黄は腐食性硫黄酸化物として大気中に存在し，無色で，燃えているゴムのような刺激臭がある．硫黄は一般金属（アルミニウム，銅，亜鉛，鉛や鉄など）を含む原油，石炭と鉱石を含むすべての原料に含まれている．SO_x は硫黄を含む燃料（石炭や石油など）が燃えるとき，ガソリンが石油から抽出されるとき，あるいは金属が鉱石から抽出されるときに発生する．二酸化硫黄は水蒸気に溶けて，他のガスや粒子と反応して，人体や環境に有害な硫酸塩などをつくる．

空気中に放出される二酸化硫黄の 65％（1300 万 t/年以上）は発電所，特に石炭を燃やす過程に由来する．その他の二酸化硫黄発生源は，鉱石，石炭や原油のような原料から製品をつくりだす工場，あるいは熱を発生させるために石炭や石油を燃やす産業施設である．石油精製所，セメント工場，金属加工工場がその例である．巨大な船，機関車，ディーゼル装置は硫黄燃料を燃やして多くの量の二酸化硫黄を排出している．

大気中の硫黄酸化物濃度が相対的に高い世界各国の産業地域では，スモッグと酸性雨が問題になっている．スモッグとは，硫黄酸化物が浮遊することで空気が混濁する煙霧といわれるものである．酸性雨は，硫酸のような酸で汚染された降水である．酸性雨は，湖などに生息する水生生物への影響が危惧されている．二酸化硫黄によって，広葉樹の葉は白～麦わら色のしみを生じる．

15.5.1.5　一酸化炭素

一酸化炭素（CO）は無色無臭無味のガスで，一次汚染物質として非常に豊富である．それは燃料中の炭素が不完全に燃焼したときに発生する．自動車排気ガスが，世界の一酸化炭素排出量の 56％を占めていて，22％は自動車以外のエンジンや乗り物（たとえば工事用機器やボート）からの排出である．一般的に，交通量の多い地域で一酸化炭素濃度が高い．都市部では，一酸化炭素排出量の 85～95％は自動車排出ガスである．金属加工や化学工場などの工業工程，自宅での木材燃焼，森林火災などの自然由来もある．室内では，薪ストーブ，ガスストーブ，喫煙，換気が不十分なガス，灯油暖房が発生源となる．逆転層が起こる寒い季節に，屋外の一酸化炭素濃度が最も高くなる．空気汚染は，暖かい空気の層の下，地面の近くにとどまるのである．

15.5.1.6　鉛

鉛は金属であり，工場で生産されるのと同様に環境中にも存在している．鉛の排出源として，歴史的には自動車の排出ガス（車やトラック）や産業排気だった．最近では，鉛入りガソリンが姿を消したため，金属加工が大気中への鉛の主要な排出源となっている．鉛精錬所の近くで大気中の最高濃度が観測される．その他の固定排出源は，廃物の焼却炉，公益事業と鉛電池メーカーである．高濃度では，人体への影響，環境への影響が知られている．一度鉛が生態系に入ってしまうと，永続的に残ることになる．1970 年代以降，厳格な排出基準によって環境中の鉛濃度は劇的に低下している．

15.5.2 ガス状物質

ガスは汚染物質であり，また粒子やガス汚染物質を運ぶので重要である．ガス濃度は容積で示す事が慣例である．たとえば，ppm（parts per million）は，混合空気百万に対する汚染物質の割合である．

$$\mathrm{ppm} = \frac{汚染物容積}{百万の空気容積} \qquad (15.1)$$

気体の法則に基づいてガス濃度が計算される．

- 一定温度の下でガスの容積は圧力に反比例する．
- 一定圧力の下でガスの容積は絶対温度（K）に比例する．（0℃ = 273K）
- 一定容積のガスの圧力は絶対温度に比例する．

汚染濃度を測定するとき，サンプルを集めたときの気温と気圧を把握する必要がある．標準気温と圧力下（STP）で，理想的なガスの 1 g-mol は 22.4 L である．STP は 0℃，760 mmHg である．もし気温が 25℃（室温）に上がって気圧がそのままであれば，1 g-mol は 24.45 L となる．

ときどき，容積と重さの比を，重さと容積の比である mg/m^3 に変換する必要がある．もし室温で 1 g mol のガスが 24.45 L を占めるのであれば，以下のような関係が成り立つ．

$$\mathrm{ppm} = \frac{24.45}{分子量} \, mg/m^3 \qquad (15.2)$$

$$mg/m^3 = \frac{分子量}{24.45} \, \mathrm{ppm} \qquad (15.3)$$

15.5.2.1 気体の法則

前述のとおり，ガスは汚染物質であり，汚染物質の運搬者でもある．空気（おもに窒素）が主要なガスの流れをつくる．気体の法則を理解するために，いくつかの専門用語を知っておくとよい．

温度［temperature］ ガス中の粒子がもつエネルギーの測定値である．熱の流れを決定する物体の性質で定義される．熱は熱い物体から冷たい物体に移る．

気圧［pressure］ ガスを容器に入れると必ず発生する力の大きさである．大気中（海抜 0 m での平均的な気圧を 1 atm という）の気圧の単位は，Torr（1/760 atm），mmHg（1 mmHg = 1 Torr = 1/760 atm），kPa（101.325 kPa = 1 atm）である．

絶対温度［Kelvin, K］ 摂氏温度と同じスケール幅であるが，0 が絶対零度（分子のエネルギーが最低になる温度）になっている温度スケールである．摂氏温度を絶対温度に変換するには 273 を足せばよい．

標準気温と気圧［standard temperature and pressure］ 273 K，1 atm と定義される．

標準状態［SC：standard conditions］ 典型的な室内の状況（20℃ あるいは 70°F で 1 atm）をさす．容積の SC 単位は通常，m^3 である．

容積［volume］ 何らかの物質が占める空間の大きさである．容積の単位には cm^3, mL, L, m^3 がある．

理想気体［ideal gas］ 以下のような性質をもつガスの想像モデルである．まず，ガスは非常

表 15.1 温度スケールの比較

温度スケール	摂氏（°C）	絶対温度（K）	華氏（°F）	蘭氏（°R）
水の沸点	100	373.15	212	671.67
	↑	↑	↑	↑
	間の 100 は等間隔	間の 100 は等間隔	間の 180 は等間隔	間の 180 は等間隔
	↓	↓	↓	↓
水凝固点	0	273.15	32	491.67
絶対零度	−273.15	0	−459.67	0

ここではおもに摂氏と絶対温度で示している（摂氏温度に 273 を足すと絶対温度になる）．また温度記号の印（°）は絶対温度では使用しない．

に小さいと仮定される．次に粒子は何かにぶつかる（他の粒子あるいは入っている容器の壁）まで無作為にまっすぐ動くとする．3 番目に、ガス粒子は互いに干渉しないとする（本来分子がするような引きつけあいや反発をしない）．最後に粒子のエネルギーは絶対温度と比例する（気温が高いと粒子は大きなエネルギーをもつことになる）．このような仮定があると単純な方程式にまとめることができる．また、実在気体がふるまう方法からの逸脱を無視できる．

いくつかの温度スケールが一般的に使用されている．これらのスケールは，水の凝固点や沸点を境界点としてつくられている．従来の実験室温度計では、性質がよくわかっている水に関連した境界点が選択されている．

摂氏では，水凝固点を 0 として沸点を 100 としている．差分の 100 は等間隔であり、1 単位を 1°C という．絶対温度では，水凝固点を 273.15 として沸点を 373.15 としている．摂氏と同様に差分の 100 は等間隔であり、1 単位を 1 K という．華氏では，水凝固点を 32 として沸点を 212 とし，間の 180 は等間隔で 1 単位を 1°F という（表 15.1）．

a. ボイルの法則

1662 年，ロバート・ボイルは現在ボイルの法則と呼ばれている法則を発表した．温度と質量が一定のとき，気体の圧力は体積に反比例するというもので，

$$P_1 \times V_1 = P_2 \times V_2 \tag{15.4}$$

ここで，P_1 は最初の状態のときのガス圧力，V_1 は最初の状態のときのガス容積，P_2 は最後の状態のときのガス圧力，V_2 は最後の状態のときのガス容積である．この式を使うことで，最初の状態のガス圧力と容積および最後の状態のガス圧力がわかれば、最後の状態のガス容積を求めることができる．

■例 15.1

問題： 1.0 atm で 4 L のメタンガスがある場合、2.5 L に圧縮した場合の圧力は何 atm か？

解答：
$$1.0 \text{ atm} \times 4 \text{ L} = x \text{ atm} \times 2.5 \text{ L}$$
$$x = 1.6 \text{ atm}$$

b. シャルルの法則

シャルルは，一定の圧力で 0°C から 80°C まで温度を変化させると，水素 H_2，二酸化炭素 CO_2，酸素 O_2 や空気は一定容積だけ膨張することを観察した．

$$V_1/T_1 = V_2/T_2 \tag{15.5}$$

下つきの 1 は最初の容積と温度を示し，2 は最後の状態である．摂氏だとマイナスがありうるので，温度は絶対温度で提示する必要がある．

■例 15.2

問題： 40°C で 2 L のメタンガスがある場合，80°C に温めたときの容積は何 L か？

解答： まず，摂氏温度を絶対温度に変換する（40°C は 313 K，80°C は 353 K）．そのうえで，$V_1/T_1 = V_2/T_2$ を利用する．

$$\frac{2\,L}{313\,K} = \frac{x\,L}{353\,K}$$

$$x = 2.26\,L$$

c. ゲイ-リュサックの法則

ゲイ-リュサック（1982 年）は，すべてのガスは温度が 1°C 上昇すると容積が増え，この上昇は 0°C のときのガスの容積のおよそ 1/273.15 に等しいことを見つけた．

$$\frac{P_1}{T_1} = \frac{P_2}{T_2} \tag{15.6}$$

すなわち，容積が固定された容器の中で温度を上げていくと，容器の中の圧力が上昇していく．

d. 複合された気体の法則

法則を合わせて検討すると

$$\frac{(P_1 \times V_1)}{T_1} = \frac{(P_2 \times V_2)}{T_2} \tag{15.7}$$

が成り立つ．この方程式を利用することで，圧力，温度，容積を変化させた後のパラメータを計算できる．

■例 15.3

問題： 420 K で 2 L のガスについて，温度を 350 K まで下げたときの容積は何 L か．

解答： 圧力については無視することができるので，シャルルの法則 $\frac{V_1}{T_1} = \frac{V_2}{T_2}$ を使って

$$\frac{2\,L}{420\,K} = \frac{x\,L}{350\,K}$$

$$x = 1.67\,L$$

e. 理想気体の法則

空気は温度の変化なしに圧縮できないので，理想気体の法則はボイルの法則とシャルルの法則を合わせる．理想気体の法則は，ガスの基本的な特性を利用することで，どんな形であれその状態を変えることなくガスについて知ることができるような状態方程式である．状態方程式なので，圧力，容積，気温がわかるだけではなく，どの程度のガスが当初存在したのか把握することができる．理想気体の法則は以下のとおりである．

$$P \times V = n \times R \times T \tag{15.8}$$

ここで，$P=$ ガスの圧力（atm, kPa），$V=$ 容積（L），$n=$ mol 数，$R=$ 理想気体の係数，$T=$ 温度（K）．

理想気体の係数は，0.08206 L-atm/mol-K と 8.314 L-kPa/mol-K の2つが一般的であるが，どちらを使えばよいのだろうか．係数 R は圧力に依存する．大気圧であれば，atm を含む 0.08206 を使用する．圧力が kPa で与えられている場合は，kPa を含む 8.314 を使うのがよい．理想気体の法則は，サンプル中に何 g あるいは mol のガスが含まれているのか数値化することができる．なお g と mol の変換はすでに勉強した．

■例 15.4

問題： 3.4 atm の圧力また 300 K の状況下で 4 L のガスについて，何モルのガスが存在しているか？

解答： 　　　　　3.4 atm×4 L = n×（0.08206 L-atm/mol-K）×300 K

$n = 0.55$ mol

f. 空気の組成

われわれの身の回りにあって，いつも吸っている空気は，さまざまなたくさんの成分

表 15.2　乾燥空気の組成

組成	記号	濃度（%）	濃度（ppm）
窒素	N_2	78.084	780,840
酸素	O_2	20.9476	209,476
アルゴン	Ar	0.934	9340
二酸化炭素	CO_2	0.0314	314
ネオン	Ne	0.001818	18.18
ヘリウム	He	0.000524	5.24
メタン	CH_4	0.00002	2
二酸化硫黄	SO_2	0〜0.0001	0〜1
水素	H_2	0.00005	0.5
クリプトン	Kr	0.0002	2
キセノン	Xe	0.0002	2
オゾン	O_3	0.0002	2

炭素 12 の原子量に基づき，数値はすべて *Handbook of Fundamentals*（ASHRAE, p.6.1）から引用している．上記ハンドブックでは，乾燥空気の原子量は 28.9645 g/mol としている．

が混在している（表15.2）．水蒸気の含水量，気温，気圧，ガスの構成成分は時間や空間によって異なる．生物が生息している範囲の空気は窒素と酸素を中心としたさまざまなガスが混在している．

15.5.3 粒子状物質

実務上，粒子と粒子状物質はほぼ同義のように用いられる．40 CFR 51.100-190によれば，直径が100 μm（μは10^{-6}）よりも小さい固形あるいは液体物質の浮遊物と定義される．ガスや水蒸気のように，地球の大気はたくさんの種類や大きさの粒子状物質にとって境界がない．大気中の粒子は大きさが0.0001〜10,000 μmまでさまざまである．粒子の大きさや形は可視性について直接的な関係がある．0.6 μmの球形粒子は，四方八方に光を散乱させて可視性を低くする．

大気中の粒子の種類は大きく異なり，大きいサイズはたとえば火山，竜巻，山火事の残り火，種子の落下傘，クモの巣，花粉，土粒子や生きている微生物がある．小さいサイズは，岩の破片，塩，水煙，タバコ煙，森林からの粒子である．粒子状物質の多くは目に見えず，蒸気の凝縮，化学反応，紫外線によって産生される光化学物質，放射線に由来するイオン化，宇宙線，雷雨がある．大気中の粒子状物質は，機械的な風化，破損，溶解，あるいは結晶プロセスの凝固体への蒸気（石炭を燃焼している電気工場の炉から発生する特有の粒子）によって産生される．

上がるものは必ず下がる．粒子状物質の副生成物は，サイズ，密度，重さ，気流と高度に依存する．粒子状物質の浮遊時間は，汚染物質が浮遊した状態からそれらを取り除くように働く大気クリーンメカニズムに依存する（雲の形成と降水）．大きな粒子は，秒から分単位しか大気中に存在しない．中間の大きさの粒子は，時間から日単位で大気中に存在する．小さい粒子は，日単位以上にわたり汚染物質として大気中にとどまる．

粒子は大気現象に重要な役割を果たしている．たとえば，氷粒子と雲凝結の形成に必要な核を提供する．最も重要な粒子の役割は雲を形成することである．われわれが雲なしに生命を維持するのは難しく，豪雨によって，想像を絶するような荒廃が起きるだろう．

15.5.4 大気汚染排出測定指標

ガソリンや粒子の排出によって，燃焼源は重大な大気の質のコントロール問題のもととなる．燃焼過程は二酸化炭素，水蒸気，大気中の熱を産生し，集中した形で処理されるべき残留物を生じる．過去には，これらの環境コストは使いやすいエネルギーを産生する趣旨に耐えるものだった．しかしながら，大気中へこれらの排出の存在は間接的に温室効果を導き，酸性雨の問題を深刻にするものであることが明らかになっている．燃焼による排出の環境への影響によって，USEPAは産業による燃焼や焼却に関する排出基準を設定した．これらの基準は特殊な汚染物質の排出に関して，特定の気温や気圧時の容積や質量流量に基づき，最大許容制限を設けている．排出は，スタックガスの容積や

質量当たりの汚染物質の濃度，汚染物質の質量率，特定の過程に適応できる率に関して測定される．基準は以下の6つのカテゴリにまとめることができる．

汚染物質質量率基準［pollutant mass rate standards］ 固定された排出率に基づく．たとえば単位時間当たりに排出される汚染物質の質量はlb/hrあるいはkg/hrである．

加工率基準［process rate standards］ エネルギー産生あるいは原料加工に関連して許容される排出に設定する．

環境濃度基準［ambient concentration standards］ 毒性のある金属，有機物や塩化水素（mg/m³）のような汚染物質に示す．

還元基準［reduction standards］ 汚染物質の還元率として示される．

濃度基準［concentration standards］ スタックを離れる汚染物質の質量あるいは容量を制限する．

不透過基準［opacity standards］ スタック放出によってその背景の物の可視性を妨げる程度である．100%不透明なスタック放出は，背景物の可視性を妨害し高い汚染物質濃度を示す．0%の場合，背景物の可視性が保たれ，粒子状物質の排出は確認されない．

15.5.5 標準的補正

燃焼システムは常に標準的なものよりも高い温度と圧力をもつスタックガスを産生し，流れに過剰な空気が加わった場合は実際に排出される汚染物質の濃度が低くなるので，これらの違いを修正する必要がある．ガスの温度と圧力を増やしたり減らしたりすることやそれに続くガス容積への影響に関して，USEPAは理想気体の法則を使うことを勧めている．過剰な空気の修正計算について，USEPAや国の規制は乾燥ガス（orsat type）による過剰空気%を算出する方法を示している．USEPAによる方法（3B），二酸化炭素，酸素，過剰空気，乾燥分子量に関するガス分析によると，過剰空気%は以下の3つの方程式の関係によって決まる．

$$過剰空気\% = \left(\frac{全空気 - 理論空気}{理論空気}\right) \times 100 \quad (15.9)$$

$$過剰空気\% = \left(\frac{過剰空気}{理論空気}\right) \times 100 \quad (15.10)$$

$$過剰空気\% = \left(\frac{過剰空気}{全空気 - 過剰空気}\right) \times 100 \quad (15.11)$$

理論空気は，化学量論的にすべての燃焼しやすいもの（炭素，水素，硫黄）を，完全燃焼（二酸化炭素，水，二酸化硫黄）させるために要求される量である．これらの関係は，容量の比と同等の空気のmol比として言及される．方法3Bによると，USEPA（2003b）は過剰空気%を決めるための以下のような説明を提供している．

15.5.5.1 過剰空気に関するUSEPAの計算例

100%からCO_2%，CO%，O_2%の合計を引いて求まる窒素ガスの割合を決める．CO%，O_2%，N%の適切な値を代替とし過剰%を計算するのは，

$$\text{過剰空気\%} = \left(\frac{O_2\% - 0.5\,CO\%}{0.264 N_2\% - (O_2\% - 0.5\,CO\%) \times 100} \right) \times 100 \qquad (15.12)$$

上記の式は，大気を酸素源として使用し，燃料には（コークス炉または溶鉱炉ガスのように）窒素をあまり含まないと仮定する．窒素が多く存在する場合（石炭，石油と天然ガスは，窒素をあまり含まない）や酸素が十分ある場合，代替法を検討する．

15.5.6 大気の基準
室内や屋外の汚染を計算するために，以下のような大気基準を知っておくことが重要である．

15.5.6.1 標準気温と気圧
標準気温と気圧（STP）は，周囲温度と気圧が以下のとおりである周囲の状態に与えられる呼称である．
- 気圧： 1 atm, 760 mmHg, 14.70 psia (pressure per square inch absolute), 0.00 psig (pressure per square inch gauge), 1013.25 millibars, あるいは 760 Torr
- 気温： 0°C, 32°F, 273.16 K, 491.67°R

15.5.6.2 通常気温と気圧
通常気温と気圧（NTP）は，以下のとおりである．
- 気圧： 1 atm, 760 mmHg, 14.70 psia, 0.00 psig, 1013.25 millibars, あるいは 760 Torr
- 気温： 25°C, 77°F, 298.16 K, 576.67°R

15.5.7 大気モニタリングとサンプリング
大気モニタリングは，人曝露の測定や排出源を特徴づけるために広く使われている．それは特定の訴えや，単に規制遵守を調べるような調査の前後の状態を評価することに関して使われる．また，閉所での作業に関する基礎的な評価にも使われる．閉所作業チームは閉所作業を安全に行うために大気モニタリングの適切な計算や作業の訓練を受けている．酸欠や空気汚染の可能性がある閉所での正確な測定を行うために高いレベルの知識と訓練が必要である．

衛生管理者の実務上，大気モニタリングと大気サンプリングはしばしば同義として使われているけれども，実は意味合いが異なる．それは時間の違い（実際の時間と時間の積分）である．大気モニタリングは実時間のモニタリングで，ポータブルガスクロマトグラフィー，光イオン化検出器，熱イオン化検出器，ダストモニター，熱量測定管のような，携帯可能で直接判読できる測定器を使用する．実時間大気モニタリング機器は，携帯でき比較的短時間（秒から時間の単位）で複数のサンプリングが可能である．多くの携帯型機器は，揮発性有機化合物を ppm 単位で測定する．実時間モニタリング法は，化合物のすべてのクラスに反応する時間積分よりも検出限界が高い．しかし，実時間モニタリングは継続的に実施しない限り，その時点の大気濃度をモニターするにすぎない．大気モニタリング機器とその計測方法は，短時間の曝露制限の評価に使われる結果を示

し，閉所作業のようなさまざまな活動に従事する労働者に最新の情報を提供するのに便利である．適切な大気モニタリングは，閉所に入る前に強制換気の必要性など閉所の安全性を確認するために，生命を脅かすような汚染や十分な酸素の有無を検出する．

一方，時間積分大気サンプリングは長期的な曝露制限と比較するために実際の曝露を記録することを意図している．大気サンプリングデータは，サンプル域の周辺部に沿って固定された場所，あるいは他の感受性の高いレセプターに隣接した場所で収集される．多くの汚染物質は相対的に低濃度で大気中に存在するので，いくつかの種類のサンプル濃度を長期的な健康リスクの評価に必要な検出限界に合わせることになる．大気サンプリングは，測定時間を延長（8〜24時間）させて，継続して大容量を集めることができるようにつくられた大気モニタリング機器を利用して行われる．大気サンプリング法は，知りたい化合物や空気全体を収集するように設計されたサンプリング機器で行う．サンプリング終了後，梱包されて分析のために輸送される．大気サンプルの分析には最低48時間のサンプルが必要である．

大気モニタリングと大気サンプリングには大きな違いがない場合もあるが，大気モニタリングと大気サンプリングの違いは知っておくべきである．2つの方法は衛生管理者にとっていずれも重要で有用な手段である．

危険な可能性がある職場を効果的に評価するために，衛生管理者は客観的な定量的データを得る必要がある．このため，環境分野の専門家は問題となる空気汚染に依存して，いくつかの大気サンプリング方法を行わなければならない．さらにサンプリング作業は粒子，ガス，蒸気の濃度測定のために使用する機器の使用法を含む，多くの機器がサンプリングや分析に使われる．サンプリングや分析を行う機器は直読型計測器を選択する．環境分野の専門家はそれらの使い方，利点，限界について理解していなくてはならない．また，環境分野の専門家はサンプリング容量，時間 TLVs や蒸気圧からの空気濃度を計算し，職場で複数の物質が使用されている場合の化学物質の相加作用について検討するための数学力が必要である．これらの計算は作業環境の気温や気圧の状態の変化を考慮しなければならない．最後に，環境分野の専門家はどのように粒子やガス，蒸気が発生し，どのように人体に入るか，どのように労働者の健康に影響するか，どのように作業環境における粒子，ガス，蒸気の含有量を評価するか理解する必要がある．

大気サンプリングはすべての環境分野の専門家に必要な項目で，大気サンプリングプロトコルの実施と連動する以下のような基礎的な計算を必要とする．

15.5.7.1　大気サンプリング計算

1 mol = 22.4 L（STP），1 mol = 24.45 L（NTP），標準気圧は 760 Torr（海抜 0 m では大気圧 760 mmHg），標準温度は 0℃（= 273 K）．

a.　ボイルの法則に関する問題

問題：　圧力 780 mmHg の酸素 500 mL を，圧力 740 mmHg に変化させた場合体積は何 mL か？

解答：　　　新しい体積 V_2 = 500 mL × (780 mmHg/740 mmHg) = 527 mL

問題： 圧力 86 cmHg で収集した気体 300 mL を 90 cmHg に圧力を変化させた場合体積は何 mL か？
解答： 新しい体積 $V_2 = 300\text{ mL} \times (86\text{ cmHg}/90\text{ cmHg}) = 287\text{ mL}$

問題： 圧力 80 cmHg で 300 mL の気体 110 mL に圧縮した場合，圧力は何 cmHg か？
解答： 新しい圧力 $P_2 = 80\text{ cmHg} \times (300\text{ mL}/110\text{ mL}) = 218\text{ cmHg}$

b. シャルルの法則に関する問題

問題： 圧力は一定とする．温度 0°C で容積 500 mL の気体は，25°C 以下で体積は何 mL となるか？
解答：
$$K = 273° + °C$$
新しい体積 $V_2 = 500\text{ mL} \times (298\text{ K}/273\text{ K}) = 546\text{ mL}$

問題： 温度 0°C 体積 48 mL の気体は −25°C 下で体積は何 mL となるか？
解答： 新しい体積 $V_2 = 48\text{ mL} \times (248\text{ K}/273\text{ K}) = 43.6\text{ mL}$

問題： 圧力は一定とする．温度 15°C で体積 800 mL の気体が，1000 mL に変化したときの温度は何 K か？
解答： 新しい絶対温度 $T_2 = 288\text{ K} \times (1000\text{ mL}/800\text{ mL}) = 360\text{ K}$

c. ボイルの法則およびシャルルの法則をあわせた問題

問題： 体積 600 mL の気体を 25°C，80 cmHg の条件下で収集した場合，STP における気体の体積は何 mL か？
解答： 新しい体積 $V_2 = 600\text{ mL} \times (80\text{ cmHg}/76\text{ cmHg}) \times (273\text{ K}/298\text{ K}) = 578\text{ mL}$

問題： 圧力 76 mmHg，温度 25°C，体積 100 mL の気体について，圧力 900 mmHg，温度 40°C の条件下における体積は何 mL か？
解答： 新しい体積 $V_2 = 100\text{ mL} \times (760\text{ mmHg}/900\text{ mmHg}) \times (313\text{ K}/298\text{ K}) = 88.7\text{ mL}$

問題： 500 mL の酸素を 20°C，大気圧 625 mmHg で収集した．STP における乾燥酸素の体積 mL はいくらか？
解答： 新しい体積 $V_2 = 500\text{ mL} \times (725\text{ mmHg}/760\text{ mmHg}) \times (273\text{ K}/293\text{ K}) = 443.5\text{ mL}$

問題： 温度 20°C，圧力 740 Torr，体積 240 mL の気体 2.5 g は，何 g/mol か？
解答： $240\text{ mL} \times (273\text{ K}/293\text{ K}) \times (740\text{ Torr}/760\text{ Torr}) = 217\text{ mL}$
$(2.50\text{ g}/217\text{ mL}) \times (1000\text{ mL}/1\text{ L}) \times (22.4\text{ L}/1\text{ mol}) = 258\text{ g/mol}$

15.6 換　気

　換気は簡単にいえば，大気環境中の有害物質を制御するための古典的な手法であり，安全工学において用いられる最も強力な手段である．換気を制御の手段として適切に利用すれば，作業環境における空気を有害物質のない状態に維持することができる．これを達成するためには，換気における2つの方法，すなわち，① 作業環境から汚染空気を物理的に除去すること，② 清浄な空気を取り込み，作業環境の空気を安全な濃度レベルまで希釈する（Spellman, 2013）ことが有効である．換気システムは非常によいシステムであるが，適切に設計されなければ有害性を高めるといっても過言ではない．効率的な換気システムには，適切な設計とメンテナンス，そして適切なモニタリングを行うことが大変重要である．環境分野の専門家は設置された換気システムを確実に最適に機能させる重要な役割をもつ．

　換気は作業環境において重要であるため，環境分野の専門家は換気の概念，空気の移動の原則，モニタリングの実践に十分に精通していなければならない．室内空気質を担う専門家は，訓練と経験を通じて作業環境を制御しているシステムを評価し，新たにシステムを設計する．この節では，換気システム設計の一般原則，評価，制御に関する基礎的な計算について紹介する．本書は工場換気システムを適切に運用するうえで必要な基礎概念と原則を教示する．また，本書は現場における実践知識を蓄えるうえで役立つ．換気に関する最もよい情報源は ACGIH による *Industrial Ventilation: A Manual of Recommended Practice* であり，このテキストは換気システムの責任者である環境分野の専門家の必携の参考書である．

15.6.1　定　義

　換気は，環境分野の実務家が用いる最も重要な環境および工学制御技術の1つであるため，以下の換気用語と定義を理解しておかなければならない．

圧力 ［pressure］　圧力差によって生じる空気の流れ．ダクト内に圧力差をつくるには通常ファンが用いられる．

圧力降下 ［pressure drop］　地点間の静圧損失．

イヴェース ［evase］　速度圧から静圧に変換するためのコーン形の排気筒．

1時間当たり換気回数 ［ACH, AC/H, air changes per hours］　1時間に空気が入れ替わる回数．

in.wg（インチオブウォーター） ［inches of water］　圧力の単位．1インチオブウォーターは 0.0735 in. of mercury（インチオブマーキュリー），あるいは 0.036 psi．標準大気圧は 407 in.wg.

環気 ［return air］　再循環によってもともとあった空間からファンへと戻ってくる空気．

希釈換気（全体排出換気） ［dilution ventilation（general exhaust ventilation）］　清浄空気を作業環境に供給することにより，発生した有害物質の濃度を許容濃度まで希釈すること．曝露制御の1つ．

キャノピーフード（レシービングフード） ［canopy hood（receiving hood）］　熱い上昇空気あるいは気体を受ける上方吸引型フード．

吸気圧力［suction pressure］ ファンの上流側の静圧を意味する．「静圧」を参照のこと．

局所排気［local exhaust ventilation］ 発生した汚染物が作業環境の空気に拡散する前に捕捉し除去する工場換気システム．

空気密度［air density］ 1 ft^3 当たりの空気のポンド重量．68°F(20℃), 2992 in. Hg(760 mmHg) の乾燥状態の標準空気の密度は 1 ft^3 当たり 0.075 lb である．

ゲージ圧［gauge pressure］ 2つの絶対圧力の差．通常は絶対圧力と大気圧との差をいう．

工場換気［IV：industrial ventilation］ 工場環境における危険を制御するために，自然あるいは機械的手段によって空気を供給・排出する装置あるいは操作．

最小移動速度［MTV：minimum transport velocity］ 粒子をほとんど沈降させることなく移動させるのに必要な最低の速度．最小移動速度は，空気密度，粒子の電荷，およびその他の要因によって異なる．

室外空気［OA：outdoor air］ 汚染物質を希釈するために供給される，環気と混じった清浄空気．

室内空気質（IAQ），シックビルディング症候群，タイトビルディング症候群［IAQ：indoor air quarity, sick-building syndrome, tight-building syndrome］ 温度，湿度，空気中汚染物に関する研究，試験，および空気質制御．

実立方フィート／分［acfm：actual cubic feet per minute］ 実際の温度と圧力条件における気体の流量．

スタック［stack］ 換気システムの末端にある装置．空気中に希釈させるために，排出された汚染物を分散させる装置．

スロット速度［slot velocity］ 空気がスロット（細長い穴）を流れるときの平均速度．スロット速度は全流量をスロットの面積で割ることによって計算される（通常，スロット速度 $V_s = 2000$ fpm）．

静圧［SP：static pressure］ ファンによってダクト内に生じる圧力．ダクト壁面における流れに対して垂直に測定し，インチオブウォーターで表される．ダクトや処理装置，その他の機械の内側の圧力と大気圧との差．

全圧［TP：total pressure］ ダクト内にかかる圧力．静圧と速度圧の合計．衝撃圧力，動的圧力ともいう．

送風機の法則［fan laws］ 圧力，風量，ファンの回転数，馬力，空気密度，ファンのサイズ，出力時の理論的相互性能の変化を示す関係．

層流［laminar flow（streamline flow）］ 空気中のすべての分子が平行に移動するような空気の流れ．乱流がない状態．

速度［velocity (V)］ 単位時間当たりに空気が移動する距離．通常，1分当たり何フィート移動するか（feet per minute）で表される．

速度圧［VP：velocity pressure］ 空気の速度によって生じる圧力．

損失［loss］ 通常，換気システムの構成部品において静圧が熱に変換されることをいう（たとえば，フード入口損失など）．

大気圧［atmospheric pressure］ あらゆる方向にかかる大気の圧力．海抜ゼロ地点における大気圧は 29.92 Hg, 14.7 psi, 407 wg（ウォーターゲージ），または 760 mmHg．

体積流量［volume flow rate (Q)］ 空気が流れる量．cfm (cubic feet per minute, 立方フィート毎分), scfm (standard cubic feet per minute, 標準立方フィート／分), acfm (actual cubic feet per minute, 実立方フィート毎分)で表される.

置換空気［replacement air（compensating air, make-up air）］ 排気を置換するために空間に供給される空気.

導入係数［coefficient of entry（C_e）］ フードが静圧を速度圧に変換する効率の指標. 理想流量と実際の流量の比.

ピトー管［Pitot tube］ 流れる空気の全圧および静圧を測定する装置.

標準空気, 標準状態［standard air, standard condition］ 70°F（20℃）, 29.92 in.Hg（760mmHg）, 14.7 psi, 407 in.wg.

標準立方フィート毎分［scfm（standard cubic feet per minute）］ 標準状態における流量の単位. 1分間に何立方フィートの空気量が流れるかを, 68°F（20℃）, 1気圧（760 mmHg）, 乾燥状態に変換して表す.

ファン［fan］ 空気を動かし, 静圧をつくりだす機械.

ファン曲線［fan curve］ 任意の回転数におけるファンの風量と圧力の関係を示した曲線.

フード［hood］ 発生した汚染物を捕捉する機械.

フード入口圧力損失［hood entry loss（H_e）］ 空気がフードを通ってダクト内に流入する際の圧力損失（インチオブウォーターで表される）. 損失の大部分は通常ダクト内に形成される縮流部によるものである.

フード静圧［hood static pressure（SP_h）］ ダクトの速度圧とフード流入損失の合計. フード静圧とは, フード周囲の空気をダクトに向けて加速させるために必要な静圧.

プレナム［plenum］ 静圧を行き渡らせるための低流速チャンバー.

分岐［branch］ 2つのダクトの分岐合流点において, 分岐は流量が最も低いダクトである. 分岐は通常90°未満の角度で主流に入る.

ヘッド（水頭）［head］ 圧力.「ヘッドは1 in.wgである」のように使われる.

捕捉速度［capture velocity］ フードから離れたところにある汚染物をフードで吸い込むために必要な空気の速度.

摩擦損失［friction loss］ 流れる気体とダクトの壁面との間の摩擦によって生じる圧力損失. 100 ft当たりの圧力（wg/100 ft）またはダクト100 ft当たりの速度圧（mm wg/m; kPa/m）で表される.

マノメーター［manometer］ 圧力差を測定する装置. 通常, 水または水銀が入ったU字型のガラス管が用いられる.

密度補正係数［density correction factor］ 乾燥空気密度を速度圧に補正あるいは変換するために用いる係数. 理想流量に対する実際の流量の比.

面積［area（A）］ 空気が流れる断面積. 面積はダクトや窓, ドア, その他空気が流れる空間の断面積を意味する.

乱流［turbulent flow］ ダクト内の横方向速度の成分や流れの方向の速度に特徴づけられる空気の流れ.

流速計［anemometer］ 空気が流れる速度を測定する装置. 回転翼型流量計, 熱線流速計などがある.

流量［flow rate］ 流量は質量保存の法則 $Q = V \times A$（Qは流量, Vは流速, Aは気流の断面積）によって表される.

冷暖房空調設備（HVAC）システム［HVAC（heating, ventilation, and air conditioning）system］

おもに温度，湿度，臭気，空気質を制御するために設計される換気システム．

15.6.2 換気の概念
　工場換気の本来の目的は，自然換気を再現することである．自然換気は圧力差によって生じるものである．空気は圧力が高いところから低いところへ移動する．この圧力差は温熱条件によって生じる．熱い気体は上昇するということを知っていれば，産業プロセスのような場面において，煙を作業者が操作を行う場所へ拡散させずに煙突から外部へ拡散させることができる．空気は熱せられることによって軽くなり上昇する．大気中の空気が熱くなる場合にも同じ原理が働く．空気が上昇すれば，より圧力が高い場所から空気が流れ込み置き換えられる．対流は風を生み，自然換気効果を生み出す．

　工場換気とは何であろうか．簡単にいえば，工場換気は，望ましい質の空気と置き換えるために空気を循環させたり新鮮空気を供給したりすることを目的として作業環境に設置される．工場換気は単に自然換気でなしうるであろうか．作業環境の空気を温めることによって空気を上昇させ，窓やドア，壁のすき間，あるいは屋根の換気装置を通じて排出することができないだろうか．われわれはこのような自然のシステムを設計することができるのである．汚染物が危険なレベルに達する前に除去できるほど空気は速く循環しない．したがって，われわれは人工的で機械的に空気を動かすためにファンを使うのである．

　作業環境における換気システムには，空気中の有害な汚染物を制御あるいは除去する以外にもいくつかの機能がある．その機能とは以下のとおりである．

1. 換気は十分な酸素を供給しつづけるために多く用いられる．ほとんどの作業環境では自然換気によって酸素を十分に供給できるためこの限りではないが，深部採掘や熱処理工程などの大量の酸素を必要とする作業環境においては，酸素供給が換気システムの設置の一番の目的である．
2. 換気システムは臭気を除去することができる．この種のシステムはロッカールームや休憩室，台所に適用できる．この機能を使うことによって不快な空気を新鮮な空気と入れ替える，あるいは化学物質を使ったマスキング剤によって臭気を隠すことが可能である．
3. 換気の用途として最も多いのは，われわれがよく知る，熱や冷気，湿気を制御する換気システムである．
4. 換気システムは，好ましくない汚染物（化学物質の浸漬や剥離層から発生する汚染物など）が作業域に侵入する前に発生源で除去することができる．この技術によって汚染物が作業者の呼吸域に侵入することを確実に防ぐことができる．これはまさに安全工学が果たすべき役割の1つである．

　機械ファンはあらゆる換気システムの心臓部であるが，人間の心臓のようにシステムとして機能させるためには補助的な機能が必要である．換気システムはおもに，① 空気を動かすためのファンの力，② 空気をシステムに取り込むための入口，③ 空気をシステ

ムから出すための出口，④空気を正しい方向に誘導するだけでなく，決められたレベルで流れるように制御するための導管または通路（風管）の4つで構成される．

　排気と給気の違いは換気システムにおける重要な概念である．排気システムは空気および空気中の汚染物質を作業環境から除去するものである．このシステムは，汚染物質が作業環境の空気中に放出される前に除去できるように，作業環境全域あるいは発生源に設置されている．もう1つのタイプが給気システムであり，その名のとおり作業環境に空気を供給するシステムである．このシステムは通常，作業環境の汚染された空気を希釈することによって汚染物質の濃度を下げるためのものである．しかし，給気システムには場の空気に流れを起こす機能もある．実際には，作業環境では排気と給気システムの両方を使用することによって空気を吹出しから吸込みへと移動させることが多い．

　換気システムにおける空気の流れは圧力差によって生じる．換気システムにおける圧力は大気圧との関係から測定することができる．作業環境において，大気圧はゼロ点と仮定される．給気システムでは，システムがつくり出す圧力は作業環境における大気圧に加算される（すなわち陽圧）．排気システムではシステム内の圧力を大気圧以下に下げることが目的である（すなわち陰圧）．

　換気システムにおいて圧力の上昇や低下とは，圧力のわずかな差，すなわち作業域の大気圧に比べてわずかな圧力差を生じることを意味している．そのため，圧力差は十分な感度をもつインチオブウォーターまたはウォーターゲージを用いて測定される．空気は，圧力差が微量であれば非圧縮性と仮定することができる．

　インチオブウォーターあるいはウォーターゲージの話に戻る．1 psiの圧力は27インチオブウォーターに等しく，1インチオブウォーターは0.036 lbの圧力，あるいは標準大気圧の0.24％に等しい．換気システムの圧力条件下では，空気が非圧縮性であるとみなすことで生じる誤差は非常に小さい．作業環境における換気の専門家は，換気にとって重要な3つの圧力，すなわち，速度圧，静圧，全圧を熟知しておかなければならない．これらの3つの圧力とそれらの機能を理解するためには，圧力を理解しておく必要がある．流体力学においては，流体（空気）のエネルギーはヘッド（水頭）と呼ばれる．ヘッドは流体の単位重量あるいは流体のフィート・ポンド／ポンドを単位として測定される．慣例ではヘッドはフィートで表されることに注意する．

　それでは圧力とは何であろうか．圧力は流体が単位面積当たりに作用する力のことである．イギリスの計測システムにおいては，この力は lb/ft^2 で測定される．換気システムにおいて流体は非圧縮性であるため，流体の圧力はヘッドに等しい．速度圧（VP）は，空気が換気システムによってある速度で移動するときに生じる．速度圧は空気が流れる方向のみに作用し，大気圧に対して常に正である．速度圧は必ず常に正であり，それを生み出す圧力も必ず正である．換気システム内で空気が流れる速さは，システムの速度圧に直接かかわっている．この関係は速度を決める標準式から導き出され，移動する空気の速さと速度圧との間の関係を表している．

$$V = 4005\sqrt{VP} \tag{15.13}$$

静圧（*SP*）は換気システム内の空気があらゆる方向に作用する圧力であり，ダクトを破裂あるいは崩壊させやすい．静圧はインチオブウォーターゲージ（in.wg.）で表される．静圧の概念を理解できるように簡単な例を示そう．ある圧力で膨らむ風船があるとしよう．風船内の圧力は風船の全側面に作用する．風船の中には空気の速度は存在しない．風船の中の圧力はすべて静圧によるものである．静圧はその場の大気圧によって負にも正にもなることに注意しなければならない．

全圧（*TP*）は静圧と速度圧の和として定義される．

$$TP = SP + VP \tag{15.14}$$

換気システムの全圧は正か負かのいずれか，すなわち大気圧より上か下かである．一般的に全圧は給気システムでは正，排気システムでは負である．

環境専門家が換気システムの性能を評価するには，換気システム内の圧力を測定する必要がある．測定にはマノメーターまたはピトー管などの道具を用いる．マノメーターは換気システム内の静圧を測るのにしばしば用いられる．マノメーターは両端が開いたU字型のチューブで，内部の流体が見えるようにガラスあるいはプラスチックでできている．測定しやすくするために，通常マノメーターの表面には目盛りがついている．マノメーターの内部は水，油，水銀などの液体で満たされている．マノメーター内部の液体に圧力がかかると，圧力は換気システムの外の大気圧と折り合うため，液面の高さに変化を生じさせる．よって，測定したい圧力は，大気圧を0点とした相対的な値となる．マノメーターを用いて換気システム内の正の圧力を測定する場合には，大気圧側に開いたマノメーターの管の液面は高くなる．負の圧力を読む場合は，大気圧側に開いた管の液面は低くなる．よって大気圧とシステム内の圧力との差が分かる．

ピトー管は換気システムにおける圧力を測定するために用いられるもう1つの装置である．2重の同心円管からなり，内部の管は衝撃部であり，一方，外側の管は先端が閉じており，管の側面に静圧孔が空いている．内部と外部の管をマノメーターにつなげることにより速度圧を測ることができる．静圧を単独で測りたい場合には2つのマノメーターを使う．正と負の圧力の測定は前述のとおりである．

15.6.2.1 局所排気

局所排気は，最も普及している作業環境の空気制御方法であり，発生源付近の汚染物質を捕獲・除去することによって空気中の汚染物質濃度を制御するために用いられる．汚染物を作業環境中に拡散させる希釈換気とは対照的に，局所排気は発生源を囲い込み，汚染物が作業者の呼吸域に拡散する前に捕獲・除去しようとする．汚染された空気は通常ダクトシステムを通じて捕集機に吸い込まれ，そこで浄化され，排気処理装置の最後にある配風機を通じて外部へ運ばれる．典型的な局所排気システムは，フード，ダクト，空気清浄機，ファン，そして排気筒からなる．局所排気システムは，以下の場合に適した汚染物の制御法である．

- 作業環境の空気中の汚染物が健康に有害性がある場合や，火事，爆発を引き起こすおそれがある場合．

- 国の法律または地方の条例によって，特定の処理過程において局所換気を行うことが求められている場合．
- 局所排気をしなければ製造機械のメンテナンスが困難である場合．
- 清掃員あるいは雇用者の快適性が改善される場合．
- 発生源が大きい，少ない，固定されている，かつ／あるいは広く散在している場合．
- 汚染物の発生率が時間によって大きく変化する場合．
- 汚染物の発生源が作業者の呼吸域の近くにある場合．

　環境分野の専門家は，あらかじめシステムの効果を正確に把握することは難しいということを覚えておく必要がある．したがって曝露量を測定し，設置されたシステムがどの程度制御できているかを評価することが不可欠となる．よいシステムは80～90％あるいはそれ以上の捕集効率があるが，劣ったシステムでは50％以下しかない．汚染物の発生源を完全に取り囲む手段がある場合には捕集率はいうまでもなく大きいが，手段がない場合には，環境分野の専門家はシステムの限界を知り，問題に対処することに精通していなければならない．

　換気システムを設置し，適正を確認したら，その後はよくメンテナンスを行わなければならない．注意深いメンテナンスが必要である．産業衛生の専門家が換気に関する問題を解決するうえで最も頭を悩ますのは，システムのメンテナンスが乏しいあるいはメンテナンスがなされていないことである．産業衛生における環境分野の実務者の多くは，換気を正しく設計，設置，維持しさえすれば，健康な作業環境を確実なものにできることを忘れがちである．しかしながら換気には限界がある．たとえば，給気システムから空気を吹き出す効率と，排気システムを通じて空気を除去する効率は異なる．違いと意味をよりよく理解するために，標準的な排気ダクトを通じて空気を供給する例を取り上げる．

　空気が開口部から外へ排出されるとき，空気は後方を含めた開口まわりのすべての方向から一様に集められる．したがって吸込み開口まわりの流れの等速度面は円錐形よりもむしろ球形に近づく．これは空気が吸気システムの外へ排出されるときの典型である．これを修正するために，通常排気口のまわりにはフランジが設置され，これによって空気の輪郭が大きな球形から半球形へと小さくなる．その結果，開口から離れた任意の地点における空気の流れの速度が上がる．この基本原理は排気フードの設計において用いられる．排気フードから発生源までの距離が近く，汚染されていない空気が集まりにくいほど，フードによる捕捉効率はよくなることを覚えておく必要がある．簡単にいえば，換気システムにとっては空気を排出する（あるいは吸い込む）よりも吹き出すほうが容易なのである．換気システムおよびそれに関わる問題を取り扱う場合には必ずこのことに留意しなければならない．さらに，フードに捕集されなかった汚染物質は一時的放出と考える．すなわち，一時的放出には，①排気フードによる捕捉を逃れる，②物質が移動する間に排出される，③発生地域から周囲に排出される，④処理装置から直接排出されるという4つのパターンがある（40 CFR Part 60, Electric Code of Federal Regulations）．

15.6.2.2 全体換気と希釈換気

　全体換気と希釈換気は局所排気とともに主要な換気システムである．これらのシステムにはそれぞれ具体的な目的がある．そして一般的に，これら3つのシステムがすべて作業環境に設置されることはない．全体換気システム（熱制御換気システムという場合もある）は，鋳造所やクリーニング屋，パン屋などの過剰の熱が発生するような作業環境における急性の不快感やケガの発生を防ぐことを目的とした室内空気制御に用いられる．また，室内の作業環境における作業者の快適性を制御する機能もある．全体換気システムは，望ましい温度を超える熱い空気を除去することに加え，空気を（加熱または冷却によって）調整する，あるいは局所換気システムにおいて希釈換気によって排出された空気を補うために作業区域に空気を供給する．

　希釈換気システムは，汚染された空気を清浄な空気で希釈するものであり，健康を害するおそれのある汚染物質，火災や爆発条件，悪臭，および不快な汚染物質を制御するために濃度をあるレベルまで下げることを目的とする．希釈換気は，作業環境の空気を除去または供給することによって空気に流れを起こし，その結果，汚染された空気が流入してくる清浄な空気と混ざることによって達成される．サーマルドラフトも空気を動かすことが可能である．自然によるものであれ加熱処理によって生じるものであれ，熱せられた空気は汚染物質とともに上昇する．その空気は天井に取りつけられた通風口から大気中へ逃がすことができる．補給空気はドアや窓を通じて作業環境に供給される．空気除去装置は希釈換気システムのなかで最も信頼できる空気の動力源である．このシステムはむしろ単純で，汚染された空気の排出源と，汚染物質が混ざった空気を清浄な空気で置換するための空気の供給源，そして作業環境全体の空気を供給または除去するダクトシステムが必要である．希釈換気システムは，多くの場合，流入する空気を清浄化するためのフィルターを備えている．

15.6.3　一般的な換気測定

　ダクト面積を計算するにはダクトの直径を測定しなければならない．ダクトの内径の測定は最も重要であるが，薄い金属のダクトであれば外径を測定すれば十分である．ダクトを測定するにはテープ状のものをダクトのまわりに巻きつけ，得られた長さを円周率 π（3.142）で割れば直径が求められる．フードとダクトの寸法は計画，製図，仕様から予測することができる．測定には巻尺を用いる．ダクトが 2.5〜4 ft の複数の部品で構成される場合にはそれも計算しなければならない（エルボ（屈曲部）やティー（T字部）も長さに含める）．フードの外側あるいは前面の前面風速は，ベロメーター，煙筒，回転翼式風速計で推定することが可能であり，これらの道具はすべて持ち運び可能で電力を必要としない．

1. 風速計で読むことが可能な最低風速は，50 ft/min である．計器は常に直立の姿勢で読み，機器に付属したチュービングのみを使わなければならない．
2. 風速計はダクトを塵埃や霧が流れている場合には使ってはならない．機器は少なく

とも年に一度, 定期的に掃除し校正しなければならない. 熱線風速計はエアロゾルを含んだ空気に用いてはならない.
3. フード前面風速は以下の手順で行う. ① 線を引いて場所を区切る, ② それぞれの場所の中心における速度を測る, ③ 測定したすべての速度を平均する.
4. 前面風速を測定する際には煙が役立つ. 換気が正しく機能していないことを確認するには, 空気がフードから漂ったり, 逃げたり, 作業者の呼吸域に流れて行ったりする様子を煙で可視化するのが一番である. 前面風速をおおまかに予測する際には煙を用いることができる. 放った煙が 2 ft 移動する時間を計るのである. たとえば, 煙が 2 ft 移動するのに 2 秒かかった場合には, 速度は 60 ft/min である.

$$速度 = 距離 / 時間 \quad または \quad V = D/T \tag{15.15}$$

フード静圧は, フードとダクトの接続部の下流の直線部分の 4〜6 か所で測定しなければならない. フード静圧はピトー管またはダクトの静圧タップ (圧力計測穴) で測定することができる.
1. 圧力ゲージは数多くの形式のものがあるが, U 字管型圧力計が最も単純である.
2. 傾斜管型圧力計は U 字管型圧力計に比べ, 低圧下では高い精度と感度をもつ. しかし, 圧力計は 800 ft/min 未満の速さに対して用いることはまれである. アネロイド型圧力計は校正したベローを用いて圧力を測定する. これらの圧力計は容易に読み取ることができて持ち運ぶことも可能であるが, 定期的に校正しメンテナンスする必要がある.

ダクト速度はベロメーターとアネモメーターを用いて直接測定する, あるいはマノメーターとピトー管を用いてダクト速度圧から間接的に測定することができる.
1. 工場換気用のダクト内では, 空気の流れは常に乱れており, ダクト表面には動かない境界層がある.
2. 速度はダクトの末端からの距離によって異なるため, 1 か所の測定だけでは不十分である. しかし, まっすぐな円形ダクトを測定する場合, 障害物がある地点あるいは方向転換する地点から下流の 4〜6 か所, 上流の 2, 3 か所を測定すれば, ダクト中心速度の 90% 程度を測定することができる. 平均速度圧は中心線速度圧のおよそ 81% である.
3. 最も正確な方法は横断法である. この方法では, ダクトの径を横断する 2, 3 本の直線上の 6〜10 か所の点における速度を測定する. ダクトを横断する 2 本あるいは 3 本の直線が交差する角度は 90°あるいは 60°とする.
4. 装置の密度補正 (温度など) は説明書および補正式に従って行わなければならない. 空気清浄機およびファンの状態はピトー管やマノメーターを用いて測定する.

15.6.4 優れた実践

フードは効果的に機能するように汚染物質の発生源の近くに設置しなければならない. 発生源からの距離はダクト直径の 1.5 倍を超えてはならない.

1. 単純な平面フードあるいは狭いフランジフードについては，捕捉速度（V_c）とダクトの風速（V_d）の関係を留意しておかなければならない．たとえば発生源とフードとの間の距離がダクトの直径と等しく，ダクトの風速（V_d）が 3000 ft/min ならば，捕捉速度は 300 ft/min である．フードの開口部からの距離がダクト直径の 2 倍になると，捕捉速度は 10 分の 1 すなわち 30 ft/min まで下がる．
2. 単純な捕捉フードについては，ダクトの直径（D）が 6 in. の場合，発生源からフードまでの最大距離は 9 in. を超えてはならないという大まかな法則が用いられる．同様に最大捕捉速度は 50 ft/min を下回ってはならない．つまり単純な捕捉フードでは，最大捕捉距離はダクトの直径の 1.5 倍を超えないようにしなければならない．

ファンに生じるシステム効果損失（圧力損失）は，配管を正しく行うことで避けることができる．

1. ファンの入口からダクトの直径 6 個分離れた地点の最小損失と，ファン出口からダクトの直径 3 個分離れた地点の最小損失がわかれば，3 と 6 の法則（six-and-three rule）を使ってよりよい設計ができる．
2. エルボがファンの入口または出口に取りつけられている場合，圧力損失は著しい．ファンの入口とエルボとの間の直線ダクト距離がダクト直径の 2.5 倍離れるごとに立方フィートの 20%の損失が生じる．

煙突高さは，屋根面または煙突がある地点から半径 50 ft 内にある空気の取り込み口の中心点から少なくとも 10 ft 高くしなければならない．たとえば，空気の取り込み口から 30 ft 離れた地点に煙突を設置する場合には，取り込み口の中心点から 10 ft 以上高く立ち上げなければならない．

換気システムの製図および仕様は，Uniform Construction Index（UCI）に記載されている標準の書式や記号に従わなければならない．

1. 計画の章には，電気，配管，構造，および機械に関する製図を記載する．製図には平面図，立面図（側面および前面），等角投影図，断面図が含まれる．
2. 立面図（側面および前面）は最も詳細に描く．等角投影図とはシステムを三次元で描くものである．断面図に部品の断面図を載せ，ダクトや部品を詳細に描く．
3. 通常，製図は縮小して描く．（物差しで寸法と長さを確認すること．たとえば図面上で 1/8 in. は実寸で 1 in. を表す，など．）

15.6.5 数学問題の実際，概念，例題

換気は汚染物質の排出および曝露を制御するための重要な手段である．また，換気は健康，快適さ，そして幸せをもたらす．人が住む建物はすべて換気が必要である．以下の換気の事実と概念を知っておかなければならない．

- 空気の性質： 分子量 29，重量密度は標準温度・圧力下で 0.075 lb/ft³．
- 換気における標準温度と圧力： 温度 70°F，大気圧 29.92 in. Hg（乾燥状態），空気

密度 0.075/ft³（標準温度圧力）．
- 密度補正係数（d）とは，理想気体の式から導かれる係数である．

$$d = \left(\frac{標準状態の絶対温度}{実際の絶対温度}\right) \times \left(\frac{実際の絶対大気圧}{標準状態の絶対気圧}\right)$$

- ランキン（°R）＝°F＋460（絶対温度）
- ケルビン（K）＝°C＋273（絶対温度）

■例 15.5

問題： 温度 90°F，大気圧 27.5 in.Hg. のとき，密度補正係数 d はいくつか．

解答： $d = \dfrac{460+70}{460+90} \times \dfrac{27.50}{29.20} = \dfrac{530}{550} \times \dfrac{27.50}{29.92} = 0.96 \times 0.92 = 0.88$

- 局所排気換気システムは，フード，配管，空気清浄装置，ファン，煙突の5つで構成される．

15.6.5.1 圧　力

空気は圧力差によって移動する．ファンは一般的に圧力差をつくり出すために用いられる．海面における標準大気圧は 14.7 psia＝29.92 in.Hg＝407 in.wg である．ファンが1インチ（1 in.wg または 1 インチオブウォーターゲージ）の負の静圧を生じさせることができるとすると，ダクト内の静圧の絶対値は 406 in.wg である．

- 圧力差を測定するには圧力計を用いる（2本の管を圧力計に接続して速度圧を測定する）．
- ピトー管で全圧 TP と静圧 SP の両方を測定する．
- SP＝静圧（S は side）
- TP＝全圧（T は top）

圧力の間には以下の関係がある（表 15.3）．

$$TP = SP + VP$$

■例 15.6

問題： 以下の場合の速度圧を計算せよ．

$$TP = -0.35 \text{ in.wg}, \quad SP = -0.5 \text{ in.wg}$$

解答：　　$TP = SP + VP$
　　　　　$VP = TP - SP = -0.35 - (-0.50) = 0.15 \text{ in.wg}$

表 15.3　ファンと圧力

	TP	SP	VP
ファンの上流	−	−	＋
ファンの下流	＋	＋	＋

15.6.5.2 速度圧

速度圧とダクト内の空気の速度 (V) との間には以下の関係が成り立つ.
$$V = 4005\sqrt{VP/d}$$
ここで，VP = 速度圧（in.wg，ピトー管による測定値），d = 密度補正係数.

■例 15.7

問題： 実験室のヒュームフードダクト内の気流の速度圧は 0.33 in.wg（およそ 1.12 kPa）である．気流の速度を求めよ（密度補正係数は 1）．

解答： $V = 4005 \times (VP/d)^{1/2} = 4500 \times (0.33/1)^{1/2} = 2300$ fpm

15.6.5.3 静 圧

静圧は換気システムにおける潜在エネルギーである．静圧は動力（速度圧）と熱や震動，音などのあまり役に立たないエネルギーへと変換される．これらは圧力損失である．気体の流量は以下の式で表される．
$$Q = V \times A$$
ここで，Q = 気体の流量（cfm），A = ダクトの断面積（ft^2），V = 流速（m/sec）.

■例 15.8

問題： ダクトの断面積が 0.7854 ft^2，ダクトを流れる空気の速さが 2250 fpm のとき，流量 Q はいくらか．

解答： $Q = V \times A = 2250$ fpm $\times 0.7854$ ft$^2 = 1770$ scfm

■例 15.9

問題： 1 辺の長さが 10 in. の正方形ダクトで静圧が -1.15 in.wg である．平均全圧が -0.85 のとき，ダクト内の速度と風量を計算せよ．気体状態は標準状態（STP），密度補正係数 d は 1 とする．

解答：
$A = (10\text{ in.} \times 10\text{ in.})/144\text{ in.}/\text{ft}^2 = 0.6944$ ft^2
$VP = TP - SP = -0.85$ in. $- (-1.15$ in.$) = 0.30$ in.wg
$V = 4005 \times (VP/d)^{1/2} = 4005 \times (0.30)^{1/2} = 2194$
$Q = V \times A = 2194 \times 0.6944 = 1524$ scfm

15.6.5.4 圧力損失と速度圧

空気はダクトを通って移動するため，圧力損失が生じる（静圧は，熱，震動，および騒音に変換される）．この圧力損失は速度圧に比例する．
$$SP_{\text{Loss}} = K \times VP \times d$$
ここで，SP_{Loss} は静圧の損失（in.wg），K は圧力損失係数（無単位），VP はダクト内の平均速度圧，d は密度補正係数である．

15.6.5.5 圧力損失の種類

圧力損失には，フード入口損失，摩擦，エルボ（曲がり）損失，枝管部における合流

損失，システム効果，処理装置における損失などがある．フードは排出源で発生した汚染物質を捕獲する．フードはダクト静圧を速度圧とフード入口損失（たとえばスロットやダクト入口損失など）に変換する．

$$H_e = K \times VP \times d = |SP_h| - VP$$

ここで，H_e ＝ フード入口損失，K ＝ 損失係数（無単位），VP ＝ 速度圧（in.wg），d ＝ 密度補正係数，$|SP_h|$ はフードからダクト直径の5個分離れた下流の地点における静圧の絶対値（in.wg）．

フードが静圧を速度圧に変換する能力は入口係数（C_e）によって表される．

$$C_e = \frac{Q_{\text{actual}}}{Q_{\text{ideal}}} = \sqrt{\frac{VP}{|SP_h|}} = \sqrt{\frac{1}{(1+K_h)}}$$

■例 15.10

問題： ダクトの速度圧が 0.33 in.wg，フード入口損失 H_e が 0.44 in.wg のとき，フードの静圧はいくらか．また C_e はいくらか．

解答：
$$|SP_h| = VP + H_e = 0.33 + 0.44 = 0.77 \text{ in.wg}$$

$$C_e = \frac{Q_{\text{actual}}}{Q_{\text{ideal}}} = \left(\frac{VP}{|SP_h|}\right)^{0.5} = \left(\frac{0.33}{0.77}\right)^{0.5} = 0.65$$

フード入口損失は，通常フードのスロットやダクトへの入口に縮流が起きることによって生じる．縮流が最も狭くなる部分は，通常ダクト入口からダクト直径の半分程度内側辺りにみられる．フード静圧はフード開口面からダクト内の測定点までの総加速度と全圧力損失の合計である．入口損失は以下の式で表される．

$$H_e = K \times VP_d \times d$$

ここで，K ＝ フード入口損失係数．

フード入口損失係数は，実験室のドラフトなど数多くのタイプのフードを対象とした推定値が長年報告されている．フードには囲い式フードや外づけ式フード，キャノピーフードがある．

■例 15.11

問題： ダクト内の平均速度圧が 30 in.wg のとき，実験室ドラフトのフード入口損失を計算せよ．$K = 2.0$，$d = 1$ とする．

解答：
$$H_e = K \times VP_d \times d = 2.0 \times 0.30 \times 1 = 0.60 \text{ in.wg}$$

面積法は捕捉フードの流量 Q を決定するために用いられる．空気は基本的に負圧源に向かって全方向から近づく．小さな平坦なダクトフードの末端周辺の三次元領域を想像してみよう．気体分子は自らが開口の前方，側方，後方のどこにいるのかわからない．分子は負圧源へ強く押されていることしか分からない．空気が開口に向かって移動する速度は，球の表面上のすべての点において等しい．球の表面積は以下の式で表される．

$$A = 4\pi x^2$$

x における断面積と理想の捕捉速度がわかれば，$Q = V \times A$ から流量を推定することがで

■例 15.12

問題： 4 in. の簡易ダクトフードに空気が流入するとする．捕捉速度 $V_c = 100$ を必要とする場合，フード前面の 6 in. を捕捉するために必要な風量はいくらか．

解答： $Q = V_c \times A = 100 \text{ fpm} \times 4\pi (0.5 \text{ ft})^2 = 314 \text{ cfm}$

ここで，$A = 4\pi x^2$，6 in. は 0.5 ft．

15.6.5.6 ファン

ファンには遠心型（前方カーブ型，後方カーブ型，放射羽ラジアル型）と軸流ファンがある．

a. ファン曲線

ファン特性曲線は静圧，馬力，騒音，効果に対する風量の変化をプロットしたものである．

b. ファン特性

ファンは圧力と風量-システムオペレーティングポイント（SOP：system operating point）によって特徴づけられる．圧力は配管内のファンの入口と出口にみられる．

c. ファン全圧

ファン全圧（TSP：fan total pressure）は換気システムを使って空気を移動させるのに必要な全エネルギーを意味する．FTP はファンにおける平均全圧の絶対値を合計することによって得られる．

$$FTP = VP_{out} - VP_{in}$$

$TP = SP + VP$ であるから

$$FTP = SP_{out} + VP_{out} - SP_{in} - VP_{in}$$

もし VP_{out} が VP_{in} と等しければ（つまり入口と出口の平均風速が等しければ）VP は相殺され，

$$FTP = SP_{out} - SP_{in}$$

となる．FTP はファン全圧降下と呼ばれることがしばしばある．

■例 15.13

問題： ファンの出口と入口における状態が $SP_{out} = 0.10$ in.wg，$SP_{in} = -0.75$ in.wg のとき，FTP はいくらか．

解答： $FTP = SP_{out} - SP_{in} = 0.10 \text{ in.wg} - (-0.75 \text{ in.wg}) = 0.85 \text{ in.wg}$

15.7 騒音

労働環境における騒音曝露は，労働者の健康ハザードである．騒音曝露は精神的な影響が指摘されているストレス要因であり，労働者の集中力を妨げてアクシデントにつながる可能性が指摘されている．また騒音曝露は難聴の危険因子である．本節では，組織

の聴力低下予防プログラムが米国労働安全衛生庁（OSHA）のコンプライアンスに準じているかどうか，労働安全責任者が知っておくべき騒音の基本についてまとめる．

15.7.1 定 義

騒音，騒音コントロール，聴力低下予防のコンセプトを説明するのに使われる専門用語がある．職場の騒音レベルを下げるための企画を担当している環境工学の実務家や，労働安全衛生庁の聴力低下予防プログラムが提示しているコンプライアンスを知っておくべき社内安全エンジニアはこれらの専門用語をよく知っていなければならない．下に記す国立労働安全衛生研究所（NIOSH）の定義はかなりわかりやすく書かれている．

閾値移動［threshold shift］ 音の感度変化には，永続的閾値移動（PTS）と一過性移動（TTS）の2種類がある．呼称が示すとおり，音への永久的な感度変化がPTSであり，つまり30日以内の確認検査でも認められた場合をさす．大きな音への曝露は14時間程度持続する一時的な聴力の低下を引き起こす可能性がある．聴力の専門家は，すべての閾値移動が永久的なものではなく，また騒音曝露以外でも閾値移動が起こりうることを知っておく必要がある．騒音曝露を原因とするPTSについては，騒音性永続的閾値移動（NIPTS）ということがある．

A 特性［A-weighting］ 1000 Hz 40 dB SPL と比較した音の大きさの測定尺度．人に不快な音の測定に有利で，可聴周波数を考慮し周波数 500〜4000 Hz を中心に重みづけがなされている．

エンジニアリングコントロール［controls, engineering］ 耳栓を使用する以外で，騒音を物理的な方法でコントロールあるいは小さくする対策．

音の大きさ［loudness］ 柔らかいから大きいまで連続的に特徴づけられる音の主観的な特質．主観的な特質ではあるが，音圧レベル，小さな広がり，周波数特性と音の持続に依存する．

重みづけ特性［weighted measurements］ 人の音の感じ方を考慮した音レベルの測定には，一般的に次の2種類の特性が使われている．

音圧レベル［SPL：sound pressure level］ 基準となる音圧に対する音波の圧の比率の基準．音圧レベル（dB）は通常 20 mPa を基準とする．単独で使用する場合は，重みづけがなされていない音圧レベルを意味する．

音響強度［sound intensity (I)］ 特定の場所の音響強度は，音エネルギーが伝播する方向に垂直な単位面積を通して伝導される平均率である．

音響出力［sound power］ 単位時間当たりに音源から放出される総音エネルギー．音響出力は直接測定できない．

音響性外傷［acoustic trauma］ 突然の聴力低下をきたすできごと．音響性外傷をきたす原因の例として（鼓膜への）溶接火粉，頭部強打，爆発音がある．

可聴範囲［audible range］ 人が聴取できる周波数域のことで，通常 20 Hz から 20,000 Hz．

加齢性難聴［presbycusis］ 年齢が上がるほど増えていく難聴で特定要因がないもの．

感音性難聴［sensorineural hearing loss］ 内耳に原因がある難聴．

管理的コントロール［controls, administrative］ 労働者のスケジュールや配置を替えるといった管理方法で，労働者の騒音曝露を減らすようにする取り組み．

危険騒音［hazardous noise］ 周波数，強度，持続のどんな組み合わせでも，特定の集団に回復しない難聴を引き起こす騒音．

危険な仕事リスト［hazardous task inventory］ 所定の危険作業に関する情報を集めるために

組織として作業することに基づく概念．それぞれの仕事にかかわる，危険に関連する情報を含んでいるデータベースと，それと結びつく特定の仕事リストから構成される．

基準騒音レベル［criterion sound level］ 90 dB．

継続騒音［continuous noise］ 騒音計の "slow" で測定される，少なくとも1秒間継続する一定レベルの騒音．注意すべきなのは，断続的である音（1秒続いて途切れる）が変化して，連続的であるという点である．

減弱する［attenuate］ 音圧の振幅を減らすこと．

減衰［attenuation］ 以下の説明を参照．

実際の減衰［real-world attenuation］ 労働環境で使用している耳栓などの聴力保護具による吸音の推計．

実際の減衰閾値（REAT）［real ear attenuation at threshold］ 耳栓などの聴力保護具による吸音測定のためにデザインされた心理音響試験を行う標準方法．調整された音場で測定され，聴力保護具ありとなしの状態の比較で評価される．

実体のある聴力低下［material hearing impairment］ 労働安全衛生庁（OSHA）は，1 kHz，2 kHz，3 kHz での聴力閾値レベルが 25 dB を超える場合と定義している．

C 特性［C-weighting］ 1000 Hz 90 dB SPL と比較した音の大きさの測定尺度．C 特性は，低周波数も含む相対的に平坦な周波数特性をもっている．

周波数［frequency］ 圧力振動が生み出される率．単位はヘルツ（Hz）．

騒音［noise］ 好ましくない音．

騒音危険区画［noise hazard area］ 85 dB 以上の騒音レベルの区画．労働安全衛生庁（OSHA）は，90 dBA を超える区画について労働者に注意喚起，掲示を行うこととしている．90 dBA を超えるのであれば，聴力保護具は必須である．

騒音危険作業履行［noise hazard work practice］ 90 dBA を超える職場で仕事すること，あるいは仕事を観察すること．いくつかの作業は例外であるが，経験則から1フィート離れて怒鳴るように話さないと労働者同士の会話が困難な場合は，90 dBA 以上の騒音職場であり，聴力保護具が必要となると思われる．聴力保護具が必要となる典型的な作業は，鍛金，研削，重機操作である．

騒音計［SLM：sound level meter］ 音を測定する道具．機種によって，A 特性のみ測定できる，A と C 特性が測定できる，あるいは重みづけやオクターブバンド測定ができるなど違いがある．時間平均した測定値を示す機種もある．

騒音減少率［NRR：noise reduction rating］ 聴力保護具によって全体としてどの程度の騒音を防ぐことができたのかに基づく，聴力保護具の1つの評価方法である．A 特性の騒音レベルで推定するときは，NRR から 7 dB を引いて，その数値と A 特性騒音レベルとの差を求める．NRR は理論的に，所定の保護具の着用者の 98％ が満たすべき評価値である．実際にはこれが現実を反映しているかわからないので，NRR を用いない別の方法が議論されている．

騒音性難聴［noise-induced hearing loss］ 騒音が原因（それ以外で特定の原因がない）で起こる感音性難聴．

騒音量［noise dose］ 許容される日常的曝露の割合として示される騒音曝露．労働安全衛生庁（OSHA）は，90 dBA 騒音に1日8時間継続して曝露するのに匹敵する場合を100％としている．50％ は，85 dBA 8時間あるいは 90 dB 4時間である．もし 85 dBA が許容される最高レベルであれば，85 dBA 8時間継続が 100％ となる．もし 85 dBA が許容される最高レベルであって 3

dB の変化が起こる場合，50 % は 88 dBA 2 時間，82 dBA 8 時間に等しい．

騒音量計 [noise dosimeter]　騒音量を示すために一定時間の音圧を記録する道具．

騒音レベル測定 [noise level measurement]　区画内の総合的な騒音レベル．労働環境では，使用している機械の音（局排，クーラー，ポンプなど）を含む．

測定計 [dosimeter]　一定の時間にわたり騒音レベルを測定し，測定結果を保存し，騒音レベルや騒音持続を計算する測定器のこと．大きさ，時間重みづけ平均，最大値，等価騒音レベル，騒音曝露レベルなどに関する結果を示す．

速度 [velocity]　音を出している圧力変化が音源から遠ざかる速さ．

対策レベル [action level]　騒音性難聴予防対策を必要とする音圧．労働安全衛生庁 (OSHA) は，8 時間平均 85 dB としている．

聴覚外傷 [ototraumatic]　聴覚毒性よりも広義の用語．急性あるいは慢性的な曝露で永久的な難聴を引き起こす騒音，薬剤や化学物質などをさす．

聴覚毒性 [ototoxic]　何らかの疾患の治療で使用している薬剤が原因で起こる，感音性難聴に関連した用語．

聴力閾値レベル [HTL：hearing threshold level]　規格化された検査で，指定の音が聞こえる聴力レベル．聴力が正常な集団の聞こえるレベルを 0 dB としている．

聴力図 [audiogram]　個人の聴力域を知るための聴力検査の結果を示す図．

聴力専門家 [audiologist]　米国言語聴覚学会で認定された，あるいは，州政府から免許を与えられた聴力に関する検査やリハビリテーションの専門家．

聴力ダメージ危険基準 [hearing damage risk criteria]　所定の騒音への曝露による難聴が見込まれる集団の割合を定める基準．

聴力ハンディキャップ [hearing handicap]　労働や社会活動を妨げる周波数をまたぐ永久的な難聴．ハンディキャップとは，しばしばコミュニケーション能力の低下と関連している．ハンディキャップの程度は，難聴が両耳か片耳か，良聴耳の聴力は正常か，にもよる．

聴力保持記録 [hearing conservation record]　労働者の聴力記録で，名前，年齢，仕事分類，TWA 曝露，聴力検査日，検査者名を含んでいる．労働期間保存されるものであり，労働補償に関しては無期限で保管される．

デシベル [dB, decibel]　騒音の大きさを表現するのに使われる単位．Alexander Graham Bell の名をとってつけられた．dB は対数スケールであり，若年者が中程度の周波数の音を聞き取れる閾値が 0 dB で，不快に感じる音のレベルが 85～95 dB で，痛みを感じるような閾値が 120～140 dB である．

等価エネルギー規則 [equal-energy rule]　騒音レベルと 3 dB の交換率に基づく騒音時間との関連．騒音曝露時間の 2 倍あるいは 1/2 倍の騒音エネルギーは，騒音レベル 3 dB 増加あるいは減少と同等である．

突発的騒音 [impulsive noise]　急激に立ち上がりすぐに消失する音である．金属の皿をハンマーで叩いたり，残響室で発砲する際の鳴るような性質をもっている場合もある．この音は繰り返されるかもしれないし，単発の場合もある．素早い連続音として起こる場合は，突発的騒音とはいわない．

難聴 [hearing loss]　難聴の原因となっている聴覚系の領域によって特徴づけられる．たとえば，外傷や外耳や中耳（耳介，外耳道，鼓膜から小骨を含む中耳腔まで）が原因となる難聴は伝音性といわれる．内耳や聴神経に由来する難聴は感音性といわれる．すなわち，鼓膜の障害は伝

音性難聴であるし，騒音曝露によるコルチ器の有毛細胞障害は感音性難聴である．

難聴予防プログラム監査［hearing loss prevention program audit］　難聴予防プログラムを設定する前，または，既存のプログラムを変更する前に実行される評価．監査はプログラムの多様な側面に関する長所短所を，全体から細部にわたるまでの分析によって行うべきである．

二重聴力保護［double hearing protection］　耳栓と耳あての両者によって聴力を保護するもの．一時的に聴力が低下したような労働者や，104 dB を超える作業環境下であるため医師から着用を指示された労働者が使用する．

背景騒音［background noise］　測定したい特定の騒音源とは違う音源由来の音．

波長［wavelength］　1 つの完全な圧力周期が完了するのに必要な距離（1 波長）で，フィートやメートルで表記される．

非職業性騒音曝露による難聴［sociacusis］　非職業性騒音曝露による難聴．

標準的閾値変動［STS：standard threshold shift］　① 労働安全衛生庁（OHSA）は，左右いずれかの耳で 2000 Hz，3000 Hz，4000 Hz の聴力がベースラインよりも 10 dB 以上変化した場合と定義し，追加の聴力検査や経過観察の対象になるとしている．② 米国国立労働安全衛生研究所（NIOSH）では，500～6000 Hz までのいずれかの周波数に対してベースラインから 15 dB 以上変化した場合と定義し，30 日以内に再検査して確認することを推奨している（14 時間，静かな環境で過ごした後）．

病理学［medical pathology］　障害あるいは疾患．耳に影響する状態や疾患であり，専門医が治療を行うべきである．

ベースライン聴力図［baseline audiogram］　その時点の個人の聴力レベルを推定するために前もって準備され，聴力レベルが変化したか比較するために利用される聴力図．

ヘルツ［Hz, Hertz］　音の周波数単位．人間の可聴域は，20～20,000 Hz である．人間の耳は，500 Hz より下，4000 Hz より上で感度が下がる．

変換率［exchange rate］　強度と大きさの関係．労働安全衛生庁（OHSA）は 5 dB を使用している．もし曝露強度が 5 dB 増えると，大きさは 2 倍になる．そのため倍加速度といわれることもある．米国海軍は 4 dB，米国陸軍や空軍は 3 dB を使用している．米国国立労働安全衛生研究所（NIOSH）は 3 dB を推奨している．等価エネルギー規則は 3 dB の交換率に基づいていることに注意が必要．

15.7.2　職業性騒音曝露

前述のとおり，騒音は好ましくない音として定義される．騒音はわれわれの身の回りにあふれている．本項で取り上げるのは労働環境で生み出される騒音についてである．労働環境における過剰な騒音は，ストレス，コミュニケーション障害，集中力低下の原因であり，また特に重大なのが程度の差はあれ難聴を引き起こすことである．騒音曝露は，仕事の処理能力に影響し，またアクシデントを増やすことにもつながる．労働者の聴力保持を考えるうえで一番大きな問題は多くの労働者が騒音曝露の危険性を認識していない傾向があることである．難聴はがんに似ていて知らない間に進行していくので，気づかないことが多い（かなり進行しないと自覚しない）．18 世紀から騒音曝露による難聴について認識されているが，産業革命以降，騒音に曝露される労働者の数は増えている（Mansdorf, 1993）．しかしながら，米国労働安全衛生庁（OSHA）は，過去と比較

して難聴につながるケースは減っていると報告した．労働環境での難聴予防プログラムによって，騒音曝露はコントロールされなければいけないし，労働者は騒音曝露の危険性を認識しなくてはいけない．

15.7.3　職場における騒音レベルの測定

騒音測定の単位はデシベルである．電気通信工学の1単位で，「bel」に由来する．デシベルは，対照値に対する測定値の比率の対数を示すのに用いられる大きさのない単位である．職場での騒音制御についていうと，施設内の何らかの騒音源が職業性の騒音曝露に関する米国労働安全衛生庁の基準を超えるかどうか（機械が発する，あるいは製造過程で発生する騒音が許容範囲を超えるかどうか）決めることが最初の重要事項である．騒音の測定に関する機器，たとえば騒音量計，騒音計，オクターブバンド分析計，はこの決定に使われる．これらの機器に関する用途などについて以下に述べる．

15.7.3.1　騒音量計

米国労働安全衛生庁が使用する騒音量計は，American National Standards Institute（ANSI）Standard S1.25-1978（個人騒音量計仕様書）に準じている．米国労働安全衛生庁仕様に関して，騒音量計は5 dB単位で測定，90 dB基準レベルを使用，緩徐な反応に設定，80 dBAかあるいは90 dBAの閾値レベル（評価に適するいずれかに設定できる）が使用できなくてはならない．

15.7.3.2　騒音計

騒音調査を行う際は，衛生管理者や調査者はANSIで認められた騒音計（音圧を測定するために一般的に用いられる機器）を使用すべきである．1 dBは1/10 belであり，音の大きさの違いの最小単位で，通常聞き取ることができるものである．騒音計は，拡声器，増幅器，可聴閾の周波数20～20,000 Hzを出す指示計器で構成される．騒音計は通常，A，B，Cで示される重みづけ特性のいずれかの測定，あるいはすべての測定が可能である．A特性は低い音圧レベルで等感曲線を示す．B特性は中間音レベル，C特性は高音レベルの聴感として使用される．

定期的な騒音調査を行う際，全体的な騒音ハザードの評価としてA特性（dBA）が用いられるのが一般的である．A特性は比較的低周波数域を聴取している人の聴覚に近似させるように評価しているので，騒音が人の聴力に影響するかどうか調べるには好まれる設定である．

環境分野の専門家は，校正を行った騒音計を用いて騒音調査を行う．衛生管理者は，以下の質問へ回答することに関心がある．それぞれの職場の騒音レベルはどうか？　どの機械や製造過程で騒音が発生しているか？　誰が騒音に曝露されているか？　労働者はどのくらいの時間，騒音に曝露されているか？

これらの質問に回答するため，環境分野の専門家は，手順を踏みながら，職場から職場に移動する間に巡視記録をまとめる．最初に，職場全体を測定するため，騒音計をA特性スローに設定する．その際，測定範囲を1000 feet^2（およそ93 m^2）以下に限定する．

もし最高音圧レベルが 80 dBA を超過しないのであれば，その職場の労働者は騒音基準をクリアした場所で作業をしていると考えることができる．しかしながら，最高音圧レベルであることに注意が必要である．正確な測定を行うために，衛生管理者は測定中にすべての騒音源が騒音を発していることを確認しなくてはいけない．騒音源となるものが一部しか稼働していない状況であれば，職場全体の測定を行っても意味がない．

次の段階は，職場全体の測定結果に左右される．たとえば，音圧レベルが 80 dBA を超えているのであれば，それぞれの労働者の職場で追加騒音測定を行う必要がある．ここでの目的は，どの機械や製造工程で許容範囲を超える（80 dBA）騒音が発生しているのか明らかにすること，またどの労働者がその許容範囲を超える騒音にさらされているのか，である．また，その機械を動かしている，あるいはその製造工程に関与している労働者だけが騒音に曝露されているわけではないことにも気を配らなくてはならない．機械のまわりで働く，あるいは時間によって製造工程に関与する労働者がいるかもしれない．もし 90 dBA 以上の騒音が確認されたならば，その騒音源を見つけることになる．しかしながら，もし騒音レベルが米国労働安全衛生庁の対策レベルである 85 dBA を超えないようであれば，騒音環境基準をクリアしているとみなす．

もし騒音レベルが 85 dBA を超えるようであれば，次の段階に進まなくてはいけない．この段階では，労働者が曝露されている時間を測定する．最も簡単で，実行しやすい方法は，労働者に騒音量計をつけてもらい，作業時間内にその労働者が曝露する音エネルギーを記録することである．

> ノート： ここでは，労働者の聴力が保たれている（難聴がない）ことを想定している．もし労働者に難聴を認める場合は，聴力保護具なしに 95 dBA を超えてはいけない．

15.7.3.3 オクターブバンド分析計

いくつかの type1 騒音計（たとえば，GenRad 1982, 1983 や the Quest 155）は，労働安全衛生庁（OSHA）によってオクターブバンド分析計を行う機器として指定されている．これらの機器は個人の騒音曝露を軽減する目的で騒音を制御できるかどうか判断するため，あるいは聴力保護具を評価するために使用される．オクターブバンド分析計は音を構成要素に分ける．オクターブバンドフィルターセットは，31.5, 63, 125, 250, 500, 1000, 2000, 4000, 8000, 16,000 Hz の周波数のフィルターで構成されている．与えられた音の特徴は，これらのセッティングのそれぞれを測定する騒音計をもっていくことで得ることができる（音が時間を通して一定の場合）．その結果は，大部分の総合的な音響出力を含むオクターブバンドを示すかもしれない．オクターブバンド分析計は，適した分類の周波数に依存した騒音コントロールを決定するのに役立つ．与えられた条件において聴力保護具による音エネルギーのオクターブバンド内の減衰量を測定できるので，聴力保護具の選択にも使うことができる．

15.7.4　職域の騒音に関する技術規制

環境分野の専門家が騒音を制御するために技術規制を行う可能性を検討するとき，最初に考えることは，すべての騒音を減らすことは不可能だということである．そしてまた，これは危険性を減らすことが目標であるとすべきではない．第一の危険性は難聴の可能性かもしれないけれども，コミュニケーションを阻害する効果も検討されなければならない．騒音は労働者の集中力を阻害するという危険性があるし，コミュニケーションを阻害するような騒音はただちに対策が必要である．もし大きな騒音の場合，労働者は緊急警報を聞くことができないので，これは明らかに許容できない状況である．

環境分野の専門家は騒音の許容レベルを決めて，そして適切な騒音コントロール測定を当てはめる．これらは，技術的な企画で変更をするか（企画の段階で達成することができる），インストールの後修正をする．残念なことに，後者は環境分野の専門家が強いられる方法の1つで，環境に依存するために非常に難しい．

環境分野の専門家が，空気圧縮機によって生み出される騒音を安全レベルまでに低減することを想定する．最初は騒音源の確認である（たとえば空気圧縮機）．まず騒音源に対していくつかの選択肢がある．第一に，エンジニアは騒音を低減するために空気圧縮機を修理する可能性を探るだろう．また弾力性のある振動装置台座を設置することがあげられるかもしれない．モーターやコンプレッサーの取り替えもありうる．

もし上記方法の実行可能性が低く，また効果が限定的だった場合，環境分野の専門家は音エネルギーが伝わる経路を調べる．空気圧縮機と労働者との距離を長くするのも1つの方法である（騒音レベルは距離とともに減衰する）．続いて，天井や床，壁に音響処置を施すことである．最大の選択肢は空気圧縮機を囲うことであり，それにより危険な騒音は閉じ込められて，漏れてくる騒音は低減されて安全レベルに達する．もし完全に閉じ込めることが難しい場合は，コンプレッサーと職場との間に緩衝材を立てることも選択肢である．

環境分野の専門家による最後の技術規制は，受信者（すなわち労働者）を考えることである．労働者のための防音室またはブースをつくり，労働者を騒音から隔離する試みもされるべきである．

15.7.5　騒音単位，関連と方程式

職域における騒音の危険性をコントロールすることに関連するエンジニアに重要である騒音単位，関連と方程式を以下に示す．

15.7.5.1　音響出力

音響出力は，音発生源から放出された総音エネルギーを単位時間で割ったものである．それは，10^{-12} ワット（w_0）を基準とした音響出力レベル（L_w）で示される．デシベルとの関係は以下のようになる．

$$L_w = 10 \log_{10} w/w_0$$

ここで，L_w = 音響出力レベル（デシベル，dB），w = 音響出力（ワット），w_0 = 基準出

力（10^{-12} ワット），$\text{Log}_{10} = 10$ を底とする対数．

15.7.5.2 音　圧
デシベル音圧に利用される単位は，
$$1 \,\mu\text{bar} = 1 \,\text{dyne/cm}^2 = 0.1 \,\text{N/cm}^2 = 0.1 \,\text{Pa}$$

15.7.5.3 音圧レベル
$$SPL = 10 \log(p^2/p_0)$$
ここで，SPL = 音圧レベル（dB），P = 測定された平方二乗平均音圧（N/m^2，μbars）*，P_0 = 基準の平方二乗平均音圧（$20\,\mu\text{Pa}$，N/m^2，μbars）．

15.7.5.4 音の速度
$$c = f\lambda$$

15.7.5.5 波　長
$$\lambda = c/f$$

15.7.5.6 オクターブバンド周波数
$$\text{上限周波数帯}\, f_2 = 2f_1$$
ここで，f_2 = 上限周波数帯，f_1 = 下限周波数帯．
$$1/2\,\text{オクターブバンド}\, f_2 = \sqrt{2f_1}$$
ここで，f_2 = 1/2 オクターブバンド，f_1 = 下限周波数帯．
$$1/3\,\text{オクターブバンド}\, f_2 = \sqrt[3]{2f_1}$$
ここで，f_2 = 1/3 オクターブバンド，f_1 = 下限周波数帯．

15.7.5.7 音響出力がわかっている場合の追加音源
$$L_w = 10 \log(w_1 + w_2)/(w_0 + w_0)$$
ここで，L_w = 音響出力（W），w_1 = 音源 1 の音響出力（w），w_2 = 音源 2 の音響出力（W），w_0 = 基準音響出力（基準 10^{-12} W）．

15.7.5.8 音圧がわかっている場合の音圧追加
$$SPL = 10 \log(p^2/p_0^2)$$
ここで，$p^2/p_0^2 = 10^{SPL/10}$，SPL = 音圧レベル（dB），P = 測定された平方二乗平均音圧（N/m^2，μbars），p_0 = 基準の平方二乗平均音圧（$20\,\mu\text{Pa}$，N/m^2，μbars）．

3つの音源に関して，方程式は以下のようになる．
$$SPL = 10 \log(10^{SPL1/10} + 10^{SPL2/10} + 10^{SPL3/10})$$

音源がさらに追加される場合，音源が同定されているかいないかにかかわらず，方程式は以下のようになる．
$$SPL = 10 \log(10^{SPL1/10} + \cdots + 10^{SPLn/10})$$

複数の同定されている音源から音圧レベルを決めるために，以下のような方程式を使う．
$$SPL_f = SPL_i + 10 \log n$$

---

* ［原注］音圧のような変化する値の平方二乗平均は，瞬間的な値の二乗の平均の平方根である．

ここで，SPL_f = 総合音圧レベル（dB），SPL_i = 個々の音圧レベル（dB），n = 固定されている音源の数．

15.7.5.9 自由空間での音圧レベル

$$SPL = L_w - 20 \log r - 0.5$$

ここで，SPL = 音圧レベル（基準 0.00002 N/m²），L_w = 音響出力（基準 10^{-12} W），R は距離（ft）．

15.7.5.10 指向特性のある音圧レベル

$$SPL = L_w - 20 \log r - 0.5 + \log Q$$

ここで，SPL = 音圧レベル（基準 0.00002 N/m²），L_w = 音響出力（基準 10^{-12} W），R = 距離（ft），Q = 指向要因（1 反射平面に対して 2，2 反射平面に対して 4，3 反射平面に対して 8）．

15.7.5.11 音源から新しい場所での音圧レベル

$$SPL = SPL_1 + 20 \log(d_1)/(d_2)$$

ここで，SPL = 新しい場所での音圧レベル（d_2），$SPL_1 = d_1$ での音圧レベル（d_1），d_n = 音源からの距離．

15.7.5.12 日当たりの騒音量算出

以下のような数式で異なる音圧の影響と曝露時間を結びつける．

$$日当たりの騒音量 = (C_1 + C_2 + ... + C_n)/(T_1 + T_2 + ... + T_n)$$

ここで，C_i = 所定の SPL_i の曝露時間，T_i = 所定の SPL_i の曝露が許容されている時間．

15.7.5.13 米国労働安全衛生庁（OSHA）が許容する騒音レベル

$$T_{SPL} = 8/2^{(SPL-90)/5}$$

ここで，T_{SPL} = 与えられた SPL の時間（時），SPL = 音圧レベル（dB）．

15.7.5.14 8 時間相当 TWA に騒音量測定値を変換

$$TWA_{eq} = 90 + 16.61 \log(D)/100$$

ここで，TWA_{eq} = 8 時間相当 TWA（dB），D = 騒音量計の値（％）．

15.7.5.15 管路式騒音減衰

$$NR = 12.6 \, Pa^{1.4}/A$$

ここで，NR = 騒音減衰（dB/ft），P = 管の周径（in.），a = 関心のある周波数の裏材の吸収係数，A = 管の断面積（in.²）．

15.7.5.16 音の強度レベル

音の強度レベルは自由空間に拡散する音響出力として単位面積を通過する力である．

$$L_1 = 10 \log I/I_0$$

ここで，L_1 = 音圧レベル（dB），I = 音強度（W/m²），I_0 = 基準音強度（W/m²）．

15.7.5.17 吸収による騒音減衰

部屋の表面から吸収される音の量は sabins という単位で測定される．

$$騒音減衰(dB) = 10 \log 10(A_2/A_1)$$

ここで，A_2 = 対処後の部屋での総吸収量（sabins），A_1 = 対処前の部屋での総吸収量

(sabins).

15.8 熱ストレス

職場における適切な気温，湿度，気流のコントロールは，安全で健康な職場の提供において重要である．気温が適切に管理されていない職場の環境は不快である．極端に暑いあるいは寒い場合には，不快というだけでなく危険である．気温が高い，放射熱源，湿度が高い，熱源と直接接触する，激しい身体活動を伴う作業は，そのような作業に従事している労働者が熱中症を起こす可能性を高める．たとえば，鉄鋼製造工場，鉄以外の製造工場，レンガ焼きと陶器工場，ガラスの製品施設，ゴム製品工場，電気事業（ボイラー室），パン屋，菓子屋，商業キッチン，クリーニング，食品缶詰工場，化学工場，鉱山，精錬所，蒸気トンネルなどである（Spellman and Whiting, 2005）．炎天下での屋外作業，たとえば工事，精製，アスベスト除去，危険物廃棄活動，透過性の制限された防護服の着用を義務づけるような作業については，それに従事する労働者が熱中症を引き起こす可能性がある．

15.8.1 要　因

職場における熱ストレスを引き起こす原因としてさまざまな要因が指摘されている．
- 年齢，体重，身体活動の程度，順応，代謝，アルコール飲用や服薬，高血圧のような個人の熱感受性に影響するような既往．服装も考慮に入る．熱による傷害は，さらなる傷害の原因となる．
- 個人によって熱感受性が異なるので，誰が傷害を受けやすいか予測することは難しい．気温だけではなく，放射熱，気流，健康状態，湿度も個人の感受性に影響する．

熱中症，寒気ストレスは主要な関心事の1つであり，本節では極端な気温と関連した危険を予防するために知っておくべき情報を提供する．

15.8.2 温熱快適性

職場の温熱快適性は，いくつかの異なる要因による．気温，湿度，気流，個人の好み，順応は職場での快適性の決定要因である．適切な環境をつくることは簡単ではない．極端な気温と関連した危険を理解するため，衛生管理者は以下のような熱エネルギーに関連した基本的なコンセプトを知っておく必要がある．
- 伝導は，体内で接触している2つの間を熱が移動することである．労働者がちょうど今溶接された製作品に触ったときまだ熱があるならば，熱は製作品から手まで伝導される．この熱移動の結果としてやけどになる．
- 対流は，ガスや液体の動きに合わせて，熱がある場所から他の場所に伝播していくことである．対流オーブンは，電極から焼かれているものは何でも空気中のガスを通して熱を移すという特徴を利用している．
- 代謝熱は，エネルギーを生み出す活動の結果として体内で産生される．人間は代謝

熱を産生するので，職場における人口密度が高いときよりも低いときのほうが快適なのはそのせいである．温度調整がうまく機能しなければ，人が密集している職場の室内温度は不快なレベルに達するだろう．
- 環境熱は，外部発生源から産生される．ガスや電気熱システムは環境熱を発生する．
- 放射熱は，物質の移動なしに空間を超えて伝搬する電磁気の非イオン化エネルギーの結果である．
- 専門家は，深部体温が100.4°F (38°C) を超えるような作業を許諾すべきではないという．
- 高熱はエネルギー量の測定である．
- カロリーはエネルギー量である．
- 気化冷却は，汗が皮膚から蒸発するときに起こる．湿度が高いと気化冷却が妨げられ，体の冷却効率は下がる．

15.8.3　熱に対する体の反応

労働者にとって，気温が高い，放射熱が高い，湿度が高い，熱源との接触がある，強度の高い身体活動を伴う作業は熱中症の危険因子である．作業例としては，鉄鋼製造工場，鉄以外の製造工場，レンガ焼きと陶器工場，ガラスの製品施設，ゴム製品工場，電気事業（ボイラー室），パン屋，菓子屋，商業キッチン，クリーニング，食品缶詰工場，化学工場，鉱山，精錬所，蒸気トンネルがある．炎天下での屋外作業，たとえば工事，精製，アスベスト除去，危険物廃棄活動，透過性の制限された防護服の着用を義務づけるような作業についても同様である（Spellman and Whiting, 2005）．

人の体は，代謝熱と環境熱との間で適度なバランスがとれるようになっている．発汗とそれに伴う気化冷却は体温のバランスをとるための体の仕組みである．このバランスは以下のような式で示すことができる．

$$H = M \pm R \pm C - E \tag{15.16}$$

ここで，H = 体温，M = 代謝（内部熱利得），R = 放射熱利得，C = 対流熱利得，E = 気化（冷却）．

等号が成立する理想的なバランスでは熱利得はない．放射，対流，代謝過程での熱利得が発汗での気化冷却による熱の放出を超えない限り，体は熱ストレスを感じない．しかしながら，気化冷却による熱の放出を超えるような熱利得がある場合，熱中症が起こる．

15.8.4　労働負荷評価

気温が高い重労働下で，衛生管理者はそれぞれの仕事の労働負荷カテゴリーを決める必要がある（ACGIH（米国産業衛生専門家会議）の表を参照）．労働負荷カテゴリーは，作業の平均代謝率によって決められて，軽労働（200 kcal/hrを超えない），中労働（200〜350 kcal/hr），重労働（350〜500 kcal/hr）に分類される．

15.8.4.1 涼しい休憩室

職場と異なる場所に涼しい休憩室がある場合，代謝率は以下のような時間重みづけ平均で計算される．

$$\text{平均代謝率} = ((M_2)(t_1) + (M_2)(t_2) + \cdots + (M_n)(t_n))/(t_1 + t_2 + \cdots + t_n) \tag{15.17}$$

ここで，M_n = 代謝率，t_n = 時間（min）．

15.8.5 サンプリング方法

現在使われている熱曝露サンプリング方法は以下のとおりである．

- 体温測定： 外耳道や皮膚温を測定することで深部体温を推測する方法があるが，コンプライアンスの評価としては精度が不十分である．
- 環境測定： 労働者が曝露される作業場で測定される．労働者が環境温度の異なる複数の場所を移動して作業する場合，環境温度が1つの作業場でも異なる場合，労働者が曝露されている状況を正確に反映するように測定する．
- 湿球黒球温度（WBGT）： 以下に示した式で求める．1日の曝露あるいは数時間の曝露については60分ごとに平均する．間欠的な曝露については120分ごとに平均する．

$$\text{平均 } WBGT = \frac{(WBGT_1)(t_1) + (WBGT_2)(t_2) + \cdots + (WBGT_n)(t_n)}{t_1 + t_2 + \cdots + t_n} \tag{15.18}$$

室内や屋外で太陽光の影響がない場合は，以下のような式となる．

$$WBGT = 0.7\,NWB + 0.3\,GT \tag{15.19}$$

太陽光の影響のある屋外では以下のようになる．

$$WBGT = 0.7\,NWB + 0.2\,GT + 0.1\,DB \tag{15.20}$$

ここで，NWB（natural wet-bulb temperature，湿球温度），
DB（dry-bulb temperature，乾球温度），
GT（globe temperature，グローブ（黒球）温度）．

- 測定： ポータブル熱中症計は，ACGIHの基準に準じて室内あるいは屋外のWBGTを測定できる．これに作業種別の情報を追加することで，労働者がどの程度の時間であれば，高温環境下で安全に作業できるかの目安がわかる．測定には深部体温や熱に対する身体反応と関連する環境要因を必要とすることに注意が必要である．WBGTはこれらの環境要因の測定にしばしば使われる．

15.8.5.1 WBGTの決め方

WBGT（湿球黒球温度）は，黒球温度計，湿球温度計，乾球温度計を使って測定する．湿球温度計，乾球温度計は$-5°C$から$50°C$までの範囲で，$±0.5°C$の精度で測定される．乾球温度計は，球状部のまわりの空気の流れを制限することなく，太陽光や周囲からの放射熱を遮断しなくてはいけない．湿球温度計の芯は，温度測定前30分間は蒸留水で湿らせておく必要がある．全部の芯が毛管現象で濡れるようになるまで，蒸留水に芯の反対側を浸して待つだけでは不十分である．芯は，温度測定前30分前，注射器を利用

して水を直接つけることによって濡らさなければならない．芯は温度計の球状部を覆い，同様の長さの芯が球より上の茎を覆う．芯は常にきれいにしておき，新しい芯は使用前に洗浄しておく必要がある．

黒球温度計は，直径 15 cm（6 in.）で中は空洞の黒く塗装された銅板の球が中心にある．センサーは，-5°C から 100°C までの範囲で，± 0.5°C の精度で測定可能なもの．黒球温度計は，測定値を読む前に 25 分以上待たなければならない．

球の当たりの気流が制限されないように 3 台の温度計を吊るすのにスタンドを用いる．そして，湿球温度計と黒球温度計は日陰に置かない．

同様の状況で水銀温度計と同様の測定が可能な他の種類のセンサーを使用することはかまわない．温度計は，労働環境を反映するように設置しなければならない．

WBGT が算出されると，環境分野の専門家は仕事と休息の計画，服装，労働者の熱曝露を制御する機器を決める ACGIH の方法に従って労働者の代謝熱負荷を求めることができる．

15.8.5.2 その他の熱ストレス指標

1. 効率的温度指標（effective temperature index）は気温，湿度や気流の複合による．この指標は，快適な寒気や空調に使用される．また，湿度が高く放射熱が低いような鉱山などの場所で使用されている．
2. 熱中症指標（heat stress index）は，Belding と Hatch によって報告された（1965年）．熱中症指標はすべての環境因子や仕事率を考慮するけれども，作業者個人の熱中症の決定に十分ではないので，使い方が難しい．

15.8.6　WBGT の測定，計算例

WBGT は，効率的温度の近似として広く利用されている．最小限の努力と技能ですぐに測定できる．効率的温度の近似として，WBGT は一般的に受け入れられている熱移動（放射熱や気化など）のメカニズムを可視化するために考慮される．風による冷却効果は考えられていない．単純なので，WBGT は米国で TLV（限界値）と関連する熱中症を特定化するための主要な指標となっている．

■例 15.14

問題： 黒球温度計 102°F，湿球温度計 72°F，乾球温度計 88°F の天気のよい朝に仕事をする採石場の労働者に関して，WBGT はどうなるか？

解答：　$WBGT = 0.7(NWB) + 0.2(GT) + 0.1(DB) = 0.7(72) + 0.2(102) + 8.8$
　　　　　$= 50.4 + 20.4 + 8.8 = 78.8$°F$(26$°C$)$

■例 15.15

問題：　同じ日の午後，採石場での仕事で雨が降ってきたとする．責任者は労働者を保護するために，大きな防水布で作業場を覆った．湿球温度計 78°F に上昇し，黒球温度計は変化しなかったとした場合の WBGT はどうなるか（ヒントは室内環境であるこ

と）？

解答： $WBGT = 0.7(NWB) + 0.3(GT) = 0.7(78) + 0.3(102) = 54.6 + 30.6 = 85.2°F$

15.8.7 寒冷に関する危険

温度の危険性は一般に高温に関連すると考えられている．当然，多くの職場では高温に関連した危険性がある．しかしながら，逆の極端な温度，すなわち低温も危険性がある．低温の屋外で働く労働者，精肉加工のような室内作業に従事する労働者に関しては，低温による健康影響が心配される．寒冷ストレスに寄与するのは，低温，強く冷たい風，湿気，低温水である．これらの1つあるいは複合が体から熱を奪っていく．他の寒冷ストレス因子は，年齢，既往，身体状況である．OSHAは以下のような方程式で寒冷ストレスを表現している．

$$低温 + 風速 + 湿気 = 傷害あるいは病気 \tag{15.21}$$

ACGIHは，41°F（5°C）以下の場合防護服を推奨している．断熱服（in clo units）の程度を推測するために以下のような方程式が使われる．

$$I_{clo} = 11.5(33 - T_{db})/M \tag{15.22}$$

ここで，I_{clo} = 断熱（clo units，1 clo = 0.155 K・m^2/W），T_{db} = 乾球温度（°C），M = 代謝率（W）．

寒冷による傷害は全身性のものと局所のものに分類される．全身性のものは低体温症であり，局所的なものは凍傷などである．

- 低体温症は環境からの熱損失に比べて体内での熱の産生が十分でないことによる．65°Fを下回ると起こる可能性がある．体には深部体温を維持する防御機構がある．
- 凍傷は細胞間に形成された氷によって皮膚が凍って元に戻らない状態である．指や趾，鼻，耳，頬に起こりやすい．
- 軽度の凍傷を frostnip という．顔やその他の体の部分など寒冷にさらされることで皮膚が白くなる．組織が損傷を受けているわけではないが，寒冷からの曝露が解除されなければ凍傷に移行する．
- 浸水足（trenchfoot）は冷たい水に曝露されつづけることで起こる．冷たく湿った環境や浸水時に起こる．

15.9 放　射　線

15.9.1 定　義

アルファ粒子［alpha particle］　放射性崩壊の間に原子核から放射される電離粒子．2つの陽子と中性子をもち，二価に帯電している．

X線［X-rays］　目標とする原子核の外から発する光子放射線で，貫通性のある種類．

汚染［contamination］　望まない場所に放射性物質が沈着すること．

ガンマ線［gamma ray］　放射性崩壊の間に原子核から放射される透過性の高い電磁放射線．

管理区域［controlled area］　制限区域の外ではあるが立ち入りを規制している，境界線内にある区域．

吸収線量［absorbed dose］　照射を受けた物質の単位質量当たり放射線によって与えられるエネルギーで，単位は rad や gray（Gy）．

キュリー［Curie, Ci］　370 億壊変毎秒と同等の活動単位．

光子［photon］　電磁波をなす放射線の種類．

四肢［extremity］　ひじより先，あるいはひざより下をさす．

実効半減期［effective half-life］　生物学的排泄や放射性崩壊の両者にて放射性物質の放射能が体内で半減するまでに必要となる時間．

cpm［counts per minute］　カウンターによって分単位で計測される放射性崩壊からの核変換の数．

正規使用者［authorized user］　放射線安全管理者や委員会で認められた労働者であり，放射性同位体の使用にあたる責任者．

制限区域［restricted area］　放射線や放射性物質から個人を保護するために，立ち入りを制限している区域．

制動放射［bremsstrahlung］　物質を透過する荷電粒子と関連した X 線．

生物学的半減期［biological half-file］　生物学的排泄によって放射性物質の放射能が半分になるのに必要な時間．

線量計［dosimeter］　外部放射線曝露量を測定する機器．

線量限界［limits（dose limits）］　放射線曝露量の上限．

線量当量［dose equivalent］　実効吸収線量を計算するための一般的スケールですべての放射線による放射線量．単位は rem あるいはシーベルト（SV：sievert）．

総実効線量当量［TEDE：total effective dose equivalent］　外部曝露と内部曝露の合計．

代替使用者［alternate authorized user］　正規使用者が不在の際に業務を履行できるように担当となっている者．

dpm［disintegrations per minute］　分当たりの放射性崩壊からの核変換の数．

妊娠報告者［declared pregnant woman］　任意に雇用者へ妊娠に関する報告を行った女性．

熱ルミネッセンス線量計［TLD：thermoluminescent dosimeter］　放射線労働者が作業中に曝露される放射線量を測定するために身につける線量計．TLD には，放射線を吸収して蓄積し，熱した際に光量子としてエネルギーを放出する結晶性物質が入っている．

バイオアッセイ［bioassay］　直接的に測定，あるいは人の体内での分泌，排泄などを評価し，放射性物質の量や濃度，場合によって分布を決めること．

曝露［exposure］　X 線やガンマ線からの空気中への電離量．

半減期［half-life］　放射性崩壊に伴い放射能が半減するまでの時間．

非制限区域［unrestricted area］　立ち入りが制限も規制もされていない区域．

ベータ粒子［beta particle］　放射性崩壊の間に原子核から放射される電離粒子であり，質量と同等で荷電している．

放射性同位体［radioisotope］　粒子成分の放射線核種．

放射性崩壊［radioactive decay］　不安定な原子核が放射線を放出して，より安定な原子核へ変化する，自然な過程．

放射線［radiation（ionizing radiation）］　アルファ粒子，ベータ粒子，ガンマ粒子，X 線，中性子，高速電子やイオンを産生する他の粒子．

放射線技師［radiation workers］　放射性物質に関連する作業を行うために認可使用者リスト

に掲載されている労働者．

放射線実験室労働者［permitted worker］　放射性物質を扱うことは許されていないが，放射線実験室で作業することを認められた実験室労働者．

放射能［activity］　放射性物質の崩壊率であり，単位はキュリー（Ci）やベクレル（Bq）．

ラド［rad］　放射線吸収線量の単位．1 rad = 100 ergs/gram.

レム［rem］　線量当量の単位．1 rem = 1 rad（ベータ線，ガンマ線，X線照射）= 1/20（アルファ線照射）．

レントゲン［roentgen］　放射線曝露の単位．1 roentogen = 0.00025 クーロン毎キログラム．

15.9.2　電離放射線

電離とは，原子が1つあるいは複数の電子を放出したり取り入れたりしてイオン化する過程である．それらが発する量子の高い運動エネルギーによってこの影響を生じる．簡単にいえば，電離放射線とは物質との相互作用でイオンを産生することができる放射線である．直接電離粒子とは衝突により電離することで十分な運動エネルギーをもっている帯電粒子（電子，陽子，アルファ粒子など）である．間接電離粒子とは，直接電離粒子を遊離できる非帯電粒子（光子や中性子など）である．電離放射線源は，医療機関，研究所，原子炉と関連施設，核兵器製造施設やその他工場など幅広い労働環境で見つけることができる．もし適切に制御できなければ，電離放射線源は労働者の健康に影響しうる．細胞構成要素のイオン化は，体組織の機能的な変化をもたらす．アルファ，ベータ，中性子，X線，ガンマ線や宇宙線はすべて電離放射線である．

外部放射線防御のメカニズムは，時間，距離，遮蔽である．時間が短ければ曝露量は減る．線量率は，点発生源からの距離の2乗で減っていくので逆2乗の法則によって示される．

$$I_1(d_1)^2 = I_2(d_2)^2 \tag{15.23}$$

ここで，I_1 = 距離 d_1 における線量率あるいは放射線強度，I_2 = 距離 d_2 における線量率あるいは放射線強度．

放射線は遮蔽物質の厚みによって指数関数的に減少する．

15.9.3　実効半減期

半減期とは，放射性崩壊に伴い放射能が半減するまでの時間である．衛生管理者がある時間の後にどの程度の放射線が労働者の胃の中に残っているか計算するとき，以下のような式が使われる．実効半減期とは，物理学的半減期と生物学的半減期を合わせたものであり，

$$T_{\text{eff}} = (T_b \times T_r)/(T_b + T_r) \tag{15.24}$$

となる．ここで，T_b は生物学的半減期，T_r は物理学的半減期である．重要なことは，T_{eff} は常に T_b や T_r よりも短いことである．また T_b は，食事や身体活動によって修飾される．

15.9.4 アルファ放射線

アルファ放射線は静電気（ポロニウム 210）の除去クリーンルーム用途，煙探知器（アメリシウム 241），空気密度測定，湿度計測器，非破壊分析，石油採掘など，空気イオン化のために使われる．自然発生するアルファ放射線は，ウラン（陶製上塗り，遮蔽）とトリウム（高温材料）を含む物理化学的性質が利用されている．アルファ放射線の特徴を以下にまとめる．

- 2個の陽子と2個の中性子から構成された粒子線である．
- 皮膚を透過しない．
- 吸引，飲み込み，開放創からの吸収によって体内に入ると人体に悪影響をもたらす．
- アルファ放射線を測定するいくつもの計測器がある．正確に測定するには特別な訓練を積む必要がある．
- 民間の防御機器（CDV 700）ではアルファ放射線のみを放出する放射性物質を検出できない（ベータやガンマ放射線を同時に発している場合は検出可能）．
- 同様の機器は，アルファ放射線を透過しない水，血液，埃，紙などを通してアルファ放射線を検出できない．
- 空気中では短距離しか移動できない．
- 衣類や作業服はアルファ放射線を透過しないので，服を着ていることで皮膚を守ることができる．

15.9.4.1 アルファ放射線検出器

職場でアルファ放射線を測定するために，ガイガー・ミュラー計数管，シンチレーター検出器，固体分析，ガス比例装置などの，感度の高いポータブル測定器が用いられる．

15.9.5 ベータ放射線

ベータ放射線は，コーティングの際の厚み測定，放射発光サイン，研究のための追跡指標，そして空気イオン化（ガスクロマトグラフィー，ネブライザー）で使われている．ベータ放射線の特徴を以下にまとめる．

- 高エネルギー電子粒子である．
- 空気中においてメートル単位の距離を移動し，中間的な透過性を示す．
- 皮膚の有棘細胞層（新しい皮膚細胞を産生する層）まで到達する．ベータ線による汚染は長期的に皮膚にとどまるため，皮膚傷害を引き起こす可能性がある．
- 人が体内に取り込んだ場合，人体に影響する可能性がある．
- 民間の防御機器（CDV 700，ただし金属プローブを開いた状態）でベータ線を検出できる．ただし，エネルギーが低い場合については，透過性に乏しいので検出できない可能性がある．たとえば，炭素14，トリチウム，硫黄35．
- CDV 715 のような電離箱では検出できない．
- 衣類や作業服で大概のベータ放射線を防ぎ，皮膚を守ることができる．
- 外部被曝ではまず皮膚炎が起こり，内部被曝ではアルファ放射線と同様である．

15.9.5.1 ベータ放射線検出器

職場でベータ放射線を測定するために使用されるものは，ガイガー・ミュラー計数管，ガス比例装置，シンチレーター検出器，イオンチャンバー，線量計である．

15.9.5.2 ベータ放射線遮蔽

原子番号の小さい物質を使った遮蔽が，制動放射線（ベータ粒子が高密度表面で速度を落としたり，あるいは停止したりしたとき，二次的に発生するX線）を減らすために有効である．厚みは遮蔽する最大エネルギー範囲を決めるのに重要であり，使用する物質によって異なる．鉛，水，木材，プラスチック，セメント，プレキシガラスやワックスなどが典型的な遮蔽物質である．

15.9.6 ガンマ放射線とX線

ガンマ放射線とX線は食物や医療器具の殺菌，部品の溶接や鋳造，液体量や材料密度の測定，X線撮影，石油採掘，資材分析に使われる．ガンマ放射線とX線の特徴を以下にまとめる．

- ガンマ放射線とX線は透過性の高い電磁放射線である．
- X線は光子で構成される（電子が電子軌道を飛び出すときに放出される）．
- ガンマ放射線とX線は可視光，ラジオ波，紫外線のように電磁放射線であり，保有しているエネルギーの違いで区別される．ガンマ放射線とX線は最も高いエネルギーをもっている．
- ガンマ放射線は空気中を何十mも移動できるし，人体内でも数十cm透過する．ほとんどの物質を透過するので透過性放射線とも呼ばれる．
- X線も透過性放射線である．
- ガンマ放射線とX線を放出する放射性物質は外部，内部いずれからも人に対して悪影響がある．
- ガンマ放射線を遮蔽するには密度の高い物質が必要である．衣類や作業服に遮蔽効果はほとんどないが，皮膚の汚染を防ぐことが可能である．
- ガンマ放射線は民間の防御機器で測定可能である．低レベルであればCDV 700のような標準のガイガー計数管で測定できる．高レベルであれば，CDV 715のような電離箱で測定する．
- ガンマ放射線とX線はしばしばアルファ線やベータ線放射線を伴う．
- アルファ放射線を検出する目的で作成された機器（アルファシンチレーター検出器）では，ガンマ放射線を検出できない．
- ポケットチャンバー，フィルムバッジ，熱ルミネッセンスや他の線量計はガンマ放射線曝露の測定に使われる．
- ガンマ放射線による健康影響は，放射線の透過による外部被曝が中心である．感受性の高い器官は角膜，生殖器，骨髄である．

15.9.6.1 ガンマ放射線検出器

職場でガンマ放射線を測定するために使用されるものは，イオンチャンバー，ガス比例装置，ガイガー・ミュラー計数管である．

15.9.6.2 ガンマ放射線とX線遮蔽

ガンマ放射線とX線遮蔽はエネルギーレベルに依存する．防御力は，遮蔽物の厚みの指数関数で示される．低エネルギーであれば，mm単位の鉛で吸収できる．高いエネルギーでは，遮蔽によってガンマ放射線を減らすことができる．

15.9.7 放射性崩壊に関する方程式

放射性物質はアルファ粒子，ベータ粒子，陽子エネルギーを放出し，半減期によって放射能を失う．これは放射性崩壊として知られている．ある経過時間後に残っている放射線量を計算するために，以下のような計算式を使う．

$$\text{後半の活動性} = (\text{前半の活動性}) \times e^{-\lambda} \times \text{経過時間} \tag{15.25}$$

$$A = A_i \times e^{-\lambda} \times t$$

ここで，λ = 崩壊係数（単位時間当たりに崩壊する原子の可能性）ln 2/T，A = 事後の放射能レベル，A_i = 当初の放射能レベル，t = 時間，ln 2 = 0.693，T = 物理学的半減期．

放射性物質が崩壊する（A_0からA）ために必要な時間は以下のようになる．

$$t = (-\ln A/A_i)(T/\ln 2) \tag{15.26}$$

ここで，t = 時間，A = 事後の放射能レベル，A_i = 当初の放射能レベル，T = 物理学的半減期，ln 2 = 0.693．

経験則に基づくと，7回半減期がくると放射能は1%未満にまで減少し，10回半減期がくると0.1%未満となる．

放射性崩壊の割合を決めるためには，放射性崩壊は存在する核の数に比例することを記憶しておくとよく，以下のようになる．

$$A_i = (0.693/T)(N_i) \tag{15.27}$$

ここで，A_i = 当初の崩壊率，N_i = 当初のラジオ核の数，T = 半減期．

半減期とは放射能が半減するまでの時間と定義されていて，以下のような式で算出される．

$$A = A_i(0.5)^{t/T} \tag{15.28}$$

ここで，A = 時間tにおける放射能，A_i = 当初の放射能，t = 時間，T = 半減期．

15.9.8 放射線量

米国では，吸収線量，線量当量，放射線曝露はしばしばrad，remあるいはroentgenという伝統的な単位で測定され記載される．ガンマ線やX線の利用上の観点から，これらの単位はほぼ同等と考えられている．外部の放射線源が全身，四肢，他の器官や組織に照射されることで外部被曝となり，体内に取り込まれた放射性物質は全身や器官，組織に内部被曝を起こす．

小さな測定値には接頭辞が使われる．たとえば，ミリ (m) は 1/1000 であり 1 rad = 1000 mrad, またマイクロ (μ) は 1/1,000,000 で 1,000,000 μrad = 1 rad あるいは 10 μR = 0.000010 R である．

放射線測定の SI 単位は，吸収線量についてグレイ (Gy), 線量当量についてシーベルト (Sv) であり，以下のように換算される．

$$1 \text{ Gy} = 100 \text{ rad}$$
$$1 \text{ mGy} = 100 \text{ mrad}$$
$$1 \text{ Sv} = 100 \text{ rem}$$
$$1 \text{ mSv} = 100 \text{ mrem}$$

放射線測定器は 100％効率ではないので，放射線変換事象（放射線計数システム）は dpm (disintegration per minute) あるいは cpm (counts per minute) 単位で測定できる．バックグラウンドの放射線レベルは 10 μR/hr 以下であるが，検出サイズや効率によって異なるので，cpm の測定値はある程度ばらつく．

引用文献・推奨文献

ACGIH. (2010). *Industrial Ventilation: A Manual of Recommended Practice*, 27th ed. American Conference of Governmental Industrial Hygienists, Cincinnati, OH.

ASSE. (1998). *Dictionary of Terms Used in the Safety Profession*, 3rd ed. American Society of Safety Engineers, Des Plaines, IL.

Bird, F.E. and Germain, G.L. (1966). *Damage Control*. American Management Association, New York.

Boyce, A. (1997). *Introduction to Environmental Technology*. Van Nostrand Reinhold, New York.

Burge, H.A. (1997). The fungi: how they grow and their effects on human health. *HPAC*, July 69-75.

Burge, H.A. and Hoyer, M.E. (1998). Indoor air quality, in DiNardi, S.R., Ed., *The Occupational Environment-Its Evaluation and Control*. American Industrial Hygiene Association, Fairfax, VA.

Byrd, R.R. (2003). *IAQ FAQ Part 1*. Machado Environmental Corporation, Glendale, CA.

CDC. (1999). *Reports of Members of the CDC External Expert Panel on Acute Idiopathic Pulmonary Hemorrhage in Infants: A Synthesis*. U.S. Centers for Disease Control and Prevention, Atlanta, GA.

CCPS. (2008). *Guidelines for Hazard Evaluation Procedures*, 2nd ed. American Institute of Chemical Engineers, New York.

Davis, P.J. (2001). *Molds, Toxic Molds, and Indoor Air Quality*. California Research Bureau, California State Library, Sacramento.

Dockery, D.W. and Spengler, J.D. (1981). Indoor-outdoor relationships of respirable sulfates and particles. *Atmospheric Environment*, 15, 335-343.

Fletcher, J.A. (1972). *The Industrial Environment—Total Loss Control*. National Profile Limited, Ontario.

Goetsch, D.L. (1996). *Occupational Safety and Health in the Age of High Technology for Technologists, Engineers, and Managers*, 2nd ed. Prentice-Hall, Englewood Cliffs, NJ.

Haddon, Jr., W., Suchm, E.A., and Klein, D. (1964). *Accident Research*. Harper & Row, New York, p. 28.

Hitchcock, R.T. and Patterson, R.M. (1995). *Radiofrequency and ELF Electromagnetic Energies*. Van Nostrand Reinhold, New York.

Hollowell, C.D. et al. (1979a). Impact of infiltration and ventilation on indoor air quality. *ASHRAE Journal*, July, 49-53.

Hollowell, C.D. et al. (1979b). Impact of energy conservation in buildings on health, in Razzolare, R.A. and Smith, C.B., Eds., *Changing Energy Use Futures: Conference Proceedings*, Pergamon Press, New York.

Mansdorf, S.Z. (1993). *Complete Manual of Industrial Safety*. Prentice-Hall, New York.

McNeel, S. and Kreutzer, R. (1996). Fungi and indoor air quality. *Health and Environment Digest*, 10(2), 9-12.

NIOSH. (2005). *Common Hearing Loss Prevention Terms*. National Institute for Occupational Safety and

Health, Washington, DC.
Olishifski, J.B. (1998). Overview of industrial hygiene, in Olishifski, J.B., *Fundamentals of Industrial Hygiene*, 3rd ed. National Safety Council, Chicago, IL.
OSHA. (2005). Informational Booklet on Industrial Hygiene, OSHA 3143. U. S. Department of Labor, Washington, DC.
Passon, T., Brown, J.W., and Mante, S. (1996). "Sick-Building Syndrome and Building-Related Illnesses." *Medical Laboratory Observer*, 28(7), 84-95.
Plog, B.A., Ed., (2001). *Fundamentals of Industrial Hygiene*, 5th ed. National Safety Council, Chicago, IL.
Rose, C.F. (1999). Antigens, in Macher, J., Ed., *Bioaerosols Assessment and Control*. American Conference of Governmental Industrial Hygienists, Cincinnati, OH.
Sanders, M.S. and McCormick, E.J. (1993). *Human Factors in Engineering and Design*, 7th ed. McGraw-Hill, New York.
Shlein, B., Slaback, L., and Birky, B. (1998). *Handbook of Health Physics and Radiological Health*. Lippincott Williams & Wilkins, Baltimore, MD.
Spellman, F.R. (1998). *Surviving an OSHA Audit*. CRC Press, Boca Raton, FL.
Spellman, F.R. (2013). *Safe Work Practices for Green Energy Jobs*. DEStech Publications, Lancaster, PA.
Spellman, F.R. and Whiting, N. (2005). Safety Engineering: Principles and Practices, 2nd ed. Government Institutes Press, Lanham, MD.
Spengler, J.D. et al. (1979). Sulfur dioxide and nitrogen dioxide levels inside and outside homes and the implications on health effects research. *Environmental Science & Technology*, 13, 1276-1280.
USEPA. (2001). *Indoor Air Facts No.4 (Revised): Sick Building Syndrome*. U.S. Environmental Protection Agency, Washington, DC, http://www.epa.gov/iaq/pdfs/sick_building_factsheet.pdf.
USEPA. (2003). A Guide to Indoor Air Quality. U.S. Environmental Protection Agency, Washington, DC.
Woods, J.E. (1980). *Environmental Implications of Conservation and Solar Space Heating*. Engineering Research Institute, Iowa State University, Ames.
WSDOH. (2003). *Formaldehyde*. Washington State Department of Health, Office of Environmental Health and Safety, http://www.doh.wa.gov/YouandYourFamily/HealthyHome/Contaminants/Formaldehyde.aspx.

第 IX 部
大気汚染制御の数学的概念

　鳥たちは環境指標である．彼らが困っているのをみれば，われわれはまもなく困難に直面する，ということがわかる．

—— Roger Tory Peterson

第16章　排ガスの制御

> 皆の者に知らせよう．我々の悲劇的なこの環境は石炭を燃やすことがもたらす罪であることを
>
> ── King Edward II

16.1　はじめに

大気への気体状の大気汚染物質の排出を抑制するというのは，技術的に難しく，高価な設備を必要とする．雨は天然の空気清浄器であり，また（自然界では）唯一の空気の洗浄作用であるが，効率はそれほどよいわけではない．大気をどれだけ清浄にできるかは，汚染を未然に防止すること（すなわち排出されるものを少なくすること）と，適切な工学的方針設定，手法の選択と，実践にかかっている．

気体状大気汚染物質の排出を抑える方法にはさまざまなものがある．この章ではそうした技術のおもなものについて解説し，またさまざまな排出源から排出される気体状大気汚染物質の排出源と，汚染物質の制御のポイントについて解説する（図16.1）．ある技

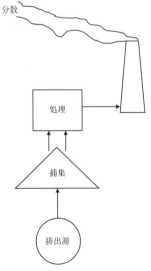

図 16.1　大気汚染物質の制御ポイント

表 16.1　排ガス制御技術の比較

方法	濃度	除去効率	備考
ガス吸収	<2000 ppmv	90〜95%	吸収したガスを排出するプロセスの併設が必要かもしれない
	>200 ppmv	95+%	
活性炭吸着	>200 ppmv	90+%	活性炭に吸着した有機物を回収する場合，追加の有機処理が必要で，そのコストがかかる
	>1000 ppmv	95+%	
焼却	<100 ppmv	90〜95%	不完全燃焼を防止するための追加の制御が必要
	>100 ppm	95〜99%	
凝縮	>2000 ppm	80+%	十分に低温または高圧である必要がある

術が適用できるのかどうかは，発生する汚染物質の性質と，その排出源のシステムの種類によっている．どの方法を採用するかを決めることは難しく，またときにはいろいろな要因を考えるため複雑になってくるが，そうした決定を下す際には，経験に基づいたガイドラインが役立つ．Buonicore and Davis（1992）による Air Pollution Engineering Manual は有用である．表 16.1 に気体状大気汚染物質の排出を制御するためのおもな技術と方法を示す．以下でははじめにおもな排ガスと大気汚染に関連する用語についての定義をまとめ，その次に表 16.1 に記載された排ガス制御の方法について解説する．この章に含まれる情報の多くは Spellman（1999）と USEPA（1981）から抜粋した．抜粋された内容は，読者にとって有用であるように，簡潔になるように編集しなおしている．

16.2　定　　　義

圧力［pressure］　単位面積当たりの力，通常，大気科学では圧力は atm，Pa，psi の単位で測定される．

アルベド［albedo］　（地表による太陽光線の）反射率，つまり入射光が表面により反射される割合．

イオン［ion］　溶液中にある正（陽イオン）または負（陰イオン）の電荷をもった原子またはラジカルのこと．

一次汚染物質［primary pollutants］　大気中に直接放出され，環境や人体の健康に悪影響を及ぼす物質のこと．主要な 6 つの一次汚染物質は，二酸化炭素，一酸化炭素，二酸化硫黄，一酸化窒素，炭化水素，粒子状物質である．米国では二酸化炭素以外が規制されている．

雨陰効果［rain shadow effect］　大気が丘陵地を超える際に起こる現象．大気が丘陵を超える際に，高度が高くなって冷却が進むと水蒸気の凝縮が起こり，凝縮した水滴とその大気に含まれていた汚染物質が山の風上側に降下する．大気はそこで水分の多くを失うため，山の風下側ではほとんど水蒸気の凝集が起こらない．このことを山脈による雨の陰と呼ぶ．

エネルギー［energy］　仕事をする能力，仕事とは物体を移動させたり，物質をある形態から

別の形態へと変化させることをさす.

塩基［base］ 水に溶解したときに水酸化物イオン（OH⁻）を放出する物質.

汚染物質［pollutant］ 環境に影響を及ぼすような濃度で存在する有害物質のこと.

オゾン［ozone］ O_3という化合物.自然界ではオゾン層として大気圏に見つかる.光化学スモッグの成分でもある.

温室効果［green house effect］ 大気中の二酸化炭素，メタン，その他の温室効果ガスによって，熱の宇宙空間への放出が妨げられること.地球に生命が存在できるのは温室効果のおかげである.

化学結合［chemical bond］ 分子中の原子をつなぎとめている力.化学結合は化学反応が起こる際に生成される.イオン結合と共有結合の2種類の化学結合がある.

化学反応［chemical reaction］ ある元素の原子が1か所に集まって分子が合成されるときや，分子が分解して個々の原子になるようなときに起こっているプロセスのこと.

風［wind］ 水平方向の大気の動き.

気温減率［lapse rate］ 高度に対する気温の変化の割合，対流圏では通常の気温減率は1000 ftにつき華氏$-3.5°F$である.

気候［climate］ ある特定の地域における長期間の天気のパターン.

気象学［meteorology］ 大気現象に関する研究分野.

共有結合［covalent bond］ 電子が原子によって共有される化学結合.

（空洞）放射率［emissivity］ 地表による，太陽光放射に対する熱または遠赤外線の形で宇宙空間へ放射するエネルギーの割合.

原子［atom］ 元素の最小構成単位であり，その元素の特性をまだ保っている状態.

原子番号［atomic number］ 原子1個の核に含まれる陽子の個数.

原子量［atomic weight］ 原子1個の中に含まれる陽子と中性子の数の合計.

元素［element］ 1種類の原子から構成される基本の物質で，100以上の種類がある.すべての物質は元素から構成される.

光化学スモッグ［photochemical smog］ 工業地帯や都市部において発生する，自動車の燃料の燃焼など高温・加圧下の燃焼によって生じる大気汚染物質が太陽光存在下で反応して生成される空気中のもやのこと.光化学スモッグの主成分はオゾンである.

光合成［photosynthesis］ 太陽光のエネルギーを使って，葉緑体をもつ植物によって二酸化炭素と水からブドウ糖や果糖などの単純な炭水化物を生成すること.

混合物［mixture］ 2種類以上の元素・化合物が化学反応せずに混合しているもの.

酸［acid］ 水と混合したときに水素イオン（H⁺）を放出する物質.

算術平均［arithmetic mean］ 平均値の計算方法の1つ.すべての値を足し算して，値の個数で割ったもの.

算術目盛［arithmetic scale］ 目盛とはグラフの端か下に振られる，プロットのデータの値を表すために符号または線をある間隔で並べたもののこと.符号または線が等間隔の場合，算術目盛と呼ばれる.

酸性雨［acid precipitation］ 硫酸または硝酸を通常より多く含む雨や雪，霧のこと.森林，水圏生態系（aquatic ecosystems），歴史的建造物にダメージを及ぼす可能性がある.

酸性水流出［acid surge］ 土壌または雪に蓄積された酸が，降雨や春の雪解けによって短期間で高濃度に湖に堆積し，流れ出ること.

酸性溶液［acidic solution］ H⁺イオンを多く含む溶液.

成層圏［stratosphere］ 高度6〜30 mi までの大気の層.

成層圏オゾン層破壊［stratospheric ozone depletion］ 成層圏におけるオゾン層が薄くなること．クロロフルオロカーボン（フロン）などのオゾンを破壊する化学物質が大気圏の上部に蓄積して起こる．

絶対圧力［absolute pressure］ 全圧のこと，物質の圧力と大気の圧力の和（海抜0 m で約 14.7 psi）．

相対湿度［relative humidity］ 空気中の水蒸気の濃度を表す．空気中の水蒸気の濃度を，それがその温度・圧力における飽和水蒸気量のとき100%となるように（飽和水蒸気量を基準にして）表したもの．気温が高いほどより多くの水蒸気を含むことができる．

大気［atmosphere］ 500 km の厚みをもち，無色，無臭の空気として知られる気体．地球を取り巻いており，窒素，酸素，アルゴン，二酸化炭素，その他の微量ガスから構成される．

大気浮遊毒素［airborne toxins］ 大気中に放出され，大気の流れによって運ばれた有害化学物質．

対流圏［troposphere］ 地表から高度6〜7 mi までの大気の層．

地球温暖化［global warming］ 二酸化炭素，メタン，その他の温室効果ガスの大気中の濃度の上昇によって引き起こされると考えられている地球の気温の上昇．

中間圏［mesosphere］ 高度35〜60 mi までの大気圏の一領域．温度によって定義される．

天候［weather］ 毎日の降雨，気温，風速，気圧，湿度のパターンのこと．

二次汚染物質［secondary pollutants］ 一次汚染物質が，他の一次汚染物質あるいは水蒸気などの大気中の成分と反応して生成する大気汚染物質のこと．

日射［insolation］ 地球とその大気によって受け取られる太陽の放射（太陽光）．

熱圏［thermosphere］ 高度56 mi から外宇宙までの大気の層．

熱力学第一法則［first law of thermodynamics］ 物理的・化学的な変化の間に，エネルギーは形態を変えたり，ある場所から別の場所へと移動することがあるが，生成も消滅もしないという自然法則．

熱力学第二法則［second law of thermodynamics］ すべての自発的変化において，エネルギーはより利用しにくい状態に劣化し，通常は熱として周囲へ放出されるという自然法則．

排出基準［emission standards］ 排出源ごとに法的に決められている，汚染物質の最大許容排出量．

比重［specific gravity］ 物質の密度を基準密度に対する比で表したもの．気体の場合，密度は大気の密度（比重1）を基準とする．

物質［matter］ 実在するものすべて．体積と質量を有する．

pH 水素イオン濃度を10の指数乗として表す方法で，物質がどのくらい酸性ないし塩基性かを表す．pH は0（最も酸性）から始まって14（最も塩基性）まであり，中央値である7の場合，その物性は中性である．

密度［density］ 物質の単位体積当たりの重さ．

溶液［solution］ 溶解した物質を含む液体．

溶質［solute］ 溶液に溶けている化学物質．

ラドン［Radon］ 自然起源の放射性の気体物質．ウラン238 の放射壊変で生成する．高濃度になると人体に有害になるおそれがある．

レイリー散乱［Rayleigh seattering］ 大気中の分子・粒子による光の波長選択的な散乱のこと．空が青いのはレイリー散乱によるものである．光の散乱は光の波長の−4乗（$1/\lambda^4$）に比例する．

露点温度［dewpoint］ 相対湿度100％となる温度．空気中の水蒸気が飽和し，凝縮を始める．

16.3 ガス吸収

ガス吸収（ガス洗浄）は化学工学におけるおもな単位操作の1つであり，汚染物質を含む排ガスを液体の吸収液に接触させて排ガス中の特定の成分を選択的に，比較的揮発性の低い液体に吸収させるというものである．ガス吸収のプロセスについて考える際に重要な用語として以下のものがある．

界面［interface］気相と吸収剤が互いに接する面のこと．
吸収剤［absorbent］汚染物質を吸収する液体．通常は中和剤を混合した水を用いる．
キャリアガス［carrier gas］汚染物質を取り除こうとしている排ガス中の不活性成分のガス流．
溶解度［solubility］ある気体が液体に溶解できる限界量のこと．
溶質［solute］吸収される気体物質（SO_2，H_2Sなど）．

ガス吸収の単位操作は，汚染物質を気相から液相へと移行させるように設計されている．ガス吸収は，気体と液体を十分に接触させ，気体に含まれる成分の溶液への拡散が最も効率よくなるように行われる．汚染物質のガスからの除去は，① 汚染ガスの液体の表面への拡散，② 気液界面における移動，③ 溶解したガスの界面から液体への移動の3ステップで行われる（Davis and Cornwell, 1991）．ガス洗浄塔にはスプレーチャンバー（塔またはカラム），棚段塔（多孔板塔または泡鐘塔），充填塔，ベンチュリスクラバーなどいくつか種類がある．二酸化硫黄，硫化水素，塩化水素，アンモニア，NO_xなどはたいていガス吸収法で除去される．

現在用いられているガス吸収法は棚段塔（plate tower）と充填塔（packed tower）である．棚段塔（plate tower）には気体と液体の界面の面積が大きくなるように設計された水平の多孔の棚板またはバブルキャップのついたトレイ（泡立たせがしやすいトレイ）が塔内に設置されている．汚染物質を含む排ガスは，通常は塔（towerあるいはcolumn）の下側から供給され，棚板の多孔（perforation）を通って上に向かう．ガスの上昇流のため，液は棚板の孔から流れ落ちずに，むしろダウンパイプを通って流れ落ちる．連続運転時にはガスと液の接触が保たれ，気体の汚染物質が除去された洗浄ガスが塔の上部から排出される．

充填塔によるガス洗浄システム（図16.2）は，工業的な排ガス洗浄法として最もよく採用される方式であり，ガスの除去率は90〜95％である．充填塔は鉛直方向に設計され，文字どおり充填物（図16.3）が充填されている．充填物は大きな比表面積（表面積／体積比，S/V比）と，大きな空隙率をもち，ガスの流れに対する抵抗が小さくなるようになっている．さらに，充填物は気体と液体の両方の流体をむらなく分散させ，また塔内で構造を保っていられるだけの十分な強度をもち，低コストで入手でき，簡単に使

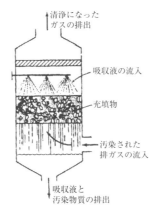

図 16.2 代表的な向流接触型充填塔（出典：USEPA, *Control Techniques of Gases and Particulates*, U.S. Environmental Protection Agency, Washington, DC, 1971 より引用）

ラシヒリング
最もよく用いられるタイプ

ベリルサドル
気液接触効率が高いが高価

ポールリング
液分散性がよい

テラレット
非常に軽量

インタロックスサドル
気液接触効率が高いが高価

図 16.3 充填塔式ガス吸収装置で用いられる充填物（出典：AIHA, *Air Pollution Manual: Control Equipment*, Part II, American Industrial Hygiene Association, Detroit, MI, 1968 より抜粋）

用できるものである必要がある（Hesketh, 1991）．充填塔内の流れは通常は向流であり，気体は塔底から入り，液体は塔頂から流入する．液体は充填物の表面に沿って薄い液膜となって流れ，気体と絶え間なく接触する．充填塔は気体の汚染物質を高効率で除去できるが，廃液の問題が発生し，気体が粒子状物質を高濃度で含む場合には簡単に閉塞を引き起こす．メンテナンスのためのコストは比較的高価である．

16.3.1 溶解度

溶解度は系の温度と圧力の関数であり，圧力よりも温度に大きく依存する．温度が上昇すると，液に吸収されるガスの量は減少する（気体は高温の液体より低温の液体に多く溶解する）．ガスの圧力は溶解度に影響する場合がある．圧力は気体の溶解度に対して，温度と逆の方向に働き，圧力を増加させると吸収される気体の量は増加する．ただし，排ガスの制御としてのガス吸収は大気圧付近で行われるため，圧力は重要な因子ではない．

16.3.2 溶解度とヘンリーの法則

気相と液相中の大気汚染物質の平衡濃度は，ある条件下ではヘンリーの法則で表すことができる．ヘンリーの法則は希薄溶液において，成分同士が反応しない場合，成分Aの平衡分圧が以下のように表せるというものである．

$$p = Hx_A \tag{16.1}$$

ここで，p = 平衡における気相中の大気汚染物質の分圧，H = ヘンリー定数，x_A = 成分Aの液相モル分率（液中の成分Aの濃度）．

式 (16.1) は，p を縦軸，x を横軸とすると，傾き (m) が H の直線の式となっている．ヘンリーの法則は，溶質の濃度が非常に希薄であるなど組成と分圧の平衡関係が直線の場合に限り，ガスの溶解度の推算に用いることができる．排ガス制御へ適用する場合は，この条件は通常満たされる．たとえば，1000 ppm の亜硫酸ガス（SO_2）を含む排ガスでは，ガス中の SO_2 のモル分率はたったの 0.001 である．

ヘンリーの法則を用いる際のもう1つの制限は，ガスが吸収されたときに反応したり解離したりする場合は成り立たないということである．たとえば，フッ化水素（HF）や塩化水素（HCl）のガスを水で洗浄すると，どちらも溶液中で解離する．こうした場合，組成と分圧の平衡関係は直線ではなく曲線となる．曲線になる系については，溶解度データを実測する必要がある．

ヘンリー定数の単位は atm/mole fraction である．ヘンリー定数が小さいほど気体の液体への溶解度は高くなる．溶解度データから相図を作成する方法について，USEPA (1981) から抜粋した例題を以下に示す．

■**例 16.1**

問題： 303 K (30℃)，101.3 kPa (760 mmHg) における純水への SO_2 の溶解度データを用いて気液平衡曲線（x-y 線図）を作成し，ヘンリーの法則が成り立つかどうかを判定せよ．

解答： はじめに表の値をモル分率の単位に変換する必要がある．SO_2 の気相モル分率 (y) は SO_2 の分圧を系の全圧で割ることで得られる．1番目のデータの場合，

$$y = p/P = (6\ \text{kPa}/101.3\ \text{kPa}) = 0.06$$

液相モル分率 (x) は，液体中の SO_2 のモル数を液体の全モル数で割って求める．

純水に対する SO_2 の溶解度：平衡データ

SO_2 濃度 (g of SO_2 per 100 g/H_2O)	p (SO_2 分圧)
0.5	6 kPa (42 mmHg)
1.0	11.6 kPa (85 mmHg)
1.5	18.3 kPa (129 mmHg)
2.0	24.3 kPa (176 mmHg)
2.5	30.0 kPa (224 mmHg)
3.0	36.4 kPa (273 mmHg)

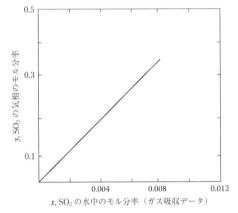

図16.4 例16.1における二酸化硫黄の水への吸収に関するデータ（出典：USEPA, APTI Course 415: *Control of Gaseous Emissions*, EPA 450/2-81-005, U. S. Environmental）

$$x = \frac{\text{溶液中の } SO_2 \text{ のモル数}}{\text{溶液中の } SO_2 \text{ のモル数}+\text{水のモル数}}$$

1番目のデータについては

$$x = 0.0078/(0.0078+5.55) = 0.0014$$

以下すべてを計算した結果を次の表に，プロットを図16.4に示す．ヘンリーの法則は本

SO_2 の溶解度データ

C = (g of SO_2)/(100 g H_2O)	p (kPa)	$y = p/101.3$	$x = (C/64)/(C/64+5.55)$
0.5	6	0.06	0.0014
1.0	11.6	0.115	0.0028
1.5	18.3	0.18	0.0042
2.0	24.3	0.239	0.0056
2.5	30	0.298	0.007
3.0	36.4	0.359	0.0084

濃度範囲において成り立っており，ヘンリー定数は 42.7 mole-fraction SO_2 in air/mole fraction SO_2 in water である．

16.3.3 物質（質量）収支

工学における基本概念である，物質収支あるいは質量保存の法則は，一言でいうと，いわゆる万物流転の法則"Everything has to go somewhere"のことである．より正確には，質量保存の法則とは，化学反応が起こる際に構成元素が新たに生成したり，消滅したりしないというものである．物質収支の考え方は，大気汚染物質や微生物，化学物質，その他の物質が，ある場所から別の場所へと移動していくのを追跡する際に重要である．また，大気汚染防止の技術においても，プロセスへの物質の流入量と流出量は等しい，すなわち入ってきたものと同じだけのものが出ていくはずであるとするため，物質収支の考え方は，プロセスを評価する際に特に重要である．通常，向流接触型ガス吸収装置を用いた排ガス中の大気汚染物質除去装置では，溶質（大気汚染物質）について物質収支をとる．図16.5に一般的な向流接触型ガス吸収装置を示す．物質収支をとると，以下の式が導かれる．

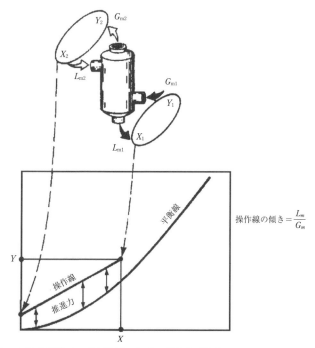

図 16.5　向流接触型ガス吸収装置における操作線（出典：USEPA, APTI Course 415: *Control of Gaseous Emissions*, EPA 450/2-81-005, U.S. Environmental Protection Agency Air Pollution Training Institute, Washington, DC, 1981m p.4-17.）

$$Y_1 - Y_2 = (L_m/G_m)(X_1 - X_2) \tag{16.2}$$

ここで，Y_1 = 流入時のガス中の溶質の濃度（モル分率），Y_2 = 流出時のガス中の溶質の濃度（モル分率），L_m = 液のモル流量，G_m = ガスのモル流量，X_1 = 流出時の吸収液中の組成（モル分率），X_2 = 流入時の吸収液中の組成（モル分率）．

式（16.2）は直線の式となっている．この線を相図にプロットしたものを，操作線 (operating line) という（図 16.5）．操作線は，どんな濃度の液が流入し，どういう濃度のものが流出するのかという，吸収液の操作条件について示している．操作線の傾きは液体のモル流量を気体のモル流量で割ったものであり，液ガス比（L_m/G_m）という．ガス吸収のシステムについて述べたり比較したりする際には液ガス比がよく用いられる．以下の例題では，所定の排ガス除去率を実現するために必要な，吸収液の最小流量を（ヘンリーの法則を用いて）計算する方法について示す．

■例 16.2

問題： 例 16.1 のデータと結果を用いて，3 vol% の SO_2 を含む 84.9 m³/min（3000 acfm）の気体の流れから SO_2 を 90% 除去するために必要な純水の最小流量を計算せよ．温度は 293 K で，圧力は 101.3 kPa とする（USEPA, 1981, p.4-20）．

条件：流入ガス中の SO_2 の濃度（Y_1）= 0.03，最低許容基準（排ガス中の溶質の濃度）（Y_2）= 0.003，ガス吸収装置に流入する液の SO_2 の濃度（X_2）= 0，ガス流量（Q）= 84.9 m³/min，流出液中の濃度（X_1）= ?，吸収液の流量（L）= ?，H = ヘンリー定数．

解答： この系についての概要と数値を図に示す（図 16.6）．Y_1 は 3 vol% = 0.03，Y_2 = Y_1 が 90% 減少したもの，すなわち Y_1 の 10% であるので Y_2 = (0.10)(0.03) = 0.003 である．必要最小流速のとき Y_1 と X_1 は平衡にあると考えられ，液は SO_2 で飽和されるので，

$$Y_1 = H \times X_1$$

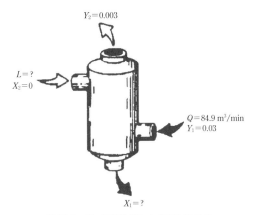

図 16.6　ガス吸収装置における物質収支

図 16.4 より，$H = 42.7$（ガス中の SO_2 モル分率／水中のモル分率）であるので，

$$0.03 = 42.7 \times X_1$$
$$X_1 = 0.000703 \text{ mole fraction}$$

最小液ガス比は，

$$Y_1 - Y_2 = (L_m/G_m)(X_1 - X_2)$$

$$(L_m/G_m) = \frac{(Y_1 - Y_2)}{(X_1 - X_2)}$$

$$= \frac{0.03 - 0.003}{0.000703 - 0}$$

$$= 38.4 \text{ (g-mol water/g-mol air)}$$

吸収液の最小必要流量について計算する．まずガスの m^3 を g-mol に変換する．

0°C (273 K)，101.3 kPa において，理想気体では 0.0224 m^3/g-mol である．20°C (293 K) では

$$0.0224 \left(\frac{m^3}{\text{g-mol}}\right)\left(\frac{293 \text{ K}}{273 \text{ K}}\right) = 0.024 \text{ m}^3/\text{g-mol}$$

$$G_m = 84.9 \frac{m^3}{\text{min}} \left(\frac{\text{g-mol air}}{0.024 \text{ m}^3}\right) = 3538 \text{ g-mol air/min}$$

$$L_m/G_m = 38.4 \text{ (g-mol water/g-mol air)}$$

$$L_m = 38.4 \times 3538 = 136.0 \text{ kg-mol 最小条件における値}$$

質量（kg）の単位では

$$L = 136 \text{ kg-mol/min} \times 18 \text{ kg/kg-mol} = 2448 \text{ kg/min}$$

図 16.7 は本例題に対する解答を図示したものである．最小操作線の傾きを 1.5 倍したも

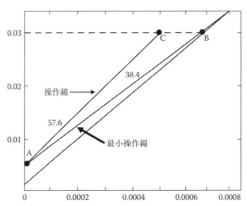

図 16.7 例 16.2 の解（出典：USEPA, APTI Course 415: *Control of Gaseous Emissions*, EPA 450/2-81-005, U.S. Environmental Protection Agency Air Pollution Training Institute, Washington, DC, 1981, p.4-21.）

のが実際の操作線（線 AC）である．

$$38.4 \times 1.5 = 57.6$$

16.3.4 充填塔と棚段塔
16.3.4.1 充填塔の直径（塔径）の設計

充填塔のサイズに影響を及ぼす主な因子は，液滴がガスの流れにより巻き上げられ（エントレインメント，entrainment）はじめるガス流速である．ガスと液の流量を固定して充填塔を運転する場合，塔径（塔のカラムの直径）を小さくするとガス流速は増加する．塔径を徐々に小さくしていくと，ガス流速はしだいに速くなり，やがて，充填物をつたい流れていた液体が充填物の中の空隙に溜まりはじめるポイントに達する．このときのガス対液（ガス／液）の流量比をローディングポイント（loading point）という．充填塔のカラムによる圧力損失が増加しはじめ，二相の接触効率が低下する．さらにガスの流速を増加させると，液体が充填物の空隙を完全に占有するようになり，液は充填物の上に層をなし，塔内を液が流れ落ちなくなる．圧力損失は急激に上昇し，二相の接触効率は最小限になる．この状態をフラッディング（いつ（溢）汪，flooding）といい，このような状態になるガス速度をフラッディング速度とよぶ．非常に大きな直径をもつ塔を用いればこのような問題は起こらないが，直径が大きくなるほど，塔のコストは増加する（USEPA, 1981, p.4-22）.

実際は，充填塔の塔径は通常（ガス流速が）フラッディング速度のある割合になるように設計される．ガス流速はフラッディング速度の 50～75％ で運転されることが普通であり，この流速範囲で運転すると，ガス流速はローディングポイント以下であるとされる．フラッディング速度（と塔径の最小値）は，一般化されたフラッディング速度と圧力損失の相関関係から，比較的簡単に推定することができる．ある場合の充填塔のフラッディング速度と圧力損失の関係を図 16.8 に示す．この相関関係は，ガスと液の物性と，充填塔の特性で決まっている．塔径の計算方法について以下にまとめる．

1. 図 16.8 の横軸の値（横座標）を式（16.3）から計算する．

$$横軸 = \left(\frac{L}{G}\right)\left(\frac{\rho_g}{\rho_l}\right)^{0.5} \tag{16.3}$$

ここで，$L =$ 吸収液の質量流量，$G =$ ガスの質量流量，$\rho_g =$ ガス密度，$\rho_l =$ 吸収液の密度．

2. 式（16.3）より計算した横座標から，フラッディング曲線（いつ汪曲線）をたどって，縦座標の読み ε を読む．

3. 式（16.4）を用いてフラッディングにおけるガス流速 G' の値を計算する．

$$G' = \left(\frac{\varepsilon \times \rho_g \times \rho_l \times g_c}{F \times \phi \times (\mu_l)^{0.2}}\right)^{0.5} \tag{16.4}$$

ここで，$G' =$ フラッディングにおける単位断面積当たりのガスの質量流速，$\varepsilon =$ 図 16.8 における縦座標のよみ，$\rho_g =$ ガス密度，$\rho_l =$ 吸収液の密度，$g_c =$ 重力加速度，$F =$ 充填

16.3 ガス吸収

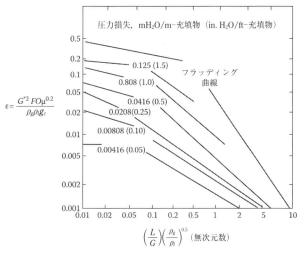

図 16.8 一般化されたフラッディング速度と圧力損失の関係

物因子(無次元量),ϕ = 吸収液の水に対する比重(無次元量),μ_l = 吸収液の粘度(水 = 0.8 cP = 0.0008 Pa-sec,この式では Pa-sec を用いる).

4. 実際の運転時の G' は,フラッディングにおける G' にある係数を掛けたものなので,

$$G'_{操作} = fG'_{フラッディング} \tag{16.5}$$

5. 吸収塔断面積 (A) を計算する

$$断面積 = \frac{ガスの全流量}{単位断面積当たりのガス流量} \tag{16.6}$$

すなわち

$$A = G/G'_{操作} \tag{16.7}$$

6. 塔の半径は式 (16.8) から得られる

$$d = (4A/\pi)^{0.5} \tag{16.8}$$

例 16.3 では,充填塔の塔径を計算するための計算方法について説明する.

■例 16.3 塔の直径

問題: 例 16.2 のガス吸収装置について,吸収液の流量を最小液流量の 1.5 倍としたときの塔径を決定せよ.気体の流速はフラッディング速度の 75% 以下でなければならないとし,充填物は 2 in. のセラミック製インタロックスサドル (Intalox™ saddle) とする.

解答: 図 16.8 の横座標を計算する.例 16.2 より,

$$G_m = 3538 \text{ g-mol/min}$$
$$L_m = 2448 \text{ kg/min}$$

気体のモル流量を，気体の分子量を 29 g/g-mole として質量流量に変換する

$$G = 3538 \text{ g-mol/min} \times 29 \text{ g/g-mol} = 102.6 \text{ kg/min}$$

液流量を最小流量の 1.5 倍にする

$$L = 1.5 \times 2448 = 3672 \text{ kg/min}$$

20°C における水と空気の密度は

$$\rho_l = 1000 \text{ kg/m}^3$$
$$\rho_g = 1.17 \text{ kg/m}^3$$

以上より式（16.3）から横座標を計算すると，

$$\text{横座標} = \left(\frac{L}{G}\right)\left(\frac{\rho_g}{\rho_l}\right)^{0.5} = \left(\frac{3672}{102.6}\right)\left(\frac{1.17}{1000}\right)^{0.5} = 1.22$$

図 16.8 より，横軸のよみが 1.22 のときのフラッディング曲線をたどっていくと，縦座標 ε は 0.019 である．式（16.4）より G' を計算すると，

$$G' = \left(\frac{\varepsilon \times \rho_g \times \rho_l \times g_c}{F \times \phi \times (\mu_l)^{0.2}}\right)^{0.5}$$

水については，$\phi = 1.0$ であり，粘度は 0.0008 Pa-sec である．2 in. のインタロックスサドルの場合 $F = 40 \text{ ft}^2/\text{ft}^3$ すなわち 131 m^2/m^3 であり，$g_c = 9.82$ m/sec^2 である．

$$G' = \left(\frac{0.019 \times 1.17 \times 1000 \times 9.82}{131 \times 1.0 \times (0.0008)^{0.2}}\right)^{0.5} = 2.63 \text{ kg/m}^2\text{-sec}：フラッディング状態の値$$

以上より，実際のガスの単位断面積当たりの流量（流速）は

$$G'_{操作} = fG'_{フラッディング} = 0.75 \times 2.63 = 1.97 \text{ kg/(m}^2\text{-sec)}$$

最後に，塔径を計算する．

$$\text{ガス吸収塔の断面積} = \frac{\text{ガス流量}}{\text{ガス線流速}} = \frac{102.6 \text{ kg/min} \times 1 \text{ min/60 sec}}{1.97 \text{ kg/m}^2\text{-sec}}$$

$$\text{塔径} = 1.13 A^{0.5} = 1.05 \text{ m}，すなわち 1 m 以上$$

16.3.4.2 充填塔の高さ（塔高）の設計

充填塔の高さとは，所要排ガス除去率を実現するための，充填物の積み上げの高さのことを指す．ガスの分離が難しいときほど，充填物をより高くする必要がある．たとえば，水を吸収液として使う場合，排ガスから Cl_2 を除去するときよりも SO_2 を除去するときのほうが，より高さを必要とする．これは，Cl_2 が SO_2 より水に溶けやすいためである．充填塔の高さはガスの吸収速度と吸収効率の両方に影響するため，適切な高さを決めることは重要である（USEPA, 21981, p.4-26）．必要な塔の高さは以下のように表される．

$$Z = HTU \times NTU \tag{16.9}$$

ここで，$Z = $ 充填物の高さ，$HTU = $ 移動単位高さ，$NTU = $ 移動単位数．

移動単位とは，棚段塔のガス吸収装置の操作から導かれる概念である．棚段塔では，それぞれの独立したステージ（棚板またはトレイ）において分離操作が起こっている．その各ステージは 1 つの移動単位として捉えることができ，各移動単位の高さと数から

全体の塔の高さが決まる．充填塔は1つの連続した分離プロセスとして動いているが，設計上は，あたかも不連続な段（移動単位高さ）に分かれているかのように扱われる．移動単位の数と高さはガス相または液相に基づいているものであり，式（16.9）は式（16.10）のように書き表すことができる．

$$Z = N_{OG}H_{OG} = N_{OL}H_{OL} \tag{16.10}$$

ここで，Z = 充填物の高さ，N_{OG} = 気体側の境膜物質移動係数に基づく移動単位数，H_{OG} = 気体側の境膜物質移動係数に基づく移動単位高さ，N_{OL} = 吸収液側の境膜物質移動係数に基づく移動単位数，H_{OL} = 吸収液側の境膜物質移動係数に基づく移動単位高さ．

ガス吸収システムの設計で使われる移動単位高さは，通常は実測により決定する．正確さを期すため，ガス吸収装置のメーカーは通常パイロットプラントでの試験を行って移動単位高さを決定している．実験データが入手できない場合，あるいは吸収塔の性能を前もって推算する必要がある場合は，移動単位高さを推算するための一般化された相関式を用いる．H_{OG} または H_{OL} の推算に用いられる相関式は経験式であり，以下の量の関数となっている．

- 充填物の種類
- 液とガスの流量
- 汚染物質の濃度と吸収液への溶解度
- 吸収液の性質
- システムの温度

これらの相関式は工学の教科書に載っている．多くの場合，移動単位高さは 0.305～1.22 m（1～4 ft）の範囲にある．おおまかな推算としては 0.6 m（2.0 ft）が用いられる．

移動単位数（NTU）は実験的に得られ，またいろいろな方法で推算される．溶質濃度が非常に薄く，平衡線が直線となる場合，気相の抵抗に基づく式（16.11）を用いて，移動単位数を決めることができる．

$$N_{OG} = \frac{\ln\left[\left(\dfrac{Y_1 - mX_2}{Y_2 - mX_2}\right)\left(1 - \dfrac{mG_m}{L_m}\right) + \left(\dfrac{mG_m}{L_m}\right)\right]}{\left(1 - \dfrac{mG_m}{L_m}\right)} \tag{16.11}$$

ここで，N_{OG} = 移動単位数，Y_1 = 流入ガス中の溶質モル分率，m = 平衡線の傾き，X_2 = 吸収液中の溶質モル分率，Y_2 = 出口ガス中の溶質モル分率，G_m = ガスのモル流量，L_m = 液のモル流量．

式（16.9）から，直接計算あるいは図 16.9 に示すコルバーン線図（Colburn diagram）を用いた図解法により N_{OG} が計算できる．コルバーン線図は N_{OG} の $\ln[(Y_1 - mX_2)/(Y_2 - mX_2)]$ に対するプロットであり，横座標 $\ln[(Y_1 - mX_2)/(Y_2 - mX_2)]$ から，条件に合った (mG_m/L_m) の線を探すと，その縦軸の読みから N_{OG} の値が得られる．

式（16.11）は，化学反応がある場合や，溶質の溶媒への溶解度が非常に大きい場合には，もっと簡単になる．そうした場合では，溶質のガス中の分圧はほぼゼロであり，平

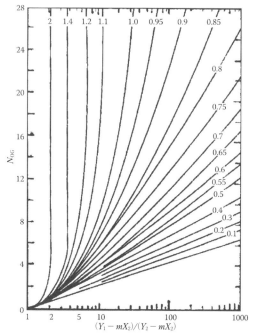

図 16.9 コルバーン線図(Colburn diagram)(出典:USEPA, APTI Course 415: *Control of Gaseous Emissions*, EPA 450/2-81-005, U.S. Enviornmental Protection Agency Air Pollution Training Institute, Washington, DC, 1981, p.4-30.)

衡線の傾きはほとんどゼロに近づく($m=0$).この場合,式 (16.11) は (16.12) のように簡単化される.

$$N_{OG} = \ln(Y_1/Y_2) \tag{16.12}$$

移動単位数は溶質(不純物,汚染物質)の流入時と流出時の濃度だけで決まる.たとえば,式 (16.12) の条件が成り立つ場合,汚染物質を 90% 除去するためには 2.3 個の移動単位が必要である.ただし,式 (16.12) は平衡線が直線(溶質が低濃度)で,傾きがゼロに近い(溶質が液によく溶けるか,反応性のガスである場合)という場合に成り立つ.例 16.4 に充填塔の高さの計算方法について示す.

■例 16.4　充填塔の高さ

問題:　例 16.2 のガス吸収システムのパイロットプラントの試験より,SO_2 水系の H_{OG} は 0.829(2.72 ft)となった.90% の排ガス除去を実現するための充填塔の高さを計算せよ.なお以下のデータは前の例題から引用したものである.

条件:　$H_{OG} = 0.829$ m

　　　　$m = 42.7$ kg-mol H_2O/kg-mol air

$G_m = 3.5$ kg-mol/min

$L_m = (3672 \text{ kg/min})(\text{kg-mol}/18 \text{ kg}) = 204$ kg-mol/min

$X_2 = 0$（吸収液の再循環をしない場合）

$Y_1 = 0.03$

$Y_2 = 0.003$

解答： 式 (16.11) から N_{OG} を計算すると

$$N_{OG} = \frac{\ln\left[\left(\dfrac{Y_1 - mX_2}{Y_2 - mX_2}\right)\left(1 - \dfrac{mG_m}{L_m}\right) + \left(\dfrac{mG_m}{L_m}\right)\right]}{\left(1 - \dfrac{mG_m}{L_m}\right)}$$

$$= \frac{\ln\left[\left(\dfrac{0.03}{0.003}\right)\left(1 - \dfrac{42.7 \times 3.5}{204}\right) + \dfrac{42.7 \times 3.5}{204}\right]}{\left(1 - \dfrac{42.7 \times 3.5}{204}\right)}$$

$$= 4.58$$

充填塔全体の高さを計算すると

$$Z = H_{OG} \times N_{OG} = 0.829 \times 4.58 = 3.79 \text{ m}$$

16.3.4.3　棚段塔型ガス吸収装置の設計

棚段塔のガス吸収プロセスでは，吸収液は塔頂から入って最上部の棚板を通り，より下の棚板へと流れ落ちて塔底に至る．ガス中の大気汚染物質は，塔底から流入したガスが棚板を通って上へ移動し，液と接触していくうちに液に吸収される．棚段塔ではガス吸収は段階的な，多段のプロセスである（USEPA, 1981, p.4-32）．単一経路の棚段塔の最小塔径は，塔内ガス流速から決められる．ガス流速があまりに速いと，液滴の巻き上げが起こり，飛沫同伴（priming）という状態になる．飛沫同伴は，塔内のガス流速が大きすぎて，棚板上の液が泡沫状になって上のプレートへ持ち上げられることで起こる．飛沫同伴が起こると，ガスと液の接触が抑制されて，ガスの吸収率が低下する．塔径の設計では，棚段塔における飛沫同伴は，充填塔におけるフラッディング点と同様の役割を果たしている．つまり飛沫同伴から塔径の最小値が決まる．実際の塔径はそれよりも大きくする必要がある．棚段塔における最小許容塔径は，式 (16.13) で表される．

$$d_t = \Psi[Q(\rho_g)^{0.5}]^{0.5} \tag{16.13}$$

ここで，d_t ＝ 棚板塔の最小塔径（m），Ψ ＝ 経験的相関パラメータ（$m^{0.25}$ $hr^{0.5}$ $kg^{0.25}$），Q ＝ ガスの体積流量（m^3/hr），ρ_g ＝ ガス密度（kg/m^3）．

Ψ は経験的なパラメータであり，棚板の間隔およびガスと液の密度の関数である．棚板の間隔が 61 cm (24 in.)，液の比重が 1.05 のときの Ψ の値を表 16.2 に示す．液の比重が 1.05 より大きく異なる場合は，表中の Ψ の値は使用できない．

操作条件によるが，棚板（トレイ）は，上の棚板に至る前にガスと液が分離するという範囲内で，できるだけ板と板の間隔が狭くなるように設置される．ただし棚板は簡単

表16.2 式 (6.13) の Ψ に対する経験的パラメータ

トレイ	メートル単位の Ψ	工学単位の Ψ
泡鐘トレイ	0.0162	0.1386
多孔板トレイ	0.0140	0.1196
バルブトレイ	0.0125	0.1069

注意:メートル単位の Ψ は,Q を m^3/hr,ρ_g を kg/m^3 として,$m^{0.25}\,hr^{0.5}\,kg^{0.25}$ の単位で表したものであり,工学単位の Ψ は,Q を cfm,ρ_g を lb/ft^3 として,$ft^{0.25}\,min^{0.5}\,lb^{0.25}$ の単位で表したものである.
出典:USEPA, *Wet Scrubber System Study*, NTIS Report PB-213016, U. S. Environmental Protection Agency, Research Triangle Park, NC, 1972 より抜粋

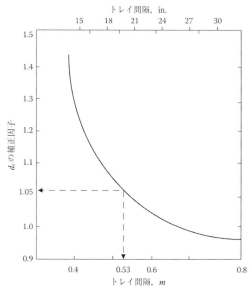

図 16.10 トレイ間隔と最小塔径 (d_t) の補正因子 (出典:USEPA, APTI Course 415: *Control of Gaseous Emissions*, EPA 450/2-81-005, U.S. Environmental Protection Agency Air Pollution Training Institute, Washington, DC, 1981, p.4-33 より抜粋)

にメンテナンスとクリーニングができるように設置する必要がある.通常は 45〜70 cm (18〜28 in.) の間隔で設置される.棚板の間隔が 61 cm 以外の場合に表 16.2 のデータを使う場合は,補正をする必要があり,図 16.10 に従って,塔径(推算値)に掛けるための補正因子を決める.例 16.5 にガス吸収塔の最小塔径を推算する方法について示す.

■**例 16.5 棚段塔の塔径**
　問題:　例 16.2 の条件について,泡鐘トレイによる棚段ガス吸収塔の最小許容塔径を

16.3 ガス吸収

求めよ．トレイの間隔を 0.53 m（21 in.）とする（USEPA, 1981, p.4-34）．

解答： 例 16.2 と 16.3 より，

ガス流速 $= Q = 84.9 \text{ m}^3/\text{min}$

密度 $= \rho_g = 1.17 \text{ kg/m}^3$

表 16.2 より泡鐘トレイの場合，

$$\Psi = 0.0162 \text{ m}^{0.25} \text{ hr}^{0.50} \text{ kg}^{0.25}$$

式（16.13）を用いる前に，Q を m^3/hr に換算する必要がある

$$Q = 84.9 \text{ m}^3/\text{min} \times 60 \text{ min/hr} = 5094 \text{ m}^3/\text{hr}$$

これらの値を式（16.13）に代入すると，最小塔径 d_t は，

$$d_t = \Psi[Q(\rho_g)^{0.5}]^{0.5} = 0.0162[5094(1.17)^{0.5}]^{0.5} = 1.2 \text{ m}$$

この値を，トレイ間隔 0.53 m 用に補正する．図 16.10 より，補正因子は 1.05 であるから，最小塔径は

$$d_t = 1.2 \times 1.05 = 1.26 \text{ m} \quad (4.13 \text{ ft})$$

注意： この推算値は実際の条件に基づく最小許容塔径である．実際は（メンテナンス性と経済的な観点から）より大きな塔径に設計するのが普通である．

16.3.4.4 棚板式またはトレイ式吸収塔の理論段数

所定の排ガス除去率を得るための所要棚板数（トレイ数）の理論値を理論段数という．理論段数を決める方法にはシンプルなものから複雑なものまでいくつかある．1つの方法は，図解法であり，操作線の図に階段状に作図して理論段数を得る．作図の様子を図 16.11 に示す．図解法は時間がかかる方法であり，またグラフの端の方はあまり正確にならない可能性がある．式（16.14）は理論段数を計算するための単純化された式であり，

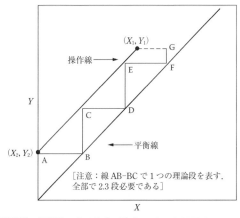

図 16.11 理論段数の図解法による決定（出典：USEPA APTI Course 415: *Control of Gaseous Emissions*, EPA 450/2-81-005, U.S. Environmental Protection Agency Air Pollution Training Institute, Washington, DC, 1981, p.4-35.）

平衡線と操作線が両方とも直線である場合にのみ使うことができるというものであるが，たいていの排ガス除去装置ではその条件が当てはまる．

$$N_\mathrm{p} = \frac{\ln\left[\left(\dfrac{Y_1 - mX_2}{Y_2 - mX_2}\right)\left(1 - \dfrac{mG_\mathrm{m}}{L_\mathrm{m}}\right) + \left(\dfrac{mG_\mathrm{m}}{L_\mathrm{m}}\right)\right]}{\ln\left(\dfrac{L_\mathrm{m}}{mG_\mathrm{m}}\right)} \tag{16.14}$$

ここで，N_p = 理論段数，Y_1 = 流入ガス中の溶質モル分率，X_2 = 流入液中の溶質モル分率，Y_2 = 流出ガス中の溶質モル分率，m = 平衡線の傾き，G_m = ガスのモル流量 (kg-mol/hr)，L_m = 吸収液のモル流量 (kg-mol/hr)．

式 (16.14) は所定の排ガス除去率に要する理論段数 N_p を推算するのに用いられる．なお理論段の条件として，ガスと液の流れが棚板を離れる際にはそれぞれ互いに相平衡に達しているという仮定があるが，実際はそのような理想的な条件は成り立たないため，トレイにおけるガスの吸収率が計算より低くなることを補填するため，計算より多くのトレイが必要である．

棚段塔のガス吸収率の表し方には 3 通りの方法が使われる：① カラム全体の総括ガス吸収率（塔効率），② 各棚板に用いる Murphree のガス吸収率（段効率），③ トレイの各構造物によるガス吸収率（点効率）．トレイのガス吸収率の中で最も単純なのは，総括ガス吸収率であり，理論段数を実際のプレートの数で除したものであるが，総括ガス吸収率はプロセスを単純化しすぎているため，信頼できる値は得られにくい．おおまかな値として，低粘性の液を用いた場合のガス吸収では，総括トレイガス吸収率（塔効率）は 65～80% である．例 16.6 に理論段数を計算する方法について示す．

■例 16.6

問題： 例 16.5 のガス吸収装置における理論段数を計算せよ．条件は例 16.4 と同じとする．また，トレイが 0.53 m の間隔で並んでおり，総括トレイガス吸収率を 70% とした場合の塔高を推算せよ．

解答： 例 16.5 とその前の問題より，以下のデータが得られている．
$m = 42.7$，$G_\mathrm{m} = 3.5$ kg-mol/min，$L_\mathrm{m} = 204$ kg-mol/min，$X_2 = 0$（吸収液を再循環しない場合），$Y_1 = 0.03$，$Y_2 = 0.003$．

式 (16.14) による理論段数は，

$$N_\mathrm{p} = \frac{\ln\left[\left(\dfrac{Y_1 - mX_2}{Y_2 - mX_2}\right)\left(1 - \dfrac{mG_\mathrm{m}}{L_\mathrm{m}}\right) + \left(\dfrac{mG_\mathrm{m}}{L_\mathrm{m}}\right)\right]}{\ln\left(\dfrac{L_\mathrm{m}}{mG_\mathrm{m}}\right)}$$

$$N_\mathrm{p} = \frac{\ln\left[\left(\dfrac{0.03 - 0}{0.003 - 0}\right)\left(1 - \dfrac{42.7 \times 3.5}{204}\right) + \left(\dfrac{42.7 \times 3.5}{204}\right)\right]}{\ln\left(\dfrac{204}{42.7 \times 3.5}\right)}$$

$$= 3.94 \text{ theoretical plates}$$

総括の棚の効率を70％とすると，実際の棚板の数は

$$\text{実際の棚板の数} = 3.94/0.7 = 5.6 (\text{or } 6) \text{枚}$$

塔高は以下の式で与えられる

$$Z = N_p \times \text{トレイの間隔} + \text{塔頂部高さ}$$

ここで，N_p は実際のトレイ（棚板）の数である．塔頂部高さとは，最上部の棚板の上にある部分（フリーボード）の高さであり，ガスと液が分離するための部分である．この長さは通常トレイの間隔と同じとされる．

$$Z = (6 \text{枚} \times 0.53 \text{ m}) + 0.53 \text{ m} = 3.71 \text{ m}$$

計算された塔高が，例16.4で推定した高さとほとんど同じであることに注意してほしい．このように塔高が同じになるのは，棚段塔，充填塔とも，同程度にガス吸収率の高いガス吸収装置であるためであり，理に適っている．ただし，計算には多くの仮定があるため，一般的にもこうなるとはいうことはできない．

16.4 吸　　　着

　吸着は，多孔質の固体（吸着剤）の表面を排ガスの流れが通過する過程を含む，物質移動のプロセスの1つである．多孔質の固体の表面はガス（吸着物）を物理吸着・化学吸着によって引きつけて保持する．吸着は粒子の内表面で起こる（USEPA, 1981, p.1-4）．物理吸着（高速な可逆過程）では気体分子が分子間力によって固体表面に付着する．化学吸着（高速ではないが可逆）では，気体分子が表面に付着した後，表面と化学反応する．

　活性炭，活性アルミナ，骨炭，酸化マグネシウム，シリカゲル，モレキュラーシーブ，硫酸ストロンチウムなどさまざまな物質が吸着能を有している．大気汚染防止において最も重要な吸着剤は木炭の活性炭である．活性炭の表面は大気中の炭化水素の蒸気や悪臭を有する有機物質を選択的に吸着する．

　吸着のシステムでは，（ガス吸収のシステムでは回収された汚染物質が液の流れによって連続的に運ばれるが，それとは対照的に）回収された物質は吸着剤の中にとどまっている．最も一般的な吸着のシステムは，固定床の吸着であり，吸着剤の床（bed）は水平あるいは垂直方向に伸びた円筒状の格納容器に充填されている．吸着剤（通常は活性炭）は充填層またはトレイ中に0.5 in.の間隔で層状に並んでいる．複数の充填層が使われることもあり，その場合1つまたはそれ以上の充填層が汚染ガスを吸着している間に，他の充填層の吸着剤が再生される．

　吸着装置の吸収率は，多くの場合では，使い始めはほぼ100％であり，破過点に到達するまで，すなわち破過が起きるまで高い効率を維持する．吸着剤が吸着物で飽和されると，汚染物質は吸着剤の充填層から漏れ出すようになり（破過），吸着剤を更新あるいは再生する必要が生じる．吸着のシステムは，生成物を回収できて，プロセスの変化に対して柔軟に対応・制御でき，無人で運転することができるという高性能な装置である．

しかし，欠点もいくつかある．生成物の回収が必要な場合には，コストの高い抽出操作が必要であり，資本コストは高めになる．また，吸着剤の固定床を閉塞させる可能性のある粒子状物質を除去するために，ガスをあらかじめ除塵しておく必要がある（Spellman, 2008）.

16.4.1 吸着の段階

吸着は3ステップで起こる（USEPA, 1981, p.5-2）．第1ステップでは，汚染物質は空気の流れから吸着剤粒子の外表面へと拡散する．第2ステップでは，汚染物質の分子は比較的表面積の小さい外表面（数 m^2/g）から吸着剤粒子の細孔内へと移動する．吸着剤の表面のほとんどが細孔の表面（表面積＝数百 m^2/g）であるため，吸着の大部分は細孔内で起こる．第3ステップでは，汚染物質の分子が細孔の表面に付着する．以上の拡散と吸着のプロセスの全体像を，図16.12に示す．

16.4.2 吸着力：物理吸着と化学吸着

吸着過程は，物理的か化学的かによって分類される．物理吸着と化学吸着のおもな違いは，気体分子が吸着材に結合しているときの結合状態によるものである．物理吸着では，気体分子は固体の表面と分子間力という弱い力によって結合する．吸着している気体分子の化学的な性質は変化しない．したがって，物理吸着は高速で可逆な過程である．化学吸着では，より強い結合が気体分子と吸着剤の間に形成される．電子の共有または交換が起こる．化学吸着の場合，簡単には逆反応は起こらない．

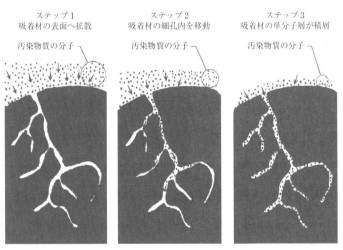

図 16.12 吸着による気体の捕集（出典：USEPA, APTI Course 415: *Control of Gaseous Emissions*, EPA 450/2/81-005, U.S. Environmental Protection Agency Air Pollution Training Institute, Washington, DC, 1981, p.5-2 より抜粋）

- 物理吸着（physical adsorption）： 物理吸着において働く力は本質的には静電力である．その力は気体，液体，固体のどの状態の物質にも存在するものであり，気体を凝縮させ，また極端な条件（高圧等）において気体が理想気体の挙動からずれる原因となっている．物理吸着はファンデルワールス吸着と呼ばれることもある．ファンデルワールス力のもととなる静電力の効果は，気体分子と固体表面の分子の極性によって変化する．分子はそれが気相，液相などどの相状態であっても，化学構造によって極性か無極性かが決まっている．極性物質（polar substance）は，分子内において正電荷と負電荷が分離しており，そのように電荷が分離した状態を永久双極子（permanent dipole）という．水は極性物質の最も主なものである．無極性物質は正電荷と負電荷の中心が一致しており，その結果として永久双極子をもたない．多くの有機分子は対称性がよいため無極性である．
- 化学吸着： 化学吸着（chemical adsorption, chemisorption）は気体分子と固体の分子の化学的相互作用によるものである．気体は吸着剤の表面と化学結合することで固定される．化学吸着で用いられる吸着剤は純物質である場合と，担体に化合物が固定されたものとがある．純物質吸着剤の例としては，酸化鉄のチップがH_2Sの気体を吸着するというのがあげられる．もう一方の例としては，硫黄を含浸させた活性炭が水銀蒸気を除去するのに用いられる．

16.4.3 吸着平衡関係

吸着に関するデータの多くは平衡条件下で決定されたものである．吸着平衡は，吸着剤表面に吸着する分子の数が，脱離する分子の数に等しいときの条件（温度，圧力，濃度）である．吸着剤充填層が吸着物で飽和された状態となると，排ガスからそれ以上汚染ガスを除去することはできない．平衡吸着量（equilibrium capacity）は所定の操作条件において，吸着できる吸着物の最大量を表す．さまざまな要因が吸着に影響を及ぼすが，平衡吸着量に影響を与える主な因子は，温度と圧力の2つである．

吸着能を表すために3種類の平衡のグラフが用いられる
- 吸着等温線（isotherm，温度一定）
- 吸着等量線（isostere，吸着されるガスの量が一定）
- 吸着等圧線（isobar，圧力一定）

16.4.3.1 吸着等温線

最も頻繁に使われる吸着平衡のデータは吸着等温線であり，ある温度における平衡吸着量を吸着物の分圧に対してプロットしたものである．吸着量はふつう，100 gの吸着剤に対する吸着物のグラム数というように重量%で示される．例として，四塩化炭素の活性炭への吸着等温線を図16.13に示す．この種のグラフは例16.7に示すように吸着システムの大きさを推定するときに用いられる．

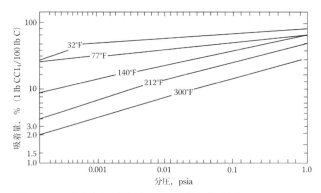

図 16.13 四塩化炭素の活性炭への吸着等温線（出典：USEPA, APTI Course 415: *Control of Gaseous Emissions*, EPA 450/2/81/005, U.S. Environmental Protection Agency Air Pollution Training Institute, Washington, DC, 1981, p.5-8 より抜粋）

■例 16.7

問題： ドライクリーニングでは 680 ppm の四塩化炭素を含むガスを 15,000 cfm 排出する．図 16.13 の吸着等温線から，排ガスが 140ºF，14.7 psi のときの，四塩化炭素の吸着量を求めよ（USEPA, 1981, p.5-8）．

解答： 気相では，モル分率 Y は容量％に等しい

$$Y = 容量\% = 680 \text{ ppm} = 680/(10)^6 = 0.00068$$

分圧は以下のとおり．

$$p = YP = 0.00068 \times 14.7 \text{ psia} = 0.01 \text{ psia}$$

図 16.13 より，分圧 0.01 psia, 温度 140ºF における四塩化炭素の吸着量の読みは 30％である．これは，吸着平衡下では活性炭 100 lb に対して 30 lb の四塩化炭素のガスが除去できることを示している（30 kg/100 kg）．

16.4.3.2 吸着等量線

吸着等量線は，吸着されるガスの量を固定したときの $\ln(p)$ を $1/T$ に対してプロットしたものである．吸着等量線は多くの吸着物—吸着剤系において，通常は直線になる．図 16.14 は H_2S のモレキュラーシーブへの吸着等量線である．吸着等量線は傾きが吸着熱に対応しているという点で重要である．

16.4.3.3 吸着等圧線

吸着等圧線は一定圧力において，吸着されたガス成分の量を温度に対してプロットしたものである．図 16.15 にベンゼンガスの活性炭への吸着等圧線を示す．物理吸着ではよくあることであるが，温度の増加とともに吸着量が減少していくことに注意してほしい．以上の 3 つの関係式（等温，等量，等圧）は平衡条件における関係式であるためそれぞれ互いに関連しており，吸着等温線など 1 つを決定すると，同じ系における他の 2

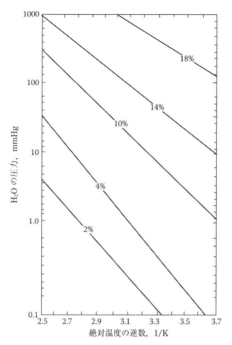

図 16.14 H_2S の 13X モレキュラーシーブへの吸着等量線（出典：USEPA, APTI Course 415: *Control of Gaseous Emissions*, EPA 450/2-81-005, U.S. Environmental Protection Agency Air Pollution Training Institute, Washington, CC, 1981, p.5-11)

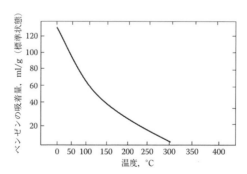

図 16.15 ベンゼンの活性炭への吸着等圧線（ベンゼンの圧力が 10 mmHg の場合）（出典：USEPA, APTI Course 415: *Control of Gaseous Emissions*, EPA 450/2-81-005, U.S. Environmental Protection Agency Air Pollution Training Institute, Washington, DC, 1981, p.5-12)

つの関係も決められる．大気汚染防止のシステムを設計するときは，吸着等温線が最もよく用いられる関係式である．

16.4.4 吸着に影響を及ぼす因子
以下に示すようなさまざまな因子・操作変数が吸着システムの性能に影響する．
- 温度
- 圧力
- ガス流速
- 充填層の厚さ
- 湿度
- 吸着剤の被覆

以下の項では，これらの変数が吸着過程に及ぼす影響について述べる．

16.4.4.1 温　度
物理吸着において，吸着量は系の温度が高いほど減少する．温度が高くなると，吸着物の蒸気圧が増加し，吸着している分子のエネルギーレベルが上昇する．このような状態では，吸着していた分子はファンデルワールス引力に打ち勝つだけのエネルギーをもつようになって気相へと逆戻りするようになる．また，気相中の分子は蒸気圧が高いために気体中にとどまる傾向にある．一般的に，適度な吸着能をもたせるために吸着剤の温度は130°F（54°C）以下に保たれる．処理前の排ガスを冷却することによって，操作温度が上記の限界温度を超えないようにすることができる．

16.4.4.2 圧　力
吸着されるガス成分の分圧の増加とともに吸着量は増加する．ガス成分の分圧は系の全圧に比例する．何らかの圧力の増加は，吸着量を増加させる．圧力の増加によるガス分子の平均自由行程の減少によっても吸着量の増加は起こる．また，圧力が高いと分子はより密集した状態になり，空いている未吸着サイトにより多くの分子が衝突するようになって，吸着する分子の数が増加する．

16.4.4.3 ガス流速
吸着剤を通過するガス流速は，汚染物質を含むガスの流れと吸着剤の接触時間（contact time）すなわち滞留時間（residence time）を決定する．滞留時間は吸着効率に直接的に影響する．吸着剤の固定床において汚染物質の流れがゆっくりであればあるほど，汚染物質の分子が未吸着サイトに衝突する確率が増加する．分子がいったん吸着サイトに捕捉されると，それはシステムの物理的な条件が変わるまで表面に留まっていると考えられる．90％以上の吸着率を得るため，多くの活性炭の吸着システムは最大ガス流速が30 m/min（100 ft/min）となるように設計されている．ただしチャネリング（channeling）などのガスの流れ分布に関するトラブルを防止するため，流速は下限値として少なくとも6 m/min（20 ft/min）以上に保たれる．

16.4.4.4 充填層の厚さ
ガスを効率的に除去するためには，吸着剤の層に適度な厚さをもたせることが非常に

16.4 吸着

重要である．充填層の厚さが吸着帯（mass transfer zone）の長さより短い場合，破過がすぐに起こってガスの除去率が低下する．吸着帯の長さ（MTZ）は，吸着剤の粒径，ガスの速度，吸着されるもののガス中の濃度，ガスの物性値，温度，圧力などの6つの要因によって変化するため，それを計算で求めるのは非常に難しい．破過容量と吸着帯の長さ MTZ の関係は以下のようになる．

$$C_B = \frac{0.5\, C_s(MTZ) + C_s(D-MTZ)}{D} \tag{16.15}$$

ここで，C_B = 破過容量，C_s = 飽和吸着量，MTZ = 吸着帯の長さ，D = 吸着剤充填層の厚さ．

式（16.15）はおもに，充填層の厚さの想定値が吸着帯の長さ MTZ よりも長いことを確認するのに用いられる．

吸着材の必要量の全量は，通常，吸着等温線から例 16.8 のように決定される．一度吸着剤の量が決まれば，吸着剤の厚さは吸着塔の直径と吸着剤の密度から計算できる．計算の方法を例 16.8 に示す．一般には，充填層の厚さは圧損が許す範囲でできるだけ長くなるように設計する．

■例 16.8

問題： 例 16.7 で述べたのと同じ条件を考える．吸着剤を4時間のサイクルで運転するのに必要な活性炭の量を推算せよ．CCl_4 の分子量は 154 lb/lb-mol（USEPA, 1981, p.5-18）である．

解答： 例 16.7 より活性炭 100 lb による CCl_4 ガスの平衡吸着量が 30 lb であることがわかっている．まず CCl_4 の流量 Q を計算する．

$$Q = 15{,}000\ \text{scfm} \times 0.00068 = 10.2\ \text{scfm}\ CCl_4$$

単位をポンド毎時（lb/hr）に変換する．

$$10.2\left(\frac{\text{ft}^3}{\text{min}}\right) \times \left(\frac{\text{lb-mol}}{359\ \text{ft}^3}\right) \times \left(\frac{154\ \text{lb}}{\text{lb-mol}}\right) \times \left(\frac{60\ \text{min}}{\text{hr}}\right) = 262.5\ \text{lb/hr}$$

4時間のサイクルで，CCl_4 の量は，$4 \times 262.5 = 1050$ lb．

この CCl_4 を処理するのに必要な活性炭量は，

$$1050\ \text{lb}\ CCl_4 \times \frac{100\ \text{lb carbon}}{30\ \text{lb}\ CCl_4} = 3500\ \text{lb carbon}$$

実際の活性炭の必要量は，平衡時の必要量の2倍とすると，

$$2 \times 3500 = 7000\ \text{lb}\,(3182\ \text{kg})\,\text{carbon}/4\ \text{時間サイクル毎塔}$$

（この値は所要活性炭量のおおまかな推定量である）．

■例 16.9

以下の例では，吸着装置に関する運転上の上限・下限に関する制限があるケースについて計算する．可燃物の濃度などが危険値にならないためにはどうするのかに注意せよ．

問題： 大気圧 25°C において，$3.78\ \text{m}^3/\text{sec}$（8000 acfm）のガスの流れからトルエ

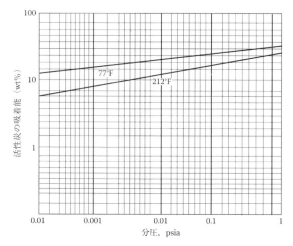

図 16.16　トルエンの吸着等温線（出典：USEPA, APTI Course 415: *Control of Gaseous Emissions*, EPA 450/2-81-005, U.S. Environmental Protection Agency Air Pollution Training Institute, Washington, DC, 1981, p.5-12）

を回収するための溶媒脱脂装置を設計する．その会社では，二重の活性炭吸着層を 4 時間の稼働時間で使用することを予定している．トルエンの最大濃度は安全面から，爆発下限界（lower explosive limit, LEL）の 50％以下になるように設定する．図 16.16 のトルエンの吸着等温線とその他の操作条件を用いて，以下の量を推算せよ（USEPA, 1981, p.5-36）．
1. 4 時間の運転に必要な活性炭の量
2. 最大空塔速度を 0.508 m/sec（100 fpm）としたときに必要な断面積（ft^2）
3. 活性炭の層の厚さ

条件：
　　トルエンの爆発下限界（LEL）＝ 1.2％
　　トルエンの分子量＝ 92.1 kg/kg-mol
　　活性炭の密度＝ 480 kg/m^3（30 lb/ft^3）

解答：
まずトルエンの流量を計算する
$$3.78 \text{ m}^3/\text{sec} \times 50\% \times 1.2\% = 0.023 \text{ m}^3/\text{sec} \text{ トルエン}$$
活性炭の平衡吸着量を決めるため，吸着の条件におけるトルエンの分圧を計算する
$$p = YP = \left(\frac{0.023 \text{ m}^3/\text{sec}}{3.78 \text{ m}^3/\text{sec}}\right)(14.7 \text{ psia}) = 0.089 \text{ psia}$$
図 16.16 より，この分圧における活性炭の平衡吸着量は 40 wt％，活性炭 100 kg 当たりトルエン 40 kg である．トルエンの（吸着の条件における）流量は

16.4 吸 着

$$(0.023 \text{ m}^3/\text{sec})\left(\frac{\text{kg-mol}}{22.4 \text{ m}^3}\right)\left(\frac{273 \text{ K}}{350 \text{ K}}\right)\left(\frac{92.1 \text{ kg}}{\text{kg-mol}}\right) = 0.074 \text{ kg/sec}$$

4時間の稼働時間で必要な活性炭の量（トルエンで飽和する量）は

$$(0.074 \text{ kg/sec トルエン})\left(\frac{100 \text{ kg 活性炭}}{40 \text{ kg トルエン}}\right)\left(\frac{3600 \text{ sec}}{\text{hr}}\right)(4 \text{ hr}) = 2664 \text{ kg 活性炭}$$

活性炭の実際の使用量はトルエンで飽和する量の2倍として計算する．したがって実際の導入量は

$$\text{実際の導入量} = 2 \times 2664 \text{ kg} = 5328 \text{ kg}$$

次に塔の断面積（ftの2乗）は，吸着塔内の最大空塔速度0.508 m/secから計算した断面積であり，

$$A = \frac{Q}{\text{最大流速}} = \frac{3.78 \text{ m}^3/\text{sec}}{0.508 \text{ m/sec}} = 7.44 \text{ m}^2$$

水平に設置した流通式ガス吸着装置の場合，幅約2 m（6.6 ft），長さ4 m（13.1 ft）の容器なら断面積8.0 m²（87 ft²）となって上記の条件を満たす．このサイズだと必要な面積より大きな断面積が得られる．このガス流量は1つの鉛直方向の流通式吸着装置で処理するには速すぎるため，他の選択肢として，3つの吸着塔を用いて，1つを再生している間に2つで吸着するというものもあるかもしれない．この場合，各容器はガス流量1.89 m³/sec（4000 acfm）に対応するように設計する．最大速度0.508 m/secのときに必要な断面積は，

$$\text{二分割した流量に必要な断面積} = \frac{1.89 \text{ m}^3/\text{sec}}{0.508 \text{ m/sec}} = 3.72 \text{ m}^2$$

この断面積に対応する容器の直径は以下のとおりである．

$$d = \left[\left(\frac{4}{\pi}\right)A\right]^{0.5} = \left[\left(\frac{4}{\pi}\right)3.72\right]^{0.5} = 2.18 \text{ m} (7 \text{ ft})$$

つづいて，水平設置の吸着層に占める活性炭の体積は次のように求まる．

$$\text{活性炭の体積} = \text{重量} \times \frac{1}{\text{密度}} = 5328 \text{ kg} \times \frac{\text{m}^3}{480 \text{ kg}} = 11.1 \text{ m}^3$$

ノート： 3つの鉛直方向の吸着塔を用いるシステムでは，各吸着塔における活性炭の体積はこの半分の5.55 m³である．

最後に，水平装置の吸着層の厚さを推算する．

$$\text{活性炭の厚さ} = \frac{\text{活性炭の体積}}{\text{吸着層の断面積}} = \frac{11.1 \text{ m}^3}{7.44 \text{ m}^2} = 1.49 \text{ m}$$

ノート： 3つの鉛直方向の吸着塔を用いるシステムでは，1つの吸着塔の体積と断面積がともに半分になるため，吸着層の厚さは同じである．

16.4.4.5 湿度

活性炭は通常，極性のある水よりも無極性の炭化水素を選択的に吸着する．排ガス中の水分子は，吸着剤よりも水分子同士で強く引き合っている．相対湿度が50%以上と高くなると，水分子の数が増加するため炭化水素の分子と活性炭の未吸着サイトを競合して取り合うようになる．こうなると炭化水素の吸着量は減って吸着率は低下する．したがって湿度50%以上の排ガスは水分を減らすための設備を追加で設ける必要がある．水除去のための冷却器はその1つであり，また，水分が少ない空気で排ガスを希釈する方法も用いられる．排ガスの温度を，ガスの吸着率にあまり影響がでない範囲内で高くし，湿度を減らすということも行われる．

16.4.4.6 吸着剤の被覆

粒子状の物質や，巻き上げによる液滴，高沸点の有機化合物などがガスの流れに含まれると，ガスの吸着率が低下する．除塵で取り切れないばいじんやほこりによるミクロンサイズの粒子は，吸着剤の表面を覆うことがある．こうなるとガスの分子が吸着するための吸着剤の表面積が大きく減少する．活性炭の吸着サイトが目詰まりすることを被覆あるいは不活性化という．このようにならないために，ほとんどの工業用吸着システムでは何らかの除塵設備を備えている．巻き上げによる液滴もまた運転上の問題となることがある．吸着剤に吸着しない液滴は粒子状物質と同様に働く．すなわち，液滴が吸着材の表面を覆って吸着床を被覆する．液滴が吸着される物質と同じであった場合は，吸着熱が多く発生する．この現象は，活性炭による吸着の場合，プロセスから運ばれた液状の有機物の液滴による吸着熱によって吸着層の火災が起こる可能性があるため，特に重要な問題である．液滴が発生する場合，その液滴の混入を防止するために，何らかの分離装置が必要である．

16.5 焼 却

焼却（つまり，燃焼）は主な大気汚染源の1つである．しかし，適切に運転を行えば，揮発性有機化合物（VOCs）や大気中の毒性物質（Spellman, 1999；USEPA, 1973）などの大気汚染物質を他の物質へ転換するという目的においては，焼却は有益な大気汚染制御システムとなりうる．焼却は，迅速な高温気相酸化プロセスとして定義される．大気汚染物質の制御として使われる焼却設備は，この酸化反応を可能な限り完全燃焼に近い状態，つまり，未燃焼残渣が最小になるように設計されている．酸化される汚染物質に依存して，燃焼による排ガス制御方法は，以下の3つのカテゴリー，すなわち，直接有炎燃焼（フレア），熱的燃焼（アフターバーナー），触媒燃焼に分けられる．

16.5.1 排ガス制御のための焼却における影響因子

排ガス制御のためには，どんな焼却システム対してもその運転方法は以下の7つの変数（温度，滞留時間，混合状態，酸素，燃焼限界，有炎燃焼，熱）によって支配されている．完全燃焼するには，酸素を乱流下で十分な温度で接触させ，ある一定時間にその

温度で保持させる必要がある．上記の7つの変数は独立ではなく，1つの変化がプロセス全体に影響を与える．

16.5.1.1 温　度
可燃性化合物の酸化速度は温度によって大きく影響を受ける．温度が高いほど，その酸化反応は速く進行する．酸化反応は燃料と酸素の混合と同じ範疇であり，酸化反応は室温でも起きうる．しかし，その場合には，酸化速度はかなり遅くなる．このことから，たとえば，油でよごれた布の山が火災の原因となりうる．低温酸化により少量の熱が放出され，順次布の温度が上昇して，酸化速度が増加し，より多くの熱が放出される．結果的に，大きな火災となる（USEPA, 1981, p.3-2）．ほとんどの焼却炉は発火点（発火が起こる最低温度）よりも高い温度で運転されている．ほとんどの有機化合物の熱的な酸化分解は，摂氏590～650度（℃）（華氏1100～1200度（℉））で生じる．しかし，ほとんどの焼却炉では，一酸化炭素を二酸化炭素へ転換させるために，700～820℃（1300～1500℉）で運転されている．

16.5.1.2 滞留時間
より高い温度と圧力が気体の体積に影響を与えるのと同じように，時間と温度も燃焼に影響を与える．1つの変数が増加すると，もう一方の変数は減少し，同じ結果になるかもしれない．温度が高ければ，より短い滞留時間でも同じ酸化度を達成できる．この反対もまた正しく，滞留時間が長ければ，より低い燃焼温度が許容される．酸化反応の完了に必要な滞留時間は，一般的な温度での反応速度や，廃棄物の供給量とバーナーからの高温燃焼ガスの混合にも依存する．焼却炉内のガスの滞留時間は，耐火物が貼られた燃焼炉の体積と燃焼炉内を通過する燃焼生成物のガス流量の比から見積もってもよい．

$$t = V/Q \tag{16.16}$$

ここで，t = 滞留時間（sec），V = 燃焼炉の体積（m^3），Q = 燃焼条件下のガス流量（m^3/sec）．

Qは燃焼炉内の高温ガスの総流量である．流量の調整は燃焼のために外から投入する空気量によっても行われる．後述の例16.10において，ガス流量から滞留時間を決める方法を示す．

16.5.1.3 混合状態
燃焼では以下の2つの理由のために適当な混合が重要になる．1つ目としては，バーナー燃料と空気の混合は，燃料を完全燃焼するのに必要である．もしそうでないと，未反応燃料が煙突から排出されることになる．2つ目は，全有機化合物を含む排ガスはバーナー燃焼ガスとうまく混合されなければならない．これは，排ガスが必要な燃焼温度に到達することを確保するためである．混合が不十分になると，不完全燃焼に至る．空気の流れと燃焼の流れの混合を改善する方法はいくつもある．耐火物の邪魔板，渦巻き燃焼バーナー，円盤状の邪魔板などがその例である．完全混合を実現するのは簡単ではなく，適切な設計をしないと，上述の混合機の多くはデッドスポットをつくり，運転温度

を低くする可能性がある．また，内部に混合度を増すための障害物を設置することは，十分な対策とならない可能性もある．アフターバーナーシステムでは，汚染物質の分解に必要な均一温度を得るための火炎と汚染物質ヒュームの混合プロセスが，アフターバーナーの設計において最も難しいところである（USEPA, 1973）．

16.5.1.4 酸素要求量

バーナーシステムや燃焼炉のサイズを決定するには，燃焼に必要な酸素だけではなく，焼却施設で使用される補助的なバーナー用の酸素要求量も考慮しなければならない．ある化合物もしくはプロパン，No.2重油，天然ガスなどの燃料を完全燃焼させるためには，すべての炭素分を二酸化炭素（CO_2）へ転換するバーナーの火炎に酸素を十分に提供しなければならない．この酸素量は，量論酸素量もしくは理論酸素量と呼ばれている．量論酸素量は酸化反応を表す化学反応式から計算される．たとえば，1 mol のメタンを完全燃焼させるには，2 mol の酸素が必要となる（USEPA, 1981, p.3-4）．

$$CH_4 + 2O_2 \rightarrow CO_2 + 2H_2O \tag{16.17}$$

もし酸素供給量が不十分であれば，混合物は"rich"（燃料のような燃焼される成分が豊富という意味）と呼ばれる．これらの条件では不完全燃焼が生じる．不完全燃焼は，火炎頂上の温度を下げ，黒煙の排出を起こす．もし量論酸素量よりも多く酸素が供給されれば，混合物は"lean"（rich とは逆に燃料が少ないという意味）と呼ばれる．その状態で添加された酸素は酸化反応に寄与せずに，焼却炉内を通りすぎる．燃焼を確実に行うには，量論酸素量より多くの空気が用いられる．この過剰な空気量は過剰空気量と呼ばれる．

16.5.1.5 燃焼限界

燃料と空気の混合物のすべてが燃焼を維持できるわけではない．焼却施設は，たいてい有機物の蒸気濃度が爆発下限（lower explosive limit, LEL）もしくは燃焼下限（lower flammability limit, LFL）の25％以下で運転されている．この濃度レベルでは容易に燃焼が起きない．ある混合物に対する爆発もしくは燃焼限界は燃焼を維持する空気中の燃料の最大と最小濃度である．爆発上限（upper explosive limit, UEL）は，酸素不足によって燃焼しない濃度として定義される．LEL は，その濃度以下では燃焼を維持しない濃度として定義される．

16.5.1.6 有炎燃焼

燃料と空気を混合すると，2つの異なる燃焼機構が起こりうる（USEPA, 1981, p.3-7）．1つは，別々のポートから燃料と空気が流れ出て，バーナーのノズル上で発火すると，結果として黄色の炎が輝くことである．この黄色の炎は燃料のクラッキング（熱分解）から生じたものである．クラッキングは炭化水素が酸素と反応する前に，強烈に加熱されたときに生じる．クラッキングでは，水素と炭素が放出され，その後にそれらが炎に拡散し，燃焼の結果として二酸化炭素と水が生成される．炭素粒子は炎に黄色を与える．炎の温度低下により不完全燃焼が生じる，もしくは酸素が不十分な場合には，すすや黒煙が生じる．バーナーの前で燃料と空気が予備混合すると，青い炎の燃焼が生じる．こ

れは，燃料と空気の混合物が徐々に加熱されているためである．炭化水素がゆっくりと酸化され，アルデヒドやケトンから二酸化炭素や水へ転換される．クラッキングや炭素粒子が形成されない．不完全燃焼は，結果として中間体のような部分的に酸化された化合物を放出する．それは，薄煙や悪臭を煙突から放つことになる．

16.5.1.7 熱

燃料要求量は焼却システムにおける重要な操作変数の1つである．さらに，排ガスの完全燃焼に必要な温度まで上昇させるのに必要な燃料量は，別の領域で重要な変数となる．バーナーへの燃料供給量は，構成ユニットの簡単な熱収支の式と排ガスに関する情報から計算できる．必要な熱量計算の第一段階として，酸化反応系周囲の熱収支をとる．エネルギー保存則である熱力学第一法則から，

$$投入熱 = 排熱 + 熱損失 \tag{16.18}$$

熱はある基準温度で比較される相対値である．焼却炉内の熱量を計算するためには，入口と出口の排ガスのエンタルピーを決定しなければならない．エンタルピーは，熱力学量の1つで，ある物質の潜熱や顕熱も含まれる．ある物質の熱量は任意にある特別基準温度でゼロとされる．天然ガスの産業では，その基準温度は16℃（60°F）である．排ガスのエンタルピーは，式（16.19）から計算される．

$$H = C_p(T - T_0) \tag{16.19}$$

ここで，H = エンタルピー（J/kg，Btu/lb），C_p = 温度 T の比熱（J/kg，℃；Btu/lb，°F），T = 物質の温度（℃ or °F），T_0 = 基準温度（℃ or °F）

排ガスが焼却炉に入るときのエンタルピーから焼却炉内の排ガスのエンタルピーを差し引くと，燃料として供給しなければならないエンタルピーが求められる．これは，エンタルピー変化もしくは熱量と呼ばれる．式（16.19）を用いると，それらの値は，温度 T_2 の排出ガスのエンタルピーから温度 T_1 の投入ガスのエンタルピーを差し引くことから求められる．

$$q = m\Delta H = mC_p(T_2 - T_1) \tag{16.20}$$

ここで，q = 熱量（J/hr；Btu/hr），m = 質量流量（kg/hr；lb/hr），ΔH = エンタルピー変化（J/kg；Btu/lb），C_p = 比熱（J/kg，℃；Btu/lb，°F），T_2 = 出口温度（℃ or °F），T_1 = 入口温度（℃ or °F）

16.5.2 焼却に関する計算例

■例 16.10　滞留時間（メートル単位）

問題：　ある焼却炉は塗料焼き付け炉からの排ガスを処理している．円柱状の焼却炉の直径と長さは，それぞれ 1.5 m（5 ft）と 3.5 m（11.5 ft）である．焼き付け炉からの排ガス量は，3.8 m^3/sec（8050 scfm（standard cubic feet per minute））である．焼却炉は天然ガスを 0.14 m^3/sec（300 scfm）使用しており，運転温度は 760℃（1400°F）である．もし，燃焼に必要なすべての酸素量は処理プロセス内だけから提供される（つまり，外

の空気を入れない）とすると，燃焼炉における滞留時間はどの程度か計算せよ（USEPA, 1981, p.3-7）.

解答： この問題を解くには，標準状態（16℃, 101.3 kPa）における 1.0 m³ の天然ガスに対して 11.5 m³ の燃焼生成物が生じると仮定する．さらに，標準状態の 1 m³ の天然ガスを燃焼させるためには，10.33 m³ の理論空気量を要する．まず，天然ガスを燃焼した場合の燃焼ガスの体積を決定する．

$$(0.14 \text{ m}^3/\text{sec}) \times \left(\frac{11.5 \text{ m}^3 \text{ of product}}{1.0 \text{ m}^3 \text{ of gas}}\right) = 1.61 \text{ m}^3/\text{sec}$$

燃焼に必要な空気量を計算する．

$$(0.14 \text{ m}^3/\text{sec}) \times \left(\frac{10.33 \text{ m}^3 \text{ of product}}{1.0 \text{ m}^3 \text{ of gas}}\right) = 1.45 \text{ m}^3/\text{sec}$$

投入する体積から燃焼に必要な空気量を引くと，

塗料焼き付け炉からの体積は，3.8

燃焼から生じる燃焼排ガス体積は，1.61

燃焼に必要な空気量は，1.45

$$\text{総体積量は，} 3.8 + 1.61 - 1.45 = 3.96 \text{ m}^3/\text{sec}$$

標準状態の体積を実際の運転時の体積へ変換すると

$$(3.96 \text{ m}^3/\text{sec}) \times \left(\frac{273℃ + 760℃}{273℃}\right) = 14.98 \text{ m}^3/\text{sec}$$

焼却炉の体積を求めると，

$$V = \pi \times r^2 \times L = 3.14 \times (0.75 \text{ m})^2 \times 3.5 \text{ m} = 6.18 \text{ m}^3$$

滞留時間を計算すると，

$$t = V/Q = (6.18 \text{ m}^3)/(14.98 \text{ m}^3/\text{sec}) = 0.41 \text{ sec}$$

■例 16.11　焼却時の燃料供給量

問題： 燻製工場からの排ガスは不快な悪臭や煙霧を含んでいる．その会社は 5000 acfm（actual cubic feet per minute）の排ガスを焼却することを計画している．排ガスの温度を 90°F から目的の 1200°F まで温度を上げるのに必要な天然ガス量を計算せよ．天然ガスの総発熱量は 1059 Btu（British thermal unit）/scf（standard cubic foot）とする．熱損失はないと仮定する（USEPA, 1981, p3-14）.

前提条件：

標準状態（状態 1）は，$T_1 = 60°F$

排ガス流量 $V_2 = 5000$ acfm（90°F）

排ガスの初期温度 $T_2 = 90°F$

天然ガスの総発熱量 = 1059 Btu/scf

燃焼温度 $T_3 = 1200°F$

解答： 実際の排ガスの体積（V_a）を標準状態の体積（標準立法フィート毎時）へ修

正する．修正式は，

$$\frac{V_1}{T_1} = \frac{V_2}{T_2}$$

$$V_1 = V_2 \frac{T_1}{T_2} = 5000 \frac{450+60}{450+90} = 4727 \text{ scfm} = 283{,}620 \text{ scfh}$$

密度を用いて体積流量を質量流量へ変換すると，

$$質量流量 = 体積流量 \times 密度$$

60°Fにおける理想気体の標準状態の体積は，379.64 ft^3/lb-mol となる．排ガスの分子量を空気の質量（29 lb/lb-mol）と同じと仮定すると，

$$密度 = (分子量)／体積 = 29/379.64 = 0.076388 \text{ lb/ft}^3$$

$$質量流量 = 4727 \times 0.076388 = 361 \text{ lb/min}$$

理想気体の式を用いて，熱流量を計算すると，

$$Q = m \times C_p \times (T_3 - T_2) = 361 \times 0.26 \times (1200 - 90) = 104{,}185 \text{ Btu/min}$$

次に，天然ガスの発熱量を決定する．天然ガスに対して，天然ガス1 scfは熱量として1059 Btuを有している．最終的に，必要な天然ガス量（W）は，

$$W = 104{,}185/1059 = 98 \text{ scfm}$$

16.6 凝 縮

　凝縮は，汚染物質の流れから揮発性成分のガスを除去し，液化するプロセスである．すなわち，ガスもしくは蒸気を液体にするプロセスである．凝縮器は，温度変化を伴わずに系を昇圧，もしくは，系の温度を圧力の変化なしに飽和温度まで冷却することによって蒸気を液相に凝縮させる装置である．前者の方法は高コストなので，一般的な方法としては，後者の温度を下げる方法が用いられる（USEPA, 1981, p.6-1）．凝縮は，汚染ガスの組成によって影響を受けるため，個々のガスの凝縮条件が異なる混合物では，凝縮操作は困難になる．

　大気汚染制御では，凝縮器として2つの方法が利用される．1つは，他の除去技術の負荷を下げるための前処理として，もう1つは，ガスや蒸気の汚染物質を有効に除去するためである．凝縮装置には，基本形として混合型と表面型の2つの装置がある．混合凝縮器（単純なスプレースクラバーと似ている）では，液体を直接，蒸気に噴霧する方法（図16.17参照）で，蒸気を冷やしている．冷却された蒸気の凝縮物は除去され，その後，水と凝縮物の混合物が処理・処分される．

　表面凝縮器は，一種の管形熱交換器であり（図16.18参照），蒸気を凝縮するために，空気や水の冷媒が使われ，蒸気は冷媒が通っている金属管壁を介して冷やされ，冷却金属管の表面上に凝縮し，凝縮液がドレインへ流れ落ちる（USEPA, 1971）．

　一般的には，凝縮器は単純で，蒸気を冷却して凝縮させる冷媒として水や空気を使えば，比較的安価な装置である．また，凝縮器は，石油精製，石油化学工業，化学品製造業，ドライクリーニング，脱脂などの工業的にも広い範囲で利用されている．

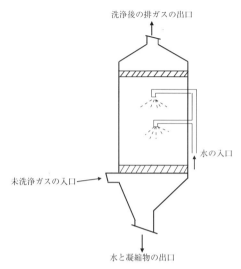

図 16.17 混合凝縮器 (出典：USEPA, *Control Techniques for Gases and Particulates*, U. S. Environmental Protection Agency, Washington, DC, 1971)

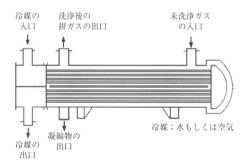

図 16.18 表面凝縮器 (出典：USEPA, *Control Techniques for Gases and Particulates*, U. S. Environmental Protection Agency, Washington, DC, 1971)

16.6.1 混合凝縮器の計算

図 16.17 のような混合凝縮器では，冷媒と蒸気は物理的に混合される．それらはそれぞれ単一の排気体として凝縮器から排出される．重要な操作変数を推定するために，簡略化された熱収支計算が利用される．伝熱プロセスの解析の最初のステップは，熱収支式を立てることである．ある凝縮システムに対して，熱収支は下記のように表される．

$$\text{投入熱} = \text{排熱}$$

$$\begin{pmatrix} 蒸気を露点まで冷やす \\ のに必要な熱量 \end{pmatrix} + \begin{pmatrix} 蒸気を凝縮させる \\ のに必要な熱量 \end{pmatrix} = \begin{pmatrix} 冷媒によって \\ 除去すべき熱量 \end{pmatrix}$$

この熱収支は以下の式で記述できる．

$$q = mC_p(T_{G1} - T_{dewpoint}) + mH_v = LC_p(T_{L2} - T_{L1}) \tag{16.21}$$

ここで，q = 熱伝達率（Btu/hr），m = 蒸気の質量流量（lb/hr），C_p = ガスもしくは液体の比熱の平均（Btu/lb-°F），T = 各段階の温度（下添字 G と L はそれぞれガスと液体を示す），H_v = 凝縮熱もしくは蒸発熱（Btu/lb），L = 冷媒液の質量流量（lb/hr）．

式（16.21），蒸気の質量流量 m と入口温度 T_{G1} は，プロセスの排気ガスの流れによって決定される．冷媒の入口温度（T_{L1}）もまたそうである．蒸気と冷媒の平均の比熱（C_p），凝縮熱（H_v），露点はハンドブックから得られる．それゆえ，冷媒 L の量とその出口温度を決定しなければならない．もし，どちらか一方の変数を拘束条件として設定すれば（たとえば，1 時間当たりの冷媒の量を x ポンド，もしくは，出口温度を与えれば），もう一方の変数を解くことができる．式（16.21）は直接混合凝縮器に応用でき，粗い推定をするのには，この式を使うべきである．この式はいくつかの制限を有している．

1. 物質の比熱（C_p）は温度に依存し，また，凝縮器の出口温度は一定に変化している．
2. 物質の露点は気相中のその物質の濃度に依存しており，また，質量流量は一定に変化しているので，露点も一定に変化している．
3. 露点温度以下の蒸気を冷やすことはしない．もし，そうするならば，この冷却量を考慮する付加的な項を左辺に加えなければならない．

16.6.2 表面凝縮器の計算

表面凝縮器，つまり，熱交換器（図 16.18 参照）では，熱は蒸気から冷媒へ熱交換表面を通して移動する（USEPA, 1981, p.6-3）．熱伝達率は 3 つの因子に依存する．有効な総冷却表面積，熱伝達の抵抗，凝縮させる蒸気と冷媒間の平均温度差である．これを数式で表すと，

$$q = UA\Delta T_m \tag{16.22}$$

ここで，q = 熱伝達率（Btu/hr），U = 総括熱伝達係数（Btu/°F-ft^2-hr），A = 熱伝達表面積（ft^2），ΔT_m = 平均温度差（°F）．

総括伝熱係数 U は高温体から低温体へ熱が移動する際に生じる総抵抗を示す尺度である．管形熱交換器では，冷水が管内を流れ，冷水管の外表面上に蒸気を凝縮させる．熱は蒸気から冷媒に移動する．熱伝導の理想状態は，熱損失（熱抵抗）がなく熱が蒸気から冷媒に移動することである．

通常，熱は媒体を通して移動し，さまざまなもしくは付加的な熱抵抗に遭う．これらの熱抵抗は凝縮物の全体を通して，また，冷却管の表面の付着物（つまり，ハウリング），冷却管自身，冷却管内に生じる膜（ハウリング）を通しても生じる．各熱抵抗は，個々の熱伝達係数であり，総括伝熱係数に一緒に加えられなければならない．予備的な計算を目的として，ある総括伝熱係数の推定値を使うことができる．ただし，表 16.3 にある総括伝熱係数は，予備的な推定を目的として利用すべきである．

表16.3 管形熱交換器における典型的な総括熱伝達係数

凝縮させる蒸気（容器側）	冷媒	U (Btu/°F-ft²-hr)
有機溶媒（非凝縮性ガスを多く含む）	水	$20 \sim 60$
高沸点炭化水素蒸気（真空）	水	$20 \sim 50$
低沸点炭化水素蒸気	水	$80 \sim 200$
炭化水素蒸気と水蒸気	水	$80 \sim 100$
水蒸気	給水	$400 \sim 1000$
ナフサ	水	$50 \sim 75$
水	水	$200 \sim 250$

出典：USEPA, *APTI Course 415: Control of Gaseous Emissions*, EPA 450/2-81-005, U. S. Environmental Protection Agency Air Pollution Training Institute, Research Triangle Park, NC, 1981, p.6-12

　表面熱交換器では，高温蒸気と冷媒間の温度差は，たいてい熱交換器の長さに沿って変化している．それゆえ，平均温度差 (ΔT_m) が使われる．両方の流れが完全に並流，完全に向流，もしくは純液体を凝縮させるような流体の温度が一定であるという特別な場合には，対数平均温度差が使うことができる．図16.19には，3つの条件に対する温度プロファイルを示す．向流に対する対数平均温度は式（16.23）のように表現される．

$$\Delta T_\mathrm{m} = \Delta T_\mathrm{lm} = (\Delta T_1 - \Delta T_2)/\ln(\Delta T_1/\Delta T_2) \tag{16.23}$$

ここで，ΔT_lm = 対数平均温度差．

　式（16.23）から求められる値は，単一パスの熱交換器や凝縮器に使われる．多重パスの熱交換器では，対数平均温度に対して修正を加える必要がある．しかし，純成分の蒸気で温度が露点と等しいような等温凝縮という特別なケースにはその必要はない．凝縮器を設計するには，表面積を解くために式（16.22）を次式のように変形する．

$$A = q/U\Delta T_\mathrm{lm} \tag{16.24}$$

ここで，A = 管形凝縮器の表面積 (ft²)，q = 熱伝達率 (Btu/hr)，U = 総括熱伝達係数 (Btu/°F-ft²-hr)，ΔT_lm = 対数平均温度差 (°F)．

　式（16.24）は，純成分の等温凝縮に有効である．これは汚染物質が，ベンゼンのようなある特定の1つの炭化水素（混合物ではない）の蒸気であることを意味している．ほとんどすべての大気汚染制御法は多成分系を扱っており，凝縮器の設計を複雑にする．予備的な凝縮器のサイズの検討のために，単一成分の凝縮のための例16.12の計算方法が多成分系の凝縮にも利用することができる．熱伝達係数を選ぶときには，可能なかぎり過剰仕様の設計をするために，最小値を選ぶべきである．

■例 16.12

　問題： レンダリング（動物飼料精製）工場では，釜にある動物質から水分を取り除いて牛脂が得られる．釜からの排ガスは水蒸気を含んでいる．しかし，その水蒸気排ガスは悪臭が酷く，排ガスを処理しなければならない．凝縮器は，一般的に，焼却，スクラバー，活性炭吸着の前に，水分のほとんどを除去するのに利用される（USEPA, 1981,

16.6 凝縮

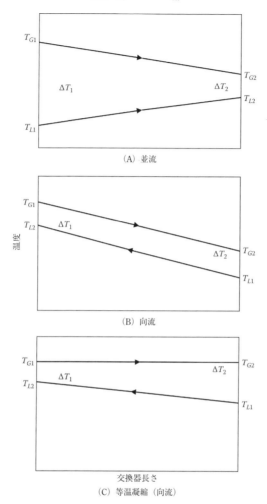

(A) 並流

(B) 向流

(C) 等温凝縮（向流）

図 16.19 熱交換器内の温度プロファイル（出典：USEPA, APTI Course 415: *Control of Gaseous Emissions*, EPA 450/2-81-005, U. S. Environmental Protection Agency Air Pollution Training Institute, Research Triangle Park, NC, 1981, p.6-13）

p.6-15）．釜からの排ガス流量は，250°F で 20,000 acfm である．排ガスの 95％は水分であり，残りは，空気と不快な有機化合物の蒸気である．水蒸気排ガスは，まず，水分除去を目的に管形凝縮器に送られ，次に活性炭吸着ユニットに送られる．もし，冷媒水が 60°F で投入され，120°F で凝縮器から出ていくとすると，凝縮器に必要な表面積を推定せよ．凝縮器は水平で，向流のシステムであり，底部のいくつかのチューブは過冷却に

するために凝縮水に浸されている．

解答： 1分間における質量流量を計算する．

$$20,000 \text{ acfm} \times 0.95 = 19,000 \text{ acfm steam}$$

理想気体の法則から，

$$P \times V = n \times R \times T$$
$$n = (P \times V)/(R \times T)$$

$$n = \frac{(1 \text{ atm})(19,000 \text{ acfm})}{(0.73 \text{ acfm-ft}^3/\text{lb-mol-°F})(250+460°\text{F})} = 36.66 \text{ lb-mol/min}$$

$m = (36.66 \text{ lb-mol/min})(18 \text{ lb/lb-mol}) = 660 \text{ lb/min}$ の水蒸気が凝縮される

過熱水蒸気の冷却と凝縮のための熱量 q を決定するために，熱収支式を解くと，

$$q = (水蒸気を凝縮温度まで冷却するための熱量) + (凝縮熱)$$
$$= mC_\text{p}\Delta T + mH_\text{v}$$

250°F の水蒸気の平均比熱（C_p）はおよそ 0.45 Btu/lb-°F である．212°F の水蒸気の気化熱は 970.3 Btu/lb である．この式に代入すると，

$$q = (660 \text{ lb/min})(0.45 \text{ Btu/lb-°F})(250-212°\text{F}) + (660 \text{ lb/min})(970.3 \text{ Btu/lb})$$
$$q = 11{,}286 \text{ Btu/min} + 640{,}398 \text{ Btu/min} = 651{,}700 \text{ Btu/min}$$

式（16.24）を使って，凝縮器の表面積を推定すると，

$$A = q/U\Delta T_\text{lm}$$

向流に対する対数平均温度の次式のようになり，

$$\Delta T_\text{lm} = \frac{(T_\text{G1}-T_\text{L2}) - (T_\text{G2}-T_\text{L1})}{\ln\left(\dfrac{T_\text{G1}-T_\text{L2}}{T_\text{G2}-T_\text{L1}}\right)} = 119.5°\text{F}$$

減温凝縮部分は対数平均温度差を飽和温度で使って設計されるので，

ガス流入温度（T_G1）= 212°F
冷媒の出口温度（T_L2）= 120°F
ガスの出口温度（T_G2）= 212°F
冷媒の入口温度（T_L2）= 60°F

$$\Delta T_\text{lm} = \frac{(212-120)-(212-60)}{\ln\left(\dfrac{212-120}{212-60}\right)} = 119.5°\text{F}$$

総括熱伝達係数（U）は，100 Btu/°F-ft²-hr と仮定し，この近似値を式（16.24）に代入すると，

$$A = \frac{(651{,}700 \text{ Btu/min})(60 \text{ min/hr})}{(100 \text{ Btu/°F-ft}^2\text{-hr})(119.5°\text{F})} = 3272 \text{ ft}^2$$

凝縮器の全体の大きさを推定する．水を 212°F から 160°F に，さらに冷却する．160°F は一種の安全マージンである．凝縮水の冷却の熱収支を数式で表すと，

$$q = UA\Delta T$$

ここで, $m = 660 \text{ lb/min}$(すべての水蒸気が凝縮すると仮定している)とすると,
$$q = (660 \text{ lb/min})(1 \text{ Btu/lb-°F})(212-160\text{°F}) = 34{,}320 \text{ Btu/min}$$

$$\Delta T_\text{lm} = \frac{(212-120)-(160-60)}{\ln\left(\dfrac{212-120}{160-60}\right)} = 96\text{°F}$$

ある水で水を冷やす場合には, U を 200 Btu/°F-ft²-hr と仮定し,

$$A = \frac{q}{U\Delta T_\text{lm}} = \frac{34{,}320 \text{ Btu/min}}{(200 \text{ Btu/°F-ft}^2\text{-hr})(96\text{°F})} = 1.79 \text{ ft}^2 \text{ or } 2 \text{ ft}^2$$

必要な全体の表面積は,

$$A = 3272 + 2 = 3274 \text{ ft}^2$$

この例で記述されているように, 過冷却に必要な表面積は凝縮器に比べてきわめて小さい.

引用文献・推奨文献

AIHA.(1981). *Air Pollution Manual: Control Equipment, Part II*. American Industrial Hygiene Association, Detroit, MI

Buonicore, A.J. and Davis. W.T., Eds.(1992). *Air Pollution Engineering Manual*. Van Nostrand Reinhold, New Yok.

Davis, M.L. and Cornwell, D.A.(1981). *Introduction to Environmental Engineering*. McGraw-Hill, New York.

Hesketh, H.E.(1991). *Air Pollution Control: Traditional and Hazardous Pollutants*. Lancaster, PA.

Spellman, F.R.(1999). *The Science of Air*. CRC Press, Boca Raton, FL.

Spellman, F.R.(2008). *The Science of Air: Concepts and Applications*, 2nd ed. CRC Press, Boca, Ranton, FL.

USEPA.(1971). *Control Techniques for Gases and Particulates*. U.S. Environmental Protection Agency, Washington, DC.

USEPA.(1972). *Wet Scrubber System Study*, NTIS Report PB-213016. U.S. Environmental Protection Agency, Research Triangle Park, NC.

USEPA,(1981). APTI Course 415: *Control of Gaseous Emissions*, EPA 450/2-81-005, U. S. Environmental Protection Agency Air Pollution Training Institute, Research Triangle Park, NC.

USEPA,(1984). *Wet Scrubber Plan Review: Self-Instructional Guidebook*, EPA 450/2-82-020, U. S. Environmental Protection Agency Air Pollution Training Institute, Research Triangle Park, NC.

第17章

微粒子排出制御

清浄な空気はあまり多く得られないとすればよいものだ．人生の業績や喜びは悪い空気のもとでなされるものだ．

—— Oliver Wendell Holmes (1809-1894)

17.1 粒子排出制御の基礎

粒子または粒子状物質は，大気中に漂い，多くの化学成分を含みうる微小な粒子または液滴として定義される．より大きな粒子は煙やダストとして目に見えるものであり，比較的速く沈降する．極小粒子は長い期間にわたって大気中に漂い，ヒトの健康に最も悪影響を及ぼす．なぜなら，それらは肺の深部まで到達するからである．ある粒子は直接，大気に放出される．大気汚染物質の主要成分として，粒子はさまざまな形状やサイズを有し，また，液滴や乾燥塵として存在する．また，粒子は幅広い物理的あるいは化学的な特性を有する．乾燥した粒子はさまざまな発生源から排出される．産業，鉱山，建設業，焼却炉，そして内燃エンジンといったもの，自動車，トラック，バス，工場，建設現場，農地，非舗装道路，採石，木材燃焼から．乾燥粒子は自然発生源からも生じる．火山，森林火災，花粉，強風といったものから．他の粒子は化学反応により大気中で形成される．

流体（工学や化学の応用は，液とガスの両方の状態を流体と考える）が静止物体（たとえば，金属板，繊維，大きな水滴といったもの）に接近する際に，流体の流れはその物体のまわりに分岐される．流体中の粒子（慣性力により）は流体の流れに正確には従わないが，流体の流れ方向に従う傾向にあるだろう．粒子が十分に慣性力を有し，対象物（静止物体）に十分近い位置に存在するときには，粒子は対象物に衝突する．そして，対象物によって捕集されうる．このことが重要な現象であり，図17.1に記述されている．

17.1.1 粒子のガスとの反応

粒子の周囲のガスとの反応を理解するために，ガスの動力学理論に関する知識が必要である．この動力学理論は温度，圧力，平均自由工程，粘度，気体分子の動きに応じた拡散性を説明する（Hinds, 1986）．この理論はガスが，多くの微小分子，十分小さくて相対分子間距離は非連続的であるもの（直線的に運動する厳密な球体である分子）を含むことを仮定している．空気分子は標準状態で463 m/sの平均速度で運動する．速度は分子重量が増えれば減少する．絶対温度の平方根が増えるにつれて分子の移動速度は増

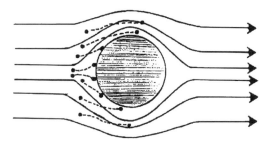

図 17.1 静止物の粒子捕集（出典：USEPA, *APTI Course SI: 412C: Wet Scrubber Plan Review: Self-Instructional Guidebook*, EPA 450/2-82-020, U.S. Environmental Protection Agency Air Pollution Training Institute, Research Triangle Park, NC, 1984）

加する．したがって，温度はガス分子の運動エネルギーの指標である．表面に分子衝突が生じると，圧力が増し，圧力は直接分子濃度と関係する．ガスの粘度は，高速のガス層から近接する緩速のガス層への不規則な分子の移動によって，運動量が移動することを表している．ガスの粘度は圧力とは独立した事象であり，温度が上昇すれば増える．最後に拡散は，流体の流れとは無関係の分子の移動を示す（Hinds, 1986）．ガス分子の拡散移行は高濃度から低濃度へと生じる．拡散によるガス分子の動きは，直接濃度勾配に比例する，また，濃度に反比例する，そして絶対温度の平方根に比例する．

平均自由行程という動力学理論の最も重要な「量」は分子がガス中を他の分子と衝突する間に進む平均距離である（Hinds, 1986）．

レイノルズ数はガス流量を特徴づける．これは無次元の指標であり，流動様式を記述する．ガスのレイノルズ数は次式により決まる．

$$\mathrm{Re} = \frac{p U_g D}{\eta} \quad (17.1)$$

ここで，Re＝レイノルズ数，p＝ガス密度（lb/ft^3, kg/m^3），U_g＝ガス速度（ft/sec, m/sec），D＝特性長さ（ft, m），η＝ガス粘度（lb$_m$/ft-sec, kg/m-sec）．

レイノルズ数は流動様式やある方程式の適用，および幾何学的相似性を決めるのに役立つ（Baron and Willeke, 1993）．レイノルズ数が小さい場合，流れは層流であり，粘性力が卓越する．レイノルズ数が大きい場合は慣性力が卓越し，混合により流線が失われる．

17.1.2 粒子捕集

粒子は重力，遠心力，静電気力および，衝突，阻止，拡散によって捕集される．衝突は，流体からそれていった粒子の重心が静止物体に衝突する現象である．阻止は，粒子の重心が静止物体をわずかに外すもののサイズがあるために粒子が対象に当たることで生じる．拡散は小さい粒子が物体の近くを通り過ぎる際に物体の方にたまたま散乱する

際に生じる．上述のメカニズムによって物体に衝突する粒子は，近接して働く力（化学的，静電気的等）が十分強く，表面に保持される場合に捕集される（Copper and Alley, 1990）．異なる粒子制御装置は，重力沈降装置，サイクロン，電気集塵機，ウェット（ベンチュリ）スクラバー，バグハウス（繊維フィルター）を含む．以降の節では，粒子排出制御操作に用いられる計算の多くに触れる．計算の多くは，USEPA（1984a）から引用されている．

17.2　粒子サイズ特性と一般的な特性

著者らが述べたように，粒子状大気汚染は，大気やガス中の粒子または液状物質から構成される．大気由来粒子はいろいろな粒子サイズを有している．近接する分子サイズから，粒子状物質のサイズはより大きく，マイクロメートル（μm，1 m の 100 万分の 1）で表現される．制御目的では粒子状物質の下限値は約 0.01 μm である．その排出制御が難しくなることから 3 μm 以下の粒子は微細粒子（fine particle）とよばれる．液状粒子状物質や液体から形成される粒子（とても細かい粒子）は球体状となる傾向にある．非球形の（不規則な形状の）粒子の直径を記述するためには，いくつかの重要な関係式が議論されている．これらは，以下の項目を含む．

- 空気動力学的径
- 等価径
- 沈降径
- カット径
- 力学的形状ファクター

17.2.1　空気動力学的径

空気動力学的径（d_a）は，問題とする粒子やエアロゾルと同じ沈降速度を有する単位密度球（密度 1.00 g/cm^3）の直径である．USEPA では肺のどのくらいの深部まで粒子が浸潤するかということに関心があるため，非球体粒子のサイズを評価する他の方法よりも，名目的な空気動力学的径に関心が向けられている．いずれにせよ，粒子の名目的な空気動力学的径は一般的には名目的物理的径に類似する．

17.2.2　等価径

等価径（d_e）は，次式によって定義される非球体粒子の物理学的特性と同じ値をもつ球体の直径である．

$$d_e = \left(\frac{6V}{\pi}\right)^{1/3} \tag{17.2}$$

V は粒子の体積である．

17.2.3 沈降径

沈降径または，ストークス径（d_s）は対象粒子と同じ末端沈降速度や密度を有する球の直径である．密度粒子に関しては減速沈降速度と呼ばれ，空気動力学的径と同様である．力学的形状ファクターは同じ体積の球体よりも緩やかに沈降する非球体粒子を説明する．

17.2.4 カット径

カット径（d_c）は50％の効率（すなわち，個別効率 $\varepsilon_i = 0.5$）で捕集される粒子の直径であり，半分の粒子が捕集器を通過する（すなわち，通過効率 $P_t = 0.5$）

$$Pt_i = 1 - \varepsilon_i \tag{17.3}$$

17.2.5 力学的形状ファクター

力学的形状ファクター χ は，等価径と沈降径に関係する無次元の比例定数である．

$$\chi = \left(\frac{d_e}{d_s}\right)^2 \tag{17.4}$$

球体粒子では，d_e は d_s に等しい．よって，球体の χ は1.0になる．

17.3 粒子運動の流動様式

大気汚染制御装置は，ガス（液体）流れの中の粒子の動きを介して固体または液体の粒子を捕集する．捕捉される粒子にとって，ガス流から分離されるための十分な外力を受けなければならない．粒子に作用する力は，3種の主要な力と他の力を含む．

- 重力
- 浮力
- 抗力
- 他の力（磁力，慣性力，静電気力，温度変化に伴う力）

粒子に作用する力により，粒子の沈降速度が定まる．沈降速度（終末沈降速度として知られている）は，対象に働くすべての力（重力，抗力，浮力等）が均衡した場合に到達する定数値である．つまり，すべての力の合力が0（加速度なし）になった場合である．未知の粒子沈降速度を求めるためには，粒子運動の流動様式を決めなくてはならない．いったん，流動様式が決まったなら，粒子の沈降速度が計算される．

流動様式は次の方程式を用いて計算される（USEPA, 1984a, p. 3-10）．

$$K = d_p \left(\frac{g p_p p_a}{\mu^2}\right)^{0.33} \tag{17.5}$$

ここで，$K =$ 流体-粒子の力学法則の範囲を決定する無次元定数，$d_p =$ 粒子径（cm, ft），$g =$ 重力（cm/sec^2, ft/sec^2），$p_p =$ 粒子密度（g/cm^3, lb/ft^3），$p_a =$ 流体（ガス）密度（g/cm^3, lb/ft^3），$\mu =$ 流体（ガス）粘度（g/cm-sec, lb/ft-sec）．

異なる流動様式に相当する K 値は次のようになる（USEPA, 1984a, p. 3-10）．

- 層流様式（ストークスの法則範囲）：$K<3.3$
- 移行様式（中間法則の範囲）：$3.3<K<46$
- 乱流様式（ニュートンの法則範囲）：$K>46$

K 値は流体-粒子の力学法則の適切な範囲を決める：
- 層流様式（ストークスの法則範囲）では，終末速度は，

$$v = \frac{gp_\mathrm{p}(d_\mathrm{p})^2}{18\mu} \tag{17.6}$$

- 移行様式（中間法則の範囲）では，終末速度は，

$$v = \frac{0.153 g^{0.71}(d_\mathrm{p})^{1.14}(p_\mathrm{p})^{0.71}}{(\mu)^{0.43}(p_\mathrm{a})^{0.29}} \tag{17.7}$$

- 乱流様式（ニュートンの法則範囲）では，終末速度は，

$$v = 1.74 \left(\frac{gd_\mathrm{p}p_\mathrm{p}}{p_\mathrm{a}}\right)^{0.5} \tag{17.8}$$

粒子が流体分子の平均自由行程のサイズに近づくとき（Knudsen 数としても知られる，Kn)，媒体は連続であるとはみなされない，なぜなら粒子は流体力学理論で予想されるよりも速い速度で分子間に落ちるためである．カニンガム（Cunnigham）補正係数，ミリカンの油滴実験に基づく温度と運動量適応係数は経験的に Kn 値の範囲に合うように調整されるが，ストークスの法則に導入される（Hesketh, 1991；USEPA, 1984b, p.58)．

$$v = \frac{gp_\mathrm{p}(d_\mathrm{p})^2 C_\mathrm{f}}{18\mu} \tag{17.9}$$

ここで，C_f ＝カニンガム補正係数＝$1+(2Al/d_\mathrm{p})$，$A=1.257+0.40\mathrm{e}^{-1.10 d_\mathrm{p}/2l}$，$l$ ＝流体分子の自由行程（6.53×10^{-6} cm for ambient air)．

■例 17.1

問題： ガスの流れを移動する粒子の沈降速度を計算せよ．次の情報を用いよ（USEPA, 1984a, p.3-11)

条件：

d_p ＝粒子直径＝$45\ \mu\mathrm{m}$

g ＝重力加速度＝980 cm/sec^2

p_p ＝粒子密度＝0.899 g/cm^3

p_a ＝流体（ガス）密度＝0.012 g/cm^3

μ ＝流体（ガス）粘度＝1.82×10^{-4} g/cm-sec

C_f ＝1.0（適用可能であれば）

解答： 正確な流動様式を決定するために，式（17.5）を用いて変数 K を計算する：

$$K = \left[\frac{2.5}{25{,}400\times12}\right]\left[\left(\frac{32.2\times(122.3-0.0764)\times0.0764}{(1.22\times10^{-5})^2}\right)\right]^{0.33} = 0.104$$

結果は流動様式が層流であることを示している．ここで，式（17.9）から沈降速度が決

まる：

$$v = \frac{gp_\mathrm{p}(d_\mathrm{p})^2 C_\mathrm{f}}{18\mu} = \frac{980 \times 0.899 \times (45 \times 10^{-4})^2 \times 1}{18 \times (1.82 \times 10^{-4})} = 5.38 \text{ cm/sec}$$

■例 17.2

問題： 3種類の異なる大きさの飛灰粒子が空気中を沈降している．最終沈降速度（粒子は球形とみなす）を計算し30秒でどのくらいの距離を落下するか求めよ．

条件：

飛灰粒子直径 $= 0.4$, 40, および 400 μm

空気温度および圧力 $= 238°\text{F}$, 1 atm

飛灰の比重 $= 2.31$

カニンガムの補正係数は通常 1 μm 以下の粒子に適用されるため，それが 0.4 μm の粒子の最終沈降速度に与える影響を確認せよ．

解答： はじめに，与えられた比重を用い粒子密度を計算し，空気中を沈降している各飛灰粒子の K 値を決定する：

$$p_\mathrm{p} = 飛灰の比重 \times 水の密度 = 2.31 \times 62.4 = 144.14 \text{ lb/ft}^3$$

空気の密度および空気の粘度を計算する：

$$p = \frac{PM}{RT} = \frac{1 \times 29}{0.7302 \times (238+460)} = 0.0569 \text{ lb/ft}^3$$

$$\mu = 0.021 \text{ cp} = 1.41 \times 10^{-5} \text{ lb/ft-sec}$$

流動様式（K）を決定する：

$$K = d_\mathrm{p} \left(\frac{gp_\mathrm{p}p_\mathrm{a}}{\mu^2} \right)^{0.33}$$

$d_\mathrm{p} = 0.4$ μm に対して：

$$K = \left(\frac{0.4}{25{,}000 \times 12} \right) \times \left[\left(\frac{32.2 \times 144.14 \times 0.0569}{(1.41 \times 10^{-5})^2} \right) \right]^{0.33} = 0.0144$$

ここで，

$$1 \text{ ft} = 25{,}400 \times 12 \text{ }\mu\text{m} = 304{,}800 \text{ }\mu\text{m}$$

$d_\mathrm{p} = 40$ μm に対して：

$$K = \left(\frac{40}{25{,}000 \times 12} \right) \times \left[\left(\frac{32.2 \times 144.14 \times 0.0569}{(1.41 \times 10^{-5})^2} \right) \right]^{0.33} = 1.44$$

$d_\mathrm{p} = 400$ μm に対して：

$$K = \left(\frac{400}{25{,}000 \times 12} \right) \times \left[\left(\frac{32.2 \times 144.14 \times 0.0569}{(1.41 \times 10^{-5})^2} \right) \right]^{0.33} = 14.4$$

ここで，適切な法則を選択する．K の数値は適切な法則を決定する．

- $K < 3.3$, ストークスの法則の範囲
- $3.3 < K < 43.6$, 中間的な（intermediate）法則の範囲

- $43.6 < K < 2360$，ニュートンの法則の範囲
- $d_p = 0.4\ \mu m$ に対して，流動様式は層流である．
- $d_p = 40\ \mu m$ に対しても，流動様式は層流である．
- $d_p = 400\ \mu m$ に対して，流動様式は遷移領域である．

$d_p = 0.4\ \mu m$ に対して：

$$v = \frac{gp_p(d_p)^2}{18\mu} = \frac{32.2 \times 144.14 \times [(0.4/25{,}400) \times 12]^2}{18 \times (1.41 \times 10^{-5})} = 3.15 \times 10^{-5}\ \text{ft/sec}$$

$d_p = 40\ \mu m$ に対して：

$$v = \frac{gp_p(d_p)^2}{18\mu} = \frac{32.2 \times 144.14 \times [(40/25{,}400) \times 12]^2}{18 \times (1.41 \times 10^{-5})} = 3.15 \times 10^{-5}\ \text{ft/sec}$$

$d_p = 400\ \mu m$ に対して（遷移領域での式を用いる）：

$$v = \frac{0.153 g^{0.71}(d_p)^{1.14}(p_p)^{0.71}}{(\mu)^{0.43}(p_a)^{0.29}} = \frac{0.153(32.2)^{0.71} \times [(400/25{,}400) \times 12]^{1.14} \times (144.14)^{0.71}}{(1.41 \times 10^{-5})^{0.43} \times (0.0569)^{0.29}} = 8.90\ \text{ft/sec}$$

$d_p = 40\ \mu m$ に対して：

$$\text{距離} = \text{時間} \times \text{速度} = 30 \times 0.315 = 9.45\ \text{ft}$$

$d_p = 400\ \mu m$ に対して：

$$\text{距離} = \text{時間} \times \text{速度} = 30 \times 8.90 = 267\ \text{ft}$$

$d_p = 0.4\ \mu m$ に対して，カニンガムの補正係数を用いない場合：

$$\text{距離} = \text{時間} \times \text{速度} = 30 \times (3.15 \times 10^{-5}) = 94.5 \times 10^{-5}\ \text{ft}$$

$d_p = 0.4\ \mu m$ に対して，カニンガムの補正係数を用いる場合，最終速度は補正されなければならない．われわれの目的から，C_f 値を求めるために，粒子直径 $= 0.5\ \mu m$ および温度 $= 212°F$ と仮定する．これより，C_f は約 1.446 に等しく，また，

$$\text{補正速度} = vC_f = 3.15 \times 10^{-5}(1.446) = 4.55 \times 10^{-5}\ \text{ft/sec}$$

$$\text{距離} = 30(4.55 \times 10^{-5}) = 1.365 \times 10^{-3}\ \text{ft}$$

■例 17.3

問題： セメントの廃棄が自由なセメントダスト排出源から下流側の最短距離を決定せよ．排出源はサイクロンを備えてある（USEPA, 1984, p. 59）．

条件：

セメントダストの粒子サイズの範囲 $= 2.5 \sim 50.0\ \mu m$

セメントダストの比重 $= 1.96$

風速 $= 3.0$ mph

サイクロンは地上 150 ft の高さに位置する．環境条件は 60°F および 1 atm と仮定し，気象条件は無視する：

$$\mu = 60°F \text{ における空気の粘度} = 1.22 \times 10^{-5}\ \text{lb/ft-sec}$$

$$\mu m (1\ \text{micron} = 10^{-6}\ m) = 3.048 \times 10^5\ \text{ft}$$

解答： 最小の粒子は最長の水平距離を移動するため，$2.5\ \mu m$ の粒子直径をダスト排

出源から下流側の最短距離の計算に用いる．ダストの最適なサイズに対する K 値を決定し，与えられた比重を用い粒子密度（p_p）を計算する．
$$p_p = 飛灰の比重 \times 水の密度 = 1.96 \times 62.4 = 122.3 \text{ lb/ft}^3$$
補正した理想気体の式を用い空気の密度（P）を計算する：
$$PV = nR_uT = (m/M)R_uT$$
$$P = 質量 \times 体積 = PM/R_uT = (1 \times 29)/[0.73 \times (60+460)] = 0.0764 \text{ lb/ft}^3$$
流動様式 K を決定する：
$$K = d_p \left(\frac{gp_p p_a}{\mu^2} \right)^{0.33}$$

$d_p = 2.5 \mu m$ に対して：
$$K = d_p \left(\frac{g(p_p-p)p}{\mu^2} \right)^{0.33} = \left[\frac{2.5}{25,400 \times 12} \right] \left[\left(\frac{32.2 \times (122.3 - 0.0764) \times 0.0764}{(1.22 \times 10^{-5})^2} \right) \right]^{0.33} = 0.104$$

1 ft = 25,400 × 12 μm = 304,800 μm である．ここで，上記の K 値に対して流体粒子の力学法則を決定する．0.104 という K 値を以下の範囲と比較する：
- $K < 3.3$，ストークスの法則の範囲
- $3.3 < K < 43.6$，中間的な法則の範囲
- $43.6 < K < 2360$，ニュートンの法則の範囲

流れはストークスの法則の範囲内である．そのため，これは層流である．ここで，最終沈降速度を ft/sec の単位で計算する．ストークスの法則の範囲において，速度は
$$v = \frac{gp_p(d_p)^2}{18\mu} = \frac{32.2 \times 122.3 \times [(2.5/25,400) \times 12]^2}{18 \times (1.22 \times 10^{-5})} = 1.21 \times 10^{-3} \text{ ft/sec}$$
沈降に要する時間を計算する：
$$t = \frac{出口高さ}{最終速度} = \frac{150}{1.21 \times 10^{-3}} = 1.24 \times 10^5 \text{ sec} = 34.4 \text{ hr}$$
水平移動距離を計算する：
$$距離 = 下降時間 \times 風速 = (1.24 \times 10^5)(3.0/3600) = 103.3 \text{ mi}$$

17.4 粒子状物質の排出制御装置に関する諸計算

　粒子状物質の制御装置は，重力沈降装置，サイクロン，電気集じん装置，ウェットスクラバー（第18章参照），バグハウス（濾布）がある．以下の項において，種々の主要な粒子状物質制御装置で使用される計算について述べる．

17.4.1 重力沈降装置

　重力沈降装置（gravity settler）は，ガス流から固体および液体の廃棄物（waste materials）を除去する目的で工業において古くから用いられてきた．単純に構成されているため，重力沈降装置は実質的に拡大されたチャンバーにすぎない（図17.2および図17.3）．チャンバー内では，水平方向の気体は減速され，粒子状物質が重力によって沈降

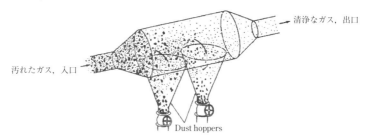

図 17.2 重力沈降チャンバー（出典：USEPA, *Control Techniques for Gases and Particulates*, U.S. Environmental Protection Agency, Washigton, DC, 1971.）

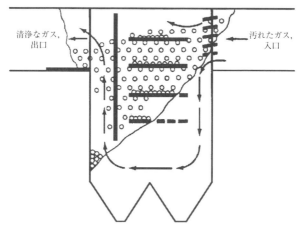

図 17.3 バッフル式重力沈降チャンバー（出典：USEPA, *Control Techniques for Gases and Particulates*, U.S. Environmental Protection Agency, Washigton, DC, 1971.）

する．重力沈降装置は，初期投資が低く運転に費用がかからないといった利点を有する（と考えて大きな間違いではない）．デザインは単純だが，重力沈降装置は設置のための広いスペースが必要であり，かつ比較的低い除去効率である．とりわけ，小さな粒子状物質（＜50 μm）の除去効率が低い．

17.4.1.1 重力沈降装置の理論的捕集効率

重力沈降装置の理論的捕集効率は以下で与えられる（USEPA, 1984a, p.5-4）．

$$\eta = (v_y L)(v_x H) \tag{17.10}$$

ここで，η＝粒子サイズ d_p（1つのサイズ）の分別効率，v_y＝垂直方向の沈降速度，v_x＝水平方向のガス速度，L＝チャンバーの長さ，H＝チャンバーの高さ（捕集されるために1粒子を落とさなければならない最大距離）．

17.4 粒子状物質の排出制御装置に関する諸計算

沈降速度はストークスの法則 (Stokes' law) から算出できる．大体の目安として，粒子サイズ d_p が 100 μm 以下のときにストークスの法則を適用する．沈降速度は，

$$v_t = \frac{g(d_p)^2(p_p - p_a)}{18\mu} \tag{17.11}$$

ここで，v_t = ストークスの法則適用範囲の沈降速度 (m/sec, ft/sec)，g = 重力加速度 (9.8 m/sec^2, 32.1 ft/sec^2)，d_p = 粒子の直径 (μm)，p_p = 粒子密度 (kg/m^3, lb/ft^3)，p_a = ガス密度 (kg/m^3, lb/ft^3)，μ = ガス粘度 (Pa-sec, lb/ft-sec)，p_a = N/m^2；N = kg-m/sec^2．

式 (17.11) は，100% の効率で収集できる最小粒子サイズを決定するために再配置できる．μm の最小粒子サイズ $(d_p)^*$ は，

$$(d_p)^* = \left[\frac{v_t(18\mu)}{g(p_p - p_a)}\right]^{0.5} \tag{17.12}$$

で与えられる．粒子の密度 p_p は，通常ではガスの密度 p_a よりもかなり大きいため，$p_p - p_a$ なる量は p_p に帰着する．速度は以下のように記述できる．

$$V = Q/BL \tag{17.13}$$

ここで，Q = 体積流量，B = チャンバーの幅，L = チャンバーの長さ．

したがって，式 (17.12) は次式となる．

$$(d_p)^* = \left[\frac{18\mu Q}{gp_p BL}\right]^{0.5} \tag{17.14}$$

効率に関する式も同様に，

$$\eta = \left(\frac{gp_p BL N_c}{18\mu Q}\right)(d_p)^2 \tag{17.15}$$

となる．ここで，N_c は，並列チャンバーの数である．つまり，単純な沈降装置の場合は 1 とし，ハワード式沈降装置 (Howard settling chamber) の場合は (N トレイ+1) とする．式 (17.15) は，

$$\eta = 0.5\left(\frac{gp_p BL N_c}{18\mu Q}\right)(d_p)^2 \tag{17.16}$$

と記述でき，総効率は下式を用いて計算できる．

$$\eta_{tot} = \sum \eta_i w_i \tag{17.17}$$

ここで，η_{tot} = 総捕集効率，η_i = 特定サイズの粒子に関する部分効率，w_i = 特定サイズの粒子に関する重量割合．

流れが乱流の場合，式 (17.18) が用いられる．

$$\eta = \exp\left[-\left(\frac{Lv_y}{Hv_x}\right)\right] \tag{17.18}$$

式 (17.10) から (17.16) を用いるときは，ストークスの法則は 100 μm より大きい粒子には適用できないことに注意が必要である．

17.4.1.2 最小粒子サイズ

ほとんどの重力沈降装置は，ガス流がより効率的な粒子状物質制御装置（サイクロン，バグハウス，電気集じん機，またはスクラバー）に流入する前に比較的粗大な粒子（＞60 μm）を除去するプレクリーナーである．

■例 17.4

問題： 25℃の空気中塩酸ミストが重力沈降装置で捕集されている．装置により捕集されるミスト液滴（球状）の最小粒径を計算せよ．ストークスの法則は適用できるものとする．この装置の流入断面を通じて酸濃度は不変である（USEPA, 1984b, p.61）．

条件：

重力沈降装置の大きさ＝幅 30 ft，高さ 20 ft，長さ 50 ft
空気中の酸ガスの実際体積流速＝50 ft^3/sec
酸の比重＝1.6
空気の粘度＝0.0185 cp＝1.243×10^{-5} lb/ft-sec
空気の密度＝0.076 lb/ft^3

解答： 比重を用い酸ミストの密度を計算する．

粒子密度（p_p）＝飛灰の比重×水の密度＝1.6×62.4＝99.84 lb/ft^3

ストークスの法則を仮定すれば，フィートおよびマイクロメートルでの最小粒子径が計算される．ストークスの法則の適用範囲で，

$$最小\ d_p = \left(\frac{18\mu Q}{g p_p BL}\right)^{0.5}$$

$$= \left(\frac{18 \times (1.243 \times 10^{-5}) \times 50}{32.2 \times 99.84 \times 30 \times 50}\right)^2 = 4.82 \times 10^{-5}\ \text{ft}$$

$$4.82 \times 10^{-5}\ \text{ft} \times (3.048 \times 10^5\ \mu\text{m/ft}) = 14.7\ \mu\text{m}$$

■例 17.5

問題： 重力沈降装置が移床ストーカー（traveling grate stoker）を使用する小規模の熱プラント内に設置されている．与えられた運転条件，チャンバーの大きさ，粒子サイズ分布データのもとで，この沈降装置の総捕集効率を決定せよ．

条件：

チャンバーの幅＝10.8 ft
チャンバーの高さ＝2.46 ft
チャンバーの長さ＝15.0 ft
混合空気流の体積流速＝70.6 scfs
流通ガスの温度＝446°F
流通ガスの圧力＝1 atm
粒子濃度＝0.23 grains/scf
粒子の比重＝2.65

17.4 粒子状物質の排出制御装置に関する諸計算

表17.1 粒子サイズ分布データ

粒子サイズ幅 (μm)	粒子の平均直径 (μm)	入口 Grains/scf	wt%
0–20	10	0.0062	2.7
20–30	25	0.0159	6.9
30–40	35	0.0216	9.4
40–50	45	0.0242	10.5
50–60	55	0.0242	10.5
60–70	65	0.0218	9.5
70–80	75	0.0161	7.0
80–94	85	0.0218	9.5
94	94	0.0782	34.0
Total	—	0.2300	100.0

標準状態 $= 32°\mathrm{F}$, 1atm

移床ストーカーからの入口ダストの粒子サイズ分布データは表17.1に示す．実際の最終沈降速度はストークスの法則の速度の半分であると仮定する[*1]．

解答： 沈降装置のサイズ-効率曲線（size efficiency curve）をプロットする．サイズ-効率曲線は，各粒子サイズ（サイズには幅がある）に対して出口濃度を計算する必要がある．その際，出口濃度は沈降装置の総捕集効率の計算に用いられる．沈降装置に対する捕集効率は，最終沈降速度，混合流の体積流速，およびチャンバーの大きさによって表すことができる．

$$\eta = v\left(\frac{BL}{Q}\right) = \left(\frac{g p_\mathrm{p}(d_\mathrm{p})^2}{18\mu}\right)\left(\frac{BL}{Q}\right)$$

ここで，$\eta =$ 部分捕集効率，$v =$ 最終沈降速度，$B =$ チャンバーの幅，$L =$ チャンバーの長さ，$Q =$ 流れの体積流速．

粒径 d_p により捕集効率を表す．ストークスの法則による上式中の最終沈降速度を置き換える．（問題の記述に従えば）実際の最終沈降速度はストークスの法則における速度の半分と仮定されるため，速度の式は次のようになる．

$$v = \frac{g p_\mathrm{p}(d_\mathrm{p})^2}{36\mu}$$

$$\eta = \left(\frac{g p_\mathrm{p}(d_\mathrm{p})^2}{36\mu}\right)\left(\frac{BL}{Q}\right)$$

空気の粘度（lb/ft-sec）は，以下のように決まる．

446°F の空気の粘度 $= 1.75 \times 10^{-5}$ lb/ft-sec

粒子密度（lb/ft^3）は，以下のように決まる．

[*1] ［訳注］この仮定が実は式（17.16）の使用を意味する．ただし，式（17.16）の導出では，このような説明はないため，唐突な印象を受けることになる．式（17.16）の導出の時点で説明すべきと思われる．

表17.2 各粒子サイズの捕集効率

$d_p(\mu m)$	$\eta(\%)$
94	100
90	92
80	73
60	41
40	18.2
20	4.6
10	1.11

$$p_p = 2.65(62.4) = 165.4 \text{ lb/ft}^3$$

実際の流速（acfs）を求める．運転条件に応じたシステムの捕集効率を計算するために，70.6 scfs の混合空気の標準体積流速を実際の体積流速である 130 acfs に変換する．

$$Q_a = Q_s(T_a/T_s) = 70.6(446+460)/(32+460) = 130 \text{ acfs}$$

フィート単位での d_p により捕集効率を表す．また，マイクロメートル単位での d_p によっても捕集効率を表す．定数を p_p, g, B, L, μ, および Q に代入し，以下に示す式を用いる．またフィートからマイクロメートルへの変換係数を用いる．d_p を ft^2 から μ^2 へ変換するために，d_p を $(304{,}800)^2$ で割る．

$$\eta = \left(\frac{gp_p(d_p)^2}{36\mu}\right)\left(\frac{BL}{Q}\right) = \frac{32.2 \times 165.4 \times 10.8 \times 15 \times (d_p)^2}{36 \times (1.75 \times 10^{-5}) \times 130 \times (304{,}800)^2} = 1.134 \times 10^{-4}(d_p)^2$$

ここで，d_p の単位は μm である．各粒子サイズに捕集効率を計算する．粒径 10 μm のときは，次のようになる．

$$\eta = (1.134 \times 10^{-4})(d_p)^2 = (1.134 \times 10^{-4})(10)^2 = 1.1 \times 10^{-2} = 1.1\%$$

表 17.2 は各粒子サイズの捕集効率を与える．この沈降装置のサイズ-効率曲線を図 17.4 に示す．図 17.4 から各粒子サイズの捕集効率を読み取り，総捕集効率を計算する（表 17.3）．

$$\eta = \sum w_i \eta_i$$
$$= (0.027 \times 1.1) + (0.069 \times 7.1) + (0.094 \times 14.0) + (0.105 \times 23.0) + (0.105 \times 34.0)$$
$$+ (0.095 \times 48.0) + (0.070 \times 64.0) + (0.095 \times 83.0) + (0.340 \times 100.0)$$
$$= 59.0\%$$

17.4.2 サイクロン

サイクロン —— 工業において最も普及しているダスト（dust）除去装置（Strauss, 1975）—— は，管内で螺旋状のガス流を発生させることで粒子を除去する．直径 10 μm 以上の粒子を除去するための捕集装置である．遠心力によって，粗大な粒子は外側に移動し，管の壁面に衝突する．粒子は壁を滑り落ち，錐体（cone）の底部に落ち，除去される．清浄になったガス流はサイクロン上部へと流出する（図 17.5）．サイクロンは，低い建設費および比較的小さな設置スペースを要する．サイクロンは，沈降装置よりもか

17.4 粒子状物質の排出制御装置に関する諸計算   507

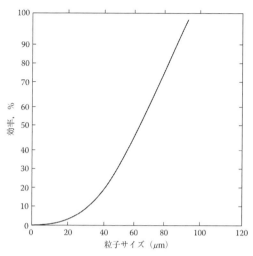

図 17.4 沈降チャンバーのサイズ効率曲線（出典：USEPA, *Control of Gaseous and Particulate Emissions: Self-Instructional Problem Workbook*, EPA 450/2-84-007, U.S. Environmental Protection Agency Air Pollution Training Institute, Research Triangle Park, NC, 1984.）

表 17.3 総捕集効率の計算値データ

$d_p(\mu m)$	重量比 (w_i)	η_i
10	0.027	1.1
25	0.069	7.1
35	0.094	14
45	0.105	23
55	0.105	34
65	0.095	48
75	0.07	64
85	0.095	83
94	0.34	100
合計	1	

なり高い粒子状物質の除去効率である．しかし，総粒子状物質（特に 10 μm 未満の粒子）の捕集効率の低さには注意が必要である．また，粘着性のあるものをうまく扱うことができない．サイクロンが直面した最も深刻な問題は，気流の平衡（airflow equalization）および詰まりやすい傾向である（Spellman, 1999）．より効果的な電気集じん装置やバグハウス以前は，しばしばプレクリーナー（precleaner）として設置されていた（USEPA, 1984a, p.6-1）．サイクロンは，飼料穀物ミル（feed and grain mill），セメント工場，肥料工場，石油精製，および比較的粗大な粒子を含む大量の気体を扱う他の適用事例において有効に利用されてきている．

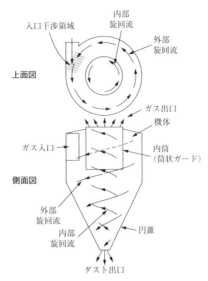

図 17.5　逆対流サイクロン（出典：USEPA, *Control of Gaseous and Particulate Emissions: Self-Instructional Problem Workbook*, EPA 450/2-84-007, U.S. Environmental Protection Agency Air Pollution Training Institute, Research Triangle Park, NC, 1984.）

17.4.2.1　サイクロンの性能に影響する因子

サイクロンの性能に影響する因子は，遠心力，切断直径（cut diameter），圧力損失，捕集効率，ほかさまざまな性能特徴である．これらのパラメータの中で，切断直径が制御装置の効率を決める最も便利な方法である．なぜなら，粒子サイズ範囲に対する効果を示すためである．切断直径は，50％の効率で捕集された粒子のサイズ（直径）として定義される．切断直径 $[d_p]_{cut}$ は，制御装置の特徴であり，サイズ分布の幾何平均の粒子径と混同されるべきではない．切断直径としてしばしば用いられる表現として，以下に示すようなラップル切断直径の方程式（方法）(Lapple cut diameter equation (method))が知られている (Copper and Alley, 1986)．ここでは，捕集効率は粒径の切断直径に対する比として機能する．

$$[d_p]_{cut} = \left[\frac{9\mu B}{2\pi n_t v_i (p_p - p_g)} \right] \quad (17.19)$$

ここで，$[d_p]_{cut}$ ＝ 切断直径 (ft, μm)，μ ＝ 粘度 (lb/sec-ft, Pa-sec, kg/sec-m)，B ＝ 入口の幅 (ft, m)，n_t ＝ 効果的なターン数（一般的なサイクロンは 5〜10），v_i ＝ 入口ガス速度 (ft/sec, m/sec)，p_p ＝ 粒子密度 (lb/ft³, kg/m³)，p_g ＝ ガス密度 (lb/ft³, kg/m³)．

■例 17.6
　問題：　セメントキルンからのダストの粒子サイズ分布を与えられたサイクロンの切

17.4 粒子状物質の排出制御装置に関する諸計算

断直径および総捕集効率を決定せよ（USEPA, 1984b, p.66）．

条件：
ガスの粘度（μ）＝ 0.02 cp ＝ $0.02(6.72 \times 10^{-4})$ lb/ft-sec
粒子の比重＝ 2.9
サイクロン入口ガス速度＝ 50 ft/sec
サイクロンの効果的なターン数＝ 5
サイクロン直径＝ 10 ft
サイクロン入口幅＝ 2.5 ft

粒子サイズ分布データを表 17.4 に示す．

解答： 切断直径 $[d_p]_{cut}$ を計算する．切断直径は 50％の効率で捕集された粒子である．サイクロンでは，以下でも求まる．

$$[d_p]_{cut} = \left[\frac{9\mu B}{2\pi n_t v_i (p_p - p_g)}\right]^{0.5}$$

ここで，μ ＝ガス粘度（lb/ft-sec），B_c ＝サイクロン入口直径（ft），n_t ＝ターン数，v_i ＝入口ガス速度（ft/sec），p_p ＝粒子密度（lb/ft³），p_g ＝ガス密度（lb/ft³）．

$p_p - p_g$ なる値を決定する．粒子密度はガス密度よりもかなり大きいため，$p_p - p_g$ は p_p とみなせる．

$$P_p - P_g = P_p = 2.9 \times 62.4 = 180.96 \text{ lb/ft}^3$$

ゆえに，切断直径は以下のように計算される．

$$[d_p]_{cut} = \left[\frac{9\mu B_c}{2\pi n_t v_i (p_p - p_g)}\right]^{0.5} = \left[\frac{9 \times 0.02 \times (6.72 \times 10^{-5}) \times 2.5}{2\pi \times 5 \times 50 \times 180.96}\right] = 3.26 \times 10^{-5} \text{ ft} = 9.94 \text{ μm}$$

ラップルの方法（Lapple, 1951）を用い，サイズ-効率表を完成させる（表 17.5）．この表では，粒子直径の切断直径に対する割合の関数として捕集効率が表される．次に示す式，

$$\eta = \frac{1-(1.0)}{1.0+\left(\dfrac{d_p}{[d_p]_{cut}}\right)^2}$$

を用い，総捕集効率を決定する．

表 17.4 粒子サイズ分布データ

平均粒子サイズ分布 d_p(μm)	wt%
1	3
5	20
10	15
20	20
30	16
40	10
50	6
60	3
＞60	7

第17章 微粒子排出制御

表17.5 サイズ効率一覧

$d_p(\mu m)$	w_i	$d_p/[d_p]_{cut}$	$\eta_i(\%)$	$w_i\eta_i(\%)$
1	0.03	0.1	0	0
5	0.20	0.5	20	4
10	0.15	1	50	7.5
20	0.20	2	80	16
30	0.16	3	90	14.4
40	0.10	4	93	9.3
50	0.06	5	95	5.7
60	0.03	6	98	2.94
>60	0.07	—	100	7

$$\sum w_i n_i (\%) = 0+4+7.5+16+14.4+9.3+5.7+2.94+7 = 66.84\%$$

■例 17.7
　問題：　大気汚染制御の管理者から，ABC Stoneworks 工場の砂利乾燥の唯一の装置としてサイクロンを運転するための許可申請の評価を求められている（USEPA, 1984b, p.68）．
　条件（許可申請からのデザインと運転データ）：
　平均粒子直径 = 7.5 μm
　サイクロンの総入口負荷 = 0.5 grains/ft^3
　サイクロン直径 = 2.0 ft
　入口速度 = 50 ft/sec
　粒子の比重 = 2.75
　ターン数 = 4.5
　運転温度 = 70°F
　運転温度での空気の粘度 = 1.21×10^{-5} lb/ft-sec
　標準的なサイクロン
大気汚染制御局（Air Pollution Control Agency）の基準：
　最大総出口負荷 = 0.1 grains/ft^3
　粒子サイズ比の関数としてのサイクロンの効率は，図17.6で与えられる（ラップルの曲線）．
　解答：　サイクロンの捕集効率を決定する．捕集効率を与えるラップルの方法を用いる．グラフから，効率および平均粒子直径と切断直径との比に関連する値を読み取る．繰り返すが，切断直径とは，50％の効率で捕集された粒子である（図17.6参照）．ラップルの方法を用いた切断直径を計算する（式（17.19））．

$$[d_p]_{cut} = \left[\frac{9\mu B_c}{2\pi n_t v_i (p_p - p_g)}\right]^{0.5}$$

サイクロンの入口幅を決定する（B_c）．許可申請では，このサイクロンは標準的であると

17.4 粒子状物質の排出制御装置に関する諸計算

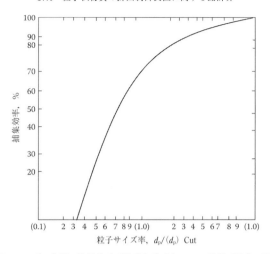

図 17.6 ラップル曲線:粒子サイズ比率とサイクロンの効率(出典:USEPA, *Control of Gaseous and Particulate Emissions: Self-Instructional Problem Workbook*, EPA 450/2-84-007, U.S. Environmental Protection Agency Air Pollution Training Institute, Research Triangle Park, NC, 1984.)

している.標準的なサイクロンの入口幅はサイクロン直径の 1/4 である.

$$B_c = サイクロン直径/4 = 2.0/4 = 0.5 \text{ ft}$$

$p_p - p_g$ なる値を決定する.粒子密度はガス密度よりもかなり大きいため,$p_p - p_g$ は p_p とみなせる.

$$p_p - p_g = p_p = 2.75 \times 62.4 = 171.6 \text{ lb/ft}^3$$

ゆえに,切断直径は以下のように計算される.

$$[d_p]_{cut} = \left[\frac{9\mu B_c}{2\pi n_t v_i (p_p - p_g)}\right]^{0.5} = \left[\frac{9 \times (1.21 \times 10^{-4}) \times 0.5}{2\pi \times 4.5 \times 50 \times 171.6}\right] = 4.57 \text{ }\mu\text{m}$$

そして,平均粒子直径の切断直径に対する比を計算する.

$$d_p/[d_p]_{cut} = 7.5/4.57 = 1.64$$

ラップルの曲線を用いて捕集効率を計算する(図 17.6 参照).

$$\eta = 72\%$$

この申請の承認のために要求される捕集効率を計算する.

$$\eta = \left(\frac{入口負荷 - 出口負荷}{入口負荷}\right) \times 100 = \left(\frac{0.5 - 0.1}{0.5}\right) \times 100 = 80\%$$

この申請は承認すべきだろうか? このサイクロンの捕集効率は管理者から求められている捕集効率よりも低いため,この申請は承認されるべきではない.

17.4.3 電気集じん装置

電気集じん装置(electrostatic precipitator:ESP)は,効果的な粒子状物質制御の装置

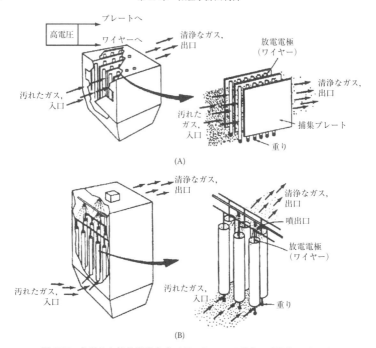

図 17.7 典型的な簡易型濾布式バグハウスのデザイン（出典：USEPA, *Control Techniques for Gases and Particulates*, U.S. Environmental Protection Agency, Washigton, DC, 1971.）

として長らく使用されてきた．通常，小さな粒子をガス流動から高い捕集効率で除去するために用いられる．ESP は，ダスト排出がサブマイクロの範囲が支配的な $10 \sim 20 \ \mu m$ 以下のサイズにおいて広く使用されている（USEPA, 1984a, p.7-1）．排出前にガスから飛灰（fly ash）を除去するために発電所で一般に使用されているように，電気集じん機は電気力によりガス流から粒子を分離する．高い電圧降下が電極間で確立され，その結果生じた電場を通過した粒子は電荷を得る．帯電した粒子は逆帯電した電極板へ引き付けられ，捕集される．そして，装置を通過した清浄なガスが流出する．定期的に，電極板は堆積したダスト層を振り落とすラッピング（rapping）により清掃され，ダストは装置下部のホッパーに収集される（図 17.7 参照）．電気集じん機は，運転コストの低さ，高温（1300°F まで）で運転可能，低い圧力損失，およびきわめて高い（粗大および微）粒子捕集効率がその利点である．しかし，高い資本コストと設置スペースはその欠点である．

17.4.3.1 捕集効率

ESP の捕集効率は，以下の 2 つの式で表される（USEPA, 1984a, p.7-9）．

- 移動速度式（migration velocity equation）
- ドイチェ-アンダーソンの式（Deutsch-Anderson equation）

移動速度（w）（ドリフト速度（drift velocity）という場合もある）は，ある特定のプロセスにおけるダスト粒子の集団が集じん機で捕集され得るときの速度を表す．

$$w = \frac{d_p E_o E_p}{4\pi\mu} \quad (17.20)$$

ここで，w = 移動速度，d_p = 粒子直径（μm），E_o = 粒子が荷電される場の強さ，単位メートル当たりの（ピーク電圧によって代表される）電圧，E_p = 粒子が捕集される場の強さ，単位メートル当たりの電圧（通常，場は捕集板に近い），μ = ガスの粘度（Pa-sec）．

移動速度は，電場が式（17.20）に二度現れているため，電圧に高感度である．そのため，集じん機は，最大の捕集効率のための最大電場を用いて設計されねばならない．移動速度は粒子サイズにも依存する．つまり，大きな粒子ほど，小さいものより簡単に捕集される．粒子移動速度は以下の式でも決定することができる．

$$w = \frac{qE_p}{4\pi\mu r} \quad (17.21)$$

ここで，w = 移動速度，q = 粒子の荷電（charges），E_p = 粒子が捕集される場の強さ，単位メートル当たりの電圧（通常，場は捕集板に近い），μ = ガスの粘度（Pa-sec），r = 粒子の半径（μm）．

ドイチェ-アンダーソンの式，あるいはその誘導は，集じん機メーカーを通じ広く使用されている．とりわけ，この式は，理想的な状況下での集じん機の捕集効率を決定するのに用いられる．たとえ科学的に正当だとしても，2倍以上のエラーに結びつく複数の運転変数がある．そのため，この式は集じん捕集効率の初期的な評価に使用されるべきである．最も簡便な式は次のように表される．

$$\eta = 1 - \exp(-wA/Q) \quad (17.22)$$

ここで，η = 部分的捕集効率，w = ドリフト速度，A = 板の捕集表面領域，Q = ガスの体積流速．

17.4.3.2 集じん装置の計算例題

■例 17.8

問題： 水平な並行板電気集じん機は，11 in. の板と板の間隔，24 ft の高さと 20 ft の深さの単一のダクトから構成される．4200 acfm のガス流速での捕集効率を仮定し，この電気集じん機のガスの見掛け流速（bulk velocity），出口負荷，およびドリフト速度を決定せよ．流速および板の間隔が変化したときの，修正捕集効率も計算せよ（USEPA, 1984, p.71）．

条件：
入口負荷 = 2.82 g/ft^3
4200 acfm における捕集効率 = 88.2%

増加した（新たな）流速 = 5400 acfm
新たな板間隔 = 9 in.

解答： 見掛け流れの（処理）速度 V を計算する．処理速度の計算式は，
$$V = Q/S$$
ここで，$Q =$ ガスの体積流速，$S =$ ガスが通過する断面積．
それゆえ，
$$V = Q/S = (4200)/[(11/12)\times 24] = 191 \text{ ft/min} = 3.2 \text{ ft/sec}$$
出口負荷を計算する．以下を覚えよ．
$$\eta(\text{部分的}) = \frac{\text{入口負荷} - \text{出口負荷}}{\text{入口負荷}}$$
したがって，
$$\text{出口負荷} = \text{入口負荷} \times (1-\eta) = 2.82\times(1-0.882) = 0.333 \text{ grains/ft}^3$$
ドリフト速度を計算する．ドリフト速度は，粒子が電気集じん機の捕集電極に移動する際の速度である．式（17.22）（ドイチェ-アンダーソンの式）を思い出せば，電気集じん機の捕集効率は以下のように記述される．
$$\eta = 1 - \exp\left(\frac{-wA}{Q}\right)$$
ここで，$\eta =$ 部分的捕集効率，$A =$ 板の捕集表面積，$Q =$ ガス体積流速，$w =$ ドリフト速度．

捕集表面積（A）を計算する．粒子はいつか両側の板に捕集されることを忘れてはならない．
$$A = 2\times 24\times 20 = 960 \text{ ft}^2$$
ドリフト速度 w を計算する．いま，捕集効率，ガス流速，そして捕集表面積はわかっているため，ドリフト速度は，ドイチェ-アンダーソンの式より簡単に求まる．
$$\eta = 1 - \exp\left(\frac{-wA}{Q}\right)$$
$$0.882 = 1 - \exp\left(\frac{-960\times w}{4200}\right)$$
w について解くと，
$$w = 9.36 \text{ ft/mim}$$
ガス体積流速が 5400 cfm に増加したときの修正捕集効率を計算する．ドリフト速度は同じままであると仮定する．
$$\eta = 1 - \exp\left(\frac{-wA}{Q}\right) = 1 - \exp\left(\frac{-960\times 9.36}{5400}\right) = 0.812 = 81.2\%$$
捕集効率は，変化した板間隔によって変わるだろうか？変わらない．ドイチェ-アンダーソンの式は板間隔の条件は含まれていないことに注意せよ．

■例 17.9

問題: 均一な粒子の分布を仮定し,与えられた大きさの板をもつ3つのダクトを含む電気集じん機の捕集効率を計算せよ.また,1つのダクトがガスの50%を供給され,他のダクトは25%ずつである場合の捕集効率も決定せよ.

条件:

混合ガスの体積流速 = 4000 acfm

運転温度および圧力 = 200℃ および 1 atm

ドリフト速度 = 0.40 ft/sec

板の大きさ = 長さ 12 ft および高さ 12 ft

板と板の間隔 = 8 in.

解答: 各ダクトへの均一な体積流速での電気集じん機の捕集効率とは何だろうか?電気集じん機の捕集効率を決めるためのドイチェ-アンダーソンの式を用いる.

$$\eta = 1 - \exp\left(\frac{-wA}{Q}\right)$$

ドイチェ-アンダーソンの式を使用したこの電気集じん機の捕集効率を計算する.通過する体積流速 (Q) は総体積流速の3分の1である.

$$Q = 4000/(3\times 60) = 22.22 \text{ acfs}$$

$$\eta = 1 - \exp\left(\frac{-wA}{Q}\right) = 1 - \exp\left(\frac{-288 \times 0.4}{22.22}\right) = 0.9944 = 99.44\%$$

1つのダクトがガスの50%を供給され,他のダクトは25%ずつである場合のこの電気集じん機の捕集効率は何だろうか?ダクトごとの捕集表面積は同じままである.最初に,ダクトを通過するガスの体積流速 (acfs 単位で) を計算する.

$$Q = 4000/(2\times 60) = 33.33 \text{ acfs}$$

そして,ガス50%でのダクトの捕集効率を計算する.

$$\eta_1 = 1 - \exp\left(\frac{-288 \times 0.04}{33.33}\right) = 0.9684 = 96.84\%$$

ガス流25%でのダクトの捕集効率を計算するために,まずダクトを通過したガスの体積流速を単位秒当たりの実際立方フィート (actual cubic feet per second (acfs)) で計算する.

$$Q = 4000/(4\times 60) = 16.67 \text{ acfs}$$

そして,ガス25%でのダクトの捕集効率 (η_2) を計算する.

$$\eta_1 = 1 - \exp\left(\frac{-288 \times 0.04}{16.67}\right) = 0.9990 = 99.90\%$$

これで新たな総捕集効率を計算する.式は以下のようになる.

$$\eta_t = (0.5 \times \eta_1) + (2 \times 0.25 \times \eta_2) = (0.5 \times 96.84) + (2 \times 0.25 \times 99.90) = 98.37\%$$

■例 17.10

問題： 販売会社が，ある特定のモデルの電気集じん機の性能を表す部分的な効率曲線をまとめてきた．これらの曲線は利用できないのだが，切断直径はわかっている．販売会社は，この特定のモデルが，特定の運転条件において与えられた効率で稼働すると主張している．この主張を検証し，流出物負荷が USEPA（1984b, p.75）の基準を超過しないことを確認せよ．

条件：
板と板の間隔 $= 10$ in.
切断直径 $= 0.9\ \mu$m
販売会社が主張する捕集効率 $= 98\%$
入口負荷 $= 14$ grains/ft^3
出口負荷の USEPA 基準 $= 0.2$ grains/ft^3（最大）
粒子サイズ分布は表 17.6 に与えられている．
電気集じん機の捕集効率を記述するドイチュ-アンダーソン型の式は，

$$\eta = 1 - \exp(-Kd_p)$$

ここで，$\eta =$ 部分的捕集効率，$K =$ 実験定数，$d_p =$ 粒子直径．

解答： この電気集じん機の総効率は 98% と同等かそれ以上だろうか？ 重量分率が与えられているため，各粒子サイズの捕集効率が総捕集効率の計算のために必要となる．切断直径を用いて，値 K を決定する．切断直径は既知のため，K についてドイチュ-アンダーソン型の式を直接解くことができる．

$$\eta = 1 - \exp(-Kd_p)$$
$$0.5 = 1 - \exp[-K(0.9)]$$

K について解くと，$K = 0.77$．いま，ドイチェ-アンダーソンの式で $d_p = 3.5$ として捕集効率を計算する．

$$\eta = 1 - \exp[(-0.77)(3.5)] = 0.9325$$

表 17.7 は，各粒子サイズの捕集効率を表している．総捕集効率を計算する．

$\eta = \sum w_i \eta_i$
$= (0.2 \times 0.9325) + (0.2 \times 0.9979) + (0.2 \times 0.9999) + (0.2 \times 0.9999) + (0.2 \times 0.9999)$
$= 0.9861 = 98.61\%$

ここで，$\eta =$ 総捕集効率，$w_i = i$ 番目の粒子サイズの重量分率，$\eta_i = i$ 番目の粒子サイズ

表 17.6 各粒子サイズの捕集効率

重量範囲	平均粒子サイズ $d_p (\mu m)$
0–20%	3.5
20–40%	8
40–60%	13
60–80%	19
80–100%	45.5

表17.7　各粒子サイズの捕集効率

重量比 w_i	平均粒子サイズ $d_p(\mu m)$	η_i
0.2	3.5	0.9325
0.2	8	0.9979
0.2	13	0.9999
0.2	19	0.9999
0.2	45	0.9999

の捕集効率.

総捕集効率は98％よりも大きいだろうか？ 大きい.

ここから，出口負荷がUSEPA基準を満たしているか否かを決定する．まず，出口負荷をgrains/ft^{3}単位で計算する.

$$出口負荷 = (1.0-\eta)\times(入口負荷)$$

ここでηは上式における部分的な効率である.

$$出口負荷 = (1.0-0.9861)\times 14 = 0.195 \text{ grains/ft}^3$$

出口負荷は0.2 grains/ft^{3}未満だろうか？そのとおり．販売会社の主張は正しいと認められるか？認められる.

17.4.4　バグハウス（ろ布）

「バグハウス（baghouse）とは，いくつかのフィルターバグ形状，洗浄機構，本体形状を伴った集じん装置の総称である」（Heumann, 1997）．バグハウスのフィルター（あるいはろ布，より正確にはろ過管とよばれる）は通常，大気汚染制御のろ過システムと

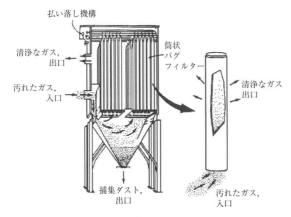

図17.8　典型的な簡易型濾布式バグハウスのデザイン
（出典：USEPA, *Control Techniques for Gases and Particulates*, U.S. Environmental Protection Agency, Washigton, DC, 1971.）

して利用されている．普通の電気掃除機とほぼ同じ方法で，ろ布素材は，0.5 μm の粒子を一番多く，また 0.1 μm の粒子の大部分を除去でき，円筒状か封筒状に形作られており，バグハウス内に吊り下げられている（図 17.8 参照）．粒子を運んでいるガス流は，ろ布を通過して濾し取られる．空気はろ布を通過し，粒子状物質は布上に堆積することにより，清浄な気流が供給される．粒子状物質がバグ内側の面に積み重なると，圧力損失が増加する．圧力損失が深刻になる前に，バグはある程度の微粒子層から解放されなければならない．そのような粒子状物質は，振動させたり，空気を逆流させることで定期的に布から除去される．

ろ布は，運転や 99％以上の総捕集効率（overall collection efficiency）の実現が比較的簡単であり，マイクロメートル未満の粒子の制御に非常に効果的である．しかし，比較的高い資本コスト，高い維持管理費用（バグの交換等），広い設置スペースの必要性，ダストの可燃危険性といったいくつかの制約がある．

17.4.4.1 フィルター（媒体）に対する空気の比

フィルター（布）に対する空気の比（air-to-filter ratio）は，フィルター媒体を通過する空気の速度（ろ過速度（filtration velocity））の測定値である．この比の定義は，平方フィートまたは平方メートルで表されるフィルター媒体の面積で割った単位分当たりの立方フィート，または単位時間当たりの立方メートルで表される空気の体積である．通常，粒子直径が小さくなるほど，ろ過することが困難になる．そのためより小さな A/C 値が要求される．フィルター（布）に対する空気の比（A/C 比），ろ過速度，もしくは前面速度（face velocity）（この用語は交互に用いられる）を表す数式は，

$$v_f = Q/A_c \tag{17.23}$$

ここで，v_f = ろ過速度（ft/min, cm/sec），Q = 空気の体積流速（ft^3/min, cm^3/sec），A_c = 布フィルターの面積（ft^2, cm^2）．

17.4.4.2 バグハウスの計算例題

■例 17.11

問題： 製造業者がバグハウスの設計をしている．与えられたプロセスの流速に必要なバグハウスの布の量の簡単なチェックまたは評価は，式（17.23）の A/C 比を用いれば計算できる（USEPA, 1984a, p.8-34）．

$$v_f = Q/A_c \text{ あるいは } A_c = Q/v_f$$

たとえば，プロセスのガス排出速度が 4.72×10^6 cm^3/sec（10,000 ft^3/min），ろ過速度が 4 cm/sec（A/C は 4：1（cm^3/sec）/cm^2）で与えられた場合，布面積は，

$$A_c = (4.72 \times 10^6)/4 = 118 \text{ m}^2 \text{（必要な布）}$$

バグハウスに必要なバグの数を決定するために，次の式を使う．

$$A_b = \pi \times D \times h$$

ここで，A_b = バグの面積（m^2, ft^2），D = バグの直径（m, ft），h = バグの高さ（m, ft）．

仮にバグの直径が 0.203 m（8 in.）でバグの高さが 3.66 m（12 ft）の場合，各バグの面

積は，
$$A_b = 3.14 \times 0.203 \times 3.66 = 2.33 \text{ m}^2$$
算出されたバグハウス内のバグの数は，
$$\text{バグの数} = 118/2.33 = 51 \text{ bags}$$

■例 17.12

問題： 粒子状物質を含んだ空気流を清浄にするためにパルスジェットの繊維フィルターシステムを組み込んだ提案書を評価しなければならない．性能およびコストを考慮して，最も適切なフィルターバグを選択せよ（USEPA, 1984b, p.84）．

条件：
汚染空気流の体積流速 = 10,000 scfm（60°F, 1 atm）
運転温度 = 250°F
汚染物質の濃度 = 4 grains/ft^3
布に対する空気の比（A/C 比）の平均 = 2.5 cfm/ft^2 cloth
要求される捕集効率 = 99%

表 17.8 はフィルターバグの製造業者から与えられた情報を一覧にしてある．バグが設計されている目的の運転状況下で，耐久性の観点から利点のあるバグはないと評価される．

解答： 与えられた特徴から，考慮すべきバグから条件を満たさないものを除外する．パルスジェットシステムで求められる運転温度およびバグの引張強度を考慮すると，

- バグ D は，推奨最大温度（220°F）が運転温度の 250°F よりも低いため除外される．
- バグ C も，パルスジェット繊維フィルターシステムは少なくとも平均以上のバグの引張強度を要求するため除外される．

残りのバグの比較コストを決定する．各バグの総コストはバグの数×バグ 1 つ当たりのコストである．他よりも耐久性が高いバグは 1 つもない．バグ 1 つ当たりのコストを定める．表 17.8 で与えられた情報から，バグ 1 つ当たりのコストはバグ A で \$26，バグ B で \$38 である．ここで，各タイプのバグの数（N）を決定する．必要なバグの数（N）はバグ 1 つ当たりのろ過面積で割った必要な総ろ過面積である．総ろ過面積（A_t）および単位 acfm で与えられた流速（Q_a）を計算する．

$$Q_a = (10,000)(250+460)/(60+460) = 13,654 \text{ acfm}$$

単位 cfm/ft^2 で表される A/C 比は，上で 2.5 cfm/ft^2 と与えられたろ過速度と同等である．表 17.8 で与えられた情報から，ろ過速度は，

$$v_f = 2.5 \text{ cfm/ft}^2 = 2.5 \text{ ft/min}$$

acfm および決定したろ過速度から総ろ布面積（A_c）を計算する．

$$A_c = Q_a/v_f = 13,654/2.5 = 5461.6 \text{ ft}^2$$

バグ 1 つ当たりのろ過面積を計算する．バグは，円柱状で評価される．バグ面積は $A = \pi \times D \times h$ である．ここで，$D =$ バグ直径，$h =$ バグ長さである．

$$\text{バグ A,} \quad A = \pi \times D \times h = \pi \times (8/12) \times 16 = 33.5 \text{ ft}^2$$

表 17.8　バグフィルターの特性

性質	バグフィルター			
	A	B	C	D
引張り強さ	優良	平均以上	良	優良
推奨最大温度	260°F	275°F	260°F	220°F
抵抗因子	0.9	1	0.5	0.9
1つのバグ当たりのコスト	$26	$38	$10	$20
標準サイズ	8 in.×16 ft	10 in.×16 ft	1 ft×16 ft	1 ft×20 ft

$$\text{バグ B,}\ A = \pi \times D \times h = \pi \times (10/12) \times 16 = 41.9\ \text{ft}^2$$

必要なバグの数（N）を決定する．

$$N = (各バグのろ過布面積,\ A_c)/(バグ面積,\ A)$$

$$\text{バグ A,}\ N = 5461.6/33.5 = 163$$

$$\text{バグ B,}\ N = 5461.6/41.9 = 130$$

それぞれのバグの総コストを決定する．

$$総コスト = N \times \text{Cost per bag}$$

$$\text{バグ A, 総コスト} = 163 \times 26.00 = \$4238$$

$$\text{バグ B, 総コスト} = 130 \times 38.00 = \$4940$$

性能およびコストを考慮して，最も適切なフィルターバグを選択する．バグ A の総コストはバグ B よりも低いため，バグ A を選択する．

■例 17.13

問題： 繊維フィルターシステムを有するプラントに必要なフィルターバグの数量とプラントのクリーニング頻度を求めよ．運転および設計データは以下（USEPA, 1984b, p.86）

条件：

ガス流の体積流速 = 50,000 acfm

ダスト濃度 = 5.0 grains/ft^3

繊維フィルターシステムの効率 = 98.0%

ろ過速度 = 10 ft/min

フィルターバグの直径 = 1.0 ft

フィルターバグの長さ = 15 ft

このシステムは，圧損が水頭 8.9 in. に達するときに洗浄を始めるように設計されている．圧損は次のように与えられる．

$$\Delta p = 0.2 v_f + 5c(v_f)^2 t$$

ここで，Δp = 圧損（水頭），v_f = ろ過速度（ft/min），c = ダスト濃度（lb/ft^3），t = バグ洗浄からの時間（min）．

17.4 粒子状物質の排出制御装置に関する諸計算

解答： 必要なバグの数（N）を計算するために，求められるバグの総表面積および各バグの表面積が必要である．求められるバグの総表面積 A_c を単位 ft^2 で計算する．

$$A_v = Q/v_f$$

ここで，A_v ＝バグの総表面積，Q ＝体積流速，v_f ＝ろ過速度．

それゆえ，

$$A_v = Q/v_f = 50{,}000/10 = 5000\ ft^2$$

各バグの表面積を単位 ft^2 で計算する．

$$A = \pi \times D \times h$$

ここで，A ＝バグの表面積，D ＝バグの直径，h ＝バグの長さ．

それゆえ，

$$A = \pi \times D \times h = \pi \times 1.0 \times 15 = 47.12\ ft^2$$

最後に，必要なバグの数 N を計算する．

$$N = A_c/A = 5000/47.12 = 106$$

いま，必要な洗浄頻度を計算する．

$$\Delta p = 0.2\ v_f + 5c(v_f)^2 t$$

Δp は水頭 8.0 in で与えられているため，洗浄されてからの時間は上式を解くことで計算される．

$$5.0\ grains/ft^3 = 0.0007143\ lb/ft^3\ および\ \Delta p = 0.2\ v_f + 5c(v_f)^2 t$$

$$8.0 = (0.2 \times 10) + (5 \times 0.0007143 \times 10^2)t$$

ゆえに，$t = 16.8\ min$ である．

■例 17.14

問題： 設置されたバグハウス（バグフィルター装置）が汚染ガスの処理を行っている．突如，バグのいくつかが壊れた．いま，このバグハウスシステムの出口負荷を求め直すように求められている（USEPA, 1984b, p. 88）．

付与条件：

システムの運転条件＝60°F，1 atm
入り口負荷＝4.0 grains/acf
バグ故障前の出口負荷＝0.02 grains/acf
汚染ガスの体積流量＝50,000 acfm
コンパートメント数＝6
コンパートメント当たりのバグ数＝100
バグ直径＝6 in.
システムにおける圧力降下＝6 in. H_2O
故障したバグの数＝2

故障したバグを通じて排出された汚染ガスはすべてバグ筒を通過するガスと同じだと仮定せよ．

解答： バグの不具合が生じる前の捕集効率と通過率を求めよ．捕集効率は制御装置の性能の度合いの目安であり，特異的には汚染物質の除去の程度を指す．負荷は，汚染物質の濃度を指す．通常，汚染ガス流の立法フィート当たりの汚染物質の重量で表される．数学的には，捕集効率は次のように定義される．

$$\eta = \left(\frac{\text{入口負荷} - \text{出口負荷}}{\text{入口負荷}}\right) \times 100$$

先の方程式から，制御ユニットによる汚染物質の捕集量は捕集効率 η と入口負荷の積となる．入口負荷から捕集量を差し引いたものは大気中に放出される量を表す．

制御装置の性能や捕集効率を記述する別の用語は，penetration（浸透 P_t）である．

$$P_t = 1 - \eta/100 （分数ベース）$$
$$P_t = 100 - \eta （パーセントベース）$$

バグの不具合のバグハウス捕集効率に及ぼす影響は次のように記述できる．

$$P_{t1} = P_{t2} + P_{tC}$$
$$P_{tc} = 0.582(\Delta p)^{0.5}/\Phi$$
$$\Phi = Q/(LD^2[T+460]^{0.5})$$

ここで，P_{t1} ＝ バグの不具合が生じた後の浸透率，P_{t2} ＝ バグの不具合が生じる前の浸透率，P_{tc} ＝ 浸透率補正項，故障したバグの P_{t1} への寄与，Δp ＝ 圧力低下（in. H$_2$O），Φ ＝ 無次元パラメータ，Q ＝ 汚染ガスの体積流量（acfm），L ＝ 故障したバグの数量，D ＝ バグの直径（in.），T ＝ 温度（°F）．

捕集効率 η を計算せよ．

$$\eta = (入口負荷 - 出口負荷)/入口負荷 = (4.0 - 0.02)/(4.0) = 0.005 = 99.5\%$$

浸透率

$$P_t = 1.0 - \eta = 0.005$$

いま，バグ故障のパラメータ（Φ）（無次元数）を計算すると，

$$\Phi = Q/(LD^2(T+460)^{0.5}) = 50{,}000/(2)(6)^2(60+460)^{0.5} = 30.45$$

浸透補正項 P_{tc} バグの不具合による漏れを決めるものであるが，

$$P_{tc} = 0.582(\Delta p)^{0.5}/\Phi = (0.582)(6)^{0.5}/30.45 = 0.0468$$

2つのバグが故障した後の漏れと捕集効率を計算すると，P_{t1} を計算するために前出の結果を用いて，

$$P_{t1} = P_{t2} + P_{tc} = 0.005 + 0.0468 = 0.0518$$
$$\eta^* = 1 - 0.0518 = 0.948$$

バグの故障の後の新たな出口負荷を計算する．入口負荷と新たな出口負荷を，計算し直した捕集効率もしくは漏れと関連づけて，

$$新たな出口負荷 = (入口負荷)P_{t1} = (4.0)(0.0518) = 0.207 \text{ grains/acf}$$

■例 **17.15**

問題： あるプラントは，2.0 grains/ft^3 のダストを含む 50,000 acfm のガスを排出して

17.4 粒子状物質の排出制御装置に関する諸計算

いる．粒子抑制装置が粒子捕捉のために採用され，装置から捕捉されるダストは，$0.01/lb に相当する．どういった捕集効率で，エネルギーコストが回収物の価値に等しくなるのか，解答を求められている．また，この条件における圧力低下を H_2O インチにて求めよ（USEPA, 1984b, p. 122）．

付与条件：

全体的なファン効率 = 55%

電力量コスト = $0.06/kWh

この制御装置に関して，捕集効率はシステムの圧力低下 Δp と次式を介して関連づけられている．

$$\eta = \Delta p / (\Delta p + 5.0)$$

ここで，η = 分数ベースの回収効率，Δp = 圧力低下（lb/ft²）．

解答： 捕集効率 η に関して捕集されたダスト量を表すと，

$$\text{回収されたダスト量} = (Q)(入口負荷)(\eta)$$

ダスト量を 7000 grains/pound としたとしよう．

捕集ダスト量 = $(50{,}000 \text{ ft}^3/\text{min}) \times (2 \text{ grains/ft}^3) \times (1/7000 \text{ lb/grain}) \times (0.01 \text{ \$/lb})\eta$

    = $0.143\eta \text{ \$/min}$

圧力低下 Δp に関してダストの量を表す．以下であることを用いて

$$\eta = \Delta p / (\Delta p + 5.0)$$

したがって，

$$\text{捕集ダスト量} = 0.143[\Delta p / (\Delta p + 5.0)] \text{ (\$/min)}$$

圧力低下 Δp に関して電力コストを表す．

$$\text{ブレーキ馬力}(Bhp) = Q\Delta p / \eta'$$

ここで，Q = 体積流量，Δp = 圧力低下（lb/ft²），η' = ファン効率．

電力コスト = $(p \text{ lb/ft}^2) \times (50{,}000 \text{ ft}^3/\text{min}) \times (1/44{,}200 \text{ kW-min/ft-lb})$
    $\times (1/0.55) \times (0.06 \text{ \$/kW-h}) \times (1/60 \text{ hr/min}) = 0.002 \, p \text{ \$/min}$

電力コストを採取ダストの値と等価とみなして Δp（lb/ft²）を求める．これは収支バランスのとれたオペレーションである．それから，この圧力低下を in. H_2O に変換する．lb/ft² から in. H_2O への変換は 5.2 で割る．

$$(0.143)\Delta p / (\Delta p + 5) = 0.002 \Delta p$$

Δp について解くと，

$$\Delta p = 66.5 \text{ lb/ft}^2 = 12.8 \text{ in. } H_2O$$

上で求めた Δp の値を用いて捕集効率を計算する．

$$\eta = 66.5/(66.5 + 5) = 0.93 = 93.0\%$$

■例 17.16

問題： 繊維染色加工プラントの年当たりの金銭的な運転およびメンテナンスコストを求めよ．プラントは2基の石炭燃焼ストーカー式ボイラーを有し，バグハウスが粒子

制御のために設置されている．運転，設計，経済学的ファクターは下記のとおりである（USEPA, 1984b, p.123）．

付与条件：
2 基のボイラーからの排ガスの体積流量 ＝ 70,000 acfm
包括的なファン効率 ＝ 60％
運転時間 ＝ 6240 hr/yr
バグの表面積 ＝ 12.0 ft^2
バグタイプ＝テフロン®フェルト
空気／バグ布比 ＝ 5.81 acfm/ft^2
システムでの圧力低下 ＝ 17.16 lbf/ft^2
バグのコスト ＝ \$75.00
設置費用 ＝ \$2.536/acfm
電気エネルギーコスト ＝ \$0.03/kWh
年間メンテナンスコスト ＝ \$5000 および 25％のバグの交換費用
救済価格 ＝ 0
利率（i）＝ 8％
バグハウスの寿命（m）＝ 15 年
年間当たりの設置金銭コスト（AICC）＝（設置金銭コスト）$\times i(1+i)^m/\{(1+i)^m-1\}$

解答： 最初にバグの数量を計算することによって年間メンテナンスコストを求める．

$$N = Q/(バグ布当たりの空気比 \times A)$$

ここで，Q ＝ 総排気流量，A ＝ バグの表面積．

$$N = Q/(バグ布当たりの空気比 \times A) = (70,000)/(5.81 \times 12) = 1004 \text{ バグ}$$

年間当たりのドルベースのメンテナンスコストを計算すると

$$年間にバグの 25％を交換するコスト = 0.25 \times 1004 \times 75.00 = \$18,825$$

$$年間メンテナンスコスト = \$5000 + \$18,825 = \$23,825/yr$$

最初にドルベースの設置金銭コストを計算することによって年間当たりの設置金銭コスト（AICC）を求める．

$$設置金銭コスト = (Q)(\$2.536/acfm) = 70,000 \times 2.536 = \$177,520$$

上述の式を用いて AICC を計算すると，

$$AICC = (設置金銭コスト) \times i(1+i)^m/\{(1+i)^m-1\}$$
$$= (177,520)(0.08(1+0.08)^{15}/\{(1+0.08)^{15}-1\}) = \$20,740/yr$$

年間当たりのドルベースの運転コストを計算する．

$$運転コスト = Q\Delta p (運転時間)(0.03/kWh/E)$$

1 ft-lb/sec ＝ 0.0013558 kW であるから，

$$運転コスト = [(70,000/60)(17.16)(6240)(0.03)(0.0012558)]/0.6 = \$8470/yr$$

年間当たりのドルベースの総コストを計算すると

17.4 粒子状物質の排出制御装置に関する諸計算

総年間コスト ＝（メンテナンスコスト）＋AICC＋（運転コスト）
＝ 23,285＋20,740＋8470 ＝ $53,035/yr

引用文献・推奨文献

Baron, P.A. and Willeke, K.(1993). Gas and particle motion, in Willeke, K. and Baron, P.A., Eds., *Aerosol Measurement: Principles, Techniques and Applications*. Van Nostrand Reinhold, New York.
Cooper, C.D. and Alley, F.C.(1986). *Air Pollution Control*. Waveland Press, Philadelphia, PA.
Hesketh, H.E.(1991). *Air Pollution Control: Traditional and Hazardous Pollutants*. Technomic, Lancaster, PA.
Heumann, W.L.(1997). *Industrial Air Pollution Control Systems*. McGraw-Hill, New York.
Hinds, W.C.(1986). *Aerosol Technology: Properties, Behavior, and Measurement of Airborne Particulates*. John Wiley & Sons, New York.
Lapple, C.E.(1951). *Fluid and Particle Mechanics*. University of Delaware, Newark.
Spellman, F.R.(1999). *The Science of Air: Concepts and Applications*. Technomic, Lancaster, PA.
Spellman, F.R.(2008). *The Science of Air: Concepts and Applications*, 2nd ed. CRC Press, Boca Raton, FL.
Strauss, W.(1975). *Industrial Gas Cleaning*, 2nd ed. Pergamon Press, Oxford, U.K.
USEPA.(1969). *Control Techniques for Particulate Air Pollutants*. U.S. Environmental Protection Agency, Washington, DC.
USEPA.(1971). *Control Techniques for Gases and Particulates*. U.S. Environmental Protection Agency, Washington, DC.
USEPA.(1984a). *APTI Course 413: Control of Particulate Emissions*, EPA 450/2-80-066. U.S. Environmental Protection Agency Air Pollution Training Institute, Research Triangle Park, NC.
USEPA.(1984b). *Control of Gaseous and Particulate Emissions: Self-Instructional Problem Workbook*, EPA 450/2-84-007. U.S. Environmental Protection Agency Air Pollution Training Institute, Research Triangle Park, NC.
USEPA.(1984c). *APTI Course SI:412C: Wet Scrubber Plan Review: Self-Instructional Guidebook*, EPA 450/2-82-020. U.S. Environmental Protection Agency Air Pollution Training Institute, Research Triangle Park, NC.

第18章 排ガス制御のための湿式スクラバー

私は笑いもしなかった．唇を開けば悪い空気を吸い込むのだから．
—— William Skakespeare（ジュリアス・シーザー）

18.1 はじめに

スクラバー（集じん装置）はどのような仕組みなのか？　この疑問に答えるには，地球そのものがもっている汚染制御システムの本質に目を向けるだけでよく，つまり，雨による大気の洗浄に着目するとよい．暴風雨が過ぎた後，大気が綺麗になることは，雨による空気洗浄作用を如実に表している．ガスの流れに水を噴霧して比較的高い割合で汚染物質を除去するというシンプルな操作のため，スクラバーは1900年初めから産業界で広く用いられている．Heumann and Subramania（1997）は，汚染物質制御の問題のほとんどは，2つの単純な問いに基づいて装置を選定することによって解決されると指摘した．その問いとは，(1) その装置は，汚染制御のための要件を満たすのか？　(2) どの選択が最も安いのか？　である．

スクラバーシステムの性能をどのように評価するか．スクラバーシステムは，経験則，理論的なモデル，パイロットスケールの実験データに基づいて評価される．湿式スクラバーシステムの設計や運転において，重要なパラメータは，粒子（ダスト）の性状と排ガス特性の2つである．粒子径分布は，効率的なスクラバーの設計や総合の捕集率（集じん率）を求めるうえで，最も重要なパラメータである．運転において，スクラバーは，粒子状汚染物質，ガス状汚染物質のどちらか，またはそのどちらも除去することができるため，汎用的な制御装置であると考えられる．スクラバーは，湿式スクラバー，湿式—乾式スクラバー，乾式—乾式スクラバーなど多くのタイプがある．スクラバーは，汚染物質を除去するために，化学薬品を使う．そうすることで，ガス状汚染物質は吸収するか粒子へ吸着され，排ガスから廃棄または除去される．この章では，湿式スクラバーシステムで用いられている計算に焦点を当てる．情報の多くは，Spellman（1999, 2008）とUSEPA（1984a,b,c）から引用している．

18.1.1 湿式スクラバー

湿式スクラバー（集じん装置）は，その効果的な粒子状，ガス状の汚染物質の除去性能のため，汚染された排ガス（たとえば酸性ミスト，鋳造工場ダスト排出，炉ヒューム煙霧）の洗浄に広く用いられるようなった．湿式スクラバーは，粗粒子を除去するシン

プルなスプレーチャンバーから微粒子を除去する高効率なシステム（ベンチュリタイプ）までさまざまなものがある．どのシステムが用いられても，その集じん操作は，液滴によるダスト粒子の慣性衝突やさえぎり（interception）といった同じ基本的原理によって行われる．より大きく，重い水滴は，重力によって簡単にガスから分離される．また，排ガスから除去した固体粒子を水から別途分離することができる．あるいは，洗浄水を別の方法で処理することができ，処理された洗浄水は再利用されるか，廃棄される．スクラバーのガス流速または液滴の吐出速度を増加させると，ダストと吸収液の衝突頻度が増して，捕集効率が増大する．高い捕集効率が求められる最高効率の湿式ガス吸収には，ベンチュリスクラバーが用いられる．主に，空気動力学径が $10\ \mu m$ 以下の粒子状物質 PM10 や $2.5\ \mu m$ 以下の PM2.5 といった粒子状物質（PM：particulate matter）を制御するために用いられる．ベンチュリスクラバーは，付随的に揮発性有機化合物（VOCs：volatile organic compounds）を制御することもできる．しかし，一般的には，PM と洗浄液への溶解度の高いガスの制御に限定されて用いられている（USEPA, 1992, 1996）．ベンチュリスクラバーは，ベンチュリスロート部を通し，高い圧力損失を伴う，きわめて高速なガスと液体流速で操作する．ベンチュリスクラバーを図18.1に示す．ベンチュリスクラバーは，$0.5 \sim 5\ \mu m$ の粒子状物質を除去するのに最も効果的であり，煙やヒュームに関連するようなサブミクロン粒子を特に効果的に除去する．

ベンチュリスクラバーは排ガスを加速することで，洗浄液を霧化させ，気液接触を改善する．ベンチュリスクラバーにおいて，スロート部はダクト内部に組み込まれ，ダクトが絞り込まれたのち拡大することにより，強制的に排ガスを加速させる．ガスがベンチュリスロート部に導入されることにより，ガス流速と乱流の度合いの両者が増大する．

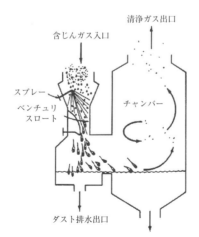

図 18.1　ベンチュリ湿式スクラバー（出典：USEPA, *Control Techniques for Gases and Particulates*, U.S.Environmental Protection Agency, Washington, DC, 1971.）

スクラバーのデザインによって，洗浄液が，スロート部の前段で排ガスに噴霧されるもの，スロート部で噴霧されるもの，スロート部で排ガスに対して上向流で噴霧されるものがある．噴霧された洗浄液は，スロート部で乱流によって，液滴が微粒化され，液滴と粒子の接触効率が増大する．デザインによっては，液滴の生成を促進させるために，補助的に油圧式または空気圧式の霧化スプレーを用いることもある．これらの設計の欠点は，スロート部での閉塞を防ぐために，清浄な供給液が必要になることである（Corbitt, 1990；USEPA, 1998）．スロート部の後段で，気液混合流体の速度は低下し，さらに衝突が起こり，液滴の凝集が生じる．粒子は，液体によって捕捉されたのち，サイクロンセパレーターやミストセパレーターで構成される気液分離部（entrainment section，訳注：entrainment separator とも）で，吸湿した PM と余剰の液滴は排ガスから分離される（Corbitt, 1990；USEPA, 1998）．

現在のベンチュリスクラバーの設計は，一般的に，ベンチュリスロートを通過してガスが流れていく垂直型下降流が用いられ，さらに以下の 3 つの機能が組み込まれている．(1) 洗浄液とガスが交差する部分でダストが蓄積するのを防ぐためのウェットアプローチ（フラッデッドウォール（flooded wall）を有するガス導入部分．訳注：壁に沿って液が流れるようになっている），(2) ガス流速や圧力損失を調整できる可動式ベンチュリスロート，(3) ダスト粒子の流れによる摩耗を減らすためにベンチュリの下もしくは気液分離機の前段にフラッデッドエルボー（flooded elbow，訳注：ベンチュリ部からの高速の流れが，管の底部に直接触れないように底部に液が溜まる仕組みになっている）を設置．ベンチュリスロートは，ダスト粒子による摩耗を抑えるため耐火物のライナー（lining）を備え付けていることもある（Perry and Green, 1984）．

湿式スクラバーは，比較的場所をとらない装置であり，建設コストが安く，高温多湿な排ガスを扱うことができるなどメリットがある．しかしながら，湿式スクラバーの電力や維持管理コストは比較的高く，乾式法と比較して排液処理の問題や腐食の問題がより深刻に起こりうる．そして，最終生成物は，ウェットな状態で集められる（Cooper and Alley, 1994；Perry and Green, 1984；Spellman, 2008）．

18.2　湿式スクラバーの集じんメカニズムと集じん率

湿式スクラバーは，比較的小さいダスト粒子を大きい液滴で捕集するものである．これは，液滴と比較的小さいダスト粒子が結合し，捕集が容易な大きな粒子へと生成していくことによって達成されるものである．このプロセスにおいて，ダスト粒子は，いくつかの作用によって大きな粒子へと成長する．この作用には，慣性衝突作用，拡散作用，さえぎり作用，静電気力作用，凝集作用，遠心力作用および重力作用がある．

18.2.1　集じん率

集じん率は，一般に，スクラバーに捕集されず通過した粒子の割合（分率），すなわち，通過率で表される．簡単にいうと，通過率は，粒子の捕集分率を 1 から差し引いた

分率である．通過率は，次式によって求まる（USEPA, 1984c, p.9-3）．
$$P_\mathrm{t} = 1 - \eta \tag{18.1}$$
ここで，P_t = 通過率，η = 集じん率（割合として表される）．

湿式スクラバーの集じん率は次の関係式によって求められる．
$$\eta = 1 - \mathrm{e}^{-f(\mathrm{system})} \tag{18.2}$$
ここで，η = 集じん率，e = 指数関数，$f(\mathrm{system})$ = 洗浄システムの変数の関数．

集じん率（18.2）を式（18.1）に代入すると，通過率は次式で求まる．
$$P_\mathrm{t} = 1 - \eta = 1 - (1 - \mathrm{e}^{-f(\mathrm{system})}) = \mathrm{e}^{-f(\mathrm{system})}$$

18.2.2 慣性衝突作用

湿式スクラバーシステムにおいて，粒子状物質は，排気システムの流線に沿って流れる．ただし液滴が排気ガス流に導入されると，粒子状物質は，液滴のまわりで気流が分岐するため，必ずしも流線に追随できない．粒子の慣性質量のため，粒子状物質は，流線からはずれ，液滴に衝突する．ガス流速が 0.3 m/sec（1 ft/sec）を超えると，慣性衝突が支配的な捕集メカニズムとなる．大部分のスクラバーはガス流速 0.3 m/sec 超で運転され，1.0 μm 以上の粒子は，このメカニズムで捕集される（USEPA, 1984c, p.1-4）．液滴速度に対して排ガス中の粒子速度が増加するにつれて，慣性衝突は増大する．加えて，液滴のサイズが減少するに従い，慣性衝突は増大する．

慣性衝突に対して，設計時の重要なパラメータは，慣性衝突パラメータ Ψ として知られており，次式で表される（USEPA, 1984a, p.9-5）．
$$\Psi = \frac{C_\mathrm{f} \rho_\mathrm{p} v (d_\mathrm{p})^2}{18 d_\mathrm{d} \mu} \tag{18.3}$$
ここで，ρ_p = 粒子密度，v = ベンチュリスロートでのガス流速（ft/sec），d_p = 粒子径（ft），d_d = 液滴径（ft），μ = ガス粘度（lb/ft-sec），C_f = カニンガムの補正係数．

慣性の影響に関係する集じん率は，次式のよう表される（USEPA, 1984a, p.9-7）．
$$\eta_\mathrm{impaction} = f(\Psi)$$

18.2.3 さえぎり作用

もし，微細粒子が排ガスの中で障害物（たとえば液滴）のまわりを動いていたら，その粒子の物理サイズにより，粒子は障害物に接触する．集じん装置での粒子に対するさえぎり作用は，装置の上部か底部に到達する前に，液滴側面でたいてい起こる．つまり，粒子の中心が液滴のまわりの流線に追随しているため，液滴と粒子の距離が粒子半径より小さい場合に，衝突が起こる．さえぎり作用による粒子の捕集は，総合集じん率の増大につながる．この影響は，さえぎりパラメータ（分離数）によって特徴づけられ，さえぎりパラメータは，粒子径と液滴径の比であり，次式で表される．
$$d_\mathrm{p}/d_\mathrm{d}$$
ここで，d_p = 粒子径（ft），d_d = 液滴径（ft）．

さえぎり作用による集じん率は，次式で表される．
$$\eta_{\text{impaction}} = f(d_p/d_d)$$

18.2.4 拡散作用

空気動力学径 0.1 μm 以下の非常に微細な粒子は，粒子の質量が小さいため慣性衝突作用（バンピング（bumping））がほとんど働かず，物理サイズも小さいため，さえぎり作用も制限され，ブラウン拡散作用が支配的になる．このバンピングは，粒子を最初はある一方向に動かすが，次は別の方向へといった具合にガス中を不規則に運動させる（拡散させる）．粒子捕集につながるブラウン拡散プロセスは，よく無次元パラメータのペクレ数（Pe）によって表される．

$$\text{Pe} = \frac{3\pi\mu v d_p d_d}{C_f k_B T} \quad (18.4)$$

ここで，Pe＝ペクレ数，μ＝ガス粘度，v＝ガス流速，d_p＝粒子径，d_d＝液滴径，C_f＝カニンガムの補正係数，k_B＝ボルツマン定数，T＝ガス流の温度．

式（18.4）は，温度が上昇するとペクレ数が減少することを示している．つまり，温度が上昇すると，低い温度のときよりもガス分子が速く動き回るようになる．この作用は，微粒子の衝突の増大，不規則運動の増大につながり，このメカニズムによって集じん率の増加につながる．拡散プロセスによる集じん率は，一般に次のように表される．

$$\eta_{\text{diffusion}} = f(1/\text{Pe}) \quad (18.5)$$

式（18.5）は，ペクレ数が減少するに従い，拡散作用による集じん率が増加することを示している．

18.2.5 ベンチュリスクラバー効率の計算

ベンチュリスクラバーの集じん率の計算にいくつかのモデルが利用されている（USEPA, 1984a, p.9-1；USEPA, 1984c, p.9-1）．
- ジョンストーン式（Johnstone equation）
- インフィニットスロートモデル（infinite throat model）
- カットパワー法（cut power method）
- コンタクトパワー理論（contact power theory）
- 圧力損失（pressure drop）

18.2.5.1 ジョンストーン式

慣性衝突作用が唯一支配的なメカニズムであるとしたとき，湿式ベンチュリスクラバーの集じん率は，しばしばジョンストーン式で求められる．ジョンストーン式は次のように表される．

$$\eta = 1 - \exp\left[-k\left(\frac{Q_L}{Q_G}\right)\sqrt{\Psi}\right]$$

ここで，η＝部分集じん率，k＝相関係数，システム形状と運転条件によって決まる値

(一般的には 0.1～0.2 acf/gal), Q_L/Q_G = 液ガス比 (gal/1000 acf).

Ψ は慣性衝突パラメータであり，次式で表される．

$$\frac{C_f \rho_p v (d_p)^2}{18 d_d \mu}$$

ここで，C_f = カニンガムの補正係数，ρ_p = 粒子密度，v = ベンチュリスロート部でのガス流速 (ft/sec)，d_p = 粒子径 (ft)，d_d = 液滴径 (ft)，μ = ガス粘度 (lb/ft-sec).

18.2.5.2 イニフィニットスロートモデル

ベンチュリスクラバーの集じん率を推定する別の方法としてインフィニットスロートモデルがある (Yung et al., 1977)．このモデルは，Calvert et al. (1972) が提案した Calvert の相関式の改良版である．インフィニットスロートモデルの式は，ベンチュリのスロート部の液は，すべての粒子を捕捉すると想定している．2つの研究では，このモデルが実際のベンチュリスクラバーの運転データと非常によく相関することが示されている (Calvert et al., 1972 ; Yung et al., 1977)．そのモデルの式を用いると，単一粒子サイズの粒子のスクラバー通過率 (P_t) の推定や，P_t を全粒子のサイズ分布で積分することによって得られる総合通過率 (P_t^*) を推定するのに用いることができる．式は，下のように表される (USEPA, 1984c, p.9-4)．

$$\ln P_t(d_p) = -B \left(\frac{4K_{po} + 4.2 - 5.02(K_{po})^{0.5}\left(1 + \frac{0.7}{K_{po}}\right)\tan^{-1}\left(\frac{K_{po}}{0.7}\right)^{0.5}}{K_{po} + 0.7} \right) \tag{18.6}$$

ここで，$P_t(d_p)$ = 粒径 d_p の粒子の通過率，B = 液ガス比（体積比）によって決まるパラメータ（無次元），K_{po} = スロート入口での慣性パラメータ（無次元）．

ノート： ベンチュリスクラバーは無限サイズスロート長 (l) を有していると想定して，式 (18.6) を作成した．これは，次式の l が 2.0 以上のときのみ有効である．

$$l = \frac{3l_t C_D \rho_g}{2 d_d \rho_l}$$

ここで，l = スロート長パラメータ（無次元），l_t = ベンチュリスロート長 (cm)，C_D = スロート入口での液体の抗力係数（無次元），ρ_g = ガス密度 (g/cm³)，d_d = 液滴径 (cm)，ρ_l = 液体密度 (g/cm³)．

次の式は抜山-棚沢式として知られている．

$$d_d = \frac{50}{v_{gt}} + 91.8(L/G)^{1.5} \tag{18.7}$$

ここで，d_d = 液滴径 (cm)，v_{gt} = スロート部のガス流速 (cm/sec)，L/G = 液ガス比（無次元）．

液ガス比を特徴づけるパラメータ B は式 (18.8) を用いて，計算することができる．

$$B = (L/G)\frac{\rho_l}{\rho_g C_D} \tag{18.8}$$

ここで，B = 液ガス比を特徴づけるパラメータ（無次元），L/G = 液ガス比（無次元），ρ_l = 液体密度（g/cm^3），ρ_g = ガス密度（g/cm^3），C_D = スロート入口での液体の抗力（無次元）．

スロート入口での慣性パラメータは式（18.9）で求められる．

$$K_{po} = \frac{(d_p)^2 v_{gt}}{9\mu_g d_d} \tag{18.9}$$

ここで，K_{po} = スロート入口での慣性パラメータ（無次元），d_p = 粒子径（cm），v_{gt} = スロートでのガス流速（cm/sec），μ_g = ガス粘度（g/sec-cm），d_d = 液滴径（cm）．

$$K_{pg} = \frac{(d_{pg})^2 v_{gt}}{9\mu_g d_d} \tag{18.10}$$

ここで，K_{pg} = 質量基準中央径の慣性パラメータ（無次元），d_{pg} = 幾何平均粒子径（cm），v_{gt} = スロートでのガス流速（cm/sec），μ_g = ガス粘度（g/sec-cm），d_d = 液滴径（cm）．

C_D の値は式（18.11）を用いて求められる．

$$C_D = 0.22 + \frac{24}{N_{Reo}}(1 + 0.15(N_{Reo})^{0.6}) \tag{18.11}$$

ここで，C_D = スロート入口での液体の抗力係数（無次元），N_{Reo} = スロート入口での液滴のレイノルズ数（無次元）．

レイノルズ数は式（18.12）で求められる．

$$N_{Reo} = \frac{v_{gt} d_d}{\nu_g} \tag{18.12}$$

ここで，N_{Reo} = スロート入口での液体のレイノルズ数（無次元），v_{gt} = スロートでのガス流速（cm/sec），d_d = 液滴径（cm），ν_g = ガス動粘度（cm^2/sec）．

$$d_{pg} = d_{ps}(C_f \times \rho_p)^{0.5} \tag{18.13}$$

ここで，d_{pg} = 幾何平均粒子径（μmA，ここで A の単位は（g/cm^3）$^{0.5}$），d_{ps} = 粒子ストークス径（μm），C_f = カニンガムのすべり補正係数（無次元数），ρ_p = 粒子密度（g/cm^3）．

カニンガムのすべり補正係数は式（18.14）を解くことによって求めることができる．

$$C_f = 1 + \frac{(6.21 \times 10^{-4})T}{d_{ps}} \tag{18.14}$$

ここで，C_f = カニンガムのすべり補正係数（無次元数），T = 絶対温度（K），d_{ps} = 粒子ストークス径（μm）．

例 18.1 はベンチュリスクラバーの性能を推定するためのインフィニットスロートモデルの使い方を示す．このモデルで与えられた式を用いるとき，各式の単位が合っているか確認せよ．

■例 18.1

問題： Cheeps Disposal 社は，液体廃棄物と固体廃棄物の両方を燃やすことができる有害廃棄物焼却炉を設置するように計画している．焼却炉からの排ガスは，減温スプ

レーを通り，さらにベンチュリスクラバーを通った後，最後に充填塔式スクラバーを通り大気へ排出される．排ガス中の HCl を除去し，洗浄液の pH を制御するため，洗浄液にアルカリを加える．焼却炉から排出される排ガス処理前のばいじん排出量は 1100 kg/hr（最大平均）と推定される．州の大気汚染規制においてばいじん排出量は，10 kg/hr を超えてはならない．次の条件を用いて，ベンチュリスクラバーの集じん率を求めよ．(USEPA, 1984c, p.9-8)．

条件：

d_{ps} ＝粒子の質量基準中央径＝9.0 μm
σ_{gm} ＝粒径の幾何標準偏差＝2.5
ρ_p ＝粒子密度＝1.9 g/cm^3
μ_g ＝ガス粘度＝2.0×10^{-4} g/cm-sec
ν_g ＝ガス動粘度＝0.2 cm^2/sec
ρ_g ＝ガス密度＝1.0 kg/m^3
Q_G ＝ガス流量＝15 m^3/sec
v_{gt} ＝ベンチュリスロートでのガス流速＝9000 cm/sec
T_g ＝ガス温度（ベンチュリでの）＝80°C
T_l ＝水温＝30°C
ρ_l ＝液体密度＝1000 kg/m^3
Q_L ＝液体流量＝0.014 m^3/sec
L/G ＝液ガス比＝0.0009 L/m^3

解答： カニンガムすべり補正係数を計算する．ばいじん粒子の質量基準の中央径 d_{ps} は 9.0 μm である．空気動力学幾何平均粒子径 d_{pg} はわからないので，式 (18.13) を用いて d_{pg} を計算し，式 (18.14) を用いてカニンガムのすべり補正係数（C_f）を計算する．

$$C_f = 1 + \frac{(6.21 \times 10^{-4})T}{d_{ps}} = 1 + \frac{(6.21 \times 10^{-4})(273+80)}{9} = 1.024$$

式 (18.13) から

$$d_{pg} = d_{ps}(C_f \times \rho_p)^{0.5} = 9 \text{ μm}(1.024 \times 1.9 \text{ g/cm}^3)^{0.5} = 12.6 \text{ μmA} = 12.6 \times 10^{-4} \text{ cmA}$$

ノート： もし幾何平均粒子径が与えられ，その単位が μmA で表されているなら，この計算ステップは必要ではない．

次に，液滴径 d_d を式 (18.7)（抜山-棚沢式）から求める．

$$d_d = \frac{50}{v_{gr}} + 91(L/G)^{1.5}$$

ここで，d_d ＝液滴径（cm），v_{gr} ＝スロートでのガス流速（cm/sec），L/G ＝液ガス比（無次元）．

$$d_d = \frac{50}{9000 \text{ cm/sec}} + 91(0.0009)^{1.5} = 0.00080 \text{ cm}$$

式（18.10）を用いて，質量基準中央径の慣性パラメータ K_{pg} を計算する．

$$K_{pg} = \frac{(d_{pg})^2 v_{gr}}{9 \mu_g d_d}$$

ここで，K_{pg} ＝ 質量基準中央径の慣性パラメータ（無次元），d_{pg} ＝ 粒子の空気動力学幾何平均径（cm-A），v_{gr} ＝ スロートでのガス流速（cm/sec），μ_g ＝ ガス粘度（g/sec-cm），d_d ＝ 液滴径（cm）．

$$K_{pg} = \frac{(12.6 \times 10^{-4} \text{ cm})^2 (9000 \text{ cm/sec})}{9(2.0 \times 10^{-4} \text{ g/cm-sec})^2 (0.008 \text{ cm})} = 992$$

式（18.12）を用いて，レイノルズ数を計算する．

$$N_{Reo} = \frac{v_{gr} d_d}{v_g}$$

ここで，N_{Reo} ＝ スロート入口での液滴のレイノルズ数（無次元），v_{gr} ＝ スロートでのガス流速（cm/sec），d_d ＝ 液滴径（cm），v_g ＝ ガス動粘度（cm²/sec）．

$$N_{Reo} = \frac{v_{gr} d_d}{v_g} = \frac{(9000 \text{ cm/sec})(0.008 \text{ cm})}{0.2 \text{ cm}^2/\text{sec}} = 360$$

式（18.11）を用いて，スロート入口での液体の抗力係数 C_D を求める．

$$C_D = 0.22 + (24/N_{Reo})[1 + 0.15(N_{Reo})^{0.6}]$$

ここで，C_D ＝ スロート入口での液体の抗力係数（無次元），N_{Reo} ＝ スロート入口での液滴のレイノルズ数（無次元）．

$$C_D = 0.22 + (24/N_{Reo})[1 + 0.15(N_{Reo})^{0.6}] = 0.22 + (24/360)[(1 + 0.15(360)^{0.6}] = 0.628$$

さらに，式（18.8）を用いて，液ガス比を特徴づけるパラメータ B を計算する．

$$B = (L/G)\left(\frac{\rho_l}{\rho_g C_D}\right)$$

ここで，B ＝ 液ガス比を特徴づけるパラメータ（無次元），L/G ＝ 液ガス比（無次元），ρ_l ＝ 液体密度（g/cm³），ρ_g ＝ ガス密度（g/cm³），C_D ＝ スロート入口での液体の抗力係数（無次元）．

$$B = (L/G)\left(\frac{\rho_l}{\rho_g C_D}\right) = (0.0009)\left(\frac{1000 \text{ kg/m}^3}{(1.0 \text{ kg/m}^3)(0.628)}\right) = 1.43$$

幾何標準偏差（σ_{gm}）は 2.5 であり，総合通過率 P_t^* は 0.008 である（訳注：P_t^* と B の関係のグラフを用いる．APII Training course 412C, p.10-16）．集じん率は次式のように計算することができる．

$$\eta = 1 - P_t^* = 1 - 0.008 = 0.992 = 99.2\%$$

最後に，ばいじん排出量の基準に適合するかどうか確認する．州の規制においてばいじん排出量は 10 kg/hr を超えてはいけない．所要集じん率は，次の式を用いて計算できる．

$$\eta_{required} = \frac{dust_{in} - dust_{out}}{dust_{in}}$$

ここで，$dust_{in}$ ＝ ベンチュリに入るダスト濃度，$dust_{out}$ ＝ ベンチュリから出るダスト濃度．

18.2 湿式スクラバーの集じんメカニズムと集じん率

すなわち，

$$\eta_{\text{required}} = \frac{dust_{\text{in}} - dust_{\text{out}}}{dust_{\text{in}}} = \frac{1100 \text{ kg/hr} - 10 \text{ kg/hr}}{1100 \text{ kg/hr}} = 0.991 = 99.1\%$$

推定されたベンチュリスクラバーの集じん率は，所要集じん率よりほんの少しだけ高い値である．

18.2.5.3 カットパワー法

カットパワー法は，スクラバーの集じん率の推定に利用される経験的相関式である．カットパワー法による通過率は，スクラバーによって捕集される粒子の50％分離粒子径（訳注：50％分離限界粒子径とも）との関数である．50％分離粒子径は，スクラバーにおいて分離効率50％で捕集される粒子の径であることを思い出して欲しい（17.2.4項を参照）．スクラバーが捕集できる粒径に限度があるため，50％分離粒子径の情報は，スクラバーシステムの評価に際して役に立つ（USEPA, 1984c, p.9-11）．カットパワー法において，通過率は，粒子径の関数であり，次式で表される．

$$P_t = \exp[-A_{\text{cut}} d_p (B_{\text{cut}})] \tag{18.15}$$

ここで，P_t = 通過率，A_{cut} = 粒径分布によって決まるパラメータ，d_p = 粒子の空気動力学径，B_{cut} = スクラバーの設計によって経験的に決まる定数．

式（18.15）によって計算された通過率は，単一の粒子サイズ（d_p）に対するものとして与えられる．総合通過率は，式を対数正規粒度分布にわたって積分することで得ることができる．P_tを粒子の対数正規分布にわたって数学的に積分することにより，そして幾何標準偏差（σ_{gm}）と幾何平均粒径（d_{pg}）を変えることにより，総合通過率（P_t^*）を得ることができる．

■例 18.2

問題： インフィニットスロートセクションの例18.1と同じ条件で，ベンチュリスクラバーの分離粒子径を求めよ．下で示されたデータは概算値である（USEPA, 1984c, p.9-12）．

条件

σ_{gm} = 幾何標準偏差 = 2.5
d_{pg} = 幾何平均粒子径 = 12.6 μmA
η = 所要集じん率 = 99.1％または0.991

解答： 集じん率99.1％に対して，総合通過率は次式から求めることができる．

$$P_t^* = 1 - \eta = 1 - 0.991 = 0.009$$

総合通過率は0.009，そして標準偏差が2.5である．USEPAの図（1984c, p.9-12）から，次の情報が与えられる．

$P_t^* = 0.009$

$\sigma_{\text{gm}} = 2.5$

$(d_p)_{\text{cut}} / d_{\text{pg}} = 0.09$

50％分離粒子径は $(d_p)_{cut}$ 次のように求まる．

$$(d_p)_{cut} = 0.09(12.6\ \mu mA) = 1.134\ \mu mA$$

■例 18.3

粒子径分析は次のような結果であった（USEPA, 1984a, 9-14）．

d_{gm} ＝幾何平均粒子径＝ $12\ \mu m$

σ_{gm} ＝粒径分布の標準偏差＝ 3.0

η ＝湿式集じん装置の効率＝ 99％

排出基準を満たすために，集じん率99％が要求されるとした場合，スクラバーの50％分離粒子径はどのくらいか？

解答： 通過率（P_t）式は次のようになる．

$$P_t^* = 1 - \eta = 1 - 0.99 = 0.01$$

USEPA の図（1984c, p.9-12）から，$P_t^* = 0.01$ と $\sigma_{gm} = 3.0$ のとき，$(d_p)_{cut}/d_{gm}$ は 0.063 に相当すると読み取れる．$d_{gm} = 12\ \mu m$ であるので，スクラバーは，総合集じん率99％を達成するために，50％分離効率で，粒子径 $0.063 \times 12 = 0.76\ \mu m$ の粒子を捕集しなければならない．

18.2.5.4 コンタクトパワー理論

集じん率を推定するためのより一般的な理論としてコンタクトパワー理論がある．この理論は，Lapple and Kamack（1955）が行った一連の実験的観察に基づいている．この理論では次のように仮定する．「同じ動力の場合，すべてのスクラバーは，それに関連するメカニズムがどうであろうと，速いガス流速による圧力損失か速い液流速による圧力損失がどうかにかかわらず，実質的にダストの集じんの性能は同程度である」（Lapple and Kamack, 1955）．つまり，集じん率は，スクラバーの動力と関係しており，スクラバーがどのように設計されたかは関係ない．これは，湿式集じん装置の評価や選定において，いくつかの意味合いをもつ．特定の集じん率を達成するために必要な動力がわかれば，特別に設置されたノズルやバッフルなどについての要求水準を客観的に評価することができる．同じ動力をもつ異なった2つのスクラバーのうちどちらのスクラバーを選定するかは，主にメンテナンスのしやすさによって決定することができる（USEPA, 1984a, p.9-16；USEPA, 1984c, p.9-13）．

Semrau（1960, 1963）は，Lapple and Kamack（1955）のコンタクトパワー理論を発展させた．Semrau によって発展された理論は，アプローチは経験的であり，システムの全圧力損失を集じん率に関連づけた．全圧力損失は，液体をスクラバーに導入するのに要する動力と，排ガスをスクラバー内を通過させるのに要する動力によって表現される（USEPA, 1984c, p.9-13）．

$$P_T = P_G + P_L, \quad P_G = 0.157\Delta p, \quad P_L = 0.583 p_l (Q_L + Q_G) \tag{18.16}$$

ここで，P_T ＝全動力（total contacting power）（全圧力損失）（kWh/100 m³, hp/1000 acfm），P_G ＝排ガスによる動力（power input from gas stream）（kWh/100 m³, hp/1000 acfm), P_L = 液導入による動力（contacting power from liquid injection）（kWh/100 m³, hp/1000 acfm）.

　ノート：　全圧力損失（P_T）と通過率（P_t）を混同しないように．

ガスがスクラバー内を通過するのに要する動力（P_G）は，スクラバーでの圧力損失によって表される．

$$P_G = (2.724 \times 10^{-4})\Delta p \quad (\text{kWh}/1000 \text{ m}^3) \tag{18.17a}$$

または

$$P_G = 0.1575\Delta p \quad (\text{hp}/1000 \text{ acfm}) \tag{18.17b}$$

ここで，Δp = 圧力損失（kPa, in. H₂O）．

液導入に必要な動力（P_L）は次のように表される．

$$P_L = 0.28 p_L(Q_L/Q_G) \quad (\text{kWh}/1000 \text{ m}^3) \tag{18.18a}$$

または

$$P_L = 0.583 p_L(Q_L/Q_G) \quad (\text{hp}/1000 \text{ acfm}) \tag{18.18b}$$

ここで，P_L = 液体入口圧（100 kPa, lb/in.²），Q_L = 液流量（m³/hr, gal/min），Q_G = ガス流量（m³/hr, ft³/min）．

単位を合わせるため，P_G と P_L の式の定数に換算係数を組み入れている．したがって，全動力は次のように表される．

$$P_T = P_G + P_L = (2.724 \times 10^{-4})\Delta p + 0.28 p_L(Q_L + Q_G) \quad (\text{kWh}/1000 \text{ m}^3) \tag{18.19a}$$

または

$$P_T = 0.1575\Delta p + 0.583 p_L(Q_L + Q_G) \quad (\text{hp}/1000 \text{ acfm}) \tag{18.19b}$$

これを次の式を用いて集じん率に関連づける．集じん率を次の式により動力と相関する．

$$\eta = 1 - \exp[-f(\text{system})] \tag{18.20}$$

ここで，$f(\text{system})$ は次のように定義される．

$$f(\text{system}) = N_t = a(P_T)^\beta \tag{18.21}$$

ここで，N_t = 移動単位数，P_T = 全動力，a と β = 粒子の特性に依存する実験によって決定される経験的定数．

以上より集じん率は，次のようになる．

$$\eta = 1 - \exp[-a(P_T)^\beta] \tag{18.22}$$

　ノート：　a と β の値はメートル法，ポンドヤード法のどちらでも設定でき，USEPA (1984c, p.9-15) に記載されている．

スクラバーの集じん率は，また，移動単位数でも表される（USEPA, 1984a, p.9-17）

$$\eta = 1 - \exp(-N_t)$$
$$N_t = a(P_T)^\beta = \ln[1/(1-\eta)] \tag{18.23}$$

ここで，N_t = 移動単位数，η = 部分集じん率，a と β = 捕集される粒子の種類によって決まるパラメータ．

カットパワー法とジョンストーン理論と違って，コンタクトパワー理論は，与えられた粒度分布から集じん率を計算できない．コンタクトパワー理論からはスクラバーサイズに依存しない関係式が得られる．このため，はじめにパイロットスケールのスクラバーを用いて，所要集じん率に必要な圧力損失を決定したのち，実機のスクラバーの設計で，このパイロットスケールの情報から実機へとスケールアップすることができる．次の例を考えてみる．

■例 18.4

問題： 湿式スクラバーは，鋳造工場の熔銑炉（キューポラ）からのばいじん排出制御に用いられる．煙突テスト（stack test）の結果は，排出基準に適合するためには，ばいじん排出を 85％まで削減する必要があることを示している．100-acfm のパイロットスケールの装置が，水流 0.5 gal/min，水圧 80 psi で操業されているとすると，10,000-acfm のスクラバー装置における圧力損失（Δp）はどれくらいか（USEPA, 1984c, p.9-15；USEPA, 1984a, p.9-18）？

解答： USEPA の表から（1984c, p.9-15），鋳造工場キューポラダストの α と β パラメータを読み取る．

$\alpha = 1.35$
$\beta = 0.621$

式（18.20）を用いて移動単位数 N_t を計算する．

$$\eta = 1 - \exp(-N_t)$$
$$N_t = \ln[1/(1-\eta)] = \ln[1/(1-0.85)] = 1.896$$

さらに，式（18.21）を用いてコンタクティングパワー（P_T）を計算する．

$N_t = \alpha (P_T)^\beta$
$1.896 = 1.35 (P_T)^{0.621}$
$1.404 = (P_T)^{0.621}$
$\ln 1.404 = 0.621 (\ln P_T)$
$0.3393 = 0.621 (\ln P_T)$
$0.5464 = \ln P_T$
$P_T = 1.73$ hp/1000 acfm

最後に，式（18.19）を用いて，圧力損失（Δp）を計算する．

$$P_T = 0.1575 \Delta p + 0.583 p_L (Q_L/Q_G)$$
$$1.73 = 0.1575 \Delta p + 0.583 (80)(0.5/100)$$
$$\Delta p = 9.5 \text{ in. H}_2\text{O}$$

18.2.5.5　圧力損失

さまざまな因子が，スクラバーの粒子捕集に影響する．多くのスクラバーに対して最も重要な因子の 1 つは，圧力損失である．圧力損失はスクラバーの入口と出口の圧力差である．スクラバーシステムの静圧降下は，システムの機械的デザインと所要集じん率

に依存する．圧力損失は，排ガスの加速と移動に必要とされるエネルギーと，スクラバーをガスが通過するときの摩擦損失の合計である．次の因子が，スクラバー内のガスの圧力損失に影響する．

- スクラバーのデザインと形状
- ガス速度
- 液ガス比

集じん率の計算において，すべてのスクラバーシステムに対して圧力損失を推定できる式はない．

多くの理論式および経験式が，スクラバーにおけるガスの圧力損失を推定するために利用される．一般的に，最も正確な圧力損失の式は，スクラバーのメーカーによる，そのメーカーのスクラバー用に作成されたものである．有効なモデルがないため，ユーザーは，関連する特定のスクラバー装置に対する圧力損失を推算するために，メーカーによる文献を参照することが推奨される．広く用いられる式の1つは，ベンチュリスクラバー用のものであり，Calvert（Yung et al. 1977）による相関式は以下のとおりである．

$$\Delta p = (8.24 \times 10^{-4})(v_{gt})^2(L/G) \quad （メートル法） \quad (18.24a)$$

または，

$$\Delta p = (4.0 \times 10^{-5})(v_{gt})^2(L/G) \quad （ヤード・ポンド法） \quad (18.24b)$$

ここで，$\Delta p =$ 圧力損失 (cmH$_2$O, in. H$_2$O)，$v_{gt} =$ ベンチュリスロートでのガス流速 (cm/sec, ft/sec)，$L/G =$ 液ガス比（無次元，しかし，実際には L/m^3, gal/1000 ft^3）．

インフィニットスロートモデルの節の例18.1で与えられた条件で，式（18.24a）を用いて圧力損失（Δp）を求める．

$$v_{gt} = 9000 \text{ cm/sec}$$
$$L/G = 0.0009 \text{ L/m}^3$$
$$\Delta p = 8.24 \times 10^{-4}(9000)^2(0.0009) = 60 \text{ cm H}_2\text{O}$$

18.3　湿式スクラバーの捕集メカニズムと捕集効率（ガス状汚染物質）

ベンチュリスクラバーは主に粒子状大気汚染物質の制御をするために用いられるが，これらの装置は，同時にアブソーバー（ガス吸収装置）として機能することができる．これにより，ガス状汚染物質を除去するために用いられる吸収装置は，ガス吸収装置（absorbers）もしくは湿式スクラバー（wet scrubbers）とよばれる（USEPA, 1984c, p.1-7）．吸収によってガス状汚染物質を除去するために，排ガスは吸収液に通過（接触）させなければならない．このプロセスは，3つのステップからなる．

- ガス状汚染物質は，ガス相のバルクから気液界面へ拡散する（第1ステップ）．
- ガスは，界面を通り，液相へ移動する．このステップは，ガス分子（汚染物質）が界面に到達したのちは，非常に速く起こる（第2ステップ）．
- ガスは，液相の内部（bulk）に拡散して，新たなガス分子が吸収されるための場所

ができる（第3ステップ）．
吸収速度（ガス相から液相への汚染物質の物質移動）は，ガス相での汚染物質の拡散速度（第1ステップ）と液相での拡散速度（第3ステップ）に依存する．
ガス拡散つまり吸収を高めるためのステップには次のようなものがある．
- ガス相と液相の界面接触面積を広くする．
- ガス相と液相をよく混合する（乱流）．
- ガスの界面への吸収が起こるように，ガス相と液相の滞留時間または接触時間を十分にとる．

18.4 ベンチュリスクラバー計算例題集

この節では，環境エンジニアが行うと予想される，ベンチュリスクラバーの設計，スクラバーの総合集じん率，スクラバーの計画の審査，スプレー塔，充填塔の審査，塔の高さ，直径などに関する問題に応じたいくつかの計算の例題を取り上げる．

18.4.1 ベンチュリスクラバーのスクラバー設計の計算

■例 18.5
問題： 特定の集じん率で運転するためのスクラバーのスロート面積を計算せよ（USEPA, 1984b, p.77）．

条件：
プロセスガス流の体積流量 ＝ 11,040 acfm（at 68°F）
ダストの密度 ＝ 187 lb/ft^3
液ガス比 ＝ 2 gal/1000 ft^3
平均粒径 ＝ 3.2 μm（1.05×10^{-5} ft）
液滴径 ＝ 48 μm（1.575×10^{-4} ft）
スクラバー係数 $k = 0.14$
所要集じん率 ＝ 98％
ガス粘度 ＝ 1.23×10^{-5} lb/ft-sec
カニンガムの補正係数 ＝ 1.0

解答： ベンチュリスクラバーの集じん率を表すジョンストーン式から慣性衝突パラメータ（Ψ）を計算する（USEPA, 1984a, p.9-11）．

$$\eta = 1 - \exp(-k(Q_L/Q_G)\sqrt{\Psi})$$

ここで，η ＝ 部分集じん率，k ＝ 相関係数，システムの形状と運転条件によって決まる値（通常 0.1～0.2 acf/gal），Q_L/Q_G ＝ 液ガス比（gal/1000 acf），Ψ ＝ 慣性衝突パラメータ：

$$\Psi = \frac{C_f \rho_p v(d_p)^2}{18 d_d \mu}$$

ここで，C_f ＝ カニンガムの補正係数，ρ_p ＝ 粒子密度，v ＝ ベンチュリスロートでのガス

流速（ft/sec），d_p＝粒子径（ft），d_d＝液滴径（ft），μ＝ガス粘度（lb/ft-sec）．

上記で計算された慣性衝突パラメータ Ψ から，ベンチュリスロートでのガス流速を逆算する．まず，Ψ を計算する．

$$\eta = 1 - \exp(-k(Q_L/Q_G)\sqrt{\Psi})$$
$$0.98 = 1 - \exp(-0.14(2)\sqrt{\Psi})$$

すなわち

$$\Psi = 195.2$$

次に，v を計算する．

$$\Psi = \frac{C_f p_p v (d_p)^2}{18 d_d \mu}$$

$$v = \frac{18 \Psi d_d \mu}{C_f p_p (d_p)^2}$$
$$= (18)(195.2)(1.575 \times 10^{-4})(1.23 \times 10^{-5})(1)(187)(1.05 \times 10^{-5})^2$$
$$= 330.2 \text{ ft/sec}$$

最後に，ベンチュリスロートでのガス流速 v を用いて，スロート面積を計算する．

$$S = (体積流量)/(流速) = 11,040/(60 \times 330.2) = 0.557 \text{ ft}^2$$

■例 18.6

問題： 飛灰を伴うガスを洗浄するベンチュリスクラバーの総合集じん率を計算せよ．液ガス比，スロート流速，ばいじんの粒度分布が与えられているものとする（USEPA, 1984b, p.79）．

条件：

液ガス比 ＝ 8.5 gal/1000 ft^3

スロート流速 ＝ 227 ft/sec

飛灰の粒子密度 ＝ 43.7 lb/ft^3

ガス粘度 ＝ 1.5×10^{-5} lb/ft-sec

粒度分布データは，表 18.1 で与えられる．集じん率を計算するために，k 値 0.2 で，ジョンストーン式を用いて計算せよ．カニンガムの補正係数の影響は無視する．

表 18.1　粒度分布データ

$d_p(\mu\text{m})$	Weight(%)
＜0.1	0.01
0.1-0.5	0.21
0.5-1.0	0.78
1.0-5.0	13.00
5.0-10.0	16.00
10.0-15.0	12.00
15.0-20.0	8.00
＞20.0	50.00

解答: ジョンストーン式で用いられるパラメータは何か？
$$\eta = 1 - \exp(-k(Q_L/Q_G)\sqrt{\Psi})$$
ここで，$\eta=$ 部分集じん率，$k=$ 相関係数，システム形状と運転条件に依存した値（一般的には $0.1\sim0.2$ acf/gal），$Q_L/Q_G=$ 液ガス比（gal/1000 acf），$\Psi=$ 慣性衝突パラメータ：

$$\Psi = \frac{C_f \rho_p v (d_p)^2}{18 d_d \mu}$$

ここで，$C_f=$ カニンガムの補正係数，$\rho_p=$ 粒子密度，$v=$ ベンチュリスロートでのガス流速，$d_p=$ 粒子径（ft），$d_d=$ 液滴径（ft），$\mu=$ ガス粘度（lb/ft-sec）．

平均液滴径（ft）を計算する．平均液滴径は，次式を用いて計算される．
$$d_d = (16{,}400/V) + 1.45(Q_L/Q_G)^{1.5}$$

ここで，$d_d=$ 液滴径（μm）：
$$d_d = (16{,}400/272) + 1.45(8.5)^{1.5} = 96.23\ \mu\text{m} = 3.156 \times 10^{-4}\ \text{ft}$$

慣性衝突パラメータを d_p(ft) を用いて表す．
$$\Psi = \frac{C_f \rho_p v (d_p)^2}{18 d_d \mu} = \frac{(1)(43.7)(272)(d_p)^2}{(18)(3.156\times10^{-4})(1.5\times10^{-5})} = (1.3945\times10^{11})(d_p)^2$$

部分集じん率（η_i）は，$d_{pi}(d_p(\text{ft}))$ を用いて表す．
$$\eta = 1 - \exp(-k(Q_L/Q_G)\sqrt{\Psi})$$
$$\eta_i = 1 - \exp[-(0.2)(8.5)\sqrt{1.3945\times10^{11}}\ d_{pi}]$$
$$= 1 - \exp[-(6.348\times10^5)d_{pi}]$$

表 18.1 で示された各粒子径に対する集じん率を計算する．たとえば，$d_p = 0.05\ \mu$m（1.64×10^{-7} ft）の場合は，
$$\eta = 1 - \exp[-(6.348\times10^5)d_{pi}] = 1 - \exp[-(6.348\times10^5)(1.64\times10^{-7})] = 0.0989$$

表 18.2 は，各粒子径に対する上記の計算結果を示す．さらに，総合集じん率を計算する．
$$\eta = \sum w_i \eta_i = (9.89\times10^{-4}) + 0.0975 + 0.6325 + 12.980 + 16.00 + 12.00 + 8.00 + 50.00 = 99.71\%$$

■**例 18.7**

　問題:　あるメーカーが，石灰キルンの運転に際して大気へのばいじん排出を減らす

表 18.2　粒子径データ

d_p(ft)	w_i(%)	η_i	$w_i\eta_i$(%)
1.64×10^{-7}	0.01	0.0989	9.89×10^{-4}
9.84×10^{-7}	0.21	0.4645	0.0975
2.62×10^{-6}	0.78	0.8109	0.6325
9.84×10^{-6}	13	0.9981	12.98
2.62×10^{-5}	16	1	16
4.27×10^{-5}	12	1	12
5.91×10^{-5}	8	1	8
6.56×10^{-5}	50	1	50

ためにスプレー塔を使用することを提案している．州の規制を満たすように，入口ばいじん濃度を減ずる．メーカーの設計では，スプレー塔において吸収液の圧力損失と排ガスの圧力損失に特定の値を規定している．このスプレー塔が規制値に適合するかどうか確認せよ．スプレー塔が規制値を満たさない場合は，規制値を満たすような運転条件を提案せよ（USEPA, 1984b, p.81）．

条件：
ガス流量 ＝ 10,000 acfm
液流量 ＝ 50 gal/min
入口ばいじん濃度 ＝ 5.0 grains/ft^3
塔におけるガスの圧力損失最大値 ＝ 15 in. H$_2$O
塔における水の圧力損失最大値 ＝ 100 psi
吸収液の圧力損失 ＝ 80 psi
ガスの圧力損失 ＝ 5.0 in. H$_2$O

州の規制では，最大出口ばいじん濃度として 0.05 grains/ft^3 が求められる．コンタクトパワー理論が適用できるとする（USEPA, 1984a, p.9-15）．

解答： メーカーによって与えられた設計データに基づいて集じん率を計算する．コンタクトパワー理論は，湿式スクラバーシステムにおいて集じん率と圧力損失を関係づける経験的な方法である．この理論では，装置において粒子の集じん率は全圧力損失のみの関数であると仮定している．

$$P_T = P_G + P_L$$
$$P_G = 0.157\Delta p$$
$$P_L = 0.583 p_L (Q_L/Q_G)$$

ここで，P_T ＝ 全圧力損失（hp/1000 acfm），P_G ＝ 排ガスによる動力（hp/1000 acfm），P_L ＝ 液導入による動力（hp/1000 acfm），Δp ＝ スクラバーでの圧力損失（in. H$_2$O），p_L ＝ 液体入口圧（psi），Q_L ＝ 液体供給量（gal/min），Q_G ＝ ガス流量（ft^3/min）．

スクラバー集じん率は，また移動単位数で表される．

$$N_t = a(P_T)^\beta = \ln[1/(1-\eta)]$$

ここで，N_t ＝ 移動単位数，a と β ＝ 捕集される粒子の種類によって決まるパラメータ，P_T ＝ 全圧力損失（hp/1000 acfm），η ＝ 部分集じん率．

全圧力損失（P_T）を計算する．全圧力損失を計算するため，ガス流エネルギー入力と液導入に要するエネルギーの両者の動力が必要となる．排ガスによる動力（P_G，単位：hp/1000 acfm）を計算する．メーカーがスクラバーの圧力損失を与えられているので，P_G を計算できる．

$$P_G = 0.157\Delta p = (0.157 \times 5.0) = 0.785 \text{ hp/1000 acfm}$$

さらに，導入による動力（P_L，単位：hp/1000 acfm）を計算する．液体入口圧と液ガス比が与えられているので，P_L を計算することができる．

$$P_L = 0.583 p_L (Q_L/Q_G) = 0.583 \times 80 \times (50/10,000) = 0.233 \text{ hp/1000 acfm}$$

全圧力損失（P_T，単位：hp/1000 acfm）を計算する．
$$P_T = P_G + P_L = 0.785 + 0.233 = 1.018 \text{ hp/1000 acfm}$$
移動単位数 N_t を計算する．
$$N_t = a(P_T)^\beta$$
石灰キルンのための a と β の値は，1.47 と 1.05 である．これらの値は，以前に行われたフィールドテストのデータから得られたものである．したがって，移動単位数 N_t は，
$$N_t = a(P_T)^\beta = 1.47 \times (1.018)^{1.05} = 1.50$$
メーカーによって与えられた設計条件に基づいて集じん率を計算する．
$$N_t = \ln[1/(1-\eta)]$$
$$1.50 = \ln[1/(1-\eta)]$$
すなわち，
$$\eta = 0.777 = 77.7\%$$
規制を満たすための集じん率を計算する．入口ばいじん濃度は既知であり，さらに出口ばいじん濃度は規制によって設定されているため，集じん率は，容易に計算することができる．
$$\text{集じん率} = \left(\frac{\text{入口負荷量} - \text{出口負荷量}}{\text{入口負荷量}}\right) \times 100 = \left(\frac{5.0 - 0.05}{5.0}\right) \times 100 = 99.0\%$$
スプレー塔は，基準に適合するか？　答えはノーである．メーカーの設計データによる集じん率は，規制によって必要とされる集じん率より高くなくてはならない．スプレー塔が規制値に適合しないとして，規制に適合するように運転条件を提案せよ．計算手順が今回は逆になることに注意せよ．

規制によって必要とされる集じん率から，全動力（P_T：単位 hp/1000 acfm）を計算する．まず，規制を満たすための集じん率に対する移動単位数を計算する．
$$N_T = \ln[1/(1-\eta)] = \ln[1(1-0.99)] = 4.605$$
全圧力損失 P_T（hp/1000 acfm）を計算する．
$$N_T = a(P_T)^\beta$$
$$4.605 = 1.47(P_T)^{1.05}$$
すなわち，
$$P_T = 2.96 \text{ hp/1000 acfm}$$
Δp 15 in. H_2O を用いて，排ガスによる動力 P_G を計算する．ここで，圧力損失 Δp の 15 in. H_2O という数値は，スクラバーの設計上で許容される最大値である．
$$P_G = 0.157\Delta p = 0.157 \times 15 = 2.355 \text{ hp/1000 acfm}$$
液導入による動力 P_L を計算する．
$$P_L = P_T - P_G = 2.96 - 2.355 = 0.605 \text{ hp/1000 acfm}$$
p_L 100 psi を用いて Q_L/Q_G（gal/acf）を計算する．
$$P_L = 0.583 p_L(Q_L/Q_G)$$
$$Q_L/Q_G = P_L/0.583 p_L = 0.605/(0.583 \times 100) = 0.0104$$

新たに液流量 Q_L'（gal/min）を計算する．
$$(Q_L') = (Q_L/Q_G)(10,000 \text{ acfm}) = 0.0104 \times 10,000 \text{ acfm} = 104 \text{ gal/min}$$
規制に適合する新たな運転条件は，
$$Q_L' = 104 \text{ gal/min}$$
$$P_T = 2.96 \text{ hp/1000 acfm}$$

18.4.2 スプレー塔の計算

■例 18.8

問題　鉄鋼の酸洗浄の運転は，300 ppm の HCl（塩化水素）を排出し，ピーク値で運転時間の 15％は 500 ppm である．気流は一定で，25,000 acfm，75°F，1atm である．スプレー塔（スクラバー）の概要のみが許可申請書とともに提出された．このスプレー塔が問題ないものかどうかを確認することが求められている（USEPA, 1984b, p.100）．

条件：
排出規制値 ＝ 25 ppm HCl
吸収液を通過するガスの最大流速 ＝ 3 ft/sec
スプレーの数 ＝ 6
塔の直径 ＝ 14 ft

計画では，向流式水スプレー塔が示されている．非常に溶解性の高いガスに対して（ヘンリー定数がほぼゼロ），移動単位数は次式により求めることができる．
$$N_{OG} = \ln(y_1/y_2)$$
ここで，y_1 ＝ 入口ガス濃度（モル分率），y_2 ＝ 出口ガス濃度（モル分率）．

スプレー塔において，最初（塔頂）のスプレーの移動単位数 N_{OG} はおよそ 0.7 である．各下段のスプレーの移動単位数は，その上部のスプレーの N_{OG} の 60％程度である．最後のスプレーは，ガスの入口ダクトに設置される場合，N_{OG} は 0.5 である．塔のスプレー部分は，通常 3-ft 間隔で空けられる．入口ダクトスプレーは，カラムの高さに関与しない．

解答：　塔を通過するガス流速を計算する．
$$V = Q/S = Q/(\pi D^2/4)$$
ここで，V ＝ ガス流速，Q ＝ 実際の体積ガス流量，S ＝ 断面積，D ＝ 塔の直径．
$$V = Q/(\pi D^2/4) = 25,000/[\pi(14)^2/4] = 162.4 \text{ ft/min} = 2.7 \text{ ft/sec}$$
ガス流速は，要件を満たしているか，計算したガス流速は，3 ft/sec 未満のため，答えはイエスである．規制を満たすために必要とされる総合のガス移動単位数 N_{OG} を計算する．すでに述べたように，
$$N_{OG} = \ln(y_1/y_2)$$
ここで，y_1 ＝ 入口ガス濃度（モル分率），y_2 ＝ 出口ガス濃度（モル分率）．
入口ガス濃度にピーク値を用いる．

$$N_{OG} = \ln(y_1/y_2) = \ln(500/25) = 3.0$$

6か所のスプレー部を有する塔の全移動単位数を決定する．上述したように，各下段のスプレーは，上部スプレーの効率の60%程度である（周辺部分からの液体とガスの逆混合による）．スプレー部の N_{OG} 値は次のように導かれる．

トップスプレーの N_{OG} = 0.7（与えられた値）
2nd スプレーの N_{OG} = 0.7×0.6 = 0.42
3rd スプレーの N_{OG} = 0.42×0.6 = 0.252
4th スプレーの N_{OG} = 0.252×0.6 = 0.1512
5th スプレーの N_{OG} = 0.1512×0.6 = 0.0907
入口の N_{OG} = 0.5（与えられた値）

$$\text{全 } N_{OG} = 0.7 + 0.42 + 0.252 + 0.1512 + 0.0907 + 0.5 = 2.114$$

この値は，必要とされる数値3.0を下回っている．さらに，出口ガス濃度を計算する．

$$N_{OG} = \ln(y_1/y_2)$$
$$y_1/y_2 = \exp(N_{OG}) = \exp(2.114) = 8.28$$
$$y_2 = 500/8.28 = 60.4 \text{ ppm}$$

スプレー塔は，HCl規制を満たすことができるか，y_2 は，必要とされる排出基準 25 ppm を超えているため，スプレー塔は，要件を満たしていない．

18.4.3　充填塔の計算

■例 **18.9**

問題： Pollution Unlimited 社は，NH_3 を含むガス流に対する充填塔式アンモニアスクラバーの計画を提出している．運転データと設計データは Pollution Unlimited 社から与えられる．われわれは，1978年に Pollution Unlimited 社に対して同様のスクラバーの計画を承認している．古いファイルを引っ張りだしてみると，ガス流速を除いてすべて同じ条件であった．どのような勧告を行うか（USEPA, 1984b, p.102）？

条件：
塔の直径 = 3.57 ft
充填塔の高さ = 8 ft
ガスと液体の温度 = 75°F
運転圧力 = 1.0 atm
アンモニアフリーの液体流量（入口）= 1000 lb/ft^2-hr
ガス流量 = 1575 acfm
1978年の計画のガス流量 = 1121 acfm
入口 NH_3 ガス組成 = 2.0 mol%
出口 NH_3 ガス組成 = 0.1 mol%
空気の密度 = 0.0743 lb/ft^3

空気の分子量＝29
ヘンリー定数 m ＝0.972
水の分子量＝18
排出基準＝0.1％ NH_3

解答： 気相基準総括移動単位数（気体側の境膜物質移動係数に基づく移動単位数）N_{OG} はどれぐらいか？ 気相基準総括移動単位数は，必要な充填層の高さを計算するのに用いられる．総括移動単位数は，必要なアンモニア吸収率と，カラムにおける駆動力（操作線と平衡線の差）の大きさの関係である．ガスのモル流量 G_m と液のモル流量 L_m（lb-mol/ft²-hr）を計算する．まず，塔の断面積（ft²）を計算する．

$$S = \pi D^2/4$$

ここで，S＝塔の断面積，D＝塔の直径．

$$S = \pi D^2/4 = [\pi \times (3.57)^2]/4 = 10.0 \text{ ft}^2$$

ガスのモル流束 G_m（lb-mol/ft²-hr）を計算する．

$$G_m = Q\rho/SM$$

ここで，G_m＝ガスモル流量（lb-mol/ft²-hr），Q＝ガス流の体積流量，ρ＝空気の密度，S＝塔の断面積，M＝空気の分子量．

$G_m = Q\rho/SM = (1575 \times 0.0743)/(10.0 \times 29) = 0.404$ lb-mol/ft²-min ＝24.2 lb-mol/ft²-hr

液体モル流束 L_m（lb-mol/ft²-hr）を計算する．

$$L_m = L/M_L$$

ここで，L_m＝液体モル流束（lb-mol/ft²-hr），L＝液の質量流束（lb/ft²-hr），M_L＝液の分子量．

$$L_m = L/M_L = (1000)/(18) = 55.6 \text{ lb-mol/ft}^2\text{-hr}$$

mG_m/L_m の値を計算する．ここで，m＝ヘンリー定数，G_m＝ガスモル流束（lb-mol/ft²-hr），L_m＝液体モル流束（lb-mol/ft²-hr）．

$$mG_m/L_m = (0.972)(24.2/55.6) = 0.423$$

$(y_1 - mx_1)/(y_2 - mx_2)$ の値を計算する．ここで，y_1＝入口ガスモル分率，m＝ヘンリー定数，x_1＝出口液体モル分率，y_2＝出口ガスモル分率，x_2＝入口液体モル分率．

$$(y_1 - mx_1)/(y_2 - mx_2) = [0.02 - (0.972)(0)]/[0.001 - (0.972)(0)] = 20.0$$

$(y_1 - mx_1)/(y_2 - mx_2)$ の値と mG_m/L_m の値を用いて N_{OG} の値を求める（式 (16.11) より）．

$$N_{OG} = 4.3$$

気相基準総括移動単位高さ H_{OG} はどのぐらいか，気相基準総括移動単位高さ H_{OG} は，充填層の所要高さを計算するのに用いられる．大気汚染防止システムにおける H_{OG} 値は，大抵の場合，経験に基づいたものである．H_{OG} は，吸収液の粘度と分離の難しさに深く関係しており，この両者が増加すると，H_{OG} も増加する．ガス質量流束 G（lb/ft²-hr）を計算する．

$$G = \rho Q/S$$

ここで，G＝ガス質量流束（lb/ft²-hr），ρ＝空気の密度，S＝塔の断面積．

$$G = \rho Q/S = (1575 \times 0.0743)/10.0 = 11.7 \text{ lb/ft}^2\text{-min} = 702 \text{ lb/ft}^2\text{-hr}$$

H_{OG} の値は 2.2 ft である（訳注：おそらくガスと液の種類，ガス流束 G などによって変わる H_{OG} と液流束などの関係図から読み取っている）．必要とされる充填カラム高さ Z（ft）はどのくらいか．

$$Z = (N_{OG})(H_{OG})$$

ここで，Z = 充填層の高さ，H_{OG} = 気相基準総括移動単位高さ，N_{OG} = 移動単位数．

$$Z = N_{OG} \times H_{OG} = 4.3 \times 2.2 = 9.46 \text{ ft}$$

Pollution Unlimited 社の仕様である充填カラム高さ 8 ft と上記で計算した高さを比較する．どのような勧告を行うか．計算された高さ（9.46 ft）は，会社が提案した高さ（8 ft）より高いため，不認可とする．

18.4.4 充填カラム高さと直径の計算

■例 18.10

問題： ある充填カラムがガス流からアンモニアを吸収するように設計されている．下記に示された運転条件と充填物のとき（図 18.2），充填高さとカラム直径を計算せよ（USEPA, 1984b, p.106）．

条件：

ガス質量流速 = 5000 lb/hr

入口ガス流の NH_3 濃度 = 2.0 mol%

吸収液 = 純水

充填物 = 1 in. のラシヒリング

充填物因子 F = 160

カラムの H_{OG} = 2.5 ft

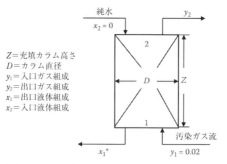

図 18.2 充填カラム（出典：USEPA, *Control of Gaseous and Particulate Emissions: Self-Instructional Problem Workbook*, EPA 450/2-84-007, U.S. Environmental Protection Agency Air Pollution Training Institute, Research Triangle Park, NC, 1984, p.107）

ヘンリー定数 $m = 1.20$
空気の密度 $= 0.075 \text{ lb/ft}^3$
水の密度 $= 62.4 \text{ lb/ft}^3$
水の粘度 $= 1.8 \text{ cp}$
一般化されたフラッディングと圧力損失の補正図（USEPA, 1984b, p.107），図 16.8 を参照のこと．

装置は，フラッディングガス質量流束 60% で運転され，実際の液体流束は，最小値の 25% 増しの値であり，そして，90% のアンモニアが，州の規制に基づいて捕集される．

解答： 総括ガス移動単位数 N_{OG} はどのくらいか．充填高さ Z は次のように求められる．

$$Z = (H_{OG})(N_{OG})$$

ここで，$Z =$ 充填高さ，$H_{OG} =$ 気相基準総括移動単位高さ，$N_{OG} =$ 移動単位数．
H_{OG} は与えられているため，Z を計算するためには，N_{OG} があればよい．N_{OG} は液体とガスの両者の流速の関数であるが，この値は，ほとんどの大気汚染防止措置において，通常入手できる．90% アンモニアを除去するための平衡出口液体組成 x_1 と出口ガス組成 y_2 はどれぐらいか？ ガス流と液流の両者の入口と出口組成（モル分率）が必要であることを思い出そう．入り口ガス組成 $y_1 = 0.02$ での平衡出口組成 x_1^* を計算する．ヘンリーの法則により，x_1^* は，y_1/m となる．平衡出口液体組成は，L_m/G_m の最小値を計算するために必要となる．ここで，$x_1^* =$ 平衡出口組成，$y_1 =$ 入口ガスモル分率，$m =$ ヘンリー定数，$L_m =$ 液体モル流束（lb-mol/ft^2-hr），$G_m =$ ガスモル流束（lb-mol/ft^2-hr）．

$$x_1^* = y_1/m = (0.02)/(1.20) = 0.0167$$

90% 除去の場合の y_2 を計算する．90% の NH_3 を除去する必要があるため，物質収支から，出口ガス流に 10% の NH_3 が残る．

$$y_2 = (0.1)(y_1)[(1-y_1) + (0.1)(y_1)]$$

ここで，$y_1 =$ 入口ガスモル分率，$y_2 =$ 出口ガスモル分率．

$y_2 = (0.1)(y_1)/[(1-y_1) + (0.1)(y_1)] = (0.1)(0.02)/[(1-0.02) + (0.1)(0.02)] = 0.00204$

物質収支から，ガスモル流量に対する液体モル流束の最小割合 $(L_m/G_m)_{min}$（最小液ガス比）を求める．充填カラムの物質収支は次のように計算される．

$$G_m(y_1 - y_2) = L_m(x_1^* - x_2)$$
$$(L_m/G_m)_{min} = (y_1 - y_2)/(x_1^* - x_2)$$

ここで，$L_m =$ 液体モル流束（lb mol/ft^2-hr），$G_m =$ ガスモル流束（lb mol/ft^2-hr），$y_1 =$ 入口ガスモル分率，$y_2 =$ 出口ガスモル分率，$x_1^* =$ 平衡出口組成，$x_2 =$ 入口液体モル分率．

$$(L_m/G_m)_{min} = (y_1 - y_2)/(x_1^* - x_2) = (0.02 - 0.00204)/(0.0167 - 0) = 1.08$$

実際の液ガス比（ガスモル流束に対する液体モル流束の割合）L_m/G_m を計算する．実際の液体流束が，与えられた運転条件に基づいた最小値の 25% 増しであることを思い出そう．

$$(L_m/G_m) = 1.25(L_m/G_m)_{min} = 1.25 \times 1.08 = 1.35$$

$(y_1-mx_1)/(y_2-mx_2)$ の値を計算する．ここで，y_1 ＝入口ガスモル分率，m ＝ヘンリー定数，x_1 ＝出口液モル分率，y_2 ＝出口ガスモル分率，x_2 ＝入口液モル分率．

$$(y_1-mx_1)/(y_2-mx_2) = [(0.02)-(1.2)(0)]/[(0.00204)-(1.2)(0)] = 9.80$$

mG_m/L_m の値を計算する．ここで，m ＝ヘンリー定数，G_m ＝ガスモル流束（lb-mol/ft²-hr），L_m ＝液体モル流束（lb-mol/ft²-hr）．

個々の G_m と L_m の値はわかっていないが，2つの比は前もって計算されている．

$$mG_m/L_m = 1.2/1.35 = 0.889$$

前もって計算された値（9.80 と 0.889）を用いて，気相基準総括移動単位数を決定する．

$$N_{OG} = 6.2$$

そこで，充填高さ Z を計算する．

$$Z = (N_{OG})(H_{OG})$$

ここで，Z ＝充填高さ，H_{OG} ＝気相基準総括移動単位高さ，N_{OG} ＝移動単位数．

$$Z = (N_{OG})(H_{OG}) = 6.2 \times 2.5 = 15.5 \text{ ft}$$

充填カラムの直径は，どのくらいか．実際のガス質量流束を求めなければならない．カラムの直径を求めるために，フラッディング質量流束が必要となる．USEPA の一般化されたフラッディングと圧力損失補正図（USEPA, 1984b, p.107）が，フラッディングガス質量流束を求めるのに用いられる．質量流束は，質量流量を断面積で除して得られる．USEPA の一般化されたフラッディングと圧力損失の補正図の横座標 $(L/G)/(\rho/\rho_L)^{0.5}$ を計算し，フラッディングガス質量流束 G_f を計算する．

$$(L/G)(\rho/\rho_L)^{0.5} = (L_m/G_m)(18/29)(\rho/\rho_L)^{0.5}$$

ここで，L ＝液体質量流束（lb/s-ft²），G ＝ガス質量流束（lb/s-ft²），ρ ＝ガス密度，ρ_L ＝液体密度，L_m ＝液モル流束（lb-mol/ft²-hr），G_m ＝ガスモル流束（lb-mol/ft²-hr），18/29 ＝空気の分子量に対する水の分子量の比．

ノート： L と G はモルベースではなく，質量ベースである．

$$(L/G)(\rho/\rho_L)^{0.5} = (1.35)(18/29)(0.075/62.4)^{0.5} = 0.0291$$

計算された横座標の値を用いて，フラッディング曲線での縦座標（ordinate）の値を求める．

$$縦座標 = \frac{G^2 F \Psi(\mu_L)^{0.2}}{\rho_L \rho g_c}$$

ここで，G ＝ガス質量流束（lb/ft²-sec），F ＝充填ファクター＝1 in. のラシヒ（Raschig）リングでは 160，Ψ ＝水の密度／液体の密度の比，μ_L ＝液体の粘度（cp），ρ_L ＝液体密度，ρ ＝ガス密度，g_c ＝32.2 lb-ft/lb-sec²．

USEPA の一般化されたフラッディングと圧力損失補正の図から，

$$\frac{G^2 F \Psi(\mu_L)^{0.2}}{\rho_L \rho g_c} = 0.19$$

今回の横座標に対応するフラッディング時のガス質量流束 G_f（lb/ft²-sec）を解く．この

ケースでは，G の値は，G_f になる．すなわち，

$$G_f = \left(\frac{(0.19)(\rho_L \rho g_c)}{F\Psi(\mu_L)^{0.2}}\right)^{0.5} = \left(\frac{(0.19)(62.4)(0.075)(32.2)}{(160)(1)(1.8)^{0.2}}\right)^{0.5} = 0.4000 \text{ lb/ft}^2\text{-sec}$$

実際のガス質量流束 G_{act}（lb/ft²-sec）を計算する．

$$G_{act} = 0.6\, G_f = 0.6 \times 0.400 = 0.240 \text{ lb/ft}^2\text{-sec} = 864 \text{ lb/ft}^2\text{hr}$$

最後に，カラムの直径（ft）を計算する．

$$S = \text{ガスの質量流束}/G_{act} = 5000/G_{act}$$
$$S = \pi D^2/4$$
$$\pi D^2/4 = 5000/G_{act}$$
$$D = [(4(5000))/(\pi G_{act})]^{0.5} = 2.71 \text{ ft}$$

引用文献・推奨文献

Calvert, S.J., Goldschmid, D., Leith, D., and Metha, D.(1972). *Wet Scrubber System Study*. Vol 1. *Scrubber Handbook*, EPA R2-72-118a. U.S. Environmental Protection Agency, Washington, DC.

Cooper, D. and Alley, F.(1994). *Air Pollution Control: A Design Approach*, 2nd ed. Waveland Press, Prospect Heights, IL.

Corbitt, R.A.(1990). *Standard Handbook of Environmental Engineering*. McGraw-Hill, New York.

Heumann, W.L. and Subramania, V.(1997). Particle scrubbing, in Heumann, W.L., Ed., *Industrial Air Pollution Control Systems*. McGraw-Hill, New York.

Lapple, C.E. and Kamack, H.J.(1955). Performance of wet dust scrubbers. *Chemical Engineering Progress*, 51, 110-121.

Nukiyama, S. and Tanasawa, Y.(1983). An experiment on atomization of liquid by means of air stream (in Japanese). *Transactions of the Japan Society of Mechanical Engineers*, 4, 86.

Perry, R. and Green, D., Eds.(1984). *Perry's Chemical Engineers' Handbook*, 6th ed.. McGraw-Hill, New York.

Semrau, K.T.(1960). Correlation of dust scrubber efficiency. *Journal of the Air Pollution Control Association*, 10, 200-207.

Semrau, K.T.(1963). Dust scrubber design—a critique on the state of the art. *Journal of the Air Control Association*, 13, 587-593.

Spellman, F.R.(1999). *The Science of Air: Concepts and Applications*. Technomic, Lancaster, PA.

Spellman, F.R.(2008). *The Science of Air: Concepts and Applications*, 2nd ed. CRC Press, Boca Raton, FL.

USEPA.(1971). *Control Techniques for Gases and Particulates*. U.S. Environmental Protection Agency, Washington, DC.

USEPA.(1984a). *APTI Course 413: Control of Particulate Emissions*, EPA 450/2-80-066. U.S. Environmental Protection Agency Air Pollution Training Institute, Research Triangle Park, NC.

USEPA.(1984b). *Control of Gaseous and Particulate Emissions: Self-Instructional Problem Workbook*, EPA 450/2-84-007. U.S. Environmental Protection Agency Air Pollution Training Institute, Research Triangle Park, NC.

USEPA.(1984c). *APTI Course SI:412C: Wet Scrubber Plan Review: Self-Instructional Guidebook*, EPA 450/2-82-020. U.S. Environmental Protection Agency Air Pollution Training Institute, Research Triangle Park, NC.

USEPA.(1992). *Control Technologies for Volatile Organic Compound Emissions from Stationary Sources*, EPA 453/R-92-018. U.S. Environmental Protection Agency, Washington, DC.

USEPA.(1996). *OAQPS Control Cost Manual*, 5th ed., EPA 45/B-96-001. U.S. Environmental Protection Agency, Washington, DC.

USEPA.(1998). *Stationary Source Control Techniques Document for Fine Particulate Matter*, EPA-452/R-97-001. U.S. Environmental Protection Agency, Washington, DC.

Yung, S., Calvert, S., and Barbarika, J.F.(1977). *Venturi Scrubber Performance Model*, EPA 600/2-77-172. U.S. Environmental Protection Agency, Cincinnati, OH.

第 X 部

水質の数学的概念

天下に水より柔らかく弱々しいものはない．しかし，水が堅く強いものを襲うとき，何者も抗うことはできない．というのは，水の代わりになるものがないからだ．柔らかさが堅さに勝ち，弱きが強きに勝つ．誰もが知っているが，実行できるものはいない．

—— 老子（Lao Tzu）（紀元前 600～532 年）

第19章　流れている水

　実用性という観点から，水源としての河川が汚濁質を浄化できる容量は「河川の自浄作用」という複雑な現象に依存してきた．これは動的な現象であり，水理学的・生物学的変動相互関係は未だ完全には理解されていない．しかし既往の知見を適用することを排除するものではなく，水資源利用と開発・管理を行うための意思決定を行う際の実用的な指針として使えるだけの，予想されうる変動下における河川の状態を定量的に記述するだけの十分な知見が得られている．

　流水は催眠剤であり，火や波，あるいはほこりを見ているようなものである．

—— Velz（1970）

19.1　水槽のバランスをとる

　小川に遠足に行くことは，くつろいだ楽しい行事である．しかし歩行者が小川にたどり着いて堤防に毛布を広げたとき，廃棄物や捨てられたがれきが大量に水面を流れて，岸辺や下流にあふれているのを目にしたら楽しい気分は吹き飛んでしまう．悪臭を放つ水の流れを間近にみるにつけて，吐き気をもよおす．虹色をした油膜のきらめきをみかけ，そこかしこにある魚の死骸や遺棄物で台なしにされ，一面にカビが生えてぬるぬるしたような状態．と同時に臭覚は有害な状態を知らせる警告となる．汚れた水や悪臭，腐敗臭のたちこめた空気とともに，究極の侮辱と惨事に気づくことになる．「危険，遊泳と魚釣り禁止」という警告である．眼前にある小川はまったく小川ではなく，見苦しい排水溝に毛が生えたくらいのものであると自覚する．数年間にわたり生態学者が知っていて警鐘を鳴らしてきたことを，知ることになる．すなわち，一般に信じられてきたのとは逆に，河川や小川が汚染を処置する容量が無限にあるわけではないのである（Spellman, 1996）.

　このような状況は 1970 年代初頭までは米国全域の主要な大都市近辺の河川や小川で共通してみられたことであった．工業化の結果，これまで多くの水生生物の生息地は劣化したが，河川と小川はいつも哀れな状態であるとは限らなかった．1800 年代の産業革命以前までは，大都市部は大きくなく人口も密集していなかった．したがって初期の人家が集中している箇所では大小河川は大した量の汚濁物を受けていなかった．初期の頃は，大小河川は流入する少量の汚濁物質を補うことができた．汚染により損傷を受けたとき，自然は抵抗する術を得た．大小河川の場合，自然浄化能を通じて回復する流水を与えた．しかし，やがて莫大な量の廃棄物などが流入して回復できないほど人々が大勢

集まり大きな街を形づくった．

　人間が大小河川に影響を及ぼすものは一体何なのか？ Halsam (1990) は人間活動とその利便性にあると指摘した．付け加えると，多くの人は数百年前と同じ量の水を有しているということを知らない．水循環を通じて，われわれは古代ローマ人やギリシャ人が使っていた水を，再利用しているということである．需要の増大に伴って水供給が非常に逼迫してきた．人間は逼迫の原因であり汚染と浄化の間の微妙なバランスを崩したのである．魚をつかまえたことのある人なら誰でも水槽や池の水が腐敗しすぎたらどうなるかは理解できるはずである．ある意味，われわれ自身の水供給のために水槽のバランスを崩している傾向がある．

　産業化の到来に伴い，地方の大小河川は悪化の一途をたどる哀れな汚水だめとなっていった．産業革命時には，馬の糞尿や街路のゴミの除去が差し迫った問題となった．1986年にMoranと同僚たちが指摘しているように，ゴミ収集者が街路を掃除して集めたゴミを近くの河川に捨てることは日常的なものではなかった．1887年にはロンドン市内の河川から絶え間なく流れてくる動物の死骸を取り除くために，専任の河川管理者が雇われた．さらに，当時の社会に浸透していた態度は「面倒くさい．川に投げ捨てろ」というものであった (Holsom, 1990)．いったん，清澄でない水の危険性を知ると，飲料用や遊水として利用される水の水質への脅威は影響を受ける人々をすぐに憤慨させてしまった．幸いなことに1970年代に小川の汚染問題は是正されはじめた．科学的な検討と排水処理技術の導入により，小川はもとの自然な状態に回復されはじめた．小川の自然浄化作用は小川を自然の水質に回復させることに役立った．生物相のバランスはすべての小河川で正常なものになった．清澄で健全な小河川は共通した特性を有する．それは少量の汚染物質なら河川自ら処理できるという性質である．しかし小河川が通常とは異なる大量の汚濁を受けてしまうと，河川の生命は変化し安定化しようとする．それは生物相が水槽をバランスさせようとするということである．もし河川の生物相が自然浄化能を失ってしまったら，河川は生命のない身体となってしまう．自然浄化能の過程は有機物の分解にのみ役立つものである．この章では河川での有機汚濁とその自然浄化について述べる．

19.1.1　河川の汚染源

　河川の汚染源は通常，点源と非点源に分類される．点源は下水処理や工業プラントから流れ出る排水のことをいう．単純にいえば点源は通常管渠の末端（end of the pipe）汚染であると簡単に特定され，集中した1か所か複数の箇所から発するものである．

　下水処理場の放流水の有機汚濁に加えて，集中した汚染源に由来して流出してくる汚染源も存在する．集中していない汚染源は非点源として知られている．非点源汚染は工場廃水や下水処理場からの汚濁と違って数多くの分散した汚染源に由来する．降雨や融雪が地表を流れるときに非点源汚染を引き起こす．流出水が移動する際に自然由来あるいは人為由来の汚濁質を河川，湖沼，湿地，沿岸海域，あるいは地下水に運び込んでし

まう．いくつかの汚濁物質は以下のようなものである．
- 農地や居住地に由来する過剰な肥料，除草剤や殺虫剤．
- エネルギー生産域や都市域から流出した油，グリース，毒性化学物質．
- 適正な管理を行っていない工事現場，畑地や森林，浸食された河川堤に由来する土砂．
- 干拓地における塩害，廃鉱山に由来する酸性排水．
- 家畜やペットの排泄物，不完全な屎尿だめに由来する細菌や栄養塩類．

大気由来の降下物と水文・水理学的構造の変化も非点源汚染に数えられる（USEPA, 1994）．

特に環境関係者にとって関心があるのは農業排水である．点源汚染としてたとえばサイロ内の貯蔵生牧草からの排水は下水処理水の200倍のBOD（biochemical oxygen demand, 生物化学的酸素要求量）を有している（Mason, 1990）．

栄養素とは，細菌，カビ，藻類などの微生物にとっての食物を供給する有機物と無機物のことである．栄養素は下水の放流によって付与される．生態系の中で細菌，カビ，藻類は高次捕食者により消費される．小河川では溶存酸素量（DO）が限られているため，有機物の好気的分解が嫌気的になることなく行える容量は限られている．有機汚濁負荷がその容量を超えてしまうと，通常の水生生物に適合したものではなくなる．つまり酸素欠乏に敏感な生物を維持できなくなるのである（Smith, 1974）．

下水処理場の放流水は近傍の水路に放出される．放流地点では，小川で明瞭な溶存酸素量の減少がみられる．この現象は酸素サグ（へこみ）として知られている．（清浄で健全な状態の小川に生息する生物にとって）DOが下がると同時に，微生物が有機物の分解にDOを消費するためにBODが極度に上がる．有機物が分解されると，微生物数とBODが下がる一方，（乱流状態の）川の流れと水生植物の光合成によりDOは上がる．この自浄過程は非常に効率的であり，排水の量が多くなければ河川は恒久的な損傷を被ることはない．自浄過程を理解することは河川生態系が過負荷に陥らないようにするために重要である．

都市と産業地域が継続的に発展するにつれ，廃棄物の廃棄の問題もまた大きくなる．廃棄物の量が増加し，初期の頃に比べはるかに集約されてくると，自然の水路は浄化過程の恩恵を受けることになる．下水処理場はこの恩恵を与えてきた．下水処理場は生下水が河川に放流されると汚濁負荷となってしまう有機物を減らすために機能している．下水処理場は，一次処理，二次処理，三次処理という3つの段階の処理工程を利用している．汚水の処理のために，二次処理ではどの河川でもみられるのと同じ自浄過程を活用している．細菌と原生動物（単細胞生物）が有機物質を分解する．水生昆虫やワムシがその後の浄化過程を引き継いでいる．ときおり河川は下水流入の影響から回復するか，ほとんど影響を受けない場合がある．この現象が自然の河川の浄化作用である（Spellman and Whiting, 1999）．

19.2　希釈は解決策？

　1900年代の初期，排水の放流は，「解決策は希釈にあり」という前提に成り立っていた．排水に関する最も経済的な手法とは，流れている水（つまり河川）に捨てることであり，そうすることは良好な工学上の実践であるとされてきた（Clark et al., 1977; Velz, 1970）．現場における初期の実践は，汚水を受容している水の水平，鉛直，縦断方向に拡散する特性に基づく混合帯の考え方を軸に発展してきた（Peavy et al., 1975）．前もって選択された濃度まで汚濁物質が薄められる規模と拡散特性を予測するさまざまな数式が発達してきた．水路ないし河川では汚濁質は最終的には浄化されるという説が有力であったため，非常に汚染された水の放流も受容可能とみなされていた．実際には，見えない所に放流されている汚水は気にならない，汚水の水路は流れている水に希釈されるので放っておくというのがその当時の受け止め方であった．希釈は表層水の自浄作用の機構上の有力要因ではあるが，限界がある．希釈は自浄作用のために流水を利用するという実際的な手段ではあるが，汚水の放流が比較的広い水域に比較的少量の汚濁しかもたらさないときのみ有効である．自浄作用のための流水の効能を阻害する因子は汚濁廃棄箇所の増大である．人口と産業活動の増大は水需要と汚水量の増加を伴いつつ，未処理，または低級処理水の希釈に対しての多くの水路の利用を不可能にする（Peavy et al., 1975）．

19.2.1　流水の希釈容量

　限界範囲内では，希釈は放流した汚濁物の流れ込んだ流水を扱うのに効果的な手段である．放流地点を過ぎるやいなや，混合と希釈の過程が始まる．しかしながら，放流口付近では完全混合は起こらない．その代わりに，汚濁物質の濃度分布勾配（プルーム）が形成され，それが徐々に広がっていく．プルームの長さと幅（分散）は流水の形状，流速，流れの深さに依存する（Gupta, 1997）．混合域を超えてしまうと流水による希釈の容量は最悪状態を想定した条件下や7日間，10年に一度ので低流量が続くという条件下での物質収支の関係により計算される．単純化された希釈に関する式は以下のように表される．

$$C_d = \frac{Q_s C_s + Q_w C_w}{Q_s + Q_w} \tag{19.1}$$

ここで，C_d＝汚水放流後の流水過程での完全混合された汚濁物質の濃度（mg/L），Q_s＝汚水放流口より上流側の流量1秒当たりの立方フィート（cfs），C_s＝汚水放流口より上流側の汚濁物質の濃度（mg/L），Q_w＝汚水放流量（cfs），C_w＝放流汚水中の汚濁物質の濃度（mg/L）．

■例 19.1
　問題：　ある発電所が流量180 cfsで流れる川から流量25 cfsでポンプで汲み上げた．

この発電所の排水のたまった池から流速 22 cfs で放流されている．放流口より河川水と放流水中のホウ素濃度はそれぞれ 0.053 mg/L と 8.7 mg/L である．放流口より下流で完全混合したときの河川水中のホウ素濃度を求めよ．

解答： $C_d = \dfrac{Q_s C_s + Q_w C_w}{Q_s + Q_w} = \dfrac{(180-25)(0.053)+(22)(8.7)}{(180-25)+22} = 1.13 \text{ mg/L}$

19.3 放流量の測定

流水に対する全放流量は，風や他の水面効果を伴う浮きを使った方法や色素を用いた検討，あるいは実際の小区分での流速測定により推測できるが，それは護岸や時間，関係者の人事やその地域ごとの条件により影響を受ける．流路断面における放流量は以下の小区分における式を用いて測定されるのが通例である．

$$Q = (平均水深 \times 幅 \times 平均速度)の総和$$

$$Q = \sum_{n=1}^{n} \dfrac{1}{2}(h_n + h_{n-1})(w_n + w_{n-1}) \times \dfrac{1}{2}(v_n + v_{n+1}) \tag{19.2}$$

ここで，Q = 放流量（cfs），w_n = 最初の地点（0）から n 番目の地点までの距離（ft），h_n = n 番目の地点の水深（ft），v_n = n 番目の流速（ft/sec）．

v は流速計による測定値である．

19.4 到達時間

色素を使った検討，あるいは計算手法は流水の到達時間を決めるのに用いられる．流水の到達時間は河川，あるいは水路の形状特性体積変位モデルにより計算できる．どの流達点においても流達時間は流達点ごとの水路の容積を流量で割った次式で求められる．

$$t = V/Q \times 1/86{,}400 \tag{19.3}$$

ここで，t = 流達時間（日），V = 流達量（ft³，もしくは m³），Q = おのおのの平均流量（cfs，もしくは m³/sec）．

■例 19.2

問題： ある河川で 63.5, 64.0, 64.5, 65.0, 65.7 mi 地点における水面位置からの断面積はそれぞれ 270, 264, 263, 258, 260 ft² であった．平均流量は 32.3 cfs だった．63.5 mi 地点と 65.7 mi 地点間での流達時間を求めよ．

解答： 流達地点での面積を求める．
平均面積 = 1/6(270+264+263+258+257+260) = 262 ft²

次に容積を求める．
流達距離 = 65.7 mi − 63.5 mi = 2.2 mi × 5280 ft/mi = 11,616 ft
容積 = 262 ft² × 11,616 ft = 3,043,392 ft³

次に流達時間を求める．

$$t = \frac{V}{Q} \times \frac{1}{86{,}400} = \frac{3{,}043{,}392}{32.3 \times 86{,}400} = 1.1 \, \text{日}$$

19.5 溶存酸素

流水系では酸素の生産と消費の両方が行われる．酸素は大気と植物の光合成作用から供給される．流水は撹拌されるために湖沼，池などの止水より多くの酸素を溶け込ませる．水生生物による呼吸，分解，あるいはさまざまな化学反応により酸素は消費される．流水中の溶存酸素（DO）は，気体の酸素が人間にとってそうであるように，河川中の生物の健全性にとって重大なものである．単純にいえばDOは水生生物の呼吸にとって必要不可欠であり，河川水中でのその濃度は，水中とその下に横たわる底質中の生物相の種組成にとって決定的な因子である．さらに河川水中のDOは，水中と底質中の生物化学反応に対して広範囲に影響を及ぼし，ひいては流水とともに流れる多くの元素の溶解性や水のにおいや味といった審美的な質を含む水質のあらゆる要素に影響を与える．このような背景からDOは歴史的に最も頻繁に測定されてきた水質指標である（Hem, 1985）．

もしDOを減少させるような物質がない場合，流水中のDOの濃度はほぼ大気に触れているときと同じ飽和状態にあり，氷結時には14 mg/Lであるのが水温の上昇に伴い30℃では7 mg/Lまで低下する．このようなことから生態学的に健全な状態の河川では，DOの濃度は一義的に水温に依存し，季節や気候によって変化する．望ましいDO濃度の基準設定の適用は，マス類やその餌生物である水生昆虫のような冷水性の生物相と，比較的低いDOにも耐性のある温水性の生態系の生物種によって，よく使い分けされる．さらに水生動物の呼吸にDOが果たす役割は重大であるために，DOの基準は長期間にわたる平均値ではなく，最低濃度のDO状態が続く短い期間の長さとその発生頻度により表される場合が多い．米国環境保護庁（USEPA）により引用された淡水生物相のDO依存性に関する研究事例では，20%以上の期間中にDOが6.5 mg/Lを切るような河川ではマス類と他の冷水性魚類を維持できないうえに，ラージマウスバス（ブラックバス）のような暖水性の遊魚対象種でも，その成育に悪影響を及ぼすことが示されている（USEPA, 1986）．20%以上の期間中にDOの不足分が4 mg/Lを超過している河川では，冷水性・暖水性の遊魚対象種両方とも維持できない．河川水中のDO不足分とは飽和濃度と測定値との差分に相当し，河川中の酸素を要求する物質の効果を直接的に測定していることになる．

河川中のDOの欠乏を生じさせる物質の主要な排出源は，生活排水と工業排水の処理場からの放流水，下水道や屎尿貯留槽からの漏洩や越流，出水時の農地や市街地からの流出，河川中の水生植物や陸生植物が枯死したものなどである．DOは曝気の過程（落ち込みや瀬）と植物の光合成作用を通じて河川水に付加される．

さまざまな水温におけるDO飽和値（DO_{sat}）は，米国土木学会による式により計算で

きる (Elmore and Hayes, 1960). この式は海面と同じ気圧下での蒸留水の飽和値 (β, 1.0) を代表値としている. たとえ水中の不純物が飽和のレベルを増大・減少させても, 多くの場合 β 値は不変, もしくは 1.0 である.

$$DO_{sat} = 14.652 - 0.41022T + 0.0079910T^2 - 0.000077774T^3 \tag{19.4}$$

ここで, DO_{sat} = 溶存酸素飽和濃度 (mg/L), T = 水温 (℃).

■例 19.3

問題: β 値を 1.0 と仮定して, 水温 (T) 0, 10, 20, 30℃ における DO 飽和濃度を計算せよ.

解答: $T = 0℃$ のとき

$$DO_{sat} = 14.652 - 0 + 0 - 0 = 14.652 \text{ mg/L}$$

$T = 10℃$ のとき

$DO_{sat} = 14.652 - (0.41022 \times 10) + (0.0079910 \times 10^2) - (0.000077774 \times 10^3) = 11.27$ mg/L

$T = 20℃$ のとき

$DO_{sat} = 14.652 - (0.41022 \times 20) + (0.0079910 \times 20^2) - (0.000077774 \times 20^3) = 9.02$ mg/L

$T = 30℃$ のとき

$DO_{sat} = 14.652 - (0.41022 \times 30) + (0.0079910 \times 30^2) - (0.000077774 \times 30^3) = 7.44$ mg/L

19.5.1 溶存酸素量補正係数

気温の変化と平均海面からの高さにより空気圧が異なるため, DO 飽和濃度は数式により補正されなければならない. 補正係数 (f) は次式により計算される.

$$f = \frac{2116.8 - (0.08 - 0.000115A)E}{2116.8} \tag{19.5}$$

ここで, f = 平均海面における補正係数, A = 気温 (℃), E = 標高 (平均海面からの高さ, ft).

■例 19.4

問題: 平均海面より 640 ft の位置, 気温 25℃ での DO_{sat} の補正係数を求めよ. また水温 20℃ 時の DO_{sat} はいくらか?

解答:

$$f = \frac{2116.8 - (0.08 - 0.000115A)E}{2116.8}$$

$$= \frac{2116.8 - (0.08 - 0.000115 \times 25)640}{2116.8} = \frac{2116.8 - 49.4}{2116.8} = 0.977$$

$T = 20℃$ における $DO_{sat} = 9.02$ mg/L. 標高による補正係数は 0.977 として,

$$DO_{sat} = 9.02 \text{ mg/L} \times 0.977 = 8.81 \text{ mg/L}$$

19.6　生物化学的酸素要求量

　生物化学的酸素要求量（BOD）は河川水中の有機物が分解される際に微生物により消費される酸素量を測定したものである．BOD は，無機物の化学的酸化量も測定していることになっている（すなわち化学反応を介した酸素の消費である）．試験方法は，ある決められた時間（通常 20°C で 5 日）で有機物により消費された酸素量を測定することによる．河川での酸素消費速度は，温度，pH，ある種の微生物の存在，水中の有機物と無機物のタイプなどのさまざまな因子により影響を受ける．BOD は流水中の溶存酸素量に直接的に影響を及ぼす．BOD が大きくなるほど，系内の酸素はより速やかに消費される．このことは高次の水生生物にとってはより少ない酸素しか利用できないことを示している．高 BOD は結果的に低 DO と同じことであり，水生生物はストレスを受け，窒息し，最後に死ぬ．BOD 成分の起源は葉や木の残骸，植物や動物の死骸，動物の排泄物，パルプや製紙工場，下水処理場，飼養場，食品加工工場からの排水，管理状態の悪い腐敗物処理タンク，都市域の出水時流出などである．

19.6.1　BOD 試験方法

　標準 BOD 試験方法は，*Standard Methods for the Examination of Water and Wastewater* （Clesceri et al., 1999）に記載されている．試験に希釈試水が植種される場合，酸素取り込み（消費）量は空試験における取り込み量と同じと考えられる．試水の BOD と植種による酸素消費量を補正した空試験の BOD との差が真の BOD である．BOD の計算式は次式で表される（Clesceri et al., 1995）．

●希釈水が植種されない場合，

$$\text{BOD}(\text{mg/L}) = (D_1 - D_2)/P \tag{19.6}$$

●希釈水が植種される場合，

$$\text{BOD}(\text{mg/L}) = ((D_i - D_e) - (B_i - B_e))\frac{f}{P} \tag{19.7}$$

ここで，D_1, D_i ＝試験開始直後の希釈された試水の DO (mg/L)，D_2, D_e ＝ 20°C でインキュベーション後の希釈された試水の DO (mg/L)，P ＝フラン瓶内の全体量に対する添加試水量の占める割合（mL 試水 /300 mL），B_i ＝植種のみの対照におけるインキュベーション前の DO (mg/L)，B_e ＝植種のみの対照におけるインキュベーション後の DO (mg/L)，f ＝希釈した試水における植種量の植種のみの対照における植種量に対する比，P ＝希釈した試水における植種量のパーセント割合／植種のみの対照における植種量のパーセント割合．

　試水と対照の培養（フラン）瓶に植種源を直接添加した場合，f は希釈した試水に添加した植種量と植種のみの対照における植種量の比となる．

19.6.2 実用 BOD 計算法
以下の実用 BOD 計算法が植種した試水と植種しなかった試水の両方に用いられる．

19.6.2.1 非植種 BOD 法
1. 試験に合った希釈率を選択する．
2. それぞれ希釈をしたものの BOD を以下の式で計算する．

$$\text{BOD}(\text{mg/L}) = (\text{DO}_{\text{start}} - \text{DO}_{\text{final}}) \times 300\ \text{mL}/\text{試水体積}(\text{mL}) \tag{19.8}$$

DO_{start} と DO_{final} の単位は mg/L である．

■例 19.5
　問題：　以下のデータから BOD を求めよ．
　初期 DO 8.2 mg/L，最終 DO 4.4 mg/L，供試試水量 5 mL．
　解答：　　　　　BOD(mg/L) = (8.2−4.4)×300 mL/5 = 228 mg/L

19.6.2.2 植種 BOD 法
1. 試験に合った希釈率を選択する．
2. それぞれ希釈をしたものの BOD を，以下の式で計算する．

$$\text{BOD}(\text{mg/L}) = \frac{((\text{DO}_{\text{start}} - \text{DO}_{\text{final}}) - \text{植種補正} \times 300\ \text{mL})}{\text{試水体積}(\text{mL})} \tag{19.9}$$

DO_{start} と DO_{final} の単位は mg/L である．
　植種による補正は以下のように求める．

$$\text{植種補正}(\text{mg/L}) = (\text{BOD}_{\text{start}}/300\ \text{mL}) \times \text{植種量}(\text{mL}) \tag{19.10}$$

■例 19.6
　問題：　300 mL の BOD 測定用フラン瓶を用いて植種源（沈酸処理した生下水）と植種を加えていない希釈水から一連の希釈系列を作製した．植種源の平均 BOD は 2.4 mg/L であった．一連の試水を希釈した系列に植種源を 1 mL ずつ添加した．表 19.1 の 2 つの試水のデータより，植種による補正係数と試水の BOD を求める．
　解答：　まず最初に植種源の単位 mL 当たりの BOD を求める．
1 mL 植種当たりの BOD = 204 mg/L/300 mL = 1 mL 植種当たりの 0.68 mg/L BOD
次に植種補正係数を求める．
　　　植種補正係数 =（単位 mL 植種当たり 0.68 mg/L BOD）
　　　　　　　　　×（1 mL フラン瓶当たり植種源添加量）= 0.68 mg/L
次に各希釈系列における BOD を求める．

表 19.1　例 19.6 の試水データ

瓶番号	試水量 (mL)	植種量 (mL)	DO (mg/L) 初期	最終	減少 (mL)
12	50	1	8.0	4.6	3.4
13	75	1	7.7	3.9	2.8

$$\text{フラン瓶 12 BOD(mg/L)} = \frac{(3.4-0.68)}{50 \text{ mL}} \times 300 = 16.3 \text{ mg/L}$$

$$\text{フラン瓶 13 BOD(mg/L)} = \frac{(3.8-0.68)}{75 \text{ mL}} \times 300 = 12.5 \text{ mg/L}$$

最終的に BOD 報告値を求める．

$$\text{BOD 報告値} = \frac{(16.3+12.5)}{2} = 14.4 \text{ mg/L}$$

19.7 酸素くぼみ

生物化学的酸素要求量は，ある量の有機物を腐敗あるいは分解するときに必要な酸素量である．河川水の BOD を測定することは汚染度合いを決定する 1 つの方法である．未処理の下水などのあまりに多くの有機物が河川に加えられると，すべての利用可能な酸素は使用されつくされてしまう．相互に依存する関係にあるため，高い BOD は DO レベルを下げてしまうことになる．時間，あるいは距離に対する典型的な DO 曲線は，再曝気過程のためにいくぶんスプーン状の形状をしている．このスプーン状の形状の曲線が「酸素くぼみ曲線（酸素垂下曲線とも呼ぶ）」と共通して呼ばれ，Streeter-Phelps の式を使って得られるものである（後述する）．

簡単に言えば，酸素くぼみ曲線は，① 易分解性有機物（すなわち汚濁）の点源汚染位置より上流側，② 放流口，③ 放流口より距離をおいた下流部から，それぞれ採取された水中の DO の測定された濃度を採取位置ごとに描画したグラフのことである．DO は上流側で高く，汚水放流口より直下で減少し（グラフのくぼみの原因），汚染源位置あるいは放流口より離れた下流部では上流部のレベルまで戻ってくる．酸素くぼみ曲線を図 19.1 に示した．図から時間，あるいは距離に対する DO が占める割合が特徴的なくぼみ曲線を示し，それが微生物が有機物を分解する過程で DO を使いつくすことによることがわかる．汚濁物が分解されてしまうと DO の回復が起こり，その割合が再び上昇する．

DO 回復の程度はいくつかの要因で決定される．まず下水放流口直下で観察される溶

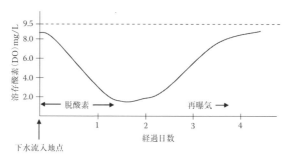

図 19.1 酸素くぼみ曲線（出典：Spellman F.R, *Stream Ecology and Self-Purification*, Technomic, Lancaster, PA, 1996）

存酸素の最低レベルは，他の要因とともにBODの強度と汚濁質の量に依存する．他の要因とは河川の流速，流程の長さ，生物的な構成，初期のDOなどである（Porteous, 1992）．再曝気と脱酸素の速度は河川中のDOの量を決定する．もし再曝気がない場合，DOは最初の下水放流から短時間で0になってしまう．しかしながら再曝気があると，その速度は脱酸素速度により直接的な影響を受けるが，有機物の好気的分解には十分なDO供給となる．河川流速があまりに遅く，河道が非常に深い場合にはDOのレベルは0に達する．

酸素の枯渇は酸素の不足を引き起こし，次に気液界面における大気中の酸素の吸収を引き起こす．撹乱による混合が生じ，効果的な再曝気をもたらす．浅くて流速の速い河川は再曝気も速く（つまり常時飽和状態にある），深くて流れが停滞している河川より浄化速度も速い（Smith, 1974）．

要点： 河川の再酸素化は曝気，酸素吸収，光合成により左右される．河川の瀬や自然の撹乱は曝気と酸素吸収を拡大する．水生植物は蒸散作用により酸素を供給する．水生植物，特に藻類の光合成作用による酸素の生産は夜間に低下し停止してしまう．これが河川中の日周，あるいは日変動を生むことになる．河川中のDOの量は水温が低く溶存物質の濃度が減少すると増えつづけられる．

19.8　河川浄化能：定量的解析[*1]

下水が河川に放流される前に，河川が腐敗状態にならないようにするための最大のBOD負荷量を求めておくことは重要である．最も多用される最終的な下水放流方法は選択された水域への放流である．下水が放流された河川，湖沼には浄化という最終的な作業が与えられる．浄化の程度は下水を受けた水域の流量，あるいは容積，酸素量，再酸化の能力に依存する．さらに自己浄化能は日々大きく変化し，個々の河川に固有な水理学的な変化に依存する．さらに浄化能を変化させる要因としては，降雨流出，水温，再曝気，流下に要する時間が挙げられる．

浄化の過程はさまざまな水生生物により担われている．上述のように，汚物の浄化の途中で河川中の酸素量のくぼみが生じる．これを数学的に表すことで，排水を受けた河川における酸素の応答を決定することができる．しかしながら河川でのさまざまな箇所ごとに生物相や条件が異なることに注意しなくてはならず（すなわち河川中での有機物の分解様式は，互いに拮抗し，同時に起こる微生物による分解と再曝気による酸素供給の関数である），変数と結果を定量化することは難しい．

StreeterとPhelpsは1925年に最初に小川や河川における酸素くぼみのための最も一般的でよく知られた数式を表した．Streeter-Phelps式は次のように表される．

---

*1 [原注] この節の重要な概念は，Spellman F.R., *Stream Ecology and Self-Purification*, Technomic, Lancaster. PA, 1996 より引用した．

$$D = \frac{k_1 \times L_a}{k_2 - k_1}(e^{-k_1 t} - e^{-k_2 t}) + D_a e^{-k_2 t} \tag{19.11}$$

ここで, D = DO の不足分（ppm）, k_1 = BOD 速度係数（日当たり）, L_a = 下水が流入した下流での最終 BOD, k_2 = 再曝気定数（日当たり）, t = 流れ時間（日）, D_a = 初期酸素不足分（汚水流入前）（ppm）.

ノート： 脱酸素定数 k_1 は有機物の好気的分解のために微生物が酸素を消費する速度である. k_1 を求めるには以下の式を用いる.

$$y = L(1 - 10^{-kt}) \text{ あるいは } k_1 = \frac{-\log(1 - y/L)}{5t} \tag{19.12}$$

ここで, y = BOD_5（5 日間 BOD）, L = 最終 BOD, もしくは BOD_{21}（21 日間 BOD）, k_1 = 脱酸素定数, t は日時（5 日）.

再曝気定数 k_2 はその河川固有の反応特性であり, 河川区間によって変わり, 水速, 水深, 大気に接触している表面積, 河川中の生分解可能な有機物量に依存する. 再曝気定数は表 19.2 のように与えられる. 再曝気定数は, 流れの速い浅い河川では緩流河川あるいは湖沼よりも高くなる. 浅い河川での再曝気定数は, その鉛直勾配とせん断応力のために, 以下のような式で求められる.

$$k_2(20°C) = \frac{48.6 S 1/4}{H 5/4} \tag{19.13}$$

ここで, k_2 = 再曝気定数, S = 河床勾配（ft/ft）, H = 水深（ft）.

深い河川では乱流が卓越するが, 乱流に対する再曝気速度は次式で表される.

$$k_2(20°C) = \frac{1.30 V 1/2}{H 3/2} \tag{19.14}$$

ここで, k_2 = 再曝気定数, V = 流速（ft/sec）, H = 水深（ft）.

Streeter-Phelps 式は慎重に用いられるべきである. Streeter-Phelps 式は, 流量や BOD 除去と酸素要求速度, 流下方向における水温などの条件が一定であると仮定している. いいかえればこの式はどの河川でもすべての条件は同じ, ないしは一定という仮定をおいている. しかしこのような仮定があてはまる場合はほとんどない, 河川は刻々と状況

表 19.2 水域における典型的な再曝気定数（k_2）

水域	20°C における k_2 の範囲
停滞河川	0.10 〜 0.23
緩流河川	0.23 〜 0.35
大河川（低流速）	0.35 〜 0.46
大河川（通常の流速）	0.46 〜 0.69
急峻河川	0.69 〜 1.15
急流	>1.15

出典：Spellman F.R., *Stream Ecology and Self-Purification*, Technomic, Lancaster, PA, 1996.

が変わるものである．さらには河川や小川は通常その幅より流程が長いために，有機汚濁は表層水中で急速に混合する．また河川や小川ごとにその川幅も異なっている．こうして有機汚濁の河川水との混合速度は，河川ごとに異なっている．

■例 19.7

問題： 汚染後の河川中の酸素不足分を計算せよ．以下の式とパラメータを用いて汚染後の河川中の酸素不足分を計算せよ．

ここで，汚染流入位置を X とする．$t = 2.13$，$L_a = 22$ mg/L（X 地点における汚染），$D_a = 2$ mg/L，$k_1 = 0.280/$日（自然対数），$k_2 = 0.550/$日（自然対数）．

ノート： 自然対数から常用対数に変換するには 2.31 で割る．

解答：

$$D = \frac{k_1 \times L_a}{k_2 - k_1}(e^{-k_1 t} - e^{-k_2 t}) + D_a e^{-k_2 t}$$

$$D = \frac{0.280 \times 22}{0.550 - 0.280}(e^{-0.280 \times 2.13} - e^{-0.550 \times 2.13}) + 2e^{-0.550 \times 2.13}$$

$$= \frac{6.16}{0.270}(10^{-0.258} - 10^{-0.510}) + (2 \times 10^{-0.510})$$

$$= 22.8 \times (0.5520 - 0.3090) + (2 \times 0.3090)$$

$$= 22.8 \times 0.243 + 0.6180$$

$$= 6.16 \text{ mg/L}$$

■例 19.8

問題： BOD_5 135 mg/L と BOD_{21} 400 mg/L の家庭排水における脱酸素定数を計算せよ．

解答：

$$k_1 = \frac{-\log\left(1 - \frac{BOD_1}{400}\right)}{t} = \frac{-\log\left(1 - \frac{135}{400}\right)}{5} = \frac{-\log 0.66}{5} = \frac{0.1804}{5}$$

$$= 0.361/\text{日}$$

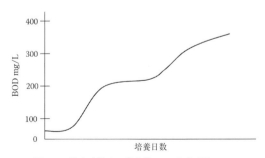

図 19.2 排水試料中の炭素性 BOD と窒素性 BOD

BODは二相構造を有している（図19.2）．最初の段階は炭素性BOD（CBOD）によるものであり，おもに有機性，あるいは炭素で構成された物質が分解されるときに酸素が消費される．第二段階は窒素性BOD（硝化反応による）である．以上のことはとりわけ硝化が起きていることがわかっている汚水の放流許可を検討する際に特に懸念される．

 Streeter-Phelps式は，河川における生態学的条件についての大ざっぱな算定情報を与える．河川における小さな変動は，式で示されたものよりDOを上下させるかもしれないが，この式はいくつかの異なった目的で用いられることもある．すでに述べたように，汚濁物質の量は環境に与える損傷の程度を決定するのに重要である．Streeter-Phelps式は，河川が流入する汚濁物質の推定量に対処できる容量があるか否かを評価するのに用いてもよいだろう．さらに，もし河川に他の地点より汚濁物質が流れ込んでいる場合に，この式は，河川が他の汚濁物質を受け入れる前に完全に回復できるか否かを見極めるのに，そして，さらに続いて起こる汚濁物質の放流から回復できるかを見極めることに役立つであろう．

引用文献・推奨文献

Clark, J.W., Viessman, Jr., W., and Hammer, M.J. (1977). *Water Supply and Pollution Control*, 3rd ed. New York: Harper & Row.

Clesceri, L.S., Greenberg, A.E., and Eaton, A.D. (1999). *Standards Methods for the Examination of Water and Wastewater*, 20th ed. American Public Health Association, Washington, DC.

Elmore, H.L. and Hayes, T.W. (1960). Solubility of atmospheric oxygen in water. *Proceedings of the American Society of Civil Engineers*, 86(SA4), 41-53.

Gupta, R.S. (1997). Environmental *Engineering and Science: An Introduction*. Government Institutes, Rockville, MD.

Halsam, S.M. (1990). *River Pollution: An Ecological Perspective*. Bellhaven Press, New York.

Hem, J.D. (1985). *Study and Interpretation of the Chemical Characteristics of Natural Water*, 3rd ed. U. S. Geological Survey, Washington, DC.

Mason, C.F. (1990). Biological aspects of freshwater pollution, in Harrison, R.M., Ed., *Pollution: Causes, Effects, and Control*. Royal Society of Chemistry, Cambridge, U. K.

Moran, J.M., Morgan, M.D., and Wiersma, J.H. (1986). *Introduction to Environmental Science*. W.H. Freeman, New York.

Peavy, H.S., Rowe, D.R., and Tchobanoglous, G. (1975). *Environmental Engineering*. McGraw-Hill, New York.

Porteous, A. (1992). *Dictionary of Environmental Science and Technology*, revised ed. John Wiley & Sons, New York.

Smith, R.I. (1974). *Ecology and Field Biology*. Harper & Row, New York.

Spellman, F.R. (1996). *Stream Ecology and Self-Purification*. Technomic, Lancaster, PA.

Spellman, F.R. and Whiting, N.E. (1999). *Water Pollution Control Technology: Concepts and Applications*. Government Institutes, Rockville, MD.

Streeter, J.P. and Phelps, E.B. (1925). *A study of the Pollution and Natural Purification of the Ohio River*, Bulletin No.146.US. Public Health Service, Cincinnati, OH.

USEPA. (1986). *Quality Criteria for Water 1986*. U.S. Environmental Protection Agency, Washington, DC.

USEPA. (1994). *What Is Nonpoint Source Pollution?*, EPA-F-94-005. U.S. Environmental Protection Agency, Washington, DC.

Velz, C.J. (1970). *Applied Stream Sanitation*. Wiley-Interscience, New York.

第20章

静　水

　本章では河川における水たまり，すなわち，河川水からプロセス的にも時間的にも隔離されとどまっている水塊（たとえば湖沼水や貯水池水など）について考察する．これらの水たまりを眺めると，われわれは無条件に「ああ，とどまっている…とにかくとどまっているなぁ」と感じ，そして何ともいえない安堵感に包まれ…ある種の詩的かつ厳粛な感覚を呼び起こすことになるだろう．言葉にならない平穏，表現できない静けさと不動により，一瞬でも時が止まったかのような感覚がもたらされ，その場の完璧性を感じることとなる．

　われわれはそれらの水たまりを静水（still water）と称する．しかし，その"still"という言葉は正確にわれわれの認識を表しているのだろうか？　"still"という言葉以外に表現する言葉はないのだろうか？　もちろんある．ほかにも静水の特性を表す言葉がある．たとえば固定（immobile），鈍さ（inert），不動（motionless），あるいは定常（stationary）と表現することもできる．つまり，それを見た者がどのように感じたかによる．何しろ，そこで実際に見える物は水と岩のみなわけだから．

　水たまりの見える部分は水面だけであるが，当然ながら水たまりは水面だけで形成されているわけではない．たとえば水面下の部分を，水面における目に見える部分の情報からどのように表現すればいいだろうか．表現できるかもしれないしできないかもしれない．水面部分の下には水塊があり水底もある．そうすると，水面部分だけで見た第一印象によるイメージは，常に間違ってとらえられ，認識されることになり，すべてを理解しているわけではなかったことに気がつく．

　このようにしてもう一度見直すと，水たまりの表面における基本的な特性を充分正確に把握できるようになる．一方に川岸，もう一方では砂州に区切られ，下流域は河川，上流・源流域からは地下水や氷河からの水の供給があるその場は，古いベイトウヒに覆われ，やはり still である．たとえるならば，ガラス板のように still であり，平べったい．

　静水に対して，ガラスのイメージをもつことは適切である．なぜなら，その表面はガラスのように美しく結晶のようであり，濁りがなくとても透明であるためである．しかしそれは見る場所などによって異なってくる．たとえばそうした清らかなイメージは，特に凍えるほど寒い時期や場所で際立つものである．また，遠くから眺めるよりも近くで見た方が，よりガラスのイメージをもつことができる．少し離れてみると，今度は水の表面に映る世界しか見えず，深さがあることを想像するのは難しい．静かにまわりの景色を反射するその水の表面には，完璧に鏡に映されたように，少しのさざ波もなく森

の新緑が映し出される．また近づいて，深さ方向に水たまりを見れば，再びわれわれはその透明さに打ちのめされることとなる．静水の底は，流水では典型的な泥状ではない．その代わり，少なくとも 12 ft（約 3.6 m）下に，青，緑，黒などさまざまな色の斑模様とそれらを縫うように描かれる細い砂の模様を綺麗に見ることができる．静水は深い部分にも still な状態で広がっているのである．

水たまり自体は何の音も発しない．動きがなく静かで，土手に波を打ち寄せさせないし，泡も出ないし，ごぼごぼと岸の砂利の上に音を立てることもない．水たまりは，常に静かであり，そこに住む生物の気配を感じさせない．

ここで現実的に考えてみよう．"still" という言葉から，たいていの人は空間的にも時間的にも穏やかで静かな感じ，はかなさを想像する．そしてそれは正しい．なぜなら，水たまりについて，これ以外の表現方法はないためである．水たまりはまことに清らかさな存在である．これまでも，これからも．

1 つの小石を水たまりに投げ入れてみる．そうすると，同心円状のさざ波が外側に広がっていく．石は，川が上流から下流へ流れるのと同様，重力に従って底まで沈んでいく．そしてさざ波は遠くのほうで消え去り，小さな形跡が残るのみである．人の一生のようにはかない．そしてしばらくすると，何もなかったかのように，再び still となり，底を見降ろすこともできるようになる．

水たまりの底は平らではなく滑らかでもなくデコボコしている．砂利はその小さいくぼみに沿って降り積もっていく．そして徐々に大きな山を形成していく．しかし屈折もあることから，これらの様子を上から覗き込んでわかるものではない．

しかし上から見てわかる山もある．たとえばサケの卵を埋められている場所，あるいは稚魚の隠れ場所，地下水噴出などで動いている場所である．これらは動きを伴っているため，砂利の色の変化を見れば，判断することができる．つまり，泥やシルトが水の動きによって洗い流されるため，わかるのである．ここで明らかなのは，底を見るということは，第一印象にあったような静かな水と異なる水たまりの姿を見ているという点である．

水たまりの内外におけるゆっくりとした流れ，たとえば底泥やサケの産卵場所を通り抜ける地下水の湧き出しは，水たまり内の動きの一部にすぎない．ほかにも上空の空気の流れや，周辺地域で行われている農業による動き，湿地帯や砂州を形成させる水の動きがあるためである．

水たまりそのものの話に戻ろう．水たまりを上から順番に仮にスライスした場合，水たまりの表面部分に生息する生き物たちも含まれる．また水たまりの深いは部分については，魚やワムシ，原生動物，バクテリアなど微生物も含まれることになる．魚の中には，捕食者から逃れるために，大きな岩や岩礁など隠された区域に住みついているものもいるだろう．さらに深い水たまりの底…ここには，昆虫の幼虫や幼生などを含めかなり多くの生き物が住んでいる．ミミズやヒル，二枚貝，ザリガニ，ウグイ，ヤツメウナギ，カジカ，コイ，ダニなど．

水たまりをより深く把握するために，さらに底を潜っていく必要がある．底をどれくらい潜ればいいか，そこにどんな生き物がすんでいるかは，底が砂利状になっているか泥状になっているかによる．砂利状であれば，酸素や食べ物を豊富に含んだ水が水中から供給される．底生生物は，地下水との混合域でもみられる．さらに水たまりの流出付近は話が異なってくる．ここは水が速く流れる浅いエリアであり，流れる小石の影響を受ける．網目状の翅脈のある羽をもつ昆虫のように，しがみつくことができるような生物（トビケラ，カワゲラ，カゲロウ，デイス，カジカ）が多く生息している．そして植物は珪藻や微細藻類に限られる．こうした生息域は，多くの砂利を必要とするカゲロウ，カワゲラ，トビケラにとっても生息するのに都合がいい場所である．

ここで本章の導入部での議論に戻ろう．われわれは川の水たまりを記述するための適切な単語を一生懸命模索してきた．結局のところ，やはり静水（still water）が最も適切な表現方法であろう．理由はやはり第一印象である．

また理解と知識が不足しているためでもある．これからさまざまなことがわかってきたとしても，川の水たまりはやはり still water と記述されることになるだろう．しかし still といいながらも，実際，そこには数多くの生き物が生息するダイナミックな場所であることを忘れてはいけない．つまり，それぞれの川の水たまりには，それぞれ複雑かつ多種多様な生物が独自に群集構造を形成しており，それらはすべて互いにかかわりあいをもっている．水たまりは複雑かつダイナミックな生態系の一部なのである．翻って考えると，ダイナミックなあらゆる物事において，本当の意味で still と評されるものはなく，それは川の水たまりも例外ではない（Spellman and Drinan, 2001）．

20.1 静水の仕組み

淡水は慣用的に流水と静水の2種類に分類されるが，この2種類に明確な境界線はない．湖は，明確に海へ流れ込む流れではない水たまりとして定義され，比較的静水に近い．池は，その底に根を張る植物が表層まで繁茂するような小さい湖とされている．また貯水池とは，たいていの場合，飲み水の確保を目的として人工的につくられた水たまりである．これら湖，池，貯水池は汚染物質を排出しおえるのに比較的時間がかかるため，周囲からの汚染物質の供給に影響されやすい．湖は富栄養化に影響されるが，これは有機物の供給や沈泥による老化のようなものと考えてよい．湖，池，貯水池はすべて静水であり，長い目で見れば一時的でありながら湖盆と呼ばれるすり鉢状の底をもつことになる．

20.2 静水の仕組みをとらえるための計算方法

静水のシステム管理にかかわる環境問題の専門家は一般的に湖，池，もしくは貯水池の形状データについて測定することが多い．これらはたいていの場合，貯水化する前段階も含めた地形学的地図として記録される．静水における水質を測定し維持することは，環境に携わる技術者にとって重要な関心事であるが，これら水質は物理学的，化学的，

そして生物学的挙動を総合的に俯瞰することで初めて解明できるものである．USEPA やその他の水源管理にかかわる機関は，流域の水源管理を保全するために，水質目標を公表している．そして重ねていうが，たいていの静水データは，湖盆の形状的な特徴に直接的に関係する．

湖盆形状をマッピングすることは静水を包括的に研究するにあたり最も重要である．静水環境に関する数多くのデータを蓄積したり解析したりするためには，それらのデータが必要不可欠になるためである．また静水域の水質の究明および測定においては，多種多様なモデルを利用しなくてはならない．モデリングを行うことにより，さらに新たな研究プロジェクトを立ち上げることもできる．モデリングとは直接的な測定方法であるともいえる．それらはより小さな水塊（湖，池，貯水池）を対象としており，たとえば水量モデルやエネルギー量モデルなどが使われる．

20.2.1 静水の形状にかかる計算方法
20.2.1.1 体積
静水の体積（V）は，計算する場所のそれぞれの等深線が決まっている際に，以下の計算公式で計算する（Wetzel, 1975）．

$$V = \sum_{i=0}^{n} \frac{h}{3} \left(A_i + A_{i+1} + \sqrt{A_i \times A_{i+1}} \right) \tag{20.1}$$

ここで，$V =$ 体積（ft^3, ac-ft, m^3），$h =$ それぞれの層の厚さ（ft, ft），$i =$ 層番号，$A_i =$ 深さ i における面積（ft^2, ac, m^2）．

つまり汀線とその直下における等深線の間における体積は以下のとおり計算できる（Cole, 1994）．

$$V_{z_1-z_0} = \frac{1}{3} \left(A_{z_0} + A_{z_1} + \sqrt{(A_{z_0} \times A_{z_1})} \right) (z_1 - z_0) \tag{20.2}$$

ここで，z_0 は汀線の長さ，z_1 は汀線直下における等深線の長さ，A_{z_0} は水塊の表面積，A_{z_1} は z_1 の等深線で描かれる部分の面積である．

20.2.1.2 湖岸線の凹凸性にかかる指標
湖岸線の凹凸性の度合いに関する指標（shoreline development index），すなわち D_L は湖面と同じ面積をもつ円周と，実際の湖岸線の比である．最も小さい値は 1.0 をとる（すなわち湖岸線が真円の場合）．以下の数式については，L も A もメートルと平方メートルなど，単位をそろえる必要がある．

$$D_L = \frac{L}{2\sqrt{\pi A}} \tag{20.3}$$

ここで，$D_L =$ 湖岸線の凹凸性にかかる指標，$L =$ 湖岸線の長さ（mi, m），$A =$ 表面積（ac, ft^2, m^2）．

20.2.1.3 平均水深
静水の体積を表面積で割ることにより，平均水深を求めることができる．なおここで

も単位の統一には注意を払う必要がある．もし体積が立方メートルであれば，表面積は平方メートルに換算したうえで行わなくてはならない．公式は以下のとおりである．

$$\overline{D} = \frac{V}{A} \tag{20.4}$$

ここで，$\overline{D}$ = 平均水深（ft, m），V = 体積（ft^3, ac-ft, m^3），A = 表面積（ft^2, ac, m^2）．

■例 20.1

問題： ある池は湖岸線が 8.6 mi，表面積が 510 ac，最深水深が 8.0 ft である．深さ方向にみたそれぞれの等深線における面積は 460，420，332，274，201，140，110，75，30，1 ac である．この池の体積，湖岸線の凹凸性の度合いに関する指標，平均水深を求めよ．

解答： 池の体積は，

$$V = \sum_{i=0}^{n} \frac{h}{3}\left(A_i + A_{i+1} + \sqrt{A_i \times A_{i+1}}\right)$$

$$= \frac{1}{3}\begin{bmatrix}(510+460+\sqrt{510\times460})+(460+420+\sqrt{460\times420})+(460+332+\sqrt{420\times332})\\+(332+274+\sqrt{332\times274})+(274+201+\sqrt{274\times201})+(201+140+\sqrt{201\times140})\\+(140+110+\sqrt{140\times110})+(110+75+\sqrt{110\times75})+(75+30+\sqrt{75\times30})\\+(30+1+\sqrt{30\times0})\end{bmatrix}$$

$= 1/3 \times 6823 = 2274$ ac-ft

D_L は，

$$A = 510 \text{ ac} = 510 \text{ ac} \times \frac{1 \text{ m}^2}{640 \text{ ac}} = 0.7969 \text{ m}^2$$

$$D_L = \frac{L}{2\sqrt{\pi A}} = \frac{8.60}{2\sqrt{3.14 \times 0.7969}} = \frac{8.60}{3.16} = 2.72$$

平均水深は，

$$\overline{D} = \frac{V}{A} = \frac{2274 \text{ ac-ft}}{510 \text{ ac}} = 4.46 \text{ ft}$$

20.2.1.4 湖底の傾斜

$$S = \frac{\overline{D}}{D_m} \tag{20.5}$$

ここで，S = 湖底の傾斜，$\overline{D}$ = 平均水深（ft, m），D_m = 最深水深（ft, m）．

20.2.1.5 湖の形状にかかる指標

もう 1 つの形態学的パラメータは，D_v である（Cole, 1994）．これは，同じ水深と表面積をもつ錐との体積を比較するもので，値が 1 に近いほど，湖が錐状に近いことを意味する．

$$D_v = 3 \times \frac{\overline{D}}{D_m} \tag{20.6}$$

20.2.1.6 滞留時間

RT,すなわち滞留時間(年)は,貯水容量(ac-ft, m^3)を年間流入水量(ac-ft/yr, m^3/yr)で除することにより求められる.

$$RT = \frac{\text{貯水容量(ac-ft, m}^3)}{\text{年間流入水量(ac-ft/yr, m}^3\text{/yr)}} \tag{20.7}$$

20.2.1.7 流域面積と湖最大容量の比

R,すなわち流域面積と貯水容量の比は,流域面積(エーカー,平方メートル)を湖最大容量(エーカー・フィート,立方メートル)で除することにより求められる.

$$R = \frac{\text{流域面積(ac, m}^2)}{\text{貯水容量(ac-ft, m}^3)} \tag{20.8}$$

■例 20.2

問題: 年間降雨量が 38.8 in. であり,流域面積が 10220 ac であると仮定する.例 20.1 でのデータを用いて,湖底の傾斜 S,湖の形状にかかる指標 D_v,滞留時間,流域面積と貯水容量の比 R を計算せよ.

解答: まず,傾斜を決定する.

$$S = \frac{\overline{D}}{D_m} = \frac{4.46}{8.0} = 0.56 \text{ ft}$$

D_v は,

$$D_v = 3 \times \frac{\overline{D}}{D_m} = 3 \times 0.56 = 1.68 \text{ ft}$$

滞留時間を求めると,

  貯水容量 = 2274 ac-ft
  年間流入水量 = 38.8 in./yr×10,220 ac
    38.8 in./yr×1 ft/12 in.×10,220 ac = 33,045 ac-ft/year

$$\text{滞留時間} = \frac{\text{貯水容量}}{\text{年間流入水量}} = \frac{2274}{33,045} = 0.069 \text{ 年}$$

したがって,流域面積と貯水容量の比 R は,

$$R = \frac{\text{流域面積}}{\text{貯水容量}} = \frac{10,220}{2274} = 4.49$$

20.3 静水表面からの蒸発

湖,貯水池,池を管理する専門家にとって,蒸発プロセスによってどれほどの水が損失しているのかを知ることが重要である.蒸発は貯水要求を増やすことになり,湖や貯水池からの排出を減らすことにつながる.この節では,水量とエネルギー量のモデル(4つの経験的モデル:Priestly–Taylor 式,Penman 式,DeBruin–Keijman 式,Papadakis 式)の応用について議論する.

20.3.1 水量モデル

湖における蒸発量モデルは，あるエリアごとに適用される．それは湖の流入と流出についての正確な測定に依存し，以下のように表現される．

$$\Delta S = P + R + G_I - G_O - E - T - O \tag{20.9}$$

ここで，ΔS = 貯水量の変化（mm），P = 降水量（mm），R = 表面流入（mm），G_I = 地下水流入（mm），G_O = 地下水流出（mm），E = 蒸発（mm），T = 蒸散（mm），O = 表面流出（mm）．

もし湖の植物量が少なくて，地下水の流出入も無視できるのであれば，蒸発量は以下のように推定できる．

$$E = P + R - O \pm \Delta S \tag{20.10}$$

20.3.2 エネルギー量モデル

エネルギー量モデル（Lee and Swancar, 1996）は，湖の蒸発量を推定するうえで最も正確な方法であるといわれている．またコストと時間を消費する方法でもある（Mosner and Aulenbach, 2003）．蒸発率は以下のように求められる．

$$E_{EB} = \frac{Q_s + Q_r + Q_a + Q_{ar} + Q_{bs} + Q_v + Q_x}{L(1 + BR) + T_0} \tag{20.11}$$

ここで，E_{EB} = 蒸発（cm/day），Q_s = 入射する短波放射（cal/cm^2/day），Q_r = 反射する短波放射（cal/cm^2/day），Q_a = 大気中から入射する長波放射（cal/cm^2/day），Q_{ar} = 反射する長波放射（cal/cm^2/day），Q_{bs} = 湖から排出される長波放射（cal/cm^2/day），Q_v = 河川流，地下水，降水によって運ばれる正味のエネルギー（cal/cm^2/day），Q_x = 水塊に蓄えられる温度変化（cal/cm^2/day），L = 蒸発潜熱（cal/g），BR = ボーエン比（無次元），T_0 = 湖表面の温度（°C）．

20.3.3 Priestly-Taylor 式

Priestly-Taylor 式（Winter et al., 1995）は，ある気象条件および蒸発条件における水の最大蒸発散量を計算するために用いられ，潜在気化熱と熱流束から計算される．

$$PET = \alpha \times \left(\frac{s}{s+\gamma}\right)\left[\frac{(Q_n - Q_x)}{L}\right] \tag{20.12}$$

ここで，PET = 最大蒸発散量（cm/day），α = 1.26（Priestly-Taylor が実験的に求めた定数（無次元），s = 飽和水蒸気圧曲線の傾き（無次元），γ は湿度定数（無次元）），Q_n = 正味放射量（cal/cm^2/day），Q_x = 湖内水塊に蓄えられる熱量（cal/cm^2/day），L = 蒸発潜熱（cal/g）．

s と γ は飽和水蒸気圧と温度の関係から求められる飽和水蒸気圧曲線の傾きから得られるパラメータである．

20.3.4 Penman 式

Penman 式（Winter et al., 1995）は，可能蒸発散量を推定するための式である．

$$E_0 = \frac{(\Delta/\gamma)H_e + E_a}{(\Delta/\gamma) + 1} \tag{20.13}$$

ここで，E_0 ＝蒸発散量，Δ は絶対湿度曲線の傾き，γ ＝湿度定数，H_e ＝正味放射の相当蒸発量，E_a ＝蒸発の空力学式．

20.3.5 DeBruin-Keijman 式

DeBruin-Keijman 式（Winter et al., 1995）は，上空における湿度，水塊における蓄熱，大気圧と気化潜熱により決まる湿度定数を用いて，蒸発速度を求めるものである．

$$PET = \left(\frac{SVP}{0.95SVP + 0.63\gamma}\right) \times (Q_n - Q_x) \tag{20.14}$$

ここで，SVP ＝大気圧における飽和水蒸気圧（ミリバール/ケルビン）．

他のパラメータについては前述のとおりである．

20.3.6 Papadakis 式

Papadakis 式（Winter et al., 1995）は，蒸発量を決めるにあたり水塊における熱流束を計算するものではない．その代わり，最高気温および最低気温における飽和水蒸気圧の差を用いることになる．蒸発量は以下の式で求められる．すべてのパラメータは前述のとおりである．

$$PET = 0.5625[e_0\max - (e_0\min - 2)] \tag{20.14}$$

引用文献・推奨文献

Cole, G.A. (1994). *Textbook of Limnology*, 4th ed. Waveland Press, Prospect Heights, IL.
Lee, T.M. and Swancar, A. (1996). *Influence of Evaporation, Ground Water, and Uncertainty in the Hydrologic Budget of Lake Lucerne, a Seepage Lake in Polk County, Florida*. U.S. Geological Survey, Atlanta, GA.
Mosner, M.S. and Aulenbach, B.T. (2003). *Comparison of Methods Used to Estimate Lake Evaporation for a Water Budget of Lake Seminole, Southwestern Georgia and Northwestern Florida*. U.S. Geological Survey, Atlanta, GA.
Rosenberry, D.O., Sturrock, A.M., and Winter, T.C. (1993). Evaluation of the energy budget method of determining evaporation at Williams Lake, Minnesota, using alternative instrumentation and study approaches. *Water Resources Research*, 29(8), 2473-2483.
Spellman, F.R. and Drinan, J. (2001). *Stream Ecology and Self-Purification*, 2nd ed. Technomic, Lancaster, PA.
Wetzel, R.G. (1975). *Limnology*. W. B. Saunders, Philadelphia, PA.
Winter, T.C., Rosenberry, D.O., and Sturrock, A.M. (1995). Evaluation of eleven equations for determining evaporation for a small lake in the north central United States. *Water Resources Research*, 31(4), 983-993.

第21章　地　下　水

「水理学」を学んだ者は見えないところの水の流れがわかる.
—— John Muir（1872）

一度汚染された地下水を回復させるのは，不可能ではないにしても，困難である．なぜなら，地下水には，分解微生物はおらず，日光は当たらず，強い水流もなく，地表水が有するような自然浄化機能がほとんどない．
—— E.P. Odum（1993）

21.1　地下水と帯水層

　陸域における降水の一部は，重力によって地表面を透過，土壌内を浸透して「地下水」になる．地下水は，地表水と同様にきわめて重要な水文素過程の1つであり，米国の約半分以上の人がそれを利用している．米国の地下水は，五大湖を含めた地表水よりも多く存在するが，その資源の利用については，地下水を汲み上げることが経済的でない場合もあり，近年では不法投棄・排水などによる地下水汚染が顕在化するなどの問題が存在する（Spellman, 1996）．

　地下水は，「帯水層」と呼ばれる地中に広がる水で飽和した層に存在する．帯水層は岩石や礫のような固体物質と間隙（空隙，孔隙）の組み合わせで構成されており，その性状にかかわらず，帯水層内の地下水は常に動いている．地表面のすぐ下に広がる帯水層は不圧帯水層（図21.1）と呼ばれる．不圧帯水層の水量は，安定しているとは限らず，その地域の降水量・涵養量に依存している．飽和領域の上端には地下水面を有しており，不圧帯水層を自由地下水（自由面地下水）と呼ぶこともある．

　現場帯水層における地下水量は，帯水層を形成するさまざまな粒子物質の間にできる空隙の容量に依存する．その空隙の大きさを表す指標は間隙率（空隙率，孔隙率）である．帯水層内の地下水の動きやすさについては，空隙の大きさ，形状，つながり方がかかわっている．透水性を表す指標は透水係数である．帯水層の種類には次のものがある．

1. 不圧帯水層：　不圧帯水層は浅いところにあり，揚水の主要な水供給源である．しかし，浅いゆえに，燃料や油などの有害物質の漏出，農地からの硝酸・微生物の浸入，硝酸・微生物が濃縮された浄化槽からの漏出など，現地の地表面より汚染物質が浸入しやすい．このタイプの水資源を米国では「地表水の影響を直接受ける地下水（GUDISW）」として分類しており，利用に当たっては浄化処理が必要である．

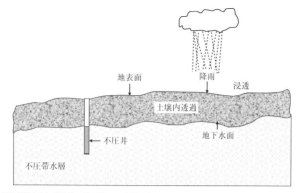

図 21.1 不圧帯水層（出典：Spellman, F.R., *Stream Ecology and Self-Purification*, Technomic, Lancaster, PA, 1996）

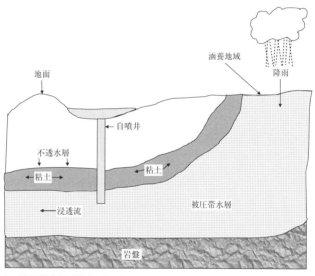

図 21.2 被圧帯水層（出典：Spellman, F.R., *Stream Ecology and Self-Purification*, Technomic, Lancaster, PA, 1996）

2. 被圧帯水層： 水を通さない上下2つの不透水層に挟まれた帯水層である．被圧帯水層の地下水は，自由水面を有さず，常に大気圧以上の圧力がかかっている（図21.2）．

被圧帯水層は，圧力がかかっているため，ここまで井戸を掘削すると水が自噴する．地表まで水が自噴する井戸は自噴井と呼ばれ，一般に大量かつ高品質の水が取得できる．被圧帯水層は通常深く，一般には現地の地表面における水文イベントの影響を受けない．

被圧帯水層の地下水は山岳地域の降水の浸透によって供給され，その地域が汚濁物質発生源から離れているため，汚染される可能性はきわめて低い．しかし，一度汚染されると，再びもとに戻るまで数百年の歳月が必要になる．地下水が地殻の亀裂から浸出しているものは湧水と呼ばれる．湧水の起源は不圧，被圧どちらの帯水層もありうるが，被圧帯水層からの湧水のみが公共用水として用いるのに好ましい．

21.1.1 地下水の水質

一般的に地下水は化学的，細菌学的，および物理的に高い品質を有している．砂・礫で構成された帯水層より揚水する場合，地下水はろ過せずに使用される（ただし，地表水の直接影響を受けない場合に限られる）．大腸菌数が少ない場合には，消毒なしでも利用可能である．しかし，上述したように，たとえば下水事故，塩水浸入，廃棄物の不適切処理，有害化学物質の不適切貯蔵・地下貯蔵施設の漏出，肥料や農薬の誤用，採鉱物の不適切投棄などによって，地下水は汚染される．地下水を井戸より汲み上げたとき，帯水層内の地下水は井戸に向かう流れになる．不圧帯水層では，この水の動きによって地下水面が井戸に向かって垂れ下がるような形になる．これを「水位降下の円錐曲線」と呼ぶ．その円錐曲線の形状や大きさは揚水量と井戸に向かう地下水流の速度関係に依存する．もし地下水流が速い場合，水位降下は浅くなり，円錐形状は安定する．水位降下の円錐曲線に含まれる地域は影響範囲と呼ばれており，影響範囲内の地下水汚染物質は井戸に引き込まれやすい．

21.1.2 直接地表水の影響を受ける地下水

米国では，直接地表水の影響を受ける地下水（GUDISW）を地下水資源から除いている．帯水層が GUDISW に指定された場合の水資源管理は，地下水の規定ではなく，地表水の規定が適用される．連邦法のセーフ・ドリンキング・ウォーター法における地表水処理規定には，地下水供給源が地表水の影響を受けているかを決定するための条項（たとえば，地表水が地下水源に浸透可能であり，ジアルジア，ウイルス，濁質，有機物などの汚染がありうるときなど）が必要になる．米国環境保護庁（USEPA）は，濁度，温度，pH など有意かつ比較的早い水質特性の変化に着目し，地下水資源が地表水の影響を受けているかを判断する手法開発に取り組んできた．濁度，温度，pH が降雨量や河川流量などの地表水指標と相関がみられたとき，もしくは地表水に関連する指標生物が発見されたとき，その地下水資源は直接地表水の影響を受けていると判断される．

21.2 帯水層定数

帯水層定数は地下水の利用可能量と揚水の容易さを表す指標である．この節ではこれらの帯水層定数について説明する．

21.2.1 間隙率

間隙率は，土壌塊の全体積に対する空隙の体積の割合として定義され，次式で表される．

$$\Phi = \frac{V_{\text{void}}}{V_{\text{total}}} \tag{21.1}$$

空隙の形成過程にはおもに2つのタイプがある．最も主要なものは堆積時に形成される空隙であり，その次に多いのは洞窟内の炭酸塩の溶解のように堆積後に形成される空隙である．不攪乱土壌は攪乱土壌よりも間隙率が大きくなる傾向にある．また，当てはまらない場合もよくあるが，たいていは粒径が細かい土壌のほうが粗い土壌より間隙率は高くなる傾向になる．典型的な間隙率の値は，粘土55%，細砂45%，砂・礫20%，砂岩15%，石灰石15%である．水文学上で重要なパラメータである有効間隙率（Φ_e）は常に間隙率（Φ）より小さい値になる．

21.2.2 比産出率（貯留係数）

比産出率は土壌の全体積に対する重力によって間隙から自然排出される水の体積の割合である．土壌空隙内の毛管力・表面張力によって水が保持されるため，比産出率は間隙率と必ずしも等しくない．水資源開発にとって比産出率は利用可能な水量を示す指標になる（Davis and Cornwell, 1991）．比産出率と貯留係数は不圧帯水層においては同じものであり，互換性がある[*1]．

21.2.3 透水係数

透水係数（K）は，ピエゾメータ（明渠の水位管）面の勾配があるときの単位断面積当たりの浸透量で定義され，帯水層内の水の移動性を表す定数である．

21.2.4 透水量係数

透水量係数（T）は帯水層の透水性を表す指標である．透水量係数は透水係数と飽和帯水層の厚さを用いて次式で表される．

$$T = K \times b \tag{21.2}$$

ここで，$T=$ 帯水層の透水量係数（gpd/ft, m^2/day），$K=$ 透水係数（gpd/ft^2, m^3/

[*1] ［訳注］「有効間隙率」は不圧帯水層，「貯留係数」は被圧帯水層に対して使用される定数である．前者は地下水面の単位長変化に対する直上不飽和層（地下水面から地表面まで）における体積含水率の鉛直積分値の変化であり，後者は水頭の単位長変化に対して土壌や水の圧縮・膨張による単位幅の被圧帯水層内における体積含水率の鉛直積分の変化を表す．一般に貯留係数の値は有効間隙率，比産出率よりも非常に小さい．比産出率と有効間隙率は厳密にはそれぞれ定義が異なるが，たとえば帯水層が礫で構成されており，毛管力によって水分が不飽和層にほとんど保持されない場合には，両者ともに間隙率に近い値になる．

[*2] ［訳注］（次ページ）比湧出量は帯水層の透水性を表す指標の1つで，井戸における水位下降1m当たりの揚水量（L^2/T）である．

(day-m)), $b =$ 帯水層の厚さ (ft, m).

透水量係数の概算値は，比湧出量*2(前ページ)に 2000 を乗じることによって得ることができる（USEPA, 1994）．

■例 21.1
問題： 帯水層の厚さが 60 ft, 透水量係数 30,000 gpm/ft のときの透水係数を求めよ．
解答： 式 (21.2) を用いて，
$$K = T/b = (30,000 \text{ gpm/ft})/60 \text{ ft} = 500 \text{ gpm/ft}^2$$

21.2.5 動水勾配と水頭

帯水層内の任意の点におけるピエゾメータの水位は動水勾配線に相当する．いいかえれば，動水勾配はピエゾメータ面の傾きである．動水勾配線上の 2 点間の標高差（位置水頭の差）は圧力の差に相当する．この標高差は圧力水頭と呼ばれる．通常，地下水では力学的エネルギーを単位体積重量当たりで表現した「水頭（ヘッド）」が用いられる．水頭の計測は簡便であり，ピエゾメータを立てて，その中を上昇する水面の基準面からの高さが水頭（次元は長さ）に相当する．

地下水の力学的エネルギー・水頭は，おもに水に加わる圧力と重力による位置エネルギーの 2 つで構成されている．第三のエネルギーである速度エネルギーは，水の動きによるものであるが，一般に地下水の流速は非常に遅く，速度エネルギーが他の 2 つのエネルギーに比べて非常に小さくなるため，無視できる．水頭表記では，位置エネルギーは位置水頭（z）に対応し，単純に任意に設定した基準面から着目点までの高さである．流体の圧力エネルギーは圧力水頭（h_p）に対応し，着目点の位置より鉛直上方の水柱の高さに等しい．したがって，全水頭（ピエゾ水頭）（h）は次式で表される．

$$h = z + h_p \tag{21.3}$$

地下水は力学的エネルギーが高いところから低いところに移動する（Baron, 2003）．対象とする流れの動水勾配は 2 点間の水頭差（dh）と距離（dl）で定義される．式で表すと，

$$\text{grad } h = dh/dl \tag{21.4}$$

21.2.6 流線と流線網

流線は帯水層内の地下水の水塊が流れる軌跡を示しており，地下水流を可視化する有用なものである．流線は直交する等ポテンシャル線，すなわち等水頭線より作成することができる．流線と等ポテンシャル面の組み合わせにより流線網が作成できる．基本的に流線網の作成は二次元のラプラス方程式の解を図示化することによって得られる（Fetter, 1994）．

21.3 地下水流量

地下水面やピエゾ水頭が時間的に変化しない，定常状態の地下水の移動速度は次式で表される（Gupta, 1997）．実流速（空隙内の流水速度）もしくは移流速度を v とすると，

$$v = \frac{K(h_1 - h_2)}{\eta L} \tag{21.5}$$

浸透断面の空隙面積を $A_v = \eta A$ とすれば，地下水流量 Q は次式で表される．

$$Q = \frac{K(h_1 - h_2)A}{L} \tag{21.6}$$

ここで，K＝透水係数，h_1＝上流端の水頭，h_2＝下流端の水頭，A＝流れに直交する帯水層の断面積，L＝上流端と下流端の距離，η＝間隙率．

なお，$(h_1 - h_2)/L$ 項は動水勾配である．

■例 21.2

問題： 池と平行な灌漑用水路があり，両者は 2200 ft 離れている．両者の間には厚さ 40 ft の帯水層が横たわり，透水係数と間隙率はそれぞれ 12 ft/day と 0.55 である．水路内の水位 120 ft，池の水位 110 ft のときの単位幅当たりの地下水流量を求めよ．

解答： 動水勾配は，

$$I = \frac{h_1 - h_2}{L} = \frac{120 - 110}{2200} = 0.0045$$

幅を 1 ft とした場合の帯水層の断面積は，

$$A = 1 \times 40 = 40 \text{ ft}^2$$

式（21.6）より地下水流量は，

$$Q = 12 \text{ ft/day} \times 0.0045 \times 40 \text{ ft}^2 = 2.16 \text{ ft}^3/\text{day/ft width}$$

式（21.5）より実流速は，

$$v = \frac{K}{\eta} \frac{h_1 - h_2}{L} = \frac{12}{0.55} \times 0.0045 = 0.098 \text{ ft/day}$$

21.4 地下水流動の基礎式

ダルシー則と連続式の組み合わせにより，多孔質体を通る地下水流動の支配方程式が得られる．これらの基礎式はすべて三次元空間 x, y, z と時間の直交座標系の偏微分方程式である．一般的な方程式を導くため，ダルシー則と連続式を微小体積のコントロールボリュームに適用する．連続式は基本的にコントロールボリュームにおける水の収支式である．飽和層内では，コントロールボリュームの貯水量は変化しないので[*3]，流入量と同じ量の流出が生じる．ダルシー則と連続式の組み合わせを被圧帯水層に適用する

---

*3 ［訳注］土壌や水の圧縮性を無視した場合を仮定．

ことで，固体の熱伝導方程式（Baron, 2003）など他の多くの物理現象にも適用される有名な偏微分方程式であるラプラス方程式が得られる．

$$\frac{\partial^2 h}{\partial x^2}+\frac{\partial^2 h}{\partial y^2}+\frac{\partial^2 h}{\partial z^2}=0$$

一方，不圧帯水層の平面二次元流れに適用した場合には，次のブシネスク方程式が得られる．

$$I=\frac{\partial}{\partial x}\left(h\frac{\partial h}{\partial x}\right)+\frac{\partial}{\partial y}\left(h\frac{\partial h}{\partial y}\right)=\frac{S_y}{K}\frac{\partial h}{\partial t}$$

ここに，S_y は帯水層の比産出量[*4]である．地下水面の変化が飽和層の厚さに比べて十分に小さいとき，h は帯水層の平均厚で一定に近似できる[*5]．その場合，ブシネスク方程式はさらに簡略化できる．

$$\frac{\partial^2 h}{\partial x^2}+\frac{\partial^2 h}{\partial y^2}=\frac{S_y}{K}\frac{\partial h}{\partial t}$$

被圧・不圧帯水層における地下水流量を，一般的な偏微分方程式を直接解くことによって求めることは，通常困難である．しかし，単純な問題（たとえば，均質の多孔質体内の1次元流れ）の場合は，これらの偏微分方程式が代数方程式に単純化することができる．また，別のアプローチとして，流線網を描いて図式的に比較的単純なラプラス方程式を解くことも可能である．しかし，より複雑な問題については，コンピュータによる数値的な解析が必要になる．代表的な地下水流動解析プログラムとしては USGS の MODFLOW-2000 があげられる．

21.4.1 被圧帯水層の定常流

被圧帯水層の地下水流動が定常であり，水頭が時間的に変化しない場合，次式のようにダルシー則を応用して帯水層内の単位幅流量を直接求めることができる．

$$q'=-Kb\left(\frac{dh}{dl}\right) \tag{21.7}$$

ここで，q' = 被圧帯水層内の単位幅地下水流量（L^2/T），K = 透水係数（L/T），b = 帯水層の厚さ（L），dh/dl = 動水勾配（無次元）．

21.4.2 不圧帯水層の定常流

不圧帯水層の定常流は次式で求めることができる．

$$q'=-\frac{1}{2}K\left(\frac{h_1^2-h_2^2}{L}\right) \tag{21.8}$$

ここで，h_1 と h_2 は着目する2点における水位，L は2点間の距離である．この式は動水

[*4] ［訳注］21.2.2項の訳注参照．厳密には比産出量ではなく，有効間隙率を与える．
[*5] ［訳注］これをDupuitの仮定という．

勾配が地下水面の勾配に等しいこと（流線と等ポテンシャル線が直交すること）を利用して導かれている．この式は，特に現場における帯水層の水理特性を求める際に有用である．

引用文献・推奨文献

Baron, D. (2003). *Water: California's Precious Resource*. California State University, Bakersfield.
Davis, M. L. and Cornwell, D.A. (1985). *Introduction to Environmental Engineering*, 2nd ed. McGraw-Hill, New York.
Fetter, C.W. (1994). *Applied Hydrology*, 3rd ed. Prentice-Hall, New York.
Gupta, R.S. (1997). *Environmental Engineering and Science: An Introduction*. Government Institutes, Rockville, MD.
Odum, E.P. (1993). *Ecology and Our Endangered Life Support Systems*. Sinauer Associates, Sunderland, MA.
USEPA. (1994). *Handbook: Ground Water and Wellhead Protection*, EPA/625/R-94/001.U.S. Environmental Protection Agency, Washington, DC.

第22章

水 の 力 学

証拠は理解に従う，理解が証拠に従うのと同様に．

—— Ludwik Fleck (1896-1961)

22.1 はじめに

水理学（hydraulics）という単語はギリシャ語の hydro（水）と，aulis（管）からきている．元来，その単語は静水や，動水（管や水路を通じたもの）におけるもののみをさしていたが，水理学という単語はどのような液体に対してでも使われる．水理学，すなわち静水や，動水における流体の学問は，水・排水のシステムの働き，特に配水や，排水の集水システムの理解のために重要なものである．

22.2 基本的な考え方

$$大気圧（海水面） = 14.7 \text{ psi}$$

水理学は大気から始まったため，この関係は重要である．何マイルもの厚さの空気の膜が地球を覆っており，その膜の厚さによって重みが変わってくる．上に示したように，海面において圧力は 14.7 psi であり，山頂では大気圧はその膜が薄くなることによって圧力が減少する．

$$1 \text{ft}^3 \text{H}_2\text{O} = 62.4 \text{ lb}$$

$\text{ft}^3\text{H}_2\text{O}$ と lb はともに，水の質量を表すものである．ある重量の水は 1 ft^3，つまり 62.4 lb と比較して決められる．この関係は温度が 4℃，1 atm においてのものであり，基準の温度と圧力として比較・参照される．1 atm は海面において 14.7 lb/in.^2 であり，1 ft^3 の水は 7.48 gal である．

温度による水の重量の変化は微々たるものなので，この値は 0〜100℃ の水で使用される．1 in.^3 の水は 0.0362 lb である．1 ft の深さの水は，0.43 lb/in.^2 の圧力をかける．2 ft の高さの水のカラムは 0.86 psi である．10 ft の水は，4.3 psi の圧力をかける．そして，55 ft の高さの水は，23.65 psi の圧力をかける．2.31 ft の高さの水のカラムは，1.0 psi の圧力を底面にかける．50 psi の圧力を発生させるためには，115.5 ft の水柱が必要である．

$$1 \text{ gal H}_2\text{O} = 8.34 \text{ lb}$$

基準の温度と圧力では，1ft^3 の水の容積は，7.48 gal であるので，この関係から 1gal 当たりの水の重量を計測することができる．つまり，1 gal の水 = $62.4 \text{ lb}/7.48 \text{ gal} = 8.34 \text{ lb/gal}$ となる．

■例 22.1
問題： 855.5 ft³ の容量の貯水池における容積（gal）を求めよ．
解答： 855.5 ft³×7.48 gal/ft³ = 6399 gal

水頭は水圧を水のカラムで表現したものである．たとえば 10 ft の水のカラムは，4.3 psi に相当する．これは 4.3 psi の圧力，または，10 ft の水頭と表現する．たとえば，高架水槽から延びる水のカラムの静水圧が 45 psi だったとしたら，プレッシャーゲージ上の水の移動距離はどのくらいかを例にとってみよう．

1 psi = 2.31 ft/psi であり，ゲージの圧力が 45 psi であることを考えると，

$$45 \text{ psi} \times 2.31 \text{ ft/psi} = 104 \text{ ft}$$

水と空気の重量比の関係から考えたとき，理論的には，大気圧は，海面気圧であるとき，34 ft の高さのカラムの中の水と同等である．

$$14.7 \text{ psi} \times 2.31 \text{ ft/psi} = 34 \text{ ft}$$

1 mi だけ海面から上の地点では，大気圧は 12psi であり，28 ft の高さとなる．

$$12 \text{ psi} \times 2.31 \text{ ft/psi} = 28 \text{ ft}$$

もしガラスや透明なプラスチックチューブが海面において水に挿さっているとしたら，チューブ内の水面は，チューブの外の水面と同じ高さになる．14.7 psi の大気圧がチューブの内外等しく，水面を押すからである．しかし，もしチューブの先端がきつくキャップされていたとして，そこにあるすべての空気が取り除かれたとしたら，完全な真空をつくり出し，チューブの内部の水面における圧力は，0 psi となる．チューブ外の 14.7 psi の大気圧がチューブ内の水の重量が 14.7 psi の圧力と等しくなるように，水を押し上げるからである．その水面の高さは，

$$14.7 \text{ psi} \times 2.31 \text{ ft/psi} = 34 \text{ ft}$$

実際には完全な真空をつくることは不可能なので，水面の高さは 34 ft より微妙に低くなる．たとえばもし十分に空気がチューブから抜かれており，チューブ内の水面における圧力が 9.7 psi だったとしたら，チューブ内をどの程度水が上昇するのか．14.7 psi の外部の圧力を考えると，チューブ内の水は 14.7−9.7 psi = 5.0 psi の圧力をかける．その高さは，5.0 psi×2.31 ft/psi = 11.5 ft となる．

22.2.1 Stevin の法則

Stevin の法則は静止した水を扱う．具体的にいうと，それは，「ある点での静止した流体の圧力は，自由水面への鉛直距離と，流体の密度に依存している」というものである．式で示すと，

$$p = w \times h \tag{22.1}$$

ここで，p = 圧力（lb/ft², psf），w = 密度（lb/ft³），h = 鉛直距離（ft）．

■例 22.2
問題： 18 ft の水深における圧力を求めよ．

解答： この計算には水の密度が必要である．
$$p = w \times h = 62.4 \text{ lb/ft}^3 \times 18 \text{ ft} = 1123 \text{ lb/ft}^2$$
水や排水を扱う技術者は 1 in. 当たりの圧力を，1 ft 当たりのポンドよりもよく使用する．変換のためには 144 in².$/$ft² (12 in. × 12 in. = 144 in².) を使えばよい．
$$P = 1123 \text{ psf}/144 (\text{in.}^2/\text{ft}^2) = 7.8 \text{ lb/in.}^2 \text{ または psi}$$

22.2.2 密度と比重

鉄がアルミよりも重いというとき，鉄がアルミよりも密度が高いというだろう．実際には同じ体積当たりの鉄が，アルミよりも重いことをさしている．密度は，物質の単位体積当たりの質量である．ラードの缶とシリアルの箱（それぞれが 600 g の質量）を考えてみよう．シリアルの密度はラードの密度よりもずっと小さく，シリアルはラードよりもずっと大きな体積を占めるだろう．対象となるものの密度は，以下の式によって示される．

$$密度 = \frac{質量}{体積} \tag{22.2}$$

使用される密度の単位は lb/ft³，あるいは，lb/gal で表される．
- 1 ft³ の水の重さは 62.4 lb；密度は 62.4 lb/ft³．
- 1 gal の水の重さは 8.34 lb；密度は 8.34 lb/gal．

乾燥したものの密度，たとえばシリアル，ライム，ソーダ，砂などは lb/ft³ で表される．無筋コンクリートや鉄筋コンクリートは，それぞれ，144 lb/ft³, 150 lb/ft³ である．液体の密度，たとえば液体のアルミ，液体塩素，水は，lb/ft³ や，lb/gal で表される．気体の密度，たとえば塩素ガス，メタンガス，二酸化炭素，空気が，lb/ft³ で表される．

水などの密度は対象物質の温度が変わると若干変化する．この現象は，温度が高くなるにつれて，物質の体積が大きくなることで発生する．温度が高くなると，同じ重量に対して体積が大きくなり，その結果，密度は低温のときと比較して小さくなる．

比重は物質の重量（または密度）と水の重量（または密度）の比で表される．（水の比重は 1 である）．この関係はたとえば同じ体積の水とアルミの重量を比較すると容易に考えることができる．アルミニウムは水より 2.7 倍重くなる．

金属片の比重を求めることはさほど難しいことではない．金属片の空気中での重量を求め，水中での重量を求めることで比重を計算できる．その重量の違いが金属片と同じ水の量の重量に等しい．比重を求めるためには，金属片の重量を水中の重量での差分で割るとよい．

$$比重 = \frac{物質の重量}{同容量の水の重量} \tag{22.3}$$

■例 22.3

問題： 大気中の金属片の重量 150 lb, 水中重量 85 lb を考える．比重はどうなるだろ

うか？

解答： 150 lb − 85 lb = 65 lb（水の中の重量の損失）

$$比重 = \frac{150}{150-85} = 2.3$$

ノート： 比重を計算する際に密度は同じ単位でなければならない．

水の比重は基準で1であり，他の物質はすべてそれと比較される．具体的には，比重が1以上の物質（岩石，金属，鉄，砂，凝集粒子，汚泥）は水に沈むだろう．比重が1より小さな物質（たとえば木や木くず，ガソリンなど）は，水に浮く．船の全量を考えると比重は1未満であり，それゆえ船は浮いている．

比重の水処理における最も共通の使用方法は，galとlbの変換である．多くの場合液体の比重はほぼ1であり（0.98～1.02の間である），1が誤差を考慮せずに計算に使用されるのが一般的である．しかしながら液体の比重が0.98未満や，1.02以上である場合，galとlbの変換は厳密な比重を考慮しなければならない．この技術は例22.4で説明をする．

■例 22.4

問題： 1455 galの液体を含む洗面器がある．もしその比重が0.94である場合，どのくらいの重量の液体がその洗面器に含まれているか？

解答： 通常，galからlbへの変換では8.34 lb/galを使用する．しかしたとえばその液体の密度が0.98～1.02以外である場合，8.34 lb/galにファクターを掛け合わせて調整する必要がある．

$$8.34 \text{ lb/gal} \times 0.94 = 7.84 \text{ lb/gal}（四捨五入）$$

そこで1455 galからlbへの変換は以下になる．

$$1455 \text{ gal} \times 7.84 \text{ lb/gal} = 11{,}407 \text{ lb}（四捨五入）$$

22.2.3　力と圧力

水はあらゆるものにおいて，力と圧力をかける．これら2つは似て非なるものである．力は動作において，押したり引いたりする影響のことである．英国の方式では力と重量

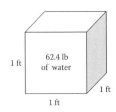

図 22.1　重さ 62.4 lb，1 ft³ の水（出典：Spellman, F.R. and Drinan, J., *Water Hydraulics*, Technomic, Lancaster, PA, 2001）

22.2 基本的な考え方

は同じ用途で使用される．1 ft³ の水の重量は 62.4 lb である（図 22.1）．この力は一辺 1 ft の立方体に対して 62.4 lb である．もし 1 ft の立方体を積み上げた場合，そこには 124.8 lb の力がかかる．それに対して圧力はある面積に対してかかる力である．式で表すと，それは以下のように示される．

$$P = \frac{F}{A} \tag{22.4}$$

ここで，$P=$ 圧力，$F=$ 力，$A=$ 力がかかる面積．

圧力の単位は通常，lb/ft² である．1 ft³ に入った水の立方体の底面にかかる圧力は，62.4 lb/ft² であるが，psi で表すのが通常の表現方法である．これを 1 in² 当たりの重量に換算するのも簡単である．もし 12 in. の立方体がある場合，面積は 144 in.² なので，重量を面積で割ると，

$$\text{psi} = \frac{62.4 \text{ lb/ft}}{144 \text{ in.}^2} = 0.433 \text{ psi/ft}$$

これは，1 in. の正方形の底で，1 ft の高さの水のカラムの重量に等しい．もしカラムの水が 2 ft であったら，0.866 psi である．この情報から水頭が，0.433 psi/ft を掛けることで求めることができる．

■例 22.5

問題： タンクが 90 ft の高さまで持ち上げられた．タンクの底にかかる圧力を求めよ．

$$90 \text{ ft} \times 0.433 \text{ psi/ft} = 39 \text{ psi}（四捨五入）$$

もし psi から ft に変換したいのであれば，psi を 0.433 psi/ft で割ればよい．

解答：

■例 22.6

問題： タンクの底にかかる圧力が 22 psi であるとき，水面の高さを求めよ．

解答：

$$\text{水面の高さ} = \frac{22 \text{ psi}}{0.433 \text{ psi/ft}} = 51 \text{ ft}（四捨五入）$$

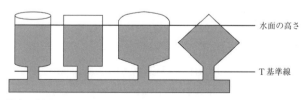

図 22.2 静水圧（出典：Spellman, F.R. and Drinan, J., *Water Hydraulics*, Technomic, Lancaster, PA, 2001）

22.2.4 静水圧

図22.2は，それぞれが異なる形ではあるが連結されている水のコンテナを表しているが，水面はどのコンテナも同じである．これは圧力によってつり合っているので，もし水位が他のコンテナより少しでも高かったら，それで発生する高い圧力によって，水位が低いコンテナへと水が流れ込むだろう．このように水面の高さが同じである場合，ある水深における圧力はどのコンテナでも同じであるが，それは圧力が水の重さによって発生するためである．つまり，水深が深くなるに従い，水の重量によって圧力が大きくなっていくのである．以上をまとめると，静水圧は，以下のような特徴がある．①圧力は水面からの距離によって決まる．②圧力は深度に正比例する．③連続するものにおける圧力は同じ水深であれば同じである．④水の中では，圧力は全方向に働く．

22.2.5 水　頭

水頭は鉛直の距離，つまり水が供給タンクから放出タンクへの鉛直移動距離や，圧力によって上昇するカラムの中の水面の高さによって定義される．先に示したように，大気圧は真空の管の中を34 ftの高さまで押し上げる圧力であるが，大気圧はあらゆるものにかかる力であるため，絶対圧力から大気圧（14.7 psi）を差し引く．これをゲージ圧と呼ぶ．例として，鉛直に伸びた管が水のリザーバーに挿してある状況を考えてみよう．もしリザーバーにかかるゲージ圧が120 psiであったら，水面はチューブ内を上昇する．

$$120 \text{ psi} \times 2.31 \text{ ft/psi} = 277 \text{ ft}$$

全水頭は，液体が上昇した距離（静水頭），摩擦による損失（摩擦水頭），速度を発生させるエネルギー（速度水頭）の和である．

$$全水頭 = 静水頭 + 摩擦水頭 + 速度水頭 \tag{22.5}$$

22.2.5.1 静水頭

静水頭[*1]は，その液体が移動するはずの実際の鉛直距離である．

$$静水頭 = 放出された上昇距離 - 供給された上昇距離 \tag{22.6}$$

■例 22.7

問題： 供給タンクが118 ftの高さに存在する．放出口は215 ftの高さである．静水頭を求めよ[*2]．

解答： 　　　　　　　　静水頭 $= 215 \text{ ft} - 118 \text{ ft} = 97 \text{ ft}$

22.2.5.2 摩擦水頭

摩擦水頭は，摩擦に打ち勝つために供給されたエネルギーの等価距離のことである．

[*1] ［訳注］日本の水理学の教科書では位置水頭が通常である．ただし，上端の水面が大気に解放されている場合，静水頭という単語を用いることもある．

[*2] ［訳注］通常，位置水頭（ここでは静水頭）は，基準点（線）から水面までの高さと定義される．この場合では，供給タンクの高さが基準点（線）であり，放出口の高さが水面の高さ215 ftなので，その差が位置水頭（静水頭）となる．

摩擦水頭(ft) ＝ 摩擦によるエネルギーの損失 　　　　　　　　(22.7)

22.2.5.3 速度水頭

速度水頭 V_h (ft) はシステムにおける予測される速度を出すために必要なエネルギー損失との同等距離であり，以下のように示される．

$$V_h = \frac{v^2}{2g} \quad (22.8)$$

ここで V_h ＝ 速度水頭，v ＝ 流速，g ＝ 重力加速度．

22.2.5.4 全動圧

全動圧 ＝ 静水頭＋摩擦水頭＋速度水頭[*3]　　　　　(22.9)

22.2.5.5 圧力と水頭

圧力はパイプや，貯水タンク，水路など，水深や水頭に依存してかかる．もし圧力がわかっている場合は水頭を計算することができる．

水頭(ft) ＝ 圧力(psi)×2.31(ft/psi)　　　　　　(22.10)

あるいは以下のように表される．

PE ＝ pAV（水が流れている管）

ここで，p ＝ 断面における圧力，A ＝ 断面積（cm^2, $in.^2$），V ＝ 管内の平均流速．

■例 22.8
問題： 放出ラインにおける圧力ゲージが 72.3 psi である．水頭を求めよ．
解答：　　　　水頭 ＝ 72.3×2.31 ft/psi ＝ 167 ft

22.2.5.6 水頭と圧力

先の例と逆に，もし水頭がわかっている場合，水頭と同等の圧力が以下のように計算できる．

圧力(psi) ＝ 水頭(ft)/2.31 ft/psi　　　　　　(22.11)

■例 22.9
問題： 22 ft の水深のタンクがある．水を満たした状態の，タンク内の底にかかる圧力（psi）を求めよ．
解答：　　　　圧力 ＝ 22 ft/2.31 ft/psi ＝ 9.52 psi

22.3　流量と流出量：動水の場合

運動している流体（動水）についての考察は静止流体の場合（静水）と比べると非常に複雑であるが，その原理を理解することは重要である．なぜならば，浄水装置やその配水系の内部にせよ，下水処理装置やその収集系の内部にせよ，水はほぼ常に動いているからである．流量（flow, flow rate）または流出量（discharge, discharge rate）とは

[*3] ［訳注］通常，「全圧 ＝ 静圧＋動圧」という形で全圧は表現されるが，ここでは原著にならい，このように訳した．ただし，「水頭」という表現の場合だと「全水頭」が通常の表現である．

管路や水路内のある場所をある期間内に通過する水の量のことをさし，流体が通過する断面積やその速度との間に次の関係がある．

$$Q = A \times V \tag{22.12}$$

ここで，Q = 流量または流出量（ft^3/sec，cfs），A = 管路または水路の断面積（ft^2），V = 流速（ft/sec，fps）．

■例 22.10

問題： 幅 6 ft，水深 3 ft の水路があり，水路内の流速は 4 fps である．流量または流出量を cfs の単位で求めよ．

解答： 流量(Q) = 6 ft × 3 ft × 4 ft/sec = 72 cfs

流量または排出量は gal/day（gpd），gal/min（gpm），もしくは ft^3/sec（cfs）の単位で記録される．また，多くの上水道や下水処理施設で取り扱われている流量は膨大であることから，100 million gal/day（MGD）の単位もしばしば使用される．流量の値は適切な変換係数を用いることで別の単位における表記へと変換できる．

■例 22.11

問題： 直径 12 in. の管路内を水が 10 fps の速さで流れている．(a) cfs，(b) gpm，(c) MGD の単位における流量を求めよ．

解答： まず，円の面積は

$$A = \pi \times \frac{D^2}{4} \tag{22.13}$$

ここで，π = 定数 3.14159，D = 円の直径（ft）．

管路の面積（A）は

$$A = \pi \times \frac{D^2}{4} = 3.14159 \times \frac{(1\,\text{ft}^2)}{4} = 0.785\,\text{ft}^2$$

である．したがって，(a) cfs の単位における流量は

$$Q = V \times A = 10\,\text{ft/sec} \times 0.785\,\text{ft}^2 = 7.85\,\text{ft}^3/\text{sec}\,(\text{cfs})$$

である．(b) に関しては，1 cfs = 449 gpm の関係を知っておけば

$$7.85\,\text{cfs} \times 449\,\text{gpm/cfs} = 3525\,\text{gpm}$$

と求めることができる．(c) に関しては，1 MGD = 1.55 cfs であることから，

$$\frac{7.85\,\text{cfs}}{1.55\,\text{cfs/MGD}} = 5.06\,\text{MGD}$$

である．

22.3.1 面積と流速

連続の法則（law of continuity）[*4] は，管路または水路内のそれぞれの場所における流量は（途中で水が出たり入ったりしない限り）他の任意の場所における流量と同一であることを宣言している．すなわち，定常流の仮定の下では，管路または水路に入る流量はそこから出る流量と同一である．数式で表すと以下のようになる．

$$Q_1 = Q_2 \text{ または } A_1V_1 = A_2V_2 \tag{22.14}$$

■例 22.12

問題： 直径 12 in. の管が直径 6 in. の管に接続されており，水が 12 in. の管内で 3 fps の速度で流れている．このとき，6 in. の管内での流速を求めよ．

解答： 保存則の関係 ($A_1V_1 = A_2V_2$) を用いるため，まず，それぞれの管路の面積を求める．

$$12\,\text{in. の管：} \quad A = \pi \times \frac{D^2}{4} = 3.14159 \times \frac{1\,\text{ft}^2}{4} = 0.785\,\text{ft}^2$$

$$6\,\text{in. の管：} \quad A = \pi \times \frac{D^2}{4} = 3.14159 \times \frac{0.25\,\text{ft}^2}{4} = 0.196\,\text{ft}^2$$

保存則の関係から

$$0.785\,\text{ft}^2 \times 3\,\text{ft/sec} = 0.196\,\text{ft}^2 \times V_2$$

が得られるため，

$$V_2 = \frac{0.785\,\text{ft}^2 \times 3\,\text{ft/sec}}{0.196\,\text{ft}^2} = 12\,\text{ft/sec または fps}$$

となる．

22.3.2 圧力と速度

閉じた管路内で水が（圧力がかかっている状態で）満水となって流れているとき，圧力は間接的に流体の速度と関連づけられる．この原理は，前項で議論された原理とともに用いることで，さまざまな流れの計測装置（ベンチュリー計やロータメーター）や，塩素，二酸化硫黄または他の化学物質を水や廃水に溶かす注入装置を設計する際の基礎となっている．

$$速度_1 \times 圧力_1 = 速度_2 \times 圧力_2 \tag{22.15}$$

または

$$V_1P_1 = V_2P_2$$

22.4 ベルヌーイの定理

1700 年代，スイスの物理学者で数学者でもあるダニエル・ベルヌーイ（Daniel

[*4] ［訳注］連続の式（continuity equation），質量保存則（mass conservation law）などとも呼ばれる．

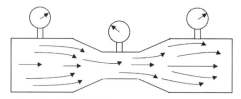

図 22.3 ベルヌーイの定理の概念図（出典：Spellman, F.R. and Drinan, J., *Water Hydraulics*, Technomic, Lancaster, PA, 2001）

Bernoulli）は定常流動系内の2点間における全エネルギーの関係式を提唱した（Nathanson, 1997）。以下では、ベルヌーイのエネルギー式を議論する前に、まずその背景にある基本原理から述べる。ある水理学的な系における水または任意の水理学的な流体は2種類のエネルギー、すなわち運動エネルギー（kinetic energy）と位置エネルギー（potential energy）をもっている。運動エネルギーは水が動くときに存在する。水がより速く動くとき、より多くの運動エネルギーが存在することになる。位置エネルギーはその水（流体）に圧力がかかる結果として存在する。運動エネルギーと位置エネルギーの和がその水の全エネルギー（total energy）である。ベルヌーイの定理（Bernoulli's theorem）は、水（流体）の全エネルギーが常に一定に保たれることを宣言している。したがって、ある水理学的な系において水の流れが増加するとき、圧力は減少しなければならない。水が流れはじめるとき、圧力は小さくなり、逆に流れが止まれば、圧力は再び大きくなる。図22.3 に示される圧力計はより明確にこの関係性を描いている。

22.4.1 ベルヌーイの式

ある水理学的な系において、全エネルギー水頭は3つの独立なエネルギー水頭の和と

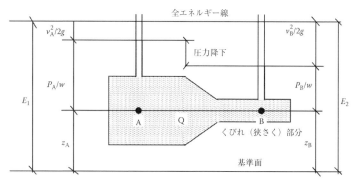

図 22.4 保存則の概念図（出典：Nathanson, J.A., *Basic Environmental Technology: Water Supply, Waste Management, and Pollution Control*, 2nd ed., Prentice-Hall, Upper Saddle River, NJ, p.29 を修正）
くびれ部分における流速と運動エネルギーは増加するため、位置エネルギーは減少する。このことはくびれ部分における水圧の低下として観測される。

等しい．

$$全水頭 ＝ 位置水頭＋圧力水頭＋速度水頭$$

この関係は数学的には以下のように表される．

$$E = z + \frac{P}{w} + \frac{V^2}{2g} \tag{22.16}$$

ここで，E ＝ 全エネルギー水頭（全水頭），z ＝ 基準面からの水の高さ (ft)（位置水頭），p/w ＝ 圧力水頭，V^2/g ＝ 速度水頭，p ＝ 圧力 (psi)，w ＝ 単位体積当たりの水の質量 (62.4 lb/ft^3)，V ＝ 流れの速度 (ft/sec)，g ＝ 重力加速度 (32.2 ft/sec^2)．

図 22.4 に示されている管路のくびれ（狭さく）部分について考えてみよう．エネルギー保存則によれば，断面 A における全エネルギー水頭（E_1）は断面 B における全エネルギー水頭（E_2）と等しくなければならず，式 (22.16) を用いてベルヌーイの関係式が以下のように得られる．

$$z_A + \frac{P_A}{w} + \frac{V_A^2}{2g} = z_B + \frac{P_B}{w} + \frac{V_B^2}{2g} \tag{22.17}$$

図 22.4 に示されている管路系は水平的である．したがって，$z_A = z_B$ であり，ベルヌーイの式を簡略化できる．位置水頭の値は両辺で等しく，それらを取り除くことで以下の式が得られる．

$$\frac{P_A}{w} + \frac{V_A^2}{2g} = \frac{P_B}{w} + \frac{V_B^2}{2g} \tag{22.18}$$

図 22.4 では，流れの断面積が断面 B（くびれ部分）において断面 A よりも小さくなることから，連続の法則により断面 B における流速は断面 A よりも大きくなければならない．このことは，水がくぼみ部分へ流れ込むにつれてその系における速度水頭が大きくなることを意味している．しかしながら，全エネルギーは一定に保たれなければならないため，圧力水頭，またそれゆえに圧力が下がる必要がある．くびれ部分においては，圧力エネルギーが実際上運動エネルギーに変換されていることになる．

圧力がより狭い管断面（くびれ部分）において小さくなってしまうことは一般的な感覚と一致しないように思われる．しかしながら，このことは連続の法則とエネルギーの保存則に論理的に従うものである．実用の観点では，このような圧力差を利用して閉じた管内における流量を計測することができる．

■例 22.13

問題： 図 22.4 において，断面 A の直径が 8 in.，断面 B の直径が 4 in.，管内の通過流量が 3.0 cfs，断面 A における圧力が 100 psi である．断面 B における圧力を求めよ．

解答： まず，それぞれの断面における流量を次のとおり求める．

$$A_A = \frac{\pi (0.666 \text{ ft})^2}{4} = 0.349 \text{ ft}^2$$

$$A_\mathrm{B} = \frac{\pi (0.333\,\mathrm{ft})^2}{4} = 0.087\,\mathrm{ft}^2$$

$Q = A \times V$（または $V = Q/A$）の関係から，

$$v_\mathrm{A} = \frac{3.0\,\mathrm{ft}^3/\mathrm{sec}}{0.349\,\mathrm{ft}^2} = 8.6\,\mathrm{ft/sec}$$

$$v_\mathrm{B} = \frac{3.0\,\mathrm{ft}^3/\mathrm{sec}}{0.087\,\mathrm{ft}^2} = 34.5\,\mathrm{ft/sec}$$

が得られる．これらの結果を式（22.18）に代入すると

$$\frac{100\,\mathrm{psi} \times 144\,\mathrm{ft}^2/\mathrm{in.}^2}{62.4\,\mathrm{lb/ft}^3} + \frac{(8.6\,\mathrm{ft/sec})^2}{2 \times 32.2\,\mathrm{ft/sec}^2} = \frac{P_\mathrm{B} \times 144\,\mathrm{ft}^2/\mathrm{in.}^2}{62.4\,\mathrm{lb/ft}^3} + \frac{(34.5\,\mathrm{ft/sec})^2}{2 \times 32.2\,\mathrm{ft/sec}^2}$$

となり，$P_\mathrm{B} = 92.5\,\mathrm{psi}$ が得られる．

22.5　水頭損失に関する計算

1850年頃，DarcyやWeisbachらは管路内の摩擦を決定するための最初の実用的な関係式を提唱した．現在ではDarcy-Weisbachの式として知られているその円管に関する関係式は，以下のとおりである．

$$h_f = f \frac{LV^2}{2Dg} \tag{22.19}$$

または

$$h_f = \frac{8fLQ^2}{\pi^2 gD^5} \tag{22.20}$$

ここで，$h_f =$ 水頭損失（ft），$f =$ 摩擦係数，$L =$ 管の長さ（ft），$V =$ 平均速度（ft/sec），$D =$ 管路の直径（ft），$g =$ 重力加速度（32.2 ft/sec^2），$Q =$ 流量（ft^3/sec）．

Darcy-Weisbachの式はどのような流体にも適用できるものであり，この摩擦係数には壁面の粗さやレイノルズ数（流体の粘性および乱流の強さに基づく変数）の効果が反映されている．Darcy-Weisbachの式はおもに管内の水頭損失の計算のために使用されている．開水路に関しては，19世紀の後半にマニングの式が提唱された．のちに，マニングの式は閉じた導管に対しても使用されるようになった．

1900年代初期には，水道管や廃水用の加圧主管の関連計算のための，さらに実用的なHazen-Williamsの式が提唱された．

$$Q = 0.435 \times CD^{2.63} \times S^{0.54} \tag{22.21}$$

ここで，$Q =$ 流量（ft^3/sec），$C =$ 粗度係数（C は粗度とともに小さくなる），$D =$ 水理半径（径深と呼ぶこともある）（ft），$S =$ エネルギー勾配（ft/ft）．

22.5.1　C 値（粗度係数）

第14章で言及したように，C 値はHazen-Williamsの式の中で用いられているような粗さの程度を表す係数である．その値は速度の変化に応じて顕著に変化することはなく，管の種類や使用期間に応じて決められている．すなわち，C 値の決定においては流体の

粘性やレイノルズ数の概念は省かれ，粗さの概念のみが含まれる．管路に関しては実験と経験に基づく広く受け入れられている C 値のリストが構築され，技術目録内で与えられている．一般に，C 値は管路の使用とともに1年で1減少する．管路系の平均的な使用年数に基づき，新しく設計された水理系統に関しては $C = 100$ がしばしば用いられる．

ノート： C 値が高いほどなめらかな管路を，低いほど粗い管路を意味する．

22.6　開水路流れの特徴

水理学の基本原理は，駆動力として圧力が作用しない（水深一定の）開水路流れに対しても適用できる (McGhee, 1991)．速度水頭がそのプロセスにおける唯一の自然エネルギーであり，通常の水の速度の場合その値は非常に小さい（$V^2/2g$）．さまざまなパラメータを使うことで開水路流れを説明することが可能である（実際，頻繁にそのようにして説明がなされている）が，ここではまず，開水路流れのいくつかの特徴を，それが層流か乱流か，均一か変動しているか，限界未満か，限界かそれとも限界超過かといった観点を含め記すことから始めたい．

22.6.1　層流と乱流

開水路における層流および乱流は，加圧下の閉じた管路などにおける流れと似ている．とはいえ，開水路流れは，たいてい，乱流状態である．上水道内にせよ廃水処理系統内にせよ，開水路では層流は原則発生しない．

22.6.2　等流と不等流

流れは時間と場所の関数として表すことができる．もし流れに関する量が変化しないならば，その状態を定常であると呼ぶ．等流とは，水路に沿って深さ，幅，そして流速が一定に保たれている流れである．変化流または不等流においては，それらのパラメータが変動しており，1つのパラメータの変動に応じてその他の値も変化する．すなわち，もし流れの断面が水路内に沿う場所に依存しないならば，その流れは均一である．上水道や下水道内における開水路流れのほとんどの環境は不等流であるが，等流の概念もまた，不等流がさまざまなケースにおいて到達しうる限界を規定するという点で重要である．

22.6.3　限界流

限界流とは限界水深や限界速度などを伴う流れのことであり，異なる2つの種類の流れの境界に位置する流れの状態を規定する．限界流はある与えられた流量に対する最小比エネルギーや，ある与えられた比エネルギーに対する最大流量を伴う．限界流は流れの計測装置内において，自由流出，もしくはそれに近づいた状態で発生し，開水路流れにおける制御を確立している．さらに限界流は水道や廃水処理系統の中でも頻繁に発生し，それらの利用や設計において重要となる．

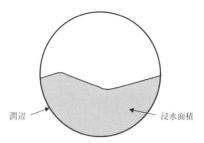

図 22.5 水理半径の概念図（出典：Spellman, F.R., and Drinan, J., *Water Hydraulics*, Technomic, Lancaster, PA, 2001）

22.6.4 開水路流れにおいて使用されるパラメータ

水理半径（hydraulic radius），水理水深（hydraulic depth），勾配（slope）の3つのパラメータが開水路流れの問題で使用される．

22.6.4.1 水理半径

水理半径（hydraulic radius，動水半径，径深とも呼ぶ）とは，潤辺（wetted perimeter）と流れの断面積の比を表したものである．

$$r_\mathrm{H} = \frac{A}{P} \tag{22.22}$$

ここで，r_H＝水理半径，A は水＝断面積，P＝潤辺．

もし流速が保たれていないならば（理論的には）その流れが止まってしまうため，開水路においては適切な流速を保つことは非常に重要である．一定のレベルで流速を保つためには，水路の傾きが摩擦損失の影響を上回るようにその系統が設計されていなければならない．他の流れでも同様に，ある与えられた流れにおける水頭損失の計算は必須であり，Hazen-Williams の式が有用である（$Q = 0.435 \times C \times d^{2.63} \times S^{5.4}$）．ここでも勾配の概念は変わらない．逆に違いとは何か？　われわれは今，水頭損失に相当する，ある水路の物理的な傾き（ft/ft）を計測または計算している．

その手続きは論理的で納得のいくものであるようにみえるが，問題もある．その問題とは，直径（diameter）に伴うものである．円形ではない導管（たとえば，沈砂池，接続水域，細流，川）や満水でないために流れの断面積が円形ではない管路（たとえば，配水管，排水本管，下水管）においては，直径という概念が適用できない．このとき，どうすればよいのだろうか？　流れの断面積が円形ではないような状況では，断面積のサイズや導管の側面に接触する断面の合計を特徴づける別のパラメータを用いる必要がある．このような状況において水理半径（r_H）が登場するのである．水理半径は導管内での水の輸送効率を調べる尺度となる．その値は管の大きさや充足率に依存する．水理半径は，どの程度の割合の水が水路の側面と接触しているか，またはどの程度の割合の水がその側面と接触していないかを計測するために使用する（図 22.5）．

22.6.4.2 水理水深

水理水深（hydraulic depth）とは，流れの断面積の流れの表面における水路幅に対する割合で規定される（水理水深の別名として水理平均水深（hydraulic mean depth）や水理半径が使用されることもある）．

$$d_\mathrm{H} = \frac{A}{w} \tag{22.23}$$

ここで，d_H = 水理水深，A = 流れの面積，w = 流体の表面における水路幅．

22.6.4.3 勾配

開水路の方程式における勾配（slope）とは，エネルギー線の勾配である．流れが均一ならば，エネルギー線の傾きは水面または水路の底と平行に走る．勾配は一般にベルヌーイの式から水路の単位長さ当たりのエネルギー損失として計算される．

$$S = \frac{D_h}{D_l} \tag{22.24}$$

ここで，D_h = 水路のある長さにおけるエネルギー損失または水面の変化（ft），D_l = 水路の長さ（ft）．

22.7 開水路流れの計算

ある与えられた流れにおける水頭損失の計算は，典型的には Hazen-Williams の式を用いることで実施される．加えて，開水路流れの問題においては，勾配の概念が変化していないとはいえ，直径に伴う問題が再び現れる．水で部分的にのみ満たされたその断面積が円形ではない管路においては，利用可能な直径の情報がなく，水理半径がこれらの非円形の箇所に関して使用される．Hazen-Williams の式の元来のバージョンにおいては水理半径が導入されており，さらに，Chezy，マニング，およびその他によって開発された類似のバージョンでも水理半径が組み込まれている．開水路における使用に関しては，マニングの式が最も幅広く使用されている．

$$Q = \frac{1.5}{n} A \times R^{0.66} \times S^{0.5} \tag{22.25}$$

ここで，Q = 水路の許容排水量（ft³/sec），1.5 = 定数，n = 水路の粗度係数，A = 流れの断面積（ft²），R = 水路の水理半径（ft），S = 水路の底面部分の傾き（次元なし）．

ただし，水理半径 R は流れの断面積の潤辺に対する比で定義されることを再記しておく．ここで新しく登場するのは粗度係数 n であり，その値は材質，その材質を用いた管路や水路の使用年数，また自然の河床においては，地形などに依存する．粗度係数 n は開水路における粗さの程度を近似しており，その値にはなめらかな土管に関しての 0.01 から小さな自然の小川に関しての 0.1 までと幅がある．コンクリート製の管路，水路に関しては $n = 0.013$ が一般に仮定されている．n の値は水路がなめらかになっていくにつれて減少する．次の例題では，長方形の断面をもつ水路に関してのマニングの式の応用例を紹介する．

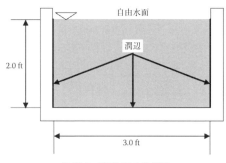

図 22.6 例 22.14 の参考図

■例 22.14

問題: 図 22.6 に示すように，コンクリートで補強された幅が 3 ft の長方形の排水溝があり，この水路の底部が 100 ft につき 0.5 ft の割合で低下している．水深が 2 ft のとき，水路内の流量はいくらになるか？

解答: 以下では，$n = 0.013$ を仮定する．図 22.6 を参考にすれば，流れの断面積（A）は $A = 3\,\text{ft} \times 2\,\text{ft} = 6\,\text{ft}^2$，潤辺（P）は $P = 2\,\text{ft} + 3\,\text{ft} + 2\,\text{ft} = 7\,\text{ft}$ である．水理半径（R）は $R = A/P = 6\,\text{ft}^2/7\,\text{ft} = 0.86\,\text{ft}$ で，傾き（S）は $S = 0.5\,\text{ft}/100\,\text{ft} = 0.005$ である．マニングの式を適用すれば，

$$Q = \frac{1.5}{0.013} \times 6 \times 0.86^{0.66} \times 0.005^{0.5} = 44 \text{ cfs}$$

引用文献・推奨文献

McGhee, T. J. (1991). Water *Supply and Sewerage*, 2nd ed. McGraw-Hill, New York.

Nathanson, J.A. (1997). *Basic Environmental Technology: Water Supply Waste Management, and Pollution Control*, 2nd ed. Prentice-Hall, Upper Saddle River, NJ.

第23章 水処理プロセス

清らかな水は良質かつ世界で一番の薬である.

——スロバキアの格言

23.1 はじめに

　自然水は莫大な量であり，流況もさまざまなために，水域内で水質を大きく回復・改善することは容易ではない（Gupta, 1997）．そのため水質の制御方法は特定の目的のために水源から取水された水に適用される．取水された水は利用する前に処理される．水（飲料用）の処理は，主として物理的，化学的処理から構成される．これは物理的，化学的，生物的単位プロセスが利用される排水処理とは異なっており，排水処理は放流水の水質基準と操作上の制約に依存している．水処理に用いられる物理的な単位操作は次のものを含む．

- スクリーニング： このプロセスは浮上，あるいは水中に浮遊した大きなゴミを除去する．
- 撹拌： 凝集剤（たとえばミョウバン）として知られている化学物質が混合され，微小粒子を凝集させる．
- 凝集： 凝集剤と混合した水がゆっくり動き，粒子がぶつかり，フロックをつくる．
- 沈殿（沈降）： 水は十分な時間滞留し，凝集した粒子が重力によって沈降する．
- ろ過： 沈殿後，水中に残っている細かい粒子や微生物は砂や炭の層を通してろ過される．

原水を処理するために用いられる化学的単位プロセスは，法的規制や追加する化学処理のニーズによって，消毒，沈殿（precipitation），吸着，イオン交換，気体移送（gas transfer）を含む．標準的な水処理システムのフローを図23.1に示した．

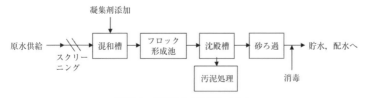

図23.1 標準的な水処理システム

23.2 水源と貯水の計算

約4千万立方マイルの水が地球の表面や内部に存在する．海洋は地球のすべての水の約97％を含んでいる．他の3％が淡水である．地球表面の雪や氷は水の約2.25％を含む．利用できる地下水は約0.3％，地表面の淡水は0.5％未満である．たとえば，米国では，平均の降水量は約2.6 ft(体積で5900 km^3)．この量のうち約71％が蒸発し(約4200 km^3)，29％が流水となる（約1700 km^3）．有益な淡水利用は製造業，食料生産，家庭や公共の水，レクリエーション，水力発電，洪水制御を含む．年間の河川取水量は約7.5％（440 km^3）である．灌漑と工業利用はこの量のほぼ半分である（3.4％，あるいは200 km^3/yr）．都市用水利用はわずか約0.6％（35 km^3/yr）である．歴史的にみて，米国では，水利用は（予測されたように）増大した．たとえば1900年では，400億galの淡水が利用された．1975年には，利用は4550億galまで増加した．2000年の予測利用量は約7200億ガロンである．

淡水の主要な水源は，水槽や水ガメに集められて蓄えられた雨水，泉・自噴井戸・掘削あるいは掘抜き井戸，湖沼，河川，小川の表面流出水，海水や塩分を含んだ地下水の淡水化，再利用水を含む．

23.2.1 水源の計算

本項で扱う水源の計算は，井戸や池あるいは湖の貯水容量に適用できる．ここで扱う井戸の計算は，井戸の水位低下，揚水量，比揚水量，ケーシング消毒，深井戸タービンポンプ容量である．

23.2.1.1 井戸の水位低下

水位低下は，水をポンプアップするときの井戸水位の低下である（図23.2）．水位低下は，たいていftあるいはm単位で測定される．水位低下を測る最も重要な理由の1つは，水源が適切であり，枯渇しないか確かめることである．水位低下を計算するために

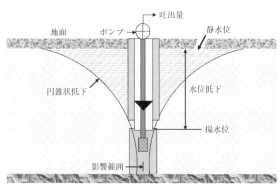

図23.2　井戸水の特徴

23.2 水源と貯水の計算

集めたデータから水供給が徐々に減少するかどうかを示すことができる．早期に検出することにより，他の代替水源を開発し，保全対策を確立し，あるいは新たな水源を得るのに必要な予算を得るための時間的余裕ができる．井戸の水位低下は揚水位（pumping water level）と静水位（static water level）の差である．

$$\text{水位低下(ft)} = \text{揚水位(ft)} - \text{静水位(ft)} \tag{23.1}$$

■例 23.1
問題： 井戸の静水位が 70 ft である．揚水位が 90 ft ならば，水位低下はいくらか？
解答： 水位低下 = 揚水位(ft) − 静水位(ft) = 90 ft − 70 ft = 20 ft

■例 23.2
問題： 井戸の静水位は 122 ft．揚水位は測深線（sounding line）を使って決定する．測深線に適用される気圧は 4.0 psi，測深線の長さは 180 ft．水位低下はいくらか？
解答： 最初に測深線の水位と，揚水位を計算する．

$$\text{測深線の水位} = 4.0 \text{ psi} \times 2.31 \text{ ft/psi} = 9.2 \text{ ft}$$
$$\text{揚水位} = 180 \text{ ft} - 9.2 \text{ ft} = 170.8 \text{ ft}$$

次に水位低下を計算する．

$$\text{水位低下} = \text{揚水位(ft)} - \text{静水位(ft)} = 170.8 \text{ ft} - 122 \text{ ft} = 48.8 \text{ ft}$$

23.2.1.2 井戸の揚水量

揚水量（water yield）は井戸の揚水（pumping）によって吐出される単位時間当たりの水量である．一般に揚水量は分当たりのガロン（gpm, gallons per minute）か，時間当たりのガロン（gph, gallons per hour）で測られる．大流量の場合は，秒当たりの立方フィート（cfs, cubic feet per second）で測られる．井戸の揚水量は次のように決定される．

$$\text{井戸の揚水量(gpm)} = \text{吐出水量(gallon)}/\text{試験時間(min)} \tag{23.2}$$

■例 23.3
問題： 井戸の水位低下が安定しているときに，井戸は 5 分間試験で 400 gal の水を吐出した．井戸の揚水量はいくらか？
解答： 揚水量 = 吐出水量(gallon)/試験時間(min) = 400 gal/5 min = 80 gpm

■例 23.4
問題： 井戸の揚水量の 5 分間試験で総水量 780 gal が井戸から吐出された．井戸の揚水量は gpm でいくらか？ また gph ではいくらか？
解答： 揚水量 = 吐出水量(gallon)/試験時間(min) = 780 gal/5 min = 156 gpm
次に gpm を gph に変換する．

$$156 \text{ gpm} \times 60 \text{ min/hr} = 9360 \text{ gph}$$

23.2.1.3 比揚水量

比揚水量(specific yield)は井戸の水位低下(foot)当たりの揚水量である．比揚水量は適切に開発された井戸では，1 gpm/ft から 100 gpm/ft の範囲にある．

$$\text{比揚水量(gpm/ft)} = \text{井戸の揚水量(gpm)} / \text{水位低下(ft)} \quad (23.3)$$

■例 23.5

問題： ある井戸の揚水量は 260 gpm である．井戸の水位低下が 22 ft のとき，比揚水量は gpm/ft でいくらか？

解答： 比揚水量 ＝ 井戸の揚水量(gpm)/水位低下(ft)
 ＝ 280 gpm/22 ft ＝ 11.8 gpm/ft

■例 23.6

問題： ある井戸の揚水量は 310 gpm である．この井戸の水位低下が 30 ft のとき，比揚水量は gpm/ft でいくらか？

解答： 比揚水量 ＝ 井戸の揚水量(gpm)/水位低下(ft)
 ＝ 310 gpm/30 ft ＝ 10.3 gpm/ft

23.2.1.4 井戸ケーシングの消毒

新設，洗浄済み，あるいは修理された井戸は，完全に消毒しないと数週間にわたり汚染物を含むことになる．塩素濃度 100 ppm (perts per million)の通常の漂白剤によって消毒できる．必要な消毒剤の量は井戸中の水量によって決定される．次の式は消毒に必要な塩素量(lb；pound)を計算するのに使われる．

$$\text{塩素量(lb)} = \text{塩素濃度(mg/L)} \times \text{ケーシング体積(MG)} \times 8.34 \text{ lb/gal} \quad (23.4)$$

■例 23.7

問題： 新しい井戸を塩素 50 mg/L を投入して消毒する．井戸ケーシングの直径が 8 in.，ケーシングの長さが 110 ft の場合，必要な塩素量は何ポンドか？

解答： 最初に水が充填されたケーシングの体積を計算する．

$$0.785 \times 0.67 \times 0.67 \times 110 \text{ ft} \times 7.48 \text{ gal/ft}^3 = 290 \text{ gal}$$

次に mg/L から lb 変換式を使って必要な塩素量(pounds)を決定する．

$$\text{塩素量} = \text{塩素濃度(mg/L)} \times \text{体積(MG)} \times 8.34 \text{ lb/gal}$$
$$= 50 \text{ mg/L} \times 0.000290 \text{ MG} \times 8.34 \text{ lb/gal} = 0.12 \text{ lb}$$

23.2.1.5 深井戸タービンポンプの計算

深井戸タービンポンプは大揚水量の深井戸に使われる．ポンプは概して一段以上の遠心力ポンプからなるが，ポンプカラムと呼ばれるパイプに連結され，ポンプは水中に置かれる．ポンプはポンプカラムの内側に通したシャフトにより地表から駆動される．水はポンプからポンプカラムを通して地表に吐出される．ポンプは垂直シャフト，井戸最上部の電動モーターによって駆動されるか，あるいは他の動力源と井戸最上部に設置さ

れた直角駆動ギヤにより駆動される．最新の深井戸タービンポンプは水中ポンプで，ポンプ（単一ユニットの直動式モーター）が井戸の水位以下に設置され，モーターは水中で作動する．

23.2.2 垂直タービンポンプの計算

井戸ポンプにかかる計算は水頭（head，水のもつエネルギーを水柱の高さに置き換えたもの，長さの次元をもつ），馬力と効率の計算を含む．吐出水頭（discharge head，吐出圧力水頭（ヘッド）とも呼ぶ）はポンプ吐出フランジ近傍に設置する圧力ゲージで測定する．圧力（psi）は，次の式で水頭（foot）に変換できる．

$$\text{吐出水頭(ft)} = \text{圧力(psi)} \times 2.31 \text{ ft/psi} \tag{23.5}$$

全揚程（field head，全ポンプ水頭とも呼ぶ）は，吐出水頭より下方の揚程（lift）の指標である．全揚程は次のように計算される．

$$\text{全揚程(ft)} = \text{揚水位(ft)} + \text{吐出水頭(ft)} \tag{23.6}$$

■例 23.8
問題： 吐出水頭の圧力ゲージは 4.1 psi．この吐出水頭はフィートでいくらか？
解答： 4.1 psi × 2.31 ft/psi = 9.5 ft

■例 23.9
問題： ポンプの静水位が 100 ft．井戸の水位低下が 26 ft．ポンプの吐出水頭のゲージの読みが 3.7 psi ならば，全揚程はいくらか？
解答： 全揚程(ft) = 揚水位(ft) + 吐出水頭(ft)
= (100 ft + 26 ft) + (3.7 psi × 2.31 ft/psi) = 126 ft + 8.5 ft = 134.5 ft
(23.7)

5 種の馬力が深井戸ポンプの計算で用いられる．これらの馬力の種類をよく理解しておくことが重要である．

電動機馬力［motor horsepower］ 電動機（モーター）に供給される馬力．次の式が電動機馬力を計算するために用いられる．

$$\text{電動機馬力(入力馬力)} = \frac{\text{実ブレーキ馬力}}{\text{電動機の効率}/100} \tag{23.8}$$

全ブレーキ馬力（制動馬力）［total brake horsepower, bhp］ 電動機の馬力出力．次の式が全ブレーキ馬力を計算するのに使われる．

$$\text{全ブレーキ馬力} = \text{実ブレーキ馬力} + \text{推力（スラスト）軸受損失} \tag{23.9}$$

実馬力［field horsepower］ ポンプ主軸の最上部で必要な馬力．次の式が実馬力の計算に使われる．

$$\text{実馬力} = \text{ボウル馬力} + \text{軸損失} \tag{23.10}$$

ボウル馬力あるいは**実験室馬力**［bowl or laboratory horsepower］ ポンプボウル（bowl）の入口部の馬力をいう．次の式がボウル馬力を計算するのに用いられる．

$$\text{ボウル馬力} = \frac{\text{ボウル水頭(ft)} \times \text{揚水量(gpm)}}{3960 \times (\text{ボウル効率}/100)} \qquad (23.11)$$

水馬力〔water horsepower〕 ポンプ吐出口の馬力．次の式が水馬力を計算するのに用いられる．

$$\text{水馬力} = \frac{\text{全揚程(ft)} \times \text{吐出量(gpm)}}{3960} \qquad (23.12)$$

あるいは等価な式

$$\text{水馬力} = \frac{\text{全揚程(ft)} \times \text{吐出量(gpm)}}{33{,}000 \text{ ft-lb/min}}$$

■例 23.10

問題： 井戸ポンプの揚水位が 150 ft，ポンプ吐出口の中央で測った吐出圧力が 3.5 psi．ポンプからの流量が 700 gpm の場合，水馬力はいくらか？

解答： 最初に全揚程（field head）を計算する．吐出水頭は psi から ft に変換する．

$$3.5 \text{ psi} \times 2.31 \text{ ft/psi} = 8.1 \text{ ft}$$

全揚程（filed head）は，

$$150 \text{ ft} + 8.1 \text{ ft} = 158.1 \text{ ft}$$

水馬力は次で決まる．

$$\text{水馬力} = \frac{158.1 \text{ ft} \times 700 \text{ gpm} \times 8.34 \text{ (lb/gal)}}{33{,}000 \text{ (ft-lb/min)}} = 28$$

■例 23.11

問題： ポンプの揚水位は 17 ft．ポンプの吐出水頭で測った吐出圧力は 4.2 psi．もしポンプ流量が 800 gpm ならば，水馬力はいくらか？

解答： 全揚程を最初に決定する．まず吐出水頭を psi から ft に変換しなければならない．

$$4.2 \text{ psi} \times 2.31 \text{ ft/psi} = 9.7 \text{ ft}$$

全揚程は次のように計算できる．

$$170 \text{ ft} + 9.7 \text{ ft} = 179.7 \text{ ft}$$

次に水馬力が計算できる．

$$\text{水馬力} = \frac{179.7 \text{ ft} \times 800 \text{ gpm} \times 8.34 \text{ (lb/gal)}}{33{,}000 \text{ (ft-lb/min)}} = 36$$

■例 23.12

問題： 深井戸の垂直タービンポンプは 600 gpm を揚水する．実験室水頭が，185 ft でボウル効率が 84% の場合，そのボウル馬力はいくらか？

解答：

$$\text{ボウル馬力} = \frac{\text{ボウル水頭(ft)} \times \text{揚水量(gpm)}}{3960 \times (\text{ボウル効率}/100)}$$

$$= \frac{185\,\text{ft} \times 600\,\text{gpm}}{3960 \times (84/100)} = \frac{185\,\text{ft} \times 600\,\text{gpm}}{3960 \times 0.84} = 33.4$$

■例 23.13

問題： ボウル馬力が 51.8 bhp，直径 1 in. のシャフトが 170 ft 長で，960 rpm で回転（シャフトの摩擦損失が 100 ft 当たり 0.29 hp）の場合，実ブレーキ馬力（filed bhp）は？

解答： 実馬力の計算の前に，シャフト損失を次のように計算する．

$$\frac{(\text{シャフト損失}\,0.29\,\text{hp}) \times (170\,\text{ft})}{100} = 0.5$$

そして実ブレーキ馬力を決定する．

実ブレーキ馬力 ＝ ボウル馬力 ＋ シャフト損失 ＝ 5.18 bhp ＋ 0.5 hp ＝ 52.3 bhp

■例 23.14

問題： 深井戸タービンポンプの実馬力が 62 bhp，水力軸受損失が 0.5 hp で電動機効率が 88% の場合，電動機の入力馬力はいくらか？

解答：
$$電動機の入力馬力 = \frac{全ポンプ馬力}{電動機効率/100} = \frac{62\,\text{bhp} + 0.5\,\text{hp}}{0.88} = 71\,\text{mhp}$$

機器の効率（efficiency）をいうとき，本来，機器への入力（たとえば，エネルギー入力）に対してその出力（たとえば，エネルギー出力）の比較をいう．馬力の効率は，たとえば，ユニットあるいはシステムの出力馬力をそのユニットあるいはシステムへの入力馬力との比較が，ユニット効率である．深井戸ポンプに関しては，ボウル効率（bowl efficiency），実（現場，野外）効率（field efficiency），電動機効率（motor efficiency），総合効率（overall efficiency）の 4 つの効率がある．

効率（%）の計算に用いる一般式は以下である．

$$効率(\%) = \frac{部分}{全体} \times 100 \qquad (23.13)$$

深井戸ポンプのボウル効率はポンプ製造者によって提供されるポンプ性能曲線図を用いて容易に決定しうる．実効率は式（23.14）によって決められる．

$$実効率(\%) = \frac{全揚程(\text{ft}) \times 揚水量(\text{gpm})}{3960 \times 全ブレーキ馬力} \times 100 \qquad (23.14)$$

■例 23.15

問題： 以下のデータが与えられた場合，深井戸ポンプの実効率を計算せよ．

全揚程 180 ft，揚水量 850 gpm，全馬力 61.3 bhp

解答：
$$実効率(\%) = \frac{全揚程(\text{ft}) \times 揚水量(\text{gpm})}{3960 \times 全ブレーキ馬力} \times 100 = \frac{180\,\text{ft} \times 850\,\text{gpm}}{3960 \times 61.3} \times 100 = 63\%$$

総合効率はシステムの馬力出力とシステムに入る馬力の比較である．

$$総合効率(\%) = \frac{実効率(\%) \times 電動機効率(\%)}{100} \qquad (23.15)$$

■例 23.16
問題： 電動機の効率は 90％である．実効率が 83％の場合，ユニットの総合効率はいくらか？

解答： $総合効率(\%) = \dfrac{実効率(\%) \times 電動機効率(\%)}{3960 \times 全ブレーキ馬力} \times 100 = \dfrac{83\% \times 90\%}{100} = 74.7\%$

23.3 貯　　　水

　上水供給システムの貯水施設は，変動する水利用需要に備えるために必要である（上水供給システムの日々の需要量を平均化し，あるいは等しくするために十分な水量を供給する）．さらに，貯水施設はほかにも，操作の利便性の向上，ポンプ揚水の平準化（ポンプを1日24時間運転しつづける），動力費用の削減，電力源やポンプ障害時の水供給，消火用水需要に見合う大量の送水，サージ・リリーフを提供する（ポンプの停止・始動時の急激な変化（サージ）を減少する），滞留時間を増加する（塩素の接触時間をのばす，接触時間の望ましい要件を満足する），水源の異なる水を混合するといった機能がある．

23.3.1　貯水量の計算
　貯水池，池，小湖沼の貯水容量 (gallon) は式 (23.16) を使って推計できる．
$$容量(\text{gal}) = 平均長(\text{ft}) \times 平均幅(\text{ft}) \times 平均深度(\text{ft}) \times 7.48\,\text{gal/ft}^3 \qquad (23.16)$$

■例 23.17
問題： ある池は平均長 250 ft，平均幅 110 ft，推定平均深度は 15 ft である．この池の推定容量はいくらか (gallon)？

解答： 　$容量(\text{gal}) = 平均長(\text{ft}) \times 平均幅(\text{ft}) \times 平均深度(\text{ft}) \times 7.48\,\text{gal/ft}^3$
　　　　　　 $= 250\,\text{ft} \times 110\,\text{ft} \times 15\,\text{ft} \times 7.48\,\text{gal/ft}^3 = 3{,}085{,}500\,\text{gal}$

■例 23.18
問題： 小湖の平均長 3000 ft，平均幅 95 ft．この湖の最大深度は 22 ft の場合，この湖の水量 (gallon) はいくらか？

ノート： 　小規模な池や湖は，平均深度は一般に最大深度の約 0.4 倍である．そこで平均深度を推定するためには，最大深度を測り，0.4 を掛ける．

解答： 　まず，平均深度を推定する．
$$22\,\text{ft} \times 0.4 = 8.8\,\text{ft}$$
次に，湖の容量を決定する．

$$容量 = 平均長(ft) \times 平均幅(ft) \times 平均深度(ft) \times 7.48 \text{ gal/ft}^3$$
$$= 300 \text{ ft} \times 95 \text{ ft} \times 8.8 \text{ ft} \times 7.48 \text{ gal/ft}^3 = 1{,}875{,}984 \text{ gal}$$

23.3.2 硫酸銅の投入

硫酸銅の使用による藻類の制御が，おそらく最も一般的な湖沼，池，貯水池の現場（in situ）での処理である．水中の銅イオンは藻類を殺す．硫酸銅の投入方法と投入量は処理すべき個々の表水塊に依存する．望ましい硫酸銅の投入量は銅濃度 mg/L，ac-ft 当たりの硫酸銅重量 lb，あるいはエーカー当たりの硫酸銅重量 lb で表される．銅濃度 mg/L で投入量を表すなら，次の式が必要な硫酸銅重量を計算するのに用いられる．

$$硫酸銅(\text{lb}) = \frac{銅濃度(\text{mg/L}) \times 容積(\text{MG}) \times 8.34 \text{ lb/gal}}{有効な銅(\%)/100} \quad (23.17)$$

■例 23.19

問題： 小規模な池で藻類制御のために，銅濃度 0.5 mg/L の投入が必要である．池の容積は 15 MG である．どれくらい硫酸銅 (lb) が必要か？（硫酸銅は 25% の有効銅を含む）

解答：
$$硫酸銅(\text{lb}) = \frac{銅濃度(\text{mg/L}) \times 容積(\text{MG}) \times 8.34 \text{ lb/gal}}{有効な銅(\%)/100}$$

$$= \frac{0.5 \text{ mg/L} \times 15 \text{ MG} \times 8.34 \text{ lb/gal}}{25/100} = 250 \text{ lb}$$

ac-ft 当たりの硫酸銅重量を計算するために，次の式を用いる（望ましい硫酸銅投入量は 0.9 lb/ac-ft を仮定する）．

$$硫酸銅(\text{lb}) = \frac{0.9 \text{ lb 硫酸銅} \times \text{ac-ft}}{1 \text{ ac-ft}} \quad (23.18)$$

■例 23.20

問題： ある池の容積は 35 ac-ft である．望ましい硫酸銅投入量が 0.9 lb/ac-ft の場合，必要な硫酸銅（重量）はいくらか？

$$硫酸銅(\text{lb}) = \frac{0.9 \text{ lb 硫酸銅} \times \text{ac-ft}}{1 \text{ ac-ft}}$$

$$\frac{0.9 \text{ lb 硫酸銅}}{1 \text{ ac-ft}} = \frac{x \text{ lb 硫酸銅}}{35 \text{ ac-ft}}$$

次に x を解く．
$$0.9 \times 35 = x = 31.5 \text{ 硫酸銅重量 (lb)}$$

望ましい硫酸銅投入量は，acre 当たりの硫酸銅重量 (lb) によっても表現できる．次の式が硫酸銅重量 (lb) を決定するのに用いられる（望ましい硫酸銅投入量 5.2 lb/ac を仮定）．

$$硫酸銅(\text{lb}) = (5.2 \text{ 硫酸銅 lb} \times \text{ac})/1 \text{ ac} \quad (23.19)$$

■例 23.21

問題： 小さな池の面積が 6.0 ac である．望ましい硫酸銅投入量が 5.2 lb/ac の場合，必要な硫酸銅重量はいくらか？

解答： 硫酸銅(lb) = (5.2 lb 硫酸銅×6.0 ac)/1 ac = 31.2(lb)

23.4 凝集，混合，フロック形成

23.4.1 凝集

スクリーニングや他の前処理プロセスに続いて，標準的な水処理システムの次の単位プロセスは，凝集剤として知られる化学物質が最初に添加される混合（mixer）である．例外は，地下水を用いる小規模なシステムで，塩素あるいは他の味や臭気の制御対策が取水口で導入される．凝集プロセスは，凝集剤が添加され，効果を発揮することによる化学的，機械的な一連の操作を含む．これらの操作は2つの独特な段階からなる．① 処理すべき水を強力に撹拌することにより凝集化学物質を分散させる急速撹拌，そして，② より長時間にわたりゆっくり撹拌することでよく発達したフロックに微小な粒子を凝集させるためのフロック形成である．凝集剤が原水に添加され，完全に液体分散するようにしなければならない．化学的処理の均質性は，急速撹拌あるいは混合によって達成される．

凝集は水にポリマー，あるいは鉄やアルミニウム化合物のような金属塩を添加することにより引き起こされる反応である．一般的な凝集剤としては，ミョウバン（硫酸アルミニウム），アルミン酸ナトリウム，硫酸（第一）鉄，硫酸（第二）鉄，ポリマー（高分子化合物）がある．

23.4.2 混 合

薬品と浮遊粒子間の接触を最大にするために，凝集剤と補助剤が水全体に急速に分散（混合）される必要がある．そうしないと凝集剤は水と反応して，その凝集力の一部が消失する．混合が完了し，理想的な栓流（プラグ流）反応操作を確実にするために，反応槽の適切な滞留時間が必要である．滞留時間は次の手順で計算できる．

完全混合： $$t = \frac{V}{Q} = \left(\frac{1}{K}\right)\left(\frac{C_i - C_e}{C_e}\right) \tag{23.20}$$

栓流（プラグ流）： $$t = \frac{V}{Q} = \frac{L}{v} = \left(\frac{1}{K}\right)\left(\ln\frac{C_i}{C_e}\right) \tag{23.21}$$

ここで，t = 槽の滞留時間（min），V = 槽の容積（m³ あるいは ft³），Q = 流量（m³/sec あるいは cfs），K = 反応定数，C_i = 流入反応物濃度（mg/L），C_e = 流出反応物濃度（mg/L），L = 矩形槽の長さ（m あるいは ft），v = 流れの水平速度（m/sec あるいは ft/sec）．

■例 23.22

問題： 投入したミョウバン（硫酸アルミニウム）は 40 mg/L，K = 90/day（実験室

試験による). 完全混合と栓流槽について 90%減少する場合の滞留時間を計算せよ.

解答: 最初に C_e を求める.

$$C_e = (1-0.9) \times C_i = 0.1 \times C_i = 0.1 \times 40 \text{ mg/L} = 4 \text{ mg/L}$$

次に完全混合の t を計算する (式 (23.20) 参照).

$$t = \frac{V}{Q} = \left(\frac{1}{K}\right)\left(\frac{C_i - C_e}{C_e}\right) = \left(\frac{1}{90/\text{day}}\right)\left(\frac{40 \text{ mg/L} - 4 \text{ mg/L}}{4 \text{ mg/L}}\right)$$

$$= \left(\frac{1d}{10}\right)\left(\frac{1440 \text{ min}}{1 \text{ day}}\right) = 144 \text{ min}$$

最後に,次の式により栓流の t を計算する.

$$t = \left(\frac{1}{K}\right)\left(\ln \frac{C_i}{C_e}\right) = \left(\frac{1440}{90}\right)\left(\ln \frac{40}{4}\right) = 36.8 \text{ min}$$

23.4.3 フロック形成

標準的な上水処理プロセスでは,フロック形成が凝集に続く.フロック形成は凝集した水をゆっくり撹拌する物理的なプロセスで,粒子の衝突の確率を増大させる.経験的に,効率的な混合は,必要な薬品量を減少させ,沈殿プロセスを大いに改善する.その結果,ろ過層が長持ちし,より良質の処理水が得られる.フロック形成の目的は,均一で,雪のような羽毛状の物質(細かく,浮遊した,コロイド状の粒子を捕捉する密で粘稠なフロック)を形成し,沈殿池に迅速に送ることである.フロック形成速度を増加し,強固で重いフロックを増加するために,高分子化合物(ポリマー)がしばしば添加される.

23.4.4 凝集とフロック形成の一般的な計算

単位プロセスの凝集とフロック形成の適切な操作には,反応槽や槽容積,薬品投入量の調整,薬品投入装置の設定と滞留時間を決定するための計算が必要である.

23.4.4.1 槽や池容量の計算

正方形あるいは長方形の槽や池の容積を決定するために,式 (23.22) と (23.23) を使う.

$$槽の容積 (\text{ft}^3) = 槽の長さ (\text{ft}) \times 幅 (\text{ft}) \times 深さ (\text{ft}) \tag{23.22}$$

$$槽の容積 (\text{gal}) = 槽の長さ (\text{ft}) \times 幅 (\text{ft}) \times 深さ (\text{ft}) \times 7.48 \text{ gal/ft}^3 \tag{23.23}$$

■例 23.23

問題: 急速混合槽 (flash mix chamber) は 1 辺 4 ft の四角形,深さ 3 ft である.槽の容積 (gallon) はいくらか?.

解答: 容積 = 4 ft × 4 ft × 3 ft × 7.48 gal/ft³ = 359 gal

■例 23.24

問題: フロック形成池は長さ 40 ft,幅 12 ft,深さ 9 ft である.本池の容積はいくら

か（gallon）？．

解答： 容積 ＝ 40 ft×12 ft×9 ft×7.48 gal/ft³ ＝ 32,314 gal

■例 23.25

問題： フロック形成池は長さ 50 ft，幅 22 ft で，深さ 11 ft, 6 in. である．この池の容積はいくらか（gallon）？．

解答： まず深さの測定値のうち 6 in. を ft に変換する．

$$(6\ \text{in.})/(12\ \text{in./ft}) = 0.5\ \text{ft}$$

次に池の容積を計算する．

$$\text{容積} = 50\ \text{ft} \times 22\ \text{ft} \times 11.5\ \text{ft} \times 7.48\ \text{gal/ft}^3 = 94{,}622\ \text{gal}$$

23.4.4.2 滞留時間

凝集反応は急速なので，急速混合槽の滞留時間は秒で測られる．一方，フロック形成池の滞留時間は一般に 5～30 分である．滞留時間の計算に使われる式は以下である．

$$\text{滞留時間(min)} = \text{槽の容積(gal)}/\text{流量(gpm)} \tag{23.24}$$

■例 23.26

問題： 長さ 50 ft，幅 12 ft，深さ 10 ft のフロック形成池の流入量は 2100 gpm．この池の滞留時間はいくらか（min）？

解答： 池の容積(gal) ＝ 50 ft×12 ft×10 ft×7.48 gal/ft³ ＝ 44,880 gal

滞留時間 ＝ 池の容積(gal)/流量(gpm) ＝ 44,880 gal/2100 gpm ＝ 21.4 min

■例 23.27

問題： 急速混合槽は長さ 6 ft，幅 4 ft，深さ 3 ft である．急速混合槽の流入量が 6 MGD の場合，槽の滞留時間はいくらか（min）？（流入量は定常，連続を仮定）．

解答： まず，流量を gpd から gps に時間単位を合わせるために変換する．

$$6{,}000{,}000/(1440\ \text{min/day} \times 60\ \text{sec/min}) = 69\ \text{gps}$$

続いて，滞留時間を計算する．

$$\text{滞留時間} = \text{槽の容積(gal)}/\text{流量(gps)}$$
$$= (6\ \text{ft} \times 4\ \text{ft} \times 3\ \text{ft} \times 7.48\ \text{gal/ft}^3)/69\ \text{gps} = 7.8\ \text{sec}$$

23.4.4.3 粉末薬品投入量の計算（lb/day）

水流に薬品を投入（添加）するとき，薬品量が測定される．必要な薬品の量は用いられる薬品のタイプ，投入目的，処理される流量などの要因に依存する．mg/L を lb/day に変換するために次の式が用いられる．

$$\text{薬品投入量(lb/day)} = \text{薬品濃度(mg/L)} \times \text{流量(MGD)} \times 8.34\ \text{lb/gal} \tag{23.25}$$

■例 23.28

問題： ジャーテスト（jar test）から，水へのミョウバン最適投入量が 8 mg/L であった．処理する流量が 2,100,00 gpd の場合，粉末ミョウバン注入装置の lb/day はいくらに

すべきか？
　解答：　薬品投入量＝8 mg/L×2.1 MGD×8.34 lb/gal＝140 lb/day

■例 23.29
　問題：　ジャーテストから求めた最適ポリマー添加量が 12 mg/L，処理する流量が 4.15 MGD の場合，ポリマー投入量（lb/day）を決定せよ．
　解答：　ポリマー投入量(lb/day)＝12 mg/L×4.15 MGD×8.34 lb/gal＝415 lb/day

23.4.4.4　薬液投入量の計算（gpd）

薬液濃度が溶液（gallon）当たりの薬品量（pound）で表されている場合，次の式で必要な投入量を計算できる．

$$薬品投入量(lb/day)＝薬品濃度(mg/L)\times 流量(MGD)\times 8.34\,lb/gal \quad (23.26)$$

次に lb/day の粉末薬品量を gpd の薬液量に変換する．

$$薬液量(gpd)＝粉末薬品量(lb/day)/溶液(gal)当たりの薬品量(lb) \quad (23.27)$$

■例 23.30
　問題：　ジャーテストから，水の最適ミョウバン投入濃度は 7 mg/L．処理水量は 1 MGD．液体ミョウバンが溶液 1 gal 当たり 5.36 lb を含む場合，ミョウバンの薬液投入量を gpd で求めよ．
　解答：　まず必要な粉末ミョウバン量（lb/day）を計算する．mg/L から lb/day への変換式を使う．
　　粉末ミョウバン量(lb/day)＝7 mg/L×1.52 MGD×8.34 lb/gal＝89 lb/day
次に，必要な薬液量（gpd）を計算する．
　　ミョウバン薬液量(gpd)＝89(lb/day)/5.36 lb alum per gal solution＝22.8 gpd

23.4.4.5　薬液投入量の計算（ml/min）

ある薬液注入装置は薬品を，分当たり mL の単位で注入する．必要な薬液量（mL/min）を計算するために次の式を使う．

$$薬液投入量(mL/min)＝(gpd\times 3785\,mL/gal)/(1440\,min/day) \quad (23.28)$$

■例 23.31
　問題：　望ましい薬液投入量は 9 gpd と計算された．mL/min で表されたこの投入量はいくらか？
　解答：　薬液投入量＝(9 gpd×3785 mL/gal)/(1440 min/day)＝24 mL/min

■例 23.32
　問題：　望ましい薬液投入量は 25 gpd と計算された．mL/min で表されたこの投入量はいくらか？
　解答：　薬液投入量＝(25 gpd×3785 mL/gal)/(1440 min/day)＝65.7 mL/min
　場合によっては mL/min の薬液投入量を知る必要があるが，gpd 薬液投入量がわから

ない．このような場合，gpd 薬液投入量はまず，次の式で計算する．

$$\text{gpd} = \frac{薬品量(\text{mg/L}) \times 流量(\text{MGD}) \times 8.34\,\text{lb/gal}}{薬品量(\text{lb})/溶液量(\text{gal})} \tag{23.29}$$

23.4.5 溶液のパーセント濃度の計算

溶液の濃度は溶液中に溶けている薬品量の尺度である．次の式で溶液の（重量）パーセント濃度（以下，パーセント濃度）を決定する．

$$（重量）パーセント濃度 = \frac{薬品量(\text{lb})}{水(\text{lb}) + 薬品量(\text{lb})} \times 100 \tag{23.30}$$

■例 23.33

問題： 総量で 10 oz. の粉末ポリマーが 15 gal の水に添加された場合，ポリマー溶液のパーセント濃度はいくらか？

解答： パーセント濃度を計算する前に，薬品のオンス（oz.）をポンド（lb）に変換する．

$$(10\,\text{oz.})/(16\,\text{oz./lb}) = 0.625\,\text{lb}$$

次に，パーセント濃度を計算する．

$$パーセント濃度 = \frac{0.625\,\text{lb}}{(15\,\text{gal} \times 8.34\,\text{lb/gal}) + 0.625\,\text{lb}} \times 100 = \frac{0.625\,\text{lb}}{125.7\,\text{lb}} \times 100 = 0.5\%$$

■例 23.34

問題： 粉末ポリマー 90 g（1 g = 0.0022 lb）が 6 gal の水に溶けている場合，その溶液のパーセント濃度はいくらか？

解答： まず，g 表示の薬品量を lb へ変換する．

$$90\,\text{g ポリマー} \times 0.0022\,\text{lb/g} = 0.198\,\text{lb ポリマー}$$

続いて溶液のパーセント濃度を計算する．

$$パーセント濃度 = \frac{0.198\,\text{lb}}{(6\,\text{gal} \times 8.34\,\text{lb/gal}) + 0.198\,\text{lb}} \times 100 = 4\%$$

23.4.5.1 液体薬品の溶液のパーセント濃度の計算

溶液（たとえば，液体ポリマー）をつくるときに液体薬品を使うとき，以下に示すように別の計算が必要である．

$$\frac{液体ポリマー(\text{lb}) \times 液体ポリマー（パーセント濃度）}{100}$$
$$= \frac{ポリマー溶液(\text{lb}) \times ポリマー溶液（パーセント濃度）}{100} \tag{23.31}$$

■例 23.35

問題： 12％の液体ポリマーからポリマー溶液をつくる．0.5％ポリマー溶液を 120 lb

作成するために水にいくらの液体ポリマーを混ぜればよいか？

解答： 求める液体ポリマーを x lb とすると

$$\frac{x\,\text{lb} \times 12}{100} = \frac{120\,\text{lb} \times 0.5}{100}$$

$$x = \frac{120 \times 0.005}{0.12}$$

$$x = 5\,\text{lb}$$

23.4.5.2 混合溶液のパーセント濃度の計算

混合溶液のパーセント濃度は次の式で計算される．

混合溶液のパーセント濃度

$$= \frac{\dfrac{溶液1(\text{lb}) \times 溶液1(パーセント濃度)}{100} + \dfrac{溶液2(\text{lb}) \times 溶液2(パーセント濃度)}{100}}{溶液1(\text{lb}) + 溶液2(\text{lb})} \times 100 \quad (23.32)$$

■例 23.36

問題： 10%濃度の溶液 12 lb を 1%濃度の溶液 40 lb と混合した場合，混合溶液のパーセント濃度はいくらか？

解答：
$$パーセント濃度(混合液) = \frac{(12\,\text{lb} \times 0.1) + (40\,\text{lb} \times 0.01)}{12\,\text{lb} + 40\,\text{lb}} \times 100$$

$$= \frac{1.2\,\text{lb} + 0.4\,\text{lb}}{52\,\text{lb}} \times 100 = 3.1\%$$

23.4.6 粉末薬品投入量の調整

場合によっては，実際の薬品投入量と試験によって示された投入量を比較するため，検証計算を行うことが必要となる．粉末薬品投入装置で実際の投入量を計算するために，投入装置に格納容器を置き，空のときの容器重量を測定し，一定時間後（たとえば30分）に再度容器の重量を測る．実際の薬品投入量は次の式で計算できる．

$$薬品投入量(\text{lb/min}) = 用いた薬品量(\text{lb})/適用時間(\text{min}) \quad (23.33)$$

必要な場合には，薬品投入量は lb/日に変換される．

$$薬品投入量(\text{lb/min}) = 投入量(\text{lb/min}) \times 1440\,\text{min/day} \quad (23.34)$$

■例 23.37

問題： 薬品投入装置に置かれた格納容器に，30分間に 2 lb の薬品が捕集された場合，実際の薬品投入量を計算せよ．

解答： 最初に lb/min の投入量を計算する．

$$薬品投入量 = \frac{2 \text{ lb}}{30 \text{ min}} = 0.06 \text{ lb/min}$$

続いて，lb/day の投入量を計算する．

$$薬品投入量 = 0.06 \text{ lb/min} \times 1440 \text{ min/day} = 86.4 \text{ lb/day}$$

■例 23.38
問題： 薬品投入装置に置かれた格納容器に，20 分間に 1.6 lb の薬品が捕集された場合，実際の薬品投入量を計算せよ．
解答： まず lb/min の投入量を計算する．

$$薬品投入量 = \frac{1.6 \text{ lb}}{20 \text{ min}} = 0.08 \text{ lb/min}$$

次に lb/day の投入量を計算する．

$$薬品投入量 = 0.08 \text{ lb/min} \times 1440 \text{ min/day} = 115 \text{ lb/day}$$

23.4.6.1 薬液投入量の調整

他の調整計算と同様に，実際の薬液注入量が決定され，続いて，試験によって示された投入量と比較される．実際の薬液投入量を計算するために，まず MGD で薬液投入量を表す．MGD 薬液投入量が計算されると，薬液投入量（lb/day）を決定するために mL/min の式を使う．溶液添加が mL/min で表されている場合，まず mL/min を gpd 流量に変換する．

$$\text{gpd} = \frac{(\text{mL/min}) \times 1440 \text{ min/day}}{3785 \text{ mL/gal}} \tag{23.35}$$

次に薬液投入量を計算する．

$$薬液投入量(\text{lb/day}) = 薬液(\text{mg/L}) \times 薬液投入量(\text{MGD}) \times 8.34 \text{ lb/day} \tag{23.36}$$

■例 23.39
問題： 検定試験（キャリブレーションテスト）が薬液投入装置について実施された．5 分試験でポンプが 1.2%ポリマー溶液 940 mL を供給した（ポリマー溶液の重量は 8.34 lb/gal）．ポリマー添加量は lb/day でいくらか？
解答： 流量は MGD で表現される．それゆえ，mL/min 溶液流量はまず gpd に変換されねばならない．mL/min 流量は次のようになる．

$$(940 \text{ mL})/(5 \text{ min}) = 188 \text{ mL/min}$$

次に，mL/min 流量を gpd 流量に変換する．

$$\frac{188 \text{ mL/min} \times 1440 \text{ min/day}}{3785 \text{ mL/gal}} = 72 \text{ gpd}$$

次に，ポリマーの投入量を計算する．

$$ポリマー投入量 = 12{,}000 \text{ mg/L} \times 0.000072 \text{ MGD} \times 8.34 \text{ lb/day} = 7.2 \text{ lb/day}$$

■例 23.40

問題： 検定試験が薬液添加について実施された．24 時間に，溶液は総量で 100 gal を供給した．ポリマー溶液は 1.2％の溶液である．lb/day の添加量はいくらか？（ポリマー溶液は 8.34 lb/gal を仮定）

解答： 溶液投入量は 100 gal/day あるいは 100 gpd．MGD で表すと，この値は 0.000100 MGD である．実際の投入量を mg/L から lb/day 式を使って計算する．

$$薬品投入量 = 薬品濃度(mg/L) \times 薬液投入量(MGD) \times 8.34\ lb/day$$

$$薬品投入量 = 12,000\ mg/L \times 0.000100\ MGD \times 8.34\ lb/day = 10\ lb/day$$

実際のポンプ流量は，一定時間にポンプアップされた量を計算することにより決定される．たとえば，10 分試験で 60 gal をポンプで汲み上げた場合，試験時の平均ポンプ流量は 6 gpm である．実際ポンプで汲み上げられた量はタンクの水位の低下によって示される．次の式を使って，流量を gpm で決定できる．

$$流量(gpm) = \frac{0.785 \times D^2 \times タンク水位の低下(ft) \times 7.48\ gal/ft^3}{ポンプ流量検定の時間} \tag{23.37}$$

■例 23.41

問題： ポンプ流量検定が 15 分間で実施された．4 ft 直径の液体タンクの水位がテストの前後で測定された．15 分の検定で 0.5 ft の水位低下の場合，gpm のポンプ流量はいくらか？

解答：
$$ポンプ流量(gpm) = \frac{0.785 \times D^2 \times タンク水位の低下(ft) \times 7.48\ gal/ft^3}{ポンプ流量検定の時間(min)}$$

$$= \frac{0.785 \times (4\ ft \times 4\ ft) \times 0.5\ ft \times 7.48\ gal/ft^3}{15\ min} = 3.1\ gpm$$

23.4.7 薬品使用量の計算

水処理の操作員（water operator）が実施する基本的仕事の 1 つはデータを記録することである．lb/day あるいは gpd の薬品使用量は薬品や薬液の平均日使用量を決定するためのデータの一部である．この情報は，薬品の使用量を予測したり，在庫薬品量と比較し，追加的な薬品がいつ必要かを決定するために重要である．平均薬品使用量を決定するために式（23.38）（lb/day）あるいは式（23.39）（gpd）を用いる．

$$平均薬品使用量(lb/day) = \frac{全薬品使用量(lb)}{日数} \tag{23.38}$$

$$平均薬品使用量(gpd) = \frac{全薬品使用量(gal)}{日数} \tag{23.39}$$

次に，在庫の日供給量を計算する．

$$在庫による供給日数 = \frac{在庫の総薬品量(lb)}{平均使用量(lb/day)} \tag{23.40}$$

$$\text{在庫による供給日数} = \frac{\text{在庫の総薬品量(gal)}}{\text{平均使用量(gpd)}} \tag{23.41}$$

■例 23.42
問題: 1週間の各曜日に使われた薬品は,88,93,91,88,96,92,86(lb/day)であった.これらのデータに基づくと,その週の平均薬品使用量(lb/day)はいくらか?
解答:
$$\text{平均使用量} = \frac{634 \text{ lb}}{7 \text{ day}} = 90.6 \text{ lb/day}$$

■例 23.43
問題: ある処理プラントの平均薬品使用量は 77 lb/day である.薬品在庫が 2800 lb の場合,何日供給できるか?
解答:
$$\text{在庫による供給日数} = \frac{2800 \text{ lb}}{77 \text{ lb/day}} = 36.4 \text{ 日}$$

23.4.7.1 パドル式フロック形成の計算

フロック形成に必要な緩い混合は,種々の装置によって実施される.多分最も利用されている共通的な装置は,機械駆動式のパドルを設置した槽(池)である.パドル式フロック形成装置は,各パドルごとに区画をもっている.パドルによって水へ与えられる利用可能な動力入力は,パドルによるけん引力と水の相対的な速度に依存する(Droste, 1997).パドル式フロック形成装置の設計と操作では,環境分野の技術者のおもな関心事は,一定距離にあるパドルの速度,水上のパドルのけん引力,パドルによって水に与えられる力である.滑りのため(係数 k),水の速度はパドルの速度より小さい.水の流れに直角の方向の壁沿いにバッフル(調整板)が設置される場合,k の値は減少するが,これはバッフルが水の流れの障害となるためである(Droste, 1997).摩擦によるエネルギー損失は相対速度 v に依存する.相対速度は式(23.42)で決定できる.

$$v = v_p - v_t = v_p - kv_p = v_p(1-k) \tag{23.42}$$

ここで,v_t = 流速(water velocity),v_p = パドルの速度.
軸から距離 r にあるパドルの速度を決定するために,式(23.43)を使う.

$$v_p = \frac{2\pi N}{60}(r) \tag{23.43}$$

ここで,N = 軸の回転速度(rpm).
水上のパドルのけん引力を決定するために式(23.44)を使う.

$$F_D = (1/2)pC_D A v^2 \tag{23.44}$$

ここで,F_D = けん引力,C_D = 抵抗係数,A = パドル面積.
パドルの単位面積によって水に与えられる力を決定するために,式(23.45)の一般式が用いられる.

$$dP = dF_D v = 1/2 p C_D v^3 dA \tag{23.45}$$

23.5 沈殿の計算

沈殿，重力による固液分離は上水や下水処理の最も基本的なプロセスの1つである．上水処理では，土砂除去のための前沈殿池と凝集（フロック形成）に続く沈殿池など，普通沈殿（plain sedimentation）が最も共通して用いられる方法である．

23.5.1 沈殿池の容積の計算

沈殿池の2つの共通の形態は，方形と円筒形である．各タイプの池容積を計算する式を以下に示している．

23.5.1.1 池容積の計算

長方形の沈殿池では，式（23.46）を使う．

$$容積(gal) = 長さ(ft) \times 幅(ft) \times 深さ(ft) \times 7.48\,gal/ft^3 \tag{23.46}$$

円筒形の沈殿池では，式（23.47）を使う．

$$容積(gal) = 0.785 \times (直径)^2 \times 深さ(ft) \times 7.48\,gal/ft^3 \tag{23.47}$$

■例 23.44

問題： 沈殿池が幅 25 ft，長さ 80 ft で深さ 14 ft まで貯水している．沈殿池の水量（gal）はいくらか？

解答： 水量 $= 80\,ft \times 25\,ft \times 14\,ft \times 7.48\,gal/ft^3 = 209{,}440\,gal$

■例 23.45

問題： 沈殿池が幅 24 ft，長さ 75 ft である．池が 140,000 gal を貯水しているとき，水深はいくらか？

解答： $140{,}000\,gal = 75\,ft \times 24\,ft \times x\,ft \times 7.48\,gal/ft^3$

$$x\,ft = \frac{140{,}000}{75 \times 24 \times 7.48}$$

$$x\,ft = 10.4\,ft$$

23.5.2 滞留時間

沈殿池の滞留時間は 1～3 時間である．滞留時間を計算する式は以下に示したとおりである．

基本的な滞留時間式は，

$$滞留時間(hr) = \frac{池の容積(gal)}{流量(gph)} \tag{23.48}$$

長方形の沈殿池の式は，

$$滞留時間(hr) = \frac{長さ(ft) \times 幅(ft) \times 深さ(ft) \times 7.48\,gal/ft^3}{流量(gph)} \tag{23.49}$$

円形の沈殿池の式は，

$$\text{滞留時間 (hr)} = \frac{0.785 \times D^2 \times \text{深さ (ft)} \times 7.48 \text{ gal/ft}^3}{\text{流量 (gph)}} \quad (23.50)$$

■例 23.46
問題： 沈殿池は 137,000 gal の容積をもつ．池への流量が 121,000 gph の場合，池の滞留時間（hr）はいくらか？
解答：
$$\text{滞留時間} = \frac{137,000 \text{ gal}}{121,000 \text{ gph}} = 1.1 \text{ hr}$$

■例 23.47
問題： 沈殿池は長さ 60 ft，幅 22 ft で，深さ 10 ft 貯水している．池への流入量が 1,500,000 gpd の場合，沈殿池の滞留時間はいくらか？
解答： まず，流量を gpd から gph へ時間単位を合わせるために変換する．
$$(1,500,000 \text{ gpd})/(24 \text{ hr/day}) = 62,500 \text{ gph}$$
次に滞留時間を計算する．
$$\text{滞留時間} = \frac{60 \text{ ft} \times 22 \text{ ft} \times 10 \text{ ft} \times 7.48 \text{ gal/ft}^3}{62,500 \text{ gph}} = 1.6 \text{ hr} \quad (23.49)$$

23.5.3 表面越流率

表面越流率（surface overflow rate）は，水理学的負荷率（単位面積当たりの流量）と同様であるが，沈殿池と円形沈殿池の負荷を決定するために用いられる．しかし，水理学的負荷率はプロセスに流入する全水量を測るが，表面越流率はプロセスを越流する水量のみを測る（プラント流量のみ）．

> **ノート**： 表面越流率の計算は，循環流量は含まない．越流率と同じ意味で使われる用語としては，他に表面負荷率（surface loading rate）や表面沈降率（surface settling rate）がある．

表面越流率は次の式で決定される．

$$\text{表面越流率} = \frac{\text{流量 (gpm)}}{\text{面積 (ft}^2)} \quad (23.51)$$

■例 23.48
問題： 円形沈殿池は直径 80 ft．沈殿池への流量は 1800 gpm の場合，表面越流率はいくらか（gpm/ft²）？
解答：
$$\text{表面越流率} = \frac{\text{流量 (gpm)}}{\text{面積 (ft}^2)} = \frac{1800 \text{ gpm}}{0.785 \times 80 \text{ ft} \times 80 \text{ ft}} = 0.36 \text{ gpm/ft}^2$$

■例 23.49
問題： 70 ft, 25 ft の沈殿池が 1000 gpm の流入がある．表面越流率はいくらか（gpm/ft²）？

解答：
$$\text{表面越流率} = \frac{1000 \text{ gpm}}{70 \text{ ft} \times 25 \text{ ft}} = 0.6 \text{ gpm/ft}^2$$

23.5.4 平均流速

長方形の沈殿池を水が流れるときの平均速度の尺度は，平均流速として知られている．平均流速は式（23.52）で計算される．

$$\text{流量}(Q)(\text{ft}^3/\text{min}) = \text{断面積}(A)(\text{ft}^2) \times \text{平均流速}(V)(\text{ft/min}) \quad (23.52)$$
$$Q = A \times V$$

■**例 23.50**

問題： 60 ft，18 ft の沈殿池が深さ 12 ft の水をためている．流量が 900,000 gpd の場合，この池の平均流速はいくらか（ft/min）？

解答： 速度は，ft/min（fpm）で求められるから，$Q = AV$ 式の流量は ft³/min（cfm）で表される．

$$\frac{900,000 \text{ gph}}{1440 \text{ min/day} \times 7.48 \text{ gal/ft}^3} = 84 \text{ cfm}$$

次に，$Q = A \times V$ を使って速度を計算する．

$$84 \text{ cfm} = (18 \text{ ft} \times 12 \text{ ft}) \times x \text{ fpm}$$
$$x = 84 \text{ cfm}/(18 \text{ ft} \times 12 \text{ ft}) = 0.4 \text{ fpm}$$

■**例 23.51**

問題： 長方形の沈殿池（50 ft，20 ft）の水深は 9 ft である．池への流入量が 1,880,000 gpd の場合，平均流速はいくらか（ft/min）？

解答： 速度は，ft/min で求められているから，$Q = AV$ 式の流量は ft³/min（cfm）で表される．

$$\text{gpd} = \frac{1,880,000 \text{ gpd}}{1440 \text{ min/day} \times 7.48 \text{ gal/ft}^3} = 175 \text{ cfm}$$

次に，$Q = A \times V$ を使って速度を計算する．

$$175 \text{ cfm} = (20 \text{ ft} \times 9 \text{ ft}) \times x \text{ fpm}$$
$$x = 175 \text{ cfm}/(20 \text{ ft} \times 9 \text{ ft}) = 0.97 \text{ fpm}$$

23.5.5 堰越流率

堰越流率（堰負荷率）は堰の 1 ft 長当たりの沈殿池から流出する水量である．この計算結果は，設計値と比較される．一般に，堰越流率は 10,000〜20,000 gal/day/ft が沈殿池の設計に使われる．典型的には，堰越流率は堰長 1 ft 当たりの水量（gpm）が尺度である．堰越流率は次の式で決定される．

$$\text{堰越流率}(\text{gpm/ft}) = \frac{\text{流量}(\text{gpm})}{\text{堰長}(\text{ft})} \quad (23.53)$$

■例 23.52
問題： 長方形の沈殿池は 115 ft 長の堰をもつ．流量が 1,110,000 gpd のとき，堰越流率はいくらか？
解答：

$$流量(gpm) = \frac{1,110,000 \text{ gpd}}{1440 \text{ min/day}} = 771 \text{ gpm}$$

$$堰越流率 = \frac{流量(gpm)}{堰の長さ(ft)} = \frac{771 \text{ gpm}}{115 \text{ ft}} = 6.7 \text{ gpm/ft}$$

■例 23.53
問題： 円形沈殿池は 3.55 MGD の流量を受けている．堰の直径が 90 ft の場合，堰越流率はいくらか（gpm/ft）？
解答：

$$流量(gpm) = \frac{3,550,000 \text{ gpd}}{1440 \text{ min/day}} = 2465 \text{ gpm}$$

$$堰の長さ = 3.14 \times 90 \text{ ft} = 283 \text{ ft}$$

$$堰越流率 = \frac{2465 \text{ gpm}}{283 \text{ ft}} = 8.7 \text{ gpm/ft}$$

23.5.6　パーセント沈殿生物固体量

パーセント沈殿生物固体試験（容積・容積テスト，あるいは V/V 試験）が凝集沈殿池（ユニット）からスラリー状のサンプル 100 mL を採取して，10 分間静置させて実施される．10 分後に，100 mL の目盛つきシリンダの底に沈殿した生物固体量が測定，記録される．パーセント沈殿生物個体量の計算に用いられる式は以下である．

$$パーセント沈殿生物固体量 = \frac{沈殿生物固体量(\text{mL})}{全体量(\text{mL})} \times 100 \qquad (23.54)$$

■例 23.54
問題： 凝集沈殿池の底泥の 100 mL サンプルが目盛つきシリンダで 10 分間静置される．10 分後の目盛つきシリンダの底に沈殿した生物固体量は 19 mL である．このサンプルのパーセント沈殿生物固体量はいくらか？
解答：

$$パーセント沈殿生物固体量 = \frac{19 \text{ mL}}{100 \text{ mL}} \times 100 = 19 \%$$

■例 23.55
問題： 凝集沈殿池の底泥の 100 mL サンプルが目盛つきシリンダで 10 分間静置される．10 分後の目盛つきシリンダの底に沈殿した生物固体は 21 mL である．このサンプルのパーセント沈殿生物固体量はいくらか？
解答：

$$パーセント沈殿生物固体量 = \frac{21 \text{ mL}}{100 \text{ mL}} \times 100 = 21 \%$$

23.5.7　石灰投入量の決定（mg/L）

ミョウバン投入プロセスでは，適度なアルカリ度（HCO_3^-）を与えるために，ときどき石灰が添加される．固形物の凝集や沈降のための凝集沈殿プロセスでは，必要な石灰投入量（mg/L）を決定するために3ステップが必要である．ステップ1では，添加されたミョウバンと反応に必要な全アルカリ度および適当な沈降を与えるのに必要な全アルカリ度を次の式で決定する．

必要な全アルカリ度＝ミョウバンと反応したアルカリ度＋水中のアルカリ度　(23.55)
（1 mg/Lのミョウバンはアルカリ度 0.45 mg/L と反応する）

■例 23.56

問題：　原水はジャーテストによって決定されたミョウバンの投入量 45 mg/L が必要である．アルカリ度 30 mg/L が水中に残り，添加されたミョウバンが完全に沈降することを保証するために，必要な全アルカリ度（mg/L）はいくらか？

解答：　最初に 45 mg/L のミョウバンと反応するアルカリ度を計算する．

$$\frac{0.45 \text{ mg/L アルカリ度}}{1 \text{ mg/L ミョウバン}} = \frac{x \text{ mg/L}}{45 \text{ mg/L}}$$

$$0.45 \times 45 = x$$

$$x = 20.25 \text{ mg/L}$$

次に，必要な全アルカリ度を計算する．

必要な全アルカリ度 ＝ 20.25 mg/L ＋ 30 mg/L ＝ 50.25 mg/L

■例 23.57

問題：　ジャーテストから 36 mg/L のミョウバンが，ある原水にとって最適であることがわかった．添加したミョウバンを完全に沈降させるためには 30 mg/L のアルカリ度が必要である場合，必要な全アルカリ度（mg/L）はいくらか？

解答：　最初に 36 mg/L のミョウバンと反応するアルカリ度を計算する．

$$0.45 \times 36 = x$$

$$x = 16.2 \text{ mg/L}$$

次に，必要な全アルカリ度を計算する．

必要な全アルカリ度 ＝ 16.2 mg/L ＋ 30 mg/L ＝ 46.2 mg/L

ステップ2では，必要なアルカリ度と原水中のアルカリ度を比較し，どれくらいのアルカリ度を水に添加すべきかを決定する．

添加すべきアルカリ度 ＝ 必要な全アルカリ度 － 水のアルカリ度　　(23.56)

■例 23.58

問題：　総量で 44 mg/L のアルカリ度が，ミョウバンと反応し適切な沈降を保証するために必要である．重炭酸塩で 30 mg/L のアルカリ度をもつ場合，水にどれぐらいのアルカリ度 mg/L を添加すべきか？

解答： 添加するアルカリ度＝必要な全アルカリ度－現在の水中のアルカリ度
$$= 44 \text{ mg/L} - 30 \text{ mg/L} = 14 \text{ mg/L}$$

ステップ3では，水に添加するアルカリ度を決定したのちに，石灰（アルカリ度のもと）をいくら添加するかを決定する必要がある．例23.59で示した比率を使う．

■例 23.59
問題： 原水に16 mg/Lのアルカリ度を添加する必要があると計算された．この量のアルカリ度を供給するに必要な石灰（mg/L）はいくらか？（1 mg/Lのミョウバンは0.45 mg/Lのアルカリ度と反応する．1 mg/Lのミョウバンは0.35 mg/Lの石灰と反応する）

解答： まず，重炭酸塩のアルカリ度と石灰を関連づける比例式を使って，必要な石灰量（mg/L）を決定する．

$$\frac{\text{アルカリ度 } 0.45 \text{ mg/L}}{\text{石灰 } 0.35 \text{ mg/L}} = \frac{\text{アルカリ度 } 16 \text{ mg/L}}{\text{石灰 } x \text{ mg/L}}$$

$$0.45x = 16 \times 0.35$$

$$x = 12.4 \text{ mg/L}$$

例23.60では，必要な石灰投入量（mg/L）を計算するために全3ステップを使う．

■例 23.60
問題： 次のデータが与えられた場合，必要な石灰量を計算せよ（mg/L）．
必要なミョウバン投入量（ジャーテストで決定）は，52 mg/L．
沈降に必要な残存アルカリ度は，30 mg/L．
1 mg/Lのミョウバンは0.35 mg/L石灰と反応する．
1 mg/Lのミョウバンは0.45 mg/Lのアルカリ度と反応する．
原水のアルカリ度は，36 mg/L．

解答： 必要な全アルカリ度を計算するために，最初に52 mg/Lのミョウバンと反応するアルカリ度を計算する．

$$\frac{\text{アルカリ度 } 0.45 \text{ mg/L}}{\text{ミョウバン } 1 \text{ mg/L}} = \frac{\text{アルカリ度 } x \text{ mg/L}}{\text{ミョウバン } 52 \text{ mg/L}}$$

$$x = 23.4 \text{ mg/L}$$

全アルカリ度必要量が決定できる．

$$\text{必要な全アルカリ度} = 23.4 \text{ mg/L} + 30 \text{ mg/L} = 53.4 \text{ mg/L}$$

次に，水に添加すべきアルカリ度の量を計算する．

$$\text{添加すべきアルカリ度} = 53.4 \text{ mg/L} - 36 \text{ mg/L} = 17.4 \text{ mg/L}$$

最後に，この添加すべきアルカリ度に必要な石灰を計算する．

$$\frac{\text{アルカリ度 } 0.45 \text{ mg/L}}{\text{石灰 } 0.35 \text{ mg/L}} = \frac{\text{アルカリ度 } 17.4 \text{ mg/L}}{\text{石灰 } x \text{ mg/L}}$$

$$x = 13.5 \text{ mg/L}$$

23.5.8 石灰投入量の決定 (lb/day)

石灰投入量(mg/L)が決定されると,石灰投入量(lb/day)の計算はきわめて簡単である.上水と下水処理における最もふつうの計算の1つである.m/L から lb/day に変換するために次の式を使う.

$$\text{石灰(lb/day)} = \text{石灰(mg/L)} \times \text{流量(MGD)} \times 8.34 \text{ lb/gal} \tag{23.57}$$

■例 23.61
問題: 原水の石灰投入量が 15.2 mg/L と計算された.処理水量が 2.4 MGD の場合,石灰必要量(lb/day)はいくらか?
解答: 石灰(lb/day) = 15.2 mg/L × 2.4 MGD × 8.34 lb/gal = 304 lb/day

■例 23.62
問題: 凝集沈殿池の流入量が 2,650,000 gpd である.必要な石灰投入量が 12.6 mg/L と決定された場合,必要な石灰(lb/day)はいくらか?
解答: 石灰(lb/day) = 12.6 mg/L × 2.65 MGD × 8.34 lb/gal = 278 lb/day

23.5.9 石灰投入量の決定 (g/min)

mg/L から g/min への変換は式(23.58)を使う.

$$\text{石灰(g/min)} = \frac{\text{石灰(lb/day)} \times 453.6 \text{ g/lb}}{1440 \text{ min/day}} \tag{23.58}$$

要点: 1 lb = 453.6 g

■例 23.63
問題: 合計 275 lb/day の石灰が,凝集沈殿プロセスを通る水のアルカリ度を上げるために必要である.これは g/min ではいくらか?
解答:
$$\text{石灰(g/min)} = \frac{275 \text{ lb/day} \times 453.6 \text{ g/lb}}{1440 \text{ min/day}} = 86.6 \text{ g/min}$$

■例 23.64
問題: 150 lb/day の石灰投入量が凝集沈殿プロセスに必要である.これは g/min ではいくらか?
解答:
$$\text{石灰(g/min)} = \frac{150 \text{ lb/day} \times 453.6 \text{ g/lb}}{1440 \text{ min/day}} = 47.3 \text{ g/min}$$

23.5.10 粒子の沈降（沈殿）[*1]

粒子の沈降（沈殿）は球状粒子の最終沈降速度のニュートンの式（式（23.63））によって単一粒子について記述される．エンジニアにとっては，この速度の知識は沈殿池の設計や性能の基礎である．単粒子（discrete particle）が一定温度の液体中を沈降する速度は次の式で与えられる．

$$u = \left(\frac{4g(P_p - p)d}{3C_D p} \right)^{1/2} \tag{23.59}$$

ここで，u ＝ 粒子の沈降速度（m/sec，ft/sec），g ＝ 重力加速度（m/sec^2，ft/sec^2），P_p ＝ 粒子の密度（kg/m^3，lb/ft^3），p ＝ 水の密度（kg/m^3，lb/ft^3），d ＝ 粒子の直径（m，ft），C_D ＝ 抵抗係数．

最終沈降速度は，粒子に働く抵抗，浮力，重力を定式化することにより誘導される．沈降速度が小さいとき，式は粒子の形状に依存せず，ほとんどの沈殿プロセスはゆっくり沈降する $1.0 \sim 0.5\ \mu m$ の小さな粒子を除去するために設計される．より大きな粒子は，より速く沈降し，コロイド状生成物のケースと同様に抵抗係数が十分小さい（0.5 あるいは未満）の支配方程式であるニュートンの法則あるいはストークスの法則に従うかどうかにかかわらず除去される（McGhee, 1991）．

典型的には，原水供給では広範な粒子径が存在する．4つの沈降タイプがある（Gregory and Zabel, 1990）．

- タイプ1： 単粒子沈降（希薄懸濁水中に浮遊している種々のサイズの粒子でフロック形成なしに沈降する）
- タイプ2： フロック沈降（より小さな軽い粒子と凝集したより重たい粒子）
- タイプ3： 干渉沈降（浮遊している高密度の粒子が相互に干渉する）
- タイプ4： 圧縮（圧密）沈降

抵抗係数の値は，水の密度（p），相対速度（u），粒子直径（d），水の粘度（μ）に依存し，レイノルズ数 Re を与える．

$$\text{Re} = p \times u \times d / \mu \tag{23.60}$$

レイノルズ数が大きくなるにつれ，C_D の値は増加する．Re が 2 より小さい場合，C_D は次のように Re との関係が成り立つ．

$$C_D = \frac{24}{\text{Re}} \tag{23.61}$$

Re が小さいと，層流条件のストークス式が用いられる（式（23.60）と式（23.61）が式（23.59）へ置き換えられる）．

[*1] ［原注］本項の現在の内容について，USEPA に則った十分な情報は *Guidance Manual for Compliance with the Interim Enhanced Surface Water Treatment Rule: Turbidity Provision*s, EPA 815-R-99-012, U.S. Environmental Protection Agency, Washington, DC 1999 にある．

$$u = \left(\frac{G(p_p-p)d^2}{18\mu}\right)$$

より高いレイノルズ数の領域では（2＜Re＜500〜1000），C_D は次のようになる（Fair et al., 1968）．

$$C_D = \frac{24}{Re} + \frac{3}{\sqrt{Re}} + 0.34 \tag{23.62}$$

ノート： 乱流領域（500〜1000＜Re＜200,000）では，C_D はおおよそ 0.44 で一定である．

粒子の沈降速度はニュートンの式となる（AWWA and ASCE, 1990）．

$$u = 1.74\left(\frac{(p_p-p)gd}{p}\right)^{1/2} \tag{23.63}$$

要点： レイノルズ数が 200,000 より大きいとき，抵抗は顕著に減少し，C_D は 0.10 になる．この条件では，沈降は生じない．

■例 23.65

問題： 比重（specific gravity）2.40，平均直径（a）0.006 mm と（b）1.0 mm の球状粒子の場合，21℃ の水中の最終沈降速度を推定せよ．

解答： （a）の場合，式（23.62）を用いる．次の条件が与えられる．温度$(T)=21℃$，$p=998$ kg/m^3，$\mu=0.00098$ N-sec/m^2，$d=0.06$ mm $=6\times10^{-5}$ m，$g=9.81$ m/sec^2．

$$u = \frac{G(p_p-p)d^2}{18\mu} = \frac{9.81 \text{ m/sec}^2 \times (2400 \text{ kg/m}^3 - 998 \text{ kg/m}^3) \times (6\times10^{-5} \text{ m})^2}{18\mu}$$

$$= 0.00281 \text{ m/sec}$$

式（23.60）を用いてレイノルズ数をチェックする．

$$Re = \frac{p \times u \times d}{\mu} = \frac{998 \times 0.00281 \times (6\times10^{-5})}{0.00098} = 0.172$$

Re＜2 なので，ストークス式を適用する．

一方，（b）の場合，式（23.62）を使う．

$$u = \frac{9.81 \times (2400-998) \times (0.001)^2}{18 \times 0.00098} = \frac{0.137536}{0.01764} = 0.779 \text{ m/sec}$$

式（23.60）を使ってレイノルズ数をチェックする（粒子の異形度（irregularity）$\Phi=0.80$ を仮定）．

$$Re = \frac{\Phi \times p \times u \times d}{\mu} = \frac{0.80 \times 998 \times 0.779 \times 0.001}{0.00098} = 635$$

Re＞2 であるからストークス式は使えない．式（23.59）を使って u を計算する．

$$C_D = \frac{24}{635} + \frac{3}{\sqrt{635}} + 0.34 = 0.50$$

$$u^2 = \frac{4g(p_p - p)d}{3C_D p} = \frac{4 \times 9.81 \times (2400 - 998) \times 0.001}{3 \times 0.50 \times 998}$$

$$u = 0.192 \text{ m/sec}$$

Re を再チェックする.

$$\text{Re} = \frac{\Phi \times p \times u \times d}{\mu} = \frac{0.80 \times 998 \times 0.192 \times 0.001}{0.00098} = 156$$

新しい Re を使って u を計算する.

$$C_D = \frac{24}{156} + \frac{3}{\sqrt{156}} + 0.34 = 0.73$$

$$u^2 = \frac{4 \times 9.81 \times 1402 \times 0.001}{3 \times 0.73 \times 998}$$

$$u = 159 \text{ m/sec}$$

Re を再度チェックする.

$$\text{Re} = \frac{0.80 \times 998 \times 0.159 \times 0.001}{0.00098} = 130$$

新しい Re 値を用いて u を計算する.

$$C_D = \frac{24}{130} + \frac{3}{\sqrt{130}} + 0.34 = 0.79$$

$$u^2 = \frac{4 \times 9.81 \times 1402 \times 0.001}{3 \times 0.79 \times 998}$$

$$u = 0.152 \text{ m/sec}$$

このように, 速度の推定値はおおよそ 0.15 m/sec である.

23.5.11 越流率（沈殿）

越流率, 滞留時間, 水平速度と堰越流率は沈殿池の規模を決定するために使われる典型的な変数である. 理論滞留時間（栓流理論）が池の容積を平均日流量で割って計算される.

$$t = \frac{24V}{Q} \tag{23.64}$$

ここで, t = 滞留時間 (hr), 24 = 24 hr/day, V = 池の容積 (m^3, gal), Q = 平均日流量 (m^3/day, MGD).

越流率は標準的な設計変数であり, 粒子分析から決定される. 越流率あるいは表面負荷は日平均流量を沈殿池の総面積で割って計算される.

$$u = \frac{Q}{A} = \frac{Q}{lw} \tag{23.65}$$

ここで, u = 越流率 (m^3/m^2-day, gpd/ft^2), Q = 平均日流量 (m^3/day, gpd), A = 池の総表面積 (m^2, ft^2), l = 池の長さ (m, ft), w = 池の幅 (m, ft) である.

ノート： 越流率よりも大きな沈降速度をもつ粒子はすべて沈降し，除去される．

水温，固体濃度，あるいは塩分による急激な粒子密度の変化は密度流を引き起こし，水平槽（タンク）の著しい短絡流を引き起こす（Hudson, 1989）．

■例 23.66

問題： 水処理プラントが 2.0 MGD 処理する 2 基の沈殿池をもつ．各沈殿池は幅 14 ft，長さ 80 ft，深さ 16 ft である．(a) 滞留時間，(b) 越流率，(c) 水平速度，(d) 堰越流率を堰の長さは池の幅の 2.5 倍を仮定して計算せよ．

解答：
(a) 各沈殿池で滞留時間 (t) を計算する．

$$Q = \frac{2 \text{ MGD}}{2} = \frac{1,000,000 \text{ gal}}{\text{day}} \times \frac{1 \text{ ft}}{7.48 \text{ gal}} \times \frac{1 \text{ day}}{24 \text{ hr}} = 5570 \text{ ft}^3/\text{hr} = 92.8 \text{ ft}^3/\text{min}$$

$$t = \frac{14 \text{ ft} \times 80 \text{ ft} \times 16 \text{ ft}}{5570 \text{ ft}^3/\text{m}} = 32 \text{ m}$$

(b) 越流率 u を計算する．

$$u = \frac{Q}{\text{長さ} \times \text{幅}} = \frac{1,000,000 \text{ gpd}}{14 \text{ ft} \times 80 \text{ ft}} = 893 \text{ gpd/ft}$$

(c) 水平速度を計算する．

$$V = \frac{Q}{\text{幅} \times \text{深さ}} = \frac{92.8 \text{ ft}^3/\text{min}}{14 \text{ ft} \times 17 \text{ ft}} = 0.39 \text{ ft/min}$$

(d) 堰越流率 u_w を計算する．

$$u_w = \frac{Q}{2.5 \times \text{幅}} = \frac{1,000,000 \text{ gpd}}{2.5 \times 14 \text{ ft}} = 28,571 \text{ gpd/ft}$$

23.6　水ろ過の計算

ろ過は水を粒子状物質に通過させることで浮遊状，コロイド状粒子を分離する物理的なプロセスである（図 23.3）．ろ過プロセスは，ストレーニング（straining），沈降，吸

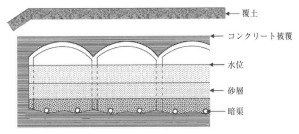

図 23.3　緩速砂ろ過

着（adsorption）のプロセスを含む．フロックがろ過装置に入り，ろ過装置のろ材間の空隙が目詰まりし，開口部が減り，除去が増加する．ある種の物質は単にろ材に沈降することにより除去される．最も重要なプロセスの1つが，個々の粒状ろ材（filter grain）の表面にフロックが吸着（adsorption）されることである．シルトや沈殿物，フロック，藻類，昆虫の幼虫，他の大きな成分に加えて，ろ過はまたランブル鞭毛虫（*Giardia lamblia*）やクリプトスポリジウム（*Cryptosporidium*）などのバクテリアや原生動物の除去にも寄与している．鉄やマンガンの除去に使われるろ過プロセスもある．

　表流水処理規則（surface water treatment rule）は，代替的なろ過技術の利用を認めるが（たとえば，カートリッジフィルター），4つのろ過技術を特に指定する．これらは，緩速砂ろ過／急速砂ろ過，加圧ろ過，珪藻土ろ過，直接ろ過である．これらのうち，急速砂ろ過以外は，すべてろ過を使う小規模上水システムで共通に利用される．ろ過システムの各タイプは長所と短所をもつ．しかし，ろ過タイプにかかわらず，ろ過はストレーニング（粒子がろ材粒子間の小さなスペースに捕捉される），沈降（粒子がろ材の頂上（トップ）につき，そこに留まる），吸着（粒子とろ材表面の間で化学的引力が生じる）のプロセスを経る．

23.6.1　ろ過流量（gpm）

　ろ過装置を通過する流量（gpm）は流量計に示された gpd 流量を単に変換することで得られる．

$$\text{流量(gpm)} = \text{流量(gpd)}/1440 \text{ min/day} \tag{23.66}$$

■例 23.67
　問題： ろ過装置の流量が 4.25 MGD である．gpm で表された流量はいくらか？
　解答： 流量 = 4.25 MGD/1440 min/day = 4,250,000 gpd/1440 min/day = 2951 gpm

■例 23.68
　問題： 70 時間のろ過で，総量 22.4 百万 gallon の水がろ過された．このろ過継続時間中の gpm でろ過装置を通過した平均流量はいくらか？
　解答：　　　　流量 = 産出された総 gal/ろ過継続時間（min）
　　　　　　　　　 = 22,400,000 gal/(70 hr×60 min/hr) = 5333 gpm

■例 23.69
　問題： 平均流量 4000 gpm で，25 MG のろ過水を生産するためにはろ過時間はいくらか？
　解答：　　式を書き，既知のデータを代入する．
　　　　　　　　流量 = 産出された総水量(gal)/ろ過時間(min)
　　　　　　　　4000 gpm = 25,000,000 gal/(x hr×60 min/hr)
次に x について解く．

$x = 25{,}000{,}000 \text{ gal}/(4000 \text{ gpm} \times 60 \text{ min/hr}) = 104 \text{ hr}$

■例 23.70
　問題： ろ過ボックスは 20 ft×30 ft（砂の面積を含む）である．流入バルブが閉じた場合，水位は 3 in./min 減少した．ろ過速度（MGD）はいくらか？
　解答：　　　　　　　　　ろ過ボックス＝20 ft×30 ft
　　　　　　　　　　　　　　水位低下＝3 in./min
　ステップ 1： ろ過ボックスを通過する水量を求める．
　　水量＝幅×長さ×高さ

　ノート： このタイプの計算を実施する最適な方法は，段階的に，問題で何が与えられ，何が求められるかに分解することである．

　　面積＝20 ft×30 ft＝600 ft^2
　　30 in. をフィートに変換：3/12＝0.25 ft
　　水量＝600 ft^2×0.25 ft＝150 ft^3/min
　ステップ 2： ft^3 を gal に変換する．
　　　　　　　　　　150 ft^3×7.48 gal/ft^3＝1122 gpm
　ステップ 3： 問題は MGD のろ過速度を聞いている．MGD を求めるために，min 当たりの gal 数に day 当たりの分数を掛ける．
　　　　　　　　　　1122 gpm×1440 min/day＝1.62 MGD

■例 23.71
　問題： ろ過の流入バルブが 5 分間閉じられた．この時間，ろ過装置の水位は 0.8 ft（10 in.）低下した．ろ過装置が長さ 45 ft，幅 15 ft の場合，ろ過を通過する gpm 水量はいくらか？　水位低下は 0.16 ft/min である．
　解答： 最初に $Q = A \times V$ の式を使って，cfm 流量を計算する．
　　　　　　　　Q＝長さ(ft)×幅(ft)×水位低下(ft/min)
　　　　　　　　　＝45 ft×15 ft×0.16 ft/min＝108 cfm
　次に，cfm 流量を gpm 流量に変換する．
　　　　　　　　　108 cfm×7.48 gal/ft^3＝808 gpm

23.6.2　ろ過速度（ろ過率）
ろ過の生産性（production）の 1 つの尺度は，ろ過速度（ろ過率）である（一般に 2〜10 gpm/ft^2）．ろ過速度は，ろ過の運転時間にそって，ろ過の操作に有用な情報を提供する．ろ過面積の各 1 ft^2 により 1 min にろ過される水量（gal）である．ろ過速度は以下の式で決定される．

$$\text{ろ過速度(gpm/ft}^2\text{)} = \frac{\text{流量(gpm)}}{\text{ろ過面積(ft}^2\text{)}} \qquad (23.67)$$

■例 23.72
　問題：　18 ft 長×22 ft 幅のろ過装置の流入量が 1750 gpm である．gpm/ft^2 のろ過速度はいくらか？
　解答：
$$ろ過速度 = \frac{1750 \text{ gpm}}{18 \text{ ft} \times 22 \text{ ft}} = 4.4 \text{ gpm/ft}^2$$

■例 23.73
　問題：　28 ft 長×18 ft 幅のろ過装置の流入量が 3.5 MDG である．gpm/ft^2 のろ過速度はいくらか？
　解答：
$$流入量 = 3{,}500{,}000 \text{ gpd}/(1440 \text{ min/day}) = 2431 \text{ gpm}$$
$$ろ過速度 = \frac{2431 \text{ gpm}}{28 \text{ ft} \times 18 \text{ ft}} = 4.8 \text{ gpm/ft}^2$$

■例 23.74
　問題：　45 ft 長×20 ft 幅のろ過装置は 76 時間のろ過時間で 18 MG の水をろ過する．このろ過時間での gpm/ft^2 の平均ろ過速度はいくらか？
　解答：　最初にろ過装置を通過する gpm 流量を計算する．
$$流量 = 18{,}000{,}000 \text{ gpd}/(76 \text{ hr} \times 60 \text{ min/hr}) = 3947 \text{ gpm}$$
次に，ろ過速度を計算する．
$$ろ過速度 = \frac{3947 \text{ gpm}}{45 \text{ ft} \times 20 \text{ ft}} = 4.4 \text{ gpm/ft}^2$$

■例 23.75
　問題：　ろ過装置は 40 ft 長×20 ft 幅．流量のテスト中に，ろ過装置の流入バルブが 6 分間閉じられた．この時間の水位低下は 16 in. であった．ろ過の gpm/ft^2 の平均ろ過速度はいくらか？
　解答：　最初に $Q = A \times V$ 式を使って gpm 流量を計算する．
$$Q(\text{gpm}) = 長さ(\text{ft}) \times 幅(\text{ft}) \times 水位低下(\text{ft/min}) \times 7.48 \text{ gal/ft}^3$$
$$= (40 \text{ ft} \times 20 \text{ ft} \times 1.33 \text{ ft} \times 7.48 \text{ gal/ft}^3)/6 \text{ min} = 1326 \text{ gpm}$$
次にろ過速度を計算する．
$$ろ過速度 = \frac{1326 \text{ gpm}}{40 \text{ ft} \times 20 \text{ ft}} = 1.6 \text{ gpm/ft}^2$$

23.6.3　単位ろ過水量

単位ろ過水量（UFRV：unit filter run volume）の計算は，ろ過運転中のろ過表面積（ft^2）を通過する総水量を示す．この計算はろ過装置の運転状況を比較し，評価するために用いられる．UFRV は多くの場合少なくとも 5000 gal/ft^2 で，一般に 10,000 gpd/ft^2 の範囲にある．UFRV 値はろ過装置の性能が低下するにつれ，減少する．これらの計算に用い

られる式は以下のとおりである．

$$UFRV = 総ろ過水量/ろ過表面積(ft^2) \qquad (23.68)$$

■例 23.76
　問題：　ろ過運転中の総ろ過水量（逆洗浄の間）は 2,220,000 gal であった．ろ過装置が 18 ft×18 ft の場合，gal/ft^2 の UFRV はいくらか？
　解答：　　　　　　　UFRV = 2,220,000 gal/(18 ft×18 ft) = 6852 gal/ft^2

■例 23.77
　問題：　ろ過運転中の総ろ過水量は 4,850,000 gal であった．ろ過装置が 28 ft×28 ft の場合，gal/ft^2 の UFRV はいくらか？
　解答：　　　　　　　UFRV = 4,850,000 gal/(28 ft×18 ft) = 9623 gal/ft^2

式（23.68）は，ろ過速度とろ過運転時間が与えられた場合，UFRV を計算するために式（23.69）のように修正しうる．

$$UFRV = ろ過速度(gpm/ft^2)×ろ過運転時間(min) \qquad (23.69)$$

■例 23.78
　問題：　ろ過の平均ろ過速度は 2 gpm/ft^2 になるように決定された．ろ過運転時間は 4250 分の場合，gal/ft^2 の UFRV はいくらか？
　解答：　　　　　　　UFRV = 2 gpm/ft^2×4250 min = 8500 gal/ft^2

　この問題は，毎分，ろ過装置に 1 ft^2 に 2 gal 流入する平均ろ過速度では，ろ過の全運転時間の全流入量は，その量の 4250 倍であることを示している．

■例 23.79
　問題：　ろ過運転時間中の平均ろ過速度は 3.2 gpm/ft^2．ろ過運転時間が 61 時間ならば，ろ過運転の UFRV はいくらか？
　解答：　　　　　　　UFRV = 3.2 gpm/ft^2×61.0 hr×60 min/hr = 11,712 gal/ft^2

23.6.4　逆洗浄速度

　ろ過装置の逆洗浄で，決定すべき重要な操作変数の 1 つは，逆洗浄に必要な水量（gal）である．この水量はろ過装置の設計とろ過水の水質に依存する．実際の逆洗浄は典型的には 5～10 分で，たいてい流量（flow produced）の 1～5%である．

■例 23.80
　問題：　ろ過装置は，長さ 30 ft，幅 20 ft，ろ材の深さ = 24 in. である．逆洗浄速度 15 gal/ft^2/min が推奨され，逆洗浄が 10 分の場合，各逆洗浄に必要な水量を求めよ．
　解答：　上記のデータが与えられると，必要水量（gal）は以下のとおりである．
1. ろ過の面積 = 30 ft×20 ft = 600 ft^2
2. ろ過の 1 ft^2 当たりの水量（gal/ft^2）= 15 gal/ft^2/min×10 min = 150 gal/ft^2

3. 逆洗浄に必要な水量(gal) = 150 gal/ft²×600 ft² = 90,000 gal

典型的には，逆洗浄速度は 10 ～ 25 gpm/ft² の範囲である．逆洗浄速度は式（23.70）を使って決定される．

$$逆洗浄速度 = \frac{流量(\text{gpm})}{ろ過面積(\text{ft}^2)} \tag{23.70}$$

■例 23.81

問題： 30 ft×10 ft のろ過装置の逆洗浄速度は 3120 gpm である．gpm/ft² の逆洗浄速度はいくらか？

解答：
$$逆洗浄速度 = \frac{3120 \text{ gpm}}{30 \text{ ft} \times 10 \text{ ft}} = 10.4 \text{ gpm/ft}^2$$

■例 23.82

問題： 20 ft×20 ft のろ過装置の逆洗浄速度は 4.85 MGD である．gpm/ft² の逆洗浄速度はいくらか？

解答：
$$流量 = 4,850,000 \text{ gpd}/(1440 \text{ min/day}) = 3368 \text{ gpm}$$

$$逆洗浄速度 = \frac{3368 \text{ gpm}}{20 \text{ ft} \times 20 \text{ ft}} = 8.42 \text{ gpm/ft}^2$$

23.6.5 逆洗浄上昇速度

逆洗浄速度は，ときに逆洗浄中の水の上方向速度で測られる（in./min）．gpm/ft² の逆洗浄速度を in./min 上昇速度に変換するために，式（23.71）あるいは式（23.72）を用いる．

$$逆洗浄速度(\text{in./min}) = \frac{逆洗浄速度(\text{gpm/ft}^2) \times (12 \text{ in./ft})}{7.48 \text{ gal/ft}^3} \tag{23.71}$$

$$逆洗浄速度(\text{in./min}) = 逆洗浄速度(\text{gpm/ft}^2) \times 1.6 \tag{23.72}$$

■例 23.83

問題： ろ過装置の逆洗浄速度は 16 gpm/ft² である．上昇速度（in./min）はいくらか？

解答：
$$上昇速度(\text{in./min}) = \frac{16 \text{ gpm/ft}^2 \times (12 \text{ in./ft})}{7.48 \text{ gal/ft}^3} = 25.7 \text{ in./min}$$

■例 23.84

問題： ろ過装置 22 ft 長×12 ft 幅の逆洗浄速度は 3260 gpm である．in./min 上昇速度で表される逆洗浄速度はいくらか？

解答： まず，逆洗浄速度（gpm/ft²）を計算する．

$$逆洗浄速度 = \frac{3260 \text{ gpm}}{(22 \text{ ft} \times 12 \text{ ft})} = 12.3 \text{ gpm/ft}^2$$

次に gpm/ft² を in./min 上昇速度に変換する．

$$上昇速度 = \frac{12.3 \text{ gpm/ft}^2 \times 12 \text{ in./ft}}{7.48 \text{ gal/ft}^3} = 19.7 \text{ in./min}$$

23.6.6 必要な逆洗浄水量（gal）

逆洗浄に必要な水量を決定するために，望ましい逆洗浄流速（gpm）と逆洗浄時間を知る必要がある．

$$逆洗浄水量 = 逆洗浄速度(\text{gpm}) \times 逆洗浄時間(\text{min}) \qquad (23.73)$$

■例 23.85
問題： 逆洗浄速度が 9000 gpm で，逆洗浄時間が 8 分の場合，逆洗浄に必要な水量はどれくらいか．
解答： 逆洗浄水量(gal) = 9000 gpm × 8 min = 72,000 gal

■例 23.86
問題： 5 分間で，逆洗浄速度 4850 gpm を得るために必要な水量はいくらか？
解答： 逆洗浄水量(gal) = 4850 gpm × 5 min = 24,250 gal

23.6.7 逆洗浄タンクの所要水深（ft）

逆洗浄タンクの必要な水深は逆洗浄に必要な水量から決定される．この計算を行うために，式（23.74）を使う．

$$水量(\text{gal}) = 0.785 \times (直径)^2 \times 深さ(\text{ft}) \times 7.48 \text{ gal/ft}^3 \qquad (23.74)$$

■例 23.87
問題： 逆洗浄に必要な水量は 85,000 gal と計算された．この水量を供給するために逆洗浄タンクの必要な水位はいくらか（タンクの直径は 60 ft）．
解答： 円筒タンクの容積の式を使い，既知のデータを当てはめ，x を解く．

$$85,000 \text{ gal} = 0.785 \times (60 \text{ ft})^2 \times x \text{ ft} \times 7.48 \text{ gal/ft}^3$$
$$x = 85,000/(0.785 \times 60 \times 60 \times 7.48) = 4 \text{ ft}$$

■例 23.88
問題： 総水量 66,000 gal がろ過装置の逆洗浄に必要で，9 分間に 8000 gpm の速度が必要である．逆洗浄タンクの直径は 50 ft の場合必要な水位はいくらか？
解答： 円筒タンクの容積の式を使う．

$$66,000 \text{ gal} = 0.785 \times (50 \text{ ft})^2 \times x \text{ ft} \times 7.48 \text{ gal/ft}^3$$
$$x = 66,000/(0.785 \times 50 \times 50 \times 7.48) = 4.5 \text{ ft}$$

23.6.8 逆洗浄ポンプ流量（gpm）

ろ過装置の望ましい逆洗浄ポンプ流量（gpm）は，望ましい逆洗浄速度（gpm/ft^2）とろ過装置の面積（ft^2）に依存する．逆洗浄揚水率（gpm）は式（23.75）を使って決定される．

$$逆洗浄ポンプ流量(\text{gpm}) = 望ましい逆洗浄速度(\text{gpm/ft}^2) \times ろ過面積(\text{ft}^2) \quad (23.75)$$

■例 23.89

問題： ろ過装置は 25 ft 長×20 ft 幅である．望ましい逆洗浄速度が 22 gpm/ft^2 の場合，逆洗浄ポンプ流用（gpm）はいくら必要か？

解答： ろ過面積の 1 ft^2 当たりを通過する逆洗浄水量は 20 gpm である．ろ過装置を通過する全流量（gpm）は 20 gpm×ろ過装置の全面積（ft^2）である．

$$逆洗浄ポンプ流量(\text{gpm}) = 20\ \text{gpm/ft}^2 \times (25\ \text{ft} \times 20\ \text{ft}) = 10{,}000\ \text{gpm}$$

■例 23.90

問題： 望ましい逆洗浄ポンプ流量は 12 gpm/ft^2 である．ろ過装置が 20 ft 長×20 ft 幅の場合，逆洗浄ポンプ流量（gpm）はいくら必要か？

解答：
$$逆洗浄ポンプ流量 = 12\ \text{gpm/ft}^2 \times (20\ \text{ft} \times 20\ \text{ft}) = 4800\ \text{gpm}$$

23.6.9 逆洗浄用のパーセント処理水量

ろ過速度とろ過運転時間の測定とともに，ろ過の性能をモニターするろ過操作の他の指標は，逆洗浄のために用いられる処理水の割合（%）である．逆洗浄に用いられるパーセント処理水に用いられる式は以下である．

$$逆洗浄のパーセント処理水量(\%) = \frac{逆洗浄水量(\text{gal})}{ろ過水量(\text{gal})} \times 100 \quad (23.76)$$

■例 23.91

問題： 総水量 18,100,000 gal がろ過運転中にろ過される．逆洗浄に 74,000 gal が用いられた場合，何%の処理水が逆洗浄に利用されたか？

解答：
$$逆洗浄水量 = \frac{74{,}000\ \text{gal}}{18{,}100{,}000\ \text{gal}} \times 100 = 0.40\%$$

■例 23.92

問題： 総水量 11,400,000 gal がろ過運転中にろ過された．逆洗浄に 48,500 gal が用いられた場合，何%の処理水が利用されたか？

解答：
$$逆洗浄水量 = \frac{48{,}500\ \text{gal}}{11{,}400{,}000\ \text{gal}} \times 100 = 0.43\%$$

23.6.10 パーセント泥塊量

泥塊（マッドボール）は，逆洗浄中にろ材表上面近くに沈積した固形物が粉々になり，

フロックや砂などの付着物が球状になったものである（たいてい直径 12 in. より小さい）．ろ材上の泥塊の存在は定期的にチェックされる．泥塊が好ましくないおもな理由はろ過の有効面積を減少させることである．パーセント泥塊量を計算するために式(23.77)が利用される．

$$\text{パーセント泥塊量} = \text{泥塊量(mL)}/\text{全サンプル量(mL)} \times 100 \qquad (23.77)$$

■例 23.93
問題： ろ材の 3350 mL サンプルが泥塊の評価のために採取された．泥塊が目盛つきシリンダに置かれたとき，水量が 500 mL から 525 mL に上昇した．このサンプルのパーセント泥塊量はいくらか？

解答： 最初にサンプルの泥塊量を決定する．

$$525 \text{ mL} - 500 \text{ mL} = 25 \text{ mL}$$

次に，パーセント泥塊量を計算する．

$$\text{パーセント泥塊量} = \frac{\text{泥塊量(mL)}}{\text{全サンプル量(mL)}} \times 100 = \frac{25 \text{ mL}}{3350 \text{ mL}} \times 100 = 0.75\%$$

■例 23.94
問題： 泥塊が存在するため，ろ過装置がテストされた．泥塊サンプルは総量で 680 mL である．5 つのサンプルがろ過装置から採取された．泥塊が 500 mL の水に置かれたとき，水位は 565 mL 上昇した．このサンプルのパーセント泥塊量はいくらか？

解答： 泥塊量は水位上昇量である．

$$565 \text{ mL} - 500 \text{ mL} = 65 \text{ mL}$$

ろ材から 5 サンプルがとられたので，総量はサンプル量の 5 倍である．

$$5 \times 680 \text{ mL} = 3400 \text{ mL}$$

$$\text{パーセント泥塊量} = \frac{65 \text{ mL}}{3400 \text{ mL}} \times 100 = 1.9\%$$

23.6.11　ろ床の膨張

逆洗浄速度に加えて，ろ過装置に捕捉された粒子の除去を最大にするために洗浄中ろ材を膨張させることが重要である．これはろ材洗浄操作の効率が砂ろ過床の膨張に依存しているからである．層膨張（bed expansion）は膨張していないろ材の参照点（すなわち，ろ過装置の壁の天井）に対するトップからの距離を測ることにより決定される．適切な逆洗浄速度はろ材を 20〜25% 膨張させる．層膨張（%）は層膨張を膨張可能な（expandable）ろ材の全深さで割ることによって与えられる．

$$\text{膨張した場合の測定値} = \text{逆洗浄中のろ材トップに対する深さ(in.)}$$
$$\text{膨張前の測定値} = \text{逆洗浄前のろ材のトップの深さ(in.)}$$
$$\text{層膨張} = \text{膨張前の測定値(in.)} - \text{膨張後の測定値(in.)}$$

$$\text{層膨張}(\%) = \frac{\text{膨張前の測定値(in.)}}{\text{膨張可能なろ材の全深さ(in.)}} \times 100 \tag{23.78}$$

■例 23.95

問題： アンスラサイトと砂が 30 in. のろ過装置の逆洗浄作業について計算する．静止時の，ろ材トップからろ過装置のトップをとりまくコンクリート床の距離が 41 in. である．逆洗浄が開始され最大の逆洗浄速度に達したとき，アンスラサイトが板上に観測されるまで，白板を含むプローブがろ床に徐々に下ろされた．膨張したろ材からコンクリート床までの距離は 34.5 in. である．層膨張（％）はいくらか？

解答： 膨張前の測定値は 41 in. 膨張後の測定値は 34.5 in.

$$\text{層膨張} = 41 \text{ in.} - 34.5 \text{ in.} = 6.5 \text{ in.}$$

$$\text{層膨張} = \frac{6.5 \text{ in.}}{30 \text{ in.}} \times 100 = 22\%$$

23.6.12 ろ過負荷率

ろ過負荷率（filter loading rate）はろ過装置の単位面積当たりの流量である．ろ材表面に接近する水量と同じ値で，式（23.79）で決定される．

$$u = Q/A \tag{23.79}$$

ここで，$u = $ ろ過負荷率（$m^3/(m^2\text{-day}$，gpm/ft^2)），$Q = $ 流量（m^3/day, ft^3/day, gpm），$A = $ ろ過装置の表面積（m^2, ft^2）．

ろ過装置は負荷率に応じて緩速砂ろ過，急速砂ろ過，高速砂ろ過に分類される．典型的には急速砂ろ過の負荷率は 120 m^3/m^2-day（83 L/m^2-min または 2 gal/min/ft^2）．負荷率は高速ろ過では，この値の 5 倍である．

■例 23.96

問題： ある衛生管理地区（sanitation district）で，沈殿池の下流に急速砂ろ過を設置する．設計負荷率が 150 m^3/m^2 が選定された．上水の設計流量は 0.30 m^3/sec（6.8 MGD）である．ろ過当たりの最大表面積は 45 m^2 に制限されている．ろ過装置の数と規模を設計し，通常ろ過速度（normal filtration rate）を計算せよ．

解答： 必要な全表面積を決定する．

$$A = \frac{Q}{u} = \frac{0.30 \text{ m}^3/\text{sec}(85,400 \text{ sec/day})}{150 \text{ m}^3/m^2\text{-day}} = \frac{25,920}{150} = 173 \text{ m}^2$$

ろ過装置数を決定する．

$$\text{フィルター数} = \frac{173 \text{ m}^2}{45 \text{ m}^2} = 3.8$$

4つのフィルターを選択する．各フィルターの表面積（A）は，

$$A = 173 \text{ m}^2/4 = 43.25 \text{ m}^2$$

6 m×7 m，6.4 m×7 m，6.42 m×7 m ろ過装置のいずれかを使う．6 m×7 m の場合，

通常ろ過速度は，

$$u = \frac{Q}{A} = \frac{0.30 \text{ m}^3/\text{sec} \times 86{,}400 \text{ sec}/\text{day}}{4 \text{ m} \times 6 \text{ m} \times 7 \text{ m}} = 154.3 \text{ m}^3/\text{m}^2\text{-day}$$

23.6.13 ろ材サイズ

ろ材粒子の大きさは，ろ過効率とろ材の逆洗浄条件に重要な影響を与える．選定された実際のろ材質は典型的には粒子サイズの分布解析を実施することにより決定される．重量関係によってふるいサイズと通過量（％）が対数正規分布紙にプロットされる．ろ材を特徴づけるために米国で利用される最も一般的な変数は，ろ材サイズ分布の有効粒径（有効サイズ）（ES）と均等係数（UC）である．ES は重量で粒子の10％がそれよりも小さい粒子サイズである．しばしば d_{10} と略称される．UC は10パーセンタイル値に対する60％（d_{60}）の比率である．90パーセンタイル値 d_{90} は90％の粒子が重量でより小さいサイズである．d_{90} はろ材の必要なろ過逆洗浄率を計算するのに用いられる．d_{10}，d_{60}，d_{90} は実際のふるい分析曲線より求められる．その曲線が利用できず，線形対数確率プロットが仮定できる場合，式（23.80）によって値が関連づけられる（Cleasby, 1990）

$$d_{90} = d_{10}(10^{1.67 \log UC}) \tag{23.80}$$

■例 23.97

問題： 典型的な砂ろ材のふるい分析曲線から，$d_{10} = 0.52$ mm，$d_{60} = 0.70$ mm である．均質係数と d_{90} はいくらか？

解答： UC $= d_{60}/d_{10} = 0.70$ mm$/0.52$ mm $= 1.35$

$d_{90} = d_{10}(10^{1.67 \log UC}) = 0.52$ mm $\times (10^{1.67 \log 1.35}) = 0.52$ mm $\times (10^{0.218}) = 0.86$ mm

23.6.14 混合ろ材

ろ過システムの技術革新は，急速ろ過に対して顕著な改良と経済性の利点を提供する．すなわち，混合ろ材床である．混合ろ材床は，ある特定の条件下で大きな利便性を与えるが，特に5 gal/ft^2/min のろ過速度で優秀な結果を与える．さらに，混合ろ材ろ過ユニットは沈殿処理水が高い濁度の場合，より耐久性がある．改善されたプロセス性能では，活性炭あるいはアンスラサイトが砂ろ床の上層に追加される．チタン鉄鉱（イルメナイト）（<60％ TiO$_2$），シリカ砂，アンスラサイト，水のおおよその比重はそれぞれ 4.2, 2.6, 1.5, 1.0 である．混合ろ材ろ過装置の経済的な利点はろ過装置面積による．高速砂ろ過によるろ過水量の2から1/2倍量を安全に処理する．沈降速度が同じ場合，異なる比重のろ材の粒子サイズは式（23.81）によって計算しうる．

$$\frac{d_1}{d_2} = \left(\frac{s_2 - s}{s_1 - s}\right)^{2/3} \tag{23.81}$$

ここで，d_1，$d_2 =$ 粒子1と粒子2の直径，s_1，s，$s_2 =$ 粒子1，水，粒子2の比重．

■例 23.98

問題： シリカ砂（0.60 mm）と同じ沈降速度をもつ，イルメナイトの粒子サイズ（比重 4.2）を推定せよ．

解答： 式（23.81）を用いてイルメナイトの直径を求める．

$$d = 0.6 \text{ mm} \times \left(\frac{2.6-1}{4.2-1}\right)^{2/3} = 0.38 \text{ mm}$$

23.6.15 固定床流の水頭損失

ろ過装置が逆洗浄されるまで，不純物が蓄積し，水頭損失が徐々に増加し，以下で示される Kozeny 式が，清浄な固定床流のろ過による水頭損失の計算に用いられる．

$$\frac{h}{L} = \left(\frac{k\mu(1-\varepsilon)^2}{g\rho\varepsilon^3}\right)\left(\frac{A}{V}\right)^2 u \tag{23.82}$$

ここで，h＝ろ過装置深さ，L＝水頭損失（m, ft），k＝無次元の Kozeny 定数（ふるい開口部では 5，分離サイズでは 6），μ＝水の絶対粘度（N-sec/m^2, lb-sec/ft^2），ε＝空隙率（無次元），g＝重力加速度（9.81 m/sec または 32.2 ft/sec），ρ＝水の密度（kg/m^3, lb/ft^3），A/V＝粒子の単位容積当たりの表面積（＝比表面積 S（形状係数＝6.0〜7.7））＝$6/d$ 球体＝$6\Psi d_{eq}$ 異形粒子，Ψ＝形状係数あるいは粒子の真球度，D_{eq}＝同体積の球粒子の直径，U＝（みかけの）ろ過速度（m/sec, fps）．

■例 23.99

問題： 二層ろ過（dual media filter）は，アンスラサイト（平均サイズ 2.0 mm）の 0.3 m から構成される層（ろ過速度 9.78 m/hr）が，砂（平均サイズ 0.7mm）の 0.6 m 層の上に設置されている．粒子の真球度が 0.75，両者の空隙率が 0.42 を仮定する．ふつうそれらの値は 15℃ の適切な表からとられるが，ろ過の水頭損失データ 1.131×10^{-6} m^2-sec をとる．

解答： 式（23.82）を使って，アンスラサイト層を通じた水頭損失を決定する．

$$\frac{h}{L} = \left(\frac{k\mu(1-\varepsilon)^2}{g\rho\varepsilon^3}\right)\left(\frac{A}{V}\right)^2 u$$

ここで，$k=6$，$g=9.81$ m/sec^2，$\mu\rho = \nu = 1.131 \times 10^{-6}$ m^2-sec，$\varepsilon = 0.40$，$A/V = 6/0.75d = 8/d = 8/0.002$，$u = 9.78$ m/hr $= 0.00272$ m/sec，$L = 0.3$ m．

次に，

$$h = 6 \times \frac{1.131 \times 10^{-6}}{9.81} \times \frac{(1-0.42)^2}{0.42^3} \times \left(\frac{8}{0.002}\right)^2 \times 0.00272 \times 0.3 = 0.0410 \text{ m}$$

砂を通して通過する場合の水頭損失を計算する．同じデータを使う．（$k=5$，$d=0.0007$ m，$L=0.6$ m）

$$h = 5 \times \frac{1.131 \times 10^{-6}}{9.81} \times \frac{(0.58)^2}{0.42^3} \times \left(\frac{8}{0.0007}\right)^2 \times 0.00272 \times 0.6 = 0.5579 \text{ m}$$

全水頭損失を計算する．
$$h = 0.0410 \text{ m} + 0.5579 \text{ m} = 0.599 \text{ m}$$

23.6.16 流動床の水頭損失

ろ床を通した上向流速度が非常に大きい場合，ろ床は水圧によっては流動し，プロセス容器からろ材が外にあふれ出る．中間の流速では，ろ床は拡大し，いわゆる膨張状態（expanded）になる．固定床では，粒子はそれぞれ直接接触し，それぞれの重量を支えている．膨張層では，粒子は粒子間の平均自由距離（mean free distance）であり，水の抵抗力が粒子を支持している．膨張層は水（液体）の性質をもち，流動床と呼ばれる（Chase, 2002）．簡単にいうと，流動化は，水中に粒子を浮遊させるに十分な速度で，粒状ろ床を通過する上向流と定義される．流動化の最小速度（U_{mf}）は流動化を開始するために必要な流速であり，必要な最小逆洗浄流量を決定するために重要である．Wen and Yu（1966）は定数（広範囲な粒子について）33.7 と 0.0408 を含むが流動の空隙率と形状係数を除いた U_{mf} の式を提案した．

$$U_{mf} = \frac{\mu}{pd_{eq}} \times (1135.69 + 0.0408 G_n)^{0.5} - \frac{33.7\mu}{pd_{eq}} \quad (23.83)$$

ここで，μ ＝ 水の絶対粘性（N-sec/m^2，lb-sec/ft^2），p ＝ 水の密度（kg/m^3，lb/ft^3），d_{eq} ＝ d_{90} ふるいサイズが d_{eq} の代わりに用いられる，G_n ＝ ガリレオ数，式（23.84）と同等．

$$d_{eq}^3 p(p_S - p) g / \mu^2 \quad (23.84)$$

ノート： Cleasby and Fan（1981）の研究に基づき，粒子の適切な動きを保証するために安全係数 1.3 を使う．

■例 23.100

問題： 砂ろ過の最小流動化速度と逆洗浄速度を推定せよ．砂の d_{90} サイズは 0.90 mm である．砂の密度は 2.68 g/cm^3．

解答： ガリレオ数を計算する．与えられたデータと 15℃ の適用表から，
$p = 0.999$ g/cm^3，$\mu = 0.0113$ N-sec/m^2 ＝ 0.00113 kg/m-sec ＝ 0.0113 g/cm-sec，
$\mu_p = 0.0113$ cm^2/sec，$g = 981$ cm/sec^2，$d = 0.90$ cm，$p_S = 2.68$ g/cm^3

式（23.84）を用いて，
$$G_n = (0.090)^3 \times 0.999 \times (2.68 - 0.999) \times 981 / (0.0113)^2 = 9405$$

式（23.83）を用いて U_{mf} を計算する．

$$U_{mf} = \frac{\mu}{pd_{eq}} \times (1135.69 + 0.0408 G_n)^{0.5} - \frac{33.7\mu}{pd_{eq}}$$

$$= \frac{0.0113}{0.999 \times 0.090} \times (1135.69 + 0.0408 \times 9405)^{0.5} - \frac{33.7 \times 0.0113}{0.999 \times 0.090}$$

$$= 0.660 \text{ cm/sec}$$

逆洗浄速度を計算する．U_{mf} の安全係数 1.3 を適用する．

$$\text{逆洗浄速度} = 1.3 \times 0.660 \text{ cm/sec} = 0.858 \text{ cm/sec}$$

$$0.858 \times \frac{\text{cm}^3}{\text{cm}^2\text{-sec}} \times \frac{\text{L}}{1000 \text{ cm}^3} \times \frac{1}{3.785} \times \frac{\text{gal}}{\text{L}} \times 929 \times \frac{\text{cm}^2}{\text{ft}^2} \times \frac{60 \text{ sec}}{\text{min}} = 12.6 \text{ pgm/ft}^2$$

23.6.17　水平洗浄水トラフ

洗浄水トラフ（流出樋）はろ過の最初の段階で流入水を分散すると同様に逆洗浄水を集めるために利用される．洗浄水トラフは，ふつう米国ではろ材上に設置される．これらのトラフを適切に置くことはろ材が逆洗時にトラフに取り込まれないように，またろ過装置から逸脱しないようにするために重要である．これらの逆洗浄水トラフはコンクリート，プラスチック，ファイバーグラス，他の腐食防止材でできている．自由流れの方形トラフの全流量は式 (23.85) で計算できる．

$$Q = C \times w \times h^{1.5} \tag{23.85}$$

ここで，Q = 流量 (cfs)，C = 定数 (2.49)，W = トラフ幅 (ft)，h = トラフ最大水深 (ft)．

■例 23.101

問題：　トラフの長さ 18 ft，幅 18 in.，水平面までの水深 8 ft である．逆洗浄率は 24 in./min である．(a) ガレットに流入する自由流れのトラフの水深および (b) トラフのてっぺんと 30 in. の砂床の距離を推定せよ．40％の膨張率およびトラフのフリーボードが 6 in. で厚さ 6 in. を仮定せよ．

解答：　トラフの最大水深 (h) を推定する．

$$V = 24 \text{ in./min} = 2 \text{ ft}/60 \text{ sec} = 1/30 \text{ fps}$$
$$A = 18 \text{ ft} \times 18 \text{ ft} = 144 \text{ ft}^2$$
$$Q = V/A = 144/30 \text{ cfs} = 4.8 \text{ cfs}$$

式 (23.85) を使って

$w = 1.5 \text{ ft}$

$Q = Cwh^{1.5} = 2.49 \, wh^{1.5}$

$h = (Q/2.49 \, w)^{2/3} = [4.8(2.49 \times 1.5)]^{2/3} = 1.18 \text{ ft}$（約 14 in. = 1.17 ft）

砂ろ過表面とトップのトラフ間の距離を決定する．

$$\text{フリーボード} = 6 \text{ in.} = 0.5 \text{ in.}$$
$$\text{厚さ} = 8 \text{ in.} = 0.67 \text{ ft (水深)}$$
$$y = 2.5 \text{ ft} \times 0.4 + 1.17 \text{ ft} + 0.5 \text{ ft} + 0.5 \text{ ft} = 3.2 \text{ ft}$$

23.6.18　ろ過の効率

上水処理のろ過効率は式 (23.86) に示されるように有効ろ過速度を運用ろ過速度 (operational) で割ることで定義する．

23.7 水の塩素消毒の計算

$$E = \frac{R_e}{R_o} = \frac{\text{UFRV} - \text{UBWV}}{\text{UFRV}} \tag{23.86}$$

ここで，E = ろ過効率（％），R_e = 有効ろ過速度（gpm/ft^2），R_o = 運用ろ過速度（gpm/ft^2），UFRV = 単位ろ過運転流量（gal/ft^2），UBWV = 単位逆洗浄流量（gal/ft^2）．

■例 23.102
　問題：　高速砂ろ過が 48 時間で 3.9 gpm/ft^2 で運転されている．ろ過継続の終了時に 300 gal/ft^2 の逆洗浄量が使われる．ろ過効率を求めよ．
　解答：　運用ろ過速度を計算する．
$$R_o = 3.9 \text{ gpm/ft}^2 \times 60 \text{ min/hr} \times 48 \text{ hr} = 11,232 \text{ gal/ft}^2$$
有効ろ過速度を計算する．
$$R_e = 11,232 \text{ gal/ft}^2 - 300 \text{ gal/ft}^2 = 10,932 \text{ gal/ft}^2$$
式（23.86）を使ってろ過効率（E）を計算する．
$$E = 10,932/11,232 = 97.3\%$$

23.7　水の塩素消毒の計算

米国では塩素が水の消毒に最もふつうに使われる物質である．水に塩素や塩素化合物を添加することは塩素消毒と呼ばれている．塩素消毒は水系疾病の拡大を防ぐ単独で最も重要なプロセスであると考えられている．

23.7.1　塩素消毒
塩素は次のような種々の機構でほとんどの生物学的な汚染物を分解する．
- 細胞壁を破壊する．
- 細胞の浸透性を変える（細胞壁の水を通す能力）．
- 細胞の原形質を変える．
- 細胞の酵素活性を抑制し，エネルギー生成のための養分吸収を妨げる．
- 細胞の再生産を抑制する．

塩素はいくつかの異なる形態で利用可能である．① 純粋な元素ガス塩素（鼻につんとくる刺激臭をもつ緑黄色の気体で空気より重く，不燃性，非爆発性の気体)，② 固形の次亜塩素酸カルシウム（タブレットあるいは粒状），あるいは ③ 液体の次亜塩素酸ナトリウム，次亜塩素酸ソーダ（種々の強さ）．上水システムで塩素形態を選定することは，処理水量，上水システムの構成，化学薬品の地域での利用可能性，操作運転者の技術に依存する．塩素を使う主要な利点の1つは，それが生み出す効果的な残留物である．残留物は，消毒が完了し，システムが許容できる細菌学的な水質であることを示している．配水システムに残留物を保持することは，初期の殺菌過程では傷ついたが，殺菌されなかった微生物の再成長を阻止することを助長する．

23.7.2 塩素注入量の決定

mg/L と lb/day が塩素の添加量，要求量を記載するために最もしばしば用いられる．式（23.87）が塩素注入量を計算するために用いられる．

$$\text{塩素注入量}(\text{lb/day}) = \text{塩素}(\text{mg/L}) \times \text{流量}(\text{MGD}) \times 8.34\,\text{lb/gal} \quad (23.87)$$

■例 23.103
 問題： 塩素 5 mg/L，4 MGD の流量を処理するために必要な塩素注入量（lb/day）を決定せよ．
 解答： 塩素注入量(lb/day) = 5 mg/L × 4 MGD × 8.34 lb/gal = 167 lb/day

■例 23.104
 問題： 管路は直径 12 in. で長さ 1400 ft であり塩素注入量が 48 mg/L で処理されている．必要な塩素量はいくらか？
 解答： 最初に管路の容積（gal）を決定する．

$$\text{容積} = 0.785 \times (\text{直径})^2 \times \text{長さ}(\text{ft}) \times 7.48\,\text{gal/ft}^3$$
$$= 0.785 \times (1\,\text{ft})^2 \times 1400\,\text{ft} \times 7.48\,\text{gal/ft}^3 = 8221\,\text{gal}$$

必要な塩素量を計算する．

$$\text{塩素量} = \text{塩素}(\text{mg/L}) \times \text{容積}(\text{MG}) \times 8.34\,\text{lb/gal}$$
$$= 48\,\text{mg/L} \times 0.008221\,\text{MG} \times 8.34\,\text{lb/gal} = 3.3\,\text{lb}$$

■例 23.105
 問題： 塩素注入機（chlorinator）の諸元は 24 時間で 30 lb である．塩素処理すべき流量は 1.25 MGD である場合，mg/L で表される塩素注入量はいくらか？
 解答： 塩素注入量(lb/day) = 塩素(mg/L) × 流量(MGD) × 8.34 lb/gal

$$30\,\text{lb/day} = x\,\text{mg/L} \times 1.25\,\text{MGD} \times 8.34\,\text{lb/gal}$$
$$x = 30/(1.25 \times 8.34) = 2.9\,\text{mg/L}$$

■例 23.106
 問題： 流量 1600 gpm が塩素処理される．塩素注入機の諸元は 24 時間に 48 lb のとき，mg/L の塩素注入量はいくらか？
 解答： gpm 流量を MGD 流量に変換する．

$$1600\,\text{gpm} \times 1400\,\text{min/day} = 2,304,000\,\text{gpd} = 2.304\,\text{MGD}$$

次に，mg/L の塩素注入量を計算する．

$$\text{塩素注入量}(\text{lb/day}) = \text{塩素}(\text{mg/L}) \times \text{流量}(\text{MGD})$$
$$48\,\text{lb/day} = x\,\text{mg/L} \times 2.304\,\text{MGD} \times 8.34\,\text{lb/gal}$$
$$x = 48/(2.304 \times 8.34) = 2.5\,\text{mg/L}$$

23.7.3 塩素注入量，要求量，残留量の計算

塩素注入に用いられる用語は以下のようである．

23.7 水の塩素消毒の計算

塩素注入量［chlorine dose］ システムに添加された塩素量．未処理水の塩素要求量に対して上水の所要残留量となるよう添加する．注入量は mg/L あるいは lb/day である．最も一般的なのは mg/L である．

$$\text{塩素注入量(mg/L)} = \text{塩素要求量(mg/L)} + \text{塩素残留量(mg/L)} \quad (23.88)$$

塩素要求量［chlorine demond］ 水中の鉄，マンガン，濁度，藻類や微生物によって消費される塩素量．塩素と微生物の反応は瞬間的ではないので，要求量は時間に対して相対的な量である．たとえば，塩素注入した後，5 分経った要求量は 20 分後の要求量よりも少ない．要求量，投入量と同様に，mg/L で表される．

$$\text{塩素要求量(mg/L)} = \text{塩素注入量(mg/L)} - \text{塩素残留量(mg/L)}$$

次の例は式（23.88）を使った塩素注入量，要求量，残留量の計算の例である．

■例 23.107
問題： 水のサンプルが検査され，塩素要求量が 1.7 mg/L であることがわかった．所要の残留塩素量が 0.9 mg/L の場合，mg/L の所要の塩素注入量はいくらか？

解答： 塩素注入量(mg/L) = 1.7 mg/L + 0.9 mg/L = 2.6 mg/L

■例 23.108
問題： 水の塩素注入量が 2.7 mg/L である．30 分後の残留塩素量が 0.7 mg/L の場合，mg/L の所要の塩素要求量はいくらか？

解答： 塩素要求量(mg/L) = 2.7 mg/L − 0.7 mg/L = 2.0 mg/L

■例 23.109
問題： 塩素要求量が 3.2 mg/L で，塩素残留量が 0.9 mg/L，流量が 2.35 MGD の場合，塩素注入機の設定（lb/day）はいくらか？

解答： 塩素注入量（mg/L）を計算する．

$$\text{塩素注入量} = 3.2 \text{ mg/L} + 0.9 \text{ mg/L} = 4.1 \text{ mg/L}$$

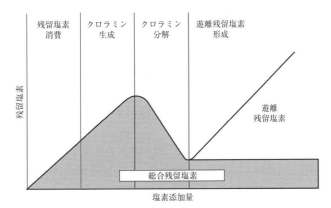

図 23.4 不連続点塩素処理曲線

塩素注入量（送る量）lb/day を計算する．
$$\text{塩素注入量(lb/day)} = 4.1\ \text{mg/L} \times 2.35\ \text{MGD} \times 8.34\ \text{lb/gal} = 80.4\ \text{lb/day}$$

23.7.4 不連続点塩素処理

遊離した残留塩素をつくり出すためには，十分な塩素を添加する必要があり，いわゆる不連続点塩素処理（窒素化合物がほぼ完全に酸化される点）と呼ばれる．不連続点を超えた残留塩素はほとんど遊離塩素である（図23.4）．塩素が自然水に添加されたとき，塩素は消毒を始める前に，水中の化学物質と結合し，酸化する．残留塩素は水中で検出できるが，塩素は弱い消毒力をもった結合状態で存在する．図23.4に示したように，実際この点で，水により多くの塩素を加えると追加塩素が結合塩素化合物を分解するにつれ，残留塩素量を減少させる．この段階で，水は水泳プールあるいは薬のような強い味とにおいをもつ．この味とにおいを避けるためには，より多くの塩素を加え，遊離残留塩素をつくる．遊離塩素は最も高い消毒力がある．結合塩素化合物のほとんどが分解され，遊離塩素が形成される点が不連続点である．

ノート： 実際の水の不連続点塩素注入ポイントは試験によってのみ決定しうる．

塩素注入量の増加から得られる残留塩素の実際の増加量を計算するために，以下のような mg/L から lb/day の式を使う．
$$\text{塩素の増加量(lb/day)} = \text{期待される増加量(mg/L)} \times \text{流量(MGD)} \times 8.34\ \text{lb/gal} \quad (23.89)$$

ノート： 実際の残留塩素の増加量は，単に新旧の残留塩素データの比較である．

■例 23.110

問題： 塩素注入機の使用が 2 lb/day 増加した．注入量増加の前の残留塩素量は 0.2 mg/L である．塩素注入量の増加後，残留塩素量は 0.5 mg/L である．塩素注入される平均流量が 1.25 MGD である．水は不連続点を超えて塩素消毒されているか？

解答： mg/L から lb/day 式を用いて残留塩素量の所要の増加量を計算する．
$$\text{塩素増加量(lb/day)} = \text{期待される増加量(mg/L)} \times \text{流量(MGD)} \times 8.34\ \text{lb/gal}$$
$$2\ \text{lb/day} = x\ \text{mg/L} \times 1.25\ \text{MGD} \times 8.34\ \text{lb/gal}$$
$$x = (2\ \text{lb/day}) / (1.25\ \text{MGD} \times 8.34\ \text{lb/gal}) = 0.19\ \text{mg/L}$$

残留塩素の実際の増加は，
$$0.5\ \text{mg/L} - 0.19\ \text{mg/L} = 0.31\ \text{mg/L}$$

■例 23.111

問題： 塩素注入機の設定は 18 lb 塩素，24 時間での残留塩素量は 0.3 mg/L である．塩素注入機の設定が 24 時間で 22 lb に増加した．この新しい塩素注入量で残留塩素量は 0.4 mg/L に増加した．処理すべき平均流量は 1.4 MGD である．これらのデータに基づいて，塩素注入された水が不連続点を超えているか調べよ．

解答： 残留塩素の所要の増加量を計算する．

塩素増加量(lb/day) = 期待される増加量(mg/L)×流量(MGD)×8.34 lb/gal

4 lb/day = x mg/L×1.4 MGD×8.34 lb/gal

x = (4 lb/day)/(1.4 MGD×8.34 lb/gal) = 0.34 mg/L

残留塩素の実際の増加量は，

0.4 mg/L − 0.3 mg/L = 0.1 mg/L

23.7.5　粉末次亜塩素酸注入量の計算

最もふつうに利用される粉末次亜塩素酸，次亜塩素酸カルシウムは，製造メーカーにもよるが，65〜70％の有効塩素を含む．次亜塩素酸は100％純粋の塩素ではないので，消毒に必要な塩素量を得るために，より多くの量をシステムに投入する必要がある．次亜塩素酸量（lb/day）を計算するために使う式は式（23.90）である．

$$\text{次亜塩素酸量(lb/day)} = \frac{\text{塩素量(lb/day)}}{\text{有効塩素量(\%)}/100} \quad (23.90)$$

■例 23.112

問題：　塩素注入量 110 lb/day が 1,550,000 gpd の水量を消毒するのに必要である．65％の有効塩素を含む次亜塩素酸カルシウムを使うとき，消毒に必要な次亜塩素酸量（lb/day）はいくらか？

解答：　次亜塩素酸の65％のみが塩素なので，110 lb 以上の次亜塩素酸が必要である．

次亜塩素酸量(lb/day) = 塩素量(lb/day)/(％有効塩素量/100)

= 110/(65/100) = 110/0.65 = 169 lb/day

■例 23.113

問題：　水量 900,000 gpd は 3.1 mg/L の塩素投入量が必要である．次亜塩素酸カルシウム（65％の有効塩素）が用いられるとき，必要な次亜塩素酸量（lb/day）はいくらか？

解答：　必要な塩素量を計算する．

塩素量(lb/day) = 3.1 mg/L×0.90 MGD×8.34 lb/gal = 23 lb/day

次亜塩素酸量（lb/day）を計算する．

$$\text{次亜塩素酸量(lb/day)} = \frac{23}{65/100} = \frac{23}{0.65} = 35 \text{ lb/day}$$

■例 23.114

問題：　タンクに 550,000 gal の水があり，塩素注入量 2.0 mg/L である．次亜塩素酸カルシウム（65％の有効塩素）の必要な量はいくらか？

解答：

$$\text{次亜塩素酸量(lb/day)} = \frac{2.0 \text{ mg/L} \times 0.550 \text{ MG} \times 8.34 \text{ lb/gal}}{65/100} = \frac{9.2}{0.65}$$

= 14.2 lb/day

■例 23.115

問題: 1日に次亜塩素酸カルシウム（65%有効塩素）40 lb が用いられる．処理水量が 1,100,000 gpd の場合 mg/L の塩素注入量はいくらか？

解答: lb/day 塩素注入量を計算する．

$$次亜塩素酸量 = \frac{塩素量(lb/day)}{有効塩素量/100}$$

$$40 \text{ lb/day} = \frac{x \text{ lb/day}}{0.65}$$

$$x = 0.65 \times 40 = 26 \text{ lb/day}$$

mg/L を lb/day の式を使って，mg/L 塩素を計算する．既知の情報を代入する．

$$塩素注入量\ 26 \text{ lb/day} = 塩素注入量\ x \text{ mg/L} \times 1.10 \text{ MGD} \times 8.34 \text{ lb/gal}$$

$$x = 26 \text{ lb/day}/(1.10 \text{ MGD} \times 8.34 \text{ lb/gal}) = 2.8 \text{ mg/L}$$

■例 23.116

問題: 1日に次亜塩素酸カルシウム（65%有効塩素）40 lb が用いられる．処理水量が 1,100,000 gpd の場合，mg/L の塩素注入量はいくらか？

解答: lb/day の塩素注入量を計算する．

$$次亜塩素酸\ 50 \text{ lb/day} = (塩素注入量\ x \text{ lb/day})/0.65$$

$$x = 32.5 \text{ lb/day}$$

mg/L 塩素を計算する．

$$塩素\ x \text{ mg/L} \times 2.55 \text{ MGD} \times 8.34 \text{ lb/gal} = 32.5 \text{ lb/day}$$

$$x = 1.5 \text{ mg/L}$$

23.7.6 次亜塩素酸溶液の注入率の計算

液体の次亜塩素酸（次亜塩素酸ナトリウム）は，透明の緑黄色の液体で，5.25〜16% の有効塩素濃度で供給される．しばしば漂白剤と呼ばれ，実際の漂白に使われる．ふつうの家庭の漂白剤は 5.25% の有効塩素の次亜塩素酸ナトリウム溶液である．液体次亜塩素酸の1日当たりの量（gal）を計算するとき，次亜塩素酸要量（lb/day）が液体次亜塩素酸量（gpd）に変換されなければならない．この変換は式（23.91）による．

$$次亜塩素酸量(gpd) = \frac{次亜塩素酸量(lb/day)}{8.34 \text{ lb/gal}} \tag{23.91}$$

■例 23.117

問題: 1.5 MGD の流量の消毒に 50 lb/day の次亜塩素酸ナトリウムが必要である．1日当たりの次亜塩素酸量はいくらか？

解答: lb/day の次亜塩素酸量はすでに計算されているので，単に lb/day を次亜塩素酸要求量（gpd）に変換する．

$$次亜塩素酸量(\text{gpd}) = \frac{次亜塩素酸量(\text{lb/day})}{8.34\,\text{lb/gal}} = \frac{50\,\text{lb/day}}{8.34\,\text{lb/gal}} = 6.0\,\text{gpd}$$

■例 23.118
　問題：　次亜塩素酸注入機が井戸から取水された水の消毒に利用される．次亜塩素酸溶液は3％の遊離塩素を含む．上水システムを通じて適切な消毒をするために，1.3 mg/Lの塩素投入が必要である．流量が 0.5 MGD の場合，gpd の次亜塩素酸溶液の必要量はいくらか？
　解答：　塩素量（lb/day）を計算する．
$$塩素量(\text{lb/day}) = 1.3\,\text{mg/L} \times 0.5\,\text{MGD} \times 8.34\,\text{lb/gal} = 5.4\,\text{lb/day}$$
次亜塩素酸溶液（lb/day）の要求量を計算する．
$$次亜塩素酸(\text{lb/day}) = 塩素\,5.4\,\text{lb/day}/0.03 = 180\,\text{lb/day}$$
次亜塩素酸要求量（gpd）を計算する．
$$次亜塩素酸量(\text{gpd}) = 180\,\text{lb/day}/8.34\,\text{lb/gal} = 21.6\,\text{gpd}$$

23.7.7　溶液のパーセント濃度

スプーン1杯の塩を水に入ったコップに投入した場合，徐々に消える．塩が水に解けたが，水を顕微鏡で見ても塩は見えない．簡単にはできないが，分子レベルの試験によってのみ，塩と水分子が相互に密に混合していることが示される．その液の味をみると，塩があることがわかる．水を蒸発させることにより塩を再生することができる．塩の分子（溶質）は，水の分子（溶媒）中に均一に分散している．こうした均一の混合物を溶液と呼ぶ．溶液の組成はある限界内で変化する．物質の3つの状態は気体，液体，固体である．ここでは，固体（次亜塩素酸カルシウム）と液体（次亜塩素酸ナトリウム）に限定する．

23.7.8　粉末次亜塩素酸のパーセント濃度の計算

塩素溶液のパーセント濃度を計算するために，式（23.92）を使う．

$$塩素溶液(\%) = \frac{次亜塩素酸量(\text{lb})\left(\dfrac{有効塩素量(\%)}{100}\right)}{水(\text{lb}) + 次亜塩素酸量(\text{lb})\left(\dfrac{有効塩素量(\%)}{100}\right)} \times 100 \quad (23.92)$$

■例 23.119
　問題：　総量で 72 oz. の次亜塩素酸カルシウム（65％有効塩素）が 15 gal の水に添加された場合，溶液の塩素のパーセント濃度はいくらか？
　解答：　次亜塩素酸の oz. を lb に変換する．
$$(72\,\text{oz.})/(16\,\text{oz./lb}) = 4.5\,\text{lb}$$

$$塩素溶液(\%) = \frac{4.5 \text{ lb} \times 0.65}{(15 \text{ gal} \times 8.34 \text{ lb/gal}) + (4 \text{ lb} \times 0.65)} \times 100$$

$$= \frac{2.9 \text{ lb}}{125.1 \text{ lb} + 2.6 \text{ lb}} \times 100 = \frac{2.9 \text{ lb}}{127.7} \times 100 = 2.4\%$$

23.7.9 次亜塩素酸溶液のパーセント濃度の計算

次亜塩素酸溶液のパーセント濃度を計算するために式 (23.93) を使う.

$$液体次亜塩素酸(\text{gal}) \times 8.34 \text{ lb/gal} \times \left(\frac{次亜塩素酸溶液(\%)}{100}\right) \quad (23.93)$$

$$= 次亜塩素酸溶液(\text{gal}) \times 8.34 \text{ lb/gal} \times \left(\frac{次亜塩素酸溶液(\%)}{100}\right)$$

■例 23.120

問題: 12%の液体次亜塩素酸が次亜塩素酸溶液をつくるのに用いられる. 液体次亜塩素酸 3.3 gal が水と混合して次亜塩素酸溶液 25 gal をつくる場合,溶液のパーセント濃度はいくらか?

解答:

$$3.3 \text{ gal} \times 8.34 \text{ lb/gal} \times \left(\frac{12}{100}\right) = 25 \text{ gal} \times 8.34 \text{ lb/gal} \times \left(\frac{x}{100}\right)$$

$$x = \frac{\cancel{100} \times 3.3 \times \cancel{8.34} \times 12}{25 \times \cancel{8.34} \times \cancel{100}}$$

$$x = \frac{3.3 \times 12}{25} = 1.6\%$$

23.8 薬品使用量の計算

典型的なプラント操作では,薬品使用量は毎日記録される.そうした日使用量データから,薬品あるいは溶液の日平均使用量を計算できる.lb/day の平均使用量を計算するために式 (23.94) を使う.平均使用量 (gpd) は式 (23.95) を使う.

$$平均使用量(\text{lb/day}) = 使用量(\text{lb})/日数 \quad (23.94)$$
$$平均使用量(\text{gpd}) = 使用量(\text{gal})/日数 \quad (23.95)$$

在庫の日供給量を計算するため式 (23.96) と式 (23.97) を使う.

$$在庫の日供給量 = 在庫の薬品使用量(\text{lb})/平均使用量(\text{lb/day}) \quad (23.96)$$
$$在庫の日供給量 = 在庫の薬品使用量(\text{gal})/平均使用量(\text{gpd}) \quad (23.97)$$

■例 23.121

問題: 1週間の次亜塩素酸カルシウムの使用量は,月曜から日曜まで,50, 55, 51, 46, 56, 51, 48 lb であった.このデータに基づいて,1週間の次亜塩素酸の平均使用量を求めよ.

解答：　　　　平均使用量(lb/day) = 357 lb/7 日 = 51 lb/day

■例 23.122
　問題：　上水プラントの平均次亜塩素酸カルシウムの使用量は 40 lb/day である．在庫の薬品量が 1100 lb の場合，何日供給が可能か？

　解答：　供給日数 = (在庫の薬品量 1100 lb)/(平均使用量 40 lb/day) = 27.5 日

23.9　塩素消毒の化学

　塩素は遊離塩素や次亜塩素酸の形で用いられる．温度，pH，有機物量が水中の塩素の化学形態に影響する．塩素ガスが水に溶けると，急速に水和物，塩酸（HCl）と次亜塩素酸（HOCl）に加水分解する．

$$Cl_2 + H_2O \leftrightarrow H^+ + Cl^- + HOCl \tag{23.98}$$

25℃における平衡係数は（White, 1972），

$$K_H = \frac{[H^+][Cl^-][HOCl]}{[Cl_{2(aq)}]} = 4.48 \times 10^4 \tag{23.99}$$

　ヘンリーの法則が気体状塩素 $Cl_{2(aq)}$ の溶解を説明するのに用いられる．ヘンリーの法則は気体の溶解性における圧力の効果を記述している．液体上のガス分圧と液体に溶解しているガスのモル分数は線形関係がある（Fetter, 1999）．ヘンリーの法則の定数 K_H（式(23.99)参照）はガスと液相間の化合物移動（compound transfer）の尺度である．K_H は，ガス相の化合物濃度の平衡状態での液相の比で表される．

$$K_H = \frac{P}{C_{water}} \tag{23.100}$$

ここで，K_H = ヘンリーの法則の定数，P = ガス相の化合物の分圧，C_{water} = 水溶液中の化合物濃度．

　ノート：　ヘンリーの法則の定数の単位は，尺度の選定に依存する．しかし，それは無次元である．ヘンリーの法則は次で表される（Downs and Adams, 1973）．

$$Cl_{2(g)} = \frac{Cl_{2(aq)}}{H(mol/L\text{-}atm)} = \frac{[Cl_{2(aq)}]}{P_{Cl_2}} \tag{23.101}$$

　ここで，$[Cl_{2(aq)}] = Cl_2$ の体積モル濃度，H = ヘンリーの法則の定数（4.805×10^{-6} exp(2818.48/T)，T = 絶対温度（K）），P_{Cl_2} の大気中の塩素分圧．

　次亜塩素酸（HOCl）の消毒力は一般の塩素酸イオン（OCl⁻）よりも高い（Water, 1978）．次亜塩素酸は弱酸で，次亜塩素イオンと水素イオンに分解する．

$$HOCl \leftrightarrow OCl^- + H^+ \tag{23.102}$$

酸乖離定数 K_a は，

$$K_a = \frac{[OCl^-][H^+]}{[HOCl]}$$

$$= 3.7 \times 10^{-8} (20°C のとき)$$
$$= 2.61 \times 10^{-8} (20°C のとき) \qquad (23.103)$$

次亜塩素酸の K_a の値は次のように温度の関数である (Morris, 1966).

$$\ln K_a = 23.184 - 0.058T - 6908/T \qquad (23.104)$$

引用文献・推奨文献

AWWA and ASCE. (1990). *Water Treatment Plant Design*, 2nd ed. McGraw-Hill, New York.
AWWA and ASCE. (1998). *Water Treatment Plant Design*, 3rd ed. McGraw-Hill, New York.
Chase, G.L. (2002). *Solids Notes: Fluidization*. University of Akron, Akron, OH.
Cleasby, J.L. (1990). Filtration, in Pontius, F.W., Ed., *Water Quality and Treatment: A Handbook of Community Water Supplies*, 4th ed. McGraw-Hill, New York.
Cleasby, J.L. and Fan, K.S. (1981). Predicting fluidization and expansion of filter media. *Journal of the Environmental Engineering Division*, 107(EE3), 355-471.
Downs, A.J. and Adams, C.J. (1973). *The Chemistry of Chlorine, Bromine, Iodine, and Astatine*. Pergamon, Oxford, U.K.
Droste, R.L. (1997). *Theory and Practice of Water and Wastewater Treatment*. John Wiley & Sons, New York.
Fair, G.M., Geyer, J.C., and Okun, D.A. (1968). *Water and Wastewater Engineering*. Vol.2. *Water Purification and Wastewater Treatment and Disposal*. John Wiley & Sons, New York.
Fetter, C.W. (1998). *Handbook of Chlorination*. Litton Educational, New York.
Gregory, R. and Zabel, T.R. (1990). Sedimentation and flotation, in Pontius, F.W., Ed., *Water Quality and Treatment: A Handbook of Community Water Supplies*, 4th ed. McGraw-Hill, New York.
Gupta, R.S. (1997). Environmental *Engineering and Science: An Introduction*. Government Institutes, Rockville, MD.
Hudson, Jr., H.E. (1989). Density considerations in sedimentation. *Journal of the American Water Works Association*, 64(6), 382-386.
McGhee, T.J. (1991). *Water Resources and Environmental Engineering*, 6th ed. McGraw-Hill, New York.
Morris, J.C. (1966). The acid ionization constant of HOCl from 5°C to 35°C. *Journal of Physical Chemistry*, 70(12), 3789.
Water, G.C. (1978). *Disinfection of Wastewater and Water for Reuse*. Van Nostrand Reinhold, New York.
Wen, C.Y. and Yu, Y.H. (1966). Minimum fluidization velocity. *AIChE Journal*, 12(3), 610-612.
White, G.C. (1972). *Handbook of Chlorination*. Litton Education, New York.

第 XI 部
数学の概念：排水

　エンパイアテキスタイル社の全盛期には，織物の生産に使用される有機溶媒や染色剤が直接河川に排出され，曜日や生産量に応じて滝の下流の河岸が赤，緑，黄色に染まった．傾斜した河岸では，木の年輪のような形の虹色の輪が，河川の水位の変動により刻まれた．50年後の現在においても，丈夫な雑草や低木のみが，フロントストリートの南の歩道側に生育するのみである．それらの雑木林が定期的に刈り取られるとき，シャルトリューズ（黄色がかった薄緑）とマゼンタ（赤紫）色の驚くべき斑点があらわになるのである．

―― Richard Russo（Empire Falls, 2001）

　ペルーにおいて，いかなるときも，心にとどめておくべき重要な経験則は，トイレットペーパーを下水に流さないことである．

―― Frank R. Spellman

第24章 排水にかかわる計算

水は私たちと私たちの子どもたちの生涯の中で最も重要な資源問題である．私たちを取り巻く水環境の健康状態は，どのように私たちが陸地に生活しているのかを表す主要な指標である．

—— Luna Leopold

24.1 はじめに

標準的な排水処理は，下水を取水し，放流先の水塊よりも清浄な水質の処理水を得るために，連続的な処理工程もしくは単一の工程（図24.1）を組み合わせたシステムにより構成される．第23章で示された上水にかかわる計算と同様に，本章では排水にかかわる計算法を運転管理者やエンジニアに役立つレベルに基づいて記載する．このフォーマットを再び使用することは，統一的で自己完結型の迅速に検索できるレファレンス・ソースを提供しようとする本書の方針を反映している．

24.2 予備処理（一次処理）

排水処理プロセスにおける処理の初期段階（下水の収集と処理施設への揚水に続く段階）を予備処理（一次処理）と呼ぶ．処理プロセスの選定は，基本的に流入水の水質に依存する．処理場に流入する下水は多くの種類の固形物（ごみ）を含んでいる可能性が

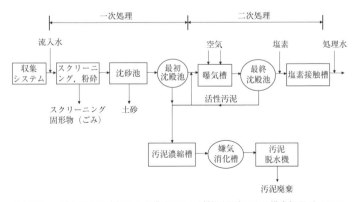

図24.1 一次処理と二次処理から構成される活性汚泥法による排水処理プロセス

ある.そのため,予備処理はこれらの固形物の除去により下流段階の処理機械設備の閉塞,摩耗から保護する意味をもつ.また処理の初期段階での固形物除去は,処理設備全体の設置面積を削減することに貢献する.

一般的に,予備処理に含まれる2つのプロセスは,スクリーニングと土砂の除去(沈砂池)である.しかしながら,予備処理として,それ以降の処理プロセスの負荷を低減するためのプロセスを含む場合もある.これらのプロセスは,破砕,流量計測,流量調整,化学薬品の添加を含む.極端な場合を除いて,プラントの設計は,これらの項目のすべてを含まない.ここでは,これらのプロセスのうち,スクリーニングと土砂の除去の2つのプロセスで使用される典型的な計算方法について説明する.

24.2.1 スクリーニング除去に関する計算

スクリーニングは,大きなサイズの固形物(ごみ),たとえば,ぼろ切れ,缶,岩,枝,葉,根などを流入水から除去し,後段の処理プロセスへの流入を防止する.一般的に排水処理設備の運転管理者は,スクリーニングにより分離した固形物(ごみ)の量を記録する必要がある.正確なスクリーニング量を記録,保持するために,スクリーンにより除去された固形物の体積を決定しなければならない.スクリーニングにより除去された固形物の体積の計算には,一般的に2つの方法が使用される.

$$\text{スクリーニングによる固形物除去}(\text{ft}^3/\text{day}) = \frac{\text{スクリーニング量}(\text{ft}^3)}{\text{day}} \quad (24.1)$$

$$\text{スクリーニングによる固形物除去量}(\text{ft}^3/\text{MG}) = \frac{\text{スクリーニング量}(\text{ft}^3)}{\text{流量}(\text{MG})} \quad (24.2)$$

■例 24.1

問題: 24時間に全量で65 galの固形物(ごみ)が流入水よりスクリーニングによって除去される.スクリーニングによる固形物除去量を ft^3/day で表すとどのようになるか?

解答: 最初に除去された固形物の量を gal から ft^3 に変換する.

$$(65 \text{ gal})/(7.48 \text{ gal/ft}^3) = 8.7 \text{ ft}^3 \text{ スクリーニング固形物}$$

次に,ft^3/day としてスクリーニングによる固形物除去量を計算する.

$$\text{スクリーニングによる固形物除去}(\text{ft}^3/\text{day}) = \frac{8.7 \text{ ft}^3}{1 \text{ day}} = 8.7 \text{ ft}^3/\text{day}$$

■例 24.2

問題: 1週間に,合計310 galの固形物(ごみ)が排水からスクリーニングにより除去された.平均固形物除去量を ft^3/day で表すとどのようになるか?

解答: 最初に除去された固形物の量を gal から ft^3 に変換する.

$$(310 \text{ gal})/(7.48 \text{ gal/ft}^3) = 41.4 \text{ ft}^3 \text{ スクリーニング固形物}$$

次に,ft^3/day としてスクリーニングによる固形物除去量を計算する.

24.2 予備処理（一次処理）　657

$$\text{スクリーニングによる固形物除去量(ft}^3\text{/day)} = \frac{41.4 \text{ ft}^3}{7 \text{ days}} = 5.9 \text{ ft}^3/\text{day}$$

24.2.2 スクリーニングピット容量の計算

　スクリーニングピットの容量は，貯留槽またはタンクを排水が通過するための時間もしくは，与えられた流量で貯留槽またはタンクに充填するのに必要な時間の算定と同様とみなすことができる．スクリーニングピット容量の計算では，スクリーニングピットを除去した固形物（ごみ）で充填するために必要な時間が算定される．スクリーニングピット容量の計算で使用される式は以下のとおりである．

$$\text{充填時間(day)} = \frac{\text{ピットの容積(ft}^3\text{)}}{\text{スクリーニングによる固形物除去量(ft}^3\text{/day)}} \qquad (24.3)$$

■例 24.3
　問題：　スクリーニングピットの容量は 500 ft³ である（ピットは，覆土に対応するため 500 ft³ より実際には大きい）．1 日当たり平均 3.4 ft³ の固形物（ごみ）が排水から取り除かれた場合，ピットは何日で満杯になるか？

　解答：

$$\text{満杯になる時間(day)} = \frac{\text{ピットの容積(ft}^3\text{)}}{\text{スクリーニングによる固形物除去量(ft}^3\text{/day)}}$$

$$= \frac{500 \text{ ft}^3}{3.4 \text{ ft}^3/\text{day}} = 147.1 \text{ days}$$

■例 24.4
　問題：　排水処理プラントは平均 2 ft³/MG の固形物をスクリーニングにより除去している．1 日の平均排水量を 1.8 MGD と仮定すると何日で 125 ft³ のピットが満杯になるか？

　解答：　最初に固形物の充填（除去）速度を ft³/day で表す．

$$\frac{2 \text{ ft}^3 \times 1.8 \text{ MGD}}{\text{MG}} = 3.6 \text{ ft}^3/\text{day}$$

次に，充填時間を計算すると，

$$\text{満杯になる時間(日)} = \frac{\text{ピットの容積(ft}^3\text{)}}{\text{スクリーニングによる固形物除去量(ft}^3\text{/day)}}$$

$$= \frac{125 \text{ ft}^3}{3.6 \text{ ft}^3/\text{day}} = 34.7 \text{ days}$$

■例 24.5
　問題：　スクリーニングピットの許容量は 12 yd³ である．もし排水処理プラントで，1 日当たり平均 2.4 ft³ の固形物（ごみ）が排水から取り除かれた場合，ピットは何日で満杯になるか？

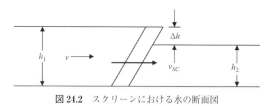

図 24.2 スクリーンにおける水の断面図

解答: 充填（除去）速度が ft³/day で表されているため，固形物の体積を ft³ として表現する．

$$12 \text{ yd}^3 \times 27 \text{ ft}^3/\text{yd}^3 = 324 \text{ ft}^3$$

そこで，充填時間を計算すると，

$$満杯になる時間(日) = \frac{ピットの容積(\text{ft}^3)}{スクリーニングによる固形物除去量(\text{ft}^3/\text{day})}$$

$$= \frac{324 \text{ ft}^3}{2.4 \text{ ft}^3/\text{day}} = 135 \text{ days}$$

24.2.3 バースクリーンにおける損失水頭

バースクリーンにおける損失水頭は，ベルヌーイの方程式により決定される（図 24.2）．

$$h_1 + \frac{v^2}{2g} = h_2 + \frac{v_{sc}^2}{2g} + 損失 \tag{24.4}$$

ここで，$h_1 =$ 上流側の流れの深さ，$v =$ 流れの速度，$g =$ 重力加速度，$h_2 =$ 下流側の流れの深さ，$v_{sc} =$ スクリーン通過の流れの速度．

損失は係数に組み入れることができる．

$$h = h_1 - h_2 = \frac{1}{2gC_d^2}(v_{sc}^2 - v^2) \tag{24.5}$$

ここで，C_d は流量係数（典型的な値は 0.84）であり，この値は製造者から提供されるかもしくは実験によって決定する．

24.2.4 土砂（粗粒子）除去に関する計算

土砂（粗粒子）除去の目的は，過度の機械的な摩耗を引き起こす可能性のある無機固体を除去することである（砂，砂利，粘土，卵の殻，コーヒーかす，金属の切りくず，種子，および他の同様の物質など）．土砂除去に利用されるいくつかのプロセスまたは装置は，後段の単位プロセスにおける処理のために懸濁液中に維持されるべき有機固体よりも土砂が重いという事実に基づいて設計されている．土砂除去は，グリットチャンバー内での沈降除去，または有機固形物の遠心分離によって行われる．これらのプロセスは，排水から固体を分離するために，重力／速度，通気，または遠心力を使用している．

典型的な排水処理システムは，嵐などのより高流量時の事象を含み，平均で 100 万ガ

ロンの排水から 1～15 ft³ (衛生設備 1～4 ft³/MG；複合排水処理 4～15 ft³/MG) の土砂を回収する．一般的に，土砂 (粗粒子) は，衛生埋立により処分される．本設備の計画を行うために，管理者は，土砂除去プロセスの正確な記録をとらなければならない．ほとんどの場合，データは排水百万ガロン当たりの除去土砂量 (立方フィート) として報告されている．

$$\text{土砂(粗粒子)除去量(ft}^3/\text{MG)} = \frac{\text{土砂量(ft}^3)}{\text{排水量(MG)}} \tag{24.6}$$

所与の期間にわたって，排水処理プラントでの平均土砂除去割合 (少なくとも季節平均) は決定され，計画のために使用される．一般的には，掘削において立方ヤードの単位が用いられているため，土砂除去量は立方ヤードとして計算される．

$$\text{土砂(粗粒子)量(yd}^3) = \frac{\text{全土砂量(ft}^3)}{27 \text{ ft}^3/\text{yd}^3} \tag{24.7}$$

■例 24.6
　問題：　処理場は，1日で土砂を 10 ft³ 除去する．処理場における流量が 9 MGD である場合，何 ft³ の土砂が排水 100 万 gal 当たりに除去されるか？
　解答：
$$\text{土砂(粗粒子)量(ft}^3) = \frac{\text{土砂量(ft}^3)}{\text{流量(MG)}} = \frac{10 \text{ ft}^3}{9 \text{ MG}} = 1.1 \text{ ft}^3/\text{MG}$$

■例 24.7
　問題：　排水処理プラントにおける土砂除去量は 1 日当たり 250 gal である．プラントの流量が 12.2 MGD の場合，何 ft³ の土砂が排水 100 万 gal 当たりに除去されるか？
　解答：　最初に，除去された土砂量の単位を ft³ に変換する．
$$(250 \text{ gal})/(7.48 \text{ gal/ft}^3) = 33 \text{ ft}^3$$
次に，ft³/MG の計算を実行する．
$$\text{土砂(粗粒子)量(ft}^3) = \frac{\text{土砂量(ft}^3)}{\text{流量(MG)}} = \frac{33 \text{ ft}^3}{12.2 \text{ MG}} = 2.7 \text{ ft}^3/\text{MG}$$

■例 24.8
　問題：　日平均土砂除去量は 2.5 ft³/MG である．月平均流量が 250 万 gpd のとき，処分ピットの容量を 90 日間とした場合に，何立方ヤード (yd³) が土砂処分のため利用可能でなければならないか？
　解答：　まず，1 日当たりの土砂発生量を計算する．
$$(2.5 \text{ ft}^3/\text{MG}) \times (2.5 \text{ MGD}) = 6.25 \text{ ft}^3/\text{day}$$
90 日間で発生する土砂の量 (ft³) は，
$$(6.25 \text{ ft}^3/\text{day}) \times (90 \text{ days}) = 562.5 \text{ ft}^3$$
ft³ を yd³ に変換すると，
$$(562.5 \text{ ft}^3)/(27 \text{ ft}^3/\text{yd}^3) = 21 \text{ yd}^3$$

24.2.5 沈砂水路の流速の計算

下水道における最適な流速は，管路内での固形物の沈殿を防ぐため，およそ 2 ft/sec (fps) である．しかしながら，流れが沈砂水路に到達した際，重い無機固体の沈殿を可能にするために，速度は約 1 fps に減少させるべきである．続く計算例では，浮きおよびストップウォッチ法，および水路の寸法（形状）によって水路での流速をどのように決定することができるかを説明する．

■例 24.9　浮きとストップウォッチを用いた流速の算定

$$\text{流速(fps)} = \frac{\text{流下距離(ft)}}{\text{所要時間(sec)}} \tag{24.8}$$

問題：　浮きは沈砂水路で 37 ft 流下するのに 30 秒を必要とする．水路における流速はいくらになるか？

解答：　　　　　　　流速(fps) = 37 ft/30 sec = 1.2 fps

■例 24.10　沈砂水路の寸法（形状）による流速の計算

この計算は単一の水路か槽，あるいは同じ形状および等流量の複数の水路か，槽のために使用することができる．各水路，槽の形状や流量が異なる場合には，それぞれ個別で計算を行わなければならない．

$$\text{流速(fps)} = \frac{\text{流量(MGD)} \times 1.55 \text{ cfs/MGD}}{\text{水路の数} \times \text{水路の幅(ft)} \times \text{水深(ft)}} \tag{24.9}$$

問題：　プラントは現在 2 本の沈砂水路を使用している．水路はそれぞれ幅 3 ft で，1.3 ft の水深がある．流入する流量が 4.0 の MGD である場合，流速はいくらになるか？

解答：

$$\text{流速(fps)} = \frac{40 \text{ MGD} \times 1.55 \text{ cfs/MGD}}{2 \text{ 水路} \times 3 \text{ ft} \times 1.3 \text{ ft}} = \frac{6.2 \text{ cfs}}{7.8 \text{ ft}^2} = 0.79 \text{ fps}$$

0.79 が 0.7～1.4 の範囲内にあるので，このプラントの運転管理者は，調節を行う必要がない．

> ノート：　水路の寸法の単位は，常にフィートでなければならない．インチの値を 12 で除することで，フィートに変換する．

24.2.6 沈降要求時間の計算

この計算は，粒子が与えられた沈降速度において，液体の表面から底に至るまでの時間を決定するために用いられる．沈降時間を計算するために，fps 単位の沈降速度を提供するか，あるいは実験によって沈降速度を決定しなければならない．

$$\text{沈降時間(秒)} = \frac{\text{水深(ft)}}{\text{沈降速度(fps)}} \tag{24.10}$$

■例 24.11

問題：　プラントの沈砂水路は，砂を除去するように 0.080 fps の沈降速度で設計され

ている．現在，水路は 2.3 ft の深さで作動している．砂粒子が水路の底に到達するまでの時間はいくらか？

解答：
$$沈降時間(sec) = \frac{2.3 \text{ ft}}{0.080 \text{ fps}} = 28.7 \text{ sec}$$

24.2.7 要求される沈砂水路の長さの計算

この計算は，指定された沈降速度をもつ物質を除去するのに必要な，水路の長さを決定するために使用することができる．

$$水路の長さ = \frac{水路の水深(\text{ft}) \times 流速(\text{fps})}{0.08 \text{ fps}} \tag{24.11}$$

■ **例 24.12**

問題： プラントの沈砂水路は，砂を除去するように 0.080 fps の沈降速度で設計されている．現在，水路は 3 ft の水深で作動している．水路における流速は，0.85 fps と算定されている．水路の長さは 36 ft である．水路の長さは，設定したサイズ（沈降速度）の砂粒子を除去するために十分であるか？

解答：
$$水路の長さ = \frac{3 \text{ ft} \times 0.85 \text{ fps}}{0.080 \text{ fps}} = 31.6 \text{ ft}$$

これより，水路の長さはすべての砂粒子を除去するのに十分といえる．

24.2.8 摩擦速度の計算

Camp-Shields の方程式（Camp, 1946）は沈降した有機物の再懸濁に必要な摩擦速度を求めるために使用される．

$$v_s = \sqrt{\frac{8kgd}{f}\left(\frac{\rho_p - \rho}{\rho}\right)} \tag{24.12}$$

ここで，v_s = 摩擦速度，k = 経験的に決定した定数，d = 粒子の公称直径，f = Darcy-Weisbach の摩擦係数，ρ_p = 粒子密度，ρ = 流体密度である．

水路が矩形で，矩形の堰を越えて放出する場合，ベルヌーイの方程式に基づいた流量関係は，

$$Q = C_d A \sqrt{2gH} = C_w H^{3/2} \tag{24.13}$$

ここで，Q = 流量，C_d = 流量係数，A = 水路の横断面積，H = 水路における水深であり，$C_w = C_d \sqrt{2g}$ と等しい．

水平速度（v_h）は，下の式において排出速度および水路での流速と関連する．

$$v_h = \frac{Q}{A} = \frac{Q}{wH} = CH^{1/2} = C\left(\frac{Q}{C_w}\right)^{1/3} \tag{24.14}$$

24.3 一次処理

一次処理（初沈または不純物除去）は，沈降可能な有機物と浮揚性の固形物の両方を除去しなくてはならない．本ステップでの不完全な固形物除去は，一次処理に続く生物処理プロセスでの過負荷の原因となる可能性がある．通常は，各一次処理システムが，沈殿可能な固形物の 90 ～ 95%，40 ～ 60%の浮遊固形物，および 25 ～ 35%の BOD を除去することが予測される．

24.3.1 プロセス制御にかかわる計算

多くの他の排水処理プラントユニットプロセスと同様に，いくつかのプロセス制御にかかわる計算は，一次処理プロセスの性能を評価する際に有用でありうる．プロセス制御にかかわる計算は，いくつかの項目を決定するために沈殿プロセスにおいて使用される．項目は，水面積負荷（表面沈降速度），堰越流率（越流堰負荷），BOD および浮遊固形物の除去（lb/day），パーセント除去，水理学的滞留時間，バイオソリッド固形物（有機固形物）のポンプ輸送，全固形物のパーセント（%TS）がある．

以下の項では，これらのプロセス制御にかかわる計算のいくつかについて詳しく見て，問題例を提示する．

> ノート： 以下の項で示される計算により，実施された各機能の値を決定することができる．ここでも，最適に運転される一次処理が予想される範囲内の値に収まるべきであることに注意せよ．ここで，一次沈殿処理の除去パーセンテージに関する予測値（沈殿可能な固形物 90 ～ 95%，浮遊固形物 40 ～ 60%，生物化学的酸素要求量（BOD）25 ～ 35%）を想定する．

一次処理の予測される滞留時間は 1 ～ 3 時間である．表面積負荷／沈降速度の予想される範囲は，最初沈殿池において 600 ～ 1200 gpd/ft^2（概算）である．最初沈殿池における堰越流率の予想される範囲は 10,000 ～ 20,000 gpd/ft である．

24.3.2 水面積負荷（表面沈降率／表面越流率）の計算

水面積負荷は，1 日当たり 1 ft^2 のタンクを通過する排水のガロン数で表す．これは装置の実情を設計と比較するために使用することができる．一般的なプラント設計において表面積負荷は 300 ～ 1200 gpd/ft^2 の値を使用する．

$$水面積負荷(gpd/ft^2) = \frac{流量(gpd)}{沈殿槽の表面積(ft^2)} \tag{24.15}$$

■例 24.13

問題： 円形の沈殿槽の直径は 120 ft である．もし，沈殿槽への流量が 4.5 MGD である場合，gpd/ft^2 で示される表面積負荷はいくらになるか？

解答： 水面積負荷$(\text{gpd/ft}^2) = \dfrac{4.5 \text{ MSD} \times 1{,}000{,}000 \text{ gal/MSD}}{0.785 \times 120 \text{ ft} \times 120 \text{ ft}} = 398 \text{ gpd/ft}^2$

■例 24.14

問題： 円形の沈殿槽の直径は 50 ft である．もし一次処理水量が，2,150,000 gpd である場合，gpd/ft² で示される表面越流率はいくらになるか？

解答：

要点： 表面積は 0.785×50 ft×50 ft である．

$$\text{表面越流率}(\text{gpd/ft}^2) = \dfrac{\text{流量(gpd)}}{\text{沈殿槽の表面積(ft}^2)} = \dfrac{2{,}150{,}000 \text{ gpd}}{0.785 \times 50 \text{ ft} \times 50 \text{ ft}} = 1096 \text{ gpd/ft}^2$$

■例 24.15

問題： 縦横 90 ft と 20 ft の沈殿槽は，1.5 MGD 流入水を受けている．gpd/ft² で示される表面越流率はいくらになるか？

$$\text{表面越流率}(\text{gpd/ft}^2) = \dfrac{\text{流量(gpd)}}{\text{沈殿槽の表面積(ft}^2)} = \dfrac{1{,}500{,}000 \text{ gpd}}{90 \text{ ft} \times 20 \text{ ft}} = 833 \text{ gpd/ft}^2$$

24.3.3 堰越流率（越流堰負荷）の計算

堰は，排水の流れ（流量）を測定するために使用される装置である．堰の越流率（越流堰負荷）は，堰越流部の長さ当たりの沈殿槽を出る水の量で表す．この計算の結果は，設計データと比較することができる．通常は，10,000〜20,000 gpd/ft の堰越流率が沈殿槽の設計に使用されている．

$$\text{堰越流率}(\text{gpd/ft}) = \dfrac{\text{流量(gpd)}}{\text{堰の越流部の長さ(ft)}} \qquad (24.16)$$

■例 24.16

問題： 円形沈殿槽の直径が 80 ft であり，その円周に沿って堰部（越流部）がある．処理水流量は 2.75 MGD である．gpd/ft で示される堰越流率はいくらになるか？

要点： 円形の堰の周長は 3.14×堰直径(ft) である．

解答：
$$\text{堰越流率}(\text{gpd/ft}) = \dfrac{2.75 \text{ MSD} \times 1{,}000{,}000 \text{ gal}}{3.14 \times 80 \text{ ft}} = 10{,}947 \text{ gpd/ft}$$

ノート： 10,947 gpd/ft は，推奨最低値である 10,000 を超えている．

■例 24.17

問題： 長方形の沈殿槽には，計 70 ft の堰部（越流部）がある．流量が 1,055,000 gpd のとき gpd/ft で示される堰越流率はいくらになるか？

解答： 堰越流率(gpd/ft) = $\dfrac{流量(gpd)}{堰の越流部の長さ(ft)}$ = $\dfrac{1{,}055{,}000 \text{ gpd}}{70 \text{ ft}}$ = 15,071 gpd/ft

24.3.4　最初沈殿槽の計算

■例 24.18

問題： 2つの矩形の沈殿槽はそれぞれ8mの幅，26mの長さ，および2.5mの深さである．各槽のどちらかが，12時間で1800 m³の排水を処理するために使用される．表面越流率，滞留時間，水平速度，および3倍幅のH形堰を使用した場合の堰越流率を計算せよ．

解答： 最初に設計流量を算定する．

$$Q = \dfrac{1800 \text{ m}^3}{12 \text{ hr}} \times \dfrac{24 \text{ hr}}{1 \text{ day}} = 3600 \text{ m}^3/\text{day}$$

表面越流率，V_o を計算する．

$$V_o = \dfrac{Q}{A} = \dfrac{3600 \text{ m}^3/\text{day}}{8 \text{ m} \times 26 \text{ m}} = 17.3 \text{ m}^3/(\text{m}^2\text{-day})$$

滞留時間 t を計算する．

$$タンク容積 = 8 \text{ m} \times 26 \text{ m} \times 2.5 \text{ m} \times 2 = 1040 \text{ m}^3$$

$$t = \dfrac{V}{Q} = \dfrac{1040 \text{ m}^3}{3600 \text{ m}^3/\text{day}} = 0.289 \text{ days} = 6.9 \text{ hr}$$

水平速度 v_h を計算する．

$$v_h = \dfrac{3600 \text{ m}^3/\text{day}}{8 \text{ m} \times 2.5 \text{ m}} = 180 \text{ m/day} = 0.125 \text{ m/min} = 0.410 \text{ ft/min}$$

流出堰越流率 w_l を計算する．

$$w_l = \dfrac{3600 \text{ m}^3/\text{day}}{8 \text{ m} \times 3 \text{ m}} = 150 \text{ m}^3/(\text{day-m}) = 12{,}100 \text{ gpd/ft}$$

24.4　有機固形物（バイオソリッド）のポンプ輸送の計算

有機固形物（バイオソリッド）のポンプ輸送（固形物と揮発性固形物の沈殿槽からの引き抜き量）の計算は，沈殿槽のプロセスコントロールのための正確な情報を提供する．

固形物のポンプ輸送量
＝ポンプ速度(gpm)×稼働時間(min/day)×8.34 lb/gal×%固形物濃度　　(24.17)

揮発性固形物(lb/day)＝ポンプ速度×稼働時間×8.34××%固形物濃度×%揮発物
(24.18)

■例 24.19

問題： 有機固形物ポンプが30 min/hrで稼働している．ポンプの輸送速度は25 gal/minである．実験室での分析の結果，有機固形物の濃度は5.3%，揮発性固形物の含量は

68%であった．24時間当たり，どの程度の量の揮発性固形物が，沈殿槽から汚泥消化槽に輸送されるか？

解答： ポンプ稼働時間 30 min/hr，ポンプ輸送速度 25 gal/min，有機固形物濃度 5.3%，揮発性固形物含量 68% であるので，

揮発性固形物 = 25 gpm × (30 min/hr × 24 hr/day) × 8.34 lb/gal × 0.053 × 0.68
= 5410 lb/day

24.4.1 全固形物の割合の計算

問題： 沈殿槽の有機固形物サンプルの濃度測定を行った．サンプルを含む蒸発皿の重量は 73.79 g であった．蒸発皿単体の重量は 21.4 g である．水分乾燥後のサンプルと蒸発皿の重量は 22.4 g であった．サンプルの全固形物の濃度（%TS）はいくらか？

解答： 乾燥前のサンプル重量は 73.79 − 21.4 = 52.39 g，乾燥固形物の重量は 22.4 − 21.4 = 1.0 g なので，

$$(1.0 \text{ g}/52.39 \text{ g}) \times 100\% = 1.9\%$$

24.4.2 BODとSSを除去する計算

池の BOD および浮遊性固形物（SS）の1日当たり除去量を計算するために，BOD（mg/L）または SS 除去量とプラント流入量を知る必要がある．そこで，以下の式を用いて mg/L を lb/day に変換する．

$$\text{SS 除去量} = \text{mg/L} \times \text{MGD} \times 8.34 \text{ lb/gal} \tag{24.19}$$

■例 24.20

問題： 120 mg/L の浮遊性固形物が最初沈殿池で除去された．流量が 625 万 gpd の場合には，lb/day で示されるどの程度の浮遊性固形物が除去されるか？

解答： 浮遊性固形物(SS)除去量 = 120 mg/L × 6.25 MGD × 8.34 lb/gal = 6255 lb/day

■例 24.21

問題： 最終沈殿池への流量は 1.6 mgd である．流入 BOD 濃度が 200 mg/L であり，流出 BOD 濃度が 70 mg/L である場合には，何ポンドの BOD が，毎日除去されるか？

解答： 除去 BOD = 200 mg/L − 70 mg/L = 130 mg/L

mg/L での BOD 除去を計算した後，lb/day での BOD 除去を算定する．

除去 BOD = 130 mg/L × 1.6 MGD × 8.34 lb/gal = 1735 lb/day

24.5 散水ろ床法

散水ろ床法（図 24.3）は信頼できる生物学的排水処理法の最も古い形式の1つである．散水ろ床法は，その性質から，他のプロセスを超える特長がある．たとえば，放流前の排水処理法としては，きわめて経済的で信頼できる処理法である．また，周期的な過負

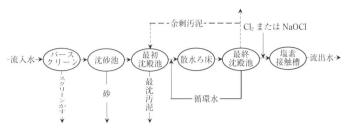

図 24.3 排水処理に適用された散水ろ床の簡易な流れ図

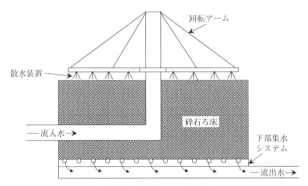

図 24.4 散水ろ床の断面図

荷を許容する能力があり，酸素供給は自然に行われるために必要なエネルギー量が少ない．

　図 24.4 に示すとおり，散水ろ床法の運転操作では，砕石，プラスチック，アメリカ杉の木板や木片などの充填材上部から排水の散水を行う．排水が充填材表面を滴り落ちるとともに，微生物（細菌，原生動物，真菌，藻類，蠕虫，幼虫）が増殖していく．この微生物の増殖は，光沢のあるスライム（粘着物）として目視可能であり，川石の表面にみられるスライムと似ている．排水がスライム表面を流れる間に，スライムは有機物を吸着する．この有機物は微生物のエサとなる．同時に，ろ床を通過する自然通気によって排水への酸素供給が行われる．供給された酸素は，その後，スライムに供給され，表層を好気性に保つ．微生物がエサと酸素を消費すると同時に，多くの有機物，二酸化炭素，硫黄酸化物，窒素酸化物，他の安定生成物を生成し，これらはスライムから排出されて排水に戻ることがろ床内で行われる．

24.5.1　散水ろ床法の計算

　水量負荷，有機物負荷，BOD や SS 除去などの計算は，散水ろ床法を操作するうえで有効である．各種類の散水ろ床法は特定の負荷量で操作するように設計されている．この負荷量はろ床の分類に依存して大きく異なる．散水ろ床を適切に操作するためには，

負荷は特定の範囲に収めなければならない．散水ろ床における主要な3つの負荷値は，水量負荷，有機物負荷，循環率である．

24.5.1.1 水量負荷

水量負荷の計算は，一次処理水だけでなく循環水の両方を説明するために重要である．循環水と一次処理水はろ床上部に供給される前に混合される．水量負荷はろ床の表面積に基づいて計算される．標準および高速散水ろ床における一般的な水量負荷の範囲は，標準散水ろ床法では$25 \sim 100$ gpd/ft^{2}または$1 \sim 40$ MGD/ac，高速散水ろ床法では$100 \sim 1000$ gpd/ft^{2}または$4 \sim 40$ MGD/acである．

要点： 散水ろ床への水量負荷がきわめて低い場合には，腐敗的な状況が生じる．

■例 24.22

問題： 直径80 ftの散水ろ床に0.588 MGDの一次処理水と0.660 MGDの散水ろ床処理水の循環水が供給されている．このろ床の水量負荷（gpd/ft^2）はいくらか？

解答： 一次処理水と返送水がともにろ床表面に供給される．そのため，
$$0.588 \text{ MGD} + 0.660 \text{ MGD} = 1.248 \text{ MGD} = 1{,}248{,}000 \text{ gpd}$$
$$円形の表面積 = 0.785 \times (直径)^2 = 0.785 \times (80 \text{ ft})^2 = 5024 \text{ ft}^2$$
$$水量負荷 = 1{,}248{,}000 \text{ gpd}/5024 \text{ ft}^2 = 248.4 \text{ gpd/ft}^2$$

■例 24.23

問題： 直径80 ftの散水ろ床が750,000 gpdの一次処理水の処理を行っている．循環水の流量が0.2 MGDのとき，ろ床の水量負荷はいくらか？

解答：
$$水量負荷 = \frac{750{,}000 \text{ gpd}}{0.785 \times 80 \text{ ft} \times 80 \text{ ft}} = 149 \text{ gpd/ft}^2$$

■例 24.24

問題： 高速散水ろ床が日量1.8 MGDの流量を受け入れている．ろ床の直径が90 ft，深さが5 ftの場合，水量負荷（MGD/ac）はいくらか？

解答：
$$0.785 \times 90 \text{ ft} \times 90 \text{ ft} = 6359 \text{ ft}^2$$
$$\frac{6359 \text{ ft}^2}{43{,}560 \text{ ft}^2/\text{ac}} = 0.146 \text{ ac}$$
$$水量負荷 = \frac{1.8 \text{ MGD}}{0.146 \text{ ac}} = 12.3 \text{ MGD/ac}$$

要点： 水量負荷がMGD/acで表記される場合，散水ろ床の表面積に対する供給量もガロンで表記される．

24.5.1.2 有機物負荷

散水ろ床は有機物負荷によって分類されることが多い．有機物負荷は，充填材の量に対して供給したBOD量で表記される．つまり，充填材1000 ft^{3}当たりのBOD量もしく

はCOD量（ポンド）で示され，充填材のスライムに供給されるエサの量の尺度である．散水ろ床の有機物負荷を計算するために，ろ床に供給されるBODもしくはCODの日量と1000 ft³単位におけるろ材の容量の2つの値を明らかにする必要がある．なお，循環水のBODとCODによる寄与に関しては，有機物負荷には含まれない．

■例 24.25
問題： 直径60 ftの散水ろ床が0.440 MGDの流量で一次処理水を処理している．1000 ft³の充填材に対して1日当たりの有機物負荷（BOD負荷）を計算せよ．ただし単位はポンドとする．一次処理水のBOD濃度は80 mg/Lとする．ろ床の深さは9 ftとする．

解答： 　　0.440 MGD×80mg/L×8.34 lb/gal = 293.6 lb BOD
　　　　表面積 = 0.785×(60)² = 2826 ft²
　　　　面積×深さ = 容量 = 2826 ft²×9 ft = 25,434 ft²

ノート： 1000 ft³に対するBOD量で示す場合，以下の計算式を使う必要がある．

$$\frac{293.6 \text{ lb BOD/day}}{25{,}434 \text{ ft}^3} \times \frac{1000}{1000}$$

数値と単位を合わせると，

$$\frac{293.6 \text{ lb BOD/day} \times 1000}{25{,}434 \text{ ft}^3} \times \frac{\text{lb BOD/day}}{1000 \text{ ft}^3} = 11.5 \times \frac{\text{lb BOD/day}}{1000 \text{ ft}^3}$$

24.5.1.3　BODとSS除去

各日におけるBODとSS除去量を計算するためには，BODとSS除去量（mg/L）と処理場の流量を明らかにすることが必要である．

■例 24.26
問題： 散水ろ床において120 mg/LのSSが除去されると仮定すると，流量が4.0 MGDの場合には1日当たりで除去されるSS量はいくらか？

解答： SS(mg/L)×Flow(MGD)×8.34 lb/gal = 120 mg/L×4.0 MGD×8.34 lb/gal
　　　　　　　　　　　　　　　　　　　　　　　= 4003 lb/day

■例 24.27
問題： 散水ろ床に供給される3,500,000 gpdの流入量のBOD濃度は185 mg/Lである．この散水ろ床の処理水のBOD濃度が66 mg/Lの場合，1日当たりに除去されるBOD量はいくらか？

解答： 　　除去BOD(mg/L) = 185 mg/L − 66 mg/L = 119 mg/L
　　　　除去BOD(lb/day) = 除去BOD(mg/L)×流量(MGD)×8.34 lb/gal
　　　　除去BOD = 119 mg/L×3.5 MGD×8.34 lb/gal = 3474 lb/day

24.5.1.4　循　環

散水ろ床の循環水には，散水ろ床の上部に戻される処理水を含む．循環水は流量変動

を緩和し，ろ床の湛水，ろ床バエ，悪臭などの運転操作に関する問題の解決に寄与する．運転管理者は，循環率が設計規格の範囲内であることを確認しなければならない．この設計規格を超えることは，水理的に過負荷であり，この設計規格を下回るときは水量的に低負荷であることを示す．散水ろ床の循環率は，一次処理水に対する循環水の流量比である．散水ろ床の循環比は，0.5:1（0.5）から5:1（5）の範囲内となるが，1:1か2:1の循環比がよくみられる．

$$循環率 = \frac{循環流量(\text{MGD})}{一次処理水流量(\text{MGD})} \tag{24.20}$$

■例 24.28
問題： ある処理場の流入水量は 3.2 MGD である．もし散水ろ床の処理水を 4.50 MGD の流量で循環返送した場合，循環率はいくらか？
解答：
$$循環率 = \frac{循環流量(\text{MGD})}{一次処理水流量(\text{MGD})} = \frac{4.5 \text{ MGD}}{3.2 \text{ MGD}} = 1.4$$

■例 24.29
問題： 散水ろ床の流入水量は 5 MGD である．循環水量が 4.6 MGD のとき，循環率はいくらか？
解答：
$$循環率 = \frac{4.6 \text{ MGD}}{5 \text{ MGD}} = 0.92$$

24.5.1.5 散水ろ床の設計
散水ろ床の設計で使用するパラメータは水量負荷と BOD である．

$$水量負荷 = \frac{Q_0 + R}{A} \tag{24.21}$$

ここで，Q_0 = 平均流入流量（MGD），R = 返送流量（= Q_0 × 返送率），A = ろ床面積（ac）．

$$\text{BOD 負荷} = \frac{8340(\text{BOD}_s)(Q_o)}{V} \tag{24.22}$$

ここで，BOD_s = 一次処理水の BOD_5，Q_o = 平均流入水量（MGD），V = ろ床の容量（ft^3），8340 = 単位変換の数値．

24.6 回転円盤法

回転円盤法（RBC：rotating biological contactor）は，散水ろ床法から着想を得た，充填材型の処理方法の変法の1つである．散水ろ床法と同様に，充填材表面に成長する微生物に依存した処理法であるが，RBC は固定床型の生物処理装置の代わりを使用している（図 24.5，図 24.6）．しかし基本的には，散水ろ床法における反応と同じである．RBC はわずかな空間を設けて密接に並べたプラスチック製の円盤から構成されている．この

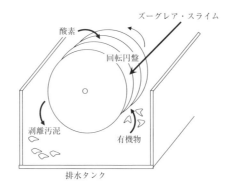

図 24.5 回転円盤法の断面図と処理システム

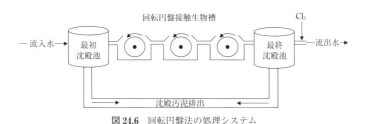

図 24.6 回転円盤法の処理システム

直径は，通常約 11.5 ft である．回転水平軸に取りつけられた各回転円盤は，約 40％がタンク中の処理対象の排水に浸漬している．RBC が回転すると同時に，回転円盤の表面に生育した付着生物膜（ズーグレア・スライム）が排水への浸透と排出が行われる．微生物は，排水に浸漬されているときには有機物を吸着し，空気中では好気分解のために必要な酸素が供給される．付着生物膜が排水に再浸漬する同時に，余剰汚泥や排出物は円盤からの剥離が生じる．これらの剥離物は，排水の流れとともに，沈殿池において除去される．

24.6.1 RBC の操作における計算

いくつかの計算は RBC の操作において有用であろう．これらには，溶解性 BOD，全円盤表面積，有機物負荷および水量負荷が含まれる．沈殿槽の計算と余剰汚泥の排出量計算は，RBC 後段の沈殿槽の管理と評価に有用であろう．

24.6.1.1 水量負荷

管理者は RBC 円盤の表面積を規定し，水量負荷は円盤の表面積（ft^2）に基づいている．水量負荷は円盤表面積（ft^2）に対する流量（ガロン）で表現される．この計算は RBC の運転状況を評価するうえで有用となる．設計規定との比較はユニットが水量負荷を上回るか下回るかを判定することが可能となる．RBC の水量負荷は 1～3 gpd/ft^2 の範囲で

ある．

■例 24.30
問題： RBC が一次処理水を流量 0.244 MGD で処理している．このとき，回転円盤の表面積が 92,600 ft^2 の場合，水量負荷（gpd/ft^2）はいくらか？

解答：
$$\text{水量負荷} = \frac{\text{流量(gpd)}}{\text{回転円盤表面積(ft}^2)} = \frac{244,000 \text{ gpd}}{92,000 \text{ ft}^2} = 2.65 \text{ gpd/ft}^2$$

■例 24.31
問題： RBC の処理水量が 0.35 MGD である．回転円盤の表面積負荷は 750,000 ft^2 である．RBC の水量負荷はいくらか？

解答：
$$\text{水量負荷} = \frac{\text{流量(gpd)}}{\text{回転円盤表面積(ft}^2)} = \frac{350,000 \text{ gpd}}{750,000 \text{ ft}^2} = 4.7 \text{ gpd/ft}^2$$

■例 24.32
問題： RBC は流量 1,350,000 gpd の一次処理水を処理している．回転円盤の表面積は 600,000 ft^2 である．RBC の水量負荷はいくらか？

解答：
$$\text{水量負荷} = \frac{\text{流量(gpd)}}{\text{回転円盤表面積(ft}^2)} = \frac{1,350,000 \text{ gpd}}{600,000 \text{ ft}^2} = 2.3 \text{ gpd/ft}^2$$

24.6.1.2 溶解性 BOD

RBC 流入水の溶解性 BOD は実験室において測定されるか，SS 濃度と K 値によって推測される．K 値は SS による BOD（固形性 BOD）への寄与の近似に使われる．K 値は実験室による測定で規定されるか提供されなければならない．下水の K 値は通常 0.5～0.7 の範囲である．

$$\text{溶解性 BOD}_5 = \text{全 BOD}_5 - (K\text{値} \times \text{全 TSS}) \tag{24.23}$$

■例 24.33
問題： 排水の SS 濃度が 250 mg/L である．この処理場における K 値が 0.6 のとき，この排水の固形性 BOD の推定値はいくらか？

解答： $\qquad\qquad 250 \text{ mg/L} \times 0.6 = 150 \text{ mg/L}$

K 値が 0.6 ということは，約 60% の SS が固形性有機物であることを示している．

■例 24.34
問題： RBC が BOD 濃度 170 mg/L，SS 濃度 140 mg/L で 2.2 MGD の流量である．K 値が 0.7 のとき，RBC に 1 日当たりに供給される溶解性 BOD の量（ポンド）はいくらか？

解答：
$$\text{全 BOD} = \text{固形性 BOD} + \text{溶解性 BOD}$$
$$170 \text{ mg/L} = (140 \text{ mg/L} \times 0.7) + x \text{ mg/L}$$
$$170 \text{ mg/L} - 98 \text{ mg/L} = x$$

$$x = 72 \text{ mg/L}$$

ここで溶解性 BOD（lb/day）は以下のように計算される．

$$\text{溶解性 BOD(mg/L)} \times \text{流量(MGD)} \times 8.34 \text{ lb/gal} = \text{lb/day}$$
$$72 \text{ mg/L} \times 2.2 \text{ MGD} \times 8.34 \text{ lb/gal} = 1321 \text{ lb/day}$$

■例 24.35

問題： RBC に流入する排水の BOD は 210 mg/L である．SS は 240 mg/L である．仮に K 値が 0.5 のとき，排水の溶解性 BOD の推定値はいくらか？

解答：
$$\text{全 BOD(mg/L)} = (\text{固形性 BOD} \times K) + \text{溶解性 BOD}$$
$$210 = (240 \times 0.5) + x$$
$$210 = 120 + x$$
$$\text{溶解性 BOD} = 90 \text{ mg/L} = x$$

24.6.1.3 有機物負荷

有機物負荷は，1日，回転円盤表面積 1000 ft^2 当たりの全 BOD 負荷で示される．システムの運転状況を判定するためにプラントの設計仕様と実測値を比較する．

$$\text{有機物負荷} = \frac{\text{溶解性BOD} \times \text{流量(MGD)} \times 8.34 \text{ lb/gal}}{\text{回転円盤表面積}(1000 \text{ ft}^2)} \tag{24.24}$$

■例 24.36

問題： RBC は 500,000 ft^2 の回転円盤表面積であり，1,000,000 gpd の流量で流入している．一次処理水の溶解性 BOD が 160 mg/L のとき，RBC の有機物負荷（lb/day/100 ft^2）はいくらか？

解答：
$$\text{有機物負荷} = \frac{\text{溶解性BOD} \times \text{流量(MGD)} \times 8.34 \text{ lb/gal}}{\text{回転円盤表面積}(1000 \text{ ft}^2)}$$
$$= \frac{160 \text{ mg/L} \times 1.0 \text{ MGD} \times 8.34 \text{ lb/gal}}{500 \times 1000 \text{ ft}^2}$$
$$= 2.7 \text{ lb/day/1000 ft}^2$$

■例 24.37

問題： RBC の流入排水量が 3,000,000 gpd である．この排水の溶解性 BOD は 120 mg/L である．この RBC は 6 つのシャフト（各 110,000 ft^2）から構成されており，2 つのシャフトはシステムにおける第一槽に設置されている．この第一槽における有機物負荷（lb/day/100 ft^2）はいくらか？

解答：
$$\text{有機物負荷} = \frac{120 \text{ mg/L} \times 3.0 \text{ MGD} \times 8.34 \text{ lb/gal}}{220 \times 1000 \text{ ft}^2} = 13.6 \text{ lb/day/1000 ft}^2$$

24.6.1.4 全円盤表面積

RBC におけるいくつかのプロセス制御計算では，連続するすべての槽の総表面積を使

う．溶解性 BOD の計算からわかるように，この物理的な管理はきわめて難しいため，処理場設計の情報や装置の製造者によって与えられる情報は，各槽の表面積（もしくは連続するすべての槽の総表面積）である．

$$\text{総表面積} = \text{第一槽における表面積} + \text{第二槽における表面積} + \cdots$$
$$+ \text{第 } n \text{ 槽における表面積} \tag{24.25}$$

24.6.1.5　RBC 性能のモデル化

半経験的な計算式が多く使われているが，散水ろ床法の Schultz-Germain 式が RBC 性能のモデル化には推奨されている（Spengel and Dzombok, 1992）．

$$S_e = S_i e^{[k(V/Q)^{0.5}]} \tag{24.26}$$

ここで，S_e ＝ 処理水の全 BOD（mg/L），S_i ＝ 流入水の全 BOD（mg/L），V ＝ ろ床容量（m³），Q ＝ 流量（m³/sec）．

24.6.1.6　RBC 性能のパラメータ

RBC 性能の制御パラメータは溶解性 BOD である．

$$\text{SBOD} = \text{TBOD} - \text{固形性 BOD} \tag{24.27}$$
$$\text{固形性 BOD} = c(\text{TSS}) \tag{24.28}$$
$$\text{SBOD} = \text{TBOD} - c(\text{TSS}) \tag{24.29}$$

ここで，TBOD ＝ 全 BOD，TSS ＝ 全 SS，c ＝ 以下の係数．家庭下水 0.5～0.7，未処理の家庭下水 0.5（TSS＞TBOD），未処理の下水 0.6（TSS≒TBOD），一次処理水 0.6，二次処理水 0.5．

■例 24.38

問題：　平均全 BOD は 152 mg/L，TSS は 132 mg/L である．RBC の設計に使われる流入水の溶解性 BOD はいくらか？　ただし，この RBC は二次処理ユニットとして使われている．

解答：　一次処理水（RBC の流入水）c は 0.6 である．RBC 流入水の溶解性 BOD の算定には式（24.29）を使う．

$$\text{SBOD} = \text{TBOD} - c(\text{TSS}) = 152 \text{ mg/L} - 0.6(132 \text{ mg/L}) = 73 \text{ mg/L}$$

24.7　活性汚泥法

活性汚泥法は，河川などの流れ場で行われる自浄作用を模倣した人為的な処理法である．本質的には，活性汚泥法は「容器内の流れ場」といえる．排水処理において，活性汚泥法は，二次処理への適用に加えて，沈殿池のない完全好気処理にも適用されている．活性汚泥法は，BOD や SS を除去する浮遊状の微生物による生物学的排水処理システムと呼ばれている．

下水処理に適用した活性汚泥法の基本構成は，曝気槽と沈殿池（最終沈殿池）からなる．一次処理水は最終沈殿池からの返送汚泥と混合後，曝気槽に導入される．圧縮空気は，曝気槽の底部（通常は片側）に設置された多孔性散気装置（ディフューザー）を通

じて混合液に連続供給される．排水は連続的に曝気槽に導入され，そこでは微生物が有機物の代謝や生物的凝集を行っている．微生物（活性汚泥）は，最終沈殿池の静止状態下において混合液が沈殿分離されることで，曝気槽に返送される．この管理を怠ると微生物が最終的には過剰に増殖するため，定期的に一定量の汚泥を引き抜かなければならない．沈殿池底部に沈殿した高濃度汚泥の一部は余剰汚泥として排出しなければならない．最終沈殿池の清澄な上澄みが処理場の処理水となる．

24.7.1　活性汚泥のプロセス制御に関する計算

他の排水処理法と同様，プロセス制御計算は運転管理者にとってプロセスの制御と最適化のために重要なツールである．本項では，活性汚泥のプロセス制御計算に用いられる多くの計算方法を取り上げる．

24.7.1.1　移動平均

プロセス制御の計算を行うとき，7日移動平均が推奨される．この移動平均は測定結果のうちのいずれかの影響を平滑化する数学的な方法である．移動平均は経過した7日間に得られた測定結果の和を測定回数で除して計算したものである．

$$移動平均 = \frac{1日目 + 2日目 + \cdots + 7日目の結果}{7日目までの測定数} \quad (24.30)$$

■例 24.39

問題：　排水量は1日目から10日目まで，3340，2480，2398，2480，2558，2780，2476，2756，2655，2396 mL であった．7日目，8日目，9日目における7日移動平均を計算せよ．

解答：　7日目の移動平均 = (3340+2480+2398+2480+2558+2780+2476)/7 = 2645
　　　　8日目の移動平均 = (2480+2398+2480+2558+2780+2476+2756)/7 = 2561
　　　　9日目の移動平均 = (2398+2480+2558+2780+2476+2756+2655)/7 = 2586

24.7.1.2　BOD，COD，SS 負荷

活性汚泥法や他の処理プロセスにおける BOD，COD，SS 負荷を計算するとき，負荷は通常 lb/day の単位で計算する．以下の計算式を用いる．

BOD，COD，SS 負荷（lb/day）= BOD，COD，SS(mg/L)× 流量(MGD)×8.34 lb/gal
(24.31)

■例 24.40

問題：　曝気槽に流入する排水の BOD 濃度は 210 mg/L である．流量が 1,550,000 gpd のとき，BOD 負荷（lb/day）はいくらか？

解答：　　BOD(lb/day) = BOD(mg/L)× 流量(MGD)×8.34 lb/gal
　　　　　　　　　　= 210 mg/L×1.55 MGD×8.34 lb/gal = 2715 lb/day

24.7 活性汚泥法

■例 24.41
問題： 曝気槽への流入量は 2750 gpm である．排水の BOD 濃度が 140 mg/L であるとき，1 日に曝気槽に与えられる BOD 量（ポンド）はいくらか？

解答： 最初に流入量 gpm を流入量 gpd に変換する．

$$2750 \text{ gpm} \times 1440 \text{ min/day} = 3{,}960{,}000 \text{ gpd}$$

次いで，BOD 量（lb/day）を計算する．

$$\begin{aligned} \text{BOD(lb/day)} &= \text{BOD(mg/L)} \times 流量\text{(MGD)} \times 8.34 \text{ lb/gal} \\ &= 140 \text{ mg/L} \times 3.96 \text{ MGD} \times 8.34 \text{ lb/gal} \\ &= 4624 \text{ lb/day} \end{aligned}$$

24.7.1.3 固形物のインベントリ

活性汚泥法では，曝気槽における汚泥量を制御することが重要である．曝気槽における SS は mixed liquor suspended solids（MLSS）と呼ばれる．曝気槽における固形物量を計算するためには MLSS 濃度と曝気槽の容量を知る必要がある．

$$\text{MLSS(lb)} = \text{MLSS(mg/L)} \times 容量\text{(MG)} \times 8.34 \text{ lb/gal} \tag{24.32}$$

■例 24.42
問題： MLSS 濃度が 1200 mg/L，曝気槽の容量が 550,000 gal のとき，曝気槽における SS 量はいくらか？

解答：
$$\begin{aligned} \text{MLSS(lb)} &= \text{MLSS(mg/L)} \times 容量\text{(MG)} \times 8.34 \text{ lb/gal} \\ &= 1200 \text{ mg/L} \times 0.550 \text{ MG} \times 8.34 \text{ lb/gal} \\ &= 5504 \text{ lb} \end{aligned}$$

24.7.1.4 F/M 比

基質-微生物負荷比（food-to-microorganism ratio，F/M 比）は，流入水に含まれる有機物（BOD や COD）と曝気槽の MLVSS の特定の関係を維持するための方法である．COD は比較的速やかに結果が得られるため使われることがある．F/M 比を計算するため，曝気槽の流入水量（MGD），曝気槽の流入 BOD もしくは COD（mg/L），曝気槽の MLVSS（mg/L），曝気槽容量（MG）の情報が必要となる．

$$\text{F/M 比} = \frac{一次処理水の \text{COD/BOD(mg/L)} \times 流量\text{(MGD)} \times 8.34 \text{ lb/mg/L/MG}}{\text{MLVSS(mg/L)} \times 曝気槽容量\text{(MG)} \times 8.34 \text{ lb/mg/MG}} \tag{24.33}$$

表 24.1 さまざまな活性汚泥法と F/M 比

	BOD(lb)/MLVSS(lb)	COD(lb)/MLVSS(lb)
標準活性汚泥法	0.2〜0.4	0.5〜1.0
コンタクトスタビリゼーション	0.2〜0.6	0.5〜1.0
長時間エアレーション法	0.05〜0.15	0.2〜0.5
酸素活性汚泥法	0.25〜1.0	0.5〜2.0

通常の活性汚泥法における F/M 比は表 24.1 のように示される．

■例 24.43

問題： 曝気槽の流入 BOD は 145 mg/L，流量は 1.6 MGD である．MLVSS が 2300 mg/L，曝気槽の容量が 1.8 MG のとき，F/M 比はいくらか？

解答：
$$\text{F/M 比} = \frac{145 \text{ mg/L} \times 1.6 \text{ MGD} \times 8.34 \text{ lb/mg/L/MG}}{2300 \text{ mg/L} \times 1.8 \text{ MG} \times 8.34 \text{ lb/mg/L/MG}}$$
$$= 0.06 \text{ lb BOD per lb MLVSS}$$

要点： MLVSS 濃度が未知のとき，MLSS に占める VSS の割合が判明していれば，計算して求めることができる．

$$\text{MLVSS} = \text{MLSS} \times \%\text{強熱減量}(\%\text{VM}) \tag{24.34}$$

ノート： 活性汚泥の負荷計算時における F/M 比の F 値（基質）には BOD か COD のどちらかを使う．活性汚泥法における汚泥増殖は BOD から細菌への転換によることを思い出してほしい．有機物負荷の解析に BOD ではなく COD を用いる利点の 1 つは，COD の正確性がより高いことである．

■例 24.44

問題： 曝気槽の MLSS 濃度は 2885 mg/L である．実験室での測定では MLSS に占める VSS の割合は 66％であった．このとき曝気槽における MLVSS の濃度はいくらか？

解答： $\text{MLVSS}(\text{mg/L}) = 2885 \text{ mg/L} \times 0.66 = 1904 \text{ mg/L}$

a. 必要 MLVSS 量

適切な F/M 比を達成するために必要な曝気槽の MLVSS 量は，流入有機物（BOD か COD）と要求される F/M 比から求められる．

$$\text{MLVSS}(\text{lb}) = \frac{\text{一次処理水の BOD/COD} \times \text{流量}(\text{MGD}) \times 8.34 \text{ lb/gal}}{\text{要求 F/M 比}} \tag{24.35}$$

計算で得られる MLVSS 量は以下の式によって濃度に変換される．

$$\text{MLVSS}(\text{mg/L}) = \frac{\text{要求 MLVSS}(\text{lb})}{\text{曝気槽の容量}(\text{MG}) \times 8.34 \text{ lb/gal}} \tag{24.36}$$

■例 24.45

問題： 曝気槽の流入量は 4.0 MGD で流入 COD は 145 mg/L である．この曝気槽の容量は 0.65 MG である．ここで求められる F/M 比は 0.3 lb COD/lb MLVSS である．この F/M 比を達成するために曝気槽に保持されなくてはならない MLVSS 量はいくらか？

解答： 曝気槽における MLVSS 濃度を求める．

$$\text{MLVSS(lb)} = \frac{145 \text{ mg/L} \times 4.0 \text{ MGD} \times 8.34 \text{ lb/gal}}{0.3 \text{ lb COD/lb MLVSS}} = 16{,}124 \text{ lb}$$

$$\text{MLVSS(mg/L)} = \frac{16{,}124 \text{ lb}}{0.65 \text{ MG} \times 8.34 \text{ lb/gal}} = 2974 \text{ mg/L}$$

b. F/M 比を用いた排出率の計算

曝気槽における MLVSS 濃度を調整することで要求 F/M 比を維持することができる．これは汚泥返送率で達成できるが，最も現実的な方法は排出率を適切に管理することである．

$$\text{排出汚泥量(lb/day)} = \text{実 MLVSS(lb/day)} - \text{要求 MLVSS(lb/day)} \quad (24.37)$$

MLVSS の設定値が実際の値を上回るとき，設定値に到達するまで余剰汚泥の排出を停止する．実施上では，1 日当たり，設定の有機物の量に転換される流入有機物量を考慮する．これは，流量に対する有機物転換量（1 日当たりの百万ガロン（MGD））によって達成される．

$$\text{排出汚泥(MGD)} = \frac{\text{排出汚泥の強熱減量(lb/day)}}{\text{排出汚泥の強熱減量の濃度(mg/L)} \times 8.34 \text{ lb/gal}} \quad (24.38)$$

$$\text{排出汚泥(gpm)} = \frac{\text{排出汚泥(MGD)} \times 1{,}000{,}000 \text{ gpd/MGD}}{1440 \text{ min/day}} \quad (24.39)$$

要点： プロセスの制御に F/M 比を使う場合，余剰汚泥の VSS を定量する必要がある．

■**例 24.46**

問題： 以下の情報が与えられているとき，0.17 lb COD/lb MLSS の F/M 比を維持するために必要な排水流量（gpm）はいくらか？ 一次処理水の COD は 140 mg/L，一次処理水の流量は 2.2 MGD，MLVSS は 3549 mg/L，曝気槽の容量は 0.75 MG，排出 MLVSS の濃度は 4440 mg/L である．

解答：
$$\text{実 MLVSS} = 3549 \text{ mg/L} \times 0.75 \text{ MG} \times 8.34 \text{ lb/gal} = 22{,}199 \text{ lb/day}$$

$$\text{要求 MLVSS} = \frac{140 \text{ mg/L} \times 2.2 \text{ MGD} \times 8.34 \text{ lb/gal}}{0.17 \text{ lb COD/lb MLVSS}} = 15{,}110 \text{ lb/day}$$

$$\text{排出量(lb)} = 22{,}199 \text{ lb/day} - 15{,}110 \text{ lb/day} = 7089 \text{ lb/day}$$

$$\text{排出量(MGD)} = \frac{7089 \text{ lb/day}}{4440 \text{ mg/L} \times 8.34 \text{ lb/gal}} = 0.19 \text{ MGD}$$

$$\text{排出量(gpm)} = \frac{0.19 \text{ MGD} \times 1{,}000{,}000 \text{ gpd/MGD}}{1440 \text{ min/day}} = 132 \text{ gpm}$$

24.7.1.5 汚泥令

汚泥令とは，曝気槽における固形物（SS）の平均滞留時間である．汚泥令は曝気槽における活性汚泥の適切な量を維持するために使われる．この計算は，SRT（後述）のような同様の計算と混同しないようにするため，汚泥令（もしくは汚泥日令）と呼ばれる．

汚泥令を考えるとき，事実上，われわれは曝気槽内に SS が何日間いるのか？と尋ねている．たとえば，3000 lb の SS が曝気槽に流入し，曝気槽内に 4 日間 SS が滞留すると，曝気槽内には 12,000 lb の SS が含まれるので汚泥令は 4 日となる．

$$\text{汚泥令(日)} = \frac{\text{曝気槽内の SS}}{\text{流入する SS}} \tag{24.40}$$

■例 24.47
問題： 一次処理水に含まれる SS が 1 日 2740 lb/day で曝気槽に流入する．曝気槽の MLSS が 13,800 lb のとき，曝気槽の汚泥令はいくらか？
解答：
$$\text{汚泥令} = \frac{\text{MLSS(lb)}}{\text{流入 SS(lb/day)}} = \frac{13,800 \text{ lb}}{2740 \text{ lb/day}} = 5 \text{ days}$$

24.7.1.6　平均汚泥滞留時間（MCRT）

平均汚泥滞留時間（MCRT），もしくは汚泥滞留時間（SRT）は，活性汚泥法の管理に使われるもう 1 つの計算方法である．MCRT は活性汚泥法のシステム内における活性汚泥の平均汚泥滞留時間である．システムのすべての固形物がすべて置き換わるために，現在の除去速度における必要な時間とも定義できる．

$$\text{MCRT(day)} = \frac{\text{MLSS(mg/L)} \times (\text{曝気槽の容量} + \text{最終沈殿池の容量}) \times 8.34 \text{ lb/mg/L/MG}}{[\text{余剰汚泥濃度(mg/L)} \times \text{余剰汚泥流量} \times 8.34] + (\text{流出 TSS 量} \times \text{流出水量} \times 8.34)} \tag{24.41}$$

要点： MCRT は曝気槽の固形物のインベントリのみを使って計算できる．プラントの運転状況を基準と比較するために，参考値を得るため使われる参照マニュアルの計算とするか考慮しなければならない．最終沈殿池の SS 濃度を定量するための計算方法は他にもあるが，平均 SS 濃度は曝気槽における SS 濃度と同じと仮定すると簡単である．

■例 24.48
問題： 以下の数値が与えられているとき MCRT はいくらか？　曝気槽の容量は 1,000,000 gal，最終沈殿池の容量は 600,000 gal，流量は 5.0 MGD，余剰汚泥排出量は 0.085 MGD，MLSS は 2500 mg/L，余剰汚泥濃度は 6400 mg/L，処理水の TSS は 14 mg/L である．
解答：
$$\text{MCRT} = \frac{2500 \text{ mg/L} \times (1.0 \text{ MG} + 0.60 \text{ MG}) \times 8.34}{[6400 \text{ mg/L} \times 0.085 \text{ MGD} \times 8.34] + (14 \text{ mg/L} \times 5.0 \text{ MGD} \times 8.34)}$$
$$= 6.5 \text{ days}$$

a.　有機物量と必要量

MCRT をプロセス制御に適用する場合，MCRT の適切な範囲を決定する必要がある．これは処理水質と MCRT を比較することで達成できる．適切な MCRT が決定されたら，除去される固形物量は以下の式で求められる．

$$固形物 (lb/day) = \left(\frac{MLSS \times (曝気槽の容量+最終沈殿池の容量) \times 8.34}{要求 MCRT} \right)$$
$$- (TSS_{out} \times flow \times 8.34) \quad (24.42)$$

■例 24.49

$$固形物 = \frac{3400 \text{ mg/L} \times (1.4 \text{ MG} + 0.50 \text{ MG}) \times 8.34}{8.6 \text{ days}} - (10 \text{ mg/L} \times 5.0 \text{ MGD} \times 8.34)$$
$$= 5848 \text{ lb/day}$$

b. 余剰汚泥排出率

システムから除去される固形物（余剰汚泥）の量が既知のとき，求められる排出率（million gallons per day）を決定することができる．排出率（MGD, gpd, gpm）示すために使われる単位は除去量と装置の設計値の関数である．

$$余剰汚泥排出率 (MGD) = \frac{余剰汚泥排出率 (lb/day)}{余剰汚泥濃度 (mg/L) \times 8.34} \quad (24.43)$$

$$余剰汚泥排出率 (gpm) = \frac{余剰汚泥排出率 (MGD) \times 1{,}000{,}000 \text{ gpd/MGD}}{1440 \text{ min/day}} \quad (24.44)$$

■例 24.50

問題： 以下のデータが与えられたとき，8.8 日の MCRT を維持するために必要な排出率はいくらか？ MLSS は 2500 mg/L，曝気槽の容量は 1.20 MG，最終沈殿池の容量は 0.20 MG，処理水の TSS は 11 mg/L，処理水量は 5.0 MGD，余剰汚泥濃度は 6000 mg/L である．

解答：
$$余剰汚泥排出率 (lb/day) = \frac{2500 \text{ mg/L} \times (1.20 + 0.20) \times 8.34}{8.8 \text{ days}}$$
$$- (11 \text{ mg/L} \times 5.0 \text{ MGD} \times 8.34)$$
$$= 3317 \text{ lb/day} - 459 \text{ lb/day} = 2858 \text{ lb/day}$$

$$余剰汚泥排出率 (MGD) = \frac{2858 \text{ lb/day}}{6000 \text{ mg/L} \times 8.34 \text{ gal/day}} = 0.057 \text{ MGD}$$

$$余剰汚泥排出率 (gpm) = \frac{0.057 \text{ MGD} \times 1{,}000{,}000 \text{ gpd/MGD}}{1440 \text{ min/day}} = 40 \text{ gpm}$$

24.7.1.7 SBV$_{60}$ による返送率の推定

さまざまな方法が適切な汚泥返送率の推定に適用可能である．カリフォルニア州立大学サクラメント校発行の著書 *Operation of Wastewater Treatment Plants: Field Study Programs* には簡易法として 60 分間での沈殿汚泥の割合（60-min percent settled biosolids (sludge) volume）を使うことが記述されている．SBV$_{60}$ テスト結果は適切な返送汚泥率の近似値を提供することができる．この計算は，SBV$_{60}$ 結果は最終沈殿池で実際に起きていることの代表値であることを推定している．もしこれが本当ならば，返送率（%）

は SBV_{60} とおおむね同じである．それから，この計算結果は，適切な汚泥返送率を求めるために汚泥採取と観察結果に基づいて補正される．

ノート： SBV_{60} は小数の百分率と全流量に変換されなければならない（排水流量と現行の返送率（million gallons per day）を使わなければならない）．

$$推定返送率(MGD) = [流入流量(MGD) + 現返送流量(MDG)] \times \% SBV_{60} \quad (24.45)$$

$$RAS\ rate(GPM) = \frac{返送汚泥量(gpd)}{1440\ min/day} \quad (24.46)$$

ここで以下のように仮定する．
- $\% SBR_{60}$ は代表値である．
- 返送率（%）は $\% SBV_{60}$ と同じである．
- 実返送率は，微生物のできるだけすみやかな曝気槽への返送を確実にするため，通常は少し高めに設定する．

以下の事項を防止するため，返送率は適切に管理されなければならない．
- 曝気槽と沈殿池が水理的に過負荷
- 曝気槽で低 MLSS
- 曝気槽の有機物負荷が過大
- 返送汚泥が腐敗化
- 汚泥床が高すぎるために汚泥損失

■例 24.51

問題： 流入排水量が 5.0 MGD，現在の汚泥返送流量は 1.8 MGD である．SBV_{60} は 37% である．このとき，返送流量（million gallons per day）は，いくらに設定すべきか？

解答： 返送量(MGD) = (5.0 MGD + 1.8 MGD) × 0.37 = 2.5 MGD

24.7.1.8 汚泥容量指数

汚泥容量指数 BVI（biosolids volume index）は活性汚泥の沈殿量の測定結果（指標）である．BVI が上昇すると，汚泥の沈殿速度は遅くなり，沈殿汚泥は高密度でなくなり，結果的に処理水中に含まれる SS 濃度が増加する．BVI が低下すると，活性汚泥は高密度になり，沈殿速度が早くなり，汚泥が増加する．BVI は 1 g の活性汚泥が占める水量（mL）である．沈殿汚泥量（mL/L）と MLSS の計算には mg/L が求められる．適切な BVI の範囲はどこのプラントでも BVI 値と処理水質とを比較することで決定される．

BVI	予想される状況
100 未満	古い汚泥（フロックが小さい） 処理水の濁度は増加
100～250	通常の運転状況（沈殿率がよい） 処理水の濁度が低下
250 以上	バルキング汚泥（沈殿率が悪い）

$$汚泥容量指数(BVI) = \frac{SBV(mL) \times 1000}{MLSS(mL/L)} \tag{24.47}$$

■例 24.52

問題： SBV_{30} は 350 mL/L, MLSS は 2425 mg/L である．このとき BVI はいくらか？

解答：
$$汚泥容量指数(BVI) = \frac{350 \text{ mL} \times 1000}{2425 \text{ mL/L}} = 144$$

BVI が 144 である．この意味は何か？ これは，このシステムが通常，良好な汚泥沈殿と低い濁度で運転していることを表す．なぜこの状況を知ることができるか？ それは，われわれがこの結果（144）と以下の数値の結果を比較することが可能だからである．

24.7.1.9 物質収支：沈殿槽の SS

固形物は，排水から有機物を除去する生物学的処理法では常に生産される．好気性処理法における物質収支（汚泥収支）は物理的な沈殿と溶解性有機物の生物学的転換による固形物の生成の両方を考慮しなければならない．研究により，除去 BOD 当たりに生成される固形物量は適用されるプロセスの種類に基づいて予測できることが示された．実際の SS の生成量は各処理場で異なるが，研究により特定の処理プロセスのための固形物の生成量の予測に使うことができる一連の K 値が導かれた．これらの平均値は，ある施設のプロセス制御プログラムの効果を評価するための簡易法を提供する．また，物質収支はプロセス管理と生成される処理水のモニタリング結果の妥当性を評価するための優れた機能を与える．

a. 物質収支の計算

$$流入 BOD(lb) = BOD(mg/L) \times 流量(MGD) \times 8.34 \text{ lb/gal}$$
$$流出 BOD(lb) = BOD(mg/L) \times 流量(MGD) \times 8.34 \text{ lb/gal}$$
$$生成固形物量(lb/day) = [流入 BOD_{in}(lb) - 排出 BOD_{out}(lb)] \times K$$
$$排出 TSS(lb/day) = 排出 TSS\,out(mg/L) \times 流量(MGD) \times 8.34 \text{ lb/gal} \tag{24.48}$$
$$排出汚泥(lb/day) = 汚泥濃度(mg/L) \times 流量(MGD) \times 8.34 \text{ lb/gal}$$
$$除去固形物量(lb/day) = 排出TSS(lb/day) + 排出汚泥(lb/day)$$
$$\%物質収支 = \frac{(生成固形物 - 除去固形物) \times 100}{生成固形物}$$

24.7.1.10 物質収支に基づく余剰汚泥の計算

$$余剰汚泥排出率(MGD) = 生成汚泥量(lb/day)/(汚泥濃度 \times 8.34 \text{ lb/gal}) \tag{24.49}$$

■例 24.53

問題： 以下のデータが与えられているとき，現在の運転状況を維持するために，生物学的処理プロセスの物質収支と適切な排出率を決定せよ．

長時間エアレーション法（一次処理なし）

流入流量	1.1 MGD	処理水流量	1.5 MGD	排出汚泥量	24,000 gpd
BOD	220 mg/L	BOD	18 mg/L	TSS	8710 mg/L
TSS	240 mg/L	TSS	22 mg/L		

解答： 流入 BOD = 220 mg/L×1.1 MGD×8.34 lb/gal = 2018 lb/day
処理水 BOD = 18 mg/L×1.1 MGD×8.34 lb/gal = 165 lb/day
除去 BOD = 2018 lb/day − 165 lb/day = 1853 lb/day
生成固形物 = 1853 lb/day×0.65 lb/lb BOD = 1204 lb/day
排出固形物 (lb/day) = 22 mg/L×1.1 MGD×8.34 lb/gal = 202 lb/day
余剰汚泥 (lb/day) = 8710 mg/L×0.024 MGD×8.34 lb/gal = 1743 lb/day
除去固形物 (lb/day) = 202 lb/day + 1743 lb/day = 1945 lb/day

$$\%\text{物質収支} = \frac{(1204 \text{ lb/day} - 1945 \text{ lb/day}) \times 100}{1204 \text{ lb/day}} = 62\%$$

この物質収支の結果は以下のことを示している．①サンプリング場所，採取方法もしくは分析方法が適切でないために代表値が得られなかった．②このプロセスは，要求量を超過する固形物を除去していた．追加実験により物質収支がとれない原因の結果を除外する必要がある．

この評価を補助するために，物質収支の情報に基づいた排出量が計算できる．

$$\text{排出量 (gpd)} = \frac{\text{生成固形物 (lb/day)}}{\text{排出 TSS (mg/L)} \times 8.34} \tag{24.50}$$

そのため，

$$\text{排出量 (gpd)} = \frac{1204 \text{ lb/day} \times 1{,}000{,}000}{8710 \text{ mg/L} \times 8.34} = 16{,}575 \text{ gpd}$$

24.7.1.1.11 曝気槽の設計パラメータ

曝気槽の2つの設計パラメータは F/M 比と曝気時間（滞留時間）である．F/M 比（BOD 負荷）は BOD 量/MLSS 量 day で示される．

$$\text{F/M 比} = \frac{133{,}690 (\text{BOD}) Q_\text{o}}{(\text{MLSS}) V} \tag{24.51}$$

ここで，133,690 = 単位換算係数，BOD = 一次処理水の BOD (mg/L)，Q_o = 1日平均排水流量 (MGD)，MLSS = mixed liquor suspdended solids (mg/L)，V = タンク容量 (ft^3)．

■例 24.54

問題： 以下のデータに基づいて，標準的な曝気槽を設計せよ．MGD = 100 万 galon/日，最初沈殿池後の BOD = 110 mg/L，MLSS = 2000 mg/L，設計 F/M 比 = 0.5 (/day)，設計曝気時間 t = 6 時間．

解答：

$$0.50 = \frac{(133{,}690)(110)(1)}{(2000) V}$$

$$V = 14{,}706 \text{ ft}^3$$

曝気槽の容量$(V) = Q_t = (1\times 10^6 \text{ gpd})(6 \text{ hr})\left(\dfrac{1}{7.48 \text{ ft}^3/\text{gal}}\right)\left(\dfrac{1 \text{ day}}{24 \text{ hr}}\right) = 33{,}422 \text{ ft}^3$

深さ 10 ft，長さは幅の 2 倍と仮定すると，

$$A = \dfrac{33{,}422}{10} = 3342 \text{ ft}^3$$

$$(2w)(w) = 3342$$

$$w = 41 \text{ ft}$$

$$l = 82 \text{ ft}$$

24.7.1.12 Lawrence-McCarty 設計モデル

長年にわたって，生物学的な動力学方程式に基づいた経験的・合理的なパラメータを使った多くの設計基準が浮遊増殖型生物学的処理法のために開発されてきた．実務に基づき，Lawrence-McCarty 基本モデルが工場で広く使われている．浮遊法のサイズを決定するために使われる Lawrence-McCarty 基本設計式は以下のように示される．

a. 返送のある完全混合

完全混合システムでは，曝気槽の平均 HRT は以下のように示される．

$$\theta = V/Q \tag{24.52}$$

ここで，θ = 水理学的滞留時間（day），V = 曝気槽の容量（m^3），Q = 流入流量（m^3/day）．

平均汚泥滞留時間（θ_c）は以下に示される．

$$\theta_c = \dfrac{X}{X/t} \tag{24.53}$$

$$\theta_c = \dfrac{VX}{(Q_{wa}X + Q_c X_c)} = \dfrac{\text{リアクター内の全 SS}}{\text{SS 排出率}} \tag{24.54}$$

ここで，θ_c = タンク内の固形物を基準とした平均汚泥滞留時間（day），X = タンク内に保持された MLVSS の濃度（mg/L），$\Delta X/\Delta t$ = Δt 時間における汚泥増殖量（mg/L/day），V = 曝気槽の容量（m^3），Q_{wa} = 曝気槽から除去される余剰汚泥排出量（m^3/day），Q_c = 処理水流量（m^3/day），X_c = 微生物濃度（処理水中の VSS，mg/L）．

汚泥返送ラインの汚泥によって示す平均汚泥滞留時間は以下のように示すことができる．

$$Q_c = \dfrac{VX}{(Q_{wr}X_r + Q_c X_c)} \tag{24.55}$$

ここで，Q_{wr} = 返送ラインからの汚泥排出量（m^3/day），X_r = 返送ラインにおける微生物濃度（mg/L）．

b. 汚泥の物質収支

活性汚泥の物質収支は以下のように示される（Metcalf and Eddy, 1991）．

$$V\left(\frac{dX}{dt}\right) = QX_0 + V(r_g') - (Q_{wa}X + Q_c X_c) \tag{24.56}$$

ここで，$V=$ 曝気槽の容量（m³），$dX/dt=$ 微生物濃度（VSS）の変化速度（mg/L/m³/day），$Q=$ 流量（m³/day），$X_0=$ 流入水の微生物濃度（VSS）(mg/L)，$X=$ タンク内の微生物濃度（mg/L），$r_g'=$ 正味の微生物増殖量（VSS）(mg/L/day).

正味の微生物増殖量（r_g'）は以下に示される．

$$r_g' = Yr_{su} - K_d X \tag{24.57}$$

ここで，$Y=$ 対数増殖期における最大収率係数（mg/mg），$r_{su}=$ 基質利用速度（mg/m³），$K_d=$ 菌体分解定数（1/day），$X=$ タンク内における微生物濃度（mg/L）．

流入水における微生物濃度は0で平衡条件下と仮定すると，式（24.58）が使える．

$$\frac{Q_{wa}X + Q_e X_e}{VX} = -Y\frac{r_{su}}{X} - K_d \tag{24.58}$$

正味の比増殖速度は以下の式で示すことができる．

$$\frac{1}{\theta_c} = -Y\frac{r_{su}}{X} - K_d \tag{24.59}$$

r_{su} は以下の式で算出することができる．

$$r_{su} = \frac{Q}{V}(S_0 - S) = \frac{S_0 - S}{\theta} \tag{24.60}$$

ここで，$S_0=$ 流入水の基質濃度（mg/L），$S=$ 処理水の基質濃度（mg/L），$S_0-S=$ 消費された基質濃度（mg/L），$\theta=$ 水理学的滞留時間．

24.7.1.13 処理水中の微生物および基質濃度

曝気槽の微生物 X の濃度は以下の式によって算出される．

$$X = \frac{\theta_c Y(S_0 - S)}{\theta(1 + K_d \theta_c)} = \frac{\mu_m (S_0 - S)}{K(1 + K_d \theta_c)} \tag{24.61}$$

曝気槽の容量は以下の式から算出できる．

$$V = \frac{\theta_c QY(S_0 - S)}{X(1 + K_d \theta_c)} \tag{24.62}$$

処理水の基質濃度（S）は以下の式で算出できる．

$$S = \frac{K_s(1 + K_d \theta_c)}{\theta_c(Yk + K_d) - 1} \tag{24.63}$$

ここで，$S=$ 処理水の基質（溶解性 BOD）濃度（mg/L），$K_s=$ 半飽和定数（mg/L），$K_d=$ 菌体分解定数（1/day），$\theta_c=$ タンク内の固形物を基準とした平均汚泥滞留時間，$Y=$ 対数増殖期における最大収率，$k=$ 1日微生物量当たりの最大基質利用速度．

システムにおけるみかけの収率は以下の式で算出できる．

$$Y_{obs} = \frac{Y}{1 + Q_{ct}} \tag{24.64}$$

ここで，$Y_{obs}=$ 返送のあるシステムにおけるみかけの汚泥収率，$Y=$ 対数増殖期におけ

る最大収率，Q_{ct}＝曝気槽および最終沈殿池の固形物に基づいた滞留時間（日）．

a. プロセス設計と制御の関係

比基質消費速度（F/M 比と密接に関係しており，これは実際の現場でも広く使われる）は以下の式で算出される．

$$U = \frac{r_{su}}{X} \tag{24.65}$$

$$U = \frac{Q(S_0 - S)}{VX} = \frac{S_0 - S}{\theta X} \tag{24.66}$$

正味の比増殖速度は以下の式で算出される．

$$\frac{1}{\theta_c} = YU - K_d \tag{24.67}$$

汚泥返送ラインからの余剰汚泥の排出率はおおむね以下のように算出される．

$$Q_{wt} = \frac{VX}{\theta_c X_r} \tag{24.68}$$

ここで，X_r＝汚泥返送ラインにおける汚泥濃度（mg/L）．

b. 汚泥排出

1 日当たりの汚泥生成量は以下の式で計算される．

$$P_x = Y_{obs} Q(S_0 - S)(8.34) \tag{24.69}$$

ここで，P_x＝正味の余剰汚泥量（VSS）(kg/day, lb/day)，Y_{obs}＝みかけの収率（g/g もしくは lb/lb），Q＝流入量（m^3/day, MGD），S_0＝流入水の溶解性 BOD 濃度（mg/L），S＝処理水の溶解性 BOD 濃度（mg/L），8.34＝転換係数〔(lb/MG)：(mg/L)〕．

c. 酸素要求量

活性汚泥法における有機物除去に必要な理論的酸素量は Metcalf and Eddy（1991）によって表現されている．

1 日当たりの酸素量＝消費された全 BOD$_u$ 量－1.42（余剰汚泥量，P_x）

$$O_2 \text{ kg/day} = \frac{Q(S_0 - S)}{(1000 \text{ g/kg})f} - 1.42 P_x \tag{24.70}$$

$$O_2 \text{ kg/day} = \frac{Q(S_0 - S)}{(1000 \text{ g/kg})} \left(\frac{1}{f} - 1.42 Y_{obs}\right) \tag{24.71}$$

$$O_2 \text{ lb/day} = Q(S_0 - S) \times 8.34 \left(\frac{1}{f} - 1.42 Y_{obs}\right) \tag{24.72}$$

ここで，BOD$_u$＝消費された BOD，P_x＝正味の排出汚泥量（kg/day, lb/day），Q＝流入量（m^3/day, MGD），S_0＝流入水の溶解性 BOD 濃度（mg/L），S＝処理水の溶解性 BOD 濃度（mg/L），f＝BOD から BOD$_u$ への転換係数，Y_{obs}＝みかけの収率（g/g, lb/lb），8.34＝転換係数〔(lb/MG)：(mg/L)〕．

24.8 オキシデーションディッチ法（OD法）

OD法は生物学的好気性処理に改修可能な処理施設や設計容量が1.0 MGDを超えない処理施設に適用されているだろう．OD法は曝気槽の形状であり，そこでは排水と返送汚泥が混合されている．基本的には，OD法は小規模集落の排水処理施設に使われる完全混合型処理法の改良型である．このシステムは長期エアレーション法に分類でき，低負荷型のシステムと認められている．この形式の処理施設は，流入BODの90%以上の除去を行うことが可能である．酸素要求量は，通常日最大有機物負荷，処理の度合い，そしてばっ気槽におけるMLSS濃度に依存する．反応時間はタンクを排水が通過する必要時間である．通常，反応時間の計算はエアレーションタンクの容量基準ではなく，オキシデーションディッチの容量基準で行う．

ノート： 滞留時間を計算するとき，時間と量の単位は，それぞれ一致したものを使う必要がある．

$$\text{滞留時間} = \frac{\text{ODの容量(gal)}}{\text{流量(gph)}} \tag{24.73}$$

■例 24.55
問題： オキシデーションディッチの容量は160,000 gal である．オキシデーションディッチへの流入量が185,000 gpd のとき，滞留時間は何時間か？
解答： 滞留時間は時間で示すため，流量はgphで示す必要がある．

$$\frac{185{,}000 \text{ gpd}}{24 \text{ hr/day}} = 7708 \text{ gph}$$

ここで滞留時間を計算すると，

$$\text{滞留時間(hr)} = \frac{160{,}000 \text{ gal}}{7708 \text{ gph}} = 20.8 \text{ hr}$$

24.9 ポンド法

ポンドによる排水処理の主要な目的として，簡便で柔軟な操作，水環境の保全，公衆衛生の保護に焦点を当てている．さらに，ポンドは比較的容易に建設と管理が可能であり，流量の大きな変動に順応でき，きわめて低廉なコストで通常の処理法と同等の良好な処理水質に近づくことが可能である．管理者は，その経済性のためにポンド処理の決定に駆り立てられる．実際にポンド処理の程度は，ポンドの形状や数に依存する．ポンド処理は，ポンド単独か，他の処理法と併せて適用される．すなわち，他のプロセスの後にポンドが適用されるか，ポンドの後に他のプロセスが適用される．ポンド法は，処理システムにおける位置，流入排水の種類，主要な生物学的反応によって分類される．最初に，ポンドの位置と排水の種類に基づくポンド法の種類（安定化池，酸化池，ポリッ

シングポンド）に関して述べていく．

24.9.1 ポンド処理のパラメータ
プロセス制御の計算を述べる前に，最初に処理ポンドの計算に決定的なパラメータである面積，容量，流量の計算方法を述べる．
- ポンド面積の算定（ac）

$$\text{面積(ac)} = \frac{\text{面積(ft}^2)}{43{,}560 \text{ ft}^2/\text{ac}} \tag{24.74}$$

- ポンド容量の算定（ac-ft）

$$\text{容量(ac-ft)} = \frac{\text{容量(ft}^2)}{43{,}560 \text{ ft}^2/\text{ac-ft}} \tag{24.75}$$

- 流量の算定（ac-ft/day）

$$\text{流量(ac-ft/day)} = \text{流量(MGD)} \times 3069 \text{ ac-ft/MG} \tag{24.76}$$

要点： エーカー・フィートは，特にポンドやラグーン操作に馴染みのない人にとっては混乱を与える単位である．1 ac-ft は，1 ac の面積で 1 ft の深さのときの体積である．しかし，ac-ft を使うために，面積と高さは同じ数値の必要はない．

流量の算定（ac-in./day）

$$\text{流量(ac-in./day)} = \text{流量(MGD)} \times 36.8 \text{ ac-in./MG} \tag{24.77}$$

24.9.2 ポンド処理のプロセス制御計算
ポンド処理に使える推奨されたプロセス制御計算法はないが，いくつかの計算法は処理性能の評価や処理性能の悪い要因の解明のために使える可能性がある．それには，水理学的滞留時間，BOD 負荷，有機物負荷，人口負荷，水量負荷が含まれる．以下に，役に立つ他の計算と式とともに，ポンド処理性能の評価や処理性能の悪い要因の解明に使えるいくつかの計算方法を示す．

24.9.2.1 水理学的滞留時間（day）

$$\text{水理学的滞留時間(day)} = \frac{\text{ポンド容量(ac-ft)}}{\text{流入流量(ac-ft/day)}} \tag{24.78}$$

要点： 安定化池の水理学的滞留時間は通常 30～120 日の範囲である．

■例 24.56
問題： 安定化池の容量は 54.5 ac-ft である．流量が 0.35 MGD のときの滞留時間はいくらか？
解答： 流量 ＝ 0.35 MGD×3069 ac-ft/MG ＝ 1.07 ac-ft/MG

$$\text{滞留時間(day)} = \frac{54.5 \text{ ac-ft}}{1.07 \text{ ac-ft/day}} = 51 \text{ days}$$

24.9.2.2 BOD 負荷

安定化池の BOD 負荷を計算するとき，以下の計算式が使える．

$$\text{BOD(lb/day)} = \text{BOD(mg/L)} \times \text{流量(MGD)} \times 8.34\,\text{lb/gal} \tag{24.79}$$

■例 24.57

問題： 流入量が 0.3 MGD で BOD が 200 mg/L のとき，ポンドの BOD 負荷を計算せよ．

解答： BOD(lb/day)＝BOD×流入量×8.34 lb/gal＝200 mg/L×0.3 MGD×8.34 lb/gal
　　　　　　　　＝500 lb/day

24.9.2.3 有機物負荷

有機物負荷は，lb BOD/ac/day，lb BOD/ac-ft/day，人/ac/day の単位で表記される．

$$\text{有機物負荷(lb BOD/ac/day)} = \frac{\text{BOD(mg/L)} \times \text{流入量(MGD)} \times 8.34}{\text{ポンド面積(ac)}} \tag{24.80}$$

要点： 有機物負荷は，通常は 10 〜 50 lb BOD/ac/day の範囲である．

■例 24.58

問題： 排水処理ポンドの平均幅は 370 ft，平均長さは 730 ft である．ポンドへの流入量は 0.10 MGD で，BOD 濃度は 165 mg/L である．ポンドの有機物負荷（lb/day/ac）はいくらか？

解答：
$$730\,\text{ft} \times 370\,\text{ft} \times \frac{1\,\text{ac}}{43{,}560\,\text{ft}^2} = 6.2\,\text{ac}$$

$$0.10\,\text{MGD} \times 165\,\text{mg/L} \times 8.34\,\text{lb/gal} = 138\,\text{lb/day}$$

$$\frac{138\,\text{lb/day}}{6.2\,\text{ac}} = 22.3\,\text{lb/day/ac}$$

24.9.2.4 BOD 除去率

処理プロセスの効率は，水や排水からのさまざまな構成物質の除去の有効性である．BOD 除去率はポンド処理における排水からの BOD 除去の有効性である．

$$\%\text{BOD 除去率} = \frac{\text{除去 BOD(mg/L)}}{\text{流入 BOD(mg/L)}} \times 100$$

■例 24.59

問題： 排水処理ポンドに流入する BOD は 194 mg/L である．ポンド処理水の BOD が 45 mg/L のとき，ポンドにおける BOD 除去率はいくらか？

解答：
$$\%\text{BOD 除去率} = \frac{149\,\text{mg/L}}{194\,\text{mg/L}} \times 100 = 77\%$$

24.9.2.5 人口負荷

$$人口負荷(\text{people/ac/day}) = \frac{\text{BOD}(\text{mg/L}) \times 流入量(\text{MGD}) \times 8.34}{ポンド面積(\text{ac})} \quad (24.81)$$

24.9.2.6 水量負荷 (in./day) (オーバーフロー率)

$$水量負荷(\text{in./day}) = \frac{流入量(\text{ac-in./day})}{ポンド面積(\text{ac})} \quad (24.82)$$

24.9.3 エアレーションポンド

水理学的滞留時間によるが，エアレーションポンドの処理水には，微生物細胞の形状として，流入するBODの1/3～1/2程度を含んでいる．これらの固形物は処理水放流をする前に沈殿除去しなければならない．完全混合のポンドにおけるBOD除去の数学的な関係に関しては以下の式で与えられる．

$$QS_0 - QS - kSV = 0 \quad (24.83)$$

$$\frac{S}{S_0} = \frac{1}{1 + k(V/Q)} = \frac{流出\,\text{BOD}}{流入\,\text{BOD}} \quad (24.84)$$

$$= \frac{1}{1 + k\theta} \quad (24.85)$$

ここで，Q＝流量（m³/day, MGD），S_0＝流入BOD濃度（mg/L），S＝処理水BOD濃度（mg/L），k＝総括一次反応BOD除去定数（/day），θ＝水理学的滞留時間．

流入排水の温度，外気温，表面積，流量の結果によるエアレーションポンドの温度は以下の式で算出できる（Mancini and Barnhart, 1968）．

$$T_i - T_w = \frac{(T_w - T_a)fA}{Q} \quad (24.86)$$

ここで，T_i＝流入排水の温度（°C, °F），T_w＝ラグーンの水温（°C, °F），T_a＝外気温度（°C, °F），f＝比例係数＝12×10^{-6}（英国単位系）もしくは0.5（SI単位），A＝ラグーンの表面積（m², ft²），Q＝排水流量（m³/day, MGD）．

式（24.86）を用いると，ポンドの水温は以下のようになる．

$$T_w = \frac{AfT_a + QT_i}{Af + Q} \quad (24.87)$$

24.10 薬品の投入

薬品は下水処理や浄水処理工程の中で広く用いられており，これらの処理のさまざまな単位操作において，スライムの成長制御，腐食の制御，臭気の制御，油分の除去，BODの除去，pHの制御，汚泥のバルキング制御，アンモニアの酸化，滅菌およびその他の目的で使用される．薬品を正確に投入するためには，要求量の正確な計算が不可欠である．「排水の数学」で一般的なのは，要求量および負荷量を求める計算である．一般的にmg/Lからlb/dayあるいはlbを求める計算が，薬品要求量，BODや化学的酸素要求量（COD）

と浮遊固形物（SS）の負荷量や除去量，ばっ気槽の系内汚泥量および余剰汚泥（WAS）の引き抜き量を求めるために用いられる．これらの計算は以下の2つの関係式による．

$$濃度(\text{mg/L}) \times 処理水量(\text{MGD}) \times 8.34\,\text{lb/gal} = \text{lb/day} \tag{24.88}$$

$$濃度(\text{mg/L}) \times 処理槽などの容積(\text{MG}) \times 8.34\,\text{lb/gal} = \text{lb} \tag{24.89}$$

ノート： もし，mg/Lという濃度が連続した処理の場における濃度であれば，1日当たり100万ガロン（MGD）といった単位の流量を濃度に掛けあわせるが，処理槽やパイプラインにおける濃度の場合は，100万ガロン（MG）といった単位の容積を掛けあわせる．

ノート： 以前は濃度を表す単位としてppm（parts per million）が一般的に用いられてきた．この場合，1 mg/Lは1 ppmと同義になるが，最近はmg/Lが一般的である．

24.10.1　薬品投入量

薬品の投入においては計量された薬品が排水あるいは上水に投入される．薬品の投入必要量は，薬品の種別，薬品添加の目的および処理水量に依存する．薬品の添加量や必要量は以下のように表すのが最も一般的である．
- 1 L当たりのmg単位の量（mg/L）
- 1日当たりのlb単位の量（lb/day）

「1 L当たりのmg単位の量」は濃度である．以下に示すように，もし5 mg/Lという濃度が必要なら，3 Lを処理するためには15 mgの薬品が必要となる．

$$\frac{5\,\text{mg} \times 3}{\text{L} \times 3} = \frac{15\,\text{mg}}{3\,\text{L}}$$

このように必要な薬品量は以下の2つの因子から導かれる．
- 必要な濃度（目標とする濃度）（mg/L）
- 排水の処理量（一般的にはMGDを使う）

ここで，式（24.88）を用いて，mg/Lから1日当たりの投入量lb/dayを求める．

■例 24.60

問題： 処理水量が5 MGDで，塩素要求量3 mg/Lにおける1日の塩素投入量（lb/day）を求めよ．

解答： 　薬品量 = 薬品要求量×処理水量×8.34 lb/gal
　　　　　　　　= 3 mg/L×5 MGD×8.34 lb/gal = 125 lb/day

■例 24.61

問題： 処理水量が2,100,000 gpdで，乾燥したポリマーを10 mg/L添加する場合の1日に必要なポリマー量（lb/day）を求めよ．

解答： 　1日に必要なポリマー量 = ポリマー要求量×処理水量×8.34 lb/gal
　　　　　　　　　　　　　　= 10 mg/L×2.10 MGD×8.34 lb/gal = 175 lb/day

24.10 薬品の投入

要点： タンクやパイプラインにおける薬品投入量を求めるためには，MGD を単位とする処理水量ではなく，投入対象の容積を示す単位である MG を用いる必要がある．

$$薬品量 (lb) = 薬品要求量 (mg/L) \times タンク容積 (MG) \times 8.34 \, lb/gal \quad (24.90)$$

■例 24.62

問題： 酸発酵槽の中和には消化液中の有機酸 1 ポンド当たりに同量の生石灰を用いるが，槽内の消化液量が 300,000 gal で，有機酸濃度が 2200 mg/L の場合，中和に必要な生石灰量を求めよ．

解答： 中和に必要な生石灰濃度は有機酸濃度の 2200 mg/L と同じである．

$$生石灰必要量 = 生石灰濃度 \times 槽容積 \times 8.34 \, lb/gal$$
$$= 2200 \, mg/L \times 0.30 \, MG \times 8.34 \, lb/gal = 5504 \, lb$$

24.10.2 塩素要求量，消費量，残留量

塩素は強力な酸化剤であり，排水および上水の殺菌処理工程，排水処理における臭気やバルキング対策，その他の処理工程で用いられる．塩素は必要量が正確に投入される必要がある．塩素要求量は，反応として必要な塩素量（消費量）と必要とされる残留塩素量から決定される．

$$塩素要求量 = 処理として必要な塩素量 (消費量) + 残留塩素量 \quad (24.91)$$

24.10.2.1 塩素要求量

必要とされる塩素要求量は以下の式（24.92）によって求められる．

$$塩素要求量 (lb/day) = 塩素添加量 (mg/L) \times 処理水量 (MGD) \times 8.34 \, lb/gal \quad (24.92)$$

■例 24.63

問題： 処理水量が 8 MGD で，塩素添加量が 6 mg/L の場合における 1 日の塩素要求量（lb/day）を求めよ．

解答：
$$塩素量 = 塩素添加量 \times 処理水量 \times 8.34 \, lb/gal$$
$$= 6 \, mg/L \times 8 \, MGD \times 8.34 \, lb/gal = 400 \, lb/day$$

24.10.2.2 塩素消費量

塩素消費量とは，塩素がさまざまな物質，たとえば有害な有機物質やその他の有機物質および無機物質との反応において消費される量であり，処理工程では消費量が満足されれば，これらの反応は完了する．

■例 24.64

問題： 二次処理水に対する塩素要求量が 6 mg/L として，30 分間の塩素接触時間後の残留塩素濃度が 0.5 mg/L となる場合の塩素消費量を mg/L で求めよ．

解答：
$$塩素要求量 = 塩素消費量 + 残留塩素量$$
$$6 \, mg/L = x \, mg/L + 0.5 \, mg/L$$

$$6\ \text{mg/L} - 0.5\ \text{mg/L} = x\ \text{mg/L}$$
$$塩素消費量\ x = 5.5\ \text{mg/L}$$

24.10.2.3 残留塩素量
残留塩素量とは添加した塩素が反応終了後に残留する塩素量である．

■例 24.65

問題： 処理水量が 3.9 MGD で，塩素消費量が 8 mg/L および残留塩素量が 2 mg/L の場合における 1 日の塩素要求量（lb/day）を求めよ．

解答： まず最初に塩素要求量を mg/L で求める．

塩素要求量＝塩素消費量＋残留塩素量＝8 mg/L＋2 mg/L＝10 mg/L

次に 1 日の塩素要求量（投入量）を lb/day で求める．

塩素要求量(mg/L)×処理水量(MGD)×8.34 lb/gal＝塩素要求量(lb/day)

10 mg/L×3.9 MGD×8.34 lb/gal＝325 lb/day（塩素要求量）

24.10.3 次亜塩素酸要求量

次亜塩素酸は塩素と比べて毒性は低いが，元素状塩素の代替として用いられる．次亜塩素酸は強力な漂白作用を有しており，乾燥した次亜塩素酸カルシウム（一般的に HTH と称される）あるいは液状の次亜塩素酸ナトリウムの 2 つの形態で供給される．次亜塩素酸カルシウムには有効塩素が約 65％含有されており，次亜塩素酸ナトリウムには 12 ～15％が含まれる（工業用グレード）．

ノート： 次亜塩素酸は有効塩素濃度が 100％ではないので，殺菌工程に必要な塩素量より多くの量を投入する必要があり，次亜塩素酸を塩素の代替として用いる場合，投入装置を検討するうえで経済的な要因となる．いくつかの検討では塩素の代わりに次亜塩素酸を用いた場合に総合的な運転経費が 3 倍程度増加することが示されている．

次亜塩素酸の 1 日に必要な添加量（lb/day）を計算するためには，2 段階の計算が必要となる．

塩素要求量(mg/L)×処理水量(MGD)×8.34 lb/gal＝lb/day の塩素要求量

$$\frac{塩素(\text{lb/day})}{\frac{\%有効塩素}{100}} = 次亜塩素酸(\text{lb/day}) \tag{24.93}$$

■例 24.66

問題： ある排水の場合，塩素要求量は 10 mg/L である．処理水量が 1.4 MGD における有効塩素 65％の次亜塩素酸の 1 日に必要な投入量を求めよ．

解答： まず最初に 1 日に必要な塩素要求量（lb/day）を mg/L と lb/day の関係式から求める．

塩素要求量(mg/L)×処理水量(MGD)×8.34 lb/gal ＝ lb/day の塩素要求量
10 mg/L×1.4 MGD×8.34 lb/gal ＝ 117 lb/day

次に1日に必要な次亜塩素酸量を求める．ここで，次亜塩素酸の有効塩素割合は65%なので，最初に求めた117 lb/dayよりも多くの量が必要となる．

$$\frac{塩素\ 117\ \text{lb/day}}{\frac{65\ 有効塩素}{100}} = 次亜塩素酸\ 180\ \text{lb/day}$$

■例 24.67

問題： 塩素要求量が20 mg/Lで，処理水量840,000 gpdの処理施設において，有効塩素15%の次亜塩素酸ナトリウムの1日当たりに必要な量をlb/dayで求めよ．さらに，求めた薬品量を容積量（ガロン）に変換せよ．

解答： 最初に1日に必要な塩素量をlb/dayで求める．

塩素要求量(mg/L)× 処理水量(MGD)×8.34 lb/gal ＝ lb/day の塩素要求量
20 mg/L×0.84 MGD×8.34 lb/gal ＝ 140 lb/day

次に1日に必要な次亜塩素酸量をlb/dayで求める．

$$\frac{塩素\ 140\ \text{lb/day}}{\frac{15\ 有効塩素}{100}} = 次亜塩素酸\ 933\ \text{lb/day}$$

最後に上記で求めた薬品量をガロン量に変換する．

$$\frac{933\ \text{lb/day}}{8.34\ \text{lb/gal}} = 112\ \text{gpd}\ 次亜塩素酸ナトリウム$$

■例 24.68

問題： 5,000,000 galの排水を塩素要求量2 mg/Lで処理するのに必要な塩素ガス量（ポンド）を求めよ．

解答： 最初に必要な塩素量を求める．

容量 $(10^6\ \text{gal})$×塩素濃度(mg/L)×8.34 lb/gal ＝ 塩素量(lb)

次に上記の関係式を用いて，

$(5×10^6\ \text{gal})×2\ \text{mg/L}×8.34\ \text{lb/gal} = 83\ \text{lb}$ の塩素

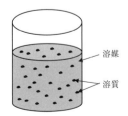

図 24.7 溶媒と溶質から構成される溶液

24.10.4 化学薬品溶液

溶液は溶媒（他の物質を溶解させる物質）と溶質（溶液に溶解している物質）からなる均質な液体である（図24.7）．水は溶媒である．溶質（どのような物質でも）の溶解量には溶解度と呼ばれる限度があり，溶解度は特定の溶媒（水）において温度と圧力によって決定される．したがって，化学薬品溶液において溶解している物質が溶質であり，溶液の大部分を占める（溶解させている）のが溶媒である．ここで，「濃度」という概念を理解する必要があるが，濃度とは所定の溶媒に溶解している溶質の量を表しており，以下のように定義される．

$$\text{パーセント濃度} = \frac{\text{溶質重量}}{\text{溶液重量}} \times 100 = \frac{\text{溶質重量}}{\text{溶質重量}+\text{溶媒重量}} \times 100 \quad (24.94)$$

■例 24.69

問題： 30 lb の薬品を 400 lb の水に加えた場合の重量パーセント濃度を求めよ．

解答：
$$\%\text{濃度} = \frac{\text{溶質 30 lb}}{\text{溶液重量}} \times 100 = \frac{\text{溶質 30 lb}}{\text{溶質 30 lb}+\text{水 400 lb}} \times 100 = 7.0\%$$

正確な薬品濃度の算出には，用いられる単位を正確に理解することが重要である．たとえば，mg/L の表す意味を正確に理解することは重要である．

$$\text{mg/L} = \frac{\text{溶質重量 (mg)}}{\text{溶液の容積 (L)}} \quad (24.95)$$

化学薬品溶液でその他の一般に用いられる重要な単位は ppm（parts per million）である．

$$\text{ppm} = \frac{1\ \text{単位の溶質}}{100\ \text{万単位の溶液}} \quad (24.96)$$

ノート： 式（24.96）における「単位」は通常重量基準であり，たとえば以下のようになる．

$$8\ \text{ppm} = \frac{8\ \text{lb 固形物}}{1{,}000{,}000\ \text{lb 溶液}} = \frac{8\ \text{mg 固形物}}{1{,}000{,}000\ \text{mg 溶液}}$$

24.10.5 異なる濃度の溶液の混合

異なる濃度の溶液を混合する場合は少々複雑ではあるが，以下の式を用いて濃度を求める．

$$\text{混合溶液のパーセント濃度} = \frac{\text{混合溶液中の化学物質 (lb)}}{\text{混合溶液 (lb)}} \times 100 \quad (24.97)$$

$$\text{混合溶液のパーセント濃度} = \frac{\text{溶液 1 の化学物質 (lb)}+\text{溶液 2 の化学物質 (lb)}}{\text{溶液 1 (lb)}+\text{溶液 2 (lb)}} \times 100 \quad (24.98)$$

混合溶液のパーセント濃度 =

$$\frac{\dfrac{溶液1(\text{lb})\times(溶液1の\%濃度)}{100}+\dfrac{溶液2(\text{lb})\times(溶液2の\%濃度)}{100}}{溶液1(\text{lb})+溶液2(\text{lb})}\times 100 \qquad (24.99)$$

■例 24.70
  問題： 濃度 10% の溶液 25 lb と濃度 1% の溶液 40 lb を混合した場合の濃度を求めよ．
  解答：
$$混合溶液の\%濃度 = \frac{(25\,\text{lb})(0.1)+(40\,\text{lb})(0.01)}{25\,\text{lb}+40\,\text{lb}}\times 100$$
$$= \frac{2.5\,\text{lb}+0.4\,\text{lb}}{65\,\text{lb}}$$
$$= 4.5\%$$

要点： %濃度は溶液および薬品の lb 重量比で求められている．しかし溶液量が容積 (gal) で与えられている場合には，重量 (lb) に換算してから計算を行う．

24.10.6 溶液の混合と目標濃度

濃度の異なる 2 つの溶液を混合して，ある濃度の溶液を得るためには，式 (24.99) を用いて，既知の情報を当てはめ，目的の解 x を得る．

■例 24.71
  問題： 濃度 3% と濃度 6% の溶液を混合して濃度 4% の溶液を 800 lb とする場合，混合する溶液量をそれぞれ求めよ．
  解答：
$$4 = \frac{(x\,\text{lb})(0.03)+(800-x\,\text{lb})(0.06)}{800\,\text{lb}}\times 100$$
$$4/100\times 800 = 0.03x + 48 - 0.06x$$
$$32 = -0.03x + 48$$
$$0.03x = 14$$
$$x = 濃度 3\% の溶液\ 467\,\text{lb}$$
$$800-467 = 濃度 6\% の溶液\ 333\,\text{lb}$$

24.10.7 薬品溶液の投入量設定 (GPD)

1 日の薬品溶液投入量を容量ベースで計算する場合には，溶液濃度の表示が lb/gal か % かに留意する必要がある．lb/gal の場合は以下の式で算定できる．

$$溶液(\text{gpd}) = \frac{化学物質(\text{mg/L})\times 流量(\text{MGD})\times 8.34\,\text{lb/gal}}{薬品溶液(\text{lb})} \qquad (24.100)$$

排水処理や浄水処理工程において，最適な薬品添加量を決めるためにジャーテストと呼ばれる試行錯誤の方法がよく用いられる．ジャーテストはベンチテスト方法として長

■ 例 24.72
問題: ジャーテストの結果，浄水への硫酸アルミニウムの最適な添加量は 8 mg/L であった．処理水量が 1.85 MGD で，1 gal 当たり硫酸アルミニウム 5.30 lb を含有する溶液の 1 日当たりの投入量（gpd）を求めよ．

解答: 最初に 1 日に必要な硫酸アルミニウムの乾物量を mg/L と lb/gal の関係式から求める．

$$\text{硫酸アルミニウム} = \text{要求量}(\text{mg/L}) \times \text{処理水量}(\text{MGD}) \times 8.34 \text{ lb/gal}$$
$$= 8 \text{ mg/L} \times 1.85 \text{ MGD} \times 8.34 \text{ lb/gal} = 123 \text{ lb/day}$$

次に硫酸アルミニウム溶液の必要量（gpd）を求める．

$$\text{硫酸アルミニウム溶液} = \frac{\text{硫酸アルミニウム 123 lb/day}}{\text{溶液 gal 中の硫酸アルミニウム 5.30 lb}} = 23 \text{ gpd}$$

硫酸アルミニウム溶液の投入量は 23 gpd となったが，溶液濃度が％で与えられた場合には以下の式を用いて算定する．

$$[\text{薬品要求量}(\text{mg/L}) \times \text{処理水量}(\text{MGD}) \times 8.34 \text{ lb/gal}]$$
$$= [\text{溶液濃度}(\text{mg/L}) \times \text{溶液量}(\text{MGD}) \times 8.34 \text{ lb/gal}] \qquad (24.101)$$

■ 例 24.73
問題: 処理水量が 3.40 MGD の処理施設において，ジャーテストの結果，最適な硫酸アルミニウム添加量は 10 mg/L と示された．硫酸アルミニウム 52％溶液の 1 日当たりの投入量を重量（lb）で求めよ．

解答: ここで，52％溶液は硫酸アルミニウムが 520,000 mg/L であることと同義となる．

$$\text{必要な投入量}(\text{lb/day}) = \text{実際の投入量}(\text{lb/day})$$
$$\text{薬品要求量}(\text{mg/L}) \times \text{処理水量}(\text{MGD}) \times 8.34 \text{ lb/gal}$$
$$= \text{溶液濃度}(\text{mg/L}) \times \text{溶液量}(\text{MGD}) \times 8.34 \text{ lb/gal}$$
$$10 \text{ mg/L} \times 3.40 \text{ MGD} \times 8.34 \text{ lb/gal} = 520,000 \text{ mg/L} \times x \text{ MGD} \times 8.34 \text{ lb/gal}$$
$$x = \frac{(10 \times 3.40 \times 8.34)}{(520,000 \times 8.34)} = 0.0000653 \text{ MGD}$$

この流量は 1 日当たりのガロン量（gpd）として以下のように表される．

$$0.0000653 \text{ MGD} = 65.3 \text{ gpd}(\text{薬品溶液の投入量})$$

24.10.8　薬品供給ポンプ：ストローク量（割合）の設定

一般的に薬品供給ポンプには容積式ポンプ（別称ピストンポンプ）が用いられる．この方式のポンプではピストンの容積と同量の薬品が押し出されてくる．ストロークと呼ばれるピストンの長さを必要な薬品量に応じて調整できる．必要なストローク割合（％）

は以下の式で求められる．

$$ストローク割合(\%) = \frac{要求量(\mathrm{gpd})}{最大供給量(\mathrm{gpd})} \tag{24.102}$$

■例 24.74

問題： 最大供給量が 90 gpm のピストンポンプを用いて，8 gpm で薬品を供給する場合のピストンのストローク割合（%）を求めよ．

解答： ストローク割合はポンプの薬品供給能力（gpm）に対する要求された薬品供給量（gpm）の比である．

$$ストローク割合(\%) = \frac{8\,\mathrm{gpm}}{90\,\mathrm{gpm}} \times 100 = 8.9\%$$

24.10.9 薬品溶液供給装置の設定 (mL/min)

供給装置の表示が 1 分当たりの溶液量 mL/min の場合，gpd からの変換は以下の式による．

$$溶液量(\mathrm{mL/min}) = \frac{\mathrm{gpd} \times 3785\,\mathrm{min/gal}}{1440\,\mathrm{min/day}} \tag{24.103}$$

■例 24.75

問題： 薬品供給量 7 gpd を mL/min の単位に変換せよ．

解答： 式（24.103）を用いて以下のように変換する．

$$溶液量 = \frac{7\,\mathrm{gpd} \times 3785\,\mathrm{min/gal}}{1440\,\mathrm{min/day}} = 18\,\mathrm{mL/min}$$

24.10.10 薬品供給量の補正

薬品供給量の精度を確保するために，定期的に実際の供給量と供給装置の表示値を比較する必要がある．使用している薬品が乾燥状態の場合は，重量が既知の容器を供給装置の出口に置いて，たとえば 30 分といった特定の時間が経過したときの重量を測定すれば，実際の供給量は以下のように求められる．

$$供給量(\mathrm{lb/min}) = \frac{薬品供給量(\mathrm{lb})}{経過時間(\mathrm{min})} \tag{24.104}$$

■例 24.76

問題： 薬品供給装置の出口に置いた容器を用いた測定で，30 分後の薬品量は 2.2 lb であった．この結果より 1 日当たりの供給量（lb/day）を求めよ．

解答： 最初に 1 分間当たりの供給量（lb/min）を求める．

$$供給量(\mathrm{lb/min}) = \frac{2.2\,\mathrm{lb}}{30\,\mathrm{min}} = 0.07\,\mathrm{lb/min}$$

次に，1日当たりの供給量を求める．
$$供給量(\mathrm{lb/day}) = 0.07\,\mathrm{lb/min} \times 1440\,\mathrm{min/day} = 101\,\mathrm{lb/day}$$

■例 24.77
　問題： 薬品供給装置の出口に置いた容器を用いた測定で，30分後の薬品を含む容器全体の重さは2.2 lbとなった．ここで，容器そのものの重さは0.35 lbであるが，これより1日当たりの供給量（lb/day）を求めよ．

　　ノート： この測定において30分間で容器に供給された薬品量は，容器全体の重さから容器そのものの重さを差し引いたものである．

　解答： 最初に1分間当たりの供給量（lb/min）を求める．
$$供給量(\mathrm{lb/min}) = \frac{2.2\,\mathrm{lb} - 0.35\,\mathrm{lb}}{30\,\mathrm{min}} = \frac{1.85\,\mathrm{lb}}{30\,\mathrm{min}} = 0.062\,\mathrm{lb/min}$$
次に，1日当たりの供給量を求める．
$$0.062\,\mathrm{lb/min} \times 1440\,\mathrm{min/day} = 89\,\mathrm{lb/day}$$

薬品供給が溶液で行われる場合は，薬品が乾燥状態の場合と比べて，補正の作業は若干煩雑になるが，これまでと同様に，実際の供給量を求めて，供給装置の指示値と比較する．以下に手順を示す．

$$供給量(\mathrm{gpd}) = \frac{(\mathrm{mL/min}) \times 1440\,\mathrm{min/day}}{3785\,\mathrm{mL/gal}} \tag{24.105}$$

次に1日当たりの薬品供給量（lb/day）を求める．
$$薬品供給量(\mathrm{lb/day}) = 薬品要求量(\mathrm{mg/L}) \times 流量(\mathrm{MGD}) \times 8.34\,\mathrm{lb/day} \tag{24.106}$$

■例 24.78
　問題： 薬品溶液供給装置の補正を行い，5分間での供給量は700 mLであった．このポリマー溶液の濃度は1.3%であるが，1日当たりの薬品供給量（lb/day）を求めよ．ここで，ポリマー溶液の重量は8.34 lb/galとする．

　解答： 1分当たり供給量（mL/min）を求める．
$$\frac{700\,\mathrm{mL}}{5\,\mathrm{min}} = 140\,\mathrm{mL/min}$$
次にmL/minをgpdに変換する．
$$\frac{140\,\mathrm{mL/min} \times 1440\,\mathrm{min/day}}{3785\,\mathrm{mL/gal}} = 53\,\mathrm{gpd}$$
最後に1日当たりの供給量を求める．
$$薬品濃度(\mathrm{mg/L}) \times 処理水量(\mathrm{MGD}) \times 8.34\,\mathrm{lb/day} = 薬品供給量(\mathrm{lb/day})$$
$$13{,}000\,\mathrm{mg/L} \times 0.000053\,\mathrm{MGD} \times 8.34\,\mathrm{lb/day} = 5.7\,\mathrm{lb/day}(ポリマー重量基準)$$

実際の供給量は一定時間におけるポンプの吐出量から計算される．たとえば，15分間の吐出量が120 galの場合の供給量は8 gpmになる．また，ポンプの吐出量は一定時間に

おける薬品タンクの液面レベルの低下した距離からも求められる．

$$供給量(gpm) = \frac{ポンプ吐出量(gal)}{一定時間(min)} \tag{24.107}$$

ここで，実際の供給量は以下のように求められる．

$$供給量(gpm) = \frac{0.785 \times (直径)^2 \times 液面低下(ft) \times 7.48\,gal/ft^3}{一定時間(min)} \tag{24.108}$$

■例 24.79

問題： 5分間を試験時間として供給量の補正を行った．直径4 ftの薬液タンクの液面変化を計測した．5分間で液面が0.4 ft下がった場合の供給量をgpmで求めよ．

解答：
$$供給量(gpd) = \frac{0.785 \times (4\,ft \times 4\,ft) \times 0.4\,ft \times 7.48\,gal/ft^3}{5\,min}$$

$$= 38\,gpm$$

24.10.11 平均使用量の算定

運転管理員は運転業務中に通常，運転に関連したいくつかのパラメータを記録する．これらの収集されたデータはプラントあるいは単位プロセスの最適な運転管理を検討するうえで重要である．1日あるいは運転シフトごとに監視される重要なパラメータの1つが薬品の実使用量である．薬品の使用量データから将来的に必要な薬品量の想定が可能となり，これをもとに薬品の追加供給時期を知ることができ，入出庫管理に対して重要である．在庫量に対する供給可能期間を求めるためには，薬品の平均使用量を求める必要がある．

$$平均使用量(lb/day) = \frac{全薬品試料量(lb)}{日数} \tag{24.109}$$

または，

$$平均使用量(gpd) = \frac{全薬品試料量(gal)}{日数} \tag{24.110}$$

次に在庫量に対する供給可能日数を求める．

$$在庫に対する供給可能日数 = \frac{全薬品在庫(lb)}{平均使用量(lb/day)} \tag{24.111}$$

または，

$$在庫に対する供給可能日数 = \frac{全薬品在庫(gal)}{平均使用量(gpd)} \tag{24.112}$$

■例 24.80

問題： 1日当たりの薬品使用量の実績が，月曜日から日曜日にかけて92，94，92，88，96，92，88 lb/dayと記録された．これらを用いて，この1週間における平均的な1日の薬品使用量を求めよ．

解答：
$$\text{平均使用量}(\text{lb/day}) = \frac{642 \text{ lb}}{7 \text{ day}} = 91.7 \text{ lb/day}$$

■例 24.81
問題： 1日の平均薬品使用量が 83 lb/day で，薬品在庫量が 2600 lb の場合の供給可能日数を求めよ．
解答：
$$\text{供給可能日数} = \frac{2600 \text{ lb}}{83 \text{ lb/day}} = 31.3 \text{ day}$$

24.11 バイオソリッド生産およびポンピング

24.11.1 処理残さ

排水処理の単位操作は，処理水が水域に放流される前に固形物と生物化学的酸素要求量を排水中から除去する．処理されずに残っているものは，処理残さと呼ばれる固形物とごみの混合物であり，それはより一般的にはバイオソリッド（汚泥）といわれる．

> ノート： 「汚泥」とは排水処理の残さ固形物をさす言葉として一般的に受け入れられているが，排水汚泥が（土壌改良剤や肥料として）有益に再利用される場合には，一般にバイオソリッドと表現される．本書では処理残さをバイオソリッドとして言及する．

排水処理において最もコストがかかり複雑なのは，バイオソリッドの収集・処理・処分であるといえる．生成されるバイオソリッドの量は，元の排水の体積の2%程度で，それは用いられる処理プロセスにある程度依存する．バイオソリッドの含水率は97%程度で，処分費用は処理される体積に依存するので，バイオソリッドの処理の第一の目的は（不快で環境に悪影響を及ぼさないように安定化するのに加えて），可能な限り固形物から水を分離することである．

24.11.2 一次・二次固形物生成計算

ここで，固形物およびバイオソリッドに関する計算において，固形物という用語は乾燥固形物，バイオソリッドという用語は水を含む固形物であることを断っておく．一次処理において生産される固形物は，最初沈殿池において沈殿または除去される固形物に依存する．最初沈殿池における固形物生産の計算をする際に，下記のように浮遊物質の mg/L から lb/day への換算式を用いる．

$$\text{SS 除去量}(\text{lb/day}) = \text{SS 除去量}(\text{mg/L}) \times \text{流量}(\text{MGD}) \times 8.34 \text{ lb/gal} \quad (24.113)$$

24.11.3 最初沈殿池における固形物生産量の計算

■例 24.82
問題： ある最初沈殿池は，浮遊物質濃度 340 mg/L である 1.80 MGD の水を受け入れている．沈殿池流出水の浮遊物質濃度が 180 mg/L であるとき，1日当たり何ポンドの

固形物が生成されるか？

解答： SS 除去量(lb/day) = SS 除去量(mg/L)×流量(MGD)×8.34 lb/day
= (340−180) mg/L×1.80 MGD×8.34 lb/gal
= 2402 lb/day

■例 24.83
問題： 最初沈殿池流入水の浮遊物質濃度が 350 mg/L で，流出水の浮遊物質濃度が 202 mg/L のとき，流量 4,150,000 gpd に対して1日何ポンドの固形物が生成されるか？

解答： SS 除去量(lb/day) = 148 mg/L×4.15 MGD×8.34 lb/gal = 5122 lb/day

24.11.4 二次沈殿池における固形物生産量の計算

二次処理の間に生成される固形物は，システムにおいて除去される有機物の量，バクテリアの増殖速度（図 24.8）といった多くの要因に依存する．バイオソリッド生成量の精密な計算は複雑なので，推定増殖速度（未知）値を使った固形物生成量の概算法を用いる．以下に示されている BOD 除去量（lb/day）式を用いる．

$$\text{BOD 除去量(lb/day)} = \text{BOD 除去量(mg/L)} \times \text{流量(MGD)} \times 8.34 \text{ lb/gal} \quad (24.114)$$

■例 24.84
問題： 二次処理システムに対する 1.5 MGD の流入水の BOD 濃度が 174 mg/L である．二次処理水は 22 mg/L の BOD を含有している．このプラントのバクテリアの増殖速度が 0.40 lb-SS/lb-除去 BOD であるとき，二次処理システムにおいて1日当たり何ポンドの乾燥固形物が生産されるか？

解答： BOD 除去量(lb/day) = BOD 除去量(mg/L)×流量(MGD)×8.34 lb/gal
= 152 mg/L×1.5 MGD×8.34 lb/gal = 1902 lb/day

そして未知数 x を固形物生成量（lb/day）を求めるために使用して

$$\frac{0.44 \text{ lb SS 生成量}}{1 \text{ lb BOD 除去量}} = \frac{x \text{ lb SS 生成量}}{1902 \text{ lb/day BOD 除去量}}$$

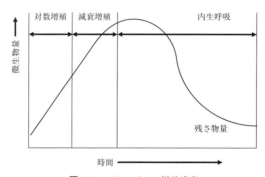

図 24.8　バクテリアの増殖速度

$$\frac{0.44 \times 1902}{1} = x$$

837 lb/day 固形物生成量 $= x$

要点： ふつうは，バクテリアによる 1 lb の餌の消費（BOD 除去）当たり，0.3〜0.7 lb の新しいバクテリア細胞が生成される．これらはシステムから除去される必要のある固形物である．

24.11.5 固形物濃度計算

バイオソリッドは，水と固形物から構成される．バイオソリッドのほとんどが水で構成され，通常含水率は 93〜97% の範囲にある．バイオソリッド中の固形物濃度を求めるために，バイオソリッドのサンプルは 103〜105°F のオーブンで一晩乾燥させられる．乾燥後に残っている固形物はバイオソリッド中の総固形物に相当する．固形物濃度はパーセントか mg/L で表現される．次の 2 式のどちらかが固形物濃度計算に用いられる．

$$\text{固形物パーセント濃度} = \frac{\text{総固形物}(g)}{\text{バイオソリッドサンプル}(g)} \times 100 \quad (24.115)$$

$$\text{固形物パーセント濃度} = \frac{\text{固形物}(lb/day)}{\text{バイオソリッド}(lb/day)} \times 100 \quad (24.116)$$

■例 24.85

問題： バイオソリッドサンプルの総重量（皿を含まずサンプルだけ）が 22 g である．乾燥後の固形物重量が 0.77 g のとき，バイオソリッド固形物濃度は何パーセントか？

解答：
$$\text{バイオソリッド固形物濃度} = \frac{0.77\,g}{22\,g} \times 100 = 3.5\%$$

24.11.6 バイオソリッドポンピングの計算

勤務中，排水処理オペレーターはしばしばさまざまなプロセス制御計算をすることが求められる．オペレーターが計算を求められるバイオソリッドポンピング計算は本項で網羅されている．

24.11.6.1 日間のバイオソリッド生成量試算

必要なバイオソリッドポンピング速度推定のための計算は，最初のポンピング速度の決定または現在の引き抜き速度の妥当性評価のために使われる．

$$\text{ポンピング速度推定値} = \frac{(\text{流入 TSS 濃度} - \text{流出 TSS 濃度}) \times \text{流量} \times 8.34}{\text{汚泥中固形物パーセント濃度} \times 8.34 \times 1440\,\text{min/day}} \times 100$$

(24.117)

■例 24.86

問題： 最初沈殿池から引き抜かれたバイオソリッドの固形物濃度は 1.4% である．流

24.11 バイオソリッド生産およびポンピング

入水は 285 mg/L, 流出水は 140 mg/L の総浮遊物質（TSS）を含んでいる．ここで流入流量が 5.55 MGD であるとき，バイオソリッド引き抜き速度は毎分何ガロンと推測されるか？ポンプは連続的に動作しているとする．

解答：
$$\text{バイオソリッド引き抜き速度} = \frac{(285 \text{ mg/L} - 140 \text{ mg/L}) \times 5.55 \times 8.34}{0.014 \times 8.34 \times 1440 \text{ min/day}}$$
$$= 40 \text{ gpm}$$

24.11.6.2 バイオソリッド生成量 （100 万ガロン当たりのポンド）

バイオソリッド生成量は一般的に，処理された排水 100 万ガロン当たりのバイオソリッドのポンドで表現される．

$$\text{バイオソリッド生成量(lb/MG)} = \frac{\text{総バイオソリッド生成量(lb)}}{\text{総排水流入量(MG)}} \quad (24.118)$$

■例 24.87

問題： あるプラントが過去 30 日間に 85,000 gal のバイオソリッドを生成したという記録がある．この期間の平均流入量が 1.2 MGD である．このプラントのバイオソリッド生成量は，百万ガロン当たりのポンド数でいくらか？

解答：
$$\text{バイオソリッド生成量} = \frac{85,000 \text{ gal} \times 8.34 \text{ lb/gal}}{1.2 \text{ MGD} \times 30 \text{ days}} = 19,692 \text{ lb/MG}$$

24.11.6.3 年間の湿重量当たりバイオソリッド生成量

バイオソリッド生成は年間に生産されるバイオソリッド量（水と固形物）で表現されることもある．これはふつう，年当たりのトン-湿重量で表現される．

バイオソリッド生成量(wet tons/yr)
$$= \frac{\text{バイオソリッド生成量(lb/MG)} \times \text{平均日流入量(MGD)} \times 365 \text{ days/yr}}{2000 \text{ lb/ton}} \quad (24.119)$$

■例 24.88

問題： あるプラントで現在 16,500 lb/MG の速度でバイオソリッドが生成されている．現在の平均日排水流量は 1.5 MGD である．年間に生成されるバイオソリッドの総量は湿重量トンとして年間いくらになるか？

解答： バイオソリッド生成量(wet tons/yr)
$$= \frac{\text{バイオソリッド生成量(lb/MG)} \times \text{平均日流入量(MGD)} \times 365 \text{ days/yr}}{2000 \text{ lb/ton}}$$
$$= \frac{16,500 \text{ lb/MG} \times 1.5 \text{ MGD} \times 365 \text{ days/yr}}{2000 \text{ lb/ton}}$$
$$= 4517 \text{ wet tons/yr}$$

24.11.6.4 バイオソリッドポンピング時間

バイオソリッドポンピング時間は 24 時間当たりのポンプの総動作時間として分で表

す．

ポンプ動作時間＝1サイクル当たり動作時間(min)× 頻度(cycles/day) (24.120)

次の情報が例 24.89 から例 24.94 で使用される．頻度＝24 回/day，ポンプ速度＝120 gpm，固形物＝3.70％，揮発性物質＝66％．

■例 24.89

問題： ポンプ動作時間はいくらか？
解答： ポンプ動作時間＝15 min/hr×24 cycles/day＝360 min/day

24.11.6.5　1 日当たりポンピングされるバイオソリッドガロン量

バイオソリッド(gpd)＝稼働時間(min/day)× ポンプ速度(gpm)　(24.121)

■例 24.90

問題： 何ガロンのバイオソリッドが，1 日当たりにポンピングされるか？
解答： バイオソリッドポンピング量(gpd)＝360 min/day×120 gpm＝43,200 gpd

24.11.6.6　1 日当たりポンピングされるバイオソリッドポンド量

バイオソリッドポンピング量(lb/day)
　＝ポンピングされるバイオソリッドガロン量×8.34 lb/gal　(24.122)

■例 24.91

問題： 1 日当たりポンピングされるバイオソリッド量は何ポンドか？
解答： バイオソリッドポンピング量(lb/day)＝43,200 gpd×8.34 lb/gal
　　　　　　　　　　　　　　　　　　　　＝360,000 lb/day

24.11.6.7　1 日当たりポンピングされる固形物ポンド量

ポンピング固形物量(lb/day)
　＝ポンピングされるバイオソリッド量(lb/day)× パーセント固形物濃度　(24.123)

■例 24.92

問題： 1 日当たりのポンピングされる固形物量はいくらか？
解答： ポンピング固形物量(lb/day)＝360,300 lb/day×0.0370＝13,331 lb/day

24.11.6.8　1 日当たりポンピングされる揮発性物質のポンド量

揮発性物質量(lb/day)
　＝ポンピングされる固形物量(lb/day)×固形物中の揮発性物質パーセント (24.124)

■例 24.93

問題： 1 日当たりの揮発性物質は何ポンドか？
解答： 揮発性物質量(lb/day)＝13,331 lb/day×0.66＝8798 lb/day

24.11.6.9　1日当たりの固形物ポンド量と揮発性固形物ポンド量

1日当たりに除去される固形物のポンド量か揮発性物質のポンド量を計算したい場合に，上で述べてきた個々の式を1つの計算式にまとめることができる．

固形物量(lb/day) = ポンプ動作時間(min/cycle)×頻度(cycles/day)
　　　　　　　　×速度(gpm)×8.34 lb/gal×固形物パーセント濃度　　(24.125a)

揮発性物質量(lb/day) = ポンプ動作時間(min/cycle)×頻度(cycles/day)×速度(gpm)
　　　　×8.34 lb/gal×固形物パーセント濃度×固形物中の揮発性物質パーセント　(24.125b)

■例 24.94

　　固形物量 = 15 min/cycle×24 cycles/day×120 gpm×8.34 lb/gal×0.0370
　　　　　　= 13,331 lb/day

　揮発性物質量 = 15 min/cycle×24 cycles/day×120 gpm×8.34 lb/gal×0.0370×0.66
　　　　　　= 8798 lb/day

24.12　バイオソリッドの濃縮

　バイオソリッド濃縮は，液分の一部を除去することでバイオソリッドの固形物濃度を増加させるために使用される単位処理である．いいかえると，バイオソリッド濃縮とは減容化のことである．固形物濃度の増大はバイオソリッドの処理コストを下げる．バイオソリッド濃縮プロセスには，重力濃縮，浮上濃縮，固形物遠心濃縮などがある．

　バイオソリッド濃縮計算は，一次処理と二次処理から発生した合計バイオソリッド量は，濃縮されたバイオソリッド量に等しいという考えに基づく．固形物量は変化しない．バイオソリッドを濃縮するために除かれ，その結果高い固形物濃度をもたらすのは第一に水である．未濃縮のバイオソリッドは，固形物濃度がバイオソリッド総重量ポンドの1〜4%を示すが，水が取り除かれると，それらは同じ固形物ながらバイオソリッド総重量ポンドの5〜7%の固形物濃度を示す．

　ノート：　バイオソリッド濃縮計算のキーは，一定のままである固形物量である．

24.12.1　重力／気泡浮上濃縮計算

　バイオソリッド濃縮の計算では，一次，二次処理のバイオソリッド中の固形物量は，濃縮されたバイオソリッド中の固形物量に等しいという考えに基づく．つまり，濃縮機のオーバーフローによって失われる固形物は無視できると考えると，固形物量は変化しないで一定である．水はバイオソリッドを濃縮するために除去され，その結果固形物濃度を高めていることに注意せよ．

24.12.1.1　1日当たりのバイオソリッド引き抜き量予測

　必要なバイオソリッド引き抜き速度推定のための計算は，最初の引き抜き速度の決定または現在の引き抜き速度の妥当性評価のために使われる．

バイオソリッド引き抜き速度推定値

$$= \frac{(流入 TSS 濃度 - 流出 TSS 濃度) \times 流量 \times 8.34}{汚泥中固形物パーセント濃度 \times 8.34 \times 1440 \text{ min/day}} \quad (24.126)$$

■例 24.95

問題： 最初沈殿池から引き抜かれたバイオソリッドは，1.5%の固形物濃度である．流入水の TSS 濃度は 280 mg/L であり，流出水のそれは 141 mg/L である．流入流量が 5.55 MGD のとき，推定されるバイオソリッド引き抜き速度は gal/min としていくらか？なお，ポンプは連続的に動作していると考える．

解答： バイオソリッド引き抜き速度

$$= \frac{(280 \text{ mg/L} - 141 \text{ mg/L}) \times 5.55 \text{ MGD} \times 8.34}{0.015 \times 8.34 \times 1440 \text{ min/day}} = 36 \text{ gpm}$$

24.12.1.2 水面積負荷率（gal/day/ft²）

水面積負荷率（水面積沈殿率）は水理学的負荷，すなわち，重力濃縮機の単位平方フィート当たりに供されるバイオソリッド量である．

$$水面積負荷率 (\text{gal/day/ft}^2) = \frac{バイオソリッド供給量 (\text{gpd})}{濃縮機面積 (\text{ft}^2)} \quad (24.127)$$

■例 24.96

問題： 70 ft の径の重力濃縮機が 32,000 gpd のバイオソリッドを受け入れている．水面積負荷率は 1 日当たり平方フィート当たり何ガロンか？

解答：

$$水面積負荷率 = \frac{32,000 \text{ gpd}}{0.785 \times 70 \text{ ft} \times 70 \text{ ft}} = 8.32 \text{ gpd/ft}^2$$

24.12.1.3 固形物負荷率（lb/day/ft²）

固形物負荷率は，タンク水面の面積 1 ft² 当たりに供される 1 日当たりの固形物ポンド量である．その計算には，タンク底の表面積を用いる．タンク底の床は平らで水面と同じ寸法であることを前提としている．

固形物負荷率 (lb/day/ft²)

$$= \frac{バイオソリッドの固形物パーセント濃度 \times バイオソリッド流入量 (\text{gpd}) \times 8.34 \text{ lb/gal}}{濃縮機面積 (\text{ft}^2)}$$

$$(24.128)$$

■例 24.97

問題： 濃縮機への流入水は 1.6%の固形物濃度を有している．流入流量は 39,000 gpd である．濃縮機は 50 ft 四方で 10 ft の深さである．固形物負荷率は 1 日当たりのポンド量としていくらか？

解答：
$$固形物負荷率 = \frac{0.016 \times 39{,}000 \text{ gpd} \times 8.34 \text{ lb/gal}}{0.785 \times 50 \text{ ft} \times 50 \text{ ft}} = 2.7 \text{ lb/day/ft}^2$$

24.12.2 濃縮係数の計算

濃縮係数（CF）とは，濃縮機による濃度の増加量を表している．この係数は重力濃縮機の効率を決定するのに使われる．

$$CF = \frac{濃縮バイオソリッドの固形物濃度(\%)}{流入バイオソリッドの固形物濃度(\%)} \quad (24.129)$$

■例 24.98

問題： 流入バイオソリッドは 3.5% の固形物濃度である．濃縮されたバイオソリッドの固形物濃度は 7.7% である．濃縮係数はいくらか？

解答：
$$CF = \frac{7.7\%}{3.5\%} = 2.2$$

24.12.3 気固比の計算

気固比は，濃縮機に流入する固形物のポンド量と，供給される空気ポンド量の比率である．

気固比 =
$$\frac{供給空気流量(\text{ft}^3/\text{min}) \times 0.0785 \text{ lb/ft}^3}{バイオソリッドの流入流量(\text{gpm}) \times バイオソリッドの固形物パーセント濃度 \times 8.34 \text{ lb/gal}} \quad (24.130)$$

■例 24.99

問題： 濃縮機へポンプ輸送されたバイオソリッドは 0.85% の固形物濃度である．空気供給速度は 13 cfm である．装置に流入する現在のバイオソリッド流量が 50 gpm のとき気固比はいくらか？

解答：
$$気固比 = \frac{13 \text{ ft}^3/\text{min} \times 0.0785 \text{ lb/ft}^3}{50 \text{ gpm} \times 0.0085 \times 8.34 \text{ lb/gal}} = 0.28$$

24.12.4 返送流量パーセントの計算

返送流量はパーセントとして次のように表現される．

$$返送流量パーセント = \frac{返送流量(\text{gpm} \times 100)}{濃縮機への汚泥流入流量(\text{gpm})} \quad (24.131)$$

■例 24.100

問題： 濃縮機へ流入する汚泥流量は 80 gpm である．返送流量は 140 gpm である．返送流量パーセントはいくらか？

解答：
$$\text{返送流量パーセント} = \frac{140 \text{ gpm} \times 100}{80 \text{ gpm}} = 175\%$$

24.12.5 遠心濃縮計算

遠心分離は重力の何千倍の力をバイオソリッドに対して働かせる．固形物の濃縮を促進させるため，ときには遠心機への流入水に高分子が添加される．遠心分離に影響する主要な2つの因子は装置に流入するバイオソリッドの体積（gpm）と流入する固形物ポンド量である．除去された水は遠心分離水といわれる．通常，水理学的負荷は単位面積当たりの流量として測定される．しかしながら，装置の大きさやデザインは多様なので，遠心機に対する水量負荷は面積を考慮しない．ただ時間当たりのガロン数として表現される．遠心機に対する流量が日当たりガロン数または分当たりガロン数として与えられたとき，用いられる式は次のとおりである．

$$\text{水量負荷} = \frac{\text{流入流量(gpd)}}{24 \text{ hr/day}} \tag{24.132}$$

$$\text{水量負荷} = \frac{\text{流入流量(gpm)} \times 60 \text{ min}}{\text{hr}} \tag{24.133}$$

■**例 24.101**
問題： ある遠心機は余剰活性汚泥を 40 gpm の流量で受け入れている．単位装置に対する水量負荷は何 gal/hr か？
解答：
$$\text{水量負荷} = \frac{40 \text{ gpm} \times 60 \text{ min}}{\text{hr}} = 2400 \text{ gph}$$

■**例 24.102**
問題： ある遠心機は毎日 48,600 gal のバイオソリッドを受け入れている．バイオソリッドの固形物濃度は，遠心前 0.9%である．1日当たり何ポンドの固形物が受け入れられるか？
解答：
$$\frac{48,600 \text{ gal}}{\text{day}} \times \frac{8.34 \text{ lb/gal}}{\text{gal}} \times \frac{0.9}{100} = 3648 \text{ lb/day}$$

24.13 安定化

24.13.1 バイオソリッドの消化

排水処理施設を設計する際のおもな問題は，環境に害を及ぼさずにバイオソリッドを処分することである．未処理のバイオソリッドは処分するのがより難しい．未処理の生のバイオソリッドは処分に際しての問題を最小化するために安定化されなければならない．多くの場合，安定化という言葉は消化という言葉と同義である．

ノート： 有機物の安定化はさまざまな生物によって生物学的に成し遂げられる．微生物群が

懸濁態および溶存態の有機物をさまざまなガスと原形質へと変換する．原形質は水よりもやや高い比重をもっているので，重力によって処理液中から除去することが可能である．

バイオソリッド消化は生物化学的な有機固形物の分解が生じるプロセスである．分解プロセスにおいて有機物はより単純安定な物質へと変換される．消化はまた，トータルの物質量あるいはバイオソリッド固形物の重量を減少させ，病原体を破壊し，バイオソリッドの乾燥または脱水を容易にする．よく消化されたバイオソリッドは，培養土のような見た目と特性を有している．バイオソリッドは好気的または嫌気的環境の下で消化されうる．ほとんどの大規模排水処理施設は嫌気性消化を採用している．好気性消化は小規模の活性汚泥処理システムでおもに利用される．

24.13.2 好気性消化プロセス制御の計算

好気性消化の目的は有機物を安定化し，減容化し，病原性生物を殺すことである．好気性消化は活性汚泥法に似通っている．バイオソリッドは20日ないしそれ以上ばっ気される．揮発性固形物は生物活動により減少させられる．

24.13.2.1 揮発性固形物負荷 (lb/day/ft^3)

好気性消化槽に対する揮発性固形物（有機物）負荷は，立方フィートの消化槽容積当たり1日当たりに消化槽へ流入する揮発性固形物ポンド量で表現される．

$$揮発性固形物負荷(\mathrm{lb/day/ft^3}) = \frac{消化槽への固形物流入流量(\mathrm{lb/day})}{消化槽容積(\mathrm{ft^3})} \quad (24.134)$$

■例 24.103

問題： ある好気性消化槽は直径20 ftで有効深さが20 ftである．毎日消化槽へ投入されるバイオソリッドは1500 lbの揮発性固形物を含有している．揮発性固形物負荷は，立方フィート当たり1日当たりのポンド量でいくらか？

解答：

$$揮発性固形物 = \frac{1500\ \mathrm{lb/day}}{0.785 \times 20\ \mathrm{ft} \times 20\ \mathrm{ft} \times 20\ \mathrm{ft}} = 0.24\ \mathrm{lb/day/ft^3}$$

24.13.2.2 消化時間（日）

消化槽にバイオソリッドが滞留する理論的な時間は次のように計算される．

$$消化時間(\mathrm{days}) = \frac{消化槽容積(\mathrm{gal})}{バイオソリッド流入流量(\mathrm{gpd})} \quad (24.135)$$

■例 24.104

問題： 消化槽容積は240,000 galである．バイオソリッドは15,000 gpdの速度で消化槽へ投入される．消化時間は何日か？

解答：

$$消化時間 = \frac{240{,}000\ \mathrm{gal}}{15{,}000\ \mathrm{gpd}} = 16\ \mathrm{days}$$

24.13.2.3 pH 調整

多くの例から，好気性消化槽の pH は，良好な生物活性を発揮するのに必要な水準よりも下落することが知られている．このようなことが起きる場合には，運転管理者は pH を望ましい水準まで上昇させるのに必要なアルカリ度の量を決定するための実験室試験を行わなくてはならない．実験室試験での結果はその後，実際の消化槽に必要な量に換算されなければならない．

調整剤必要量
$$= \frac{\text{ラボテストにおける調整剤必要量(mg)} \times \text{消化槽容積(gal)} \times 3.785 \text{(L/gal)}}{\text{サンプル量(L)} \times 454 \text{ g/lb} \times 1000 \text{ mg/g}} \quad (24.136)$$

■例 24.105

問題： 240 mg の（消）石灰は，好気性消化槽のサンプル 1 L の pH を 7.1 まで上昇させる．消化槽容積は 240,000 gal である．消化槽の pH を 7.3 まで上昇させるために何ポンドの石灰が必要か？

解答：
$$\text{石灰必要量} = \frac{240 \text{ mg} \times 240{,}000 \text{ gal} \times 3.785 \text{ L/gal}}{1 \text{ L} \times 454 \text{ g/lb} \times 1000 \text{ mg/g}} = 480 \text{ lb}$$

24.13.3 好気性タンク容積の計算

好気性タンクの容積は，顕著な硝化反応が起きないとき，次の式で計算される（WPCP, 1985）．

$$V = \frac{Q_i(X_i + YS_i)}{X(K_d P_v + 1/\theta_c)} \quad (24.137)$$

ここで，$V =$ 好気性消化槽の容積（ft^3），$Q_i =$ 消化槽に対する平均流入流量（ft^3/d），$X_i =$ 流入浮遊固形物濃度（mg/L），$Y =$ 流入の生初沈汚泥中の BOD の割合（小数），$S_i =$ 流入 BOD（mg/L），$X =$ 消化槽の浮遊固形物濃度（mg/L），$K_d =$ 反応速度定数（1/day），$P_v =$ 消化槽の浮遊固形物中の揮発性物質割合（小数），$\theta_c =$ 固形物滞留時間（days）．

■例 24.106

問題： 好気性消化槽の pH が 6.1 まで減少していることが判明した．pH を 7.0 まで上昇させるためにどのくらいの水酸化ナトリウムが添加されなければならないか？ 消化槽容積は 370 m^3 である．2 L のジャーを用いたジャーテストの結果から，34 mg の水酸化ナトリウムは pH を 7.0 まで上昇させることがわかっている．

解答： NaOH 必要量 $= (34 \text{ mg})/(2 \text{ L}) = 17 \text{ mg/L} = 17 \text{ g/m}^3$
NaOH 添加量 $= 17 \text{ g/m}^3 \times 370 \text{ m}^3 = 6290 \text{ g} = 6.3 \text{ kg} = 13.9 \text{ lb}$

24.13.4 嫌気性消化プロセス制御の計算

嫌気性消化の目的は好気性消化のそれと同じである．すなわち有機物を安定化させ，減容化し，病原性生物を殺すことである．嫌気性消化に用いられる装置は，浮動型の屋

根をもつタイプと固定型の屋根をもつタイプがある．これらの消化槽はバイオソリッド流入および引き抜きのためのポンプを有する．また，熱交換器，ヒーター，ポンプからなる加温設備や，汚泥循環のための混合設備を備えている．典型的な付属物としてガス貯留・精製設備，真空逃がしあるいは圧力逃がし弁のような安全設備，フレームトラップ，防爆電気設備がある．嫌気性プロセスにおいて，バイオソリッドは密封された消化槽へ流入し，そこで有機物は嫌気的に分解される．嫌気性消化は 2 段階のプロセスである．① 糖，デンプン，炭水化物が揮発酸，二酸化炭素，硫化水素へ変換される．② 揮発酸がメタンガスへと変換される．

嫌気性消化プロセス制御計算の要点は次の項で網羅される．

24.13.4.1 必要な植種源のガロン量

$$植種源必要量(gal) = 消化槽容積(gal) \times 植種源パーセント濃度 \quad (24.138)$$

■例 24.107

問題： 新規の消化槽は，与えられた時間内に通常運転を行うために 25% の植種源を必要とする．消化槽容積が 280,000 gal のとき，何ガロンの植種源が必要か？

解答： 植種源必要量(gal) $= 280,000 \times 0.25 = 70,000$ gal

24.13.4.2 揮発酸-アルカリ度比

揮発酸とアルカリ度の比率は嫌気性消化槽を制御するのに利用することが可能である．

$$揮発酸\text{-}アルカリ度比 = \frac{揮発酸濃度}{アルカリ度} \quad (24.139)$$

■例 24.108

問題： 消化槽は 240 mg/L の揮発酸と 1840 mg/L のアルカリ度を含有している．揮発酸-アルカリ度比はいくらか？

解答：
$$揮発酸\text{-}アルカリ度比 = \frac{240 \text{ mg/L}}{1840 \text{ mg/L}} = 0.13$$

要点： この比率の上昇は通常消化槽の運転状態の潜在的な変化を示している．

24.13.4.3 バイオソリッド滞留時間

バイオソリッドの消化槽内滞留時間の長さは次のように計算される．

$$滞留時間 = \frac{消化槽容積(gal)}{バイオソリッド流入流量(gpd)} \quad (24.140)$$

■例 24.109

問題： バイオソリッドが 520,000 gal の消化槽に 12,600 gal/day の速度で投入されている．バイオソリッド滞留時間はいくらか？

解答：
$$\text{バイオソリッド滞留時間} = \frac{520{,}000 \text{ gal}}{12{,}600 \text{ gpd}} = 41.3 \text{ days}$$

24.13.4.4　ガス生成推定量（立方フィート／日）

ガス生成率は，通常分解された1ポンドの揮発性物質当たりの生成量（ft^3）として表現される．1日当たりに消化槽が生産する合計の立方フィートガス量は次のように計算される．

$$\text{ガス生成量}(ft^3/day) = \text{揮発性物質流入量}(lb/day) \times \text{揮発性物質減量化率}(\%) \times \text{ガス生成率}(ft^3/lb) \tag{24.141}$$

要点：　1日当たり消化槽へ投入された揮発性物質と揮発性物質の減少量パーセント（小数）を掛けあわせることで，1日当たりに消化プロセスで分解された揮発性物質の量がわかる．

■例 24.110

問題：　消化槽は1日当たり11,500 lbの揮発性物質を減量化している．現在，消化槽によって減量化された揮発性物質は55％である．分解された揮発性物質1ポンド当たりのガス生成率は11.2 ft^3 である．ガス生成速度はいくらか？

解答：　ガス生成量$(ft^3/day) = 11{,}500 \text{ lb/day} \times 0.55 \times 11.2 \text{ ft}^3/lb = 70{,}840 \text{ ft}^3/day$

24.13.4.5　揮発性物質減量化率（パーセント）

バイオソリッドの消化中に起きる変化のため，揮発性物質減少量を求めるための計算はより複雑になる．

$$\text{揮発性物質減量化率パーセント} = \frac{(\%VM_{in} - \%VM_{out}) \times 100}{[\%VM_{in} - (\%VM_{in} \times \%VM_{out})]} \tag{24.142}$$

ここで，VM_{in} は流入揮発性物質濃度（％），VM_{out} は流出揮発性物質濃度（％）である．

■例 24.111

問題：　ここに与えられた消化データを使って，消化槽の揮発性物質減量化率（パーセント）を求めよ．投入バイオソリッドの揮発性物質は71％，消化後バイオソリッドの揮発性物質は54％である．

解答：
$$\text{揮発性物質減量化率(パーセント)} = \frac{0.71 - 0.54}{0.71 - (0.71 \times 0.54)} = 52\%$$

24.13.4.6　消化バイオソリッドにおける含水率減少率

$$\text{水分減量化率パーセント} = \frac{(\%\text{Moisture}_{in} - \%\text{Moisture}_{out}) \times 100}{[\%\text{Moisture}_{in} - (\%\text{Moisture}_{in} \times \%\text{Moisture}_{out})]} \tag{24.143}$$

ここで，$\%\text{Moisture}_{in}$ は流入含水率（％），$\%\text{Moisture}_{out}$ は流出含水率（％）である．

要点：　含水率パーセント＝100％－固形物パーセント

■例 24.112
問題：　与えられた消化槽データを使って，消化槽の含水率減少量パーセントと揮発性物質減少量パーセントを求めよ．投入バイオソリッドは固形物濃度9％，含水率91％（100％－9％），消化後バイオソリッド，固形物濃度15％，含水率85％（100－15％）である．

$$水分減量化率パーセント = \frac{(0.91-0.85) \times 100}{0.91-(0.91 \times 0.85)} = 44\%$$

24.13.4.7 ガス生成量

消化槽の性能を測るときに，ガス生成量は最も重要なパラメータの1つである．ガス生成量は，典型的には分解された揮発性固形物1kg当たり800～1125Lの範囲である．適切に運転された消化槽から生成したガスは約68％のメタンと32％の二酸化炭素を含んでいる．二酸化炭素濃度が35％を超過したら，消化システムは不適切に運転されている．生成されたメタンガス量は，SIおよびBritish単位系でそれぞれ次の式で計算される（McCarty, 1964）．

$$V = 350[Q(S_o-S)(1000 \text{ g/kg})-1.42P_x] \quad (24.144)$$

$$V = 5.62[Q(S_o-S)8.34-1.42P_x] \quad (24.145)$$

ここで，$V=$標準状態における生成メタン量（0℃，32℉，1 atm），（L/dayまたはft^3/day），350＝酸化された究極BOD 1 kg当たりの生成メタン量の理論的変換係数（L/kg），5.62＝酸化された究極BOD 1 lb当たりの生成メタン量の理論的変換係数（ft^3/lb），$Q=$流量（m^3/day，MGD），$S_o=$流入究極BOD（mg/L），$S=$流出究極BOD（mg/L），8.34は変換係数（lb/MG/mg/L），$P_x=$正味の合成細胞量（kg/day，lb/day）．

完全混合，高速，二段式嫌気性消化槽（循環なし）では，1日に合成される生物性固形物量（P_x）は次の式で計算される（SIおよびBritish単位系それぞれで）．

$$P_x = \frac{Y[Q(S_o-S)]}{1+K_d\theta_c} \quad (24.146)$$

$$P_x = \frac{Y[Q(S_o-S)]8.34}{1+K_d\theta_c} \quad (24.147)$$

ここで，$Y=$収率係数（kg/kg，lb/lb），$K_d=$内生呼吸係数（1/day），$\theta_c=$平均細胞滞留時間（days）．それ以外の記号は前に定義されている．

■例 24.113
問題：　安定化された1 kgの究極BOD当たりの生成メタン量を求めよ．グルコース（$C_6H_{12}O_6$）をBODとして，次の情報を使うこと．グルコースの分子量180，メタンと二酸化炭素の分子量48，48/180＝0.267，メタンと二酸化炭素と水の酸化量1.07 kg．

解答：　変換された1 kgのBOD当たりの生成メタン量を計算する．

$$\frac{0.267}{1.07} = \frac{0.25}{1.0}$$

ゆえに，0.25 kg のメタンが 1 kg の安定化された BOD から生成される．ここで標準状態 (0°C，1 atm) における 0.25 kg のメタンの体積当量を計算する．

生成メタン量 = $(0.25 \times 1000 \text{ g})(1 \text{ mol}/16 \text{ g})(22.4 \text{ L/mol}) = 350 \text{ L}$

24.14 バイオソリッド脱水と処分

24.14.1 バイオソリッド脱水

液状物から湿潤固形物へと含水率を変えるために，液状バイオソリッドから十分な水分を除去するプロセスは，バイオソリッド脱水と呼ばれる．このプロセスは，バイオソリッド乾燥とも呼ばれるが，乾燥または脱水されたバイオソリッドは，依然として多くの場合 70% ほど，かなりの量の水を含有する．しかし，70% 以下の水分含量で，バイオソリッドはもはや液体として作用せず，手動でまたは機械的に処理することができる．いくつかの方法がバイオソリッドを脱水するために利用可能である．本書で最もよく使用される特定のタイプの脱水技術や装置は，バイオソリッドから水分を除きその形態を液状から半固形状へ変えるのに使用される実際のプロセスを記載している．一般的に使用される技術や装置には，フィルタープレス，真空ろ過，砂乾燥床がある．

> ノート： 遠心分離も，脱水工程で使用される．しかし，本書では，伝統的にバイオソリッド脱水のために使用されている上記の単位プロセスに集中して記述する．

理想的な脱水操作は最小のコストで，バイオソリッドのすべてを捕捉し，得られた乾燥バイオソリッドの固体またはケーキは，不都合な問題を生じることなく処理されることができる．プロセスの信頼性，操作の容易さ，および処理施設の環境との互換性も最適化される．

24.14.2 加圧ろ過の計算

加圧ろ過では，液体は，正圧によってフィルター媒体を通って押し出される．プレスのいくつかの種類があるが，最も一般的に使用されているタイプは，プレートフレームプレス，ベルトフィルタープレスである．

24.14.2.1 プレートフレームプレス

プレートフレームプレスは，フレーム内に保持されている鉛直プレートと固定式または移動式の端部との間で一緒にプレスされるプレートで構成されている．布フィルター媒体は，それぞれのプレートの表面に取りつけられている．プレス機は閉じられ，バイオソリッドは 225 psi まで加圧されてプレス機に流入する．そして，バイオソリッドはプレス機の長さに沿って取りつけられたトレイの供給孔を通過する．フィルタープレスは通常，布の上での固形物の保持を補助するために，またケーキをより容易に放出可能にするために，焼却灰や珪藻土などのようなプレコート地を必要とする．プレートフレームプレスの性能は，供給したバイオソリッドの特性，化学調整剤の種類と量，運転圧力，

およびプレコートの種類と量を含む。排水処理固形物操作において典型的に使用されているフィルタープレスの計算（およびその他の脱水の計算）は、汚泥負荷率、ネットフィルタ収量、水量負荷、バイオソリッド供給速度、凝集剤供給速度、凝集剤の投与量、全浮遊物質、および汚泥回収率などがある。

a. 固形物負荷

式（24.148）に示すように固形物負荷は、プレート面積 1 ft² ごとの汚泥量（lb/hr）の値で測定される。

$$\text{固形物負荷(lb/hr/ft}^2\text{)} = \frac{\text{バイオソリッド流入量(gph)} \times 8.34 \text{ lb/gal} \times (\text{固形分パーセント}/100)}{\text{プレート表面積(ft}^2\text{)}} \quad (24.148)$$

■例 24.114

問題： 消化されたおもなバイオソリッドを脱水するために使用するフィルタープレスは2時間当たりに710 gal の流入を受け入れている。バイオソリッドは3.3%の固形分を有する。プレート表面積が120 ft² であれば、汚泥負荷は何 lb/hr/ft² であるか？

解答： 流量が2時間ごとのガロンとして与えられる。最初に1時間当たりの流量として表現する。

$$710 \text{ gal}/2 \text{ hr} = 355 \text{ gal/hr}$$

したがって、

$$\text{固形物負荷} = \frac{\text{バイオソリッド流入量(gph)} \times 8.34 \text{ lb/gal} \times (\text{固形分パーセント}/100)}{\text{プレート表面積(ft}^2\text{)}}$$

$$= \frac{355 \text{ gph} \times 8.34 \text{ lb/gal} \times (3.3/100)}{120 \text{ ft}^2}$$

$$= 0.81 \text{ lb/hr/ft}^2$$

要点： 固形物負荷はプレートの表面積当たり（ft²）の固形分（lb/hr）から測定する。しかし、これはプレス機へのバイオソリッド供給が停止している時間は反映しない。

b. ネットフィルター（正味ろ過）収率

回分式で操作されるとき、プレート間の空間が完全に汚泥で満たされるまで、バイオソリッドはプレートフレームフィルタープレスに供給される。その後プレス機へのバイオソリッドの流入は停止し、プレートは分離され、バイオソリッドケーキはホッパーか下コンベアの下部に入る。正味ろ過収率は（lb/hr/ft²）で測定され、プレートフレームフィルタープレスの休止時間と同じ稼働時間となる。正味ろ過収率を計算するには、単に次のように全サイクル時間に対するろ過時間の比で（lb/hr/ft²）表すことができる。

$$\text{正味ろ過収率} = \frac{\text{ろ過時間}}{\text{全サイクル時間}} \quad (24.149)$$

■例 24.115

問題： プレートフレームフィルタープレスは，2 時間につきバイオソリッド 660 gal の流入を受け入れている．バイオソリッドの固形物濃度は 3.3％である．プレートの表面積は 110 ft² である．バイオソリッドケーキ放出のための休止時間が 20 分であれば，正味ろ過収率は何 lb/hr/ft² であるか？

解答： まず，固形物負荷を計算し，それから補正後の時間係数とその数を掛ける．

$$\text{固形物負荷率} = \frac{\text{バイオソリッド流量(gph)} \times 8.34 \text{ lb/gal} \times (\text{固形物パーセント}/100)}{\text{プレート面積(ft}^2)}$$

$$= \frac{330 \text{ gph} \times 8.34 \text{ lb/gal} \times (3.3/100)}{100 \text{ ft}^2}$$

$$= 0.83 \text{ lb/hr/ft}^2$$

次に，補正された時間係数を使用して，正味ろ過収率を計算

$$\text{正味ろ過収率(lb/hr/ft}^2) = \frac{0.83 \text{ lb/hr/ft}^2 \times 2 \text{ hr}}{2.33 \text{ hr}} = 0.71 \text{ lb/hr/ft}^2$$

24.14.2.2 ベルトフィルタープレス

ベルトフィルタープレス（図 24.9）は 2 つの多孔質のベルトで構成されている．バイオソリッドは，2 つの多孔性ベルトの間に挟まれる．バイオソリッドから水を絞りとるために，一連のローラーのまわりを通り過ぎるときにベルトがきつく引っ張られる．高分子凝集剤は，バイオソリッドがフィルタープレスに到達する直前に添加される．バイオソリッドは，その後，重力によって水の一部が排水されるように，ベルトの 1 つに分散される．そして，ベルトはバイオソリッドを間に挟み込む．

a. 水量負荷速度

ベルトフィルター用の水量負荷速度は，1 ft あるいはベルト幅当たりの流量（gpm）で測定される．

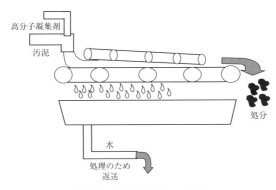

図 24.9 ベルトフィルタープレス

24.14 バイオソリッド脱水と処分

$$水量負荷速度 (gpm/ft) = \frac{流量 (gpm)}{ベルト幅 (ft)} \quad (24.150)$$

■ 例 24.116

問題： 6 ft 幅のベルトプレスは，一次バイオソリッドの 110 gpm の流入を受け入れている．水量負荷速度は何 gpm/ft であるか？

解答：
$$水量負荷速度 (gpm/ft) = \frac{流量 (gpm)}{ベルト幅 (ft)} = \frac{110 \text{ gpm}}{6 \text{ ft}} = 18.3 \text{ gpm/ft}$$

■ 例 24.117

問題： ベルトフィルタープレスが幅 5 ft，一次バイオソリッドを 150 gpm の流入を受け入れている．水量負荷速度は何 gpm/ft² であるか？

解答：
$$水量負荷速度 (gpm/ft) = \frac{流量 (gpm)}{ベルト幅 (ft)} = \frac{150 \text{ gpm}}{5 \text{ ft}} = 30 \text{ gpm/ft}$$

b. バイオソリッド供給速度

ベルトフィルタープレスへのバイオソリッド供給速度は，脱水されなければならないバイオソリッド (lb/day)，許容可能なケーキの乾燥生成の最大固形物供給速度 (lb/hr)，1 日当たりのベルトプレスが作動時間などを含むいくつかの要因に依存する．バイオソリッドの供給速度を計算するのに使用される式は，次のとおりである．

$$バイオソリッド供給速度 (lb/hr) = \frac{脱水されたバイオソリッド量 (lb/day)}{ベルトプレス機の作動時間 (hr/day)} \quad (24.151)$$

■ 例 24.118

問題： ベルトフィルタープレスで脱水されるバイオソリッドの量は 20,600 lb/day である．ベルトフィルタープレスは毎日 10 時間を動作させる場合には，バイオソリッド供給速度は何ポンド／時必要があるか？

解答：
$$バイオソリッド供給速度 (lb/hr) = \frac{脱水されたバイオソリッド量 (lb/day)}{ベルトプレス機の作動時間 (hr/day)}$$

$$= \frac{20,600 \text{ lb/day}}{10 \text{ hr/day}} = 2060 \text{ lb/hr}$$

c. 固形物負荷速度

固形物負荷速度は，ポンド／時 または，トン／時として表現することができる．いずれの場合でも，計算はベルトフィルタープレスへのバイオソリッドフロー（または供給）とバイオソリッド中の全浮遊物質（TSS）濃度（mg/L）のパーセンテージに基づいている．汚泥負荷を計算する際に使用される式は，次のようである．

$$固形物負荷速度 (lb/hr) = 供給 (gpm) \times 60 (min/hr) \times 8.34 \text{ lb/gal} \times (\%TSS/100) \quad (24.152)$$

■例 24.119

問題： ベルトフィルタープレスへのバイオソリッド供給は 120 gpm である．もし，供給の浮遊物質濃度は 4％の場合，固形物負荷速度は何ポンド／時間か？

解答： 汚泥負荷速度(lb/hr) ＝ 供給量（gpm）×60(min/hr)×8.34 lb/gal×(％TSS/100)
＝ 120 gpm×60 min/hr×8.34 lb/gal×(4/100) ＝ 2402 lb/hr

d. 凝集剤供給速度

凝集剤供給速度は，他のすべての mg/L から lb/day のように計算され，それから次のように，lb/hr の供給速度に変換することができる．

$$\text{凝集剤の供給速度(lb/hr)} = \frac{\text{凝集剤濃度(mg/L)} \times \text{供給速度(MGD)} \times 8.34 \text{ lb/gal}}{24 \text{ hr/day}}$$

(24.153)

■例 24.120

問題： ベルトフィルタープレス用凝集剤の濃度が 1％（10,000 mg/L）である．凝集剤の供給速度が 3 gpm の場合，凝集剤の供給速度は何ポンド／時間であるか？

解答： まず，mg/L を使用してポンド／日の凝集剤を計算する．gpm 供給流量は MGD 供給流量として表現されなければならないことに注意せよ．

$$\frac{3 \text{ gpm} \times 1440 \text{ min/day}}{1,000,000} = 0.00432 \text{ MGD}$$

凝集剤の供給速度(lb/day) ＝ 凝集剤(mg/L)× 供給速度(MGD)×8.34 lb/gal
＝ 10,000 mg/L×0.00432 MGD×8.34 lb/gal
＝ 360 lb/day

次に，凝集剤を lb/day から lb/hr へ変換する．

$$\frac{360 \text{ lb/day}}{24 \text{ hr/day}} = 15 \text{ lb/hr}$$

e. 凝集剤投入量

固形物負荷率速度（ton/hr）と凝集剤供給速度（lb/hr）が算出されると，凝集剤投入量（lb/ton）を決定することができる．凝集剤の投入量を決定するために使用される式は，次である．

凝集剤投入量(lb/ton) ＝ 凝集剤供給速度(lb/hr)/処理固形物量(ton/hr) (24.154)

■例 24.121

問題： ベルトフィルターが 3100 lb/hr の固形物負荷速度と 12 lb/hr の凝集剤供給速度を有する．処理固形物の凝集剤の投入量（lb/ton）を計算せよ．

解答： まず lb/hr の固形物負荷を ton/hr の汚泥負荷へ変換する．

$$\frac{3100 \text{ lb/hr}}{2000 \text{ lb/ton}} = 1.55 \text{ tons/hr}$$

処理固形物トン当たりの凝集剤（lb）を計算する．

$$凝集剤投入量(\text{lb/ton}) = \frac{12 \text{ lb/day}}{1.55 \text{ tons/hr}} = 7.8 \text{ lb/ton}$$

f. 全浮遊物質

供給バイオソリッドは懸濁物質および溶解物質の2種類で構成されている．懸濁物質はガラス繊維フィルターパッドを通過しない．浮遊物質はさらに全浮遊物質（TSS），揮発性浮遊物質，または不揮発性浮遊物質として分類することができ，さらに沈降特性によって，沈殿性固形物，浮遊性固形物，およびコロイド状物質に分類することができる．排水中の全浮遊物質は，通常100〜350 mg/Lの範囲である．溶解性固体物はガラス繊維フィルターパッドを通過する．溶解性固体物も，全溶解固形物（TDS），揮発性溶解固形物，不揮発性溶解固形物に分類することができる．全溶解固形物は通常250〜850 mg/Lの範囲である．

2つのラボ試験が，フィルタープレスに供給されるバイオソリッドの全浮遊物質濃度を推定するために使用することができる．総残存物質試験（浮遊SSと溶存SS濃度の両方の測定）および総ろ過可能な残留物質試験（溶解性固形分濃度のみの測定）である．式（24.155）に示すように，総残留物からの総ろ過可能な残留物を減算することにより，総非ろ過性の残渣（全浮遊物質）が得られる．

$$総残留量(\text{mg/L}) - ろ過可能な残留物総量(\text{mg/L})$$
$$= 非ろ過性の残留物総量(\text{mg/L}) \tag{24.155}$$

■例 24.122

問題： ラボ試験で，供給バイオソリッドサンプルの総残留分は22,000 mg/Lであることがわかっている．ろ過可能な残留物総量は720 mg/Lである．これに基づき，推定されるバイオソリッドサンプルの全浮遊物質はいくらであるか？

解答： 総残留量(mg/L) − ろ過可能な残留物総量(mg/L)
= 非ろ過性の残留物総量(mg/L)
22,000 mg/L − 720 mg/L = 21,280 mg/L 全浮遊物質

24.14.3 回転式真空ろ過脱水の計算

回転式真空ろ過機（図24.10）は，液体から固体物質を分離するために使用される装置である．真空ろ過機は，ろ布で覆われ，その中に大きな穴をもつ大規模なドラムで構成されている．ドラムは，部分的に水没し，調整されたバイオソリッドの付加槽（桶）を介して回転される．このろ過機は，高い固体捕捉ができ，高品質の上澄液またはろ液を得ることが可能であり，固形物濃度15〜40%を達成することができる．

24.14.3.1 ろ過負荷

真空ろ過のろ過負荷はドラム表面積（1 ft^2）当たりに付与した汚泥量（lb/hr）で測定される．この計算で使用される式は以下に示す．

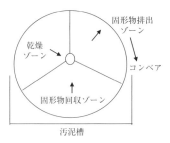

図 24.10 真空ろ過機

$$ろ過負荷(lb/hr/ft^2) = \frac{固形分量(lb/hr)}{表面積(ft^2)} \tag{24.156}$$

■例 24.123

問題： 消化したバイオソリッドを，3%の固形物濃度で，70 gpm の速度で真空ろ過機に適用する．真空ろ過機が 300 ft² の表面積を有する場合，フィルター負荷は何 lb/hr/ft² であるか？

解答： ろ過負荷率(lb/hr/ft²)

$$= \frac{バイオソリッド供給量(gpm) \times 60\ min/hr \times 8.34\ lb/gal \times 固形物パーセント}{ろ過機の表面積(ft^2)}$$

$$= \frac{70\ gpm \times 60\ min/hr \times 8.34\ lb/gal \times (3/100)}{300\ ft^2}$$

$$= 3.5\ lb/hr/ft^2$$

24.14.3.2　ろ過収率

真空ろ過性能の最も一般的な測定方法の 1 つは，ろ過収率である．なお，フィルター面積 1 ft² 当たり脱水バイオソリッド（ケーキ）中の乾燥固形物（lb/hr）である．それは，式（24.157）を使用して計算することができる．

ろ過収率(lb/hr/ft²)

$$= \frac{湿潤ケーキ流量(lb/hr) \times (ケーキ中の固形物パーセント濃度/100)}{ろ過面積(ft^2)} \tag{24.157}$$

■例 24.124

問題： 真空ろ過機からの湿潤ケーキの流量は，9000 lb/hr である．フィルター面積が 300 ft² で，ケーキ中の固形分％が 25％であれば，フィルター収量は何 lb/hr/ft² であるか？

解答： ろ過収率(lb/hr/ft²)

$$= \frac{湿潤ケーキ流量(lb/hr) \times (ケーキ中の固形物パーセント濃度/100)}{ろ過面積(ft^2)}$$

$$= \frac{9000 \text{ lb/hr} \times (25/100)}{300 \text{ ft}^2} = 7.5 \text{ lb/hr/ft}^2$$

24.14.3.3　真空ろ過機の運転時間

式（24.157）を用いて，与えられた汚泥（lb/day）を処理するのに必要な真空フィルターの動作時間を計算することができる．真空ろ過機の運転時間は x という未知数で表すことができる．

■例 24.125

問題： 4000 lb/day の，一次バイオソリッドを真空ろ過機で処理する必要がある．真空フィルター収率は 2.2 lb/hr/ft^2，固形物回収率は 95％である．フィルターの面積が 210 ft^2 の場合は，真空ろ過機は，これらの固形物を処理するために1日当たりどのくらいの時間で運転する必要があるか？

解答：

$$\text{ろ過収率(lb/hr/ft}^2) = \frac{\left(\dfrac{\text{ろ過に供する固形物(lb/day)}}{\text{ろ過時間(lb/day)}}\right)}{\text{ろ過面積(ft}^3)} \times \frac{\text{固形物回収率}}{100}$$

$$2.2 \text{ lb/hr/ft}^2 = \frac{4000 \text{ lb/day}}{x \text{ hr/day}} \times \frac{1}{210 \text{ ft}^2} \times \frac{95}{100}$$

$$x = \frac{4000 \times 1 \times 95}{2.2 \times 210 \times 100}$$

$$= 8.2 \text{ hr/day}$$

24.14.3.4　固形物回収率パーセント

上述したように，真空ろ過プロセスの機能は，処理中のバイオソリッド中の液体から固体を分離することであるので，供給した固形物の回収率は（ときには固形物捕捉率と称する）回収プロセスの効果を測定したものである．方程式（24.158）は固形物回収率を決定するために使用される．

固形物回収率パーセント

$$= \left[\frac{\text{湿潤ケーキ流量(lb/hr)} \times (\text{ケーキ中の固形物パーセント濃度}/100)}{\text{バイオソリッド供給量(lb/hr)} \times (\text{供給バイオソリッド中固形物}/100)}\right] \times 100 \quad (24.158)$$

■例 24.126

問題： 5.1％の固形分に含まれるバイオソリッドをバキューム機に 3400 lb/day で供給する．25％の固形物を含むウェットケーキの流量は 600 lb/hr である．固形物回収率はいくらであるか？

解答：

$$\text{固形物回収率パーセント} = \frac{600 \text{ lb/hr} \times (25/100)}{3400 \text{ lb/hr} \times (5.1/100)} \times 100$$

$$= \frac{150 \text{ lb/hr}}{173 \text{ lb/hr}} \times 100 = 87\%$$

24.14.4 砂乾燥床の計算

乾燥床は，一般的によく消化されたバイオソリッドを脱水するために使用される．バイオソリッド乾燥床には，支持媒体内に穴が空いたものや排水口を組み合わせたシステム，通常は砂利やワイヤーメッシュで構成されている．乾燥床は，通常，木材，コンクリート，または他の材料によるそれぞれの動作部に分けられている．乾燥床は，閉じたものと外気にさらされるものがある．また，これらは自然排水および蒸発のプロセスに完全に依存するものや，操作を補助するために真空吸引を使用するものがある．砂乾燥床は，最古のバイオソリッド脱水技術である．砂乾燥床は 6〜12 in. の粗砂，とその上におそらく 3/4 から 1.5(1−1/2) in. の砂礫の層，さらに一番下に 1/8〜1/4 in. の砂から構成されている．総砂利の厚さは通常，約 1 ft である．自然の土の層（4〜6 in.）は通常 20〜30 ft に配置され，その下に敷き詰められた排水タイルで底を構成している．床のセクション間の側壁とパーティションは通常，木の板やコンクリート製で，砂の表面の上に約 14 in. に広がる．典型的には，総バイオソリッド，汚泥負荷，乾燥床へのバイオソリッドの排出量の 3 つの計算が砂乾燥床の性能を監視するために使用される．

24.14.4.1 供給バイオソリッド総量

式（24.159）で示すように，砂乾燥床に供給されるバイオソリッドの総ガロンは，床の面積と供給バイオソリッドの深さから計算されることがある．

$$\text{ボリューム(gal)} = \text{長さ(ft)} \times \text{幅(ft)} \times \text{奥行(ft)} \times 7.48 \text{ gal/ft}^3 \quad (24.159)$$

■例 24.127

問題： 乾燥床は，長さ 220 ft，幅 20 ft である．バイオソリッドは，4 in. の深さで供給された場合，どのくらい（gal）のバイオソリッドが，乾燥床に供給されるか？

解答：
$$\text{ボリューム(gal)} = \text{長さ(ft)} \times \text{幅(ft)} \times \text{奥行(ft)} \times 7.48 \text{ gal/ft}^3$$
$$= 220 \text{ ft} \times 20 \text{ ft} \times 0.33 \text{ ft} \times 7.48 \text{ gal/ft}^3$$
$$= 10{,}861 \text{ gal}$$

24.14.4.2 固形物負荷率

固形物負荷率は lb/yr/ft^2 として表すことができる．固形物負荷率は，供給されるバイオソリッド量（lb），固形物濃度，サイクル長，砂床面積（ft^2）に依存する．固形物負荷速度の方程式は以下のとおりである．

固形物負荷率(lb/yr/ft^2)

$$= \frac{\left[\left(\dfrac{\text{バイオソリッド供給量(lb)}}{\text{供給時間(日)}}\right) \times (365 \text{ days/yr}) \times (\text{固形物パーセント濃度}/100)\right]}{\text{長さ(ft)} \times \text{幅(ft)}} \quad (25.160)$$

■例 24.128

問題： バイオソリッド床が長さ 210 ft と幅 25 ft である．バイオソリッド 172,500 lb が砂乾燥床に供給される．バイオソリッドは，5%の固形分を有する．乾燥除去サイクルは 21 日間必要とする場合は，固形物負荷速度は何 lb/yr/ft² であるか？

解答：
$$\text{固形物負荷率}(\text{lb/yr/ft}^2) = \frac{\left(\dfrac{172{,}500 \text{ lb}}{21 \text{ days}} \times \dfrac{365 \text{ days}}{\text{yr}} \times \dfrac{5}{100}\right)}{210 \text{ ft} \times 25 \text{ ft}}$$
$$= 37.5 \text{ lb/yr/ft}^2$$

24.14.4.3 乾燥床へのバイオソリッドの排出

乾燥床への消化バイオソリッドのポンプ圧送は，乾燥したバイオソリッドを土壌改良材として利用できるようにする，バイオソリッド脱水法の多くの中の 1 つの方法である．地域の気候に応じて，乾燥床の深さは，8〜18 in. の範囲となる．これらの乾燥床がカバーするエリアはかなりのものになることがある．このため，乾燥床の使用は，比較的大きなプラントより小さいプラントのほうがより一般的である．乾燥床へのバイオソリッドの排出を計算する場合，式 (24.161) を使用する．

$$\text{バイオソリッド排出量}(\text{ft}^3) = 0.785 \times (\text{直径})^2 \times \text{高さ}(\text{水位})(\text{ft}) \quad (24.161)$$

■例 24.129

問題： バイオソリッドは，40 ft の直径を有する消化槽から引き出される．もし，バイオソリッドが 2 ft の深さを引き出される場合，どのくらいの汚泥を乾燥床に送る必要があるか？

解答：
$$\text{バイオソリッド排出量}(\text{ft}^3) = 0.785 \times (\text{直径})^2 \times \text{高さ}(\text{ft})$$
$$= 0.785 \times (40 \text{ ft} \times 40 \text{ ft}) \times 2 \text{ ft}$$
$$= 2512 \text{ ft}^3$$

24.14.5 バイオソリッド処分の計算

バイオソリッドの処分では，さまざまな方法での土壌還元の利用は，必要に迫られるだけでなく（なぜなら，1992 年に米国で海洋投棄の禁止，それ以来埋め立て容量不足による），有益な再利用法として非常に一般的である．有益な再利用法とは，バイオソリッドが栄養分や土質のリサイクルにより環境に配慮した方法で処分されることを意味する．バイオソリッドの適用は，米国全土で農業と森林の土地で実施されている．土壌還元利用されるためには，バイオソリッドは，一定の条件を満たさなければならない．バイオソリッドは，州および連邦政府のバイオソリッド管理および処分の規制を遵守しなければならないし，また，人間の健康（たとえば，毒素，病原性生物）や環境（たとえば，農薬，重金属）に危険物質を含まない．バイオソリッドは，土地に直接注入，応用的な利用，耕作による間接的な利用，または堆肥化により利用される．

24.14.5.1 土壌還元

バイオソリッドの土壌還元が問題を回避するためには，正確な制御を必要とする．プロセス制御計算は，全体的なプロセス制御処理の一部である．計算は処理費用，植物利用可能な窒素（PAN），適用率（ドライトンとウェット ton/ac），金属負荷率，金属の負荷に基づく最大許容アプリケーション，および金属の負荷に基づくサイトの寿命を含む．

a. 処分費用

バイオソリッドの処分費用は，式 (24.162) を用いて決定することができる．

$$\text{コスト} = \text{年間生産ウェットトンのバイオソリッド} \times \text{パーセント汚泥} \times \text{ドライトン当たりのコスト} \quad (24.162)$$

■例 24.130

問題： ある処理システムでは，毎年湿重 1925 トンバイオソリッドを生産されている．バイオソリッドは，固形分 18% で構成されている．請負業者は，ドライトン当たり 28 ドルでバイオソリッドを処分する．バイオソリッド処分のための年間コストはいくらであるか？

解答： コスト ＝ 1925 ton × 0.18 × \$28/dry ton ＝ \$9702

b. 植物利用可能な窒素

バイオソリッドを土壌利用する際に考慮する 1 つの要因は，サイト上で成長する植物に利用可能なバイオソリッド中の窒素の量である．これは，アンモニア態窒素と有機態窒素が含まれている．有機態窒素は，植物の消費のために無機化しなければならない．毎年有機態窒素の一部のみが，無機化する．無機化因子（f^1）は 0.20 であると仮定される．利用可能なアンモニア態窒素の量は，直接バイオソリッドを供給し，土壌に（耕す）バイオソリッドを組み込む間の経過時間に関係している．揮発速度は，以下の例に示されている．

$$\text{PAN(lb/dry ton)} = \begin{bmatrix} (\text{有機態窒素(mg/kg)} \times f^1) \\ + (\text{アンモニア態窒素(mg/kg)} \times V_1) \end{bmatrix} \times 0.002 \, \text{lb/dry ton} \quad (24.163)$$

ここで，PAN ＝ 植物利用可能な窒素，f^1 ＝ 有機態窒素のミネラル率（0.20 と仮定），V_1 ＝ アンモニア態窒素の揮発速度（バイオソリッドが注入されている場合 1.00, 24 時間以内に耕される場合 0.85, 7 日以内に耕される場合 0.70）．

■例 24.131

問題： あるバイオソリッドには，有機態窒素 21,000 mg/kg，およびアンモニア態窒素 10,500 mg/kg が含まれている．そして，適用後 24 時間以内に土壌中に組み込まれる．汚泥のドライトン当たりの植物利用可能窒素（PAN）はいくらであるか？

解答： PAN ＝ [(21,000 mg/kg × 0.20) + (10,500 × 0.85)] × 0.002 ＝ 26.3 lb/dry ton

c. 作物の窒素要求量に基づく適用量

ほとんどの場合，農耕地へのバイオソリッドの適用量は，作物に必要な窒素の量に

よって制御される。窒素の要求に基づいて、以下によって決定される。① 作物の窒素要件を決定するために、農業ハンドブックを使用する。② 必要な窒素を提供するために必要なドライトンのバイオソリッドの量を決定する。

$$\text{ドライトン/ac} = \frac{\text{植物必要窒素量(lb/ac)}}{\text{植物利用可能な窒素(lb/dry ton)}} \quad (24.164)$$

■例 24.132

問題: バイオソリッド土壌利用サイトにおいて栽培される作物にエーカー当たり 150 lb の窒素が必要になる。バイオソリッドの PAN が 30 lb／ドライトンであれば、必要なバイオソリッドの施用量はいくらか？

解答:
$$\text{ドライトン/ac} = \frac{150 \text{ lb/ac}}{30 \text{ lb/dry ton}} = 5 \text{ dry ton/ac}$$

d. 金属負荷

バイオソリッドが土壌利用される場合には、金属濃度が厳密に監視され、施用サイトへの負荷を算出する。

$$\text{負荷(lb/ac)} = \text{金属濃度(mg/kg)} \times 0.002 \text{ lb/dry ton} \times \text{施用率(dry ton/ac)} \quad (24.165)$$

■例 24.133

問題: バイオソリッドには、鉛 14 mg/kg が含まれており、現在 11 ドライトン/ac の割合であるサイトに適用されている。エーカー当たりの鉛の金属負荷率（lb/ac）はいくらか？

解答:
$$\text{負荷率} = 14 \text{ mg/kg の} \times 0.002 \text{ lb/ドライトン} \times 11 \text{ ドライトン}$$
$$= 0.31 \text{ lb/ac}$$

e. 金属負荷に基づく最大許容施用量

金属が存在する場合、それらは、そのサイトが許容できる土壌利用のバイオソリッド受入量を制限しうる。金属負荷は、通常、使用中のサイトに施用することができる金属の最大合計量で表される。

$$\text{施用量} = \frac{\text{最大許容累積負荷(lb/ac)}}{\text{金属負荷(lb/ac)}} \quad (24.166)$$

■例 24.134

問題: 最大許容累積鉛負荷が 48 lb/ac である。0.35 lb/ac の現在の負荷に基づいて、どのくらいのバイオソリッド施用量を、このサイトに加えることができるか？

解答:
$$\text{施用量} = \frac{48.0 \text{ lb/ac}}{0.35 \text{ lb/ac}} = 137$$

f. 金属負荷に基づくサイトの寿命

金属負荷と年間施用量に基づく施用量の最大量は、最大サイト寿命を決定するために

用いることができる．

$$\text{サイト寿命(yr)} = \frac{\text{最大許容施用量}}{\text{年間の施用量}} \tag{24.167}$$

■例 24.135

問題： バイオソリッドは今，年2回サイトに土壌利用されている．バイオソリッドの鉛含有量に基づいて，施用量の最大数は，135回であると求められる．鉛負荷や施用頻度に基づいて，このサイトで何年使用することができるか？

解答：
$$\text{サイト寿命} = \frac{135\text{回施用}}{\text{年間2回施用}} = 68\,\text{yr}$$

要点： 複数の金属が存在する場合，計算は，各金属に対して実行されなければならない．サイトの寿命は，これらの計算によって生成された最も低い値になる．

24.14.5.2　バイオソリッドの堆肥化

バイオソリッド堆肥化の目的は，有機物質を安定化，体積を減少，病原性生物を排除，土壌改良またはコンディショナーとして使用することができる製品を製造することである．堆肥化は，生物学的プロセスである．堆肥化操作では，脱水された固形物は通常，水分調整剤（たとえば，広葉樹チップ）と混合し，生物学的な安定化が発生するまで保存される．堆肥化混合物は，酸化のために十分な酸素を提供し，悪臭を防止するために貯蔵中に換気される．固形分の安定化後，それらは水分調整剤から分離される．堆肥した固形分は，養生させるために貯蔵され，農地や他の有益な用途に応用されている．堆肥化操作において揮発性物質減少率および水分減少率両方の期待される性能は 40～60％の範囲である．

バイオソリッド堆肥化に関連する性能の要因は，水分含有量，温度，pH，栄養素利用，および通気が含まれている．バイオソリッドは，生物学的活性をサポートするのに十分な水分が含まれている必要がある．水分レベルは，低すぎる（40％未満）と，生物活性が減少または停止される．同時に水分レベルは約60％を超えると，その混合物に対する十分な空気の流入を妨げる．温度を 130～140°F の範囲内に維持させるときに堆肥化が最適に進行する．生物学的活性は，同様にこの範囲を超える温度を上昇させるのに十分な熱を提供する．強制換気または混合は熱を除去し，所望の動作温度範囲を維持するために使用される．必要なレベルに維持されるとき，堆肥化固形物の温度は，病原体を除去するのに十分であろう．流入 pH は，極端な値（6.0 未満または 11.0 より大きい）では，プロセスの性能に影響を与えることができる．堆肥化中の pH は，生物学的活性に何らかの影響を与える可能性があるが，大きな影響ではない．堆肥バイオソリッドは，一般的に 6.8～7.5 の範囲の pH を有する．コンポスト化プロセスの重要な栄養素は窒素である．炭素に対する窒素の比が，窒素1に対し炭素 26～30 の範囲にあるときに処理が最適に動作する．この比率を超えると，堆肥化が遅くなる．この比が適正値以下であると，最終生成物の窒素含有量は堆肥としてあまり魅力的でない．エアレーションプロ

セスに酸素を提供するために，温度を制御することが不可欠である．強制空気プロセスでは，臭気制御のいくつかの手段は，ばっ気システムの設計に含まれるべきである．

関連堆肥化プロセス制御計算は堆肥混合堆肥サイト容量の水分の割合の決定を含む．

a. 堆肥バイオソリッドと脱水バイオソリッドの混合

脱水バイオソリッドと堆肥をブレンドすることは2つの異なる固形物パーセントのバイオソリッドを混合することと同じである．混合物の固形物（または水分）含有量は，常に混合される2つの材料の固形分（または水分率）濃度の中間になる．式（24.168）は混合物の水分率を決定するために使用される．

$$\text{混合物の水分率} = \frac{[\text{バイオソリッド}(\text{lb/day}) \times (\text{水分率}/100)] + [\text{堆肥}(\text{lb/day}) \times (\text{水分率}/100)]}{\text{バイオソリッド}(\text{lb/day}) + \text{堆肥}(\text{lb/day})} \quad (24.168)$$

■例 24.136

問題： 5000 lb/day 脱水バイオソリッドが，2000 lb/day の堆肥と混合される場合は，混合物の水分率はいくらか？ 脱水バイオソリッドは，25%の固体含量（75%水分）を有し，堆肥30%の水分含量を有する．

解答：
$$\text{混合物の水分率} = \frac{[5000\ \text{lb/day} \times (75/100)] + [2000\ \text{lb/day} \times (30/100)]}{5000\ \text{lb/day} + 2000\ \text{lb/day}}$$

$$= \frac{3750\ \text{lb/day} + 600\ \text{lb/day}}{7000\ \text{lb/day}}$$

$$= 62\%$$

b. 堆肥サイト容量計算

堆肥操作における重要な検討事項は，固形物処理能力（堆肥化時間）で，lb/dayまたは lb/week で表した．式（24.169）は，サイトの容量を計算するために使用される．

$$\text{堆肥化時間} = \frac{\text{利用可能な総容量}(\text{yd}^3)}{\left(\dfrac{\text{湿潤堆肥}(\text{lb/day})}{\text{堆肥の密度}(\text{lb/yd}^3)}\right)} \quad (24.169)$$

■例 24.137

問題： 堆肥化施設は，7600 yd³ の利用可能な容量がある．堆肥化時間が21日間であれば，この施設でどのくらい（lb/day）ウェット堆肥が処理できるか？ 堆肥の密度を 900 lb/yd³ と仮定する．

解答：
$$\text{堆肥化時間} = \frac{7600\ \text{yd}^3}{\left(\dfrac{x\ \text{lb/day}}{900\ \text{lb/yd}^3}\right)}$$

$$21\ \text{days} = \frac{7600\ \text{yd}^3 \times 900\ \text{lb/yd}^3}{x\ \text{lb/day}}$$

$$x \, \text{lb/day} = \frac{7600 \, \text{yd}^3 \times 900 \, \text{lb/yd}^3}{21 \, \text{days}}$$

$$x \, \text{lb/day} = \frac{6{,}840{,}000 \, \text{lb}}{21 \, \text{days}}$$

$$= 325{,}714 \, \text{lb/day}$$

24.15 排水処理の分析室における計算

24.15.1 排水処理の分析室

上水および下水処理場の規模は，現在および将来の需要に応じて設計されるが，いずれにしても，処理場内には分析室が設置される．分析室は最小規模のものから，数種の分析機器を整えた環境分析室といえるものまでさまざまである．上水・下水の分析室はさまざまな試験を行うために使用され，その結果を踏まえて，処理場の最適な運転管理が行われる．分析室での試験は，配管洗浄時間の決定や，検水のpH，COD，TP，糞便性大腸菌数，残留塩素，BODなどを知るために実施される．排水の標準的な試験方法は*Standard Methods for Examination of Water & Wastewater*（Clesceri et al., 1999）に収録されている．

このセクションでは，さまざまな計算方法を含む上下水の標準的な分析方法に焦点を当てる．特に，コンポジット採水における分配係数の決定，蛇口水量の推定，配管洗浄時間，BOD，モル濃度，モル，規定度，沈降性，沈降性物質，汚泥量，全蒸発残留物，強熱残留物，強熱減量物，浮遊物質，浮遊物質の強熱減量，汚泥容量指標，汚泥密度指標について述べることとする．

24.15.2 コンポジット採水の手順と計算

オーブン焼きをつくる際，上手な料理人はまずオーブンに火を入れ，その間に他の雑用をこなす．オーブンのサーモスタットは温度を適切に維持する．料理とは違って，上水・下水処理場では運転管理者がパラメータをセットすれば，それを忘れて立ち去ることができるような贅沢なものはない．最適な運転管理を行うためには，各ユニットのプロセスについて，随時，さまざまな調整を行う必要がある．

運転管理者は，現場での知見とラボ試験の結果に基づいて各ユニットのプロセスを調整する．ラボ試験をするには，サンプルを採取する必要があり，グラブサンプリングとコンポジットサンプリングは，2つの基本的な採水方法である．採水方法は，特殊な試験や採水の目的，放流許可の要求事項などによって決定される．

グラブサンプルは，ある時間にある場所で採取された個別的な試料である．濃度がすぐに変化するDO，pH，温度，全残留塩素のようなものを測る場合でも，まずはこの方法で採水される．ただし，その測定結果は，その時のその状態での値であることに留意する必要がある．

24.15 排水処理の分析室における計算

コンポジットサンプルは，特定のインターバルやフローに応じて採取されたグラブサンプルの集合である．個々のグラブサンプルの混合割合は，採取されたときの流量に応じて決定される．コンポジットサンプルは，一定の期間の上水・下水の特徴を表すものである．コンポジットサンプリングに用いられる知識は，上水・下水処理場管理者にとって重要かつ基本的な要求事項であり，以下に実際の手順を述べる．

1. すべての試験に必要となるサンプル量を決定する．
2. 処理システムの平均日水量を決定する．

要点: 数か月間のデータを用いることで，より適切な平均日水量を決定することができる．

3. 配分係数を計算する．

$$配分係数(PF) = \frac{必要サンプル量(mL)}{サンプル数 \times 平均日水量(MGD)} \tag{24.170}$$

要点: 配分係数を50単位（たとえば，50，100，150）に丸めることで，サンプル量の計算を簡素化することができる．

4. 1時間に1回，15分に1回などのスケジュールに従って個々のサンプルを採取する．
5. サンプリング時の流量を決定する．
6. コンポジットコンテナに加える量を計算する．

$$必要量(mL) = 流量_T \times 配分係数 \tag{24.171}$$

ここで，T は採水時刻を示す．

7. 採取した個々のサンプルをよく撹拌してから必要量を測り取り，コンポジットコンテナに加える．
8. 採水期間中，コンポジットコンテナは冷蔵して保管する．

■例 24.138

問題: 処理水試験には 3825 mL の試料が必要である．平均日水量は 4.25 MGD とする．流量が8時から1時間おきに 3.88, 4.10, 5.05, 5.25, 3.80, 3.65, 3.20, 3.45, 4.10 MGD であった場合において，コンポジットコンテナに加える量を計算せよ．

解答:

$$配分係数(PF) = \frac{3825 \text{ mL}}{9 \text{ サンプル} \times 4.25 \text{ MGD}} = 100$$

8時のサンプル量 $3.88 \times 100 = 388(400)$ mL，9時 $4.10 \times 100 = 410(410)$ mL，10時 $5.05 \times 100 = 505(500)$ mL，11時 $5.25 \times 100 = 525(530)$ mL，12時 $3.80 \times 100 = 380(380)$ mL，13時 $3.65 \times 100 = 365(370)$ mL，14時 $3.20 \times 100 = 320(320)$ mL，15時 $3.45 \times 100 = 345(350)$ mL，16時 $4.10 \times 100 = 410(410)$ mL．

24.15.3 生物化学的酸素要求量の計算

生物化学的酸素要求量（BOD_5）は 20°C，暗所に 5 日間という条件において生物学的に酸化可能な有機物量を測定するものである．どの希釈倍率の BOD を採用するかについて，いくつかの基準がある．これについては，*Standard Methods* のようなラボ試験マニュアルを参照されたい．BOD_5 には，植種をした場合としない場合で，異なる 2 つの基本的な計算方法がある．どちらの方法についても，内容および例示を以下に示す．

24.15.3.1　BOD_5（植種なし）

$$BOD_5（植種なし）= \frac{[DO_{開始時}(mg/L) - DO_{終了時}(mg/L)] \times 300\ mL}{サンプル量(mL)} \quad (24.172)$$

■例 24.139

問題：　BOD_5 の試験において，開始時の DO は 7.1 mg/L，5 日後の DO は 2.9 mg/L であった．サンプルの量は 120 mL である．植種なしの BOD_5 の値はいくらか？

解答：
$$BOD_5（植種なし）= \frac{(7.1\ mg/L - 2.9\ mg/L) \times 300\ mL}{120\ mL} = 10.5\ mg/L$$

24.15.3.2　BOD_5（植種あり）

サンプル中に活発な微生物が少ないと考えられるときは，植種をする．この場合，植種剤の BOD_5 への影響を補正する必要がある．

$$植種補正 = \frac{植種剤の BOD_5 \times 植種剤の量(mL)}{300\ mL} \quad (24.173)$$

$$BOD_5（植種あり）= \frac{[DO_{開始時}(mg/L) - DO_{終了時}(mg/L) - 植種補正] \times 300\ mL}{サンプル量(mL)} \quad (24.174)$$

■例 24.140

問題：　下記のデータを用いて BOD_5 を計算せよ．植種剤の BOD_5 90 mg/L，植種剤の量 3 mL，試料の量 100 mL，開始時の DO 7.6 mg/L，終了時の DO 2.7 mg/L.

解答：
$$植種補正 = \frac{90\ mg/L \times 3\ mL}{300\ mL} = 0.90\ mg/L$$

$$BOD_5（植種あり）= \frac{(7.6\ mg/L - 2.7\ mg/L - 0.90) \times 300}{サンプル量(mL)} = 12\ mg/L$$

24.15.3.3　BOD の 7 日移動平均

排水の BOD は日ごと，時間ごとにバラツキがあるため，処理システムの管理は個々のデータよりもその傾向に基づいて行われる．BOD の 7 日移動平均は BOD の傾向を計算するものである．

要点：　7 日移動平均は単に移動平均と呼ばれ，毎日，直前の 6 日間のデータにその日のデータを加えて平均値が算出される．

$$7日移動平均 = \frac{BOD_{当日} + BOD_{1日前} + BOD_{2日前} + BOD_{3日前} + BOD_{4日前} + BOD_{5日前} + BOD_{6日前}}{7}$$

(24.175)

■例 24.141

問題： 最初沈殿池流出水の BOD は 6 月 1 日から 1 日おきに 200，210，204，205，222，214，218 mg/L であった．7 日移動平均を計算せよ．

解答：
$$7日移動平均 = \frac{200 + 210 + 204 + 205 + 222 + 214 + 218}{7} = 210 \text{ mg/L}$$

24.15.4　モルとモル濃度の計算

化学者はモルと呼ばれる非常に有用な単位を定義した．モルとモル濃度（モルの濃度単位）は上水・下水の管理において非常に多く適用される．1 モルは 1 グラム分子量，すなわち，グラムとして表される分子量と定義される．たとえば，1 モルの水は 18 g であり，1 モルのグルコースは 180 g である．どんな化合物でも，1 モルの分子の数は常に同じである．1 モルに含まれる分子の数はアボガドロ数と呼ばれ，その数は 6.022×10^{23} である．

ノート：　アボガドロ数はどれほど大きいか．アボガドロ数のソフトドリンクの缶は，地球全体の地表を 200 mi 以上の深さまで覆う．

要点：　分子量とは 1 分子の重さであり，1 分子に存在するすべての原子の重さを足したものである．単位は原子質量単位（amu）である．1 モルは 1 グラム分子量であり，すなわち，分子量をグラム数で表したものである．分子量は 1 分子の重さをダルトンで表したものである．モル数は分子量と比例関係にあるため，どんな物質でも 1 mol には同じ数（アボガドロ数）の分子が含まれており，その数は 6.022×10^{23} である．

24.15.4.1　モル

1 モルは化合物の量であり，その式量に等しい．たとえば，水の式量は元素周期表（図 24.11）を用いて計算できる．

$$水素(1.008) \times 2 = 2.016$$
$$+ 酸素 = 16.000$$
$$\overline{H_2O の式量 = 18.016}$$

水の式量は 18.016 であるため，1 mol は 18.016 となる．1 g-mol は 18.016 g の水ということになる．本書では，モルという用語はグラムモルと同義である．モルの計算方法は以下のとおりである．

$$モル = \frac{化学物質の重さ}{化学物質の式量}$$

(24.176)

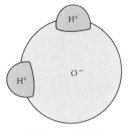

図 24.11 水分子

■例 24.142

問題: ある化学物質の原子量は 66 である．もし，1 L の溶液をつくるのにこの化学物質 35 g が使用されたとしたら，何モルが使用されたことになるか？

解答:
$$モル = \frac{化学物質の重さ}{化学物質の式量} = \frac{35\,\text{g}}{66\,\text{g/mol}} = 0.53\,\text{mol}$$

溶液のモル濃度は溶質のモルを溶液の容量 (L) で除すことで計算できる．

$$モル濃度 = \frac{溶質のモル}{溶液の容量(\text{L})} \tag{24.177}$$

■例 24.143

問題: 2 mol の溶質が 1 L の溶媒に溶けているとき，モル濃度はいくらか？

解答:
$$モル濃度 = \frac{2\,\text{mol}}{1\,\text{L}} = 2\,\text{M}$$

要点: モルの測定は物質の量の測定である．モル濃度の測定は物質の濃度の測定（単位容量当たりの量（モル））である．

24.15.4.2 規定度

溶液のモル濃度は溶液に溶けている溶質の濃度をさす．一方，溶液の規定度は 1 L の溶液に溶けている溶質の当量の数をさす．化学当量の定義は対象とする物質もしくは化学反応のタイプに依存する．当量の概念はその元素もしくは化合物の反応性に基づいているため，ある物質の当量数は，他の物質の同じ数の当量と反応する．当量の概念をしっかりと考慮すれば，化学物質を過剰に消費することはないだろう．規定度は溶液の反応性（1 当量の物質は 1 当量の他の物質と反応する）を測定していることに留意することで，次の式を用いて規定度を計算できる．

$$規定度(N) = \frac{溶質の当量数}{溶液の容量(\text{L})} \tag{24.178}$$

■例 24.144

問題: 2.0 当量の化学物質が 1.5 L の溶液に溶けているとき，その溶液の規定度はい

くつか？

解答:

$$規定度(N) = \frac{溶質の当量数}{溶液の容量(L)} = \frac{2.0\,当量}{1.5\,L} = 1.33\,N$$

■**例 24.145**

問題: 800 mL の溶液に 1.6 当量の化学物質が含まれている．この溶液の規定度はいくつか？

解答: まず，800 mL を L 単位に換算する．

$$800\,mL/1000\,mL = 0.8\,L$$

その後，溶液の規定度を計算する．

$$規定度(N) = \frac{1.6\,当量}{0.8\,L} = 2\,N$$

24.15.5 沈降性の計算

沈降性試験は活性汚泥の性質を調べる試験である．沈降性汚泥容量（SBV：settled biosolids volume もしくは SSV：settled sludge volume）は特定の試験時間で決定される．プロセス制御においては，30 分や 60 分の試験がなされる．下つきの文字（SBV_{30}，SSV_{40} や SBV_{60}，SSV_{60}）は沈殿時間を示す．曝気槽から活性汚泥試料を採取し，2000 mL の目盛りのついたシリンダーに注ぎ，30 分もしくは 60 分間沈降させる．シリンダーでの汚泥の沈降性は最終沈殿池における汚泥の沈降性の一般的な目安となる．沈降性試験において，沈降する固形物の割合は，以下の式によって計算される．

$$沈降性汚泥(\%) = \frac{沈降した汚泥の容量(mL)}{2000\,mL} \times 100 \qquad (24.179)$$

■**例 24.146**

問題: 沈降性試験を活性汚泥試料に適用した．2000 mL 目盛りつきシリンダーで 420 mL の沈降があった場合，沈降性汚泥の割合はいくつか？

図 24.12 1 L のイムホフコーン

解答：
$$沈降性汚泥(\%) = \frac{420 \text{ mL}}{2000 \text{ mL}} \times 100 = 21\%$$

■例 24.147
　問題： 2000 mL の活性汚泥試料の沈降性試験を行うとき，沈降汚泥が 410 mL であれば，沈降性汚泥の割合はいくらか？
　解答：
$$沈降性汚泥(\%) = \frac{410 \text{ mL}}{2000 \text{ mL}} \times 100 = 20.5\%$$

24.15.6　沈降性固形物の計算

　沈降性固形物の試験は排水中の沈殿物を測定する簡便で定量的な方法である．イムホフコーン（プラスチックかガラスの 1L の円錐容器，図 24.12）に排水試料 1L を入れ，撹拌後，60 分静置する．この試験は沈降性試験と異なり，流入水や処理水の沈殿槽の試料を対象とし，沈降性固形物の除去率を決定するために用いられる．沈降性固形物の割合は次式により導かれる．

$$沈降性固形物の除去率(\%) = \frac{除去された沈降性固形物(\text{mL})}{沈殿槽流入水の沈降性固形物(\text{mL/L})} \times 100 \quad (24.180)$$

■例 24.148
　問題：　沈殿槽流入水の沈降性固形物が 15 mL/L，沈殿槽流出水の沈降性固形物が 0.4 mL/L であった．このときの沈降性固形物の除去率を求めよ．
　解答：　まず，除去された沈降性固形物を計算する．
$$15.0 \text{ mL/L} - 0.4 \text{ mL/L} = 14.6 \text{ mL/L}$$
次に，式（24.180）にその値を代入する．
$$沈降性固形物の除去率(\%) = \frac{14.6 \text{ mL/L}}{15.0 \text{ mL/L}} \times 100 = 97\%$$

■例 24.149
　問題：　沈殿槽流入水の沈降性固形物が 13 mL/L，沈殿槽流出水の沈降性固形物が 0.5 mL/L であった．このときの沈降性固形物の除去率を求めよ．
　解答：　まず，除去された沈降性固形物を計算する．
$$13.0 \text{ mL/L} - 0.5 \text{ mL/L} = 12.5 \text{ mL/L}$$
次に，式（24.180）にその値を代入する．
$$沈降性固形物の除去率(\%) = \frac{12.5 \text{ mL/L}}{13.0 \text{ mL/L}} \times 100 = 96\%$$

24.15.7 汚泥（バイオソリッド）の全蒸発残留物，強熱残留物および強熱減量物の計算

排水は水と固形物で構成されている．全蒸発残留物はさらに強熱減量物（有機物）と強熱残留物（無機物）に分類される．通常，全蒸発残留物と強熱減量物はパーセントで示されるのに対して，強熱残留物は mg/L で示される．この濃度（％および mg/L）を計算するためには，以下の概念を理解する必要がある．

全蒸発残留物 [total solids] 液体の蒸発および 103～105℃ での乾燥後の容器内の残留物．
強熱残留物 [fixed solids] 強熱（550℃）後の容器内の残留物．
強熱減量物 [volatile solids] 強熱（550℃）後の減量物．

要点： 汚泥（バイオソリッド）という用語を使った場合，固形物と水が混合した半液体という意味でとらえられる．一方，固形物という用語は，水分が蒸発した乾燥状態の固形物という意味で使われる．

全蒸発残留物割合と強熱減量物割合は以下の式で導かれる．

$$全蒸発残留物(\%) = (全蒸発残留物重量/汚泥試料重量) \times 100 \quad (24.181)$$

$$強熱減量物(\%) = (強熱減量物重量/全蒸発残留物重量) \times 100 \quad (24.182)$$

■例 24.150

問題： 以下の情報を元に，汚泥（バイオソリッド）試料中の全蒸発残留物割合と強熱減量物割合を計算せよ．

	汚泥試料	乾燥後	強熱後（灰）
試料と容器の重量	73.43 g	24.88 g	22.98 g
容器の重量（風袋重量）	22.28 g	22.28 g	22.28 g

解答： 全蒸発残留物割合を計算するためには，全蒸発残留物と汚泥試料の重量を知る必要がある．

全蒸発残留物
24.88 g（全蒸発残留物と容器の重量）
−22.28 g（容器の重量）
―――――――――――
2.60 g（全蒸発残留物の重量）

汚泥試料
73.43 g（汚泥試料と容器の重量）
−22.28 g（容器の重量）
―――――――――――
51.15 g（汚泥試料の重量）

$$全蒸発残留物(\%) = \frac{全蒸発残留物重量}{汚泥試料重量} \times 100 = \frac{2.60 \text{ g}}{51.15 \text{ g}} \times 100 = 5\%$$

強熱減量物割合を計算するためには，全蒸発残留物および強熱減量物の重量を知る必要がある．全蒸発残留物の重量はすでに算出されているので，ここでは，強熱減量物についてのみ計算する．

強熱減量物
24.88 g（強熱前の試料と容器の重量）
−22.98 g（強熱後の試料と容器の重量）
―――――――――――
1.90 g（強熱減量物の重量）

$$強熱減量物(\%) = \frac{強熱減量物重量}{全蒸発残留物重量} \times 100 = \frac{1.90\ g}{2.60\ g} \times 100 = 73\%$$

24.15.8 排水の浮遊物質および浮遊物質の強熱減量の計算

　全浮遊物質とは，排水試料のろ過残留物である．試料をガラス繊維ろ紙でろ過し，そのろ紙を乾燥させ，重量を測定することで全浮遊物質を mg/L で示す．浮遊物質の強熱減量は，それらの固形物の強熱（500°C）後の減量物である．これらの指標は，排水や活性汚泥，産業廃棄物中の固形物の大まかな有機物割合を示すことができるため，処理プラントの運転管理者にとって有用である．排水の浮遊物質および浮遊物質の強熱減量試験は，乾燥時間を除けば，汚泥の全蒸発残留物，強熱減量物の試験と似通っている．浮遊物質および浮遊物質の強熱減量の計算の例を以下に示す．

> **要点：** 一般に，汚泥の全蒸発残留物，強熱減量物は重量パーセントで示される．汚泥試料は 100 mL で無ろ過である．

■例 24.151

　問題： 以下の情報をもとに，試料中の全蒸発残留物割合と強熱減量物割合を計算せよ．試料の量は 50 mL である．

	乾燥後	強熱後（灰）
試料と容器の重量	24.6268 g	24.6232 g
容器の重量（風袋重量）	24.6222 g	24.6222 g

　解答： 浮遊物質の 1 L 当たりの重量（mg/L）を計算するには，まず，浮遊物質の重量を知る必要がある．

```
    24.6268 g（容器と浮遊物質の重量）
  − 24.6222 g（容器の重量）
  ─────────────────────
     0.0046 g（浮遊物質の重量）
```

次に，試料量に応じて倍率（ここでは 20）を掛けることで分母を 1 L（1000 mL）とし，浮遊物質を mg/L で示す．

$$\frac{0.0046\ g\ SS}{50\ mL} \times \frac{1000\ mg}{1\ g} \times \frac{20}{20} = \frac{92\ mg}{1000\ mL} = 92\ mg/L\ SS$$

浮遊物質の強熱減量を計算するには，浮遊物質の重量（上記で算出済み）と浮遊物質の強熱減量を知る必要がある．

```
    24.6268 g（強熱前の容器と浮遊物質の重量）
  − 24.6232 g（強熱後の容器と浮遊物質の重量）
  ─────────────────────
     0.0036 g（浮遊物質の強熱減量）
```

$$浮遊物質の強熱減量 = \frac{強熱減量}{全浮遊物質の重量} \times 100 = \frac{0.0036\ g}{0.0046\ g} \times 100 = 78\%$$

24.15.9 汚泥（バイオソリッド）容量指標と汚泥密度指標の計算

活性汚泥の沈降性を測定する2つの変数は汚泥返送率を決定するのに用いられる．これらは，汚泥容量指標（BVI）と汚泥密度指数（BDI）と呼ばれる．

$$\mathrm{BVI} = \frac{30\text{分後の汚泥容量}(\mathrm{mL/L})}{\mathrm{MLSS}(\mathrm{mg/L})} \quad (24.183)$$

$$\mathrm{BDI} = \frac{\mathrm{MLSS}(\mathrm{mg/L})}{30\text{分後の汚泥容量}(\mathrm{mmL/L})} \times 100 \quad (24.184)$$

これらの指標は汚泥重量と汚泥容量を関連づけるものであり，活性汚泥プロセスにおける微生物フロックの固液分離がどの程度うまく進行し，曝気槽への返送や余剰汚泥の引き抜きができるかを示すことができる．固液分離が良好なほど沈降汚泥の容量は小さくなり，より小さい返送比で汚泥を循環することができる．

■例 24.152

問題： 1Lの目盛りつきシリンダーを用いた沈降性試験において，30分後の沈降汚泥は220 mLであった．曝気槽のMLSSが2400 mg/Lであったとすると，汚泥容量はいくつか？

解答：
$$\mathrm{BVI} = \frac{\text{容量}}{\text{密度}} = \frac{220\ \mathrm{mL/L}}{2400\ \mathrm{mg/L}} = \frac{220\ \mathrm{mL}}{2400\ \mathrm{mg}} = \frac{220\ \mathrm{mL}}{2.4\ \mathrm{g}} = 92$$

汚泥密度指数も活性汚泥の沈降性を測定する方法であるが，汚泥容量指標と同様に，他の適切なパラメータと比較しないと真の汚泥沈降性を判断できない場合がある．BDI値が高いほど，曝気槽の活性汚泥の沈降性が良好であるという点で，BVIと異なっている．同様に，BDI値が低いほど汚泥の沈降性は低い．BDIは30分間の沈降による汚泥のパーセント濃度であり，通常2.00〜1.33の値をとる．BDIが1以上の汚泥は沈降性がよいとされている．

■例 24.153

問題： 曝気槽のMLSSは2500 mg/Lである．活性汚泥の沈降性試験において，1Lの目盛りつきシリンダーで225 mLが沈降したとして，汚泥密度指標はいくつか？

解答：
$$\mathrm{BDI} = \frac{\text{密度}}{\text{容量}} \times 100 = \frac{2500\ \mathrm{mg/L}}{225\ \mathrm{mL/L}} \times 100 = \frac{2.5\ \mathrm{g}}{225\ \mathrm{mL}} \times 100 = 1.11$$

引用文献・推奨文献

Camp, T.R. (1946). Grit chamber design. *Sewage Works Journal,* 14, 368-389.

Lawrence, A.W. and McCarty, P.L. (1970). Unified basis for biological treatment design and operation. *Journal of the Sanitary Engineering Division,* 96(3), 757-778.

Mancini, J.L. and Barnhart, E.L. (1968). Industrial waste treatment in aerated lagoons. In: Gloyna, E.R. and Eckenfelder, Jr., W.W., Eds., *Advances in Water Quality Improvement.* University of Texas Press, Austin.

Metcalf & Eddy. (1991). *Wastewater Engineering Treatment, Disposal, and Reuse.* McGraw-Hill, New York.

Russo, R. (2001). *Empire Falls.* Knopf, New York.

Spellman, F.R. (2010). *Spellman's Standard Handbook for Wastewater Operators,* Vol 1. CRC Press, Boca Ra-

ton, FL.
Spengel, D.B. and Dzombak, D.A. (1992). Biokinetic modeling and scale-up considerations for biological contractors. *Water Environment Research*, 64(3), 223–234.
WPCF. (1985). *Sludge Stabilization*, Manual of Practice FD-9. Water Pollution Control Federation, Alexandria, VA.

第 XII 部

数学的概念：雨水流工学

「来たまえワトソン，来たまえ．ゲームは進行中だ！」(Doyle, 1930) ウェイン郡は不正濃度と排出の抑止プログラムを 15 年にわたって実施した．スタッフは多くの異なった方法で実験を行い，多くの試行錯誤を行い，少しの幸運を得て，貴重で探査的な経験を得た．野外での不正排出調査はホームズとワトソンが事件を解決したのとよく似ている．それは科学，発見，演繹と忍耐の混じったものを必要としている．

—— Dean Tuomori and Susan Thompso
ウェイン郡 環境部門，Wayne, MI

人為的行為は流域景観を変えるので，逆作用が，雨水流出の量と質においての変化を受水に働く．管理されていない都市化しつつある流域に降る雨（そして雪）は，受水域に流れ込む流出（そして融雪）量の予測できない増加を生む．管理されないままなら，増加した水量に伴う水理的効果（たとえば洪水，侵食，水路化）は乱されていない流域の水量の何倍もの大きな量となる．体積効果に加えて，雨水流は多くの流域で主要なノンポイント排出源となる．

—— 米国環境保護庁

第25章 雨水流計算

25.1 はじめに

　雨水流に関連するプログラムにかかわる環境実務者にとって，2003年3月10日は非常に意義ある日であった．国家排水除去システム（NPDES）への応諾期限は，以前は免除されていた郡雨水分離システム（MS4s）の適用を可能にするともに，これ以降はもはや免除されなくなった．有効となったMS4sは国と州の10万人より少ない人びとに供せられる規制操作を含んでおり，たとえば2003年3月10日以降は1998年12月8日に公示された雨水流II規則に応じる必要がある軍施設，刑務所，病院，大学その他に対する規制である．加えて，州の規制官は他の排出源規制にも従っている．たとえば，市が負う産業源，1エーカーより小さいかく乱源である建設現場，そして水質の著しい劣化に貢献する源である．

　新たな雨水流規制に応じるために，環境分野の技術者は雨水流管理システムの設計の端緒にたつことになる．この設計段階で，仕上げられた雨水流管理システムが規制要件を満たすことを保証するいくつかの計算が行われる．

　この章は，たとえば拡大滞留と貯留池や多段階排水口構造物のような雨水流管理施設に関連するさまざまな工学計算を行うための指針を与える．これらの計算にあたっての必須情報は，ピーク流量（秒当たり立方フィート，cfs）を形成する関係流域の水文特性の決定や使用される水文水理追跡法に依存する流出ハイドログラフである．それゆえ，雨水流管理システム工学において使用される数学計算の議論の前に，一般的な雨水流の語句と頭字語の定義をまず行い，水文の方法の詳細な議論を提供する．

25.2 雨水流の語句と頭字語

　圧縮［compaction］　土粒子が，空隙を減少させ互いにより緊密に接触させるために再編成するプロセスで，それにより浸透性を減少させ，土の単位重量，せん断力，軸力を増加させる．
　安全ベンチ［safety bench］　隣接斜面へ分離するために設計された，豪雨池を取り巻く恒久的な池上の平坦域．
　移動時間［travel time］　支流域の出口から解析される，全流域で流出口まで水が流れるのに必要な時間．移動時間はふつう開水路あるいは管路を通しての集中時間である．
　インバート［invert］　豪雨下水管，水路，堰などを含む通水システムの構成物での水の最低位線．
　ウォーターテーブル［water table］　飽和帯にある自由地下水の上面．

渦抑止装置［anti-vortex device］　暗渠システムの流れ容量を減少させる回転渦作用とキャビテーションを防ぐために管暗渠構造物の入り口に設置される装置．

雨天時下水量［wet weather flow］　晴天時下水量と豪雨流出との組合せ．

ウルトラ都市［ultra-urban］　ほとんど浸透性面がない，稠密に開発された都市域．

SCS［soil conservation service］　米国農務省の一局である土壌保全サービス．

エネルギー消散［energy dissipator］　流水の速度と乱れを減少させるための施設．

オフライン［offline］　流れあるいは豪雨地から分水される豪雨水の一部を管理するために設計された豪雨管理システム．流れの望ましい水量の分水のために特にスプリッターが使用される．

オンライン［online］　元の流れあるいは排水路における豪雨管理のために設計された豪雨管理システム．

カーブナンバー［CN：curve number］　Natural Resources Conservation Service 法に応じて誘導される所与の水文土壌グループ，植物被覆，不浸透性被覆，遮断と表面貯留の間の数値的表示．この値は，降雨高を体積に変えるときに使用される．流出カーブナンバー（RCN）とも呼ばれる．

化学的酸素消費量［COD：chemical oxygen demand］　水中のすべての構成物，有機物と無機物を酸化するのに必要な酸素量の目安．

拡張滞留池［extended detention basin］　下流の通水システムに流出水理構造物を通じてときどき流出と流量を囲い入れる降雨管理施設．周囲の土壌を通じて浸透を経由して流出が起こる場合，その量は水理構造物を通じての流出量と比較して無視でき，施設設計では考慮されない．拡張された滞留池はときおり流出量を囲み入れ，非降雨期間はふつう乾いている．

（強化された）拡張滞留池［(enhanced) extended detention basin］　流域の低平地にある湿地を，汚濁物除去を大きくするために改良した滞留池．

カット［cut］　分級作業において掘られる面積あるいは材料の基準．

間隔［duration］　降雨が起きている時間の長さ．

技術報告 N0.20 (TR-20)，プロジェクト形成［Technical Release No.20 (TR-20), Project Formulation：Hydrology］　流出流量を計算し，渓谷流と人工的貯水部を通過する豪雨事象を追跡するために使用される SCS 流域水文計算機モデル．

技術報告 N0.55 (TR-55)，小流域に対する都市水文［Technical Release No.55 (TR-55), Urban Hydrology for Small Watersheds］　流出流量を計算し，渓谷流と湖を通過する豪雨事象の簡単な追跡法を提供する．

基底流［base flow］　表面流出条件に独立した流量で，ふつう，地下水位の関数．

逆浸出［exfiltration］　雨水流施設の底を通じて土壌に入る，流出の下方移動．

クレイドル［cradle］　暗渠を支持し，その強度増加のために暗渠の側部と底部の周囲に即した形状のコンクリートでふつう使用される構造物で，ダムでは，暗渠と土部の下部側面間の空隙を埋める構造である．

クレスト［crest］　ダム，堤防，水はけ口，堰の頂部で，しばしば越流部に限定される．

計画降雨［design storm］　設計の基礎として使用される特定の量，強度，間隔と頻度の選ばれた降雨ハイエトグラフ．

ケルダール窒素［Kjeldahl nitrogen］　水試料中にあるアンモニアと有機窒素の指標．

降雨強度［intensity］　降雨量を降雨時間で割ったもの．

25.2 雨水流の語句と頭字語

豪雨下水［storm sewer］ 建物と陸表面からの流出を運ぶだけの，汚水きょから分離された管システム．

豪雨ホットスポット［stormwater hot spot］ 豪雨時にみられる，超過汚染濃度を有する汚染物の流出を生むと考えられる土地利用と活動の地域．

豪雨水管理モデル［SWMM：storm water management model］ USEPA によって提供される降雨-流出事象模擬モデル．

豪雨ろ過（浸透）［stormwater filtering (filtration)］ 豪雨水から汚染物を除去，ろ過するための砂，ピート，草，コンポストや他の材料のような，ろ過材料を通過する豪雨水の汚染物質除去方法．

合理式［rational method］ 平均不浸透率，平均降雨強度と排水域に基づくピーク豪雨の排水量を計算する方法．

再開発［redevelopment］ 現存する造成地上の建設，変更，改良．

再帰期間［return period］ 同じ体積と時間間隔をもつ事象間の平均的な時間長．もし，ある年に豪雨が起こる確率が1%なら，100年のリターンピリオドをもつ．

最適管理操作［BMP：best management practice］ 土地利用変化が表面流と地下水システムに及ぼす影響を最小化する構造物あるいは非構造物による操作．構造物対応は雨水流中の汚濁物を減少させるための工学的な貯留池や施設に対応しており，たとえば生物滞留，人工雨水流湿地．非構造物対応は，受水システムへの影響を最小化するのに効果的な土地利用や開発対応をさし，空白地帯と水路干渉帯の保全，不浸透面の切断などである．

サーチャージ［surcharge］ 水理勾配線が下水管頂部を超えたときに，管路に起こる流れの状況．

砂ろ過［sand filter］ 流出の第一フラッシュのろ過のために働く砂充填床．流出は，砂床に集められて適当な排出点に送られるか，土壌に浸透させられる．

産業降雨許可［industrial stormwater permit］ NPDES 許可は，産業降雨流出に関連して汚濁レベルを調整するために商業的産業に対して発行される．許可は，その場での汚濁管理戦略を特定する．

COE［United States Army Corps of Engineers］ 米国工兵隊．

蛇篭［gabion］ 大きな砕石や捨石で満たされた長方形セルで構成される，柔軟な鉄線袋．蛇篭は護岸，遮水壁，水路ライナー，落差工，分水工，チェックダム，突堤のような多くの形式の構造物に組み込まれている．

射水路［chute］ 侵食なしに水を低水位に運ぶ高速流の開水路．

終局状況［ultimate condition］ 現在のゾーニングに基づいてつくられた全流域．

修正合理法［modified rational method］ 限界豪雨貯留を計算するために使用される合理式の変形で，豪雨時間は変わらないが，流達時間は必ずしも等しくない．

主はけ口［principal spillway］ 貯留施設から水排出のための主要なはけ口あるいは暗渠で，一般的に水量調節のために設計され恒久的な材料で構築される．

潤辺［wetted perimeter］ 自然あるいは人工水路の濡れた面の長さ．

初期浸透［initial abstraction］ 流出を生まない特別な状況で吸収される降雨の最大量．初期損失とも呼ばれる．

人工雨水流湿地［constructed stormwater wetlands］ 雨水流からおもに汚濁物を除去し，湿地の水質改善機能を強めるためにつくられ，設計された土地．

侵食［erosion］　流水，風，氷や他の地質学的外力による土壌表面がすり減ること．

　加速侵食［accelerated erosion］　人間活動の結果または自然に起きる水準に基づく推定・評価よりも多い侵食．

　ガリ侵食［gully erosion］　水が細い水路に集積し，1〜2 in. から 75〜100 ft にわたる深さまで土壌を移動させる侵食過程．

　シート侵食［sheet erosion］　湿った土壌への雨滴衝撃による土壌粒子の飛沫．ゆるんで飛び散った粒子は引き続き表面流出により移動する．

　リル浸食［rill erosion］　わずか数インチ水深の多くの小さな水路が形成される侵食過程．

浸透施設［infiltration facility］　ときには流出を貯留したり，周囲の土壌を通じて浸透させるために排出する豪雨流出管理施設．浸透施設は貯留降雨を排出するための排水口が装備されており，排水は，通常，越流と他の危険な状況に対して行われる．浸透施設はあるときに限り降雨を貯留させるので，非降雨期間中はふつう乾いている．貯留トレンチ，乾いた貯留井戸，ポーラス歩道は浸透施設と考えられる．

水位［stage］　選ばれた基準上の水面高さ．

水質窓［water quality window］　陸開発プロジェクトの不浸透面とはじめの 0.5 in. 流出に等しい体積を掛けたもの．

水性台［aquatic bench］　0〜12 in. の深さにある恒久貯水部の内部潤辺周りにある 10〜15 フィート幅の台．目的は，暫定的に置かれた植物での植生化，増大する汚濁の除去，生息域の提供，水面変動効果からの岸線の保護，安全性の向上．

水頭［head］　基準となる平面あるいは物体上の水の高さで，フィートで測られるエネルギーすなわち運動エネルギーとポテンシャルエネルギーを表示するためにも使用され，それぞれの流体の単位重量による表示．

水面プロフィール［water surface profile］　開水路を流れる水流表面で仮定される縦断方向水面形状．水理勾配線．

水文循環［hydrologic cycle］　海から大気へあるいは陸そして海へ，水が循環する連続的なプロセス．

水文土壌グループ［HSG：hydrologic soil group］　土壌の透水性と浸透率に基づく土壌のSCS 分類体系．A タイプ土壌は高い透水性をもち，性質として砂であり，D タイプ土壌は低い透水性で，性質としてはクレイである．

水理構造物［hydrodynamic structure］　豪雨流出から土砂と油を分離するために重力沈降を利用する工学的流れ通過構造物．

水流バッファー［stream buffers］　水路の両側に沿って位置し，水路側帯にそって防止的領域を与えることを意図する，変化する幅地帯．

水路安定化［channel stabilization］　水路底と堤防の侵食を防ぐあるいは最小化するために，水路内に自然あるいは人工物を設置して誘導する．

捨て石［rip-rap］　流れや波のような侵食力に対する防止のために，堤防やダムの面のような表面に置かれる砕けた石，砂，礫．

生物化学的酸素要求量［BOD：biochemical oxygen demand］　有機廃棄物中の生物的に分解されない物質割合の濃度を間接目安．ふつう，有機廃棄物を壊す生物プロセスによって 5 日間で消費される酸素量を反映している．

生物滞留池［bioretention basin］　水を植生表面（植物，わら，土壌被覆），植物土壌，砂面

(任意）そして現場の材料からなる，工学的に意図された，植栽された床面を通過させることを意図する水質（BMP）．また，雨水ガーデンとも呼ばれる．

生物滞留フィルター［bioretention filter］　植栽帯の下に砂層と集水管を加えた生物滞留池．

生物プロセス［biological processes］　微生物が有機汚濁を分解し栄養塩に変化させる，有機汚濁除去プロセス．

草涸地帯［grassed swale］　土壌への浸透と植物通過によるろ過により，洪水流出からの汚濁物質除去技術によるチェックダムと耐侵食性，耐洪水植生をもった，広く浅い土の通水システム．

粗度係数［roughness coefficient］　水路の粗さによる水流中のエネルギー損失への影響を表現する速度と流量中の因子．マニングの n がふつう使用される．

大気降下物［atmosphic deposition］　乾いた落下，あるいは降雨中に溶解あるいは粒子状物質として含まれて，陸地表面に到着する大気汚染物質の経路．

帯水層［aquifer］　浸透性があり水を保持する明らかな水の供給を生むことができる，材料に抑制された地質的な構造．

滞留［retention］　豪雨水の恒久的な貯留．

滞留地［retention basin］　水質改善のための恒久的な貯留施設．ふつうの貯水プールを含む豪雨水管理システムで，そのため，非降雨期間中でさえ通常乾いた状態である．豪雨流出流入水は，洪水と水路浸食を小さくするために，ときには，恒久的な貯留施設上に貯留される．

多孔性［porosity］　孔や空隙の体積に対する全固体体積の比率．

チェックダム［check dam］　流速を減少させる，水路侵食を最小化する，土砂の沈降を促進するために水路に建設される小さなダム．

貯水槽［impoundment］　貯水池，ピット，防空壕，汚水だめのような水を集めるあるいは貯める人工物．

貯留池［detention basin］　下流の通水システムに流出水理構造物を通じてときどき流出と流量を囲い入れる降雨管理施設．周囲の土壌を通じて浸透を経由して流出が起こる場合，その量は水理構造物を通じての流出量と比較して無視でき，施設設計では考慮されない．拡張された滞留池はときおり流出量を囲み入れ，非降雨期間はふつう乾いている．

貯留施設［basin］　雨水流を貯留することを意図した施設．

地理情報システム［GIS：geographic information system］　異なった種類の土地利用データと土地分布とを重ね合わせる方法．計算機ソフトウェアで地理座標とコードづけされたデータセットとみなされている．GIS 領域に区分けし，下水管渠の利用を地図化してさまざまな位置関係で使用される．

沈殿池［forebay］　粗い土砂がおもな処理領域に集積する前に，流入土砂の捕捉に供する．降雨流 BMP 付近にある沈砂池とふつう呼ばれる貯留空間．

低衝撃開発［LID：low impact development］　水文事象と水質への衝撃を小さくし，開発を補償するための汚染防止指標をもった水文学的な機能サイトの設計．

堤防［embankment］　水を囲い込むために使用される土，岩，その他の材料による人工的な堆積部．

堤防満杯流量［bankfull flow］　流量が堤防頂部まで水路いっぱいに満たされている状況で，水が氾濫源に越流しはじめる点．

点源汚染［point source］　汚染が排出される管路，排水溝，水路，トンネル，暗渠，井戸，コ

ンテナ，集中動物給餌，埋立地浸出液収集システムが含まれる．これらに限定されない，認識できる閉じられた個別通水システム全般をさす．この語には灌漑農地や農地豪雨流出からの回帰流は含まれない．

等高線［contour］　陸地表面や地図上の限定した高さを示した線．

等流水深［normal depth］　ある条件下で一様な流れの区間での開水路の水深．

都市雨水［urban runoff］　ノンポイント汚濁負荷を下水網あるいは受水域に流入させる都市街路と隣接する家庭や商業地区からの雨水流．

土砂沈降［sediment forebay］　豪雨水施設の流入点につくられる沈殿池あるいは池．

土壌テスト［soil test］　生育する植物の種に対する肥料や添加に必要量を決める土壌の化学分析．

トラッシュラック［trash rack］　スピルウェイなどの水理構造物にゴミが入ってくるのを防ぐために使用される施設．

流れスプリッター［flow splitter］　主水路外にあるBMPとして降雨流の一部を分けるため平行な管システムへ降雨流を導く，あるいはBMPまわりの基底流の一部を側路に流すために設計された工学水理構造物．

滲みだし抑止装置［anti-seep collar］　暗渠に沿う浸透損失量とパイピング破壊の減少のためダム，河川堤防，氾濫堤防に設置される，暗渠や管まわりに建設される装置．

ハイエトグラフ［hyetograph］　流域にわたる降雨の時間配分のグラフ．

排水ます［catch basin］　表面水を集めて下水や下位排水管に誘導するために，道路や低地の縁石線につくられる流入空間．これらの構造物はふつう，越流点の下に固形物をためることを意図して下水や下位排水管排水水位の下に沈殿溜をもつ．

ハイドログラフ［hydrograph］　水流あるいは排水システムのある点での時間に対して流量，水深，流速を示した図．

パーコレーション値［percolation rate］　飽和した粒状材料を移動する速度．

氾濫源［floodplain］　与えられた洪水事象に対して，ときどき水に覆われる，連続水路に含まれる陸地領域．

ピーク流量［peak discharge］　所与の降雨事象あるいは水路に関する流れの最大値．

非錯乱領域［disturbed area］　自然植生土壌被覆あるいは現存表面処理が除去，改変されて，侵食の受容度が高い面積．

非点源汚染［nonpoint source pollution］　土砂，窒素，リン，炭素，重金属，毒物のような汚染で，その源が点指定できず，むしろ豪雨流出により拡散して陸地面から洗い出される．

頻度（設計豪雨頻度）［frequency (design storm frequency)］　同じ時間間隔と体積をもつ豪雨事象の再起間隔．特定の計画豪雨の頻度は超過確率とリターンピリオドを用いて表現できる．

超過確率［exceedance probability］　特定の体積と間隔をもつこと象がふつう1年で仮定されるある1つの期間で超過する確率．もし，ある年に豪雨が起こる確率が1%なら，0.01の超過確率をもつ．

ファーストフラッシュ［first flush］　降雨事象に由来する最も高濃度汚濁物質を含むと考えられる，ふつうインチ高で定義される流出のはじめの部分．

フィルター床［filter bed］　ろ過材をもつ，構築されたろ過施設のある断面．

フィルター帯［filter strip］　薄層流形式の降雨流から土砂，有機物，その他汚濁物質を除去するために構築された，流出が広がる領域にふつう接する植生帯．

不浸透被覆［impervious cover］ 土壌への自然浸透を防ぐあるいは十分に抑止する材料より構成させる表面．不浸透表面は屋根，建物，街路，駐車場，コンクリート，アスファルトを含むがそれらに限定されず，礫よりなるものもある．

フリーボード［freeboard］ ダム，堤防や分流縁の頂部と設計高水位との間の鉛直距離．

分岐工［diversion］ 処理される領域に安全に水を導くために建造される水路あるいは堤防．

平均陸面被覆条件［average land cover condition］ 流域内の全結合土地利用に対して等価なリンを生成すると考えられる不浸透面の割合．

飽和土壌［hydric soil］ 土壌上部の嫌気性状況を解消するため生育の季節間，飽和，冠水あるいは十分長期湛水された土壌．

補給［recharge］ 透水性土壌を通じて浸透，移動する，水による地下水貯池への補給．

マイクロプール［micropool］ 粒子の再浮上を避けるためにより大きな豪雨用貯水池の設計に考慮される，より小さい恒久的なプールで，水深変化域を提供するとともに，隣接する自然特性への衝撃を最小化する．

マニング式［Manning's formula］ 開水路あるいは管路での流速を予測するために使用される公式．

水工学サーキューラー1 (HEC-1)［hydraulic engineering circular 1］ 米国工兵隊により開発された，降雨流出事象を模擬するモデル．

ライザー［riser］ 特定設計流量の望ましい値を得るための管理施設（堰やオリフィス）をもち，貯留施設の底部から伸びる鉛直構造物．

落差構造物［drop structure］ 水をより低い高さに遷移させるために構築される施設．

ラグタイム［lag time］ 降雨の重心と合成流出に対するピーク流量との時間差．

流域（小規模）［drainage basin］ 指定された点まで降雨流出に寄与する陸地面積．より大きいスケールでは watershed と呼ばれる．

流域（大規模）［watershed］ 域内すべての表面水が唯一の流出口を通過する川，水路，排水路，連結水路，排水システムのような地域として定義される陸地．

流出［runoff］ 陸地から表面水に入る降雨，融雪，灌漑水の一部．

流出係数［runoff coefficient］ 流出として現れる総降雨の一部．合理式では C で代表される．

流達時間［time of concentration］ 解析点（流出点）まで流域の最も遠い点（流入時）から流れるのに必要な時間．この時間は変動し，一般的に勾配と表面特性に依存する．

ルーティング［routing］ ある期間における貯留変化を考える際に貯留施設からの流入と流出を計測する方法．

25.3 水文的手法

水文学は，地球表面上，土壌中，岩石そして大気中にある水の性質，分布，効果に関する学問である．水文循環（図25.1）は，水が1つの相から，たとえば表面，別の相に移りながら移動していく閉じたループである．水は，地球表面から大気中に湖，川，海の表面から蒸発あるいは植物の蒸散で失われ，陸と海で湿気を供給し，凝縮した雲を形成する．一粒の水は，蒸発し，再び雨，ひょう，雪として地球に落下する間，何千マイルも旅する．陸に集められた水は，水路や河川で地中にしみ込み地下水と合流しながら海に流れていく．地下水でさえ最終的には再循環のため海の方へ流れていく（図25.1参

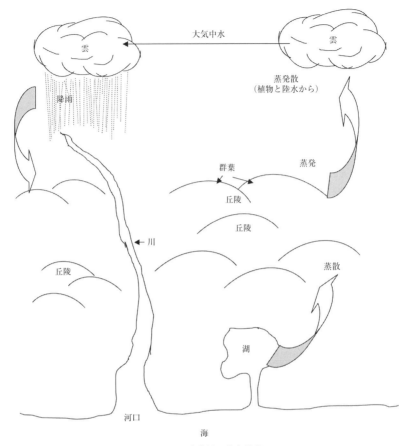

図 25.1 自然界の水文循環

照).人間が自然の水循環に介入すると,そこに人工的な水循環あるいは都市水循環を生み出すことになる(水循環のサブシステム群あるいは統合的な水サイクルであり,図 25.2 を参照)(Spellman and Drinan, 2000).

水文循環は複雑で,その一部分でさえ,たとえば降雨と流出の間の関係でさえ,厳密には数値シミュレーションできない.多くの変数と動的な関係が考慮されねばならないが,多くの場合,基本的な仮定に収約せざるをえない.しかしながら,これらの単純化と仮定が洪水,侵食に対する解の導出,ならびに土地被覆と水文特性の変化に関連する水質影響の解を与えることを可能にしている.

ここに提案される工学的な解はおもにこれらの効果を管理するベンチマークとして豪雨回数を同定することに関係している.2 年,10 年そして 100 年頻度の豪雨は伝統的に水文モデリングのために使用されており,ピーク流量の増加を相殺することを意図した

25.3 水文的手法

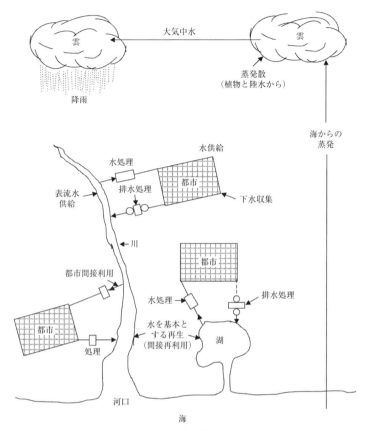

図 25.2 都市の水文循環

工学的な解として与えられる．このプロセスに固有の水理計算は，降雨量と強度を予測する技術者の能力に依存している．特定の降雨量や期間の頻度は歴史的な降雨データの統計解析から発展していることを理解すると，技術者は将来の豪雨事象の特徴を正確に予測することはできない．本節は，流域での水文と水理解析のさまざまな要素のための利用できる計算を用意する手順を与える．

25.3.1 降 雨

降雨は，歴史的なデータに基づいた予測ができないランダム事象である．
- 期間：降雨が起こっている時間の長さ（時間）
- 総降雨量：降雨期間を通しての降雨総量（インチ）
- 頻度：期間と量が同じである事象の再起間隔
- 降雨強度：水深を期間で割ったもの（時間当たりインチ）

表 25.1 一定雨量における降雨期間と強度の違い

期間 (hr)	強度 (in./hr)	雨量 (in.)
0.5	3.0	1.5
1.0	1.5	1.5
1.5	1.0	1.5
6.0	0.25	1.5

出典:*Virginia Stormwater Managment Handbook*, Virginia Department of Conservation and Recreation, Division of Soil and Water Conservation, Richmond, 1999.

表 25.2 一定降雨強度における期間,雨量,頻度の違い

期間 (hr)	雨量 (in.)	強度 (in./hr)	頻度 (yr)
1.0	1.5	1.5	2
2.0	3.0	1.5	10
3.0	4.5	1.5	100

出典:*Virginia Stormwater Managment Handbook*, Virginia Department of Conservation and Recreation, Division of Soil and Water Conservation, Richmond, 1999.

たとえば表 25.1 に示すように,特定の降雨量は強度と期間の異なる多くの組み合わせから起こる.各組み合わせに関連するピーク強度は幅広く変化することに注意することが必要である.とりわけ,表 25.2 に示すように,特定の豪雨頻度(2年,10年,100年)が異なるとしても,同一の強度をもつ降雨事象は顕著に異なる体積と期間を有するかもしれない.それゆえ,特定の頻度の計画降雨に対して,体積(あるいは強度)と期間を特定する規制基準には決定的に重要な意味をもつ.所与の流域に対する重要な変数と考えられるもの(侵食,冠水,水,水質など)に関して,体積と期間の組み合わせを特定することは解析を限定するが,どの作業からすべきかの基準を確立するものである(この解析は SCS 24 時間計画豪雨を支援するもので,それは豪雨強度の全範囲は降雨分布にも関係しているためである).様々な局所性が,特定の流域と受水する水路条件に基づく評価を確立するために選ばれ,適切な計画豪雨を規定していく.

25.3.1.1 降雨頻度

特定の計画降雨は,超過確率あるいはリターンピリオドで表現できる.超過確率は特定の体積と間隔をもつ事象がふつう 1 年で仮定されるある 1 つの期間で超過する確率である.リターンピリオドは同じ体積と時間間隔をもつ事象間の平均的な時間長である.もし,豪雨がある所与の年に起こる確率が 1%なら,0.01 の超過確率と 100 年のリターンピリオドをもつ.このリターンピリオドはしばしば,100 年間でわずか 1 回起きる 100 年洪水を意味すると誤解されている.降雨事象は決定論的に予測できないから,このことは必ずしも正しくはない.降雨事象はランダムであるから,超過確率は,その降雨事象の歴史的生起を無視すると任意に与えられる年あるいは連続する年において 100 年洪

水が起きるかもしれない確定した確率（たとえば0.01）を意味する．

25.3.1.2 強度-継続時間-頻度（IDF）曲線

平均的な強度，継続時間，頻度の関係の重要性を確立するため，米国気象庁は，米国を横断するほとんどの地域の歴史的データに基づき，強度-継続時間-頻度（IDF）曲線をまとめている．合理方法は直接 IDF 曲線を使用し，一方，次に述べる SCS 法は IDF 曲線から得られる降雨をつくり，国のいろいろ地域の降雨分布を生み出す．継続時間と強度の組み合わせが典型的な都市発展に対する水文解析に適切に使用できるかについては論争がある．この章の後半で記述されるような方法論の限界内で作業すると，都市域の小流域（1～20 ac）は SCS あるいは合理法によって適切にモデル化される．短く強い豪雨は豪雨管理に対する最も強い要求を生むという考えが，しばしば豪雨管理に合理法を使用させようと導くのは，この方法が短時間降雨に基づくからである．しかしながら，SCS 24 時間降雨も短時間豪雨に適切であり，それは 24 時間分布内の短期間豪雨も含んでいるからである．

25.3.1.3 SCS 24 時間豪雨分布

SCS 24 時間分布曲線は，米国気象局が 400 mi^2 より小さい範囲で，24 時間までの期間における，1～100 年までの頻度のデータをまとめたものである．データ解析により 4 つの分布が得られている．タイプ I と IV は，ハワイ，アラスカ，カリフォルニア州のシエラネバダの沿岸とカスケード山脈，ワシントン，オレゴンで使用される．タイプ II は，残りの米国のほとんどに使用される．タイプ III は，メキシコ湾と大西洋沿岸に使用される．タイプ III は，大きな 24 時間降雨量を生む熱帯豪雨の潜在的なインパクトを表現する．

> ノート： 無次元降雨分布の発展の詳細な記述は，土壌保全サービスのハンドブックの第 4 版を参照．

SCS 24 時間豪雨分布は，30 分から 24 時間続く降雨に対して集められた水深-継続期間-頻度関係に基づくものである．30 分増分の作業では，降雨量は 24 時間の真ん中で最大降雨量が起こると仮定され，降雨量は整理される．次に大きい 30 分増分降雨量は，最大降雨量が起こった直後に起こる．3 番目の最大降雨量は，最大降雨量発生直前に起こる，などである．24 時間降雨分布の始めと終わりにより小さな増分が起こるまで，30 分増分降雨量の両側での減少が続けられる（図 25.3）．このプロセスは，24 時間分布内での重要な降雨強度のすべてを含んでいる．SCS 24 時間降雨分布はそれゆえすべての降雨水深の範囲に対する大小流域の降雨流出モデリングに適切である．

水文モデリングに TR-55 法を使用する利点の 1 つは，24 時間降雨の使用に対する制限である．次の議論は付録 B の TR-55 マニュアル（USDA, 1986）から直接引用され，この限界が強調されている．

それぞれの流域サイズに対する強度の異なったセットの使用を避けるため，入れ子になった降雨強度を有する統合的な降雨分布のセットが開発された．同一の確率水準でよ

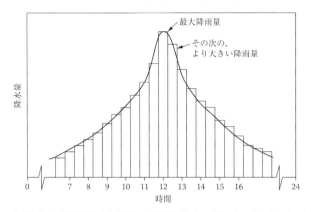

図 25.3 代表的な 24 時間降雨分布（出典：USSCS, *National Engineering Handbook*. Section 5. Hydraulics, U.S. Soil Concervation Service, Washington, DC, 1956 より）

り大きな継続時間に対して必要とされる短い継続時間内では選ばれた短時間降雨強度と連動させることで，セットは降雨強度を最大化する．

SCS がふつう支援する流域のサイズに対しては，24 時間の降雨時間が統合的な降雨分布に対して選択される．流域に対するピークを決めるために必要な時間より長い場合，24 時間降雨が流出量の決定には適切である．それゆえ，単一降雨継続時間と関連統合降雨分布は，流域サイズがいろいろなピーク流量のみならず流出量を表現するために使用される．

図 25.4 は SCS 24 時間降雨分布を示し，それは任意の時間 t での総降雨の一部分のグラフである．タイプ II の分布に対するピーク強度は時間 $t = 11.5$ と $t = 12.5$ の間に起こる．

25.3.1.4 統合降雨

所与の降雨分布に対する代替は，モデルにあつらえた計画降雨を入力することである．こうしたことは，特定の降雨条件の下で流域の応答特性を試験するために発生させられる統合的な降雨や特定地域の単独降雨事象から集められたデータからまとめることができる．しかしながら既知の頻度の単一歴史的な計画降雨はそんな設計作業には不適切であることに注意せよ．降雨データの最長可能なグループ化によりデータを統合化することと，IDF 曲線で記述したような頻度関係を誘導することが，よりよい．

25.3.1.5 単一事象と連続シミュレーションコンピュータモデル

豪雨管理計画の基本要件は，施設費用を考慮しての，流域水文，水理学，水質の定量的解析である．コンピュータは，その解析を行うのに必要な時間を少なくしてくれる．コンピュータは，まとめられた降雨データの統計解析を簡単にする．一般的に，水文計算モデルにはおもに，単一事象計算モデルと連続シミュレーションモデルの 2 つの範疇がある．単一事象計算モデルは入力として 1 つの計画降雨ハイエトグラフが最小要件で

25.3 水文的手法

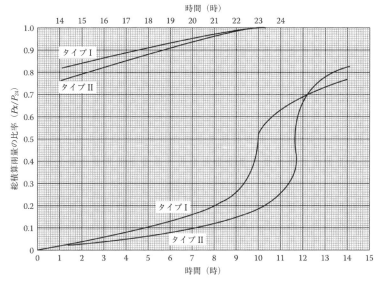

図 25.4 SCS 24 時間降雨分布(出典：USSCS, *Urban Hydrology for Small Watersheds*, Technical Release No.55, U.S. Soil Concervation Service, Washington, DC, 1986 より)
タイプ I：ハワイ, アラスカ, カリフォルニアシエラネバダの沿岸, カリフォルニアの山地, ワシントン, オレゴン
タイプ II：残りの米国, プエルトリコ, バージン諸島

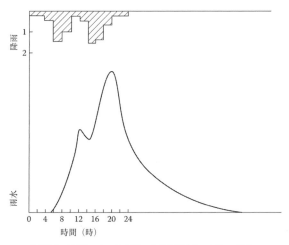

図 25.5 降雨ハイエトグラフと関連降雨ハイドログラフ

ある．ハイエトグラフは，図25.5に示すように，水平軸を時間とし，垂直軸に降雨強度をとるグラフである．ハイエトグラフは，曲線の下の面積で任意の時間の降雨量と強度の時間変化を示すものである．ハイエトグラフは統合ハイエトグラフあるいは時間を追うな降雨ハイエトグラフである．入力ハイエトグラフに対して頻度あるいは再起間隔が特定されると，結果としての出力流出は同一の再起間隔をもつと仮定される．これは，多くの単一事象モデルでつくられる一般的な仮定の1つである．

一方，連続シミュレーションモデルは，入力として流域のすべての気象記録と連動していて，何十年の降雨データから構成されている．データはコンピュータモデルで処理され，連続的な流出ハイドログラフがつくられる．連続ハイドログラフ出力は，流量頻度関係，体積頻度関係，流れ継続期間関係などを与える基本的な統計解析技術を用いて解析される．出力ハイドログラフが解析される範囲は，利用できる入力データに依存している．連続シミュレーションモデルの主要な利点は，期待される頻度降雨に対する統計解析が可能な流域に対する長期間の応答データを提供することで，計画降雨を選ぶ必要性をなくしたことである．

コンピュータの利点は連続計算にかかわる費用と解析時間を大きく減少させることである．単一事象モデルの容易さと連続モデルの特徴を組み合わせた将来モデルは，素早くより精確な解析手順を与えてくれるであろう．本書で議論される水文学的方法は，歴史的データに基づく単一事象方法論に限定される．IDF曲線とSCS 24時間分布に関するさらなる情報はNEHの第4章「水文学」で見出すことができる．

25.4 流出ハイドログラフ

流出ハイドログラフは，時間と流出あるいは流域からの流量をグラフで作成したものである．流域で起こった流出は，多くの要因に影響されたさまざまなパターンで下流に流出する．その要因とは，たとえば，降雨の量と分布，融雪の割合，開水路水理，流域の浸透率，その他であり，定義するのは難しい．2つとして似たハイドログラフはない．しかしながら，複雑なハイドログラフから誘導されてきた経験的な関係はずっと改善されてきている．どの水文技術者にとっても，解析の限界要因は，流域降雨-流出の関係，流れの経路，流れ時間の精確な記述である．このデータから，流出ハイドログラフが生まれてきた．モデル化に利用されるハイドログラフの形式のうちいくつかは，次を含む．

- 自然ハイドログラフは水位観測流れの記録から直接得られる．
- 統合ハイドログラフは自然ハイドログラフをシミュレーションするための流域定数と降雨特性を使って得られる．
- 単位ハイドログラフは1インチの直接流出を表示するために調整された自然あるいは統合ハイドログラフから得られる．
- 無次元単位ハイドログラフは，基本単位としてピークまでの時間を使い，これらの単位の割合でハイドログラフを図示することによって多くの単位ハイドログラフを表示するためにつくられる．

25.5 流出とピーク流量

　複雑な降雨-流出プロセスの単純化にかかわらず，降雨の決まった割合としての流出を評価する方式が長年降雨流域システムの設計の実務で使われてきた．流域が均質な単位に細分化され，技術者が適切な因子を使う十分なデータと経験をもつときに，その評価は正確になる．たとえば広場，木々，草地や農業用地のような浸透被覆でおもに構成される流域に対しては，降雨流出解析はさらに複雑になる．土壌条件と植生形式は，流出になる降雨の総量を決めるのに大きな役割を果たす変数の2つである．加えて，流れの他形式は，流域がより都市化されてないときには，水路の流れ（と計測されたハイドログラフ）に大きな影響を与える．

1. 表面流出は，降雨率が浸透率より大きく，降雨の総量が流域の遮断，浸透，表面滞留能力を超えるときのみ起こる．流出は，流れのネットワークを集めながら陸地表面上を流れる．
2. 中間流は，浸透降雨が流動性の低い地下水帯に出会い，浸出，噴出として現れ，土壌表面上を移動する．
3. 基底流は，自然貯留から水路にかなり定常な流れがあるときに起こる．流れは，湖沼あるいは浸透降雨や表面流出によって補給された帯水層からくる．

　流域水文学では，基底流を分けて扱い，他のすべての形式を直接流出に結びつけるのがふつうである．調査の要件に応じて，設計者は流域からの直接流出のピーク流量を cfs 単位（秒当たり立方フィート）で計算でき，あるいは流域からの直接流出に対する流出ハイドログラフを決めることができる．ハイドログラフは，曲線下の面積としての流出量と，流量割合の時間変動を示している．水文調査の目的が，さまざまな開発がもたらす流域内の小流域ネットワークへの影響を量る，あるいは洪水管理施設を設計することであるなら，ハイドログラフが必要である．調査の目的が道路排水溝やその他の単純な流域開発なら，ピーク流量が必要となる．それゆえ，与えられた調査の目的が使うべき方法論を決めることになる．たとえば合理法と TR-55 のピーク流量図解法は流出ハイドログラフを出力しないことに注意せよ．しかしながら，TR-55 改良法と修正合理法は流出ハイドログラフを出力する．

25.6 計算手法

　モデルは異なった形式の入力を要求し，異なった結果を生み出すので，降雨計画に責任のある環境技術者は流域からの流出計算のための異なった方法に慣れておくべきである．ここで包含される方法は，合理式，修正合理式，いろいろな TR-55 法（流出，ピーク流量図解法ハイドログラフの評価）である．以前に紹介された降雨-流出関係を利用してこれらの方法論を発展させた多くの計算プログラムが利用できる．流量のピーク率と流量ハイドログラフを計算し，降雨管理施設を通過する流出もこれら多くのプログラムで追跡される．後で示される例は，TR-20 プロジェクト報告：水文学（USSCS, 1982）

を利用している．他の容易に利用できる計算プログラムも SCS 法を利用している．計算モデルの精度は，ここでカバーされる合理法や SCS 法を通じて代表的に生成される入力の精度に依存している．技術者はモデル化された流域の特定の地点に精通しているべきなので，ここでカバーされるすべての方法にも親しむべきである．

> ノート： 以下に紹介するすべての方法は仮定があり，精度上の限界をもっている．しかしながら，これらの方法が正確に使用されるとき，単純な代入によって，排水域や流域からの流出のピーク率の合理的な評価を提供してくれる．

> 要点： 小さな降雨事象（<2 インチ降雨）に対して，TR-55 は流出を過小評価する傾向があり，一方，より大きな降雨事象に対してはかなり正確である．同様に，合理法はより小さい均質な流域に対してはかなり正確である一方，より大きな複雑な流域では精度を失う傾向にある．次の議論は仮定を含めてこれらの方法のさらなる説明，限界，解析に必要な情報を提供してくれる．

25.6.1 合理式

合理式は，流域からのピーク流量を決めるために工夫されている．その単純なアプローチはしばしば批判されるが，このような単純化こそ，この方法が今日でも幅広く使用されている多くの技術の 1 つとなっている理由である．合理法は，流出係数，平均降雨強度と流域面積の関数として流域内の任意点の流出のピーク率を評価する．合理式は次のように表示される．

$$Q = C \times I \times A \tag{25.1}$$

ここで，Q ＝流出最大率（cfs），C ＝土地利用に依存した無次元流出係数，I ＝流域の流達時間に等しい継続期間に対する計画降雨強度（in./hr），A ＝流域面積（ac）．

25.6.1.1 仮　定

合理式は次の仮定に基づいている．

- 定常降雨強度のもとで，最大流量は流域流出点より上のすべての面積が流出に寄与している時間において流出点で起きる．この時間はふつう流達時間 t_c として知られ，流域内の水文的に最も離れた地点から流出点まで流水が移動する時間として定義される．
  - ――定常降雨の仮定は，より長い降雨事象の間でさえ土壌飽和が増加するような要因が無視されるときには，時間 $t = t_c$ で，全流域がピーク流量に寄与するときに，最大流量が起きる．さらに，この仮定は合理式を使用して解析できる流域サイズを限定する．大きな流域では，流達時間が長くて長期間に一定の降雨強度は生じないかもしれない．また，より短ければ，流域のいくつかの部分で起きる突発的な降雨がより強くなり，大きなピーク流量を生むかもしれない．流達時間はピーク降雨の最小期間に等しい．流達時間は，上述したようにピーク流量に寄与するすべての流域に要求される最小時間を反映している．合理式は，全流量が土壌飽和の結果として

25.6 計算手法

増加しない，伝達時間を減少させるなどを仮定している．それゆえ，流達時間は，必ずしも実際の降雨継続時間の指標とはならず，単に IDF 曲線から平均降雨強度を決めるために使用される限界継続時間となる．

● 計算されたピーク流量の頻度あるいは再現期間は，所与の流達時間に対する降雨強度（計画降雨）の頻度あるいは再現期間に等しい．
  ―― ピーク流量の頻度は，降雨強度の頻度のみならず流域の応答特性にも依存している．小さいほとんど不浸透性地域では，降雨頻度が支配要因でそれは応答特性が比較的一定だからである．しかしながら，より大きな流域では，流域特性はより大きな影響をピーク流量の頻度に与える．それは流域構造，流域内制限と遮断による初期の降雨損失貯留減少によるものである．

● 流出となる降雨の部分は降雨強度あるいは量と無関係である．
  ―― この仮定は，街路，屋根つき区画，駐車場のような不浸透地域については合理的である．浸透地域については，流出になる降雨の部分は降雨強度とともに変化し，流出は増加する．この部分は無次元流出係数 C によって表現される．それゆえ，合理式の精度は降雨，土壌と土地利用条件に対して適切である係数の注意深い選定に依存する．なぜ流域内での不浸透被覆が 100% に近づくと合理式がより正確になるのかを理解するのは容易である．

● 流出のピーク率は洪水滞留と貯留施設の設計には重要な情報である．

25.6.1.2 限 界

上述した仮定のため，合理式は次の基準を満たすときのみ使用されるべきである．
1. 与えられた流域は 20 分より小さい流達時間をもつ．
2. 流域面積は 20 エーカーより小さい．

より大きな流域では，流域ネットワークを通じてピーク流量の減少がピーク流量を決める要因である．減少あるいは追跡効果を説明するために流出係数（C ファクター）を適用させるには方法はあるが，より複雑な状況に対するハイドログラフ法あるいはモデルシミュレーションを使用する方がよい．同様に，橋，排水溝あるいは降雨下水管の存在は，最終的に流域からのピーク流量率に影響を及ぼす制限として作用する．合理式のような簡単な計算法を使って，こうした構造物の上流にあるピーク流量が計算できる．しかしながら，制限物の上流の貯留量を考える詳細な貯留追跡法は，制限物の下流の流量を正確に決めるために使用されるべきである．

25.6.1.3 設計定数

合理式に使用される設計定数の概要のは次のようにまとめられる．

a. 流達時間

合理式の使用における誤差の根源は，流達時間 t_c 計算手順の過剰な単純化によるものである．合理式の起源は排水溝と通水システムの設計に根ざすので，流達時間はおもに流入時間（あるいは表面流）と管路あるいは開水路の流下時間より構成される．流入表

面流時間は，流出が流入口あるいは排水溝までの表面上の流域内で最も遠い点から表面流を流下させるのに必要な時間として定義される．管路あるいは開水路の流下時間は，通水システムを通じて計画点まで流れるのに必要な時間として定義される．加えて，5分より小さい流入時間である場合，時間は5分まで丸められ，それは流入に対する降雨強度Iを決めるために使用される．流達時間の変動は，計算ピーク流量に影響を与える．流達時間の計算手順は過剰に単純化されており，上述したように，合理式の精度は非常に妥協的である．この過剰な単純化を避けるため，本書の15.4節にあるような流達時間の決定には合理的手順が推奨されている．

　流達時間決定のために多くの手順が利用できる．いくつかは対象とする流域の特定形式やサイズに対して開発され，一方，他は特定の流域研究に基づいている．与えられた手順の選択は，手順中で使用される水文・水理特性と対象とする流域特性とを比較することも含まれている．技術者は，流達時間を決める2つあるいはそれ以上の方法が所与の流域に適用されると，幅広い結果が得られることに注意すべきである．SCS法が推奨されるのは，陸面勾配と土地利用状況のような容易に利用可能な定数の関数として，流下表層の薄い流れの流下時間と浅い集中した流れ時間を評価する方法を提供しているからである．どの方法が使用されるかは，流域全長にわたる平均流れ時間と比較し，結果が合理的になるようにすべきである．

b. 降雨強度

　降雨強度Iは，選ばれた再起時間（たとえば，1年，2年，10年，25年）に対する流達時間に等しい降雨継続時間に対して時間当たりインチ表示の平均降雨率である．特定の再起時間が一度選ばれて，流域に対する流達時間が決まると，流域が位置する地理的領域に対する適切なIDF曲線から容易に降雨強度が読み取れる．これらの図は米国の領域への国立気象サービスによって整理されたデータに基づき開発された．

c. 流出係数

　流域内の異なる土地利用に対する流出係数Cは，流域に対する降雨と流出間の関係を表現する1つの重みづけされた係数をつくるために使用される．推奨値が表25.3に示されている．合理式をより正確なものにしようとの試みにおいて，土地利用，土壌形式，平均土地勾配のような流域定数の統合効果を表現する流出係数を調整するために努力が払われた．表25.3は都市利用のみに基づく推奨値を提供している．これらの定数の理解は適切な係数選択において必要である．流域勾配が増加するにつれ，流出速度は，薄層流と浅い集中流れの両方とも増加する．流速の増加に伴い，流出を浸透させる表面土壌の能力は減少する．浸透におけるこの減少は，流出における増加を結果的に生む．この場合，設計者は勾配による増加を反映したより高い流出係数を選ぶべきである．

　土壌特性は，土壌は異なる浸透率をもつので，流出と降雨との関係によりいっそうの影響を与える．歴史的に，合理式は，都市化地域の豪雨下水と排水溝の設計のためにおもに使用された．土壌特性は考慮されていなかった．特に，流域が大きな不浸透性である場合，伝統的な設計ではそれは単により大きな管とより小さい源頭部を意味していた．

表 25.3 合理式流出係数

土地利用	C値
ビジネス，工業，商業	0.90
集合住宅	0.75
学校	0.60
住居	
区画 10000 ft^2	0.50
区画 12000 ft^2	0.45
区画 17000 ft^2	0.45
区画 1/2 ac，それ以上	0.40
公園，墓地，不改良区画	0.34
舗装，屋根付き区画	0.90
耕作地	0.60
牧草地	0.45
森林	0.30
草地急斜面（2:1）	0.70
路肩，排水溝区画	0.50
芝生	0.20

出典：USDOT, *Urban Drainage Design Manual*, Department of Transportation, Washington, DC, 2001.

表 25.4 合理式の頻度因子

頻度因子 C_f	豪雨再帰頻度
1.0	10年あるいはそれ以下
1.1	25年
1.1	50年
1.25	100年

しかしながら，降雨管理の目的のためには，現在の条件（開発以前，通常大きな浸透性表面をもっていた）がしばしば開発後の許容流出率を規定するので，それは正確にモデル化されなければならない．土壌特性は，圧縮，切り出しと埋め込み操作によって建設工程を通じて変化している．流出係数にそれらが反映されないなら，モデルの精度は減少する．土壌の局地性は，土壌浸透能力の建設の影響による浸透性表面の流出係数の調整を要求する．

d. 低頻度の豪雨における調整

合理式は，低頻度，高強度降雨を考慮したさらなる調整も行われている．この調整は頻度因子（C_f）の形式であり，それは浸透の減少効果とより長期の降雨期間中の流出量へのその他の効果を考慮している．調整の結果，合理式は次のように表示される．

$$Q = C \times C_f \times I \times A \tag{25.2}$$

C_fの値は表25.4にリストされている．$C \times C_f$の積は1を超えない．

25.6.2　修正合理式

修正合理式は，おもに都市部の滞留施設の大きさを決めるために開発された合理式が修正されたものである．固定した降雨継続時間を利用する場合を除いて，修正合理式は合理式と同じように適用される．選択された降雨継続時間は使用者の要求に依存する．たとえば，設計者は降雨継続時間決定のために反復的な計算をするかもしれず，それが滞留施設の大きさを決めるときの最大貯留量の要件となる．

25.6.2.1　仮　定

修正合理式は次の仮定に基づいている．
1. 合理式で使用されたすべての仮定が適用される．最も顕著な差は，修正合理式の流達時間は実際の豪雨継続時間よりむしろ降雨強度を平均化する時間に等しいということである．この仮定は，降雨強度を平均化する時間の前後に生起するどんな降雨または降雨によって生じるどんな流出も考慮されないという意味である．それで，流域のサイズを決める手順として使用されるときには，修正合理式は必要とされる貯留量をひどく過小評価するかもしれないのである（Walsh, 1989）．
2. 流域に対する流出ハイドログラフは形状として三角形で近似することができる．この仮定はすべての流域に対するピーク流量と時間との間の線形な関係を意味している．

25.6.2.2　限　界

合理式に対して挙げられるすべての限界は修正合理式にも適用される．鍵となる差は，結果として形成される流出ハイドログラフの仮定形状である．合理式は三角形状ハイドログラフを生み出し，それに対して，修正合理式は図 25.6 に示すように所与の流域に対して三角形あるいは台形状ハイドログラフを生み出すことになる．

25.6.2.3　計画定数

式 $Q = C \times I \times A$（合理式）は，図 25.6 に示すような 3 つのすべてのハイドログラフに対するピーク流量を計算することができる．合理式と修正合理式との唯一の差は，ピー

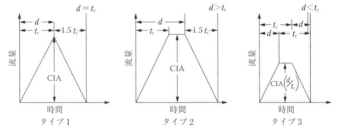

図 25.6　修正合理法流出ハイドログラフ
タイプ1：豪雨期間 d がコンセントレーション時間 t_c に等しい．
タイプ2：豪雨期間 d がコンセントレーション時間 t_c により大きい．
タイプ3：豪雨期間 d がコンセントレーション時間 t_c により小さい．

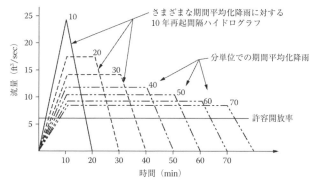

図 25.7 修正合理法流出ハイドログラフ群

ク流量に加えて流出量を計算するために修正合理式に降雨継続時間 (d) を関係づけていることである．合理式は，すべての流域がピーク（時間 $t = t_c$）に寄与し，時間 t 以降も引き続く降雨の効果を無視するときに起こるピーク流量を計算しているのである．しかしながら，修正合理式は，流域の流達時間よりも長い期間をもった豪雨を考えており，その降雨はより小さい大きいピーク率や流量をもつかもしれないが，降雨時間が長くなることに関連したより大きな流出量（ハイドログラフ下の面積）を生じさせる．図 25.7 は異なった期間の豪雨を表現しているハイドログラフ群を示している．最大流出量を生じる降雨期間は必ずしも流量の最大ピーク率を生じさせるわけではない．

ハイドログラフの下降段階の期間は流達時間 (t_c) あるいはその 1.5 倍の時間に等しい．後で議論されるが，直接解は下降期として $1.5\,t_c$ としている．それは実際の降雨や流出機構をより代表しており，これが正当化されている（それは，上昇期よりも下降期が長くなる SCS 単位ハイドログラフにより類似している）．直接解法に $1.5\,t_c$ を使うことはより安全側の計画となり，本書でも使用される．

許容流出率に関して最大貯留量が必要とする期間を決定するためにいくつかの異なった降雨継続時間を解析することを，修正合理式は計画者に許容してくれる．この降雨継続時間は限界降雨継続時間と呼ばれ，流域サイズを決める道具として使用される．この技巧は後に詳細に議論される．

25.6.3 TR-55 流出評価法

米国土壌保全サービスは，1986 年に小流域に対する *Urban Hydrology for Small Watersheds* と名づけられた TR-55 の第 2 版を発行した．TR-55 で示される技巧は合理式と同じ基本データを要求しており，それは流域面積，流達時間，土地利用，降雨である．しかしながら，SCS アプローチは，計画者に降雨の時間分布，遮断による初期損失と滞留貯留，豪雨前の土壌水分条件を操作することを許容する点でより洗練されている．SCSによって発展した手順は 24 時間降雨に対する無次元降雨分布曲線に基づいている．TR-

55は都市流域からのピーク流量を評価するために，図解法と表解法という2つの一般的な方法を提示している．図解法は，流出特性がかなり一様でその土壌，土地利用，陸地被覆が単一流出曲線番号（RCN）で代表できる流域に限定される．図解法はピーク流量のみを与え，ハイドログラフが必要な場合には適用できない．

表解法はより完全なアプローチで，流域の任意点でのハイドログラフを得ることができる．より大きな流域に対して，主要な土地利用変化を考慮するため地域をサブ流域に分割し，サブ流域内で特定の対象を解析し，あるいは降雨施設の配置とピーク流量への影響を評価することが必要である．表解法は同一の豪雨事象に対するそれぞれのサブ流域のハイドログラフを生み出すものである．ハイドログラフは，流域を通じて追跡され，選択された対象点における部分分割ハイドログラフを生成し，結合することができる．表解法は特に所与の流域内の特定の地域での土地利用変化の影響を評価するのに有用である．

図解法あるいは表解法を利用する以前は，解析対象となる流域に対して与えられた降雨量，流達時間 t_c から生じる流出量を計画者は決める必要があった．これらの値を決める方法は本節でおおまかに議論される．しかしながら，読者は，手順と限界をさらによく知るためには土壌保全サービス発行のTR-55マニュアルのコピーを入手し，参照することを強く推奨する．

流出曲線番号（RCN）法は流出を評価するために使用される．流出式（TR-55にみられ，本節で後に議論される）はCNの関数として流出と降雨との間の関係を計算してくれる．CNは，浸透するあるいは流出する過剰分をもつ降雨を滞留させる土地の能力の指標である．CNは陸地被覆（木，牧草地，農業利用，部分不浸透など）の関数である．

25.6.3.1 限 界

- TR-55は，流出開始前の初期損失のすべてを I_a という項で丸めて，潜在最大滞留 S という変数を用いて土壌と被覆条件を近似している．これら2つの項 I_a と S は流出曲線番号の関数である．流出曲線番号は計画目的に利用される平均的な状況を表現している．水文研究の目的が歴史的な豪雨事象のモデル化であるなら，平均状況は適切でないかもしれない．

- 計画者は初期損失項 I_a と S に反映されている仮定を理解すべきであり，その仮定とは，この2項は遮断，初期浸透，表面くぼみ貯留，蒸発散とその他の流域因子を表現し，農業流域からのデータに基づく流出曲線番号の関数として一般化されているということである．このことは特に都市域への適用で重要であり，それは不浸透と浸透域の組み合わせによっては有意な初期損失が起こらないかもしれないことを意味するからである．他方，不浸透と浸透域の組み合わせで，都市域が有意な表面くぼみ貯留をもつなら，初期損失は過小評価されることになる（TR-55で確立された関係よりもむしろ他の関係を使うためには，計画者は，各被覆と水文土壌に対する新たな番号関係を確立するための元となる降雨-流出データを使って流出公式を再び導出する必要がある．これは多大のデータ収集と解析労力を意味している）．

25.6 計算手法

- 融雪と凍結地面からの流出はこの方法では評価できない．
- 流出曲線番号法は流出が 0.5 in. より小さいときにはより正確でなくなる．検算として，流出を決める別の方法を用いよ．
- SCS 流出手順は表面流出のみに適用され，中間流出あるいは高地下水流は考慮していない．
- マニングの運動学的解（のちに議論）は 300 ft よりも長い薄層流れの流達時間の計算に使用されるべきではない．この限界は流達時間計算に影響する．多くの関係者は 150 ft を浅い集中流が発達される前の薄層流れの最大長と考えていることに注意せよ．
- TR-55 で使用される最小 t_c は 0.1 時間である．

25.6.3.2 必要情報

一般的に，流域の物理的性質をよく理解しておくことは，流出公式を解き流達時間を決定するうえで必要である．たとえば地形形状と水路形状のいくつかの特徴は，USGS の 1 in. = 2000 インチ四角の地形地図から得ることができる．流域研究に対してさまざまの出典の情報は十分に正確かもしれないが，研究の正確さは直接基本情報の正確さと詳細水準に関係するものである．理想的には，水路形状と材料，排水溝の大きさ，排水分割，土地被覆などのような特定の特徴を特定するために，現場調査と野外観測が実施されるべきである．しかしながら，研究の大きさと視点に応じて，現場調査は経済的に可能でないかもしれない．公式を解き流達時間を決定するために必要なデータは以下に記載される．これらの項目は後にさらに詳細に議論される．

1. 土壌情報（水文土壌グループを決定する）
2. 土地被覆タイプ（不浸透，木，草など）
3. 処理（耕作地あるいは農地）
4. 水文条件（計画目的に対して，水文条件は開発前条件に対して「よい」と考えられるべきである）
5. 都市不浸透地域改変（連結，不連結など）
6. 正確に分割同定するに十分に詳細な地形，t_c と T_t，流れ経路と水路形状，表面条件（粗度係数）

25.6.3.3 土壌計画定数

ハイドログラフの適用において，流出はしばしば過剰降雨あるいは有効降雨と呼ばれ，浸透あるいは雨水を滞留させる土壌能力を超過する降雨量と定義される．土壌タイプあるいは分類，土地利用と陸面処理と被覆水文条件が，降雨過剰量，流出の決定に最も有意な影響を与える流域因子である．

a. 水文土壌グループ分類

SCS 土壌分類は，A，B，C，D と特定される 4 つのグループから構成される．土壌は，最小浸透率に基づく範疇の 1 つに分類される．地方の SCS 事務所，土壌と水保全管区事務所あるいは SCS 土壌調査（米国中の多くの郡に対して公開されている）から集められ

た情報を用いて，与えられた地域の土壌が同定される．予備的な土壌同定は，一般的に流域解析と計画に特に有用である．特定の場所に対する降雨管理計画を用意するときには，水文土壌分類を確定するために土壌ボーリングを行うことが推奨される．各水文土壌グループに関連した土壌特性は一般的に次のように表される．

グループ A：完全に湿っているときでさえ高浸透率により低い流出潜在力を有する土壌．これらの土壌はおもに深くて過剰排水された高い水伝達率（0.30 in./hr）を有する砂と礫より構成される．グループ A 土壌は砂，ローム状砂，砂状ロームを含む．

グループ B：完全に湿っているときでさえ適度の浸透率により適度の流出潜在力を有する土壌．これらの土壌は適度に深い～深い，適度～十分に排水された砂よりおもに構成される．グループ B 土壌は適度な水伝達率（0.15～0.30 in./hr）をもち，シルトロームあるいはロームを含む．

グループ C：完全に湿っているときでさえ低い浸透率により高い流出潜在力を有する土壌．これらの土壌は，典型的に水あるいは土壌の下方移動に影響をする表面近くの層を有する．グループ C 土壌は，低い水伝達率（0.05～0.15 in./hr）をもち，砂状クレイロームを含む．

グループ D：非常に低い浸透率により高い流出潜在力を有する土壌．これらの土壌は，おもに，高い膨潤潜在力をもつクレイ，恒久的に高い水面をもつ土壌，表面あるいは表面近くで粘土盤あるいはクレイ層をもつ土壌，不浸透に近い母材上の薄い土壌，よりおもに構成される．グループ D 土壌は，非常に低い水伝達率（0～0.05 in./hr）をもち，クレイローム，シルト状クレイローム，砂状クレイ，シルト状クレイあるいはクレイを含む．

土壌断面の何らかの乱れは土壌の浸透特性を有意に変化させる．都市化に伴って，与えられた地域の水文土壌グループは，土壌混合，他の地域からの充塡材の導入，塊のふるい分け中の材料の除去あるいは建設機械による圧縮により変化している．土壌頂部の層は除去され，地表面作業が完全に行われた後では置換されるが，もとにある土壌は劇的に変化させられる．それゆえ，どんな乱された土壌も，各グループに上記のように与えられた物理特性によって分類されるべきである．

ある所管区域は，すべての場所が実際の開発前の HSG の下の範疇である HSG 分類を用いて解析されるように要求している．たとえば，土壌調査から決まる開発前の HGS の分類 B である場所は，開発された状態では HGS 分類で C を用いて解析されることになる．

b. 水文条件

水文条件は，浸透と流出への被覆形式と表面処理の影響を示すものである．一般に，排水地域を横切る植生密度と他の被覆から評価される．よい水文条件とは，被覆が低い流出潜在力をもつことであり，一方，貧弱な水文条件は被覆が高い流出潜在力をもつことである．水文条件は，芝生，公園，ゴルフコースや墓地のような都市化地域に関連する木，牧草，やぶ，農地，そして空き地のような非都市化土地を記述する際に使用され

表 25.5A　都市域に対する流出曲線番号[a]

被覆タイプと水文条件	不浸透域の平均率[b]	水文土壌グループに対する曲線番号			
		A	B	C	D
十分開発された都市域（植生帯確立）					
良好な状況（草地被覆＞75%）		39	61	74	80
不浸透域					
舗装駐車場，屋根下，車道など（除く公道用地）		98	98	98	98
街路と道路					
舗装；縁石と豪雨下水溝（除く公道用地）		98	98	98	98
舗装；排水溝（含む公道用地）		83	89	92	93
礫（含む公道用地）		76	85	89	91
泥（含む公道用地）		72	82	87	89
都市区画					
商業とビジネス	85	89	92	94	95
工業	72	81	88	91	93
平均区画サイズによる住居地域					
1/8 ac あるいはそれ以下（町の家屋）	65	77	85	90	92
1/4 ac	38	61	75	83	87
1/3 ac	30	57	72	81	86
1/2 ac	25	54	70	80	85
1 ac	20	51	68	79	84
2 ac	12	46	65	77	82
開発中都市域					
近年等級化地域（浸透域のみ，非植生）		77	86	91	94
遊休地（TR-55 表 2-2c と同様の被覆タイプで決定された CN）					

a：追加被覆タイプ，一般仮定と限界について TR-55 参照．
b：平均流出係数で $I_a = 0.2S$．
出典：TR-55，表 2-2a，都市域の流出曲線番号．

る．表面処理は耕作農地の管理を記述するための被覆形式の変形したものである．表 25.5 (A) と 25.5 (B) は，いろいろな土地利用に対する表面処理と水文条件を示す TR-55 の表 2-2 からの抜粋である．提案開発の影響を決めるために流域が解析されるとき，多くの降雨水管理規則が計画者に現存するすべてあるいは未開発土地は水文学的によい条件であると考えることを促す．このことは，翻って開発後のピーク管理がより大きくなるという結果を生じる現在のピーク流出率をより小さくするという結果生じさせることになる．ほとんどの場合，もしある方法で変えられないなら，未開発の土地はよい水文条件下にある．多くの雨水プログラムのゴールが，開発前あるいは改変前の率に対して開発あるいは改変地域からのピーク流量を減らすことであるなら，これは合理的なアプローチである．加えて，このアプローチは未開発の陸地や空き地の条件を判定する際の一貫性のなさを除去してくれる．

c. 流出曲線番号の決定

土壌グループ分類，被覆タイプと水文条件は流出曲線番号（RCN）を決定するために

表 25.5B　その他農業域に対する流出曲線番号[a]

被覆		水文条件[b]	水文土壌グループに対する曲線番号			
被覆タイプ			A	B	C	D
牧草地，草地，放牧地（連続飼料かいば）		Good	39	61	74	80
草地（連続草地，飼料用刈取り干し草）		—	30	58	71	78
ブラッシュ（おもにブラッシュよりなる草）		Good	230	48	65	73
木（果樹園や木農場などの，草地との組み合わせ）		Good	32	58	72	79
木		Good	230	55	70	77
農地（建物，道，車道と周囲区画）		—	59	74	82	86

a：追加被覆タイプ，一般仮定と限界について TR-55 参照．
b：平均流出係数で $I_a = 0.2S$．
出典：TR-55，表 2-2a，都市域の流出曲線番号．

使用される．地面が凍結していないとき，RCN は地域の流出潜在力を示している．表 25.5 が，さまざまな土地利用と土壌グループに対する RCN を与えてくれる．さらに完全な表は TR-55 で見出すことができる．与えられた土地利用に対して RCN を選ぶとき，いくつかの要因が考慮されるべきである．まず，計画者は表 25.5 と TR-55 にある曲線番号が平均履歴流出あるいは湿潤条件（ARC）に対するものであることを理解すべきである．ARC は降雨事象前の流出潜在力の指標であり，流域に対する降雨と流出の関係に与える主要な影響を示すものである．平均 ARC 流出曲線番号は乾いたあるいは湿潤値に変換されるが，平均履歴流出条件は計画目的に利用される．表 25.5 と TR-55 で提供されるような流出曲線番号の開発において用いられた仮定一覧を考慮することが重要である．仮定のいくつかは下にある．

>ノート：「湿潤な」あるいは「乾いた」先行流出条件を使用するための決定は，注意深く観測された降雨計測データのような完全な野外調査に基づくべきである．

RCN 決定の仮定には次のことが含まれている．
- 住居，商業，工業のような土地利用に対する曲線番号は示されるような不浸透域の割合パーセンテージで計算される．示されているような値と異なるなら，実際の不浸透域のパーセンテージを使って，複合曲線番号が再計算されるべきである．
- 不浸透域は排水システムと直接連結されている．
- 不浸透域は流出曲線番号 98 をもつ．
- 浸透域は良好な水文条件にある空き地に等価であると考えられる．

>ノート：　他も同様にこれらの仮定は TR-55，表 2-2 の脚注にある．これらの仮定が真実でないとしても，TR-55 は与えられた RCN の変更に対する図による解を与えてくれる．

環境分野の技術者は，図解法における連結された／連結されていない不浸透域の定義とそれらの使用が結果となる RCN への影響についてよく知っておくべきである．TR-55

の本節で利用を経験した後では，計画者は与えられた地点に対するRCN決定に使用されるいろいろな基準の評価ができるようになるであろう．加えて，流域をいくつかのサブ流域に分割することの正しさを確認するために，計画者は土地利用に十分な多様性をもっているかどうかを確認する必要がある．流域あるいは排水域が1つの重みづけられた曲線番号によって適切に表現できないなら，計画者は流域をサブ地域に分割し，それぞれを個別に解析し，それぞれのハイドログラフをつくり，それから全流域に対する合成ピーク流量を決定するために，それらを足し合わせなければならない．

図25.8は，排水域に対する決定プロセスを示している．流れ図は，TR-55の図から流出曲線番号を選ぶ適切な表あるいは図を選ぶために使用することができる．

TR-55の作業表2は地域あるいはサブ地域に対する重みづけされた曲線番号を計算するために使用される．

d. 流出式

SCS流出式は，流域の初期損失 I_a と潜在最大滞留 S はともにRCNの関数であり，両者の関数として流出を解くために使用される．この式は，流出が始まる前の浸透，蒸発，窪地貯留，植生による遮断を含むすべての損失を定量化することを意図したものである．

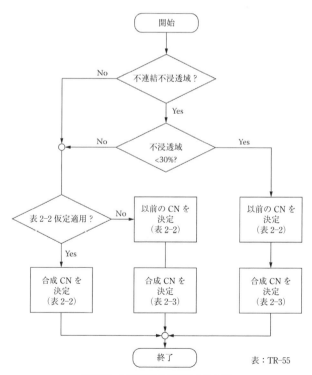

図25.8 流出曲線番号選択の流れ図

TR-55は流出式に対する図解法である．図解法は，TR-55の第2章「流出評価」にみられる．任意の与えられた頻度降雨に対して特定のRCNの流域あるいはサブ流域から予想される流出高さが式と図解法によって解かれる．付加的情報は，*National Engineering Handbook* の第4節にみられる．降雨と流出の基本関係を与えることによるこれらの手順は，SCS方法論に基づく水文研究に対しても基本である．それゆえ，流域あるいは排水域を解析するとき，計画者は，完全な地点調査を行い，土壌タイプと水文条件のような地点の全部の特徴と特性を考慮することが必須である．

e. 流達時間と移動時間

定常降雨強度の下で，最大流量は流域流出より上のすべての面積が流出に寄与している時間において流出点で起きる．ふつう，流達時間 (t_c) は，流域あるいはサブ流域内の水理学的に最も離れた地点から解析点まで1粒の水が移動する時間の長さである．移動時間 (T_t) は，同じ1粒の水がサブ流域底部の研究対象点から全流域底部の研究対象点まで移動するに要する時間である．移動時間 (T_t) は，全流域の対象地点に対する相対的な位置を提示することによるサブ流域の説明である．合理法も同様に，流達時間 (t_c) が流域に対するピーク流量の発達を記述するのに重要な役割を果たす．こうした理由で，流域を正確にモデル化するために，技術者は水路化や水路改変のような流れ時間を減少させる働きをするかもしれないあらゆる状況についても注意しなければならない．他方，技術者は，過小な通水能力システム上の表面貯留や排水溝のような実際には流れ時間を長くするかもしれない流域内の状況についても注意しなければならない．

1. **異質な流域**：異質な流域は，対象地点に寄与する異なった土地利用，水文条件，流達時間，その他の流出特性をもつ水理的に定義された流域を2つあるいはそれ以上有する1つの流域である．
2. **流れの区分**：流達時間は，流達時間 t_c 内の流れの道筋に存在する表面流あるいは薄層流れ，薄い集中流と水路流のような各流れ区分に対する時間増分の総和が流達時間である．これらの流れ形式は，表面粗度，水路勾配，流れパターンと勾配に影響される．

- 表面（薄層）流は，平らな表面上の薄い流れである．流達時間を決めるために，通常，表面流は水理的な流れの道筋の上流区間に存在する．TR-55は表面流の t_c を計算するためにマニングの運動学的な解を利用している．運動学的な t_c 公式の誤った適用のおもな原因は粗度係数である．表面流の表面状況の正確な特定には注意が払われるべきである．本書の表25.6 (A) とTR-55の表3.1がさまざまな表面状況に対する選択された係数を提示してくれる．マニングの運動学的な式の利用についてはTR-55を参照のこと．
- 薄い集中流は，通常，小さなリルやガリをつくるために表面流が集中するところから始まる．薄い集中流は，小規模人工排水路（舗装，不舗装）や縁石と屋根の樋（とい）中に存在可能である．TR-55は，薄い集中流に対する図解法を提供する．この流れの区分を解くために必要とされる入力情報は地面勾配と表面状況（舗装あるい

表 25.6（A） マニング式の粗度係数（n）（シート流れ）

表面記述	n 値
滑面（コンクリート，アスファルト，礫，裸地土壌）	0.011
無作付け（残留物なし）	0.05
耕作地	
残留物被覆<20%	0.06
残留物被覆>20%	0.17
草地	
短草	0.15
密な草地[a]	0.24
バミューダグラス	0.41
放牧地（自然）	0.13
木[b]	
軽いやぶ	0.40
密なやぶ	0.80

a：シナダレスズメガヤ，ナガハグサ，バッファローグラス，メダカソウ，生来の草混合を含む．
b：選ぶとき，高さ約 1 ft までの被覆を考える．これは，シート流れを邪魔する植生被覆の唯一部分．
出典： TR-55, 表 2-C-1, シート流れに対する粗度係数（マニング式の n）．

表 25.6（B） マニング式の粗度係数（n）（管路流）

材料	n 値の範囲	
	上限	下限
塗覆装鋳鉄管	0.010	0.014
非塗覆装鋳鉄管	0.011	0.015
ガラス化下水管	0.010	1.017
コンクリート管	0.010	0.017
一般クレイ排水タイル	0.011	0.017
コルゲート金属（2-2/3×1/2）	0.023	0.026
コルゲート金属（3×1, 6×1）	0.026	0.029
コルゲート金属（6×2 建築プレート）	0.030	0.033

出典：Brater, E. and King, H., *Handbook of Hydraulics*, 6th ed., McGraw-Hill, New York, 1976.

は不舗装）である．
- 水路流は，小水路（gully），排水工，窪地，自然あるいは人工水通水能力（降雨排水管を含む）に流れが集まるところに起こるものである．水路流は，恒久的な水路あるいは輪郭のはっきりした水路断面が存在するところにいつでも存在するものと仮定する．マニング式は，開水路に使用され，通常，満管流あるいは堤防満杯流速を仮定している．開水路流（自然，人工水路）と閉水路流に対するマニング係数は，表 25.6（B）に見出すことができる．係数は *Open Channel Hydraulics*（Chow, 1959）あるいは *Handbook of Hydraulics*（King and Brater, 1976）のような標準的なテキストから得ることができる．

表 25.6C マニング式の粗度係数 (n)（管路流）

材料	n 値の範囲 上限	下限
コンクリート	0.012	0.016
セメント荒石	0.017	0.025
土，直線，一様	0.017	0.022
岩掘削，滑面，一様	0.025	0.033
岩掘削，ぎざぎざ，不規則	0.035	0.045
曲がった，ゆるやかな運河	0.022	0.027
浚渫土運河	0.025	0.030
運河（粗石床，草地土堤防）	0.025	0.035
土底，粗石側面	0.028	0.033
短草水路		
長い草，13 in.	0.042	—
短い草，3 in.	0.034	—

出典：Brater, E. and King, H., *Handbook of Hydraulics*, 6th ed., McGraw-Hill, New York, 1976.

表 25.6D マニング公式の粗度係数 (n)（自然河川水路）

	水路ライニング	n 値の範囲 上限	下限
1.	流れがスムーズな直線河道，満水位，裂け目がない，または淵	0.025	0.030
2.	#1と同じ．多少の石礫および雑草	0.030	0.035
3.	蛇曲，多少の淵と浅瀬があり，流れがスムーズ	0.033	0.040
4.	#3と同じ．低水位，より無効な勾配と断面	0.040	0.050
5.	#3と同じ．多少の石礫および雑草	0.035	0.045
6.	#4と同じ．石礫型断面	0.045	0.055
7.	緩流域．非常に深い淵で雑草が多い	0.050	0.070
8.	雑草が非常に多い流域	0.075	0.125

出典：Brater, E. and King, H., *Handbook of Hydraulics*, 6th ed., McGraw-Hill, New York, 1976.

25.6.4　TR-55 ピーク流量図解法

ピーク流量図解法は，TR-20, *Computer Program for Project Formulation: Hydrology* (USSCS, 1983) を使ってのハイドログラフ解析から発展した．与えられた流域に対して，図解法は秒当たり立方フィート（cfs）を出力する．

25.6.4.1　限　界

TR-55 図解法を用いる前に，技術者はいくつかの限界に注意するべきである．
1. 対象流域は水理学的に等質的でなければならない．つまり，土地利用，土壌，被覆は流域全体を通じて一様に分布し，1つの曲線番号で記述できる．
2. 流域は唯一の主流あるいは流れの道筋をもつものとしてよい．1つ以上存在する場合，全体流域を代表する t_c にほぼ等しい t_c をそれぞれ流域がもっている．

3. ある流域解析はより大きな流域解析の一部分になることはない，というのも，図解法は1つのハイドログラフをつくり出すことができず，複数のハイドログラフを付け加えることを要求するからである．
4. 同様の理由で，流出ハイドログラフが制御構造物を通じて追跡されるなら，図解法は使用することができない．
5. 初期損失と降雨の比率（I_a/P）が単位ピーク流量曲線（0.1～0.5）の範囲外になる場合，曲線の限界値が使用される必要がある．

図解法に関連したこれらの限界とその他の限界に慣れるためには，読者にはTR-55を復習することを推奨する．

図解法は，流域内の開発や土地利用変化の影響を決める，降雨管理施設や通水施設改善の必要性を予想，予測する計画づくりの道具として利用できる．ときには，開発後のピーク流量管理に必要とされる貯水容量を評価するためにTR-55捷水路法と連動させて使用することもできる．この捷水路法はTR-55の第6章にみられる．しかしながら，TR-20あるいはHEC-1のようなより洗練された計算モデルあるいはTR-55の表解法でさえ複雑で都市化された流域に使用されることもあることに留意すべきである．

25.6.4.2 必要な情報

次は，TR-55ピーク流量図解法を使って流域のピーク流量を計算するために必要な定数の概要一覧である．

1. 排水面積，平方マイル
2. 流達時間（t_c），時間
3. 重みづけされた流出曲線番号（RCN）
4. 特定の計画降雨に対する降雨量（P），インチ
5. 総流出量（Q），インチ
6. 各サブ流域に対する初期損失（I_a）
7. 各サブ流域に対する比率 I_a/P
8. 降雨分布（タイプI，IA，IIあるいはIII）

25.6.4.3 計画定数

TR-55ピーク流量式は次のとおりである．

$$q_p = q_u \times A_m \times Q \times F_p \tag{25.3}$$

ここで，q_p＝ピーク流量（cfs），q_u＝単位ピーク流量（cfs/mi^2/in.，csm/in.），A_m＝排水面積（mi^2），Q＝流出高（in.），F_p＝池と沼地の調節因子．

単位ピーク流量（q_u）と池や沼地の調節因子（F_p）を除いて，ほかの必要な情報は事前に決められる．

単位ピーク流量（q_u）は，初期損失（I_a），降雨（P）と流達時間（t_c）の関数であり，TR-55の単位ピーク流量曲線から決めることができる．単位ピーク流量は，秒当たり，平方マイル当たり，インチ当たり立方フィートの流出で表される．前に議論したように，初期損失は，浸透，蒸発，窪地貯留と植生による遮断を含む流出が始まる前に起こ

るすべての損失であり，経験式あるいは TR-55 の表 4-1 から計算ができる．池と沼地の調節因子は，池と沼地が流域中に広がり，t_c の計算で考慮されない場合に，池と沼地の面積を考慮するためにピーク流量における調節のためにあるものである．池と沼地の調節因子に関するさらなる情報は TR-55 を参照のこと．

単位ピーク流量（q_u）は，TR-55 の表示 4-I，4-IA，4-II あるいは 4-III（降雨分布に依存）にある t_c と I_a/P を用いて得られる．上記の限界 5 が示すように，比率 I_a/P は 0.1 と 0.5 の間になければならない．技術者は，この範囲に計算値が入らないときには，曲線の限界値を使用しなければならない．単位ピーク流量はこれらの曲線から決められ，ピーク流量を計算するために上記の公式に代入される．

25.6.5　TR-55 表解法

表解法は異質の流域よりなる大きな流域を解析するために使用できる．流域を均質なサブ流域に分けることによって，流域内の任意の点の部分合成洪水ハイドログラフをつくり出すことができる．この方法は特に流域のある部分の土地利用変化の影響を評価することが可能である．下流の対象点での合成効果を確かめるために，表解法は効率的にいくつかのサブ流域を解析するための道具を提供してくれる．ピーク流量のタイミングを確かめるために特に有用である．ときには，低地の平坦な流域での滞留の利用が実際には対象地点での合成ピーク流量を増加させる可能性もある．もしより詳細な研究が必要なら，この手順はピーク流量のタイミングを確かめ，決定のための素早い監視を可能にしてくれる．

25.6.5.1　限　界

TR-55 利用前に技術者が気をつけなければならない基本的な限界のいくつかに次のことが含まれる．

1. 移動時間（T_t）は 3 時間より小さくなければならない（TR-55 での最大 T_t は表示 5 参照）．
2. 流達時間（t_c）は 2 時間より小さくなければならない（TR-55 での最大 T_t は表示 5 参照）．
3. 個々のサブ流域のエーカー数は，5 あるいはそれ以上の因子だけ異なるべきではない．

これらの限界が満たされないとき，技術者は，より正確で詳細な結果をする TR-20 あるいはその他のモデルを使用すべきである．読者は，表解法のこれらとその他の限界に慣れるため TR-55 の手引き書の復習が推奨される．

25.6.5.2　必要な情報

以下は，TR-55 表解法を使って流域のピーク流量を計算するために必要な定数である．

1. 比較的等質な領域への流域分割
2. 各サブ流域の排水面積，平方マイル
3. 各サブ流域に対するコンセントレーション時間（t_c），時間

4. 各追跡区間に対する移動時間（T_t），時間
5. 各サブ流域に対する重み付けされた流出曲線番号（RCN）
6. 特定の計画降雨に対する降雨量（P），インチ
7. 各サブ流域に対する総流出量（Q），インチ
8. 各サブ流域に対する初期損失（I_a）
9. 各サブ流域に対する比率 I_a/P
10. 降雨分布（タイプ I，IA，II あるいは III）

25.6.5.3 計画定数

表解法の利用では，技術者は全流域を通過する移動時間を決めることを求められる．前述したように，全流域は小さなサブ流域に分割され，そのサブ流域は時間に関して互いにそして全体と関連づけられていなければならない．結果として，他のどのサブ流域に相対する1つのサブ流域に対してあるいは全流域に対してピーク流量の時間が知られることになる．移動時間 T_t はサブ流域の底部にある対象地点から全流域の底部まで流れが移動するに要する時間を表す．この情報は各サブ流域についてまとめられる必要がある．

　ノート：　10 までのサブ流域のデータは TR-55 作業表（TR-55 作業表 5a と 5b）にまとめられる．

図解法を用いてピーク流量を得るために，単位ピーク流量が曲線から読み取られる．しかしながら，表解法は TR-55 表示 5 にみられる値の表形式でこの情報が提供される．この表は，降雨タイプ（I，IA，II あるいは III），I_a/P，T_c と T_t によって整理されている．ほとんどの場合，降雨タイプのほかのこれらの実際の値は表に示されている値と異なっているであろう．それゆえ，TR-55 では手引き書では，これらの値を丸めるシステムが確立されている．I_a/P の項は最も表の値に近くまで丸められている．時間 T_c と T_t の値は TR-55 手引き書の 5-2 と 5-3 のページで概観されている手順でともに丸められている．計算されたピーク流量とピーク流量の時間の精度はこれらの手順の適切な利用に高く依存している．

TR-55 作業表 5b にまとめられた情報にそって，次の式が任意の時間の流れを決めるために利用される．

$$q = q_t \times A_m \times Q \tag{25.4}$$

ここで，q = ハイドログラフの時間 t での縦軸（cfs），q_t = TR-55 表示 5 からのハイドログラフの時間 t での表単位ピーク流量（csm/in.），A_m = 各サブ地域の排水面積（mi^2），Q = 流出高（in.）．

$A_m \times Q$ の積は，サブ流域のハイドログラフを生成する TR-55 表示 5 中（各サブ流域は異なったユニットハイドログラフを利用しているかもしれない）の適切な単位ハイドログラフにある各表の値を掛けることで得られる．このハイドログラフは TR-55 作業表 5b に表としてまとめられ，各サブ流域の同じ時間増分の使用に注意しながら，他のサブ流

域からのハイドログラフとともに付け加えられる．結果は，全流域の作業表の底部に合成ハイドログラフとして置かれる．

> ノート：表解法についての先述の議論は TR-55 からとられたもので完全ではない．技術者は TR-55 のコピーを入手し，報告書に概観されているような手順と限界を学習するべきである．読者を各章の手順に導いてくれる例と作業表は TR-55 に提供されている．

25.7 一般的な雨水工学の計測

この節では，拡張滞留池や調整池，多段水路構造といった，雨水管理施設の設計に関連した工学的な計算の概要を提供する．

25.7.1 滞留，拡張滞留，調整池の設計計算

一般的には雨水管理調整に基づいて，雨水管理池は水量を管理（降雨の管理や河床侵食管理）し，水質を改善（あるいは処理）するように設計されている．選択された流域の型（拡張滞留，調整池，浸透など）とその設計要素（計画流入，貯留量，流出）との関係は，流域の大きさを決定し水理設計の土台の機能を果たす．計画暴風雨の再現頻度，許容流出率といった，いくつかの設計要素に関する変数は，地域内での流域や水路の明確な必要性に基づき，地方の行政権限によって規定される．浸食管理のように下流水路の具体的な必要性を実証・分析し，設計変数を設定するのは技術者次第かもしれない．

流入の設計は，ピーク流量か，開発流域からの流出ハイドログラフのいずれかである．この流入は流域の設計法計算のための投入データとなり，しばしば追跡（routing）と呼ばれる．さまざまな追跡手法が利用可能であり，水文学の投入データのフォーマットはたいてい，どんな経路設定が選択されたかによって決定される（本書で議論されている方法は，ピーク流量の利用か実際の流出ハイドログラフを必要としている）．一般的に，より規模が大きく複雑なプロジェクトは，流出ハイドログラフを含む詳細な分析を必要とする．予備調査や小規模プロジェクトは，ピーク流量を必要とするだけの，より単純で手っ取り早い技術を使って設計されるかもしれない．すべてのプロジェクトにおいて，設計者は水理関係の流入の一部を裏づけるために水文学的条件を立証するべきである．建物や駐車場のような用地等級の操作や常設の地物の戦略的な配置は，流域内に適切な貯水量をもたらすことができる．ときおり，用地の地形と利用可能な河口の位置は雨水設備の場所を決定する．

25.7.2 許容放水率

雨水設備の許容放水率（allowance release rate）は，洪水管理，浸食管理，水質改善のように提案された設備の機能に依存する．たとえば，水質改善に使われる流域は水質容量を保持して，それを特定の時間を通じてゆっくりと放水していくように設計される．水質容量は流出のファーストフラッシュ（降雨初期汚濁物質）となり，高濃度の汚染物

質を含む（Schueler, 1987）．対照的に，洪水や浸食管理に使われる流域は，暴風雨からの雨量を保持して，所定の最大放出率で放水するように設計される．この放出率は，開発前の状況に基づき，1流域から他の流域まで変化するかもしれない．

地域社会は雨水管理と浸食管理に関する条例を通して，与えられた頻度の暴風雨に対する許容放水率を伝統的に流域開発前の割合と同じに設定する．この技術は有用で，特に洪水管理や水路の浸食管理に関係するような雨水管理設備のための設計変数を定めるメカニズムになっている．

場所によっては，水路浸食や洪水管理のための許容放水率は，その州の最低基準を用いた条例か，代替的な基準を選ぶために特定の下流の地理的，地形的，地質学的条件を分析することによって設定される．当然，技術者は設計を始める前に，その地域の前提条件が何かを把握すべきである．本書での設計例と計算は説明のための最低必要条件を用いている．

25.7.3　適正貯留量の推計

雨水管理設備は試行錯誤のプロセスを経て設計される．技術者は，適切な流出管理において，最小設備を選ぶために，多くの反復工程を用いる．それぞれの反復行程には設備の大きさ（水位と貯蔵の関係）と流域の前提条件を背景に，性能を評価される流出の関係（水位流量関係が変化する水路）が必要になる．流入ハイドログラフの図式評価対，流出率曲線の近似値は，技術者に必要貯留量の推計値を提供する．この想定される必要貯留量から始め，反復の回数は減らされる．図解式ハイドログラフ分析では，流域の水文学的評価が適切な計画雨水のための流出ハイドログラフを生じさせることが必要とされている．一般的に地域の雨水管理規制は，SCS手法か改良された合理式（限界降雨継続アプローチ）の利用を考慮に入れている．多くの技術は，これらの方法に基づいた結果として生じる流出ハイドログラフをつくることができる．ハイドログラフをつくる際には，その方法の制約と仮定に精通することが技術者の責任である．図解式手順は，特に多数の降雨を扱う場合には時間がかかり，小規模土地開発のための滞留施設の設計にとって実用的とはいえない．簡易手法は，技術者が貯留量の要件を概算するために発展してきた．TR-55で述べられたような手法は，流域のための貯留量（TR-55, 5節4.2），限界降雨の継続，合理手法の修正，直接的解決法（TR-55, 5節4.4）を含み，設計ツールとして使用できる．最終的な設計は，より正しいハイドログラフ追跡手順を用いて改良されるべきである．ときおり，これらの簡易手法は最終設計で用いられるが，必要貯留量を概算するだけなので，注意して使用するべきである．

TR-55平面式ハイドログラフ手法では完全なハイドログラフをつくれるわけではないことに留意すべきである．

表形式ハイドログラフ手法は，ピーク流量を含み，ピークの直前直後にときおり生じるハイドログラフの一部分のみをつくるものである．欠損値は外挿されるため，潜在的にハイドログラフ分析の精度を下げている．SCS手法が使用される場合には，利用可能

なコンピュータプログラムのいずれかを使用して完全なハイドログラフが作成されることを推奨する．分析精度は，ハイドログラフが使用される場合のみ正確である．

25.7.4 図式ハイドログラフ分析：SCS 手法

次の分析は，提案された流域雨水管理のための必要貯留量の近似値をもたらす図式ハイドログラフ分析を表している．以下の手順はこの手法の解説のために提示されている．表25.7の水文学のまとめを参照すること．TR-20 コンピュータ生成のハイドログラフが事例として用いられている．提案された流域からの許容放流量は条例によって決められている（開発前の流域の流量に基づく）．

25.7.4.1 手　順

開発前の流出のピーク率（許容放水率）と，開発後の流出ハイドログラフ（流入ハイドログラフ）を含む，開発前後の流域の水文学は，ハイドログラフ分析に必要とされる（表25.7）．2年に一度の開発流入ハイドログラフの図25.9と，10年に一度の開発流入ハイドログラフの図25.10を参照のこと．

1. 開発に2年を要した流入ハイドログラフのプロット（流量 vs 時間）をはじめとして，2年間の許容放水率（$Q_2 = 8$ cfs）は横軸に，時間は $t = 0$ から，ハイドログラフの先端で交わる点まで続いている．
2. 対角線は流入ハイドログラフのはじめから，上述した交点まで描かれている．この線は管理構造に対する仮説に基づいた確率曲線を表しており，2年に一度の降雨についての流出ハイドログラフの上昇部に近似している．
3. 貯留量は，流出ハイドログラフの上昇部の面積を引いた，流入ハイドログラフの下の面積を計算することによって近似される．これは図25.9の斜線に示されている．

2年に一度の降雨に必要な貯留量は，面積計で斜線の面積を測り，おおよそ S_2 と近似する．ハイドログラフの縦軸は1秒当たり立方フィート（cfs）であり，横軸は時間（hr）で表されている．したがって，平方インチ（in.^{2}）で測られる面積は，立方フィートの面積（ft^3）を求めるために，インチ当たり cfs，インチ当たり時間，そして1時間は3600

表 25.7　水文学のまとめ，SCS 手法

状況	地域	流量累加曲線の数（RCN）	t_c	Q_2	Q_{10}
TR-55 図式ピーク流量					
開発前	25 ac	64	0.87 hr	8.5 cfs[a]	26.8 cfs[a]
開発後	25 ac	75	0.35 hr	29.9 cfs	70.6 cfs
TR-20 コンピュータ					
開発前	25 ac	64	0.87 hr	8.0 cfs[a]	25.5 cfs[a]
開発後	25 ac	75	0.35 hr	25.9 cfs	61.1 cfs

a：許容放水率．

25.7 一般的な雨水工学の計測

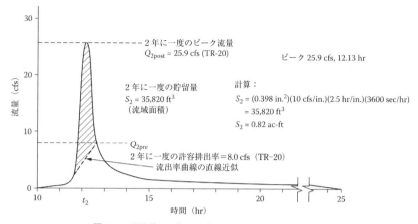

図 25.9 開発後の 2 年に一度の SCS 流出ハイドログラフ

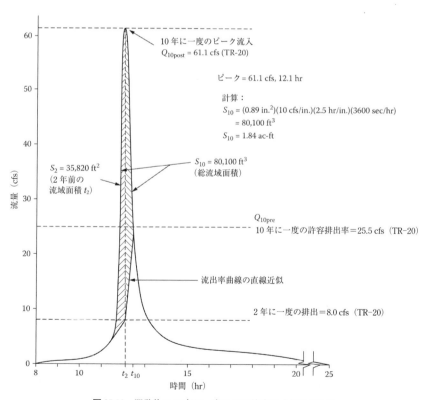

図 25.10 開発後の 10 年に一度の SCS 流出ハイドログラフ

秒，の積で表される．その換算は以下のようになる．

$S_2 = (0.398 \text{ in.}^2) \times (10 \text{ cfs/in.}) \times (2.5 \text{ hr/in.}) \times (3600 \text{ sec/hr}) = 35{,}820 \text{ ft}^3 = 0.82 \text{ ac-ft}$

4. 10年に一度の流入ハイドログラフのプロット上で，10年に一度の許容放水率（Q_{10}）は時間0からハイドログラフの低下部の交点に及ぶ横軸としてプロットされている．

5. 試行錯誤により，2年に一度の放水を維持している間，容量 S_2 が起こる時間（t_2）は面積計によって測られる．その斜線部分は図25.10の t_2 の左側に表される．t_2 と2年に一度の許容放水率（Q_2）の交点から，10年に一度の許容放水率とハイドログラフの低下部の交点まで直線が描かれている．この交点が t_{10} となる．そしてその線は流出率曲線の近似線となる．

6. 流出率のハイドログラフの上昇部の面積を引いた，時間 t_2 から時間 t_{10} からの流入ハイドログラフの面積は，10年に一度の降雨に必要な貯留量に合う追加的な容量を表している（図25.10の t_2 の右側の斜線部分）．

7. 必要とされる総貯留量 S_{10} は S_2 までの追加的容量を加算することによって計算される．ハイドログラフのもとでの総領域斜線面積は次のように表される．

$S_{10} = (0.89 \text{ in.}^2) \times (10 \text{ cfs/in.}) \times (2.5 \text{ hr/in.}) \times (3600 \text{ sec/hr}) = 80{,}100 \text{ ft}^3 = 1.84 \text{ ac-ft}$

100年に一度，あるいは他に計画された降雨頻度が，下流の状況の条例によって義務づけられているのなら，これらの段階が繰り返されるだろう．

まとめると，必要貯留量は流出ハイドログラフの曲線の下と流域流出曲線の上の面積である．流出率曲線は直線として近似されていることを知っておくべきである．実際の流出率曲線の形は，流出装置の使用タイプに依存するだろう．図25.11はオリフィスや堰の放水構造に関する流出率曲線の典型的な形を示している．直線近似はオリフィスの流出構造にとっては妥当である．しかしながら，堰の放水構造が使用される際，この近似では必要貯留量が過少に推計される傾向がある．設計の複雑性と正確な工学的解決の必要性に応じて，貯留関数法のように，より正確に容量を測る技術の利用が必要になるかもしれない．

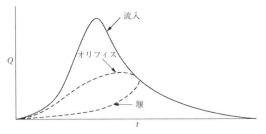

図 25.11 オリフィスと堰の放水設備に関する典型的な流出率曲線

25.7.5 TR-55 遊水池の貯留量（簡易法）

遊水池の手続き（TR-55簡易法）のためのTR-55貯留量は図式方式の分析と同様の結果を与える．この手法は多構造の平均貯留量と追跡の効果に基づいている．TR-55は一段あるいは多段式の流出設備に使用される．唯一の制約は，① それぞれの段階には，計画雨水とそれに必要とされる貯留量の計算が要求されること，② 上段の流出量は下段の流出量を含むことである．より詳細な議論と制約については，TR-55を参照すること．

25.7.5.1 必要情報

TR-55を用いた必要貯留量の計算には，SCS手法での開発前後の水文諸元が必要とされる．本手法は，流域での開発前のピーク流出率，許容放水率（Q_o）すなわち開発後の流域のピーク流出率，あるいは適切な計画降雨のための流入（Q_i），インチで示された流域開発後の流出（Q）が含まれる（この方法はハイドログラフを必要としないことに留意する）．これらの変数がわかれば，それぞれの計画降雨に必要な貯留量の推計にTR-55マニュアルを用いることができる．以下の手順は，25 ac の流域を例として用い，TR-55簡易法をまとめたものである．

25.7.5.2 手順

1. 適切な計画降雨のための水文学から，推計されるピーク流入量（Q_i）と許容放水率（Q_o）を決定する．以下に与えられた2年間の洪水流量率はTR-55の図式ピーク流量に基づいている．

$$Q_{o2} = 8.5 \text{ cfs}$$
$$Q_{i2} = 29.9 \text{ cfs}$$

正確な計画降雨のために，開発後のピーク流入量（Q_i）に対する許容放水率（Q_o）の割合，Q_o/Q_i を用いて，貯留量の割合を得るために，図25.12（あるいはTR-55中の図6-1）を参照すること．

$$Q_{o2}/Q_{i2} = 8.5/29.9 = 0.28$$

図25.12あるいはTR-55の図6-1から，流出量（V_{r2}）に対する貯留量（V_{s2}）の割合は，

$$V_{s2}/V_{r2} = 0.39$$

2. 正確な計画降雨のためにTR-55のワークシートからのエーカー・フィートの流出量（V_r）を決める．

$$V_r = Q \times A_m \times 53.33$$

ここで，Q = TR-55ワークシート2から得られる流出量（in.）= 1.30 in.，A_m = 排水面積（mi^2）（25 ac ÷ 640 ac/mi^2 = 0.039 mi^2），$V_r = 1.30 \times 0.39 \times 53.33 = 2.70$ ac-ft．

3. エーカー・フィートで表される，必要貯留量（V_s）を決めるために手順1からのV_s/V_r率に手順2からの流出量（V_r）を掛ける．

$$\left(\frac{V_s}{V_r}\right) V_r = V_s$$

$$0.39 \times 2.70 \text{ ac-ft} = 1.05 \text{ ac-ft}$$

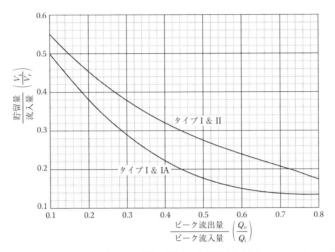

図 25.12 降雨タイプ I, IA, II と III に関する近似の遊水地関数(出典:TR-55 Approximate Detention Basin Routing for Rainfall Types I, IA, II, III より)

4. 必要貯留量の近似値を決定するために,それぞれの追加的計画降雨についてこれらの手順を繰り返す.10 年に一度の降雨に必要な貯留量が以下に示されている.
   - $Q_o = 26.8$ cfs
   - $Q_i = 70.6$ cfs
   - 図 25.12 から,$Q_o/Q_i = 26.8/70.6 = 0.38$;$V_s/V_r = 033$
   - $V_s = (V_s/V_r) \times V_r = 0.33 \times 5.93$ ac-ft $= 1.96$ ac-ft

   この容量は 2 年に一度の降雨と 10 年に一度の降雨に必要な総貯留量を表している.

ノート: 水質や水路侵食管理に追加的な貯留量が必要な場合は,手順 4 から得られた容量を増加させる必要がある.

上述された設計は TR-55 ワークシート 6a で使用されるべきである.そのワークシートは水位-貯留量曲線(stage-storage curve)で描いた領域を含んでおり,そこから必要貯留量に対応した実際の高度が導かれる.表 25.8 には,図式 SCS ハイドログラフ分析と TR-55 の簡易法を用いた必要貯留量のまとめが提供されている.

表 25.8 必要貯留量

方法	2 年に一度必要な貯留量	10 年に一度必要な貯留量
図式ハイドログラフ方式	0.82 ac-ft	1.84 ac-ft
TR-55 簡易方式	1.05 ac-ft	1.96 ac-ft

25.7.6 図式ハイドログラフ分析，修正合理式，限界降雨継続時間

修正合理式は，滞留設備における最大貯留量の計算に限界降雨継続時間（critical storm duration）を用いている．限界降雨継続時間は，流出の最大容量を生み出し，最大貯留量を必要とする降雨の継続時間である．対照的に，合理式は，時間 = t_c でのピーク流入を与え，時間 = $2.5 t_c$ での流量 0 に落ちる三角形流出ハイドログラフを作り出す．理論的に，このハイドログラフは降雨継続時間と降雨集中時間（t_c）が等しく，特定の回帰頻度の降雨に関する最も大きなピーク流量を生じる降雨を表している．

しかしながら，流出量は，滞留設備の大きさを測る際に，より大きな因果関係をもつ．t_c よりも継続時間の長い降雨は，大きなピーク流出率をつくり出さないかもしれないが，より大きな流出量をつくり出すかもしれない．設計者は，許容放水率に関する必要最大貯留量を検証するために，修正合理式を用いていくつかの異なる降雨継続時間を評価することができる．それは，流域に滞留するように設計が求められる最大貯留量である．

限界降雨継続時間を決定する最初の手順は，開発後の流出ハイドログラフ作成のために，開発後の到達時間（t_c）を使うことである．t_c よりも付加的に長い時間を表す平均雨量強度時間（T_d）は，同じ排水面積の，流出ハイドログラフ「群」を作成するために用いられる．これらのハイドログラフは，平均時間（T_d）の強度（I）に基づいたピーク流量（Q_i）で，台形になる．図 25.13 は，修正合理式を用いた典型的な三角形と台形のハイドログラフと，異なる継続時間の降雨を示した台形のハイドログラフ群の構造を示している．台形のハイドログラフ（図 25.13）の下降部分の継続時間は，到達時間（t_c）の 1.5 倍と等しくなることに留意する必要がある．また，全ハイドログラフの継続時間は $2.5 t_c$ 対 $2 t_c$ である．より長期の継続時間は，実際の降雨と流出力学の代表的なものであると考えられる．それはまた，直線の下降部分が，上昇部分よりも長く広がっている SCS 単位ハイドログラフに類似している．

修正合理式では，平均雨量強度時間が実際の降雨継続時間と等しいと仮定している．これは，平均降雨時間前後に生じた降雨と流出は考慮されていないことを意味する．したがって，修正合理式は，特定の降雨に対する必要貯留量を過少評価する可能性がある．平均雨量強度時間は任意に選択されるが，設計者は対応する降雨強度–継続時間–頻度曲線（IDF（intensity-duration-frequency）曲線）の利用可能時間（たとえば，10 分，20 分，30 分）を選択するべきである．選択される最も短い時間は継続時間（t_c）であるべきである．$Q = 0$ と $t = 0$ から始まる直線と許容放水率（Q_o）での下降部上の流入ハイドログラフの切片が流出率曲線を表している．必要最大貯留量を表すハイドログラフの平均時間は，流入ハイドログラフと流出率曲線の間の最大面積である．この決定はハイドログラフの図式分析によってなされる．

以下の手順は，上述した手法と非常に類似した図式方式を表す．合理式と修正合理式は，通常，20 ac 以下で 20 分以下の t_c をもつ同質の流域に用いられることに留意する必要がある．われわれの事例における流域は，25 ac の流域面積で，20 分以上の t_c をもつが，これは例示を目的として使用されている．開発前後のピーク流量は，SCS 手法で計

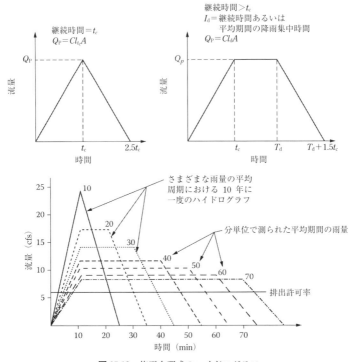

図 25.13 修正合理式のハイドログラフ

算した同様の流域に適用させた流量よりもかなり大きいことに注意する必要がある．この違いは大規模な土地と t_c の値の結果によるものと考えられる．水文学の概要は表 25.9 に示されている．t_c はより正確な SCS TR-55 手法を用いて計算されていることに注意が必要である．

25.7.6.1 必要な情報

修正合理式と限界降雨継続時間アプローチは SCS 手法と非常に類似している．なぜなら，合理式を使って算出された開発前の流出ピーク率（許容放水率）と開発後の流出ハイドログラフ（流入ハイドログラフ）の形式を伴った開発前後の水文学を必要としているからである．

表 25.9 水文学のまとめ，合理式

状況	面積	開発された流出係数	t_c	Q_2	Q_{10}
開発前	25 ac	0.38	0.87 hr (52 min)	17 cfs	24 cfs
開発後	25 ac	0.59	0.35 hr (21 min)	49 cfs	65 cfs

25.7.6.2 手 順

図 25.14 と図 25.15 を参照すること．

1. 開発状況（t_c）に基づいた 2 年に一度の（三角形の）開発状況流入ハイドログラフを描く．
2. 図 25.14 で示されているように，21 分（開発条件 t_c）から 60 分まで徐々に増加するそれぞれのハイドログラフの平均時間（T_d）でハイドログラフ群を描く．最初のハイドログラフはタイプ 1 の修正合理式の三角ハイドログラフであり，降雨の継続時間（d），あるいは（T_d）は到達時間（t_c）と等しいことに留意する必要がある．残りのハイドログラフは，台形かタイプ 2 のハイドログラフである．それぞれのハイドログラフのピーク流量は，合理式 $Q = CIA$ を用いて計算され，そこでは IDF 曲線からの強度 I は，豪雨の継続時間のような，平均雨量強度時間を用いて決定さ

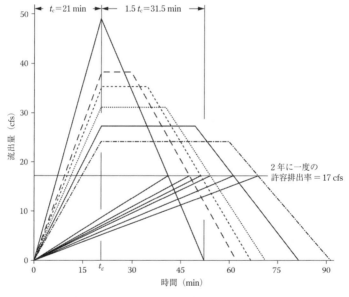

平均周期における 雨量（T）	強度 I (in./hr)	ピーク Q (cfs)	面積 (in.^{2})	貯留量 (ft^3)
21 min	3.3	49	5.62	50,580*
30 min	2.6	38	5.51	49,590
35 min	2.4	35	5.53	49,770
40 min	2.1	31	5.29	47,610
50 min	1.8	27	5.25	47,250
60 min	1.6	24	5.24	47,160

図 25.14 修正合理式流出ハイドログラフ，開発後の 2 年に一度の状況
in.^{2} から ft^3 への変換 = 10 cfs/in. × 0.25 hr/in. × 3600 sec/hr = 9000 ft^3/in.^{2}

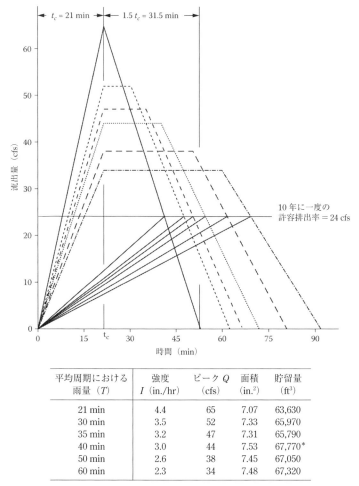

平均周期における雨量 (T)	強度 I (in./hr)	ピーク Q (cfs)	面積 (in.^{2})	貯留量 (ft^3)
21 min	4.4	65	7.07	63,630
30 min	3.5	52	7.33	65,970
35 min	3.2	47	7.31	65,790
40 min	3.0	44	7.53	67,770*
50 min	2.6	38	7.45	67,050
60 min	2.3	34	7.48	67,320

図 25.15 修正合理式流出ハイドログラフ，開発後 10 年に一度の状況
in.^{2} から ft^3 への変換 = 9000 ft^3/in.^{2}

れている．

3. それぞれの流入ハイドログラフに，流出率曲線を重ね合わせる．図 25.14 に示されているように，2 つの曲線の領域は，必要貯留量を表している．SCS 手法で述べられているように，流出曲線 (outlet discharge curve) の直線近似は，ここでも同様に適用されていることに注意が必要である．実際の流出曲線の形は流出設備の型に依存している．

4. 選択された継続時間あるいは，平均時間 (T_d) それぞれで必要貯留量を算出し，表

にする．最大貯留量に必要な降雨継続時間は，限界降雨（critical storm）であり，流域の大きさを測るのに用いられる（t_c と等しい降雨継続時間は，ここで示される2年に一度の降雨に必要な最大貯留量をつくり出す）．
5. 10年に一度の必要貯留面積を分析するには，上述の手順1～4を繰り返す（図25.15は10年に一度の計画降雨のために繰り返される手順を示している）．

ノート： 送水システムは，ピーク流出率の設計を保証するために，修正合理式とは逆に合理式を用いて設計されるべきである．

25.7.7 修正合理式，限界降雨継続：直接的解法

修正合理式，限界降雨継続時間に関する直接的解法は，時間の集中（複数のハイドログラフをつくり出す反復の手順）を除外するために開発された．この直接的解法により，技術者は降雨継続時間を考慮し，最大貯留量に対応した貯留曲線が0と等しい傾きをもつ時間の値を求めることができる．この手法の基本的な由来は以下に述べられ，われわれの事例に適用されている手順がその後に続く．

25.7.7.1 貯留量

修正合理式で発展した流出ハイドログラフ，限界降雨継続時間は，三角形か台形となる．流域の流出ハイドログラフは，$t = 0$，0 cfs で始まり，許容可能流量（Q_o）での流出ハイドログラフの下降部分の底を切片に近似される．

ノート： 流出ハイドログラフの直線表示は，オリフィス制御の放流構造における流出ハイドログラフの形状の保守的な近似である．この手法は，堰管理の放流構造を設計する場合には注意して使用すべきである．

図25.16 の流入ハイドログラフと流出ハイドログラフ間の面積は，必要貯留量を示している．この面積，つまり台形のハイドログラフ貯留量は以下の式を用いて近似される．

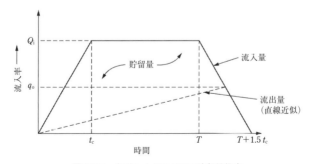

図 25.16 台形ハイドログラフ貯留量推定

$$V = \left[Q_i t_d + \frac{Q_i t_c}{4} - \frac{Q_o T_d}{2} - \frac{3 Q_c t_c}{4} \right] \times 60 \tag{25.5}$$

ここで，V = 必要貯留量（ft^3），Q_t = 限界降雨継続時間（T_d）のピーク流入量（cfs），T_c = 開発後の到達時間（min），Q_o = 許容ピーク流出量（cfs），T_d = 限界降雨継続時間（T_d）．

許容可能なピークの流出は，監査機関の条例や下流の状況によって決められる．限界降雨継続期間（T_d）は未知数なので，強度 I の値を得て，最終的にはピーク流入量 Q_i の計算のために決定されなければならない．このため，降雨強度 I と限界降雨継続期間（T_d）の関係を確立する必要がある．

25.7.7.2 降雨強度

IDF 曲線から得られる降雨強度は，特定の流域での到達時間（t_c）に依存する．降雨継続時間（T_d）を t_c に等しく設定することは，最大のピーク流量を規定することになる．しかしながら前述したように，必ずしも最大の流量を得る必要はない．流出の最大量に着目すると，降雨継続時間は未知数なので，降雨強度 I は時間，頻度，場所の関数として表されなければならない．その関係は，修正合理式の強度式によって以下のように表される．

$$I = \frac{a}{b + T_d} \tag{25.6}$$

ここで，I = 降雨強度（in/hr），T_d = 降雨継続時間あるいは，平均降雨強度時間（min），a, b はさまざまな再現期間と地理的な位置（表 25.10）の降雨に対して開発された降雨定数．

a と b は，降雨定数 IDF 曲線の線形回帰分析から発展し，このような曲線が利用可能ないくつかの地域に対して作成される．継続期間，再現頻度といった IDF 曲線に関する制限はまた，定数の作成も限定する．表 25.10 はヴァージニア州のさまざまな地域の降雨定数を表している．合理式に式（25.6）式を代入すると，次のような修正合理式となる．

$$Q = C \left(\frac{a}{b + T_d} \right) A \tag{25.7}$$

ここで，Q = ピーク流量（cfs），a, b = さまざまな再現期間と地理的な位置（表 25.10）の降雨に対して開発された降雨定数，T_d = 限界降雨継続時間（min），C = 流出係数，A = 排水面積（ac）．

Q に関して，この関係を（25.5）式に代入すると，以下のようになる．

$$V = \left[C \left[\left(\frac{a}{b + T_d} A \right) \right] \left(T_d + \frac{\left[C \left(\frac{a}{b + T_d} \right) A \right] t_c}{4} - \frac{Q_o T_d}{2} - \frac{3 Q_c t_c}{4} \right) \right] \times 60 \tag{25.8}$$

25.7.7.3 最大貯留量

時間に関する貯留式の一次導関数（式（25.8））は，時間に対してプロットされた貯

25.7 一般的な雨水工学の計測

表 25.10 ヴァージニア州の降雨係数
（降雨継続時間は5分から2時間）

位置	降雨の頻度	係数[a]	
1	2	117.7	19.1
	5	168.6	23.8
	10	197.8	25.2
2	2	118.8	17.2
	5	158.9	20.6
	10	189.8	22.6
3	2	130.3	18.5
	5	166.9	20.9
	10	189.2	22.1
4	2	126.3	17.2
	5	173.8	22.7
	10	201.0	23.9
5	2	143.2	21.0
	5	173.9	22.7
	10	203.9	24.8

a：係数は，ヴァージニア交通局（VDOT）の排水マニュアルにあるIDF曲線の線形回帰に基づいている．

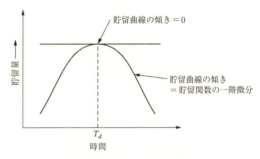

図 25.17 貯留量-時間曲線

留量曲線の傾きを表す方程式である．この式を0に設定し，T_d の値を求めると，図25.17で示されるように貯留曲線の傾きは0または最大点となる．式（25.9）は時間に対する貯留関数の一次導関数を表している．そして，限界降雨継続時間（T_d）の値を得ることができる．

$$T_d = \sqrt{\frac{2CAa(b-t_c/4)}{Q_o}} - b \tag{25.9}$$

ここで，T_c = 限界降雨継続時間（min），C = 流出形数，A = 排水面積（ac），a, b = さまざまな再現期間の豪雨とさまざまな地理的な位置の開発降雨定数（表25.10），t_c = 継続時間，Q_o = 許容可能なピーク流出量（cfs）．

式（25.9）は T_d に関して解かれている．T_d は，Q の値を得るために，式（25.7）に代

入される．そして Q_i がわかれば，吐口の構造と降雨による雨水施設の大きさが決定される．

この手法は，ハイドログラフの図式分析に直接的解決方法を提供し，手早く利用できる．以下の手順はこの手法を説明する．

25.7.7.4 必要な情報

修正合理式-直接的解決法は，開発前後の水文学の定義を必要とし，結果として開発前の流出のピーク率（許容可能放水率）と開発後の流出ハイドログラフをもたらすため，前述の方法に類似している．表25.9は水文学のまとめを示している．流域の降雨定数 a と b は表25.10 から定義される．

25.7.7.5 手　順

1. 式（25.9）を解くことで，2年に一度の限界降雨継続時間（critical storm duration）を決定する．

$$T_{d2} = \sqrt{\frac{2CAa(b-t_c/4)}{Q_{o2}}} - b$$

ここで，$T_{d2}=2$ 年に一度の限界降雨継続時間（min），$C=$ 開発された状況の流出係数 0.59，$A=$ 排水面積 25.0 ac，$t_c=$ 開発後の継続時間 21 min，$Q_{o2}=$ 許容可能なピーク流出量 17 cfs（開発前のピーク流出率），$a_2=2$ 年に一度の降雨定数 130.3，$b_2=2$ 年に一度の降雨定数 18.5．

$$T_{d2} = \sqrt{\frac{2(0.59)(25.0)(130.3)(18.5-21/4)}{17}} = \sqrt{2955.0} - 18.5 = 36.2 \text{ min}$$

2. 式（25.6）と2年に一度の限界降雨継続時間（T_{d2}）を用いて，2年に一度の限界降雨継続時間強度（I_2）の値を得る．

$$I_2 = \frac{a}{b+T_{d2}}$$

ここで，$T_{d2}=$ 限界降雨継続時間 36.2 min，$a=2$ 年に一度の降雨定数 130.3，$b=2$ 年に一度の降雨定数 18.5．

$$I_2 = \frac{130.3}{18.5+36.2} = 2.38 \text{ in./hr}$$

3. 合理式と限界降雨継続時間強度（I_2）を用いて，2年に一度のピーク流入（Q_{i2}）を決定する．

$$Q_{i2} = C \times I_2 \times A$$

ここで，$Q_{i2}=2$ 年に一度のピーク流入（cfs），$C=$ 開発状況の流出係数 0.59，$I_2=$ 限界降雨強度 2.38 in./hr，A は流域面積（ac）25 ac．

$$Q_{i2} = 0.59 \times 2.38 \times 25 = 35.1 \text{ cfs}$$

4. 式（25.5）を使って，2年に一度の限界降雨継続時間（T_{d2}）に関する，2年に一度の必要貯留量を決める．

25.7　一般的な雨水工学の計測　　　789

$$V = \left[Q_{i2}T_{d2} + \frac{Q_{i2}t_c}{4} - \frac{Q_{o2}T_{d2}}{2} - \frac{3Q_{o2}t_c}{4}\right] \times 60$$

ここで，$V_2 = 2$ 年に一度の必要貯留量（ft³），$Q_{i2} =$ 限界降雨の 2 年に一度のピーク流入 35.1 cfs，$C =$ 開発された状況の流出係数 0.59，$A =$ 面積 25 ac，$T_{d2} =$ 限界降雨継続時間 36.2 min，$t_c =$ 開発後の到達時間 21 min，$Q_{o2} = 2$ 年に一度の許容可能なピーク流出量 17 cfs．

$$V_2 = \left[(35.1)(36.2) + \frac{(35.1)(21)}{4} - \frac{(17)(36.2)}{2} - \frac{3(17)(21)}{4}\right] \times 60$$
$$= 52{,}764 \text{ ft}^3 = 1.21 \text{ ac-ft}$$

10 年に一度の降雨については，手順 2～4 を以下のように繰り返す．

5. 式 (25.9) を用いて，10 年に一度の限界降雨継続時間 T_{d10} を定義する．$T_{d10} = 10$ 年に一度の限界降雨継続時間（min），$C =$ 開発状況の流出係数 0.59，A は流域面積 25 ac，$t_c =$ 開発後の到達時間 21 min，$Q_{o10} = 24$ cfs，$a_{10} = 189.2$，$b_{10} = 22.1$．

$$T_{d10} = \sqrt{\frac{2(0.59)(25.0)(189.2)(22.1 - 21/4)}{24}} - 22.1 = \sqrt{3918.6} - 22.1 = 40.5 \text{ min}$$

6. 式 (25.6) と 10 年に一度の限界降雨継続時間 T_{d10} を用いて，10 年に一度の限界降雨継続時間強度 (I_{10}) を求める．

$$I_{10} = \frac{a}{b + t_{d10}} = \frac{189.2}{22.1 + 40.5} = 3.02 \text{ in./hr}$$

7. 合理式と限界降雨継続時間強度 (I_{10}) を用いて，10 年に一度のピーク流入 Q_{10} を求める．
ここで，$C =$ 開発状況の流出係数 0.59，$I_{10} = 3.02$ in./hr，$A =$ 流域面積 25.0 ac．
$$Q_{10} = C \times I_{10} \times A = 44.5 \text{ cfs}$$

8. 式 (25.5) を使って，10 年に一度の限界降雨継続時間 (T_{d10}) に関する 10 年に一度の必要貯留量を決める．
ここで，$V_{10} =$ 必要な貯留量（ft³），$Q_{10} = 44.5$ cfs，$C = 0.59$，$A = 25$ ac，$T_{d10} = 40.5$ min，$t_c = 21$ min，$Q_{o10} = 24$ cfs．

$$V_{10} = \left[(44.5)(40.5) + \frac{(44.5)(21)}{4} - \frac{(24)(40.5)}{2} - \frac{(3)(24)(21)}{4}\right]60 = 70{,}308 \text{ ft}^3$$
$$= 1.61 \text{ ac-ft}$$

表 25.11　結果のまとめ：貯留量の推定

手法	2 年に一度の必要貯留量	10 年に一度の必要貯留量
図式ハイドログラフ方式	0.82 ac-ft	1.84 ac-ft
TR-55 簡易方式	1.05 ac-ft	1.96 ac-ft
修正合理式	1.16 ac-ft	1.56 ac-ft
修正合理式（限界）	1.21 ac-ft	1.61 ac-ft
降雨継続時間（直接的解決法）	$T_d = 36.2$ min	$T_d = 40.5$ min

V_2 と V_{10} は，それぞれ2年に一度と10年に一度の降雨の必要総貯留量を表している．表25.11は本節で用いた異なる4つの規模を測る手順の概要を示している．技術者は流域の複雑性と規模，そして選択された水文学の手法に基づいてこれらの手法の1つを選択すべきである．多段階ライザー構造は，適切な豪雨を管理するために，水位-貯留量曲線（stage-storage curve）を用いて，必要な場合には水質容量も設計することができる．

25.7.8　水位-貯留量曲線

必要貯留量を決定するために上述した方法の1つを用いることによって，技術者は今や，降雨施設を設定し，格付けするための十分な情報をもつ．これは実際の設計の間に改良する必要のある予備的サイジングであることを覚えておかなければならない．試行錯誤を行って，場所の形状や地形に合わせるために流域を設計して必要容量の概算を得ることができる．貯留量は外形の面積を測り，水位-貯留量曲線を作成することによって算出される．

25.7.8.1　貯留量の計測

池やアーチ構造（vault）の池のような垂直辺をもつ調整池／滞留池では，貯留量は，単に底面積×高さで求められる．格付けされた流域（2H：1V，3H：1V など）の傾斜面や不規則な外形に関する貯留量は以下の手順で算出される．図25.18は本事例のために完成された水位-貯留量の計算ワークシートを示している（貯水池容量のための円錐手法のような，ため池容量を計算するための他の手法は利用可能であるが，ここでは扱わない）．

25.7.8.2　手　順

1. 面積計や他のものは，それぞれの外形で囲まれた面積を測り，図25.18の縦1列目と2列目の値を入力する．最も低い制御オリフィスの反転はゼロ容量を表す．これは拡張滞留池か滞留施設，あるいは調整池のための恒久的時留施設の底の水位に対応している．
2. 面積計で測られた面積（しばしば平方インチ）を，図25.18の3列に，単位を平方フィートに変えて入力する．
3. 2つのコンター（等高線）間の平均面積は，面積計で測られた最初の水位面積を3列目に加え，次に面積計で測られた2番目の水位面積を加える．これらの合計を2で割って算出する．この平均値が図25.18の4列目に書かれている．

$$\text{平均面積，水位 81-82} \quad \frac{0+1800}{2} = 900 \text{ ft}^2$$

$$\text{平均面積，水位 82-84} \quad \frac{1800+3240}{2} = 2520 \text{ ft}^2$$

$$\text{平均面積，水位 84-86} \quad \frac{3240+5175}{2} = 4207 \text{ ft}^2$$

この手順は，2つの連続したコンターで求められた平均面積を計算するために繰り

25.7 一般的な雨水工学の計測

```
プロジェクト：_____例1_____        シート：____枚目____
   地域：_____  導出方法：_____  日付：_____
   記述：_____
   TOPOの写しの添付：スケール－1" = __30__ ft.
```

1	2	3	4	5	6	7	8
高さ	面積 (in^2)	面積 (ft^2)	面積平均 (ft^2)	距離	貯留量 (ft^3)	総貯留量 (ft^3)	総貯留量 ($ac.ft.^3$)
81	0	0				0	0
82	2.0	1800	900	1	900	900	0.02
84	3.0	3240	2520	2	5040	5940	0.14
86	5.75	5175	4207	2	8414	14354	0.33
88	11.17	10053	7614	2	15228	29582	0.68
90	17.7	15930	12991	2	25982	55564	1.28
92	28.3	25470	20700	2	41400	96964	2.23
93	40.8	36734	31102	1	31102	128066	2.94
94	43.9	39476	38105	1	38105	166171	3.81

図25.18 水位-貯留算出のためのワークシート

返される．

4. 手順3（4列目）から導かれた平均面積にコンターの距離を掛けることによって，それぞれのコンター間の容量を計算する．そして6列目に結果を入力する．図25.18より，

$$81 と 82 間のコンターの距離 = 1\,ft \times 900\,ft^2 = 900\,ft^3$$
$$82 と 84 間のコンターの距離 = 2\,ft \times 2520\,ft^2 = 5040\,ft^3$$

この手順はそれぞれの測られたコンターの距離について繰り返される．

5. 7列目にそれぞれのコンター間の距離の容量を合計する．これは図25.18を用いて，単純に以前の手順で算出された容量の合計である．

   コンター81 容量 = 0
   コンター82 容量 = 0+900 = 900 ft^3
   コンター84 容量 = 900+5040 = 5940 ft^3
   コンター86 容量 = 5940+8414 = 14,354 ft^3

8列目はその容量が ft^3, ac-ft 単位で一覧にされている．この手順はそれぞれの測ら

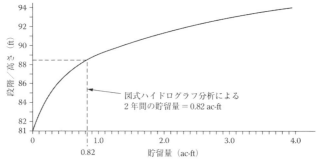

図 25.19 水位-貯留曲線

れたコンター間の距離ごとに繰り返される．

6. y 軸を水位，x 軸を貯留量として，水位貯留曲線をプロットする．図 25.19 はわれわれの事例を，フィート（水位）とエーカー・フィート（貯留量）の単位で，水位-貯留量曲線に表している．

必要貯留量が決定された場合，水位-貯留曲線は技術者にそれぞれの計画降雨の高水位の推計を可能にする．これはより大規模なオリフィスや構造の予備的設計を考慮している．

25.7.9 水質と水路浸食制御量の計測

さまざまな地域の降雨による雨水管理規制（読者には地域の要件を調べることを勧める）では，雨水流出のファーストフラッシュまたは全体の降雨水量の汚濁が水質容量が水質を改善する水準まで処理されることを義務づけている．水質容量（V_{wq}）は，開発による不浸透域からの流出の最初の 0.5 in. のことである．水質容量は総流出寄与域と不浸透域の大きさ，そして現場の状況に応じて，1つもしくは最良管理実践（BMPs）の組み合わせを用いて処理されなければならない．水質容量は以下のように算定する．

$$V_{wq} = 不浸透エリア(\text{ft}^2) \times (1/2\text{ in.})/(12\text{ in.}/\text{ft}) \tag{25.10}$$

$$V_{wq}(\text{ac-ft}) = V_{wq}(\text{ft}^3)/43{,}560(\text{ft}^2/\text{ac}) \tag{25.11}$$

Wet BMP に関する水質容量は，流域の不浸透性あるいは，BMP が予期される汚染物質除去の効率性（それぞれに実績あるいは技術に基づいた基準を用いている）に基づくという理由で，特定の設計基準に頼る可能性がある．この議論は，拡張滞留池と調整池の水質容量の制御に関連した計算に焦点を当てている．

さまざまな地域の雨水管理規制は，流出の特定容量を一定期間貯留することにより，下流の浸食制御を可能にしている．特に，年間降雨頻度から 24 時間の流出の拡張滞留は，2 年間のピーク流量の低減への代替基準として提案されている．流路浸食制御の容量（V_{ce}）は，最初に流出する降雨の割合（流出曲線数）に基づいて流出深（インチで測られる）を決定し，次に制御された流出面積によって流出深を掛けあわせて算出される．

25.7.9.1 調整池と水質容量

調整池の恒久的貯留機能は，微粒子を吸着する堆積物や他の汚染物質のような粒子状汚染物質の設定を可能にする．そのため，十分な容積と，短絡（short-circuiting）を防ぐための適切な貯留施設の設計が不可欠である．なお，短絡とは，流出がプールに流れ込み，沈降過程が起こるのに十分な時間がないまま存在する結果のことである．

恒久的プールあるいは調整設備の死水容量は，水質容量の機能の1つである．たとえば，水質容量の4倍を含む大きさの恒久的プールは水質容量の2倍を含む大きさの恒久的プールよりも大きな汚染物質除去の能力を与える．われわれの事例は25エーカーの流域を分析している．その流域を提供する調整域に関する水質容量と恒久的プール容積の算定は以下のように計算される．

a. 手 順

1. 与えられた流域水質容量（V_{wq}）を計算する．
   商業／産業の発展は，開発後，11.9 ac のうち 9.28（404,236 ft^2）を不浸透域に変更すると仮定する．

$$V_{wq} = 404{,}236 \text{ ft}^2 \times 1/2 \text{ in.}/12(\text{in.}/\text{ft}) = 16{,}843 \text{ ft}^3$$
$$16{,}843 \text{ ft}^3/43{,}560 \text{ ft}^2/\text{ac} = 0.38 \text{ ac-ft}$$

2. 恒久的時留施設の大きさは，望ましい汚染物質除去効率あるいは流域の不浸透域に基づく．施設容量は望ましい汚染物質除去効率に基づいて寸法が決められる．恒久的施設は，除去効率65％の場合，$4 \times V_{wq}$ とならなければならない．

$$\text{永久貯蔵量} = V_{wq} \times 4.0 = 3.8 \text{ ac-ft} \times 4.0 = 1.52 \text{ ac-ft}$$

25.7.9.2 拡張滞留池：水質容量とオリフィスの設計

水質拡張滞留池は，一定時間，貯留・放出することによって水質容量を処理している．理論的には水質容量の拡張滞留は，粒子状汚染物質が，ファーストフラッシュや流出から沈降することを可能にする．さまざまな地域の水質降雨管理規制は，水質容量のために30時間の水位低下時間を規定している．これは，水質容量のピーク貯留時に始まる縁水位降下時間である．縁水位降下は，ため池からの排水のために算出された容量全体に必要な時間を意味する．これは，縁容量が放出前にため池の中に存在することを想定している．しかし，実際は，水は満水または縁までいっぱいの水位に到達する前にため池から流出している．それにより，拡張滞留オリフィスは，以下の方法のいずれかを用いて寸法が測られる．

1. 水質容量（V_{wq}）に関連する最大の水頭を使い，必要水位低下時間に到達するために必要なオリフィスの寸法を計算し，実際に使用される貯留量と水位低下時間を確認するために，ため池を経由する水質容量を推計する．
2. 水質容量（V_{wq}）と必要水位低下時間に関連する平均水頭を用いてオリフィスの寸法を概算する．

拡張滞留オリフィスの必要寸法を計算するための2つの手法は，迅速で保守的な設計（上記の手法2）と同様に，設計能力を確認するための放流経路と迅速な推計（手法1）を可

能にする．手法 1 は計算の際に最大の水頭と放出を用いるが，平均水頭（手法 2）を用いた同じ手順よりもわずかに大きなオリフィスとなる．その経路は，設計者が計算されたオリフィスの大きさの能力を確認することを可能にする．また一方で，その経路の効果として，水位低下時間に到達するために用いられる実際のため池の貯蔵量は，算出された縁水位低下容量よりも少ないだろう．水質の豪雨（water quality storm，流路浸食制御に対する 1 年間の頻繁な降雨）よりも大規模な降雨から流出した拡張滞留関数は，必要拡張滞留を達成するために必要な実際の貯留量に比例して大規模な縮小をもたらす点に留意すべきである．拡張滞留オリフィスの寸法を測るために使われる手順は，ため池の水質管理，または流路浸食とピーク流量のための多段階ライザー設計の最初の手順を含む．これらの手順は，2 年間と 10 年間の放出用の開口部の寸法を測るために繰り返される．他の計画降雨は，条例，あるいは下流の状況に応じて利用されるかもしれない．

a. 手法 1：最大水頭と，水質容量関数を用いた水質オリフィス設計

ここでは，水質容量の 2 倍の拡大滞留池の水質は，拡大滞留オリフィスの手順をサイジングする説明に使われる．

1. 処理に必要な水質容量（V_{wq}）を計算する．以下のように仮定される．

$$V_{wq} = 404{,}236 \text{ ft}^2 \times 1/2 \text{ in.}/12\,(\text{in.}/\text{ft}) = 16{,}843 \text{ ft}^3$$
$$16{,}843 \text{ ft}^3/43{,}560 \text{ ft}^2/\text{ac} = 0.38 \text{ ac-ft}$$

  拡張滞留池は，$2 \times V_{wq} = 2(0.38 \text{ ac-ft}) = 0.76 \text{ ac-ft} = 33{,}106 \text{ ft}^3$

2. 必要な水質容量に応じて，最大水頭（h_{max}）を決定する．0.76 ac-ft はおよそ 88 フィートの高度で生じる，われわれの事例の水位-貯留量曲線（図 25.19）から仮定する．つまり，$h_{max} = 88 - 81 = 7$ ft. となる．

3. 30 時間の必要水位低下から生じる最大流出（Q_{max}）を決める．最大流出は，平均流出を得るために必要容量（ft^3）を必要時間（sec）で割り，最大流出を決定するために 2 を掛けて計算する．

$$Q_{avg} = \frac{33{,}106 \text{ ft}^3}{(30 \text{ hr})(3600 \text{ sec/hr})} = 0.30 \text{ cfs}$$
$$Q_{max} = 2 \times 0.30 \text{ cfs} = 0.60 \text{ cfs}$$

4. オリフィス式を整理することによって，オリフィスの必要直径を決める．式 (25.12) とオリフィスの面積（ft^2）と直径（ft）について解く．値 Q_{max} と h_{max} を，整理したオリフィス公式（式 (25.13)）に導入してその面積を解き，次にオリフィスの直径を解く．

$$Q = Ca\sqrt{2gh} \tag{25.12}$$

$$a = \frac{Q}{C\sqrt{2gh}} \tag{25.13}$$

ここで，$Q =$ 流出量（cfs），$C =$ 無次元係数 0.6，$a =$ オリフィス面積（ft^2），$g =$ 重力加速度（32.2 ft/sec^2），$h =$ 高さ（ft）．

オリフィス面積：

25.7 一般的な雨水工学の計測

$$a = \frac{0.6}{0.6\sqrt{(2)(32.2)(7.0)}}$$

オリフィス直径：

$$a = 0.047 \text{ ft}^2 = \pi d^2/4$$

$$d = \sqrt{\frac{4a}{\pi}} = \sqrt{\frac{4(0.047 \text{ ft}^2)}{\pi}} = 0.245 \text{ ft} = 2.94 \text{ in.}$$

したがって，直径 3 in. の水質オリフィスを用いる．

3 in. を介して，水位 88 ft から生じた 0.76 ac-ft の水質容量（V_{wq}）の経路である．水質容量オリフィスは，技術者が最大水位 88 ft と同様に水位低下ラインを確認することを可能にする．

この計算は，水質容量の拡張滞留に必要な実際の貯留量を確認するために，技術者に流入–貯留–流出関係（inflow-storage-outflow relationship）を提供する．手法 2 で述べられている縁水位低下とは対照的に，経路の手順は，水質容量の最大または縁貯留量の前に生じる流出を考慮している．その経路手順は，水がため池に流出・流入する間に利用された貯留量のより正確な分析である．したがって，利用されたため池の実際の容量は，規制によって定義された量よりも少なくなる．この手順は，開発される場所が狭く，降雨の流域に必要な面積が可能な限り圧力をかけられる場合には重宝する．同時に，ため池から流出・流入する水の経路効果は，計算された 30 時間よりも実際に少ない水位低下時間になる．

30 時間を達成するために，オリフィスの大きさを小さくすべきかどうか，または達成された実際の時間が適切な汚染物質除去を提供するのかどうかを確定するのには判断が必要である．

ノート： 設計者は，流出する拡張滞留池の経路の場合，年間の豪雨頻度から，実際に使用される貯留量における重要な減少に気づくだろう．

水質容量の経路は，降雨量を満たすために，0.5 in. の設計流出容量から逆行して働く力に依存する．SCS を用いると，不浸透性の表面（RCN = 98）からの 0.5 in. の流出を生じるのに必要な雨量は 0.7 in. である．SCS 計画雨水は，タイプ II，24 時間の豪雨である．したがって，SCS 手法を用いた水質の豪雨は，SCS のタイプ II，24 時間の豪雨として定義され，雨量は 0.7 in. である．合理式は特定雨量からの計画降雨を与えることはない．その雨量は降雨継続時間（流域 t_c）と降雨の再現頻度に依存する．水質の豪雨は，計画降雨の再現頻度ではなく流出量によって変化するので，水質容量を表す流入流出ハイドログラフは合理式の変数を用いて出力されない．したがって，手法 1，水質容量の経路は，SCS 手法を使わなければならない．

5. オリフィス公式（式（25.12））と手法 4 で定義したオリフィスの大きさを用いて水位–流量関係を計算する．直径 3 in. のオリフィスを用いて，以下のように計算する．

表 25.12　水位-流量表：水質オリフィス設計

水位	高さ (ft)	貯留量 (cfs)
81	0	0
82	1	0.2
83	2	0.3
84	3	0.4
85	4	0.4
86	5	0.5
87	6	0.5
88	7	0.6

$$Q = Ca\sqrt{2gh} = 0.6(0.047)\sqrt{(2)(32.2)(h)} = 0.22\sqrt{h}$$

ここで，h = 水面高度からオリフィスの中心線の高度を引いた値（フィート）．

ノート： オリフィスの大きさが，予想された水頭（h）と比べて相対的に小さい場合，h の値は水面高度からオリフィス高度の逆数（invert）を引いて定義される可能性がある．

6. 表 25.12 に示したように，ため池の高度の範囲に関する水位流量関係の表を完成させる．

7. 不浸透域の到達時間を決定する．われわれの事例から，開発された到達時間は（t_c）= 0.46 hr. となる．不浸透域の到達時間は（t_{cimp}）= 0.09 hr か 5.4 min である．

8. t_{cimp} を用いて，水位流量関係，水位貯留関係と不浸透性の面積（RCN = 98）は，ため池を介した水質の降雨経路を決定する．この計算に関する水質容量は TR-20HEC-1 や他の貯留表示経路プログラムのようなさまざまなコンピュータプログラムを用いて経路化される．

9. 最大貯留量から流出量 0 までの水位低下時間は，少なくとも 30 時間であることを確認するために，流出ハイドログラフを評価する．（最大貯留量は流出ハイドログラフ上の最大流出率に対応することに留意する）．TR-20 を使った水質容量の経路は，85.69 ft 対 88.0 ft 程度の最大貯留深度になる．縁水位低下時間は 17.5 時間（ピーク流出量は 12.5 時間で生じ，0.01 の流出は 30 時間で生じる）．この例において，より合理的な水位低下時間を提供するため，オリフィスの大きさは縮小されるかもしれない．また，もう 1 つの経路は新たな水質容量の高度を満たすために施行される．

b.　手法 2：平均水頭と平均流出量を用いた水質オリフィスの設計

上述した例について，手法 2 は 2.5 in. のオリフィス（対 3.0 in. のオリフィス）を生じ，拡張滞留水面高度は 88 ft（対 85.69 ft）に設定される．（上述した方法の 2 つの試行は，88 ft に近い水面高度の設計となる可能性がある．）そのため池が 2 年あるいは 10 年の降雨のような追加的降雨を制御する場合，追加的な貯留量は水質容量の上に「積み上げられる」だろう．たとえば，2 年間の制御の逆数（invert）は 88.1 ft と設定される．

25.7.9.3 拡張滞留池：河床侵食と制御量とオリフィスの設計

雨水流出の特定容量における拡張滞留は，浸食による流路の水位低下防止のため，流域設計に組み込まれることができる．たとえば，ヴァージニアの降雨管理規制は，代替として，年間の降雨頻度から2年間のピーク率の減少まで，24時間の流出の拡張滞留を推奨した．ここでの議論は，拡張滞留オリフィスの流路侵食制御の設計のためである．2つの手法が採用されているという点で，拡張滞留オリフィスの流路侵食制御の設計は，水質オリフィスの設計と類似している．

1. 特定の流路侵食制御（V_{ce}）の貯留量に関する最大水頭を用いて，必要水位低下時間に到達するために必要なオリフィスの大きさを計算し，水位低下時間と貯留量を検証するためにその流域を介して年間降雨を経路とする．
2. あるいは，流路侵食制御（V_{ce}）と水位低下時間に関する平均水頭を用いて，オリフィスの大きさに近似させる．

経路の手順は，流路侵食制御量（V_{ce}）の最大値または縁貯留量の前に生じる流量を考慮している．経路の手順は，単に水がため池から流出している間に使用される貯留量のより適切な説明を与え，最大水頭に関連づけられているより少ない貯留量をもたらす．年間降雨の頻度によって生じる流出の拡張滞留に必要な実際の貯留量は，0.1～1時間の間の到達時間と75～95の間の曲線数の流出量について計算された量（V_{ce}）のおおよそ60％である．以下の手順は流路侵食制御のための拡張滞留オリフィスの設計を示している．

a. 手 順

1. 経路侵食調節（V_{ce}）を計算する．プロジェクト実施区域の流域における年間降雨量（インチ）の頻度を決定する．雨量と流量累加曲線数（RCN）を伴い，流出式（第4章，TR-55を参照）あるいは降雨-流出深度のチャートを用いて，合致する流出高を定義する．ここで，年間雨量 2.7 in., RCN 75，年間の頻度の流出深度 0.8 in. である．

$$V_{ce} = 25 \text{ ac} \times 0.8 \text{ in.} \times 1 \text{ in.}/12 \text{ ft} = 1.66 \text{ ac-ft}$$

経路効果を考慮して，流路侵食制御の大きさを縮小する．

$$V_{ce} = 0.6 \times 1.66 \text{ ac-ft} = \times 1.0 \text{ ac-ft} = 43{,}560 \text{ ft}^3$$

2. 必要流路侵食制御に応じて，平均水頭（h_{avg}）を決める．

$$h_{avg} = (89-81)/2 = 4.0 \text{ ft}$$

$$Q_{avg} = \frac{43{,}560 \text{ ft}^3}{(24 \text{ hr})(3600 \text{ sec/hr})} = 0.5 \text{ cfs}$$

$$Q = Ca\sqrt{2gh}$$

$$a = \frac{Q}{C\sqrt{2gh}}$$

$$a = \frac{0.5}{0.6\sqrt{(2)(32.2)(4.0)}} = 0.052 \text{ ft}^2$$

$$d = \sqrt{\frac{4a}{\pi}} = \sqrt{\frac{4(0.052 \text{ ft}^2)}{\pi}} = 0.257 \text{ ft} = 3.09 \text{ in.}$$

3. 24時間の水位低下要件に起因する平均流量（Q_{avg}）を求める．平均流量は，必要容量（ft³）を必要時間（秒）で割ることによって算出する．

$$Q_{avg} = \frac{43{,}560 \text{ ft}^3}{(24 \text{ hr})(3600 \text{ sec/hr})} = 0.5 \text{ cfs}$$

4. オリフィス式を整理することによって，オリフィスに必要な直径を求める．式（25.12）とオリフィスの面積（ft²）と直径（ft）について解く．値 Q_{avg} と h_{avg} を，整理したオリフィス公式に導入してその面積を解き，次にオリフィスの直径を解く．

$$Q = Ca\sqrt{2gh}$$

$$a = \frac{Q}{C\sqrt{2gh}}$$

ここで，Q = 流量（cfs），C = 無次元係数 = 0.6，a = オリフィス面積（ft²），g = 重力加速度（32.2 ft/sec²），h = 高さ（ft）．

オリフィス面積：

$$a = \frac{0.6}{0.6\sqrt{(2)(32.2)(7.0)}} = 0.052 \text{ ft}^2$$

オリフィス直径：

$$d = \sqrt{\frac{4a}{\pi}} = \sqrt{\frac{4(0.052 \text{ ft}^2)}{\pi}} = 0.257 \text{ ft} = 3.09 \text{ in.}$$

直径 3.0 in. 水路の侵食拡張型調整オリフィスを使用する．
手順1は直径 3.7 in. のオリフィスを生じ，routed 水面高度は 88.69 ft になる．追加的な制御が望まれている場合，追加的な降雨はこの容量の上に「積み上げられる」かもしれない．

引用文献・推奨文献

King, H.W. and Brater, E.F. (1976). *Handbook of Hydraulics*, 6th ed. McGraw-Hill, New York.
Linsley, R.K., Kohler, M.A., and Paulhus, J.L. (1982). *Hydrology for Engineers*, 3rd ed. McGraw-Hill, New York.
Morris, H.M. and Wiggert, J.M. (1972). *Applied Hydraulics in Engineering*. John Wiley & Sons, New York.
Schueler, T. (1987). *Controlling Urban Runoff: A Practical Manual for Planning and Designing*. Metropolitan Washington Council of Governments, Washington, DC.
USDOT. (1984). *Hydrology*, Hydraulic Engineering Circular No.19. U.S. Department of Transportation, Washington, DC.
USSCS. (1956). *National Engineering Handbook*. Section 5. *Hydraulics*. U.S. Soil Conservation Service, Washington, DC.
USSCS. (1982). *Project Formulation —— Hydrology*, Technical Release No.20. U.S. Soil Conservation Service, Washington, DC.
USSCS. (1984). *Engineering Field Manual*. U.S. Soil Conservation Service, Washington, DC.
USSCS. (1985). *National Engineering Handbook*. Section 4. *Hydrology*. U.S. Soil Conservation Service, Washington, DC.
USSCS. (1986). *Urban Hydrology for Small Watersheds*, Technical Release No.55. U.S. Soil Conservation Service, Washington, DC.
Walesh, S.G. (1989). *Urban Surface Water Treatment*. John Wiley & Sons, New York.

索　引

ア

圧縮率　316
圧縮力　241
アットリスク集団　195
圧　力　69, 416, 420, 426, 585, 588
　——の単位　13
圧力降下　416
圧力水頭　581, 595
圧力損失　427, 530
アニオン　352
アボガドロ数　731
アルカリ度　360, 623
アルゴリズム　91
アルファ放射線　446
アルファ粒子　443
アンスラサイト　638, 639
安全係数　241
安全性データシート　391
安定化　709
安定化池　686
安定な岩　318

イ

イヴェース　416
イオン化　352
閾値移動　430
池　571
位相角　298
位相関係　298
位相ベクトル　299
位置エネルギー　594
一次処理　557, 662
一時点有病率　193
位置水頭　581, 595
一酸化炭素　405
一般化されたフラッディング
　　464
　——と圧力損失の補正図
　　549
一般線形モデル　172
一般的な直列回路分析　274
井　戸　602
移動単位数　466〜468, 537
移動単位高さ　466, 467
移動平均　167, 674
井戸ケーシング　604
イムホフコーン　734
移流輸送　89
イルメナイト　640
色　357
因　数　41
因数分解　99
インダクタ　300
インダクタンス　299
インフィニットスロートモデル
　　530
インベントリ　329

ウ

ウグイ　570
後ろ向き推論　218
運動エネルギー　594
運動の第二法則　242

エ

エアレーションポンド　689
影響解析　219
鋭敏比　315
液ガス比　462, 531
液性限界　315
易分解性有機物　564
越流率　628
エネルギー　392
エネルギー保存則　485
エネルギー量モデル　575
塩　359
塩　基　358
縁水位降下　793
塩　素　691
塩素残留量　644
塩素消毒　643
　——の化学　651
塩素消費量　691
塩素注入量　644, 645
塩素投与量　369
塩素要求量　644, 645, 691
エンタルピー　485
エンタルピー変化　485
エンド事象　219, 221
煙突テスト　538

オ

応　力　316
オキシデーションディッチ法
　　686
オクターブバンド分析計　435
汚染源　556
汚染物質　356, 403, 457
汚染物質質量率基準　412
汚染物質除去効率　793
オゾン　405
汚濁負荷　557
汚濁物質　557
オッズ比　188, 213, 214
汚　泥　735
汚泥滞留時間　678
汚泥日令　677
汚泥排出　685
汚泥密度指数　737
汚泥密度指標　737
汚泥容量指数　680
汚泥容量指標　737
汚泥令　677
オームの法則　266
オームの法則円　268, 270
重みづけ特性　430
音圧レベル　430, 437

索　引

音響出力　436
温室効果　455
温室効果ガス排出量　30
温　度　407, 587
温度計測の単位　12

カ

加圧ろ過　714
回帰分析　165
　──の仮定　171
回帰係数　167
回帰直線　167
回帰平方和　167
階　級　114
下位事象　218
開水路流れ　597
回転円盤法　669
カイ二乗検定　132
外部被曝　448
海面気圧　586
回路図　265
回路電流　267
回路の遮断　265
回路はオープン　265
化学吸着　475
化学当量　732
化学反応　364
化学物質　347
化学平衡　85
化学薬品　351, 694
拡散作用　528
拡散モデル　95
拡張滞留オリフィス　793
撹　拌　601
確　率　108
カゲロウ　571
加工率基準　412
華　氏　408
カジカ　570, 571
過剰空気　412
過剰空気量　484
ガス吸収　457～459
ガス吸収装置　472
ガス吸収法　457
ガス生成量　712
ガス洗浄　457
ガス洗浄塔　457
仮　説　108
下層土　311
片持ち梁　258
カチオン　352
活性汚泥法　673

活性化エネルギー　368
カットセット　221
カットパワー法　530
カニンガム　529
可能蒸発散量　576
過飽和状態　353
ガラス繊維ろ紙　736
加齢性難聴　430
カワゲラ　571
感音性難聴　430
間隙尺度　187
換　気　416
換気システム　416, 419, 422
乾球温度計　441
環境基準　404, 405
環境熱　440
環境濃度基準　412
間隙の体積　313
間隙比　313
間隙率　313, 580
還元基準　412
含水比　313
含水率　331
慣性衝突作用　528
慣性衝突パラメータ　529
慣性モーメント　258
完全混合　610
完全燃焼　482
完全無作為化法　141
乾燥密度　317
ガンマ線　443
ガンマ放射線　447
管　路　592

気　圧　407
機械ファン　419
幾何学的計測　60
幾何平均　51
期間有病率　193
期間有病割合　198, 201
棄　却　109
棄却限界値　143
気固比　707
基質-微生物負荷比　675
希　釈　362
希釈換気　416, 423
起磁力　290
気相基準総括移動単位数　547
気相基準総括移動単位高さ　547
気体の法則　407
規　定　353
規定度　732

基底流　742, 755
起電力　264
揮発酸-アルカリ度比　711
揮発性固形物負荷　709
揮発性物質減量化率　712
揮発性有機化合物　405, 527
基本事象　220
逆数法　284
逆洗浄上昇速度　634
逆洗浄速度　633
逆洗浄タンクの所要水深　635
逆洗浄ポンプ流量　636
キャノピーフード　416
キャパシタンス　299
吸気圧力　417
吸収線量　444
吸　着　473, 629
吸着剤　473
吸着帯　479
　──の長さ　479
吸着塔　481
吸着等圧線　475～477
吸着等温線　475, 476, 478, 480
吸着等量線　475～477
吸着熱　476
吸着物　473
吸着平衡　475
吸着平衡下　476
キューポラ　538
凝固点降下　355
凝　集　601, 610
凝集剤供給速度　718
凝集剤投入量　718
凝　縮　487
凝縮器　487
凝縮熱　489
共通回帰の検定　179
強度-継続時間-頻度曲線　751
強度式　786
強熱減量物　735
強熱残留物　735
共分散　119
共分散分析（乱塊法の場合）　181
局外因子　147
局所排気　417, 421
極性物質　352
曲線回帰　176
許容放水率　774
寄与リスクパーセント　214
寄与割合　214, 215
キルヒホッフの電圧法則　276
キルヒホッフの電流法則　282

索　引

キルヒホッフの法則　275
キロワット時　270
金　属　357
均等係数　639

空気動力学径　527
空気密度　417
掘削工事　317
クラスター標本抽出法　131
クラッキング　484
グラブサンプリング　728
繰り返し　144
繰り返し数　146
グループ回帰　178
クーロンの法則　264
群内分散　139

ゲイ-リュサックの法則　409
計画降雨　742
経験則　116
径　深　596, 598
珪　藻　571
ゲージ圧　375, 417
下水処理場　556
欠陥材料　321
欠測プロット　163
決定係数　169
限界降雨　785
限界降雨継続時間　781
限界水深　597
限界速度　597
限界流　597
現価係数　234
嫌気性消化　711
健康労働者効果　208
減債基金係数　233
原生動物　666
懸濁液　355
検　定　108
検定試験　616
原料濃度　80
検量の理論　338

コアの材質　302
コ　イ　570
コイルの直径　302
高位発熱量　331
降　雨　749
降雨強度　743, 758, 786
光化学スモッグ　455
交換法則　218, 222
好気性消化　709
好気的分解　565

交互作用　176, 177
交差積比　214
工場換気　416, 417
降水量　575
校　正　79
合成数　41
構造破壊　317
硬　度　361
勾　配　598, 599
効　用　214
合理式　743, 756
交　流　294
　　──の正弦曲線　292
向　流　490
交流回路の抵抗　296
交流正弦曲線　294
向流接触型ガス吸収装置　461
向流接触型充填塔　458
交流発電機の基礎　292
交流理論　290
合　力　243
固液分離　737
湖岸線の凹凸性　572
国際単位系　3
固形物　700
固形物回収率　721
固形物除去　656
固形物生産量　700
固形物負荷　715
固形物負荷速度　717
固形物負荷率　706, 722
故障木解析　218
故障モード　219
個人保護装置　395
固　体　356
黒球温度計　441
固定床　473
固定床流　640
固定梁　258
コード　137, 138, 140
湖　盆　571
コルバーン線図　467, 468
コロイド　355
コロイド状の粒子　611
混　合　610
混合凝縮器　487
混合溶液　615
混合ろ材　639
コンシステンシー限界　315
コンタクトパワー理論　530
コンポジットサンプリング　728
コンポジットサンプル　729

サ

再帰期間（リターンピリオド）　750
サイクル　292
サイクロン　506
サイクロンセパレーター　528
最終BOD　566
最終沈殿池　673
最小移動速度　417
最小液ガス比　463
最小公倍数　41
最小操作線　463
最小二乗原理　168, 172
最小二乗正規方程式　172
採水方法　728
砕　石　666
最大公約数　41
最大蒸発散量　575
最大貯留量　786
最適化　79
最適配分法　128
再曝気　565
最頻値　112
最良推定量　167
さえぎり作用　528
さえぎりパラメータ　529
サーキュラーミル　287
サーキュラーミル・フート　289
作業員の安全　317
作業基準　395
座　屈　261
サ　ケ　570
砂　州　570
殺菌処理　691
サブプロット　158
ザリガニ　570
酸　358
三角関数　102
三角法　102
三角形の法則　243
産業衛生　385
産業衛生士　386
残差平方和　168
三次処理　557
算術平均　51
散水ろ床法　665
　　──の計算　666
酸性雨　406
酸素くぼみ　564
酸素くぼみ曲線　564
酸素サグ（へこみ）　557

酸素要求量　484, 685
酸発酵槽　691
サンプル　108, 113
残留塩素量　691

次亜塩素酸　692
次亜塩素酸カルシウム　692
次亜塩素酸投与量　370
次亜塩素酸ナトリウム　692
死因別死亡率　202, 208
死因別死亡割合　191, 207～209
時間の単位　11
磁気単位　290
式　量　731
次元解析　55
自己インダクタンス　301
自己インダクタンス（自己誘導）300
仕事あるいはエネルギーの単位　12
仕事率の単位　13
死水容量　793
自然通気　666
室外空気　417
疾患発症確率　193
疾患発症率　192, 196, 197
湿球温度計　441
湿球黒球温度　441
実験室安全規格　396
実効値　295
実効半減期　444, 445
実効率　607
湿式スクラバー　526
湿地帯　570
室内空気質　396, 402, 417
実馬力　605
実用BOD計算法　563
質　量　585
　　――の単位　11
質量と体積の関係　313
質量濃度　82
質量モル濃度　353
時点有病割合　198, 200
指標属性　315
自噴井　578
死亡-発症比　189
死亡率　201～203, 213
資本回収係数　231
締固め　317
若年死亡率　209
ジャーテスト　612, 695
遮　蔽　319

斜面崩壊　317
砂　利　570
シャルルの法則　409
十億分率　81
重回帰　171
終価係数　234
周　期　293
臭気の閾値　60
集　合　218
収縮限界　315
従処理　158
集じん装置　526
集じん率　526
重炭酸塩　624
自由地下水　577
集　中　714
充填層　478
充填高さ　548
充填塔　457, 464～466, 473, 546
自由度　142
自由度1のF検定　144
周波数　293
重量パーセント　80, 353
重量モル濃度　81
重力沈降装置　501
主処理　158
主プロット　159
主要な構成要素　312
巡回セールスマン問題　94
循　環　668
瞬時振幅　295
潤　辺　598
上位事象　218
消　化　708
蒸気圧降下　355
焼　却　482
蒸　散　575
状態方程式　410
蒸　発　574
蒸発潜熱　575
蒸発熱　489
蒸発率　575
蒸発量モデル　575
小プロット　158
正味ろ収率　716
初期浸透　743
植種源　711
植種BOD法　563
触　媒　368
触媒燃焼　482
処　理　142
処理残さ　700

処理平均間の比較　162
ジョンストーン式　530
シルト　570
人種別死亡率　203
湿潤土の振とう実験　318
親水性　356
親水性懸濁液　356
新生児死亡率　203
浸透圧　355
振　幅　294
信頼区間　169
信頼限界　124, 130
信頼限界（回帰推定値）　169
信頼性解析　218

水位-貯留量曲線　780, 790
水位低下　603
水　塊　572
水　源　602
水質容量　792
垂直タービンポンプ　605
推　定　79, 108
水　頭　69, 374, 581, 586, 589, 590
水頭損失　596
水分減量化率　712
水平洗浄水トラフ　642
水　面　569
　　――からの距離　590
水面積負荷　662
水面積負荷率　706
水文循環　744, 747
水文土壌グループ　744
水溶液　352
水理学　585
水理学的負荷率　620
水理水深　598, 599
水理半径　596, 598
水理平均水深　599
水量負荷　667, 670, 708
水量負荷速度　716
水　路　592
スクラバー　526
スクリーニング　601, 656
スクリーニング除去　656
スクリーニングピット　657
スクリーニング用の道具　96
スクリブナールール　340
図式ハイドログラフ分析　776
スタック　417
ストークス式　626
ストレス　388
ストレス強度　249
ストレス要因　388

ストレーニング 629
スプレーチャンバー 457
スプレー塔 545
スマリアンルール 340
スモッグ 406
スライム 666
スレッド試験 319
スロット速度 417
スロート 527
スロート長 531
スロート面積 540

静 圧 417, 421, 426, 427
正規分布 115
正規方程式 172
制御機器 265
静止摩擦係数 253
静 水 569, 591
静水圧 586, 590
静水位 603
静水頭 71, 590
整 数 41
生成メタン量 713
成層圏オゾン層破壊 456
生物化学的酸素要求量 562, 730
生物学的半減期 444, 445
性別死亡率 203
静力学 255
堰越流率 621, 663
石灰キルン 542
石灰投入量 623
——の決定 625
設計ミス 321
摂 氏 408
絶対温度 407, 408
全 圧 417, 421, 426
全圧力損失 536
全アルカリ度 623
遷 移 309
全インダクタンスの計算 303
全エネルギー 594
線形対比 144, 145
潜在気化熱 575
全蒸発残留物 735
全水頭 71, 581, 590, 595
全体換気 423
全発病率 194
全浮遊物質 719, 736
全ブレーキ馬力 605
栓 流 610
栓流理論 628
線量当量 444

騒 音 389
騒音危険区画 431
騒音計 435
騒音性難聴 431
騒音量計 435
総括熱伝達係数 489
層化無作為抽出法 127
相間移動 368
相関係数 121
総合効率 607
総合集じん率 542
総合通過率 531
相互誘導(相互インダクタンス) 303
操作線 461, 462, 464, 472
相 図 459
双対性 222
相対リスク 188, 211
相転移 368
層内分散 128
相分離 368
相平衡 84
層膨張 637
層 流 417, 597
束一的性質 355
速 度 417
速度圧 417, 420, 427
速度あるいは速さの単位 14
速度水頭 71, 590, 591, 595
粗死亡率 201
疎水性 356
素 数 41
塑性限界 315
塑性指数 316
粗度係数 745
損 失 417
損失水頭 377, 658
損失生存可能年数 209

タ

第一種の誤り 110
対応のあるプロット（試験区）の t 検定 139
対応のないプロット（試験区）の t 検定 136
大気圧 417, 586
大気圧（海水面） 585
大気汚染 404
大気汚染計測 24
大気汚染物質 453
大気サンプリング 397, 413
大気モニタリング 413

対策レベル 398
代謝熱 439
帯水層 577
対数平均温度 490
体 積 572
——の単位 10
体積パーセント 80
体積流量 417
第二種の誤り 110
堆肥化 726
タイプAの土 318
タイプBの土 318
タイプCの土 318
大プロット 158
対 流 439
滞留時間 483, 485, 574, 612, 619
濁 度 357
多重決定係数 175
多重比較 144
立木バイオマス 335
脱酸素 565
棚段塔 457, 464, 466, 470, 472, 473
棚段塔型 469
ダニ 570
ダルシー則 582
たわみ 260
単位換算系数 5
単位元 218, 223
単位ろ過水量 632
段切り 319
単純相関係数 120
単純梁 258
単純無作為抽出法 123, 125, 130
淡 水 571, 602
弾性係数 250
短波放射 575
断面係数 258
短 絡 793
単粒子 626

チェーン 165
地下水 569, 577
地下水噴出 570
地下水流出 575
地下水流入 575
力 69, 588
置換空気 418
逐次解 139
蓄 熱 576
致死率 192, 207

窒素酸化物　405
窒素性BOD　567
中央値　112
中間事象　220
中間流　755
中心的傾向　110
聴覚外傷　432
聴覚毒性　432
超過リスク　215
長期エアレーション法　686
調整後平均　184
調整後平均間の検定　184
調整池　793
長波放射　575
兆分率　82
張　力　241
聴力閾値レベル　432
聴力図　432
調和平均　51
直接有炎燃焼　482
直流回路　268
直列-並列回路　286
直列回路　271
　――の電力　273
直列相助・相反電源　277
直列相助電源　277
貯　水　608
貯水施設　608
貯水槽　745
貯水池　571
貯水容量　574
貯水量の計算　608
貯留係数　580
貯留量　785
地理情報システム　745
沈　下　316
沈　降　629
沈降時間　660
沈降試験　318
沈降性　733
沈降性汚泥容量　733
沈降性固形物　734
沈降性試験　733
沈砂水路　660
沈　殿　601, 626
　――の計算　619
沈殿池　673

追　跡　774
追跡不能　195～198
通過率　528
つり索　243

低位発熱量　331
抵　抗　266
抵抗率　289
底　質　560
定常状態　85
デイス　571
低体温症　443
適正貯留量　775
デシベル　432
電　圧　265, 266
電圧（印加電圧）　266
電圧降下の極性　276
電圧波の位相差　297
電気集じん装置　511
点　源　556
電池の記号　266
伝　導　439
電動機効率　607
電動機馬力　605
電離放射線　389, 445
電　流　266
電　力　268
　――の計算　269
電力供給システム　292
電力量　270

同一法則　223
等温凝縮　490
等価抵抗　284
塔　径　464, 470
統計的検定　109
塔　高　466, 473
凍　傷　443
動　水　591
透水係数　580
動水勾配　581
動水半径　598
透水量係数　580
同数配分法　128
導　体　286
　――の単位サイズ　287
導体（電線）　265
動態統計　201
導入係数　418
動力学　255
等　流　597
当　量　354, 732
動　力　536
特性値　294
独立性の検定　132
土砂（粗粒子）除去　658
吐出水量　603
土壌還元　724

土壌計画定数　763
度数分布　114
トップ事象　219, 220
トビケラ　571
トラフ　642
土粒子の比重　314
ドルトン則　87
泥　570
泥汚れ　310

ナ

内部被曝　448
長さの単位　10
鉛　405
難　聴　432

二項分布　129
二酸化硫黄　405
二次処理　557
二次発病率　193, 194, 195
二次方程式　98
　――の解の公式　99
二層ろ過　640
乳　剤　355
乳児死亡率　202, 203
乳幼児死亡率　189
ニュートンの式　627
人間工学　390, 399
妊産婦死亡率　203
人時間率　195, 197, 198, 213
人　年　197

抜山-棚沢式　531

ねじり力　241
熱収支　485
熱収支式　488
熱的燃焼　482
熱伝達表面積　489
熱伝達率　489
熱力学第一法則　456, 485
熱力学第二法則　456
熱流束　575
熱　量　485
年間炭素固定量　36
年金現価係数　232
年金終価係数　233
燃　焼　482
燃焼下限　484
燃焼限界　484
粘性土　315
粘着性　315

索　引

年齢別死亡率　202, 205

濃縮係数　707
濃　度　353
　──の単位　14
濃度基準　412

ハ

ハイアットリージェンシーの事故　321
ハイエトグラフ　746
バイオエアロゾル　399
バイオソリッド　700, 737
バイオソリッド供給速度　717
バイオソリッド生成量　703
バイオソリッド滞留時間　711
バイオソリッド脱水　714
バイオソリッド引き抜き速度　703
バイオソリッド引き抜き量　706
バイオマス拡大係数　334
バイオマス計測　331
バイオマス方程式　335
排水処理　356, 369
ハイドログラフ　746
破過点　473
破過容量　479
バグハウス　517
爆発下限　484
爆発上限　484
曝　露　211, 212
ハザード　217, 225
バースクリーン　658
パスセット　221
パーセンテージ　189, 190
パーセント処理水量　636
パーセント沈殿生物固体量　622
パーセント濃度　614
パーセント溶液　363
波　長　293
発火点　483
曝気槽　673, 682
発　症　193
発症率　193, 195〜198, 200, 210, 213
発症率（人時間率）　193
発症割合　192〜194, 196, 198, 199, 211
発病率　192, 193, 211
バッフル（調整板）　618

パドル式フロック形成　618
パラメータ　108
張り出し梁　258
範　囲　113
バンピング　530

比　187, 193
被圧帯水層　578
ピエゾ水頭　581
控え工　319
比　較　144
　──の直交　156
比基質消費速度　685
非極性物質　352
ピーク振幅　294
ピーク・ピーク振幅（最高最低振幅）　295
ピーク流量　746
微細藻類　571
ピサの斜塔　311
比産出率　580
ビザンチンの将軍たち　94
比　重　253, 349, 587, 588
非植種BOD法　563
ひずみ　316
微生物　666, 674
ビット　223
必要な逆洗浄水量　635
非点源　556
非点源汚染　556
非電離放射線　389
ピトー管　418, 421
等しくない繰り返し数　146
比　熱　485
非粘性土　315
被　覆　482
非復元単純無作為抽出　119
飛沫同伴　469
百万分率　25, 81
ヒューズ　265
ヒューム　526
氷　河　569
標準気温と気圧　407
標準誤差　118, 124
標準状態　407
標準的閾値変動　433
標準偏差　117
比揚水量　604
標　本　108, 113
　──の大きさ　117, 125, 129, 130, 138
標本サイズ　125
標本抽出　123, 129

標本配分　128
表面越流率　620
表面凝縮器　487
表面沈降率　620
表面負荷率　620
表面流出　755
表面流入　575
表流水処理規則　630
ヒル　570
比例尺度　187
比例配分法　128

ファーストフラッシュ（降雨初期汚濁物質）　774
不圧帯水層　577
ファン　418, 429
ファン曲線　418, 429
ファン全圧　429
ファン特性　429
フォルトツリー解析　218, 219
負　荷　265
深井戸タービンポンプ　604
不完全燃焼　483
複合された気体の法則　409
腐散的　667
普通沈殿　619
物質収支　461, 681
物質（質量）収支　461
沸点上昇　355
物理学的半減期　445
物理吸着　475
物理反応　368
フード　418, 424
フード入口圧力損失　418
不透過基準　412
不等流　597
フード静圧　418
負の二項分布　109
部分集じん率　530
浮遊物質　736
　──の強熱減量　736
フラッディング　464, 466
フラッディング曲線　464, 466
フラッディング速度　464, 465
フラッデッドウォール　528
フラッデッドエルボー　528
ブール演算子　219, 225
ブールした群内分散　134, 137
ブール代数　217〜219
ブールの法則　222
ブール変数　218, 221〜224
ブレーキ馬力　380
プレートフレームプレス　714

プレナム 418
不連続点塩素処理 646
ブロック 147
フロック形成 610
プロット 122
分割表 132
分割法 158, 162
分　岐 418
分散均一性の Bartlett の検定 134
分散分析 141
分散輸送 89
分子拡散 89
分　数 187, 189
分配法則 218, 223
分　布 114
粉末次亜塩素酸 647, 649
粉末薬品投入量 612, 615
分離数 529

平　均 110, 112
平均汚泥滞留時間 678
平均水深 572
平均滞留時間 677
平均値 296
平均平方 143
平均薬品使用量 617
平均流速 621
平　衡 353
平衡吸着量 475, 480
併合した平均平方 179
併合した平方和 179
平行四辺形の法則 243
平衡線 467, 472
平衡問題 85
米国全国健康・栄養調査 188
米国労働安全衛生庁 385, 386
ベイトウヒ 569
平方ミル 287
平方和 142
並　流 490
並列回路 278
　——の抵抗 282
　——の電流 280
　——の電力 285
ベキ乗 49
ペクレ数 530
ベースラインデータ 400
ベータ放射線 446
ヘッド（水頭）418, 420
ヘルツ 433
ベルトフィルタープレス 716
ベルヌーイの式 594

ベルヌーイの定理 593
変圧器（トランス）292
変　位 316
返　送 737
返送汚泥 673
返送率 679
返送流量パーセント 707
ベンチマーキング 400
ベンチュリスクラバー 457, 527
ベンチュリスロート 527
変動因 141
変動係数 118
ヘンリーの法則 88, 459, 651

ポアソン比 250
ポアソン分布 109
ボイルの法則 408
放射性崩壊 444, 448
放射線量と被曝に関する単位 14
放射熱 440
ボウル効率 607
ボウル馬力あるいは実験室馬力 605
飽和温度 487
飽和水蒸気圧 575
飽和度 313
ボーエン比 575
補　元 218, 223
補元法則 223
保護具 385
母集団 108, 113
母集団比率 130
捕捉速度 418
ボードフィート 122
ポリマー（高分子化合物）610
ポンド法 686
ポンピング 702

マ

巻　数 301
　——の間隔 302
曲げモーメント 258
曲げ力 241
摩擦係数 252
摩擦水頭 71, 590
摩擦速度の計算 661
摩擦損失 377, 418, 598
摩擦力 252
マニングの式 599, 747
マノメーター 418, 421

丸太材積表 339, 341

湖 571
水処理操作 350
水たまり 569
ミストセパレーター 528
水の塩素消毒の計算 643
水の重量 585
水の比重 349
水の容積 585
水馬力 380, 606
水分子 351
水ろ過 629
密　度 348, 587
　——の単位 14
密度補正係数 418
ミミズ 570
ミョウバン（硫酸アルミニウム）610
無機物質 358
無作為抽出 129
無作為標本 112

メートル単位系 3
面積に対してかかる力 589
面積の単位 10

木材検量 338
木材発熱量 331
モデリング 572
モデル 572
モーメント 256
モル 353, 731
藻類制御 609
モル濃度 81, 82, 353, 731
モル分率 82
モル溶液 363

ヤ

薬液投入量 616
　——の計算 613
約　数 41
薬　品 689
薬品供給ポンプ 696
薬品使用量 617, 650
薬品添加量 695
ヤツメウナギ 570

有意性検定（回帰直線）168
有意性検定（重回帰の個々の説明変数）175

索　引

性検定（重回帰の説明変数
　　の組）　175
意性検定（重回帰）　174
有炎燃焼　484
有機汚濁　556
有機固形物（バイオソリッド）
　　664
有機物　358
有機物負荷　667, 672
有限母集団補正　119
有効数字　48
有効性　214
有効粒径（有効サイズ）　639
遊水池　779
有　病　193
有病（服用割合）　199
有病率　192, 198, 201
有病割合　198, 199
遊離残留塩素　646
輸送機構　89

要因実験　152
溶　液　352
　　──のパーセント濃度　649
溶解度　354, 457, 459
溶　質　80, 352
揚水位　603
揚水量　603
容　積　407, 586
要　素　218
溶存酸素　357
溶存酸素量　557
溶存酸素量補正係数　561
溶　媒　80, 352
抑制梁　258
余剰汚泥　674, 737
予　測　79
予備処理（一次処理）　655

ラ

ラウール則　88
落　盤　317
ラテン方格法　150
乱塊法　147
乱塊法（共分散分析）　181
蘭　氏　408
ランダムサンプル　112
乱　流　418, 597

罹　患　193
リスク　186, 193, 211
リスク差　215

リスク比　188, 211, 213, 214
理想気体　408
　　──の法則　87
率　187, 192, 193, 204
率　比　188, 213
リフト　317
リボン試験　319
流域（小規模）　747
流域（大規模）　747
流域面積　574
硫酸銅　609
硫酸銅投入量　609
粒　子　494
　　──の衝突　611
　　──の沈降　626
粒子径分布　526
粒子状物質　405, 411, 494
流　出　747
流出ハイドログラフ　754
流出率曲線　778
流出量　591
流　水　571
流速計　418
流達時間　747, 757
流動床　641
流動様式　497
流入-貯留-流出関係　795
流　量　375, 418, 591
流路侵食制御量　797
理論酸素量　484
理論滞留時間　628
理論段数　471, 472

累積発症　193
ルシャトリエの原理　85

レイノルズ数　495, 596, 626
レイリー散乱　457
連続の法則　376, 593
連続梁　258

労働安全衛生法　386
ろ　過　601
ろ過収率　720
ろ過装置を通過する流量　630
ろ過速度（ろ過率）　631
ろ過の効率　642
ろ過負荷　720
ろ過負荷率　638
ろ材サイズ　639
ろ床の膨張　637
ローディングポイント　464
露　点　489

ワ

割　合　187, 189〜193

数字

1/4 インチルール　340
1 次要因　158
2 群の比較　136
2 種類の変動因　150
2 次要因　158
2 つ以上の群の比較　141
4 つの沈降タイプ　626
7 日移動平均　730
10 進数　189, 190
50%分離粒子径　535

欧文

Ω　266

A

A　266
A 特性　430
AND 演算子　221
AND ゲート　219
attack rate　193
attributable proportion　214
attributable risk percent　214

B

Bartlett の検定　134, 138
BDI（biosolids density index）
　　737
bed expansion　637
BOD（biochemical oxygen
　　demand）　557, 562, 568,
　　668
BOD_5（5 日間 BOD）　566, 730
BOD 試験方法　562
BVI（biosolids volume index）
　　680, 737
Byzantine Generals　94

C

c 乗数　176
C 特性　431
Calvert の相関式　531
cause-specific mortality　202,
　　208
CBOD　568
Colburn diagram　467, 468
contact power theory　530
cross-product ratio　214
cumulative incidence　193

cut power method 530
cut set 221

D

Darcy-Weisbach の式 596
DC（direct current） 268
death-to-case ratio 189
DeBruin-Keijman 式 574
decimal 189
design storm 743
discrete particle 626
DO（dissolved oxygen） 557
DO_{sat} 560
DO 飽和値 560
drainage basin 747
dual media filter 640

E

effectiveness 214
efficacy 214
emf（electromotive force） 264
entrainment section 528
equilibrium capacity 475
ES（effective size） 639
excess risk 215

F

F 検定 143
fault tree analysis 218
FMEA（failure mode and effect analysis） 219
F/M 比 675
fraction 187, 189
ft 635

G

g/min 625
gpd 617
gpm 636

H

Hazen-Williams の式 596, 599
HCO_3^- 623
healthy worker effect 208
hydraulics 585
hydrograph 746
hyetograph 746

I

IAQ（indoor air quarity） 417
identity 223
IDF（intensity-duration-frequency）曲線 751
incidence 193
incidence proportion 193
incidence rate 193, 195
infinite throat model 530
initial abstraction 743
intensity 742
interception 527
interval-scale 187
inverse 223

J

jar test 612
Johnstone equation 530

K

Kozeny 式 640
kWh 270

L

Lawrence-McCarty 683
lb/day 617, 625
lean 484

M

Manning's formula 747
mass transfer zone 479
MCRT（mean cell residence time） 678
mortality rate 201

N

NHANES（National Health and Nutrition Examination Survey） 188
NP 完全問題 94
NTP（normal temperature and pressure） 413

O

OD（oxidation ditch）法 686
OR（odds ratio） 213
OR 演算子 221
OR ゲート 219
OSHA（Occupational Safety and Health Administration） 385, 386
OSH Act 386
overall attack rate 194

P

Papadakis 式 574
path set 221
peak discharge 746

Penman 式 574
percentage 189
period prevalence 198
person-time rate 195
pH 359
pH 調整 710
PM（particulate matter） 527
point prevalence 198
ppb（parts per billion） 81
PPE（personal protective equipment） 385
ppm（parts per million） 25, 81, 407
ppt（parts per trillion） 82
premature mortality 209
pressure drop 530
prevalence 193
Priestly-Taylor 式 574
priming 469
probability of getting diseases 193
proportion 187, 189
proportionate mortality 207, 208

R

rate 187
ratio 187
rational method 743
ratio-scale 187
relative risk 211
rich 484
risk 193
risk difference 215
RMS（root mean square） 295
routing 774
RR（risk ratio） 211
runoff 747

S

SBV_{60} 679
Scheffe の検定 145
secondary attack rate 194
SI 3
SI 接頭辞 4
SI 単位系 3
SP 421
SPL 437
SRT（sludge retention time） 677, 678
SS 668
Standard Methods 562
Stevin の法則 586

569
P (standard temperature and pressure) 407, 413
Streeter-Phelps 式 564, 565
surface loading rate 620
surface settling rate 620

T

t 検定 136, 143
time of concentration 747
TON (threshold odor number) 60
TP 421

U

UC (uniformity coefficient) 639
UFRV (unit filter run volume) 632
USEPA 572

V

V 266
VOCs (volatile organic compounds) 527
VP 420

W

watershed 747
WBGT (wet bulb globe temperature) 441

X

X 線 443, 447
x-y 線図 459

Y

YPLL (years of potential life lost) 209
YPLL$_{LE}$ 209
YPLL 率 210

監修者略歴

住　明正
すみ　あきまさ

1948年　岐阜県に生まれる
1973年　東京大学大学院理学系研究科修士課程修了
　　　　東京大学気候システム研究センター長,
　　　　国立環境研究所理事長を歴任
現　在　東京大学サステイナビリティ学連携研究機構特任教授
　　　　東京大学名誉教授, 理学博士

監訳者略歴

原澤英夫
はらさわひでお

1954年　群馬県に生まれる
1978年　東京大学大学院工学系研究科修士課程修了
現　在　国立環境研究所理事
　　　　工学博士

環境のための
数学・統計学ハンドブック　　　　　　　定価はカバーに表示

2017年9月10日　初版第1刷

　　　　　　　　　　　　　　監修者　住　　　明　正
　　　　　　　　　　　　　　監訳者　原　澤　英　夫
　　　　　　　　　　　　　　発行者　朝　倉　誠　造
　　　　　　　　　　　　　　発行所　株式会社　朝倉書店
　　　　　　　　　　　　　　　　　　東京都新宿区新小川町6-29
　　　　　　　　　　　　　　　　　　郵便番号　162-8707
　　　　　　　　　　　　　　　　　　電話　03(3260)0141
　　　　　　　　　　　　　　　　　　FAX　03(3260)0180
　　　　　　　　　　　　　　　　　　http://www.asakura.co.jp

〈検印省略〉

© 2017〈無断複写・転載を禁ず〉　　　　　中央印刷・牧製本

ISBN 978-4-254-18051-0　C 3040　　　Printed in Japan

JCOPY　〈(社)出版者著作権管理機構 委託出版物〉

本書の無断複写は著作権法上での例外を除き禁じられています。複写される場合は,
そのつど事前に, (社)出版者著作権管理機構(電話 03-3513-6969, FAX 03-3513-
6979, e-mail: info@jcopy.or.jp)の許諾を得てください.

◆ 統計解析スタンダード ◆
国友直人・竹村彰通・岩崎 学／編集

明大 国友直人著
統計解析スタンダード
応用をめざす 数 理 統 計 学
12851-2 C3341　　　　　A 5 判 232頁 本体3500円

数理統計学の基礎を体系的に解説。理論と応用の橋渡しをめざす。「確率空間と確率分布」「数理統計の基礎」「数理統計の展開」の三部構成のもと、確率論、統計理論、応用局面での理論的・手法的トピックを丁寧に講じる。演習問題付。

理科大 村上秀俊著
統計解析スタンダード
ノ ン パ ラ メ ト リ ッ ク 法
12852-9 C3341　　　　　A 5 判 192頁 本体3400円

ウィルコクソンの順位和検定をはじめとする種々の基礎的手法を、例示を交えつつ、ポイントを押さえて体系的に解説する。〔内容〕順序統計量の基礎／適合度検定／1標本検定／2標本問題／多標本検定問題／漸近相対効率／2変量検定／付表

筑波大 佐藤忠彦著
統計解析スタンダード
マーケティングの統計モデル
12853-6 C3341　　　　　A 5 判 192頁 本体3200円

効果的なマーケティングのための統計的モデリングとその活用法を解説。理論と実践をつなぐ書。分析例はRスクリプトで実行可能。〔内容〕統計モデルの基本／消費者の市場反応／消費者の選択行動／新商品の生存期間／消費者態度の形成／他

農環研 三輪哲久著
統計解析スタンダード
実 験 計 画 法 と 分 散 分 析
12854-3 C3341　　　　　A 5 判 228頁 本体3600円

有効な研究開発に必須の手法である実験計画法を体系的に解説。現実的な例題、理論的な解説、解析の実行から構成。学習・実務の両面に役立つ決定版。〔内容〕実験計画法／実験の配置／一元(二元)配置実験／分割法実験／直交法実験／他

統数研 船渡川伊久子・中外製薬 船渡川隆著
統計解析スタンダード
経 時 デ ー タ 解 析
12855-0 C3341　　　　　A 5 判 192頁 本体3400円

医学分野、とくに臨床試験や疫学研究への適用を念頭に経時データ解析を解説。〔内容〕基本統計モデル／線形混合・非線形混合・自己回帰線形混合効果モデル／介入前後の2時点データ／無作為抽出と繰り返し横断調査／離散型反応の解析／他

関学大 古澄英男著
統計解析スタンダード
ベ イ ズ 計 算 統 計 学
12856-7 C3341　　　　　A 5 判 208頁 本体3400円

マルコフ連鎖モンテカルロ法の解説を中心にベイズ統計の基礎から応用まで標準的内容を丁寧に解説。〔内容〕ベイズ統計学基礎／モンテカルロ法／MCMC／ベイズモデルへの応用（線形回帰、プロビット、分位点回帰、一般化線形ほか）／他

成蹊大 岩崎　学著
統計解析スタンダード
統 計 的 因 果 推 論
12857-4 C3341　　　　　A 5 判 216頁 本体3600円

医学、工学をはじめあらゆる科学研究や意思決定の基盤となる因果推論の基礎を解説。〔内容〕統計的因果推論とは／群間比較の統計数理／統計的因果推論の枠組み／傾向スコア／マッチング／層別／操作変数法／ケースコントロール研究／他

琉球大 高岡　慎著
統計解析スタンダード
経 済 時 系 列 と 季 節 調 整 法
12858-1 C3341　　　　　A 5 判 192頁 本体3400円

官庁統計など経済時系列データで問題となる季節変動の調整法を変動の要因・性質等の基礎から解説。〔内容〕季節性の要因／定常過程の性質／周期性／時系列の分解と季節調節／X-12-ARIMA／TRAMO-SEATS／状態空間モデル／事例／他

慶大 阿部貴行著
統計解析スタンダード
欠 測 デ ー タ の 統 計 解 析
12859-8 C3341　　　　　A 5 判 200頁 本体3400円

あらゆる分野の統計解析で直面する欠測データへの対処法を欠測のメカニズムも含めて基礎から解説。〔内容〕欠測データと解析の枠組み／CC解析とAC解析／尤度に基づく統計解析／多重補完法／反復測定データの統計解析／MNARの統計手法

川又雄二郎・東大坪井　俊・前東大楠岡成雄・
新井仁之編

朝倉　数　学　辞　典

11125-5　C3541　　　　B 5 判　776頁　本体18000円

大学学部学生から大学院生を対象に，調べたい項目を読めば理解できるよう配慮したわかりやすい中項目の数学辞典。高校程度の事柄から専門分野の内容までの数学諸分野から327項目を厳選して五十音順に配列し，各項目は2～3ページ程度の，読み切れる量でページ単位にまとめ，可能な限り平易に解説する。〔内容〕集合，位相，論理／代数／整数論／代数幾何／微分幾何／位相幾何／解析／特殊関数／複素解析／関数解析／微分方程式／確率論／応用数理／他

明大砂田利一・早大石井仁司・日大平田典子・
東大二木昭人・日大森　　真監訳

プリンストン数学大全

11143-9　C3041　　　　B 5 判　1192頁　本体18000円

「数学とは何か」「数学の起源とは」から現代数学の全体像，数学と他分野との連関までをカバーする，初学者でもアクセスしやすい総合事典。プリンストン大学出版局刊行の大著「The Princeton Companion to Mathematics」の全訳。ティモシー・ガワーズ，テレンス・タオ，マイケル・アティヤほか多数のフィールズ賞受賞者を含む一流の数学者・数学史家がやさしく読みやすいスタイルで数学の諸相を紹介する。「ピタゴラス」「ゲーデル」など96人の数学者の評伝付き。

前学習院大飯高　茂・東大楠岡成雄・首都大室田一雄編

朝倉　数学ハンドブック　[基礎編]

11123-1　C3041　　　　A 5 判　816頁　本体20000円

数学は基礎理論だけにとどまらず，応用方面への広がりをもたらし，ますます重要になっている。本書は理工系，なかでも工学系全般の学生が知っていれば良いことを主眼として，専門のみならず専門外の内容をも理解できるように平易に解説した基礎編である。〔内容〕集合と論理／線形代数／微分積分学／代数学（群，環，体）／ベクトル解析／位相空間／位相幾何／曲線と曲面／多様体／常微分方程式／複素関数／積分論／偏微分方程式／関数解析／積分変換・積分方程式

前学習院大飯高　茂・東大楠岡成雄・首都大室田一雄編

朝倉　数学ハンドブック　[応用編]

11130-9　C3041　　　　A 5 判　632頁　本体16000円

数学は最古の学問のひとつでありながら，数学をうまく応用することは現代生活の諸部門で極めて大切になっている。基礎編につづき，本書は大学の学部程度で学ぶ数学の要点をまとめ，数学を手っ取り早く応用する必要がありエッセンスを知りたいという学生や研究者，技術者のために，豊富な講義経験をされている執筆陣でまとめた応用編である。〔内容〕確率論／応用確率論／数理ファイナンス／関数近似／数値計算／数理計画／制御理論／離散数学とアルゴリズム／情報の理論

お茶女大河村哲也監訳　前お茶女大井元　薫訳

高　等　数　学　公　式　便　覧

11138-5　C3342　　　　菊判　248頁　本体4800円

各公式が，独立にページ毎の囲み枠によって視覚的にわかりやすく示され，略図も多用しながら明快に表現され，必要に応じて公式の使用法を例を用いながら解説。表・裏扉に重要な公式を掲載，豊富な索引付き。〔内容〕数と式の計算／幾何学／初等関数／ベクトルの計算／行列，行列式，固有値／数列，級数／微分法／積分法／微分幾何学／各変数の関数／応用／ベクトル解析と積分定理／微分方程式／複素数と複素関数／数値解析／確率，統計／金利計算／二進法と十六進法／公式集

前農工大 小倉紀雄・九大 島谷幸宏・前大阪府人 谷田一三編	日本全国の52河川を厳選しオールカラーで〔内容〕総説／標津川／釧路川／岩木川／奥入瀬／利根川／多摩川／信濃川／黒部川／柿田川／曽川／鴨川／紀ノ川／淀川／斐伊川／太田川／筑後川／四万十川／筑後川／屋久島／沖縄／他
図説 日 本 の 河 川 18033-6 C3040　　　　Ｂ５判 176頁 本体4300円	
日本湿地学会監修	日本全国の湿地を対象に、その現状や特徴、魅力、豊かさ、抱える課題等を写真や図とともにビジュアルに見開き形式で紹介。〔内容〕湿地と人々の暮らし／湿地の動植物／湿地の分類と機能／湿地を取り巻く環境の変化／湿地を守る仕組み・制度
図説 日 本 の 湿 地 ――人と自然と多様な水辺―― 18052-7 C3040　　　　Ｂ５判 228頁 本体5000円	
前学芸大 小泉武栄編	日本全国の53山を厳選しオールカラー解説〔内容〕総説／利尻岳／トムラウシ／暑寒別岳／早池峰山／鳥海山／磐梯山／巻機山／妙高山／金北山／瑞牆山／縞枯山／天上山／日本アルプス／大峰山／三瓶山／大満寺山／阿蘇山／大崩岳／宮之浦岳他
図説 日 本 の 山 ――自然が素晴らしい山50選―― 16349-0 C3025　　　　Ｂ５判 176頁 本体4000円	
早大 柴山知也・東大 茅根 創編	日本全国の海岸50あまりを厳選しオールカラーで解説。〔内容〕日高・胆振海岸／三陸海岸／高田海岸／新潟海岸／夏井・四倉／三番瀬／東京湾／三保ノ原／気比の松原／大阪府／天橋立／森海岸／鳥取海岸／有明海／指宿海岸／サンゴ礁／他
図説 日 本 の 海 岸 16065-9 C3044　　　　Ｂ５判 160頁 本体4000円	
前三重大 森 和紀・上越教育大 佐藤芳徳著	日本の湖沼を科学的視点からわかりやすく紹介。〔内容〕I. 湖の科学（流域水循環、水収支など）／II. 日本の湖沼環境（サロマ湖から上甑島湖沼群まで、全国40の湖・湖沼群を湖盆図や地勢図、写真、水温水質図と共に紹介）／付表
図説 日 本 の 湖 16066-6 C3044　　　　Ｂ５判 176頁 本体4300円	
前森林総研 鈴木和夫・東大 福田健二編著	カラー写真を豊富に用い、日本に自生する樹木を平易に解説。〔内容〕概論（日本の林相・植物の分類）／各論（10科―マツ科・ブナ科ほか、55属―ヒノキ属・サクラ属ほか、100種―イチョウ・マンサク・モウソウチクほか、きのこ類）
図説 日 本 の 樹 木 17149-5 C3045　　　　Ｂ５判 208頁 本体4800円	
前農工大 福嶋 司編	生態と分布を軸に、日本の植生の全体像を平易に図説化。植物生態学の基礎を身につけるのに必携の書。〔内容〕日本の植生概観／日本の植生分布の特殊性／照葉樹林／マツ林／落葉広葉樹林／水田雑草群落／釧路湿原／島の多様性／季節風／他
図説 日 本 の 植 生（第2版） 17163-1 C3045　　　　Ｂ５判 196頁 本体4800円	
前下関市大 平岡昭利・駒澤大 須山 聡・琉球大 宮内久光編	国内の特徴ある島嶼を対象に、地理、自然から歴史、産業、文化等を写真や図と共にビジュアルに紹介〔内容〕礼文島／舳倉島／伊豆大島／南鳥島／淡路島／日振島／因島／隠岐諸島／平戸・生月島／天草諸島／与論島／伊平屋島／座間味島／他
図説 日 本 の 島 16355-1 C3025　　　　Ｂ５判 200頁〔近 刊〕	
石川県大 岡崎正規・農工大 木村園子ドロテア・農工大 豊田剛己・北大 波多野隆介・農環研 林健太郎編	日本の土壌の姿を豊富なカラー写真と図版で解説。〔内容〕わが国の土壌の特徴と分布／物質は巡る／生物を育む土壌／土壌と大気の間に／土壌から水・植物・動物・ヒトへ／ヒトから土壌へ／土壌資源／土壌と地域・地球／かけがえのない土壌
図説 日 本 の 土 壌 40017-5 C3061　　　　Ｂ５判 184頁 本体5200円	
前東大 大澤雅彦・屋久島環境文化財団 田川日出夫・京大 山極寿一編	わが国有数の世界自然遺産として貴重かつ優美な自然を有する屋久島の現状と魅力をヴィジュアルに活写。〔内容〕気象／地質・地形／植物相と植生／動物相と生態／暮らしと植生のかかわり／屋久島の利用と保全／屋久島の人、歴史、未来／他
世界遺産 屋 久 島 ――亜熱帯の自然と生態系―― 18025-1 C3040　　　　Ｂ５判 288頁 本体9500円	

◈ シリーズ〈気象学の新潮流〉〈全5巻〉 ◈

最先端の話題をわかりやすく解説　新田尚・中澤哲夫・斉藤和雄 編集

首都大 藤部文昭著
気象学の新潮流1
都市の気候変動と異常気象
――猛暑と大雨をめぐって――
16771-9　C3344　　　　A5判 176頁 本体2900円

本書は，日本の猛暑や大雨に関連する気候学的な話題を，地球温暖化や都市気候あるいは局地気象などの関連テーマを含めて，一通りまとめたものである。一般読者をも対象とし，啓蒙的に平易に述べ，異常気象と言えるものなのかまで言及する。

横国大 筆保弘徳・琉球大 伊藤耕介・気象研 山口宗彦著
気象学の新潮流2
台　風　の　正　体
16772-6　C3344　　　　A5判 184頁 本体2900円

わかっているようでわかっていない台風研究の今と最先端の成果を研究者目線で一般読者向けに平易に解説。〔内容〕凶暴性／数字でみる台風／気象学／構造／メカニズム／母なる海／コンピュータの中の台風／予報の現場から／台風を追う強者達

WMO 中澤哲夫編集
東海大 中島　孝・獨協大 中村健治著
気象学の新潮流3
大 気 と 雨 の 衛 星 観 測
16773-3　C3344　　　　A5判 180頁 本体2900円

衛星観測の基本的な原理から目的別の気象観測の仕組みまで，衛星観測の最新知見をわかりやすく解説。〔内容〕大気の衛星観測／降水の衛星観測／衛星軌道／ライダー・レーダー／TRMM／GPM／環境汚染／放射伝達／放射収支／偏光観測

気象研 斉藤和雄・気象研 鈴木　修著
気象学の新潮流4
メ ソ 気 象 の 監 視 と 予 測
――集中豪雨・竜巻災害を減らすために――
16774-0　C3344　　　　A5判 160頁 本体2900円

メソ(中間)スケールの気象現象について，観測の原理から最新の予測手法まで平易に解説。〔内容〕集中豪雨／局地的大雨／竜巻／ダウンバースト／短期予測／レーダー・ライダー／データ同化／アンサンブル予報／極端気象

東京大 木本昌秀著
気象学の新潮流5
「異常気象」の考え方
16775-7　C3344　　　　A5判 240頁〔近 刊〕

異常気象を軸に全地球的な気象について，その見方・考え方を解説。〔内容〕異常気象とは／大気大循環(偏西風，熱帯の大循環)／大気循環のゆらぎ(ロスビー波，テレコネクション)／気候変動(エルニーニョ，地球温暖化)／異常気象の予測

日本気象学会地球環境問題委員会編
地　球　温　暖　化
――そのメカニズムと不確実性――
16126-7　C3044　　　　B5判 168頁 本体3000円

原理から影響まで体系的に解説。〔内容〕観測事実／温室効果と放射強制力／変動の検出と要因分析／予測とその不確実性／気温，降水，大気大循環の変化／日本周辺の気候の変化／地球表層の変化／海面水位上昇／長い時間スケールの気候変化

日本海洋学会編
海　の　温　暖　化
――変わりゆく海と人間活動の影響――
16130-4　C3044　　　　B5判 176頁 本体3200円

地球温暖化の進行に際し海がどのような役割を担っているかを解説〔内容〕海洋の観測／海洋循環／海面水位変化／極域の変化／温度と塩分／物質循環／貧酸素化／海洋酸性化／DMS・VOC／魚類資源・サンゴ礁への影響／古海洋／海洋環境問題

前東北大 浅野正二著
大 気 放 射 学 の 基 礎
16122-9　C3044　　　　A5判 280頁 本体4900円

大気科学，気候変動・地球環境問題，リモートセンシングに関心を持つ読者向けの入門書。〔内容〕放射の基本則と放射伝達方程式／太陽と地球の放射パラメータ／気体吸収帯／赤外放射伝達／大気粒子による散乱／散乱大気中の太陽放射伝達／他

統数研 吉本　敦・札幌医大 加茂憲一・広大 柳原宏和著
シリーズ〈統計科学のプラクティス〉7
Rによる 環境データの統計分析
――森林分野での応用――
12817-8　C3341　　　　A5判 216頁 本体3500円

地球温暖化問題の森林資源をベースに，収集したデータを用いた統計分析，統計モデルの構築，応用までを詳説〔内容〕成長現象と成長モデル／一般化非線形混合効果モデル／ベイズ統計を用いた成長モデル推定／リスク評価のための統計分析／他

環境影響研 牧野国義・
前昭和女大 佐野武仁・清泉女大 篠原厚子・
横国大 中井里史・環境研 原沢英夫著

環 境 と 健 康 の 事 典

18030-5　C3540　　　　A5判　576頁　本体14000円

環境悪化が人類の健康に及ぼす影響は世界的なものから，日常生活に密着したものまで多岐にわたっており，本書は原因等の背景から健康影響対策まで平易に解説．〔内容〕〔地球環境〕地球温暖化／オゾン層破壊／酸性雨／気象，異常気象〔国内環境〕大気環境／水環境，水資源／音と振動／廃棄物／ダイオキシン，内分泌撹乱化学物質／環境アセスメント／リスクコミュニケーション〔室内環境〕化学物質／アスベスト／微生物／電磁波／住まいの暖かさ，涼しさ／住まいと採光，照明，色彩

産業環境管理協会 指宿堯嗣・農環研 上路雅子・
前東大 御園生誠編

環 境 化 学 の 事 典

18024-4　C3540　　　　A5判　468頁　本体9800円

化学の立場を通して環境問題をとらえ，これを理解し，解決する，との観点から発想し，約280のキーワードについて環境全般を概観しつつ理解できるよう解説．研究者・技術者・学生さらには一般読者にとって役立つ必携書．〔内容〕地球のシステムと環境問題／資源・エネルギーと環境／大気環境と化学／水・土壌環境と化学／生物環境と化学／生活環境と化学／化学物質の安全性・リスクと化学／環境保全への取組みと化学／グリーンケミストリー／廃棄物とリサイクル

立正大 吉崎正憲・前海洋研究開発機構 野田　彰他編

図説 地 球 環 境 の 事 典
〔DVD-ROM付〕

16059-8　C3544　　　　B5判　392頁　本体14000円

変動する地球環境の理解に必要な基礎知識(144項目)を各項目見開き2頁のオールカラーで解説．巻末には数式を含む教科書的解説の「基礎論」を設け，また付録DVDには本文に含みきれない詳細な内容(写真・図，シミュレーション，動画など)を収録し，自習から教育現場までの幅広い活用に配慮したユニークなレファレンス．第一線で活躍する多数の研究者が参画して実現．〔内容〕古気候／グローバルな大気／ローカルな大気／大気化学／水循環／生態系／海洋／雪氷圏／地球温暖化

北大 河村公隆他編

低 温 環 境 の 科 学 事 典

16128-1　C3544　　　　A5判　432頁　本体11000円

人間生活における低温(雪・氷など)から，南極・北極，宇宙空間の低温域の現象まで，約180項目を環境との関係に配慮しながら解説．物理学，化学，生物学，地理学，地質学など学際的にまとめた低温科学の読む事典．〔内容〕超高層・中層大気／対流圏大気の化学／海洋化学／海氷域の生物／海洋物理・海水／永久凍土と植生／微生物・動物／雪氷・アイスコア／大気・海洋相互作用／身近な気象／氷の結晶成長，宇宙での氷と物質進化

前気象庁 新田　尚監修　気象予報士会 酒井重典・
前気象庁 鈴木和史・前気象庁 饒村　曜編

気 象 災 害 の 事 典
—日本の四季と猛威・防災—

16127-4　C3544　　　　A5判　576頁　本体12000円

日本の気象災害現象について，四季ごとに追ってまとめ，防災まで言及したもの．〔春の現象〕風／雨／気温／湿度／視程〔梅雨の現象〕種類／梅雨災害／雨量／風／地面現象〔夏の現象〕雷／高温／低温／風／台風／大気汚染／突風／都市化〔秋雨の現象〕台風災害／潮位／秋雨〔秋の現象〕霧／放射／乾燥／風〔冬の現象〕気圧配置／大雪／なだれ／雪・着雪／流氷／風／雷〔防災・災害対応〕防災情報の種類と着眼点／法律／これからの防災気象情報〔世界の気象災害〕〔日本・世界の気象災害年表〕

上記価格（税別）は2017年8月現在